新疆北部块状硫化物矿床成矿规律

杨富全　耿新霞　张志欣　蒋宗胜
杨成栋　成曦晖　张振龙　李　宁　等著

地质出版社
·北　京·

内 容 提 要

块状硫化物矿床（包括VMS型矿床和SEDEX型矿床）是中亚造山带重要矿床类型，新疆是中亚造山带重要组成部分，也是研究块状硫化物矿床成矿作用的关键地区。作者多年来对新疆北部（阿尔泰和天山）块状硫化物矿床（重点是VMS矿床）进行野外考察和综合研究。本书全面系统地反映了其研究成果。对含矿火山岩系及矿区侵入岩的岩石学、年代学、地球化学进行系统研究，对阿舍勒铜锌矿、萨尔朔克金多金属矿、红海-黄土坡铜锌矿、黄滩金铜锌矿等6个典型矿床进行了解剖，探讨了成矿作用，建立了矿床模型；在消化吸收前人大量勘查成果、基础地质和矿床研究成果的基础上，结合作者的研究成果，全面总结了新疆北部VMS型矿床和SEDEX型矿床时空分布规律、成矿流体和成矿物质来源，探讨了岩浆活动对多金属矿床成矿作用的制约，构建了矿集区和区域矿床模型。这些成果为新疆块状硫化物矿床进一步找矿勘查提供了科学依据。

本书全面反映了新疆北部块状硫化物矿床的最新研究成果，内容丰富，资料翔实，图文并茂，理论性、实用性和科普性强，适合于地质矿产勘查、科研、教育、矿产开发和管理部门人员使用，对地质找矿工作有重要参考价值。

图书在版编目（CIP）数据

新疆北部块状硫化物矿床成矿规律 / 杨富全等著. —
北京：地质出版社，2023.5
ISBN 978-7-116-13639-7

Ⅰ.①新… Ⅱ.①杨… Ⅲ.①硫化物矿床-成矿规律-新疆 Ⅳ.①P618.201

中国国家版本馆CIP数据核字（2023）第077492号

XINJIANG BEIBU KUAIZHUANG LIUHUAWU KUANGCHUANG CHENGKUANG GUILÜ

责任编辑：孙彦琪　韩　博　刘秉翔　李　华
责任校对：王　瑛
出版发行：地质出版社
社址邮编：北京市海淀区学院路31号，100083
电　　话：（010）66554528（邮购部）；（010）66554623（编辑室）
网　　址：https://www.gph.clmpg.com
传　　真：（010）66554686
印　　刷：北京地大彩印有限公司
开　　本：889 mm×1194 mm 1/16
印　　张：24.75
字　　数：760千字
版　　次：2023年5月北京第1版
印　　次：2023年5月北京第1次印刷
审 图 号：GS京（2023）1056号
定　　价：168.00元
书　　号：ISBN 978-7-116-13639-7

前　言

块状硫化物矿床属于同生矿床，包括VMS型和SEDEX型。VMS型为火山成因块状硫化物矿床（volcanogenic massive sulfide deposit，Franklin et al.，2005），在空间、时间和成因上与同时期的海相火山作用有关，形成于海底或近海底。矿床由两部分组成：整合的块状硫化物透镜体（或层状矿，硫化物矿物含量>60%）和位于其下盘的不整合脉状硫化物矿化带，其中，这些脉状硫化物矿化带称为补给带、蚀变岩筒或补给通道。VMS型矿床是世界上Cu、Pb、Zn、Au等金属的重要来源。SEDEX型指沉积岩容矿的喷流沉积矿床（sedimentary exhalative deposit），通常是指以碎屑岩或碳酸盐岩为主的沉积岩中整合产出的层状矿床，国内也称之为热水沉积矿床，以规模大、延伸稳定为特征，其主要矿产有Pb、Zn，伴生Ag、Ba、Mn，贫Cu，含Au低。

阿尔泰和天山是我国确定的16个重点成矿区带之一，成矿条件优越，其中卡拉塔格矿集区为我国找矿突破战略行动整装勘查区之一。新疆中亚造山带块状硫化物矿床找矿勘查开始于19世纪80年代，发现的矿床集中分布在阿尔泰南缘阿舍勒、克兰和麦兹矿集区，东天山卡拉塔格矿集区和小热泉子，西天山赛里木湖周边。规模较大的VMS型矿床有阿舍勒大型铜锌矿、可可塔勒大型铅锌矿、萨尔朔克中型金多金属矿、乌拉斯沟中型多金属矿、塔拉特中型铅锌铁矿、铁木尔特中型铅锌铜多金属矿、大东沟中型铅锌矿、红海-黄土坡中型铜锌矿、黄滩中型金铜锌矿、小热泉子中型铜锌矿等。SEDEX型主要有哈尔达坂大型铅锌矿、托克赛中型铅锌矿、四台海泉中型铅锌矿等。尽管前人开展过大量单个矿床成矿作用的研究，但对新疆北部（阿尔泰、准噶尔和天山）中亚造山带块状硫化物矿床的成矿构造背景、不同地区俯冲和增生造山的演化过程对成矿的控制作用，如何识别不同成矿带VMS型成矿系统成矿特点、规律及深部过程对成矿的控制作用，成矿系统时空结构、物质结构、不同成矿元素的主要控制因素和矿床模型，矿集区发育多种矿化类型，它们之间的成因联系，卡拉塔格矿集区发育多个成矿系统，各成矿系统时空关系、成因联系与构造演化关系等诸多科学问题还缺乏系统研究，制约了块状硫化物矿床深部找矿工作。为了实现新疆北部块状硫化物矿床找矿工作的突破，当务之急是要在最新的成矿理论指导下，运用新思维、新方法对关键科学问题开展系统研究。这对加快新疆矿产资源的勘查开发和利用，确保我国的经济发展、国家安全和在“一带一路”国际格局中的核心利益具有重要意义。本课题正是在这种背景下立项并实施的。

《新疆北部块状硫化物矿床成矿规律》是国家重点研发计划项目“北方增生造山成矿系统的深部结构与成矿过程”01课题“块状硫化物型成矿系统三维结构与矿体定位机制”（编号：2017YFC0601201）包括01专题“块状硫化物型成矿系统成矿规律研究”、04专题“卡拉塔格-小热泉子VMS型成矿带成矿规律研究”、05专题“赛里木成矿带SEDEX型成矿系统研究”和03专题“阿舍勒矿集区VMS型成矿系统研究”的部分成果。这些成果的承担单位为中国地质科学院矿产资源研究所和中国科学院新疆生态与地理研究所。由于本书版面有限，没有全部反映出上述专题的成果，如本项目开展了成矿预测，优选了深部找矿靶区，修编了区域和矿集区地质矿产图，这些成果没有编制到本书中。本书中还包括了国家自然科学基金面上项目“新疆东天山黄滩金铜锌矿成矿作用”的部分成果。

本书主要目的是在成矿理论的指导下，以新疆北部中亚造山带（阿尔泰、东天山和西天山赛里木湖周边）的VMS型矿床和SEDEX型矿床为研究对象，揭示块状硫化物型成矿系统时空结构，阐明成矿构造环境、深部过程、物质迁移、巨量金属富集和成矿作用；探讨复杂构造体系下块状硫化物型成矿系统形成与演化；查明成矿“末端”结构及成矿效应，建立矿床和矿集区模型，推动新疆块状硫化物矿床深部找矿勘查。

本书是一项集体性成果，是不同单位协作、不同学科交叉以及科研与生产密切结合的结晶。本书共由5章组成，其中，前言由杨富全执笔，第一章由耿新霞和蒋宗胜执笔，第二章由杨成栋和杨富全执笔，第三章由成曦晖和张振龙执笔，第四章由张志欣、杨成栋、成曦晖、张振龙和蒋宗胜执笔，第五章由杨富全、蒋宗胜、张志欣、耿新霞和李宁执笔，最后由杨富全统一审核定稿。参加本书相关项目研究的主要技术人员还有刘国仁、李强、安少乐、许强奋、张国锋、吕成帅、吴晓贵、陈泽粟、肖辉、何建喜、李成文、冯永辉、武承贺、柴凤梅、杨俊杰、王蕊、马凯等，在此对参与项目的工作人员表示感谢。

课题在实施过程中，得到了02专题成员毛启贵、于明杰、吕晓强等，03专题成员徐兴旺、牛磊等，新疆维吾尔自治区地质矿产勘查开发局，新疆维吾尔自治区地质矿产勘查开发局第四地质大队，新疆维吾尔自治区地质矿产勘查开发局第二区域调查大队，新疆维吾尔自治区地质矿产勘查研究院，新疆维吾尔自治区有色地质勘查局七〇六队，中色地科矿产勘查股份有限公司，中国地质科学院地球深部探测中心，新疆阿舍勒铜业股份有限公司，新疆鑫旺矿业股份有限公司，新疆西拓矿业有限公司，哈密红石矿业有限公司，吐鲁番工企矿冶有限责任公司小热泉子铜矿等单位领导和技术人员的大力支持和帮助。课题研究任务和研究目标能按时完成并获得丰硕成果，是与项目首席专家肖文交院士、项目专家组和国家305项目办公室自始至终的指导和帮助分不开的；也是专题组承担单位中国地质科学院矿产资源研究所和中国科学院新疆生态与地理研究所领导及上级主管部门领导重视的结果，在此一并向他们表示诚挚的感谢！

限于科学研究水平和文字表达能力，我们深知本书中还存在不少问题，敬请读者批评指正。

著　者

2021年12月16日

目　　录

第一章　区域成矿地质背景

亚洲大陆是地球上最年轻的大陆，由前震旦纪的基底陆块和显生宙的造山带组成（Sengör et al.，1996）。从西伯利亚到印度大陆，由北向南依次是：西伯利亚克拉通、蒙古鄂霍次克造山带、中亚造山带、中朝（或华北）克拉通及塔里木克拉通、古特提斯造山带、扬子地块、特提斯造山带（图 1-1）。中亚造山带是亚洲大陆的主要组成部分，由西伯利亚、塔里木、中朝及东欧陆块围限并由古亚洲洋关闭所形成的巨型造山带。从西伯利亚向南，中亚造山带由一系列的从老到新的增生楔、岩浆弧及具有前寒武纪基底的微陆块拼贴而成（Sengör et al.，1993；李锦铁，2004；李锦铁等，2006，2009；Xiao et al.，2014，2015；董永观等，2020）。

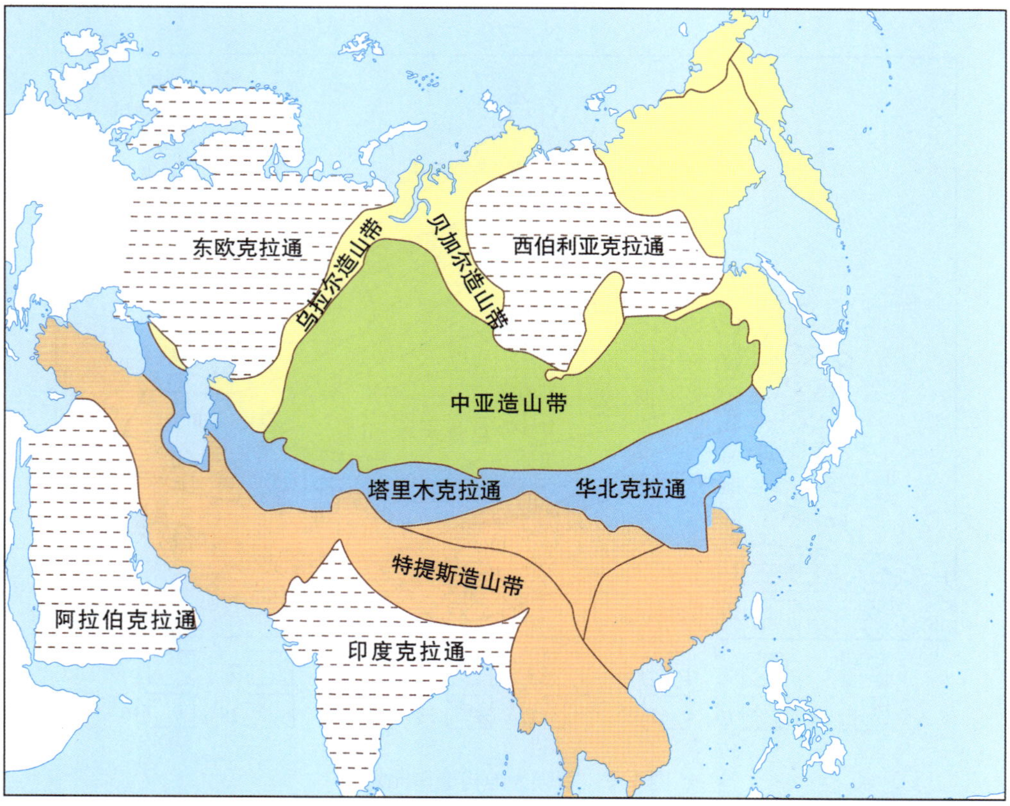

图 1-1　中亚造山带大地构造位置

（据 Sengör et al.，1993；Xiao et al.，2009）

中亚造山带是显生宙最重要的陆壳增生地区，经历了新元古代 Rodinia 超大陆的裂解、从新元古代持续到中生代的古亚洲洋的打开、俯冲、碰撞造山以及后造山事件等。长期以来，国内外科学家通过对中亚造山带演化的研究，对中亚造山带显生宙陆壳增生有了深刻的认识和理解（Jahn et al.，2004；Chen and Jahn，2004）。这一陆壳增生事件不仅和区域构造演化密切联系，而且对区域成矿作用有显著的制约。

第一节　大地构造格架

一、新疆北部构造单元划分

学者们对新疆大地构造进行了大量研究，不同学者提出了不尽相同的观点（涂光炽等，1993；肖序常等，1992；何国琦等，1994，2004；陈哲夫等，1997；任纪舜等，1999；李锦轶，2004；Xiao et al.，2015）。新疆北部（阿尔泰、准噶尔和天山）块状硫化物矿床包括火山成因块状硫化物矿床（VMS）和沉积岩容矿的喷流沉积矿床（SEDEX），前者主要分布于南阿尔泰、东天山卡拉塔格-小热泉子，后者主要分布于赛里木湖周边。本书依据何国琦等（2004）的划分方案（图 1-2），研究区包括 2 个Ⅰ级构造单元，即西伯利亚板块（Ⅰ）和哈萨克斯坦-准噶尔板块（Ⅱ）；2 个Ⅱ级构造单元，即阿尔泰微板块（Ⅰ$_{1}$）和准噶尔-巴尔喀什微板块（Ⅱ$_{1}$）；3 个Ⅲ级构造单元，即南阿尔泰晚古生代活动陆缘（Ⅰ$_{1-2}$）、巴尔喀什-准噶尔-吐哈古陆（Ⅱ$_{1-2}$）和巴尔喀什南缘活动陆缘（Ⅱ$_{1-3}$）；3 个Ⅳ级构造单元，即南阿尔泰泥盆纪—石炭纪弧后盆地（Ⅰ$^{1}_{1-2}$）、觉罗塔格晚古生代裂陷槽（Ⅱ$^{6}_{1-2}$）和赛里木地块（Ⅱ$^{1}_{1-3}$）。

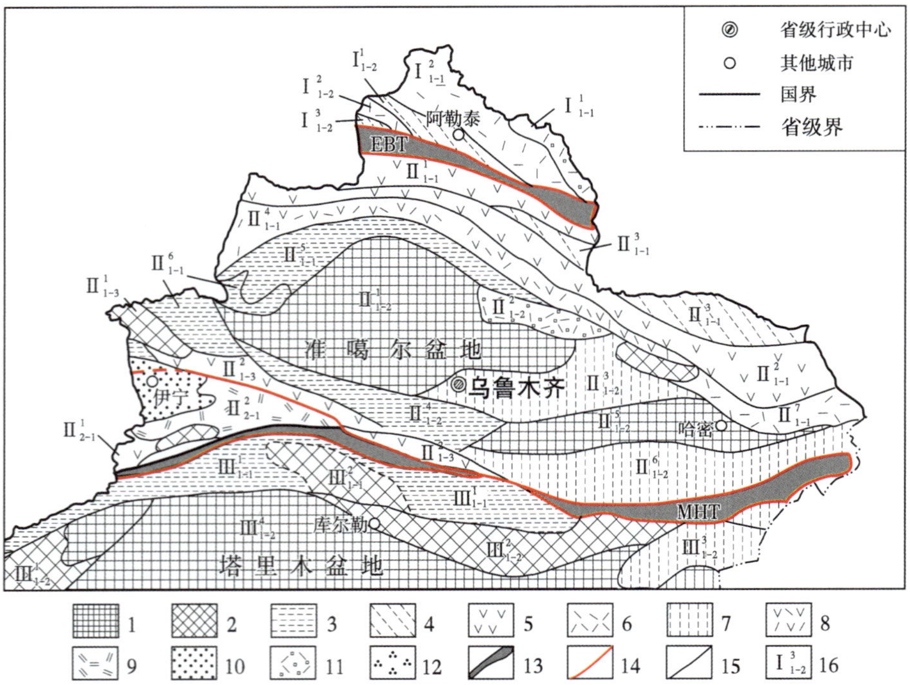

图 1-2　新疆大地构造单元划分

（据何国琦等，2004）

1—中-新生界覆盖区的地块；2—具有古生界盖层的地块；3—泥盆纪—石炭纪残余洋盆或边缘海；4—弧前、弧后盆地；5—岛弧；6—岩浆弧；7—裂陷槽；8—陆缘火山岩带；9—裂谷；10—第四纪覆盖区；11—上叠盆地；12—陆缘盆地；13—板块缝合带；14—微板块界线；15—次级构造单元界线；16—构造单元编号

新疆北部大地构造单元划分方案如下：

西伯利亚板块（Ⅰ）

　阿尔泰微板块（Ⅰ$_{1}$）

　　北阿尔泰早古生代陆缘活动带（Ⅰ$_{1-1}$）

　　　诺尔特石炭纪上叠火山-沉积盆地（Ⅰ$^{1}_{1-1}$）

喀纳斯-可可托海古生代岩浆弧（I_{1-1}^{2}）

南阿尔泰晚古生代活动陆缘（I_{1-2}）

南阿尔泰泥盆纪—石炭纪弧后盆地（I_{1-2}^{1}）

卡尔巴-纳雷姆石炭纪—二叠纪岩浆弧（I_{1-2}^{2}）

西卡尔巴石炭纪弧前盆地（I_{1-2}^{3}）

额尔齐斯-布尔根板块缝合带（EBT）

哈萨克斯坦-准噶尔板块（Ⅱ）

准噶尔-巴尔喀什微板块（$Ⅱ_{1}$）

准噶尔北缘古生代活动陆缘（$Ⅱ_{1-1}$）

萨吾尔晚古生代岛弧（$Ⅱ_{1-1}^{1}$）

塔尔巴哈台-阿尔曼泰早古生代岛弧（$Ⅱ_{1-1}^{2}$）

三塘湖晚古生代弧间盆地（$Ⅱ_{1-1}^{3}$）

谢米斯台-库兰卡孜干泥盆纪陆缘火山岩带（$Ⅱ_{1-1}^{4}$）

达拉布特-克拉麦里泥盆纪—石炭纪残余洋盆（$Ⅱ_{1-1}^{5}$）

滨巴尔喀什泥盆纪—石炭纪残余洋盆（$Ⅱ_{1-1}^{6}$）

哈尔里克古生代岩浆弧（$Ⅱ_{1-1}^{7}$）

巴尔喀什-准噶尔-吐哈古陆（$Ⅱ_{1-2}$）

准噶尔中央地块（$Ⅱ_{1-2}^{1}$）

巴塔玛依内山石炭纪上叠火山-沉积盆地（$Ⅱ_{1-2}^{2}$）

博格达晚古生代裂陷槽（$Ⅱ_{1-2}^{3}$）

伊连哈比尔尕晚古生代残余洋盆（$Ⅱ_{1-2}^{4}$）

吐哈地块（$Ⅱ_{1-2}^{5}$）

觉罗塔格晚古生代裂陷槽（$Ⅱ_{1-2}^{6}$）

巴尔喀什南缘活动陆缘（$Ⅱ_{1-3}$）

赛里木地块（$Ⅱ_{1-3}^{1}$）

博罗霍洛早古生代岛弧（$Ⅱ_{1-3}^{2}$）

穆云库姆-克齐尔库姆-伊犁微板块（$Ⅱ_{2}$）

吉尔吉斯-捷尔斯克伊-那拉提早古生代活动陆缘（$Ⅱ_{2-1}$）

吉尔吉斯-捷尔斯克伊-那拉提早古生代岛弧（$Ⅱ_{2-1}^{1}$）

伊犁石炭纪—二叠纪裂谷（$Ⅱ_{2-1}^{2}$）

木扎尔特-红柳河板块缝合带（MHT）

塔里木-中朝板块（Ⅲ）

塔里木微板块（$Ⅲ_{1}$）

塔里木北缘古生代活动陆缘（$Ⅲ_{1-1}$）

南天山古生代边缘海（$Ⅲ_{1-1}^{1}$）

艾尔宾山泥盆纪碳酸盐台地（$Ⅲ_{1-1}^{2}$）

塔里木古陆（$Ⅲ_{1-2}$）

柯坪断隆（$Ⅲ_{1-2}^{1}$）

库鲁克塔格断隆（$Ⅲ_{1-2}^{2}$）

北山古生代裂陷槽（$Ⅲ_{1-2}^{3}$）

塔里木中央地块（$Ⅲ_{1-2}^{4}$）

二、研究区主要构造单元特征

（一）南阿尔泰泥盆纪—石炭纪弧后盆地（I_{1-2}^{1}）

北以阿巴宫断裂为界，南以克兹加尔断裂为界，与额尔齐斯构造带相邻。主要由泥盆纪火山-沉积岩系组成，局部出露石炭纪火山-沉积岩系。泥盆纪海相火山岩主要分布在 4 个 NW 向斜列的火山沉积盆地中，从 NW 至 SE 依次为阿舍勒盆地、冲乎尔盆地、克兰盆地和麦兹盆地。上志留统—下泥盆统康布铁堡组为一套中酸性变质火山-沉积岩系，是铁、铜、铅、锌的主要赋矿地层。下-中泥盆统阿舍勒组仅出露于阿舍勒火山盆地，是阿舍勒铜锌矿、萨尔朔克金多金属矿的重要赋矿地层（杨富全等，2013）。中-上泥盆统阿勒泰镇组为一套类复理石建造夹少量基性、酸性火山岩和硅质岩。下石炭统为少量安山岩-玄武岩的类复理石建造。

泥盆纪侵入岩广泛分布，主要为黑云母花岗岩、花岗闪长岩、闪长岩、英云闪长岩、辉长闪长岩。少量石炭纪造山晚期花岗岩类，主要为花岗岩和花岗闪长岩。二叠纪后碰撞花岗岩以黑云母花岗岩和花岗斑岩为主。南阿尔泰侵入岩变形强烈，发育透入性片理、线理和紧闭褶皱。

（二）觉罗塔格晚古生代裂陷槽（II_{1-2}^{6}）

位于吐哈盆地以南，北界为镜儿泉-黄山-赤湖-延东断裂，向西与艾丁湖-大草滩推测隐伏断裂相交汇；南为那拉提-红柳河板块缝合带的北界。主体由石炭系组成，少量泥盆系康古尔塔格组分布于西段，以中酸性火山岩及其碎屑岩为主。下石炭统小热泉子组为一套滨浅海相火山碎屑岩及少量沉积岩。下石炭统雅满苏组是东天山十分重要的含矿地层，多数铁矿赋存于该组中，为一套浅海相火山岩夹碳酸盐岩建造，主要分布在阿其克库都克大断裂以北，总体近 E-W 向展布。上石炭统底坎尔组为一套火山-沉积岩组合，主要分布在靠近阿其克库都克大断裂的北侧，断裂南侧局部有少量出露。

区内侵入岩以石炭纪花岗岩为主，沿断裂带有基性-超基性杂岩分布，石炭纪侵入岩以钾长花岗岩为主，其次为花岗闪长岩，还有少量闪长岩，二叠纪侵入岩为花岗岩、二长花岗岩、钾长花岗岩、偏碱性花岗岩等。该构造带是重要的斑岩铜矿带，岩浆型铜镍矿带，韧性剪切带型（造山型）金矿和海相火山岩型铁铜多金属矿带。

前人对包括该构造带在内的东天山开展了大量研究工作，并对其构造单元进行了进一步划分。将东天山分为如下几个构造单元：博格达-哈尔里克构造带（图 1-2 中哈尔里克古生代岩浆弧 II_{1-1}^{7}）、吐哈地块（图 1-2 中吐哈地块 II_{1-2}^{5}）、觉罗塔格构造带、中天山地块和北山裂谷带（图 1-2 中北山古生代裂陷槽 III_{1-2}^{3}）（秦克章等，2002；姚敬金等，2005；王京彬等，2006；董连慧等，2005；Xiao et al.，2013）。其中，觉罗塔格构造带又划分为头苏泉-大南湖岛弧带、康古尔-黄山剪切带和阿齐山-雅满苏岛弧带。本专著研究范围主要涉及头苏泉-大南湖岛弧带。该带位于吐哈盆地南缘断裂（或恰特卡尔断裂）和康古尔断裂之间，向西受康古尔断裂所限止于克孜尔塔格一带，向东经大南湖，至镜儿泉以北延出新疆。从中奥陶世—晚泥盆世总体反映了岛弧火山岩-碎屑岩环境，泥盆纪—石炭纪随着康古尔-黄山洋盆向北俯冲，在地体的基础上发展成为岛弧，从二叠纪开始逐渐转为吐-哈巨型陆相盆地。大南湖泥盆纪—石炭纪岛弧主要有下泥盆统大南湖组、中泥盆统头苏泉组和企鹅山群。其中大南湖组为一套海相中基性火山熔岩、中酸性火山碎屑岩建造。火山岩以钙碱性为主，下部富含钠质，中部为厚度巨大的英安质凝灰岩。头苏泉组角度不整合于大南湖组之上，为碎屑岩、火山岩建造，自基性至酸性均有出露，属高铝钙碱性系列。企鹅山群出露于东段土屋一带，是一套中基性火山岩-碎屑岩建造，下部为长石岩屑砂岩夹沉凝灰岩、碳酸盐岩组合，中部由钙碱-拉斑质的中基性火山岩（玄武岩-安山岩-英安岩）夹碎屑岩组成，上部主要为弧内盆地沉积物（片理化长石岩屑砂岩、沉凝灰岩和绢云千糜岩等）组成（董连慧等，2005）。

（三）赛里木地块（II_{1-3}^{1}）

位于赛里木湖周边，区域上出露地层有古元古界温泉群，中元古界长城系哈尔达坂群，中元古界蓟县系库松木切克群，中泥盆统汗吉尕组，上泥盆统托斯库尔它乌组，下石炭统大哈拉军山组、章古苏组和阿恰勒河组，下二叠统乌朗组和新生界。区域岩浆侵入活动强烈，古元古代晚期、泥盆纪均有发育。岩体长轴方向与区域构造线基本一致，多呈东西向或近东西向展布，主要分布于研究区中南部。岩体在区域内范围分布较大，以泥盆纪酸性侵入岩为主。

该地块向西进入哈萨克斯坦捷克利，二者地质特征一致，为泥盆纪—石炭纪残余洋盆中前寒武纪地块，发育捷克利-赛里木铅锌多金属矿带，以产 SEDEX 型铅锌矿为特征。新疆赛里木地块古元古界温泉群上亚群、中元古界长城系哈尔达坂群为该区铅锌矿的主要含矿层位，已发现哈尔达坂铅锌矿、托克赛铅锌矿、四台海泉铅锌矿、苏鲁别珍锌矿等。哈萨克斯坦分布有著名的捷克利超大型铅锌矿床、乌谢克大型铅锌矿床。新疆赛里木地块除铅锌矿外，还有稀有金属（铌、钽）、有色金属（铜、钼、钨、锡）、非金属矿产（石墨）等。

第二节　阿尔泰地质特征

新疆阿尔泰划分为北阿尔泰、中阿尔泰和南阿尔泰（图 1-3）。北阿尔泰位于红山嘴-诺尔特断裂以北；中阿尔泰即喀纳斯-可可托海一带，位于红山嘴-诺尔特断裂与阿巴宫断裂、巴寨断裂之间；南阿尔泰（又称为阿尔泰南缘）南以克兹加尔断裂为界与额尔齐斯构造带相邻。

一、地层

本书基于区域地质调查和前人研究成果（陈毓川等，1996；王登红等，2002；Windley et al.，2002；Xiao et al.，2004；李文渊等，2006；杨富全等，2016）以及本项目组的一些认识，对区域地层特征加以概要介绍。

（一）是否存在前寒武系

20 世纪 80 年代末，新疆地质矿产局第二区调大队在富蕴幅 1：20 万地质调查报告（1978）所划分的上石炭统喀喇额尔齐斯组的变质岩中采到震旦纪常见的微古植物，据此将该套地层中深变质岩系划为震旦系，并命名为“富蕴群”。李天德等（1994）编制的 1：50 万《中国和哈萨克斯坦阿尔泰多金属矿带地质图》和陈毓川等（1995）编制的 1：50 万“新疆阿勒泰地区地质图”上在前人称为哈巴河群中的片麻岩、混合岩、角闪片岩、糜棱岩、混合花岗岩、片麻状花岗岩等组成的深变质岩系划出了古-中元古界克木齐群、中-新元古界富蕴群。2000 年《新疆维吾尔自治区 1：100 万地质图说明书》厘定为震旦系富蕴群。新疆维吾尔自治区地质矿产勘查开发局第四地质大队（2005）在进行“新疆富蕴县苏普特一带 1：5 万区域地质矿产调查”时将富蕴幅 1：20 万地质调查报告（1978）中的上石炭统喀喇额尔齐斯组解体，将深变质岩划为中新元古界富蕴岩群。新疆维吾尔自治区地质调查院（2012）在巴尔鲁克库珠尔特地区进行 1：5 万四幅区调项目时，将富蕴幅 1：20 万地质调查报告（1978）所划分的上石炭统喀喇额尔齐斯组的深变质岩称为新元古界南华系富蕴岩群。新疆维吾尔自治区地质调查院（2012）在巴尔鲁克库珠尔特地区进行 1：5 万四幅区调项目时，将富蕴幅 1：20 万地质调查报告（1978）中的部分志留系库鲁木提群、上志留统—下泥盆统康布铁堡组下亚组和上亚组；大桥幅 1：20 万地质调查报告（1978）中的部分志留系库鲁木提下亚群、中-上奥陶统哈巴河群上亚群、中-上泥盆统阿勒泰镇组的深变质岩划分为中元古界长城系苏普特岩群，李天德等（1994）称为克木齐群。2000 年《新疆维吾尔自治区 1：100 万地质图说明书》厘定为下泥盆统康布铁堡组、中-上志留统库鲁木提群和中-上奥陶统青河岩群，2007 年东邻幅科克塔尔矿产远景调查将该套变质变形均较强的地层厘定为中元古界苏普特岩群。苏普特岩群时代的确定主要依据微古化石：①1978 年新疆维吾尔自治区地质局区域地质调查大队开展的富蕴幅 1：20 万区调在乌恰沟上游公路边的大理岩中（康布铁堡组上亚组层位）采集到寒武纪微古分子；②1988 年新疆维吾尔自治区地质矿产勘查开发局第四地质大队开展的阿勒泰地区 1：50 万区调工作，在可可托海水电三厂房至阿斯套沙一带采

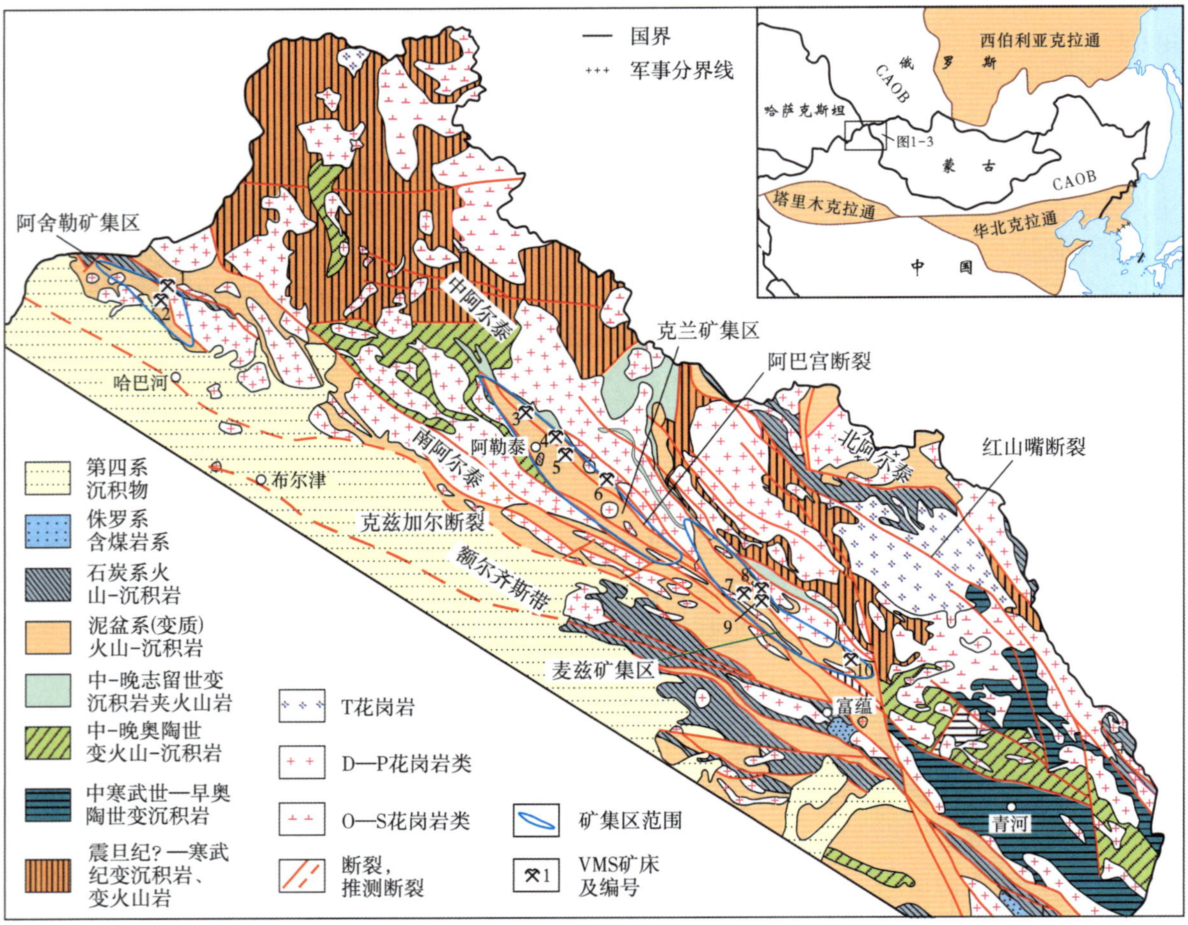

图 1-3　新疆阿尔泰区域地质及主要 VMS 矿床分布略图

（据 Yang et al.，2018，有修改）

VMS 型矿床名称：1—萨尔朔克金多金属矿；2—阿舍勒铜锌矿；3—大东沟铅锌矿；4—乌拉斯沟多金属矿；5—铁木尔特铅锌铜矿；6—塔拉特铅锌铁矿；7—哈克哈仁铅锌矿；8—铁列克萨依铅锌矿；9—可可塔勒铅锌矿；10—萨吾斯铅锌矿

集到以单球藻亚群、船形藻群、多面藻群为主的微古植物群，上述微古植物与我国苏皖北部、浙、赣、皖南及鲁东等地区的前寒武纪微古植物群基本相似。

克木齐群、富蕴群提出已几十年了，但这套地层时代仍然缺乏高精度年代学资料，特别是近十几年来锆石 SHRIMP 和 LA-ICP-MS U-Pb 法进行了大量年代学研究，目前还没有获得前寒武纪年龄。如 Yang et al.（2011）在富蕴附近获得含石榴子石条带状片麻岩锆石 SHRIMP U-Pb 年龄为 504±4 Ma，流纹岩锆石 SHRIMP U-Pb 年龄为 502±7 Ma；Windley et al.（2002）获得流纹岩锆石 $^{207}Pb/^{206}Pb$ 年龄为 502±2 Ma，这 3 个年龄属中寒武世。董永观等（2016）获得布尔津县以北地区的克木齐群片麻状花岗岩锆石 U-Pb 年龄为 514±2 Ma，提出克木齐群的年龄应不新于 514 Ma。杨富全等（2017）对克兰盆地东北部的中-上志留统库鲁木提群深变质岩开展了年代学研究，获得斜长角闪片岩、黑云斜长角闪片岩和矽线石片岩锆石 LA-ICP-MS U-Pb 年龄分别为 494.9±1.1 Ma、480.6±1.3 Ma 和 489.7±2.5 Ma，属晚寒武世—早奥陶世。目前开展的年代学测试结果显示，这套变质较深的岩石形成于寒武纪—奥陶纪。在这些深变质岩中采到了前寒武纪的微古植物化石，但没有获得高精度年代学资料，因此，这两套地层的时代仍需要进一步研究，特别是空间分布。

阿尔泰晚古生代岩浆岩和碎屑锆石中普遍存在前寒武纪老锆石。李彦等（2019）获得克兰盆地阿巴宫石英砂岩 2 粒碎屑锆石太古宙年龄（2605~3065 Ma），袁超等（2007）在哈巴河群片岩和粉砂岩中获得 4 粒太古宙碎屑锆石年龄（2693~3087 Ma），杨富全等（2013）在阿舍勒铜锌矿区石英闪长岩中获得 1 粒 2505 Ma 的锆石年龄，杨富全等（2017）在克兰盆地底部及外围斜长角闪片岩中获得 2 粒 2681~2887 Ma 的锆石年龄。这些老锆石的存在，表明阿尔泰存在过太古宙地质体。

元古宙锆石年龄在北阿尔泰、中阿尔泰、南阿尔泰和额尔齐斯带均有分布，北阿尔泰小吐尔根凝灰岩中 1 粒锆石$^{207}Pb/^{206}Pb$ 年龄为 1159 Ma，花岗闪长斑岩 2 粒锆石为 569~784 Ma，花岗斑岩 1 粒锆石为 672 Ma（Geng et al.，2017）。中阿尔泰的昆格依特角闪黑云英云闪长岩和可可托海花岗岩 3 粒锆石为 604~859 Ma（Wang et al.，2006；张亚峰等，2014），白哈巴村附近早古生代花岗岩 1 粒锆石年龄为 766 Ma（李会军等，2006）。南阿尔泰克兰盆地 2 件变质砂岩样品有 22 粒锆石年龄集中在元古宙（557~2348 Ma，李彦等，2019），克兰盆地 2 件变质凝灰岩中 23 粒锆石年龄为 763~2478 Ma，变质凝灰质砂岩 9 粒锆石年龄为 543~2454 Ma（杨富全等，2018），克兰盆地底部及外围斜长角闪片岩和矽线石云母片岩中有 22 粒锆石年龄为 547~1871 Ma（杨富全等，2017），阿舍勒铜锌矿区凝灰岩、玄武岩、英安岩和石英闪长岩中有 21 粒锆石年龄为 743~2486 Ma（宋国学等，2010；杨富全等，2013），萨尔朔克金多金属矿流纹斑岩和辉绿岩 7 粒锆石年龄为 618~921 Ma（Yang et al.，2014），阿维滩花岗岩 1 粒锆石年龄为 637 Ma（Wang et al.，2006）。额尔齐斯混杂带的玄武岩中 7 粒锆石年龄为 765~2276 Ma（李会军等，2006），玛因鄂博断裂带中黑云斜长片麻岩 9 粒锆石年龄为 553~2251 Ma（周刚等，2006），准噶尔北缘老山口铁铜金矿区的闪长玢岩 3 粒锆石年龄为 1664~1906 Ma（吕书君等，2012），玉勒肯哈拉苏铜矿含矿闪长玢岩 2 粒锆石年龄为 1954~2143 Ma（Yang et al.，2014）。总之，阿尔泰元古宙锆石年龄在 547~2486 Ma 之间变化（图 1-4），具有从古元古代、中元古代到新元古代连续变化特征，空间上分布广泛，从北阿尔泰、中阿尔泰、南阿尔泰、额尔齐斯带，再到准噶尔北缘均有分布，反映了阿尔泰可能存在前寒武纪基底。胡霭琴等（1997，2001）认为新疆北部元古宙时期的第一次地壳增生及太古宙地壳重熔事件发生于 2200 Ma 左右。宋国学等（2010）推测南阿尔泰泥盆纪火山岩中的古老锆石记录了古元古代一次岩浆活动事件（1985 Ma），并与 Columbia 超大陆的汇聚事件有关。

（二）震旦系—寒武系

中国新疆阿尔泰从新元古代到新生代地层均有出露（图 1-3）。阿尔泰是否存在前寒武系长期存在争议，本书综合前人资料，将阿尔泰造山带最老地层划为震旦系—寒武系，为喀纳斯群（Z-Є*K*）和库卫群（Z-Є*Kw*），但这两个组还缺乏高精度年代学和化石资料，其时代还有待深入研究。

1. 喀纳斯群（Z-Є*K*）

该群时代存在很大争议，有震旦纪、震旦纪—寒武纪、中寒武世—早奥陶世、震旦纪—中奥陶世、中奥陶世—早泥盆世之争（王广耀，1983，1984；彭昌文，1989；阎永奎，1989，1990；高振家，1993；王登红等，2002；袁旭音，2002；Windley et al.，2002；Chen and Jahn，2002；李会军等，2006；Yuan et al.，2007；刘源等，2013；王星等，2016）。本书沿用《新疆维吾尔自治区区域地质志》的方案，将喀纳斯群时代暂定为震旦纪—寒武纪。该群主要出露于中阿尔泰白哈巴至阿勒泰市以北，为一套由浅变质陆源细碎屑岩组成的复理石沉积，显示为浅海-半浅海环境下的类复理石建造。下部岩性主要为浅灰色、灰绿色薄层、中-厚层细砂岩、粉砂岩夹灰色、紫色、紫灰色粉砂岩薄层或透镜体，含微古植物化石；向上变为灰色中层及薄层状细砂岩、韵律层状泥质粉砂岩，夹薄层粉砂岩，视厚度 2900 m。中部由灰色、灰绿色薄层状细砂岩、粉砂岩、泥质粉砂岩夹灰绿色薄层细砂岩等组成，含微古植物化石，与下部整合接触，厚 3800 m。上部为灰绿色、浅灰绿色中层状细砂岩、粉砂岩、泥岩，夹灰绿色、紫灰色薄层粉砂岩、细砂岩，视厚度 1000 m。

2. 库卫群（Z-Є*Kw*）

库卫群主要出露于阿尔泰中部库卫-可可托海-青河一带，岩性以片麻岩、混合岩为主，夹少量片岩、变粒岩、斜长角闪岩、大理岩、石英岩。在库卫一带分为 3 个岩性段，第一岩性段以堇青矽线（红柱石）眼球状黑云斜长片麻岩夹斜长角闪岩为主；第二岩性段以矽线堇青二云片麻岩、变粒岩夹石英岩、大理岩为主；第三岩性段以堇青（红柱矽线十字石）石英片岩类夹变粒岩为主，局部夹条

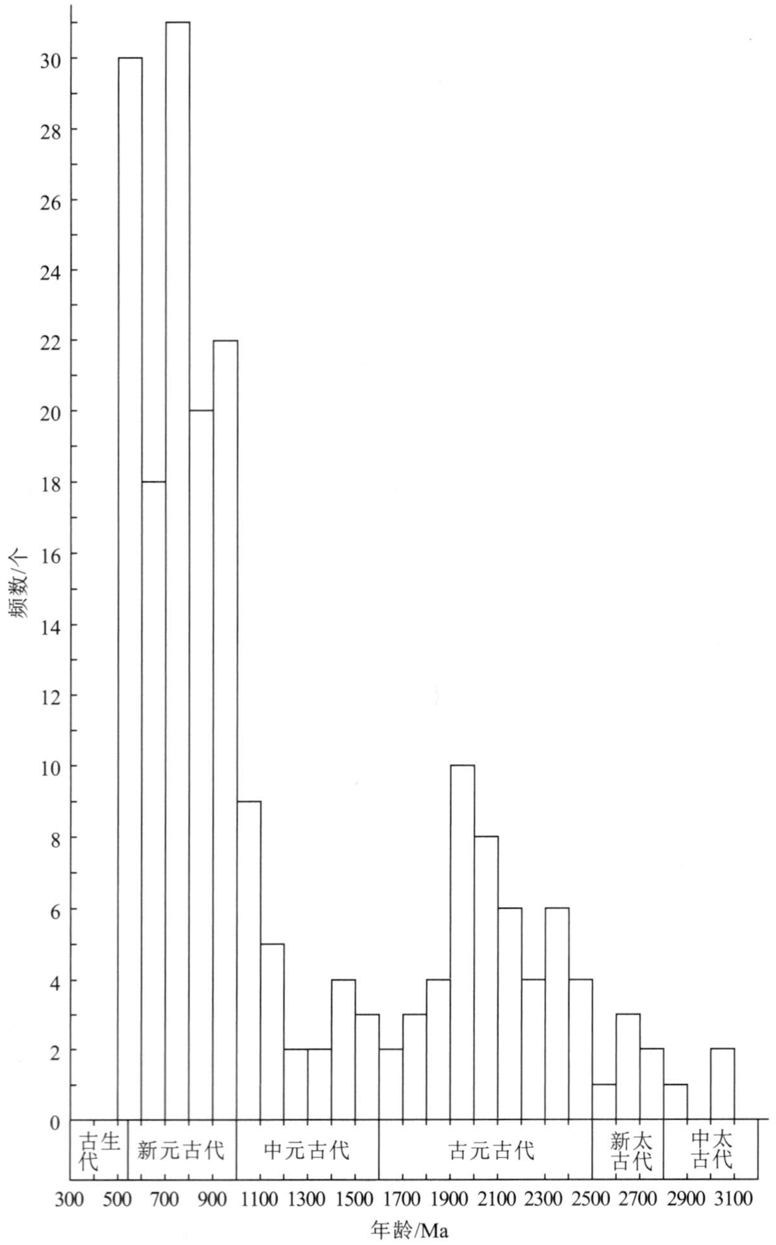

图 1-4 阿尔泰继承锆石年龄直方图
（据前人资料整理）

带状磁铁石英岩。出露总视厚度为 4434 m。

“库卫群”由新疆维吾尔自治区地质矿产开发局第四地质大队于 1965 年首次提出，时代为中-晚奥陶世，但该套地层中深变质岩系在阿尔泰各幅 1：20 万区调报告中，均定义为中-上奥陶统哈巴河群，并被《新疆维吾尔自治区岩石地层》等专著认同。1988 年，新疆维吾尔自治区地质矿产开发局第四地质大队 1：50 万区划组在该套地层内采集到了前寒武纪微古植物化石，其组合与我国苏皖北部、浙、赣、皖南及鲁东等地区的震旦系微古植物群基本相似，因此将时代定为震旦纪。

（三）古生界

早古生代地层有中-上奥陶统哈巴群（原哈巴河群东部部分）和喀拉乔拉群，上奥陶统东锡勒克组、白哈巴组，中-上志留统库鲁木提群。晚古生代地层出露广泛，主要有上志留统—下泥盆统康布铁堡组，下泥盆统托让格库都克组和诺尔特组，下-中泥盆统托克萨雷组和阿舍勒组，中-上泥盆统阿勒泰镇组，上泥盆统其也组、卡希翁组和忙代恰组。石炭系包括下石炭统红山嘴组和上石炭统喀喇额尔齐斯组。少量二叠系，有下二叠统特斯巴汗组和上二叠统库尔提组。

1. 奥陶系

中-上奥陶统哈巴群分布于喀纳斯、阿尔泰东部诺尔特到额尔齐斯河源头一带中蒙边境地区。《新疆维吾尔自治区岩石地层》（1999）称哈巴河群时代为中-晚奥陶世，董永观等（2016）认为该组（含喀纳斯群）形成于寒武纪—中奥陶世。哈巴群下部主要为灰绿色、灰色长石岩屑砂岩、长石岩屑杂砂岩、泥质岩和粉砂岩，厚 3329~6090 m；中部为深灰色-灰黑色泥质岩、岩屑长石砂岩、长石岩屑砂岩、长石石英砂岩和粉砂岩，厚 1189~1582 m；上部为深灰色-灰绿色粉砂岩、泥质岩和长石岩屑砂岩，视厚度 1637~2728 m。

中-上奥陶统喀拉乔拉群主要出露于青河县城北部的喀拉乔拉一带及冲乎尔北东一带，由变质砂岩、变粒岩、片岩和片麻岩组成，局部夹有大理岩薄层或透镜体，总体变质程度较深。

上奥陶统包括下部的东锡勒克组和上部的白哈巴组。东锡勒克组不整合于喀纳斯群之上，为浅变质中酸性熔岩及火山碎屑岩，视厚度 680~900 m，最厚可达 3100 m；白哈巴组为灰绿色泥质粉砂岩、粉砂质泥岩、灰白色泥岩夹结晶灰岩透镜体，厚度大于 1280 m，未见顶，与下伏东锡勒克组上部凝灰岩呈整合接触，含珊瑚 *Sibiriodite* sp.，*Tryplasma* 等，腕足类 *Storphomena* sp. 等，苔藓虫 *Leioclema* sp. 等（王登红等，2002）。

2. 志留系

志留系仅见中-上志留统库鲁木提群，分布于阿勒泰市西北部-蒙库以北等地区，出露一套中-深变质陆源碎屑岩夹变质中酸性火山岩。在克兰盆地底部为浅灰色、灰绿色条带状混合岩，矽线黑云斜长片麻岩，十字石红柱石绿泥石二云母片岩夹变钙质砂岩、砂岩等，出露厚度 85~850 m，与上覆上志留统—下泥盆统康布铁堡组呈断层接触关系。在蒙库矿区东北部为石榴矽线黑云片麻岩、石英黑云片岩、堇青黑云石英片岩夹薄层斜长角闪岩，局部出现贯入混合岩，厚度大于 600 m。与康布铁堡组呈整合接触关系，局部为断层接触关系。

3. 泥盆系

泥盆系在南阿尔泰和北阿尔泰十分发育，主要有上志留统—下泥盆统康布铁堡组，下泥盆统诺尔特组、下-中泥盆统阿舍勒组，中-上泥盆统阿勒泰镇组，上泥盆统齐也组、忙代恰组和库马苏组。

（1）上志留统—下泥盆统康布铁堡组

康布铁堡组主要分布在南阿尔泰，呈 NW 向展布于冲乎尔、克兰和麦兹火山盆地中，延伸 200 km，与区域构造线一致（图 1-3）。该组经历了绿片岩相-低角闪岩相区域变质作用，形成了一套变质的基性-酸性火山岩（火山碎屑岩、熔岩）、陆源碎屑岩和碳酸盐岩组合。分为上和下 2 个亚组。不同盆地岩性组合及经历的变质程度有较大差异。克兰盆地康布铁堡组下亚组主要岩性为（黑云、二云）石英片岩、千枚岩、变质流纹岩、变质英安岩、变质凝灰岩、变质（凝灰）火山角砾岩。康布铁堡组上亚组为变质流纹岩、变粒岩、变质凝灰岩夹片麻岩、绿泥黑云片岩、大理岩薄层或透镜体。麦兹盆地康布铁堡组下亚组第一岩性段火山岩早期以酸性火山熔岩、火山碎屑岩为主，夹基性-中性火山熔岩和火山碎屑岩；第二岩性段火山岩以酸性火山熔岩、火山碎屑岩为主，夹基性火山熔岩和少量基性火山碎屑岩。康布铁堡组上亚组第一岩性段为远火山口相的酸性火山碎屑岩，偶见溢流相熔岩；第二岩性段为酸性火山熔岩和火山碎屑岩；第三岩性段主要为酸性-中酸性火山熔岩和火山碎屑岩，局部见基性火山岩。冲乎尔盆地地层均已经历变质作用，且有盆地中间向两侧变质程度增高的特点，发育典型的递增变质带（徐学纯等，2005）。康布铁堡组下亚组由变质英安质凝灰岩、凝灰质砂岩、流纹岩、泥质砂岩夹透镜状灰岩组成，与下伏的中-上志留统库鲁木提群呈断层接触。上亚组主要由安山质凝灰岩、流纹岩、凝灰质砂岩和泥质砂岩组成，与上覆阿勒泰镇组呈整合接触。玛因鄂博断裂北侧出露灰绿色变质凝灰质粗砂岩、石英透辉钙质片岩、浅变质凝灰质粗砂岩、长石石英砂岩、变质中酸性岩屑晶屑凝灰岩、黑云二长浅粒岩、黑云斜长浅粒岩、长英质碎斑岩等。康布铁堡组总厚度 2200~3800 m，与上覆中-上泥盆统阿勒泰镇组呈整合接触。可可塔勒矿区该组的粉砂岩夹层中可见珊瑚、海百合茎，顶部大理岩化灰岩中产珊瑚、微古植物化石等。

前人一直将康布铁堡组划归为下泥盆统，但新疆维吾尔自治区地质调查院（2012）在巴尔鲁克库珠尔特地区进行 1∶5 万四幅区调项目时，将康布铁堡组中深变质岩划分为中元古界长城系苏普特岩群。杨富全团队及其他团队近年来针对该组中变质火山岩做了大量研究工作，获得冲乎尔、克兰和麦兹火山沉积盆地变质火山岩 40 件锆石的 SHRIMP、SIMS 和 LA-ICP-MS U-Pb 年龄在 381~414 Ma 之间变化，峰值为 403 Ma（图 1-5）。考虑 414 Ma 的样品并非采自康布铁堡组的底部，因此，将康布铁堡组时代归为晚志留世末—早泥盆世末。不同盆地火山喷发时限和峰值略有不同，但每个盆地康布铁堡组上下亚组火山岩喷发年龄相差不大。22 件年龄数据表明，克兰盆地由晚志留世末持续至早泥盆世末（413~382 Ma），峰值为 403 Ma。17 件年龄数据表明，麦兹盆地（包括苏普特地区）康布铁堡下亚组最老年龄为 414 Ma，为晚志留世，上亚组火山岩最新年龄为 381 Ma，火山活动持续时间与克兰盆地一致（413~382 Ma），集中在 405~400 Ma 和 385~380 Ma。5 件年龄数据表明，冲乎尔盆地康布铁堡上亚组火山喷发由早泥盆世初持续至早泥盆世末（406~385 Ma）（杨富全等，2016，2018 及相关参考文献）。

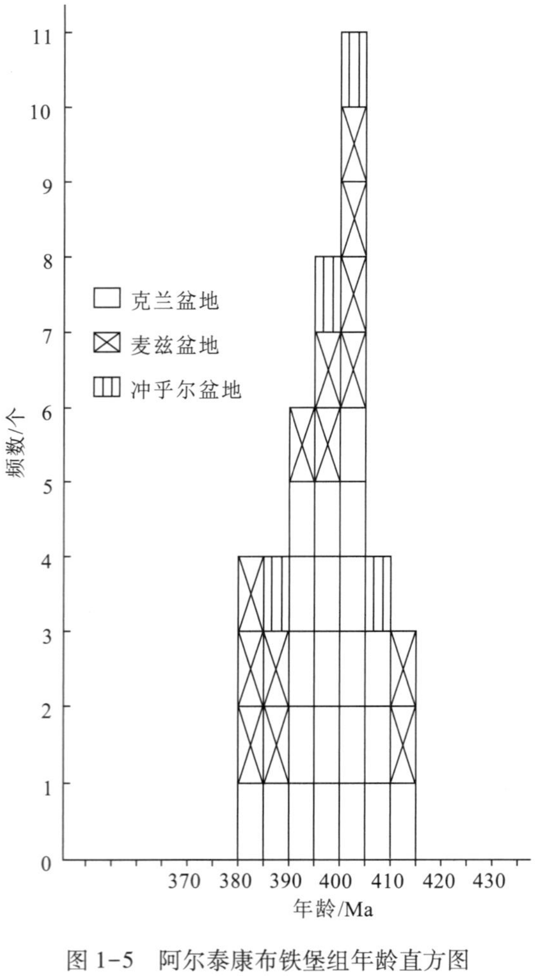

图 1-5　阿尔泰康布铁堡组年龄直方图

（2）下泥盆统诺尔特组

诺尔特组出露于中蒙边境晚古生代上叠盆地内的红山嘴-诺尔特一带，下部为安山岩、英安岩，夹杏仁状安山岩、英安岩透镜体和绢云绿泥千枚岩；上部火山岩减少，碎屑岩增多，为岩屑砂岩，夹绢云绿泥千枚岩和安山岩，浅变质粉砂岩与绢云绿泥千枚岩的互层，视厚度 1775 m。产珊瑚、腕足类、双壳类、海百合茎等化石。该组凝灰岩锆石 LA-ICP-MS U-Pb 年龄为 411 Ma（Geng et al.，2017）。正格河一带流纹岩锆石 LA-ICP-MS U-Pb 年龄为 400 Ma（王星等，2015）。

（3）下–中泥盆统阿舍勒组

该组分布于南阿尔泰阿舍勒火山沉积盆地内。主要由英安质、流纹英安质火山角砾岩、凝灰岩、沉凝灰岩等火山碎屑岩及火山熔岩组成，局部夹结晶灰岩和泥质粉砂岩，顶部为玄武岩及碧玉岩、灰岩。视厚度 1470~2120 m。含丰富的珊珊、海百合茎、牙形类化石等。

（4）中–上泥盆统阿勒泰镇组

中–上泥盆统阿勒泰镇组与康布铁堡组的分布范围基本一致，主要由一套浅海相变质碎屑岩夹碳酸盐岩和少量基性、酸性火山岩组成。地层岩石成分复杂，岩相变化大，沉积韵律明显。不同地段岩石均发生了绿片岩相至角闪岩相不同程度的变质作用。克兰盆地阿勒泰镇组下亚组为变质砂岩、变质粉砂岩、变质粉砂质泥岩、变质硅质泥岩、变质凝灰岩、石英片岩、斜长变粒岩、浅粒岩、霏细岩和大理岩，含较多的化石。上亚组为变质细碎屑岩的不均匀互层，夹钙质砂岩和灰岩透镜体，主要岩石类型为变质细砂岩、变质粉砂质泥岩、大理岩化灰岩、砂质灰岩、千枚岩和石英片岩。阿勒泰镇组含丰富珊瑚、艾菲尔期海百合茎、牙形类和微古植物等化石。

前人认为阿勒泰镇组时代为中泥盆世，但未见高精度同位素年龄资料。杨富全等（2012）获得苏普特地区两件变质流纹岩锆石 LA–ICP–MS U–Pb 年龄为 366 Ma 和 354 Ma，代表流纹岩形成于晚泥盆世。郭旭吉等（2016）在冲乎尔盆地北西凯勒克赛依铁矿获得镜铁矿白云石英片岩（原岩凝灰岩）锆石 LA–ICP–MS U–Pb 谐和年龄为 375.6 Ma，为中泥盆世。阿勒泰镇组砂岩中碎屑锆石最年轻年龄为 380~354 Ma，与凝灰岩和流纹岩年龄一致（376~354 Ma）。考虑到该组地层中发现了中泥盆世化石，以及阿勒泰镇组与康布铁堡组呈整合接触关系，将阿勒泰镇组时代厘定为中–晚泥盆世。

（5）上泥盆统齐也组

上泥盆统齐也组与阿舍勒组同分布于阿舍勒火山沉积盆地内，出露于阿舍勒村北部。由粗碎屑火山碎屑岩及中酸性、基性熔岩，局部夹凝灰质粉砂岩组成。

（6）上泥盆统忙代恰组

忙代恰组主要分布在中蒙边境一带忙代恰大坂到库尔木图大坂的喀依尔特河流域，岩性为含火山物质的浅海–滨海相碎屑岩、英安质火山岩、火山沉积岩，其中碎屑岩基本上变质为千枚岩和片岩。

（7）上泥盆统库马苏组

分布在诺尔特东南塔斯比克都尔根与喀拉都尔根之间及额尔齐斯河上游近源头西岸，与红山嘴组呈整合接触。库马苏组下亚组为长石岩屑砂岩、泥岩、千枚岩和粉砂岩，厚 2099~2451 m；上亚组为长英质砂岩、粉砂质板岩夹钙质砂岩、砂质灰岩和流纹岩，视厚度 755 m。产腕足类、海百合茎、苔藓虫及植物化石茎干等。

4. 石炭系

石炭系包括下石炭统红山嘴组和上石炭统喀喇额尔齐斯组。

（1）下石炭统红山嘴组

主要见于红山嘴–诺尔特–库马苏一带，在阿舍勒北部快德弄一带有少量出露。下部岩性为英安质及流纹质凝灰岩、火山角砾岩，局部夹安山岩和碱性玄武岩。上部岩性为硅质、泥质及碳质（泥）板岩、千枚岩、长石岩屑砂岩、岩屑长石（杂）砂岩、粉砂质泥岩、泥质粉砂岩、凝灰质砂岩、凝灰质粉砂岩、沉凝灰岩，视厚度 4605 m。

（2）上石炭统喀喇额尔齐斯组

主要分布于富蕴县城以西、额尔齐斯断裂和锡泊渡–富蕴断裂之间。喀喇额尔齐斯组的岩相变化较大，为一套海陆相碎屑岩建造，其中夹少量火山熔岩。中部受到强烈挤压作用，岩石多混合岩化，岩性为混合岩、片麻岩、片岩；两侧挤压作用相对较弱，常见浅变质的变凝灰质长石岩屑砂岩、（含砾）岩屑砂岩、长石岩屑砂岩、长英质板岩夹薄层状变质（泥质）粉砂岩、绢云千枚岩、流纹岩、霏细岩等，出露视厚度 2000~3000 m。

1：20 万富蕴幅（1978）在该套地层砂岩层中发现众多孢粉化石；在该套岩层额尔齐斯构造带内发现点面三缝孢、三角形粒面三缝孢、芦木孢等，其中 *Lueckisorites* 珍气囊单沟的花粉是晚石炭世的典型产物，因此，将该组时代确定为晚石炭世。刘国仁等（2008）在富蕴县城北西12 km该套地层中采集了含石榴子石黑云斜长片麻岩，其锆石 SHRIMP U-Pb 年龄为 326±6 Ma。张亚峰等（2015）获得片麻岩锆石 LA-ICP-MS U-Pb 年龄为 311±8 Ma。这套地层中是否存在前寒武系，还需要系统研究，特别需要高精度年代学资料。

（四）中生界和新生界

新疆阿尔泰进入中生代之后已处于造山后陆内演化阶段，沉积岩不发育。中生界零星分布，主要见于富蕴县青格里河下游左岸等地区，为下-中侏罗统水西沟群及中-上侏罗统石树沟群。水西沟群由石英角砾岩、粗砂岩、细砂岩、碳质黏土岩夹煤层组成，视厚度 80 m。石树沟群由杂色的砾岩、砂砾岩、砂岩、粉砂岩等组成，也可见煤线。含有丰富的中生代植物化石。视厚度 100~300 m。

新生代在山区发育一些陆相盐湖和山间陆相小盆地及河流相沉积、冰川沉积。在阿尔泰山前发育古、新近系砂岩。第四系在沟谷地带和喀喇额尔齐斯河沟阶地及河谷中分布，为冲积、洪积、残坡积砂土砂砾，厚度 2~20 m 不等。与下伏地层呈不整合接触关系。

二、侵入岩

阿尔泰造山带岩浆作用极为发育。岩石类型复杂，从火山岩到侵入岩均有发育。在地层章节中，对火山岩进行了概述。在这一章节中，重点讨论该地区的侵入岩特征。

（一）时空分布

中国阿尔泰造山带侵入岩极其发育（图 1-3），几乎广布于阿尔泰的各构造带，占有至少 40%以上的面积（邹天人等，1988），甚至个别地体中超过了 70%（Windley et al.，2002）。阿尔泰造山带侵入岩整体来看，在额尔齐斯-玛因鄂博断裂南北两侧的侵入岩特征明显不同，北侧多为规模较大的岩基，岩体多沿造山带走向展布，并发生不同程度的变形，片麻理走向与 NW 向的区域构造线相一致；南侧的岩体大多呈规模较小的岩株产出，岩体多不变形，往往切割区域构造线。即使在该断裂北侧的不同地质构造带中，侵入岩规模、形态等特征也有所不同，如在喀纳斯一带的岩体多为不规则状岩基，无明显的长轴展布方向，而位于阿勒泰市北部-可可托海一带的岩体明显受区域主构造线控制，呈 NW-SE 向的展布，发育不同程度的变形，大多发育透入性片麻理构造（周刚，2005；童英，2006）。

阿尔泰造山带岩石类型复杂，以酸性为主，中性和基性岩较少。2003 年以后发表的 222 个 LA-ICP-MS、SHRIMP、TIMS、SIMS 法高精度锆石 U-Pb 测年结果表明，侵入岩年龄变化于 198~531 Ma 之间，从早寒武世开始到早侏罗世初结束，岩浆侵入活动存在 5 个区间（图 1-6），分别为：①421~531 Ma，峰值为 455 Ma；②353~419 Ma，峰值为 395 Ma，是阿尔泰造山带主要岩浆侵入时期，并与阿尔泰南缘康布铁堡组和阿勒泰镇组火山活动时间一致，峰值与康布铁堡组相似；③313~343 Ma，峰值不明显；④252~300 Ma，峰值为 275 Ma，是阿尔泰第二岩浆侵入高峰期，但该期缺失对应的火山活动；⑤198~247 Ma，峰值为 215 Ma。阿尔泰是否存在元古宙的岩浆侵入活动，还存在着很大的争议，2000 年之前阿尔泰侵入岩测年方法主要为 Rb-Sr、K-Ar、Ar/Ar、Sm-Nd 等全岩等时线方法，锆石 U-Pb 年龄很少，出现了大量大于 541 Ma 的同位素年代学数据。从收集到的 222 个年龄看，侵入岩最早为 531 Ma，属于早寒武世。不同的构造单元侵入岩形成时代存在差异，北阿尔泰年龄数据较少（9 个），主要在泥盆纪（370~405 Ma），峰值为 395 Ma。中阿尔泰的喀纳斯-可可托海一带花岗岩类广泛分布，年龄数据最多（117 个），年龄分布最广，除石炭纪外，其他时代均有分布，主要集中在 359~421 Ma（76 个），峰值为 395 Ma，这是主要岩浆侵入时期；其次是 445~531 Ma（18 个），峰值为 455 Ma；最后为 198~247 Ma（17 个），峰值为 215 Ma，这一期是整个阿尔泰目前确定的最晚期岩浆侵入活动；还有少量为 263~286 Ma（6 个）。南阿尔泰侵入岩年龄相比中阿尔泰年龄，变化范围明显变小，且年龄数据减少，为 68 个年龄数据，其变化范围在 257~496 Ma 之间，主要集中在

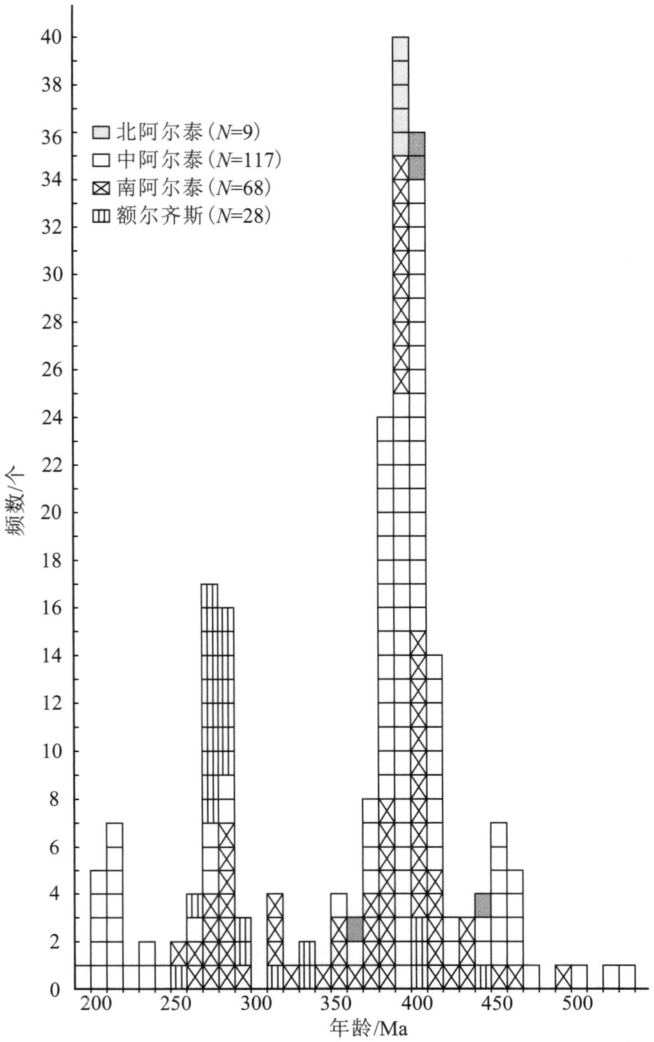

图 1-6　阿尔泰侵入岩年龄直方图
（据前人资料整理）

343~439 Ma 之间（46 个），峰值为 405 Ma；其他数据分布于 257~294 Ma（15 个），峰值为 285 Ma，少量在 313~326 Ma（4 个），453~496 Ma（3 个）。额尔齐斯带年龄为 28 个，年龄变化于 252~448 Ma 之间，主要集中于 252~300 Ma（21 个），峰值为 275 Ma，这是该带主要岩浆侵入期；少量出现在 315~337 Ma（3 个）和 404~448 Ma（4 个）。总体上有从北阿尔泰→中阿尔泰→南阿尔泰→额尔齐斯构造带侵入岩年龄有逐渐变年轻的趋势。

（二）岩石学及地球化学

1. 早古生代侵入岩

董连慧等（2012）对新疆阿尔泰带早古生代花岗岩做了系统的总结工作。研究表明，阿尔泰早古生代花岗岩分布从西端铁列克提-友谊峰起，到东端大青格里的整个中阿尔泰带，少量分布在南阿尔泰。早古生代岩体大致可以分 2 个阶段，寒武纪（496~531 Ma）和奥陶纪—志留纪（421~479 Ma），奥陶纪岩浆侵入活动最强。奥陶纪岩体以 200km^2以上大型岩基为主，长轴 NW 向，与构造带走向一致，与角闪岩相变质的震旦系—寒武系围岩（原岩为巨厚变质碎屑岩，夹少量玄武岩建造）呈过渡接触关系，围岩构造可清晰地向岩体内部追踪，岩体内含大量围岩残留体。仅西端铁列克提一带以及东段南部部分岩体与围岩呈界线清楚的侵入接触。侵入岩石序列由闪长岩/石英闪长岩-英云闪长岩/奥长花岗岩/花岗闪长岩-二长花岗岩组成（类似于 TTG 组合）。在东西两端的岩体中，可看到石英闪长岩-花岗闪长岩-奥长花岗岩-二长花岗岩的先后形成关系。

奥陶纪侵入序列 SiO_2 含量较高，而碱总量略低。如英云闪长岩、奥长花岗岩、二长花岗岩的 SiO_2 平均含量均高达 74%~76%，而碱总量仅为 6.26%~7.30%，属于钙碱性岩石序列。英云闪长岩铝过饱和，花岗闪长岩、奥长花岗岩、二长花岗岩铝弱饱和，整体为过铝系列。在 Barker（1979）的 An-Ab-Or 图解上，该序列岩体构成 TTG 组合，在 K-Na-Ca 图解上，序列表现有英云闪长岩-奥长花岗岩趋势和钙碱性趋势 2 条演化线，反映陆缘弧构造属性。稀土总量平均 171×10^{-6}，$(La/Yb)_N$ 值平均 4.61，δEu 值平均 0.55，在稀土元素球粒陨石标准化配分型式图上，表现为近平行缓右倾的曲线簇，显示陆缘活动带花岗岩的地球化学特征。微量元素为大离子亲石元素 Rb、Sr 等富集，高场强元素 Ta、Nb、Zr 与洋中脊花岗岩持平。接近正常大陆弧花岗岩线，但 K、Rb、Ta、Nb 等都偏低，Sm、Y、Yb 则略偏高，显示碰撞前造山花岗岩序列是在板块汇聚、地壳处于增厚环境下的产物。

2. 晚古生代侵入岩

晚古生代侵入岩分布于整个阿尔泰，主要是泥盆纪（353~419 Ma），其次是二叠纪（252~300 Ma），少量石炭纪（313~343 Ma）。泥盆纪是阿尔泰最强的岩浆侵入活动时期，峰值为 395 Ma，广泛分布于中阿尔泰和南阿尔泰，在额尔齐斯构造带和北阿尔泰有少量分布。岩石发育不同程度的片麻状构造。该时期形成的岩石类型最丰富，主要为苏长辉长岩、辉长苏长岩、（角闪）辉长岩、辉绿岩、（石英）闪长岩、（黑云母）英云闪长岩、花岗闪长岩、（黑云）二长花岗岩、二长岩、（黑云母或二云母）花岗岩、钾长花岗岩，但以中酸性岩为主。岩石类型以钙碱性系列和高钾钙碱性的 I 型花岗岩为主，少量 A 型花岗岩（碱性），以富钠为特征，$K_2O<Na_2O$，$K_2O/Na_2O=0.83\sim1.1$。与奥陶纪侵入岩浆序列比较，泥盆纪岩浆序列的稀土总量略低，轻重稀土分异基本相同，而铕负异常加大，这显示出有岩浆分异的特点。微量元素 Rb、Th、K 和 La 正异常，Ba、Sr、P、Nd 和 Ti 负异常。泥盆纪花岗岩类 $\varepsilon_{Nd}(t)$ 值变化较大（-2.5~4），多数大于 0，有些达到+4，显示有较多的年轻幔源组分。可可托海辉长岩 $\varepsilon_{Nd}(t)$ 值为 0.2~2.0，T_{DM} 为 1.14~1.23 Ga。区域地质背景、岩体岩石地球化学、岩体变质变形、岩体构造型式表明，该阶段为板块俯冲环境（王涛等，2010）。阿尔泰存在 1 条泥盆纪（381~409 Ma）的镁铁质岩带，苏长辉长岩、辉长苏长岩和辉长岩分布于中阿尔泰的库卫，辉长岩出露于查干郭勒乡、额尔齐斯和可可托海。

二叠纪侵入岩强度较高，仅次于泥盆纪的岩浆活动，主要分布于额尔齐斯带、南阿尔泰，少量中阿尔泰，如喇嘛昭、青河、大喀拉苏、阿斯喀尔特、克因布拉克、将军山等。岩石类型复杂，主要有苏长岩、辉长岩、（石英）闪长岩、花岗闪长岩、英云闪长岩、（黑云）二长花岗岩、二云母花岗岩、正长岩、钾长花岗岩。多数岩体为圆形和不规则形态，无变形（如喇嘛昭），部分呈 NWW 向分布，与区域构造线一致，如巴斯铁列克东部塔拉特-布可萨拉一带的黑云二长花岗岩，额尔齐斯断裂带内和冲乎尔盆地的克因布拉克矿区的一些花岗岩显示有变形，这些变形的岩体多数分布在大断裂附近。多数早二叠世花岗岩铝饱和指数 A/NK 大于 1（1.06~1.98）；A/CNK 值为 0.76~1.35，可以分成 3 类：①拉斑系列，高 A/NK，以英云闪长岩为主；②钙碱性-高钾钙碱性系列，低 A/NK，高 A/CNK，以二长花岗岩为主；③高钾钙碱性-钾玄质系列，K_2O 含量高达 4.02%~6.31%（大喀拉苏为 4.23%~5.05%），低 A/NK，低 A/CNK。微量元素总体表现为低 Sr、P 和 Ti，在微量元素原始地幔标准化蛛网图上，表现出明显的 Sr、P 和 Ti 负异常，表明它们可能经历了强烈的结晶分异。早二叠世花岗岩具有高（正）$\varepsilon_{Nd}(t)$ 值（1.3~8.3），平均值为 4.2（王涛等，2010），如大喀拉苏黑云母二长花岗岩 $\varepsilon_{Nd}(t)$ 值为 2.66~3.10（李强等，2019），青布拉克-伯依托别辉长岩 $\varepsilon_{Nd}(t)$ 值为 2.67~7.03（董永观等，2016）。多数岩体为 A 型花岗岩，二叠纪的构造环境属后碰撞环境。

3. 中生代侵入岩

中生代侵入岩主要为三叠纪侵入岩，个别为早侏罗世侵入岩。三叠纪侵入岩主要分布于中阿尔泰，有阿拉尔花岗岩、阿斯喀尔特白云母花岗岩、虎斯特白云母花岗岩、辉腾花岗岩、尚可兰碱长花岗岩等。除阿拉尔花岗岩、辉腾花岗岩为岩基外，其他岩体规模小，为岩株。主要岩石类型为白云二长花岗岩、黑云二长花岗岩、二长花岗岩、二云母二长花岗岩、碱长花岗岩、黑云碱长花岗岩、黑云钾长花岗岩。在俄罗斯阿尔泰三叠纪侵入岩（228~245 Ma）以淡色花岗岩为主，如白岗岩、翁岗岩、含锂辉石花岗岩，另外，还有碱性镁铁质岩脉等（韩宝福，2008），在蒙古阿尔泰Chigerte和Sagsai地块中发育的淡色花岗岩年龄为225±10 Ma（Demin et al.，2001）。三叠纪花岗岩SiO_2含量为66.11%~76.51%，Al_2O_3含量为12.05%~16.08%，富钾（$K_2O/Na_2O=1.10\sim2.64$，少数为0.49~0.69）、碱质含量高（K_2O+Na_2O），为7.37%~10.46%。中钾-高钾钙碱性系列、钾玄岩系列，准铝质、微过铝质-强过铝质花岗岩。富集大离子亲石元素Rb、Th、K、Ce和Nd等，亏损高场强元素Ba、Sr、Ta、Nb、P和Ti等，球粒陨石标准化REE配分模式显示LREE富集，Eu亏损（$\delta Eu=0.29\sim0.92$）的右倾特征。$\varepsilon_{Nd}(t)$变化于-3.7~2.7之间。岩浆为加厚地壳中砂质岩发生减压部分熔融的产物（刘宏，2013；陈有炘等，2017）。岩石类型有I-A型（辉腾花岗岩，陈有炘等，2017）、S型（阿斯喀尔特白云母花岗岩、阿拉尔花岗岩、霍热木德克二长花岗岩，张亚峰等，2015，2017；田红彪等，2017）。阿尔泰造山带在二叠纪处于后碰撞构造环境，因此，三叠纪花岗岩为板内（陆内）环境产物。俄罗斯学者认为，阿尔泰三叠纪花岗岩类与西伯利亚超级地幔柱有关的幔源含矿岩浆活动的时限基本一致，属于非造山花岗岩类，是这个地幔柱演化最后阶段的产物（Dobretsov，1996；Dobretsov et al.，2010）。

三、深部构造特征和构造演化

（一）深部构造轮廓与地壳结构特征

阿尔泰上地幔变异带位于额尔齐斯断裂构造带及其以北地区，莫霍面呈南浅北深坡状分布，走向NW，莫霍面深度变化范围为50~58 km，是新疆境内莫霍面深度变化比较大的区域之一。本区与浅层构造西伯利亚古板块的二级构造单元—阿尔泰古陆缘活动带相对应。

康拉德面深度变化范围为28~30 km，比较平缓，这与本区大面积花岗岩体分布相一致。有资料表明西伯利亚板块内尚未发现滑动速率大于0.01 cm/a的活动断层。由此可以得出结论，该区属稳定板块。稳定板块内不存在低速层，地震测深资料也证明了这一点（李凤林等，2013）。

（二）构造演化

前人对阿尔泰构造环境和构造演化开展了大量研究工作，取得了重要成果，但至今未取得一致的认识。阿尔泰分布于俄罗斯、哈萨克斯坦、中国和蒙古，其特征和演化具有相似性，本节引自董永观等（2016，2020），将境内外4个国家的阿尔泰作为一个整体，讨论其构造演化（图1-7）。中亚造山带西段的构造演化总体上经历了以下几期：①860~1000 Ma，Rodinia超大陆的裂解与古亚洲洋及古太平洋的打开是密切相关的，Aldan地盾区、Sette-Daban、Baikal地区的基性岩墙的侵入及被动大陆边缘沉积，西伯利亚南缘及劳伦古陆北缘部分微陆块裂解，古亚洲洋打开。②760~850 Ma及700~750 Ma两期俯冲造山作用，沿西伯利亚南缘发生两期弧陆碰撞，使部分陆块增生到西伯利亚南缘，而南部的洋盆随着冈瓦纳的向北汇聚，古亚洲洋进一步打开。③600~640 Ma发生第三次弧陆碰撞，形成Muya榴辉岩带超高压变质岩、Near-Yenisei变质带以及造山磨拉石。④550~620 Ma，随着冈瓦纳大陆进一步汇聚，而古亚洲洋也达到最大规模，其后一直向西伯利亚板块俯冲。在此期间哈萨克斯坦和俄罗斯山区阿尔泰、俄罗斯东西萨彦、蒙古北部以及中国阿尔泰发育大量原始岛弧的岩浆岩（如高镁安山岩），表明古亚洲洋达到最大规模。⑤中亚造山带高压超高压变质岩主要形成于520~550 Ma和490~520 Ma。阿尔泰古生代造山作用可分两阶段，第一阶段是来自冈瓦纳大陆的阿尔泰-蒙古陆块与西伯利亚南缘增生带的碰撞，形成了早古生代中期的造山带（加里东）。第二阶段的碰撞是哈萨克斯坦板块与已经增生到西伯利亚南缘的蒙古-阿尔泰地块群发生碰撞，最终使中亚造山带形成雏形。460 Ma左右是阿尔泰-蒙古微大陆与西伯利亚板块发生碰撞的时间，也是第四次弧陆碰

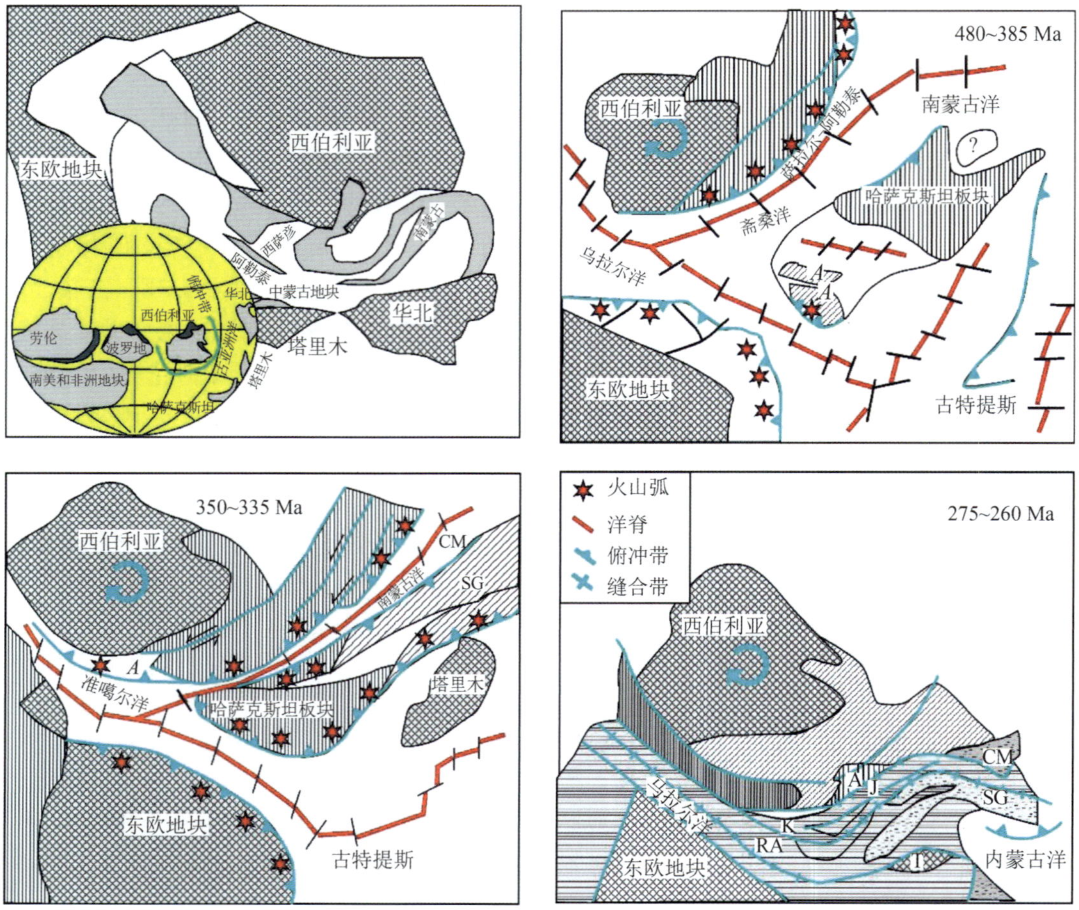

图 1-7　阿尔泰重要成矿带古生代构造演化模式图

（据董永观等，2016）

撞，沿阿尔泰-蒙古微大陆北缘形成一条比较醒目的缝合带。随着沿 Kokchetav，Tuva-Mongolian（图瓦-蒙古），中国阿尔泰、Central Mongolian（中蒙古）岛弧带的拼合，在中亚南部形成新的洋盆，如准噶尔、哈萨克斯坦及乌拉尔地区，并形成奥陶纪—志留纪的火山弧系。从阿尔泰、乌拉尔、天山地区发育的早古生代蛇绿岩以及这一时期的火山弧测年资料分析，火山弧活动的时间为 400~470 Ma。⑥360~420 Ma，是古亚洲洋向西伯利亚板块强烈俯冲期，是中亚造山带西段重要的演化阶段，一方面俯冲造山，另一方面由于洋壳板片拆沉引发地幔物质上涌，导致弧后拉伸，形成一系列弧后拉伸火山沉积盆地。从花岗岩的角度分析，沿可可托海岩浆弧花岗岩类广泛分布晚志留世到早-中泥盆世花岗岩，时代集中在 372~416 Ma，在 400 Ma 左右出现峰值，这些花岗岩在山区阿尔泰-北蒙古成矿带和矿区阿尔泰-南蒙古成矿带也同样广泛分布。这一时期的岩浆弧从 400 Ma 的鼎盛时期一直持续到 360~370 Ma，而 370 Ma 左右的花岗岩中，部分出现了造山后花岗岩的地球化学特征（周刚等，2009），表明晚古生代早期古亚洲洋向西伯利亚板块强烈俯冲造山阶段结束。大约在 280~340 Ma，哈萨克斯坦-准噶尔板块与西伯利亚板块发生碰撞，伴随大规模的区域性右旋走滑构造，这可能与西伯利亚板块在这一时期发生大规模的顺时针旋转有关（Didenko et al.，1994，1997）。由于碰撞的先后时间差别，在我国阿尔泰西部最早发生碰撞，向哈萨克斯坦方向，俯冲作用一直持续到中二叠世（大约 290 Ma）。最终于 290 Ma，哈萨克斯坦、西伯利亚、东欧地块拼合形成统一的西部中亚造山带。而此时在南东部中国的内蒙古及蒙古南部地区还继续存在俯冲，持续可能到中生代，这一时期的中亚造山带可能形成了一个向东开口的残余洋盆（最新的蛇绿岩时代为 165 Ma），至此，整个哈萨克斯坦-准噶尔板块与西伯利亚板块完全碰撞拼合。

四、盆地演化

南阿尔泰克兰、麦兹和冲乎尔盆地地层岩性特征相似，即底部为中-上志留统库鲁木提群变质岩、中部为康布铁堡组火山沉积岩系、上部为阿勒泰镇组火山沉积岩系。盆地内元古宙深变质岩（古老锆石年龄显示存在前寒武系）和晚寒武世—早奥陶世（495~481 Ma）褶皱基底的存在，说明盆地是在微陆块的陆壳基底上发展起来的。盆地边部存在有强烈变形的晚奥陶世俯冲花岗岩（刘锋等，2009；柴凤梅等，2010；王涛等，2010），表明俯冲至少开始于晚奥陶世。康布铁堡组底部为爆发相火山岩组合，在盆地南北两侧呈不对称分布，其顶部及底部火山岩年龄限定了康布铁堡组的形成时限为414~381 Ma，峰值为403 Ma。火山岩与同时代花岗质侵入岩的地球化学特征研究表明，盆地在晚志留世—晚泥盆世处于板块强烈俯冲环境。与此同时，石榴子石夕线石片麻岩中锆石边的389 Ma代表了区域变质作用时代（Long et al.，2007），从而证明可能在晚志留世—早泥盆世由于洋壳的俯冲消减，发育晚古生代岛弧及弧后盆地。随着俯冲程度的加强，由于洋壳板片拆沉（也可能是洋中脊俯冲）引发地幔物质上涌，导致拉伸，形成一系列岛弧裂谷火山沉积盆地，同时导致大规模火山喷发和岩浆侵入，形成康布铁堡组火山岩和盆地周边的侵入岩，为后来盆地的演变提供了载体。阿勒泰镇组覆盖在康布铁堡组之上，在盆地中部分布，其底部为成熟度低的杂砂岩夹生物碎屑灰岩，上部为深海-半深海粉砂岩、泥岩和碳酸盐岩，代表了稳定的弧后盆地环境。阿勒泰镇组沉积物主要来自盆地康布铁堡组中酸性火山喷发的产物，其顶部碎屑岩锆石的年龄基本限定了沉积的上限年龄为354 Ma，与阿勒泰镇组流纹岩年龄（锆石U-Pb年龄354 Ma）一致（杨富全等，2011），说明盆地最后接受沉积的时间为晚泥盆世。由于盆地内沉降堆积不同厚度第四纪沉积物，并直接覆盖在泥盆系之上，说明盆地第四纪以前与周围山区同时隆起上升剥蚀，未接受石炭纪至古、新近纪堆积，至此形成盆地地层格架。

石炭纪洋壳俯冲作用减弱或消失，洋盆闭合，区域转入拉张背景，进入后造山阶段（Coleman et al.，1989；Windley et al.，2002；王涛等，2010）。早二叠世，大洋消失，构造环境由挤压缩短转变为区域伸展和岩石圈减薄。由于拉张作用导致形成一系列深断裂，并切穿了岩石圈底部，形成一系列基性-超基性岩石、与底侵有关的花岗岩类（如将军山、大喀拉苏、可斯尔鬼、喇嘛昭和克因布拉克岩体）和高温低压麻粒岩相变质作用（王涛等，2005；陈汉林等，2006；肖文交等，2006；郑常青等，2007；Wang et al.，2009）。之后，阿尔泰造山作用结束，进入板内阶段，在中生代发生板内岩浆作用（王涛等，2010），有少量三叠纪侵入岩分布于盆地中（如克兰盆地尚克兰碱长花岗岩）。

综上所述，南阿尔泰古生代构造活动及其演化是在古亚洲洋的俯冲作用下完成的，它是在阿尔泰-蒙古微陆块基底的基础上演化而来的，在晚奥陶世—早泥盆世为活动大陆边缘弧，晚泥盆世为一弧后盆地，晚泥盆世以来，海相沉积结束。石炭纪—二叠纪，为后碰撞伸展环境，盆地进入变形变质阶段，并呈隆起上升剥蚀，直至第四系接受沉积（杨富全等，2016）。

第三节　东天山地质特征

天山是亚洲中部的重要山系之一，新疆境内东西长约1700 km，南北宽为250~300 km，最宽约800 km，是世界上规模最大、最年轻的陆内造山带之一（陈毓川等，2008）。中国境内的天山位于准噶尔盆地和塔里木盆地之间，经历了长期复杂的地质构造和演化过程，是开展造山带与大陆动力学研究的天然实验室，又是我国重要的矿产资源基地，因此历来是国内外地学工作者的重要研究区。传统上，天山由中天山北缘断裂和中天山南缘断裂分为北天山、中天山和南天山（舒良树等，1997；Xiao et al.，2004；李锦轶等，2006）。在地理上，大体以东经88°为界将天山山脉分为东天山和西天山，东天山即指东经88°以东或者独库公路以东地区（图1-8）。东天山主要包括博格达-哈尔里克带、觉罗塔格带、中天山地块和北山裂谷，觉罗塔格带进一步划分为头苏泉-大南湖岛弧带、康古尔-黄山剪切带（或康古尔弧后盆地）和阿齐山-雅满苏岛弧带。

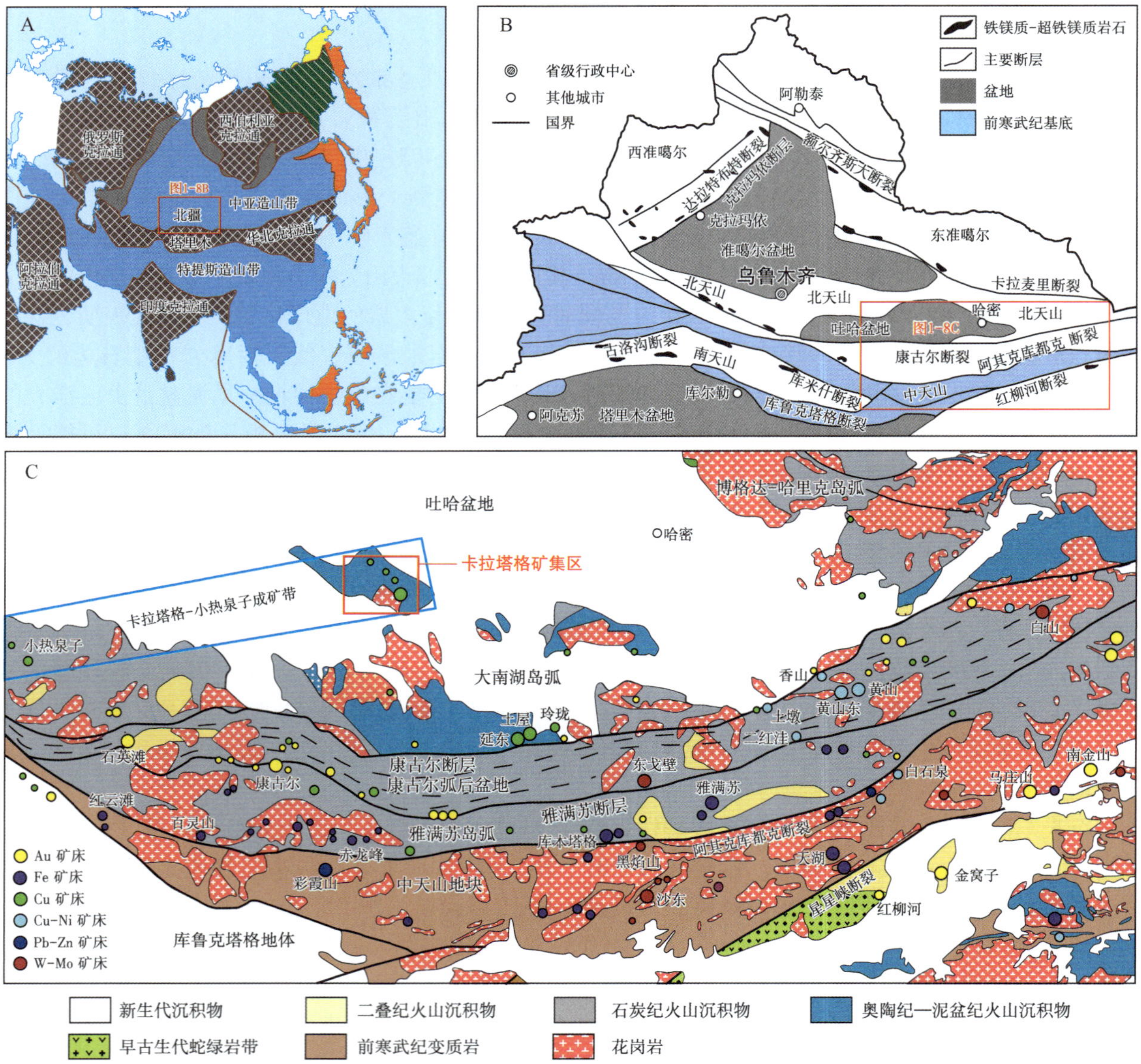

图 1-8　东天山区域地质矿产略图

（据王京彬等，2006；Deng et al.，2016 及相关文献，有修改）

一、地层

地层描述主要依据董连慧等（2009）、柴凤梅等（2016）及相关参考文献。

（一）元古宇

主要分布于阿其克库都克断裂以南的中天山地块，包括中元古界长城系星星峡群和蓟县系卡瓦布拉克群，新元古界震旦系。星星峡群由片岩、片麻岩夹大理岩和混合岩组成。卡瓦布拉克群由白云岩、白云质大理岩以及大理岩夹绢云母片岩组成。震旦系由板岩、云母石英片岩、角闪斜长片岩、斜长变粒岩、片麻岩、大理岩和石英岩组成。

（二）古生界

1. 奥陶系—志留系

主要出露于康古尔断裂以北的土屋、卡拉塔格一带，包括中-上奥陶统大柳沟组，志留系红柳峡组和卡拉塔格组。大柳沟组是以喷溢相为主的海相火山岩建造，主要为玄武岩、安山岩、英安岩、流纹岩、凝灰岩组合，中酸性火山岩最为发育，属钙碱性系列，并具低铝钛和富钠贫钾的特征。大柳沟组创名地在巴里坤，为安山岩、火山角砾岩、枕状玄武安山岩、英安岩和霏细岩，夹少量凝灰岩和粉砂岩。红柳峡组与下伏大柳沟组和上覆下泥盆统大南湖组呈不整合接触，主要为海相火山碎屑岩、火山碎屑沉积岩、碎屑岩建造，以火山碎屑岩为主，为含角砾岩屑凝灰岩、晶屑岩屑凝灰岩、火山灰凝灰岩、晶屑玻屑凝灰岩、凝灰质砂岩、凝灰质长石岩屑砂岩、砂质灰岩、沉凝灰岩等，熔岩仅见极少量英安岩夹层。卡拉塔格组主要为火山角砾岩、凝灰岩、英安岩和熔结凝灰岩。

2. 泥盆系

主要分布于大草滩断裂以北海豹滩、克孜尔卡拉萨依两侧，主要有下泥盆统大南湖组和中泥盆统康古尔塔格组。大南湖组以一套海相火山碎屑岩、火山碎屑沉积岩为主，夹中基性火山熔岩和碳酸盐岩组合，中下部灰岩中产大量珊瑚、腕足等化石，主要岩性有晶屑岩屑凝灰岩、角砾凝灰岩、火山灰凝灰岩、沉凝灰岩、凝灰质砂岩、安山岩、英安岩、霏细岩、泥晶生物碎屑灰岩。与下伏的中-上奥陶统大柳沟组，志留系红柳峡组、卡拉塔格组和上覆的上石炭统脐山组呈不整合接触。康古尔塔格组分布于康古尔断裂以北地区，为一套火山-沉积建造、岩石组合复杂，下部以正常碎屑岩为主，夹少量流纹质火山泥球凝灰岩，底部为底砾岩、砂岩、风化壳等，夹有碳质泥岩和煤线，向上中酸性火山熔岩、酸性火山碎屑岩增多，上部出现玄武岩和安山岩组合。康古尔塔格组底界以角度不整合覆于中-上奥陶统大柳沟组和志留系红柳峡组之上。

3. 石炭系

石炭系主要分布于觉罗塔格构造单元，在小热泉子-大南湖地区有下石炭统小热泉子组、底坎尔组和企鹅山群；在康古尔-黄山韧性剪切带有干墩组和梧桐窝子组；在阿齐山-雅满苏带内出露有下石炭统雅满苏组和土古土布拉克组。

下石炭统小热泉子组是小热泉子 VMS 铜锌矿床的赋矿层位，下部以中酸性火山碎屑岩为主，夹有部分熔岩，主要为火山角砾岩、凝灰岩、火山灰凝灰岩、英安岩、安山岩、沉凝灰岩组合。中部为火山岩和正常碎屑岩组合，夹少量生物灰岩，有安山岩、玄武岩、安山质角砾岩、凝灰岩、岩屑砂岩、生物碎屑灰岩等。上部以中基性火山熔岩为主，夹火山碎屑岩，主要有杏仁状玄武岩、安山岩、火山角砾岩、火山角砾凝灰岩、火山灰凝灰岩等。下石炭统干墩组为一套半深海-浅海相复理石杂砂岩建造，下部为砂岩、沉凝灰岩和玻屑凝灰岩，经历千糜岩化。中部以砂质岩为主，次为含砾长石岩屑砂岩、长石岩屑砂岩、沉凝灰岩、大理岩，含生物碎屑灰岩及碳酸盐岩，经历了片理化、糜棱岩化。上部为长石岩屑砂岩、含砾长石岩屑砂岩、流纹质凝灰岩、沉凝灰岩及少量透镜状砂砾岩。下石炭统雅满苏组呈近 EW 向展布，北与下石炭统干墩组、上石炭统梧桐窝子组以断裂相邻，南与上石炭统土古土布拉克组整合过渡或断裂接触。主要为一套火山碎屑岩夹灰岩、正常碎屑岩、火山熔岩组合，主要岩性有岩屑晶屑凝灰岩、火山灰凝灰岩、火山角砾岩、长石岩屑砂岩、泥晶生物碎屑灰岩等。该组腕足、珊瑚等化石比较丰富。

上石炭统底坎尔组为一套浅海相火山碎屑沉积建造，与下伏小热泉子组呈不整合接触，岩性以长石岩屑砂岩为主，夹凝灰质粉砂岩、岩屑凝灰岩、生物碎屑灰岩、安山岩、玄武岩、英安岩等。含有腕足、珊瑚等化石。

石炭系企鹅山群主要分布在土屋、延东一带，是土屋、延东斑岩铜矿的赋矿地层。可分为 3 个岩性组，第一岩性组为长石岩屑砂岩夹碳酸盐岩，分布于康古尔断裂北侧，岩性主要为（含砾）长石岩屑砂岩、绿泥绢云岩和沉凝灰岩，局部夹似层状、透镜状大理岩、砂砾岩、玄武岩和安山岩；第二岩性组主要为安山岩和玄武岩，其次为含砾长石岩屑砂岩、砂砾岩、沉凝灰岩、英安岩、凝灰岩、安山质角砾熔岩等；第三岩性组为长石岩屑砂岩和沉凝灰岩，分布于大草滩断裂南侧。

上石炭统梧桐窝子岩组为一套层状无序地层，属蛇绿混杂岩堆积，外来岩块为洋壳残片及陆源碎屑岩，基质为深海相火山碎屑岩及碎屑岩，主要为糜棱岩、千糜岩、千枚岩、板岩和动力变质岩。

上石炭统土古土布拉克组与下伏雅满苏组整合接触，可分为两个岩性段，下段为凝灰岩夹砾岩、灰岩，灰岩中含腕足类化石；上段以安山岩、玄武岩为主，夹凝灰岩、火山角砾岩和集块岩。

4. 二叠系

主要有下二叠统阿其克布拉克组，中二叠统阿尔巴萨依组和上二叠统库莱组。阿其克布拉克组分布于南北大沟夹白山以南一带，为一套海陆交互相碎屑岩，底界与下石炭统雅满苏组呈不整合接触，主要为岩屑砂岩、长石岩屑砂岩夹砾岩、灰岩薄层，含植物碎片及海百合茎、双壳类化石碎片，层型剖面含腕足、双壳化石。阿尔巴萨依组为一套陆相火山熔岩，夹少量火山碎屑岩建造，主要为玄武岩、杏仁状橄榄玄武岩、橄榄粗玄岩、粗玄岩、安山岩、杏仁状辉石安山岩、英安岩夹薄层状细火山角砾岩、火山灰凝灰岩、玻屑岩屑凝灰岩。库莱组为一套陆相碎屑岩建造，以薄-中层状钙质岩屑砂岩、钙质长石岩屑砂岩、粗粒岩屑砂岩、砂砾岩不均匀互层为主，局部夹粉砂质泥岩、碳质泥岩、粒晶灰岩、灰岩等，底部夹有少量火山灰凝灰岩、火山灰玻屑凝灰岩，含有双壳类及植物化石。与阿尔巴萨依组呈不整合-整合接触，上覆不整合下侏罗统三工河组。

（三）中-新生界

1. 侏罗系

出露有下-中侏罗统，缺失上侏罗统，分布于山前及山间坳陷中，大部分被古近系、新近系和第四系覆盖，呈零星分布。主要为下侏罗统八道湾组和三工河组，下-中侏罗统煤窑沟组，中侏罗统西山窑组和头屯河组。八道湾组为一套湖相细碎屑岩沉积，主要为砾岩、砂砾岩、砂岩、粉砂岩、粉砂质泥岩夹薄煤层、煤线及菱铁矿层，与下伏地层呈不整合接触关系，向上与三工河组呈整合过渡关系，含大量植物化石。三工河组主要为一套薄层状粉砂质泥岩、泥质粉砂岩夹钙质砂岩、砂质灰岩、泥灰岩及菱铁矿透镜体，局部夹砂岩、砂砾岩，含硅化木和鱼化石。与下伏下侏罗统八道湾组呈整合过渡关系。煤窑沟组零星出露于阿齐山、西戈壁等盆地边缘，不整合超覆于石炭系之上。为一套湖相沉积岩，下部主要为砾岩；中部为砂岩，局部为含铁粗砂岩；上部为砂岩，夹菱铁矿透镜体。西山窑组为一套湖沼相含煤碎屑岩建造，岩性主要为细砂岩、粉砂岩、泥岩、砾岩、砂砾岩夹煤层、薄层状石膏及菱铁矿，含有丰富的植物化石，大量硅化木、铁化木及一些双壳类化石。中侏罗统头屯河组主要为杂色泥岩、砂质泥岩、粉砂岩、细砂岩不均匀互层夹含砾粗砂岩、中粒岩屑长石砂岩，为一套杂色河湖相碎屑岩建造。与下伏西山窑组煤系地层呈整合接触。

2. 古近系—新近系

主要分布于北部地区，在南部的山间盆地中也有少量分布。从古新统—上新统均有出露，其中古新统台子村组、始新统巴坎组为河流相碎屑沉积，渐新统—中新统桃树园组为山麓河流相、河湖相-干旱湖相沉积，上新统葡萄沟组为河流相碎屑岩建造。

二、侵入岩

觉罗塔格构造带侵入岩总面积占基岩出露面积的23%，岩性主要有超镁铁岩、辉长岩、闪长岩、花岗闪长岩到正长花岗岩-碱长花岗岩-碱性花岗岩（董连慧等，2018）。觉罗塔格构造带岩浆侵入活动从奥陶纪开始一直持续到三叠纪，奥陶纪（453~443 Ma）侵入岩主要分布于卡拉塔格，志留纪（440~414 Ma）侵入岩分布于玉海、卡拉塔格、四顶黑山，泥盆纪（387~369 Ma，Sun et al.，2019）侵入岩分布于卡拉塔格、大南湖等。石炭纪侵入岩最发育，早石炭世（318~352 Ma）为钙碱性花岗岩序列，分为南北2个岩浆链，以二长花岗岩为主，其次为闪长岩、英云闪长岩、奥长花岗岩、花岗闪长岩，少量辉长岩，主要为I型花岗岩，大离子亲石元素富集，高场强元素亏损。晚石炭世（305~318 Ma）为正长花岗岩序列，岩体多呈椭圆形岩株，分为正长花岗岩亚序列和二云母正长花岗岩亚序列，前者为A_2型花岗岩，后者多为S型花岗岩，大离子亲石元素富集，高场强元素略富集。石炭纪斑岩伴有大量斑岩铜矿，如土屋、延东、福兴、灵龙、赤湖等铜矿。石炭纪末期淡色花岗岩序列，分布于觉罗塔格构造带东段南侧，主要有大白石头泉黄玉花岗岩体，该岩体中发现了大型铷矿；绿洲泉黄玉花岗岩体，伴有黑钨矿。二叠纪伸展环境镁铁质-超镁铁质岩石序列，主要分布于觉罗塔格构造带东段土墩-图拉尔根一带，在西段的卡拉塔格、白鑫滩、海豹滩、路北也有少量分布。一般规模较小，具有多个相带，岩性有角闪橄榄岩、辉石岩（斜方辉石岩、二辉岩、单斜辉石岩）、苏长岩和辉长岩。镁铁质-超镁铁质岩石中发现了大量岩浆铜镍硫化物矿床，构成铜镍成矿带，如黄山、图拉尔根、路北、天宇、白石泉、月牙湾等（董连慧等，2018）。三叠纪板内花岗岩序列，分布广泛，主要为黑云母花岗岩，少量镁铁质岩，该期伴有斑岩钼矿（成矿时代223~234 Ma，如白山、东戈壁，涂其军等，2014；Han et al.，2018）、矽卡岩型钨矿（成矿时代245~251 Ma，如小白石头、沙东，唐俊林等，2014；Deng et al.，2017；Li et al.，2019）、岩浆型钒钛磁铁矿（岩体年龄233~246 Ma，如尾亚，Zhang et al.，2005）和伟晶岩型稀有金属矿（如镜儿泉Li-Be-Nb-Ta矿，岩体年龄220~253 Ma，Liu et al.，2020；李寄邦等，2021；成矿年龄为251 Ma，凤永刚等，2021）。

觉罗塔格构造带进一步分为头苏泉-大南湖岛弧带、康古尔-黄山剪切带（有人称为弧后盆地）和阿齐山-雅满苏岛弧带，每个带岩浆侵入活动各具特色。头苏泉-大南湖岛弧带侵入岩以长英质侵入岩为主，少量中性岩和镁铁质-超镁铁质岩石，主要为钾长花岗岩、黑云母花岗岩、二长花岗岩、英云闪长岩、花岗闪长岩、（石英）闪长岩。侵入岩时代有奥陶纪（453~443 Ma，如卡拉塔格）、志留纪（440~414 Ma，如玉海、卡拉塔格、四顶黑山）、泥盆纪（387~369 Ma，如卡拉塔格西二区、大南湖、镜儿泉，Sun et al.，2019）、石炭纪（340~342 Ma，如土屋、延东，Wang et al.，2015）和二叠纪，其中石炭纪侵入岩最发育，多呈岩株状产出。该岛弧带斑岩发育，伴随大量斑岩铜矿，有晚奥陶世玉带铜矿（Sun et al.，2018），晚志留世三岔口铜矿（林涛等，2017），石炭纪土屋、延东、福兴、灵龙、赤湖、玉海铜矿（Wang et al.，2016，2017；Xiao et al.，2017）。在卡拉塔格矿集区发育二叠纪镁铁质-超镁铁质岩石，并伴有岩浆型铜镍矿，如月牙湾（265~282 Ma，Sun et al.，2019；Mao et al.，2021）。

康古尔-黄山韧性剪切带东段为石炭纪闪长岩、花岗岩和钾长花岗岩，属铝不饱和钙碱性系列。少量早石炭世辉长岩，如图拉尔根矿区Ⅱ号和Ⅲ号岩体（357~351 Ma，三金柱等，2010；焦建刚等，2013）。早二叠世（300~269 Ma，Zhou et al.，2004；三金柱等，2010）镁铁质-超镁铁质岩石发育，主要岩性为辉长岩、辉石岩、橄辉岩、橄榄岩，并伴有岩浆型铜镍矿，如葫芦、黄山、黄山东、黄山西、黄山南、土墩、二红洼、红石岗、香山、香山西等。西段为二叠纪石英闪长岩、二长花岗岩、花岗闪长岩、英云闪长岩和钾长花岗岩，偏碱性的碱钙性系列I型花岗岩（董连慧等，2009）。近年来在西段也发现了二叠纪镁铁质-超镁铁质岩石（286~278 Ma），并伴有铜镍矿，如路北、海豹滩、白鑫滩（Feng et al.，2018；Chen et al.，2018）。发育少量三叠纪花岗斑岩，伴随斑岩型钼矿（223~234 Ma），如东戈壁钼矿、白山钼矿。

阿齐山-雅满苏岛弧带石炭纪（246~228 Ma）、二叠纪（349~308 Ma）侵入岩分布广泛，也发育少量三叠纪侵入岩（297~272 Ma）（王龙生等，2005；周涛发等，2010；雷如雄等，2013）。石炭纪侵入岩大体上沿阿其克库都克-沙泉子大断裂北缘分布，为辉长岩-闪长岩-石英闪长岩-花岗闪长岩-英云闪长岩-二长花岗岩（花岗岩）组合，其中二长花岗岩最为发育，在个别地段出现辉长岩。花岗岩具典型壳幔同熔型（I型）花岗岩特点，有较多下地壳或基底陆壳成分混染。二叠纪侵入岩以钾长花岗岩为主，零星分布。三叠纪侵入岩仅见个别二长花岗岩、钾长花岗岩，具过碱性特征，为过碱性-弱铝钙碱性系列地壳重熔形成的花岗岩类（董连慧等，2009）。该带主要形成与海相火山作用有关的铁铜矿，如红云滩铁矿、百灵山含钴铁矿、雅满苏铁锌钴矿、沙泉子铁铜矿、黑峰山铁（铜）矿、十里坡自然铜矿；与岩浆侵入活动有关的矿床主要有铁岭矽卡岩型铜矿床、维权和双井子银多金属矿床。

中天山地块岩浆活动时间跨度较大，从中-新元古代、奥陶纪、泥盆纪、石炭纪、二叠纪和三叠纪侵入岩均发育，其中-新元古代以二长花岗岩为主，其次为花岗闪长岩，英云闪长岩很少，为钙碱性系列，非过铝质岩石，形成于成熟度不高的陆壳环境（胡霭琴等，2006）。奥陶纪侵入岩为花岗闪长岩-二长花岗岩-钾长花岗岩-碱长花岗岩，碱含量高，铝不饱和，地壳成熟度总体水平较低，属壳幔混合花岗岩系列（胡霭琴，2007；Lei et al.，2011）。泥盆纪侵入岩由闪长岩、花岗闪长岩和二长花岗岩组成复式岩体，为钙碱性系列富碱性铝弱饱和岩石。石炭纪侵入岩以花岗闪长岩、花岗岩类为主，其次为闪长岩类，属铝不饱和钙碱性系列花岗岩，属地壳成熟度较高环境下的产物（王德贵等，2006）。二叠纪早期以石英正长岩为主，为钙碱性-碱性系列铝不饱和岩石，属深源碱性花岗岩类，晚期以二长花岗岩为主，为钙碱性系列、铝弱饱和。也发育有多个镁铁质-超镁铁质岩体，时代为二叠纪—三叠纪（285~233 Ma），伴有岩浆型矿床，如白石泉铜镍矿、天宇铜镍矿、尾亚钒钛磁铁矿（吴华等，2005；Zhang et al.，2005；毛启贵，2008；董连慧等，2009；方同辉等，2011）。三叠纪侵入岩（246~239 Ma；唐俊林，2014；Deng et al.，2017；Chen et al.，2018；Li et al.，2019）主要出露于沙东-小白石头一带，为黑云二长花岗岩，伴有矽卡岩型钨矿。

三、构造及演化

（一）深部构造

东天山地区深部整体表现为地幔隆起区，莫霍面深度一般在 50 km 左右，局部凸起 48 km，大致呈东西浅中部略深的起伏分布。康拉德面深度 30~34 km，局部达 36 km，形态与莫霍面相反，东西部深中部略隆。该区进一步可划分为：乌鲁木齐-库尔勒上地幔变异带，辛格尔上地幔凸起，尾亚上地幔凸起等二级构造区（李凤林等，2013）。

（二）断裂

东天山地区断裂和褶皱十分发育，中部为近 EW 向展布，西段为 NWW 向分布，东段呈 NEE 向分布。主要断裂有康古尔塔格-黄山深大断裂系、阿其克库都克-沙泉子断裂、红柳河-星星峡断裂及其派生的次级断裂（图 1-8）。康古尔塔格-黄山深断裂（又称康古尔断裂系），位于觉罗塔格地区中部，由多条韧性剪切带组合而成（马瑞士等，1997），主要有康古尔断裂、黄山-镜儿泉断裂、红石岗断裂以及雅满苏断裂等。西起却勒塔格，向东经色尔特能、秋格明塔什、卡特恰尔塔格、康古尔塔格、夹白山、土屋、雅满苏北、黄山、镜儿泉，一直延伸到甘肃北山北部，进入蒙古境内，延伸长度达 600 km 以上，宽度 5~30 km。西端走向 NWW，东端走向 NEE，总体上呈向南凸出的缓弧形（张达玉，2012）。带内由于变形强烈，地层层序破坏严重。

阿其克库都克-沙泉子断裂（又名中天山北缘断裂），北侧为觉罗塔格构造带，南侧为中天山地块。断裂带南、北两侧的沉积建造、岩浆活动及变质作用等明显不同。南侧广泛出露前寒武系变质岩系，北侧石炭系十分发育。南侧除有早古生代酸性侵入岩外，石炭纪和三叠纪中酸性-酸性侵入岩广泛发育；北侧则以发育晚古生代火山岩为其特征。南侧前寒武系变质岩相属角闪岩相，石炭系为绿片岩相，局部出现高绿片岩相；北侧石炭系变质甚浅，为葡萄石-绿纤石相。断裂总体呈 EW 向，总体向南倾，为一大型压型兼右行走滑断裂，在东天山区域长约 500 km。以东经 90°和 94°为界，分为东段沙泉子断裂，中段阿其克库都克断裂，西段干沟断裂 3 个部分。西段干沟断裂大体位于东经 90°线以西，呈 NW 走向并一直向南东延伸，连接到卡瓦布拉克断裂，在干沟和却勒塔格两地有蛇绿岩和镁铁质-超镁铁质杂岩出露。中段阿其克库都克断裂位于东经 90°~94°间，近 EW 向展布，沿断裂带没有蛇绿岩或镁铁质-超镁铁质杂岩出露（杨建民等，2005；Han et al.，2010；张达玉，2012）。在东经 94°至沙泉子以东转变为 NEE 向。

卡瓦布拉克-红柳河断裂（又名中天山南缘断裂），总体呈近 EW 向、NEE 向，为左行压扭性断裂。东起库米什北的桑树园子，经巴伦台南的乌瓦门、拉尔敦达坂、包扎敦达坂南坡、阿克牙孜河中游空古尔布拉克、长阿吾子沟北至东都果尔河上游，西出国境与吉尔吉斯斯坦南天山的依内里切克-阿特巴什断裂相连（高俊等，2009）。以断续出露蛇绿混杂岩和蓝片岩而显示其古板块缝合带的性质，代表了中天山地块（伊犁地块）与南天山地块的拼接带（车自成等，1994）。断裂北侧均出露前寒武纪中深变质岩系和片麻状、眼球状花岗质岩石，而断裂南侧主要出露寒武系、泥盆系和志留系碎屑岩，基本未经受变质作用，晚期中酸性岩浆活动相对北侧也较弱，表明断裂两侧地体经历了不同的构造发展史。该断裂控制了中天山邻区北山地区二叠纪火山-沉积洼地的展布方向，沿断裂带有镁铁质-超镁铁质杂岩体呈带状出露，同时也侵入有线性延伸的晚古生代花岗岩类（张达玉，2012）。

（三）区域构造演化

东天山是中亚造山带的重要组成部分，其形成与中亚造山带的地质构造演化密不可分。前人通过对中亚造山带构造地质学、岩石学、地球化学等的研究，提出中亚造山带是古生代多陆块-洋盆-岛弧俯冲、碰撞的产物，并提出了多种构造演化模式。新疆中亚造山带古陆块形成于前震旦纪，它是在塔里木古陆核基础上发展起来的，经过新太古代末辛格尔运动、古元古代末兴地运动，塔里木古陆逐渐扩大到昆仑、天山等地，中-新元古代，塔里木陆块经过多次开合和侧向增长，至前震旦纪末塔里木运动，古陆范围扩大到整个新疆及邻区。在震旦纪—古生代新疆古陆块解体，在阿尔泰-准噶尔和吐哈-中天山之间分别形成斋桑-东准噶尔洋盆和康古尔-黄山洋盆，在中天山-塔里木和准噶尔-吐哈之间形成北山、博格达-哈尔力克2个陆内裂谷系。舒良树等（2001）认为，觉罗塔格地区在新元古代末期至早古生代，罗迪尼亚古陆发生解体形成了古亚洲洋，其在新疆区可分为北天山洋（现包括准噶尔盆地-阿尔泰南部）和南天山洋（北天山和塔里木板块之间）。哈萨克-准噶尔板块可能是飘移于北天山洋中的陆块，它由多个地块拼贴而成，准噶尔地块、吐哈地块都是其中的子陆块。早古生代北天山洋为一多岛洋盆，在寒武纪—中奥陶世洋盆拉张，在区域上形成了一系列蛇绿岩，中奥陶世—志留纪洋盆俯冲消减，各陆块边缘通过弧盆演化进行增生，志留纪末各岛弧间的碰撞结束，拼贴为统一早古生代陆块，并伴随有大量的岛弧体制下的岩浆-成矿作用。张达玉（2012）认为泥盆纪主要为残余洋盆演化时期，其中东天山觉罗塔格地区北部大南湖构造带的泥盆纪—石炭纪火山岩为这一时期岛弧发育的产物。塔里木板块与哈萨克斯坦-准噶尔板块拼合后，位于卡拉麦里蛇绿岩为代表的北天山大洋向南部的觉罗塔格地区不断消减的动力机制下，在早石炭世始持续拉张，形成裂陷槽。晚石炭世东天山地区总体进入了后碰撞演化阶段，发育陆相火山岩及河湖相碎屑岩沉积，为陆内环境，发育有十分强烈的成岩成矿作用，一直延续到早三叠世末期。李锦轶等（2002）以构造发展动力学背景的变化为依据，将东天山南部地区古生代以来的构造演化分为4个大的构造阶段：泥盆纪至二叠纪初期：洋盆收缩乃至最后闭合阶段，使各个地块之间持续汇聚，彼此之间的洋盆相继关闭，于石炭纪晚期发生了比较强烈的碰撞造山作用。二叠纪至三叠纪初期发生了后碰撞幔源岩浆底侵与地壳伸展作用。中生代的整个北疆已进入板内演化阶段，以造山带垮塌的陆相沉积岩系为主，发育碎屑岩及含煤建造。三叠纪晚期—白垩纪地壳隆起并经剥蚀，新生代为陆内活化阶段，导致地壳差异隆升，NE向左行走滑运动和自南向北的逆冲推覆（柴凤梅等，2014及相关文献）。

尽管不同学者对东天山构造演化有不同的认识，但已达成的共识在于：天山地区在前寒武纪时期位于古亚洲洋的南缘，具有微陆块-洋盆-洋岛相间分布的特征；早古生代时期微陆块之间的洋盆发生俯冲作用；晚古生代时期洋盆最终闭合，进而发生陆-弧碰撞形成天山造山带，稍后即发生造山后伸展作用（苏本勋等，2010）。

第四节　赛里木地质特征

赛里木湖周边地区地理上属于西天山，行政区划上属新疆维吾尔自治区伊宁市、博乐市管辖。在大地构造上属于哈萨克斯坦-准噶尔板块的巴尔喀什南缘活动陆缘（$\text{Ⅱ}_{1\text{-}3}$）之赛里木地块（$\text{Ⅱ}_{1\text{-}3}^{1}$）（图1-9）。

一、地层

区域上出露地层主要有古元古界温泉群，中元古界长城系哈尔达坂群和蓟县系库松木切克群，中泥盆统汗吉尕组，上泥盆统托斯库尔它乌组，下石炭统大哈拉军山组、章古苏组和阿恰勒河组，下二叠统乌朗组和新生界（图 1-9），其中温泉群上亚群和哈尔达坂群为该区铅锌矿的主要含矿层位。

（一）元古宇

1. 古元古界温泉群

主要分布在研究区北部，博尔塔拉河以南，呈 EW 向带状展布，为一套深变质碳酸盐岩-细碎屑岩建造，分为上下 2 个亚群，主要岩性为混合岩、片麻岩、大理岩、变粒岩等，与中元古界长城系哈尔达坂群呈断层接触关系。其中古元古界温泉群上亚群为本研究区铅锌矿、石墨矿的赋矿层位。温泉群下亚群为一套深变质岩，呈 NWW-SEE 向展布，主要岩性有混合岩、条带状混合岩、黑云斜长片麻岩、二长变粒岩等，厚度约 9000 m，未见底。该亚群在托克赛铅锌矿床以西地段见有长 5 km，厚 0. 8 km 的大理岩层。温泉群上亚群为一套中-低压角闪岩相的区域变质岩，厚度约 6000 m，主要岩性为绢云石英片岩、大理岩、含石墨大理岩、片麻岩、变粒岩等，其中大理岩为铅锌矿（如托克赛铅锌矿区）重要含矿层位之一。

2. 中元古界长城系哈尔达坂群

分布于研究区北部，沃托克赛河北岸，出露厚度约 8000 m，哈尔达坂群为一套以浅变质碎屑岩为主，夹碳酸盐岩沉积。主要岩性有千枚岩、板岩、灰岩、碳泥质硅质岩、变质砂岩夹大理岩、白云质大理岩、白云岩等。该组地层中的大理岩、白云质灰岩、白云岩为区域内铅锌矿床的重要含矿地层（如哈尔达坂铅锌矿），也是铜矿、铌钽矿的赋矿层位。

3. 中元古界蓟县系库松木切克群

分布于研究区中北部和东部，为一套生物碎屑夹正常碎屑沉积，主要岩性为含粉砂微晶灰岩、灰岩夹片理化泥质岩、钙质粉砂岩、含粉砂钙质泥岩等。库松木切克群下亚群主要由一套泥质及砂质灰岩、大理岩化灰岩、碳质灰岩组成。上亚群由一套石英岩、泥质硅质岩、大理岩化灰岩、泥质灰岩组成。

4. 新元古界青白口系开尔塔斯群

分布于研究区中部，主要由一套浅变质的大理岩化灰岩、硅质灰岩、灰岩、碳质灰岩夹泥岩、碳质页岩夹泥质灰岩等组成。开尔塔斯群下亚群主要由灰岩、碳质页岩夹泥质灰岩组成。上亚群主要由大理岩化灰岩、硅质灰岩、灰岩、碳质灰岩夹泥岩组成。

（二）古生界

1. 奥陶系

在研究区中南部出露上奥陶统呼独克达坂组、风沟组、塔勒基河组和新二台组，主要由一套浅变质灰岩夹少量钙质粉砂岩、含砾泥岩等组成。呼独克达坂组主要由灰岩夹少量岩屑长石砂岩组成。风沟组主要由粉砂岩、砂岩夹钙质团块、细砂岩、砂砾岩等组成。塔勒基河组主要由泥质硅质岩（含丰富笔石）组成。新二台组主要由泥质粉砂岩、硅质岩夹灰岩组成。

2. 泥盆系

出露相对较少，总体上为一套陆源碎屑岩和生物碎屑岩建造。出露有中泥盆统汗吉尕组和上泥盆统托斯库尔它乌组。前者主要由泥质粉砂岩、石英岩屑砂岩夹硅质页岩、泥岩、砂砾岩、玄武岩组成，局部夹砾岩透镜体，生物碎屑灰岩、层孔虫礁灰岩等，该组为本研究区铍矿的赋矿层位；后者主要岩性为含放射虫硅质泥岩、硅质粉砂岩、泥质粉砂岩夹沉凝灰岩、火山灰凝灰岩。

3. 石炭系

仅局部出露下石炭统阿恰勒河组、章古苏组和大哈拉军山组，主要分布于沃托格赛尔河以南区域，呈带状展布，研究区中部及东部也有局部出露。阿恰勒河组分为上下 2 个亚组，下亚组由岩屑砂岩、长石岩屑砂岩、泥岩、钙质粉砂岩、沉凝灰岩夹生物碎屑灰岩及砂砾岩组成；上亚组由岩屑砂岩、长石岩屑砂岩、粉砂岩、生物碎屑灰岩、灰岩夹砾岩组成。大哈拉军山组为一套火山岩和火山碎屑岩建造，岩性为流纹质熔岩、晶屑玻屑凝灰岩、凝灰岩及少量含集块角砾岩等。

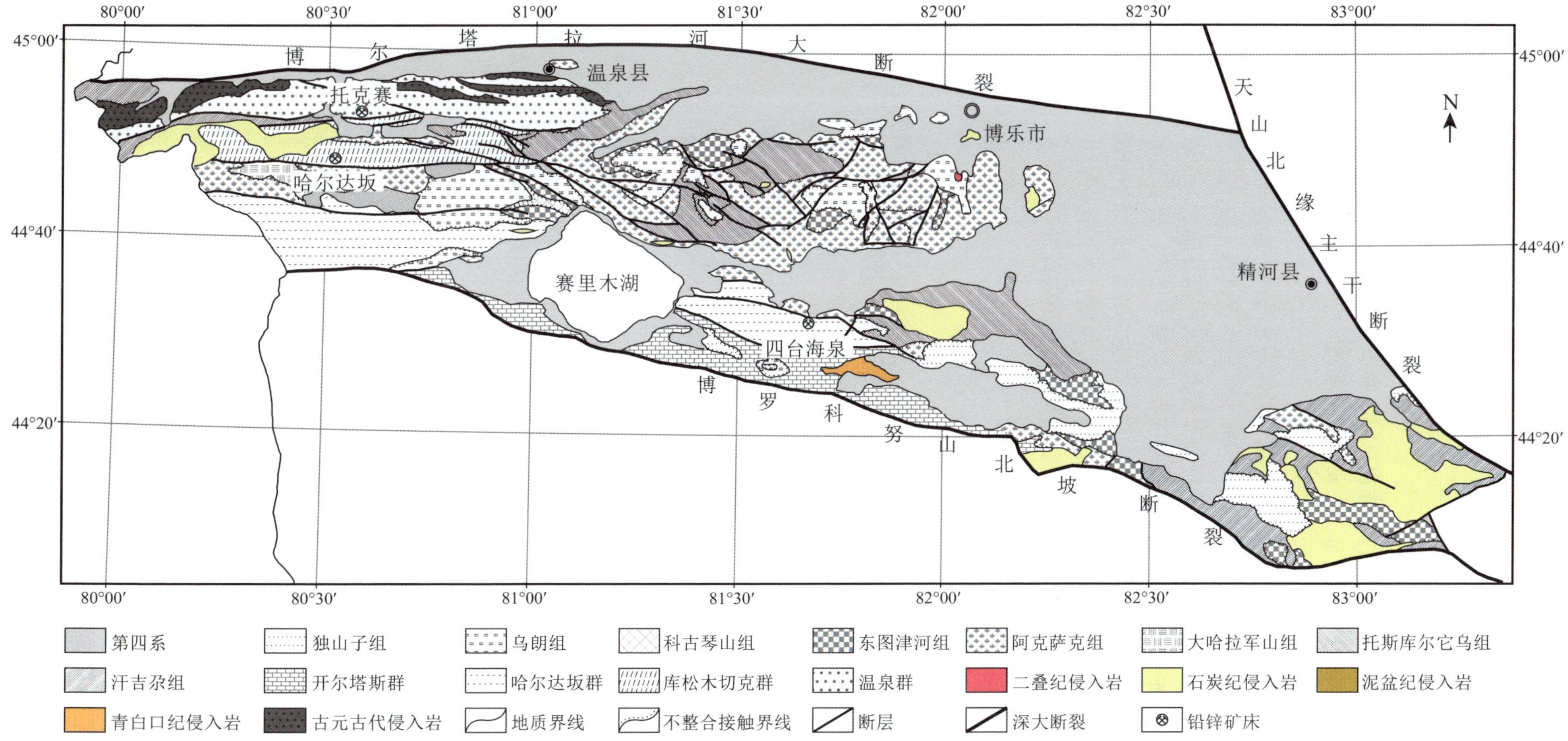

图1-9 赛里木区域地质略图

(据段士刚，2011；修改自新疆1:50万地质图)

4. 二叠系

出露下二叠统乌朗组，分布于研究区中北部，为一套中酸性火山岩，岩性为熔结凝灰岩、英安岩、辉石安山岩、安山玄武岩夹火山角砾岩、晶屑凝灰岩、沉凝灰岩等。

二、侵入岩

区域岩浆侵入活动强烈，古元古代、青白口纪、晚古生代均有发育。岩体长轴方向与区域构造线基本一致，多呈 EW 向或近 EW 向展布，主要分布于研究区中南部。在区域内范围分布较大的以石炭纪酸性侵入岩为主。

元古宙侵入岩分布于别珍套岩带内，如科克苏岩体及牙马特南岩体等，以二长花岗岩为主，花岗闪长岩及闪长岩次之，钾长花岗岩和英云闪长岩较少。岩体侵位古元古界温泉群，其上被中泥盆统汗吉尕组不整合覆盖。沿岩体的长轴方向常平行分布有大量的中基性脉岩，使岩体形成了黑白相间的条带状构造；东部岩体出现片麻状构造和混合岩化现象，受动力作用，岩石破碎。

晚古生代（泥盆纪、石炭纪、二叠纪）侵入岩为岩基，出露于区域中南部，EW 向或近 EW 向展布，贯穿整个研究区。主要岩性为中粒角闪英云闪长岩、中细粒二长花岗岩、黑云二长花岗岩、石英闪长岩，中细粒石英二长闪长岩、花岗闪长岩、花岗斑岩、英安斑岩等。

三、构造

（一）深部构造

西天山上地幔坳陷区北以准噶尔南缘为界，东以乌鲁木齐-库尔勒一线为界，包括西天山及西南天山，莫霍面平均埋深为 62 km，最深达 66 km，平均深度比准噶尔上地幔隆起区深 14 km。康拉德面在本区多为 NW 向局部隆起或凹陷。深度变化范围为 26～34 km。根据莫霍面分布特征，又可划分为以下 3 个二级构造区：伊宁上地幔凸起，拜城-巴音布鲁克上地幔凹陷，阿合奇-库车上地幔变异带等（李凤林等，2013）。

（二）褶皱

在古元古界和中元古界内褶皱构造较为发育，沿别珍套山主脊，发育哈尔达坂背斜，沿别珍套山北坡的古元古界内发育牙马特背斜。哈尔达坂背斜为元古宙末期褶皱，位于沃托格赛尔河北岸哈尔达坂一带，近 EW 向展布，背斜轴向 80°～85°，轴线长大于 40 km。南北两翼分别由沃托格赛尔河断裂和托克赛断裂所分割，褶皱宽为 1～1.5 km，由核部向两翼地层依次为长城系哈尔达坂群下亚群和上亚群，北翼产状 10°∠75°，南翼产状 180°∠70°，属轴面近于直立、两翼大致对称的紧闭背斜构造。哈尔达坂矿区西部在背斜核部，有晚古生代岩体侵位。

牙马特南山背斜位于牙马特沟上游别珍套山主脊一带，核部和两翼地层均由温泉群上亚群变质岩组成，褶曲和断裂比较发育。褶皱轴向 100°～105°，长 5～7 km，宽 1～1.5 km，北翼产状 345°∠50°，南翼为 170°∠60°，轴面近乎直立，两翼基本对称的短轴背斜构造。褶皱轴向与温泉群中 SEE 向断裂及伴随的花岗岩带展布方向一致，属辛格尔晚期构造运动产物。

（三）断裂

区域内断裂构造较为发育，形成以近 EW 向或 NWW—SEE 向区域性大断裂为主、次级 NWW 向断裂和晚期 NE—SW 向断裂为辅的多序次断裂体系。区域性大断裂往往是“界”一级地层的分界断裂，主要有博尔塔拉河断裂、牙马特断裂、托克赛断裂和沃托格赛尔河断裂。次级断裂与区域性大断裂夹角大多 15°以内，也往往具有控岩作用，是“系”一级地层的分界断裂，有时控制着侵入岩的侵位。NE 向断裂形成较晚，对早期形成的断裂有穿切及错动。

博尔塔拉河断裂：为区域性大断裂，呈 EW 向沿博尔塔拉河谷北岸波状延伸，横穿区域北侧。断裂两侧地层时代和岩性、构造特点截然不同，北侧为晚古生代复理石建造和中生代含煤建造，构造线以 NEE 向为主，伴随着石炭纪酸性岩浆侵入活动；南侧为古元古代深变质岩系，构造线方向多为 SEE 向。断裂产状大致为 0°~5°∠45°~50°，属北盘上升之逆断裂。

牙马特断裂：断裂西起科克苏河南岸国境线附近，经牙马特南山沿近 EW 向波状延伸，为温泉群和哈尔达坂群的分界断裂，北侧为温泉群深变质岩，南侧西段为哈尔达坂群浅-中等变质的碎屑岩夹碳酸盐岩系。沿断裂有 5~8 m 的碎裂带，岩石均已破碎及糜棱岩化。此外，有一系列分支断裂发育，温泉群变质岩被分割成许多断片，岩浆活动强烈，局部地段形成混合岩化变质岩。断裂为北盘上升、南盘下降之逆断裂，倾向 0~15°，倾角 50°~60°。

托克赛断裂：地貌上形成小的负地形，其南侧地势升高直达雪线，为陡峭的中高山区，断裂北侧为山前的低山区，断裂多数地段覆盖，沿断裂发育糜棱岩化带，宽度 30~300 m，沿断裂有闪长岩脉侵位。断裂两侧岩石变质程度差距极大，断裂南侧为区域变质相属低温中压的葡萄石-绿纤石相，断裂北侧为中温中压的角闪岩相。断裂倾向 178°，倾角 55°~75 °。

沃托格赛尔河谷断裂：北侧出露长城系哈尔达坂群，南侧为下石炭统阿恰勒河组，断裂面倾向 180°~185°，倾角 50°~65°，为北盘上升、南盘下降的逆断层。地貌上沿断裂展布方向断层台地和沟谷负地形断续相接，断裂通过处新构造运动表现明显，沟谷显示为深切峡谷，下切深度达 70~80 m，河谷中游有三级河床阶地发育，高出现代河床 80~85 m。

第五节　区域地球物理特征

一、区域重力特征

（一）新疆重力特征

新疆 1∶400 万布格重力异常图（图 1-10）显示，新疆布格重力异常全部为负值。大体上，塔里木-东天山-准噶尔为重力高（$-120\times10^{-5}m/s^2$），西天山、南昆仑、北阿尔泰为重力低（-240×10^{-5}~$-520\times10^{-5}m/s^2$），其间有 4 条重力梯度带。1∶400 万布格重力异常基本反映莫霍面的起伏和结晶基底特点。阿尔泰为一向北递减的梯度带，异常梯度每千米 $1\times10^{-5}m/s^2$ 以上，为准噶尔重力高与北阿尔泰-萨彦重力低之间的界线，反映地幔斜坡。准噶尔整体为重力高，可分为北准噶尔重力高，西准噶尔沙尔布尔提、扎依尔两个重力高。中央准噶尔重力低，东准噶尔重力高、博格达重力高。天山重力结构较复杂，乌鲁木齐-托克逊-库米什的南北向“S”形梯度带把天山分成 2 部分，东部重力高又在托克逊-哈密东西向梯度带分成南北 2 部分：北部哈尔里克重力低（$-180\times10^{-5}m/s^2$），南部觉罗塔格以及以南（$-120\times10^{-5}m/s^2$）。乌鲁木齐-托克逊-库米什以西被伊犁楔状重力高隔开的博罗科努、哈尔克槽形重力低。整个西天山南北分别以艾比湖-昌吉梯度带、焉耆-拜城-阿合奇梯度带与准噶尔、塔里木为界（陈毓川等，2007）。

（二）阿尔泰重力特征

阿尔泰造山带区域布格重力异常全部呈现为负异常，异常较为复杂。中西部为准噶尔重力高，北部为阿尔泰重力梯级带，东南部为重力高与重力低过渡带，区内布格重力异常最高为$-80\times10^{-5}m/s^2$，最低为$-260\times10^{-5}m/s^2$，阿尔泰重力梯级带变化最大可达每千米 $1.2\times10^{-5}m/s^2$。按照布格重力异常等值线强度变化、规模及分布特征，将区内布格重力异常分为 3 个异常区。

1. 喀纳斯-阿勒泰-青河重力异常高梯度带

分布在新疆北端阿勒泰-青河一带，区内呈 NW—SE 向延展，长约 400 km，宽 60 km；布格重力异常强度南部$-120\times10^{-5}m/s^2$，北部降至$-220\times10^{-5}m/s^2$，变化幅度达$-100\times10^{-5}m/s^2$，重力梯度平均变化每千米 $1.7\times10^{-5}m/s^2$，局部可达 $2\times10^{-5}m/s^2$。该重力异常高梯度带是新疆境内重力梯度较大地

图 1-10　新疆布格重力异常示意图

（据陈毓川等，2007）

区，表明本区的上地幔是一个十分陡峻的凹陷带，为准噶尔区域布格重力高异常区与阿尔泰低异常区的分界线。一般认为，其地质意义是西伯利亚板块与哈萨克斯坦-准噶尔板块的缝合界线。

2. 准噶尔区域布格重力异常平缓变化区

该异常区是新疆布格重力异常值最高的地区，布格重力异常值最高$-80\times10^{-5}m/s^2$，表明准噶尔上地幔的隆起。异常总体呈 NW 向延伸，异常区长 600 km，宽 200 km，向西进入哈萨克斯坦，向东至吐鲁番-哈密盆地北缘。1∶50 万布格重力异常图显示，准噶尔北缘异常区异常形态零乱，异常为等轴状、椭圆状、长轴状的重力高和重力低镶嵌而成的线性异常，轴向不太明显。重力异常高值区反映本区上地幔普遍上隆的特点，局部重力异常位于泥盆系、石炭系为主的复背斜和隐伏的基性岩体有关（黄鉴聪等，1990）。

3. 东准噶尔布格重力高与重力低过渡带

异常区内从北部的青河至南部的奇台之间重力高与重力低交错存在，并有几条 NW 向束状线型重力梯级带，其反映深大断裂的存在，如乌伦古河深大断裂、卡拉麦里深大断裂等。

（三）东天山重力特征

根据 1∶50 万区域布格重力异常（新疆维吾尔自治区地质调查院，2004），东天山-北山布格重力高异常区位于塔里木盆地北缘、准噶尔盆地南缘，主要包括哈尔里克山、觉罗塔格、库鲁克塔格和甘肃北山。异常区呈 EW 向延伸，西部与西天山布格重力异常低值区相连，北部与准噶尔布格重力异常高值区相连。长 1000 km，宽 200~400 km，布格重力异常值$-130\times10^{-5}\sim-110\times10^{-5}m/s^2$。该异常带以区域重力高为基础，叠加了局部重力低值带。

与本书研究范围密切相关的是康古尔塔格重力异常梯度带，位于东天山中部，重力值由南向北从 $-130\times10^{-5}m/s^2$ 降低至 $-200\times10^{-5}m/s^2$，该梯度带的束状等值线由西向东贯穿全区，西起小热泉子铜锌矿西马鞍桥一带，经过小热泉子铜锌矿、延东铜矿、土屋铜矿、赤湖铜矿、土墩铜镍矿、镜儿泉铜矿并延至红柳峡一带。区内长 750 km，南北宽 10～20 km，其中西段宽 8～10 km，梯度变化 2×10^{-5}～$3\times10^{-5}m/(s^2\cdot km)$；东段宽 10～20 km，梯度变化 3×10^{-5}～$5\times10^{-5}m/(s^2\cdot km)$。该带反映了康古尔深大断裂，是一条重要的导岩、导矿异常带（陈毓川等，2008）。另外，吐哈盆地北缘重力梯度带对应吐-哈盆地北缘断裂，吐哈盆地南缘重力梯度带大致与底坎儿-沁城断裂对应，推断孔雀河重力梯度带为孔雀河断裂的反映。

卡拉塔格古生代隆起区在区域重力场方面表现为局部重力高，向东延伸到大草滩、大南湖一带，表明深部中-基性基底的隆起。布格重力异常范围为 -173×10^{-5}～$-119\times10^{-5}m/s^2$，古生代隆起区布格重力异常最高，向北、向南迅速降低，形成卡拉塔格地区南、北分界明显的重力梯度带。北界重力梯度带为近 EW 向，在卡拉塔格北部一带略向北呈弧形突出，指示吐哈凹陷“南缘深断裂”。布格重力异常值在宽度不到 8 km 的东西向狭长地带内由 $-112\times10^{-5}m/s^2$ 迅速降低到 $-142\times10^{-5}m/s^2$。南界重力梯度带对应着走向近 EW 向的大草滩断裂。大草滩断裂南侧存在两个总体相连的局部重力低异常，布格重力异常值为 -130×10^{-5}～$-142\times10^{-5}m/s^2$。区域内已发现的铜多金属矿床或矿点均位于重力高区域或其边缘梯度带上（毛启贵等，2021）。

（四）西天山区域重力场特征

1∶100 万区域布格重力异常显示西天山是新疆最大的布格重力异常区，其范围东至乌鲁木齐和库尔勒市，往西包括西南天山并延伸至哈萨克斯坦境内，北至石河子-奎屯一带，其南部边界呈不规则状。该异常区总体成 NW—SE 向延伸，长 700～1100 km，南北宽在 WS 部为 30～50 km，在中东部宽 400～500 km，呈不规则长方形。布格重力异常值为 -280×10^{-5}～$-240\times10^{-5}m/s^2$，平均值为 $-250\times10^{-5}m/s^2$，低于南北两侧的 $-100\times10^{-5}m/s^2$（毋瑞身等，1995；新疆维吾尔自治区地质调查院，2004）。研究区位于 1∶50 万区域布格重力霍城-博乐相对重力高值带，南北长 220 km，东西宽 150～220 km，以相对重力高为主，重力高、重力低相互共生。包括有霍城-博乐块状重力高和南部阿吾拉勒 EW 向高重力条带，其中南部重力高沿阿吾拉勒山从穷布拉克经式可布台插入至查岗诺尔一带，分布极为复杂。布格重力异常最高位于昭苏县北喀拉萨依一带，为 $-155\times10^{-5}m/s^2$；最低位于精河县南，为 $-255\times10^{-5}m/s^2$（陈毓川等，2008）。赛里木湖周边地区位于西天山北部区域重力高的西南，南以伊犁盆地北缘深断裂为界，与航磁异常伊犁磁力高带与西天山北部磁力低带的分界一致，是一个由壳幔因素引起的内部明显的重力低带，包括了准噶尔地块西缘和南缘的断陷、坳陷带、阿拉套-汗吉尕岛弧带、赛里木微陆块、博罗科努岛弧带、依连哈比尔尕岛弧带等。地形差异极大、构造性质不同的构造单元，反映了盆地里构造的特点及高山带山体结构和地下构造层内部在密度分异的特点。

二、区域航磁特征

（一）阿尔泰-准噶尔区域航磁特征

本区航磁异常主要由正负相间、紧密排列的条带状异常构成，磁场比较复杂。额尔齐斯断裂以北为负磁场分布区，准噶尔盆地北缘为正负磁场相间分布区。划分为 3 个不同性质的磁场区，其间以断裂为界。

1. 北部负磁异常区

南界为额尔齐斯断裂，长 600 km，宽 200 km，轴向为 NW 向，往西转为 NE 向。负异常占主导地位，其上叠加一系列 NW 向条带状的正异常，呈正负相间磁场形态。强度较大，局部正异常多在 500 nT，最高达 800 nT，形成多条带状异常带。该磁异常带特征与新疆其他磁异常特征有较明显的差异，表明该区以具有磁性的中基性火山岩为主，推断基底不具磁性，断裂及构造发育，岩浆活动剧烈。以喀拉苏-库尔特一线为界，NW 为大面积分布的平静磁场，一般为-100~200 nT，主要有大面积分布的奥陶纪—志留纪变质岩系所引起。局部高磁异常出现于阿尔泰复向斜和麦兹复向斜，由与火山作用有关的磁铁矿化引起。南部以正负相间分布的磁场为主，主要由泥盆纪火山岩系和具有中-强磁性的岩体引起。与铁矿有关著名的正磁异常带有阿巴宫异常带、蒙库异常带和乔夏哈拉异常带。

2. 中部正、负异常相间分布磁场区

位于额尔齐斯断裂和乌伦古河断裂之间，磁场的总体走向为 NW 向，呈条带状正、负异常相间分布。航磁异常场大致以东经 87°线为界，两侧延伸方向发生变化，构成一个向北突出的弧形展布，航磁异常轴向由 NW 向往西转向 NE，与研究区外南部负磁场延伸方向基本一致，航磁异常东、西两侧分别延伸进入蒙古和哈萨克斯坦境内。东侧以 NW 向的条带状正负相间航磁异常为主，西以 NE 向带状航磁异常为主。东西航磁异常形态具有一定的区别，东部航磁异常条带状明显为数条正负相间排列，而西部航磁异常多为面积性局部异常沿 NE 向条带状排列，这种变化反映出两个地区地质构造背景有一定的差异。该地区局部正异常强度较大，一般为 200~400 nT，高者达 800 nT，负异常强度一般为-200~-400 nT，局部-500 nT（李凤林等，2013）。

该区主要为泥盆系和石炭系，侵入岩大多数为具有磁性的中基性、中酸性侵入岩体。石炭系多不具有磁性或弱磁性，其出露区均反映平静的负磁异常，泥盆系中有较多的火山岩，普遍具有磁性，反映出较强的条带状磁异常。局部高磁异常多由中基性岩体和具较强磁性的中酸性侵入体引起。

3. 东部平静负磁异常区

该区位于二台-海子口断裂带以东地区，以平静的负磁场为背景，其上叠加一些局部正异常。磁场为 NNW 向，其变化呈现南强北弱负磁背景场，一般为-200 nT，局部正异常可达 200~500 nT。该区出露的花岗岩类大多不具磁性，正磁场多为奥陶系及志留系出露区。局部高磁异常为沿断裂分布的强磁性花岗岩引起（黄鉴聪等，1990）。

（二）东天山区域航磁特征

东天山航磁异常较复杂，多由大小不一、形状各异的局部异常群所组成的条带状异常，强度多在-300~500 nT，异常主体呈近 EW 向分布。博格达-吐鲁番-哈密正磁异常亚区磁异常分布于博格达、吐鲁番、哈密盆地及觉罗塔格山，南湖戈壁区，异常长约 1500 km，宽约 200 km，面积约 30×10^4 km^2，异常大致成 EW 向展布。异常强度一般为 250~400 nT，最高达 600~800 nT。西部的为近 NE 向的条带状异常和东部 3 个近 EW 向的椭圆形异常块段组成，往西有点向 NW 方向延伸上挠。西部托克逊-迪格尔异常段；中部疏纳诺尔异常段；东部哈密-山口-梧桐窝子异常段。异常之间均为近 SN 向断裂分开。正磁异常的两侧均为负磁异常。自北向南的正磁异常带主要有：乌鲁木齐南中等强度的宽带磁异常，东端折向库米什-黄山磁异常带；库米什-康古尔-黄山磁异常带，呈 EW 向分布，为区内规模最大的磁异常；库尔勒-帕尔岗-红柳河北似串珠状异常带，总体呈近 EW 向弧形分布，其西段呈 NWW 向，异常连续性尚好，东段呈 NEE 向，连续性好；中段帕尔岗附近，存在一个 NW 向带状异常；阿尔干-罗布泊宽缓磁异常，呈 NE 走向，与库尔勒-帕尔岗-红柳河北弧形异常相连。

卡拉塔格矿集区航磁异常总体呈 EW 向展布，受火山机构和侵入岩体的制约，异常峰值、正负异常交替跳跃变化。红山-梅岭-红石、红海-AP9 一带为卡拉塔格地区磁异常高背景区内近 EW-NW 向的一个相对低缓正异常带，ΔT 正异常值一般为 50~200 nT，局部形成 300~500 nT 相对高值区，最高值 600 nT，并形成相对独立的异常区。其南侧为缓“∧”形带状高值区，ΔT 正异常值在 600~1500 nT，最高值达 1800 nT。该带南侧为负磁异常区，ΔT 值-500~-200 nT，最高值达-700 nT 以上，北侧与南侧正、负异常高值达 2500 nT 以上，显示该地段异常区正负异常值“峭壁”状剧烈变化。北侧 ΔT 负异常区，ΔT 值在-30~-200 nT 之间，最高值达-280 nT，磁异常值过渡相对平缓。该带中北侧 2~3 km 分布 NEE-EW 向展布的玉带-东二区不规则透镜体状正、负低磁异常区，ΔT 值-50~170 nT，玉带矿区中心部位为 ΔT 值高值区，但 ΔT 值仅为 157~165 nT。该异常区以玉带矿区为中心向东西两侧顺势扩展，与南侧低缓异常带关联性不大，介于正、负低磁异常值之间的一些相对独立异常区值得关注（毛启贵等，2021）。

（三）西天山区域航磁特征

1∶400 万航磁异常图显示，西天山地区主体为一个低负磁异常区，即塔里木盆地北部-天山西部负磁异常区，局部叠加有一系列小强度异常，主要包括哈尔克山、博罗科努山、科古尔琴山等地区。该负磁场亚区是一个大面积的负磁异常，北界为温泉、博乐、精河一带，南面到尼勒克到阿吾拉勒山一带，西面没有封闭，延至研究区之外，东面逐渐消失，形成一个西宽东窄的楔形。异常成 NW 向延伸，长 400 km 以上，宽 20 km 到 100 km。异常强度一般为-100～-250 nT，局部可达-350 nT。它的南面为伊犁正磁异常区，两者异常截然不同。北面为近 SN 向延伸的托里正磁异常区，两者延伸方向几乎直交，反映了该区与准噶尔盆地地质构造背景的不同（董连慧等，2011；李凤林等，2013）。

该区可进一步划分为阿拉套-依连哈比尔尕磁力低、达坂城磁力高、伊宁-阿吾拉勒山高磁异常带、那拉提高磁异常带和南天山磁力低 5 个磁场区带。赛里木地块属于阿拉套-依连哈比尔尕磁力低值区，北界线位于博乐、精河一线，向 NW 越过阿拉套山伸入哈萨克斯坦境内。异常区从 NW 部呈楔形插入伊宁-阿吾拉勒磁力高和达坂城磁力高间，该区总体为稳定的低缓负磁场背景，零星有局部高磁异常。该负异常带内部结构的复杂反映了构造带的复杂性。负峰值低于-150～-200 nT 的区域大致与赛里木微陆块范围相当，向西在哈萨克斯坦境内与捷克利微陆块大致相吻合。从岩性和岩相上看，微陆块中分布的前寒武纪地层均属无磁性岩区，浅部地层为正磁性岩层，岩性分布不均匀性只能引起叠加的次级变化。因此，大面积负磁异常带的形成必定与深部因素有关，可能反映出异常区深部陆壳活化熔融的程度，为统一的熔融块体，形成深部的反磁化层。

第六节　区域地球化学特征

一、区域地球化学背景

董连慧等（2011）对新疆 39 个元素背景分布及空间分布进行了研究，总结了 Cu、Pb、Zn、Au、W、Sb、La、Y、P 共 9 种主要成矿元素空间分布规律及其与已知矿之间的相互关系，为各矿种预测工作的开展提供了有效的地球化学信息。

新疆 Cu 平均含量为 25×10^{-6}，是全国平均值的 96%，浓集克拉克值为 1.0，因此，新疆整体 Cu 含量水平与上地壳一致，略低于全国水平。新疆 Cu 的含量存在明显差异，准噶尔含量最高，东昆仑（含阿尔金）含量最低，两者相差 65%，Cu 的含量从高到低的顺序是准噶尔、阿尔泰、西天山、西昆仑、东天山、西南天山和东昆仑（含阿尔金）。新疆铜的分布不均匀，南北差异明显。大体以阿拉山口-吐鲁番-哈密一线为界，北部包括阿尔泰、西准噶尔、东准噶尔、博格达及哈尔里克山，铜相对富集，总体含量高。南部包括东天山、西天山、西南天山、北山、昆仑-阿尔金山，铜的含量总体偏低。按 7 个分区采用不同的异常下限，全疆共圈定 Cu 的异常 383 个，面积在 1～8211 km^2 之间。异常与铜矿的关系表现为铜镍硫化物矿床因多属隐伏矿、地表影响范围小，致使异常不清楚；包古图铜矿、索尔库都克铜矿区没有铜异常，小热泉子铜锌矿处于异常边部；其余铜矿区包括阿舍勒、土屋、喇嘛苏、哈腊苏铜矿区均有明显 Cu 异常存在。

新疆 Pb 的平均含量为 17×10^{-6}，是全国平均值的 58.6%，浓集克拉克值为 0.85，因此，新疆整体处于明显贫 Pb 的地球化学背景。新疆 Pb 含量存在明显差异，西昆仑含量最高，准噶尔含量最低，两者相差 78.6%。Pb 含量从高到低的顺序是西昆仑、东昆仑、西天山、阿尔泰、西南天山、东天山和准噶尔。新疆 Pb 含量的差异性非常明显，且出现规模巨大的富集区，总体上，西天山、西昆仑 Pb 整体富集，准噶尔、西南天山、东天山整体贫化，阿尔泰和东昆仑介于两者之间。新疆 Pb 富集程度最高、规模最大、连续性最好的地区集中在西昆仑岔路口一带。全疆共圈定 Pb 异常 347 个，面积在 1～10010 km^2 之间，异常与铅矿的对应关系明显，除西昆仑山前的塔木铅锌矿区没有铅异常外，其余铅锌矿区具有或大或小规模的 Pb 异常与之对应。

新疆 Zn 的平均含量为 65×10^{-6}，是全国平均值的 84.4%，浓集克拉克值为 0.92，因此，新疆整体处于相对贫 Zn 的地球化学背景。新疆 Zn 含量存在明显差异，阿尔泰含量最高，东天山含量最低，两者相差 56%，Zn 含量从高到低的顺序是阿尔泰、西天山、准噶尔、西昆仑、东昆仑、西南天山和东天山。新疆 Zn 的区域分布差异性明显，总体存在北高南低的趋势，大体以那拉提断裂-吐鲁番-哈密一线为界，北部包括阿尔泰、西准噶尔、东准噶尔、伊犁盆地周边山区、博格达及哈尔里克山，Zn 相对富集，总体含量高。南部包括东天山、西天山南部、西南天山、北山、昆仑-阿尔金山，Zn 含量总体偏低。西昆仑南部岔路口一带和东昆仑木孜塔格地区则属例外。全疆共圈定 Zn 异常 328 个，面积在 2~11543 km^2 之间，异常与铅锌矿及铜锌矿（阿舍勒、小热泉子）的对应关系明显，除西昆仑山前的塔木-卡兰古铅锌矿带及卡特里西铜锌矿区异常不清楚外，其余铅锌矿区、铜锌矿区具有或大或小规模的 Zn 异常与之对应。

与全国水系沉积物平均值相比，阿尔泰相对富集 Cu、Mn、Sr，其余均低于全国平均水平。与全国干旱地区相比，阿尔泰相对富集 Cr、Ni、Co、V、Ti、Mn；Li、Be、Nb、La、P、U、Y、B、F、Zr 和 Cu、Zn、Cd。这些元素明显可分成 3 组：反映亲基性程度的 Cr、Ni、Co 等，反映酸性程度较高的 Li、Be、Nb 等和成矿元素 Cu、Zn、Cd。两个参照系 Cu 均相对富集，结合现有成矿特征，表明铜属本区优势矿种。

与新疆全区相比，东天山明显富集的元素只有 Ba，Ba 主要富集于库鲁克塔格。因此，地质意义上的东天山，缺少富集元素，贫化元素多达 11 种，它们依次是 P、Zn、Cr、Cd、Ni、As、Sb、Li、B、W、Hg。

与新疆全区相比，西天山明显富集 W、Sb、Cd 3 种元素，而无贫化元素。钨的富集可能与该区广泛发育的酸性岩有关，锑主要由博罗科努一带普遍富集有关，属新疆第二大锑富集区。镉的富集可能与锑的富集有关。

二、区域化探异常特征

（一）阿尔泰

铜等多金属异常在区域上形成两个明显的异常带，即北部山区的禾木-苏木代尔格-诺尔特山-库马苏-库贝提异常带和南阿尔泰的阿舍勒-阿勒泰-可可塔勒-卡拉先格尔异常带，在异常带之外形成独立的异常区。

1. 禾木-苏木代尔格-诺尔特山-库马苏-库贝提铜多金属异常带

由面积大于 1000 km^2 的诺尔特山异常区、苏木代尔格异常区和数个面积在 60~240 km^2 的异常组成，累计面积 4140 km^2。异常带长 250 km，宽 30 km 左右，元素组合除铜多金属元素外，普遍叠加有 Au、As、Sb 异常和基性元素组的异常。Au、As、Sb 元素异常与铜多金属元素异常一样，呈现东强西弱、东部连续性好、西部连续性差的变化特点，基性元素 Cr、Ni、Co、Mg 则反之。

2. 阿舍勒-阿勒泰-可可塔勒-卡拉先格尔铜多金属异常带

该带由阿勒泰、可可塔勒、萨尔布拉克和卡拉先格尔异常区及 8 个局部异常组成。阿舍勒、阿勒泰、可可塔勒异常区均有大中型铜多金属矿床产出。萨尔布拉克异常区南部边缘见有萨尔布拉克金矿，异常内有铜矿化点分布。卡拉先格尔异常区已发现有哈腊苏、玉勒肯哈腊苏和卡拉先格尔等斑岩型铜矿床。在阿舍勒-阿勒泰-可可塔勒一带区域元素异常组合由西部的 As-Zn-Cu-Ag 递变为 As-Zn-Cu-Pb-Ag，As-Zn-Pb-Cu-Ag，Zn-Pb-As-Ag-Mn-Cd。与其对应的成矿元素由 Cu、Zn 为主（阿舍勒），递变为 Zn、Cu 为主（克因布拉克），Pb、Zn、Cu 为主（铁木尔特），铁为主（蒙库），Pb、Zn、Ag 为主（可可塔勒）（胡剑辉等，1990）。

阿勒泰铜异常区：1∶20 万水系沉积物异常面积 542 km^2，呈 NW 向北窄南宽的带状，长 50 km，宽 5~10 km，铜多金属元素累加值异常最高值 14.6×10^{-6}，平均值 9.3×10^{-6}，整个异常区基本也是

Au、As、Sb 的综合异常区。1∶5 万水系沉积物异常围绕阿勒泰复式向斜两翼呈半环状分布，阿勒泰复式向斜北东翼异常带分为：东部阿巴宫综合异常带，中部的铁木尔特-乌拉斯沟综合异常带，西部莫尤勒特综合异常带，异常主要元素组合自东部的阿巴宫向西至莫尤勒特，由 Fe-Pb-Zn 组合—Cu-Pb-Zn-Ag 组合—Au-Pb-Zn-Ag 组合—Au-Cu-Bi-Sb 组合逐渐过渡，异常主要分布于康布铁堡组上亚组中。阿勒泰复式向斜南西翼异常带由东向西分为：康克里台异常带、红墩异常带、小哈拉苏-蒙块异常带、库勒扎依劳异常带，异常元素组合自东向西由 Pb-Zn-As-Hg 过渡为 Cu-Zn-As-Ag，其中康里克台异常带、红墩异常带、库勒扎依劳异常带中的异常多分布于阿勒泰镇组中。小铁山和阿巴宫铁磷矿和塔拉特铅锌铁矿位于 Fe-Pb-Zn 组合异常中，托莫尔特铁锰矿、铁木尔特铅锌铜矿和恰夏铁铜矿位于 Cu-Pb-Zn-Ag 组合异常中。

可可塔勒铅锌异常区：面积 460 km^2，呈 NW 向带状，长 46 km，宽 10 km 左右，铜多金属元素累加值异常最高值 15.3×10^{-6}，平均值 9.4×10^{-6}，局部叠加有金异常。其南、北两侧为基性元素 Cr-Ni-Co-Mg 的异常区。根据可可塔勒铅锌异常区土壤测量从北西往南东，分为 6 个既过渡又有差异的地球化学子异常区（新疆维吾尔自治区有色地质勘查局，2007）。

萨尔布拉克金异常区：面积 350 km^2，呈不规则三角形，最高值为 9.7×10^{-9}，平均值为 7.9×10^{-9}，南部有铜、铜金矿化，西南外部边缘发现了萨尔布拉克金矿床。

卡拉先格尔铜异常区：面积 2760 km^2，呈 NW 向西窄东宽的带状，东端延出国境外，长 110 km，宽 15~35 km，最高值 12.43×10^{-6}，平均值 8×10^{-6}，极大值位于异常区西北，已知铜多金属矿床（点）也多集中在异常区西北。异常区内叠加有 Au、As、Sb 及 Cr、Ni、Co、Mg 异常。已发现了哈腊苏中型斑岩铜矿床、玉勒肯哈腊苏中型斑岩铜矿、敦克尔曼斑岩铜矿。该异常区是寻找斑岩矿床的最有利地区。

3. 独立铜-多金属异常区

在上述阿尔泰东段两带之间，存在大桥北、库卫、阿热勒托别和阿克美克铁普等 5 个规模较大的独立异常区。它们的共同特征是规模较大，面积为 265~660 km^2，均为单向延伸的带状，且长轴方向与区域构造线方向存在一定的差异。

阿舍勒铜锌异常区：面积 1022 km^2，呈东宽西窄、向南突出的宽带形，长 54 km，宽 15 km 不等，最高值 17.1×10^{-6}，平均值 8.3×10^{-6}，极大值位于异常区西南，对应阿舍勒铜锌矿区和萨尔朔克金多金属矿区，局部叠加有 Au、As、Sb 异常。

（二）东天山

铜元素异常主要沿康古尔-黄山断裂和阿齐克库都克-沙泉子断裂分布（图 1-11），Cu 含量最大值为 231×10^{-6}，最小值为 3×10^{-6}。异常呈现出 4 个明显的浓集中心，从西到东依次为博格达峰、小热泉子、土屋、黄山 Cu 异常。小热泉子 VMS 型中型铜锌矿床周围，存在一个约 900 km^2 的 Cu 异常。小热泉子-土屋 Cu、Au 综合异常带分布于小热泉子到赤湖一带，EW 向长超过 350 km，以 Cu 为主异常，该带自西向东，异常元素组合有一定特点，在小热泉子一带以 Cu 异常为主，伴有 Zn、Ni、Ag、Hg、As 等异常。哈尔拉以东地区，以 Au 为主，伴生 Ag、Hg、As 异常；企鹅山及其以西地区，以 Cu 为主，伴有 Ag、Au、Zn、Pb、Hg、As 异常；延东-土屋-灵龙-赤湖一带，以 Cu 为主，伴有 Au 异常分布（陈毓川等，2008）。土屋、延东大型铜矿床及灵龙、红山、骆驼峰北等小型铜矿床周围，其 Cu 异常面积近 13000 km^2；土屋-延东斑岩铜矿区铜异常面积 985 km^2，Cu 元素平均含量 34.2×10^{-6}，元素组合为 Cu-Zn，富集系数为 2.27。黄山 Cu 异常覆盖了三岔子南西、铜山等小型铜矿床，香山-黄山东铜镍矿异常面积 224 km^2，Cu 元素平均含量 33.0×10^{-6}，元素组合为 Cu-Ni，富集系数为 2.20（杨国斌等，2013）。白山中型钼矿床也有明显的伴生 Cu 元素异常。东天山地区 VMS 型、斑岩型等铜矿床，都对应有 Cu 元素的高背景异常区带。

金元素异常主要沿康古尔-黄山断裂和阿齐克库都克-沙泉子断裂分布，Au 含量最大值为 77×10^{-9}，最小值为 0.02×10^{-9}。有 5 处明显的 Au 异常，从西到东分别为：和静县、尖山、康古尔塔格、

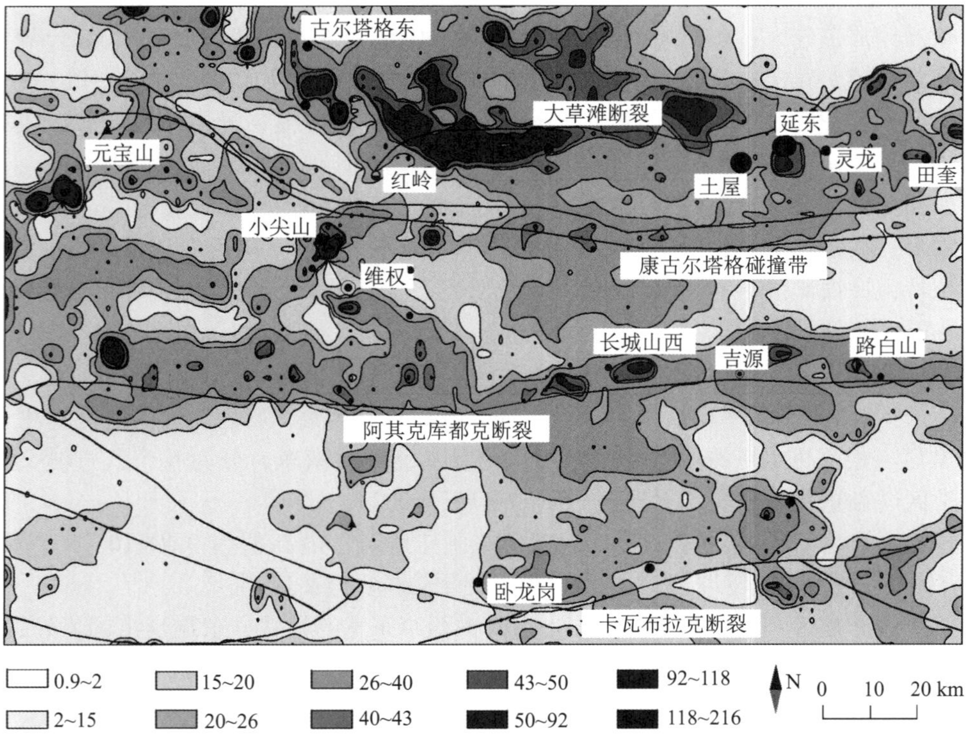

图 1-11　东天山中段铜元素丰度等值线（10^{-6}）图及异常图

（据韩天成等，2011）

异常下限为 50×10^{-6}

雅满苏、红柳河 Au 异常。康古尔中型金矿床、西风山中型金矿床和马庄山中型金矿床，都处在 Au 异常的浓集中心或边缘。尖山 Au 异常的范围及强度均大于康古尔 Au 异常，仅发现一个小型的金矿床（红山金矿床）；和静 Au 异常面积达 2700 km^2，尚未发现金矿床，这两处 Au 异常应引起重视。

铅元素异常在东经 88°以东，主要分布在阿齐克库都克-沙泉子断裂以南。Zn 异常在东经 88°以东则主要分布在阿齐克库都克-沙泉子断裂以北。Pb 含量最大值为 754×10^{-6}，最小值为 5×10^{-6}；Zn 含量最大值为 437×10^{-6}，最小值为 7×10^{-6}。硫磺山铅锌银矿位于 Pb 高背景异常带上，亦格尔达坂铅锌矿点位于 Zn 弱异常处；彩霞山铅锌矿床则位于 Pb、Zn 异常上。

根据区域地质特征，元素组合异常的空间分布，结合地质体分布特征，由北向南划分为 4 个地球化学分带：①吐哈盆地一带的地球化学异常主要为 Au-Ag-Cu-Zn 等，次要异常元素为 Cr-As-Pb。②底坎尔-大南湖一带的主要元素有 Cr-Ni-Co-Cu-V，次要元素有 Pb-Zn-Hg-Au-Ag-As-Mo-Sb-Cd-Bi，特征元素组合为 Cr-Ni-Co-Cu-Mo。有花岗岩和闪长岩体分布，吐哈盆地南缘深大断裂从中通过。③康古尔塔格断裂以北，近 EW 向展布，主要元素为 Cu-Ag-Mo-Pb-Zn-Cd-Bi-Hg-Au-As-Sb，次要元素为 Cr-Co-Ni，区内有花岗岩、闪长岩体分布。④康古尔塔格一带，呈 EW 向延伸。主要元素为 Cr-Ni-Co-Cu-Au-Mo-Pb-Zn-Ag，次要元素有 As-Sb-Bi-Cd-Hg，特征元素组合为 Cr-Ni-Co-Cu-Au-Mo。区内大量的超镁铁质岩石、镁铁质岩石及中酸性侵入岩体分布。康古尔塔格深大断裂、苦水断裂从中通过。区内有明显的 Au-Cu-Fe 矿化异常，有的异常已经找到成型矿床，如康古尔金矿等。该带为寻找 Pb-Zn-Au-Ag-Cu-Ni-Co 矿的有利地区和寻找 As-Sb-W-Sn-V-Ti-Fe 矿的较有利地区。

卡拉塔格属于底坎尔-大南湖地球化学 Cr-Ni-Co-Cu-V 异常带。区域 1∶20 万低密度化探扫面显示本区为 Cu-Ni-Co-V-Mn-Ti-Fe-Au-Zn-Y 等元素的高背景区。主要的综合异常包括：Ap1—U-Be-Zn-Pb-Hg、Ap3—Au-Cr-P-Cu-Hg-Ni-Ag-Co-Ti、Ap5—P-Ti-V-Co-Cr、Ap6—Cu-Cr-Co-Cd、

Ap7—Cu-Zn-Ag-Mn、Ap9—Cu-Zn-Au 等。Ap3 异常面积约 16 km^2，最高值 Cu 为 86.9×10^{-6}，Ag 为 119×10^{-9}，Au 为 12×10^{-9}。Ap6 异常面积约 5 km^2（向北未封闭），Cu 最高值为 68.60×10^{-6}。Ap7 异常面积 14 km^2，最高值 Cu 为 90.9×10^{-6}，Zn 为 357×10^{-6}（杨建功等，2009 及前人资料）。

（三）西天山

依据对西天山地区 1：20 万和 1：50 万区域化探结果，在主要成矿及相关元素异常分布、地质背景和矿产分布规律等研究基础上，选取统一下限值，圈定铜、铁、铅、锌、镍、金 6 种元素异常。全区共圈定 6 种元素异常 234 个，其中铜异常 42 个、铁异常 22 个、铅异常 57 个、镍异常 45 个、金异常 36 个、锌异常 32 个，这些异常总体上呈带分布。中国地质调查局（2003）和王福同等（2004）将西天山地区主要金属成矿元素异常根据其组合特征划分为若干个综合异常带，赛里木湖周边地区属于赛里木湖 Cu、Au、Mo、Zn、Ag 异常带。该异常带位于赛里木湖-科古琴山一带，EW 长超过 150 km，以 As、Sb、Au、Ag、Cu、Pb、Zn 为主，伴生 Ni、Sn 等异常。这些元素异常相对集中，且总体上沿博罗科努山断裂北缘分布，形成多处异常集中区，如赛里木湖西 As、Sb、Pb、Au 异常集中区，赛里木湖南 Au、Cu、Pb、As、Sb 异常集中区，三台林场 As、Sb、Cu、Pb、Au、Ni、Zn、Ag 异常集中区，异常带东段 Sb、Au、Sn、Cu 异常集中区。在该异常带中有铜、铅锌等矿床（点）多处，是铜、铅、锌、金成矿远景地区（陈毓川等，2008）。

研究区长城系、石炭系中 Pb、Zn、Ag、Cu、Au、As、Sb、Mo 元素形成高背景带；温泉岩体中 Cr、Ni、Co 元素形成高背景区；蓟县系中 Pb、Ag、Au、As 元素形成高背景区带；沃托格赛尔坳褶构造岩浆岩带 Sn、Bi 元素形成高背景区。其中温泉群中 Au、Sb、Sn、Co 为均匀型分布，Ag、Cu、Pb、Zn、W、Bi、Mo、Cr 元素为不均匀型分布，As、Ni 元素为弱分异型；虽然 Ag、As、Pb、Zn 元素形成局部异常，但其异常值相对较低，成矿条件不利。长城系中 Au、As、Sb、Zn、W、Sn、Bi、Co 元素为不均匀分布，Pb、Cr 元素为弱分异型，Ag、Cu、Mo、Ni 元素为分异型；在该地层中形成了 Au、Ag、As、Cu、Pb、Zn、Mo 元素的高背景带，并局部富集形成以 Pb、Zn、Ag、Mo、As 元素为主的大面积异常，异常与已发现的矿化关系密切，说明该套地层中矿源物质丰富，元素分异程度高，有利于局部富集成矿。石炭系中 Au、Pb、Cu、W、Co 元素为均匀分布，As、Ag、Zn、Sn、Bi、Mo、Cr、Ni 元素为不均匀型分布，Sb 元素为弱分异型分布，该地层中各元素分异性差，对成矿不利。

1：20 万区域地球化学特征显示，赛里木湖周边中元古界为 Pb、Zn、Ag、Sb、Mo 等元素富集区。1：5 万化探普查工作在赛里木湖一带圈出了一批以铅锌为主的综合异常。HS-317、318、319 综合异常总面积约 20 km^2，主成矿元素为 Zn、Pb，伴生元素为 Ag、As、Sb。Zn 最大值为 1173×10^{-6}，Pb 最大值大于 796×10^{-6}。HS-4 号综合异常面积 7 km^2，以 Pb、Zn 异常为主，其中 Pb 异常面积为 6.8 km^2，平均值 571.88×10^{-6}，极大值 6343.4×10^{-6}；Zn 异常面积 1.49 km^2，平均值 1647.2×10^{-6}，极大值 4135×10^{-6}，均具三级浓度分带。通过 HS-2、HS-4、HS-317、HS-318、HS-319 等重点综合异常查证，先后在中-古元古界中发现了哈尔达坂、托克赛铅锌矿、四台海泉、东卡尔阿依铅锌矿及多个铅锌矿点、矿化点（据新疆维吾尔自治区地质矿产勘查开发局第一区域地质调查大队和新疆维吾尔自治区有色地质矿产勘查院资料；王海涛等，2021），初步研究认为矿床成因属 SEDEX 型。

第二章　阿舍勒矿集区火山作用

第一节　地质背景

一、地层

阿舍勒矿集区与阿舍勒盆地分布范围一致，位于新疆哈巴河县境内中哈边境附近（图 2-1）。阿舍勒矿集区及周边出露地层主要有上志留统—下泥盆统康布铁堡组、下-中泥盆统托克萨雷组、下-中泥盆统阿舍勒组、中-上泥盆统阿勒泰镇组、上泥盆统齐也组、下石炭统红山嘴组和新生界。

康布铁堡组分布在阿舍勒矿集区东北角别斯萨拉大断裂以北的加曼哈巴复背斜核部，是本区最老地层，属冲乎尔火山沉积盆地。为一套中深变质的海相火山-沉积岩建造，沿别斯萨拉大断裂北侧呈 NW 向带状展布。该组下部以沉积岩为主，上部以火山熔岩及凝灰岩为主，岩性为片岩、石英长石砂岩、粉砂岩、酸性凝灰岩、碳酸盐岩等。与上覆中-上泥盆统阿勒泰镇组呈断层接触关系。

下-中泥盆统托克萨雷组分布在玛尔卡库里断裂之南，大地构造上属哈萨克斯坦-准噶尔板块，为海相陆源碎屑岩夹硅质岩、碳酸盐岩。下部为千枚岩、片理化砂岩、粉砂岩和少量结晶灰岩透镜体；中部为安山岩、英安岩、凝灰质砂岩，夹硅质粉砂岩；上部以滨浅海相砂砾岩、粗砂岩等碎屑岩为主。该组在区域上是造山型金矿的赋矿层位，如多拉纳萨依、金坝、赛都等。

下-中泥盆统阿舍勒组出露于阿舍勒矿区-床阿依-哲兰德一带（图 2-2）为一套海相中酸性、基性火山熔岩、火山碎屑岩、火山碎屑沉积岩夹碳酸盐岩，是阿舍勒矿集区含矿层位。视厚度 1470～2120 m。含丰富的珊珊、海百合茎、牙形类化石等。阿舍勒组的进一步划分一直存在争议，本课题 03 子任务“阿舍勒矿集区 VMS 型成矿系统研究”（负责人：徐兴旺研究员）根据前人对阿舍勒组划分方案，结合大量野外调研、坑道和钻孔岩心观察，将阿舍勒组划分为 5 个岩性段：第一岩性段为硅质凝灰岩层，与前人（新疆维吾尔自治区地质矿产勘查开发局第四地质大队，1997；冯京等，2012）划分的第一段一致：主要分布在床阿依-哲兰德一带以及矿区Ⅲ号矿化带以南的部分地区，为火山灰凝灰岩、英安质凝灰岩、含角砾晶屑凝灰岩、（含）晶屑凝灰岩、岩屑凝灰岩，少量霏细岩，顶部夹灰岩透镜体，局部夹硅质岩和玄武岩，见薄层状、透镜状硫化物矿体。第二岩性段为英安质层：该段相当于新疆维吾尔自治区地质矿产勘查开发局第四地质大队 1997 年划分的第二段第一层的下部。分布于矿区中部偏东和阿舍勒村附近及床阿依一带，主要岩性为英安质凝灰岩、凝灰质角砾岩、砾岩、英安岩、火山角砾岩、沉凝灰岩、结晶灰岩及重晶石透镜体和金属硫化物矿层等。结晶生物碎屑灰岩（礁灰岩）中，产床板珊瑚、四射珊瑚、牙形刺等生物化石。第三岩性段为流纹质层：该段包括新疆维吾尔自治区地质矿产勘查开发局第四地质大队 1997 年划分的第二段第一层的上部和第二层的下部。主要岩性为流纹岩、流纹质凝灰岩与熔结角砾凝灰岩，夹薄层玄武岩，局部发育硫化物石英网脉。Ⅶ号矿化带赋存于该段中。第四岩性段为矿层：该段相当于新疆维吾尔自治区地质矿产勘查开发局第四地质大队 1997 年划分的第二段第二层的上部。本段上部为层状与块状硫化物、含矿英安质凝灰岩与硅质岩、英安岩，盆地边部相变为重晶石与含铁碧玉岩，含铁硅质岩中产有放射虫化石；下部为英安岩、英安质凝灰岩夹玄武岩与安山岩及安山质凝灰岩，局部发育硫化物石英网脉。Ⅰ和Ⅱ号矿带赋存于第四岩性段；第五岩性段为玄武岩层，与前人划分的玄武岩段或亚段一致，出露于Ⅰ号矿化带北部，部分被齐也组第一段不整合覆盖。该岩性段主要为玄武岩（由块状、角砾状及杏

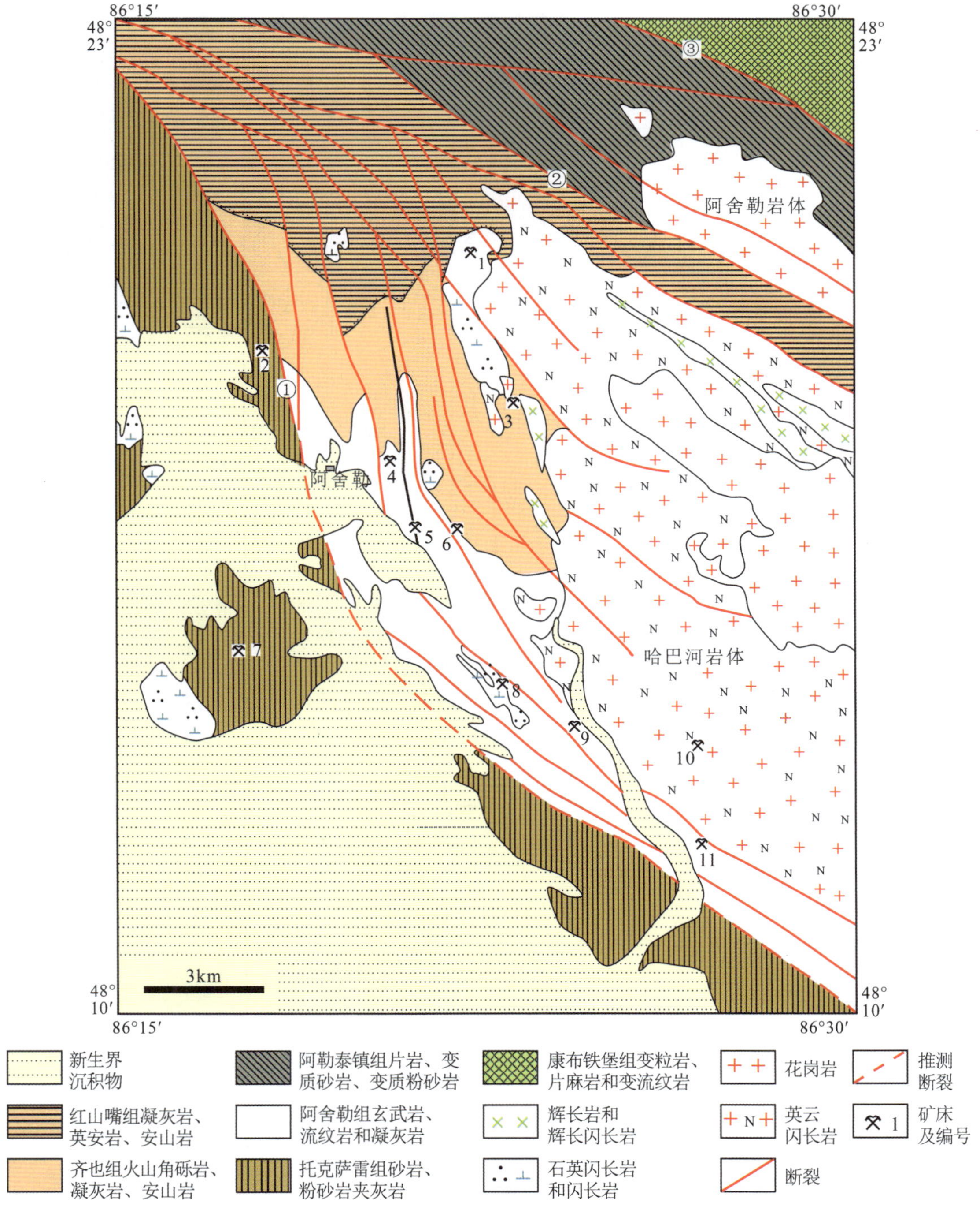

图 2-1　阿舍勒矿集区地质略图

（据新疆维吾尔自治区地质矿产勘查开发局第四地质大队，2010，有修改）

1—萨尔朔克金多金属矿；2—齐也铜矿点；3—喀英德铜矿；4—阿舍勒铜锌矿；5—别斯铁热克南铜矿点；6—桦树沟铜矿；7—加曼阔依塔斯铜矿点；8—床阿依铜矿点；9—阿依托汗铜矿点；10—铁热克特萨依铜矿点；11—多拉纳勒铜矿点；断裂：①玛尔卡库里深大断裂；②别斯萨拉大断裂；③加曼哈巴大断裂

仁状构造）夹少量沉凝灰岩透镜体，上部为灰岩。中-上泥盆统阿勒泰镇组分布于别斯萨拉大断裂以北和加曼哈巴断裂之间，位于加曼哈巴复背斜的南西翼，为一套海相类复理石碎屑沉积岩建造。主要岩性为绢云石英片岩、二云母片岩、黑云微晶片岩，局部为变质砂岩、变质细粉砂岩及变质砂砾岩等，厚度 1088 m。与下石炭统红山嘴组呈断层接触关系。

上泥盆统齐也组出露于阿舍勒齐也村一带，为浅海-半深海相中性-中基性火山熔岩、火山碎屑

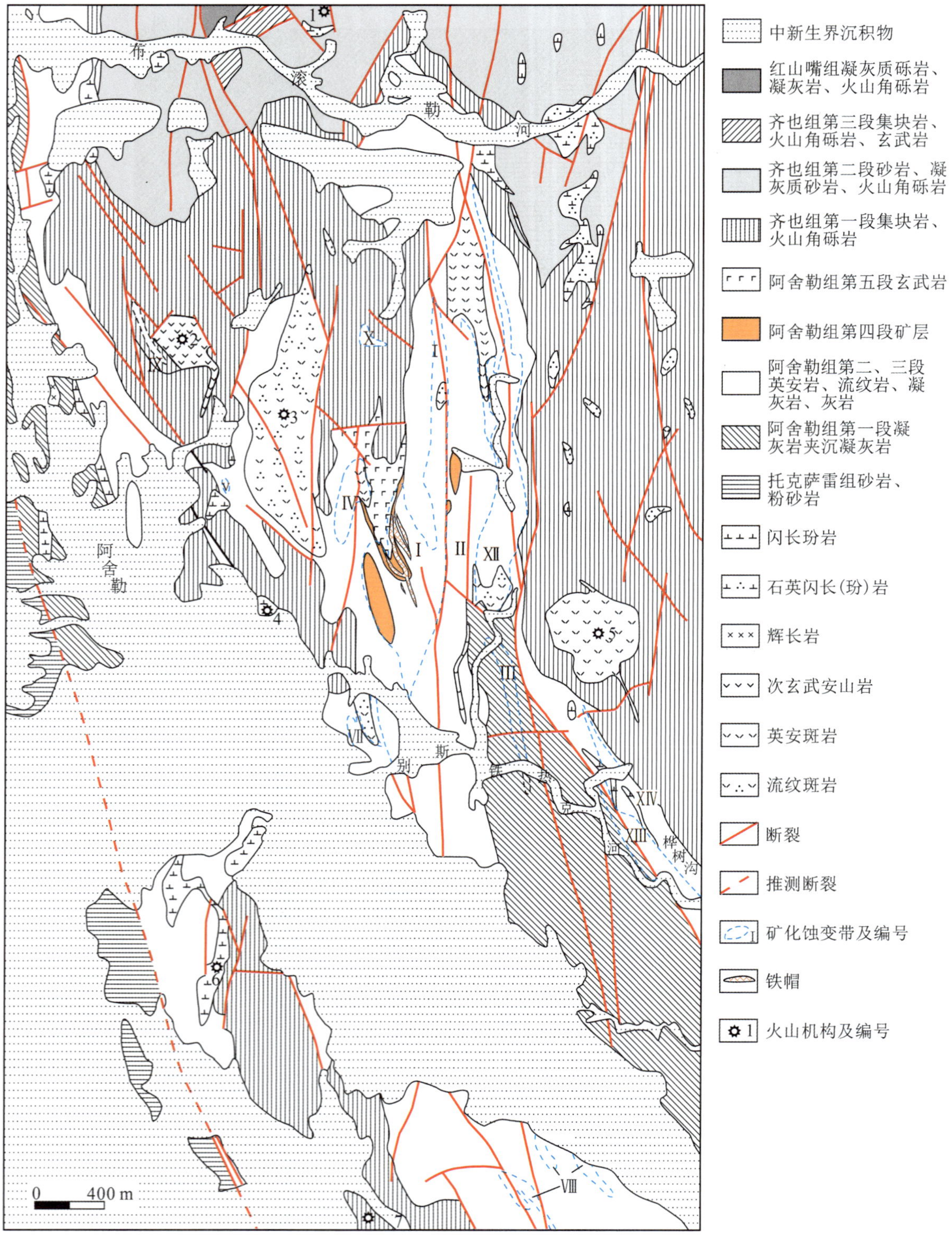

图 2-2 阿舍勒铜锌矿区地质略图

（据新疆维吾尔自治区地质矿产勘查开发局第四地质大队，2010；Niu et al.，2020，有修改）

火山机构：1—布滚勒；2—阿舍勒村北（蝌蚪岩体）；3—西大沟；4—阿舍勒村东；5—东山；6—阿舍勒村南；7—尾砂坝南

岩、火山碎屑沉积岩。岩性下部为集块岩、火山角砾岩、英安岩、晶屑岩屑凝灰岩；中部为火山角砾岩、凝灰质砂砾岩或粉砂岩、角砾熔岩夹安山岩；上部为玄武质角砾岩、火山角砾岩、凝灰岩、凝灰质粉砂岩、枕状玄武岩、安山岩和安山质集块岩等。

下石炭统红山嘴组分布于玛尔卡库里深大断裂与别斯萨拉大断裂之间，位于阔勒德能复向斜核部，为滨海-浅海相火山岩-碎屑沉积岩夹碳酸盐岩。主要岩性有安山岩、玄武安山岩、玄武岩、英安岩、英安质碎斑熔岩、流纹岩、晶屑凝灰岩、沉凝灰岩、绿泥绢云石英片岩，局部夹结晶灰岩、泥质灰岩、泥质粉砂岩和钙质粉砂岩。

二、构造

阿舍勒矿集区主体构造呈反“S”形，随着构造期次不同而各具特色，但彼此之间又显示有一定的继承性。根据 1∶5 万区域地质调查资料，区域内发育 NW 向紧闭（常倒转）线型褶皱，包括阔勒德能复向斜及加曼哈巴复背斜等大型褶皱构造。阿舍勒矿集区位于阔勒德能复向斜的 SW 翼，该复向斜轴向 NW，核部为下石炭统红山嘴组；NE 翼被别斯萨拉大断裂断失，SW 翼依次出露上泥盆统齐也组和下-中泥盆统阿舍勒组。在阿舍勒矿区一带，受玛尔卡库里深大断裂走向偏转所形成的局部构造应力场的作用，发育一系列轴向近 SN 向的次级褶皱构造，构成裙边褶皱组合。国家重点研发计划项目子任务“阿舍勒矿集区 VMS 型成矿系统研究”（负责人：徐兴旺研究员）在阿舍勒矿区圈定出 2 个背斜、2 个向斜和 1 个倒转向斜。

区域大断裂为玛尔卡库里断裂，是阿舍勒岛弧带与多拉纳萨依弧前盆地的分界。该断裂西延进入哈萨克斯坦玛尔卡库里湖一带，继续向 NW 延伸进入俄罗斯境内，在哈萨克斯坦境内被称为玛尔卡库里-别洛列茨克大断裂。玛尔卡库里大断裂总体走向 NW-SE 向，断层面倾向 NE，平面上呈舒缓的反“S”形斜贯全区，是切穿地壳的深大断裂，形成于泥盆纪以前。主断裂及两侧有百余米至上千米宽的挤压破碎带，岩石强烈片理化和破碎，被切割成叶片状。玛尔卡库里断裂对岩体的侵位有明显的控制作用，如哈巴河岩基，沿断裂分布的中酸性岩脉。在矿区一带主要发育 SN 向、NW 向，NE 向和近 EW 向 4 组更次一级断裂，其中以前两组最发育，4 组断裂属同一构造应力场的配套断裂。

别斯萨拉大断裂走向 NW，断层面倾向 NE，是加曼哈巴复背斜与阔勒德能复向斜分界断裂，形成于中泥盆世以前。区域上该断裂总体走向 NWW 向，呈舒缓波状展布，东端与哈巴河大断裂斜接复合。别斯萨拉大断裂在阿舍勒盆地主要发育更次一级断裂。

三、岩浆岩

区内岩浆活动强烈，发育有火山岩、侵入岩和脉岩等。火山岩分布于玛尔卡库里大断裂以东，主要为阿舍勒矿集区的下-中泥盆统阿舍勒组、上泥盆统齐也组和下石炭统红山嘴组。红山嘴组早期火山活动以喷溢为主，形成巨厚的火山熔岩，仅有微弱的爆发作用形成细火山碎屑岩夹层；中期表现为强烈的火山爆发作用，以连续爆发为主，间有喷溢，喷发间断少且短，火山喷发岩由中性（局部有基性）演变为中酸性，构成 5 个火山韵律；晚期处于比较宁静的阶段，火山作用以溢流相为主，偶尔有喷发，可划分出 12 个火山韵律（杨文平等，1994）。

阿舍勒矿集区及周边侵入岩十分发育，沿玛尔卡库里大断裂东、西两侧分布，主要为矿集区东部的哈巴河岩体和其西部的别列则克河岩体群，其侵入岩在区内出露面积最大，总面积约 200 km^2。阿舍勒矿集区岩性以中酸性、酸性为主，岩石类型主要为辉长岩、辉长闪长岩、（石英）闪长岩、石英辉长闪长（玢）岩、英云闪长（玢）岩。前人称为哈巴河岩体在 1∶20 万哈巴河幅中称为托克萨雷岩体，为复式岩体，岩性复杂。组成岩体的岩石主要为似斑状英云闪长岩、中粗粒英云闪长岩、细中粒英云闪长岩。英云闪长岩体位于哈巴河两岸，呈巨大的岩基侵入于泥盆系中，岩体总体呈楔形，与区域构造线方向一致。岩体西侧有一系列小岩枝侵入围岩。岩体外接触带具矽卡岩化（普遍伴有铁、铜矿化）。岩体内部中性、中酸性脉岩十分发育，主要有闪长岩脉、英云闪长玢岩脉、英安斑岩脉。似斑状英云闪长岩年龄为 386 Ma（柴凤梅等，2013）、细中粒英云闪长岩为 375 Ma（柴凤梅等，2013）、英云闪长岩为 371 Ma 和 372 Ma、黑云母花岗岩为 381 Ma 和 359 Ma（Yu et al.，2019）、花岗闪长岩为 388 Ma 和 389 Ma（Cai et al.，2011）、侵入哈巴河岩体的辉绿岩脉年龄为 375 Ma（Cai et al.，2010）。哈巴河岩体的岩枝已侵入到萨尔朔克矿区的凝灰岩中，本次获得钻孔中英云闪长岩锆石 U-Pb 年龄为 373 Ma。阿舍勒花岗闪长岩年龄为 318 Ma（Yuan et al.，2007）。

第二节　火山旋回与火山机构

一、火山旋回

阿舍勒矿集区以泥盆纪火山作用最为强烈，火山岩系广泛出露（图2-1，图2-2），阿舍勒铜锌矿床及矿化蚀变带、萨尔朔克金多金属矿均与下-中泥盆统阿舍勒组的火山活动密切相关。阿舍勒矿集区泥盆纪主要有2期火山活动，第一旋回对应下-中泥盆统阿舍勒组，第二旋回对应晚泥盆世齐也组火山岩系（陈毓川等，1996）。

（一）早-中泥盆世阿舍勒火山喷发旋回

阿舍勒矿区早-中泥盆世火山喷发产物主要分布在阿舍勒村别勒铁热克一带，构成了阿舍勒组的主体，厚为1000~2000 m。阿舍勒大型铜锌矿、萨尔朔克中型金多金属矿、桦树沟小型铜矿、喀英德小型铜矿均赋存于早-中泥盆世阿舍勒火山喷发旋回。火山岩早期以中酸性火山熔岩-火山碎屑岩为主，晚期则基性火山喷发物占优势。该旋回形成的岩石以英安质、流纹质火山碎屑岩为主，少量熔岩、次火山岩、火山-沉积碎屑岩和碳酸盐岩等。从早至晚岩浆演化呈现出酸性-中酸性-基性的变化趋势，整体上以爆发相为主，溢流相熔岩为辅，火山岩属拉斑玄武岩系列。以中酸性和酸性为主，基性为次，构成“双峰式”火山岩组合。火山碎屑岩常见，并发育有韵律层理，还夹有灰岩透镜体。该套火山岩中发育有富镁火山岩系，指示其可能形成在一个火山断陷盆地环境。火山岩喷发特征从早到晚，由远源→近源，火山活动由弱→强，最后以次火山岩的侵入结束该期火山旋回。

根据火山岩成分、岩相及岩石组合等特征的旋回性变化，可进一步划分为2个亚旋回，阿舍勒第一亚旋回主要分布在阿舍勒村-床阿依-哲兰德一带以及矿区Ⅲ号矿化带以南的部分地区，相当于本次划分的第一岩性段，主要由沉凝灰岩、火山灰凝灰岩、英安质凝灰岩、（含）晶屑凝灰岩、含角砾晶屑凝灰岩、（含）角砾凝灰岩，顶部夹灰岩透镜体，见火山泥球、火山豆，层理发育，上部见薄层状、透镜状硫化物矿体。在阿舍勒矿集区该亚旋回形成的火山碎屑岩以中细粒为主，成层性好，中-巨厚层状并具有远源火山喷发、水下沉积特征。上部火山灰凝灰岩中含火山泥球，且层位较稳定，自阿舍勒矿区至喀英德均有分布。在火山灰凝灰岩、沉凝灰岩和凝灰质粉砂岩中，发育有小型浪成波痕、沙纹层理、包卷层理、条带状变形层理、中型槽状交错层理等，反映出海水环境比较动荡。众多且比较稳定的结晶灰岩（含生物碎屑，多属浅滩相灰岩及其他沉积夹层）反映了火山喷发的间歇性特点。古生物特征则反映了高能动荡环境。综上所述，阿舍勒组第一亚旋回是滨-浅海相间歇式的远源火山喷发沉积条件下形成的。

阿舍勒第二亚旋回的火山活动主要分布在阿舍勒矿区西部齐也-阿舍勒村一带，矿区南部别斯铁列克河以及东大沟以东部分地区，为中近源喷发火山岩。该段纵横向上岩性、岩相变化很大，依据岩石组合包含了4个岩性段。第二、三岩性段主要分布于矿区中部偏东和阿舍勒村附近及床阿依一带。底部见一层英安质晶屑凝灰岩，以含有角砾级的眼球状石英晶屑为特征，厚度变化较大，但层位十分稳定，可作为与下伏第一亚旋回的分旋回标志层。中、下部为中酸性火山碎屑岩，以凝灰岩、角砾凝灰岩为主，集块岩、含集块角砾岩等粗粒级火山碎屑岩次之。上部以火山-沉积碎屑岩为主，主要为凝灰岩、含砾沉凝灰岩，少量结晶灰岩、结晶生物碎屑岩、结晶白云质灰岩及重晶石透镜体和金属硫化物矿层等。该段为本矿区第二个含矿层，发育同生矿化蚀变，Ⅴ、Ⅵ、Ⅶ、ⅤⅢ、ⅩⅢ、ⅩⅣ号等矿化蚀变带赋存其中。第四岩性段主要见于Ⅰ号和Ⅱ号矿化带附近，阿舍勒村北有少量出露。以中酸性火山碎屑岩和火山-沉积碎屑岩类为主，其次是英安岩，夹有少量玄武岩、结晶灰岩、绢云千枚岩、含铁碧玉岩及多金属硫化物和重晶石矿层，是本矿区第3个含矿层，Ⅰ号和Ⅱ号矿化蚀变带赋存于其中，厚度222 m。第四岩性段自下而上的变化为火山碎屑岩逐渐减少，且粒度变细，火山-沉积碎屑岩逐渐增多。下部为集块岩、角砾凝灰岩、含角砾凝灰岩。中部为凝灰岩夹凝灰质粉砂岩、含铁碧玉岩（产有放射虫化石）及结晶灰岩等。上部为沉凝灰岩、含砾沉凝灰岩及凝灰质砾岩夹少量凝灰质砂岩、绢云千枚岩、火山灰凝灰岩等，含多层块状硫化物（即Ⅰ号矿化带）和重晶石矿层（Ⅱ号矿化带）。自下而上，由爆发相→沉积相，火山喷发强度由强至弱以至平静，矿层产于火山洼地中，呈大“透镜体”形态。在其间歇期形成了厚大的块状硫化物矿层。第五岩性段出露于Ⅰ号矿化带北部，部分被齐也组第一段不整合覆盖。出露厚度 146 m。该岩性段主要为玄武岩（由块状及杏仁状构造）夹少量沉凝灰岩及金属硫化物薄矿层或透镜体。综上所述，阿舍勒组第二、三、四、五岩性段总体上以中酸性火山碎屑岩为主，基性熔岩较少，缺乏中性岩类，构成“双峰式”火山岩组合。火山活动以间歇性的中心式爆发-喷溢为特点，火山-沉积碎屑岩层厚度较大，说明间歇期较长，有利于火山喷气作用下多金属硫化物沉淀，从而形成厚大块状矿层。含放射虫的含铁碧玉岩反映较深水环境，结晶生物碎屑灰岩既有生物礁相，也有浅滩相，还有结晶白云质灰岩透镜体，说明环境分异强烈、动荡，但总体应为浅海相。结合火山岩组合特征，反映了中近源火山喷发特点。

阿舍勒第二亚旋回可划分为 3 个喷发韵律。其中第一、第二喷发韵律总体上均从火山碎屑岩向火山-碎屑沉积岩演变（第一、第二韵律夹有很少的基性熔岩和火山灰凝灰岩）。中酸性火山碎屑岩的厚度较大，且粗-细韵律发育，反映火山活动强烈，多次连续爆发的特征。向上沉积相夹层出现并逐渐增多，厚度增大，火山碎屑粒度变细，反映火山活动转为间歇式喷发，且喷发强度降低，间歇期较长。在间歇期有强烈的喷气-热液活动，形成了多金属硫化物-重晶石矿层及同生蚀变作用。第三韵律主要由基性熔岩夹少量火山-沉积碎屑岩组成，反映了火山活动以喷溢作用为主并间有爆发的频繁变化过程。间歇期短暂，其间亦有较弱的多金属硫化物矿化（陈毓川等，1996；曹新志等，2006；赖富光等，2006）。

萨尔朔克金多金属矿区早-中泥盆世阿舍勒火山喷发旋回中，以火山碎屑岩类为主，火山-沉积碎屑岩类、火山熔岩、碎屑熔岩类次之。在火山-沉积碎屑岩类中，发育有一些沉积韵律层和沉积层理构造，并夹有大理岩透镜体。这与阿舍勒铜矿区阿舍勒火山喷发旋回的演化特征基本一致，但萨尔朔克一带该旋回中岩浆的分异程度更高，从而出现了流纹斑岩-次玄武岩的两极分异的双峰式组合，与阿舍勒喷发相相比，矿区次火山岩较为发育，其剥蚀程度相对较深。阿舍勒旋回次火山岩分布特征反映了从酸性到基性的岩浆演化特征，即早期形成酸性（流纹斑岩、石英霏细斑岩）中期中酸性（英安斑岩）—晚期中基性（石英闪长岩、次玄武岩、辉绿玢岩）的特征，其演化与火山岩的反序列演化是一致的（曹新志等，2016）。

（二）晚泥盆世齐也火山喷发旋回

晚泥盆世火山喷发产物构成了上泥盆统齐也组的主体，不整合在下-中泥盆统阿舍勒组之上，由一套玄武岩-安山岩-英安岩和火山碎屑岩组成，厚度大约 1700 m。该旋回组成岩石以火山碎屑岩为主，熔岩次之，并且次火山岩也比较发育，少量火山-沉积碎屑岩。划分为 3 个亚旋回，第一亚旋回火山活动始于中酸性喷发，具有双峰式组合特征，火山活动受近 SN 向断裂控制，以中心式喷发为主。该层属浅海相近源火山喷发沉积，但从早到晚，海水逐渐加深；第二亚旋回火山活动处于微弱期，分布于布滚勒河 SN 两侧，阿舍勒盆地在沉降过程中接受滨海浊流沉积同时，伴有中性火山喷发，形成一套火山喷发沉积相-滨海浊流沉积相建造；第三亚旋回火山活动又趋于剧烈，分布于矿区布滚勒河以北地区，由一套集块角砾级的粗火山碎屑岩和中基性熔岩组成，形成了双峰式火山岩组合的厚层火山岩。该段玄武岩枕状构造发育，并在枕间夹有较多的不规则结晶灰岩团块，沉凝灰岩及凝灰质砂岩发育有水平层理，属浅海相近源火山喷发沉积。总之，齐也组火山作用与阿舍勒组相似，以爆发相为主，火山集块岩广泛分布，在阿舍勒村东北一带最为典型，它们可能是接近火山口附近的爆发产物，火山集块和角砾的成分主要为安山质，也含有早期火山岩和沉积岩的岩屑，尤其是中酸性的晶屑凝灰岩也很普遍（陈毓川等，1996）。

二、火山机构

火山机构是构成一个火山的各个组成部分的总称，阿舍勒矿集区内古火山机构结构复杂，加之后期构造运动强烈改造，使得识别古火山机构十分困难。目前初步认为阿舍勒矿区内古火山机构主要有7处，划分为破火山、火山穹窿、锥火山及次火山岩机构4种基本构造类型。除西大沟火山穹窿构造外，其余火山机构共同特征是：均为近圆形或椭圆形的负向火山洼地，规模大小不一，一般直径大于1 km；层状火山岩向中心倾斜，不同岩相大致呈环状分布；破火山的中心部位往往有次火山岩相出露，有火山作用形成的环状、半环状、放射状断裂及沿断裂侵入的晚期脉岩等（陈毓川等，1996）。萨尔朔克矿区发现一个次火山岩型火山机构，并控制着与次火山热液有关的脉状矿化。

布滚勒破火山机构位于齐也村以东（图2-2，编号1），平面上呈长轴近SN向的椭圆状，短轴长约1.8 km，主要由上泥盆统齐也组二、三段火山岩组成。破火山中心部位集块岩较发育，沿喷发主通道上侵的次火山岩相（石英闪长岩）经剥蚀已出露地表。

阿舍勒村北火山口机构中心位于阿舍勒村北1.2 km处（图2-2，编号2），现代地貌为正地形，平面上呈近圆形，直径约1 km。由齐也组第一段火山岩组成，中心为蝌蚪岩体，岩性为玄武安山岩，属次火山岩相，岩体沿喷发主通道侵入，其四周的集块岩、火山角砾集块岩、火山角砾凝灰岩等层状火山岩大致呈环状展布，具中心式喷发特征。充填于古火山管道的次玄武安山岩呈蝌蚪状，岩体内柱状节理发育，说明岩体形成深度很浅。火山管道围岩是齐也组第一段下部的一套集块角砾级火山碎屑岩，其喷发相是位于该火山口北部的安山岩、安山质角砾岩及安山质凝灰岩。该火山机构属齐也旋回的古火山机构，与成矿关系不大。据其凝灰质粉砂岩夹层中产放射虫化石表明，火山机构为水下喷发沉积，且当时海水较深。

西大沟古火山穹窿机构位于Ⅰ号矿化带西侧流纹斑岩体核部（图2-2，编号3），是阿舍勒旋回古火山机构。从次火山岩相和大量集块角砾级火山碎屑物共生组合分析，具有明显的中心式喷发特征，而其南北向线型展布则是后期构造变动所致。该火山喷发中心被流纹斑岩体侵位，喷发相属阿舍勒旋回，其岩石为基性和中酸性火山岩。近火山口相的集块角砾级火山碎屑岩，主要分布在流纹斑岩体周围，即火山喷发中心附近；远离喷发中心，火山碎屑粒度由粗变细。近火山相岩层在地表出露面积较小，多被齐也组覆盖。从上述特征来看，该火山机构属大型锥状洼地中由于火山喷发而形成水下隆起的古火山穹窿机构，而两侧为构造洼地。从齐也组第一段环绕该火山喷发中心来看，该火山机构后期可能发生塌陷，在火山周围形成了环状破火山洼地。

东山次火山岩型古火山机构位于东大沟之东，桦树沟之北（图2-2，编号5），呈长轴NW向椭圆状，直径大于1 km，由齐也组第一段火山岩组成，中心为闪长岩，属次火山岩相。岩体周围分布着集块岩、角砾凝灰岩为主的火山碎屑岩（爆发相），夹玄武岩及流纹岩，岩层产状大致向中心倾斜，晚期的辉绿岩脉亦围绕中心岩体呈半环状分布，表明受环状断裂控制。综上所述，阿舍勒矿区内早-中泥盆世阿舍勒旋回已知古火山穹窿机构1处，由酸性岩浆沿火山口再次上侵（流纹斑岩）而呈穹状隆起构造。晚泥盆世齐也旋回识别古火山机构6处，属火山口、层状或穹状火山。在阿舍勒火山沉积盆地内部，由于火山活动方式不一，不同旋回火山产物所组成的火山构造类型不尽相同。晚泥盆世齐也旋回火山喷发受SN向断裂构造控制，以中心式喷发为主，火山构造类型多为破火山，沿断裂带呈串珠状展布。早-中泥盆世阿舍勒旋回火山喷发则受NNW向断裂构造控制，以大规模中心式喷发为特征，喷发中心大致位于矿区西大沟之东侧（陈毓川等，1996；曹新志等，2006）。

萨尔朔克矿区是由F_3、F_{10}、F_{11}、F_{12}断裂所围限而构成的环状古火山机构，该火山机构具有“中心式”喷发特征，火山颈相中心被流纹斑岩体（次火山岩）侵位，其边缘部位被绢英岩化流纹质角砾凝灰熔岩所围绕。推断流纹斑岩次火山岩体侵入方向是“由北西向南东侵入”，萨尔朔克金多金属矿包括两部分矿化，其中产于流纹斑岩中的矿化位于该火山机构的通道相内，受流纹斑岩体岩性控制十分明显，其矿化为与次火山热液有关的脉状金铜铅锌银矿化。曹新志等（2016）对萨尔朔克火山机构进行了研究，认为1040 m中段以下，矿体呈向NW陡倾伏的直立囊状体，受火山机构下部通道相构造控制，很少见到断裂构造控矿特征，矿化主要受原生流面构造（流劈理）控制。矿化蚀变以黄铁矿化、硅化、绢云母化、绿泥石化为主。成矿作用方式以交代为主，充填成矿作用次之。

1040 m中段以上金矿体主体呈NW向展布，倾向SW，倾角75°~80°，向深部延伸呈左行斜列，使矿体向NE方向迁移，受脆韧性断层裂隙构造控制十分明显，其矿体的边界较平直。从上到下构成了“上大下小”萝卜状或囊状体矿体，这种矿体形态、产状变化是萨尔朔克古火山机构火山通道相下部发育的囊状体，上部发育的同生裂隙构造控制成矿作用的有力证据，充分显示了筒状火山通道相为萨尔朔克金多金属矿床成矿热液通道。由于筒状隐爆角砾岩发育，使围岩压应力变小，成矿断裂系统的启张程度高，开放性强、断裂的贯通性好，出现了火山机构上部发育的同生裂隙控矿构造特征越来越明显，出现了沿张性破碎带矿化和裂隙式矿化。火山机构上部筒状隐爆角砾岩及同生断层具有控矿和导矿作用，沿同生断层裂隙发育的矿化作用是继承了次火山通道相流纹斑岩体全岩矿化基础上进一步的热液叠加，成矿流体沿撕裂的张性和张剪性断裂矿化而交织连成一体，使黄铁矿、黄铜矿、方铅矿、闪锌矿等金属硫化物再次富集成矿（曹新志等，2016）。

第三节　火山岩年代学及地球化学

一、火山岩年代学

（一）样品及测试方法

英安斑岩（ASL19-59）采自阿舍勒矿区地表53线，ZK5301西部，坐标为北纬48°18′12″，东经86°20′51″。岩石呈块状构造，变余斑状结构，基质为微晶结构（图2-3A）。岩石主要由变余斑晶、变余基质组成。变余斑晶主要由斜长石假象（20%左右）和石英（10%左右）组成，粒径一般大于0.5 mm，杂乱状分布，个别呈巨斑状产出。斜长石多呈半自形板状，少量他形粒状，强绢云母化、帘石化、碳酸盐化呈假象产出，仅可见其外形残留，个别粒内可见较模糊聚片双晶残留。石英呈他形粒状，多具港湾状熔蚀现象，个别晶内裂纹发育，沿裂隙多填充有碳酸盐等，粒内可见轻波状消光现象。变余基质主要由长英质（45%）、绢云母（10%）和绿泥石（15%）组成，粒径一般小于0.05 mm，杂乱状分布。长英质呈隐晶状、微粒状，杂乱状分布。绢云母、绿泥石呈微鳞片状、纤片状，杂乱状分布，伴有碳酸盐化等。

英安岩（ASL19-61）采自阿舍勒铜锌矿区地表21勘探线的ZK2105与ZK2107之间，坐标为北纬48°17′45″，东经86°20′39″。岩石呈块状构造和定向构造，变余斑状结构，基质微晶结构（图2-3B）。岩石主要由变余斑晶和变余基质组成。变余斑晶主要由斜长石（25%左右）和石英（10%左右）组成，粒度一般为0.5~5 mm不等，星散状定向分布。斜长石呈半自形-他形粒状，强帘石化、绢云母化、硅化，部分斜长石保留其半自形板状晶形，个别粒内可见较模糊聚片双晶残留。石英表面干净，多具港湾状熔蚀现象，晶内裂隙发育，沿裂隙填充有硅质、碳酸盐等，粒内可见波状消光现象明显。变余基质主要由长英质（45%左右）、绢云母（10%左右）和绿泥石（10%左右）组成，粒径一般小于0.05 mm，杂乱状分布。长英质呈隐晶状、微粒状，杂乱状分布，部分重结晶为他形粒状石英，伴有不均匀褐铁矿化、碳酸盐化等。绢云母、绿泥石呈微鳞片状、纤片状，杂乱状分布，伴有不均匀碳酸盐化等。

流纹斑岩（ASL19-63）采自阿舍勒铜锌矿区地表1勘探线和3勘探线之间，坐标为北纬48°17′29″，东经86°20′42″。岩石具块状构造，变余斑状结构，基质为变余微粒结构（图2-3C）。岩石主要由变余斑晶和变余基质组成。变余斑晶主要由石英（5%左右）组成，粒径一般为0.3~1.7 mm，星散状分布。石英呈他形粒状，多具港湾状熔蚀现象，边部多被硅质交代构成斑边文象结构，粒内可见波状消光现象。变余基质主要由石英（70%~75%）和绢云母（20%~25%）组成，粒径一般为0.05~0.25 mm，杂乱状分布。石英呈他形粒状和微粒状，作为基底，部分可能为交代原岩的产物，杂乱分布。绢云母主要为新生变质矿物，呈微鳞片状、纤片状，多嵌布在石英粒间，杂乱状分布。

安山岩（SESK18-18）：采自萨尔朔克金多金属矿区。岩石新鲜面呈灰绿色，块状构造，斑状结构，基质为微晶结构。岩石蚀变很强。岩石由斑晶和基质组成（图2-3D）。斑晶由斜长石和暗色矿

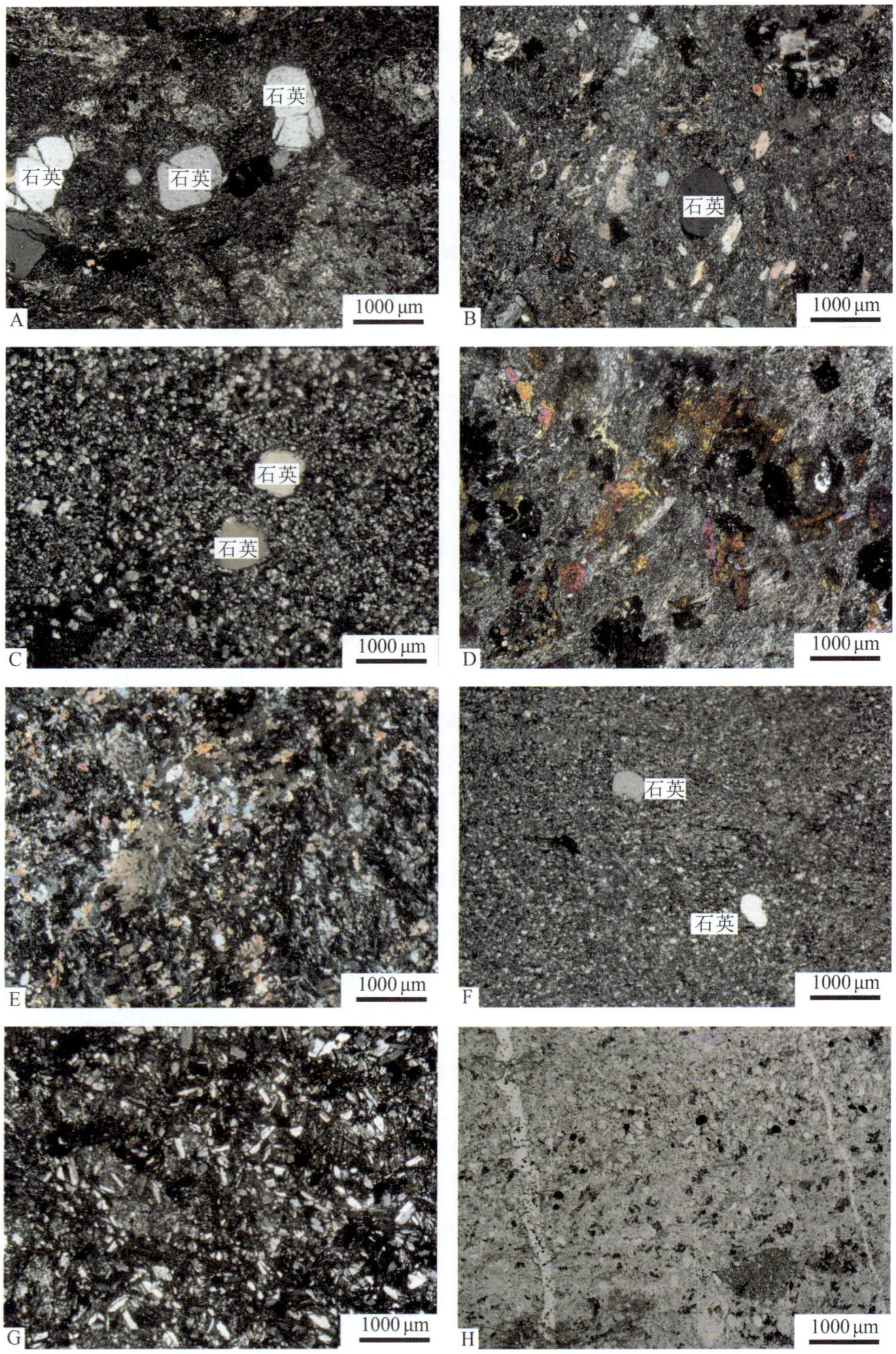

图 2-3 （次）火山岩锆石 U-Pb 年龄样品显微照片

A—英安斑岩；B—英安岩；C—流纹斑岩；D—安山岩；E—玄武安山岩；
F—流纹质晶屑凝灰岩；G—玄武岩；H—沉凝灰岩

物假象组成，粒度 0.2~1.7 mm。斜长石呈半自形板状，杂乱分布或聚斑状产出，具有不均匀绿帘石化、绢云母化，大多数蚀变强呈假象，少数残留，含量约 35%；暗色矿物均被绿泥石、绿帘石交代呈假象，星散状分布，推测为角闪石假象，少数为黑云母假象，含量约 10%。基质由斜长石、暗色矿物假象和少量石英组成，粒度一般小于 0.2 mm。斜长石呈微晶半自形板条状，杂乱分布，具不均匀绢云母化、绿帘石化、碳酸盐化等，大多数蚀变呈假象，少数残留；暗色矿物蚀变特征同斑晶，星散状分布，推测为角闪石或黑云母假象；石英呈微粒状，填隙状分布；常见绢云母等蚀变矿物定向分布。岩石内见绿泥石、不透明矿物等充填裂纹，为岩石后期受轻微构造作用叠加形成。

玄武安山岩（900ZK9507-5）：采自萨尔朔克金多金属矿区 900ZK9507。钻孔岩心，岩石发生很强的蚀变，以致原岩成分较难辨别。岩石新鲜面呈浅灰绿色，块状构造，交代结构。岩石主要由钠长石、石英、白云母、绿泥石和绿帘石组成（图 2-3E）。钠长石呈半自形纤板状，粒径一般小于 0.5 mm，杂乱似堆状分布，部分稍显定向排列，粒内可见较模糊聚片双晶发育，含量约 35%。石英呈他形粒状，多呈粒间镶嵌状，粒径一般为 0.05～0.25 mm，杂乱状分布，部分集合体呈堆状分布，粒内可见轻微波状消光，含量约 20%。白云母呈片状、叶片状，片径一般小于 0.25 mm，杂乱状分布，部分集合体呈堆状不均匀分布，稍显矿物外形，推测为交代某种矿物的产物，含量约 15%。绿帘石呈他形粒状，粒径一般小于 0.15 mm，杂乱状分布，部分集合体呈堆状不均匀分布，含量约 10%±。绿泥石呈微鳞片状，片径一般小于 0.25 mm，杂乱状分布，部分集合体呈堆状不均匀分布，含量约 20%±。该岩石很可能是玄武安山岩在热液作用下发生青磐岩化和硅化的产物。

流纹质晶屑凝灰岩（SESK19-17）：采自萨尔朔克金多金属矿区地表。岩石新鲜面为浅灰白色，块状构造，凝灰质结构。岩石主要由晶屑和长英质胶结物组成（图 2-3F）。晶屑主要由石英组成，粒径一般为 0.2～1.5 mm，含量为 5%～8%，星散状分布。石英呈他形粒状，多具港湾状熔蚀现象，部分边部被长英质、绢云母交代，粒内可见轻微波状消光现象。胶结物为长英质，呈隐晶状、他形微粒状、纤状，集合体呈条带状定向分布。新生变质矿物为绢云母，呈显微鳞片状集合体定向分布在长英质胶结物间。

玄武岩（SESK19-19）：采自萨尔朔克金多金属矿区地表。岩石新鲜面灰绿色，块状构造，似斑状结构。岩石主要由斑晶和基质组成（图 2-3G）。斑晶主要由斜长石假象和暗色矿物假象组成，粒径一般为 0.5～1.8 mm，杂乱状分布。斜长石呈半自形板状，强帘石化、绿泥石化、钠长石化呈假象产出，仅可见其半自形板状残留，含量 10%左右。暗色矿物呈他形粒状，强帘石化、绿泥石化、褐铁矿化呈假象产出。基质主要由斜长石假象和暗色矿物假象组成，粒径一般为 0.2～1 mm，杂乱状分布。斜长石呈半自形-他形粒状，杂乱状分布，蚀变特征同斑晶一致，含量 45%左右。暗色矿物假象呈他形粒状，填隙状分布在斜长石格架间，蚀变特征同斑晶一致。

齐也组沉凝灰岩（SESK18-22）采自萨尔朔克金多金属矿区地表，坐标为北纬 48°20′20″，东经 86°22′18″。沉凝灰岩呈似纹层状构造和块状构造，沉凝灰结构（图 2-3H），岩石由火山碎屑物（85%～90%）和正常沉积物（10%～15%）组成。火山碎屑物由岩屑、晶屑、玻屑及火山灰组成，相对聚集似层状、纹层状分布，少数填隙状分布，以小于 2 mm 的凝灰物为主，2～3 mm 的火山角砾较少。岩屑成分为流纹岩、凝灰岩等，刚性、半塑性兼有，刚性呈次棱角状，半塑性似条带状、饼状，局部被钠长石、绿泥石等交代。晶屑由斜长石和石英组成，斜长石呈近半自形板状，发育黏土化、绢云母化等；石英呈次棱角状，粒内具波状消光。玻屑及火山灰大多数被钠长石、绿帘石等不均匀交代，少数脱玻重结晶为微粒状长英质，局部隐约见玻屑弧面棱角状外形。正常沉积物为陆源砂，由岩屑、长石和石英组成，相对聚集似纹层状分布，磨圆较好，多呈次圆状，大小以 0.1～0.25 mm 的细砂为主，0.25～1 mm 的中、粗砂较少。岩屑主要见流纹岩，长石主要见斜长石，具有绢云母化，石英主要见单晶石英，粒内具波状消光。岩石内见后期石英脉充填裂隙。

锆石分选工作在河北省地矿局区域地质调查所实验室完成。英安斑岩（ASL19-59）和玄武岩（SESK19-19）锆石样品靶的制作、锆石阴极发光照相和锆石 SHRIMP U-Pb 测年分析在北京离子探针中心 SHRIMP-Ⅱ上完成。详细的分析流程和原理参见宋彪等（2002），数据处理、年龄计算采用 Ludwig 博士编写的 SQUID1.0 及 ISOPLOT 程序（Ludwig，2003）。英安岩（SL19-61）、流纹斑岩（ASL19-63）、安山岩（SESK18-18）、玄武安山岩（900ZK9507-5）、流纹质晶屑凝灰岩（SESK19-17）和沉凝灰岩（SESK18-22）锆石样品靶的制作和锆石阴极发光照相在北京锆年领航科技有限公司完成。锆石 LA-ICP-MS U-Pb 测年在中国地质科学院矿产资源研究所同位素实验室进行，所用仪器为 Finnigan Neptune 型 MC-ICP-MS 及与之配套的 Newwave UP213 激光剥蚀系统。实验测试流程详见侯可军等（2009），部分测试结果见表 2-1 和表 2-2。

（二）测试结果

1. 锆石 SHRIMP U-Pb 年龄

英安斑岩（ASL19-59）中锆石多数为自形-半自形晶短柱状，少数自形长柱状，长在 50~150 μm 之间，宽介于 30~50 μm 之间。在阴极发光图像中，少数发育震荡环带。样品中锆石的 U、Th 含量变化较大，Th 含量非常高（表 2-1），Th 含量为 83×10^{-6}~951×10^{-6}，U 含量为 136×10^{-6}~1129×10^{-6}，Th/U 比值为 0.25~0.84，大于 0.1，表明锆石为岩浆成因（Corfu et al.，2003）。14 粒锆石分析点中有 10 粒 $^{206}Pb/^{238}U$ 年龄数据集中在 371.7~387.6 Ma，在锆石 SHRIMP U-Pb 年龄谐和图上成群分布（图 2-4），10 粒锆石的 $^{206}Pb/^{238}U$ 加权平均年龄为 379.9±3.3 Ma（MSWD=1.02），代表英安斑岩（次火山岩）侵位和结晶年龄。1 粒锆石 $^{206}Pb/^{238}U$ 年龄为 389.5 Ma，是岩浆侵入过程中俘获的阿舍勒组火山岩锆石；3 粒锆石 $^{206}Pb/^{238}U$ 年龄为 253.9~315.8 Ma，可能是英安斑岩形成后遭受后期热液改造时放射成因 Pb 丢失，导致年龄数据偏低。

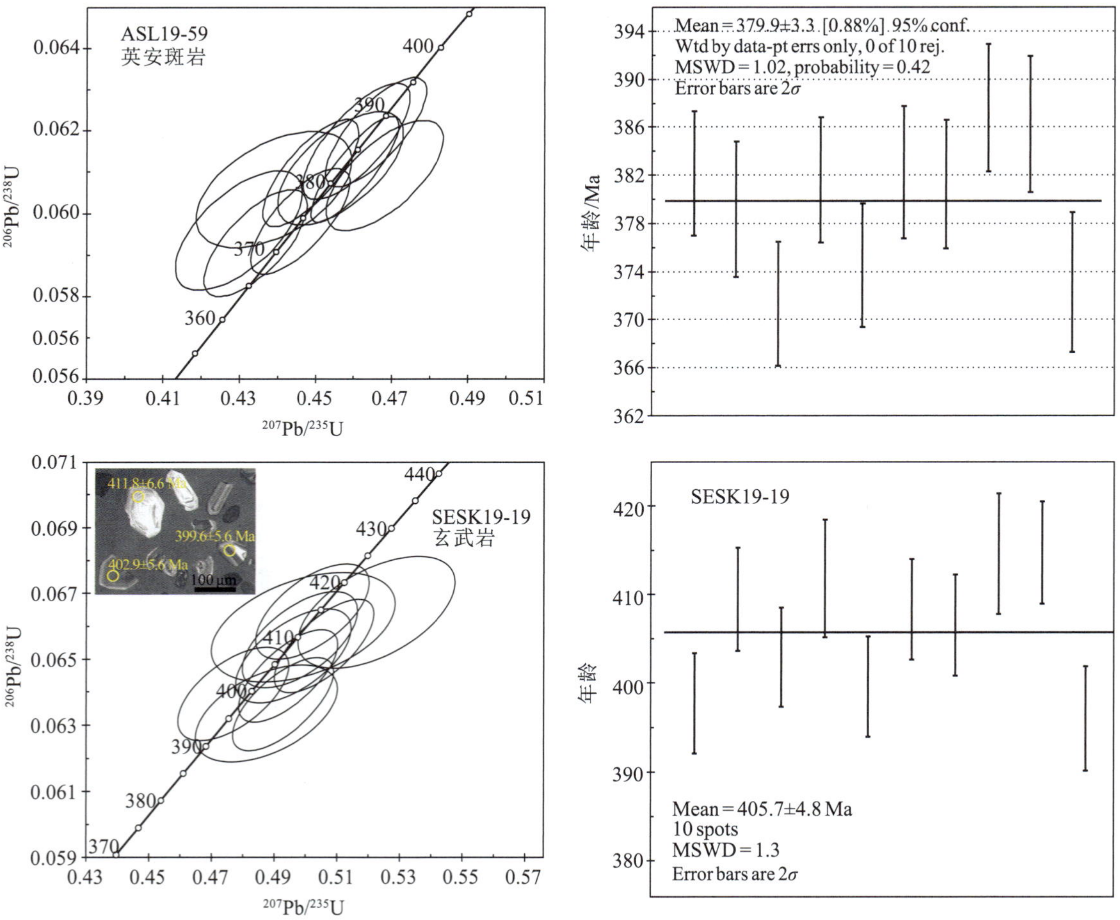

图 2-4　阿舍勒矿区英安斑岩和萨尔朔克矿区玄武岩锆石 SHRIMP U-Pb 年龄

玄武岩（SESK19-19）中锆石形态以不规则状居多，少数为长柱状，长轴介于 30~110 μm 之间，短轴介于 30~50 μm 之间。Th 含量为 34×10^{-6}~172×10^{-6}，U 含量为 97×10^{-6}~379×10^{-6}，Th/U 比值为 0.09~0.73，除个别点外，Th/U 比值均大于 0.1（表 2-2），表明了锆石为岩浆成因。在阴极发光图像中，振荡环带结构较发育。10 个锆石测点在锆石 SHRIMP U-Pb 年龄谐和图上集中成群分布（图 2-4），$^{206}Pb/^{238}U$ 年龄集中于 396±5.9 Ma~414.7±5.8 Ma，10 个测点的 $^{206}Pb/^{238}U$ 加权平均年龄为 405.7±4.8 Ma（MSWD=1.3），代表玄武岩的形成时代。

表 2-1 阿舍勒矿区英安斑岩和萨尔朔克矿区玄武岩锆石 SHRIMP U-Pb 年龄测定结果

测点	元素含量及比值				同位素比值						年龄/Ma			
	$^{206}Pb^*$ / 10^{-6}	U / 10^{-6}	Th / 10^{-6}	Th/U	$^{206}Pb/^{238}U$		$^{207}Pb/^{206}Pb$		$^{207}Pb/^{235}U$		$^{206}Pb/^{238}U$		$^{207}Pb/^{206}Pb$	
					测值	±%	测值	±%	测值	±%	测值	1σ	测值	1σ
英安斑岩（ASL19-59）														
ASL19-59-1	56. 5	1076	649	0. 6	0. 0611	1. 4	0. 0547	0. 9	0. 4603	1. 6	382. 0	±5. 2	398	20
ASL19-59-2	22. 8	438	278	0. 64	0. 0606	1. 5	0. 0526	2. 7	0. 4390	3. 1	379. 9	±5. 7	310	60
ASL19-59-3	19. 8	388	96	0. 25	0. 0593	1. 4	0. 0531	1. 5	0. 4343	2. 1	371. 7	±5. 3	334	33
ASL19-59-4	60. 7	1129	951	0. 84	0. 0626	1. 5	0. 0578	1. 0	0. 4983	1. 7	389. 5	±5. 6	522	21
ASL19-59-5	26. 8	612	317	0. 52	0. 051	1. 4	0. 0684	1. 3	0. 4802	1. 9	314. 3	±4. 4	879	27
ASL19-59-6	31. 7	604	384	0. 64	0. 061	1. 4	0. 0534	1. 2	0. 4487	1. 9	382. 0	±5. 3	344	27
ASL19-59-7	26. 3	511	219	0. 43	0. 0598	1. 4	0. 0541	1. 3	0. 446	1. 9	374. 5	±5. 2	374	29
ASL19-59-8	12. 6	240	69	0. 29	0. 0611	1. 5	0. 0542	1. 9	0. 456	2. 4	382. 3	±5. 6	379	42
ASL19-59-9	28. 9	786	663	0. 84	0. 0427	1. 4	0. 0993	1. 1	0. 585	1. 8	253. 9	±3. 5	1610	21
ASL19-59-10	5. 9	136	83	0. 61	0. 0503	1. 6	0. 0565	2. 5	0. 393	3	315. 8	±4. 9	471	55
ASL19-59-11	16. 8	321	134	0. 42	0. 061	1. 4	0. 0557	1. 6	0. 468	2. 2	380. 6	±5. 4	441	36
ASL19-59-12	25. 3	475	245	0. 51	0. 062	1. 4	0. 0545	1. 2	0. 4658	1. 9	387. 6	±5. 4	392	27
ASL19-59-13	31. 5	592	402	0. 68	0. 0618	1. 5	0. 0541	1. 3	0. 4607	2	386. 4	±5. 7	376	30
ASL19-59-14	16. 4	319	120	0. 38	0. 0596	1. 6	0. 0523	2. 0	0. 4300	2. 5	373. 9	±5. 9	299	45
玄武岩（SESK19-19）														
1	15. 8	289	52	0. 19	0. 06364	1. 5	0. 05616	1. 6	0. 493	2. 2	397. 7	5. 6	459	35
2	13. 7	244	172	0. 73	0. 06558	1. 5	0. 0551	1. 9	0. 498	2. 4	409. 5	5. 8	416	43
3	20. 8	376	61	0. 17	0. 06449	1. 4	0. 05561	1. 5	0. 494	2. 1	402. 9	5. 6	437	34
4	5. 51	97	48	0. 51	0. 066	1. 7	0. 0549	3. 5	0. 499	3. 9	411. 8	6. 6	408	78
5	17. 7	322	37	0. 12	0. 06395	1. 5	0. 0541	2. 0	0. 477	2. 4	399. 6	5. 6	375	44
6	20. 6	367	68	0. 19	0. 06539	1. 4	0. 05611	1. 5	0. 506	2. 1	408. 3	5. 7	457	33
7	18. 5	331	38	0. 12	0. 06509	1. 5	0. 0553	2. 0	0. 496	2. 4	406. 5	5. 7	423	44
8	12. 4	218	78	0. 37	0. 0664	1. 7	0. 0571	2. 7	0. 523	3. 2	414. 6	6. 8	494	59
9	21. 6	379	34	0. 09	0. 06645	1. 4	0. 0548	1. 9	0. 502	2. 4	414. 7	5. 8	404	43
10	10. 7	196	125	0. 66	0. 06336	1. 5	0. 0558	2. 7	0. 488	3. 1	396. 0	5. 9	445	59

注：$^{206}Pb^*$ 为放射成因铅。

表 2-2　阿舍勒矿集区火山岩和次火山岩锆石 LA-ICP-MS U-Pb 年龄测定结果

测点	元素含量及比值				同位素比值								年龄/Ma			
	Pb/10^{-6}	Th/10^{-6}	U/10^{-6}	Th/U	$^{206}Pb/^{238}U$		$^{207}Pb/^{206}Pb$		$^{207}Pb/^{235}U$		$^{206}Pb/^{238}U$		$^{207}Pb/^{206}Pb$		$^{207}Pb/^{235}U$	
					测值	1σ	测值	1σ	测值	1σ	测值	1σ	测值	1σ	测值	1σ
ASL19-61 英安岩																
ASL19-61-1	30	217	417	0.52	0.0638	0.0016	0.0561	0.0014	0.4957	0.0190	398.9	9.7	457.5	27.8	408.8	12.9
ASL19-61-2	12	63	182	0.34	0.0638	0.0023	0.0554	0.0019	0.4849	0.0231	398.7	14.0	431.5	74.1	401.5	15.8
ASL19-61-3	17	131	231	0.56	0.0630	0.0018	0.0571	0.0016	0.4977	0.0217	393.9	11.0	494.5	69.4	410.2	14.7
ASL19-61-4	24	125	347	0.36	0.0634	0.0018	0.0548	0.0015	0.4744	0.0166	396.2	10.7	466.7	63.0	394.2	11.5
ASL19-61-5	11	50	162	0.31	0.0653	0.0023	0.0538	0.0019	0.4949	0.0302	407.7	14.2	361.2	79.6	408.3	20.5
ASL19-61-6	20	126	282	0.45	0.0649	0.0018	0.0550	0.0014	0.4936	0.0210	405.6	10.9	409.3	63.9	407.4	14.3
ASL19-61-7	19	54	262	0.21	0.0712	0.0028	0.0562	0.0014	0.5388	0.0198	443.5	16.7	461.2	25.0	437.6	13.1
ASL19-61-8	12	71	163	0.44	0.0701	0.0024	0.0559	0.0021	0.5401	0.0284	436.5	14.4	455.6	81.5	438.5	18.7
ASL19-61-9	60	768	689	1.11	0.0651	0.0013	0.0592	0.0014	0.5328	0.0176	406.4	8.1	576.0	54.6	433.6	11.7
ASL19-61-10	21	131	287	0.46	0.0652	0.0020	0.0561	0.0014	0.5038	0.0200	407.1	12.1	457.5	21.3	414.3	13.5
ASL19-61-11	35	153	495	0.31	0.0625	0.0015	0.0561	0.0012	0.4827	0.0148	391.0	9.0	457.5	46.3	399.9	10.2
ASL19-61-12	14	161	214	0.75	0.0531	0.0020	0.0578	0.0027	0.4105	0.0201	333.3	12.1	524.1	101.8	349.3	14.5
ASL19-61-13	24	145	333	0.43	0.0644	0.0021	0.0547	0.0015	0.4835	0.0199	402.3	12.7	466.7	61.1	400.4	13.6
ASL19-63 流纹斑岩																
ASL19-63-1	35	209	516	0.41	0.0581	0.0012	0.0541	0.0013	0.4338	0.0133	364.3	7.6	376.0	51.8	365.8	9.4
ASL19-63-2	54	372	785	0.47	0.0572	0.0013	0.0676	0.0019	0.5286	0.0162	358.4	8.2	857.4	59.3	430.9	10.8
ASL19-63-3	22	90	333	0.27	0.0584	0.0016	0.0568	0.0016	0.4590	0.0195	365.9	9.9	483.4	61.1	383.6	13.6
ASL19-63-4	28	152	423	0.36	0.0584	0.0017	0.0558	0.0019	0.4506	0.0207	366.1	10.7	442.6	77.8	377.7	14.5
ASL19-63-5	34	164	523	0.31	0.0590	0.0017	0.0545	0.0014	0.4446	0.0166	369.5	10.2	390.8	59.3	373.5	11.7
ASL19-63-6	29	151	429	0.35	0.0588	0.0013	0.0550	0.0013	0.4478	0.0149	368.3	7.8	409.3	49.1	375.7	10.5

续表

测点	元素含量及比值				同位素比值								年龄/Ma			
	Pb/10^{-6}	Th/10^{-6}	U/10^{-6}	Th/U	$^{206}Pb/^{238}U$		$^{207}Pb/^{206}Pb$		$^{207}Pb/^{235}U$		$^{206}Pb/^{238}U$		$^{207}Pb/^{206}Pb$		$^{207}Pb/^{235}U$	
					测值	1σ	测值	1σ	测值	1σ	测值	1σ	测值	1σ	测值	1σ
ASL19-63-7	40	253	606	0. 42	0. 0582	0. 0013	0. 0573	0. 0012	0. 4634	0. 0151	364. 6	7. 8	505. 6	44. 4	386. 6	10. 5
ASL19-63-8	43	303	631	0. 48	0. 0589	0. 0013	0. 0560	0. 0011	0. 4578	0. 0142	369. 0	7. 8	453. 8	46. 3	382. 7	9. 9
ASL19-63-9	35	215	529	0. 41	0. 0581	0. 0012	0. 0567	0. 0011	0. 4567	0. 0134	364. 3	7. 4	479. 7	42. 6	382. 0	9. 3
ASL19-63-10	25	135	377	0. 36	0. 0590	0. 0016	0. 0537	0. 0014	0. 4381	0. 0160	369. 7	9. 5	366. 7	59. 3	368. 9	11. 3
ASL19-63-11	135	395	1736	0. 23	0. 0679	0. 0021	0. 0604	0. 0013	0. 5713	0. 0233	423. 7	12. 6	616. 7	48. 1	458. 9	15. 0
ASL19-63-12	54	159	706	0. 23	0. 0687	0. 0020	0. 0574	0. 0015	0. 5461	0. 0213	428. 6	11. 8	509. 3	54. 6	442. 4	14. 0
ASL19-63-13	48	246	713	0. 34	0. 0582	0. 0018	0. 0572	0. 0016	0. 4592	0. 0184	364. 7	11. 0	498. 2	63. 0	383. 7	12. 8
ASL19-63-14	25	137	364	0. 38	0. 0583	0. 0013	0. 0561	0. 0012	0. 4498	0. 0110	365. 3	8. 0	457. 5	46. 3	377. 2	7. 7
ASL19-63-15	45	349	631	0. 55	0. 0584	0. 0010	0. 0539	0. 0007	0. 4335	0. 0080	365. 6	6. 2	364. 9	25. 0	365. 7	5. 7
ASL19-63-16	29	179	415	0. 43	0. 0570	0. 0011	0. 0645	0. 0020	0. 5052	0. 0169	357. 2	6. 7	766. 7	60. 2	415. 2	11. 4
ASL19-63-17	42	307	609	0. 50	0. 0585	0. 0011	0. 0550	0. 0009	0. 4447	0. 0111	366. 4	6. 9	413. 0	41. 7	373. 5	7. 8
ASL19-63-18	46	341	673	0. 51	0. 0580	0. 0010	0. 0593	0. 0010	0. 4725	0. 0100	363. 4	6. 3	588. 9	38. 9	392. 9	6. 9
ASL19-63-19	39	252	569	0. 44	0. 0582	0. 0011	0. 0536	0. 0008	0. 4314	0. 0099	364. 9	6. 5	353. 8	35. 2	364. 2	7. 0
ASL19-63-20	32	178	444	0. 40	0. 0622	0. 0014	0. 0525	0. 0012	0. 4508	0. 0138	389. 1	8. 6	305. 6	56. 5	377. 8	9. 7
ASL19-63-21	27	152	407	0. 37	0. 0579	0. 0016	0. 0535	0. 0012	0. 4284	0. 0150	362. 7	9. 7	350. 1	50. 0	362. 1	10. 7
ASL19-63-22	24	133	351	0. 38	0. 0588	0. 0016	0. 0545	0. 0011	0. 4442	0. 0149	368. 5	10. 0	394. 5	46. 3	373. 2	10. 5
SESK18-22 沉凝灰岩																
SESK18-22-1	13	138	140	0. 99	0. 0632	0. 0013	0. 0544	0. 0023	0. 4762	0. 0223	395. 2	7. 7	387. 1	89. 8	395. 5	15. 3
SESK18-22-2	18	155	216	0. 72	0. 0619	0. 0014	0. 0687	0. 0026	0. 5997	0. 0299	387. 3	8. 3	888. 0	77. 8	477. 1	19. 0
SESK18-22-3	31	136	403	0. 34	0. 0595	0. 0008	0. 0523	0. 0013	0. 4294	0. 0108	372. 6	4. 9	298. 2	55. 6	362. 8	7. 6
SESK18-22-4	13	70	159	0. 44	0. 0593	0. 0008	0. 0541	0. 0019	0. 4429	0. 0172	371. 3	5. 0	376. 0	76. 8	372. 3	12. 1

续表

测点	元素含量及比值				同位素比值								年龄/Ma					
	Pb/10^{-6}	Th/10^{-6}	U/10^{-6}	Th/U	$^{206}Pb/^{238}U$		$^{207}Pb/^{206}Pb$		$^{207}Pb/^{235}U$		$^{206}Pb/^{238}U$		$^{207}Pb/^{206}Pb$		$^{207}Pb/^{235}U$	
					测值	1σ	测值	1σ	测值	1σ	测值	1σ	测值	1σ	测值	1σ
SESK18-22-5	26	181	321	0. 56	0. 0583	0. 0008	0. 0515	0. 0021	0. 4143	0. 0171	365. 1	4. 8	264. 9	92. 6	351. 9	12. 3
SESK18-22-6	6	42	77	0. 55	0. 0599	0. 0010	0. 0545	0. 0023	0. 4479	0. 0197	375. 2	6. 3	390. 8	94. 4	375. 8	13. 8
SESK18-22-7	10	40	131	0. 31	0. 0596	0. 0008	0. 0556	0. 0020	0. 4544	0. 0160	373. 2	5. 1	438. 9	81. 5	380. 4	11. 2
SESK18-22-8	21	258	145	1. 78	0. 0818	0. 0013	0. 0593	0. 0017	0. 6692	0. 0215	506. 7	7. 6	576. 0	58. 3	520. 2	13. 1
SESK18-22-9	37	345	426	0. 81	0. 0610	0. 0008	0. 0555	0. 0012	0. 4668	0. 0111	381. 9	4. 8	431. 5	46. 3	389. 0	7. 7
SESK18-22-10	11	68	154	0. 44	0. 0592	0. 0011	0. 0542	0. 0018	0. 4356	0. 0144	370. 5	6. 4	388. 9	75. 9	367. 1	10. 2
SESK18-22-11	13	103	130	0. 79	0. 0689	0. 0013	0. 0552	0. 0019	0. 5243	0. 0199	429. 5	7. 8	420. 4	75. 9	428. 0	13. 2
SESK18-22-12	35	249	425	0. 58	0. 0601	0. 0008	0. 0550	0. 0014	0. 4567	0. 0132	376. 3	4. 8	409. 3	62. 0	382. 0	9. 2
SESK18-22-13	18	82	237	0. 35	0. 0609	0. 0010	0. 0548	0. 0016	0. 4563	0. 0137	380. 9	6. 3	466. 7	66. 7	381. 7	9. 5
SESK18-22-14	25	167	309	0. 54	0. 0596	0. 0009	0. 0522	0. 0022	0. 4320	0. 0204	373. 2	5. 6	294. 5	96. 3	364. 6	14. 5
SESK18-22-15	28	129	356	0. 36	0. 0594	0. 0008	0. 0551	0. 0014	0. 4521	0. 0122	372. 2	5. 1	416. 7	52. 8	378. 7	8. 5
SESK18-22-16	27	135	321	0. 42	0. 0620	0. 0010	0. 0612	0. 0038	0. 5306	0. 0378	387. 8	6. 1	655. 6	131. 5	432. 2	25. 1
SESK18-22-17	29	191	213	0. 90	0. 0897	0. 0017	0. 0588	0. 0014	0. 7250	0. 0192	553. 6	9. 8	561. 1	53. 7	553. 6	11. 3
SESK18-22-18	24	151	310	0. 49	0. 0594	0. 0010	0. 0530	0. 0016	0. 4324	0. 0134	371. 8	6. 0	331. 5	70. 4	364. 9	9. 5
SESK18-22-19	22	71	257	0. 28	0. 0613	0. 0012	0. 0911	0. 0030	0. 7799	0. 0330	383. 7	7. 0	1447. 8	62. 5	585. 4	18. 8
SESK18-22-20	15	105	183	0. 57	0. 0606	0. 0010	0. 0563	0. 0019	0. 4668	0. 0152	379. 5	6. 4	464. 9	75. 9	389. 0	10. 5
SESK18-22-21	48	313	633	0. 49	0. 0577	0. 0011	0. 0531	0. 0014	0. 4213	0. 0109	361. 5	6. 4	331. 5	59. 3	357. 0	7. 8
SESK18-22-22	27	146	365	0. 40	0. 0581	0. 0009	0. 0530	0. 0012	0. 4246	0. 0109	364. 3	5. 3	327. 8	50. 0	359. 3	7. 8
SESK18-22-23	27	114	373	0. 31	0. 0589	0. 0009	0. 0543	0. 0012	0. 4402	0. 0117	368. 8	5. 6	388. 9	51. 8	370. 4	8. 2
SESK18-22-24	39	483	455	1. 06	0. 0585	0. 0009	0. 0538	0. 0013	0. 4353	0. 0127	366. 7	5. 8	361. 2	55. 6	367. 0	9. 0

2. 锆石 LA-ICP-MS U-Pb 年龄

英安岩（ASL19-61）样品中锆石为自形-半自形晶短柱状和长柱状，少量不规则状，长轴为 30～160 μm，短轴为 20～80 μm。在阴极发光图像中，多数发育震荡环带。样品中锆石的 U、Th 含量变化较大，Th 含量较高，为 50×10^{-6}～768×10^{-6}，U 为 162×10^{-6}～689×10^{-6}，Th/U 比值介于 0.21～1.11，大于 0.1，表明锆石为岩浆成因（Corfu et al.，2003）。13 粒锆石中有 10 粒有较一致的 $^{207}Pb/^{206}Pb$、$^{207}Pb/^{235}U$ 和 $^{206}Pb/^{238}U$ 比值，$^{206}Pb/^{238}U$ 表面年龄数据集中在 391.0～407.7 Ma，数据点聚集在谐和线上及其附近一个较小的区域范围内，谐和年龄为 401.3±3.4 Ma（MSWD=5.2），其 $^{206}Pb/^{238}U$ 年龄的加权平均值为 400.4±6.7 Ma（MSWD=0.3）（图 2-5），谐和年龄和加权平均年龄在误差范围内一致，谐和年龄可代表英安岩结晶年龄。2 粒锆石 $^{206}Pb/^{238}U$ 年龄为 436.5～443.5 Ma，可能代表火山喷发时俘获的志留纪锆石；1 粒锆石 $^{206}Pb/^{238}U$ 年龄为 333.3 Ma，可能与英安岩形成后遭受后期热液改造时导致 Pb 同位素丢失有关。

流纹斑岩（ASL19-63）样品中锆石为自形-半自形短柱状，少量为半自形长柱状和不规则状，长轴为 30～100 μm，短轴为 25～80 μm。在阴极发光图像中，多数发育震荡环带。样品中锆石的 U、Th 含量变化较大，Th 含量为 90×10^{-6}～395×10^{-6}，U 含量为 333×10^{-6}～1736×10^{-6}，Th/U 比值为 0.23～0.55，大于 0.1，表明锆石为岩浆成因。22 粒锆石中有 19 粒 $^{206}Pb/^{238}U$ 表面年龄数据集中在 357.2～369.5 Ma，数据点聚集在谐和线上及其附近一个较小的区域范围内，其 $^{206}Pb/^{238}U$ 年龄的加权平均值为 364.8±3.6 Ma（MSWD=0.18）（图 2-5），可代表流纹斑岩（次火山岩）侵位和结晶年龄。1 粒锆石 $^{206}Pb/^{238}U$ 年龄为 389.1 Ma，代表岩浆侵入过程中俘获的阿舍勒组火山岩中锆石；2 粒锆石 $^{206}Pb/^{238}U$ 年龄为 423.7～428.6 Ma，可能代表岩浆侵入过程中俘获的志留纪地质体中锆石。

安山岩（SESK18-18）中锆石多数为不规则状、半自形晶的短柱状，少数为自形长柱状，长轴短者为 30 μm，最大可达 180 μm，短轴为 25～50 μm。Th 含量为 31×10^{-6}～75×10^{-6}，U 含量为 68×10^{-6}～280×10^{-6}，Th/U 比值为 0.17～1.07，均大于 0.1，表明了锆石为岩浆成因。在阴极发光图像中，振荡环带结构相对不发育，少量发育较好的振荡环带。8 个锆石测点的 $^{206}Pb/^{238}U$ 年龄值比较集中，为 389±8 Ma～418±7 Ma，在误差范围内有较一致的 $^{207}Pb/^{235}U$ 和 $^{206}Pb/^{238}U$ 比值。在谐和图上基本上成群集中分布在谐和线上及附近，谐和年龄为 403.4±8.0 Ma（MSWD=0.073），与 $^{206}Pb/^{238}U$ 年龄的加权平均值（403.8±7.8 Ma）基本一致（图 2-5），该年龄可代表安山岩形成年龄。

玄武安山岩（900ZK9507-5）中锆石形态多为不规则的自形、半自形的短柱状，长轴为 30～130 μm，短轴为 25～40 μm。Th 含量为 23×10^{-6}～189×10^{-6}，U 含量为 51×10^{-6}～288×10^{-6}，Th/U 比值为 0.46～0.93，Th/U 比值均大于 0.1，表明了锆石为岩浆成因。在阴极发光图像中，振荡环带结构相对不发育。21 个锆石测点的 $^{206}Pb/^{238}U$ 比值集中于 386±26 Ma～408±20 Ma，21 个锆石测点在误差范围内有较一致的 $^{207}Pb/^{235}U$ 和 $^{206}Pb/^{238}U$ 比值，在谐和图上基本上成群集中分布在谐和线上及附近，其谐和年龄为 397.5±4.1 Ma（MSWD=0.027），与 $^{206}Pb/^{238}U$ 年龄的加权平均值（398.6±8.1 Ma）（图 2-5）基本一致，可代表钻孔中阿舍勒组玄武安山岩形成年龄。

流纹质晶屑凝灰岩（SESK19-17）中锆石形态多为自形、半自形的长柱状，长轴为 30～120 μm，短轴为 25～40 μm。Th 含量为 82×10^{-6}～241×10^{-6}，U 含量为 193×10^{-6}～345×10^{-6}，Th/U 比值为 0.42～0.7，Th/U 比值均大于 0.1，表明了锆石为岩浆成因。在阴极发光图像中，振荡环带结构很发育。21 个锆石测点的 $^{206}Pb/^{238}U$ 集中于 382±13 Ma～396±13 Ma，在误差范围内有较一致的 $^{207}Pb/^{235}U$ 和 $^{206}Pb/^{238}U$ 比值，在谐和图上基本上成群集中分布在谐和线上及附近，其加权平均年龄值为 388.4±4.9 Ma（MSWD=0.18）（图 2-5），该年龄可代表地表阿舍勒组流纹质晶屑凝灰岩的形成年龄。

齐也组沉凝灰岩 SESK18-22 样品中锆石为自形-半自形晶短柱状，少量为半自形长柱状和不规则状，长轴为 50～130 μm，短轴为 30～60 μm。在阴极发光图像中，多数发育震荡环带。样品中锆石的 U、Th 含量变化较大，Th 含量非常高，Th 含量为 40×10^{-6}～483×10^{-6}，U 含量为 77×10^{-6}～633×10^{-6}，Th/U 比值为 0.28～1.78，大于 0.1，表明锆石为岩浆成因。24 粒分析锆石中 16 粒 $^{206}Pb/^{238}U$ 表面年

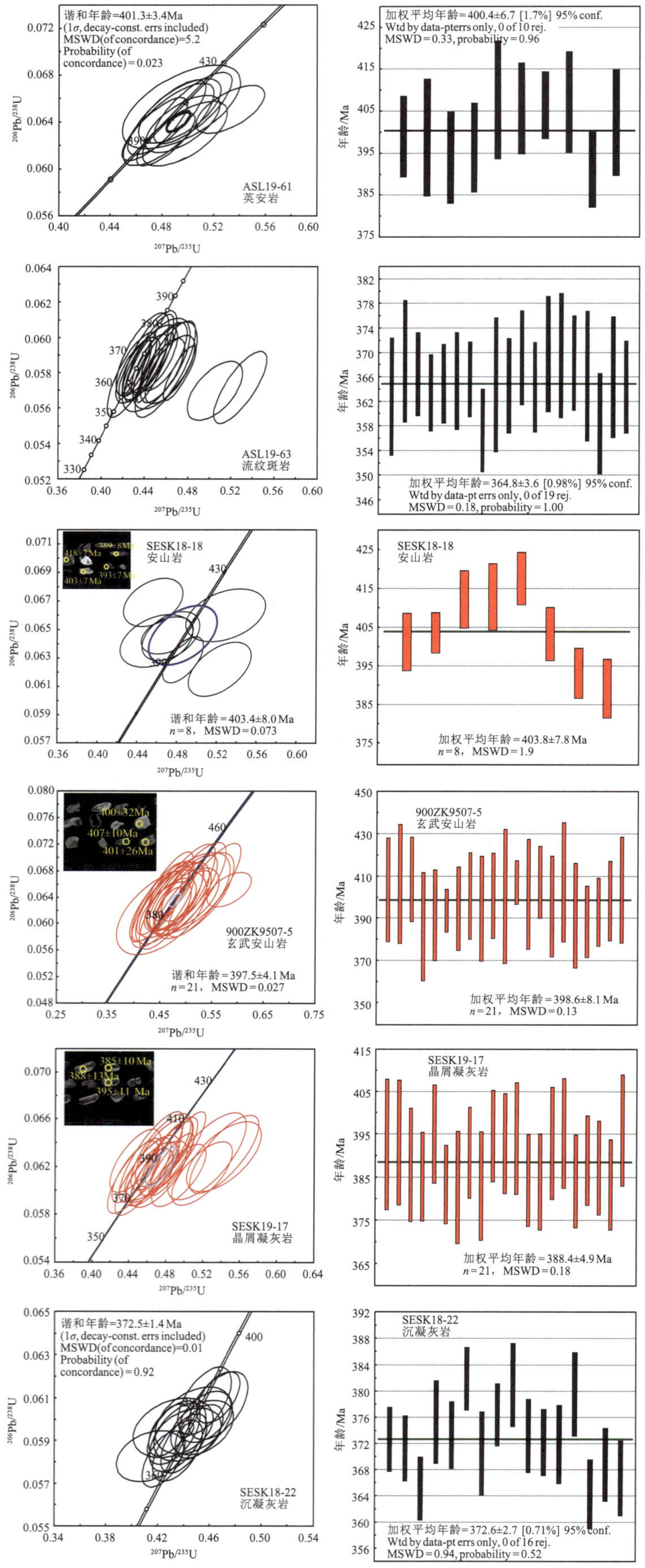

图 2-5　阿舍勒矿集区火山岩和次火山岩锆石 LA-ICP-MS U-Pb 年龄

龄数据集中在 364.3~380.9 Ma，数据点聚集在谐和线上及其附近一个较小的区域范围内，谐和年龄为 372.5±1.4 Ma（MSWD=0.01），其$^{206}Pb/^{238}U$年龄的加权平均值为 372.6±2.7 Ma（MSWD=0.94）（图 2-5），谐和年龄可代表凝灰岩喷发年龄。4 粒锆石$^{206}Pb/^{238}U$年龄为 383.7~395.2 Ma，代表火山喷发时俘获的阿舍勒组锆石；3 粒锆石$^{206}Pb/^{238}U$年龄分别为 429.5 Ma、506.7 Ma 和 553.6 Ma，代表火山喷发时俘获的志留纪、寒武纪和新元古代继承锆石；1 粒锆石$^{206}Pb/^{238}U$年龄为 361.5 Ma，可能与凝灰岩遭受后期热液改造时放射成因 Pb 丢失，导致年龄数据偏低。

（三）阿舍勒组矿集区火山活动时限

阿舍勒组是阿舍勒矿集区重要含矿岩系，阿舍勒铜锌矿、萨尔朔克金多金属矿、喀英德铜矿、桦树沟铜矿等均赋存于该组中。矿集区火山作用时限备受关注，本项目团队在承担“十二五”科技支撑项目时开展了火山岩和次火山岩年代学研究，本次又补充了部分年龄样品。本次和近年来前人在阿舍勒矿集区开展的火山岩年代学工作集中在火山熔岩、凝灰岩和次火山岩，测试方法包括锆石 LA-ICP-MS U-Pb 法、锆石 SIMS U-Pb 法和锆石 SHRIMP U-Pb 法（表 2-3，图 2-6）。最老的玄武岩锆石 SHRIMP U-Pb 年龄为 405.7 Ma，阿舍勒 1 号矿体顶板玄武岩 LA-ICP-MS U-Pb 年龄为 388.2 Ma，玄武安山岩锆石 LA-ICP-MS U-Pb 年龄为 405.1 和 397.5 Ma，4 件英安岩锆石 LA-ICP-MS U-Pb 年龄为 395.9~402.3 Ma，流纹岩锆石 LA-ICP-MS U-Pb 年龄为 394.1 Ma、390.9 Ma 和 375 Ma，晶屑凝灰岩和凝灰岩锆石 LA-ICP-MS U-Pb 年龄分别为 388.4 Ma 和 387 Ma，这些年龄限定阿舍勒组火山喷发时间主要为早-中泥盆世（406~387 Ma）。本书获得齐也组沉凝灰岩锆石 LA-ICP-MS U-Pb 年龄为 372.5±1.4 Ma，Ma et al.（2018）获得齐也组玄武岩锆石 SIMS 年龄为 376.2±2.4 Ma，限定齐也组火山活动时间为晚泥盆世。阿舍勒矿集区次火山岩发育，英安斑岩锆石 SHRIMP 和 LA-ICP-MS U-Pb 年龄分别为 379.9 Ma 和 379.4 Ma、石英闪长岩锆石 LA-ICP-MS U-Pb 年龄为 378.5 Ma，阿舍勒矿区流纹斑岩锆石 LA-ICP-MS U-Pb 年龄为 364.8 Ma，萨尔朔克与成矿有关的 5 件流纹斑岩锆石 LA-ICP-MS U-Pb 年龄变化于 380.8~386.1 Ma，无矿流纹斑岩锆石 LA-ICP-MS U-Pb 年龄为 371.1 Ma，切穿萨尔朔克矿体和含矿流纹斑岩的辉绿岩脉锆石 LA-ICP-MS U-Pb 年龄分别为 380 Ma 和 381.7 Ma，次火山岩侵入年龄为 365~386 Ma。综上，27 件年龄限定阿舍勒矿集区火山喷发及次火山侵入时间为泥盆纪（365~406 Ma），结合地质、生物化石和年代学资料这些年龄限定阿舍勒组含矿火山岩系时代为早-中泥盆世（379~406 Ma），齐也组为晚泥盆世（365~376 Ma）。

表 2-3 阿舍勒矿集区火山岩和次火山岩年代学数据

矿床（带）名称	岩石或矿石	测试方法	年龄/Ma	资料来源
阿舍勒铜锌矿 Ⅰ 号矿化带	凝灰岩	锆石 LA-ICP-MS U-Pb	387.0±4.2	杨富全等，2013
	玄武岩	锆石 LA-ICP-MS U-Pb	388.2±3.3	杨富全等，2013
阿舍勒铜锌矿 Ⅱ 号矿化带	流纹岩	锆石 LA-ICP-MS U-Pb	394.1±3.1	杨富全等，2016
阿舍勒铜锌矿 Ⅴ 号矿化带	英安斑岩	锆石 LA-ICP-MS U-Pb	379.4±0.8	杨富全等，2013
阿舍勒矿区	英安岩	锆石 LA-ICP-MS U-Pb	402±6	Wu et al.，2015
	英安岩	锆石 LA-ICP-MS U-Pb	403±2	Wu et al.，2015
	英安岩	锆石 LA-ICP-MS U-Pb	401.3±3.4	本书
	英安岩	锆石 LA-ICP-MS U-Pb	395.9±1.1	Niu et al.，2020
	英安斑岩	锆石 SHRIMP U-Pb	379.9±3.3	本书
	石英闪长岩	锆石 LA-ICP-MS U-Pb	378.5±0.9	杨富全等，2016
	流纹岩	锆石 LA-ICP-MS U-Pb	375±3	Wan et al.，2011
	流纹岩	锆石 LA-ICP-MS U-Pb	390.9±0.8	Niu et al.，2020
	流纹斑岩	锆石 LA-ICP-MS U-Pb	364.8±3.6	本书
	玄武安山岩	锆石 LA-ICP-MS U-Pb	405.1±1.8	Niu et al.，2020

续表

矿床（带）名称	岩石或矿石	测试方法	年龄/Ma	资料来源
萨尔朔克矿区齐也组	凝灰岩	锆石 LA-ICP-MS U-Pb	372.5±1.4	本书
齐也组	玄武岩	锆石 SIMS U-Pb	376.2±2.4	Ma et al., 2018
萨尔朔克多金属矿	流纹斑岩	锆石 LA-ICP-MS U-Pb	382.8±1.7	Yang et al., 2014
	流纹斑岩	锆石 LA-ICP-MS U-Pb	382±2.0	Yang et al., 2014
	流纹斑岩	锆石 LA-ICP-MS U-Pb	386.2±1.5	沈雪华等，2016
	流纹斑岩	锆石 LA-ICP-MS U-Pb	380.8±1.7	本书
	流纹斑岩	锆石 LA-ICP-MS U-Pb	371.1±1.1	杨富全等，2016
	流纹斑岩	锆石 LA-ICP-MS U-Pb	384±1.2	Guo et al., 2020
	辉绿岩脉	锆石 LA-ICP-MS U-Pb	381.7±1.8	Yang et al., 2014
	辉绿岩脉	锆石 LA-ICP-MS U-Pb	380±0.74	Guo et al., 2020
	安山玄武岩	锆石 LA-ICP-MS U-Pb	397.5±4.1	本书
	晶屑凝灰岩	锆石 LA-ICP-MS U-Pb	388.4±4.9	本书
	玄武岩	锆石 SHRIMP U-Pb	405.7±4.8	本书

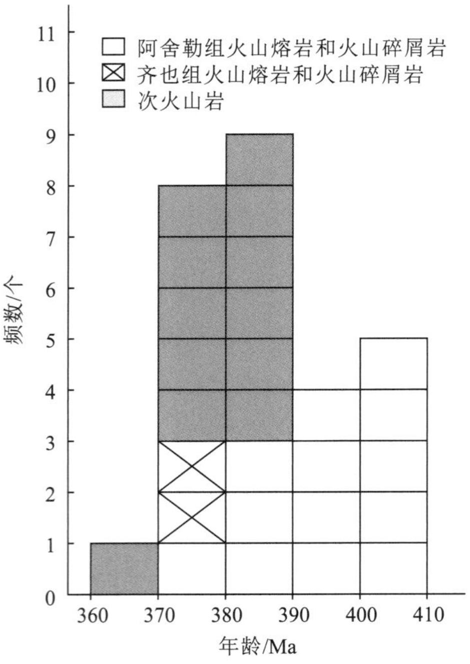

图 2-6 阿舍勒矿集区（次）火山岩年龄直方图

二、火山岩地球化学特征

（一）岩石组合

阿舍勒矿集区主要出露地层为阿舍勒组和齐也组。阿舍勒组是一套以火山碎屑岩为主，夹有中酸性和基性火山熔岩的火山岩系，火山碎屑岩和中酸性熔岩分布在火山剖面的中下部，玄武质熔岩主要产在该组的顶部，中酸性次火山岩在中下部火山碎屑岩中分布。齐也组为一套浅海-半深海相中性-中基性火山岩、火山碎屑岩、火山沉积岩。萨尔朔克矿区阿舍勒组火山岩中发育流纹斑岩和辉绿岩脉。在火山岩分类图（TAS，图 2-7）中，阿舍勒组火山熔岩主要落在玄武岩、英安岩区域，齐也组

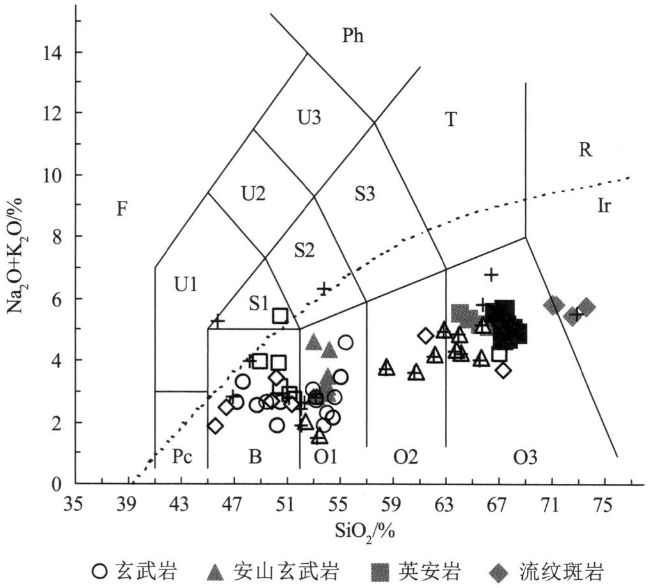

图 2-7 阿舍勒组火山岩分类图

（底图据 Winchester，1976）

数据来源：●—杨富全等，2016；○—高珍权等，2010；□—Wan et al.，2006；◇—王登红，1996；△—赵振华等，2007；+—牛贺才等，2006。Pc—苦橄玄武岩；B—玄武岩；O1—玄武安山岩；O2—安山岩；O3—英安岩；R—流纹岩；S1—粗面玄武岩；S2—玄武质粗面安山岩；S3—粗面安山岩；T—粗面岩、粗面英安岩；F—副长石岩；U1—碱玄岩、碧玄岩；U2—响岩质碱玄岩；U3—碱玄质响岩；Ph—响岩；Ir—Irvine 分界线，上方为碱性，下方为亚碱性

火山熔岩主要投影点落在玄武安山岩、英安岩和流纹岩区域。

（二）阿舍勒组地球化学特征

根据杨富全等（2016）综述了阿舍勒组玄武岩和英安岩、齐也组英安岩和次火山岩（玄武安山岩和流纹斑岩）、萨尔朔克矿区流纹斑岩和辉绿岩地球化学特征，并在萨尔朔克矿区新开展了阿舍勒组流纹质凝灰岩和玄武安山岩，流纹斑岩地球化学数据分析；依据高珍权等（2010）综述了阿舍勒组火山碎屑岩地球化学特征；依据牛贺才等（2006）综述了阿舍勒组流纹英安岩地球化学特征；根据陈毓川等（1999）综述了阿舍勒组流纹岩地球化学特征；依据 Ma et al.（2018）描述了齐也组玄武岩地球化学特征。

1. 玄武岩

阿舍勒矿区阿舍勒组玄武岩具有低的 SiO_2（47.93%～53.11%）、全碱（K_2O+Na_2O=1.71%～4.34%）、K_2O（0.01%～0.02%）、TiO_2（0.48%～0.70%）、P_2O_5（0.06%～0.09%）含量，富 Na_2O（1.71%～4.32%），中等 CaO（4.86%～8.11%）和高 Al_2O_3（12.23%～14.74%）含量。FeO 含量（6.7%～8.16%）远高于 Fe_2O_3 含量（1.31%～2.99%），表明岩石的还原程度较高。全铁含量（8.18%～9.55%）低于大陆拉斑玄武岩、MORB 和碱性橄榄玄武岩。玄武岩具有高的 MgO（8.56%～14.17%）含量，高 $Mg^{\#}$值（66～73）特点，其 MgO 含量与原始玄武岩接近。牛贺才等（2006）认为阿舍勒 MgO 含量在 9.80%～12.19%之间的玄武岩属于高镁玄武岩，矿区存在高镁玄武岩和拉斑玄武岩。

玄武岩稀土元素总含量较低，ΣREE 介于 16.78×10^{-6}～30.66×10^{-6} 之间。稀土元素球粒陨石标准化配分模式图中显示了轻稀土略富集，重稀土略亏损的稀土分配形式，$(La/Yb)_N$ 比值为 1.32～1.96，具有轻微的 Eu 正异常（δEu=0.99～1.22），说明源区不存在斜长石的残余。玄武岩相容元素 Cr 含量为 319×10^{-6}～519×10^{-6}，接近原生玄武质岩浆（300×10^{-6}～500×10^{-6}，Frey et al.，1984；Hess，1992），Ni 含量为 94×10^{-6}～188×10^{-6}，远低于原生玄武质岩浆（300×10^{-6}～400×10^{-6}），表明该玄武岩

经历了显著的橄榄石分离结晶。在微量元素蛛网图中，玄武岩富集 Th、U、Pb、Sr 等大离子亲石元素（LILE）和高场强元素（HFSE），相对亏损 Zr、Hf、Ta、Nb。Nb/Ta 比值为 7~13，Zr/Hf 比值为 31~36，低于原始地幔（Nb/Ta=17.8，Zr/Hf=36）及球粒陨石（Nb/Ta=17.5，Zr/Hf=36.3），接近大陆地壳的 Nb/Ta 比值（12.3），高于大陆地壳的 Zr/Hf 比值（11），表明岩浆在源区和上升过程中受地壳混染作用，源区存在角闪石，使得派生岩浆 Nb/Ta 比值较低。玄武岩具有较低的 Rb/Sr 比值，玄武岩（$^{87}Sr/^{86}Sr$）$_i$ 变化于 0.705636~0.707131 之间，（$^{143}Nd/^{144}Nd$）$_i$ 变化于 0.512485~0.512607 之间，$\varepsilon_{Nd}(t)$ 变化于 6.8~9.2 之间，利用两阶段模式计算出的 Nd 同位素模式年龄 T_{2DM} 为 390~584 Ma。

2. 英安岩

英安岩具有高的 SiO_2（64.12%~66.47%）、CaO（1.34%~4.36%）和 Al_2O_3（14.16%~15.90%）含量，中等全碱含量（K_2O+Na_2O=4.48%~5.48%），富钠（Na_2O=3.65%~4.90%）。低 K_2O（0.63%~1.09%）、MgO（2.19%~5.24%）、TiO_2（0.27%~0.32%）、P_2O_5（0.04%~0.05%）、FeO^T（5.04%~5.97%）含量，中等至高的 $Mg^\#$值（46~63）。牛贺才等（2006）认为这些英安岩属于高镁英安斑岩，是高镁玄武岩浆结晶分离的产物。

英安岩 ΣREE 含量为 24.01×10^{-6}~36.41×10^{-6}，具有轻重稀土分馏较强、富集轻稀土、亏损重稀土的特点，其中（La/Yb）$_N$ 比值为 1.11~2.18，具有轻微的 Eu 负异常（δEu=0.81~0.92），表明源区部分熔融过程中有长石残留或者岩浆运移过程中发生了斜长石的分离结晶。英安岩富集 Rb、Th、U、Pb、Hf、Zr 等大离子亲石元素和高场强元素，相对亏损 Nb、Ta、Eu 等元素。微量元素蛛网图中具有富集 U、Th、Pb 等高场强元素，亏损 Nb、Ta，显示 Ba 负异常，具有与俯冲带岩浆岩相似的地球化学特征，可能与后期蚀变作用有关。英安岩（$^{87}Sr/^{86}Sr$）$_i$ 变化范围为 0.705318~0.705765，（$^{143}Nd/^{144}Nd$）$_i$ 为 0.512306~0.512506，$\varepsilon_{Nd}(t)$ 变化于 3.6~7.5 之间，模式年龄 T_{2DM} 为 534~850 Ma。英安岩锆石 $\varepsilon_{Hf}(t)$ 值变化于 6.6~13.84 之间，T_{DM} 模式年龄介于 478~770 Ma 之间。

3. 流纹英安岩

流纹英安岩 SiO_2 含量为 65.98%~73.04%，Al_2O_3 含量为 12.04%~14.33%，CaO 含量为 0.26%~4.50%，Na_2O 含量为 4.35%~6.39%，与典型酸性岩相比，流纹英安岩 K_2O 含量很低（小于 1.55%），低 K 是其特色。稀土含量较低，介于 16.80×10^{-6}~61.13×10^{-6} 之间，除个别样品外，无明显的 Eu 异常，与典型酸性岩相比，轻重稀土分馏不明显，与洋内弧流纹岩的稀土地球化学特征相吻合。原始地幔蛛网图上，流纹英安岩明显亏损 Nb、Ti 等高场强元素，与共生的拉斑玄武岩相似，是拉斑玄武岩浆分离结晶的产物。流纹英安岩（$^{87}Sr/^{86}Sr$）$_i$ 为 0.7054，$\varepsilon_{Nd}(t)$ 为 4.72，反映其成岩物质来源于地幔。

4. 流纹岩

13 件流纹岩（石英角斑岩）SiO_2 平均含量为 72.62%、Al_2O_3 为 13.14%、MgO 为 1.14%、CaO 为 1.71%、Na_2O 为 5.26%、K_2O 为 0.45%。3 件流纹岩总稀土平均含量为 53.31×10^{-6}。稀土配分模式显示流纹岩与玄武岩（细碧岩）、角斑岩（英安岩）相似，均呈微弱的右倾。轻稀土和重稀土元素无明显的分馏，具有明显的负铕异常，δEu 一般为 0.59~0.63，最高可达 0.8。

5. 火山碎屑岩

英安质和流纹质（含角砾）凝灰岩和火山角砾岩中具有高 SiO_2（66.11%~79.74%），低 CaO（0.11%~0.88%）和全碱含量（K_2O+Na_2O=0.68%~4.26%），多数富钾（Na_2O=0.19%~3.65%，K_2O=0.44%~3.00%，K_2O/Na_2O=0.17~5.97），Al_2O_3（7.78%~15.34%）和 MgO 含量（0.34%~9.00%）变化大，局部存在富镁英安质凝灰岩。火山碎屑岩存在 Th、U、K、Pb、Zr 和 Hf 正异常，富集大离子亲石元素（LILE）和轻稀土元素，具有明显的 Ta、Nb、Sr、P、Eu 和 Ti 负异常。含矿凝灰岩和非含矿凝灰岩微量元素无大的差别，表明二者的岩浆源区一致，在微量元素蛛网图上前者分布范围较大，微量元素组成较复杂。火山碎屑岩 REE 总量较低，多在 100×10^{-6} 以下，LREE/HREE 值在 1.63~13.45 之间，其他反映轻重稀土之间的分异作用的参数值均大于 1，表明轻、重稀土元素分异作用明显，且明显富集 LREE。轻重稀土元素内部分异差异明显，（La/Sm）$_N$ 值为 1.08~3.36，（Gd/Yb）$_N$ 值为0.77~2.40，且多数在1左右，说明火山碎屑岩中稀土元素配分模式为重稀土平坦-亏损轻稀土富集型。火山碎屑岩具有明显弱的负 Eu 异常（δEu=0.46~0.9，个别为0.28和1.09）。

（三）萨尔朔克矿区阿舍勒火山喷发旋回地球化学特征

1. 凝灰岩

含矿岩系流纹质晶屑凝灰岩 SiO_2 含量在 67.4%~74.1%之间，Al_2O_3 含量为 11.4%~17.4%，TiO_2 含量为0.07%~0.11%，MnO 含量为0.05%~0.14%，FeO^T 含量为1.54%~4.49%，MgO 含量为2.61%~3.39%，$Mg^\#$=55~75，CaO 含量为 0.27%~2.06%，Na_2O 和 K_2O 含量分别为 0.52%~2.81%，2.52%~6.21%，样品具有 $K_2O>Na_2O$ 的特征，显示富钾。铝饱和指数 A/CNK 为 1.4~2.2，在 A/CNK-A/NK 图解中，投入过铝质区域内。SiO_2-K_2O 图解中，样品主要分布在钾玄岩系列和钙碱性系列中。

流纹质晶屑凝灰岩的 ΣREE 含量在 97.4×10^{-6}~132.0×10^{-6} 之间，球粒陨石标准化的 REE 配分图解显示稀土分布曲线具有弱的右倾趋势。LREE/HREE 值在 1.5~3.0 之间，（La/Yb）$_N$ 比值为 0.9~2.0，（La/Sm）$_N$ 比值为 1.6~2.2，（Gd/Yb）$_N$ 比值为 0.6~0.8，显示轻重稀土元素内部都发生了弱分异作用。δEu 为 0.2~0.4，显示较强的 Eu 负异常。微量元素含量变化较大，整体以富集 LILEs 而亏损 HFSEs 为特征，富集 Th，U，Pb 等元素，明显亏损 Nb，Ta，P，Ti 等元素。

流纹质晶屑凝灰岩 Sr 同位素初始值（$^{87}Sr/^{86}Sr$）$_i$ 为 0.70399~0.70702，Nd 同位素初始值（$^{143}Nd/^{144}Nd$）$_i$ 为 0.512222~0.512288，$\varepsilon_{Nd}(t)$ 值为 1.43~2.72，二阶段模式年龄 T_{2DM} 为 908~1012 Ma。在（$^{87}Sr/^{86}Sr$）$_i$-$\varepsilon_{Nd}(t)$ 图解中，$\varepsilon_{Nd}(t)$ 值变化较小，（$^{87}Sr/^{86}Sr$）$_i$ 值变化幅度较大，整体上表现为起点于亏损地幔系列向右呈水平方向延伸的直线，可能受海水蚀变影响使得（$^{87}Sr/^{86}Sr$）$_i$ 值偏高向右偏移且 $\varepsilon_{Nd}(t)$ 值基本稳定。

2. 玄武安山岩

玄武安山岩样品 SiO_2 含量在 50.5%~55.9%之间，Al_2O_3 含量为 12.1%~15.1%，TiO_2 含量为0.28%~0.34%，MnO 含量为0.13%~0.19%，FeO^T 含量为6.58%~8.75%，MgO 含量为7.49%~9.96%，$Mg^\#$=64~68，CaO 含量为 7.33%~9.88%，Na_2O 和 K_2O 含量分别为 2.24%~4.18%，0.01%~0.03%，样品具有 $Na_2O>K_2O$ 的特征，显示富钠。铝饱和指数 A/CNK 为 0.26~0.80，在 A/CNK-A/NK 图解中，投入准铝质区域内。SiO_2-K_2O 图解中，投入低钾拉斑系列。

玄武安山岩的 ΣREE 含量在 27.3×10^{-6}~35.2×10^{-6} 之间，球粒陨石标准化的 REE 配分图解显示稀土分布曲线相对平坦，LREE/HREE 值在 2.9~3.2 之间，（La/Yb）$_N$ 比值为 2.0~2.4，（La/Sm）$_N$ 比值为 1.6~1.8，（Gd/Yb）$_N$ 比值为 1.0~1.2，指示轻稀土和重稀土内部分馏不明显。δEu 为 0.7~1.0，显示弱的 Eu 负异常。从玄武安山岩到酸性火山岩，稀土总量随着岩浆分异演化顺序逐渐提高，Eu 元素从无异常到明显负异常。

通常，低的（La/Yb）$_N$ 比值反映了相对较强的熔体分异作用和/或尖晶石作为系统中的主要结晶分离相，高（La/Yb）$_N$ 比值则反映弱的熔体分异和/或石榴子石为主要结晶分离相。本次研究的火山岩样品具有低的（La/Yb）$_N$ 比值（0.9~5.4），表明石榴子石不是主要的结晶分离相。玄武安山岩样品为相对平坦的稀土元素配分曲线，表明了其可能来自尖晶石稳定域地幔，是尖晶石地幔橄榄岩部分熔融并高度分异的产物。

3. 流纹斑岩

萨尔朔克矿区与成矿有关的流纹斑岩属于阿舍勒旋回次火山岩，具有高 SiO_2 含量（78.60%~81.82%），高镁（MgO 含量为 3.38%~5.94%，1 个样品为 0.61%），中等 Al_2O_3 含量（8.18%~10.81%），较低的全碱含量（K_2O+Na_2O=1.26%~3.28%），P_2O_5 含量小于 0.04%，CaO（0.09%~0.19%）、Na_2O（0.03%~0.13%），样品具有特别高的 K_2O/Na_2O 比值（15~46），所有样品的 K_2O/

（K_2O+Na_2O）比值均大于0.9，具有钾质流纹岩特征。

流纹斑岩ΣREE含量变化范围较大，为$63.9\times10^{-6}\sim224.35\times10^{-6}$，ΣLREE/ΣHREE为1.60～7.42，表现出较强的轻重稀土元素分馏，极强的负铕异常（$\delta Eu=0.10\sim0.28$）。δCe为0.92～1.04，除一个样品表现出微弱的负异常外，其余皆无异常。在稀土元素配分模式上图表现为较陡的不对称V型，为右倾斜深谷状曲线。流纹斑岩富集大离子亲石元素（LILE），高场强元素（HFSE）除Zr外，Nb、Hf、Ta和Ti含量均较低，Th和U含量不高，平均值分别为5.15×10^{-6}和1.31×10^{-6}。Sr和Y含量均较低，分别为$4.8\times10^{-6}\sim9.77\times10^{-6}$和$29.8\times10^{-6}\sim40.4\times10^{-6}$，Sr/Y为0.12～0.3。微量元素N-MORB标准化蛛网图呈现略向右倾的变化趋势，Nb、Ta、Sr、P和Ti明显亏损，为明显低谷。流纹斑岩的$^{147}Sm/^{144}Nd$值为0.1368～0.1474，$^{143}Nd/^{144}Nd$为0.512724～0.512936。$\varepsilon_{Nd}(t)$值均大于0，为0.3～8.4，$f_{Sm/Nd}$在正常范围（−0.2～−0.6）之内，其单阶段模式年龄值比较接近真实情况（Jahn et al.，2000），亏损地幔模式年龄值（T_{DM}）为476～983 Ma。矿化流纹斑岩锆石$\varepsilon_{Hf}(t)$值为2.88～18.53，T_{DM}模式年龄为410～893 Ma。

4. 辉绿岩

辉绿岩表现为高铝（Al_2O_3含量为13.00%～18.88%），高镁（MgO为3.91%～10.04%），高钙（CaO为2.43%～8.77%），高$Mg^{\#}$值（43～69），低硅（SiO_2为44.84%～59.77%），低全碱（$K_2O+Na_2O=2.90\%\sim6.16\%$），低$P_2O_5$（<0.06%～0.19%），低$TiO_2$（0.57%～1.4%）特征，其$TiO_2$含量与岛弧区火山岩的$TiO_2$含量相当（Pearce，1983），低于典型大洋中脊拉斑玄武岩TiO_2含量。FeO含量（6.05%～6.74%）高于Fe_2O_3含量（1.73%～3.06%），表明岩石的还原程度较高。AFM图中判别为拉斑玄武岩系列。

辉绿岩的ΣREE含量为$22.31\times10^{-6}\sim103.55\times10^{-6}$，ΣLREE/ΣHREE为1.70～2.47，轻重稀土元素分馏比流纹斑岩弱，δEu为0.80～1.02，除一个样品表现出极微弱正异常外，其余均表现为微弱负异常。δCe为0.98～1.13，两个样品表现出微弱负异常，其余表现为弱正异常。在稀土元素配分模式图上表现为略微右倾的平坦型分布模式。辉绿岩富集大离子亲石元素（LILE），高场强元素（HFSE）除Zr外，Nb、Hf、Ta和Ti含量均较低，Th和U含量不高，平均值分别为1.50×10^{-6}和0.34×10^{-6}。Sr含量相对较高，为$98.7\times10^{-6}\sim159\times10^{-6}$；Y含量低，为$12.3\times10^{-6}\sim46.1\times10^{-6}$，Sr/Y为2.59～12.93。Cr和Ni含量低且变化范围大，分别为$9.48\times10^{-6}\sim736\times10^{-6}$和$6.41\times10^{-6}\sim191\times10^{-6}$。微量元素N-MORB标准化蛛网图，整体呈现略向右倾的变化趋势，Nb、Ta和Sr均呈现低谷，部分亏损P和Ti。相对于流纹斑岩，辉绿岩的整体曲线较为平坦。辉绿岩的（$^{87}Sr/^{86}Sr$）$_i$和$\varepsilon_{Nd}(t)$分别为0.706687～0.707613和4.8～6.8，模式年龄T_{DM2}为580～784 Ma。辉绿岩的$^{87}Sr/^{86}Sr$初始比值接近地幔与地壳边界Sr的初始值0.707（Faure，1986），表明岩浆源区除了壳源物质外，还有地幔物质的混入。辉绿岩锆石$\varepsilon_{Hf}(t)$值为7.15～15.19，T_{DM}模式年龄变化于398～744 Ma，二者均落在矿化流纹斑岩变化范围内。

（四）齐也火山喷发旋回地球化学特征

1. 玄武岩

玄武岩SiO_2含量变化较大，为43.3%～58.3%，具有低K_2O（0.02%～0.06%）、TiO_2（0.60%～1.27%）、全碱（$K_2O+Na_2O=2.16\%\sim5.41\%$）和$FeO^T/MgO$比值，富钠（$Na_2O/K_2O=62\sim218$）特征，显示出拉斑玄武岩特征。在Nb/Y-Zr/Ti图解上玄武岩落在亚碱性区。

玄武岩具有类似MORB的REE配分模式，轻稀土不富集，$(La/Yb)_N=0.90\sim2.57$，平坦的重稀土分布特征，$(Ga/Yb)_N=0.97\sim1.28$，弱Eu异常（$\delta Eu=0.81\sim1.35$）。原始地幔蛛网图表现为富集大离子亲石元素（Ba、Th和U）、亏损高场强元素（Nb、Ta和Ti）。玄武岩（$^{87}Sr/^{86}Sr$）$_i$值为0.7058～0.7064，具有中等正的$\varepsilon_{Nd}(t)$值（4.4～5.4）。与亏损MORB相比，玄武岩具有高的$^{87}Sr/^{86}Sr$初始比值和低的$\varepsilon_{Nd}(t)$值，与哈巴河岩体中镁铁质岩脉和阿舍勒组玄武岩一致。地球化学特征表明玄武岩岩浆源区为成熟弧后盆地，类似 MORB 地幔和次级弧地幔楔的混合。玄武岩具有低的 La/Yb（1.26～3.69）、Dy/Yb（1.51～1.77）和 Sm/Yb（0.83～1.32）比值，这种地球化学成分可以通过尖晶石二辉橄榄岩在相当浅的地幔深度发生低程度（约 10%）部分熔融来解释。

2. 英安岩

齐也组英安岩具有较高的 SiO_2（64.1%～68.4%）、TiO_2（0.50%～0.61%）、K_2O（0.61%～1.97%）、P_2O_5（0.09%～0.11%）含量，中等的 Al_2O_3（13.5%～15.3%）、MgO（2.76%～2.88%）、Na_2O（3.53%～4.3%）含量，较低的 FeO^T（6.82%～7.75%）和 CaO（0.74%～0.87%）含量。中等 $Mg^\#$值（46～49）。齐也组英安岩较阿舍勒组英安岩具有高 Ti、Mn、K 和 P，低 Al、Fe、Ca、Mg、Na 的特点。相对于阿舍勒组英安岩高 $Mg^\#$值，齐也组英安岩不具有高 $Mg^\#$的特点。

齐也组英安岩 ΣREE 含量为 63.5×10^{-6}～86.7×10^{-6}，稀土元素球粒陨石标准化配分模式图中轻重稀土分馏不明显，具有轻稀土略富集，重稀土略亏损的稀土分配形式，$(La/Yb)_N$ 比值为 0.81～1.14，具有 Eu 负异常（$\delta Eu=0.80$～0.93），说明源区存在斜长石和少量石榴子石的残余。微量元素蛛网图显示英安岩富集 Rb、Ba、U、Th 等高场强元素，亏损 Nb、Ta、Zr、Hf、Ti，具有与俯冲带岩浆岩相似的地球化学特征。

3. 玄武安山岩（次火山岩）

阿舍勒矿区蝌蚪岩体的玄武安山岩具有低的全碱（$K_2O+Na_2O=2.75\%$～4.48%）、K_2O（0.01%～0.27%）、TiO_2（0.99%～1.03%）、P_2O_5（0.07%）含量；中等含量的 SiO_2（51.9%～52.85%）、MgO（4.44%～5.08%）、CaO（6.11%～8.80%），高 Al_2O_3（14.94%～16.11%）含量；相对富钠（$Na_2O=$ 2.62%～4.48%）和 FeO^T（11.91%～12.57%），低 $Mg^\#$值（44～47）。齐也组玄武安山岩较阿舍勒组玄武岩具有更高的 TiO_2、Al_2O_3、FeO^T 含量，较低的 MgO 含量，其他主量元素含量较为一致。

玄武安山岩 ΣREE 含量为 38.07×10^{-6}～41.1×10^{-6}。ΣLREE/ΣHREE 为 0.57～0.61，轻重稀土分异明显，$(La/Sm)_N$ 比值为 0.84～0.91，$(La/Yb)_N$ 比值为 0.84～0.91，$(Gd/Yb)_N$ 比值为 1～1.14，Eu 正异常（$\delta Eu=1.13$～1.23），表明原始岩浆上升较快，没有发生斜长石的结晶分异作用（Rollison，1993）。球粒陨石标准化稀土元素配分曲线表现为轻稀土相对亏损，重稀土相对富集的左倾特点，具有典型 N-MORB 稀土元素地球化学特征，表明玄武安山岩来自亏损的软流圈地幔。玄武安山岩相容元素 Cr 和 Ni 含量较低（分别为 9.18×10^{-6}～16.8×10^{-6}，5.5×10^{-6}～9.53×10^{-6}），低于原生玄武质岩浆（$Ni=300\times10^{-6}$～400×10^{-6}，$Cr=300\times10^{-6}$～500×10^{-6}；Frey et al.，1978；Hess，1992），表明玄武安山质岩浆经历了显著的橄榄石、单斜辉石以及铁钛氧化物等镁铁质矿物的分离结晶。玄武安山岩 Nb、Ta 含量较低（$Nb=0.38\times10^{-6}$～0.44×10^{-6}），Zr/Hf 比值为 27～29，低于原始地幔（Zr/Hf＝36.27），远高于大陆地壳比值（Zr/Hf＝11），表明原始岩浆在上升过程中受到一定程度地壳物质的混染。原始地幔标准化的微量元素蛛网图显示，玄武安山岩富集大离子亲石元素 Ba 和 Sr，相对亏损高场强元素 Nb、Ta、Zr、Hf，总体表现为与俯冲带相关的岛弧岩浆作用的特点（Kelemen et al.，2003）。玄武安山岩 $(^{87}Sr/^{86}Sr)_i$ 为 0.704443～0.705506，$(^{143}Nd/^{144}Nd)_i$ 为 0.512494～0.512526，$\varepsilon_{Nd}(t)$ 值在 6.9～7.6 之间，利用两阶段模式计算出的 Nd 同位素模式年龄 T_{2DM} 为 519～570 Ma。

4. 流纹斑岩

侵入齐也组流纹斑岩（次火山岩）具有高 SiO_2（71.1%～74%）和 MnO（0.23%～0.31%）含量，低的 TiO_2（0.30%～0.36%）、Al_2O_3（12.15%～14.05%）、FeO^T（2.82%～3.41%）、CaO（0.34%～0.55%）、MgO（1.92%～2.34%）、P_2O_5（0.05%～0.06%）含量。流纹斑岩具有较高的 $Mg^\#$值（60～62）。流纹斑岩 ΣREE 含量为 61.2×10^{-6}～81.5×10^{-6}。稀土元素球粒陨石标准化配分模式图表现为轻稀土富集、重稀土略亏损的分配形式，$(La/Yb)_N$ 比值为 1.15～2.01，具有 Eu 负异常（$\delta Eu=0.72$～0.96）。在微量元素蛛网图上显示流纹斑岩富集 Rb、Ba、U、Th 等高场强元素，亏损 Nb、Ta、Ti。

综上所述，阿舍勒矿集区锆石 $\varepsilon_{Hf}(t)$ 具有较高正值，分布较为广泛，集中于 9～15，基性玄武岩与中酸性岩流纹斑岩及英安岩具有重叠，模式年龄集中在400~700 Ma，基性岩较中酸性岩具有较为年轻的模式年龄。阿舍勒盆地中酸性岩石锆石 $\varepsilon_{Hf}(t)$ 具有正值，表明岩浆来自新生地壳，有少量古老物质的参与（宋国学等，2010）。阿舍勒铜锌矿区阿舍勒组和齐也组，萨尔朔克金多金属矿区无论基性岩和酸性岩均具有俯冲带岩浆岩相似地球化学特征。阿舍勒矿集区火山岩和次火山岩形成于相似的构造背景下，具有与俯冲带相关岛弧岩浆作用的特点。

三、岩浆来源和构造环境

（一）岩浆来源

岩浆来源讨论主要来自 Wu et al.（2015）、杨富全等（2016）。阿舍勒矿区下-中泥盆统阿舍勒组海相火山岩中发现了一套富镁火山岩系，如富镁玄武岩和富镁英安岩（牛贺才等，2006；赵振华等，2007）。阿舍勒组英安岩具有高 MgO 含量和高 $Mg^{\#}$值（47~63）的特点，与高镁安山岩相似。在 SiO_2-MgO 图解中（图 2-8），样品落入高镁安山岩区域。高镁安山岩通常与年轻的/或热的板片俯冲有关，分为赞岐岩、埃达克岩、玻安岩以及 Bajaites（Kay，1978；Yogodzinski et al.，1994，1994；Shimoda et al.，1998；Macpherson and Hall，2001）。Bajaite 高镁安山岩和埃达克高镁安山岩具有相似的微量元素组成，具有高 Sr、Sr/Y 比值以及 $(La/Yb)_N$ 比值。玻安质高镁安山岩具有低的高场强元素含量、稀土以及低的大离子亲石元素（Yogodzinski et al.，1994）。

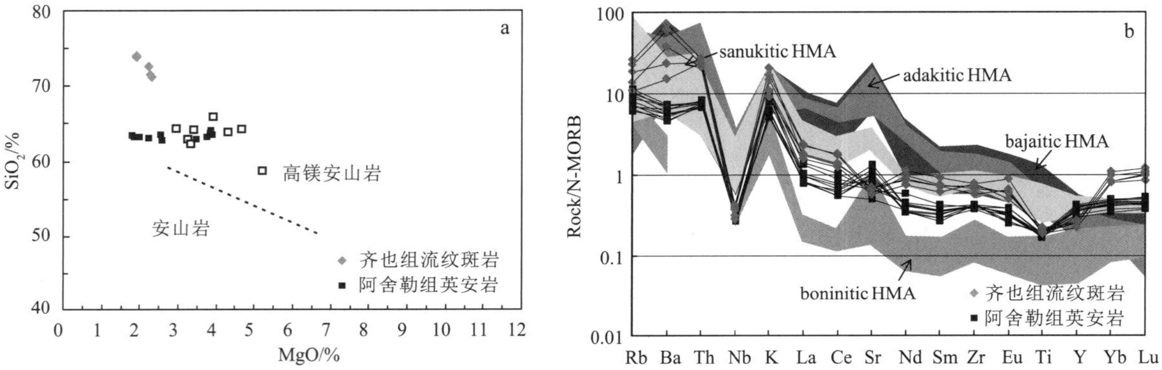

图 2-8 （a）镁质安山岩 SiO_2-MgO 判别图（据 McCarro and Smellie，1998）；（b）N-MORB 标准化微量元素蛛网图（据 Kamei et al.，2004）标准化数值来自 Hofmann（1988），方框数据来自 Zhao et al.（2007）

阿舍勒组英安岩在划分高镁安山岩的 N-MORB 标准化图解中更靠近赞岐岩区域（图 2-8b）。样品的特征与日本 Setouchi 赞岐岩相似。这也在 Sr/Y-Y 和 $(LA/Yb)_N$-$(Yb)_N$ 判别图中得到证实（图 2-9），所有样品落入赞岐岩高镁安山岩区。阿舍勒组英安岩可能来源于赞岐质岩浆，它们的低 Cr、Ni 含量，以及微量元素蛛网图中负的 P、Eu 异常可能指示了岩浆在上升过程中经历的铁钛氧化物、斜长石以及磷灰石的分离结晶作用。沉积物来源的流体加入会明显增加熔体 La/Sm 比值，但是不会改变其 Ba/Th 比值（Tatsumi，2006）。沉积物具有高的 Th/Yb 比值，也会导致熔体 Th/Yb 比值增加。由于 Ba 相对于 La 更容易进入流体，因此，如果有板片流体的加入 Ba/La 比值同样会增加（Hanyu et al.，2006）。阿舍勒组英安岩具有俯冲板片流体和沉积物流体加入的共同特征，因此，推断可能是来自沉积物硅质熔体和含水流体加入到原始地幔楔中，之后发生熔融形成了英安岩原始岩浆。地壳组分显著亏损 Ta 和 Nb（Barth et al.，2000；Rudnick and Gao，2003），地壳组分的加入会降低熔体 Nb/La 和 Nb/Th 比值，也会导致 $\varepsilon_{Nd}(t)$ 值和 Nb/La 比值具有负相关性。样品 Nb/La 和 Nb/Th 比值及 $\varepsilon_{Nd}(t)$ 值和 Nb/La 比值具有很好的线性关系，表明原始岩浆具有地壳混染的特点。英安岩 $\varepsilon_{Nd}(t)$ 值为 3.6~7.5，表明岩浆来自亏损地幔源区或新生物质，高的 $(^{87}Sr/^{86}Sr)_i$ 值（0.7053~0.7058）表明岩浆形成于新生地壳物质。前人研究认为中酸性高镁岩石形成于地幔橄榄岩与来自俯冲洋壳板片和（或）

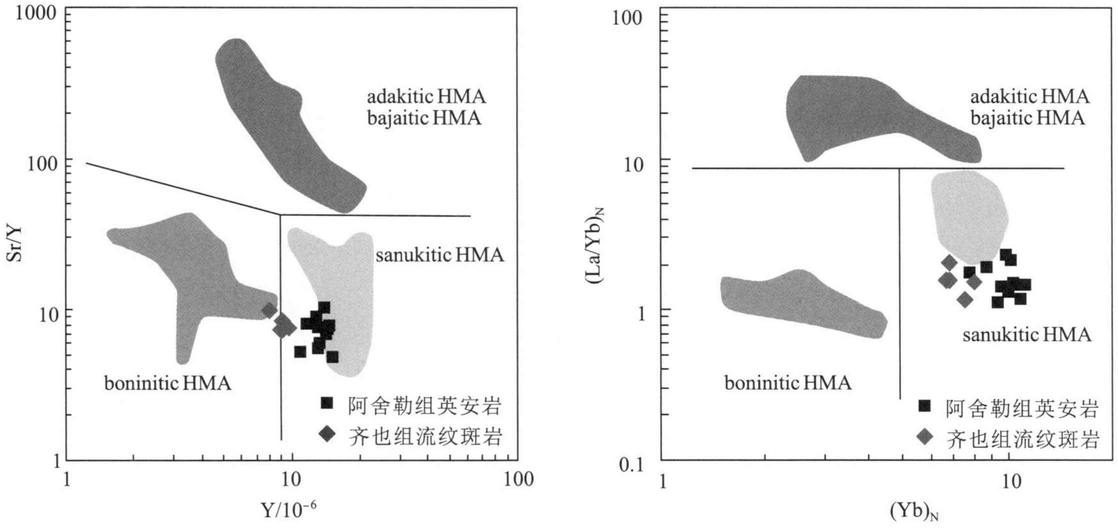

图 2-9 高镁安山岩 Sr/Y-Y 和 $(La/Yb)_N$-$(Yb)_N$ 判别图

（底图据 Kamei et al.，2004）

沉积物硅质流体的相互反应（Kamei et al.，2004；Tatsumi，2006）。地幔物质组分在英安岩形成过程中起到重要作用，这被大约 400 Ma 锆石 Hf 同位素组成的显著改变以及在 400 Ma 之后负的 $\varepsilon_{Hf}(t)$ 值的消失相佐证（Sun et al.，2009；Cai et al.，2011）。高 $\varepsilon_{Nd}(t)$ 值和高（$^{87}Sr/^{86}Sr)_i$ 以及富集大离子亲石元素反映了熔体发生过地壳混染，因而，轻微富集大离子亲石元素和亏损高场强元素的英安岩可能是地幔橄榄岩与来自俯冲洋壳板片的部分熔融硅质流体的平衡反应的产物（Stern，2002），在岩浆上升过程中伴随着地壳物质混染作用或同化作用。

阿舍勒组玄武岩具有高 MgO 含量（8.56%~14.17%），高 $Mg^{\#}$ 值（66~73），高碱含量，富钠低钾，具有高的 Na_2O/K_2O 比值（170~251），低 TiO_2 含量，属于低钛拉斑玄武岩。样品中相容元素 Cr 的含量为 319×10^{-6}~519×10^{-6}，与原始岩浆相近（Cr=300×10^{-6}~500×10^{-6}，Ni=300×10^{-6}~400×10^{-6}，Frey et al.，1978；Hess，1992），Ni 含量为 89.5×10^{-6}~188×10^{-6}，低于原始岩浆，可能是由于蚀变作用造成的结果。弱 Eu 正异常表明没有发生斜长石的结晶分异作用。弱富集轻稀土元素和亏损重稀土元素（LREE/HREE=2.28~2.67，$(La/Yb)_N$=1.24~1.84）表明没有石榴子石结晶分异作用或残留相中不存在石榴子石。玄武岩具有高的 $\varepsilon_{Nd}(t)$ 值（7.2~9.2）和初始 $^{87}Sr/^{86}Sr$ 比值（0.7056~0.7071），具有与结晶年龄相似的模式年龄 T_{DM}，表明玄武岩原始岩浆来自年轻的（新生的）地幔。玄武岩富集大离子亲石元素和重稀土元素，具有 Nb、Ta 负异常，显示大洋岛弧玄武岩的特点（Wan and Zhang，2006）。

萨尔朔克流纹斑岩绝大多数样品具有高 $Mg^{\#}$ 值（83~87）特点，$(La/Yb)_N$ 比值为 0.8~8，$(Yb)_N$ 值为 6.4~9.4，与赞岐岩的比值接近（Kamei et al.，2004）。流纹斑岩具有高 SiO_2、MgO、Na_2O 含量，富集大离子亲石元素和轻稀土元素特点，与赞岐岩相似（Tiepolo et al.，2008）。相比英安岩，流纹斑岩亏损 Nb 和 Ta，但二者具有相似的微量元素配分曲线，表明萨尔朔克流纹斑岩与阿舍勒组英安岩具有相似的地幔源区，可能均是地幔橄榄岩与俯冲洋壳板片或沉积物部分熔融硅质流体的平衡反应的产物。Eu 负异常可能指示岩浆上升过程中经历了斜长石分离结晶作用。流纹斑岩具有俯冲板片流体和沉积物流体加入的共同特点。

萨尔朔克辉绿岩样品靠近拉斑系列曲线，属于拉斑玄武岩系列岩石。辉绿岩稀土配分曲线无 Eu 异常，表明岩浆在形成过程中未发生斜长石的分离结晶作用。CaO、Cr、Ni 与 MgO 呈正相关性，表明存在铬尖晶石的分离结晶作用。TiO_2 与 MgO 含量呈弱负相关性，表明存在铁钛氧化物的分离结晶作用。平坦的稀土配分模式表明辉绿岩没有发生石榴子石结晶分异作用或残留相中不存在石榴子石。

辉绿岩的 $\varepsilon_{Nd}(t)$ 值为 4.8~6.8，具有类似 MORB 的稀土配分曲线，表明其可能来自俯冲板片流体（熔体）交代的亏损地幔源区，同时具有岛弧玄武岩的地球化学亲缘性，与俯冲带上涌的软流圈地幔有关。

齐也组玄武安山岩（蝌蚪岩体）为低钾拉斑玄武安山岩，具有介于岛弧火山岩和洋中脊拉斑玄武岩的 TiO_2 含量。玄武安山岩稀土总量较低，显示轻稀土亏损的分布模式，具有典型 N-MORB 稀土元素地球化学特征，表明其来自亏损的软流圈地幔。源于软流圈地幔的岩浆具有高的 $\varepsilon_{Nd}(t)$ 值（约为 8）、低的 $(^{87}Sr/^{86}Sr)_i$ 值（0.703）和高的 Zr/Ba 比值（大于 0.2），而源于岩石圈地幔的岩浆具有低的 $\varepsilon_{Nd}(t)$ 值、高 $(^{87}Sr/^{86}Sr)_i$ 值和 Zr/Ba 比值（Ormerod，1988；DePaolo，2000），玄武安山岩 $\varepsilon_{Nd}(t)$ 值为 6.9~7.6，$(^{87}Sr/^{86}Sr)_i$ 为 0.7044~0.7055，Zr/Ba 值为 0.18~1.52（平均 0.67），这些特征反映了其源区为软流圈地幔。微量元素蛛网图显示了 Rb、Ba 的低度富集和 Nb、Ta、Zr、Hf 亏损，尤其是 Nb 更明显，与典型大洋中脊 MORB 型玄武岩明显不同。尽管幔源岩浆在侵位过程中很容易受到地壳物质的混染，但样品的 La/Nb 比值为 4.9~5.5，远小于典型陆壳岩石的 La/Nb 比值（La/Nb>12），表明陆壳物质对蝌蚪岩体玄武安山岩同化混染作用不明显。另外，玄武安山岩以低钾为特色（K_2O 平均含量为 0.12%），明显不同于以富钾为特征的受地壳混染的镁铁质岩浆（大陆地壳 K_2O = 1.8%，Rudnick and Gao，2003）。玄武安山岩的 Th/Ce 比值（0.08~0.09）明显低于大陆地壳（Th/Ce = 0.15，Taylor and McLennan，1995），表明岩浆演化过程中受地壳混染的可能性很小。均匀的全岩 Sr-Nd 同位素也排除了地壳强烈混染的可能性，Ma et al.（2018）在研究齐也组玄武岩类时也得到同样的结论。玄武安山岩 La/Yb 比值（1.17~1.26）和 Dy/Yb 比值（1.42~1.77）较低，表明部分熔融作用发生在尖晶石相橄榄岩源区内。岛弧火山岩岩浆源区主要是受俯冲洋壳或沉积物析出流体以及俯冲板片熔融形成的熔体交代的地幔楔（Pearce and Peate，1995；Scaillet and Prouteau，2001）。在俯冲环境中，地幔楔部分熔融过程中，由于金红石、榍石等含钛矿物残留在地幔楔中，是产生的岩浆亏损 Nb、Ta 和 Ti，与其他不相容元素发生分离的主要原因。在 $(Ta/La)_N$-$(Hf/Sm)_N$ 图解中（图 2-10a），样品落在俯冲流体交代的地幔楔范围内，指示岩浆来自俯冲流体交代的地幔部分熔融。俯冲环境中，Ba 和 U 主要在俯冲流体中富集，而 Th 主要来自沉积物（Hawkesworth et al.，1997）。在 Th/Zr-Ba/Zr 图解中（图 2-10b），蝌蚪岩体样品投影区域与俯冲流体参与形成的岛弧岩浆趋势一致，表明地幔源区主要遭受俯冲流体的交代作用，沉积物参与较少，为洋内岛弧。

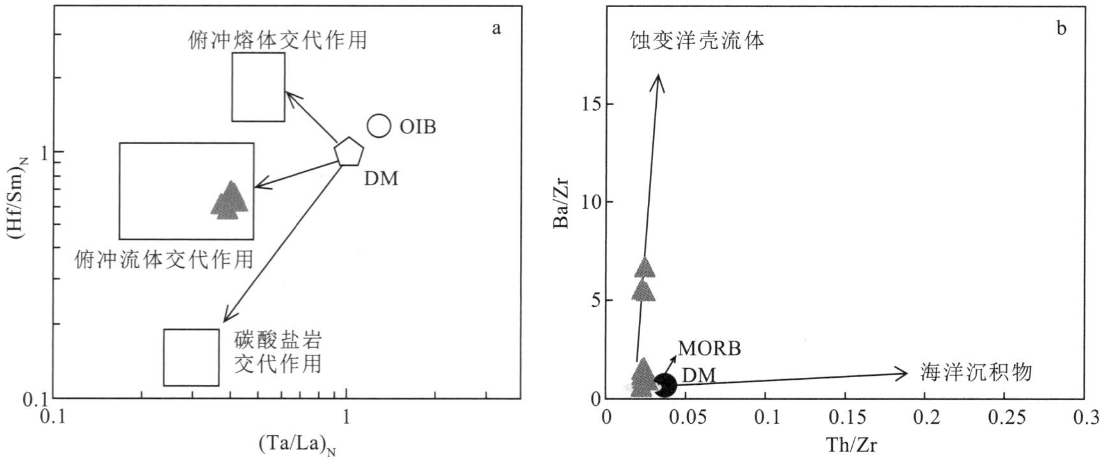

图 2-10 (a) $(Ta/La)_N$-$(Hf/Sm)_N$ 相关图（据 Fleche et al.，1998）；
(b) Th/Zr-Ba/Zr 相关图（底图据 Ishizuka et al.，2003）

齐也组英安岩和流纹斑岩（次火山岩）具有高硅，富钠贫钾，过铝质（A/CNK = 1.30~1.58）的特点，属于低钾过铝质岩石。流纹斑岩中 Nb 含量（1.0×10^{-6}~1.5×10^{-6}）、Ta 含量（0.07×10^{-6}~

0.11×10^{-6}）远低于下地壳 Nb、Ta 最低含量（5×10^{-6} 和 0.6×10^{-6}），表明原岩并非来自地壳物质的部分熔融，其形成过程不存在地壳物质混染。样品具有 Eu 负异常（$\delta Eu=0.72\sim0.96$），强烈亏损 Nb、Ta、Sr、P、Ti 元素，表明源区矿物相中有斜长石、磷灰石和角闪石残留。流纹斑岩较英安岩具有较低的 FeO^T 含量，但具有较高的 $Mg^{\#}$ 值（60.3~61.5），与阿舍勒组英安岩具有相似的稀土和微量元素配分模式，表明流纹斑岩与阿舍勒组英安岩具有相似的源区。在高镁安山岩 Sr/Y-Y 和 $(La/Yb)_N$-$(Yb)_N$ 判别图中（图 2-9），流纹斑岩具有与赞岐岩相似的微量元素比值，表明流纹斑岩源区具有高镁安山岩源区特点，具有俯冲板片流体和沉积物加入的共同特点，表明与地幔橄榄岩与俯冲洋壳板片或沉积物部分熔融的硅质流体平衡反应有关。

（二）构造环境

前人对南阿尔泰阿舍勒矿集区泥盆纪所处的构造环境的认识有重大分歧，其主要观点有裂隙式大陆边缘（韩宝福和何国琦，1991；陈毓川等，1996）、地幔柱上拱而产生的小裂陷拉张盆地（王登红，1995；Wang et al.，1998）、大洋岛弧系统中的弧后盆地（牛贺才等，1996；Windley et al.，2002；Xu et al.，2003；Xiao et al.，2004）、成熟岛弧环境（高珍权等，2010）、活动大陆边缘（王涛等，2006；Yuan et al.，2007）、洋脊俯冲（Windley et al.，2007；Sun et al.，2009；沈晓明等，2010；Cai et al.，2011；Wu et al.，2015；Ma et al.，2018）、俯冲转换断层撕裂引发软流圈上涌形成的陆缘弧裂谷盆地（徐兴旺等，2021）等。

阿舍勒组英安岩与萨尔朔克流纹斑岩具有低的 Yb、Ta、Th 含量，富集 U、Pb 和轻稀土元素，亏损 Ti、P、Sr、Ba，具有 Nb、Ta 负异常和弱 Eu 负异常，与俯冲带岛弧岩浆岩地球化学性质类似。在火山岩 Rb-(Yb+Ta) 和 Rb/30-Hf-3×Ta 判别图解中，所用样品均落入火山弧花岗岩区域。阿舍勒玄武岩属于低钛拉斑玄武岩，形成于 388 Ma，较英安岩晚 15 Ma。阿舍勒玄武岩 Nb、Ta 含量分别为 $0.43\times10^{-6}\sim1.07\times10^{-6}$，$0.05\times10^{-6}\sim0.08\times10^{-6}$，较典型岛弧拉斑玄武岩（$1.7\times10^{-6}\sim2.7\times10^{-6}$，$0.1\times10^{-6}\sim0.18\times10^{-6}$）低。在 Hf/3-Th-Ta 图解上，样品落在火山弧玄武岩区。在 Nb-Zr-Y 图解中，样品落入 MORB 和岛弧玄武岩所在区域中。在 Ti/100-Zr-3×Y 图解中，样品落入低钾拉斑玄武岩区域。在 TiO_2-MnO-P_2O_5 图解中，样品落在岛弧拉斑玄武岩和岛弧钙碱性玄武岩所在区域。在 Zr/Y-Zr 图解中，样品落入岛弧玄武岩区域范围内，也证实了其具有岛弧玄武岩的特点。玄武岩 V 含量为 $225\times10^{-6}\sim318\times10^{-6}$，在 Ti-V 图解中，样品全部落入岛弧拉斑玄武岩区域，样品 Ti/V（13~17）、Zr/Y（2.26~2.75）、Zr/Nb（38~51）比值与典型岛弧玄武岩（$Ti/V<20$，$Zr/Y<3$，$25<Zr/Nb<70$，Shervais，1982）较为一致。萨尔朔克辉绿岩落在钙碱性玄武岩与拉斑玄武岩区分线附近，更靠近拉斑玄武岩，具有与阿舍勒组玄武岩相似的构造背景。由此可见，阿舍勒组英安岩、玄武岩、萨尔朔克流纹斑岩和辉绿岩形成于早-中泥盆世岛弧环境。

齐也组火山岩和次火山岩以玄武岩、英安岩、次玄武安山岩、流纹斑岩和火山碎屑岩为主，火山熔岩和次火山岩分布局限，古火山机构发育，有中心式喷发的穹状火山或层状火山，类似于岛弧火山活动的特点。在火山岩各种构造判别图中（Nb-Zr-Y、TiO_2-MnO-P_2O_5、Ti-Zr-Y、V-Ti、Zr/Y-Zr 图解），玄武安山岩均落入 MORB 型玄武岩或岛弧拉斑玄武岩区域。英安岩与流纹斑岩具有相似的微量元素组成，均具有较低的 Nb 和 Y 含量，在 Nb-Y、Th-Hf-Ta、$(La/Yb)_N$-$(Yb)_N$ 和 Rb-Y+Nb 构造判别图中，所有样品落入火山弧花岗岩区域，属于经典岛弧岩石。结合微量元素蛛网图，具有俯冲带岩浆岩相似的地球化学特征，其低的 REE 总量以及低的 Nb、Ta、Zr、Hf 含量，表明陆壳物质参与岩浆作用不明显。在反映源区特征的 Ba/Th-$(La/Sm)_N$ 图解和 Th/Yb-Ba/La 图解中，英安岩样品位于正常岛弧岩石区，而流纹斑岩靠近正常岛弧岩石，进一步表明其形成于岛弧环境。这些地质和地球化学特征均表明齐也组火山岩和次火山岩形成于洋内岛弧环境。

喀英德辉长岩出露于阿舍勒矿集区东部，侵入到齐也组和哈巴河复式岩体中，我们获得锆石 LA-ICP-MS U-Pb 年龄为 373.1±4.1 Ma，与齐也组沉凝灰岩年龄一致（373 Ma，本书），略晚于齐也组玄武岩（376 Ma，Ma et al.，2018）。辉长岩 SiO_2 含量为 49.1%~51.5%，具有高的 Al_2O_3（10.45%~

16.05%)、CaO(9.55%~11.45%)、MgO(7.53%~12.%)和 FeO^T(9.61%~11.69%)含量，低的全碱(K_2O+Na_2O=1.39%~2.45%)和 P_2O_5(0.04%~0.06%)含量。辉长岩属亚碱性拉斑玄武岩，$Mg^\#$值较高(68~73)，富集 Ba、Sr、Rb、U 等大离子亲石元素，亏损 Nb、Ta、Zr、Hf 等高场强元素，稀土元素分布相对平缓，$(^{87}Sr/^{86}Sr)_i$ 值较低(0.70366~0.70440)，$\varepsilon_{Nd}(t)$ 值为正值(3.4 ~ 5.4)。综合以上岩石地球化学特征，推测喀英德辉长岩来源于岛弧环境下尖晶石稳定域占主体的岩石圈地幔，该源区经历了早期部分熔融作用而亏损，并被后来的板片流体或熔体交代改造。

综上所述，阿舍勒矿集区阿舍勒组英安岩和玄武岩、萨尔朔克流纹斑岩和辉绿岩、齐也组英安岩及齐也火山喷发旋回次火山岩(玄武安山岩和流纹斑岩)以及晚泥盆世辉长岩均具有俯冲带岩浆岩相似的地球化学特征，形成于大洋岛弧环境。另外，包括阿舍勒矿集区在内的南阿尔泰，近年来测定了很多前寒武纪锆石年龄的信息，其结果指示了阿舍勒矿集区有可能是陆缘弧，具有岛弧特征的火成岩可能是由于洋中脊俯冲或俯冲转换断层撕裂引发软流圈上涌形成的。因此，阿舍勒矿集区构造环境还有待进一步研究。

(三) 深部动力学背景和控矿作用

依据经典板块理论，洋壳在洋中脊形成、俯冲带消减过程中，俯冲带最终会与洋中脊反应。洋脊俯冲是威尔逊旋回中的一部分，吸引了广大学者的关注(Thorkelson，1996；Brown，1998；Sisson et al.，2003；Sun et al.，2009；Geng et al.，2009；Wong et al.，2010；Cai et al.，2010)。洋中脊独特的物理和热状态、洋中脊和海沟作用会显著地影响着俯冲系统的热结构和岩浆的性质(Sisson and Pavlis，1993；Nakajima，1994；Kinoshita，1995；Thorkelson，1996；Brown，1998；Sisson et al.，2003)。洋中脊俯冲过程中，洋中脊持续拉张，速度变慢，形成板片窗(Dickinson and Snyder，1979)。通过板片窗上升的软流圈物质形成具有 MORB 性质的岩浆，同时诱发地壳深熔，同时上冲板块由于升高的地热梯度也会高温变质作用，使得两侧年轻的热的洋壳板片熔融形成埃达克岩或玻安岩组分的原始岩浆(Bouygois et al.，1996；Sisson et al.，2003；Windley et al.，2007；Ayuso et al.，2009)。阿尔泰广泛发育的高温变质作用、多金属成矿作用、埃达克质岩浆作用，大量的花岗质岩体发育也支持洋脊俯冲模式(Jahn et al.，2000；Wang et al.，2006；Yuan et al.，2007；Wang et al.，2009；Cai et al.，2010，2011；Ma et al.，2018)。

阿舍勒组英安岩以及萨尔朔克流纹斑岩均具有赞岐高镁安山岩的特点，形成于俯冲背景下，是地幔橄榄岩与俯冲板片或沉积物的部分熔融流体的平衡反应的产物。它们的原始岩浆与年轻的和(或)热的板片俯冲有关(Yogodzinski et al.，1995；Furukawa and Tatsumi，1999)。玄武岩和辉绿岩具有 N-MORB 和岛弧相关的地球化学特征，可能与亏损的软流圈地幔上涌有关。阿舍勒组玄武岩以及萨尔朔克流纹斑岩形成晚于阿舍勒组英安岩，在时间上具有继承性。玄武岩具有高 $Mg^\#$ 的特点($Mg^\#$=66~73，平均 70)，高于洋中脊玄武岩(63)、岛弧玄武岩(66)和大陆弧玄武岩(65)(Kelemen et al.，2003)，表明玄武岩来自高镁岩浆。除部分元素外，阿舍勒组玄武岩和英安岩以及萨尔朔克流纹斑岩及辉绿岩具有相似的稀土和微量元素配分模式，并且都具有高的 $Mg^\#$值，指示了它们可能来自相同的地幔橄榄岩源区，且经历了不同的岩浆作用。近乎一致的 $\varepsilon_{Nd}(t)$ 值和 $(^{87}Sr/^{86}Sr)_i$ 值表明英安岩和玄武岩拥有亏损地幔或新生地壳物质相同的岩浆源区。因此，阿舍勒组英安岩和玄武岩以及萨尔朔克流纹斑岩和辉绿岩的出现表明在早-中泥盆世斋桑洋洋脊俯冲到南阿尔泰，引起年轻的和(或)热的洋壳板片俯冲。

VMS 矿床形成于不同构造背景的拉张区域，包括大陆裂谷、弧后盆地、洋中脊、岛弧、大陆边缘弧、弧裂谷等(Barrie and Hannington，1999)。洋脊俯冲同样能引起异常的岩浆作用和构造事件，尤其是弧前火山作用、碱性或拉斑质岩浆上涌和拉张的构造作用(Thorkelson，1996)。前人提出岛弧背景下的洋脊俯冲模式(Jahn et al.，2000；Wang et al.，2006；Yuan et al.，2007；Windley et al.，2007；Wang et al.，2009；Cai et al.，2010，2011a，2012；Shen et al.，2010)可以用来解释阿舍勒组、阿舍勒铜锌矿等 VMS 矿床的形成。早古生代，阿舍勒盆地处于正常的活动大陆边缘(Long et al.，2012；Cai et al.，2011b)，形成了大量正常的钙碱性弧岩浆，侵位后形成了花岗质岩石和火山碎屑岩（Cai et al.，2011a；Wang et al.，2011b)。早泥盆世（图 2-11a)，新生热的洋壳板片俯冲到阿尔泰微板块之下，由于地幔楔高地热梯度发生部分熔融形成硅质流体。硅质流体与地幔楔地幔橄榄岩反应形成英安岩的原始岩浆（Wang et al.，2011b；He et al.，2015)。在英安岩形成之后，英安质和流纹质凝灰岩喷发，且在喷发间歇期发生了喷流沉积作用，形成阿舍勒Ⅱ号矿化带（~394 Ma)。中泥盆世（图 2-11b)，洋脊俯冲在亏损的地幔楔下形成板片窗（Cai et al.，2010；Wong et al.，2010；He et al.，2015)。在俯冲带地区，上升的软流圈温度升高导致洋壳板片的部分熔融，从而导致形成了富镁玄武岩、岛弧拉斑玄武岩、英安斑岩、富镁英安岩和长英质火山岩（Niu et al.，2006；Chen et al.，2006；Yang et al.，2014)。喷发间歇期发生了喷流沉积作用，在火山洼地形成层状或透镜状块状矿体，在补给通道相形成脉状矿化（~388 Ma，阿舍勒Ⅰ号矿化带和萨尔朔克阿舍勒组凝灰岩中层状和脉状矿化)。由于含矿火山岩的形成与软流圈上涌有关，因此，在阿舍勒组形成了以 Cu-Zn 为主的组合。黏稠的残余岩浆侵位到海底的破火山口中，形成流纹斑岩，同时，伴随岩浆热液活动形成了赋存于流纹斑岩中的脉状多金属矿化（~383 Ma)，被后期辉绿（玢）岩脉侵入。之后，阿舍勒盆地处于正常的活动大陆边缘，形成大量正常的岛弧钙碱性岩浆形成花岗质岩石和火山碎屑岩，如英云闪长岩（Chai et al.，2013)、石英闪长岩（Yang et al.，2014）和流纹岩（Wan et al.，2011)。在靠近活动大陆边缘洋脊俯冲残留的热的洋壳板片俯冲发生熔融，形成富镁流纹斑岩。

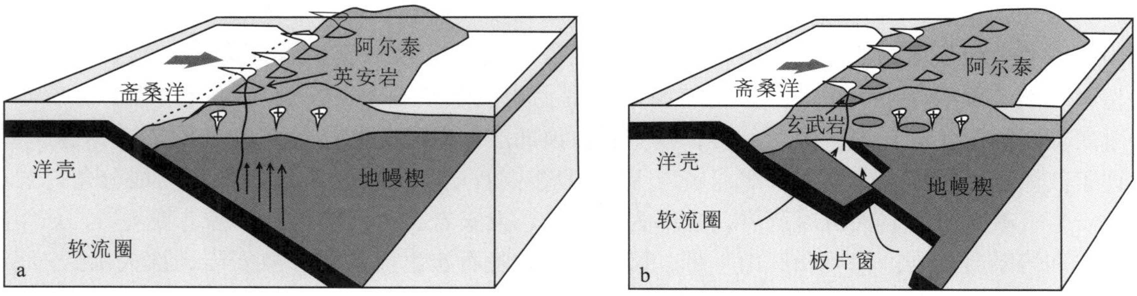

图 2-11　阿舍勒盆地早泥盆世构造演化概略图

（据 Wu et al.，2015；杨富全等，2016）

a—早泥盆世（~396~403 Ma)；b—中泥盆世（382~388 Ma)

第三章　卡拉塔格矿集区岩浆作用

第一节　地质背景

一、地层

东天山卡拉塔格矿集区在大地构造上属于哈萨克斯坦-准噶尔板块（Ⅱ）的准噶尔-巴尔喀什微板块（Ⅱ$_{1-2}$）中觉罗塔格构造带的大南湖-头苏泉古生代岛弧带的中段（图1-8）。该带主体为一套奥陶纪—石炭纪的火山岩-碎屑岩地层，由基性、中酸性火山岩、火山碎屑岩、碎屑岩以及浊积岩组成，同时广泛发育奥陶纪—二叠纪的辉长岩和花岗岩类。

卡拉塔格矿集区出露地层为中-上奥陶统大柳沟组、志留系红柳峡组和卡拉塔格组、下泥盆统大南湖组、上石炭统脐山组、中二叠统卡拉岗组和下侏罗统三工河组（图3-1）。前3个组主要分布在卡拉塔格隆起区核部，是与海相火山岩作用有关矿床和浅成低温热液矿床的赋矿层位（图3-2）。大柳沟组为一套岛弧环境海相钠质火山岩建造，玄武岩-玄武安山岩-安山岩（为主）组合，红石火山热液型脉状铜矿床赋存于该组中。红柳峡组由下到上为凝灰质砾岩、安山质凝灰角砾岩、角砾凝灰岩、凝灰质粉砂岩、凝灰岩、沉凝灰岩、硅质岩，顶部产块状硫化物透镜体和补给通道相脉状矿化，已发现了红海-黄土坡VMS型铜锌矿、黄滩VMS型金铜锌矿。卡拉塔格组底部为复成分角砾岩，向上为英安岩、凝灰角砾岩夹沉凝灰岩，上部为流纹岩、英安岩、角砾凝灰岩、熔结凝灰岩，该组主体为英安岩和熔结凝灰岩。梅岭和红山一带，该组顶部为晚石炭世流纹岩和英安岩，次火山岩-流纹斑

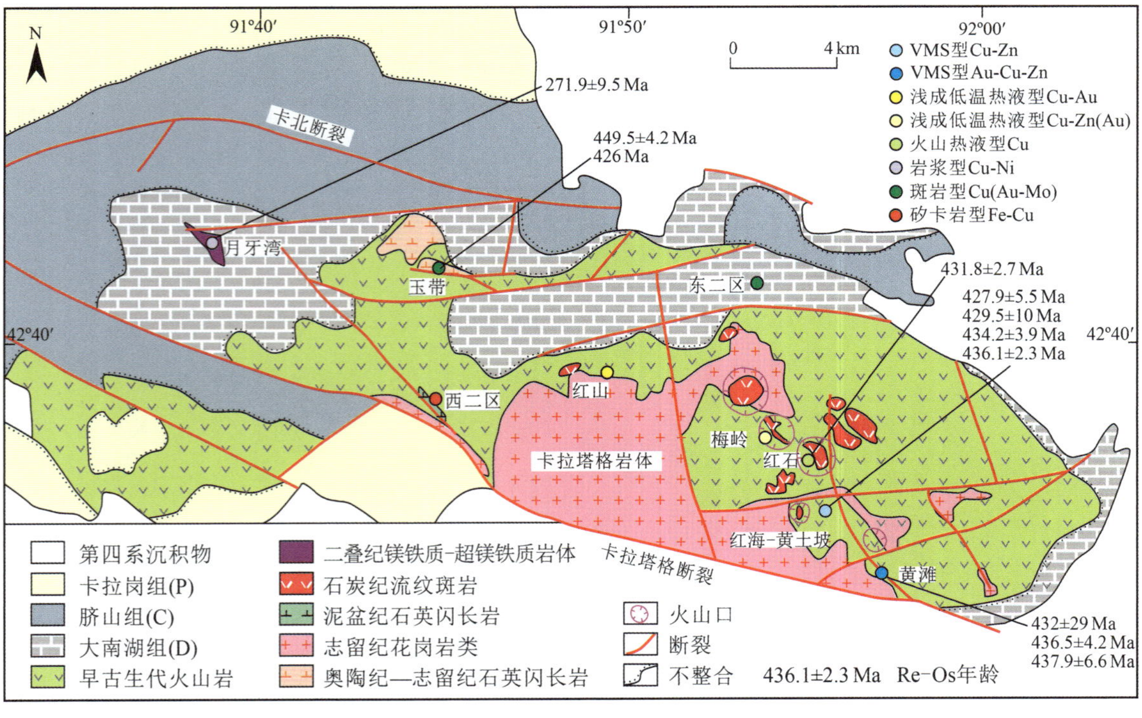

图3-1　卡拉塔格矿集区地质矿产略图

（据Deng et al.，2020，有修改；硫化物Re-Os年龄据本书；Deng et al.，2016，2020；Mao et al.，2019；Yu et al.，2019；吕晓强等，2020；Sun et al.，2020）

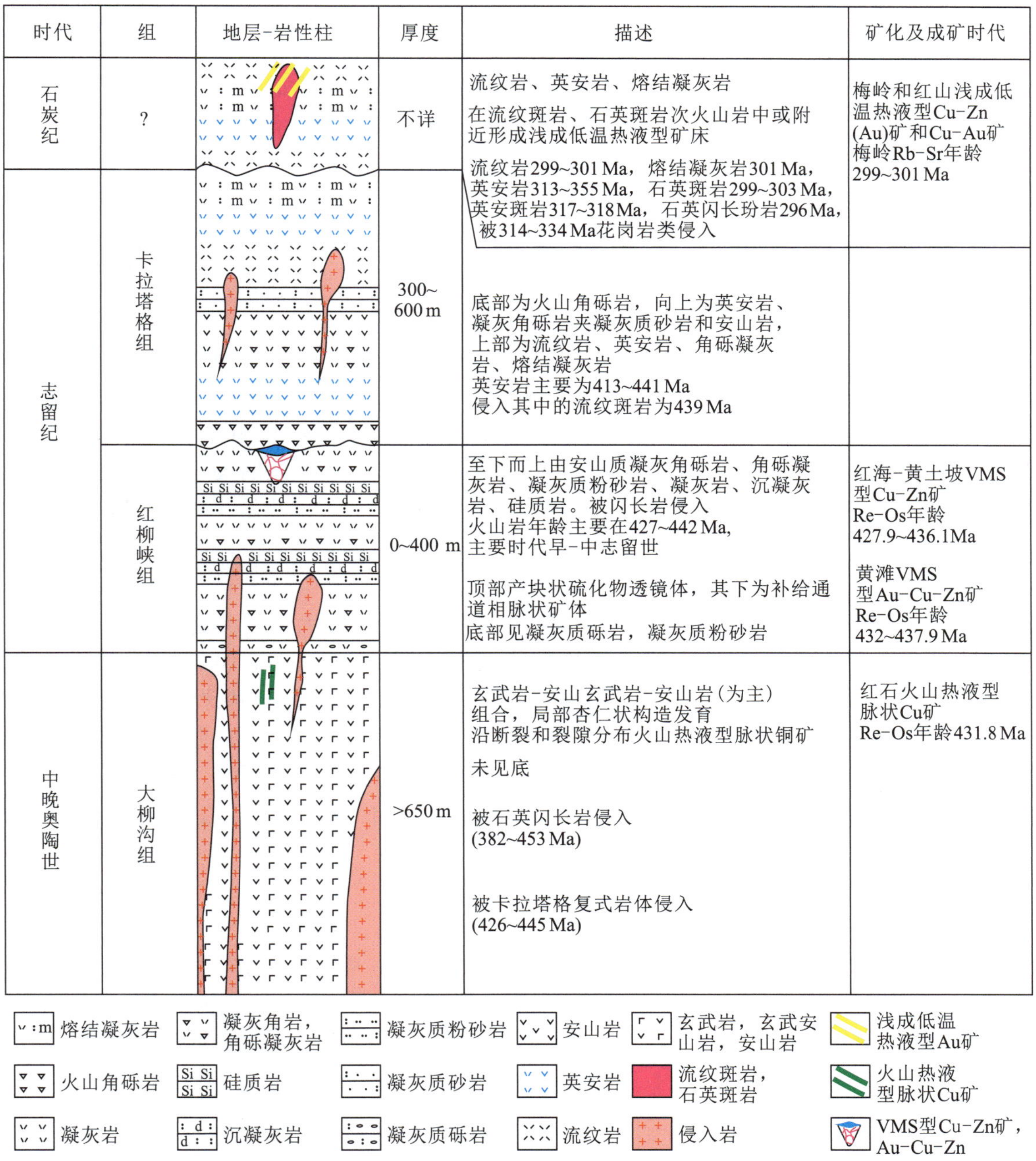

图 3-2　卡拉塔格矿集区与火山作用有关含矿火山岩系综合柱状图

（据毛启贵，2015；Deng et al.，2020；毛启贵等，2021 等资料编制，成矿年龄据本书；Deng et al.，2016；于明杰，2016；Mao et al.，2019；Yu et al.，2019；Sun et al.，2020；火山岩及岩体年龄、成矿年龄据本书及前人数据综合）

岩和石英斑岩发育，梅岭铜锌（金）矿产于石英斑岩中及周围火山碎屑岩中或凝灰质砂岩和火山碎屑岩界面部位。红山铜金矿产于流纹斑岩中。大南湖组分布于卡拉塔格区域断裂的北部，围绕早古生代火山岩分布于其东南、北部和北西，与下伏的早古生代火山岩呈角度不整合接触。该组为一套滨浅海环境海陆交互相火山-碎屑岩建造，为钙碱性长英质火山熔岩和火山碎屑岩，岩性为凝灰岩、沉凝灰岩、含生物碎屑灰岩、凝灰质长石岩屑砂岩夹透镜状安山岩等。脐山组分布于卡拉塔格矿集区北部、北西，与下伏大南湖组和早古生代火山岩系呈角度不整合接触。该组为一套基性-中酸性火山碎屑岩夹中-基性火山熔岩，岩性为玄武岩、橄榄玄武岩、玄武安山岩、杏仁状安山岩、英安岩、凝灰岩、角砾凝灰岩，该组下部为砂质灰岩、泥质灰岩、钙质砂岩、泥质粉砂岩，植物化石丰富。卡拉岗组分布于矿集区北西和南西，为一套陆相碱性基性-酸性火山熔岩夹火山碎屑岩建造，底部发育底砾岩，与下伏地层呈角度不整合接触。三工河组主要在卡拉塔格隆起带南坡山间坳陷出露，与下伏地层及老岩体呈角度不整合接触关系。主要岩性为灰黄色粗粒长石砂岩、粉砂质黏土岩、砂质泥岩夹不均匀互层砾岩，下部夹大量透镜状碎屑灰岩、褐铁矿、菱铁矿透镜体，含硅化木、薄煤层、煤系及薄层石膏，为一套湖沼相碎屑岩建造（毛启贵，2015；于明杰，2016；何西恒，2019；Deng et al.，2020）。

二、构造

（一）断裂

卡拉塔格矿集区断裂构造发育，主要为 NWW 向、NNW 向和 NEE 向 3 组断裂。NWW 向卡拉塔格断裂与区域构造线展布方向一致，为矿集区规模最大的区域性断裂，位于卡拉塔格地块隆起的南坡，断层走向为 330°，总长度超过 45 km，断面向 NE 向倾斜，倾角约为 60°，属于逆冲断裂。宏观上表现为以碎屑岩为主的一系列构造破碎带，在卫星遥感图上显示清晰的断裂面，物探上反映出明显的重力梯度区，卡拉塔格断层同时也是航磁上界线，北侧为缓变带，南侧是沙尔湖强变化梯度带。破碎带宽度 600 m 以上，硅化方解石化比较明显。卡拉塔格断裂形成于奥陶纪，具有多阶段演化、多性质转换的特点，是区内重要的控岩控矿断裂。

NNW 向断裂为卡拉塔格断裂的次级断裂，与土屋-延东北侧大南湖-大草滩断裂构造形迹相似，具有等距平行相间展布的特点，是区内重要的控矿断裂。总长度较短，在 10 km 以内，沿着该组断裂，其周围通常会有含黄铁矿的流纹斑岩或酸性熔岩分布，少部分被晚期中酸性的岩脉所充填。在该断裂与 NWW 向断裂的交汇处一般会发育环形火山构造，说明该断裂与 NW 向断裂共同控制了中-晚奥陶世大柳沟组海相火山活动后期的酸性次火山岩及其伴随的热液活动，因此，该断裂对该区域火山热液成矿作用具有重要意义。NEE 向断裂为左形走滑断裂，错断 NNW 向断裂，是红海-黄土坡铜锌矿成矿后断裂（吕晓强等，2016；何西恒，2019）。

（二）褶皱

矿集区主要为卡拉塔格背斜构造，其核部为早古生代地层（中-上奥陶统大柳沟组、志留系红柳峡组和卡拉塔格组），两翼及转折端为下泥盆统大南湖组，再向外围为上石炭统脐山组。该背斜轴向 295°~305°，长宽各 10 余千米，东北部、东部及南部均被第四系覆盖，呈现出穹窿状构造。

第二节　海相火山作用

一、火山喷发旋回和火山机构

（一）火山喷发旋回

构造运动、火山活动强度及火山喷发产物（火山熔岩、火山碎屑岩）的周期性变化是火山喷发旋回划分的原则。火山喷发旋回中不同构造层是划分亚旋回的依据。1988 年出版的 1∶20 万区域地质调查报告中将卡拉塔格矿集区火山岩划分为华力西早期喷发旋回，包括早泥盆世卡拉塔格亚旋回和大南湖亚旋回。卡拉塔格亚旋回包括本书奥陶纪—志留纪大柳沟组、红柳峡组和卡拉塔格组，该亚旋回中有 7 个喷发韵律。每个韵律均从火山角砾岩或含角砾的熔结凝灰岩开始，至英安岩、霏细斑岩结束，反映了从爆发相到喷溢相，甚至有沉积相的旋回性，每一韵律的粒度由粗到细。火山角砾岩及凝灰岩的分布、多少与粒度，火山活动的强度也呈现出自 SE 向 NW 逐渐减弱的趋势，从下到上火山活动由强到弱的变化趋势。

冉丽（2014）根据岩性和构造，将卡拉塔格矿集区火山活动期粗略地分为两个期次。第一个时期为裂隙式火山活动期，为海相喷发产物，以基性火山岩为主，主要形成玄武岩、安山岩类。第二个时期为中心式喷发期，发育一套陆相中酸性火山熔岩-火山碎屑岩，以英安岩、英安质角砾熔岩、英安质火山碎屑岩为主，少量流纹岩。

本书在综合前人研究基础上，将卡拉塔格矿集区火山喷发旋回划分为中晚奥陶世、志留纪早期、志留纪晚期、早泥盆世、晚石炭世和中二叠世6个旋回。中晚奥陶世火山喷发旋回相当于大柳沟组，为海相火山活动，主要为溢流相，岩性主要为玄武岩、玄武安山岩、安山岩，少量英安岩、流纹岩和火山角砾岩。在卡拉塔格矿集区出露于卡拉塔格隆起区东北部，钻孔资料揭露红海、梅岭、红石和红山覆盖区深部也发育这套地层。区域上该旋回火山岩分布于卡拉塔格南、黑草滩、大南湖一带，形成了长200 km，宽几十千米的基性火山岩带，是深海裂隙式火山喷发。杨建功等（2009）在该旋回识别出7个喷发韵律，以爆发-溢流相韵律为主，其次为爆发-溢流-沉积相，间歇期沉积十分微弱，仅有两层砾岩。

志留纪早期火山喷发旋回对应于红柳峡组，为海相中性火山喷发活动。该旋回以中心式喷发为主，分布范围局限于火山机构和火山洼地，形成后又受到了抬升剥蚀，以及后期酸性火山岩覆盖，地表仅见于红山东小范围出露。主要岩性为安山岩、凝灰岩、凝灰角砾岩、角砾凝灰岩、火山角砾岩，其次为凝灰质砂岩、沉凝灰岩，沉凝灰岩中发育纹层状黄铁矿。该旋回形成于火山洼地/火山边坡，由溢流相、爆发相和喷发沉积相组成，以爆发-沉积韵律为主，其次有溢流-沉积韵律和爆发-溢流-沉积韵律，爆发相火山岩，以凝灰岩类为主，未见集块岩。火山作用为喷发-间歇周而复始的活动过程。红柳峡组海相火山-沉积岩系的上部常见凝灰质砂岩和凝灰质粉砂岩（细砂岩）呈频繁的韵律互层，每个韵律层50~200 cm，常发育交错层、斜层理，可能反映了浊流成因特征（杨建功等，2009）。红海-黄土坡铜锌矿和黄滩金铜锌矿赋存于该旋回顶部，透镜状块状矿体分布于该旋回和志留纪晚期旋回之间，补给通道相脉状矿化位于顶部的凝灰岩、沉凝灰岩和火山角砾岩中。

志留纪晚期火山喷发旋回发生在卡拉塔格组，火山岩系广泛分布于卡拉塔格矿集区，出露面积最大。岩性复杂，主要为英安岩、熔结凝灰岩、火山角砾岩、角砾凝灰岩、凝灰岩、砾岩、流纹岩，夹凝灰质砂岩和安山岩。由爆发相、溢流相和火山沉积相组成，有爆发-沉积韵律、爆发-溢流韵律、溢流-沉积韵律和爆发-溢流-沉积韵律。

早泥盆世火山喷发旋回发生在大南湖组，为海相火山-沉积岩系，早期火山活动较弱，火山碎屑沉积岩及正常碎屑岩较发育，灰岩中含丰富珊瑚化石。晚期火山活动增强，喷发韵律以爆发-溢流相韵律为主，间歇期短暂，表现连续喷发的过程。在横向上，由西向东火山熔岩、火山碎屑岩及火山碎屑沉积岩厚度和岩性变化较大，火山碎屑沉积岩减少，爆发相岩石增多，指示大南湖组海相火山-沉积岩系的火山活动由早到晚、由西到东有逐渐增强的趋势。爆发相火山岩以英安质、安山质凝灰岩为主，少量火山角砾岩和角砾凝灰岩。溢流相火山岩以安山岩及安山质角砾凝灰熔岩为主，其次为玄武岩、英安岩、霏细岩和英安质凝灰熔岩。火山碎屑沉积岩主要有凝灰质砂岩、凝灰质细砂岩、凝灰质粉砂岩及沉凝灰岩等（杨建功等，2009）。该旋回包含4个韵律：第Ⅰ、Ⅱ、Ⅳ韵律层由火山碎屑岩、正常碎屑岩或泥晶灰岩、大理岩组成，第Ⅲ韵律层由火山碎屑岩及少量球粒霏细岩组成（新疆杰奥勘查技术有限责任公司等，2009）。

晚石炭世火山喷发旋回发生在脐山组，为陆相火山-沉积岩系，以正常碎屑岩为主，夹少量玄武岩及凝灰岩，火山活动微弱。以溢流-沉积相为主的喷发韵律，上部爆发相凝灰岩夹溢流相安山岩、英安岩组成爆发-溢流相沉积韵律，火山活动逐渐增强。横向上由西向东火山活动有增强的趋势。

中二叠世火山喷发旋回发生在卡拉岗组，为陆相火山-沉积岩系，火山活动十分强烈，以中基性火山岩建造为主，为爆发-溢流或溢流-爆发的连续喷发韵律。火山活动由东向西、由南向北增强。溢流相火山岩主要有橄榄玄武岩、粒玄岩、杏仁状玄武岩、玄武安山岩、（辉石）安山岩及少量英安岩等。爆发相火山岩以凝灰岩为主，其次有火山角砾岩，仅在底部见正常沉积的磨拉石建造。大体上由底部向上部出现由基性向酸性演化规律。

（二）火山机构

卡拉塔格矿集区古火山构造主要为奥陶纪—志留纪、早泥盆世和晚石炭世。早古生代古火山机构受早-中奥陶世和志留纪 NW 向裂隙式海底火山喷发作用的制约。在大柳沟组、红柳峡组和卡拉塔格组中沿 NWW 向呈现串珠状分布，发育环形构造和放射状构造，以及多个次级断层。目前圈定的火山机构有红石、红海-黄土坡西、红海-黄土坡北东、梅岭矿区北西和黄滩北等。红海-黄土坡北西的环形构造外径有 1.5 km，控制这一带的火山岩分布（冉丽等，2010）。早泥盆世古火山机构有梅岭矿区北西部的圆形火山喷口，环形构造外径达 2 km，内径 1 km，环形构造内的放射状断裂交汇处发育铜金矿化（李遥等，2018）。梅岭南东北部发育的环形构造（破火山口）外径也有 15 km，控制了梅岭南一带的火山岩分布。梅岭矿区和红石矿区古火山机构可能形成于晚石炭世。

冉丽等（2010）利用 QuickBird 数据对卡拉塔格矿集区进行了线-环构造影像特征分析，认为 C_1、C_2（梅岭矿区 NW）、C_3、C_9、C_{10} 为火山机构（图 3-3）。冉丽（2014）根据影纹和色调差别，在梅岭-红海一带解译出火山机构形态为不规则椭圆 C。环形构造 C 呈不规则状，整体呈蝌蚪状，受 NNW 向与 NWW 向复合构造控制。影像上显示环形构造北侧地势较高，整体呈 NE 高 SW 低。火山口 C 受 NW 向的断裂构造影响，北部火山口的形态呈半圆，产状较陡、稳定，倾向 NW—N—NE，倾角为 73°~85°；而东南部分明显受 NW 向断层影响，呈拖曳状，产状较缓、杂乱，倾角在 30°~66°之间；而西部倾向 NW，倾角 55°~62°，表明火山机构 C 是自 NW 向 SE 倾斜的。火山颈相由角砾熔岩和集块熔岩构成，岩石坚硬。在其南侧颈壁上见火山角砾岩和集块岩，产状近于直立，并与熔岩中长石和石英斑晶定向排列的流纹构造产状一致。岩颈中岩石发育柱状节理，柱状横截面以四边形为主，产状陡立。火山口相由英安岩构成，环绕火山颈分布。其内长石、石英斑晶定向排列，岩石见流纹构造、气孔和杏仁构造。北侧产状为 355°∠75°，南侧产状为 40°∠50°，中部被 NW 向的断层切割。岩石流

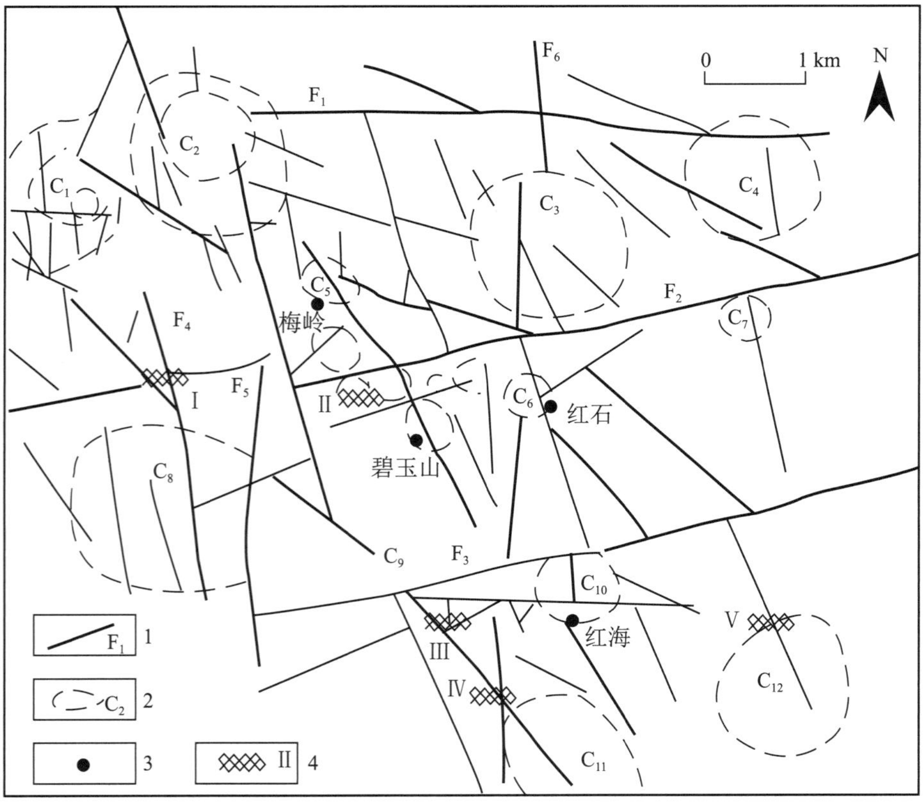

图 3-3　卡拉塔格矿集区遥感影像的线-环形构造解译及成矿预测图

（据冉丽等，2010）

1—线状构造及编号；2—环状构造及编号；3—矿床（点）；4—找矿远景及编号

纹构造的产状向外倾，说明火山口 C 剥蚀深度很浅。近火山口相由火山角砾岩及粗粒凝灰岩构成，内夹玄武岩层。地貌上近火山口相呈较高的山脊，围绕火山口分布。远火山口相由内向外分别为粗粒到细粒晶屑凝灰岩构成。长石、石英晶屑定向排列明显，其内常夹火山角砾岩和薄层沉凝灰岩层，分布于近火山口相的外围。地貌上呈较低缓的山坡。综上所述，该火山机构从喷发中心依次由内向外为火山颈相→火山口相→近火山口相→远火山口相。

二、火山岩岩石学特征

（一）岩石类型

卡拉塔格矿集区火山活动持续时间长，从中-晚奥陶世开始到中二叠世，本书重点研究中-晚奥陶世到志留纪的大柳沟组、红柳峡组和卡拉塔格组的火山作用及晚石炭世的火山作用与成矿。火山岩岩石类型繁多，有火山熔岩、火山碎屑熔岩、火山碎屑岩、火山碎屑-沉积岩等。大柳沟组主要有玄武岩、玄武安山岩和安山岩，少量英安岩、流纹岩和玄武质或玄武安山质火山角砾岩；红柳峡组主要有安山岩、凝灰岩、角砾凝灰岩、凝灰角砾岩、火山角砾岩、凝灰质粉砂岩、凝灰质砾岩和沉凝灰岩；卡拉塔格组火山岩类型为英安岩、流纹岩、安山岩、（含角砾）熔结凝灰岩、火山角砾岩、角砾凝灰岩、凝灰岩和凝灰质砂岩。

矿区次火山岩发育，主要有流纹斑岩或次流纹岩、次玄武岩、石英斑岩、英安斑岩、安山玢岩、石英闪长玢岩、闪长玢岩、花岗斑岩、（石英）正长斑岩等。

（二）主要岩石特征

1. 火山熔岩

橄榄玄武岩：岩石呈块状构造，斑状结构，基质为填间结构。岩石由斑晶和基质组成（图 3-4A）。斑晶由斜长石（20%左右）和少量暗色矿物假象（10%左右）构成，粒度一般为 1.0~6.5 mm。其中斜长石呈细板条状，可见聚片双晶和卡钠复合双晶，以及熔蚀麻点结构，具强黏土化和绢云母化，杂乱分布。暗色矿物被铁质、绢云母、绿泥石交代呈假象，根据晶形推测为橄榄石假象，零星分布。基质主要为斜长石（45%~50%）和辉石（15%左右），少量橄榄石、玻璃质和不透明矿物（玻璃质+不透明矿物 5%~10%），直径一般小于 0.5 mm。其中斜长石呈板条状，杂乱显格架状分布，其间分布辉石、玻璃质以及不透明矿物，呈填间结构，具黏土化和绢云母化；辉石被绿泥石、绢云母和铁质交代呈假象；橄榄石具伊丁石化和皂石化，含量少；不透明矿物和玻璃质呈微粒状，星散状分布于基质内。

杏仁状安山玄武岩：岩石呈杏仁状构造，斑状结构，基质为似交织状结构。岩石由斑晶和基质组成（图 3-4B）。斑晶由斜长石（15%左右）和辉石（15%左右）组成，粒度在 0.25~3.0 mm 之间，其中斜长石呈半自形板状，表面具熔蚀麻点，并被绢云母、黏土矿物、碳酸盐和绿泥石交代，表面比较脏，杂乱分布。辉石呈粒柱状，可见简单双晶，多见斜方辉石，被绿泥石、绿帘石和铁质等轻微交代，杂乱分布。基质由斜长石（55%~60%）、暗色矿物假象（5%左右）和不透明矿物（少量）组成，粒度均小于 0.1 mm。其中斜长石呈他形粒状，部分颗粒可见近半自形板条状，呈似交织状，被绢云母、黏土矿物杂乱交代，表面很脏。暗色矿物被绿泥石和铁质交代呈假象，零星分布在基质中；不透明矿物呈尘点状杂乱分布在基质中。岩内可见近椭圆状、不规则状的杏仁体被绿泥石和碳酸盐充填，粒度在 2.0~3.5 mm 之间，杂乱分布。

石英安山岩：岩石呈块状构造，斑状结构，基质为半自形粒状结构。岩石由斑晶和基质组成（图 3-4C）。斑晶由斜长石（15%~20%）和暗色矿物（0~5%）组成，粒度在 0.35~2.75 mm 之间，呈他形粒状，被绢云母、纤闪石、碳酸盐和黏土交代呈假象，为斜长石假象，杂乱分布。基质由长英质（70%~75%，斜长石为主，石英少）、暗色矿物假象（0~5%）和不透明矿物（0~5%）组成，粒度均小于 0.15 mm。其中长石被纤闪石、绢云母和硅质杂乱交代呈假象，与原岩基质中的石英混杂，

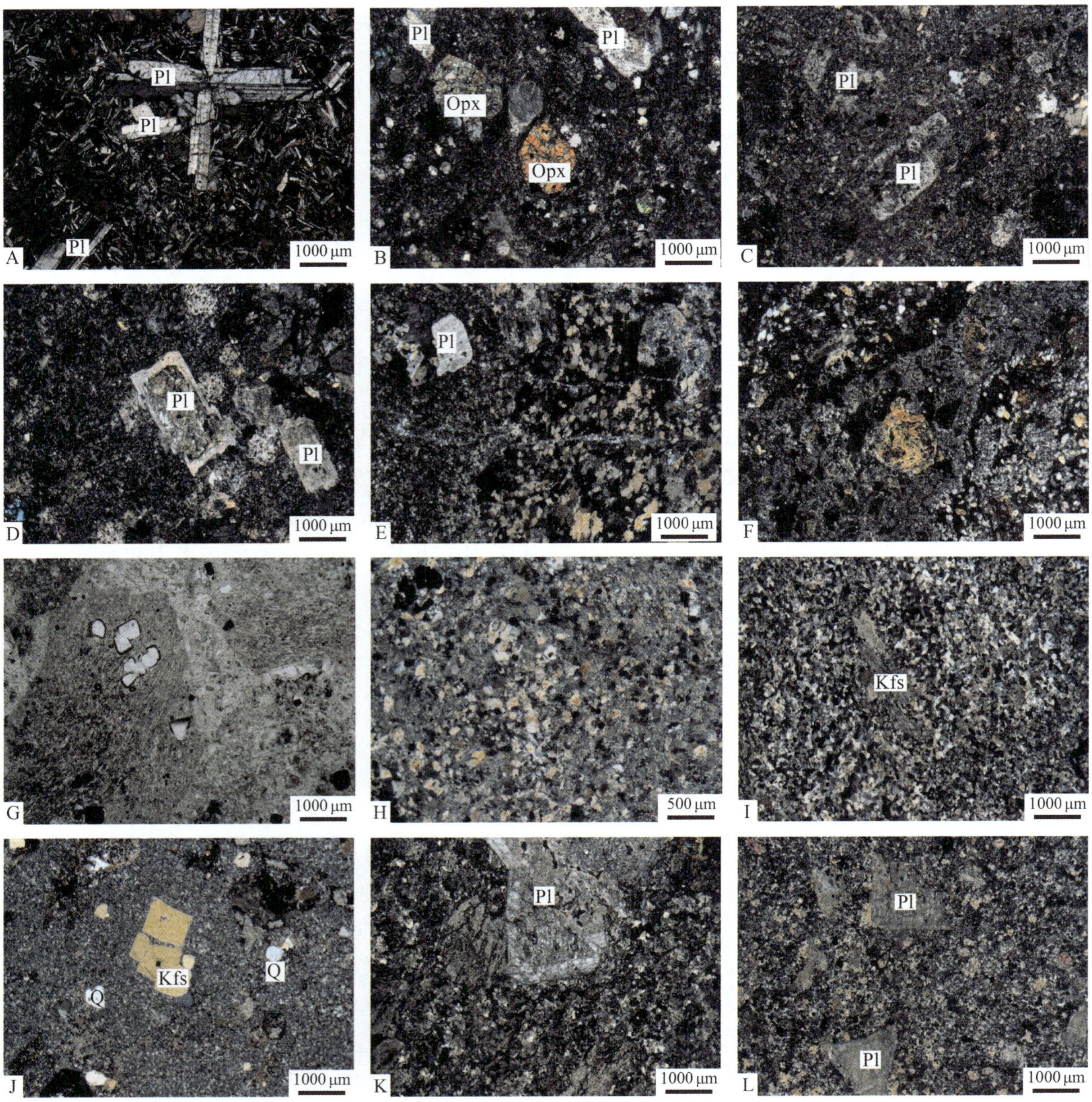

图 3-4　卡拉塔格含矿火山岩系主要岩石类型显微镜下特征

A—橄榄玄武岩；B—杏仁状安山玄武岩；C—石英安山岩；D—英安岩；E—流纹岩；F—含角砾熔结凝灰岩；G—流纹质火山角砾岩；H—流纹质凝灰岩；I—正长斑岩；J—花岗斑岩；K—石英闪长玢岩；L—英安玢岩；Pl—斜长石；Kfs—钾长石；Q—石英；Opx—斜方辉石

并被他形粒状硅质交代，杂乱分布。不透明矿物呈他形粒状和尘点状，杂乱分布在岩石中。

英安岩：岩石呈块状构造，斑状结构，基质为霏细结构、球粒结构。岩石由斑晶和基质组成（图 3-4D）。斑晶由斜长石（25%～30%）、辉石（5%～10%）和暗色矿物假象（0～5%）组成，粒度在 0.25～2.25 mm 之间，呈半自形板状，多见聚片双晶，被绢云母、绿泥石、绿帘石和黏土矿物交代，表面很脏，局部呈假象，杂乱分布；暗色矿物被绿帘石和绿泥石交代呈假象，零星分布。基质由长英质（60%～80%）和暗色矿物假象（1%～5%）组成，粒度均小于 0.1 mm。多见他形粒状石英做基底，见长石玻璃质嵌布其中，构成包含霏细结构，多脱玻化呈球粒结构，其中长石被硅质、黏土和绢云母杂乱交代，表面很脏；暗色矿物被绿帘石、绿泥石和铁质交代呈假象，零星分布。

流纹岩：岩石呈流纹构造，少斑结构，基质为霏细结构。岩石由少量斑晶和基质组成（图 3-4E）。斑晶由斜长石（5%～10%）组成，粒度在 0.75～1.5 mm 之间，呈半自形板状，具黏土化和绿泥石化，零星分布，局部可见聚斑晶。基质由长英质（90%~95%）、玻璃质（少量）和暗色矿物假象（少量）组成，粒度均小于0.5 mm。细小的长英质和少量玻璃质构成霏细结构，并被绢云母和绿泥石交代，表面比较脏；暗色矿物被绿泥石和铁质交代呈假象，定向分布，岩石呈流纹构造。岩内中可见流纹岩的捕虏体，含量较少。

2. 火山碎屑岩

含角砾熔结凝灰岩：岩石呈块状构造，含角砾熔结凝灰结构。岩石由晶屑、岩屑和塑性玻屑组成（图3-4F）。火山角砾含量为10%~15%，凝灰物为85%~90%。晶屑（10%左右）由斜长石和暗色矿物假象等构成，大小一般为0.15~2.5 mm，零星分布，多保留近半自形、半自形晶形。斜长石被绢云母、黝帘石和黏土矿物交代，表面比较脏；暗色矿物被绿帘石交代呈假象，零星分布。岩屑（10%左右）以刚性为主，塑性次之，大小一般为0.2~2.0 mm，并可见2.0~5.5 mm的角砾，刚性岩屑主要呈不规则团块状，主要为强蚀变安山岩和流纹岩等。塑性岩屑主要呈火焰状、两端撕裂状等，边界比较模糊，多被黏土、硅质、绢云母和铁质交代。塑性玻屑边界较模糊，局部隐约可见细条纹状外形，定向分布。已脱玻为隐晶状长英质，部分为纤维状，具强黏土化、绢云母化和硅化，其间混杂少量火山尘。塑性玻屑+火山尘占70%~75%。

流纹质火山角砾岩：岩石呈块状构造，火山角砾结构。岩石由岩屑、晶屑、玻屑和火山尘组成（图3-4G），大小以火山角砾为主，粒径小于2 mm的凝灰物较少。火山角砾主要为岩屑（55%~65%），凝灰物由岩屑（10%~25%）、晶屑（2%~5%）、玻屑（15%~20%）和火山尘组成。岩屑成分主要为流纹岩，部分为棱角状-次棱角状的刚性岩屑，部分为团状、片状的弱塑性岩屑，杂乱状排列，大小主要为2~8 mm的火山角砾，较少部分为小于2 mm的凝灰物。流纹岩屑具斑状结构，基质具隐晶结构，被石英、绢云母、绿泥石等交代明显。晶屑可见长石假象、石英，呈棱角状、近半自形晶，粒径小于0.5 mm，零星可见。玻屑主要显弧面棱角状、鸡骨状等，与火山尘混杂状填隙于岩屑之间，不具定向特征，已脱玻为隐晶状长英质并具石英化、绢云母化、绿泥石化等，玻屑外形已较模糊。另见，较少部分不透明矿物呈星散状交代岩石。

流纹质凝灰岩：岩石呈块状构造，凝灰结构，岩石由小于2 mm的凝灰物组成，凝灰物质由岩屑、晶屑、玻屑和火山尘组成（图3-4H），其中岩屑+晶屑占25%~30%，玻屑+火山尘占70%~75%。岩屑和晶屑主要呈棱角状、次棱角状，部分显近半自形晶，零散状略显定向分布，直径小于2.0 mm。被石英、绢云母，少量黄铁矿等交代呈假象。玻屑主显弧面棱角状、鸡骨状、斑块状等，与火山尘混杂状略显定向分布，已脱玻为隐晶状长英质并具石英化、绢云母化等呈假象，玻屑外形多已较模糊。

3. 次火山岩

正长斑岩：岩石呈块状构造，斑状结构，基质为微晶结构。岩石由斑晶和基质组成（图3-4I）。斑晶由钾长石（10%左右）组成，粒度在0.5~1.5 mm之间，呈半自形板状，具黏土化，简单双晶，杂乱分布，局部可见聚斑晶。基质由钾长石（65%左右）、石英（25%左右）和暗色矿物假象（少量）组成，粒度均小于0.15 mm。其中钾长石呈他形粒状，部分颗粒均可见近半自形板条状，被绢云母、硅质、黏土杂乱交代，表面很脏；石英呈他形粒状，与钾长石混杂，被硅质交代，具波状消光；暗色矿物被铁质交代呈假象，零星分布。岩内可见绿泥石、大量硅质和碳酸盐堆状或带状交代岩石，杂乱分布。

花岗斑岩：岩石呈块状构造，斑状结构，基质为微粒花岗结构。由斑晶和基质组成（图3-4J），斑晶为钾长石（10%~15%）、石英（5%~10%）和暗色矿物假象（5%左右），粒度在0.25~1.5 mm之间，其中钾长石呈半自形板状，具黏土化，简单双晶，杂乱分布；石英呈他形粒状、浑圆状，具波状消光，杂乱分布；暗色矿物被绢云母和铁质交代呈假象，杂乱并具堆状分布。基质由石英、钾长石、暗色矿物假象组成（钾长石+石英占70%~80%，以钾长石为主，暗色矿物少量），粒度均小于0.1 mm。其中石英呈他形粒状，部分颗粒无晶面和晶棱，与钾长石混杂，钾长石呈他形粒状，部分颗粒均可见近半自形板条状，被绢云母、黏土杂乱交代，表面很脏；暗色矿物被铁质交代呈假象，零星分布。

石英闪长玢岩：块状构造，斑状结构，基质为半自形粒状结构。岩石由斑晶和基质组成（图 3-4K）。斑晶由长石（15%~20%，斜长石为主，少量钾长石）和暗色矿物假象（5%~10%）组成，粒度在 0.75~4.0 mm 之间，其中长石呈半自形板状，具绢云母化、黏土化、碳酸盐化、绿帘石化和绿泥石化，少量钾长石，杂乱分布；暗色矿物被绿泥石、绿帘石和铁质交代呈假象，推测为角闪石假象，零星分布。基质由长石（55%~75%，斜长石为主，少量钾长石）、石英（0~10%）、暗色矿物假象组成（5%左右），粒度均小于 0.25 mm。其中长石呈他形粒状，部分颗粒均可见近半自形板条状，被绢云母、黏土杂乱交代，表面很脏；石英呈他形粒状，与斜长石混杂，具波状消光；暗色矿物被绿泥石、绿帘石和铁质交代呈假象，零星分布在基质中。

英安玢岩：块状构造，斑状结构，基质为球粒结构。岩石由斑晶和基质组成（图 3-4L）。斑晶由长石（15%左右，斜长石为主）和暗色矿物假象（5%左右）组成，粒度在 0.35~3.5 mm 之间，其中长石呈半自形板状，表面具熔蚀麻点，并被绢云母、黏土、碳酸盐和绿泥石交代，斜长石为主，表面比较脏，杂乱分布；暗色矿物呈粒柱状，被绿泥石、绿帘石和铁质等轻微交代，杂乱分布。基质由长英质（75%左右）、暗色矿物假象（5%左右）和不透明矿物（少量）组成，粒度均小于 0.1 mm。其中长英质呈他形粒状，呈球粒结构，被绢云母、绿泥石、黏土杂乱交代，表面很脏；暗色矿物被绿泥石和铁质交代呈假象，杂乱填隙在斜长石颗粒间；不透明矿物呈尘点状杂乱分布在基质中。岩内可见绿泥石和铁质呈带状交代。

次橄榄玄武岩：岩石呈块状构造，斑状结构，基质为填间结构。岩石由斑晶和基质组成。斑晶由斜长石（20%左右）和少量暗色矿物假象（10%左右）构成，粒度一般为 1.0~6.5 mm，局部聚斑状、联斑状产出。其中斜长石呈细板条状，可见聚片双晶和卡钠复合双晶，可见熔蚀麻点结构，具强黏土化和绢云母化，杂乱分布；暗色矿物被铁质、绢云母、绿泥石交代呈假象，根据晶形推测为橄榄石假象，零星分布。基质主要由斜长石（45%~50%）和辉石（15%左右），少量橄榄石、玻璃质和不透明矿物（玻璃质+不透明矿物为 5%~10%）组成，直径一般小于 0.5 mm。其中斜长石呈板条状，杂乱显格架状分布，其间分布辉石、玻璃质以及不透明矿物，呈填间结构，具黏土化和绢云母化；辉石被绿泥石、绢云母和铁质交代呈假象；橄榄石具伊丁石化和皂石化，含量少；不透明矿物和玻璃质呈微粒状，星散分布于基质内。

三、火山岩年代学

（一）样品及测试方法

对采自黄滩金铜锌矿区地表的英安岩（样号 HT19-2）和石英闪长玢岩（样号 HT19-6），钻孔中英安岩（样号 ZK2-5255-19-8）、次橄榄玄武岩（样号 ZK5203-18-1）和次玄武岩（样号 ZK5203-18-5）；红海-黄土坡铜锌矿区坑道中矿体顶板凝灰岩（样号 HTP18-28）、含矿凝灰岩（样号样号 HTP18-51），含矿岩系英安岩、安山岩和凝灰岩；梅岭铜锌（金）矿区采坑含矿石英斑岩（样号 ML18-29，ML19-30）和切穿石英斑岩的闪长玢岩脉（样号 ML18-36），进行了锆石 LA-ICP-MS U-Pb 测年（图 3-5）。所有样品中锆石为自形-半自形晶短柱状、规则状和自形长柱状，长为 50~200 μm，宽为 30~150 μm。在阴极发光图像中，部分振荡环带结构发育，部分不发育震荡环带，显示出岩浆锆石特征。由于篇幅所限，这里只列出年龄图（图 3-5），年龄结果表略。

锆石分选工作在河北省地矿局区域地质调查所实验室完成。锆石样品靶的制作和锆石阴极发光照相在北京锆年领航科技有限公司完成。锆石 LA-ICP-MS U-Pb 测年在中国地质科学院矿产资源研究所同位素实验室和北京科荟测试技术有限公司完成，前者仪器为 Finnigan Neptune 型 MC-ICP-MS 及与之配套的 New Wave UP213 激光剥蚀系统；后者所用仪器为激光剥蚀系统 ESI NWR 193nm，ICP-MS 为 Analytikjena Plasma Quant MS Elite ICP-MS。实验测试流程详见侯可军等（2009）。

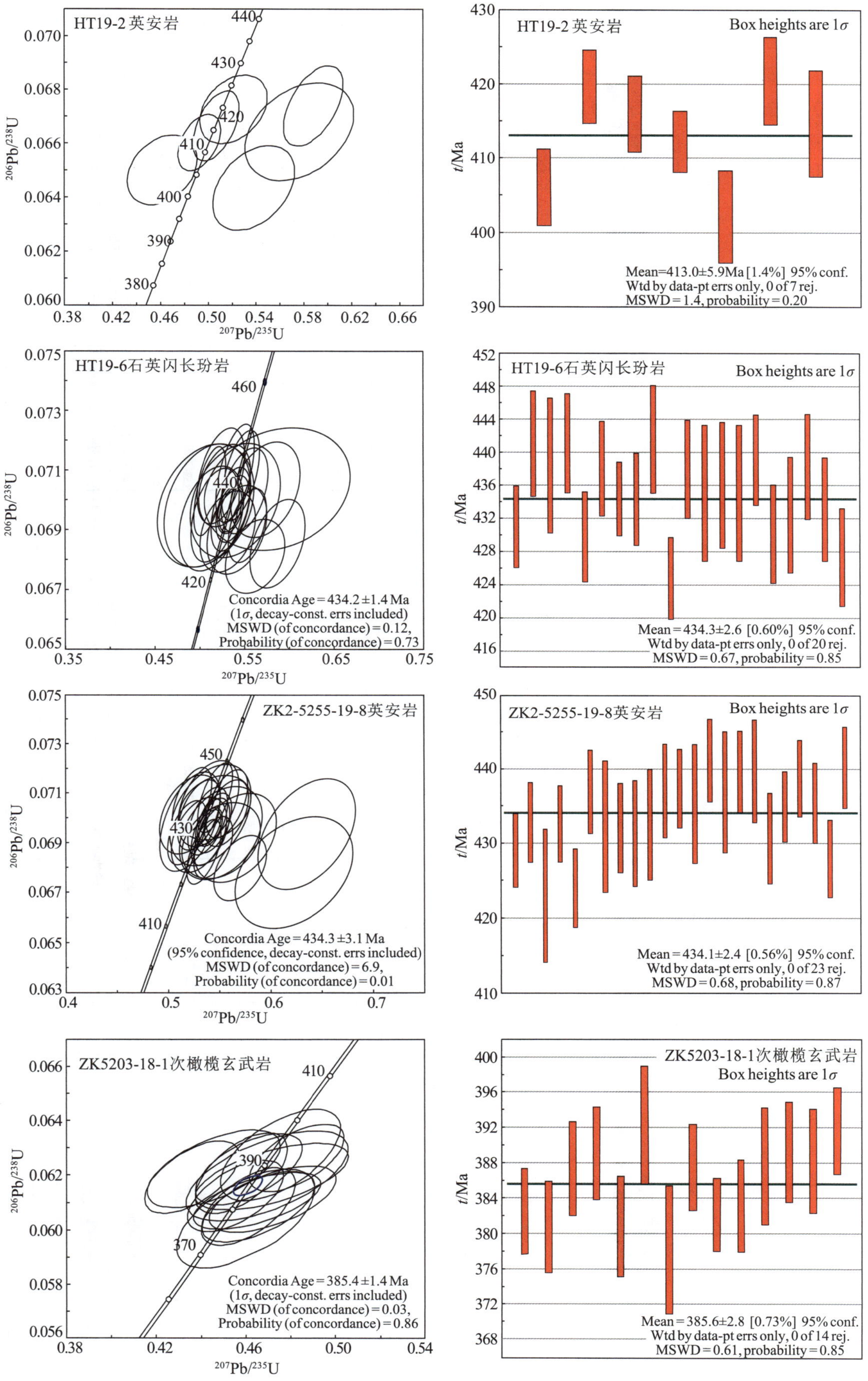

图 3-5 卡拉塔格矿集区含矿岩系火山岩年龄

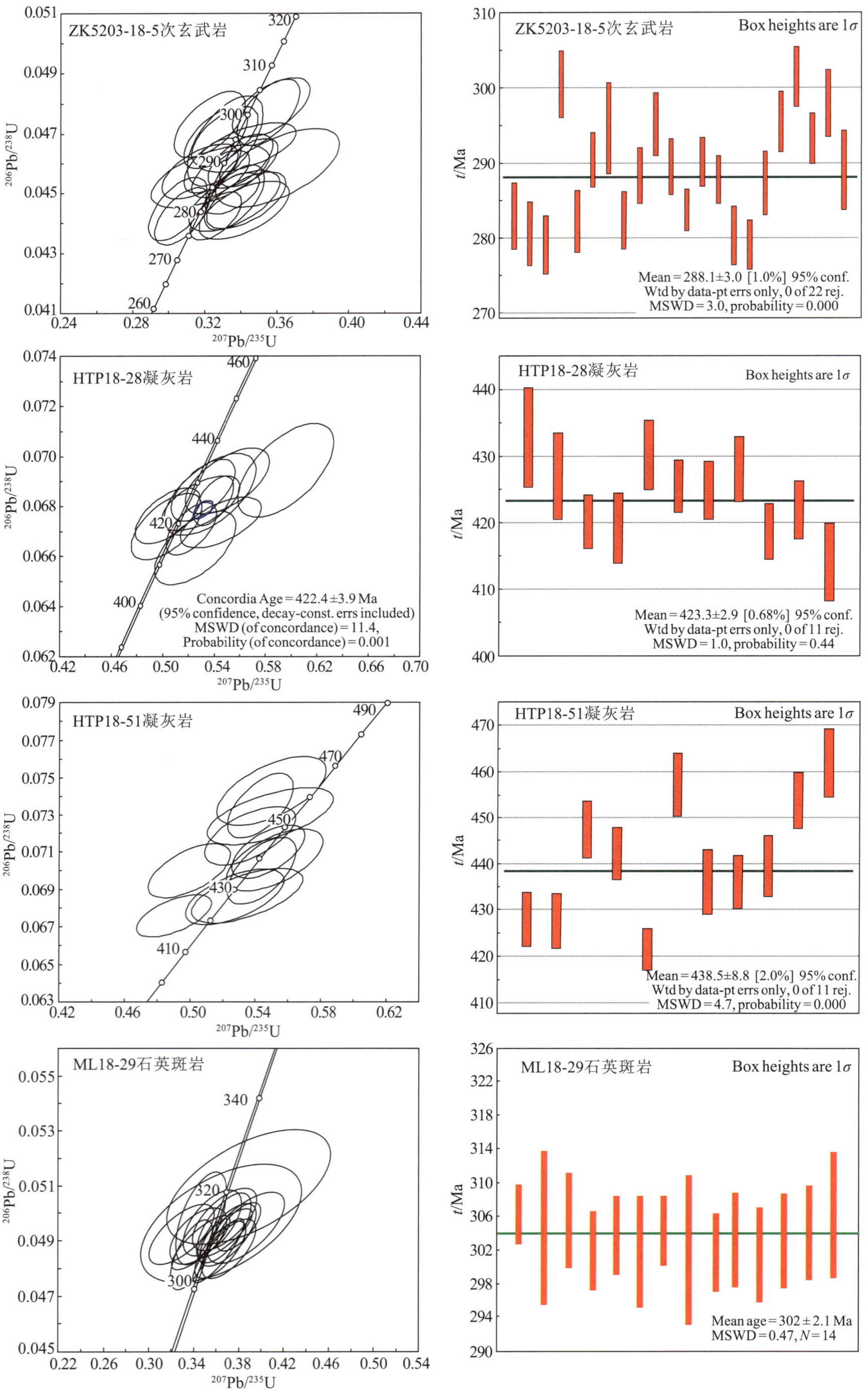

图 3-5　卡拉塔格矿集区含矿岩系火山岩年龄（续）

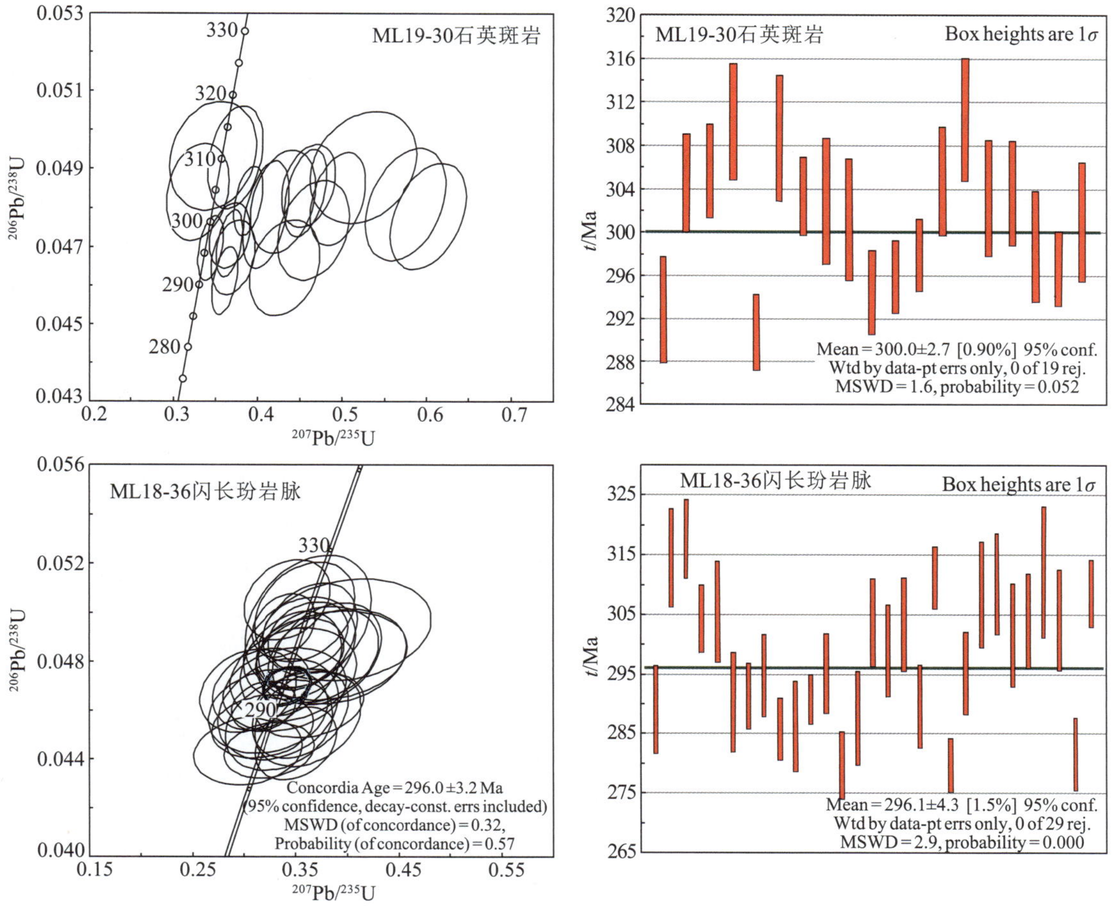

图 3-5　卡拉塔格矿集区含矿岩系火山岩年龄（续）

（二）结果

HT19-2 英安岩：13 颗锆石的 U、Th 含量变化较大，Th 含量为 58×10^{-6} ~ 495×10^{-6}，U 含量为 72×10^{-6} ~ 696×10^{-6}，Th/U 比值介于 0.28 ~ 0.92 之间，大于 0.1，表明锆石为岩浆成因（Corfu et al., 2003）。样品中 7 粒锆石有较一致的 $^{207}Pb/^{206}Pb$、$^{207}Pb/^{235}U$ 和 $^{206}Pb/^{238}U$ 比值，$^{206}Pb/^{238}U$ 表面年龄数据集中在 402.0 ~ 420.4 Ma，数据点聚集在谐和线上及其附近，$^{206}Pb/^{238}U$ 年龄的加权平均值为 413.0±5.9 Ma（MSWD=1.4），该年龄可代表英安岩结晶年龄。6 颗锆石 $^{206}Pb/^{238}U$ 年龄为 789.6 ~ 825.6 Ma，为火山喷发过程中捕获的新元古代继承锆石。

HT19-6 石英闪长玢岩：样品中锆石的 Th 含量为 13×10^{-6} ~ 500×10^{-6}，U 含量为 51×10^{-6} ~ 852×10^{-6}，Th/U 比值为 0.25 ~ 0.59，大于 0.1，表明锆石为岩浆成因。20 粒锆石有较一致的 $^{207}Pb/^{206}Pb$、$^{207}Pb/^{235}U$ 和 $^{206}Pb/^{238}U$ 比值，$^{206}Pb/^{238}U$ 表面年龄数据集中在 424.8 ~ 441.5 Ma，数据点聚集在谐和线上及其附近，谐和年龄为 434.2±1.4 Ma（MSWD=0.12），$^{206}Pb/^{238}U$ 年龄的加权平均值为 434.3±2.6 Ma（MSWD=0.7），该年龄可代表石英闪长玢岩结晶年龄。

ZK2-5255-19-8 英安岩：样品中锆石的 Th 含量为 26×10^{-6} ~ 926×10^{-6}，U 含量为 82×10^{-6} ~ 1373×10^{-6}，Th/U 比值介于 0.26 ~ 0.73，大于 0.1，表明锆石为岩浆成因。23 粒锆石有较一致的 $^{207}Pb/^{206}Pb$、$^{207}Pb/^{235}U$ 和 $^{206}Pb/^{238}U$ 比值，$^{206}Pb/^{238}U$ 表面年龄数据集中在 422.9 ~ 441.1 Ma，数据点聚集在谐和线上及其附近，谐和年龄为 434.3±3.1 Ma（MSWD=6.9），$^{206}Pb/^{238}U$ 年龄的加权平均值为 434.1±2.4 Ma（MSWD=0.7），该年龄可代表英安斑结晶年龄。

ZK5203-18-1 次橄榄玄武岩：样品中锆石的 Th 含量为 40×10^{-6} ~ 432×10^{-6}，U 含量为 65×10^{-6} ~

531 $\times10^{-6}$，Th/U 比值介于 0.55～1.10 之间，大于 0.1，表明锆石为岩浆成因。14 粒锆石有较一致的 $^{207}Pb/^{206}Pb$、$^{207}Pb/^{235}U$ 和 $^{206}Pb/^{238}U$ 比值，$^{206}Pb/^{238}U$ 表面年龄数据集中在 378.1～392.3 Ma，数据点聚集在谐和线上及其附近，谐和年龄为 385.4±1.4 Ma（MSWD＝0.03），$^{206}Pb/^{238}U$ 年龄的加权平均值为 385.6±2.8 Ma（MSWD＝0.6），该年龄代表橄榄玄武岩结晶年龄。

ZK5203-18-5 次玄武岩：样品中锆石的 Th 含量为 37×10^{-6}～360×10^{-6}，U 含量为 58×10^{-6}～502×10^{-6}，Th/U 比值为 0.47～1.30，大于 0.1，表明锆石为岩浆成因。22 粒锆石有较一致的 $^{207}Pb/^{206}Pb$、$^{207}Pb/^{235}U$ 和 $^{206}Pb/^{238}U$ 比值，$^{206}Pb/^{238}U$ 表面年龄数据集中在 279.1～301.5 Ma，数据点聚集在谐和线上及其附近，$^{206}Pb/^{238}U$ 年龄的加权平均值为 288.1±3.0 Ma（MSWD＝3.0），可代表玄武质岩浆侵位和结晶年龄。

HTP18-28 凝灰岩：样品中锆石的 Th 含量为 1×10^{-6}～525×10^{-6}，U 含量为 53×10^{-6}～621×10^{-6}，Th/U 比值介于 0.35～1.35 之间，大于 0.1，表明锆石为岩浆成因。11 粒锆石有较一致的 $^{207}Pb/^{206}Pb$、$^{207}Pb/^{235}U$ 和 $^{206}Pb/^{238}U$ 比值，$^{206}Pb/^{238}U$ 表面年龄数据集中在 414.1～430.2 Ma，数据点聚集在谐和线上及其附近，谐和年龄为 422.4±3.9 Ma（MSWD＝11.4），$^{206}Pb/^{238}U$ 年龄的加权平均值为 423.3±2.9 Ma（MSWD＝1.0），该年龄代表凝灰岩喷发年龄。2 颗锆石 $^{206}Pb/^{238}U$ 表面年龄为 794.0～955.6 Ma，为捕获新元古代基底锆石。2 颗锆石 $^{206}Pb/^{238}U$ 表面年龄为 450.9～457.9 Ma，为捕获大柳沟组锆石。

HTP18-51 凝灰岩：样品中锆石的 Th 含量为 37×10^{-6}～1048×10^{-6}，U 含量为 94×10^{-6}～822×10^{-6}，Th/U 比值介于 0.30～1.51 之间，大于 0.1，表明锆石为岩浆成因。11 粒锆石有较一致的 $^{207}Pb/^{206}Pb$、$^{207}Pb/^{235}U$ 和 $^{206}Pb/^{238}U$ 比值，$^{206}Pb/^{238}U$ 表面年龄数据集中在 421.5～461.9 Ma，数据点聚集在谐和线上及其附近，$^{206}Pb/^{238}U$ 年龄的加权平均值为 438.5±8.8 Ma（MSWD＝4.7），该年龄代表凝灰岩喷发年龄。1 粒锆石 $^{206}Pb/^{238}U$ 年龄为 314.8 Ma，与凝灰岩形成后遭受后期热液改造时导致 Pb 同位素丢失有关。1 粒锆石 $^{206}Pb/^{238}U$ 年龄为 481.5 Ma，为捕获早奥陶世锆石。

ML18-29 石英斑岩：样品中锆石的 U、Th 含量变化较大，Th 含量为 38×10^{-6}～255×10^{-6}，U 含量为 45×10^{-6}～502×10^{-6}，Th/U 比值介于 0.28～1.16 之间，大于 0.1，表明锆石为岩浆成因。石英斑岩样品中 14 粒锆石有较一致的 $^{207}Pb/^{206}Pb$、$^{207}Pb/^{235}U$ 和 $^{206}Pb/^{238}U$ 比值，$^{206}Pb/^{238}U$ 表面年龄数据集中在 300～310 Ma，数据点聚集在谐和线上及其附近一个较小的区域范围内。$^{206}Pb/^{238}U$ 年龄的加权平均年龄为 302.6±2.1 Ma（MSWD＝0.47），该数据代表石英斑岩的结晶年龄。

ML18-30 石英斑岩：样品中锆石的 Th 含量为 41×10^{-6}～151×10^{-6}，U 含量为 91×10^{-6}～581×10^{-6}，Th/U 比值介于 0.09～0.85 之间，大于 0.1，表明锆石为岩浆成因。19 粒锆石有较一致的 $^{207}Pb/^{206}Pb$、$^{207}Pb/^{235}U$ 和 $^{206}Pb/^{238}U$ 比值，$^{206}Pb/^{238}U$ 表面年龄数据集中在 292.7～310.4 Ma，数据点聚集在谐和线上及其附近，$^{206}Pb/^{238}U$ 年龄的加权平均值为 300.0±2.7 Ma（MSWD＝1.6），该年龄代表石英斑岩结晶年龄。

ML18-36 闪长玢岩脉：锆石 U 含量为 39×10^{-6}～92×10^{-6}，Th 含量为 18×10^{-6}～71×10^{-6}，Th/U 比值为 0.39～0.92，结合振荡环带和锆石的 U 和 Th 含量可以判断测试的锆石均为岩浆锆石。29 颗锆石在 U-Pb 谐和图上除了 2 个年龄偏离谐和线外，其他数据点多集中在 U-Pb 谐和线附近，谐和年龄为 296.0±3.2 Ma（95% confidence，MSWD＝0.32）。$^{206}Pb/^{238}U$ 年龄的加权平均年龄为 296.1±4.3 Ma（MSWD＝2.9，n＝29），代表了闪长玢岩脉结晶年龄。

四、火山岩地球化学

本书对奥陶纪—志留纪辉石安山岩、安山岩、玄武安山岩、英安岩和凝灰岩进行了主量元素、微量元素、稀土元素和 Sr-Nd 同位素分析。主量、稀土和微量元素在由澳实分析检测（广州）有限公司实验室完成，共计 48 件，Sr-Nd 同位素在核工业北京地质研究院分析测试研究中心进行，共计 13 件，分析结果略。

（一）黄土坡矿段火山岩

黄土坡矿段矿体下盘辉石安山岩具有相对高的 MgO（7.72%～11.13%），$Mg^{\#}$（64～72）和 Al_2O_3

含量（15.25%~18.24%），低的 K_2O（0.37%~0.98%）含量，Al_2O_3 和 MgO 呈正相关。矿体上盘英安岩具有低 MgO（1.58%~2.59%）和中等 Al_2O_3（15.0%~16.37%）含量，略高的 CaO（2.31%~3.64%）和 Na_2O（3.97%~5.30%）含量。矿体下盘凝灰岩具有低 MgO（1.38%~4.13%）、Al_2O_3（11.26%~15.13%）含量，高 SiO_2（60.65%~69.83%）、Fe_2O_3（7.96%~10.82%）和 K_2O（2.86%~4.24%）含量，Al_2O_3 与 MgO 没有相关性，可能与绢云母、绿泥石和泥质蚀变有关。所有样品均具有低 Ti_2O 含量（0.39%~0.6%）。

辉石安山岩、英安岩和凝灰岩具有相似的原始地幔蛛网图（图 3-6），均表现出 Nb、Ta、Ti、P、Sr 负异常和 U、Pb 正异常。稀土元素球粒陨石标准化曲线相似，富集 LREE，英安岩总稀土含量（80.43×10^{-6}~113.3×10^{-6}）高于辉石安山岩（平均 89×10^{-6}）和凝灰岩（49×10^{-6}）。与英安岩（3.46~5.29）相比，辉石安山岩和凝灰岩具有较低的 $(La/Yb)_N$ 值（1.55~3.09 和 0.96~2.36）。辉石安山岩具有弱的负铕异常到明显的 Eu 正异常（$\delta Eu=0.72\sim1.34$），英安岩和凝灰岩显示负铕异常（$\delta Eu=0.71\sim0.75$，0.44~0.6）。辉石安山岩中 Cr、Co 和 Ni 含量分别为 40×10^{-6}~160×10^{-6}、11×10^{-6}~19×10^{-6} 和 4×10^{-6}~34×10^{-6}，英安岩中 Cr、Co 和 Ni 含量分别为 10×10^{-6}、6×10^{-6}~11×10^{-6} 和 1×10^{-6}~15×10^{-6}，凝灰岩中 Cr、Co 和 Ni 含量分别为 10×10^{-6}、13×10^{-6}~30×10^{-6} 和 1×10^{-6}~3×10^{-6}。

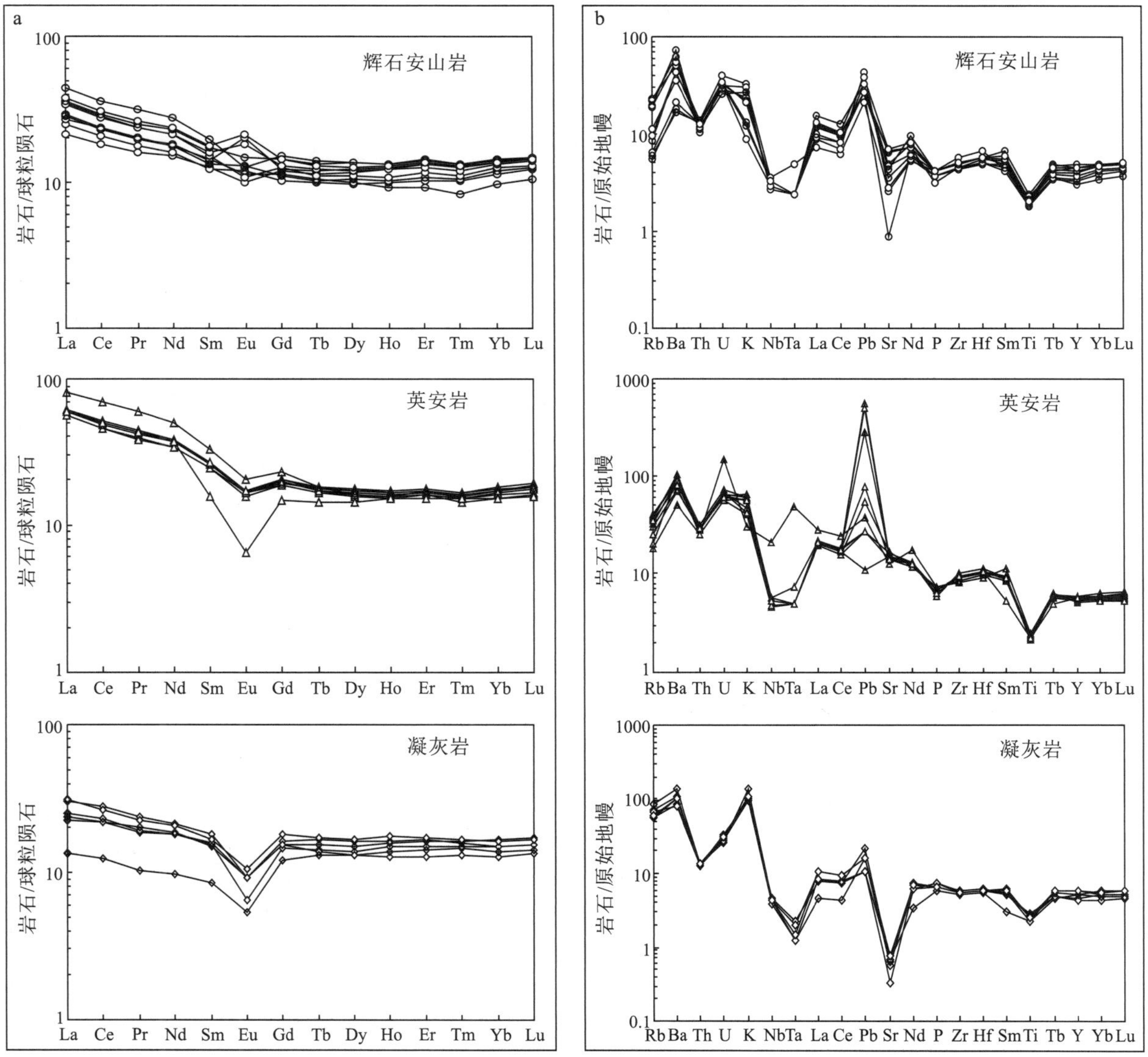

图 3-6　黄土坡矿段火山岩球粒陨石标准化稀土配分模式图（a）和原始地幔蛛网图（b）

（标准化值据 Sun and McDonough，1989）

辉石安山岩和英安岩年龄按 440 Ma 计算，其（$^{87}Sr/^{86}Sr)_i$ 值分别为 0.705279～0.705975 和 0.704915～0.704997，$\varepsilon_{Nd}(t)$ 值分别为 7.7～7.9 和 7.61～7.76，单阶段 Nd 模式年龄（T_{DM}）分别为 0.57～0.62 Ga 和 0.58～0.59 Ga。在（$^{87}Sr/^{86}Sr)_i$-$\varepsilon_{Nd}(t)$ 图解上（图 3-7），辉石安山岩和英安岩样品投在第一象限和第二象限的地幔阵列附近，与 MORB 相比有轻微富集。另外，Nd 同位素成分是相似于卡拉塔格岩体，Sr 同位素略高于岩体。Sr 同位素与阿舍勒铜锌矿区火山岩相似，但 Nd 同位素明显不同。以上特征表明，这些火山岩的岩浆来源不同（Chai et al.，2019）。

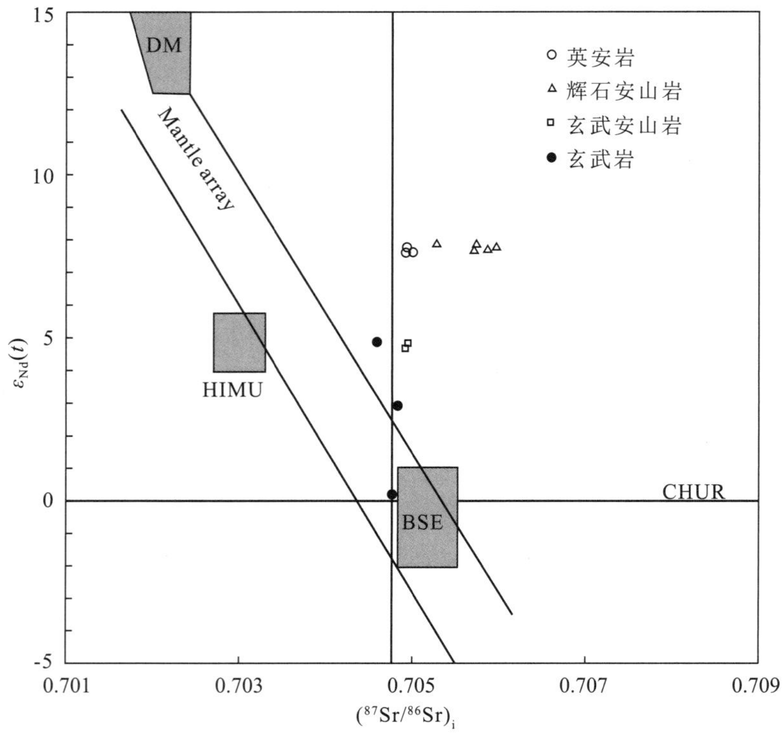

图 3-7　卡拉塔格矿集区火山岩（$^{87}Sr/^{86}Sr)_i$-$\varepsilon_{Nd}(t)$ 图解

（底图据 Zindler and Hart，1986）

（二）卡拉塔格矿集区东部火山岩

玄武岩 SiO_2 含量在 48.54%～48.85%之间，Al_2O_3 含量为 14.12%～14.72%，TiO_2 含量为 0.44%～0.50%，MnO 含量为 0.16%～0.19%，FeO^T 含量为 10.56%～10.80%，MgO 含量为 10.10%～10.70%，$Mg^{\#}$=65～66，CaO 含量为 9.05%～10.60%。

玄武安山岩 SiO_2 含量为 50.41%～52.69%，Al_2O_3（14.20%～14.90%）、TiO_2（0.50%～0.53%）和 MnO 含量（0.13%～0.17%）与玄武岩基本一致，但 FeO^T（9.59%～10.76%）和 CaO 含量（7.87%～8.77%）略低于玄武岩，MgO 含量（5.76%～6.84%）和 $Mg^{\#}$（54～56）明显低于玄武岩。

安山岩 SiO_2 含量为 51.10%～69.07%，Al_2O_3（13.89%～16.51%）、MnO（0.07%～0.14%）和 FeO^T 含量（4.70%～12.62%）变化范围较大，TiO_2 含量（0.35%～0.53%）与玄武安山岩一致，MgO 含量为 3.20%～8.91%，$Mg^{\#}$=50～59，CaO 含量（1.15%～5.86%）较低。

英安岩 SiO_2 含量为 71.71%～73.33%，Al_2O_3 含量为 11.14%～13.67%，TiO_2 含量为 0.30%～0.35%，MnO 含量为 0.03%～0.14%，FeO^T 含量为 2.20%～4.09%，MgO 含量为 0.77%～1.76%，$Mg^{\#}$=34～55，CaO 含量为 0.77%～1.28%。

凝灰岩 SiO_2 含量在 67.21%～72.43%之间，属于英安质，Al_2O_3 含量为 12.00%～15.72%，TiO_2

含量为 0.32%~0.42%，MnO 含量为 0.05%~0.12%，FeO^T 含量为 2.90%~4.10%，MgO 含量为 2.30%~4.41%，$Mg^{\#}=57\sim70$，CaO 含量为 0.29%~3.42%。

玄武岩、玄武安山岩、安山岩、英安岩和凝灰岩均具有富钠特征（玄武岩 Na_2O = 1.38%~2.67%，K_2O = 0.48%~0.80%；玄武安山岩 Na_2O = 2.31%~2.64%，K_2O = 0.71%~1.09%；安山岩 Na_2O = 1.45%~6.04%，K_2O = 0.11%~1.92%；英安岩 Na_2O = 0.22%~5.06%，K_2O = 1.15%~3.18%；凝灰岩 Na_2O = 0.24%~5.02%，K_2O = 0.72%~2.30%）。铝饱和指数 A/CNK 玄武岩为 0.67~0.70，玄武安山岩为 0.70~0.76，A/CNK-A/NK 图解中，均落入准铝质区域内。安山岩、英安岩和凝灰岩铝饱指数 A/CNK 分别为 0.77~0.88、1.15~2.59 和 1.24~3.56，在 A/CNK-A/NK 图解中，投入过铝质区域内。SiO_2-K_2O 图解中，玄武岩和玄武安山岩为钙碱性系列，安山岩、英安岩和凝灰岩投入钙碱性系列与低钾拉斑系列。

玄武岩球粒陨石标准化的 REE 配分图解显示稀土分布曲线平坦（图 3-8a），LREE/HREE 值在 2.0~2.2 之间，$(La/Yb)_N$ 值为 1.32~1.50，$(La/Sm)_N$ 值为 1.08~1.21，$(Gd/Yb)_N$ 值为 1.01~1.18，轻稀土和重稀土分馏都不明显。玄武安山岩 LREE/HREE 值在 4.3~4.5 之间，$(La/Yb)_N$ 值为 3.63~3.93，轻重稀土分馏显著；$(La/Sm)_N$ 值为 2.06~2.50，$(Gd/Yb)_N$ 值为 1.22~1.34，显示轻重稀土元素内部都发生了分异作用，轻稀土元素分异更明显。安山岩 LREE/HREE 值在 2.27~6.44 之间，$(La/Yb)_N$ 值为 1.40~6.42，轻重稀土分馏显著；$(La/Sm)_N$ 值为 1.18~2.95，$(Gd/Yb)_N$ 值为 0.98~1.53，显示轻稀土元素内部发生了分异作用，重稀土内部分馏不明显。英安岩 LREE/HREE 值在 3.80~6.93 之间，$(La/Yb)_N$ 值为 3.10~6.37，轻重稀土分馏显著；$(La/Sm)_N$ 值为 2.13~2.86，$(Gd/Yb)_N$ 值为 1.12~1.52，显示轻稀土元素内部发生了分异作用，重稀土内部分馏不明显。凝灰岩 LREE/HREE 值在 2.38~10.66 之间，$(La/Yb)_N$ 值为 1.75~10.52，轻重稀土分馏显著；$(La/Sm)_N$ 值为 2.23~3.99，$(Gd/Yb)_N$ 值为 0.79~1.41，显示轻稀土元素内部发生了分异作用，重稀土内部分馏不明显。

玄武安山岩、安山岩、英安岩和凝灰岩在球粒陨石标准化的 REE 配分图解上均显示右倾的稀土分布曲线。从玄武岩（$17.65\times10^{-6}\sim21.44\times10^{-6}$）→玄武安山岩（$47.36\times10^{-6}\sim50.79\times10^{-6}$）→安山岩（$32.66\times10^{-6}\sim81.60\times10^{-6}$）→英安岩（$53.88\times10^{-6}\sim85.04\times10^{-6}$）→凝灰岩（$37.91\times10^{-6}\sim145.30\times10^{-6}$）ΣREE 含量在逐步增加。铕异常从基本无 Eu 异常（玄武岩 δEu 为 0.96~1.10）到弱的 Eu 负异常（玄武安山岩 δEu 为 0.86~0.88），到 Eu 负异常（安山岩 δEu 为 0.70~0.85），再到中等 Eu 负铕异常（英安岩 δEu 为 0.52~0.70；凝灰岩 δEu 为 0.68~0.73）。矿集区东部英安岩和凝灰岩稀土配分模式与黄土坡矿段英安岩和凝灰岩一致，而矿集区东部安山岩与黄土坡矿段辉石安山岩稀土配分模式存在明显差别。

玄武岩、玄武安山岩、安山岩、英安岩和凝灰岩具有相似的原始地幔蛛网图（图 3-8b），Th、Nb、Ta、Ti、P 和 Sr 负异常，U 和 Pb 正异常，与黄土坡矿段辉石安山岩、英安岩和凝灰岩原始地幔蛛网图（图 3-6b）一致。玄武岩中 Cr、Co 和 Ni 含量分别为 $479\times10^{-6}\sim516\times10^{-6}$、$40\times10^{-6}\sim45\times10^{-6}$ 和 $117\times10^{-6}\sim120\times10^{-6}$，玄武安山岩中分别为 $152\times10^{-6}\sim171\times10^{-6}$、$28\times10^{-6}\sim32\times10^{-6}$ 和 $35\times10^{-6}\sim41\times10^{-6}$，安山岩中分别为 $30\times10^{-6}\sim120\times10^{-6}$、$7\times10^{-6}\sim23\times10^{-6}$ 和 $4\times10^{-6}\sim45\times10^{-6}$，英安岩中分别为 20×10^{-6}、$0.3\times10^{-6}\sim10.5\times10^{-6}$ 和 $0.7\times10^{-6}\sim1.5\times10^{-6}$，凝灰岩中分别为 $10\times10^{-6}\sim20\times10^{-6}$、$0.7\times10^{-6}\sim4.7\times10^{-6}$ 和 $0.9\times10^{-6}\sim1.3\times10^{-6}$。

玄武岩 Sr 同位素初始值 $(^{87}Sr/^{86}Sr)_i$ 为 0.70459~0.70483，Nd 同位素初始值 $(^{143}Nd/^{144}Nd)_i$ 为 0.512094~0.512234，$\varepsilon_{Nd}(t)$ 值为 0.91~4.86，二阶段模式年龄 T_{2DM} 为 773~1152 Ma。玄武安山岩 Sr 同位素初始值 $(^{87}Sr/^{86}Sr)_i$ 为 0.70491~0.70494，Nd 同位素初始值 $(^{143}Nd/^{144}Nd)_i$ 为 0.512334~0.512342，$\varepsilon_{Nd}(t)$ 值为 4.68~4.83，二阶段模式年龄 T_{2DM} 为 770~783 Ma。在 $(^{87}Sr/^{86}Sr)_i$-$\varepsilon_{Nd}(t)$ 图解（图 3-7）中，玄武岩和玄武安山岩 Sr 和 Nd 同位素组成与洋中脊玄武岩（MORB）和地幔 Sr 和 Nd 同位素较为接近。

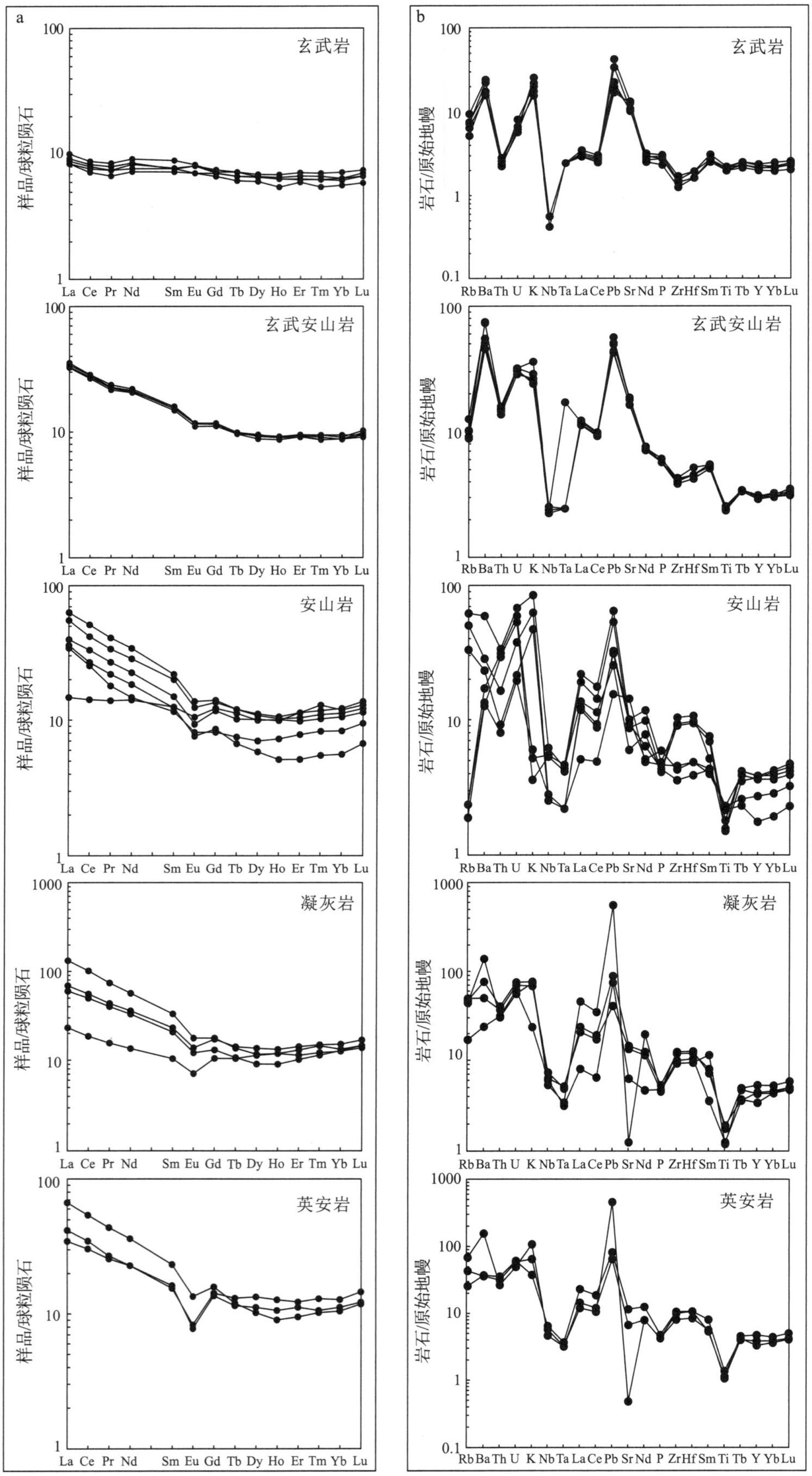

图 3-8　卡拉塔格矿集区东部火山岩球粒陨石标准化稀土配分模式图(a)和微量元素原始地幔标准化蛛网图(b)
(标准化值据 Sun and McDonough, 1989)

第三节 侵入岩年代学及地球化学

一、侵入岩年代学

1. 样品及测试方法

在玉带铜（金钼）矿区探槽中采集2件矿化石英闪长玢岩，YD18-1坐标：北纬42°41′49″，东经91°44′53″，YD18-3坐标：北纬42°41′41.1″，东经91°45′14.6″，在红石铜矿区SW方向4 km处出露的花岗闪长岩（样号HTP18-43），坐标：北纬42°37′53″，东经91°55′17″，红海矿段深孔1078.2 m的细粒花岗闪长岩（样号ZK17501-8），红海-黄土坡矿区外围采集1件石英闪长岩（样号HTP18-41），坐标：北纬42°35′34″，东经91°56′00″，梅岭铜锌（金）矿区附近的石英闪长岩（样号ML18-45），坐标：北纬42° 35′42.5″，东经91°53′53.3″，西二区铁铜矿体周围采集了1件与成矿有关的石英闪长玢岩脉样品（坐标：北纬42°39′04″，东经91°43′55″），月牙湾铜镍矿体周围采集了1件辉长岩样品（YYW19-01），坐标：北纬42°42′10.95″，东经91°38′16.2″，对8件侵入岩样品开展了锆石LA-ICP-MS U-Pb测年。

石英闪长玢岩（样品YD18-1和YD18-3）呈块状构造，斑状结构，基质为半自形粒状结构。岩石由斑晶和基质组成。斑晶由斜长石（25%~30%）、石英（5%左右）和角闪石（5%~10%）组成，粒度在0.25~6.0 mm，其中斜长石呈半自形板状，多见聚片双晶，被绢云母和黏土交代，表面很脏，杂乱分布。石英呈他形粒状、浑圆状，具波状消光，零星分布。角闪石呈柱状，被次闪石、绿泥石、绿帘石和铁质交代，多呈假象局部残留，零星分布。基质由斜长石+石英（50%~60%，斜长石为主）、暗色矿物假象（5%左右）组成，粒度均小于0.1 mm。长英质中石英呈他形粒状，与长石混杂；斜长石呈长板条状，被黏土和绢云母杂乱交代，表面很脏；暗色矿物被绿泥石、绿帘石和铁质交代呈假象，零星分布。岩石蚀变发育，蚀变矿物约占10%，主要有黏土、绢云母、绿泥石、绿帘石和铁质。

花岗闪长岩（样号HTP18-43），块状构造，中细粒似斑状结构。主要矿物：斜长石（50%左右），晶形为柱状或板状，蚀变比较普遍，绢云母化，但仍然保留了斜长石的轮廓，为斜消光，聚片双晶和卡钠复合双晶，斜长石牌号An=29，属于更长石。石英（20%左右）呈波状消光。次要矿物：角闪石（9%左右）呈长柱状，暗绿色，解理发育，有的面能观察到角闪石式的解理，部分角闪石分布于斜长石边界。绢云母（9%左右）呈鳞片状集合体。黑云母（6%左右）呈长条状、叶片状，发育极完全解理。副矿物为磁铁矿和榍石。

细粒花岗岩（样号ZK17501-8），块状构造，细粒花岗结构。岩石由斜长石（50%~55%）、石英（25%~30%）、钾长石（10%~20%）和少量黑云母（5%左右）组成。斜长石呈半自形板状，少量呈碎裂状，粒度一般为0.2~2 mm的细粒，偶见2~2.5 mm的中粒，杂乱分布，具轻微绢云母化、高岭土化，不均匀黝帘石化、碳酸盐化，局部被钾长石呈蚕食状交代，少量可见聚片双晶。钾长石呈半自形板状-他形粒状，粒度一般为0.4~2 mm的细粒，填隙状分布于斜长石粒间，局部交代斜长石，具高岭土化，钾长石为正长石。石英呈他形粒状，粒度一般为0.2~2 mm，少量为2~2.5 mm，单晶或集合体填隙状分布于长石粒间，少量粒内具轻波状消光现象。黑云母呈鳞片状、叶片状，片径一般为0.2~0.8 mm，零散分布，黑云母被绿泥石和绿帘石交代多呈假象产出，少量见棕褐色残留。

石英闪长岩（样号HTP18-41）：块状构造，半自形粒状结构。岩石主要由斜长石（70%左右）、石英（10%~15%）和角闪石（15%~20%）组成，其中浅色矿物与暗色矿物杂乱相间分布。斜长石呈他形粒状，少量显近半自形板状，粒度保留较好，为0.5~1.5 mm，部分颗粒粒度较大，为2.25~4.25 mm，颗粒间镶嵌状分布，可见聚片双晶和环带构造，具绢云母化、黝帘石化、绿泥石化和绿帘石化。石英呈他形粒状，粒径一般为0.25~2.0 mm，镶嵌状分布在斜长石颗粒间，粒内具波状、带状消光。角闪石呈他形粒柱状，粒径一般为1.0~3.5 mm，被次闪石、绿帘石和绿泥石交代，杂乱分布，局部褐铁矿化。副矿物为不透明矿物、磷灰石和锆石。

石英闪长玢岩（XEQ19-21）：块状构造，斑状结构，基质为微晶结构。岩石由斑晶和基质组成。斑晶由斜长石（15%~20%）、钾长石（5%~10%）和角闪石（5%~10%）组成，杂乱分布，少部分呈聚斑状产出，少数呈联斑状，粒度一般为0.4~2 mm，少量2~4 mm。斜长石主要呈半自形板状，具高岭土化，少量具轻微绢云母化，聚片双晶不发育；钾长石呈半自形板状，主要为正长石，具高岭土化，少量呈碎裂状；角闪石呈半自形柱粒状，呈绿色，多已蚀变为阳起石。基质由斜长石（30%~35%）、钾长石（10%左右）、石英（5%左右）、角闪石（15%左右）、黑云母（少量）和不透明矿物（5%）组成，粒度一般为0.02~0.2 mm，少量0.2~0.4 mm，杂乱分布。斜长石呈自形-半自形板条状，杂乱分布，蚀变同斑晶。钾长石呈他形粒状，填隙状分布于斜长石粒间，主要为正长石，具高岭土化。石英呈他形粒状，填隙状分布于长石粒间，角闪石呈半自形柱状、针柱状，星散分布，多变为阳起石，呈绿色。黑云母呈鳞片状，呈深褐色，具绿泥石化。不透明矿物呈半自形粒状，零散或填隙状分布。

辉长岩（YYW19-01）：块状构造，辉长结构，岩石由斜长石（~60%）、辉石（25%~30%，其中斜方辉石约占1%~3%）、角闪石（5%）、黑云母（1%~5%）和不透明矿物（5%）组成。斜长石呈半自形板状、半自形长板条状，粒度一般为0.4~2 mm，少部分为2~3.5 mm，杂乱似格架状分布，具不同程度绢云母化、黝帘石化，少量可见环带结构，少量可见聚片双晶，根据⊥(010)晶带的最大消光角法测得 $N'_p \wedge (010)=31°$，斜长石牌号An=51，属于拉长石。辉石主要为单斜辉石，少量为斜方辉石，呈半自形柱状、粒状，粒度一般为0.3~2 mm，少部分为2~5 mm，杂乱或填隙状分布于斜长石格架中，有时粒内嵌布少量斜长石，少部分沿边缘及裂纹分布，具皂石化，个别颗粒皂石化及次闪石化较明显，辉石有时具有角闪石或黑云母反应边。角闪石呈褐红色半自形柱粒状，黑云母呈棕红色鳞片状、叶片状，粒度一般为0.4~2 mm，少量为2~2.5 mm，星散分布，少量以辉石的反应边存在。不透明矿物呈他形-半自形粒状，零散或填隙状分布，粒度一般为0.1~1 mm，少量小于0.1 mm。

锆石分选工作在河北省区域地质矿产调查研究所实验室完成。锆石样品靶的制作和锆石阴极发光照相在北京锆年领航科技有限公司完成。锆石LA-ICP-MS U-Pb测年在中国地质科学院矿产资源研究所同位素实验室和北京科荟测试技术有限公司完成，前者仪器为Finnigan Neptune型MC-ICP-MS及与之配套的New Wave UP213激光剥蚀系统；后者所用仪器为激光剥蚀系统ESI NWR 193nm，ICP-MS为Analytikjena PlasmaQuant MS Elite ICP-MS。实验测试流程详见侯可军等（2009）。年龄详见图3-9，年龄数据略。

2. 结果

玉带矿区石英闪长玢岩中锆石多数为自形-半自形晶短柱状，少数不规则状和自形长柱状，长变化于50~200 μm之间，宽介于30~120 μm之间。在阴极发光图像中，振荡环带结构发育，少数不发育震荡环带。样品中锆石的U、Th含量变化较大，Th介于 8×10^{-6}~534×10^{-6} 之间，U介于 33×10^{-6}~755×10^{-6} 之间，Th/U比值介于0.23~0.93之间，大于0.1，表明锆石为岩浆成因（Corfu et al.，2003）。石英闪长玢岩YD18-01样品中20粒锆石有较一致的 $^{207}Pb/^{206}Pb$、$^{207}Pb/^{235}U$ 和 $^{206}Pb/^{238}U$ 比值，$^{206}Pb/^{238}U$ 表面年龄数据集中在421.7~459 Ma，数据点聚集在谐和线上及其附近一个较小的区域范围内，谐和年龄为436.1±1.6 Ma（MSWD=3.4），其 $^{206}Pb/^{238}U$ 年龄的加权平均值为436.1±4.2 Ma（MSWD=1.5），该年龄可代表石英闪长玢岩侵位和结晶年龄。

石英闪长玢岩YD18-03：样品中22粒锆石有较一致的 $^{207}Pb/^{206}Pb$、$^{207}Pb/^{235}U$ 和 $^{206}Pb/^{238}U$ 比值，$^{206}Pb/^{238}U$ 表面年龄数据集中在424.1~453.8 Ma，数据点聚集在谐和线上及其附近，谐和年龄为438.9±3.5 Ma（MSWD=8.3），其 $^{206}Pb/^{238}U$ 年龄的加权平均值为438.7±3.9 Ma（MSWD=2.0），表明石英闪长玢岩结晶年龄为439 Ma。

花岗闪长岩（HTP18-43）：锆石长100~200 μm，长短轴比主要分布在1∶1到1∶2之间。阴极发光（CL）图像显示锆石均发育振荡环带。对26颗锆石进行了分析，锆石中U含量为 88×10^{-6}~496×10^{-6}，Th含量为 32×10^{-6}~396×10^{-6}，Th/U=0.37~0.80，表明锆石为岩浆锆石。25颗锆石U-Pb谐和图上除了4个年龄点偏离谐和线外，其他数据点多集中在U-Pb谐和线附近，谐和年龄为

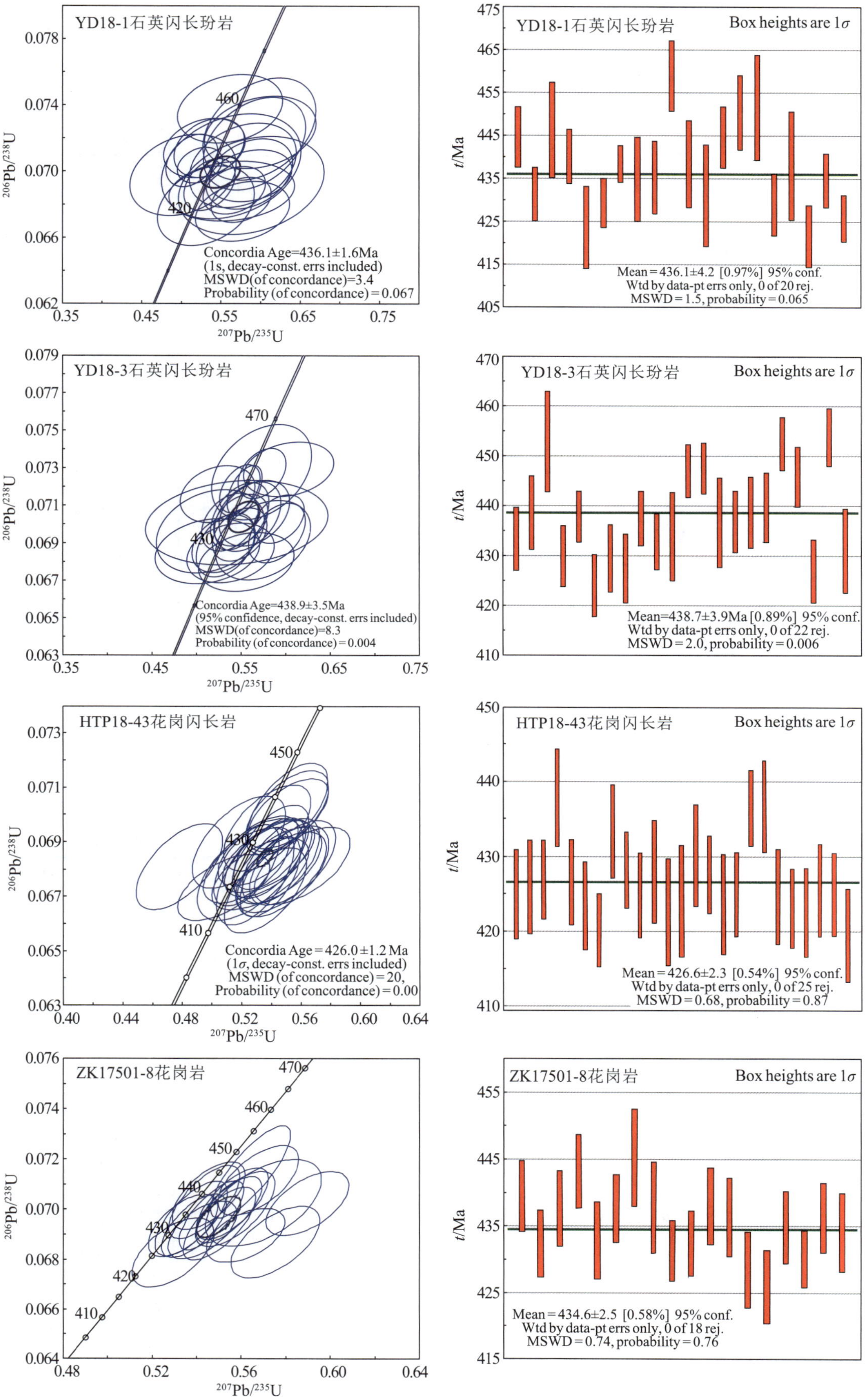

图 3-9 卡拉塔格矿集区侵入岩锆石 LA-ICP-MS U-Pb 年龄

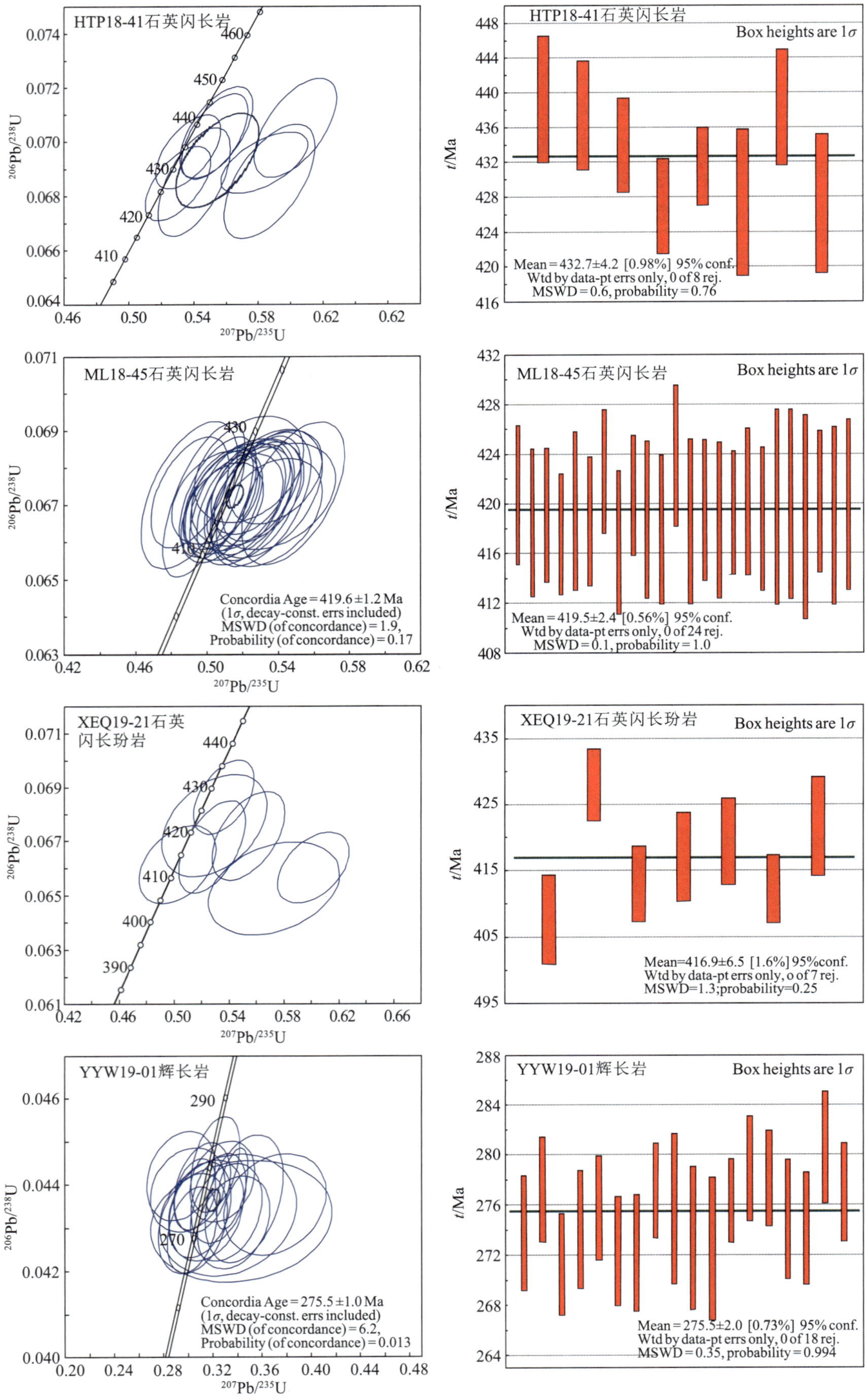

图 3-9 卡拉塔格矿集区侵入岩锆石 LA-ICP-MS U-Pb 年龄（续）

426.0±1.2 Ma（MSWD=20），其$^{206}Pb/^{238}U$年龄的加权平均值为426.6±2.3 Ma（MSWD=0.68），代表花岗闪长岩结晶年龄。1颗锆石$^{206}Pb/^{238}U$年龄为445.6 Ma，为捕获大柳沟组火山岩中锆石。

花岗岩（ZK17501-8）：锆石Th含量介于$1832\times10^{-6}\sim2561\times10^{-6}$之间，U含量介于$613\times10^{-6}\sim2137\times10^{-6}$之间，Th/U比值介于0.19~0.86之间，大于0.1，表明锆石为岩浆成因。18粒锆石有较一致的$^{207}Pb/^{206}Pb$、$^{207}Pb/^{235}U$和$^{206}Pb/^{238}U$比值，$^{206}Pb/^{238}U$表面年龄数据集中在430.0~445.2 Ma，数据点聚集在谐和线上及其附近，$^{206}Pb/^{238}U$年龄的加权平均值为434.6±2.5 Ma（MSWD=0.7），该年龄代表细粒花岗闪长岩结晶年龄。

石英闪长岩（HTP18-41）：锆石的Th含量介于$148\times10^{-6}\sim1438\times10^{-6}$之间，U含量介于$336\times10^{-6}\sim1586\times10^{-6}$之间，Th/U比值介于0.19~1.12之间，大于0.1，表明锆石为岩浆成因。8粒锆石有较一致的$^{207}Pb/^{206}Pb$、$^{207}Pb/^{235}U$和$^{206}Pb/^{238}U$比值，$^{206}Pb/^{238}U$表面年龄数据集中在427.0~439.3 Ma，数据点聚集在谐和线上及其附近，$^{206}Pb/^{238}U$年龄的加权平均值为432.7±4.2 Ma（MSWD=0.6），该年龄代表石英闪长岩结晶年龄。

石英闪长岩（ML18-45）：锆石的Th含量介于$68\times10^{-6}\sim545\times10^{-6}$之间，U含量介于$153\times10^{-6}\sim621\times10^{-6}$之间，Th/U比值介于0.36~0.97之间，大于0.1，表明锆石为岩浆成因。24粒锆石有较一致的$^{207}Pb/^{206}Pb$、$^{207}Pb/^{235}U$和$^{206}Pb/^{238}U$比值，$^{206}Pb/^{238}U$表面年龄数据集中在416.9~423.9 Ma，数据点聚集在谐和线上及其附近，谐和年龄为419.6±1.2 Ma（MSWD=1.9），$^{206}Pb/^{238}U$年龄的加权平均值为419.5±2.4 Ma（MSWD=0.07），该年龄代表石英闪长岩结晶年龄。

石英闪长玢岩（XEQ19-21）：锆石多数为自形-半自形短柱状、不规则状和自形长柱状。在阴极发光图像中，振荡环带结构发育。样品中锆石的U、Th含量变化较大，Th含量介于$32\times10^{-6}\sim500\times10^{-6}$之间，U含量介于$101\times10^{-6}\sim717\times10^{-6}$之间，Th/U比值介于0.08~1.36之间，大于0.1，表明锆石为岩浆成因（Corfu et al.，2003）。样品中有2粒锆石$^{207}Pb/^{206}Pb$年龄为1272~1506 Ma，为捕获中元古代基底的锆石年龄。1粒锆石$^{206}Pb/^{238}U$年龄为926 Ma，为岩浆上升时捕获新元古代基底锆石年龄。2粒锆石$^{206}Pb/^{238}U$年龄为437~442 Ma，与卡拉塔格矿集区下-中志留统红柳峡组火山岩年龄一致。有7粒锆石有较一致的$^{207}Pb/^{206}Pb$、$^{207}Pb/^{235}U$和$^{206}Pb/^{238}U$比值，$^{206}Pb/^{238}U$表面年龄数据集中在407~428 Ma，数据点聚集在谐和线上及其附近一个较小的区域范围内，$^{206}Pb/^{238}U$年龄的加权平均值为416.9±6.5 Ma（MSWD=1.3），该年龄可代表石英闪长玢岩结晶年龄。有7粒锆石$^{206}Pb/^{238}U$年龄为293~336 Ma，这组年龄与卡拉塔格矿集区梅岭铜锌（金）矿区石英斑岩年龄基本一致，可能与岩体形成后遭受后期岩浆热液改造时导致Pb同位素丢失有关。

辉长岩（YYW19-01）样品锆石多数为不规则状、短柱状和半自形-自形长柱状，长变化于50~200 μm之间，宽介于25~100 μm之间。在阴极发光图像中，振荡环带结构发育。样品中锆石的U、Th含量变化较大，Th含量介于$42\times10^{-6}\sim714\times10^{-6}$之间，U含量介于$41\times10^{-6}\sim540\times10^{-6}$之间，Th/U比值介于0.23~1.70之间，大于0.1，表明锆石为岩浆成因。18粒锆石有较一致的$^{207}Pb/^{206}Pb$、$^{207}Pb/^{235}U$和$^{206}Pb/^{238}U$比值，$^{206}Pb/^{238}U$表面年龄数据集中在271~281 Ma，数据点聚集在谐和线上及其附近一个较小的区域范围内，谐和年龄为275.5±1.0 Ma（MSWD=6.2），其$^{206}Pb/^{238}U$年龄的加权平均值为275.5±2.0 Ma（MSWD=0.35），该年龄可代表辉长岩结晶年龄。

二、侵入岩地球化学特征

红石铜矿区采集了10件花岗闪长岩、红海矿段深孔ZK17501中采集8件花岗岩、梅岭矿区外围采集5件花岗岩、黄土坡采集5件石英闪长岩、梅岭铜锌（金）矿采坑中采集5件切穿含矿石英斑岩的石英闪长玢岩脉。这些样品由澳实分析检测（广州）有限公司进行主量、微量和稀土元素分析，在核工业北京地质研究院分析测试研究中心进行Sr-Nd同位素分析。红石和红海矿段深孔ZK17501共2件锆石在中国地质科学院矿产资源研究所同位素实验室进行了Hf同位素分析。主量、微量、稀土元素和Hf同位素测试结果略。Sr-Nd同位素分析见表3-1。相关图解见图3-10，图3-11，图3-12。

表 3-1　卡拉塔格矿集区侵入岩全岩 Sr-Nd 同位素测试结果

样品	岩体及岩性	Rb/10^{-6}	Sr/10^{-6}	$^{87}Rb/^{86}Sr$	$^{87}Sr/^{86}Sr$	$(^{87}Sr/^{86}Sr)_i$	Sm/10^{-6}	Nd/10^{-6}	$^{147}Sm/^{144}Nd$	$^{143}Nd/^{144}Nd$	$(^{143}Nd/^{144}Nd)_i$	$\varepsilon_{Nd}(t)$	T_{DM2}/Ma	$f_{Sm/Nd}$
HTP18-21	红石花岗闪长岩	15. 2	356	0. 124	0. 705061	0. 704312	3. 4	13. 3	0. 1546	0. 512875	0. 512444	6. 92	605	-0. 21
HTP18-22		16. 2	376	0. 125	0. 705037	0. 704281	3. 1	12. 5	0. 1500	0. 512891	0. 512473	7. 48	558	-0. 24
HTP18-24		7. 0	820	0. 025	0. 704195	0. 704045	3. 6	16. 7	0. 1315	0. 512863	0. 512496	7. 95	520	-0. 33
HTP18-30		13. 8	342	0. 117	0. 704872	0. 704164	2. 9	11. 7	0. 1494	0. 512844	0. 512427	6. 60	632	-0. 24
HTP18-43		6. 3	677	0. 027	0. 704276	0. 704113	3. 3	15. 7	0. 1279	0. 512844	0. 512487	7. 77	534	-0. 35
ML18-38	梅岭花岗岩	28. 6	176. 5	0. 4688	0. 707128	0. 70426	3. 6	13. 2	0. 1636	0. 512768	0. 512307	4. 35	731	-0. 32
ML18-40		30. 3	204	0. 4297	0. 706934	0. 7043	3. 2	12. 5	0. 1548	0. 512766	0. 51233	4. 80	749	-0. 32
ML18-41		29. 7	180. 5	0. 4761	0. 707414	0. 7045	3. 3	13. 4	0. 1467	0. 512761	0. 512348	5. 15	716	-0. 32
HTP18-36	黄土坡石英闪长岩	15. 7	441	0. 103	0. 704685	0. 70405	19. 7	4. 7	0. 1446	0. 512704	0. 512294	4. 17	833	-0. 26
HTP18-38		22. 6	417	0. 1568	0. 705032	0. 70407	4. 4	20. 0	0. 1343	0. 512739	0. 512359	5. 44	815	-0. 17
HTP18-39		16. 9	397	0. 1231	0. 704829	0. 70407	4. 3	19. 5	0. 134	0. 512727	0. 512347	5. 20	779	-0. 21
HTP18-40		17. 5	440	0. 115	0. 704894	0. 70418	4. 5	20. 2	0. 1335	0. 512746	0. 512368	5. 61	751	-0. 25
ML18-31	梅岭石英闪长玢岩	3. 5	682	0. 0148	0. 703913	0. 70385	3. 7	15. 5	0. 1455	0. 512816	0. 512534	5. 41	620	-0. 26
ML18-33		6. 5	611	0. 0308	0. 703925	0. 7038	4. 0	16. 3	0. 148	0. 51279	0. 512503	4. 80	669	-0. 25
ML18-35		4. 0	652	0. 0177	0. 704007	0. 70393	4. 0	16. 0	0. 1497	0. 51282	0. 51253	5. 33	626	-0. 24
ZK7501-20-1	深孔花岗岩	45. 5	196	0. 6727	0. 708601	0. 70444	3. 7	16. 1	0. 1397	0. 512805	0. 512407	6. 42	653	-0. 28
ZK7501-20-2		30. 2	215	0. 4068	0. 706417	0. 70390	5. 2	19. 8	0. 1597	0. 512884	0. 512429	6. 85	617	-0. 18
ZK7501-20-3		32. 0	208	0. 4456	0. 707039	0. 70428	4. 6	19. 9	0. 1404	0. 512822	0. 512422	6. 72	628	-0. 28
ZK7501-20-4		35. 5	192. 5	0. 5341	0. 707276	0. 70397	4. 4	18. 4	0. 1440	0. 512597	0. 512187	2. 13	1010	-0. 26
ZK7501-20-5		31. 9	179	0. 5162	0. 707738	0. 70454	4. 3	20. 5	0. 1263	0. 512761	0. 512402	6. 31	662	-0. 35
ZK7501-20-6		37. 6	208	0. 5235	0. 707232	0. 70399	4. 4	18. 8	0. 1428	0. 512466	0. 512060	-0. 36	1217	-0. 27
ZK7501-20-7		42. 1	185	0. 6592	0. 708483	0. 70440	4. 3	20. 0	0. 1303	0. 51281	0. 512439	7. 04	601	-0. 33
ZK7501-20-8		26. 8	212	0. 3659	0. 706418	0. 70415	4. 6	19. 2	0. 1458	0. 512838	0. 512423	6. 73	627	-0. 25

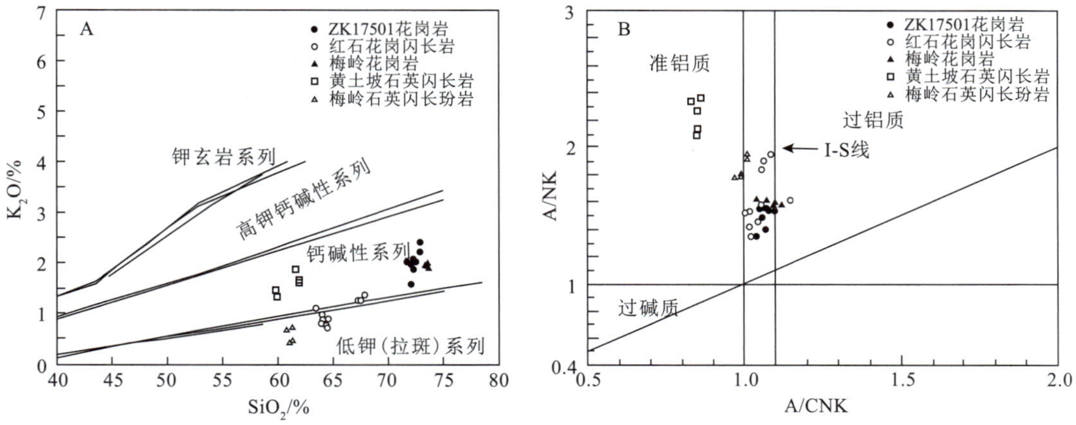

图 3-10　卡拉塔格矿集区侵入岩岩石地球化学特征

A—SiO_2-K_2O 图解（据 Rickwood，1989）；B—A/CNK-A/NK 图解（据 Maniar and Piccoli，1989）

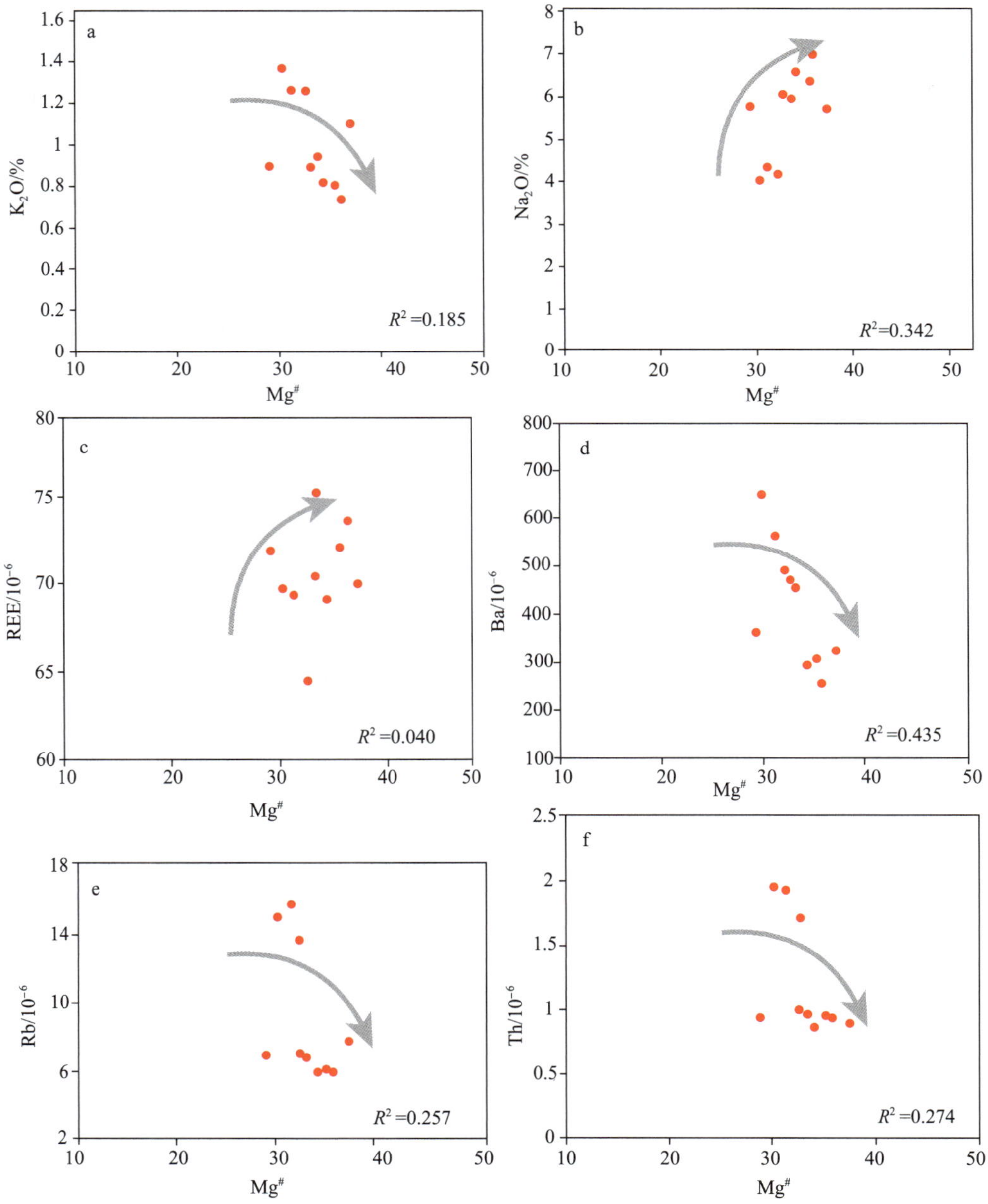

图 3-11　红石矿区花岗闪长岩主微量元素-$Mg^{\#}$图解

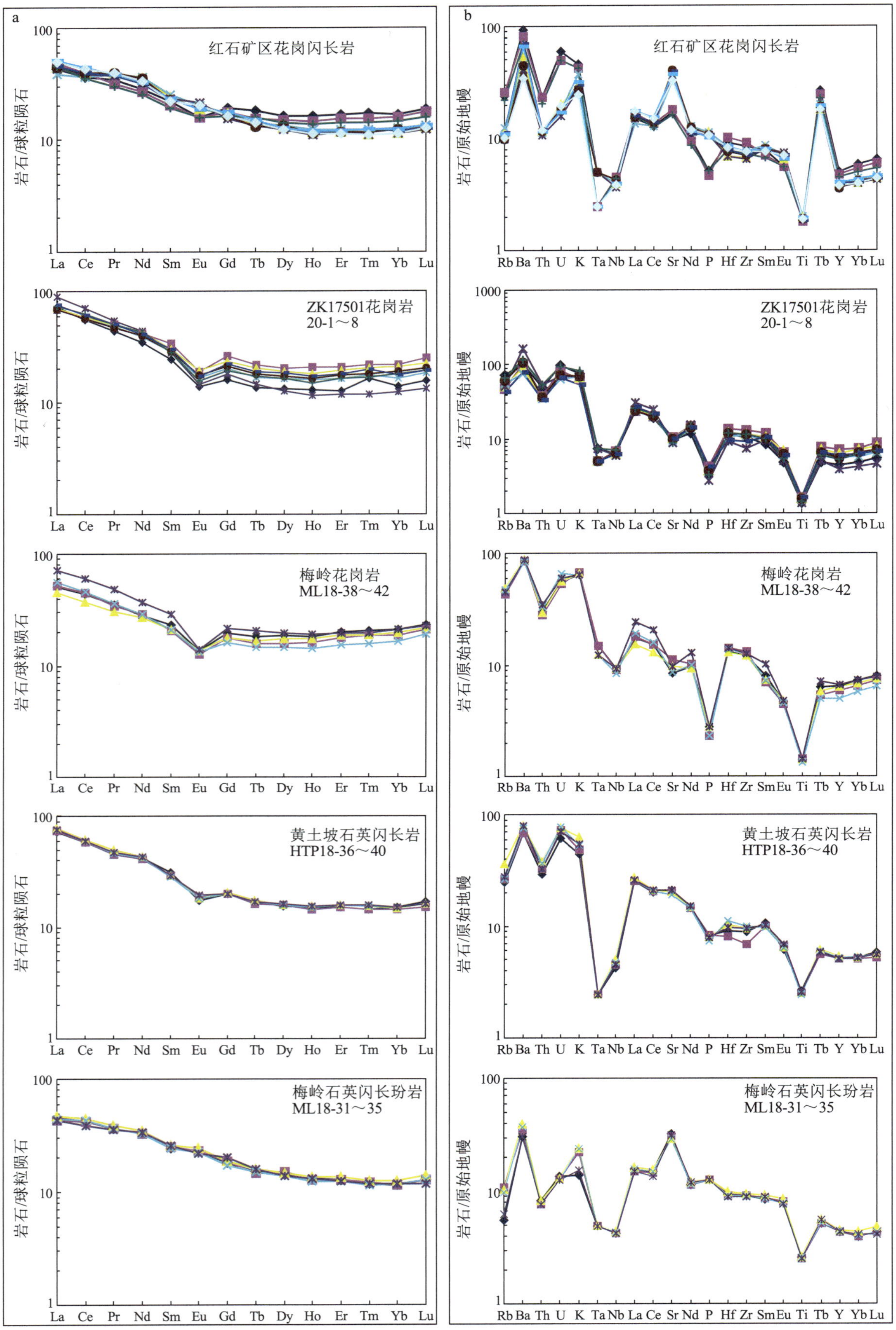

图 3-12　卡拉塔格矿集区侵入岩稀土配分曲线（a）和微量元素蛛网图（b）

球粒陨石标准化值和原始地幔标准化均引自 Sun and Mcdonough（1989）

（一）红石铜矿区花岗闪长岩

10件花岗闪长岩样品具有高的SiO_2（63.53%～67.71%），K_2O（0.74%～1.36%）和Na_2O（4.09%～7.02%）含量，K_2O/Na_2O值为0.11～0.33。K_2O-SiO_2图解上，样品投在钙碱性系列-低钾（拉斑）系列。Al_2O_3含量为15.54%～16.93%，铝饱和指数A/CNK为1.01～1.15，具有过铝质特征。样品具有相对较高的MgO（1.38%～1.52%）含量，$Mg^{\#}$值为29.03～37.31，TiO_2含量为0.39%～0.43%。岩浆分异指数不高（72～91）。在$Mg^{\#}$图解中，所有样品的$Mg^{\#}$含量与REE、Na_2O等含量呈明显的正相关关系。

红石花岗闪长岩具有中等的稀土元素总量（64.61×10^{-6}～75.43×10^{-6}，平均值为70.72×10^{-6}），在球粒陨石标准化图解中呈现右倾型配分模式。LREE/HREE＝3.31～5.20，$(La/Yb)_N$＝2.59～4.47，表明轻重稀土分馏明显；$(La/Sm)_N$＝1.50～2.33，$(Gd/Yb)_N$＝1.10～1.47，暗示轻稀土内部和重稀土内部分馏均较强。δEu＝0.76～1.11，δCe＝0.94～0.99，显示弱负铕异常-弱正铕异常，微弱的负铈异常。原始地幔标准化微量元素蛛网图显示Nb、Ta、P、Ti等高场强元素明显亏损，Ba、K、Sr、Tb等元素富集。

红石花岗闪长岩初始$(^{87}Sr/^{86}Sr)_i$和$\varepsilon_{Nd}(t)$按照LA-ICP-MS锆石U-Pb定年得出的427 Ma进行校正，亏损地幔Nd模式年龄参考DePaolo（1981）模式进行计算。花岗闪长岩初始Sr同位素$(^{87}Sr/^{86}Sr)_i$范围为0.704195～0.705061，$(^{143}Nd/^{144}Nd)_i$为0.512844～0.512891，$\varepsilon_{Nd}(t)$值为6.60～7.95。二阶段Nd模式年龄T_{DM2}为520～632 Ma。

锆石的$^{176}Hf/^{177}Hf$初始值为0.282897～0.282988，$\varepsilon_{Hf}(t)$值为13.1～16.0，平均值为14.6。一阶段Hf模式年龄（T_{DM}）为396～525 Ma。$f_{Lu/Hf}$值为-0.95～-0.88。

（二）红海矿段深孔ZK17501花岗岩

花岗岩样品具有较低的SiO_2（71.79%～73.01%）含量，中等的K_2O（1.61%～2.44%）和Na_2O（3.82%～4.64%）含量，以富钠为特征，Na_2O/K_2O值介于1.661～2.53之间。K_2O-SiO_2图解中，样品落在钙碱性系列范围内。Al_2O_3含量为13.01%～13.31%，铝饱和指数A/CNK为1.35～1.55，具有过铝质特征。样品具有相对较低的MgO（0.80%～1.042%）含量，$Mg^{\#}$值28.85～35.64，TiO_2含量为0.29%～0.35%。

8件花岗岩ΣREE含量在89.02×10^{-6}～103.11×10^{-6}之间，略高于红石矿区花岗闪长岩，球粒陨石标准化的REE配分图解显示稀土分布曲线右倾，LREE/HREE值介于3.99～7.48之间，$(La/Yb)_N$值为3.21～7.28，轻重稀土分馏显著；$(La/Sm)_N$值为2.02～3.20，$(Gd/Yb)_N$值为1.07～1.46，显示轻稀土元素内部发生了分异作用，重稀土元素内部分馏不明显。δEu为0.63～0.73，显示中等Eu负异常。δCe＝0.96～1.00，无铈异常。原始地幔标准化微量元素蛛网图显示Th、Nb、Ta、P、Ti等高场强元素明显亏损，Ba、U、K、La元素富集。

8个花岗岩样品初始$(^{87}Sr/^{86}Sr)_i$和$\varepsilon_{Nd}(t)$按照LA-ICP-MS锆石U-Pb定年得出的434.6 Ma进行校正。$(^{87}Sr/^{86}Sr)_i$值为0.706417～0.708601，$(^{143}Nd/^{144}Nd)_i$值为0.512059～0.512439，$\varepsilon_{Nd}(t)$值为2.13～7.05（仅有一个值为-0.36）。二阶段Nd模式年龄T_{DM2}为602～1217 Ma。$^{176}Hf/^{177}Hf$初始值根据LA-ICP-MS锆石U-Pb定年对应的单点年龄进行校正计算，二阶段模式年龄T_{DM2}通过亏损地幔模式增生曲线计算获得，假定平均大陆地壳的$^{176}Lu/^{177}Hf$＝0.015（Griffin et al.，2002）。锆石Lu-Hf同位素分析样品点共计18个，锆石的$^{176}Hf/^{177}Hf$初始值为0.282978～0.283227。样品对应的$\varepsilon_{Hf}(t)$值为15.5～21.7，平均值为18.3。一阶段Hf模式年龄（T_{DM}）为50～432 Ma。$f_{Lu/Hf}$值变化于-0.86～-0.59。花岗闪长岩显示出正$\varepsilon_{Nd}(t)$、低$^{87}Sr/^{86}Sr$初始值以及正的$\varepsilon_{Hf}(t)$，与MORB相似，表明它们没有受到明显的大陆地壳混染作用。它们高的$\varepsilon_{Nd}(t)$值（6.49～6.95）和年轻的Nd模式年龄（T_{DM}＝0.48～1.12Ga）同样支持了年轻下地壳物质源区的观点。

（三）梅岭花岗岩

5 件花岗岩 SiO_2 含量在 73.36%～73.64%之间，Al_2O_3 含量为 12.79%～12.93%，TiO_2 含量为 0.29%～0.31%，MnO 含量低，为 0.02%，FeO^T 含量为 2.96%～3.11%，MgO 含量为 0.64%～0.85%，$Mg^{\#}=31～36$，CaO 含量为 1.82%～2.43%，Na_2O 和 K_2O 含量分别为 3.56%～3.68%、1.91%～2.00%，样品 $Na_2O>K_2O$，显示富钠的特征。铝饱和指数 A/CNK 为 1.04～1.12，在 A/CNK-A/NK 图解中，样品落在过铝质区域内。SiO_2-K_2O 图解中，样品落在钙碱性系列区域。

花岗岩 ΣREE 含量在 $69.49\times10^{-6}～99.52\times10^{-6}$ 之间，LREE/HREE 值在 3.08～4.28 之间，$(La/Yb)_N$ 值为 2.27～3.37，轻重稀土分馏显著；$(La/Sm)_N$ 值为 2.12～2.62，$(Gd/Yb)_N$ 值为 0.91～1.04，显示轻稀土元素内部发生了分异作用，重稀土内部分馏不明显。球粒陨石标准化的 REE 配分图解显示稀土分布曲线右倾，Eu 负异常（δEu 为 0.55～0.72），无铈异常（δCe 为 0.99～1.03），稀土配分模式与红海矿段深孔 ZK17501 花岗岩一致。原始地幔标准化微量元素蛛网图显示 Th、Nb、Ta、P、Ti 等高场强元素明显亏损，Ba、U、K、La、Hf 元素富集，与红海矿段深孔 ZK17501 花岗岩一致。

3 件花岗岩初始 Sr 同位素 $(^{87}Sr/^{86}Sr)_i$ 为 0.70426～0.70450，$(^{143}Nd/^{144}Nd)_i$ 为 0.512307～0.512348，$\varepsilon_{Nd}(t)$ 值为 4.35～5.15。二阶段 Nd 模式年龄 T_{DM2} 为 751～815 Ma。

（四）黄土坡石英闪长岩

5 件石英闪长岩 SiO_2 含量在 59.81%～61.79%之间，Al_2O_3 含量较高，为 15.18%～15.59%，TiO_2 含量为 0.53%～0.56%，MnO 含量为 0.10%～0.11%，FeO^T 含量较高，为 6.84%～7.47%，MgO 含量较高，为 2.89%～3.38%，$Mg^{\#}=45～47$，CaO 含量为 5.80%～6.65%，Na_2O 和 K_2O 含量分别为 3.00%～3.24%、1.33%～1.88%，样品 $Na_2O>K_2O$，显示富钠的特征。铝饱和指数 A/CNK 为 0.83～0.86，在 A/CNK-A/NK 图解中，样品落在准铝质区域内。SiO_2-K_2O 图解中，样品落在钙碱性系列区域。

石英闪长岩 ΣREE 含量介于 $98.18\times10^{-6}～101.32\times10^{-6}$ 之间，LREE/HREE 值在 5.36～5.48 之间，$(La/Yb)_N$ 值为 4.84～5.24，轻重稀土分馏显著；$(La/Sm)_N$ 值为 2.36～2.68，$(Gd/Yb)_N$ 值为 1.33～1.39，显示轻重稀土元素内部都发生了分异作用，轻稀土元素分异更明显。稀土配分模式显示稀土分布曲线右倾，Eu 负异常（δEu 为 0.70～0.81），基本上无铈异常（δCe 为 0.96～0.99）。原始地幔标准化微量元素蛛网图显示 Th、Nb、Ta、P、Ti 等高场强元素明显亏损，Ba、U、K、La、Sm 元素正异常。稀土配分模式和微量元素蛛网图与梅岭花岗岩相似。

4 件石英闪长岩初始 Sr 同位素 $(^{87}Sr/^{86}Sr)_i$ 为 0.70405～0.70418，$(^{143}Nd/^{144}Nd)_i$ 为 0.512294～0.512368，$\varepsilon_{Nd}(t)$ 值为 4.17～5.61。二阶段 Nd 模式年龄 T_{DM2} 为 716～833 Ma。

（五）梅岭石英闪长玢岩

5 件石英闪长岩 SiO_2 含量在 60.82%～61.31%之间，Al_2O_3 含量高，为 16.83%～17.00%，TiO_2 含量为 0.54%～0.56%，MnO 含量为 0.12%～0.23%，FeO^T 含量中等，为 5.56%～5.76%，MgO 含量较低，为 1.74%～1.78%，$Mg^{\#}=38～39$，CaO 含量为 4.21%～4.43%，Na_2O+K_2O 含量为 5.56%～6.03%，样品具有富钠的特征（$Na_2O/K_2O=6.72～13.14$）。铝饱和指数 A/CNK 为 0.97～1.01，A/NK 为 1.77～1.94，在 A/CNK-A/NK 图解中，样品落在准铝质-过铝质区域。SiO_2-K_2O 图解中，样品落在低钾（拉斑）系列区域。

石英闪长玢岩 ΣREE 含量在 $72.42\times10^{-6}～77.58\times10^{-6}$ 之间，LREE/HREE 值在 4.30～4.70 之间，$(La/Yb)_N$ 为 3.60～3.96，轻重稀土分馏显著；$(La/Sm)_N$ 值为 1.65～1.85，$(Gd/Yb)_N$ 值为 1.47～1.70，显示轻重稀土元素内部都发生了分异作用。球粒陨石标准化的 REE 配分图解显示曲线右倾，

显示无 Eu 异常-弱的正 Eu 异常（δEu 为 0.96~1.12），无铈异常（δCe 为 1.00~1.06）。原始地幔标准化微量元素蛛网图显示 Th、Nb、Ta、Ti 等高场强元素明显亏损，Ba、U、K、Sr 元素正异常，明显不同于红海矿段深孔 ZK17501 和梅岭花岗岩。

3 件石英闪长玢岩初始 Sr 同位素（$^{87}Sr/^{86}Sr$）$_i$ 为 0.70380~0.70393，（$^{143}Nd/^{144}Nd$）$_i$ 为 0.512503~0.512534，$\varepsilon_{Nd}(t)$ 值为 4.80~5.41。二阶段 Nd 模式年龄 T_{DM2} 为 620~669 Ma。

第四节　岩浆作用谱系、来源及构造环境

一、含矿地层时代

卡拉塔格矿集区与成矿有关的火山岩系分为 3 套地层，下部地层岩性主要为玄武岩、玄武安山岩和安山岩；中部地层岩性主要为沉凝灰岩、凝灰角砾岩、凝灰岩和安山岩；上部地层岩性主要为英安岩、流纹岩、熔结凝灰岩、凝灰岩、火山角砾岩、角砾凝灰岩，少量凝灰质砂岩和安山岩。由于地表露头差、岩性在垂向和横向上变化大、同一种岩性在不同地层单元出现、缺乏标志层、缺乏化石、次火山岩和侵入岩侵入，加上火成岩中锆石不发育，锆石粒度小等多种原因，造成 3 套地层的时代和归属不同学者或同一学者不同时间发表的文章存在很大争议。

1988 年 1：20 万康古尔塔格幅称为下泥盆统卡拉塔格组；1993 年 1：20 万大草滩幅称为中-上志留统；2003 年 1：25 万五堡幅称为中奥陶统荒草坡群大柳沟组和中-上志留统红柳峡组；2010 年 "新疆维吾尔自治区矿产资源潜力评价成矿地质背景研究" 称为中-上奥陶统恰干布拉克组和中-上志留统红柳沟组。于明杰（2016）将 3 套地层划分为奥陶系荒草坡群、下志留统红柳沟组和泥盆系卡拉塔格群，并将上部地层的顶部划分为石炭系红石群；Yu et al.（2019）将含矿火山岩系火山活动期划分为中奥陶世—晚志留世、泥盆纪和石炭纪；Yu et al.（2020）将地层划分为下-中奥陶统大柳沟组、下志留统红柳峡组和上石炭统卡拉塔格组；李遥等（2018）将 3 套地层称为中奥陶统荒草坡群大柳沟组的 3 个岩性段；Deng et al.（2016，2018）将这套地层划分为奥陶系—志留系大柳沟组和志留系红柳峡组；Deng et al.（2020）将 3 套地层依次划分为中-上奥陶统大柳沟组，下志留统红柳峡组和卡拉塔格组；Sun et al.（2018）将这套火山岩系划分为中奥陶统大柳沟组和下志留统红柳峡组；Sun et al.（2019）又将这套火山岩系划分中奥陶统大柳沟组和中-上志留统红柳峡组；龙灵利等（2016）认为这套地层属于晚奥陶世—早泥盆世穿时地层；龙灵利等（2017）认为 3 套地层形成于奥陶纪—志留纪；龙灵利等（2019）将 3 套地层划分为中-上奥陶统荒草坡群大柳沟组、下志留统红柳峡组和卡拉塔格组，与 Deng et al.（2020）划分方案一致；毛启贵（2105）将 3 套地层划分为中-下奥陶统恰干布拉克组和上志留统—下泥盆统红柳沟组；毛启贵等（2016）将 3 套地层划分奥陶系荒草坡群、下志留统红柳沟组、泥盆系卡拉塔格群和石炭系红石群。Mao et al.（2018）认为这 3 套地层为奥陶系红柳沟组、志留系红柳峡组和下泥盆统卡拉塔格组；Mao et al.（2019）认为这 3 套地层时代从奥陶纪到二叠纪；Mao et al.（2021）将 3 套地层划分为奥陶系荒草坡群、下志留统红柳沟组和泥盆系—石炭系，第 3 套地层底部为中-晚志留世复成分角砾岩，厚 0~20 m，角砾成分有英安岩、矿化沉凝灰岩、浸染状和块状 Cu-Zn 矿石、硅质岩、花岗岩类和火山碎屑岩。

本书在前人研究基础上，结合前人和本书开展的火山岩、次火山岩和侵入岩年龄数据（表 3-2，图 3-13），将 3 套地层划分为中-上奥陶统大柳沟组、志留系红柳峡组和卡拉塔格组、石炭系红石群（?）。大柳沟组直接的年龄数据缺乏，该组被卡拉塔格复式岩体（426~445 Ma）和石英闪长岩（382~453 Ma）侵入，表明大柳沟组形成于 453 Ma 前。红石为火山热液型脉状铜矿，赋存于大柳沟组安山岩中，黄铜矿 Re-Os 年龄为 431.8 Ma，与成矿有关的绢云母 Ar-Ar 年龄为 441.5 Ma 和 446.4 Ma，表明大柳沟组安山岩形成在 446 Ma 之前，综合考虑，认为大柳沟组形成于中-晚奥陶世。第 2 套地层为红柳峡组，顶部为 VMS 矿床赋矿层位，红海-黄土坡铜锌矿和黄滩金铜锌矿层状或透镜状整合矿体赋存于该组顶部的凝灰岩、沉凝灰岩、角砾凝灰岩、火山角砾岩中，补给通道相赋存在该组

中，位于层状矿体之下。该组有大量的年代学数据，但变化较大，3 件安山岩和玄武安山岩年龄为 427.0~439.7 Ma，6 件含角砾凝灰岩和凝灰岩年龄为 423.3~442.0 Ma，峰值为 435 Ma，1 件流纹斑岩为 439 Ma，1 件流纹质角砾熔岩为 439.9 Ma，这些数据限定红柳峡组年龄为 423.3~442.0 Ma，主要在 427~442 Ma 之间，主要时代为早-中志留世。红海-黄土坡矿床黄铁矿、黄铜矿 Re-Os 年龄为 427.9~436.1 Ma，硫化物 Rb-Sr 年龄为 432.2 Ma，绢云母 Ar-Ar 年龄为 438.8 Ma，绢云母 K-Ar 年龄为 424±7 Ma，矿化和蚀变年龄为 424~439 Ma，与含矿凝灰岩年龄和基性火山熔岩年龄变化范围十分接近。矿化及蚀变最早年龄晚于凝灰岩最早年龄 3.2 Ma，最晚含角砾凝灰岩是位于矿体上盘，晚于最后的蚀变年龄 0.7 Ma，年代学资料表明 VMS 成矿作用与含矿凝灰岩形成时间一致。卡拉塔格组时代争议最大，目前的年代学资料显示，酸性火山熔岩年龄为 416.3 Ma，5 件英安岩年龄 413.0~441.4 Ma，属于志留纪，尽管有学者提出卡拉塔格组形成于泥盆纪—石炭纪，但目前获得的泥盆纪年龄很少，有 1 件次橄榄玄武岩年龄为 385.4 Ma、1 件英安岩为 413 Ma。综合地层上下关系、岩石组合和年代学，认为卡拉塔格组主要形成于中-晚志留世。红石群（?）位于前人划分的卡拉塔格组顶部，主要分布在梅岭和红石一带的火山机构内，分布较局限，为英安质-流纹质火山熔岩、火山碎屑岩和同时代的次火山岩。4 件英安岩年龄为 313.0~354.9 Ma，3 件流纹岩年龄为 299~301.1 Ma，1 件熔结凝灰岩为 300.7 Ma；次火山岩中 3 件石英斑岩为 298.7~302.6 Ma，2 件英安玢岩和英安斑岩为 317.4~317.7 Ma，1 件流纹斑岩为 301 Ma，1 件石英闪长玢岩为 296 Ma；侵入该套地层的 6 件侵入岩（花岗岩、花岗斑岩、花岗闪长岩和闪长岩）年龄为 314~346.8 Ma，这些年龄表明卡拉塔格矿集区卡拉塔格组之上存在石炭纪火山岩系（包括次火山岩），年龄为 298.7~354.9 Ma。梅岭铜锌（金）矿赋存于石英斑岩及周围火山碎屑岩中，Yu et al.（2019）获得 M1 和 M2 黄铁矿、黄铜矿、闪锌矿 Rb-Sr 等时线年龄分别为 299±3 Ma 和 301±4 Ma，与石英斑岩年龄一致，表明成矿与石英斑岩有关，成矿作用发生在晚石炭世末（300 Ma 左右）。红石铜金矿赋存于流纹斑岩中，流纹斑岩年龄可以代表成矿年龄，为 301 Ma，与梅岭铜锌（金）矿形成时代一致，为浅成低温热液型矿床。

表 3-2　卡拉塔格矿集区岩浆岩年代学数据

位置	岩石名称	测试方法	年龄/Ma	资料来源
红海-黄土坡铜锌矿区	含角砾凝灰岩	锆石 LA-ICP-MS U-Pb	423.3±2.9	本书
	凝灰岩	锆石 LA-ICP-MS U-Pb 法	438.5±8.8	本书
	凝灰岩	锆石 SHRIMP U-Pb 法	438±4	Mao et al.，2021
	矿化凝灰岩	锆石 SIMS U-Pb 法	440.4±2.9	Deng et al.，2018
	凝灰岩	锆石 LA-ICP-MS U-Pb 法	442.0±1.1	Chai et al.，2019
	酸性火山熔岩	锆石 SIMS U-Pb 法	416.3±5.9	毛启贵等，2010
	安山岩	锆石 LA-ICP-MS U-Pb 法	439.7±0.9	Chai et al.，2019
	玄武安山岩	锆石 LA-ICP-MS U-Pb 法	427.0±2.1	虞璇，2014
	英安岩	锆石 SIMS U-Pb 法	441.4±2.6	Deng et al.，2018
	英安岩	锆石 LA-ICP-MS U-Pb 法	440.1±1.2	Chai et al.，2019
	英安岩	锆石 LA-ICP-MS U-Pb 法	354.9±6.4	本书
	英安岩	锆石 SIMS U-Pb 法	354±4	Mao et al.，2021
	花岗闪长岩	锆石 SIMS U-Pb 法	430.0±1.7	Deng et al.，2018
	闪长岩脉	锆石 SIMS U-Pb 法	445.2±3.4	Mao et al.，2021
红海-黄土坡矿区深孔	花岗岩	锆石 LA-ICP-MS U-Pb 法	434.6±2.5	本书
红石铜矿区	流纹斑岩	锆石 SHRIMP U-Pb 法	439±7	龙灵利等，2017
	花岗闪长岩	锆石 LA-ICP-MS U-Pb 法	426.6±2.3	本书
	石英闪长岩	锆石 LA-ICP-MS U-Pb 法	432.7±4.2	本书

续表

位置	岩石名称	测试方法	年龄/Ma	资料来源
黄滩金铜锌矿区	英安岩	锆石 LA-ICP-MS U-Pb 法	413.0±5.9	本书
	英安岩	锆石 LA-ICP-MS U-Pb 法	434.3±3.1	本书
	英安质凝灰岩	锆石 LA-ICP-MS U-Pb 法	438.2±5.7	Sun et al., 2020
	次橄榄玄武岩	锆石 LA-ICP-MS U-Pb 法	385.4±1.4	本书
	次玄武岩	锆石 LA-ICP-MS U-Pb 法	288.1±3.0	本书
	石英闪长玢岩	锆石 LA-ICP-MS U-Pb 法	434.2±1.4	本书
	石英闪长岩	锆石 LA-ICP-MS U-Pb 法	439.2±1.4	Sun et al., 2020
	闪长岩	锆石 LA-ICP-MS U-Pb 法	346.8±0.7	孙冰珂，2019
卡拉塔格东部	安山岩	锆石 LA-ICP-MS U-Pb 法	438.4±4.9	李玮等，2016
	英安岩	锆石 LA-ICP-MS U-Pb 法	434.8±3.8	李玮等，2016
梅岭铜锌（金）矿区	流纹岩	锆石 LA-ICP-MS U-Pb 法	299±2	Mao et al., 2021
	流纹岩	锆石 LA-ICP-MS U-Pb 法	301±1	Mao et al., 2021
	熔结凝灰岩	锆石 LA-ICP-MS U-Pb 法	300.7±0.9	毛启贵，2015
	英安岩	锆石 SHRIMP U-Pb 法	313.0±6.5	于明杰，2016
	石英闪长玢岩	锆石 LA-ICP-MS U-Pb 法	296.0±3.2	本书
	石英斑岩	锆石 LA-ICP-MS U-Pb 法	302.6±2.1	本书
	石英斑岩	锆石 LA-ICP-MS U-Pb 法	300.0±2.7	本书
	石英斑岩	锆石 SHRIMP U-Pb 法	298.7±2.9	Yu et al., 2019
	英安玢岩	锆石 SHRIMP U-Pb 法	317.4±2.6	于明杰，2016
	英安斑岩	锆石 SHRIMP U-Pb 法	317.7±4.4	于明杰，2016
	石英闪长岩	锆石 LA-ICP-MS U-Pb 法	419.6±1.2	本书
	花岗岩	锆石 LA-ICP-MS U-Pb 法	314±2	Mao et al., 2021
	花岗岩	锆石 SHRIMP U-Pb 法	323±4	Mao et al., 2021
梅岭北	花岗斑岩	锆石 LA-ICP-MS U-Pb 法	315.1±2.3	毛启贵，2015
	花岗岩	锆石 LA-ICP-MS U-Pb 法	323±4	Mao et al., 2021
	花岗闪长岩	锆石 LA-ICP-MS U-Pb 法	334±5	Mao et al., 2021
红山北	英安岩	锆石 SIMS U-Pb 法	351±4	Mao et al., 2021
红山金铜矿	流纹斑岩	锆石 LA-ICP-MS U-Pb 法	301±2	Mao et al., 2021
卡拉塔格	流纹岩	锆石 SHRIMP U-Pb 法	301.1±3.4	龙灵利等，2019
西二区铁铜矿	石英闪长玢岩	锆石 LA-ICP-MS U-Pb 法	416.9±6.5	本书
	石英闪长玢岩	锆石 LA-ICP-MS U-Pb 法	382.1±2.4	Mao et al., 2018
	石英闪长岩	锆石 SHRIMP U-Pb 法	391±3	Chen et al., 2020
	石英闪长岩	锆石 SHRIMP U-Pb 法	445.3±9.6	Sun et al., 2019a
	石英闪长岩	锆石 SHRIMP U-Pb 法	386.9±3.9	Sun et al., 2019a
	二长岩	锆石 LA-ICP-MS U-Pb 法	378.5±2.1	Sun et al., 2019a
东二区	流纹质角砾熔岩	锆石 SHRIMP U-Pb 法	439.9±4.8	龙灵利等，2017
	闪长玢岩	锆石 SHRIMP U-Pb 法	442.6±5.3	龙灵利等，2016
	孔雀石化闪长玢岩	锆石 SHRIMP U-Pb 法	437.1±3.8	龙灵利等，2016
	石英闪长玢岩	锆石 LA-ICP-MS U-Pb 法	428.6±4.6	Sun et al., 2019a

续表

位置	岩石名称	测试方法	年龄/Ma	资料来源
玉带铜（金钼）矿	石英闪长岩	锆石 LA-ICP-MS U-Pb 法	436.1±1.6	本书
	石英闪长岩	锆石 LA-ICP-MS U-Pb 法	438.9±3.5	本书
	石英闪长玢岩	锆石 LA-ICP-MS U-Pb 法	389.7±2.5	Mao et al., 2018
	石英闪长玢岩	锆石 LA-ICP-MS U-Pb 法	435.6±2.4	Mao et al., 2019
	石英闪长玢岩	锆石 SHRIMP U-Pb	432 ±3	Chen et al., 2017
	石英闪长玢岩	锆石 LA-ICP-MS U-Pb 法	452.7±2.8	Sun et al., 2018
月牙湾铜镍矿	辉长岩	锆石 LA-ICP-MS U-Pb	275.5±1.0	本书
	橄榄辉长岩	锆石 LA-ICP-MS U-Pb	274±2.4	吕晓强等，2020
	角闪辉长岩	锆石 LA-ICP-MS U-Pb	281.3±1.2	Sun et al., 2019b
	角闪辉长岩	锆石 LA-ICP-MS U-Pb	282.4±1.1	Sun et al., 2019b
	橄榄辉长岩	锆石 LA-ICP-MS U-Pb	281.3±2.0	Sun et al., 2019b
	辉长岩	锆石 LA-ICP-MS U-Pb	281.4±1.1	Sun et al., 2019b
	辉长岩	锆石 LA-ICP-MS U-Pb	264.6±1.8	Mao et al., 2021
	辉长岩	锆石 LA-ICP-MS U-Pb	273.2±1.3	Mao et al., 2021
	淡色辉长岩	锆石 LA-ICP-MS U-Pb	264.6±2.2	Mao et al., 2021
卡拉塔格矿杂岩体及其他侵入岩	花岗岩	锆石 LA-ICP-MS U-Pb	429±3	Mao et al., 2021
	花岗岩	锆石 LA-ICP-MS U-Pb	429.1±2.6	Mao et al., 2021
	花岗岩	锆石 LA-ICP-MS U-Pb	435±2	Zheng et al., 2018
	花岗岩	锆石 LA-ICP-MS U-Pb	447±5	Du et al., 2018
	花岗岩	锆石 LA-ICP-MS U-P	435.5±3.4	许骏等，2020
	花岗闪长岩	锆石 LA-ICP-MS U-Pb	427±2	Mao et al., 2021
	花岗闪长岩	锆石 SIMS U-Pb 法	439±5	毛启贵等，2016
	花岗闪长岩	锆石 LA-ICP-MS U-Pb	427.0±2.1	Sun et al., 2019a
	花岗闪长岩	锆石 LA-ICP-MS U-Pb	449.5±5.8	Sun et al., 2019a
	花岗闪长岩	锆石 LA-ICP-MS U-Pb	448.5±2.2	Sun et al., 2019a
	石英闪长岩	锆石 LA-ICP-MS U-Pb	428.7±3.2	Sun et al., 2019a
	石英闪长岩	锆石 LA-ICP-MS U-Pb	433.4±4.1	Sun et al., 2019a
	石英闪长岩	锆石 LA-ICP-MS U-Pb	441.1±5.2	Sun et al., 2019a
	石英闪长岩	锆石 LA-ICP-MS U-Pb	442±3	Du et al., 2018
	闪长岩	锆石 LA-ICP-MS U-Pb	426±2	Mao et al., 2021
	闪长岩	锆石 LA-ICP-MS U-Pb	440±2	Zheng et al., 2018
	闪长岩	锆石 LA-ICP-MS U-P	449.9±3.6	许骏等，2020
	辉长闪长岩	锆石 LA-ICP-MS U-Pb	452.6±3.9	Sun et al., 2019
	辉长闪长岩	锆石 LA-ICP-MS U-Pb	451.0±3.7	Sun et al., 2019
	辉长岩	锆石 LA-ICP-MS U-Pb	282.2±0.6	周国超等，2019
	辉长岩	锆石 LA-ICP-MS U-Pb	278.3±0.6	周国超等，2019

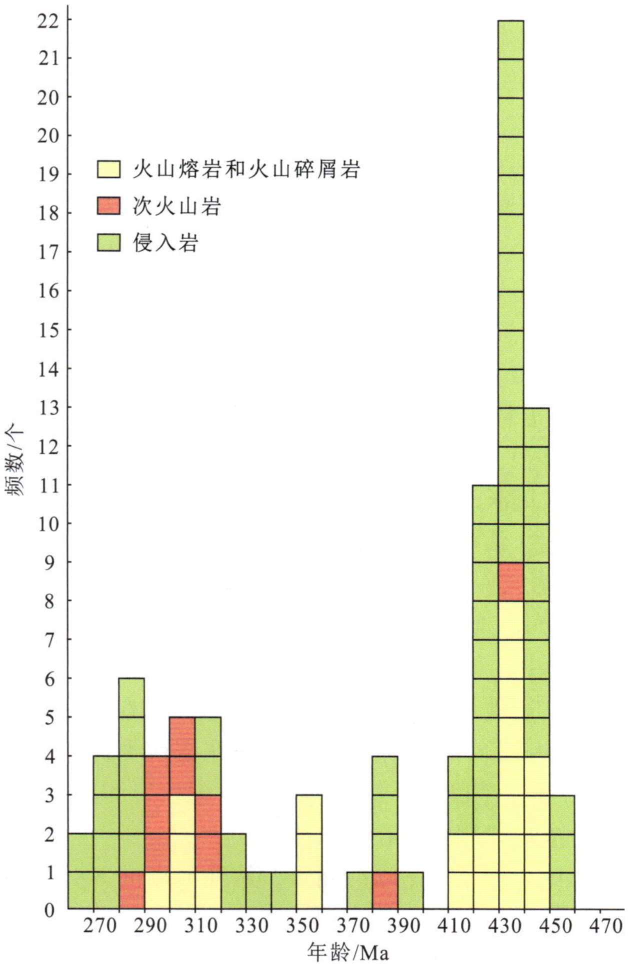

图 3-13　卡拉塔格矿集区火山岩、次火山岩和侵入岩年龄直方图

二、岩浆作用谱系

卡拉塔格矿集区岩浆作用十分活跃，火山喷发、沉积和次火山岩侵入从中-上奥陶统大柳沟组火山作用持续到中二叠统卡拉岗组火山活动。本书主要研究与火山作用有关矿床的火山活动，即大柳沟组、红柳峡组、卡拉塔格组和红石群（?），大柳沟组以基性火山喷发活动为主，为玄武岩、玄武安山岩和安山岩，形成于 453 Ma 之前的中-晚奥陶世；红柳峡组主要为火山爆发相为主，为安山质-流纹质凝灰岩、(含) 角砾凝灰岩、凝灰质粉砂岩、沉凝灰岩，火山喷发年龄为 423~442 Ma，次火山岩侵入年龄为 439 Ma；卡拉塔格组以英安质火山喷发作用为主，为英安岩、凝灰角砾岩、凝灰岩、安山岩等，火山作用时间为 413~441 Ma；红石群（?）以酸性火山喷发和次火山侵入为主，火山作用时间为 299~355 Ma。从中-晚奥陶世到石炭纪海相火山作用由基性向酸性连续演化。

卡拉塔格地区侵入岩发育，以中酸性侵入岩为主，少量基性岩，岩性为花岗岩、花岗斑岩、花岗闪长岩、二长岩、石英闪长岩、石英闪长玢岩、闪长岩、辉长闪长岩、辉长岩、角闪辉长岩和橄榄辉长岩。多呈岩株和岩脉产出，规模最大的是卡拉塔格复式岩体，出露面积约 70 km^2。19 件样品测定年龄表明，卡拉塔格复式岩体侵位时间为 426.0~452.6 Ma，属于晚奥陶世—中志留世，岩浆侵入时间持续了 27 Ma，岩体中辉长闪长岩形成最早，侵位时间为 451.0~452.6 Ma，花岗岩为 429.0~447.0 Ma，花岗闪长岩为 427.0~449.5 Ma，石英闪长岩为 428.7~442.0 Ma，闪长岩为 426.0~449.9 Ma，花岗岩、花岗闪长岩、石英闪长岩和闪长岩侵位时间一致。卡拉塔格复式岩体侵位时间和红柳峡组火山活动时间大体一致，这种火山喷发和岩浆侵入时间相似，空间相邻的现象在中亚造山带十分普遍，如南阿尔泰阿舍勒矿集区泥盆系阿舍勒组和齐也组火山活动时间与哈巴河复式岩体侵入时间相同、克兰矿集区和麦兹矿集区盆地内上志留统—下泥盆统康布铁堡组火山喷发时间与盆地边部及外围早泥盆世岩浆侵入时间一致、准噶尔北缘卡拉先格尔一带中泥盆世北塔山组火山活动时间与侵入岩时间一致。

玉带矿区石英闪长岩和石英闪长玢岩年龄数据复杂，6件样品测定年龄变化范围为389.7~452.7 Ma，其中5件为432~452.7 Ma，属于晚奥陶世—早志留世。石英闪长玢岩伴有斑岩铜矿，2件辉钼矿 Re-Os 模式年龄平均值为449.5 Ma，黄铜矿 Re-Os 年龄为426 Ma，表明玉带矿区存在多期岩浆作用和多期矿化。东二区石英闪长玢岩年龄为428.6~442.6 Ma。红海-黄土坡矿区、红石矿区和黄滩矿区一带侵入岩主要为花岗闪长岩、石英闪长岩、石英闪长玢岩和闪长岩，7件样品测定的侵位年龄为426.6~445.2 Ma，主要集中在430.0~439.2 Ma，与卡拉塔格复式岩体中花岗岩-闪长岩侵位年龄一致，3个矿区距离卡拉塔格复式岩体较近，表明它们是同期岩浆侵入事件的产物。尽管卡拉塔格隆起核心区获得的泥盆纪火山岩年龄很少，但泥盆纪岩浆侵入作用出现在西二区，侵入岩主要沿断裂交汇部位分布，岩性为二长岩、石英闪长岩和石英闪长玢岩，5件样品测定年龄为378~417 Ma，伴有矽卡岩型铜铁矿。早石炭世岩浆侵入活动目前仅见于黄滩矿区的闪长岩和梅岭北的花岗闪长岩，年龄为346.8 Ma和334 Ma。晚石炭世岩浆侵入活动在梅岭矿区及周围发育，主要为花岗岩、花岗斑岩和石英斑岩，侵位时间为302~323 Ma。梅岭铜锌金矿区的次火山岩-石英斑岩（302~296 Ma），伴有与次火山热液有关的铜锌金矿。早-中二叠世侵入岩为镁铁质-超镁铁质岩，分布于月牙湾、洪湖湾等，分布较广泛，但出露面积不大，岩性为辉长岩、角闪辉长岩、橄榄辉长岩。8件辉长岩、橄榄辉长岩和角闪辉长岩样品的年龄为265~282 Ma。月牙湾镁铁质-超镁铁质岩体伴有铜镍矿，磁黄铁矿 Re-Os 等时线年龄为271.9±9.5 Ma，误差范围内与辉长岩、角闪辉长岩和橄榄辉长岩年龄一致，限定成矿作用与镁铁质岩浆作用有关，成矿作用发生在早二叠世末。

综上所述，卡拉塔格矿集区岩浆侵入活动时间长，从晚奥陶世（453 Ma）持续到中二叠世（265 Ma），95件样品年龄数据统计显示最强的火山喷发和岩浆侵入活动集中在420~450 Ma（图3-13），与海相火山作用有关的VMS型和火山热液型脉状矿床也发生在这期间。火山喷发、次火山侵入、岩浆侵入、矿化谱系为：卡拉塔格矿集区核心部位在453 Ma之前的中-晚奥陶世形成大柳沟组基性火山熔岩，主要在427~442 Ma形成于红柳峡组中基火山碎屑岩，424~439 Ma在红柳峡组顶部形成VMS矿床及相关蚀变，432 Ma在大柳沟组安山岩中形成火山热液型脉状铜矿。玉带矿区石英闪长岩和石英闪长玢岩侵入（390~453 Ma），在450 Ma和426 Ma形成多期斑岩铜钼金矿化。卡拉塔格复式岩体中辉长闪长岩于451~453 Ma侵位，之后426~450 Ma是复式岩体中及红海-黄土坡、红石和黄滩矿区花岗岩-闪长岩侵入。东二区石英闪长玢岩于429~443 Ma侵位，伴有铜矿化。413~441 Ma，卡拉塔格组英安质火山熔岩、火山碎屑岩形成。西二区石英闪长岩和石英闪长玢岩于378~417 Ma侵位，伴有矽卡岩型铜铁矿形成。299~355 Ma，在梅岭、红石一带的火山机构中有红石群（?）流纹岩、英安岩、熔结凝灰岩形成，伴随次火山岩浆侵入，形成浅成低温热液型铜锌（金）矿和铜金矿。265~282 Ma，有镁铁质-超镁铁质岩侵入，在月牙湾岩体中形成岩浆型铜镍矿。

三、岩石成因和岩浆起源

（一）火山岩成因

黄土坡矿段辉石安山岩与正常岛弧安山岩相比，具有高 MgO 含量（7.62%~10.77%）和 $Mg^{\#}$（64~72）。除 SiO_2 含量相对较高，在 SiO_2-MgO 和 $Mg^{\#}$图（图3-14a，b）中，地球化学特征与岛弧背景下典型的高镁安山岩相似。辉石安山岩显示出与日本的 Setouchi 火山带、西准噶尔以及北 Hohxil 的高镁安山岩和阿尔泰阿舍勒英安岩相似的地球化学特征，属于赞岐岩（Tatsumi，2006；Yin et al.，2009；Wang et al.，2011；Wu et al.，2015）。黄土坡矿段辉石安山岩具有低的 Ni（12.8×10^{-6}~19.6×10^{-6}）、Co（13.2×10^{-6}~17.1×10^{-6}）和 Cr（19.7×10^{-6}~76.9×10^{-6}）含量，在 Sr/Y-Y 和 $(La/Yb)_N$

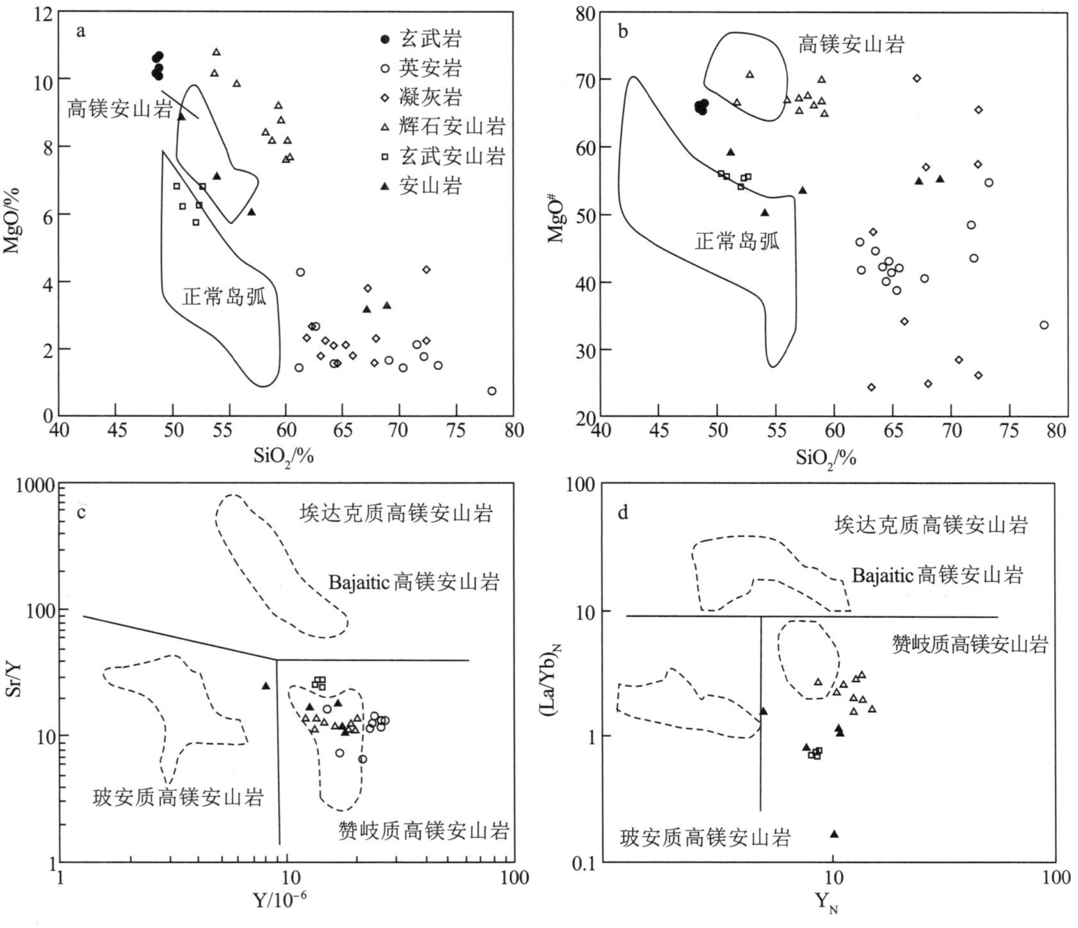

图 3-14　高镁安山岩判别图

（a 和 b 底图据 McCarron and Smellie，1998，c 和 d 底图据 Kamei et al.，2004）

$-(Yb)_N$ 图解（图 3-14 c，d）上落在赞岐岩范围附近。

对于高镁安山岩的地球化学征有多种解释：①含水地幔楔橄榄岩的部分熔融（Mitchell and Grove，2015；Wood and Turner，2009）；②俯冲大洋物质（包括大洋地壳和大洋沉积物）熔体与地幔楔橄榄岩发生反应（Defant and Drummond，1990）；③下地壳和软流圈通过拆沉作用相互作用（Gao et al.，2004）。不同类型高镁安山岩的成因过程可能不尽相同。赞岐岩的形成与上覆地幔楔和俯冲大洋板片和/或沉积物部分熔融形成的硅质熔体相互作用有关（Shimoda et al.，1998），硅质熔体提高了 SiO_2、MgO、Cr 和 Ni 的含量以及 LILE 和 LREE 的含量（Kamei et al.，2004）。

黄土坡辉石安山岩具有高的 $\varepsilon_{Nd}(t)$ 值（7.61～7.90），富集 LREE 和 LILE，且具有 Nb、Ta、Ti 和 P 负异常，表明母岩浆来自亏损地幔，在岩浆上升过程中或源区受到了地壳物质混染。然而，相对于中地壳和上地壳平均值（6.5×10^{-6} 和 10.5×10^{-6}），具有低的 Th 含量（0.90×10^{-6}～2.67×10^{-6}，Rudnick and Gao，2003）和低 Nb/La 值（0.22～0.86），暗示岩浆上升过程中可能经历了轻微的地壳混染。所有样品落在 MORB-OIB 之上，并显示出富集 Th/Yb，Nb/Yb 比值接近于 E-MORB，具有钙碱性特征（图 3-15a），表明有俯冲相关物质参与。

总而言之，幔源组分和俯冲相关物质的参与在辉石安山岩的岩石形成过程中起着重要作用。Th 更容易在高温下被含水熔体溶解和运输（Hanyu et al.，2006），因此，Th/Ce 与 Th/Sm 之间存在明显的正相关关系（Gao et al.，2008）。我们研究样品的 Th/Ce 和 Th/Sm 呈正相关（图 3-15b），表明幔源中加入了沉积物来源的含水熔体。此外，中等高的 $(^{87}Sr/^{86}Sr)_i$ 支持沉积物来源的熔体或海水的加入（Jahn et al.，1980）。Ba 比 La 通常更易于溶解在水溶液中（Hanyu et al.，2006），样品高且变化

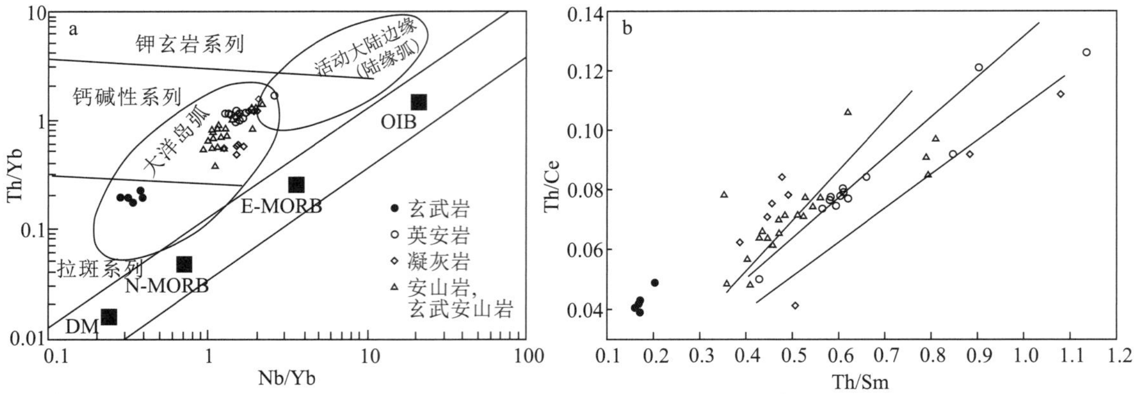

图 3-15　Th/Yb-Nb/Yb 图解（a）和卡拉塔格矿集区火山岩 Th/Ce-Th/Sm 线性关系图（b）
（底图据 pearce，2005，2008；Metcalf and Shervais，2008）

大的 Ba/La 比值（11.8~74.1）表明有板片流体的加入。与俯冲板片熔融形成的典型埃达克岩相比，较高的 Yb 和 Y 含量和更加低的 $(La/Yb)_N$ 和 Sr/Y 值，排除了大洋板片的参与。实验数据表明，沉积物来源的熔体明显亏损 HREE，富集 LREE（Johnson and Plank，1999）。这些沉积物熔体在上升过程中与地幔楔橄榄岩发生反应，形成从流纹质到安山质不同成分的岩浆（Tatsumi，2001）。结合前人对赞岐岩成因的研究成果，我们认为黄土坡辉石安山岩是幔源来源的熔体和俯冲沉积物的熔体以及流体相互作用的结果。另外，样品的 Cr、Co 和 MgO 呈正相关关系，低的 Cr 和 Co 含量，负的 P 异常，表明岩浆经历了辉石和磷灰石的结晶分异作用。高 Al_2O_3 含量和弱富铕异常-正异常（$\delta Eu = 0.72 \sim 1.34$）再次表明母岩浆有斜长石结晶分异。

英安岩、凝灰岩、辉石安山岩、安山岩、玄武岩、玄武安山岩具有相似的锆石 U-Pb 年龄和地球化学特征，富集 LILE、LREE 和 Pb，亏损 HFSE 中的 Nb、Ta 和 Ti，具有相似的同位素特征。成分相似，且这些火山岩具有密切的时空关系，表明这些火山岩是相同岩浆事件的产物。英安岩、凝灰岩、安山岩、玄武岩和玄武安山岩在主量、微量和稀土元素上也显示出不同于辉石安山岩，可能是由于岩浆源区加入了不同俯冲相关的物质。英安岩和凝灰岩具有与典型低镁岩石相似的地球化学特征，低 $Mg^{\#}$（分别为 38~55 和 24~47）和相容元素，表明它们的母岩浆发生了轻微的混染。实验岩石学研究表明（Sobolev et al.，2007），交代岩的部分熔融和地幔楔混染可以产生低镁安山质熔体、玄武质甚至英安质熔体（Singh et al.，2017）。熔体的性质与不同程度部分熔融作用下俯冲物质和地幔楔成分的比例有关（Martin et al.，2005）。英安岩 Th/Yb 值和 $(La/Sm)_N$ 值略高于辉石安山岩，表明岩浆源区中有更多的俯冲相关沉积物的加入。凝灰岩中高的 Ba/Th 值和 Ba/Nb 值，表明含水流体从俯冲物中迁移微量元素起着主导作用（Kelemen et al.，2014）。安山岩、玄武安山岩、英安岩、凝灰岩中负铕异常，表明斜长石发生了分离结晶。综上所述，辉石安山岩属于高镁安山岩，地球化学特征上相似于赞岐岩，英安岩、凝灰岩等属于低镁火山岩，与岛弧火山岩一致。它们都与亏损地幔和俯冲相关物质有关，地球化学上的细微差异可能反映了岩浆源区的不同。

（二）侵入岩成因和岩浆起源

本书对卡拉塔格矿集区志留纪侵入岩（红石花岗闪长岩年龄为 426.6 Ma，红海矿段深孔 ZK17501 中花岗岩年龄为 434.6 Ma，梅岭矿区外围花岗岩年龄为 419.6 Ma 和黄土坡石英闪长岩年龄为 432.7 Ma）和晚石炭世末侵入岩（梅岭铜锌（金）矿采坑中切穿含矿石英斑岩的石英闪长玢岩脉年龄为 296.0 Ma）进行岩石地球化学和同位素地球化学研究，依据这些岩体地质及地球化学特征，探讨岩石成因和岩浆源区。

A 型花岗岩通常含有高温无水相，如辉石和铁橄榄岩，以及后期结晶（间隙）的黑云母和角闪石（Frost et al.，2001），卡拉塔格矿集区志留纪花岗岩类（石英闪长岩、花岗闪长岩和花岗岩）发育黑云母和角闪石，但不是后期结晶相，不同于A型花岗岩。岩相学研究表明志留纪花岗岩类不发育白云母或富铝矿物，铝饱和指数A/CNK为0.83~1.15，在A/CNK-A/NK图解中，落入准铝质-微过铝质区，除个别点外，均落在I-S分界线左侧，具有高的Na_2O（3.02%~7.02%）和低P_2O_5（0.05%~0.24%）含量，因此，志留纪花岗岩类不属于S型花岗岩（Chappell，1999）。志留纪花岗岩类相对低碱含量（K_2O+Na_2O=4.47%~7.74%，绝大多数<7%），富SiO_2（59.81%~73.64%）、Fe_2O_3、CaO（1.56%~6.65%）、Ba（240×10^{-6}~1140×10^{-6}）和Sr（177×10^{-6}~842×10^{-6}），具有相对低的Zr+Nb+Y+Ce含量（114×10^{-6}~215×10^{-6}）、$^{87}Sr/^{86}Sr$（0.704195~0.707414）和10000＊Ga/Al（<2.0），P_2O_5与SiO_2呈负相关性，$^{87}Sr/^{86}Sr$初始值变化范围为0.7038~0.7045，这些地球化学特征表明志留纪花岗岩类具有I型花岗岩特征。

石炭纪末石英闪长玢岩具有低的碱含量（K_2O+Na_2O=5.56%~6.03%），富SiO_2（60.82%~61.31%）、Fe_2O_3（5.56%~5.76%）、CaO（4.21%~4.43%）、Ba（211×10^{-6}~274×10^{-6}）和Sr（611×10^{-6}~682×10^{-6}），具有相对低的Zr+Nb+Y+Ce含量（139×10^{-6}~175×10^{-6}）、$^{87}Sr/^{86}Sr$（0.703913~0.704007）和10，000＊Ga/Al（<2.0），P_2O_5与SiO_2呈负相关性，$^{87}Sr/^{86}Sr$初始值变化范围为0.7038~0.7039，这些地球化学特征与志留纪花岗岩类十分相似，也具有I型花岗岩特征。

卡拉塔格志留纪和石炭纪末花岗岩类相对富集轻稀土、Rb、Ba、U、Sr等大离子亲石元素和亏损高场强元素（如Nb、Ta、Ti），具有低的La/Yb和Sr/Y比值，相对平坦的重稀土配分模式，中等-弱负铕异常，少数无铕异常（δEu=0.55~1.02，个别为1.07~1.11），具有岛弧岩浆岩特征（图3-16）。在Y-Sr/Y图解中，除梅岭石英闪长玢岩2个样品落在埃达克岩区外，其他均落在了正常大洋岛弧岩石的范围内（图3-17A、B）。在La/Nb-Ba/Nb图解中，除红石花岗闪长岩和梅岭花岗岩少量样品落在岛弧火山岩界线附近外，其他样品落在岛弧火山岩区，表明卡拉塔格志留纪和石炭纪末花岗岩类具有岛弧岩浆岩的特点。

由于卡拉塔格志留纪和石炭纪花岗岩类缺乏镁铁质包体，Sr-Nd同位素组成一致（图3-16），可以排除花岗岩类是岩浆混合形成的。实验研究表明，无论熔融程度如何，地壳（玄武质和泥质）岩石脱水熔融都会产生低$Mg^{\#}$（一般小于40）的熔体（Patiño Douce and Johnston，1991；Rapp and Watson，1995）。志留纪红石花岗闪长岩、红海矿段深孔ZK17501中花岗岩、梅岭花岗岩和石炭纪末梅岭石英闪长玢岩$Mg^{\#}$值为29~37，表明岩浆来自地壳物质熔融（图3-18）。石英闪长玢岩（XEQ19-21）中有2粒锆石$^{207}Pb/^{206}Pb$年龄为1272~1506 Ma，可能代表了志留纪岩浆源区中一些古老地壳物质的遗迹。无论是志留纪还是石炭纪花岗岩类均具有正ε_{Nd}值（4.34~7.77）和年轻的模式年龄（520~

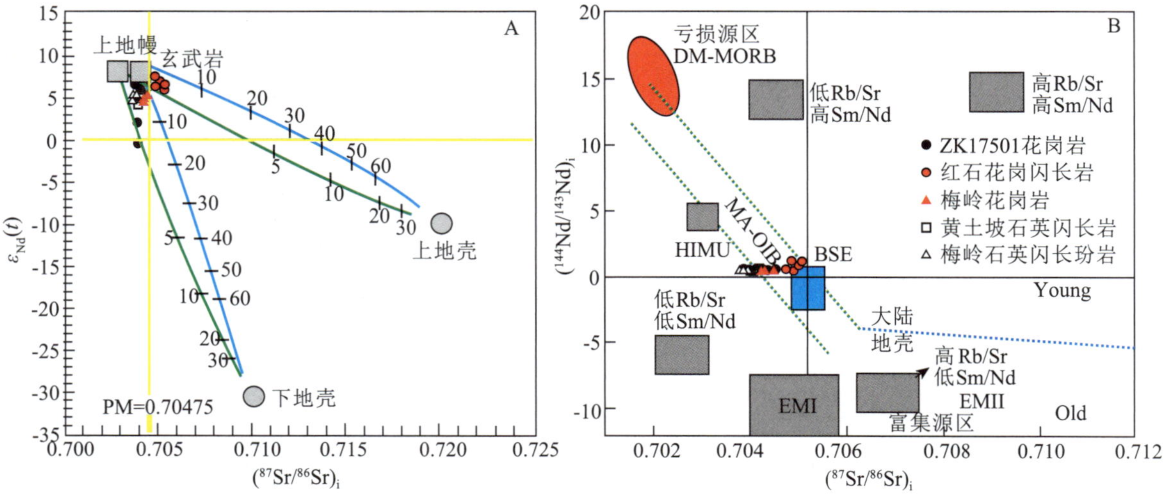

图3-16 卡拉塔格矿集区侵入岩$(^{87}Sr/^{86}Sr)_i$-$\varepsilon_{Nd}(t)$（A）和$(^{87}Sr/^{86}Sr)_i$-$(^{144}Nd/^{143}Nd)_i$（B）图解

（底图据Taylor and McLennan，1985；Rudnick and Fountain，1995；Jahn et al.，2000）

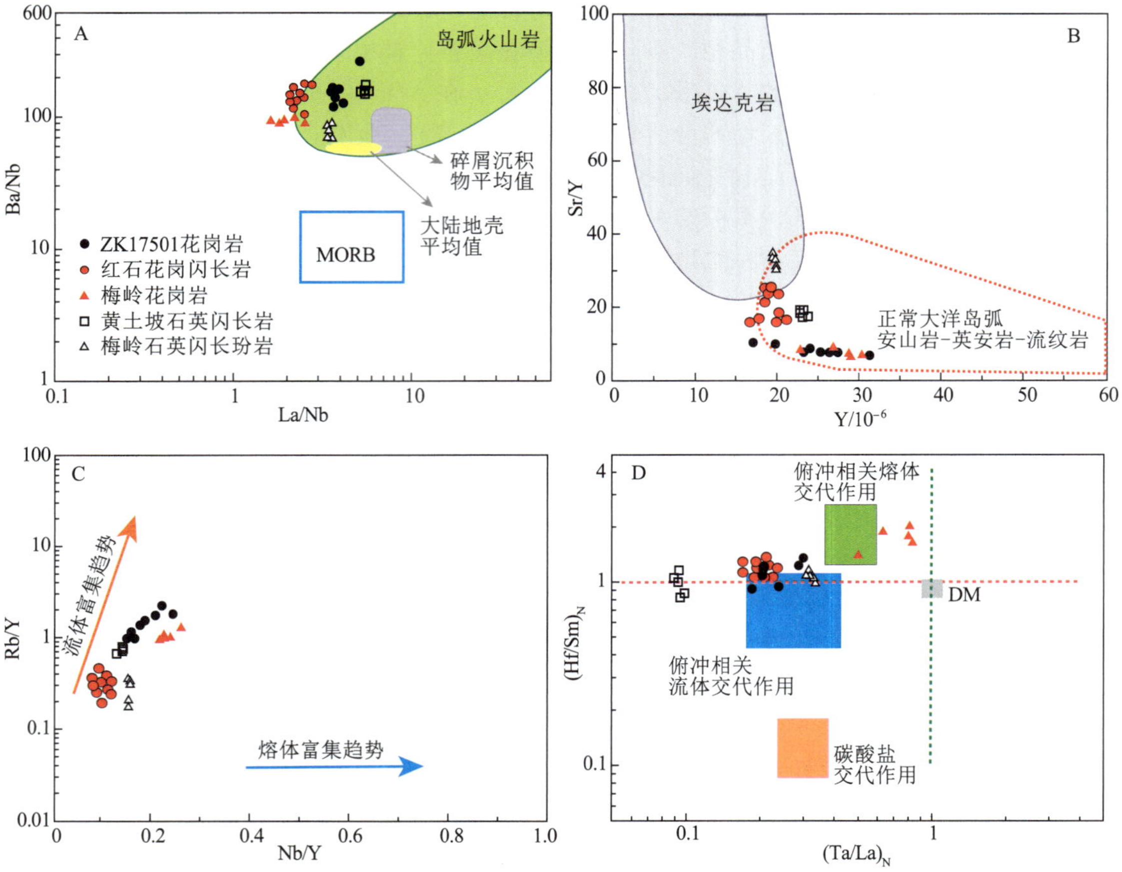

图 3-17　卡拉塔格矿集区侵入岩岩石成因图解

A—La/Nb-Ba/Nb 图解（底图据 Jahn et al.，1999）；B—Y-Sr/Y 图解（底图据 Dru mmond and Defant，1990）；C—Nb/Y-Rb/Y 图解（底图据 Kepezhinskas et al.，1997）；D—$(Ta/La)_N$-$(Hf/Sm)_N$ 图解（底图据 La Fleche et al.，1998）

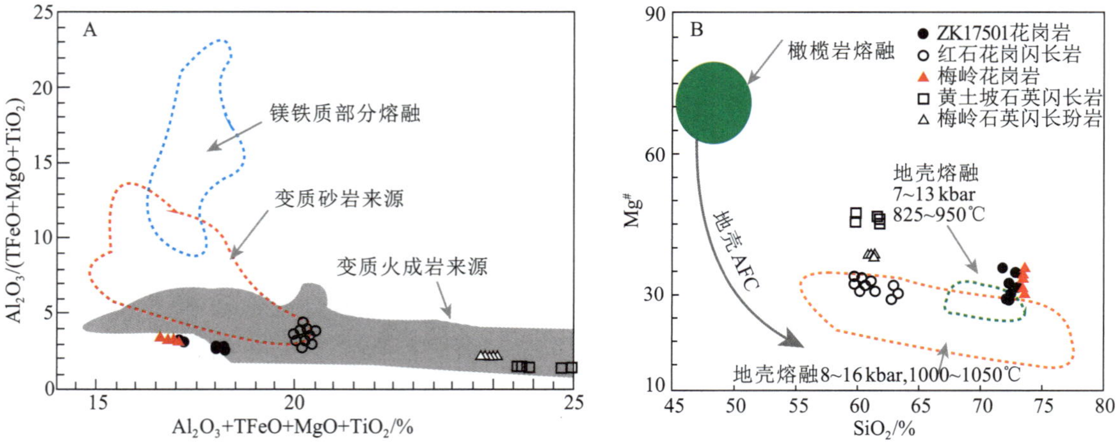

图 3-18　卡拉塔格矿集区侵入岩不相容元素图解

（底图据 Patiño Douce，1999；Pearce，2008）

A—$Al_2O_3/(TFeO+MgO+TiO_2)$-$(Al_2O_3+TFeO+MgO+TiO_2)$ 图解；B—$Mg^{\#}$-SiO_2图解

833 Ma），区域上缺乏前寒武沉积地层，暗示岩浆源区中加入的硅地壳物质有限。黄土坡石英闪长岩 $Mg^{\#}$值为 45~47，略低于卡拉塔格岩体中闪长岩（49~51，Zheng et al.，2018），表明岩浆来源于地幔，不是地壳。板块流体具有高的 Ba/La 和 Ba/Th 比值（Kepezhinskas et al.，1997），在 Nb/Y-Rb/Y 和 $(Ta/La)_N$-$(Hf/Sm)_N$ 图解中（图 3-17），样品落在俯冲相关流体交代作用附近，暗示岩浆起源与板块俯冲相关流体交代作用有关（Pearce，1996；Woodhead et al.，1993）。实验表明，流体饱和熔融会产生富钙，贫铁、镁、钾的强过铝质熔体（Woodhead and Hergt，2005），这与卡拉塔格矿集区花岗岩类特征明显不同。在岩浆源区判别图解中（图3-18），所有样品落在变质火成岩区域。

卡拉塔格矿集区花岗岩类具有相对较低的 MgO 含量，Rb/Sr 比值较低，Nb/Ta 比值较高（11~35），说明岩浆结晶分异作用较弱，从而排除了结晶分异模式的可能性。另外，较低的 MgO 含量，很高的 SiO_2 含量排除了拆沉下地壳的可能性。进而判断，岩体源于增厚下地壳的部分熔融。卡拉塔格矿集区 I 型花岗岩与地幔直接部分熔融形成的岩浆相比，具有高 SiO_2 含量，相对低的 MgO、Cr 和 Ni 含量（Van et al.，1990）。除黄土坡石英闪长岩 $Mg^{\#}$值（45~47）较高外，其他岩体较低，为29~39，表明母岩浆可能来自新增生的年轻下地壳部分熔融，地幔组分参与不明显。卡拉塔格矿集区花岗岩类为低钾（拉斑）系列和钙碱性系列，富集轻稀土和 LILEs，亏损重稀土和 HFSEs。相比 La，Th 更加不相容，地壳 Th/La 比值为~0.3（Frost et al.，2001），明显高于地幔（~0.12；Sun and McDonough，1989）。石英闪长玢岩的 Th/La 比值为~0.06，红石花岗闪长岩为 0.08~0.19，平均为 0.15，其他岩体为 0.14~0.25，表明卡拉塔格矿集区花岗岩类具有壳幔混合特征。$\varepsilon_{Nd}(t)$ 和（$^{87}Sr/^{86}Sr)_i$ 分别为 4.17~7.95，0.7038~0.7045，具有年轻的两阶段模式年龄（520~833 Ma）（图3-16）。另外，红石花岗闪长岩具有正的 $\varepsilon_{Hf}(t)$ 值（13.1~16.0），两阶段模式年龄为（370~620 Ma）。花岗闪长岩显示出正 $\varepsilon_{Nd}(t)$、低$^{87}Sr/^{86}Sr$ 初始值以及正的 $\varepsilon_{Hf}(t)$，与 MORB 相似，表明它们没有受到明显的大陆地壳混染作用。

卡拉塔格矿集区花岗岩类具有中等-弱负铕异常，甚至无异常，表明斜长石分馏结晶有限。单斜辉石和角闪石是控制稀土元素分馏的两种重要矿物，与石榴子石相比，单斜辉石和角闪石富集中稀土，而不是重稀土（Hill et al.，2000；Jahn et al.，2001），因此，石榴子石对重稀土的影响作用更大。$(Gd/Yb)_N$ 比值可以较好地指示岩浆源区是否残余石榴子石，且残余石榴子石多的厚中基性下地壳深部熔融可产生高（$(Gd/Yb)_N$（>5.8，LaTourrette et al.，1995），但卡拉塔格矿集区花岗岩类具有低的（$(Gd/Yb)_N$ 比值（0.91~1.70），表明源区残留石榴子石不多。角闪石在铌、钽的分馏过程中起着重要控制作用，Nb 和 Ta 的分馏发生在金红石相之前的脱水熔化过程中（LaTourrette et al.，1998）。Pearson（2015）指出角闪麻粒岩是基性火山岩在低压下 750~950℃ 部分熔融形成的主要残留相，与金红石花岗闪长岩锆石饱和温度（768~783℃）相吻合。钛负异常通常与钛铁矿或钛酸盐分馏有关。卡拉塔格矿集区花岗岩类具有极高的 Ba/La 比值，这可能与黑云母的部分熔融有关，因为黑云母中含有较高的 Ba。Eu、Ba、La、Yb 是判断花岗岩体是否发生过相关的分异作用的重要参数，相关图解显示，卡拉塔格矿集区花岗岩类曾经发生过长石和黑云母分异作用。其中一些矿物如磷灰石、榍石和独居石受稀土元素含量的改变控制，轻稀土元素伴随着 SiO_2 含量的增加而下降，这暗示了存在高轻稀土元素含量的矿物分离。卡拉塔格矿集区花岗岩类在其岩浆演化的过程中，稀土元素含量变化很可能受到磷灰石分异作用控制。综合地质、地球化学特征，认为卡拉塔格矿集区志留纪和石炭纪末花岗岩类属于 I 型花岗岩，为岛弧岩浆岩，在岩石成因上并无大的差别，岩浆起源于新生下地壳。

四、构造环境

最近一些学者报道了哈尔里克带和大南湖带一些早古生代的花岗质岩石和火山岩（马星华等，2015；肖兵等，2015；龙灵利等，2016；张照伟等，2016）。尽管这些报道的早古生代岩浆岩可能与东天山北部初始的大洋俯冲活动有关，但对东天山北部岛弧俯冲初始的确切时间和俯冲方式仍需要深入研究。关于大南湖-头苏泉岛弧带的地质构造背景，目前尚有两种不同的观点：一些学者认为大南湖-头苏泉岛弧带与其北部的哈尔里克岛弧带在早古生代为统一的大洋岛弧，而另外一些学者则认为大南湖-头苏泉岛弧带形成于晚古生代活动大陆边缘环境。最近几年，位于大南湖-头苏泉岛弧带上的卡拉塔格矿集区开展了大量研究工作，识别出早古生代的火山岩和侵入岩，虽然学者们普遍认为卡拉塔格地区火成岩形成于岛弧环境（图3-19），是早古生代弧增生的结果，但对于大洋岩石圈的俯冲极性有不同的解释，其中包括向南俯冲、向北俯冲或双向俯冲（Mao et al.，2012，2018，2019；李

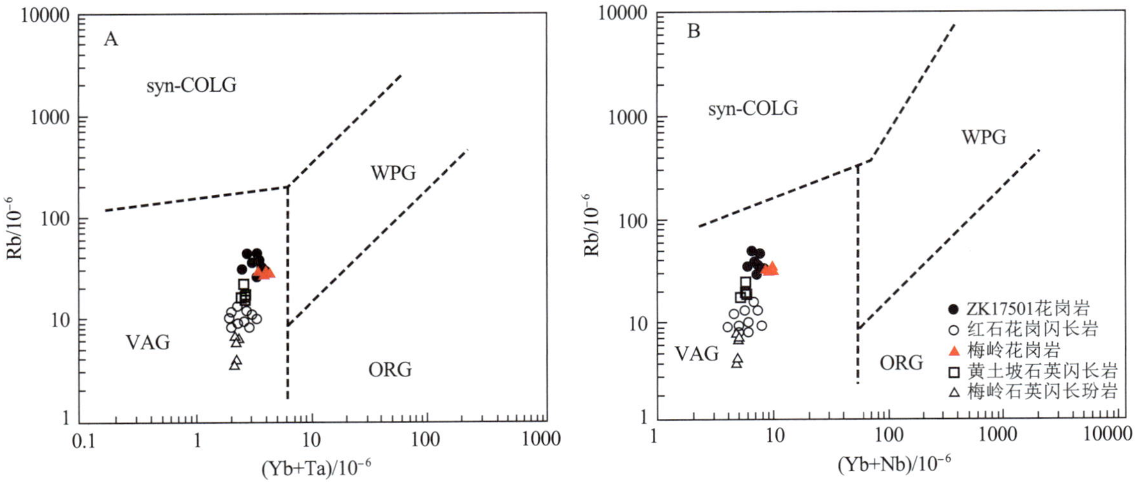

图 3-19　卡拉塔格矿集区构造环境判别图解

A—Rb vs. Ta+Yb 图解；B—Rb vs. Yb+Nb 图解（底图据 Pearce et al.，1984）

玮等，2016；Deng et al.，2018，2020；Sun et al.，2018；Zheng et al.，2018）。

卡拉塔格矿集区含矿火山岩系的火山岩具有类似现代岛弧型岩浆岩的地球化学特征（Boari et al.，2009）。从大洋俯冲到早期碰撞（“软”碰撞模式），再到碰撞后，其微量元素的岛弧型特征（Nb、Ta、Ti、Hf 等 HFSE 元素亏损）得以保留。志留纪黄土坡矿区高镁安山岩和志留纪—泥盆纪埃达克岩（Chen et al.，2017，2019；Mao et al.，2018），表明大南湖地块北部的卡拉塔格矿集区在志留纪—泥盆纪为大洋俯冲阶段。区域上哈尔里克带，晚奥陶世—中志留世（452～430 Ma）岩浆岩多为弧岩浆特征，如塔水河花岗岩（447±11 Ma，孙桂华等，2005），表明卡拉塔格矿集区和哈尔里克带在早古生代具有相同的构造背景。大南湖-头苏泉岛弧带与其北部的哈尔里克岛弧带可能在早古生代为统一的大洋岛弧（Xiao et al.，2004）。在哈尔里克与大南湖-头苏泉岛弧带之间，虽然大面积被第四纪沉积物所覆盖（吐哈盆地），仍然出露有早古生代海相火山岩地层，其年龄也接近 430 Ma，这些都表明在志留纪哈尔里克岛弧带、大南湖-头苏泉岛弧带和卡拉塔格弧后（间）盆地可能构成了统一的早古生代弧盆体系。在大南湖地体南部，出现不同的岩石组合，包括石炭纪与俯冲相关的海相火山-沉积岩系和花岗岩类（如土屋埃达克岩，Wang et al.，2015），表明岩浆形成于弧背景，总体呈向南年轻的趋势，可能与两期俯冲有关（Mao et al.，2018）。阿尔曼太蛇绿岩带中斜长花岗岩锆石 SHRIMP U-Pb 年龄为 503±7 Ma（肖文交等，2006），表明准噶尔大洋板块形成于 503 Ma 之前。根据这些特征，推断卡拉塔格矿集区是由于准噶尔大洋板块向南俯冲和古天山洋（或康古尔洋）北向俯冲形成。

卡拉塔格矿集区奥陶纪—志留纪火山沉积岩系主要是海相钙碱性中-酸性火山岩夹碎屑岩，少量基性火山岩。岩石组合以下部为中-酸性喷发相火山岩和拉斑玄武岩，上部为钙碱性爆发相中性火山岩为特征。碎屑岩主要为低成熟度砾岩、杂砂岩，沉积物来自近端火山岩，表明碎屑岩为未成熟沉积岩，在局部滑塌浊积岩整合地覆盖在火山岩上，所有这些证据表明奥陶纪—志留纪卡拉塔格矿集区为不成熟岛弧环境。英安岩、安山岩、玄武岩、玄武安山岩、凝灰岩、流纹斑岩等具有低的 Ta/Yb 值（0.02～0.47，绝大多数<0.1），与现代大洋岛弧（Ta/Yb<0.1）相似，在 Th/Yb-Nb/Yb 图解中落在洋内岛弧范围（图 3-19）。在早古生代火山岩和侵入岩中继承锆石不发育，出现了高镁安山岩和玉带埃达克岩，表明火成岩形成于洋内俯冲岛弧环境。

前人研究表明 VMS 型矿床形成于各种构造背景，但高温岩浆活动、拉张环境、高温热流体长期活动和稳定的热液体系成为 VMS 型成矿系统最有利矿化条件（Piercey，2010，2011）。红海-黄土坡、黄滩 VMS 型矿床赋存于红柳峡组火山岩系，矿区火山活动强烈，奥陶纪—志留纪 3 套火山岩系早期为镁铁质-安山岩火山活动，晚期长英质活动达到高潮。含不同粒度火山碎屑的重力流沉积（滑塌浊积岩）整合覆盖于岛弧火山岩及 VMS 矿床之上，暗示 VMS 矿床形成过程中处于裂谷相关环境。总的来说，热流值在弧前最低，在火山弧轴线处达到最高值（Eyuboglu et al.，2014），而弧后盆地的平均热流值取决于年龄（Watanabe et al.，1977）。卡拉塔格矿集区未发现变形构造、厚浊积岩、蛇绿岩等，排除了弧前盆地的可能性。高镁安山岩和埃达克岩的存在表明存在高温岩浆作用的，排除了弧后盆地的可能性。高的 Yb 和 Y 含量，低的 La/Yb 比值表明浅层深度和石榴子石稳定区上方的部分熔融（Pearce，2008）。以往的研究表明，与俯冲带相关的浅层岩浆由于扩张速度快而具有较高的温度（Ishizuka et al.，2006）。伸展环境有利于高温岩浆在不损失大量热量的情况下迅速转移，并驱动活跃且长寿的热液循环（Torró et.，2016）和减压诱发的地幔楔部分熔融。计算得到的高 Fe_2O_3/FeO 比值（1.6~9.5），表明 HM（赤铁矿-磁铁矿）缓冲带具有较高的氧逸度（Garrido et al.，2002），这样的岩浆有利于 Cu 和 Au 加入到 VMS 系统中（Candela and Piccoli，2005）。次火山岩及浅部岩浆房的存在，为热液循环提供了热源。综合上述证据，认为卡拉塔格矿集区的 VMS 型矿床形成于大洋岛弧裂谷环境，然而，上覆 MORB 玄武岩的缺失表明，这次裂谷事件是短暂的，是有限的伸展，类似于埃及的 Wadi Hamama 地区（Abd El-Rahman et al.，2015）。伸展机制可能是由于大角度俯冲，导致流体释放和俯冲沉积物的部分熔融。这些熔体和流体与地幔楔内的橄榄岩发生反应，形成了含矿火山岩的母岩浆。综上所述，奥陶纪—志留纪火山岩形成于大洋岛弧裂谷环境，是有限的伸展弧内裂谷背景，加上陡峭的俯冲作用和岩浆房，诱发了热液的循环，对 VMS 型矿床的形成至关重要。

第四章　典型矿床及成矿作用

新疆北部 VMS 型矿床主要分布于南阿尔泰的阿舍勒矿集区（如阿舍勒铜锌矿、萨尔朔克金多金属矿）、克兰矿集区（如大东沟铅锌矿、铁木尔特铅锌铜矿、乌拉斯钩锌多金属矿、塔拉特铅锌铁矿）和麦兹矿集区（如可可塔勒铅锌矿、铁列克萨依铅锌矿、萨吾斯铅锌矿、苏普特铜铅锌矿），东天山的卡拉塔格矿集区（如红海-黄土坡铜锌矿、黄滩金铜锌矿）和小热泉子一带（小热泉子铜锌矿）。SEDEX 型矿床主要分布在西天山赛里木湖周边（如四台海泉铅锌矿、哈尔达坂铅锌矿）。本书选择东天山的红海-黄土坡铜锌矿、黄滩金铜锌矿、红石铜矿和小热泉子铜锌矿，南阿尔泰的阿舍勒铜锌矿和萨尔朔克金多金属矿，西天山哈尔达坂铅锌矿作为典型矿床解剖，探讨成矿作用和末端成矿效应。

第一节　红海-黄土坡铜锌矿

东天山卡拉塔格矿集区红海-黄土坡铜锌矿包括前人的红海铜锌矿（毛启贵等，2010）和黄土坡铜锌矿（付明禄等，2010；柴凤梅等，2017），两个矿空间上相连，成矿特征一致，本书将两个矿做为一个矿，分为红海矿段和黄土坡矿段。该矿发现于 2008 年，现由新疆西拓矿业有限公司和哈密红石矿业有限公司分别开采黄土坡矿段和红海矿段，共探明铜资源量 30×10^4 t（品位 1.49%）、锌资源量 28×10^4 t（品位 3.51%）、金 7.1 t（品位 0.6 g/t）、银 281 t（品位 26 g/t）、镓 278 t（品位 12.9 g/t）、镉 372 t（品位 17.3 g/t）（Deng et al.，2020）。

一、矿床地质特征

（一）矿区地质

矿区出露中-上奥陶统大柳沟组、志留系红柳峡组和卡拉塔格组。大柳沟组为玄武岩、玄武安山岩和安山岩（图 4-1）。红柳峡组主要为含角砾凝灰岩，下部以凝灰岩为主，夹角砾凝灰岩和火山角砾岩，层理发育，局部发育明显的硅质岩与黄铁矿互层，也发育稀疏浸染状和网脉状矿石；上部以安山质火山角砾岩为主，夹角砾凝灰岩和凝灰岩，也发育薄层状凝灰岩、硅质岩和硫化物角砾，在顶部凝灰岩与卡拉塔格组火山角砾岩间赋存块状硫化物矿体，硫化物层与凝灰岩界线截然，火山角砾岩中发育浸染状和角砾状矿石，地表可见黄铁绢英岩化带。卡拉塔格组为凝灰岩、熔结凝灰岩、火山角砾岩和英安岩。

矿区周围发育闪长玢岩、花岗闪长岩等侵入岩。矿区内主要发育 NW 向、近 SN 向和近 EW 向断裂，其中 NW 向断裂为同火山控矿断裂。

（二）矿体及矿石特征

红海-黄土坡铜锌矿为隐伏矿体，主矿体埋藏深度大（94~427 m），铜矿体和铜锌矿体呈 NW 向分布，倾向 NE。矿化赋存于凝灰岩、含角砾凝灰岩中，顶板为火山角砾岩和英安岩（图 4-2）。

Ⅰ矿带圈出铜锌矿体 1 条，铜矿体 32 条、锌矿体 6 条，其中 I-01 号铜锌矿体为矿区主矿体（图 4-3）。黄土坡矿段主矿体与红海矿段主矿体相连，矿体总长 1100 m，厚度 0.75~52.74 m，平均

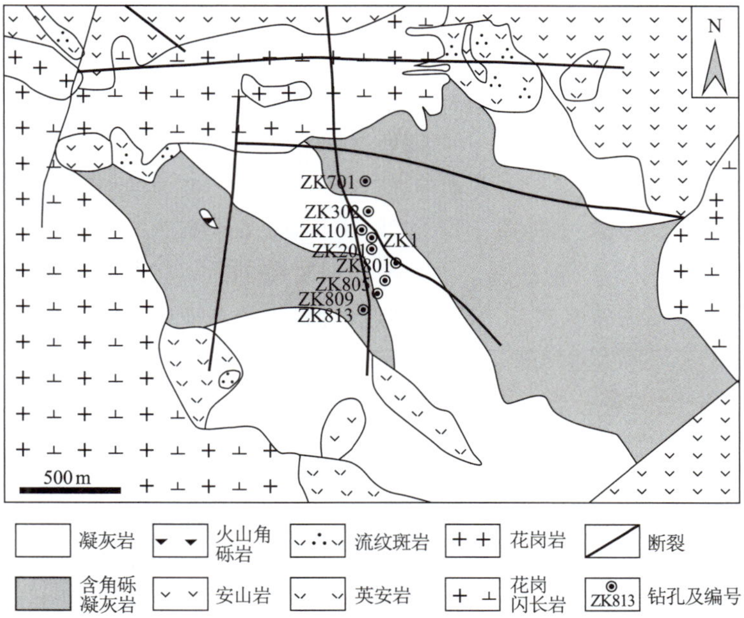

图 4-1　黄土坡铜锌矿床矿区地质图

（据 Deng et al.，2020，有修改）

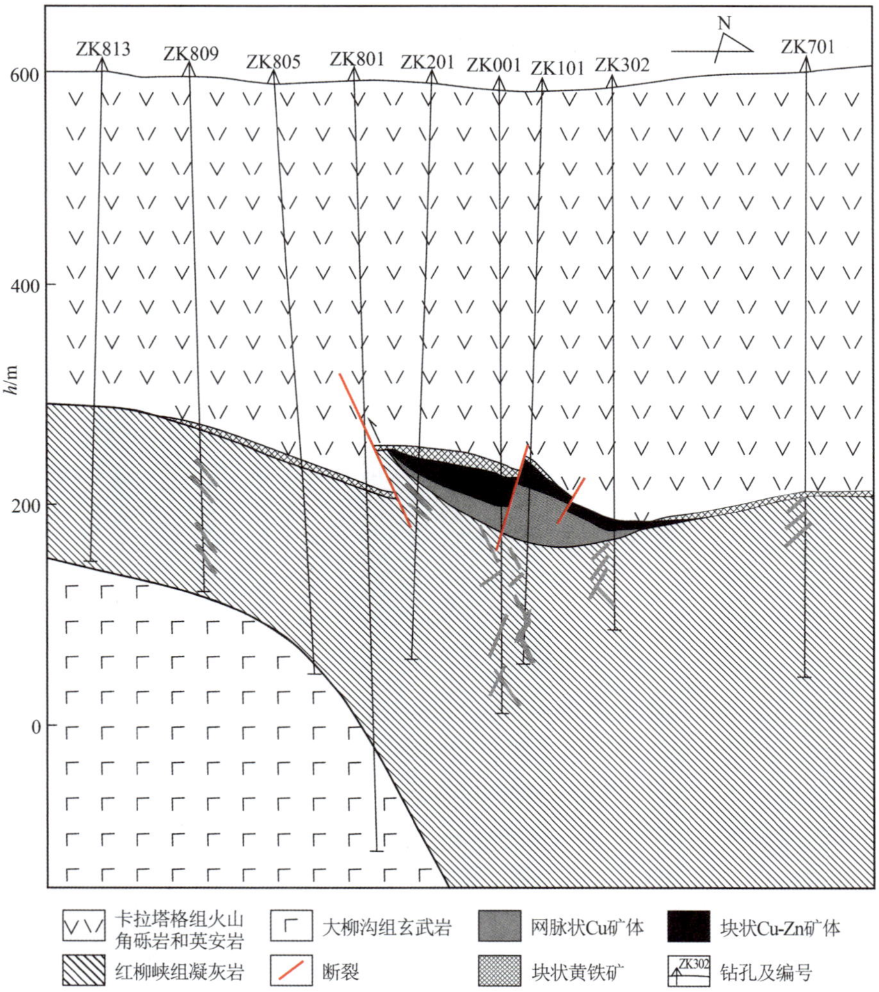

图 4-2　黄土坡-红海铜锌矿勘探线剖面图

（据 Deng et al.，2016，有修改）

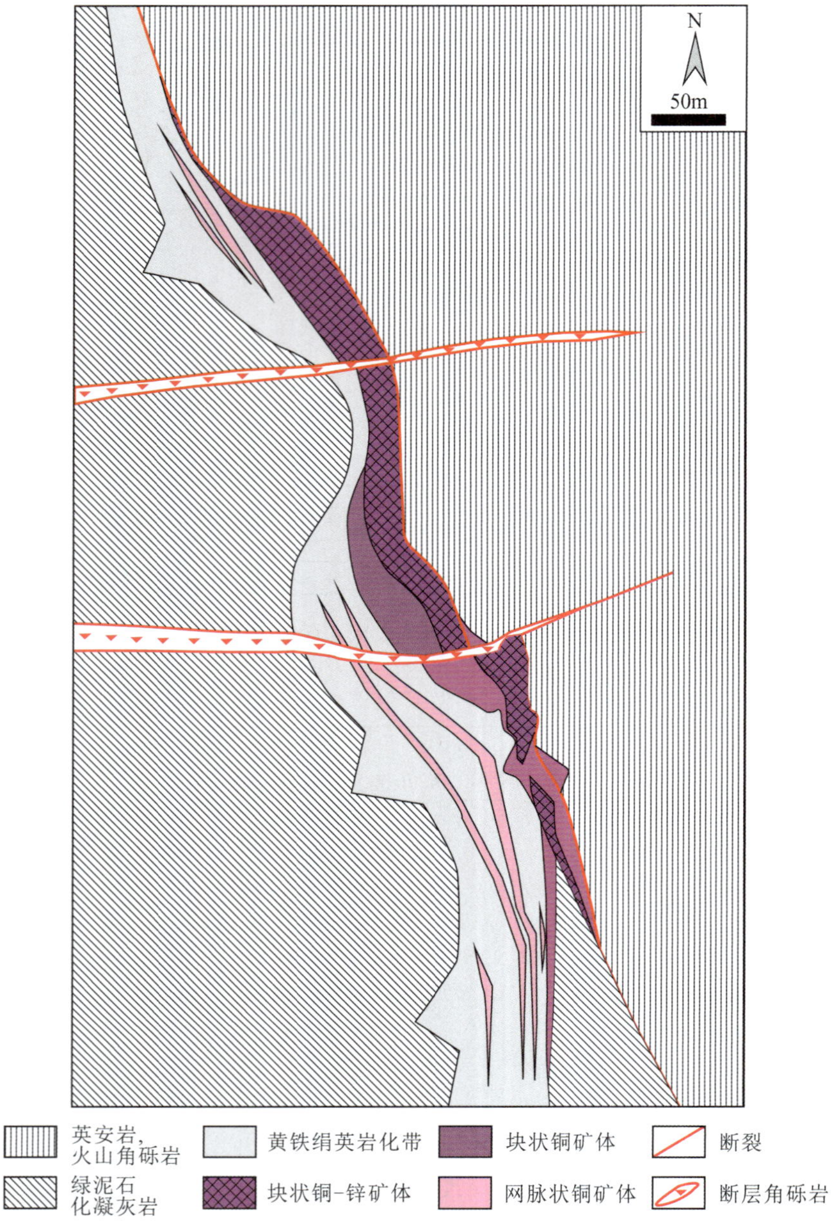

图 4-3　红海-黄土坡 250 m 中段矿体分布图
（据 Deng et al.，2018）

15.53 m，矿体总产状 66°∠40~75°。主矿体铜品位 0.20%~22.02%，平均品位 1.16%，矿体在中间部位厚度大（平均厚度达 30 余米）品位高（Cu 平均品位达 1.90%），向北、西、南变薄变贫（Cu 平均品位小于 1.00%），其中低品位矿块主要分布在 I-01 矿体的边部（西北侧，东南侧）。锌主要分布在铜锌矿体上部，中、下部不含锌，锌品位 0.50%~43.26%，平均品位 1.68%。

Ⅱ矿带位于Ⅰ矿带西部，共圈出铜矿体 50 条，在纵、横剖面图上呈似层状、脉状，在水平投影图上或呈不规则的多边形、脉状，大致与 I-01 矿体平行分布，其规模小、厚度薄、品位低。

矿区发育喷流岩，如重晶石、含铁碧玉岩、硅质岩、黄铁矿层（图 4-4）。矿化分为两类，层状（块状）矿化和细脉-网脉状矿化（图 4-5），前者呈透镜状，与凝灰岩和火山角砾岩产状一致（图 4-2，图 4-3），主要为 Cu-Zn 和 Cu 组合，伴有 Au-Ag-Ga-Cd。红海矿段层状矿为透镜状，埋深 290~390 m，产状平缓（倾向 40°~50°，倾角 20°~30°），长 300~400 m，宽 50~200 m，厚几米至 52.74 m。层状矿体由核部的块状矿、边部的条带状矿、最外围的富含黄铁矿的喷气沉积岩组成。层状硫化物矿体矿物组合有一定分带，上部为块状黄铁矿、中部为块状黄铁矿+闪锌矿+黄铜矿，下部为块状黄铜矿。细脉-网脉状矿化（局部大脉）分布于凝灰岩中的绢英岩化带，在主矿体下盘发育网脉状铜矿体，距主矿体 9~90 m。与硅化有关（图 4-5），成矿元素主要为 Cu，具有补给通道相矿化特征，是热液通道。坑道中观察到细脉-网脉状铜矿化穿切层状铜锌矿化，说明补给通道相矿化略晚于层状矿化。层状矿化和细脉-网脉状矿化构成了 VMS 型矿床的“双层结构”（图 4-6）。

图 4-4　红海-黄土坡铜锌矿床含矿岩系及喷流岩照片

A—B—含铁碧玉岩；C—上盘火山角砾岩中的硅质角砾；D—下盘凝灰岩及石英细脉；E—下盘黄铁矿化凝灰岩中石英细脉；F—上盘火山角砾岩；G—凝灰岩中黄铁矿化；H—含重晶石的块状矿石；I—上盘重晶石

矿石构造有致密块状、块状、稠密浸染状、浸染状、条带状、条纹状、角砾状、细脉状、网脉状、团块状等（图 4-5）。矿石结构有自形-半自形晶粒结构、他形晶粒结构、填隙结构、反应边结构、港湾结构、固溶体分离结构、假象结构等（图 4-7，图 4-8）。

块状矿石矿物呈中粗粒，以他形粒状结构为主，并有包含结构、出溶结构、交代残余结构和乳滴状结构等。一般黄铁矿结晶较好，而黄铜矿和闪锌矿都以他形产出为主，分布于黄铁矿粒间或包含黄铁矿。黄铜矿与闪锌矿粒状之间关系有镶嵌结构，或闪锌矿中出溶定向排列和随机分布的乳滴状的黄铜矿微晶，或黄铜矿在闪锌矿边部发育并溶蚀闪锌矿而形成港湾状侵蚀结构，或半自形的黄铜矿包含在闪锌矿中。闪锌矿和黄铜矿均对黄铁矿溶蚀交代，或局部交代，或全部交代保存黄铁矿晶形假象（图 4-7，图 4-8）。

网脉状铜矿中矿石构造主要为细脉状、网脉状构造。铜矿石以黄铜矿和黄铁矿为主，偶见闪锌矿，含量少于 0.5%。矿石结构以他形中细粒为主，并有交代残余结构、填隙结构。黄铜矿主要呈粗粒团块状集合体，粒度大多在 0.2 mm 以上。黄铁矿以自形、半自形晶为主，少部分呈他形晶，黄铁矿的粒度比黄铜矿稍粗，粒度范围一般为 0.1~0.4 mm，网脉状分布，裂隙发育，大部分黄铁矿与黄

图 4-5 红海-黄土坡铜锌矿床矿化特征

A—块状铜锌矿体与上盘火山角砾岩界线；B—块状铜锌矿石；C—角砾状硫化物；D—层状矿体下盘网脉状铜矿体；E—凝灰岩中黄铁矿黄铜矿石英脉；F—黄铁矿黄铜矿石英胶结凝灰岩角砾；G—黄铁矿+黄铜矿呈条带状分布于凝灰岩中；H—块状黄铁矿+黄铜矿+闪锌矿矿石；I—黄铜矿+黄铁矿+石英团块；Q—石英；Py—黄铁矿；Ccp—黄铜矿；Sp—闪锌矿

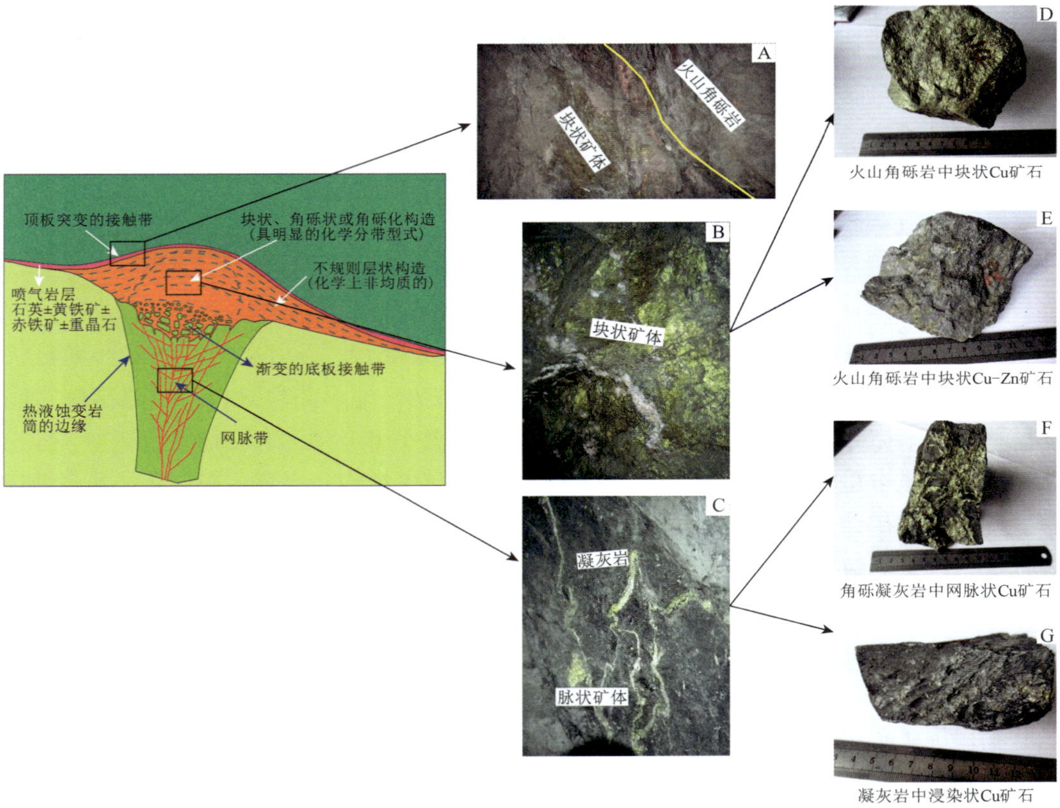

图 4-6 红海-黄土坡铜锌矿“双层结构”

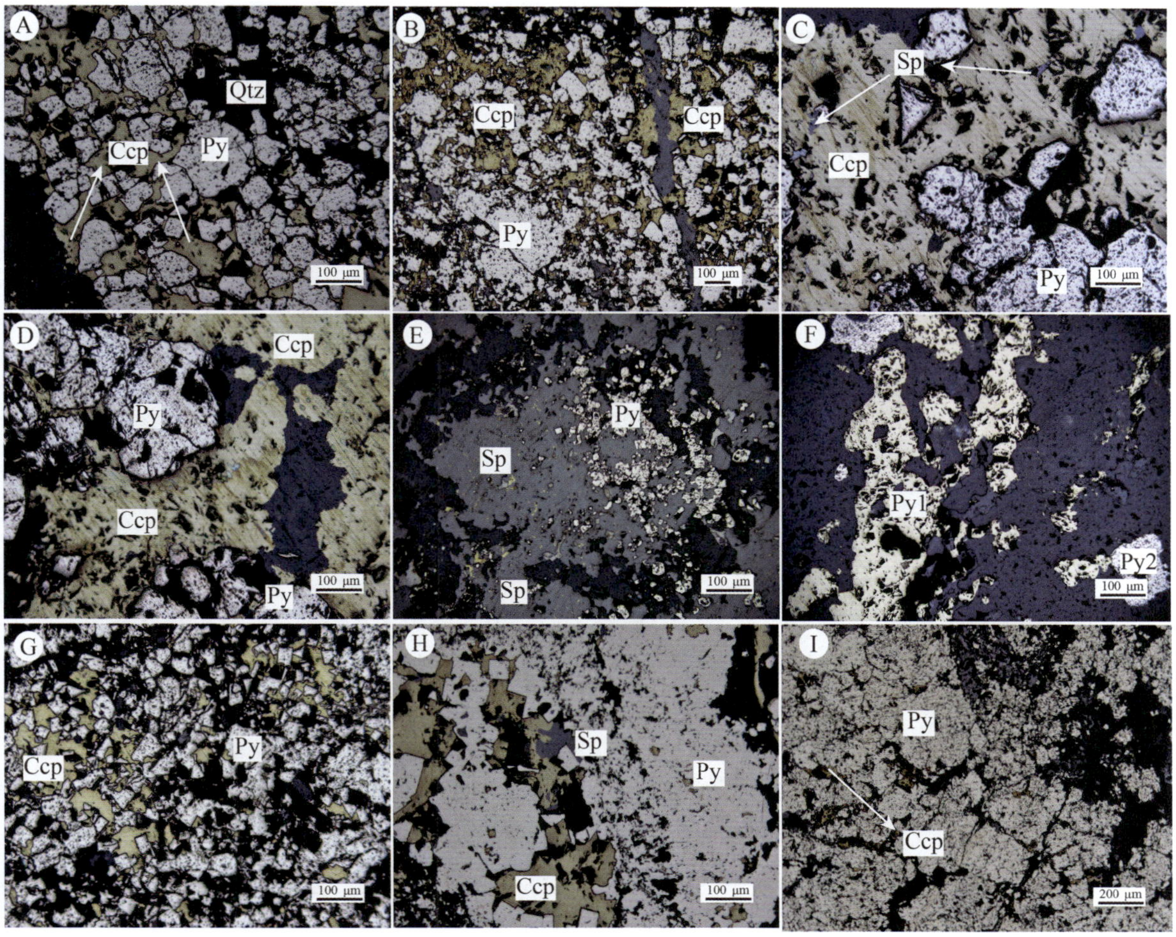

图 4-7　红海-黄土坡铜锌矿床矿石显微照片（反射光）

A~F—块状矿石；G~I—脉状矿石；Py—黄铁矿；Ccp—黄铜矿；Sp—闪锌矿

铜矿共生，黄铜矿与黄铁矿及非金属矿物的接触边界规整（图 4-7）。

（三）矿物化学特征

电子探针分析在中国地质科学院矿产资源研究所电子探针实验室完成。本次分析了黄铁矿、黄铜矿、闪锌矿的 As、Fe、Cu、S、Pb、Bi、Sb、Zn、Co、Ag、Au、Mo 和 Te 的含量，分析了重晶石和金红石化学成分，测试结果略。

7 个黄铁矿测试点 Fe 含量为 45.52%~46.82%，平均值为 45.99%；S 含量为 52.31%~53.11%，平均值为 52.74%。S/Fe 的原子数比值为 1.987~2.053，平均值为 2.013。微量元素中 Mo、As、Sb、Co 的含量较高，其中最高的 Mo 含量为 0.42%~0.52%，平均值为 0.44%，Co 含量为 0.09%~0.13%，Pb、Se、Bi 的含量低，多数低于检出限。

10 个闪锌矿测试点 Zn 含量为 56.79%~66.21%，平均值为 63.42%；S 含量为 27.09%~33.92%，平均值为 31.88%；Fe 含量为 0.70%~8.45%，平均值为 2.61%，有 1 个点 Fe 含量超过 6%，属于铁闪锌矿。微量元素中 Mo、As、Sb、Co 的含量较高，其中最高的 Mo 含量为 0.21%~0.35%，平均值为 0.29%。

4 个含银金闪锌矿测试点 Zn 含量为 42.23%~63.36%，平均值为 49.65%；S 含量为 30.59%~32.08%，平均值为 31.51%；Fe 含量为 1.42%~11.00%，平均值为 7.63%。微量元素中 Au、Ag 的含量较高，其中 Au 含量为 0.16%~1.21%，平均值为 0.53%；Ag 含量为 0.13%~0.81%，平均值为 0.38%。由此可见，闪锌矿是红海-黄土坡矿区载 Au 矿物之一。李遥等（2018）对红海-黄土坡铜锌

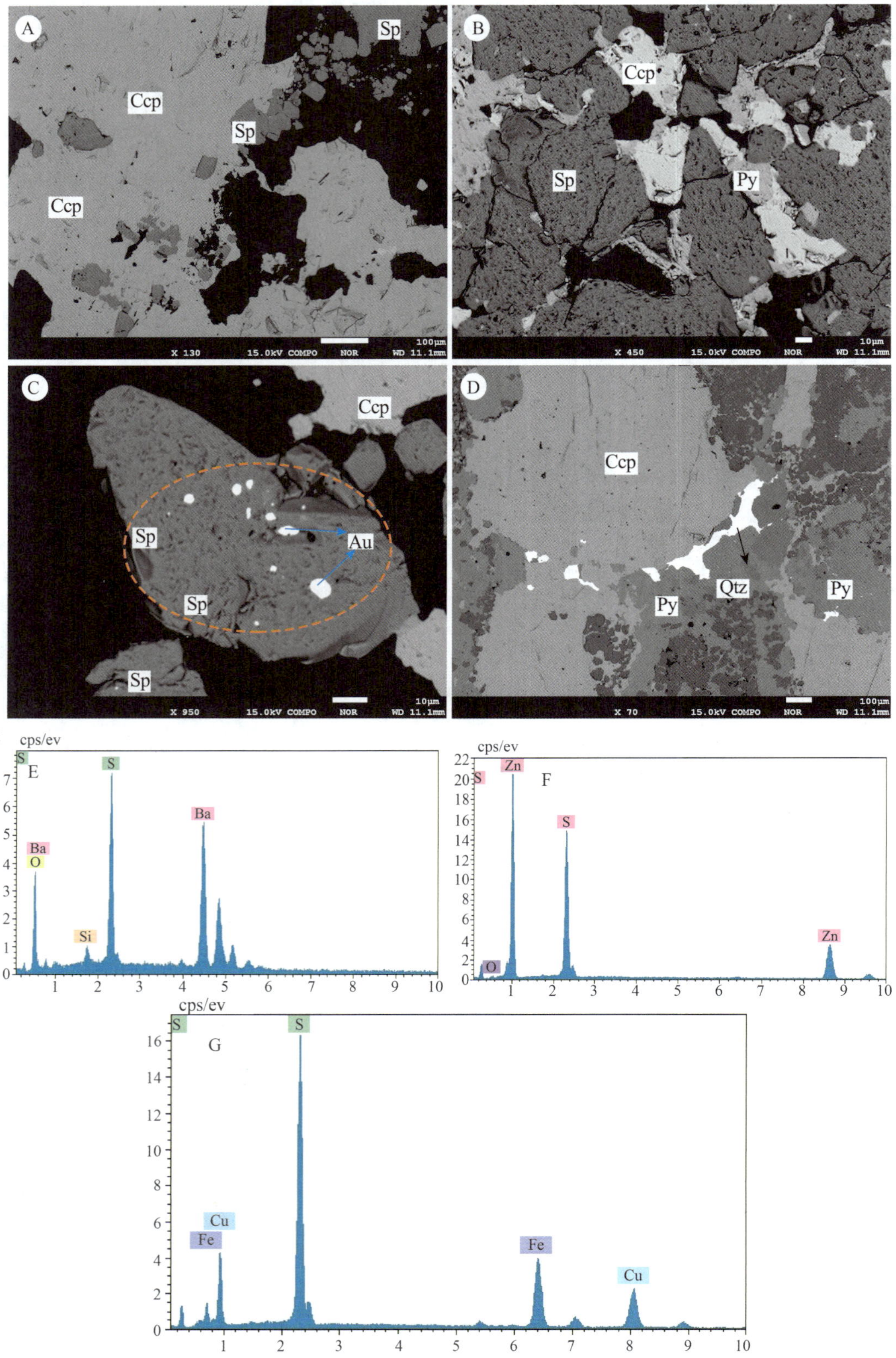

图 4-8　红海-黄土坡块状和脉状矿石背散射及能谱图

A-C—块状矿石：A—闪锌矿分布在黄铜矿颗粒边界及内部，B—闪锌矿、黄铜矿、黄铁矿组成块状矿石，黄铜矿呈他形充填在闪锌矿中，C—闪锌矿中含浸染状自然金颗粒；D—网脉状矿石，含石英、黄铁矿、黄铜矿；E-F-G—矿石能谱图；Py—黄铁矿；Ccp—黄铜矿；Sp—闪锌矿；Qtz—石英；Au—金

矿床块状硫化物矿石中金和银赋存状态进行了详细研究，认为 Au 在块状硫化物中主要富集于黄铁矿（Au 含量 1.39%~3.92%）、黄铜矿（Au 含量 1.12%~2.83%）、方铅矿（Au 含量为 1.86%~2.65%）之中，少量赋存在闪锌矿（Au 含量 1.18%~1.32%）、黝铜矿（Au 含量 1.26%）以及重晶石（Au 含量 0.94%~1.52%）中。同时获得银金矿化学成分，Au 含量 36.11%~52.91%，Ag 含量为 23.66%~37.99%，银金矿呈粒间金和包裹金。碲银矿化学成分 Ag 为 16.27%~42.98%，Te 为 11.35%~28.41%。李遥等（2018）提出矿床中 Au、Ag 主要以原子或离子的形式赋存于矿物晶格中或晶格空位处，少量以金属互化物（银金矿、碲银矿）的形式出现，银金矿、碲银矿较大的化学成分差异指示了热液环境由中酸性-中性转变为更有利于 Au、Ag 迁移沉淀的偏碱性。

6 个黄铜矿测试点 Cu 含量为 32.93%~34.71%，平均值为 34.26%；S 含量为 32.46%~34.86%，平均值为 33.82%；Fe 含量为 27.24%~30.64%，平均值为 29.82%。微量元素中 Mo 的含量较高，为 0.27%~0.37%，平均值为 0.32%，其余元素值如 As、Sb、Au、Ag、Te 较低且半数以上低于检出限。与黄铜矿理论组成相比，Cu 含量（34.56%）和 Fe 含量（30.52%）略低。

6 个重晶石测试点 BaO 含量为 63.13%~63.96%，平均值为 63.62%；SO_3 含量为 34.14%~34.70%，平均值为 34.49%。

2 个金红石测点 TiO_2 含量为 94.45%~98.20%，平均值为 96.32%。

（四）围岩蚀变及成矿期次划分

围岩蚀变主要发育在下盘的补给通道相，主要有黄铁矿化、绢云母化、白云母化、绿泥石化、硅化、叶蜡石化和绿帘石化，其中黄铁绢英岩（化）（黄铁矿+绢云母+石英）是本区与成矿有关的最重要热液蚀变。在矿区地表，黄铁绢英岩主要分布在矿区的中部，地表呈明显的黄褐色。深部黄铁绢英岩呈 NW 向带状展布，以 30°~35°的角度向 NEE 倾斜。硅化与补给通道相脉状铜矿化密切相关，绿泥石化带分布在矿体及其上下盘和脉状矿体两侧，可达数十米宽，并伴有星点状黄铁矿（自形程度高）产出。叶蜡石化主要分布在矿体下盘。绿帘石化普遍分布在矿体上部的安山岩/英安岩中，具有远矿指示作用；在红海矿段矿体下盘可见绿泥石化+绿帘石化+绢云母化+硅化+黄铁矿化。

根据成矿特征、矿脉穿插关系、矿物共生组合等，将红海-黄土坡铜锌矿床成矿过程划分为喷流沉积期和表生氧化期，喷流沉积期又分为喷流沉积相和补给通道相（图 4-9）。喷流沉积期主要形成喷流岩、层状铜锌矿体、块状铜矿体和补给通道相脉状铜矿体。喷流沉积相中形成层状矿体，以发育致密块状、块状、条带状、条纹状、稠密浸染状和浸染状构造为特色。金属矿物主要为黄铁矿、黄铜矿和闪锌矿，少量砷黝铜矿、黝铜矿、方铅矿、磁黄铁矿、银金矿、碲银矿，非金属矿物主要为石英、重晶石和绢云母，少量绿泥石、斜长石、碳酸盐矿物。补给通道相中形成脉状矿化，以发育细脉状、网脉状、浸染状、团块状、角砾状构造为特色。金属矿物主要为黄铁矿和黄铜矿，少量闪锌矿、银金矿，非金属矿物主要为石英、绿泥石、白云母和绢云母，少量碳酸盐矿物。表生氧化期表现为硫化物矿物氧化，形成孔雀石、褐铁矿、黄钾铁矾、氯铜矿等。

二、成矿作用及成矿末端效应

（一）成矿时代

含矿岩性、矿化特征表明红海-黄土坡铜锌矿为火山成因块状硫化物（VMS）矿床，属于同生沉积矿床。无论是喷流沉积相层状矿化，还是补给通道相脉状矿化均有海相火山作用有关，因此，含矿火山岩系中火山岩年龄可以限定成矿时代。本次获得矿体上盘含角砾凝灰岩锆石 LA-ICP-MS U-Pb 年龄为 423.3±2.9 Ma，限定红海-黄土坡矿床形成于 423 Ma 前。毛启贵等（2010）获得上盘底部酸性火山熔岩锆石 SHRIMP U-Pb 年龄为 416±5.9 Ma，这个年龄与本次获得含角砾凝灰岩年龄在误差范围内一致。Deng et al.(2016) 获得含矿火山岩系凝灰岩锆石 U-Pb 年龄为 440.4±2.9 Ma。Chai et al.

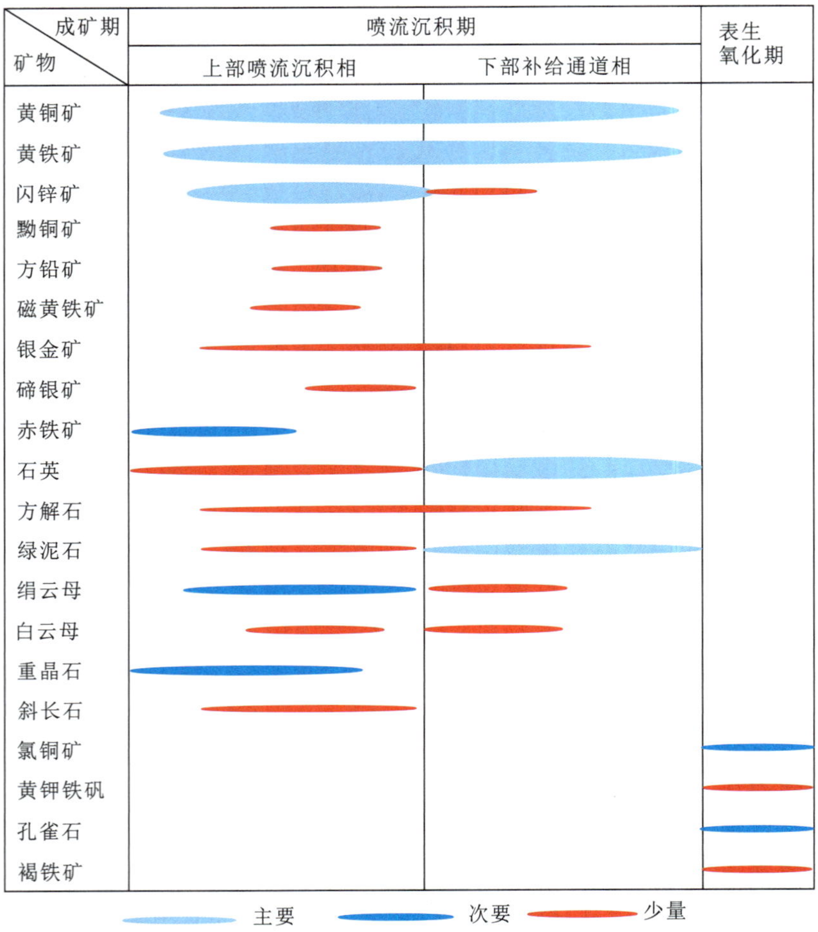

图 4-9　红海-黄土坡铜锌矿床矿物生成顺序

(2019) 获得含矿岩系英安岩、安山岩和安山质凝灰岩锆石 LA-ICP-MS U-Pb 年龄分别为 440.1±1.2 Ma，439.7±0.95 Ma 和 442.0±1.1 Ma，这些火山岩年龄厘定含矿岩系及成矿时代为 442~423 Ma，属于志留纪。

为了精细限定成矿时代，本次和“新疆东天山黄土坡铜锌多金属矿火山作用对成矿机制的制约”项目合作开展了硫化物 Re-Os 年龄测试。黄土坡矿段层状铜锌矿体中采集 5 件黄铁矿（表 4-1），样品为致密块状、条带状和浸染状矿石，在中国科学院地球化学研究所矿床地球化学国家重点实验室利用 PE ELAN DRC-e ICP-MS 仪器开展 Re-Os 同位素分析。样品中具有低的 Re 和普通 Os 含量，分别为 7.69×10^{-9} ~ 82.73×10^{-9} 和 0.007×10^{-9} ~ 0.097×10^{-9}，$^{187}Re/^{188}Os$ 和 $^{187}Os/^{188}Os$ 介于 874~9733 和 6.16~72.77 之间。低含量，高放射性硫化物（$^{187}Re/^{188}Os\geqslant5000$）适合于 $^{187}Re-^{187}Os$ 等时线和 $^{187}Re/^{188}Os-^{187}Os/^{188}Os$ 等时线（图 4-10）（Stein et al.，2000；Morelli et al.，2004；Barra et al.，2005）。5 件样品在 $^{187}Re-^{187}Os$ 图上获得等时线年龄为 428±14 Ma（MSWD=0.12），在 $^{187}Re/^{188}Os-^{187}Os/^{188}Os$ 图上获得等时线年龄为 425±38 Ma（MSWD=0.16），5 件样品加权平均年龄为 427.9±5.5 Ma（MSWD=0.24），这 3 种年龄基本一致（Yang et al.，2018a）。

黄土坡矿段层状矿体中采集 7 件致密块状铜锌矿石，挑选黄铜矿单矿物在国家地质实验测试中心利用美国热电公司（Thermo Fisher Scientific）生产的高分辨电感耦合等离子体质谱仪 HR-ICP-MS Element 2 进行 Re-Os 年龄测定。7 件样品具有低的 Re 和普通 Os 含量，分别为 0.5707×10^{-9} ~ 128.034×10^{-9} 和 0.0006×10^{-9} ~ 0.0437×10^{-9}，$^{187}Re/^{188}Os$ 和 $^{187}Os/^{188}Os$ 介于 101~36391 和 2.61~242.46 之间（表 4-2）。7 件样品在 $^{187}Re/^{188}Os-^{187}Os/^{188}Os$ 图解上获得等时线年龄为 429.5±10 Ma（MSWD=3.8），初始 $^{187}Os/^{188}Os$ 值为 0.8±1.2（图 4-11），等时线年龄与黄铁矿等时线年龄一致。

表 4-1　红海-黄土坡铜锌矿黄土坡矿段层状矿体中黄铁矿 Re-Os 同位素组成

序号	样号	矿物	Re/10^{-9}		普 Os/10^{-9}		$^{187}Os/10^{-9}$		$^{187}Re/^{188}Os$		$^{187}Os/^{188}Os$		模式年龄/Ma	
			Re	1σ	Os	1σ	^{187}Os	1σ	Ratio	1σ	Ratio	1σ	模式年龄	1σ
1	HTP15-54	黄铁矿	8. 02	0. 19	0. 043	0. 004	0. 0360	0. 0006	874	89	6. 16	0. 37	428. 9	6. 6
2	HTP15-72	黄铁矿	7. 69	0. 21	0. 030	0. 003	0. 0338	0. 0008	1199	107	8. 42	0. 43	420. 1	9. 7
3	HH15-55	黄铁矿	13. 80	0. 32	0. 007	0. 002	0. 0623	0. 0016	9733	2915	72. 77	18. 16	431. 5	10. 9
4	HTP15-82	黄铁矿	29. 67	0. 48	0. 097	0. 004	0. 1333	0. 0014	1444	69	10. 74	0. 34	429. 4	4. 5
5	HTP15-69	黄铁矿	82. 73	1. 01	0. 041	0. 001	0. 3693	0. 0048	9494	276	67. 30	1. 95	426. 5	5. 5

表 4-2　红海-黄土坡铜锌矿黄土坡矿段黄铜矿 Re-Os 同位素组成

样号	矿石类型	重量/g	Re/10^{-9}	普 Os/10^{-9}	$^{187}Os/10^{-9}$	$^{187}Re/^{188}Os$	$^{187}Os/^{188}Os$
HTP17-4	块状矿石	0. 30029	30. 4041±0. 20	0. 0437±0. 0004	0. 1364±0. 0004	3362±38	23. 98±0. 12
HTP17-5	块状矿石	0. 30024	26. 7316±0. 05	0. 0299±0. 0001	0. 0296±0. 0002	3270±36	22. 88±0. 11
HTP17-8	块状矿石	0. 30013	22. 8536±0. 02	0. 0146±0. 0001	0. 0135±0. 0001	2985±30	22. 46±0. 06
HTP17-10	块状矿石	0. 30053	11. 5425±0. 01	0. 0259±0. 0001	0. 0068±0. 0001	13326±295	93. 50±0. 03
HTP17-11	块状矿石	0. 30017	17. 4714±0. 12	0. 0184±0. 0002	0. 0765±0. 0005	4578±47	31. 88±0. 14
HTP17-14	块状矿石	0. 30089	128. 0340±0. 94	0. 0170±0. 0001	0. 5361±0. 0004	36391±374	242. 46±0. 06
HTP17-7	块状矿石	0. 30058	71. 3982±0. 05	0. 0272±0. 0005	0. 0092±0. 0001	101±2	2. 61±0. 01

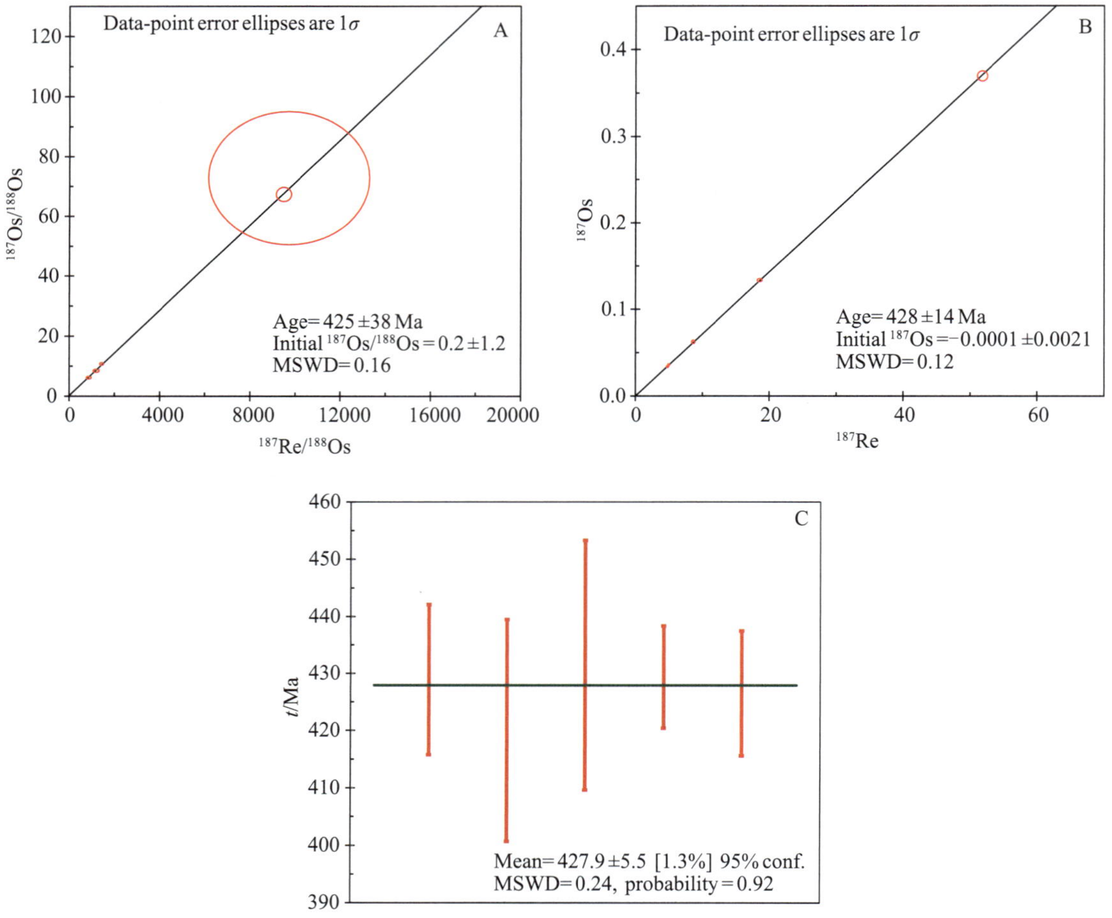

图 4-10　黄土坡矿段层状矿体黄铁矿 Re-Os 年龄

A—^{187}Re/^{188}Os-^{187}Os/^{188}Os 等时线图；B—^{187}Re-^{187}Os 等时线图；C—加权平均年龄

图 4-11　黄土坡矿段层状矿体黄铜矿^{187}Re/^{188}Os-^{187}Os/^{188}Os 等时线图

本次获得的 2 条黄铁矿和黄铜矿 Re-Os 等时线年龄（428 Ma 和 430 Ma）小于 Deng et al.（2016）在红海矿段获得的层状矿体 5 件黄铜矿 Re-Os 等时线年龄（434.2±3.9 Ma）和 Mao et al.（2019）5 件黄铁矿 Re-Os 等时线年龄（436.1±2.3 Ma）4~8 Ma。毛启贵等（2010）获得红海矿段下盘黄铁绢云母化围岩 K-Ar 年龄为 424±7 Ma，Deng et al.（2018）获得红海矿段黄铁绢英岩带绢云母坪年龄为 438.8±3.0 Ma。Yang et al.（2018a）获得 8 件黄铜矿、黄铁矿和闪锌矿 Rb-Sr 等时线年龄为 432.2±3.1 Ma（表 4-3、图 4-12），综合这些年龄认为红海-黄土坡铜锌矿蚀变、脉状和层状矿形成于 439~428 Ma，属于早-中志留世成矿。

表 4-3　黄土坡矿段硫化物 Rb-Sr 含量和同位素比值

序号	样号	矿物	$Rb/10^{-6}$	$Sr/10^{-6}$	$^{87}Rb/^{86}Sr$	$^{87}Sr/^{86}Sr$	1σ
1	HH15-22-2	黄铜矿	0.1237	1.296	0.2709	0.711974	0.000008
2	HH15-22-3	黄铁矿	2.158	1.694	3.752	0.733331	0.000009
3	HH15-24-1	黄铜矿	0.1435	2.265	0.1864	0.711415	0.000007
4	HTP15-49-1	闪锌矿	0.9581	2.887	0.9801	0.716263	0.000009
5	HTP15-49-2	黄铁矿	1.982	0.8529	6.864	0.752587	0.000007
6	HTP15-69-2	黄铁矿	1.762	2.698	1.937	0.722329	0.000009
7	HTP15-72-3	黄铁矿	2.049	2.256	2.679	0.726562	0.000009
8	HTP15-82-1	闪锌矿	0.5267	1.529	1.024	0.716633	0.000008

注：分析单位中国科学院南京土壤研究所技术服务中心。

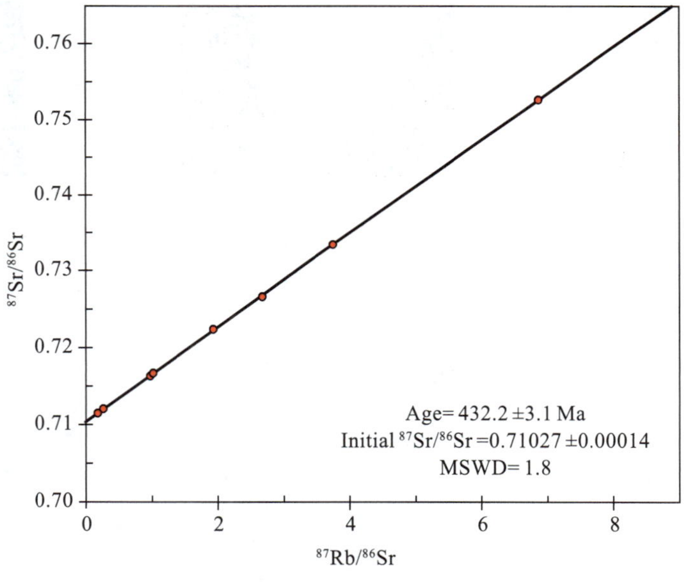

图 4-12　黄土坡矿段硫化物 Rb-Sr 等时线年龄

（据 Yang et al.，2018a）

（二）成矿流体

1. 包裹体岩相学

红海-黄土坡 VMS 铜锌矿床矿化分为喷流沉积相形成的层状矿化和补给通道相形成的脉状矿化，本次对喷流沉积相形成的重晶石和补给通道相形成石英中流体包裹体进行研究。补给通道相石英分为硅化石英（Q1）、含矿网脉状石英（Q2）和含矿的石英大脉（Q3），其特征见表 4-4，图 4-13。

表 4-4　红海-黄土坡铜锌矿床包裹体岩相学特征

矿化位置	主矿物	包裹体类型	组成	形态	大小/μm	气液比/%
喷流沉积相	重晶石	液体包裹体	气相+液相	长条形、负晶形等随机分布	4~11	10~40
		气体包裹体	气相+液相		5~10	50~90
		含子矿物包裹体	固相+气相+液相	孤立分布	6~10	10~20
补给通道相	硅化石英（Q1）	液体包裹体	气相+液相	椭圆形、长条形、负晶形等随机分布	5~14	10~50
		气体包裹体	气相+液相		5~10	60~90
	网脉状石英（Q2）	液体包裹体	气相+液相	长条形、负晶形等随机分布	5~12	10~30
		气体包裹体	气相+液相		5~10	50~80
		含液体 CO_2 包裹体	液态 CO_2+气态 CO_2+水溶液相	随机分布	4~11	CO_2/H_2O 比例为 30%~70%
	石英大脉（Q3）	液体包裹体	气相+液相	长条形、负晶形等随机分布	5~10	10~40
		气体包裹体	气相+液相		5~11	50~90

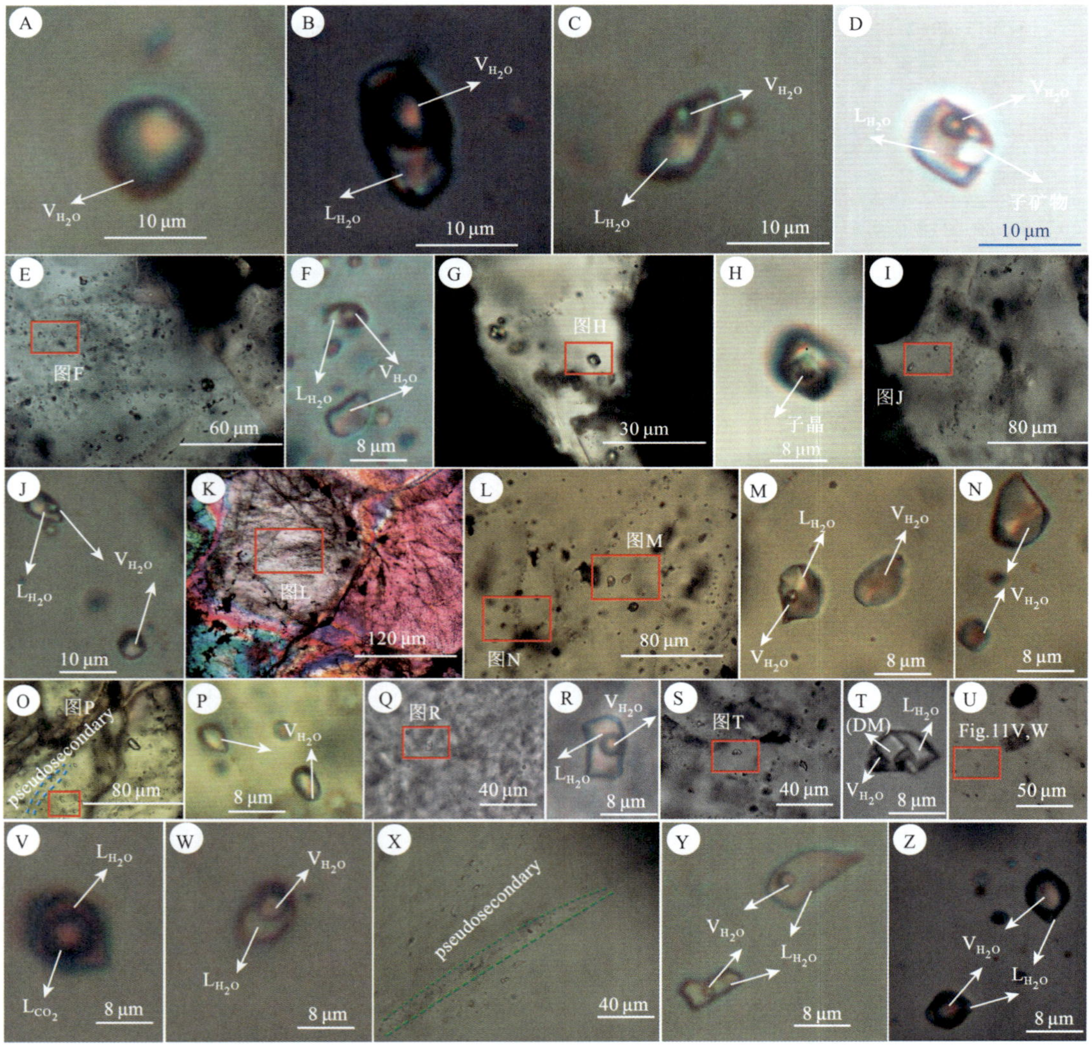

图 4-13　红海-黄土坡铜锌矿重晶石和石英中流体包裹体显微照片

A—重晶石中 V 型包裹体；B—重晶石中 L 型包裹体；C—石英中包裹体；D—重晶石中含子矿物多相包裹体；E-F—石英中 V 型和 L 型包裹体共生；G-H—重晶石中含子矿物多相包裹体；I-J—石英中 V 型和 L 型包裹体共生；K-N—Q1 中 V 型和 L 型包裹体共生；O-P—Q2 中 V 型包裹体；Q-R—Q2 中 L 型包裹体；S-T—重晶石中含子矿物多相包裹体；U-W—Q2 中 C 型和 L 型包裹体；X—Q2 中包裹体；Y-Z—Q3 中 L 型和 V 型包裹体

重晶石中的流体包裹体主要有3种类型：液体包裹体（L型），气体包裹体（V型）和含子矿物包裹体（S型）。

Q1中流体包裹体主要赋存在硅化石英中，流体包裹体主要有L型和V型。

Q2中流体包裹体主要赋存在网脉状石英中，流体包裹体主要有L型，V型和少量含液体CO_2包裹体。

Q3中流体包裹体主要赋存在含矿石英大脉中，流体包裹体主要有L型和V型。

2. 流体包裹体显微测温结果

本次对液体包裹体（L型）、气体包裹体（V型）、含子矿物包裹体（S型）和富CO_2包裹体（C型）四类包裹体测定了三相点、部分均一温度、笼形物融化温度、冰点、子晶融化温度和均一温度。将获得数据经过H_2O-NaCl体系盐度-冰点公式：$w(\mathrm{NaCl}) = 1.78T-0.0442T^2+0.000557T^3$计算得到包裹体相对应的盐度。其中$w$为NaCl的质量百分数，$T$为测得的冰点温度。针对喷流沉积相和补给通道相中重晶石和石英中具有代表性的流体包裹体样品进行显微测温分析，共得到271组可用的测温及相应盐度数据，包裹体测试计算数据见表4-5，图4-13，图4-14。

表4-5 红海-黄土坡铜锌矿床流体包裹体显微测温数据表

矿化位置	矿石特征	寄主矿物	类型	大小/μm	$T_{m,ice}$/℃	$T_{h,total}$（平均）/℃	均一相态	盐度$w(\mathrm{NaCl_{eq}})$/%	密度/（$g·cm^{-3}$）	数量/个
喷流沉积相	块状Cu-Zn矿石	重晶石	L	3~9	-7.3~-4.6	232~364(273)	液相	7.31~10.86	0.67~0.86	40
			V	4~10	-6.4~-3.8	264~321(285)	气相	6.18~9.73	0.68~0.87	36
			S	3~8	-7.1~-3.2	232~278(251)	液相	4.85~10.94	0.76~0.89	12
补给通道相	网脉状Cu矿石	Q1	L	3~7	-7.3~-2.1	251~326(281)	液相	3.55~10.73	0.67~0.88	
			V	4~9	-8.3~-1.7	268~362(306)	气相	2.90~12.05	0.61~0.82	
		Q2	L	3~9	-9.3~-1.9	266~402(369)	液相	3.23~13.18	0.65~0.84	34
			V	3~8	-9.8~-1.4	283~408(347)	气相	2.41~13.72	0.59~0.86	28
		Q3	C	4~9	--	268~326(308)	液相	5.14~7.87	0.73~0.85	18
			L	3~10	-9.8~-5.2	228~379(338)	液相	8.14~13.46	0.64~0.84	37
			V	4~7	-8.1~-3.6	279~352(319)	气相	5.86~11.81	0.67~0.86	18

（1）喷流沉积相

重晶石中L型包裹体以均一到液相为主，均一温度主要集中在232~364℃，平均温度为273℃，冰点温度集中在-7.3℃~-4.6℃，盐度为7.31%~10.86%（$\mathrm{NaCl_{eq}}$），密度为0.67~0.86 g/cm^3。V型包裹体均一温度主要为264~321℃，平均温度为285℃，盐度为6.18%~9.73%（$\mathrm{NaCl_{eq}}$），密度为0.68~0.87 g/cm^3。S型包裹体中子矿物溶化温度高于气泡消失温度，有的子晶在600℃仍不消失，这些为过饱和盐水包裹体，是子矿物和溶液同时捕获的产物，子矿物溶化温度不能代表溶液的真实盐度（毛景文等，2001），这类包裹体盐度计算与L型和V型包裹体一致，利用冰点计算盐度。S型包裹体均一温度主要集中在232~278℃，平均温度为251℃，盐度为4.85%~10.94%（$\mathrm{NaCl_{eq}}$），密度0.76~0.89 g/cm^3。

（2）补给通道相

1）硅化石英Q1中L型包裹体均一温度主要集中在251~326℃，平均温度为281℃，盐度为3.55%~10.73%（$\mathrm{NaCl_{eq}}$），密度为0.67~0.88 g/cm^3。V型包裹体均一温度主要为268~362℃，平均温度为306℃，盐度为2.90%~12.05%（$\mathrm{NaCl_{eq}}$），密度为0.61~0.82 g/cm^3。

2）网脉状石英Q2中L型包裹体均一温度主要集中在266~402℃，平均温度为369℃，盐度为3.23%~13.18%（$\mathrm{NaCl_{eq}}$），密度为0.65~0.84 g/cm^3。V型包裹体均一温度平均为347℃，盐度为2.41%~13.72%（$\mathrm{NaCl_{eq}}$），密度为0.59~0.86 g/cm^3。C型包裹体完全均一温度集中在268~326℃，

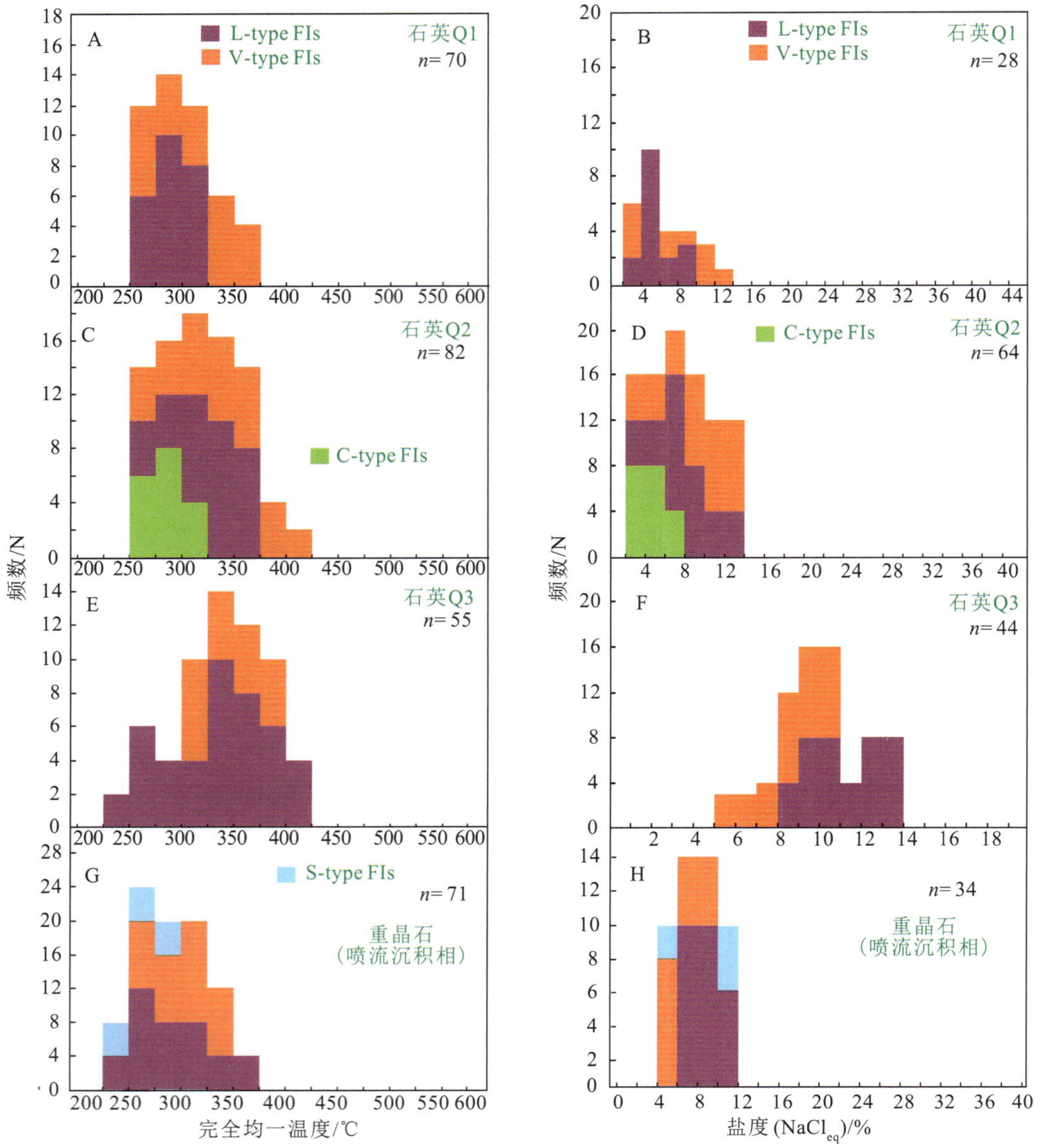

图 4-14　红海-黄土坡铜锌矿床流体包裹体均一温度-盐度直方图

平均温度为 308℃，三相点温度集中在-57.5～-56.8℃，部分均一温度为 25.7～28.2℃，盐度为 5.14%～7.87%（$NaCl_{eq}$），密度为 0.73～0.85g/cm^3。

3）含矿石英大脉 Q3 中 L 型包裹体均一温度集中在 228～379℃，平均温度为 338℃，盐度为 8.14%～13.46%（$NaCl_{eq}$），密度为 0.64～0.84 g/cm^3。V 型包裹体均一温度主要为 279～352℃，平均温度为 319℃，包裹体以均一到气相为主，盐度为 5.86%～11.81%（$NaCl_{eq}$），密度为 0.67～0.86 g/cm^3。

3. 激光拉曼光谱成分

激光拉曼光谱分析是一种非破坏性测定流体包裹体成分的有效手段，不同成分的拉曼光谱效应不同，可以有效地识别不同成分（Burke，2001；卢焕章等 2004）。对红海-黄土坡铜锌矿喷流沉积相和补给通道相各典型类型的包裹体在中国地质科学院矿产资源研究所进行激光拉曼光谱测试分析，几乎所有的包裹体气相成分均为 H_2O，只在网脉状石英中的观察到少量 CO_2（图 4-15）。

4. 同步辐射 X 射线荧光分析

对红海-黄土坡铜锌矿床较为理想的包裹体在中国科学院上海应用物理研究所进行金属元素的同步辐射 X 射线荧光 MAPPING（SR-XRF）分析，以探讨流体包裹体中金属元素与成矿作用关系。样

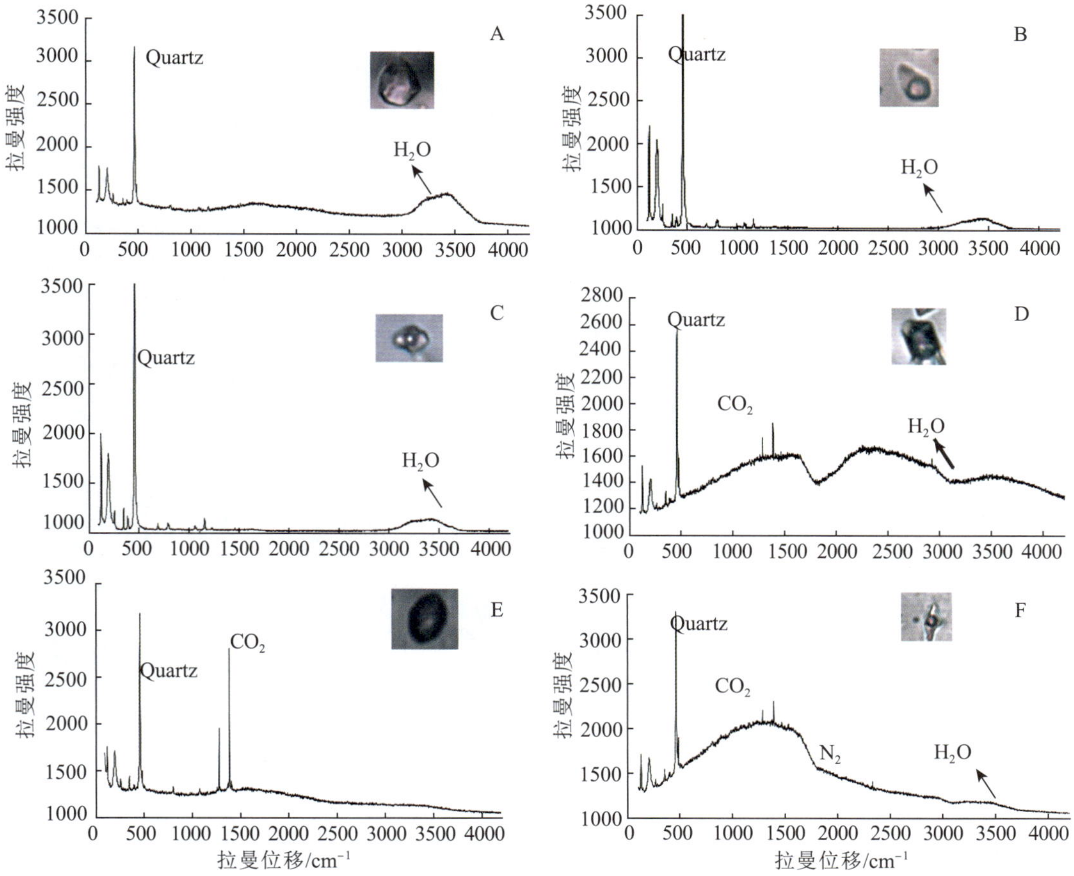

图 4-15 红海-黄土坡矿床流体包裹体激光拉曼分析光谱图

品为喷流沉积相形成重晶石中的液体包裹体（L 型）。选取的 13 个特征元素分别为 Au、Ag、Cu、Pb、Zn、As、Fe、Cr、Co、Sn、Sb、Te、Bi。元素浓度富集图显示（图 4-16），流体包裹体中 Au、Ag、Cu、Zn、As、Fe、Te、Bi 元素的相对浓度较高，反映了喷流沉积相流体中富含成矿物质，是形成铜锌矿的成矿流体。包裹体上述特征元素主要富集于流体包裹体气相中。

金属在高温高压气相的迁移实验研究认为（张荣华等，2006），含金属的 $NaHCO_3$-HCl-H_2O 流体（气相）可以携带金属（金、铜），从岩石圈深部运输到地壳，甚至地表。金和铜可同时分布于气相和液相里，多数情况下气相里含金铜高于液相。实验表明金属在气相与液相里含量比，与气相与液相里 HCO_3^-、Na^+、Cl^-含量比有关。同时，温度影响金属在气相与液相里含量。近年对金、铜在不饱和的水热气相（H_2O±HCl）中的溶解度和存在形式进行了一系列研究（Migdisov et al.，1999；Archibald et al.，2001）。结果显示，铜在水热气相中以水合物存在，且水合数可随温压而变化。相对于不含水的干体系，金、铜在水热蒸气中的溶解度显著增加。Rempel et al.（2006）用合成流体包裹体技术，研究在岩浆温度下，Cu、Au 和 Zn 在液相和气相之间的分配，在所研究的条件下，三种元素都优先分配到液相中，对液相的偏好程度依次为 Au<Cu<Zn。即使在广泛的液体分馏之后，Zn 和 Cu 也能强烈地保持在气相中。尽管可能存在大量的盐水凝结，大部分的 Cu 和很大一部分 Zn 可以通过残余蒸汽携带到较浅层的热液系统中。

5. 成矿流体演化

红海-黄土坡铜锌矿床无论是喷流沉积相还是补给通道相流体包裹体主要为液体包裹体和气体包裹体，其次是含子矿物包裹体和含液体 CO_2 包裹体。流体包裹体气相成分均为 H_2O，仅在少量包裹体中显示存在 CO_2 气体。流体包裹体的盐度均显示出低盐度的特点，但均一温度在喷流沉积相和补给通道相不同矿化和蚀变中存在较大差异。

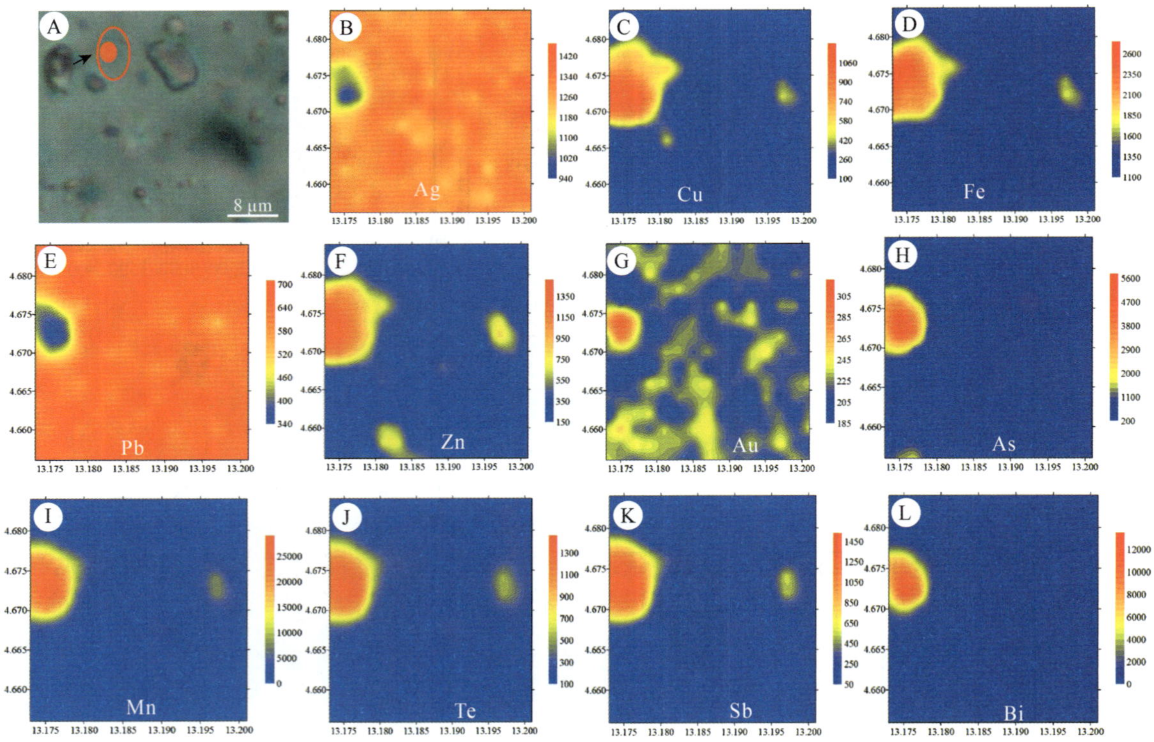

图 4-16　红海-黄土坡铜锌矿床单个包裹体微量元素浓度富集图

补给通道相流体具有相对较高的均一温度和盐度，喷流沉积相重晶石具有相对较低的均一温度和盐度（图 4-17，图 4-18）。激光拉曼分析结果显示，补给通道相成矿流体中含有少量 CO_2 等还原性气体。因此，补给通道相成矿流体为中-高温（228～408℃，峰值为 300～325℃）、中-低盐度（2.41%～13.72%（$NaCl_{eq}$），峰值为 10%（$NaCl_{eq}$））的 $H_2O-NaCl\pm CO_2$ 体系，而喷流沉积相成矿流体为中温（232~364℃，峰值为 250~275℃）、低盐度（4.85%～10.94%（$NaCl_{eq}$），峰值 8%（$NaCl_{eq}$））

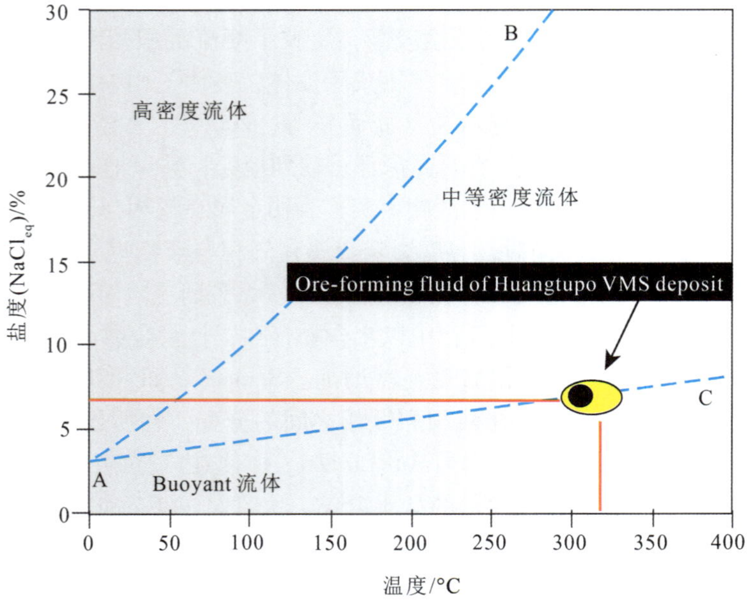

图 4-17　红海-黄土坡矿完全均一温度-盐度图解

（据 Hass，1976；Turner and Campbell，1987）

A 代表海水的位置；AB 线代表海水等密度线；AC 线代表浮力的下限；AB 线和 AC 线之间代表了初始的流体密度小于海水，并以浮力羽状物的形式上升

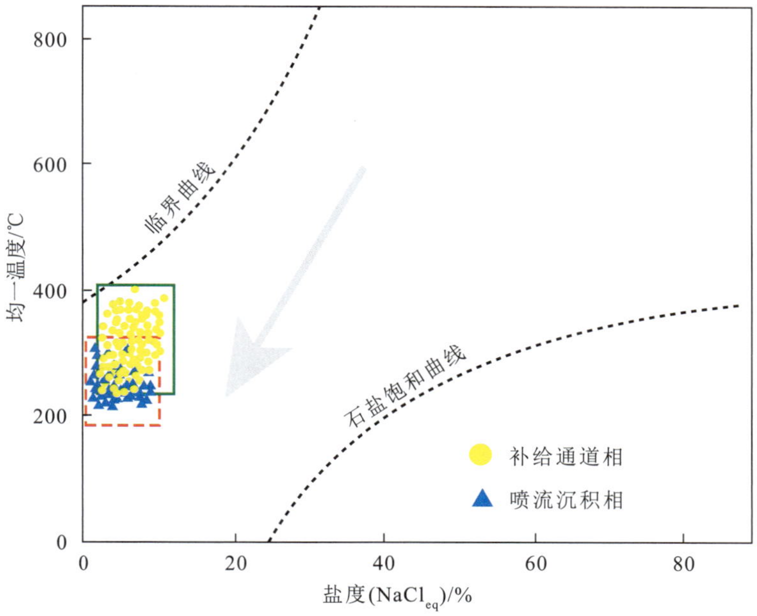

图 4-18 红海-黄土坡铜锌矿床均一温度-盐度图解

的 H_2O-NaCl 流体。

在补给通道相石英中，可见 L 型包裹体和 C 型包裹体共生；水溶液型包裹体中，少量的 V 型和 L 型共存，并且均一温度在相同的范围内，表明红海-黄土坡矿床补给通道相成矿流体局部范围内发生了沸腾作用（Ramboz et al.，1982）；同时在补给通道相中出现的较高盐度值，也反映该成矿流体发生了沸腾作用，表明流体沸腾是补给通道相矿质沉淀的重要成矿机制。结合矿区野外观察，主成矿期为张性构造环境，因此，大量张性断裂构造的发育，引发体系压力剧减，是本期成矿流体沸腾、CO_2 逸失的主要原因。相对于补给通道相，喷流沉积相成矿流体均一温度和盐度均低，指示早期流体和晚期流体（海水）发生了混合作用的结果。红海-黄土坡矿床喷流沉积相的成矿流体温度和盐度与国内外其他 VMS 矿床相似。

喷流沉积相矿石中不含 C 型包裹体，前人研究表明，贫碳流体很大程度上来源于岩浆水和海水的混合（Zaw et al.，1996；Hannington et al.，2005；陈衍景等，2007）。例如青海玉树尕龙格玛 VMS 矿床（王键等，2017）、江山-绍兴断裂带中的平水 VMS 矿床（Chen et al.，2015）、新疆阿舍勒 VMS 矿床（Yang et al.，2018a）、四川呷村 VMS 矿床（党院等，2014）、日本小坂矿床（Urabeand-Sato，1978）、伊比利亚黄铁矿带块状硫化物矿床（Toscano et al.，1997）、东太平洋海隆 14°N 海底硫化物矿床（Vanko et al.，1991）。因此，本次研究认为红海-黄土坡喷流沉积相的成矿流体主要来源于岩浆水和深循环海水的混合。

6. 成矿流体来源

本次在红海-黄土坡矿床补给通道相脉状矿体中采集了 16 件石英进行氢氧同位素分析（表 4-6）。成矿流体的 $\delta^{18}O_{H_2O}$ 和 $\delta^{18}O_{V\text{-}SMOW}$ 之间的换算是利用 Clayton et al.（1972）公式：$1000\ln\alpha_{石英-水}=3.38\times106T^{-2}-3.40$。$T$ 值为包裹体均一温度平均值。$\delta^{18}O=6.9‰\sim12.1‰$，流体 $\delta^{18}O_{H_2O}=-3.21‰\sim2.50‰$，$\delta D=-109‰\sim-53‰$，低于原始岩浆水（$\delta^{18}O_{H_2O}=5.5‰\sim9.5‰$，$\delta D=-80‰\sim-40‰$；Sheppard，1986）。在 $\delta^{18}O_{H_2O}$-δD 关系图解（图 4-19）上红海-黄土坡矿床样品投在原始岩浆水左侧与大气降水线之间。陈衍景（2008）认为脉状矿体中硫化物沉淀时，流体中 H_2S 或 HS^- 的 H^+ 被金属离子转换出来，并通过 H_2O-H_2S 平衡体系计算出在 200~650℃温度范围内 H_2S 或 HS^- 的 δD 低于 H_2O 的 δD 约 211‰~478‰，H_2S 或 HS^- 的少量释放 H 即可导致流体水 δD 的显著降低。因此，在矿质沉淀过

程中，由于海底还原环境条件下，成矿流体中的 H_2S 或 HS^- 或者海水中有机质分解或火山射气中的 H_2S 释放 H 导致流体中 δD 值显著降低。由于成矿作用发生在海底及其下部，大气降水贡献不可能很大，因此，成矿流体主要为来自深循环的海水与岩浆水的混合流体。陈毓川等（1996）对阿舍勒矿床喷流-沉积期和变质改造和热液叠加改造期石英和重晶石进行了氢和氧同位素研究，认为这两期的成矿流体为深循环的海水或海水与岩浆水的混合流体。

表 4-6 黄土坡矿段石英氢和氧同位素组成

序号	样号	$\delta^{18}O_{V\text{-}SMOW}$/‰	$\delta^{18}O_{H_2O}$/‰	$\delta D_{V\text{-}SMOW}$/‰
1	HH-07	6.9	-3.21	-105
2	HTP-95	11.5	1.39	-109
3	HTP-103	8.3	-1.81	-105
4	HTP-124	8.7	-1.41	-107
5	HTP-134	8.6	-1.51	-105
6	HTP-135	8.8	-1.31	-102
7	HTP-136	8.5	-1.61	-101
8	HTP-137	7.4	-2.71	-98
9	HTP-138	8.5	-1.61	-94
10	HTP-139	8.4	-1.71	-81
11	HTP15-140	10.5	0.39	-95
12	HTP141	11.2	1.09	-73
13	HTP15-142	12.1	1.99	-99
14	HTP17-29	7.9	1.52	-62
15	HTP17-41	8.4	2.50	-57
16	HTP17-42	8.0	0.81	-53
17	HTP17-43	8.3	2.21	-73

注：测试单位中国地质科学院矿产资源研究所。

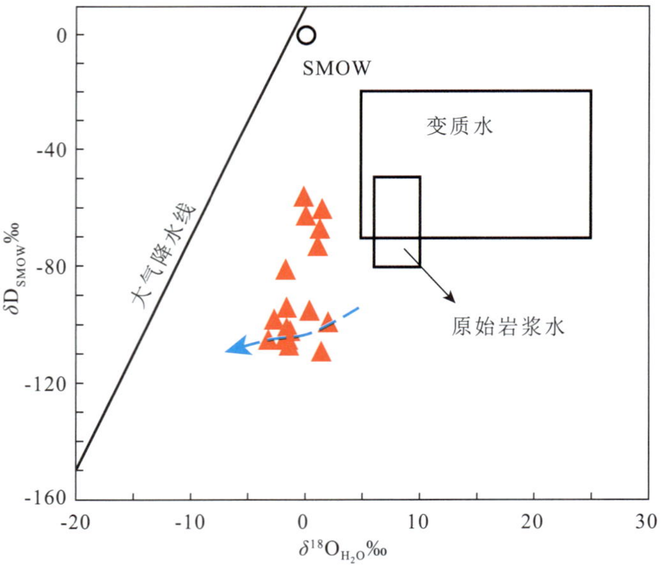

图 4-19 红海-黄土坡铜锌矿床 $\delta^{18}O_{H_2O}$-δD 图解

（底图据 Sheppard，1986）

（三）成矿物质来源

采自红海-黄土坡铜锌矿喷流沉积相层状矿体和补给通道相脉状矿体 40 件硫化物和重晶石进行硫同位素分析（表 4-7）。重晶石采自黄土坡矿段，$\delta^{34}S$ 值为 29.1‰~31.0‰，与红海矿段基本一致（27.4‰~29.9‰，毛启贵等，2015），高于阿舍勒 VMS 型铜锌矿重晶石值（20.4‰~21.4‰，Yang et al.，2018c）（图 4-20）。重晶石的出现表明形成于高氧逸度条件下，重晶石的 $\delta^{34}S$ 值大体相当于热液的 $\delta^{34}S$ 值，即红海-黄土坡形成重晶石热液中 $\delta^{34}S$ 值为 27.4‰~31.0‰，接近同时代海洋硫酸盐硫同位素，表明重晶石中硫来自海水硫酸盐无机还原硫。

表 4-7　红海-黄土坡铜锌矿硫同位素组成

序号	样品号	矿物	$\delta^{34}S_{V-CDT}$/‰	序号	样品号	矿物	$\delta^{34}S_{V-CDT}$/‰
1	ZK93-12-1	重晶石	31.0	21	HTP-54	黄铁矿	1.9
2	ZK93-12-2	重晶石	29.1	22	HTP-57	黄铁矿	3.9
3	HTP-72	闪锌矿	0.9	23	HTP-69	黄铁矿	0.3
4	HTP-74	闪锌矿	1.2	24	HTP-72	黄铁矿	0.1
5	HTP-82	闪锌矿	2.4	25	HTP-74	黄铁矿	0.7
6	HTP-49	闪锌矿	1.3	26	HTP-82	黄铁矿	1.7
7	HTP17-9-1	闪锌矿	2.8	27	HTP-102	黄铁矿	-0.3
8	HTP17-13-1	闪锌矿	1.9	28	HTP17-3-1	黄铁矿	3.4
9	HTP17-15-1	闪锌矿	1.9	29	HTP17-6-1	黄铁矿	3.0
10	HH17-9	闪锌矿	1.0	30	HTP17-9-2	黄铁矿	3.8
11	HTP-91	黄铜矿	2.2	31	HTP17-13-2	黄铁矿	1.8
12	HTP-69	黄铜矿	1.2	32	HTP17-15-2	黄铁矿	1.8
13	HH-22	黄铜矿	3.3	33	HTP17-12	黄铁矿	2.5
14	HH-24	黄铜矿	2.5	34	HTP17-16	黄铁矿	2.2
15	HH-26	黄铜矿	3.0	35	HTP17-17	黄铁矿	2.4
16	HH15-22	黄铜矿	2.5	36	HTP17-49	黄铁矿	2.7
17	HTP17-3-2	黄铜矿	2.6	37	HTP17-50	黄铁矿	3.5
18	HTP17-6-2	黄铜矿	2.0	38	HH17-13	黄铁矿	1.7
19	HTP17-9-3	黄铜矿	2.7	39	HH17-14	黄铁矿	1.8
20	HTP-49	黄铁矿	1.9	40	HH17-16	黄铁矿	1.2

注：分析单位中国地质科学院矿产资源研究所同位素实验室。

硫化物 $\delta^{34}S$ 值变化于-0.3‰~3.9‰，其中黄铁矿（21 件）$\delta^{34}S$ 值变化于-0.3‰~3.9‰，平均为 2‰，黄铜矿（9 件）$\delta^{34}S$ 值变化于 1.2‰~3.3‰，平均为 2.4‰，闪锌矿（8 件）$\delta^{34}S$ 值变化于 0.9‰~2.8‰，平均为 1.7‰，$\delta^{34}S_{黄铜矿}>\delta^{34}S_{黄铁矿}>\delta^{34}S_{闪锌矿}$，表明热液中硫同位素未达到热力学平衡。结合毛启贵等（2015）硫同位素资料，红海-黄土坡矿床硫化物和硫酸盐 $\delta^{34}S$ 值变化于-0.3‰~31.0‰（图 4-20）。硫化物 $\delta^{34}S$ 值变化范围（-0.8‰~6‰，主要为 0~4‰）及峰值（1.5‰）明显小于阿舍勒矿床（-13.7‰~9‰，主要集中在-1‰~9‰，其峰值为 4.5‰），红海-黄土坡矿床和阿舍勒矿床均落在世界上 VMS 型矿床或现代大洋热液活动区的硫化物硫同位素主要变化范围内（1‰~11‰），但红海-黄土坡矿床硫化物 $\delta^{34}S$ 值变化范围较小。红海-黄土坡矿床硫化物 $\delta^{34}S$ 值变化范围与幔源 $\delta^{34}S$ 值基本一致（0±3‰，Hoefs，1997），表明无论喷流沉积相还是补给通道相硫均来自下伏火山岩。总之，红海-黄土坡铜锌矿硫主要来自下伏岛弧火山岩，少量来自海水硫酸盐无机还原硫。

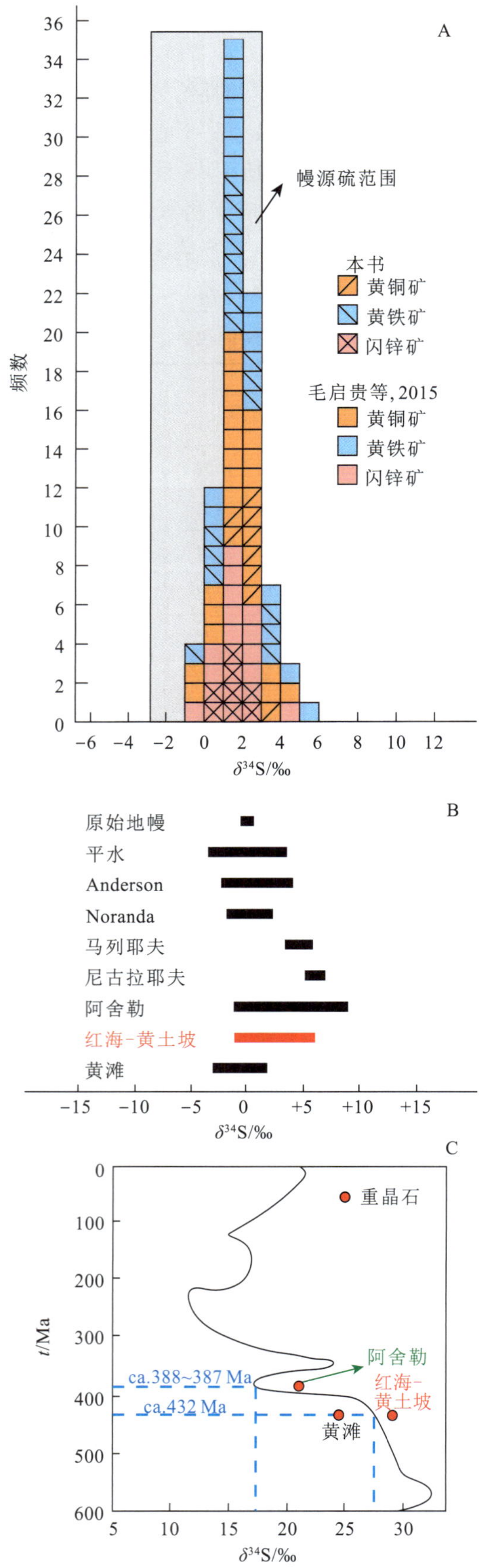

图 4-20　红海-黄土坡铜锌矿硫同位素图

（阿舍勒据 Yang et al., 2018c；红海-黄土坡据本书和毛启贵等，2015）

A—硫化物硫同位素直方图；B—硫化物硫同位素对比图；C—重晶石硫同位素图

（四）成矿作用

前人研究表明，典型 VMS 型矿床具有“双层结构”，上部为层状矿体，下部为网脉状矿体（Yang and Scott，2002；Ulrich et al.，2003；Franklin et al.，2005），在海底拉张环境中，海水下渗，形成深部流体循环对流，并沿着断裂或补给通道上升，随着物理化学条件的改变，含矿流体最终在海底喷口附近沉淀成矿（Hannington et al.，1999；王登红和陈毓川，2001；Doyle and Allen，2003；侯增谦等，2003；曾志刚等，2003；Franklin et al.，2005；Tornos，2006；Galley et al.，2007）。本研究表明，红海-黄土坡铜锌矿床具有典型的 VMS 成矿系统特征，其证据：①矿床赋存于海相火山岩-凝灰岩中，由整合的层状矿体和不整合的网脉系统组成；②矿区发育喷流岩，重晶石、含铁碧玉岩、硅质岩、黄铁矿层、绿泥石；③矿石构造主要包括条带状、条纹状、致密块状、浸染状、细脉状和网脉状构造；④蚀变发育在下盘，以硅化为主，并形成以绿泥石为代表的中高温蚀变矿物（Schardt et al.，2001），局部表现为侧向对称蚀变；⑤无论是喷流沉积相还是补给通道相流体包裹体均以水溶液包裹体为主，偶尔见含液体 CO_2 包裹体，温度集中于 250~350℃，盐度为 3.0%~12.0%（$NaCl_{eq}$），与典型 VMS 型矿床的海底喷口流体温度接近（200~350℃，Ohmoto and Skinner，1985）。同位素组成特征表明红海-黄土坡铜锌矿床硫同位素显示深源特征，表明成矿物质可能主要来自下伏中基性、基性火山岩的淋滤，少量来源于海水硫酸盐，成矿流体主要来源于深循环海水与岩浆水的混合流体。这些特征表明，红海-黄土坡铜锌矿床为 VMS 型矿床。

前人的研究显示大南湖-头苏泉岛弧带在奥陶纪—志留纪期间为洋壳上发育的不成熟岛弧带，发育一套岛弧拉斑-钙碱性基性-中性火山熔岩-火山碎屑岩。红海-黄土坡铜锌矿床位于大南湖-头苏泉岛弧带上的卡拉塔格大洋岛弧的弧裂谷中，含矿围岩为岛弧火山作用产物，为一套中奥陶世—志留纪岛弧拉斑质玄武岩和具过渡地球化学特征的中性火山碎屑岩。Sun et al.（2019）通过同位素地球化学研究显示这套火山岩具有高 Nd 和低 Sr 地球化学特征，同期侵入岩也具有高 Nd 和低 Sr 地球化学特征，均显示卡拉塔格矿集区早古生代岩浆岩具有亏损地幔来源特征。红海-黄土坡矿床的形成与卡拉塔格大洋岛弧的构造演化密切相关。红海-黄土坡铜锌矿区在 442~423 Ma 形成红柳峡组海相含矿火山系，岩性为安山质凝灰角砾岩、角砾凝灰岩、凝灰质粉砂岩、凝灰岩和沉凝灰岩。439~428 Ma 期间，在海底火山活动平静期海水沿断裂及裂隙下渗到一定深度后，由于高侵位岩浆驱动形成了海底热液循环系统。岩浆热液和深循环海水混合，并与深部早期形成的富含 Cu、Zn、Au、Ag、Fe、S 等的大柳沟组岛弧拉斑玄武岩进行水岩相互作用，形成含矿流体，并沿补给通道上升到海底喷口，由于温度、压力、盐度等物理化学条件的剧烈变化，以及与海水的相互作用下，在喷口附近的斜坡或洼地含矿流体（温度为 232~364℃、盐度为 4.85%~10.94%（$NaCl_{eq}$））卸载成矿，形成层状矿体，其边部可形成含黄铁矿、绿泥石的热水沉积岩。由于物理化学条件的差异和含矿流体的脉动性，层状矿体中形成了上部为铜锌下部位铜的矿化分带。在层状矿体形成后喷口封闭，深部高侵位岩浆逐渐冷却，热液循环作用减弱，流体与围岩水岩相互作用减弱，流体中主要携带 Cu。成矿流体（中-高温 228~408℃、中-低盐度 2.41%~13.72%（$NaCl_{eq}$））主要在层状矿体下盘补给通道及周围形成强硅化，伴有绿泥石化、黄铁矿化、绢云母化、叶蜡石化等。伴随细脉状、网脉状石英形成脉状铜矿化（图 4-21）。下盘可见细脉-网脉状矿化穿切上盘层状矿体。大脉中金属矿物主要为黄铜矿和黄铁矿，闪锌矿极少量；非金属矿物主要为石英，其次为方解石和绢云母，围岩蚀变为碳酸盐化和绢云母化，这些特征与补给通道中细脉-网脉状矿化的矿物组合一致。大脉中流体包裹体（集中在 250~400℃之间，峰值 325~350℃；盐度 5.86%~13.46%（$NaCl_{eq}$），峰值 10%（$NaCl_{eq}$））与补给通道相硅化（集中在 250~375℃之间，峰值 275~300℃；盐度 2.90%~12.05%（$NaCl_{eq}$），峰值 5%（$NaCl_{eq}$））、细脉-网脉状矿化（集中在 250~375℃之间，峰值 300~325℃；盐度 2.41%~13.72%（$NaCl_{eq}$），峰值 7%（$NaCl_{eq}$））特征一致，其流体包裹体以水溶液为主，温度和盐度也基本一致，这些特征表明大脉状矿化和细脉-网脉状矿化是补给通道相同阶段热液活动的产物。层状和脉状矿体形成后火山再次喷发，被火山角砾岩、含角砾凝灰岩及英安岩（416 Ma，毛启贵等，2010）覆盖，之后又经过了后期抬升

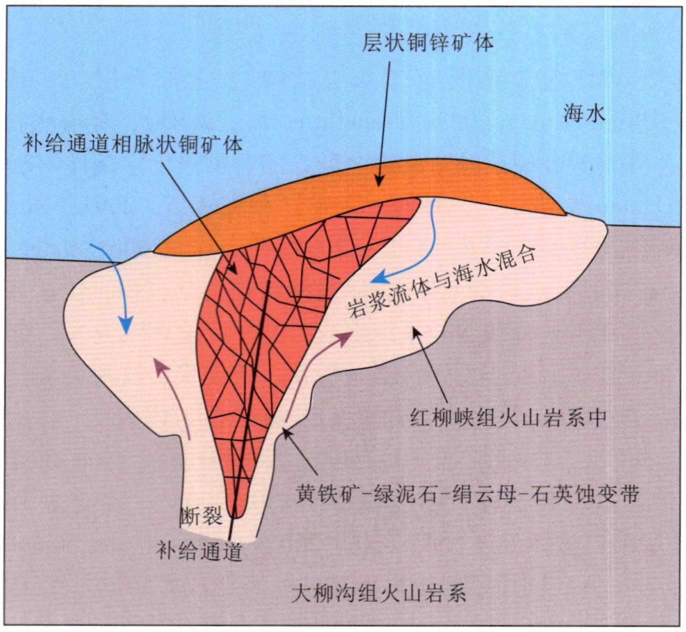

图 4-21　红海-黄土坡铜锌矿床模型

剥蚀，埋藏和构造改造作用。

控制成矿末端效应的主要因素归纳为：①中-上奥陶统大柳沟组玄武岩、玄武安山岩和安山岩，富含 Cu、Zn、Au、Ag、Fe、S 等，通过后期深循环海水和岩浆热液水岩反应，提取成矿物质，为成矿奠定物质基础。②下-中志留统红柳峡组是含矿火山系，岩性为安山质凝灰角砾岩、角砾凝灰岩、凝灰质粉砂岩、凝灰岩（442~423 Ma）、沉凝灰岩，凝灰岩是直接容矿岩性，受层位和岩性控制。③矿体赋存在红柳峡组顶部凝灰岩中，成矿作用发生在 438~428 Ma，层状矿体之上为志留系卡拉塔格组火山角砾岩覆盖，再往上为英安岩（416 Ma）。④矿床类型为 VMS 型矿床，矿体具有“双层结构”，层状铜锌矿体为喷流沉积相，形成于海底，分布于喷口附近的海底斜坡或洼地，受岩相和岩性控制。层状矿化具有分带性，上部为块状黄铁矿、中部为块状黄铁矿+闪锌矿+黄铜矿，下部为块状黄铜矿，主要受物理化学条件及含矿流体的脉动性控制。⑤补给通道相为脉状铜矿体，矿化发生在近海底，层状矿体下部，矿化主要呈细脉、网脉状，局部为大脉，与强硅化有关，成矿元素为铜，局部富集金。⑥围岩蚀变分布于层状矿体下盘的火山岩系中，主要在补给通道相及周围，蚀变类型主要为硅化、黄铁矿化、绢云母化、绿泥石化、叶蜡石化。⑦喷流沉积相和补给通道相矿质沉淀时末端成矿流体性质存在差异，喷流沉积相成矿流体为中温（232~364℃，峰值为 250~275℃）、低盐度（4.85%~10.94%（$NaCl_{eq}$），峰值 8%（$NaCl_{eq}$））的 $H_2O-NaCl$ 流体；补给通道相成矿流体为中-高温（228~408℃，峰值为 300~325℃）、中-低盐度（2.41%~13.72%（$NaCl_{eq}$），峰值为 10%（$NaCl_{eq}$））的 $H_2O-NaCl±CO_2$ 体系。⑧成矿末端流体来自岩浆水混合深循环海水。⑨成矿末端成矿物质主要来自下伏火山岩，少量来自海水硫酸盐。

第二节　黄滩金铜锌矿

东天山黄滩金铜锌矿（包括金岭）位于红海-黄土坡铜锌矿 SE 方向约 3 km 处，二者均属于卡拉塔格矿集区。黄滩金铜锌矿由新疆西拓矿业有限公司于 2016 年发现，施工了 ZK2-5101 孔，孔内 34.13~202.35 m 为强黄铁绢英岩化火山角砾岩，见金矿体 6 层，矿体视厚度 1.40~32.85 m，见矿视厚度累计达 80 m，金平均品位 1.12~7 g/t，另外，全孔均见金矿化，该孔取得找矿突破，为之后开展的普查和详查工作提供了依据（新疆西拓矿业有限公司，2019）。黄滩金铜锌矿区 NW 角属于哈密红石矿业有限公司探矿权，该公司于2017年开展找矿工作，通过钻探工作，发现了矿体，称为金岭金铜锌矿。通过2家公司普查和详查工作，确定了矿体空间分布，黄滩-金岭金铜锌矿体主要分布于黄滩金铜锌矿区，因此，本书称为黄滩金铜锌矿，包括了金岭金铜锌矿，称为黄滩矿段和金岭矿段。黄滩金铜锌矿初步探获金约5 t（金品位>1 g/t），伴生银46 t，铜 1×10^4 t（铜平均品位0.3%），锌 10×10^4 t（锌平均品位1.5%）（邓小华等，2018；Deng et al.，2020）。

一、矿床地质特征

（一）矿区地质

矿区内出露地层为中-上奥陶统大柳沟组、志留系红柳峡组和卡拉塔格组海相火山岩系，总体产状为NE倾向，倾角20°~50°（图4-22）。岩性较复杂，以中酸性火山熔岩、火山碎屑岩为主，沿走向岩相变化较大。大柳沟组主要分布于矿区南部，出露岩性有凝灰岩、安山岩、安山质角砾熔岩，少量玄武岩。红柳峡组主要分布于矿区中部及中西部，岩性有英安岩、流纹岩、火山角砾岩、（英安质含角砾岩屑晶屑）凝灰岩。该组为矿区赋矿层位，矿体主要赋存于强黄铁绢英岩化凝灰岩和火山角

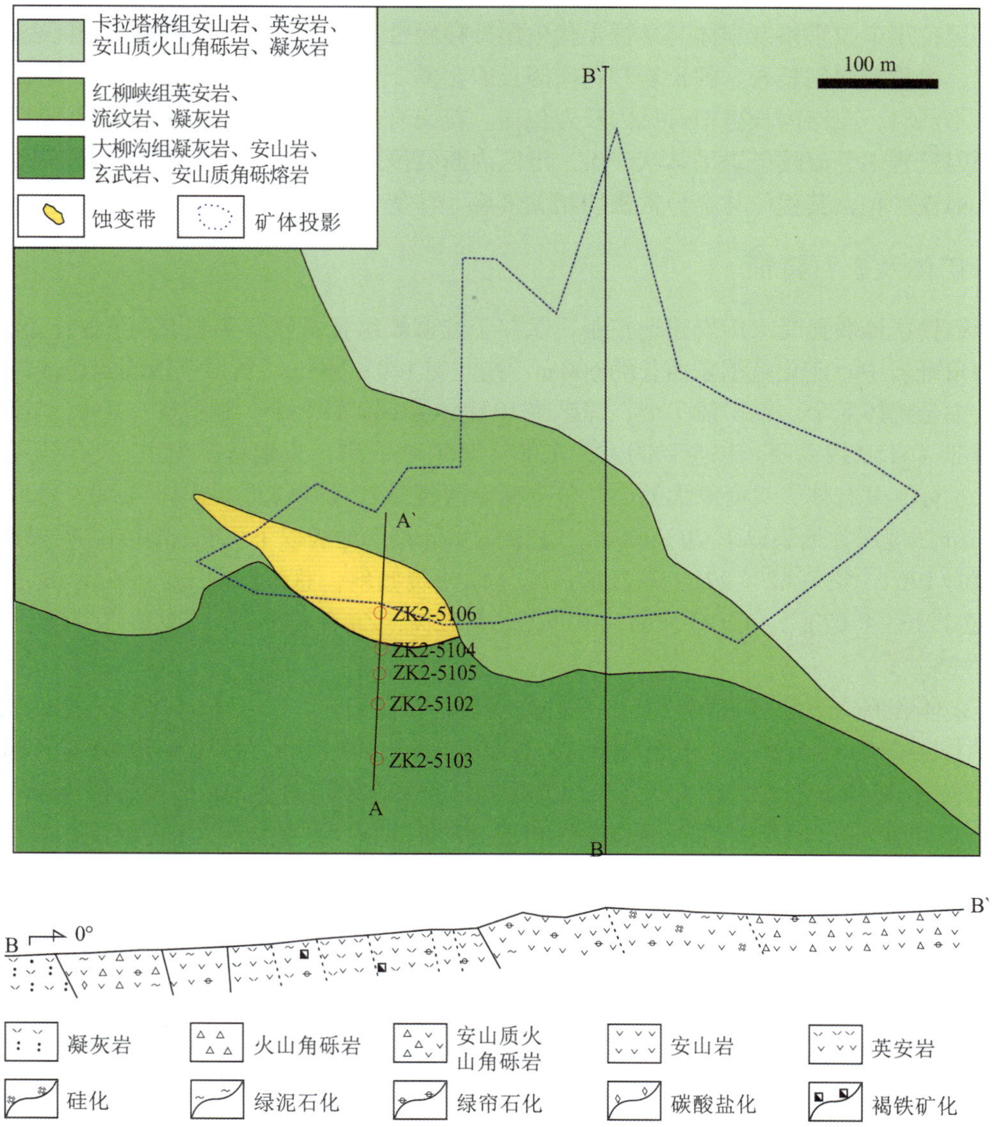

图4-22　黄滩金铜锌矿区地质略图

（据新疆西拓矿业有限公司，2019，有修改）

砾岩中。卡拉塔格组主要分布于矿区北部及东北部，岩性有安山岩、安山质角砾熔岩、英安岩、安山质火山角砾岩、英安质角砾凝灰岩、英安质熔结凝灰岩。

该套地层由于岩性复杂，岩相变化大，地表露头差，缺乏连续露头，对于这套地层存在较大争议，梁斌（2018）认为地层为下泥盆统卡拉塔格组。邓小华等（2018）认为是奥陶系—志留系大柳沟组，并划分为3个岩性段，第一岩性段为杏仁状安山岩和安山岩；第二岩性段为沉凝灰岩，该段为含矿层位，发育强黄铁绢英岩化、硅化、黄铁矿化；第三岩性段为英安质凝灰岩、晶屑凝灰岩以及含角砾晶屑岩屑凝灰岩。新疆西拓矿业有限公司（2019）认为含矿地层为大柳沟组，并划分为3个岩性段。Deng et al.（2020）认为矿床赋存于红柳峡组沉凝灰岩中。根据前人及我们项目组获得的火山岩年龄（见本节“含矿地层及成矿时代”）和与红海-黄土坡含矿地层对比，我们认为含矿地层与红海-黄土坡矿床含矿岩系一致，为红柳峡组。

矿区南侧为卡拉塔格深大断裂，受其影响矿区内发育一系列NE-SE、NNE向次级构造，以前者为主。强烈的构造作用使区内岩石破坏，地表岩石形成构造角砾并黏土质胶结；深部岩石表现得尤为强烈，呈碎块、碎粉状，形成一个宽几十至近百米的破碎带。该破碎带倾向NE，倾角60°~70°，基本上与区域性深大断裂产状一致（梁斌，2018），矿体也受到该破碎带的影响。矿区断裂构造发生在矿体形成之后，矿体以脆性破碎为主，局部断层角砾被黄铁矿细脉胶结。

黄滩矿区位于卡拉塔格杂岩体与早古生代地层外接触带。卡拉塔格杂岩体在矿集区表现为以闪长岩岩基为主，少量花岗闪长岩。闪长岩和花岗闪长岩出露于矿区西部及西南部外围，侵入安山岩中，二者为同期不同时，花岗闪长岩中可见闪长岩包体。花岗岩呈脉状产出，出露于南部，沿区内断裂分布，侵入于闪长岩中。流纹斑岩呈脉状产出，沿区内断裂侵入于安山岩中，总体走向NW，普遍发育黄铁矿化、褐铁矿化，其侵位与金异常密切相关（邓小华等，2018）。

（二）矿体及矿石特征

黄滩金铜锌矿体明显受火山岩建造控制，赋存于红柳峡组强黄铁绢英岩化凝灰岩、沉凝灰岩中，少量在火山角砾岩中。矿化范围东西长约600 m，南北宽120~240 m。黄滩矿段圈定矿体34个，均为盲矿体，其中金矿体8个、铜矿体7个、锌矿体10个、金铜矿体2个、铜锌矿体4个、金铜锌矿体3个，矿区西部（5150线以西）以金矿为主，东部（5150线以东）以铜锌矿为主。矿体形态主要为脉状、透镜状、分支复合体，具有膨大缩小、分支复合等现象（图4-23）。矿体长50~400 m，真厚度0.82~40.81 m。埋深为地表以下20~420 m，主要集中分布于地表以下120~320 m。西段矿体向南陡倾，总体倾向196°，倾角62°~72°；东段矿体总体向北缓倾斜，总体倾向12°~14°，倾角10°~41°。Au平均品位1.13~4.07 g/t，Cu平均品位0.12%~1.72%，Zn平均品位0.12%~4.49%，Ag平均品位1.29~47.85 g/t。

AuCu1矿体和CuZn2矿体规模较大，为主矿体（图4-24）。AuCu1矿体呈厚大透镜状，分支复合状，埋深120~210 m，矿体走向长度100 m，真厚度1.31~40.81 m，平均厚19.61 m。Au单样品位最高136.55 g/t，矿体金平均品位4.07 g/t，Cu平均品位0.78%，伴生Ag平均品位16.84 g/t，伴生Zn平均品位0.12%。AuCu1矿体由低品位矿体和工业矿体组成，低品位矿体中Au平均品位1.60 g/t，Cu平均品位0.37%；工业矿体中Au品位为2.50~10 g/t，平均品位10.43%，Cu平均品位1.94%（据新疆西拓矿业有限公司，2019）。

CuZn2矿体呈脉状、分支复合状，埋深180~360 m，矿体走向长度200 m，真厚度1.21~31.09 m，平均厚14.76 m。Cu平均品位0.47%，Zn平均品位2.10%，伴生Au平均品位0.65 g/t，伴生Ag平均品位23.09 g/t。CuZn2矿体由低品位矿体和工业矿体组成，低品位矿体中Cu平均品位0.38%，Zn平均品位0.96%；工业矿体Cu品位平均品位1.25%，Zn平均品位5.33%。根据CuZn2矿体品位等值线图（图4-25~图4-28；新疆西拓矿业有限公司，2019），可以看出CuZn2矿体中元素富集规律，矿体投影平面上自SW至NE，元素富集有Au→Cu→Zn的变化规律。矿体向北缓倾斜，故矿体自上而下元素富集有Au→Cu→Zn的变化规律。

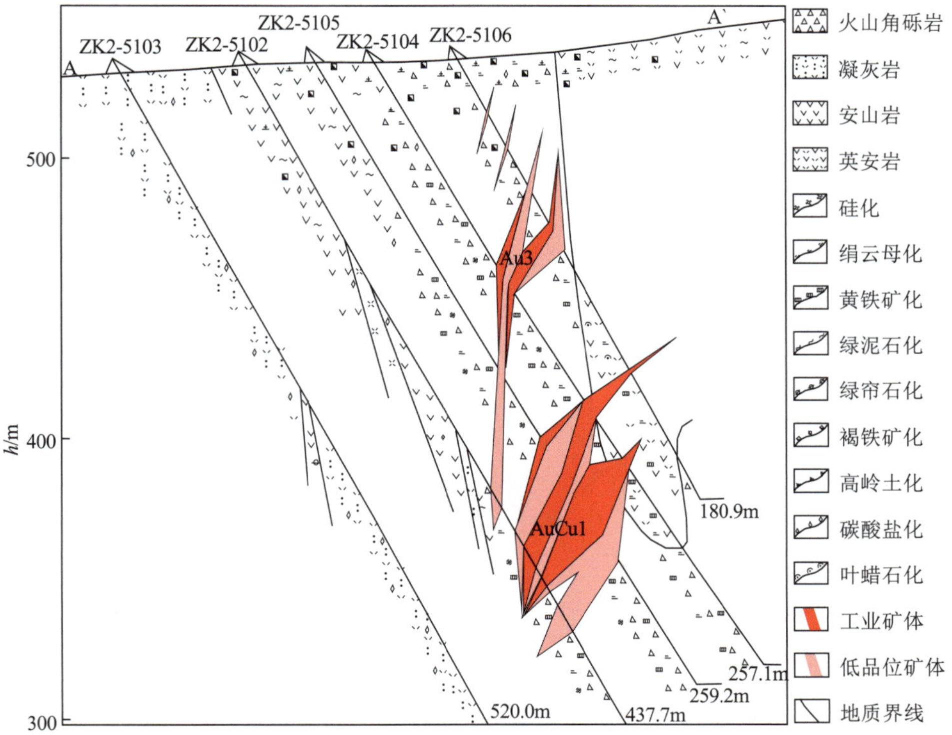

图 4-23　黄滩金铜锌矿勘探线剖面图

（据新疆西拓矿业有限公司，2019，有修改）

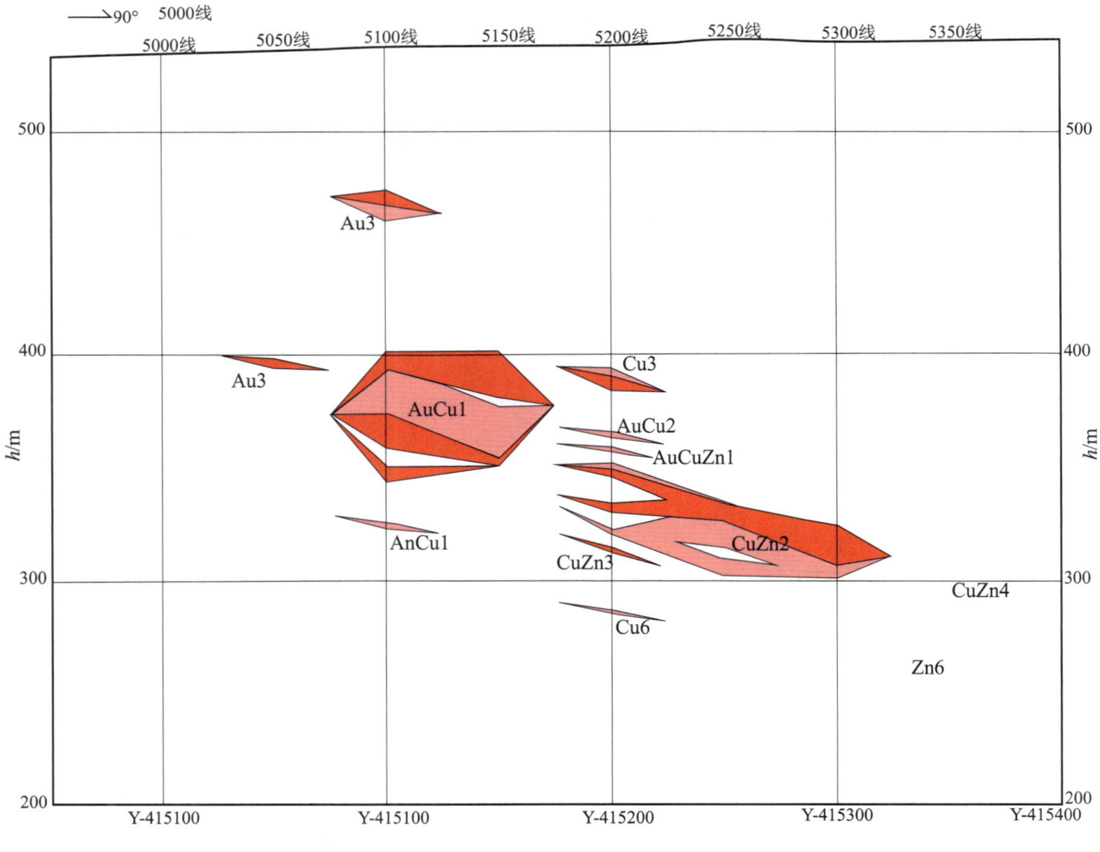

图 4-24　黄滩矿床矿体纵切（东西向 6930 线）剖面图

（据新疆西拓矿业有限公司，2019）

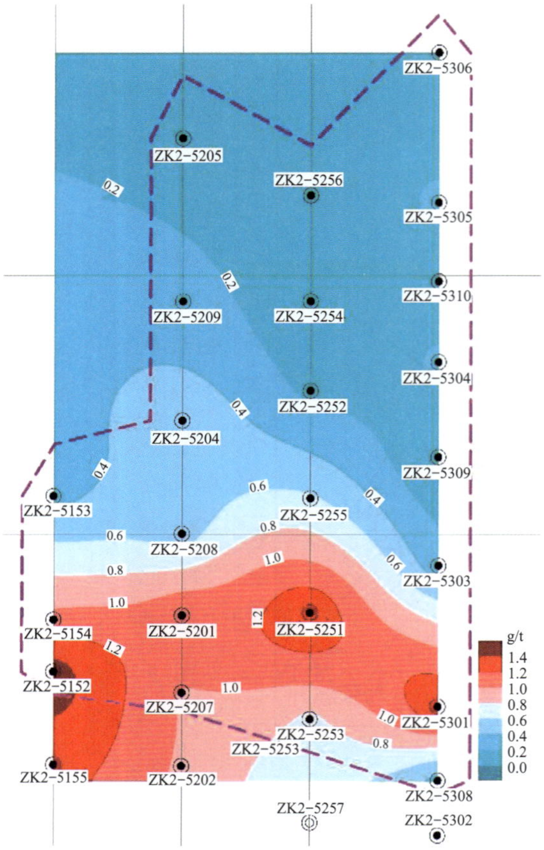

图 4-25　Au 品位等值线图

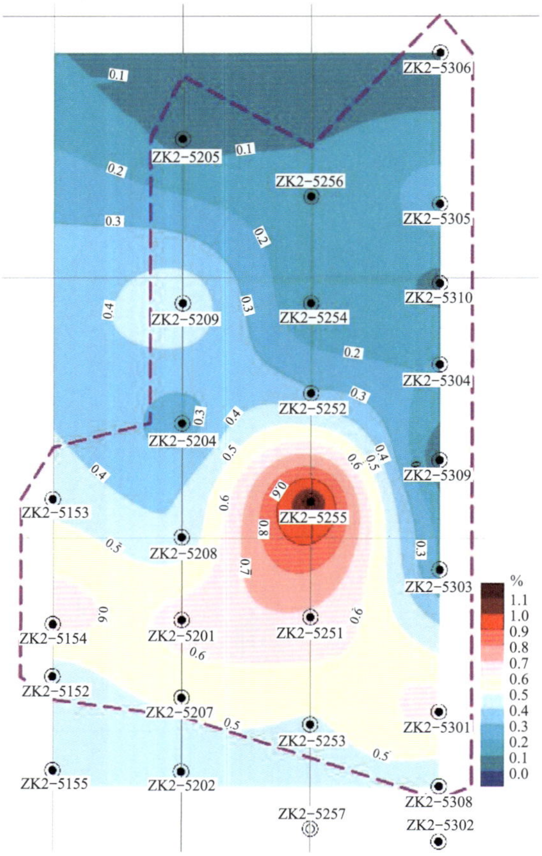

图 4-26　Cu 品位等值线图

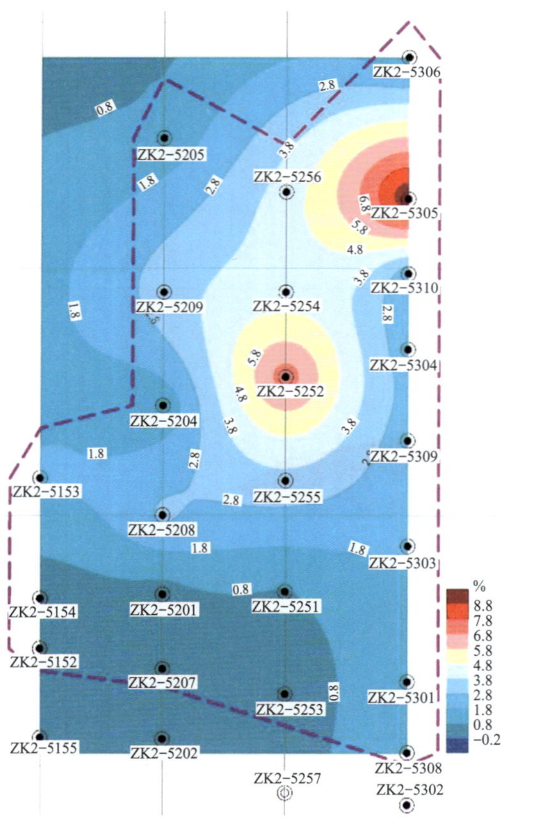

图 4-27　Zn 品位等值线图

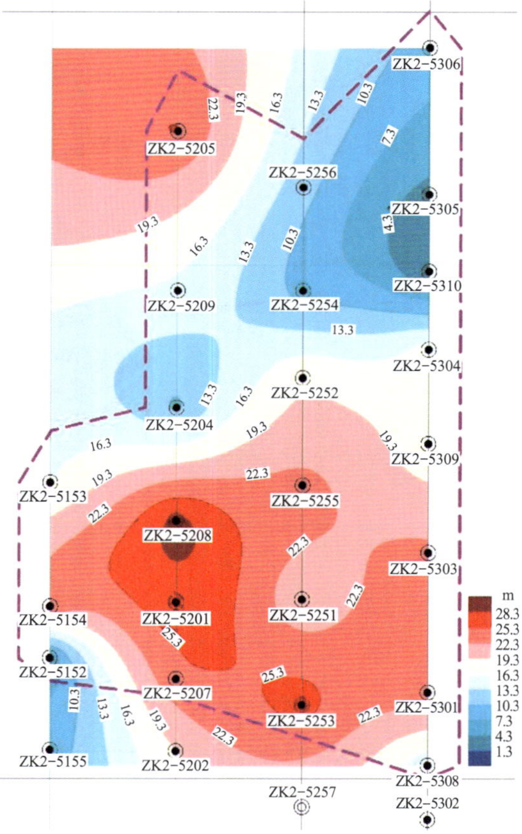

图 4-28　厚度等值线图

图 4-29　黄滩金铜锌矿矿化特征

A—黄铁矿+黄铜矿组成致密块状矿石；B—黄铁矿+黄铜矿+方铅矿+闪锌矿组成条带状矿石；C—凝灰岩中黄铜矿石英细脉和网脉；D—火山角砾岩中黄铁矿石英脉；E—致密块状矿石中闪锌矿和黄铜矿分布于黄铁矿粒间；F—黄铁矿+黄铜矿+方铅矿+闪锌矿组合，黄铜矿出溶物呈乳浊状分布于闪锌矿中；G—自形-半自形粒状黄铁矿；H—黄铜矿分布于黄铁矿中，构成包含结构；Py—黄铁矿；Clp—黄铜矿；Gn—方铅矿；Sp—闪锌矿

矿石类型包括含铜金矿石、含金铜锌矿床、金矿石、铜矿石和锌矿石。矿石构造主要有条带状、条纹状、致密块状、块状、稠密浸染状、浸染状、细脉状和网脉状构造（图4-29）。矿石结构主要有自形-半自形粒状、他形粒状、包含状、镶边、填隙、乳浊状、交代和交代残余结构。矿石中主要金属矿物为黄铁矿、黄铜矿、闪锌矿，少量方铅矿、磁黄铁矿、毒砂、硫锑铅矿、锌砷黝铜矿、锌锑黝铜矿、斑铜矿、碲铅矿、白铁矿。金和银矿物有碲金矿、针碲金银矿、自然金、银金矿、针碲金银矿、碲银矿、辉银矿、自然银。金和银矿物主要包裹在黄铁矿、黄铜矿、石英中或者分布于这些矿物粒间或裂隙中。矿石中非金属矿物主要是重晶石、石英和绢云母，少量碳酸盐、斜长石、绿泥石、白云母、角闪石等。

黄铁矿以立方体自形晶、半自形晶较为常见，部分为他形粒状，一般在0.02~0.4 mm之间，少量小于0.02 mm。黄铁矿按照形态分为3种：其一呈微细粒，粒径小于0.02 mm，多呈带状或条纹状分布，这类黄铁矿出现在层状矿体中。其二呈结晶粒状，自形、半自形晶、他形晶都比较常见，粒径不均匀，一般在0.03~0.3 mm之间，分布不均匀。粗粒黄铁矿裂隙较为发育，裂隙中充填黄铜矿、闪锌矿、方铅矿等其他硫化物。有些黄铁矿中包裹微细粒状黄铜矿、闪锌矿、碲金矿、毒砂及黝铜矿，可见黝铜矿与自然金连生。其三呈皮膜状，或者呈增生边产出在其他类型黄铁矿边部，形成增生结构。

黄铜矿呈不规则粒状产出于石英粒间，或者充填于黄铁矿裂隙，或者呈滚圆微粒状被黄铁矿包裹或者呈乳滴状被闪锌矿包裹构成固溶体分离结构。黄铜矿粒径为0.02~0.4 mm，大多数大于0.074 mm，少量小于0.02 mm。黄铜矿也是金的载体，其中偶见包裹自然金。

闪锌矿分布分散且不均匀，粒径一般在0.02~0.4 mm之间，多呈他形粒状集合体充填于黄铁矿或者非金属矿物粒间或者裂隙中，其次呈浸染状产出于非金属矿物中或充填于粒间。闪锌矿与黄铜矿、黝铜矿、方铅矿、磁黄铁矿嵌布关系都比较密切。闪锌矿有2种，一种属于铁闪锌矿，其中有黄铜矿乳滴，形成乳滴状固溶体分离结构；一种闪锌矿含铁低，呈他形粒状充填于非金属矿物粒间或者裂隙中。

（三）矿物化学成分

1. 电子探针

（1）样品

本次主要针对黄滩金铜锌矿床脉状矿体进行电子探针分析，样品采自钻孔ZK2-5302。在脉状矿体中，金属矿物以黄铁矿+黄铜矿+黝铜矿为主，黄铁矿呈自形到他形晶产出，黄铜矿呈他形粒状，脉状产出，黝铜矿与黄铜共生，呈他形产出。电子探针分析工作在中国地质科学院矿产资源研究所电子探针实验室完成。电子探针点位见图4-30，表4-8、表4-9。

（2）硫化物矿物成分

黄铁矿12个点主要成分Fe含量为45.579%~46.846%，平均46.067%，十分接近理论值Fe=46.55%，S含量介于52.388%~54.297%之间，平均为53.257%，接近理论值S=53.45%，化学式为$Fe_{0.97\sim1.03}S_2$。黄铁矿中含有其他微量元素，如Se含量介于0.008%~0.055%之间（7个点低于检测值），12个点中7个点Au含量为0.001%~0.034%，仅5个点检测出Ag元素，含量为0.001%~0.008%，普遍含有Te元素，含量介于0.016%~0.047%之间，As含量为0.013%~0.068%（4个点低于检测值），Ni元素检测出3点，含量介于0.014%~0.029%之间，Sb元素检测出2点，含量介于0.002%~0.014%之间，另外检测出微量的Cu，Pb，Zn等。

黄铜矿11个点主要成分Cu含量介于34.518%~36.008%之间，平均35.154%，Fe含量介于29.295%~30.337%之间，平均29.714%，S含量介于34.397%~36.144%之间，平均35.146%。主要元素Cu、Fe、S的含量接近理论值（Cu=34.56%，Fe=30.52%，S=34.92%），Cu/Fe值为1.00~1.08，(Cu+Fe)/S值在0.97~1.01，计算化学式为$Cu_{0.98\sim1.02}Fe_{0.93\sim1.01}S_2$。黄铜矿中普遍含Te，含量

表 4-8 黄滩金铜锌矿床矿物电子探针分析结果

单位：%

序号	Se	As	Fe	Cu	Pb	S	Zn	Ag	Au	Te	Ni	Sb	Total	名称
TG-17-4-1-1	0.021	0.064	46.485	0.024	0.028	53.772	0.039	0.003	0.000	0.036	0.014	0.014	100.50	黄铁矿
TG-17-4-2-3	0.031	0.016	46.250	0.000	0.028	52.899	0.043	0.001	0.001	0.039	0.000	0.000	99.31	黄铁矿
TG-17-4-3-2	0.000	0.030	46.243	0.153	0.017	52.680	0.015	0.000	0.000	0.038	0.029	0.000	99.21	黄铁矿
TG-17-4-3-5	0.000	0.059	46.846	0.169	0.000	52.388	0.032	0.000	0.000	0.046	0.000	0.000	99.54	黄铁矿
TG-17-11-2-3	0.000	0.019	45.650	0.000	0.031	54.297	0.000	0.001	0.000	0.020	0.000	0.000	100.02	黄铁矿
TG-17-11-1-3	0.055	0.047	45.791	0.344	0.048	53.525	0.028	0.000	0.009	0.042	0.000	0.002	99.89	黄铁矿
TG-17-11-3-3	0.000	0.000	45.579	0.000	0.064	53.237	0.000	0.008	0.005	0.032	0.000	0.000	98.93	黄铁矿
TG-17-3-1-3	0.000	0.000	45.978	0.000	0.000	53.382	0.000	0.000	0.003	0.040	0.000	0.000	99.40	黄铁矿
TG-17-3-1-4	0.000	0.000	45.606	0.020	0.000	53.213	0.000	0.000	0.010	0.047	0.014	0.000	98.91	黄铁矿
TG-17-3-3-1	0.023	0.068	45.791	0.000	0.000	53.239	0.000	0.000	0.034	0.040	0.000	0.000	99.20	黄铁矿
TG-17-3-3-2	0.008	0.013	46.401	0.008	0.072	53.258	0.037	0.000	0.000	0.016	0.000	0.000	99.81	黄铁矿
TG-17-3-3-3	0.000	0.000	46.185	0.000	0.000	53.188	0.000	0.008	0.002	0.023	0.000	0.000	99.41	黄铁矿
TG-17-4-1-2	0.042	0.000	30.337	34.563	0.000	34.397	0.031	0.006	0.000	0.022	0.000	0.016	99.41	黄铜矿
TG-17-4-2-1	0.035	0.000	29.368	35.365	0.000	35.342	0.111	0.000	0.000	0.000	0.000	0.155	100.38	黄铜矿
TG-17-4-3-1	0.040	0.021	29.306	34.794	0.000	34.576	0.078	0.000	0.000	0.014	0.000	0.000	98.83	黄铜矿
TG-17-4-3-3	0.047	0.000	29.888	34.518	0.000	35.627	0.127	0.012	0.000	0.015	0.000	0.000	100.23	黄铜矿
TG-17-11-2-1	0.000	0.021	29.766	35.511	0.053	35.360	0.012	0.013	0.000	0.068	0.002	0.000	100.81	黄铜矿
TG-17-11-2-2	0.000	0.000	29.762	35.108	0.009	35.686	0.070	0.001	0.000	0.000	0.006	0.000	100.64	黄铜矿
TG-17-11-1-2	0.026	0.000	29.295	36.008	0.025	36.144	0.016	0.009	0.000	0.052	0.000	0.000	101.56	黄铜矿
TG-17-11-3-1	0.000	0.000	29.372	35.157	0.000	34.843	0.021	0.025	0.032	0.043	0.000	0.005	99.50	黄铜矿
TG-17-3-2-1	0.050	0.006	29.877	35.146	0.033	34.782	0.043	0.013	0.000	0.021	0.000	0.000	99.97	黄铜矿
TG-17-3-2-3	0.004	0.000	30.041	35.434	0.045	34.619	0.055	0.015	0.000	0.023	0.000	0.022	100.26	黄铜矿
TG-17-3-1-2	0.000	0.018	29.836	35.087	0.000	35.228	0.031	0.000	0.000	0.021	0.010	0.000	100.23	黄铜矿
TG-17-4-2-2	0.000	17.278	2.006	43.958	0.010	28.339	6.587	0.000	0.014	0.000	0.000	0.847	99.04	锌砷黝铜矿
TG-17-4-3-4	0.000	19.923	2.259	42.314	0.042	28.230	6.562	0.007	0.000	0.049	0.000	0.498	99.88	锌砷黝铜矿
TG-17-11-2-4	0.000	17.966	1.150	42.174	0.007	27.633	6.594	0.062	0.000	0.000	0.001	6.311	101.90	锌砷黝铜矿
TG-17-11-1-1	0.000	17.772	0.602	42.195	0.058	27.311	5.997	0.145	0.000	0.000	0.000	6.430	100.51	锌砷黝铜矿
TG-17-3-2-2	0.000	16.924	3.519	42.031	0.000	28.429	6.799	0.000	0.000	0.000	0.000	2.290	99.99	锌砷黝铜矿
TG-17-3-1-1	0.000	16.114	3.551	41.972	0.003	27.196	6.748	0.000	0.000	0.000	0.000	4.835	100.42	锌砷黝铜矿
TG-17-11-3-2	0.000	8.923	0.349	39.931	0.013	25.773	7.733	0.374	0.000	0.000	0.000	18.297	101.39	锌锑黝铜矿

表 4-9　黄滩金铜锌矿床矿物能谱分析结果

单位：%

序号	矿物	S	Fe	Cu	Ag	Te	Au	Bi	Pb	As	Se	总和	分子式
88-11-1	自然碲	0.00	0.00	0.00	0.00	100.00	0.00	0.00	0.00	0.00	0.00	100	Te
78-1-3	自然碲	0.00	0.00	0.00	0.00	100.00	0.00	0.00	0.00	0.00	0.00	100	Te
21-7-1	楚碲铋矿	0.00	2.71	0.00	0.00	37.41	0.00	57.36	0.00	0.00	2.52	100	$Bi_{2.81}Te_3$
2-2-001-1	碲铋矿	0.00	3.11	0.00	0.00	45.24	0.00	51.66	0.00	0.00	0.00	100	$Bi_{2.09}Te_3$
4-5-001-3	碲铋矿	0.00	0.00	0.00	0.00	47.37	0.00	52.63	0.00	0.00	0.00	100	$Bi_{2.04}Te_3$
21-6-1	碲铋银矿	0.00	0.00	0.00	19.69	41.68	0.00	38.63	0.00	0.00	0.00	100	$Ag_{1.12}Bi_{1.13}Te_2$
2-1-001-1	碲金矿	0.00	1.84	0.00	1.84	55.87	40.45	0.00	0.00	0.00	0.00	100	$Au_{0.94}Te_2$
2-7-001-1	碲银矿	0.61	2.03	0.00	57.35	38.10	1.93	0.00	0.00	0.00	0.00	100	$Ag_{1.78}Te$
2-8-001-1	碲银矿	0.30	0.51	0.00	64.57	34.62	0.00	0.00	0.00	0.00	0.00	100	$Ag_{2.21}Te$
2-9-001-1	碲银矿	0.51	1.32	0.00	59.82	38.15	0.00	0.00	0.00	0.00	0.00	100	$Ag_{1.85}Te$
2-9-001-2	碲银矿	0.00	1.23	0.00	58.90	38.85	1.02	0.00	0.00	0.00	0.00	100	$Ag_{1.79}Te$
2-9-001-3	碲银矿	0.61	1.42	0.00	64.37	33.60	0.00	0.00	0.00	0.00	0.00	100	$Ag_{2.27}Te$
2-9-001-4	碲银矿	0.71	1.73	0.00	58.07	37.77	1.52	0.00	0.00	0.00	0.00	100	$Ag_{1.82}Te$
2-9-001-5	碲银矿	0.93	1.97	0.00	59.59	36.17	1.35	0.00	0.00	0.00	0.00	100	$Ag_{1.95}Te$
2-9-002-1	碲银矿	0.41	1.32	0.00	60.14	38.13	0.00	0.00	0.00	0.00	0.00	100	$Ag_{1.87}Te$
2-9-002-2	碲银矿	0.51	1.53	0.00	58.15	38.39	1.43	0.00	0.00	0.00	0.00	100	$Ag_{1.79}Te$
2-9-002-4	碲银矿	0.81	1.82	0.00	58.34	37.41	1.62	0.00	0.00	0.00	0.00	100	$Ag_{1.84}Te$
2-9-002-5	碲银矿	0.80	1.60	0.00	57.96	37.84	1.80	0.00	0.00	0.00	0.00	100	$Ag_{1.81}Te$
3-1-001-1	碲银矿	0.61	1.53	0.10	58.39	39.37	0.00	0.00	0.00	0.00	0.00	100	$Ag_{1.75}Te$
3-1-001-2	碲银矿	0.30	1.62	0.40	58.59	39.09	0.00	0.00	0.00	0.00	0.00	100	$Ag_{1.77}Te$
3-2-001-3	碲银矿	0.00	0.00	0.00	60.31	39.69	0.00	0.00	0.00	0.00	0.00	100	$Ag_{1.80}Te$
3-2-001-4	碲银矿	0.00	0.00	0.00	58.05	40.62	1.33	0.00	0.00	0.00	0.00	100	$Ag_{1.69}Te$
78-4-3	碲金银矿	0.00	3.18	0.00	45.42	35.25	16.16	0.00	0.00	0.00	0.00	100	$Ag_{3.05}Au_{0.59}Te_2$

续表

序号	矿物	S	Fe	Cu	Ag	Te	Au	Bi	Pb	As	Se	总和	分子式
78-6-3	碲金银矿	0.00	2.87	0.00	43.39	32.52	21.21	0.00	0.00	0.00	0.00	100	$Ag_{3.15}Au_{0.84}Te_2$
3-2-001-1	针碲金银矿	0.00	0.00	0.00	12.55	61.35	26.10	0.00	0.00	0.00	0.00	100	$Ag_{0.97}Au_{1.10}Te_4$
3-2-001-2	针碲金银矿	0.00	0.00	0.00	13.93	61.30	24.77	0.00	0.00	0.00	0.00	100	$Ag_{1.08}Au_{1.05}Te_4$
3-3-001-1	针碲金银矿	0.00	0.00	0.00	12.00	61.40	26.60	0.00	0.00	0.00	0.00	100	$Ag_{0.92}Au_{1.12}Te_4$
3-3-001-2	针碲金银矿	0.00	0.00	0.00	9.92	60.92	29.16	0.00	0.00	0.00	0.00	100	$Ag_{0.77}Au_{1.24}Te_4$
3-3-001-3	针碲金银矿	0.00	0.00	0.70	9.31	60.56	29.43	0.00	0.00	0.00	0.00	100	$Ag_{0.73}Au_{1.26}Te_4$
3-3-001-4	针碲金银矿	0.00	0.00	0.00	11.32	60.72	27.96	0.00	0.00	0.00	0.00	100	$Ag_{0.88}Au_{1.19}Te_4$
3-3-001-5	针碲金银矿	0.00	0.00	0.00	11.43	60.98	27.58	0.00	0.00	0.00	0.00	100	$Ag_{0.89}Au_{1.17}Te_4$
4-2-001-1	针碲金银矿	0.00	0.00	0.00	10.49	61.23	28.28	0.00	0.00	0.00	0.00	100	$Ag_{0.81}Au_{1.20}Te_4$
4-2-001-2	针碲金银矿	0.00	0.00	0.00	10.03	60.90	29.07	0.00	0.00	0.00	0.00	100	$Ag_{0.78}Au_{1.24}Te_4$
4-3-001-1	针碲金银矿	0.00	0.00	0.90	10.23	61.08	27.78	0.00	0.00	0.00	0.00	100	$Ag_{0.79}Au_{1.18}Te_4$
4-4-001	针碲金银矿	0.00	0.00	0.00	13.45	61.55	25.00	0.00	0.00	0.00	0.00	100	$Ag_{1.03}Au_{1.05}Te_4$
4-5-001-1	针碲金银矿	0.00	0.00	0.00	12.38	61.29	26.33	0.00	0.00	0.00	0.00	100	$Ag_{0.96}Au_{1.11}Te_4$
4-5-001-2	针碲金银矿	0.00	0.00	0.00	11.04	60.94	28.01	0.00	0.00	0.00	0.00	100	$Ag_{0.86}Au_{1.19}Te_4$
4-5-001-4	碲铅铋矿	0.00	0.00	0.00	1.45	44.04	0.00	42.38	12.12	0.00	0.00	100	$Bi_{2.35}Pb_{0.68}Te_4$
88-4-4-4	碲铅矿	0.00	0.00	0.00	0.00	36.97	0.00	0.00	63.03	0.00	0.00	100	$Pb_{1.05}Te$
88-4-4-1	碲铅矿	0.00	0.00	0.00	0.00	39.26	0.00	0.00	60.74	0.00	0.00	100	$Pb_{0.95}Te$
88-4-4-2	碲铅矿	0.00	0.00	0.00	0.00	35.43	0.00	0.00	64.57	0.00	0.00	100	$Pb_{1.12}Te$
88-4-4-3	碲铅矿	0.00	0.00	0.00	0.00	39.97	0.00	0.00	60.03	0.00	0.00	100	$Pb_{0.92}Te$
78-1-1	方铅矿	13.60	2.70	0.00	0.00	0.00	0.00	0.00	81.64	0.22	1.83	100	$Pb_{0.93}S$
78-1-2	方铅矿	13.97	2.50	0.00	0.00	0.00	0.00	0.00	83.53	0.00	0.00	100	$Pb_{0.93}S$
78-4-1	方铅矿	8.85	2.53	0.00	0.00	0.00	0.00	0.00	78.69	0.00	9.93	100	$Pb_{1.38}S$
78-9-1-1	方铅矿	13.40	2.49	0.00	0.00	0.00	0.00	0.00	84.11	0.00	0.00	100	$Pb_{0.97}S$

续表

序号	矿物	S	Fe	Cu	Ag	Te	Au	Bi	Pb	As	Se	总和	分子式
53-1-1	方铅矿	12.94	0.00	0.00	0.00	0.00	0.00	0.00	87.06	0.00	0.00	100	$Pb_{1.04}S$
53-1-4	方铅矿	13.87	4.50	0.00	0.00	0.00	0.00	0.00	81.62	0.00	0.00	100	$Pb_{0.91}S$
78-9-1-2	方铅矿	14.06	0.00	0.00	0.00	0.00	0.00	0.00	85.94	0.00	0.00	100	$Pb_{0.95}S$
2-7-001-2	方铅矿	12.03	2.90	0.00	0.00	0.00	0.00	0.00	85.06	0.00	0.00	100	$Pb_{1.09}S$
88-1-3	黄铁矿	55.86	44.14	0.00	0.00	0.00	0.00	0.00	0.00	0.00	0.00	100	$Fe_{0.91}S_2$
88-7-7	黄铁矿	58.65	41.35	0.00	0.00	0.00	0.00	0.00	0.00	0.00	0.00	100	$Fe_{0.81}S_2$
88-9-4	黄铁矿	58.03	41.97	0.00	0.00	0.00	0.00	0.00	0.00	0.00	0.00	100	$Fe_{0.83}S_2$
88-10-1	黄铁矿	57.89	42.11	0.00	0.00	0.00	0.00	0.00	0.00	0.00	0.00	100	$Fe_{0.84}S_2$
78-6-5	黄铁矿	56.29	43.71	0.00	0.00	0.00	0.00	0.00	0.00	0.00	0.00	100	$Fe_{0.89}S_2$
78-8-2	黄铁矿	56.65	43.35	0.00	0.00	0.00	0.00	0.00	0.00	0.00	0.00	100	$Fe_{0.88}S_2$
78-8-3	黄铁矿	56.34	43.66	0.00	0.00	0.00	0.00	0.00	0.00	0.00	0.00	100	$Fe_{0.89}S_2$
78-8-5	黄铁矿	56.63	43.37	0.00	0.00	0.00	0.00	0.00	0.00	0.00	0.00	100	$Fe_{0.88}S_2$
21-4-2-2	黄铁矿	54.92	45.08	0.00	0.00	0.00	0.00	0.00	0.00	0.00	0.00	100	$Fe_{0.94}S_2$
21-5-6	黄铁矿	57.29	42.71	0.00	0.00	0.00	0.00	0.00	0.00	0.00	0.00	100	$Fe_{0.86}S_2$
21-6-2	黄铁矿	54.37	45.63	0.00	0.00	0.00	0.00	0.00	0.00	0.00	0.00	100	$Fe_{0.96}S_2$
21-7-3	黄铁矿	54.59	45.41	0.00	0.00	0.00	0.00	0.00	0.00	0.00	0.00	100	$Fe_{0.96}S_2$
2-1-001-4	黄铁矿	53.20	46.80	0.00	0.00	0.00	0.00	0.00	0.00	0.00	0.00	100	$Fe_{1.01}S_2$
2-2-001-2	黄铁矿	53.40	46.60	0.00	0.00	0.00	0.00	0.00	0.00	0.00	0.00	100	$Fe_{1.00}S_2$
2-3-001-5	黄铁矿	53.40	46.60	0.00	0.00	0.00	0.00	0.00	0.00	0.00	0.00	100	$Fe_{1.00}S_2$
2-4-001-3	黄铁矿	53.70	46.30	0.00	0.00	0.00	0.00	0.00	0.00	0.00	0.00	100	$Fe_{0.99}S_2$
2-5-001-2	黄铁矿	53.40	46.60	0.00	0.00	0.00	0.00	0.00	0.00	0.00	0.00	100	$Fe_{1.00}S_2$
2-7-001-3	黄铁矿	53.30	46.70	0.00	0.00	0.00	0.00	0.00	0.00	0.00	0.00	100	$Fe_{1.01}S_2$
2-7-002-7	黄铁矿	53.40	46.60	0.00	0.00	0.00	0.00	0.00	0.00	0.00	0.00	100	$Fe_{1.00}S_2$

续表

序号	矿物	S	Fe	Cu	Ag	Te	Au	Bi	Pb	As	Se	总和	分子式
2-8-001-3	黄铁矿	53.50	46.50	0.00	0.00	0.00	0.00	0.00	0.00	0.00	0.00	100	$Fe_{1.00}S_2$
2-9-001-6	黄铁矿	53.50	46.50	0.00	0.00	0.00	0.00	0.00	0.00	0.00	0.00	100	$Fe_{1.00}S_2$
5-2-001-5	黄铁矿	53.70	46.30	0.00	0.00	0.00	0.00	0.00	0.00	0.00	0.00	100	$Fe_{0.99}S_2$
88-9-3	黄铜矿	34.27	27.67	38.07	0.00	0.00	0.00	0.00	0.00	0.00	0.00	100	$Cu_{1.12}Fe_{0.93}S_2$
21-7-2	黄铜矿	32.56	28.42	39.02	0.00	0.00	0.00	0.00	0.00	0.00	0.00	100	$Cu_{1.21}Fe_{1.00}S_2$
2-1-001-5	黄铜矿	33.10	30.00	36.90	0.00	0.00	0.00	0.00	0.00	0.00	0.00	100	$Cu_{1.13}Fe_{1.04}$S2
2-3-001-6	黄铜矿	33.10	29.80	37.10	0.00	0.00	0.00	0.00	0.00	0.00	0.00	100	$Cu_{1.13}Fe_{1.03}S_2$
2-8-001-2	黄铜矿	33.30	29.70	37.00	0.00	0.00	0.00	0.00	0.00	0.00	0.00	100	$Cu_{1.12}Fe_{1.02}S_2$
2-9-002-3	黄铜矿	33.40	29.86	36.74	0.00	0.00	0.00	0.00	0.00	0.00	0.00	100	$Cu_{1.11}Fe_{1.03}S_2$
3-1-001-3	黄铜矿	32.70	29.70	37.60	0.00	0.00	0.00	0.00	0.00	0.00	0.00	100	$Cu_{1.16}Fe_{1.04}S_2$
3-2-001-5	黄铜矿	33.17	28.46	38.38	0.00	0.00	0.00	0.00	0.00	0.00	0.00	100	$Cu_{1.17}Fe_{0.99}S_2$
3-3-001-6	黄铜矿	32.40	29.30	38.30	0.00	0.00	0.00	0.00	0.00	0.00	0.00	100	$Cu_{1.19}Fe_{1.04}S_2$
4-1-001-2	黄铜矿	33.20	29.60	37.20	0.00	0.00	0.00	0.00	0.00	0.00	0.00	100	$Cu_{1.13}Fe_{1.02}S_2$
4-2-001-3	黄铜矿	33.47	28.56	37.98	0.00	0.00	0.00	0.00	0.00	0.00	0.00	100	$Cu_{1.15}Fe_{0.98}S_2$
4-3-001-3	黄铜矿	33.51	29.38	37.11	0.00	0.00	0.00	0.00	0.00	0.00	0.00	100	$Cu_{1.12}Fe_{1.01}S_2$
4-4-002	黄铜矿	33.50	28.59	37.91	0.00	0.00	0.00	0.00	0.00	0.00	0.00	100	$Cu_{1.14}Fe_{0.98}S_2$
88-5-3	含碲黝铜矿	26.67	2.12	50.45	0.00	7.01	0.00	0.00	0.00	13.74	0.00	100	$Cu_{11.64}Fe_{0.56}As_{2.69}(S_{12.19}Te_{0.81})_{13}$
78-6-4	含碲银黝铜矿	17.32	3.13	25.51	28.94	2.98	0.00	0.00	0.00	9.60	12.53	100	$Cu_{7.22}Fe_{1.01}Ag_{4.82}As_{2.31}(S_{9.72}Se_{2.87}Te_{0.42})_{13}$
78-8-1	辉银矿	15.25	3.88	0.00	76.43	0.00	0.00	0.00	0.00	0.00	4.44	100	$Ag_{1.49}S$
88-1-2	辉铜矿	22.55	3.62	68.55	0.00	5.28	0.00	0.00	0.00	0.00	0.00	100	$Cu_{1.53}S$

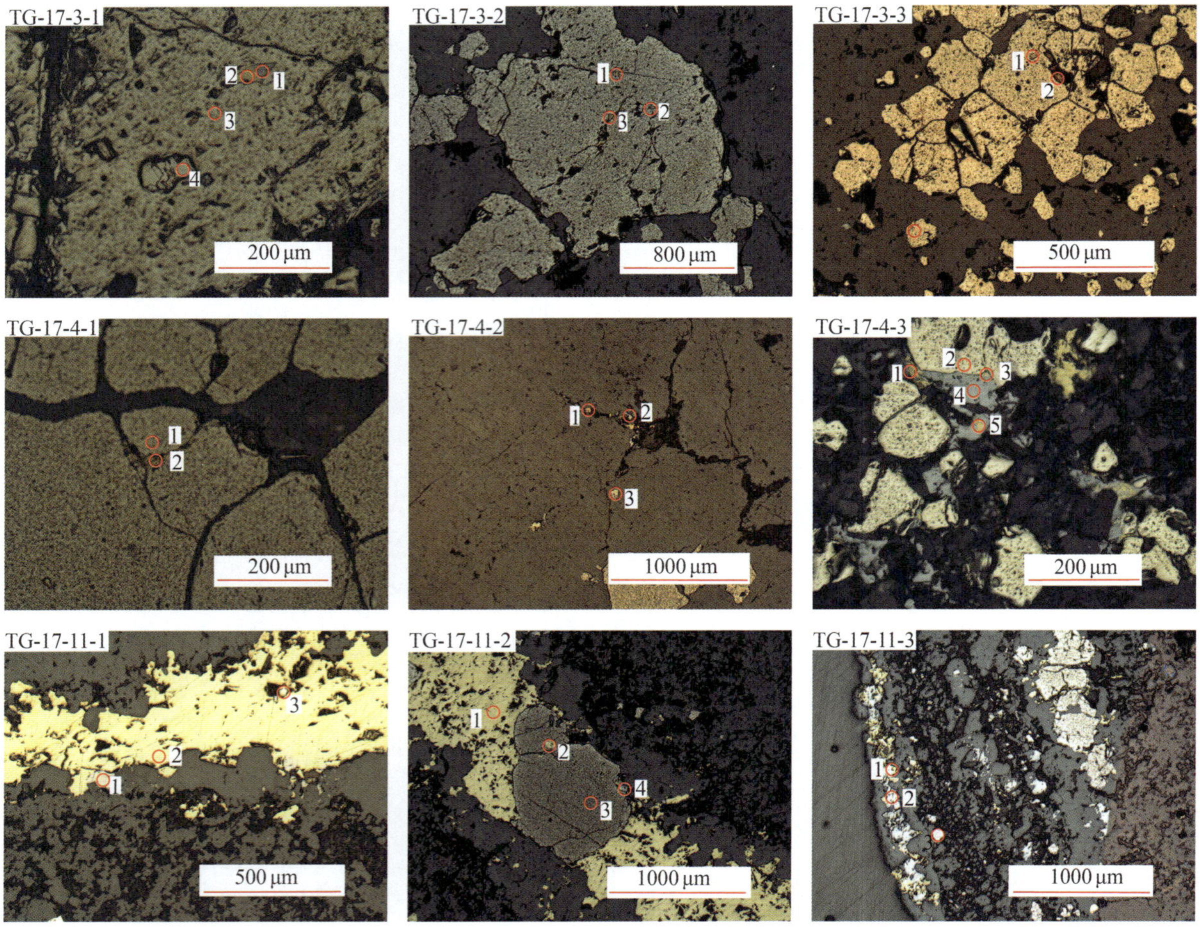

图 4-30　黄滩金铜锌矿电子探针点

介于 0.014%~0.068%之间（两点低于检测值），仅 1 点含 Au，为 0.032%，Ag 含量介于 0.001%~0.025%之间（3 个点低于检测值），7 个点中检测出 Se 元素，含量介于 0.004%~0.050%之间，仅 3 点检测出 Ni，含量介于 0.002%~0.010%之间，另外有微量的 As，Sb，Pb，Zn 等。

黝铜矿 7 个点主要成分 Cu 含量为 39.931%~43.958%，平均 42.082%，As 含量为 8.923%~19.923%，平均 16.414%，S 含量为 25.773%~28.429%，平均 27.559%，Sb 含量为 0.498%~18.297%，平均 5.644%，Zn 含量为 5.997%~7.733%，平均 6.717%，Fe 含量为 0.349%~3.551%，平均 1.919%。4 个点中检测出 Ag 元素，含量为 0.007%~0.374%，仅 1 个点检测出 Au，含量为 0.014%。根据元素含量分类，As 含量大于 Sb 时，为砷黝铜矿，As 含量小于 Sb 时，为锑黝铜矿。黄滩金铜锌矿黝铜矿种 Zn 含量较高，含铁和银元素，属于锌砷黝铜矿和锌锑黝铜矿，化学式为 $(Cu_{9.7\sim10.2}Ag_{0.0})_{9.7\sim10.2}(Zn_{0.9\sim1.1}Fe_{0.0\sim0.1})_{0.2\sim1.1}(Sb_{0.06\sim2.4}As_{1.9\sim4.5})_{3.6\sim5.0}S_{13}$。

（3）矿物成分的地质意义

黄铜矿主要有三种赋存状态，包裹于黄铁矿中，充填于黄铁矿粒间或裂隙中，脉状的黄铁矿黄铜矿。其黄铜矿主微量元素含量变化不大，指示可能为同期成矿，为相同的成矿物质来源。黝铜矿与黄铜矿关系密切，常与其共生。黝铜矿中富砷和富锑的两个端元都存在，且含锌均较高，这一特征与新疆阿舍勒、白银厂地区的 VMS 型铜锌矿床的黝铜矿较为相似（王登红等，1998）。黄铁矿中 Se 是标型矿元素之一，S/Se 比值具有标型意义。岩浆热液成因的黄铁矿 S/Se 比值为 $1\times10^4\sim2.8\times10^4$，与火山作用有关的黄铁矿 S/Se 比值一般小于 1×10^4（薛君治等，1991）。黄滩金铜锌矿床脉状黄铁矿的 S/Se 比值介于 $0.1\times10^4\sim0.3\times10^4$ 之间，小于 1×10^4，指示黄滩金铜锌矿床形成与火山作用热液相关。

黄铁矿中 Au 含量为 0.001%~0.034%，黄铜矿中 1 个点 Au 为 0.032%，黝铜矿中 1 个点 Au 为

0.014%。Au 在黄铁矿、黄铜矿、黝铜矿中均有赋存，但分布不均匀，与黄铁矿关系较为密切，这些矿物均是含金矿物，但以黄铁矿为主，同时也说明成矿流体中含 Au，并参与了整个成矿过程。Martin et al.(2005) 认为 Au 在黄铁矿中的赋存形式与 As 含量相关，Au 在黄铁矿中的溶解度可以用下列公式表示：$C_{Au}=0.02\ C_{As}+4\times10^{-5}$（$C_{Au}$、$C_{As}$ 分别表示 Au 与 As 的摩尔分数）。当 C_{Au}/C_{As} 小于 0.02 时，Au 主要以 Au^{1+}的形式存在，当 C_{Au}/C_{As} 大于 0.02 时 Au 主要以 Au^0 存在。经计算，黄滩矿床黄铁矿中的 C_{Au}/C_{As} 在 0.023~0.190，因此，黄铁矿中 Au 更多是以纳米级自然金的形式存在（图 4-31）。

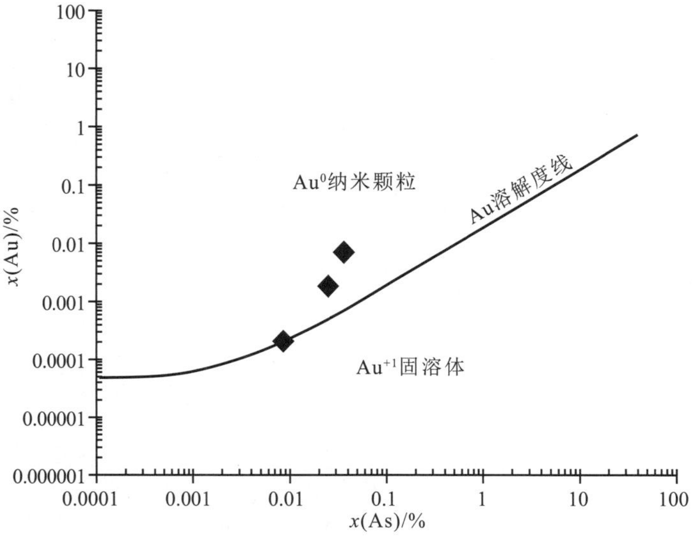

图 4-31 黄滩金铜锌矿黄铁矿 As-Au 图解

（底图据 Martin et al.，2015）

Ag 主要赋存在黝铜矿中，其次赋存在黄铜矿和黄铁矿中。在三种矿物中检测出的 Ag 含量分别平均为 0.147%，0.012%和 0.004%。Se 在黄铁矿及黄铜矿中赋存，平均分别为 0.028%和 0.035%，黝铜矿中未检测出 Se 元素。

2. 扫描电镜

（1）硫化物矿物化学成分

在中国地质科学院矿产资源研究所实验室开展了黄滩金铜锌矿床的脉状矿体矿物扫描电镜工作。在扫描电镜的背散射电子图像中，原子序数较大的元素（Au，Ag，Te 等）可以显示较亮的衬度而与周围其他矿物区别。因此，通过扫描电子显微镜对样品微区表面形貌和原子序数衬度的观察，并与能谱分析相结合，可准确鉴定金银碲的矿物相。对黄滩金铜锌矿床的脉状矿体进行测定（图 4-32，表 4-10），矿物成分及矿物化学式计算是按矿物元素含量折合 100%后计算。在黄铁矿黄铜矿石英脉中发现自然碲、碲金矿、碲金银矿、针碲金银矿、碲银矿、碲铋矿、碲铅矿、碲铅铋矿、碲铋银矿等。金主要以碲化物（碲金矿、碲金银矿、针碲金银矿）的形式赋存在黄铁矿和石英中，或赋存在黄铁矿颗粒间，少数赋存在碲银矿中（表 4-10）。含银矿物主要为碲金银矿、针碲金银矿、碲银矿、碲铋银矿、辉银矿和含碲银黝铜矿，少量银分布在碲金矿中。

表 4-10 黄滩金铜锌矿床矿物中金和银含量统计 单位：%

矿物名称		碲铋银矿	碲金矿	碲银矿	碲金银矿	针碲金银矿	含碲银黝铜矿	辉银矿
Au	范围		40.45	0~1.93	16.16~21.21	24.77~29.43		
	平均		40.45(1)	1.5(8)	18.69(2)	27.39(13)		
Ag	范围	19.69	1.84	57.35~64.57	43.39~45.42	9.31~13.93	28.94	76.43
	平均	19.69(1)	1.84(1)	59.51(15)	44.51(2)	11.39(13)	28.94(1)	76.43(1)

注：(1)代表点数。

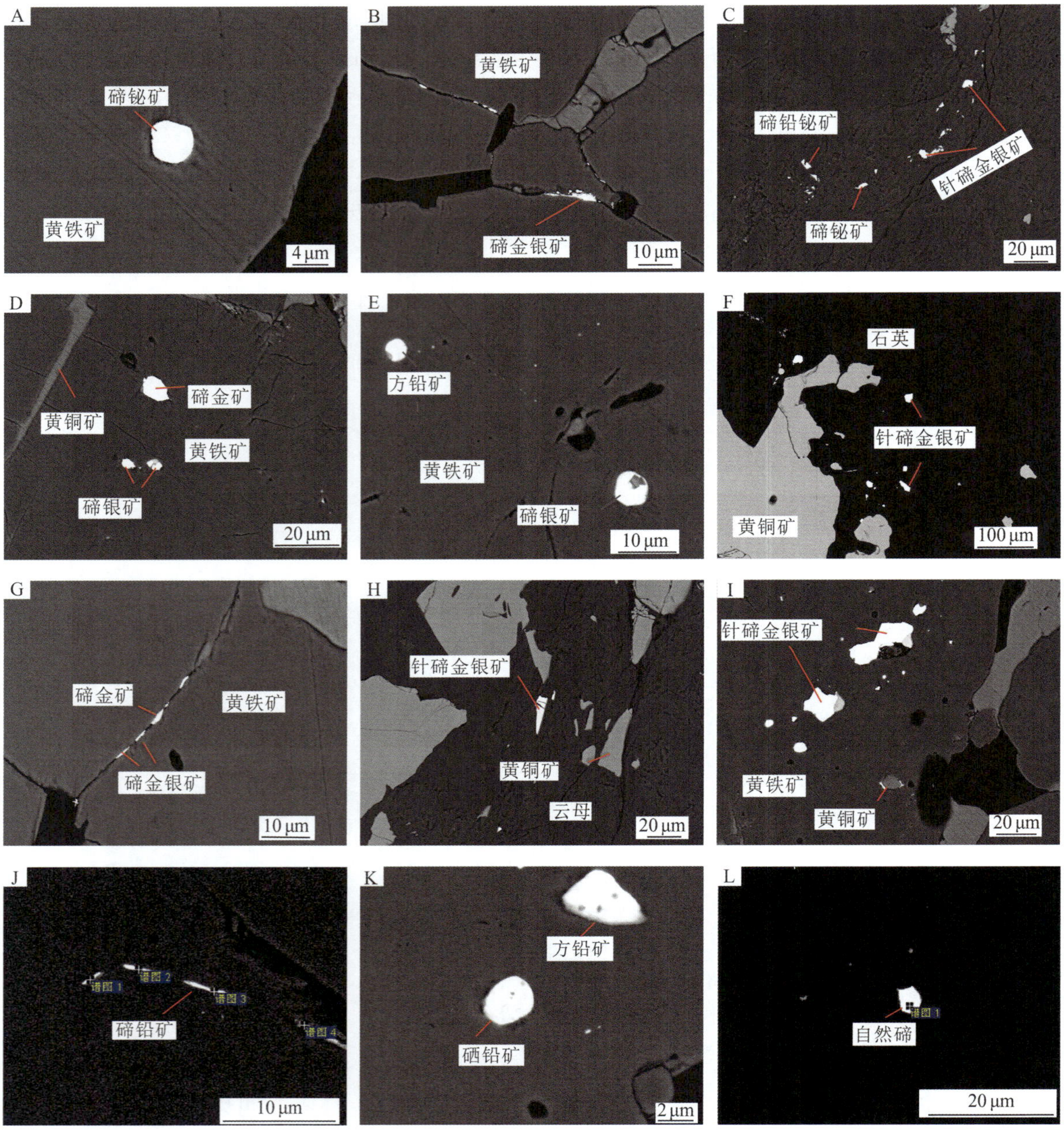

图 4-32　黄滩金铜锌矿含金矿物扫描电镜图

自然碲（2 点）赋存在黄铁矿中，颗粒长轴介于 1~5 μm 之间，化学元素含量 Te 为 100%。

楚碲铋矿（1 点）赋存在黄铁矿中，颗粒长轴 2~10 μm，其化学成分：Te 37.41%，Bi 57.36%，Se 2.52%，Fe 2.71%。化学式为 $Bi_{2.81}Te_3$。

碲铋矿（2 点）赋存在黄铁矿中，颗粒长轴 2~5 μm，其化学成分：Te 45.24%~47.37%，Bi 51.66%~52.63%。化学式为 $Bi_{2.04\sim2.09}Te_3$。

碲铋银矿（1 点）赋存在黄铁矿中，颗粒大小约 0.5 μm×2 μm，其化学成分：Te 41.68%，Bi 38.63%，Ag 19.69%。化学式为 $Ag_{1.12}Bi_{1.13}Te_2$。

碲金矿（1 点）呈包裹体赋存在黄铁矿中，颗粒大小约 6 μm×8 μm，化学元素含量：Te 55.87%，Au 40.45%，Ag 1.84%，Fe 1.84%。化学式为 $Au_{0.94}Te_2$。

碲银矿（15 点）主要赋存在黄铁矿中，颗粒长轴介于 1~20 μm 之间，化学元素含量：Te 33.60%~40.62%，Ag 57.35%~64.57%，S 0.00%~0.93%，Fe 0%~2.03%，Au 0%~1.93%。化学式为 $Ag_{1.69\sim2.27}Te$。

碲金银矿（2 点）分布于黄铁矿中及颗粒间，颗粒长轴介于 1~10 μm 之间，其化学成分为：Te 32.52%~35.25%，Ag 43.39%~45.42%，Au 16.16%~21.21%，Fe 2.87%~3.18%。化学式为 $Ag_{3.05\sim3.15}Au_{0.59\sim0.84}Te_2$。

针碲金银矿（13 点）赋存在黄铁矿和石英中，或赋存在黄铁矿颗粒间，颗粒长轴介于 1~15 μm 之间，其化学成分为：Te 60.56%~61.55%，Ag 9.31%~13.93%，Au 24.77%~29.43%，有 2 个点含 Cu（0.7%~0.9%）。化学式为 $Ag_{0.73\sim1.08}Au_{1.05\sim1.27}Te_4$。

碲铋铅矿存在黄铁矿中，颗粒长轴 3~6 μm，1 点的化学成分为：Te 44.04%，Bi 42.38%，Pb 12.12%，Ag 1.45%。化学式为 $Bi_{2.35}Pb_{0.68}Te_4$。

碲铅矿（4 点）赋存在黄铁矿中，颗粒长轴 1~5 μm，化学成分为：Te 35.43%~39.97%，Pb 60.03%~64.57%。化学式为 $Pb_{0.92\sim1.12}Te$。

方铅矿（8 点）化学元素含量为：S 8.85%~14.06%，Pb 76.69%~87.06%，Fe 0%~4.50%，有 1 个点含 As（0.22%），2 个点含 Se（1.83%、9.93%）。化学式为 $Pb_{0.93\sim1.38}S$。

黄铁矿（22 点）化学元素含量为：S 53.20%~58.65%，Fe 41.35%~46.80%。化学式为 $Fe_{0.81\sim1.01}S_2$。

黄铜矿（13 点）化学元素含量为：S 32.40%~34.27%，Fe 27.67%~30.00%，Cu 36.74%~39.02%。化学式为 $Cu_{1.12\sim1.21}Fe_{0.93\sim1.04}S_2$。

含碲黝铜矿（1 点）化学元素含量为：S 26.67%，Cu 50.45%，Te 7.01%，As 13.74%，Fe 2.12%。化学式为 $Cu_{11.64}Fe_{0.56}As_{2.69}(S_{12.19}Te_{0.81})_{13}$。

含碲银黝铜矿（1 点）化学元素含量为：S 17.32%，Cu 25.51%，Ag 28.94%，Te 2.98%，As 9.60%，Fe 3.13%，Se 12.53%。化学式为 $Cu_{7.22}Fe_{1.01}Ag_{4.82}As_{2.31}(S_{9.72}Se_{2.87}Te_{0.42})_{13}$。

辉银矿（1 点）化学元素含量为：S 15.25%，Ag 76.43%，Fe 3.88%，Se 4.44%。化学式为 $Ag_{1.49}S$。

辉铜矿（1 点）化学元素含量为：S 22.55%，Fe 3.62%，Cu 68.55%，Te 5.28%。化学式为 $Cu_{1.53}S$。

（2）碲化物的沉淀

金在含金（富金）的 VMS 型矿床中，主要以 4 种矿物形式存在：自然金、银金矿、碲化物和不可见金（Mercier-Langevin et al.，2011）。通过扫描电镜观察及能谱仪矿物元素测定，发现黄滩金铜锌矿床存在一定量的含金碲化物，如碲金矿、碲金银矿、针碲金银矿等，碲银矿中含一定量的 Au，为 Au 类质同象替代 Ag。

碲元素是一种亲地核地幔、高挥发、水溶性差以及易富集于硫化物的元素（Afifi et al.，1988；杜乐天等，1996；Cook et al.，2009），在地幔中的含量远高于地壳（Talor and McLennan，1995；Wedepohl，1995）。在 VMS 型矿床中，碲元素更可能直接来源于岩浆热液，而不是从围岩淋滤出来（Patten et al.，2015）。碲元素在 VMS 型矿床通常是在还原性的和高 f_{Te_2}/f_{S_2} 比值的流体中进行运移，流体的温度范围比较广泛（Afifi et al.，1988；Zhang and Spry，1994；Maslennikov et al.，2009），因为与海水的混合导致流体的温度降低，或者 f_{Te_2}/f_{S_2} 比值减小，f_{O_2} 值增加，或者 S^{2-} 被 Te^{2-} 替代，都会导致碲化物沉淀（Zhang and Spry，1994；Brueckner et al.，2016）。在黄滩金铜锌矿床中，含金碲化物多呈包裹体形式赋存在黄铁矿和石英中，或者赋存在黄铁矿颗粒间或裂隙中，表明在脉状矿体形成的过程中，可能一直存在岩浆热液的参与，并提供碲元素。含 Te 热液与从围岩中淋滤出成矿物质，并与海水的混合，导致温度降低，从而使碲化物与硫化物一同沉淀下来，形成黄铁矿+黄铜矿+碲化物脉状矿体。

（四）围岩蚀变

矿区火山岩中发育青磐岩化（绿帘石、绿泥石、黄铁矿、方解石和石英）（图 4-33），绿帘石和绿泥石具有面状分布特征，方解石、石英呈脉状，常见含黄铁矿石英细脉或石英方解石脉，青磐岩化

图 4-33　黄滩金铜锌矿围岩蚀变特征

A—硅化和黄铁矿化；B—黄铁矿化；C—方解石脉；D—青磐岩化（绿帘石-绿泥石-方解石-黄铁矿）；
E—叶蜡石化；F—黄铁绢英岩化（黄铁矿-绢云母-石英）

与成矿关系不大。矿区西南闪长岩、花岗闪长岩中发育少量黄铁矿化，偶见孔雀石化和磁铁矿化。流纹斑岩发育黄铁矿化，表面被氧化成褐铁矿化，受 NW 向区域断裂的次级断裂控制，钻孔指示倾向北（NE30°），倾角较陡，约 70°（邓小华等，2018）。与成矿关系密切的蚀变带位于矿区中西部，长约 200 m，宽 10～50 m，蚀变带为 NW-SE（117°）向。蚀变带赋存于红柳峡组强黄铁绢英岩化凝灰岩、沉凝灰岩和火山角砾岩中，蚀变带蚀变组合主要为黄铁绢英岩化（黄铁矿+绢云母+石英）、高岭土化、碳酸盐化等，地表蚀变带内岩石均发生强烈风化，呈粉末状。

钻孔中蚀变主要分布于层状矿化下部的补给通道中，较早形成的黄铁矿-绢云母-硅化（黄铁绢英岩化）分布广泛，黄铁矿呈自形-半自形粒状，少量见有粒状黄铜矿，局部有绿泥石化。补给通道中与脉状矿化有关的蚀变主要是硅化和黄铁矿化，硅化主要是石英呈细脉状、网脉状、脉状和团块状。叶蜡石化呈青绿色调，蜡状，具滑腻感，分布在岩石裂隙中及断面处，与成矿后的断裂活动有关。

（五）成矿期次划分

根据含矿岩系、矿化特征、矿物组合、围岩蚀变、矿脉穿插关系等将黄滩金铜锌矿成矿过程划分为喷流沉积期和表生氧化期。喷流沉积期矿化分为喷流沉积相层状（或块状）矿化和补给通道相脉状矿化（图 4-29）。层状矿化明显受凝灰岩、沉凝灰岩和火山角砾岩层位控制，以发育大量黄铁矿、黄铜矿和闪锌矿，出现重晶石为特色。主要形成致密块状黄铜矿-黄铁矿-(闪锌矿)-金组合、黄铜矿-黄铁矿-重晶石组合，形成铜矿体、锌矿体和铜锌矿体。

可以形成多个层状矿化，如 ZK2-5102、ZK5255 钻孔岩心有两层块状铜锌矿体。发育条带状、条纹状、致密块状、浸染状构造，这些特征可以与 VMS 型矿床，如阿舍勒铜锌矿、红海-黄土坡铜锌矿对比。黄铁矿形成最早，黄铜矿交代早阶段黄铁矿呈交代港湾结构，或黄铜矿分布于黄铁矿粒间呈填隙结构。

脉状矿化以出现大量石英为特色，主要形成黄铁矿-黄铜矿-石英-金组合、黄铁矿-黄铜矿-闪锌矿-方铅矿组合，形成金铜锌矿体、铜金矿体和金矿体，成矿与硅化有关，呈（方铅矿）闪锌矿黄铁矿黄铜矿石英细脉、网脉，黄铁矿石英细脉和网脉；黄铁矿石英脉中金含量最高可达 136 g/t。该阶段石英形成最早，其次是黄铁矿，可见黄铜矿、闪锌矿、方铅矿沿裂隙交代黄铁矿。脉状矿化发育在层状矿化之下，如ZK5255钻孔有两层块状铜锌矿体之下为与硅化有关的细脉网脉状含金黄铁矿黄铜矿石英脉，可见脉状矿化穿插早期形成的层状矿化。初步研究表明，层状矿化属于喷流沉积相，脉状矿化属于补给通道相，二者构成了VMS型矿床的“双层结构”，目前圈定的矿体主要是补给通道相脉状矿化，喷流沉积相层状矿化较少。黄滩矿床成矿过程复杂，并非简单的“双层结构”，可能有多个“双层结构”，另外，补给通道相脉状矿化穿切喷流沉积相层状矿化，加上后期断裂作用改造，造成了矿体的矿化类型在空间上极其复杂。

表生氧化期主要是硫化物氧化形成褐铁矿、孔雀石、胆矾、铜蓝和黄钾铁矾，另外，地表发育自然硫。

二、成矿作用及成矿末端效应

（一）含矿地层及成矿时代

含矿岩性、矿化特征表明黄滩金铜锌矿为火山成因块状硫化物（VMS）矿床（见下文），属于同生沉积矿床，矿床的形成与海相火山作用有关，因此，含矿火山岩系中火山岩年龄可以限定成矿时代。本次获得地表卡拉塔格组石英安山岩7颗锆石LA-ICP-MS U-Pb加权平均年龄为413.0±5.9 Ma，ZK2-5255岩心中红柳峡组英安岩23颗锆石LA-ICP-MS U-Pb谐和年龄为434.3±3.1 Ma，红柳峡组为含矿层，因此，限定黄滩金铜锌矿成矿时代在434 Ma左右。Sun et al.（2020）获得矿区英安质凝灰岩锆石LA-ICP-MS U-Pb加权平均年龄为438.2±5.7 Ma，矿区石英闪长岩年龄为439.2±1.4 Ma。这些年龄限定矿区含矿火山岩系形成于438~413 Ma。Deng et al.（2016）获得红海-黄土坡铜锌矿红柳峡组含矿火山岩系凝灰岩锆石U-Pb年龄为440.4±2.9 Ma。Chai et al.（2019）获得红柳峡组含矿岩系英安岩、安山岩和安山质凝灰岩锆石LA-ICP-MS U-Pb年龄分别为440.1±1.2 Ma，439.7±0.95 Ma和442.0±1.1 Ma，这些年龄表明黄滩金铜锌矿含矿层位略高于红海-黄土坡铜锌矿层位，按照红海-黄土坡矿区含矿岩性划分方案，黄滩矿区含矿地层与红海-黄土坡铜锌矿床含矿地层一致，为下-中志留统红柳峡组。

为了精细限定成矿时代，本次采集了补给通道相脉状铜锌矿体中8件黄铜矿开展了Re-Os年龄测试（表4-11），样品为（黄铁矿）黄铜矿石英脉。在国家地质实验测试中心利用美国热电公司（Thermo Fisher Scientific）生产的高分辨电感耦合等离子体质谱仪HR-ICP-MS Element 2进行Re-Os年龄测定。8件样品具有低的Re和普Os含量，分别为$0.138\times10^{-9}\sim9.621\times10^{-9}$和$0.389\times10^{-9}\sim15.363\times10^{-9}$，$^{187}Re/^{188}Os$和$^{187}Os/^{188}Os$比值分别为122.5~14618.6和0.62~105.75。8件样品在$^{187}Re/^{188}Os-^{187}Os/^{188}Os$图解中获得等时线年龄为432±29 Ma（MSWD=28），初始$^{187}Os/^{188}Os$值为0.9±2.4。其中4件黄铜矿在$^{187}Re/^{188}Os-^{187}Os/^{188}Os$图解上获得等时线年龄为430±15 Ma（MSWD=0.35），初始$^{187}Os/^{188}Os$值为0.55±0.94（图4-34），限定黄滩金铜锌矿形成于432 Ma左右，与含矿火山岩系英安岩年龄（434.3 Ma）基本一致。Sun et al.（2020）获得6件脉状矿化黄铁矿Re-Os加权平均年龄为437.9±6.6 Ma，何西恒（2019）获得层状矿体中黄铁矿Re-Os等时线年龄为436±8 Ma，石英硫化物脉中黄铁矿Re-Os等时线年龄为436±8 Ma。结合本次研究获得的Re-Os年龄，限定黄滩金铜锌矿形成于432~438 Ma，与英安岩和英安质凝灰岩年龄一致（434~438 Ma）。黄滩金铜锌矿成矿年龄早于本次研究获得的红海-黄土坡铜锌矿黄土坡矿段Re-Os成矿年龄（428 Ma和430 Ma）3~10 Ma，但与红海矿段Deng et al.（2016）获得黄铜矿Re-Os年龄（434.2 Ma）和Mao et al.（2019）获得的黄铁矿Re-Os年龄（436.1±2.3 Ma）一致，综合考虑含矿火山岩年龄、成矿年龄及年龄误差等因素，认为黄滩金铜锌矿与红海-黄土坡铜锌矿为同一成矿事件同时形成，属于同一VMS成矿系统。

（二）成矿流体

1. 包裹体岩相学

黄滩金铜锌矿床矿化分为喷流沉积相形成的层状矿化和补给通道相形成的脉状矿化。本次对喷流沉积相形成的重晶石和闪锌矿，补给通道相脉状矿化的石英和黄铁绢英岩中石英的流体包裹体进行研究，其特征见图 4-35，表 4-12。

表 4-11　黄滩金铜锌矿黄铜矿 Re-Os 同位素组成

样号	质量/g	$Re/10^{-9}$	普 $Os/10^{-12}$	$^{187}Os/10^{-12}$	$^{187}Re/^{188}Os$	$^{187}Os/^{188}Os$
ZK5154-18-3	0.30034	0.138±0.001	5.485±0.08	0.437±0.004	122.5±1.9	0.62±0.01
ZK5154-18-4	0.30016	0.504±0.004	2.377±0.05	3.449±0.08	931.1±22.8	9.28±0.18
ZK5154-18-5	0.30026	0.333±0.003	2.264±0.05	1.233±0.01	710.2±15.1	4.21±0.08
ZK5154-18-6	0.65028	1.254±0.009	0.414±0.01	5.692±0.04	14618.6±203.9	105.75±1.18
ZK5154-18-8	0.65011	9.621±0.071	15.363±0.12	44.868±0.34	3025±31	22.44±0.05
ZK5154-18-9	0.65035	1.847±0.014	1.601±0.01	8.455±0.06	5572.4±60.2	40.60±0.18
ZK5154-18-10	0.65088	0.257±0.002	0.389±0.003	1.175±0.01	3193.2±35.2	23.09±0.1
ZK5154-18-11	0.65034	1.706±0.013	2.258±0.06	9.213±0.09	3648±109.9	31.5±0.76

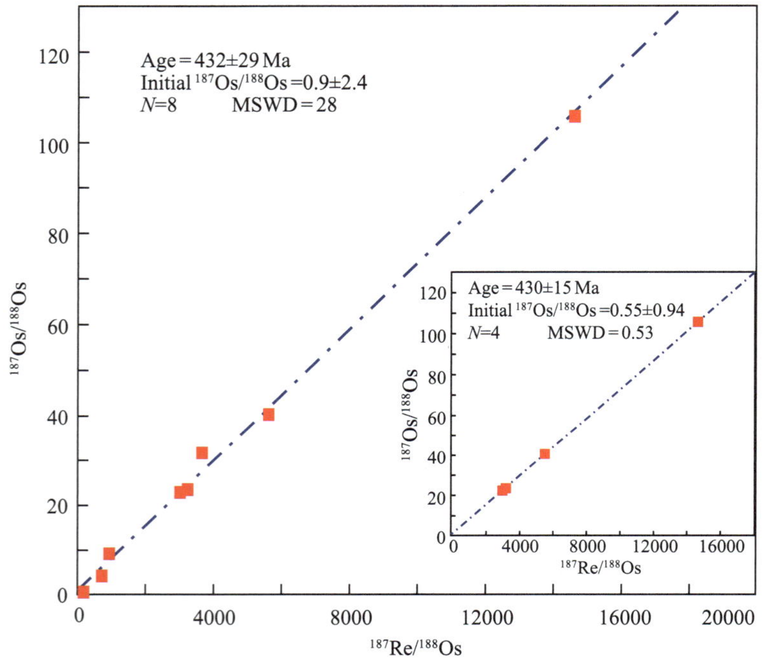

图 4-34　黄滩金铜锌矿黄铜矿 Re-Os 等时线年龄

表 4-12　黄滩金铜锌矿床流体包裹体显微测温数据表

矿化位置	寄主矿物	类型	大小/μm	$T_{m,ice}$/℃	$T_{h,total}$(平均)/℃	盐度(平均)($NaCl_{eq}$)/%	密度/($g \cdot cm^{-3}$)
喷流沉积相	重晶石	L	2~10	-5.3~-2.2	123~369(228)	3.71~8.28(5.62)	0.62~0.83
		V	4~8	-4.5	341(341)	7.17	0.72
补给通道相	黄铁绢英岩(Q1)	L	1~12	-7.1~-0.5	103~451(236)	0.88~10.61(5.44)	0.46~0.97
		V	2~8	-2.5~-0.1	273~480(394)	0.18~4.18(2.18)	
	网脉状石英(Q2)	L	1~10	-9.6~-0.6	96~340(197)	1.05~13.51(5.43)	0.72~1.01
		V	2~5		336~338(337)		

层状铜锌矿体中由于闪锌矿颜色深，很难找到包裹体，只见 1 个液体包裹体，气液比为 50%。重

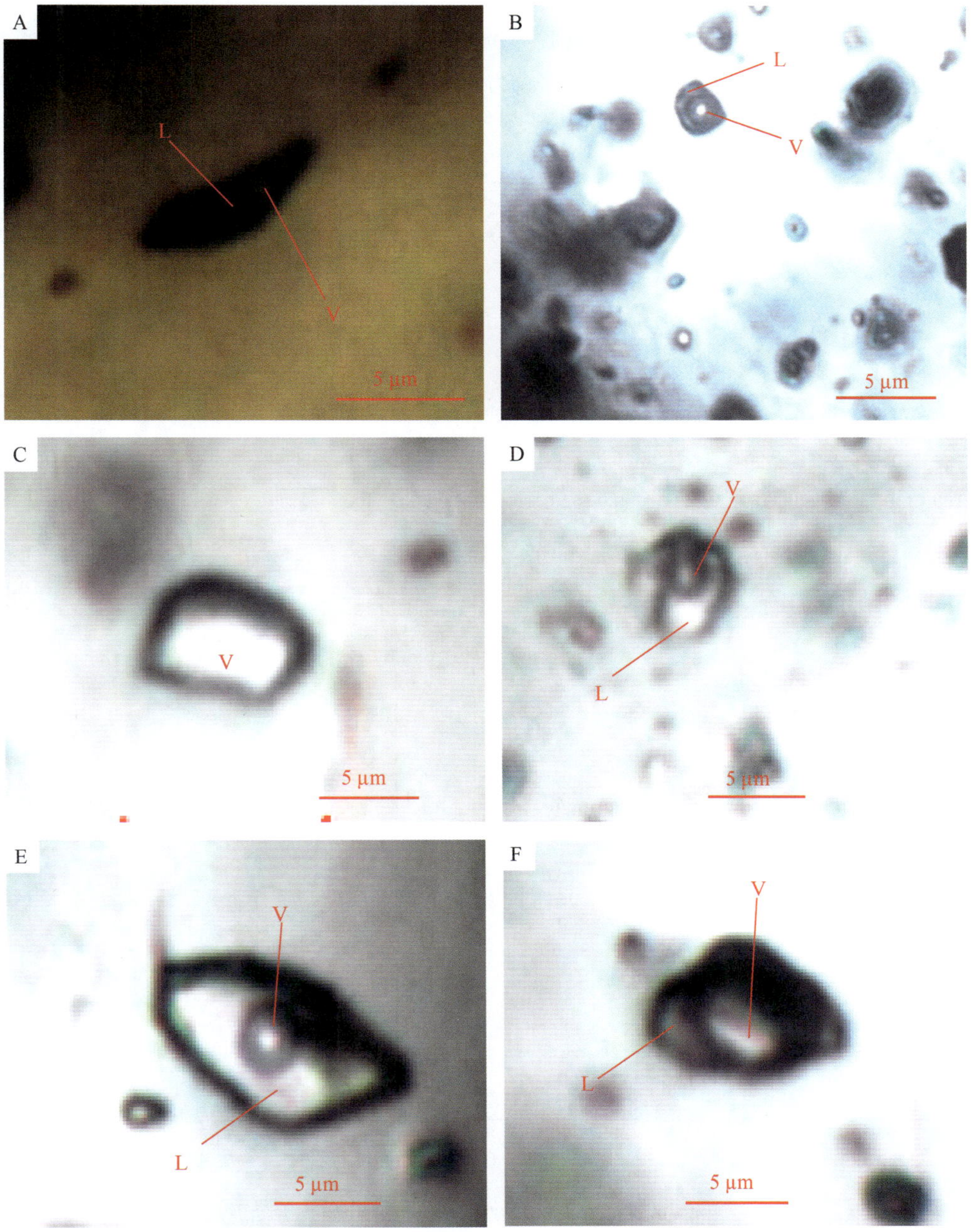

图 4-35　黄滩金铜锌矿流体包裹体显微照片

A—闪锌矿中液体包裹体；B—重晶石中液体包裹体；C-F—石英：C—纯液体包裹体；
D-E—液体包裹体；F—气体包裹体；L—液相；V—气相

晶石中包裹体较发育，主要为液体包裹体（L 型），少量气体包裹体（V 型）。液体包裹体中气液比变化大，为 3%~20%，气体包裹体气液比为 60%。

矿区黄铁绢英岩化发育，是层状矿体下盘补给通道周围重要的蚀变。石英中（Q1）包裹体发育，包裹体大小为 1 μm×2 μm~8 μm×10 μm。主要为液体包裹体，其次是气体包裹体，个别纯液体包裹体（P 型）。液体包裹体中气液比变化大，为 3%~50%，具有连续变化的特点，但主要集中在 5%~25%。

脉状矿化主要是含金（闪锌矿）（黄铜矿）黄铁矿石英细脉和网脉，石英（Q2）中包裹体发育，但包裹体较小，大小为 1 μm×3 μm~6 μm×9 μm。主要为液体包裹体，少量气体包裹体，液体包裹体中气液比变化大，为 3%~50%，具有连续变化的特点，但集中在 5%~20%。气体包裹体气液比值为 60%~80%。

2. 流体包裹体显微测温结果

本研究对重晶石和石英中液体包裹体（L 型）和气体包裹体（V 型）测定了冰点和均一温度。在冷冻法冰点-盐度关系表中（Bodnar，1993）查得流体盐度。用包裹体均一温度和盐度在 $NaCl_2-H_2O$ 体系的 T-W-ρ 相图（Bodnar，1983）上查得密度。包裹体测试数据及直方图见表 4-12，图 4-36。

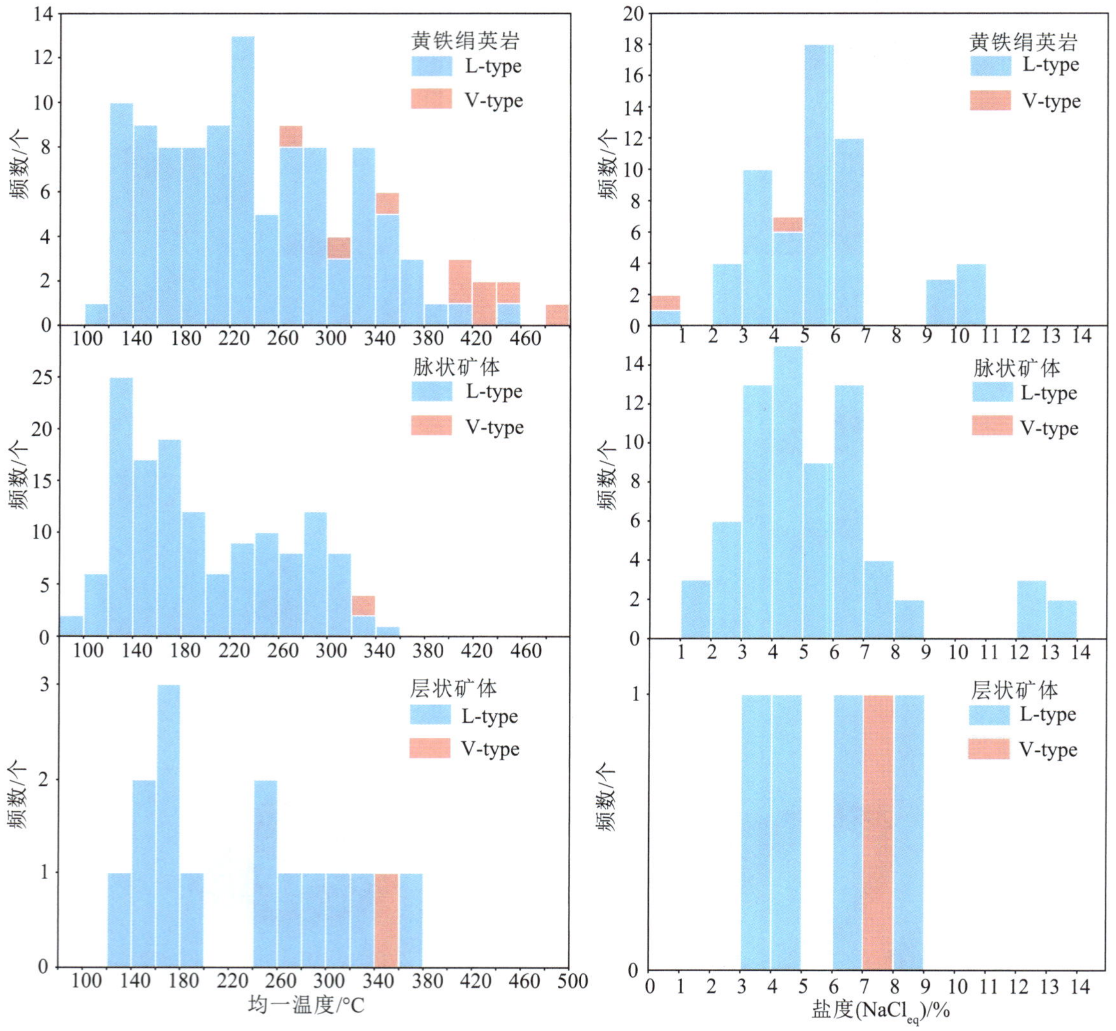

图 4-36　黄滩金铜锌矿均一温度和盐度直方图

（1）喷流沉积相

重晶石中 L 型包裹体均一到液相，均一温度为 123~369℃，平均温度为 228℃，冰点温度为-5.3~-2.2℃，盐度为 3.71%~8.28%（$NaCl_{eq}$），平均盐度为 5.62%（$NaCl_{eq}$），密度为 0.62~0.83 g/cm^3。V 型包裹体均一温度为 341℃，盐度为 7.17%（$NaCl_{eq}$）。

（2）补给通道相

黄铁绢英岩石英（Q1）中 L 型包裹体均一温度变化于 103~451℃，平均温度为 236℃，冰点温度在-7.1~-0.5℃，盐度为 0.88%~10.61%（$NaCl_{eq}$），平均盐度为 5.44%（$NaCl_{eq}$），密度为 0.46~0.97 g/cm^3。V 型包裹体均一温度为 273~480℃，平均温度为 394℃，冰点温度为-2.5~-0.1℃，盐度为 0.18%~4.18%（$NaCl_{eq}$），平均盐度为 2.18%（$NaCl_{eq}$）。

脉状矿化中石英（Q2）L 型包裹体均一温度为 96~340℃，平均温度为 197℃，冰点温度为-9.6~-0.6℃，盐度为 1.05%~13.51%（$NaCl_{eq}$），平均为 5.43%（$NaCl_{eq}$），密度为 0.72~1.01 g/cm^3。V 型包裹体均一温度范围为 336~338℃，平均温度为 337℃。

3. 成矿流体性质及演化

黄滩金铜锌矿层状矿化、脉状矿化和黄铁绢英岩中流体包裹体类型均为液体包裹体，少量气体包裹体，表明成矿流体属于盐水体系，与世界上 VMS 型矿床类似（Ulrich et al., 2002; Zaw et al., 2003）。黄铁绢英岩和脉状矿化的成矿流体均一温度分别为 120～400℃（峰值为 230℃）和 120～320℃（峰值为 130℃），盐度分别为 2%～7%（$NaCl_{eq}$）（峰值为 5.5%（$NaCl_{eq}$））和 1%～9%（$NaCl_{eq}$）（峰值为 4.5%（$NaCl_{eq}$））（图 4-36），表明温度和盐度峰值从黄铁绢英岩到脉状矿化在下降。在温度-盐度相关图中（图 4-37），温度与盐度呈正相关关系，即随着温度下降盐度也在下降。包裹体类型及特征、温度和盐度暗示形成黄铁绢英岩和脉状矿化的流体为相同的流体。首先在相对高温和高盐度的流体形成分布范围广的黄铁绢英岩，之后随着温度的降低和盐度的降低，形成了分布相对局限的脉状矿化（主要分布在补给通道里）。黄滩矿床脉状矿化流体特征与国内外 VMS 矿床网脉带特征相似，如红海-黄土坡铜锌矿（108～367℃和 2.7%～9.3%（$NaCl_{eq}$），Yang et al., 2018a; Mao et al., 2019）、阿舍勒铜锌矿（117～514℃和 0.7%～12.3%（$NaCl_{eq}$），Yang et al., 2018c）、萨尔朔克金多金属矿（130～390℃和 3.0%～10.0%（$NaCl_{eq}$），Yang et al., 2017）、小铁山铅锌多金属矿（174～452℃和 0.7%～10.7%（$NaCl_{eq}$），梁婉娟等，2016）、Hellyer（165～322℃和 3.0%～15.0%（$NaCl_{eq}$）; Zaw et al., 1996）和 Mt Morgan（172～276℃和 0.2%～15.3%（$NaCl_{eq}$）; Eadington et al., 1974; Ulrich et al., 2002）。

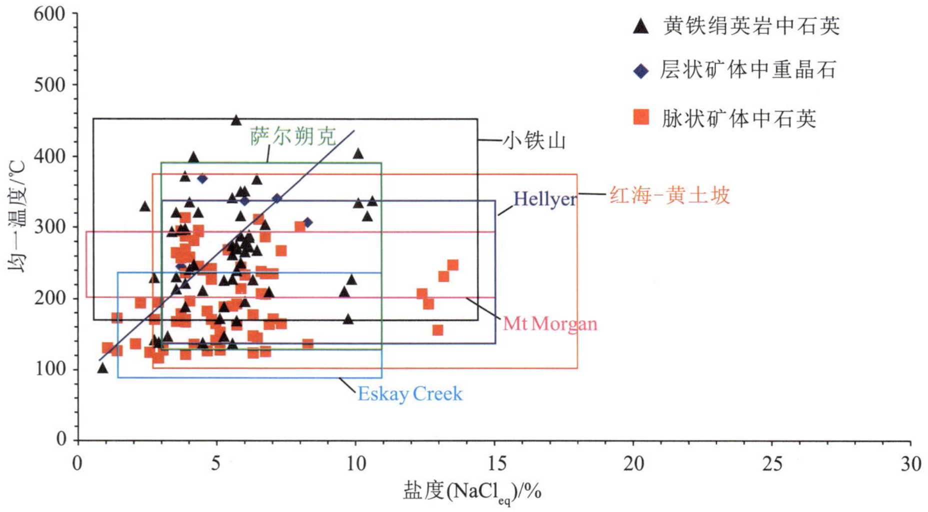

图 4-37　黄滩金铜锌矿温度-盐度相关图

喷流沉积相形成层状矿体的均一温度范围为 120～380℃，盐度为 3%～9%（$NaCl_{eq}$），其温度略高于补给通道相脉状矿化。在温度-盐度相关图中，黄滩矿床层状矿体盐度随着温度的降低而降低。黄滩与国内外 VMS 型矿床喷流沉积相流体相比，具有相似性，如阿舍勒铜锌矿（122～537℃和 1.6%～10.5%（$NaCl_{eq}$），Yang et al., 2018c）、红海-黄土坡铜锌矿（99～377℃和 9.3%～18.2%（$NaCl_{eq}$），Mao et al., 2014b, 2019; Yang et al., 2018a）、小铁山铅锌多金属矿（梁婉娟等，2016）、Mt Morgan（200～246℃和 0.7%～8.3%（$NaCl_{eq}$），Eadington et al., 1974; Ulrich et al., 2002）。黄滩金铜锌矿流体特征也与世界上富金 VMS 矿床相似。黄滩矿床盐度高于海水盐度，表明有岩浆热液加入到成矿系统中。

4. 成矿流体来源

（1）氢和氧同位素示踪成矿流体

本次在黄滩金铜锌矿喷流沉积相层状矿体中采集 3 件重晶石样品，补给通道相黄铁绢英岩蚀变带和脉状矿化中分别采集了 5 件和 3 件石英样品开展了氢氧同位素分析（表 4-13）。成矿流体的 $\delta^{18}O_{H_2O}$ 和 $\delta^{18}O_{V\text{-}SMOW}$ 之间的换算是利用 Clayton et al.（1972）公式：$1000\ln\alpha$ 石英-水 $=3.38\times10^{6}T^{-2}-3.40$ 和

表 4-13　黄滩金铜锌矿氢氧同位素组成

序号	样号	矿物	$\delta^{18}O$/‰	$\delta^{18}O_{H_2O}$/‰	$\delta^{18}D$/‰	Th/℃
1	TG17-3	石英	9.1	-5.35	-54	162
2	TG17-4	石英	10.1	-7.19	-69	131
3	TG17-7	石英	9.0	-1.44	-42	221
4	TG17-8	石英	9.3	-1.09	-48	222
5	TG17-9	石英	8.0	-5.28	-55	177
6	ZK5154-18-6	石英	8.6	-3.83	-69	189
7	ZK5154-18-9	石英	9.3	-7.10	-58	140
8	ZK5154-8-15	石英	8.6	-0.03	-59	257
9	ZK5203-18-6	重晶石	7.6	1.11	-52	194
10	ZK5203-8-7	重晶石	7.8	6.83	-66	330
11	ZK2-5205-B1	重晶石	7.4	0.17	-60	182

注：序号 1~5 为黄铁绢英岩；6~8 为补给通道相脉状矿化；9~11 为喷流通道相层状矿化。

Kusakabe and Robinson（1977）公式：1000lnα 重晶石-水 = $3.01\times10^6T^{-2}-7.30$（Kusakabe and Robinson，1977）。T 值为同一样品包裹体均一温度平均值。

重晶石中 δD=-66‰~-52‰，$\delta^{18}O$=7.4‰~7.8‰，$\delta^{18}O_{H_2O}$=0.17‰~6.83‰，其中 1 件样品氢氧同位素组成与原始岩浆水（$\delta^{18}O_{H_2O}$=5.5‰~9.5‰，δD=-80‰~-40‰；Sheppard，1986）一致，在 $\delta^{18}O_{H_2O}$-δD 关系图解（图 4-38）中，1 个点落在原始岩浆水范围内，2 个点落在原始岩浆水与大气降水之间。与阿舍勒 VMS 型铜锌矿重晶石相比（$\delta^{18}O_{H_2O}$=-3.03‰~1.79‰，δD=-162‰~-135‰），黄滩 $\delta^{18}O_{H_2O}$ 值略高，δD 明显高，阿舍勒铜锌矿重晶石在 $\delta^{18}O_{H_2O}$-δD 关系图解中投在岩浆水与大气降水之间。

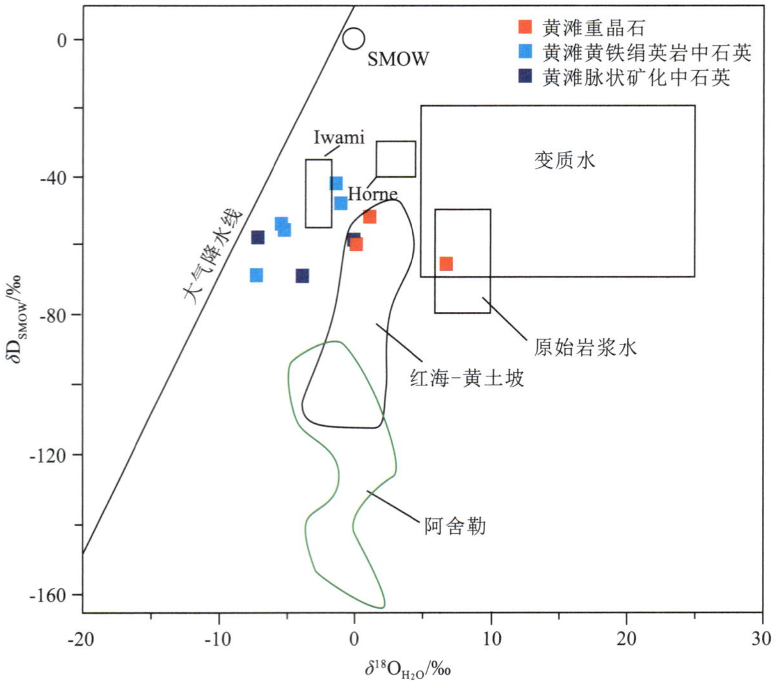

图 4-38　黄滩金铜锌矿 δD-$\delta^{18}O_{H_2O}$ 图解

（原始岩浆水范围据 Sheppard，1986；红海-黄土坡数据来自本书和 Mao et al.，2019；阿舍勒数据来自 Yang et al.，2018c；其他矿床据 Huston，1999）

黄铁绢英岩蚀变带中石英 $\delta D=-69‰\sim-42‰$，$\delta^{18}O=8.0‰\sim10.1‰$，$\delta^{18}O_{H_2O}=-7.19‰\sim-1.09‰$。$\delta^{18}O_{H_2O}$ 值明显低于原始岩浆水（$\delta^{18}O_{H_2O}=5.5‰\sim9.5‰$，Ohmoto，1986），$\delta D$ 值绝大多数落在原始岩浆水范围（$\delta D=-80‰\sim-40‰$，Sheppard，1986）。在 $\delta^{18}O_{H_2O}$-δD 关系图解上样品落在原始岩浆水与大气降水之间，更靠近大气降水。阿舍勒铜锌矿硅化石英 $\delta D=-140‰\sim-94‰$，$\delta^{18}O=9.3‰\sim10.9‰$，$\delta^{18}O_{H_2O}=-4.45‰\sim-0.18‰$，黄滩矿床 $\delta^{18}O_{H_2O}$ 值与阿舍勒大体一致，但阿舍勒硅化蚀变带石英中 δD 值明显偏低。

脉状矿化中石英 $\delta D=-69‰\sim-59‰$，$\delta^{18}O=8.6‰\sim9.3‰$，$\delta^{18}O_{H_2O}=-7.10‰\sim-0.03‰$。$\delta^{18}O_{H_2O}$ 值明显低于原始岩浆水（$\delta^{18}O_{H_2O}=5.5‰\sim9.5‰$，Ohmoto，1986），$\delta D$ 值落在原始岩浆水范围内（$\delta D=-80‰\sim-40‰$，Sheppard，1986）。在 $\delta^{18}O_{H_2O}$-δD 关系图解上样品落在原始岩浆水与大气降水之间，其分布范围与黄铁绢英岩一致，表明二者的成矿流体来源一致。红海-黄土坡铜锌矿补给通道相脉状矿化氢氧同位素分布范围与黄滩相比更靠近原始岩浆水，但红海-黄土坡 δD 值分布范围大，部分与阿舍勒矿床重合。

综上所述，补给通道相黄铁绢英岩蚀变带和脉状矿体的氢和氧同位素特征相似，但喷流沉积作用形成的重晶石具有相对高的氧同位素，氢同位素变化不大，在 δD-$\delta^{18}O_{H_2O}$ 图解（图 4-38）中重晶石落在原始岩浆水范围中或左侧，明显不同于前二者，表明喷流到海底的成矿流体和补给通道相中的成矿流体存在一定差异。在 δD-$\delta^{18}O_{H_2O}$ 图解中黄滩金铜锌矿除 1 个重晶石外，其他样品均落在岩浆水左侧与大气降水线之间，由于成矿作用发生在海底及其下部，大气降水贡献较小，因此，成矿流体主要为来自深循环的海水与岩浆水的混合流体，只是喷流沉积相相对于补给通道相成矿流体中岩浆水所占比例较大，黄滩矿床成矿流体来源与世界上 VMS 矿床一致（如 Horne、Iwami、阿舍勒、红海-黄土坡、萨尔朔克、小铁山等）。

（2）氦和氩同位素示踪成矿流体

本次在 ZK5154 孔岩心中采集 2 件补给通道相脉状矿体（黄铁矿黄铜矿脉和黄铁矿石英脉），1 件喷流沉积相层状矿体（致密块状黄铜矿黄铁矿）开展了黄铁矿 He-Ar 同位素分析（表 4-14），测试单位为中国地质科学院矿产资源研究所同位素实验室。

表 4-14　黄滩黄铁矿流体包裹体中 He-Ar 同位素分析结果

样号	ZK5154-18-8-1	ZK5154-18-12	ZK5154-18-16
样品名称(单位)	黄铁矿黄铜矿脉	黄铁矿石英脉	致密块状黄铜矿黄铁矿
$^4He\times10^{-8}(cm^3\ STP/g)$	6.93	4.39	12.78
$^3He\times10^{-15}(cm^3\ STP/g)$	133.43	57.02	219.29
$^3He/^4He(\times10^{-7})$	19.24±2.97	13±1.62	17.16±2.21
$^3He/^4He(R/Ra)$	1.374±0.21	0.929±0.12	1.226±0.16
$He^M(\%)$	20.9	14.02	18.61
$^{40}Ar\times10^{-8}(cm^3\ STP/g)$	8.02	3.67	4.54
$^{40}Ar/^{36}Ar$	459.2±1.39	388±1.14	502±2.74
$^{40}Ar/^4He$	1.157	0.836	0.355
$^{40}Ar^*(\%)$	35.65	23.83	41.13
$^{40}Ar^*/^4He$	0.412	0.199	0.146
F^4He	2405	2813	8570

本书所采黄铁矿样品取自钻孔岩心，不存在宇宙放射成因的 ^3He。黄铁矿为不含 K 和 Li 的矿物，样品中由核反应生成的 ^3He 可以忽略不计。黄滩金铜锌矿床黄铁矿的流体包裹体中 He 和 Ar 同位素组

成代表了成矿流体的初始 He 和 Ar 同位素组成，He 和 Ar 同位素只可能有两种来源，即地壳和地幔。

黄滩金铜锌矿黄铁矿中流体包裹体的$^3He/^4He$值为 0.929~1.374 R/Ra，高于地壳的$^3He/^4He$值（0.01~0.05 R/Ra，Stuart et al.，1995）27~93 倍，但明显低于地幔流体的$^3He/^4He$值（6~9 R/Ra）6 倍。在$^3He-^4He$同位素演化图解（图 4-39）中，样品点位于地幔端元和地壳端元之间，并靠近地幔组成一侧。根据壳幔二元体系的 He 含量公式（Ballentine et al.，2002）计算：$He_{地幔} = \{[^3He/^4He]_{样品} - [^3He/^4He)]_{地壳}\}/\{[^3He/^4He]_{地幔} - [^3He/^4He]_{地壳}\} \times 100(\%)$。$[^3He/^4He]_{地壳}$值为地壳岩石的平均产率 0.02 Ra，$[^3He/^4He]_{地幔}$值为大陆岩石圈的平均值 6.5 Ra（Stuart et al.，1995），计算得样品中幔源 He 的含量为 14.02%~20.9%，平均 17.84%，喷流沉积相层状矿体和补给通道相脉状矿体中幔源 He 比例没有大的差别，表明成矿流体中 He 主要来源于地壳，部分来自地幔。黄滩矿床成矿流体中幔源 He 所占比例高于红海-黄土坡铜锌矿床（幔源 He 为 1.71%~10.97%，柴凤梅等，2017），远远高于阿舍勒铜锌矿（幔源 He 的含量为 1.79%~5.55%，张志欣等，2014）。

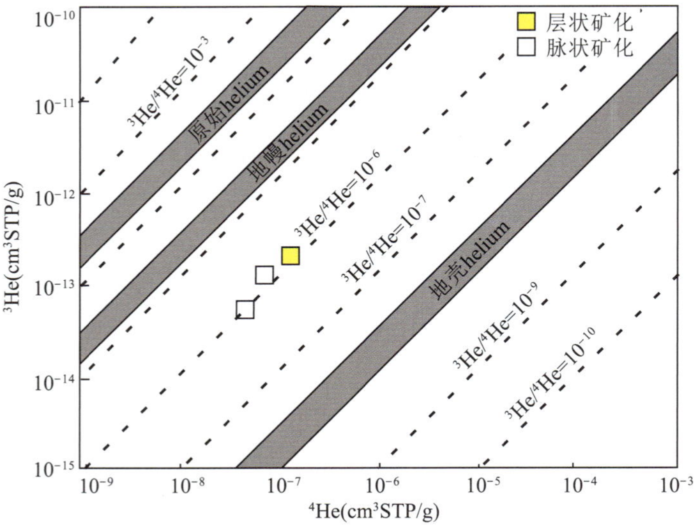

图 4-39　黄滩金铜锌矿床黄铁矿中流体包裹体的 He 同位素组成

（底图据 Mamyrin et al.，1984）

3 件黄铁矿中流体包裹体的^{40}Ar含量为 $3.67\times10^{-8}\sim8.02\times10^{-8}cm^3$ STP/g，$^{40}Ar/^{36}Ar$比值为 388~502，介于大气（295.5）和地幔柱（296~2780）（Hiyagon et al.，1992）之间，而远低于大洋中脊玄武岩（MORB=133000~25250）（Allegre et al.，1986）。在$^{40}Ar/^{36}Ar$-R/Ra 图解中（图 4-40）位于大气氩与壳源或幔源氩之间。根据放射性成因$^{40}Ar^*$含量计算公式（Ballentine et al.，2002）：$^{40}Ar^* = \{1-295.5/[^{40}Ar/^{36}Ar]_{样品}\}\times100(\%)$，计算得样品中块状黄铁矿中流体包裹体的放射性成因$^{40}Ar^*$含量为 23.83%~41.13%，其中层状矿体中放射性成因$^{40}Ar^*$含量（41.13%）高于脉状矿体（23.83%~35.65%）。黄滩金铜锌矿黄铁矿$^{40}Ar/^{36}Ar$比值与被认为 Ar 来源于海水的大西洋中脊 TAG 热液区硫化物$^{40}Ar/^{36}Ar$比值 287~359（曾志刚等，2000）具有相似性，表明黄滩成矿流体主要来自海水。

综上所述，He 和 Ar 同位素表明，尽管黄滩金铜锌矿喷流沉积相层状矿体和补给通道相脉状矿体的成矿流体中 He 和 Ar 同位素略有差别，但总体上来源一致，即成矿流体为深循环的海水，并存在幔源岩浆热液的加入。

（三）成矿物质来源

本次研究采集了喷流沉积相层状矿体、补给通道相黄铁绢英岩和脉状矿化中不同矿物组合和矿石构造的黄铜矿、黄铁矿和重晶石单矿物开展硫同位素研究，31 件样品硫同位素分析在中国地质科学院矿产资源研究所同位素实验室进行。分析结果列于表 4-15。

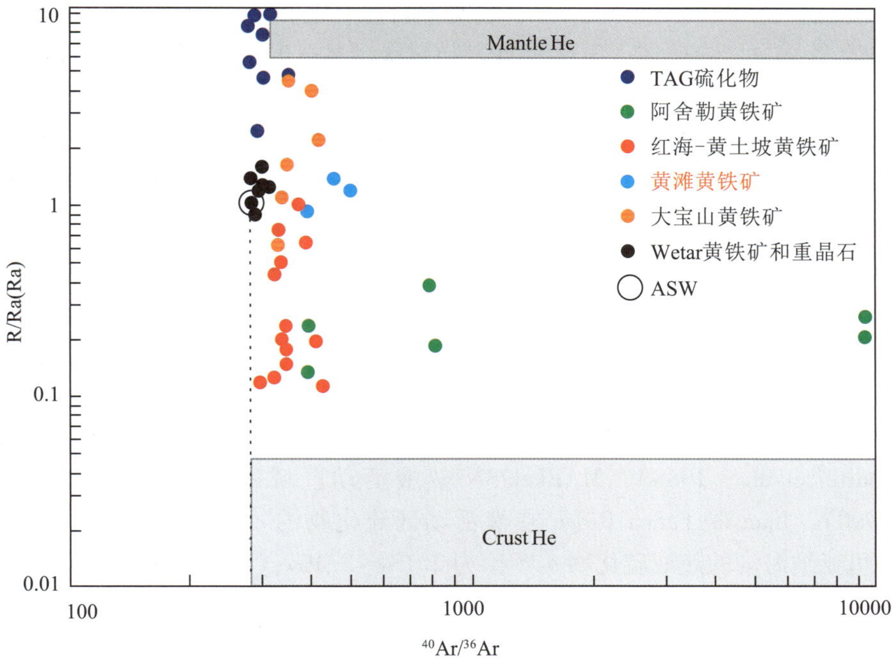

图 4-40　黄滩金铜锌矿床黄铁矿中流体$^{40}Ar/^{36}Ar$-R/Ra 图解

（改造型饱和大气水据 Stuart et al.，1995；大西洋中脊 TAG 热液区硫化物据曾志刚等，2000；底图据翟伟等，2012；阿舍勒据张志欣等，2014；红海-黄土坡据柴凤梅等，2017；其他矿来自 Song et al.，2007；Herrington et al.，2011）

表 4-15　黄滩金铜锌矿硫化物和重晶石硫同位素组成

序号	样号	矿物	$\delta^{34}S$/‰	序号	样号	矿物	$\delta^{34}S$/‰
1	ZK5203-18-6	重晶石	24.7	17	ZK5154-18-5-1	黄铁矿	-0.5
2	ZK5203-18-7	重晶石	24.8	18	ZK5154-18-6-1	黄铁矿	0.3
3	ZK2-5205-B1	重晶石	24.1	19	ZK5154-18-8-1	黄铁矿	-0.4
4	TG17-3	黄铁矿	0.6	20	ZK5154-18-13	黄铁矿	0.9
5	TG17-4	黄铁矿	0.4	21	ZK5154-18-14	黄铁矿	0.5
6	TG17-7	黄铁矿	0.2	22	ZK5154-18-15	黄铁矿	0.5
7	TG17-8	黄铁矿	0.3	23	ZK5154-18-12	黄铁矿	0.8
8	TG17-9	黄铁矿	1.0	24	ZK5154-18-16	黄铁矿	0.4
9	TG17-2	黄铁矿	-1.2	25	ZK5154-18-2	黄铜矿	-0.8
10	TG17-5	黄铁矿	0.8	26	ZK5154-18-3	黄铜矿	-0.7
11	TG17-6	黄铁矿	1.0	27	ZK5154-18-4	黄铜矿	-0.8
12	TG17-10	黄铁矿	-2.0	28	ZK5154-18-5	黄铜矿	-0.9
13	TG17-11-1	黄铁矿	1.5	29	ZK5154-18-6	黄铜矿	-0.1
14	ZK5154-18-2-1	黄铁矿	-0.3	30	ZK5154-18-8	黄铜矿	-1.0
15	ZK5154-18-3-1	黄铁矿	0.2	31	TG17-11-2	黄铜矿	0.2
16	ZK5154-18-4-1	黄铁矿	-0.3				

喷流沉积相层状矿体中 3 件重晶石 $\delta^{34}S$ 值变化范围为 24.1‰~24.8‰，明显低于红海-黄土坡铜锌矿（27.4‰~31.0‰，毛启贵等，2015；本书），高于阿舍勒 VMS 型铜锌矿重晶石值（20.4‰~21.4‰，Yang et al.，2018c）。重晶石的出现表明其形成环境氧逸度高，重晶石 $\delta^{34}S$ 值大体相当于热液 $\delta^{34}S$ 值（郑永飞和陈江峰，2000），即黄滩矿床含重晶石层状矿体流体中 $\delta^{34}S$ 值为 24.1‰~24.8‰，略

低于同时代海洋硫酸盐硫同位素（图 4-20），表明重晶石中硫来自海水硫酸盐无机还原硫。

28 件硫化物尽管采自层状矿体、黄铁绢英岩和脉状矿体，但 $\delta^{34}S$ 值差别很小，范围集中，介于 -2.0‰~1.5‰之间。其中 21 件黄铁矿 $\delta^{34}S$ 值为-2.0‰~1.5‰，平均为 0.2‰；7 件黄铜矿 $\delta^{34}S$ 值为 -1.0‰~0.2‰，平均为-0.6‰，$\delta^{34}S_{黄铁矿}>\delta^{34}S_{黄铜矿}$，表明热液中硫同位素达到了热力学平衡。同一样品的 $\delta^{34}S_{黄铁矿}>\delta^{34}S_{黄铜矿}$（如 TG17-11-1 和 TG17-11-2，ZK5154-18-3-1 和 ZK5154-18-3，ZK5154-18-4-1 和 ZK5154-18-4，ZK5154-18-5-1 和 ZK5154-18-5）也表明矿物达到平衡共生。28 件硫化物 $\delta^{34}S$ 值具有正态分布特征，峰值为 0.5‰（图 4-41），表明硫源单一。黄滩矿床硫化物 $\delta^{34}S$ 值变化范围（-2.0‰~1.5‰）与幔源 $\delta^{34}S$ 值一致（0±3‰，Hoefs，1997），表明硫来自下伏火山岩。黄滩矿床硫化物 $\delta^{34}S$ 值变化范围比红海-黄土坡矿床更加集中，与后者的主要变化范围一致（-0.8‰~6‰，主要为 0‰~4‰），黄滩峰值也小于红海-黄土坡矿床（峰值 1.5‰）。黄滩矿床与现代洋底火山热液矿床中硫化物的 $\delta^{34}S$ 值相近，如 EPROM21N 热液活动区硫化物 $\delta^{34}S$ 值为 0.9‰~4.0‰（Styrt et al.，1981；Woodruff et al.，1988），MARket23N 热液活动区域硫化物的 $\delta^{34}S$ 值为 1.2‰~2.8‰（Kase et al.，1990），Juan de Fauca Ridge 热液活动区硫化物的 $\delta^{34}S$ 值为 1.6‰~5.7‰（Shanks et al.，1987），马里亚纳海沟的热液硫化物 $\delta^{34}S$ 值为 2.1‰~3.1‰（Kusakabe et al.，1990）。黄滩矿床 $\delta^{34}S$ 值明显小于阿舍勒铜锌矿床（-13.7‰~9‰，集中在-1‰~9‰之间，峰值为 4.5‰）和萨尔朔克金多金属矿（-1.5‰~6.2‰，峰值为 2.5‰，杨富全等，2015），也小于日本的黑矿（Uwamuki Kuroko 黑矿 $\delta^{34}S$=2‰~8‰，Ohmoto，1996），甘肃白银厂铜矿床（$\delta^{34}S$=2.4‰~6.8‰，黄玉春，1992），大西洋洋中脊 TAG 热液区硫化物的 $\delta^{34}S$ 为 0.3‰~10.3‰（Petesen et al.，2000；蒋少涌等，2006），哈萨克斯坦阿尔泰 VMS 矿床（尼古拉耶夫、列宁诺戈尔斯克与马列耶夫 $\delta^{34}S$ 为-1.8‰~6.9‰）。

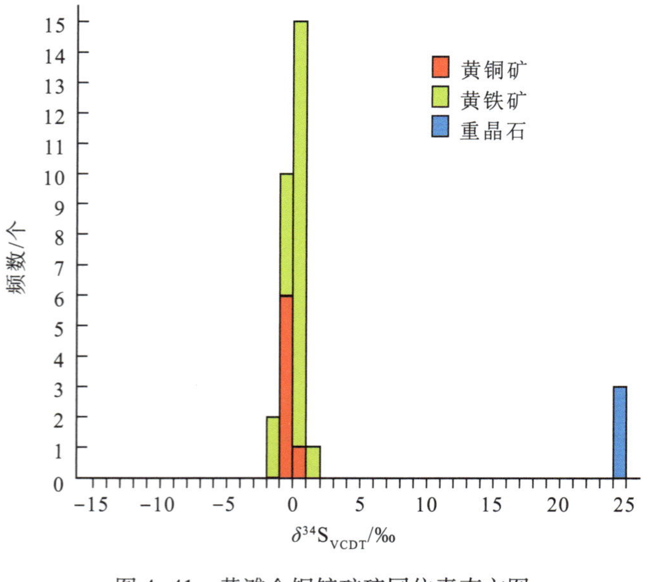

图 4-41　黄滩金铜锌矿硫同位素直方图

总之，黄滩金铜锌矿硫主要来自下伏火山岩，少量来自海水硫酸盐无机还原硫，硫化物 $\delta^{34}S$ 峰值比世界上 VMS 矿床硫化物峰值更靠近 0‰值。

（四）矿床成因及末端成矿效应控制因素

1. 矿床成因类型

火山成因块状硫化物矿床即 VMS 矿床（Volcanogenic massive sulfide）是沉积于海底或近海底的层状硫化物矿床，在空间上、时间上和成因上与同时代火山作用有关。矿床由两个部分组成（“双层结构”），即上部整合的透镜状硫化物矿体（层状矿体，硫化物含量大于 60%），和下部不整合脉状硫化物矿化，被称为细脉、网脉带或补给通道（Franklin et al.，2005）。主要成矿元素是 Cu、Pb、Zn、Au、Ag。世界上 VMS 型矿床普遍含金，据 513 个矿床统计，多数矿床金品位<2 g/t，当金品位超过 3.46 g/t、金储量超过 31 t 时，称为富金 VMS 矿床，金储量超过 100 t 的矿床有 18 个，如加拿大 Horne（Au 327.6 t）、LaRonde Penna（Au 253 t），西班牙 La Zarza（Au 295.2 t）（Mercier Langevin et al.，2011），哈萨克斯坦列宁诺戈尔斯克（Au 500 t，矿山资料）等，新疆金品位高的 VMS 矿床有萨尔朔克金多金属矿（Yang et al.，2018b）。中亚成矿域 VMS 矿床中金主要伴生于铜锌矿和铜铅锌矿床中，与铜共生构成的金铜矿少见，如哈萨克斯坦阿比兹、坎-成吉思。尽管国际上对于富金 VMS 矿床有品位和储量要求，但考虑到中亚造山带特别是新疆 VMS 矿床中普遍金含量低，对于单独圈出金矿体、金铜锌矿体、金铅锌矿体，并且金储量有一定规模的矿床，本书认为应该称为富金 VMS 矿床。黄滩金铜锌矿缺乏系统研究，从矿床地质特征上，梁斌（2018）认为该矿为中低温火山热液型矿床，邓小华等（2018）提出是喷流沉积-热液叠加成矿，Sun et al.（2020）认为是 VMS 矿床。根据以上特征和本次系统研究，认为黄滩金铜锌矿属于富金 VMS 矿床，其依据如下：①矿床赋存于海相火山岩系的凝灰岩、沉凝灰岩和火山角砾岩中，由整合的层状矿体和不整合的网脉系统组成，但目前圈定的矿体主要是补给通道相脉状矿体。②黄滩矿段圈定矿体 34 个，其中金矿体 8 个、金铜矿体 2 个、金铜锌矿体 3 个。③矿区发育喷流岩，如重晶石、黄铁矿层、绿泥石岩。④矿石构造主要包括条带状、条纹状、致密块状、浸染状、细脉状和网脉状构造。⑤矿区蚀变发育，火山岩中发育青磐岩化（绿帘石、绿泥石、黄铁矿、方解石、石英），流纹斑岩中发育黄铁矿化，但与成矿有关的蚀变为硅化、黄铁绢英岩化和绿泥石化，发育在下盘。⑥无论是喷流沉积相还是补给通道相黄铁绢英岩和脉状矿化中流体包裹体均为水溶液包裹体，不发育 CO_2 包裹体和子矿物包裹体，温度从高温到低温（集中在 120~340℃）、低盐度（集中在 3%~7%之间（$NaCl_{eq}$），峰值为 5.5%（$NaCl_{eq}$）），与世界上 VMS 矿床温度和盐度特征一致。⑦硫同位素显示深源特征，表明成矿物质主要来下伏火山岩，少量来自海水硫酸盐无机还原硫。成矿流体主要来源于深循环海水与岩浆水的混合流体。这些特征表明，黄滩金铜锌矿床为富金 VMS 型矿床。

本次研究采集了层状矿体、黄铁绢英岩和脉状矿体，进行包裹体研究，这些包裹体类型均为气液两相包裹体，不发育 CO_2 包裹体和含子矿物包裹体，流体的温度和盐度也无差别；采集了层状矿体、黄铁绢英岩和脉状矿体的硫化物进行硫同位素分析，三者 $\delta^{34}S$ 值一致，变化范围很小（-2.0‰~1.5‰），直方图呈正态分布，具有单一的硫来源；黄铁绢英岩和脉状矿体石英 H 和 O 同位素一致，无差别。采集了层状矿体、黄铁绢英岩和脉状矿体中黄铁矿进行 LA-MC-ICP-MS 原位微区微量元素，三者微量元素含量及特征元素比值，并无大的差别。上述特征表明，层状矿体、黄铁绢英岩和脉状矿体的形成是同一成矿事件，相同成矿流体作用的产物。

黄滩金铜锌矿和红海-黄土坡铜锌矿相距 3 km 左右，均属于卡拉塔格矿集区，二者有许多相似之处：①含矿岩系相同，均赋存于志留纪红柳峡组。②矿化特征相同，均为 VMS 的“双层结构”，上部为层状矿体，下部为脉状矿体。③重晶石主要出现在喷流沉积相的层状矿体中，没有单独形成重晶石矿体。④成矿时代相同，黄滩矿床形成于 432~438 Ma，红海-黄土坡蚀变及成矿发生在 428~439 Ma。⑤成矿物质来源相同，黄滩硫化物 $\delta^{34}S$ 值介于-2.0‰~1.5‰之间，峰值为 0.5‰；红海-黄土坡 $\delta^{34}S$ 值为-0.8‰~6‰，主要为 0‰~4‰，峰值 1.5‰。黄滩重晶石 $\delta^{34}S$ 值为 24.1‰~24.8‰，红海-黄土坡为 27.4‰~31.0‰。2 个矿床成矿物质硫均来自下伏火山岩，少量来自海水硫酸盐无机还原硫。两个矿床也有不同之处：①成矿元素不同，黄滩为金铜锌矿，包括金矿体、铜矿体、锌矿体、金铜矿体、铜锌矿体和金铜锌矿体。红海-黄土坡成矿元素为铜锌，包括铜锌矿体和铜矿体，金只在铜锌矿体中作为伴生元素，金品位达不到单独圈定金矿体或金铜矿体或金铜锌矿体。②“双层结构”存在差异，黄滩目前圈定的矿体主要为补给通道相脉状矿体，喷流沉积相层状矿体相对较少，红海-黄土坡主矿体为喷流沉积相层状铜锌矿体和铜矿体。黄滩矿床是多个“双层结构”在空间上叠加，造成了矿化特征极其复杂。红海-黄土坡矿化空间结构简单，Ⅰ矿带由 1 个主“双层结构”组成。③成矿流体存在差异，这可能是2个矿床成矿元素差异的主要原因之一，红海-黄土坡矿床喷流沉积相成矿流体为中温（232~364℃，峰值为250~275℃）、低盐度（4.85%~10.94%（$NaCl_{eq}$），峰值8%（$NaCl_{eq}$））的H_2O-NaCl体系；补给通道相成矿流体为中-高温（228~408℃，峰值为300~325℃）、中-低盐度（2.41%~13.72%（$NaCl_{eq}$），峰值为10%（$NaCl_{eq}$））的H_2O-NaCl±CO_2体系。黄滩矿床喷流沉积相成矿流体为从高温到低温（123~369℃，平均为228℃）、低盐度（3.71%~8.28%（$NaCl_{eq}$），平均5.62%（$NaCl_{eq}$））的H_2O-NaCl体系；补给通道相成矿流体为高温到低温（96~480℃，集中在120~340℃）、低盐度（0.18%~13.51%（$NaCl_{eq}$），主要为3%~7%（$NaCl_{eq}$），峰值为5.5%（$NaCl_{eq}$））的H_2O-NaCl体系。④成矿流体来源有差别，尽管两个矿的成矿流体均是深循环海水、混合岩浆水，但黄滩重晶石落到原始岩浆水内或左侧，表明岩浆水起重要作用。He和Ar同位素表明黄滩成矿流体中幔源He占14.02~20.9%，明显高于红海-黄土坡（幔源He为1.71%~10.97%）。

富金VMS矿床成因有不同认识，如瑞典Boliden Zn-Pb-Sb-Au矿形成于海底，与日本Kuroko矿特征一致，成矿与双峰式长英质火山作用有关，是远端同生火山喷流沉积成矿（Adomako-Ansah et al.，2018）；一些矿床形成于浅海火山作用为主的环境，有独特的浅成低温热液矿床特征，应属于VMS-浅成低温热液矿床（如塔斯马尼亚Mount Lyell，Large et al.，2001）；有的矿床甚至是VMS与斑岩型过渡类型（如乌拉尔Baimak，Prokin et al.，1999）；有些VMS矿床富金是后期叠加成矿造成的，晚期热液作用、后期变形和变质作用可以导致金活化、迁移，形成金矿脉或细脉分布于VMS矿床中或附近，如美国Reef金铜矿床中金-铜石英脉是在VMS矿床形成后叠加成矿作用的产物（Haroldson et al.，2018），类似的还有加拿大Ansil（Galley et al.，1995）、瑞典Boliden（Wagner et al.，2007）。有关世界上富金VMS矿床金富集机制前人做了研究，归纳为4种：①浅水环境下沸腾作用改变了流体的化学成分，导致金在富气流体中富集；②弧后或地幔柱背景下源区金含量高；③金来自次火山岩的岩浆热液注入；④后期区域变质作用的叠加成矿（Patten et al.，2016）。流体包裹体研究表明，黄滩金铜锌矿流体沸腾作用并不明显。黄滩和红海-黄土坡矿床属于同一成矿系统，后者并不是富金的VMS矿床，因此，可以排除弧后或地幔柱背景下源区金含量高。前已述及，层状矿体、黄铁绢英岩和脉状矿体的形成是同一成矿事件，相同成矿流体作用的产物，不大可能是两期成矿事件，目前的研究可以排除后期区域变质作用或剪切变形作用的叠加成矿。黄滩矿床富金的机制最可能的就是次火山岩的岩浆热液注入，成矿流体的温度和盐度、硫同位素、氢氧同位素和氦氩同位素研究均表明，矿床的形成与岩浆热液有关，而且岩浆来自深部地幔，金在地幔中富集，幔源流体参与成矿与黄滩富集金有直接关系，如河北东坪碲化物金矿成矿作用与幔源活动有密切关系（毛景文等，2001）。

总体上，黄滩金铜锌矿和红海-黄土坡铜锌矿成矿特征相似，属于同一VMS成矿系统，由于成矿流体来源的差异和成矿末端物理化学条件的差异造成了成矿元素组合的差异。

2. 主要控矿因素

黄滩金铜锌矿成矿末端效应主要控制因素：①中-上奥陶统大柳沟组凝灰岩、安山岩、安山质角砾熔岩、玄武岩富含Cu、Zn、Au、Ag、Fe、S等，通过后期深循环海水和岩浆热液水岩反应，提取成矿物质，为成矿奠定物质基础。②下-中志留统红柳峡组是含矿火山系，岩性为英安岩（434.3 Ma）、流纹岩、火山角砾岩、(英安质含角砾岩屑晶屑）凝灰岩（438 Ma），其中凝灰岩、沉凝灰岩和火山角砾岩是直接容矿岩性，受层位和岩性控制。③成矿作用发生在432~438 Ma，含矿火山岩系之上为志留系卡拉塔格组安山岩（413.0 Ma）、安山质角砾熔岩、安山质火山角砾岩、英安质角砾凝灰岩、英安质熔结凝灰岩。④矿床类型为富金VMS型矿床，矿体具有多个“双层结构”，层状铜锌矿体、锌矿体为喷流沉积相，形成于海底，分布于喷口附近的海底斜坡或洼地，受岩相控制。⑤补给通道相为脉状铜矿体、金矿体、铜金矿体和金铜锌矿体，矿化发生在近海底，层状矿体下部，矿化主要呈细脉、网脉状，与黄铁绢英岩化有关，成矿元素为金-铜-锌组合。⑥与成矿有关的热液蚀变分布于层状矿体下盘的火山岩系中，主要在补给通道相及周围，蚀变类型为强黄铁绢英岩化，局部绿泥石化。⑦喷流沉积相和补给通道相矿质沉淀时末端成矿流体性质存在差异，喷流沉积相成矿流体为高温到低温（123~369℃，平均228℃）、低盐度（3.71%~8.28%（$NaCl_{eq}$），平均5.62%（$NaCl_{eq}$））的 H_2O-NaCl 流体；补给通道相成矿流体为高温到低温（96~480℃，集中在120~340℃）、低盐度（集中在3%~7%（$NaCl_{eq}$），峰值为5.5%（NaCleq））的 H_2O-NaCl 体系。⑧流体来自岩浆水混合深循环海水，幔源岩浆流体的注入是导致富金的主要原因。⑨成矿物质主要来自下伏火山岩，少量来自海水硫酸盐。

第三节　红石铜矿

红石铜矿床位于卡拉塔格矿集区中部，西侧紧邻梅岭浅成低温热液型铜锌（金）矿床，南侧2 km为红海-黄土坡VMS型铜锌矿床。尽管红石是海相火山热液型脉状铜矿，但与VMS矿床空间关系和成矿时代均与红海-黄土坡和黄滩VMS型矿床相似，是同一成矿系统的产物，因此，本书将红石铜矿也作为典型矿床进行研究。红石铜矿已探明铜储量为 8.3×10^4 t，平均品位为0.83%（Deng et al.，2020），目前由哈密红石矿业有限公司开采。

一、矿床地质特征

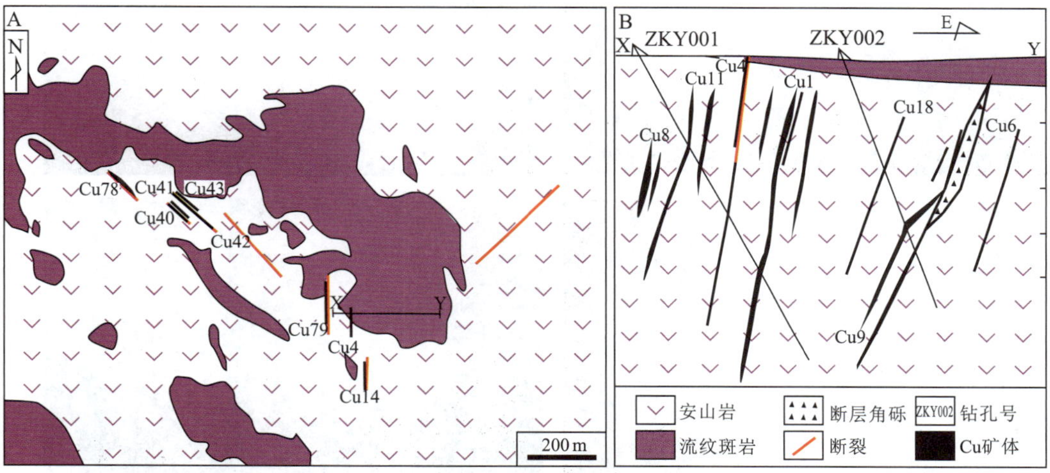

图4-42　红石铜矿地质略图（A）和勘探线剖面图（B）
（据Deng et al.，2020）

（一）矿区地质

矿区地层主要为中-上奥陶统大柳沟组火山岩（图4-42A），主要岩性为钠质玄武岩、安山岩、火山角砾岩和凝灰岩。矿区断裂以近SN向张性-张扭性断裂为主，倾向270°~300°，倾角65°~85°，该组断裂为卡拉塔格区域断裂的次级断裂，控制了矿区东部Cu1、Cu6、Cu9号等主要矿体的分布。此外，矿区还发育区域压扭性断裂的次级张性断裂组，走向NWW向，倾向210°~235°，倾角53°~65°，控制了矿区西部Cu40、Cu70等矿脉的分布。矿区侵入岩以流纹斑岩等次火山岩为主，发育少量成矿后的花岗质岩脉。流纹斑岩锆石SHRIMP U-Pb年龄为439±7 Ma（龙灵利等，2017）。矿区外围花岗闪长岩锆石LA-ICP-MS U-Pb年龄为426.6±2.3 Ma（本书）。

（二）矿体特征

矿体主要赋存在安山岩中，矿化为石英脉和角砾岩型（图4-43），前者为含矿热液沿张性断裂充填的产物，后者为含矿热液沿断裂带胶结断层角砾而成。由于受断裂和裂隙控制，矿脉具有大致平行产出特征（图4-42B）。矿区已圈定工业铜矿体70余个，除Cu78等个别矿体出露地表外，均为盲矿体，可分为近 SN 向的 A 矿带和 NW 向的 B 矿带。A 矿带位于矿区东部，已发现矿体 57 个，受 SN 向张性-张扭性断裂控制，矿体走向近 SN 向，倾向 240°~290°，倾角 5°~80°。B 矿带位于矿区西部，已控制矿体 30 个，受 NWW 的张性断裂制约，矿体走向 NWW，倾向 210°~235°，倾角 50°~65°。矿体形态为陡脉状、板状，长度 32~1100 m，一般为 100~300 m，延深 35~300 m。矿体中 Cu 品位 0.30%~4.29%。Cu1、Cu6、Cu9、Cu401 和 Cu402 为主矿体（邓小华等，2014）。

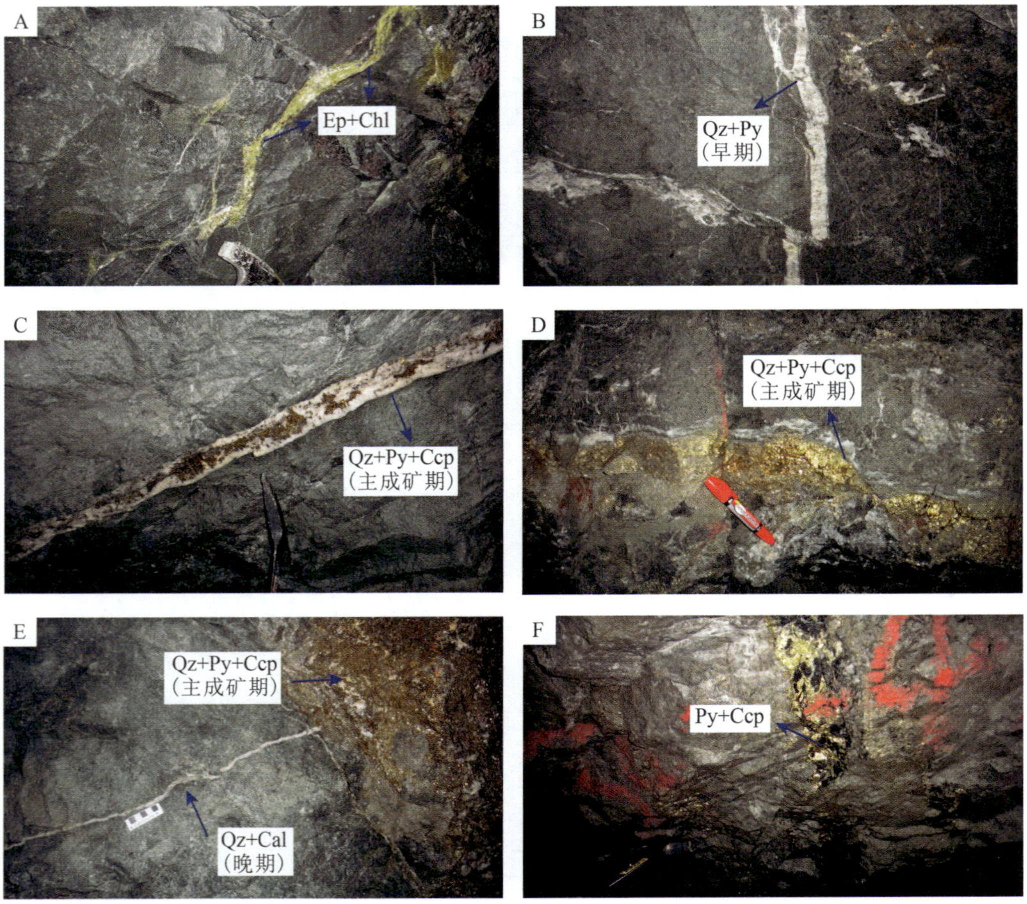

图 4-43　红石矿床井下矿化特征

A—340 中段 9 号穿脉矿体顶板围岩英安岩中的脉状绿帘石、绿泥石化；B—340 中段 4 号穿脉早阶段含黄铁矿石英脉；C—340 中段 9 号穿脉主成矿阶段含黄铁矿黄铜矿石英脉；D—340 中段 9 号穿脉主成矿阶段含黄铁矿黄铜矿石英脉；E—340 中段 4 号穿脉晚期石英脉穿切主成矿期石英脉型矿体；F—340 中段 4 号穿脉主成矿阶段硫化物脉；Qz—石英；Py—黄铁矿；Ccp—黄铜矿；Cal—方解石；Ep—绿帘石；Chl—绿泥石

矿石构造主要为脉状、网脉状、浸染状、角砾状构造、晶簇和晶洞等构造，晶簇和晶洞反映了低温的形成环境。矿石结构主要为半自形-他形粒状结构、充填结构、交代残余结构、交代港湾结构。矿石中金属矿物主要有黄铜矿、黄铁矿、闪锌矿，少量辉铜矿、铜蓝等；非金属矿物主要为石英，次为绿泥石、绿帘石、绢云母、方解石等（图 4-44，图 4-45）。

（三）围岩蚀变

红石矿区围岩蚀变广泛发育，以矿脉旁侧的线状蚀变为特征，叠加在区域面状蚀变之上（图 4-44，图 4-45）。时间上，从早到晚可初步分为 3 期蚀变：早期以区域性的绿帘石化、黄铁矿化为主，绿帘石化在安山岩中较普遍，常交代安山岩；黄铁矿以自形粒状为主，常见立方体自形晶，基本无铜矿化，可能与早期区域热液活动有关。中期蚀变组合为硅化、黄铁矿化、黄铜矿化、绿泥石化、绿帘石化和绢云母化蚀变组合为特征，常呈脉状、浸染状交代穿插早期围岩蚀变，与成矿关系密切。晚期以碳酸盐化为特征，沿围岩裂隙或角砾间隙充填，无矿化。空间上，含矿石英脉两侧发育硅化-黄铁矿化-绢云母化，多沿石英-多金属硫化物脉两侧对称分布，宽度较窄；向外过渡为黄铁矿-绿泥石化，外围为黄铁矿-绿帘石-绿泥石化，遍布整个矿区。

根据矿脉穿插关系、矿物共生组合、矿石组构等特征，红石铜矿床成矿过程可划分为3个成矿阶

图4-44　红石矿床典型矿石及围岩蚀变特征

A-C—从早到晚3个成矿阶段；D—安山岩中的硫化物角砾；E—安山岩中石英脉，硫化物呈细脉状分布；F—安山岩中的绿泥石化、绿帘石化、硅化；G—早阶段石英-黄铁矿矿石；H—主成矿阶段石英-黄铁矿-黄铜矿矿石；I—晚阶段石英-方解石脉；J-M—主成矿阶段石英-黄铁矿-黄铜矿矿石；N—围岩，安山岩；O—次火山岩，石英斑岩；Py—黄铁矿；Ccp—黄铜矿；Sp—闪锌矿；Qz—石英；Cal—方解石

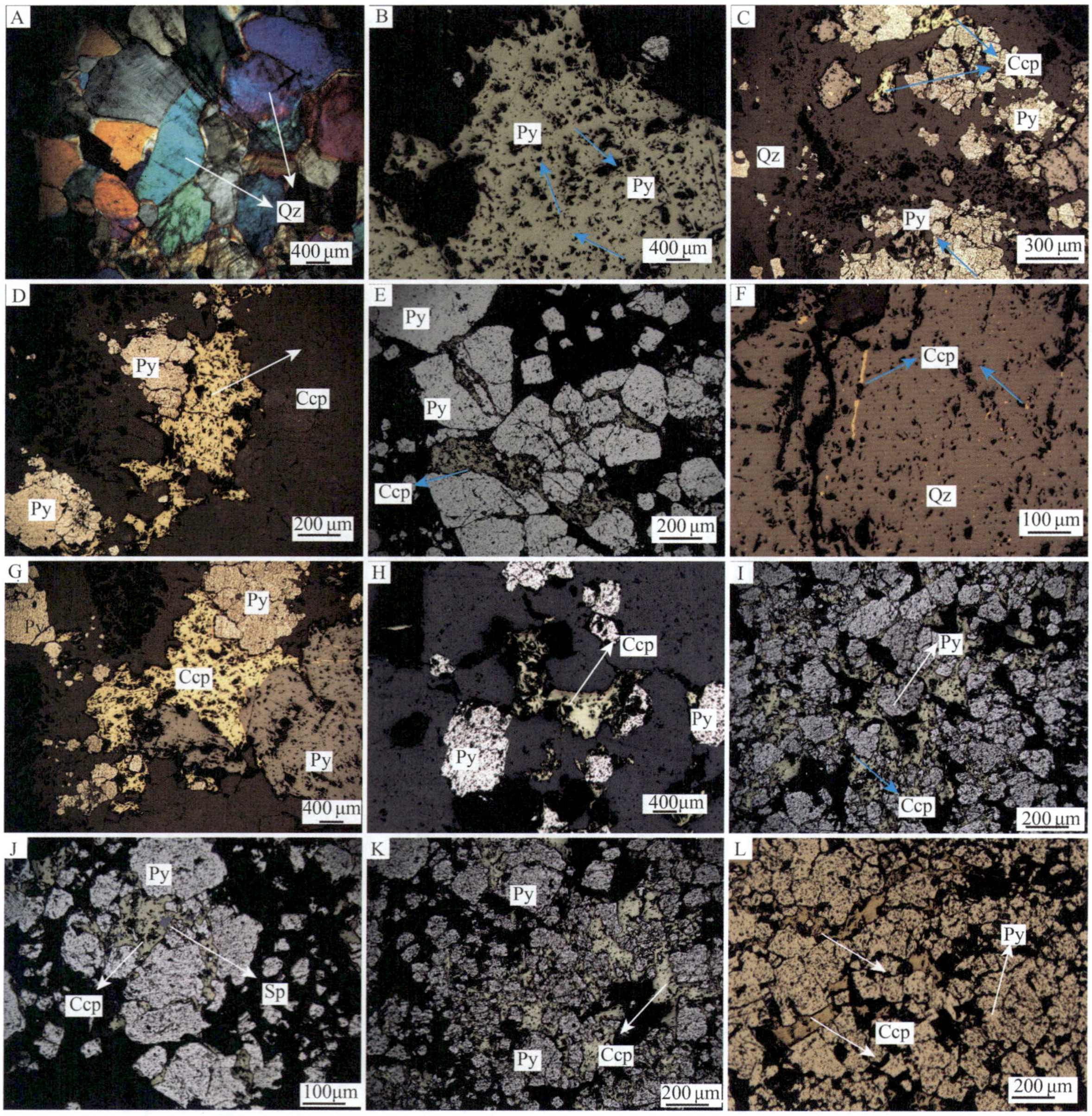

图 4-45　红石矿床典型矿石镜下照片（反射光）

A—细脉状石英（透射光）；B—石英-黄铁矿阶段；C—主成矿阶段石英-黄铁矿-黄铜矿，黄铜矿呈他形分布在黄铁矿中；D—主成矿阶段石英-黄铁矿-黄铜矿，黄铜矿呈他形；E—充填于黄铁矿中的黄铜矿；F—石英中分布的星点状黄铜矿；G—主成矿阶段石英-黄铁矿-黄铜矿，黄铜矿交代黄铁矿；H—他形黄铜矿；I—黄铜矿呈充填交代分布；J—黄铜矿中少量闪锌矿；K—黄铜矿呈充填交代分布；L—黄铜矿呈充填交代分布。Py—黄铁矿；Ccp—黄铜矿；Sp—闪锌矿；Qz—石英

段：早阶段（Ⅰ阶段）为石英-黄铁矿细脉，黄铁矿稀少，呈自形粒状结构，被中阶段含矿石英脉或晚阶段石英细脉穿切。中阶段（Ⅱ阶段）形成石英-黄铜矿-黄铁矿脉，是主成矿阶段，以黄铜矿交代黄铁矿为特征，被晚阶段石英细脉穿切，或被成矿后断裂错开。晚阶段（Ⅲ阶段）为石英-碳酸盐细脉，呈脉状穿插早、中阶段矿物组合（图 4-46）。

二、成矿作用

（一）含矿地层及成矿时代

矿区流纹斑岩属于次火山岩，侵入大柳沟组安山岩，流纹斑岩锆石 SHRIMP U-Pb 年龄为 439±

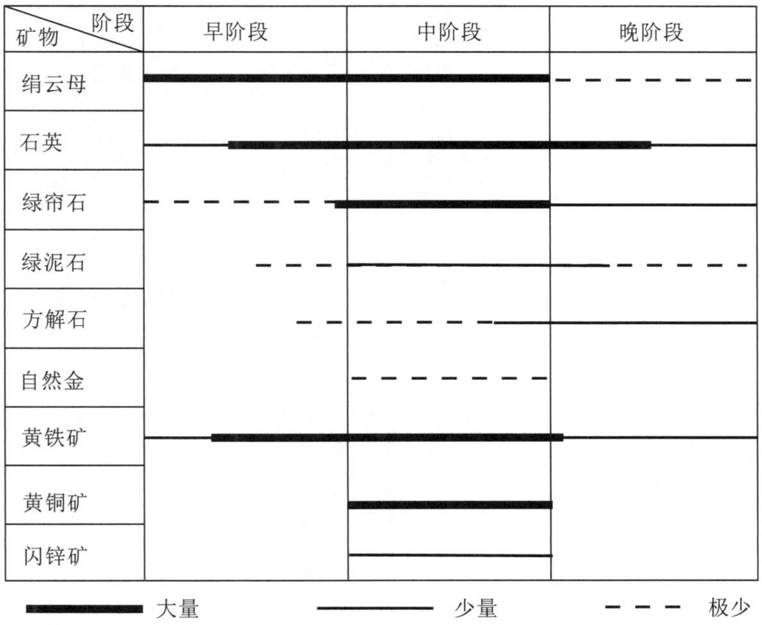

图 4-46　红石铜矿床成矿阶段及矿物生成顺序

7 Ma（龙灵利等，2017），暗示大柳沟组火山岩系早于 439 Ma。矿区南部花岗闪长岩锆石 LA-ICP-MS U-Pb 年龄为 426. 6±2. 3 Ma（本书），矿区西侧外围卡拉塔格复式岩体中石英闪长岩锆石 LA-ICP-MS U-Pb 年龄为 428. 7~441. 1 Ma，花岗岩锆石 LA-ICP-MS U-Pb 年龄为 448. 5~449. 5 Ma（Sun et al.，2019），花岗闪长岩、花岗岩和石英闪长岩侵入到含矿岩系大柳沟组安山岩中，表明大柳沟组形成早于这些侵入岩，大柳沟组形成时间大于 450 Ma（Deng et al.，2020）。

石英脉型矿石中黄铜矿 Re-Os 等时线年龄为 431. 8±2. 7 Ma（Deng et al.，2016），黄铁绢英岩化安山岩中绢云母 Ar-Ar 坪年龄为 446. 4±4. 6 Ma 和 441. 5±3. 2 Ma（Deng et al.，2018），表明红石铜矿在 442~446 Ma 首先形成分布较广的黄铁绢英岩化，在 432 Ma 热液沿断裂或裂隙充填交代形成石英脉型铜矿。红石铜矿黄铁绢英岩化发生时间略早于红海矿段（438. 8±3. 0 Ma）。红石铜矿成矿年龄与本书获得黄滩金铜锌矿成矿年龄（432 Ma）和黄土坡矿段 Rb-Sr 等时线年龄（432 Ma）的一致，小于 Sun et al.（2020）获得的黄滩成矿年龄（438 Ma）。红石铜矿成矿年龄略小于红海-黄土坡铜锌矿红海矿段 Re-Os 年龄（434~436 Ma，Deng et al.，2016；Mao et al.，2019），略早于黄土坡矿段 Re-Os 年龄（428~430 Ma，本书），如果考虑误差，红石铜矿、黄滩金铜锌矿和红海-黄土坡铜锌矿形成年龄一致，为同一成矿事件产物。

（二）成矿流体

1. 包裹体岩相学

红石铜矿床早阶段石英-黄铁矿细脉、中阶段石英-黄铜矿-黄铁矿脉、晚阶段石英-碳酸盐细脉中石英和方解石各阶段包裹体岩相学特征见表 4-16，图 4-47。

早阶段流体包裹体主要有液体包裹体（L 型）和气体包裹体（V 型），少量含子矿物包裹体（S 型）。中阶段流体包裹体主要是液体包裹体（L 型）和气体包裹体（V 型）。晚阶段流体包裹体主要为液体包裹体（L 型），其次发育少量气体包裹体（V 型）。

2. 流体包裹体显微测温结果

红石铜矿床 3 个成矿阶段中具有代表性的流体包裹体样品进行显微测温分析，共得到 207 组有效的测温及相应盐度数据（图 4-48，表 4-17），压力估计见图 4-49。

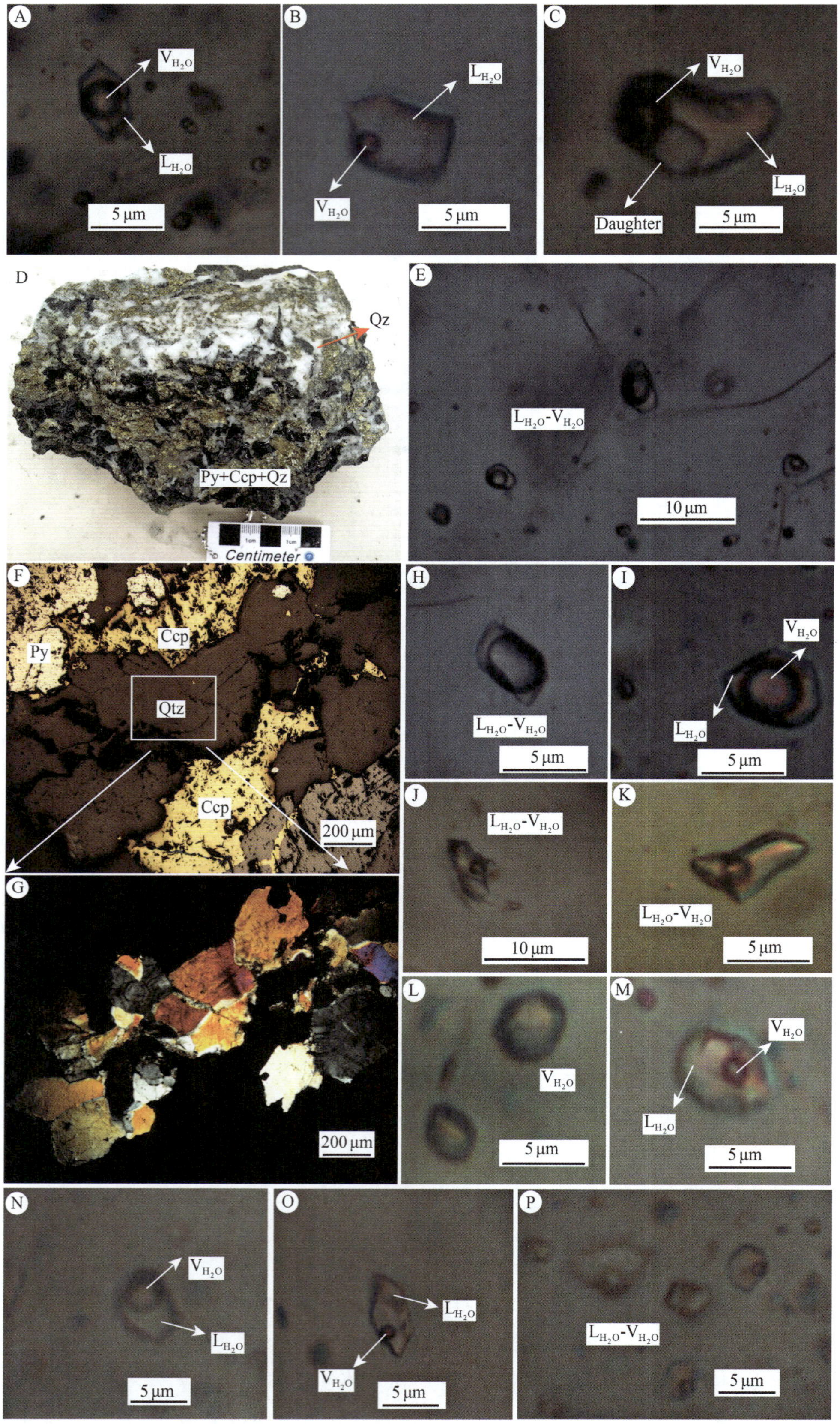

图 4-47　红石铜矿床石英中流体包裹体岩相学特征

A—早阶段石英中液体包裹体；B—早阶段石英中气体包裹体；C—早阶段含子矿物包裹体；D—中阶段石英-黄铜矿-黄铁矿矿石；E—中矿阶段石英中气体包裹体；F，G—镜下石英特征；H-M—中阶段石英中液相和气相的包裹体；N-P—晚阶段石英-方解石中的液体包裹体

表 4-16 红石铜矿各阶段包裹体岩相学特征

成矿阶段	主矿物	包裹体类型	组成	形态	大小/μm	气液比/%
石英-黄铁矿阶段	石英	L	气相+液相	长条形、负晶形随机分布	5~11	10~30
		V	气相+液相		5~12	50~90
		S	固相+气相+液相	孤立分布	6~9	15
石英-黄铁矿-黄铜矿阶段	石英	L	气相+液相	长条形、负晶形等机分布	5~10	10~40
		V	气相+液相		5~13	50~80
石英-碳酸盐阶段	石英、方解石	L	气相+液相	长条形、负晶形等随机分布	5~12	10~50
		V	气相+液相		5~10	50~80

表 4-17 红石矿床流体包裹体显微测温数据表

样品号	阶段	类型	$T_{m,ice}$/℃ (N)	$T_{m,NaCl}$/℃ (N)	$T_{h,total}$/℃ (N)	密度 ($g \cdot cm^{-3}$)	盐度 ($NaCl_{eq}$)/%
HS17-9	Ⅰ	L	-4.9~-1.2(12)	—	215~289(12)	0.78~0.88	2.07~7.73
		V	-4.5~-1.4(10)	—	201~297(10)	0.75~0.89	2.41~7.17
HS17-26	Ⅰ	L	-5.4~-1.8(8)	—	247~315(8)	0.71~0.83	3.06~8.41
		V	-4.7~-1.6(10)	—	264~302(10)	0.67~0.79	2.74~7.45
		S	-5.1~-3.6(4)	—	258~286(4)	0.76~0.83	5.86~8.00
HS17-27	Ⅰ	L	-5.4~-2.1(12)	—	213-276(12)	0.73~0.87	3.55~8.41
		V	-4.8~-1.7(9)	—	243~286(9)	0.75~0.83	2.90~7.59
		S	—	106~117(2)	275~306(2)	0.71~0.85	28.2~30.41
HS17-38	Ⅰ	L	-4.6~-1.9(10)	—	198~279(8)	0.79~0.86	3.23~7.31
		V	-4.2~-0.8(14)	—	204~286(12)	0.76~0.89	1.40~6.74
HS17-10	Ⅱ	L	-2.1~-0.9(10)	—	168~236(10)	0.81~0.87	1.57~3.55
		V	-2.4~-1.3(8)	—	183~247(8)	0.71~0.84	2.24~4.03
HS17-11	Ⅱ	L	-2.6~-1.5(10)	—	189~236(10)	0.71~0.86	2.57~4.34
		V	-1.8~-1.3(7)	—	203~279(7)	0.67~0.81	2.24~3.06
HS17-12	Ⅱ	L	-2.9~-1.5(8)	—	176~263(8)	0.71~0.87	2.57~4.80
		V	-3.4~-1.7(12)	—	189~254(12)	0.69~0.89	2.90~5.56
HS17-13	Ⅱ	L	-2.8~-0.8(8)	—	193~263(8)	0.74~0.89	1.40~4.65
		V	-3.1~-1.3(8)	—	207~247(8)	0.72~0.85	2.24~5.11
HS17-14	Ⅱ	L	-3.8~-1.7(10)	—	184~276(10)	0.68~0.92	2.90~6.16
		V	-2.6~-1.5(10)	—	193~259(10)	0.73~0.89	2.57~4.34
HS17-1	Ⅲ	L	-1.8~-0.6(9)	—	118~179(10)	0.63~0.81	1.06~3.06
		V	-1.6~-0.3(10)	—	126~169(10)	0.67~0.78	0.53~2.74
HS17-24	Ⅲ	L	-1.9~-0.5(9)	—	109~158(12)	0.67~0.78	0.88~3.23
		V	-1.5~-0.6(10)	—	135~148(13)	0.71~0.85	1.06~2.57

早阶段中 L 型包裹体均一温度集中在 198~315℃间，盐度为 2.07%~8.41%（$NaCl_{eq}$），密度 0.71~0.88 g/cm^3。V 型包裹体均一温度主要为 201~306℃，盐度为 1.40%~8.81%（$NaCl_{eq}$），密度 0.67~0.89 g/cm^3。S 型包裹体均一温度主要集中在 258~286℃，盐度为 5.86%~8.00%（$NaCl_{eq}$），密度 0.76~0.83 g/cm^3。根据均一温度和盐度，依据 Driesner and Heinrich（2007）相关图解可以估算

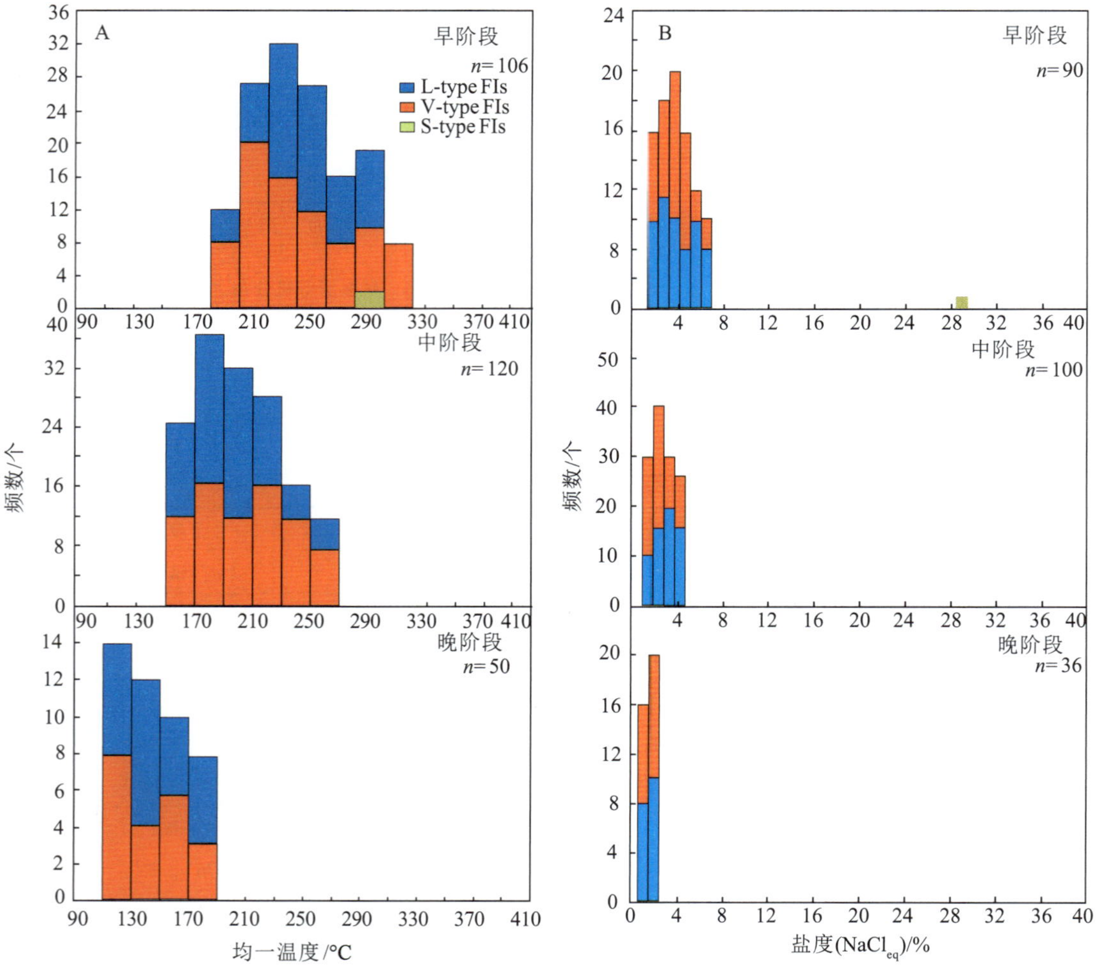

图 4-48　红石铜矿床流体包裹体均一温度-盐度直方图

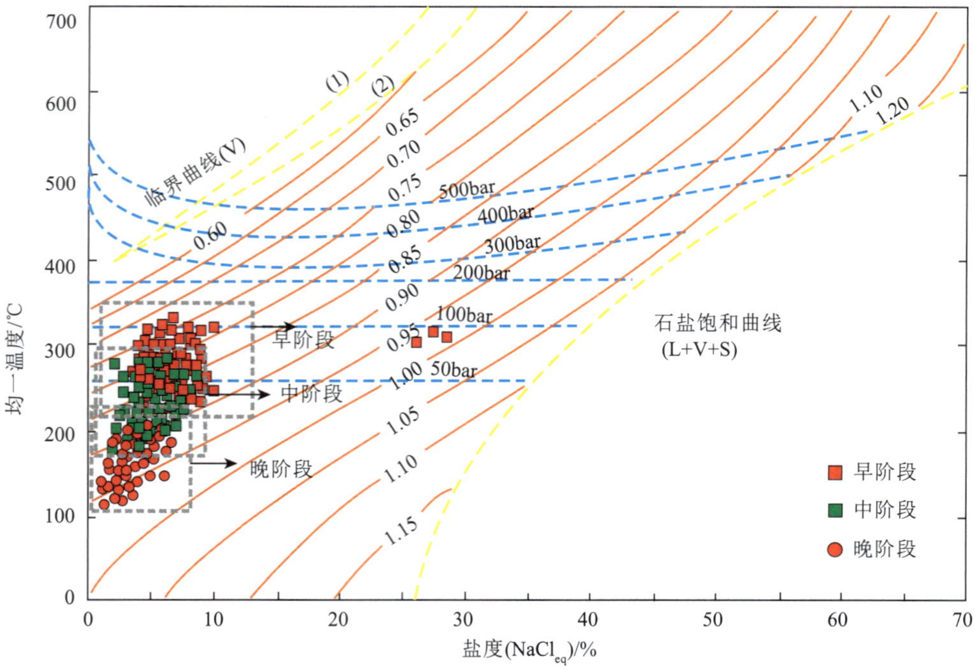

图 4-49　红石铜矿床成矿压力计算图解

（据 Driesner and Heinrich, 2007）

流体捕获压力。早阶段 L 型和 V 型包裹体共存，具有相似的均一温度和不同的流体盐度，还发育 S 包裹体，暗示流体发生了沸腾作用。在流体沸腾条件下，均一温度接近捕获温度，利用简单的 NaCl-H_2O 体系图解（Driesner and Heinrich，2007），估算捕获压力为<50~120 bar（平均压力为 80 bar），深度为 0.6~1.2 km。

中阶段 L 型包裹体均一温度集中在 168~276℃，盐度为 1.40%~6.16%（$NaCl_{eq}$），密度 0.68~0.92 g/cm³。V 型包裹体均一温度主要为 183~279℃，盐度为 2.24%~5.56%（$NaCl_{eq}$），密度 0.67~0.89 g/cm³。估算最小静水压力为 30~70 bar（平均压力为 50 bar，1 bar≈10^5 Pa），深度为 0.4~0.7 km。

晚阶段 L 型包裹体均一温度集中在 109~179℃，盐度为 0.88%~3.23%（$NaCl_{eq}$），密度 0.63~0.81 g/cm³。V 型包裹体均一温度主要为 126~169℃，盐度为 0.53%~2.74%（$NaCl_{eq}$），密度 0.67~0.85 g/cm³。估算最小静水压力约 30 bar，推测该阶段形成的深度为 0.2~0.5 km。

3. 激光拉曼光谱成分分析

对红石铜矿 3 个成矿阶段石英的包裹体在中国地质科学院矿产资源研究所进行激光拉曼光谱测试分析（图 4-50），早阶段石英脉 L 型包裹体的气相主要成分为 H_2O，少量 CO_2 气体的存在，S 型包裹体中气相全部为 H_2O。中阶段黄铜矿黄铁矿石英脉中 L 型包裹体气相成分为 H_2O，没有发现 CO_2、N_2 和 CH_4。晚阶段石英脉中 V 型包裹体气相成分是纯 H_2O。激光拉曼光谱测试分析表明红石铜矿成矿流体为 NaCl-H_2O 体系。

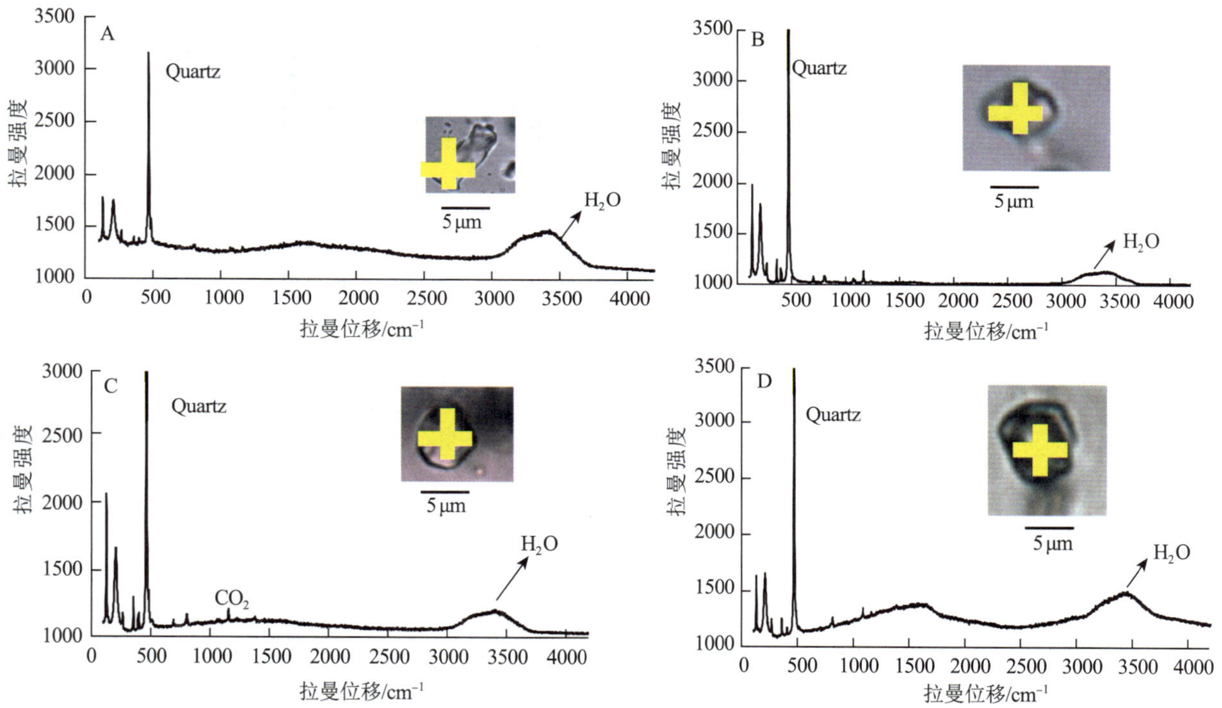

图 4-50 红石铜矿床流体包裹体激光拉曼分析光谱图

4. 同步辐射 X 射线荧光分析

对红石铜矿床中阶段（主成矿阶段）L 型包裹体在中国科学院上海应用物理研究所进行金属元素的同步辐射 X 射线荧光 MAPPING（SR-XRF）分析，以探明主成矿阶段流体包裹体与成矿作用的关系。金属元素浓度富集图显示（图 4-50），L 型包裹体中出现了 Cu、Zn 和 Pb 的光谱，并且在液相成分中 Cu 含量很高，表明 Cu 在液相中富集，成矿流体中富集 Cu。

5. 成矿流体性质及演化

红石铜矿包裹体类型主要为 L 型，其次是 V 型，少量 S 型，包裹体岩相学、显微测温和激光拉曼光谱测试分析表明红石铜矿成矿流体为 H_2O-NaCl 体系，3 个成矿阶段的成矿流体具有明显的演化

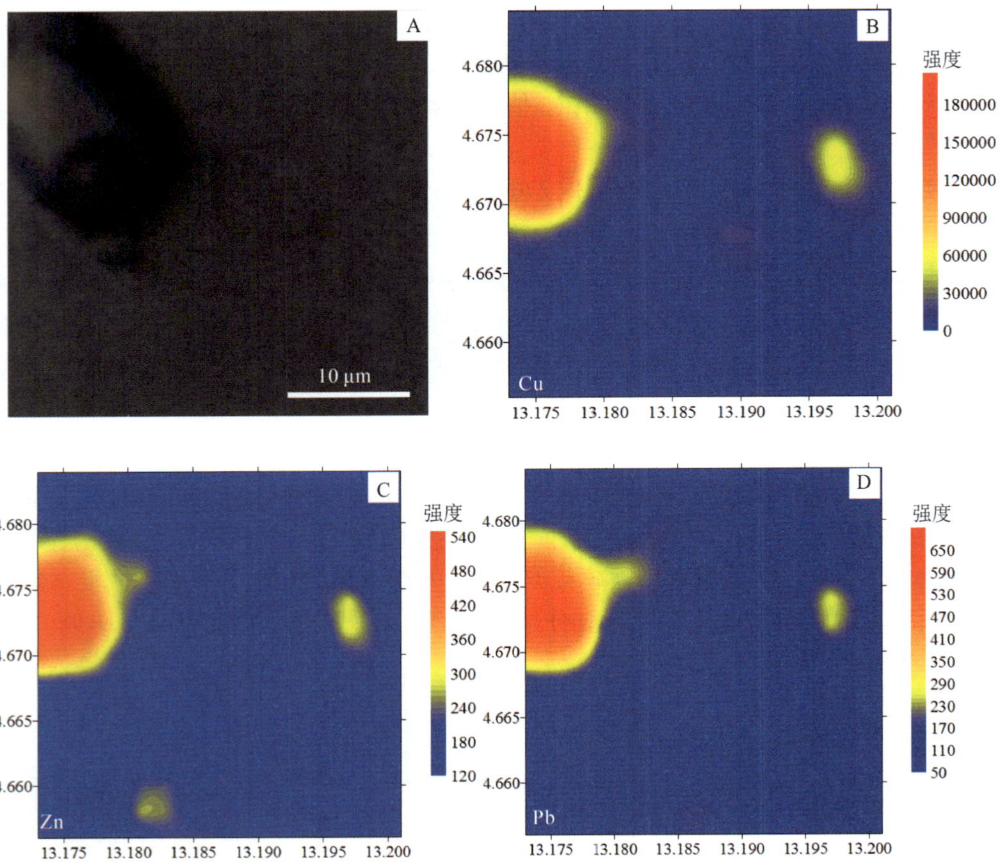

图 4-51 红石铜矿床主成矿阶段单个包裹体微量元素浓度富集图

过程（图 4-49）。红石铜矿成矿早阶段发育 L 型、V 型和 S 型包裹体，盐度不同，但具有相似的均一温度（200~215℃），表明发生了流体沸腾作用，导致 CH_4 和 CO_2 等挥发分的大量丢失（Hedenquist et al.，2000；Simmons et al.，2005），造成中阶段不发育含 CO_2 包裹体。流体沸腾作用只出现在早期阶段，因此，沸腾作用并不是红石铜矿矿质沉淀的控制因素。由于温度、压力、流体成分、硫含量等因素，在早阶段成矿流体并不适合硫化物大量沉淀，只形成少量的黄铁矿。该阶段流体为中-高温、低盐度的 H_2O-NaCl 体系，明显区别于典型的岩浆热液（高温、高盐度），红石铜矿近矿围岩早期大面积发育硅化、成矿早期阶段绢云母化发育，表明成矿流体经历明显水岩反应。

中阶段石英-黄铁矿-黄铜矿脉中未发现 S 型包裹体，该阶段脉中 L 型包裹体的盐度变化范围较大，且均一温度与盐度之间有较为明显的线性关系，从早阶段到中阶段温度和盐度表现为逐渐降低（图 4-49），显示了一定的流体混合特征。在流体演化过程中，可能发生了高温、低盐度的流体与低温贫 CO_2 的大气降水混合作用，混合作用降低了流体的温度和盐度，产生更冷、低盐度的流体。一般认为岩浆水盐度为 5%~10%（$NaCl_{eq}$）（Hedenquist et al.，1998；Simmons et al.，2005），本次获得中阶段流体盐度为 1.40%~6.16%（$NaCl_{eq}$），明显低于岩浆水盐度，表明中阶段成矿流体主要为大气降水，混合少量岩浆水。经历了早阶段流体沸腾和中阶段流体混合，流体温度和盐度降低，导致硫化物和石英沉淀。由于早阶段硅化消耗了大量 OH^- 和 SiO_2，导致中阶段流体呈酸性，渗透力强，H^+ 和 S^{2-} 活性较高。成矿系统中的这种物理化学变化提供了硫化物沉淀的有利条件。水岩反应、氧逸度下降和高的 H_2S 活动性减小了 Cu 络合物的稳定性，导致络合物分解，引起黄铜矿、黄铁矿等硫化物大规模沉淀，形成多种含黄铜矿黄铁矿石英脉和浸染状铜矿化，并伴有广泛的硅化和黄铁绢英岩矿化。

晚阶段流体主要为低温、低盐度贫 CO_2 的大气降水。成矿晚期阶段流体均一温度降至 120~152℃，盐度降至 0.53%~3.23%（$NaCl_{eq}$），演变为低温、低盐度的流体，流体中含量增加的 Ca^{2+} 及数量锐减的 K^+ 和 Na^+ 共同反映该阶段的碳酸盐化及铜成矿活动结束。

6. 成矿流体来源

（1）氢和氧同位素示踪成矿流体

选择早阶段5件石英和中阶段4件石英在中国地质科学院矿产资源研究所同位素实验室进行H、O稳定同位素分析（表4-18）。早阶段（石英-黄铁矿阶段）流体的 δD 为-72‰~-56‰，$\delta^{18}O$ 为6.6‰~12.9‰，成矿流体的 $\delta^{18}O_{H_2O}$ 和 $\delta^{18}O_{V-SMOW}$ 之间的换算是利用Clayton et al.（1972）公式：$1000\ln\alpha$ 石英-水$=3.38\times10^6T^{-2}-3.40$，T值为同一样品包裹体均一温度平均值，计算 $\delta^{18}O_{H_2O}$ 为-5.6~-0.7‰。中阶段（石英-黄铁矿-黄铜矿-闪锌矿阶段）的流体 $\delta^{18}O$ 为7.2~10.2‰，$\delta^{18}O_{H_2O}$ 为-5.8~-2.2‰，δD=-71~-56‰。H-O同位素图解（图4-52）显示 $\delta^{18}O_{H_2O}$ 从早到晚是逐渐减小的，δD 变化不明显，同时早阶段流体靠近原生岩浆水，随着成矿作用的进行，流体性质逐渐偏向雨水线，中阶段（主矿阶段）的流体明显靠近大气水附近，显示出后期大气水的加入。这与均一温度和盐度相关图上反映的红石铜矿成矿流体是岩浆水被大气降水稀释的结论一致。由于成矿作用发生在海底以下，大气降水贡献不可能很大，因此，具有大气降水特征的成矿流体可能是深循环的海水。

表4-18　红石铜矿床石英H-O同位素结果

样品编号	阶段	$\delta^{18}O_{V-SMOW}$/‰	T_h/℃	$\delta^{18}O_{H_2O}$/‰	δD_{H_2O}/‰
HS08	I	7.5	187	-5.1	-56
HS09	I	6.6	192	-5.6	-72
HS26	I	12.9	205	1.5	-62
HS27	I	11.2	196	-0.7	-65
HS38	I	7.4	201	-4.2	-71
HS40	Ⅱ	10.2	189	-2.2	-57
HS48	Ⅱ	8.9	196	-3.0	-71
HS17-10	Ⅱ	7.2	181	-5.8	-56
HS17-13	Ⅱ	7.3	190	-5.1	-65

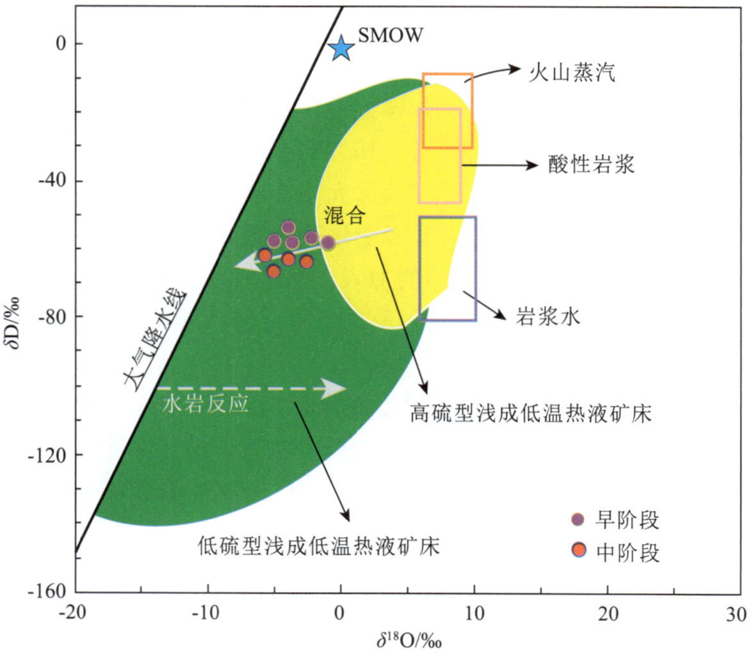

图4-52　红石铜矿床成矿流体H-O同位素图解

（底图据Clayton et al.，1972）

（2）氦和氩同位素示踪成矿流体

5件主成矿阶段黄铁矿 He-Ar 同位素分析在中国地质科学院矿产资源研究所同位素实验室完成，分析结果见表4-19。$^3He/^4He$ 比值为 0.12～1.47 Ra，平均值为 0.84 Ra，$^{40}Ar/^{36}Ar$ 比值为 310.9～337.6，^4He 含量为 2.66×10^{-8}～$4.30\times10^{-8}cm^3$ STP/g。^3He 含量为 5.67×10^{-15}～$68.46\times10^{-15}cm^3$ STP/g。^{40}Ar 含量为 3.55×10^{-8}～$5.60\times10^{-8}cm^3$ STP/g，具有高的 F^4He 值（1122～1784），$^{40}Ar/^{36}Ar$ 比值为 310.9～337.6。根据公式 $^{40}Ar\times$（$10^{-8}cm^3$ STP/g）$=^{40}Ar-295.5\times^{36}Ar$（Kendrick et al.，2011），计算 $^{40}Ar\times$（$10^{-8}cm^3$ STP/g）值为 0.17～0.58，$^{40}Ar^*/^4He$ 比值为 0.05～0.13（平均值 0.09）。红石铜矿黄铁矿中流体包裹体的 $^3He/^4He$ 值为 0.12～1.47 Ra，接近地壳的 $^3He/^4He$ 值（0.01～0.05 Ra），但远低于地幔流体的 $^3He/^4He$ 值（6～9 Ra）。在 $^3He/^4He$ 同位素演化图解中（图4-53），样品点位于地幔端元和地壳端元之间，并靠近地壳组成一侧，显示出其明显的壳源特征。流体中稀有气体可能有3种来源，而且不同来源气体的 He-Ar 同位素组成及其特征比值具有显著差别（Simmons et al.，1987）。大气饱和水，包括大气降水和海水，其典型的 He 和 Ar 同位素组成为：$^3He/^4He=1Ra$，$^{40}Ar/^{36}Ar=295.5$，$^{40}Ar/^4He$ 值约为 0.01；由于稀有气体在低湿水溶液中的溶解度随质量数的减小而降低（Simmons et al.，1987），He 在水溶液中的溶解度最低，且在空气中的含量也低，所以饱和大气水中 He 的含量更低，$He/Ar=1\times10^4$。由于 Ar 的封闭温度远高于 He（McDougall and Harrison，1988），在大气中的含量相对也高，所以浅层地下水中几乎不含放射性成因的 Ar，具有大气 Ar 的组成特征。

表4-19　红石矿床黄铁矿 He-Ar 同位素分析结果

样品	$^3He/^4He$ (10^{-6})	$^4He/10^{-8}cm^3$ STP·g^{-1}	$^{40}Ar/^{36}Ar$	$^{36}Ar/^{38}Ar$	$^{40}Ar/10^{-8}cm^3$ STP·g^{-1}	R/Ra	$^{40}Ar/^4He$	$^3He/10^{-14}cm^3$ STP·g^{-1}	$^{40}Ar^*/10^{-8}cm^3$ STP·g^{-1}	$^{40}Ar^*/^4He$	F^4He
HS09	0.17	3.33	310.9	5.35	3.55	0.12	1.06	0.56	0.17	0.05	1688
HS17	1.25	3.62	317.5	5.37	5.60	0.90	1.55	4.55	0.38	0.10	1188
HS21	2.04	2.66	313.5	5.36	4.30	1.47	1.62	5.43	0.24	0.09	1122
HS26	1.59	4.30	337.6	5.34	4.71	1.14	1.10	6.84	0.58	0.13	1784
HS46	0.81	2.87	314.5	5.33	4.31	0.58	1.23	2.35	0.26	0.09	1212

注：R：$^3He/^4He$ 是样品比值；Ra：$^3He/^4He$ 比值是标准大气 1.384×10^{-6}；$^{40}Ar^*$ 是样品中放射成因 ^{40}Ar。

研究表明，流体流经岩石时优先富集 ^4He 会导致现代地质流体中 $n(^{40}Ar^*)/n(^4He^*)$ 比值的降低（Tongerson et al.，1988）。对于大多数矿物而言，He 的封闭温度较低（200℃），而氩的封闭温度较高（>200℃），地幔流体是一种高温流体，温度远远大于200℃。红石铜矿床成矿流体具有对地壳岩石中 He 的优先富集的特点，结合包裹体均一温度变化范围很大，而且主要集中在200℃以下的低温区，认为成矿过程中存在低温（<200℃）流体的加入，而这种流体最有可能为深循环海水。

（三）成矿物质来源

本次研究采集了12件中阶段（主成矿阶段）的黄铜矿和黄铁矿单矿物开展硫同位素研究。硫同位素分析在中国地质科学院矿产资源研究所同位素实验室进行，分析结果见表4-20。

6件黄铁矿的 $\delta^{34}S$ 值为 0.8‰～4.2‰，6件黄铜矿的 $\delta^{34}S$ 值为 -0.2‰～4.0‰。总体 $\delta^{34}S$ 分布范围较窄，集中在 -0.21‰～4.2‰，表明硫源单一，结合 Yu et al.（2018）硫同位素结果，红石铜矿硫化物 $\delta^{34}S$ 峰值为 2.5‰（图4-54）。同一样品中共生的黄铁矿-黄铜矿，$\delta^{34}S_{CDT,黄铁矿}>\delta^{34}S_{CDT,黄铜矿}$，表明硫同位素达到了平衡（Ohmoto and Goldhaber，1997）。利用硫同位素温度计算公式 $\alpha=A/T^2\times10^3$，$1000\alpha=\Delta=\delta^{34}S_{ore1}-\delta^{34}S_{ore2}$ 对两对黄铁矿-黄铜矿（HS03-1、HS03-2；HS04-1、HS 04-2）进行平衡温度计算（计算利用路远发编制的 Geokit2010 软件完成），计算结果分别为219℃和228℃，与包裹体测温一致，也表明硫化物沉淀时硫同位素达到了平衡（图4-55）。

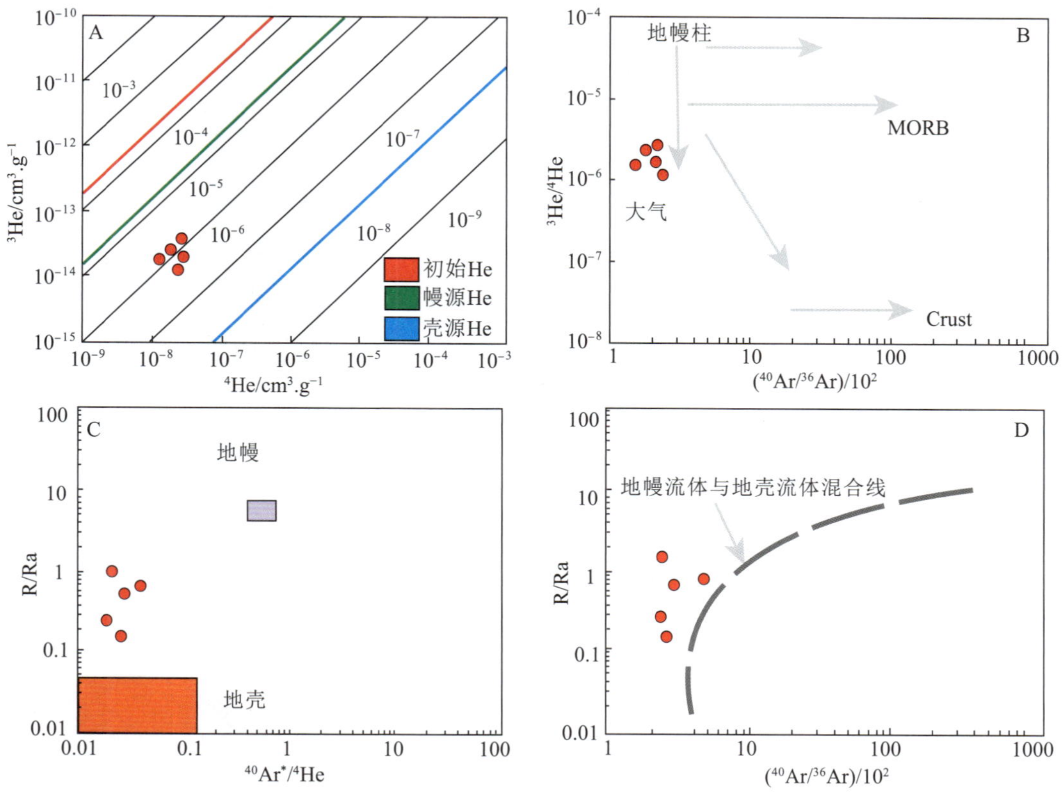

图 4-53 红石铜矿床黄铁矿 He-Ar 同位素图解

A—^{3}He-^{4}He 图解(底图据 Mamyrin and Tolstikhin,1984);B—$^{3}He/^{4}He$-$^{40}Ar/^{36}Ar$ 图解(底图据 Wang et al.,2002);C—R/Ra-$^{40}Ar^{*}/^{4}He$ 图解(底图据 Hu et al.,1997);D—R/Ra-$^{40}Ar/^{36}Ar$ 图解(底图据 Hu et al.,1999)

表 4-20 红石矿床中阶段硫化物 S 同位素

样品编号	矿物	T/℃	$\delta^{34}S_{V-CDT}$/‰	$\delta^{34}S_{H_2S}$/‰
HS 03-1	黄铁矿	215	4.2	2.9
HS 03-2	黄铜矿	240	4.0	1.7
HS 04-1	黄铁矿	230	3.2	0.9
HS 04-2	黄铜矿	220	1.7	-0.2
HS 06-1	黄铁矿	240	2.9	1.5
HS 06-2	黄铜矿	190	0.7	-0.9
HS 11-1	黄铁矿	200	2.7	1.3
HS 11-2	黄铜矿	196	0.7	-0.5
HS 16-1	黄铁矿	207	0.8	-1.8
HS 16-2	黄铜矿	218	-0.2	-2.1
HS 19-1	黄铁矿	235	2.1	0.3
HS 19-2	黄铜矿	210	1.2	-0.4

注：T 为温度，是同一样品石英均一温度平均值；$\delta^{34}S_{H_2S}$ 值根据 Ohmoto and Rye（1979）和 Ohmoto and Lasaga（1982）给出的硫化物 H_2S 硫同位素分馏方程计算。

红石矿床硫化物 $\delta^{34}S$ 值变化范围和峰值与幔源硫的 $\delta^{34}S$ 组成基本一致（0±3‰，Hoefs，1997），接近 0‰，表明硫来自深源。红石 $\delta^{34}S$ 值为 -0.2‰～4.2‰，低于区域早古生代侵入岩（4.13‰～5.70‰，Mao et al.，2015），表明硫化物不太可能由这些侵入岩的岩浆热液形成，其成因不能用岩浆

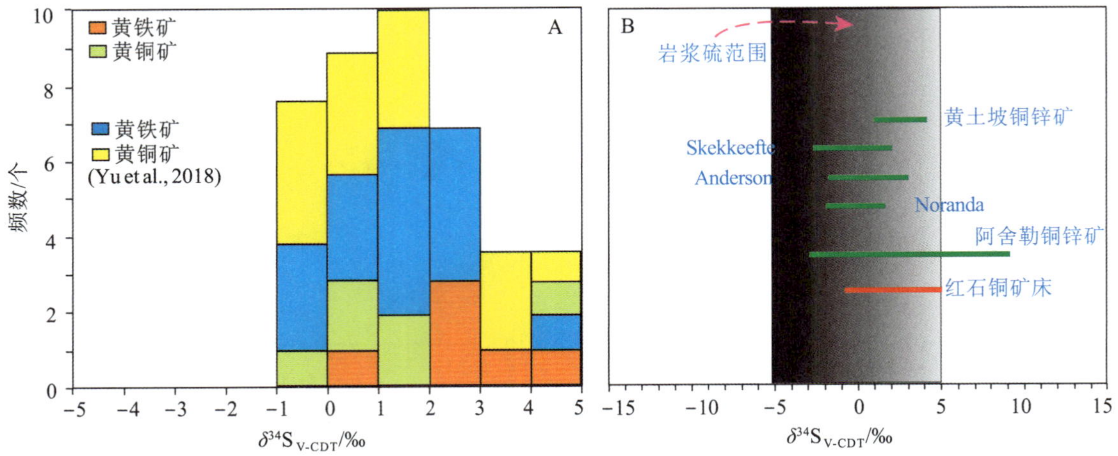

图 4-54　红石铜矿床 S 同位素分布直方图

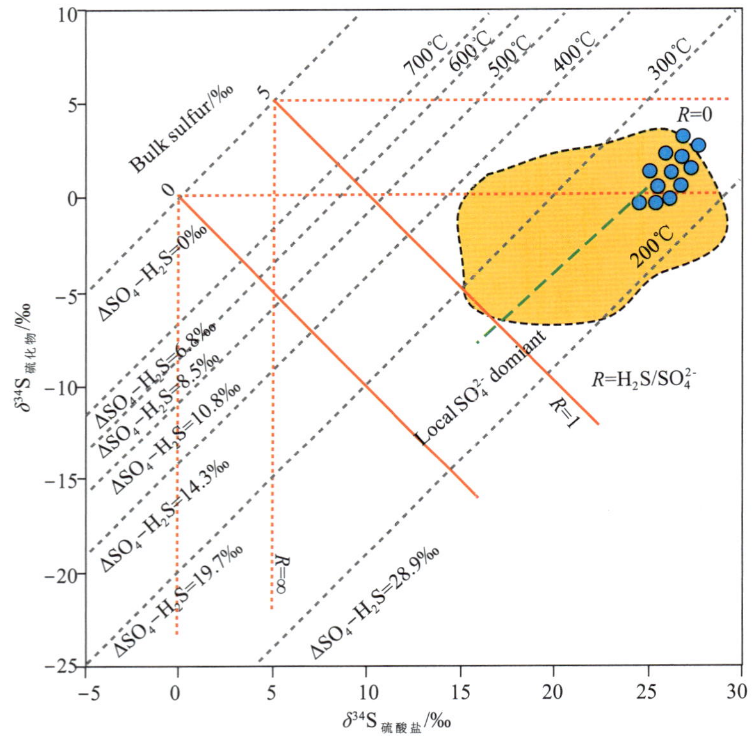

图 4-55　红石 $\delta^{34}S_{硫酸盐}-\delta^{34}S_{硫化物}$ 图

（底图据 Bethke et al.，2005）

-热液系统来解释，红石 $\delta^{34}S$ 值与大柳沟组火山岩一致（平均值为 1.8‰），表明成矿物质中硫可能来自单一来源，即硫来自大柳沟组火山岩，是流体与大柳沟组水岩反应，萃取了火山岩中的硫。红石矿床 $\delta^{34}S$ 值为 2.5‰，与阿舍勒矿集区萨尔朔克 VMS 金多金属矿一致（-1.5‰～6.2‰，其峰值为 2.5‰，杨富全等，2015），红石矿床 $\delta^{34}S$ 值变化范围略小于红海-黄土坡矿床（-0.8‰～6‰，主要为 0‰～4‰），但峰值略大于红海-黄土坡铜锌矿床（峰值 1.5‰）和黄滩金铜锌矿（峰值 0.5‰）。红石 $\delta^{34}S$ 值变化范围和峰值均小于阿舍勒铜锌矿（-13.7‰～9‰，主要集中在-1‰～9‰，其值为 4.5‰），总体上红石铜矿硫化物 $\delta^{34}S$ 值与世界上 VMS 矿一致。

红石铜矿中阶段（主成矿阶段）硫化物中硫同位素组成范围较窄，表明该阶段成矿流体具有相对稳定的物理化学条件。理论上热液硫化物中的负 $\delta^{34}S$ 值可能反映了缺氧环境中的硫源（Field and

Fifarek，1985），负 $\delta^{34}S$ 值反映成矿流体属于还原环境。Ohmoto and Rye（1979）提出流体中 $\delta^{34}S$ 值是受 $\delta^{34}S_{H_2S}$ 值、氧气缓冲容量和温度控制。本书计算共生黄铁矿和黄铜矿的成矿流体中 $\delta^{34}S_{H_2S}$ 值分别为-1.70%~1.80%和-1.90%~1.50%。考虑到红石矿床硫化物主要是黄铜矿，没有发现硫酸盐，热液蚀变主要是硅化，我们认为成矿流体主要是低温、低 f_{O_2}、pH 值接近中性，在这样条件下，硫以 HS^- 和 S^{2-} 的形式存在。

（四）末端成矿主要控制因素

1. 矿床成因类型

卡拉塔格矿集区发育了复杂的热液成矿系统，包括早古生代 VMS 型、斑岩型、火山热液型脉状成矿系统（Deng et al.，2018a；Sun et al.，2019）。早古生代 VMS 型成矿系统受早古生代火山机构和同生断裂控制，形成具有层状与脉状矿化组成的“双层结构”，如红海-黄土坡铜锌矿、黄滩金铜锌矿。斑岩型成矿系统成矿与斑岩有关，为细脉浸染状矿化，如玉带，矿化元素为 Cu、Mo、Au。红石火山热液型脉状成矿系统位于黄土坡-红海北西、玉带东南方向，产于中-上奥陶统大柳沟组火山岩中，矿体以断控脉状为特征，成因类型上归为火山热液型，其证据如下：

1）与 VMS 型矿床区别。红石因发育黄铁绢英岩化等蚀变以及角砾状构造而与黄土坡-红海 VMS 型矿床的网脉系统相似，但红石缺乏钠长石化，并且含矿石英脉以充填张性裂隙为主，矿脉以长度大、延伸长及厚度大为特征，明显不同于红海-黄土坡通道相矿体，后者以细小脉状和网脉状为主，局部有少量大脉。此外，红石矿石角砾状构造以围岩安山岩角砾被石英-硫化物胶结为特征，与红海-黄土坡脉状-网脉状矿体不同，后者以围岩角砾被黄铜矿等硫化物胶结，而石英等脉石矿物少见。红海-黄土坡矿床发育层状和脉状矿化组成的“双层结构”，但红石矿床只发育脉状矿化。红石矿床的成矿元素组合以 Cu 为主，不同于红海的 Cu-Zn 组合。红石矿床流体包裹体从早阶段到晚阶段温度降低，也不同于 VMS 型通道相矿体，后者主成矿阶段的温度和压力常高于早阶段，反映成矿系统发育在盆地伸展沉陷、沉积物不断加厚的过程。因此，红石矿床与 VMS 矿床的通道相矿化存在明显差距，显然不可能是红海-黄土坡 VMS 型矿床通道相矿体的产物。

2）与浅成低温热液型矿床区别。红石矿床受线性断裂或裂隙构造控制，矿体呈脉状；矿石除脉状、角砾状外，还可见梳状构造、晶簇/晶洞状等构造，多沿开放裂隙充填，指示成矿作用发生在近海底环境。缺乏高温蚀变，只发育绢云母化、碳酸盐化、青磐岩化等低温蚀变组合。成矿流体以发育低温、低盐度的水溶液包裹体为特征，成矿温度 107~326℃，成矿深度 0.6~1.2 km。尽管上述地质与流体特征均与浅成低温热液型成矿系统一致，但二者的差别也非常明显，浅成低温热液矿床主要形成在陆相火山岩中，部分在非火山岩系，而红石含矿火山岩属于海相火山岩；浅成低温热液矿床主要成矿元素是金、银，也有贱金属，但红石为铜矿，金含量很低；重要的一点是，矿区未发现浅成低温热液型矿床标志性的矿物组合，如地开石、高岭石、冰长石、明矾石等。此外，H-O 同位素测试结果显示早阶段（石英-黄铁矿阶段）的流体 $\delta^{18}O_{H_2O}$=-5.6‰~-0.7‰，δD=-72‰~-56‰；主成矿阶段（石英-黄铁矿-黄铜矿-闪锌矿阶段）的流体 $\delta^{18}O_{H_2O}$=-5.8‰~-2.2‰，δD=-71‰~-56‰，该阶段流体明显靠近大气水附近，显示出后期大气水的加入。结合 He-Ar 同位素结果和成矿环境，认为成矿流体为岩浆水混合深循环海水，中晚阶段深循环海水占主导地位。硫化物 S 同位素主要来自深源，即来自火山岩系。这些特征表明红石铜矿不同于浅成低温热液型矿床。

综上所述，红石铜矿床产于海相火山岩系中，受断裂或裂隙控制，矿化特征、热液蚀变和成矿流体特征明显不同于 VMS 型和浅成低温热液型矿床，与矿区次火山岩和侵入岩（花岗闪长岩）缺乏成因联系，因此，红石铜矿归为火山热液型更符合客观事实。尽管红石铜矿与红海-黄土坡、黄滩 VMS 型矿化不同，但成矿时代与红海-黄土坡、黄滩一致（红海-黄土坡黄铁矿和黄铜矿 Re-Os 年龄为 434~436 Ma；黄滩黄铁矿和黄铜矿 Re-Os 年龄为 432~438 Ma；红石黄铜矿 Re-Os 年龄为 434 Ma），三者显示是同一成矿事件的产物，空间上距离很近，因此，本书认为红石火山热液型脉状铜矿与红海-黄土坡 VMS 型铜锌矿和黄滩 VMS 型金铜锌矿为同一 VMS 成矿系统的产物，只是控矿因素不同，造成了矿化类型的差别。

2. 金属迁移及矿质沉淀机制

众所周知，金属在大多数热液中主要以水络合物的形式迁移（Barnes，1979）。流体包裹体研究表明，不同成矿温度和地质特征的矿床流体可以用相对简单的 H_2O-NaCl 体系来描述。在这种体系中，氯和二硫化物是两个最重要迁移金属的络合物（Au、Cu、Pb 和 Zn，Reed and Palandri，2006；Etschmann et al.，2010；Seward et al.，2014），因此，确定金属络合物的性质和稳定性对于理解金属迁移和沉淀至关重要。早期黄铁矿石英细脉中的流体可以代表红石铜矿床的初始成矿流体，该流体中温（198~310℃）和低盐度（3.6%~8.1%（$NaCl_{eq}$）），检测到少量 CO_2。流体沸腾在铜矿体形成中广泛发育，沸腾作用形成两个端元的包裹体类型：气体包裹体和含子矿物包裹体。均一温度数据表明，红石相分离时的温度下降到 233~324℃，气体包裹体和含子矿物包裹体中不存在 CO_2。实验研究证实了成矿流体中氯络合物迁移 Zn^{2+} 和 Ag^+ 的重要性（Ruaya and Seward，1986；Seward and Barnes，1997；Seward，1976），在浅成环境中主要以 Cu 氯络合物形式迁移（Pudack et al.，2009）。沸腾作用、流体混合、冷却和水岩反应对于流体中多金属络合物沉淀起着重要作用。岩浆热液发生沸腾作用可以导致气体包裹体与含子矿物包裹体共存（Roedder and Bodnar，1997）。流体包裹体组合是众多斑岩-浅成低温热液系统的特征，可以示踪成矿过程中金属硫化物、金、银沉淀的过程（Sillitoe，2010）。红石铜矿床成矿流体中以液体包裹体为主，沸腾包裹体组合只发生在早阶段（黄铁矿石英脉）。岩浆热液与外部大气降水混合可以导致流体中金属大量沉淀（Taylor，1997）。许多火山热液矿床的 H-O 同位素研究表明，有大气降水参与其中。流体混合模型需要具备两个基本特征：H-O 同位素图解中，样品落在岩浆水与大气降水之间，表明发生了岩浆水与大气降水混合；流体盐度随温度下降而降低，表明低温低盐度大气降水的注入。显然，红石铜矿床主成矿阶段成矿流体的 H-O 同位素组成、温度和盐度关系与流体混合模型的特征相似，说明流体混合是主成矿阶段矿质沉淀的重要原因。

尽管开展了大量研究工作，但对于铜迁移过程仍然存在争议。对天然热液体系的大量流体包裹体研究表明，氯是成矿流体中主要络合物（Bodnar，1995）。然而，Henley and McNabb（1978）提出气相是铜迁移的重要介质。在高温环境下成矿流体中 Cu 主要以氯络合物形式迁移（Liu and McPhail，2005）。Barnes（1976）报道在 350℃时，铜在热液中以氯化铜的形式溶解；Liu and McPhail（2005）认为在 400℃及以上温度的高盐、中性到弱酸性和中度还原卤水中可以迁移数千 ppm 浓度的铜。这些氯化铜络合物由于温度、H_2S 含量和 pH 值的变化，特别是在流体沸腾过程中，络合物分解，形成铜的硫化物（John et al.，2010）。金属矿物沉淀机制可以用通用化学式 $Fe^{2+}+Cu^{+}+2H_2S+0.25O_2=CuFeS_2+0.5H_2O+3H^{+}$ 表述。流体沸腾会导致温度随流体绝热膨胀而降低，从而导致溶解度随温度的降低而降低，在沸腾过程中，SO_2 形成 H_2S（$4SO_2+4H_2O=H_2S+3H_2SO_4$），$H_2S$ 与金属离子结合形成铜-铁硫化物（John et al.，2010）。此外，流体不混溶导致酸碱度增加，因为酸性组分分馏为气相，从而降低了氯化铜络合物的溶解度，并导致金属沉淀（Ni et al.，2015）。红石铜矿早阶段由于流体沸腾导致温度、H_2S 含量和 pH 值改变，从而造成络合物分解，形成少量黄铁矿。主成矿阶段由于成矿流体温度、压力和盐度的降低，成矿物质的酸浓度和溶解度下降，大量硫化物快速沉积，形成黄铜矿-黄铁矿±闪锌矿-石英脉。晚阶段是热液活动的终结阶段，在近海底大量深循环的海水注入到成矿系统中，成矿流体逐渐以深循环海水为主，温度较低（122~250℃），且逐渐稀释（低盐度为 0.2%~6.8%（NaCleq）），不含 CO_2。在中和过程中，pH 值的增加导致 H^+ 浓度显著降低，这对硫化物的沉积有显著影响，流体中几乎不含成矿物质，最终形成无矿石英碳酸盐脉。

3. 主要控矿因素

红石铜矿成矿末端效应主要控制因素：①中-上奥陶统大柳沟组凝灰岩、安山岩、安山质角砾熔岩、玄武岩富含 Cu、Zn、Au、Ag、Fe、S 等，通过后期深循环海水和岩浆热液水岩反应，提取成矿物质，为成矿奠定物质基础。②矿体赋存于大柳沟组安山岩中，受岩相控制。③矿化主要为石英脉型，少量角砾岩型，受断裂和裂隙控制，矿体具有平行排列的特征。④与成矿有关热液蚀变主要为硅化、黄铁矿化、绿泥石化和绢云母化，硅化+黄铁矿+绢云母构成黄铁绢英岩化。⑤尽管矿床成因类型为火山热液型，但与红海-黄土坡 VMS 型铜锌矿、黄滩 VMS 型金铜锌矿为同一成矿系统，是同一成矿事件的产物。⑥黄铁绢英岩化发生在 442~446 Ma，铜矿化发生在 432 Ma。⑦成矿过程经历了早阶段、中阶段（主阶段）和晚阶段，成矿流体为 H_2O-NaCl 体系，成矿温度和盐度逐渐降低。⑧成矿末端流体来自岩浆水混合深循环海水，晚阶段以深循环海水为主。⑨成矿物质主要来自下伏火山岩。⑩局部流体沸腾、温度下降、流体混合是矿质沉淀的主要因素。

第四节　小热泉子铜锌矿

小热泉子铜锌矿位于吐鲁番市 ES 157°方位直距约 90 km，由新疆地矿局第十一地质大队二分队于 1993 年在该区开展 1∶5 万区域地质矿产调查工作过程中发现。矿床产于下石炭统小热泉子组火山沉积岩系中，由Ⅰ、Ⅲ矿段矿体和Ⅴ矿点及Ⅱ、Ⅳ矿化蚀变带组成，累计查明 Cu 金属量 22.20×10^4 t，平均品位 0.98%；Zn 金属量 29.34×10^4 t，平均品位 1.32%；Au 金属量 6.43 t，平均品位 0.29 g/t；Ag 金属量 24.5 t，平均品位 1.09 g/t；Ga 金属量 197.39 t，平均品位 0.88 g/t；硒金属量 351.39 t，平均品位 1.56 g/t（吐鲁番工企矿冶有限责任公司，2016）。

一、矿床地质特征

（一）矿区地质

矿区发育下石炭统小热泉子组（图 4-56），小热泉子组为一套滨浅海相火山碎屑岩及少量沉积岩组成，分 6 个岩性段。第一岩性段分布于矿区中部，是主要的赋矿层位，岩性为凝灰岩、凝灰质砂岩和安山岩。第二岩性段呈环状分布于第一岩性段外围，主要有火山角砾岩、晶屑玻屑凝灰岩和凝灰质砂岩。第三岩性段分布于矿区东北部，主要为角砾晶屑凝灰岩、凝灰质粉砂岩及少量生物碎屑凝灰质砂岩与火山角砾岩。第四岩性段整合于第三岩性段之上，主要为火山角砾岩、安山玄武岩和凝灰质砂岩。第五岩性段分布于矿区东北部，岩性有火山角砾岩、凝灰质角砾岩。第六岩性段出露于矿区东北部，岩性为凝灰质角砾岩。

矿区内断裂构造及片理化构造发育，断裂主要有 NW 向、NE 向及 SN 向 3 组，其中 NW 向断裂呈平行近等间距分布，向 SE 延伸与 NE 向小热泉子区域断裂相接，并伴随有 3 条 NW 向蚀变破碎带，与矿体关系密切。矿区内侵入岩主要有钠长斑岩、英安斑岩、流纹斑岩、花岗闪长斑岩及辉绿岩脉等。英安斑岩和钠长斑岩多位于断裂旁侧，岩体呈不规则岩株、岩墙、岩脉状，部分有不同程度的矿化。花岗闪长斑岩分布于矿区西南部，侵位于小热泉子组火山岩中，规模较小。

（二）矿体及矿石特征

矿区由 2 个矿段、Ⅳ号矿化点及Ⅱ、Ⅴ号矿化蚀变带组成，以Ⅰ、Ⅲ号矿段规模大，目前正在开采。矿体赋存于小热泉子组第一岩性段凝灰岩、凝灰质砂岩和凝灰质粉砂岩中。Ⅰ矿段位于矿区东部，矿化范围东西长约 800 m，南北宽约 800 m，赋矿岩石主要为下石炭统小热泉子组第一岩性段下部凝灰岩、凝灰质砂岩和凝灰质角砾岩（图 4-56，图 4-57）。Ⅰ号矿段地表和深部共圈定 83 个矿体，其中铜矿体 64 个，锌矿体 13 个，金矿体 2 个，铜锌矿体 3 个，锌金矿体 1 个。最大矿体长度为 440 m，厚度为 1~124 m，倾向 NE，倾角 40°~60°。Ⅲ矿段位于Ⅰ矿段西 700 m 处，矿化范围 EW 长约 450 m，SN 宽约 400 m，矿体主要产于下石炭统小热泉子组第一岩性段中上部凝灰质砂岩中，部分产于英安斑岩中。Ⅲ矿段地表和深部共圈定 19 个矿体，其中铜矿体 2 个，锌矿体 3 个，铜锌矿体 13 个，铜锌金矿体 1 个。B—B′勘探线剖面中典型矿体长度为 20~440 m，厚度为 1~160 m，倾向 NE，倾角 12°~63°。矿体呈层状、似层状、透镜状、脉状、不规则状、马鞍状、褶曲，与地层产状基本一致，矿体受构造和地层因素控制明显，形态复杂（图 4-57）。矿体与火山碎屑岩地层同步褶皱，并在

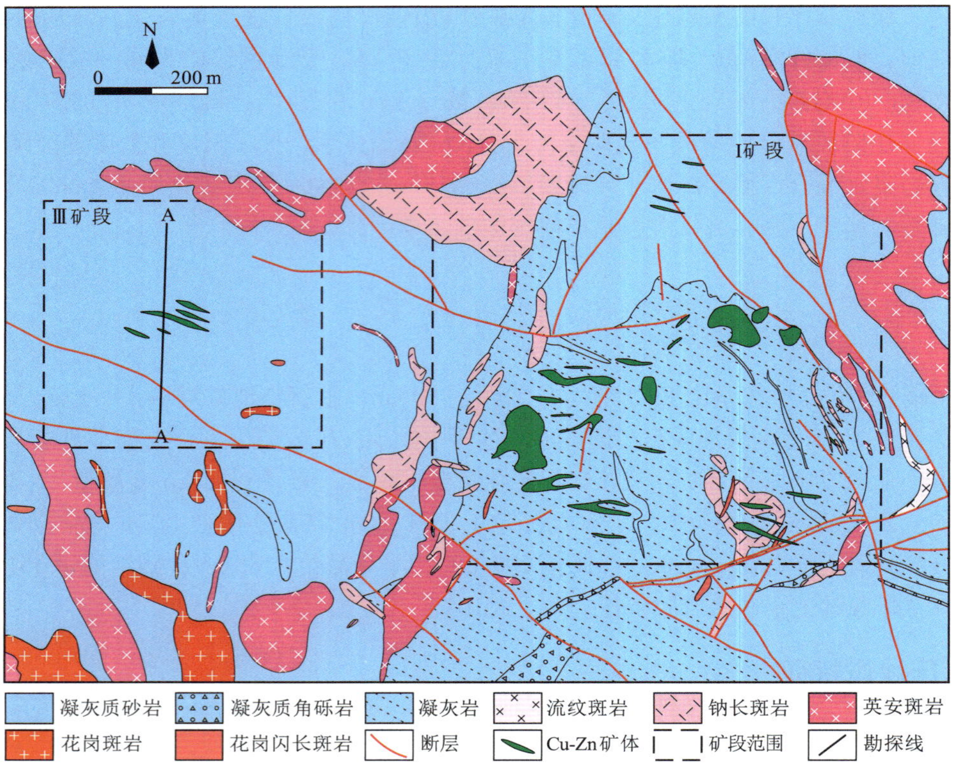

图 4-56　小热泉子Ⅰ和Ⅲ矿段地质略图

（据吐鲁番工企矿冶有限责任公司，2016）

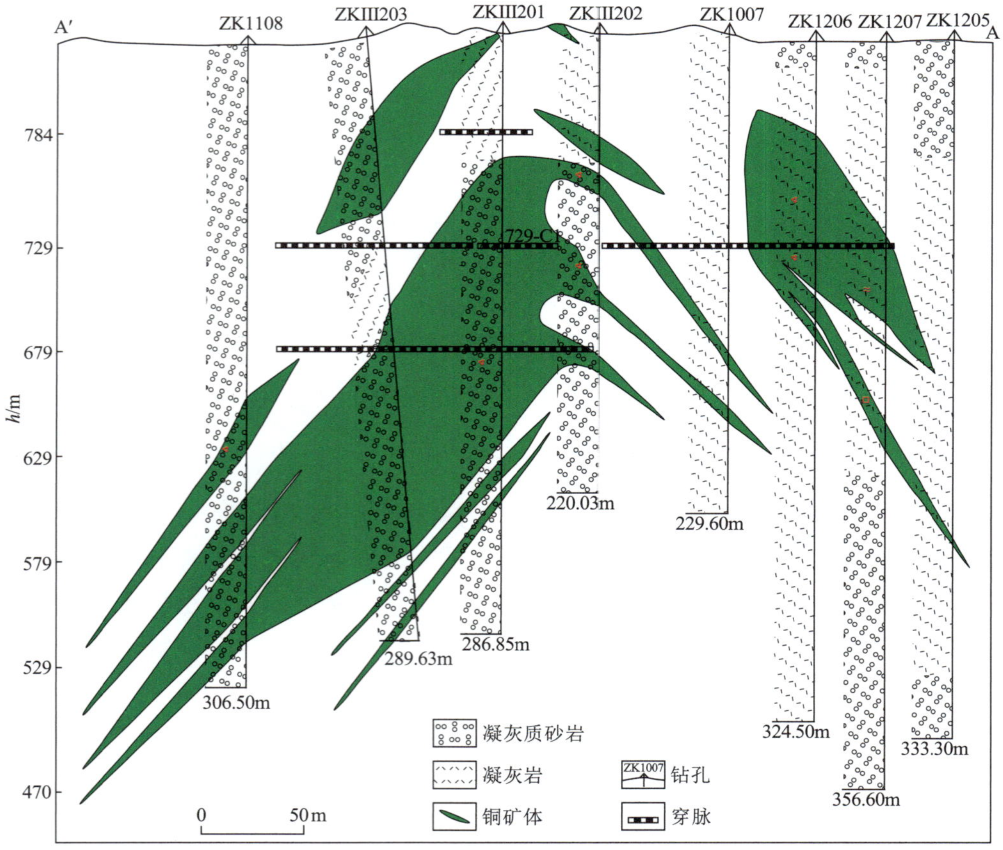

图 4-57　小热泉子铜锌矿Ⅲ矿段 B-B/勘探线剖面图

（据吐鲁番工企矿冶有限责任公司，2016）

转折端部位矿体膨大加厚，表明矿体受后期构造作用改造强烈。

识别出5种矿化类型（图4-58）：层状矿化和细脉-网脉矿化组成双层结构，前者为喷流沉积相，后者为补给通道相，铜锌矿为主，伴生金；与火山热液有关的脉状矿，与硅化有关，局部锌、金含量较高，总体上不具工业价值；英安斑岩中的矿化，具有全岩矿化特征，铜为主；钠长斑岩中的矿化，主要为铜，5种矿化均属于同一VMS成矿系统，只是控制因素不同造成矿化类型多样和成矿元素不同。

图4-58　小热泉子矿床矿化特征

a-b—Ⅰ矿段579-612中段块状闪锌矿黄铜矿矿石；c-d—Ⅲ矿段块状黄铜矿闪锌矿矿石；e-f—Ⅰ矿段浸染状黄铜矿闪锌矿矿石；g-h—Ⅲ矿段浸染状黄铜矿矿石；i—Ⅰ矿段黄铜矿石英脉分布于凝灰质砂岩中；j—Ⅰ矿段闪锌矿黄铜矿石英脉分布于凝灰质砂岩；k—Ⅲ矿段黄铜矿石英脉分布于块状黄铜矿矿石中；l—Ⅲ矿段闪锌矿石英脉分布于凝灰质砂岩中；m—Ⅲ矿段黄铁矿石英脉分布于英安岩中；n—Ⅲ矿段不含硫化物石英脉；o—Ⅲ矿段英安斑岩侵入凝灰质砂岩，切穿不含硫化物石英脉；p—Ⅲ矿段英安斑岩中闪锌矿和石英；Ccp—黄铜矿；Sp—闪锌矿；Py—黄铁矿；Q—石英

矿石构造主要有细脉状、网脉状、浸染状、斑点状、角砾状、纹层状、条带状和块状构造。矿石结构主要有固溶体分离结构、晶粒结构、交代充填结构、碎裂结构、反应边结构和定向排列结构（图4-59）。矿石中金属矿物主要有黄铜矿、闪锌矿、方铅矿、黄铁矿、砷黝铜矿、辉砷钴矿、毒砂、磁黄铁矿、辉铜矿等；非金属矿物主要有石英、方解石、绿泥石、绢云母，少量方解石、石膏、白云母等。Ⅰ号矿段Cu平均品位1.61%，Zn平均品位1.24%，Au平均品位4.86 g/t，伴生金属平均品位：Zn 0.44%，Au 0.31 g/t，Ag 1.82 g/t，Se为0.0092%，Ga 0.0022%。Ⅲ矿段Cu平均品位0.52%，Zn平均品位1.92%，伴生Au最高含量达65.25 g/t，Ag最高含量达22.4 g/t，Ga最高含量达33.2 g/t（吐鲁番工企矿冶有限责任公司，2016）。

（三）围岩蚀变

主要有绿泥石化、硅化、黄铁矿化和碳酸盐化，发育在补给通道相，硅化、黄铁矿化还出现在与

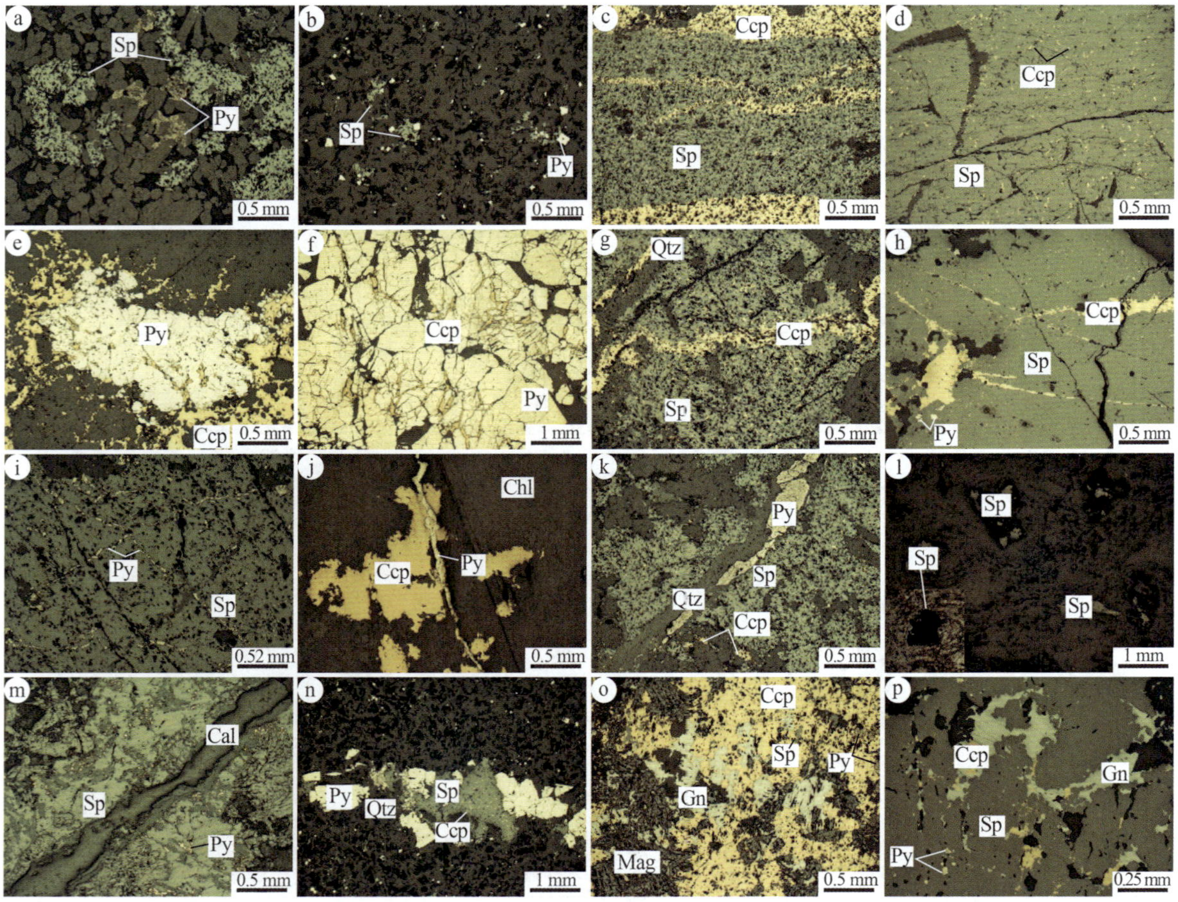

图 4-59 小热泉子铜锌矿床矿石镜下特征

a—Ⅰ矿段黄铁矿和闪锌矿沿矿物粒间分布，晶粒结构；b—Ⅲ矿段黄铁矿和闪锌矿沿矿物粒间分布，晶粒结构；c—Ⅰ矿段黄铜矿和闪锌矿呈条带状；d—Ⅲ矿段黄铜矿和闪锌矿呈固溶体分离结构；e—Ⅰ矿段黄铜矿交代黄铁矿；f—Ⅰ矿段黄铜矿交代自形-半自形黄铁矿；g—Ⅲ矿段黄铜矿石英脉交代闪锌矿黄铜矿；h—Ⅲ矿段黄铜矿沿裂隙交代闪锌矿黄铜矿；i—Ⅰ矿段网脉状黄铁矿交代闪锌矿；j—Ⅰ矿段脉状黄铁矿交代黄铜矿；k—Ⅲ矿段黄铁矿石英脉交代闪锌矿黄铜矿；l—Ⅲ矿段英安斑岩中闪锌矿；m—Ⅲ矿段方解石脉交代闪锌矿黄铜矿；n—Ⅲ矿段黄铜矿闪锌矿交代自形黄铁矿；o—Ⅰ矿段黄铜矿闪锌矿方铅矿交代磁铁矿；p—Ⅲ矿段闪锌矿方铅矿黄铜矿交代黄铁矿；Gn—方铅矿；Sp—闪锌矿；Py—黄铁矿；Ccp—黄铜矿；Mag—磁铁矿；Qtz—石英；Chl—绿泥石

火山热液有关的脉状矿化、钠长斑岩和英安斑岩中。

（四）成矿期次划分

根据矿体特征、脉体穿插关系、矿石组构、矿物共生组合、生成顺序、热液蚀变等特征，将成矿过程划分为喷流沉积期、构造叠加期和表生氧化期。喷流沉积期是主要的成矿期，进一步可细分为以下3个阶段：①喷流沉积阶段，由喷流沉积相和补给通道相组成，前者主要形成Ⅰ矿段层状、板状和透镜状铜锌矿体，Ⅲ矿段透镜状铜锌矿体。矿石以块状构造、稠密浸染状构造、条带状构造为特征，成矿元素主要是铜锌，伴生金和银，主要金属矿物组合为黄铁矿-磁铁矿、闪锌矿-黄铁矿-黄铜矿、黄铜矿-闪锌矿、黄铜矿-闪锌矿-方铅矿-(磁黄铁矿)。补给通道相主要形成Ⅰ矿段和Ⅲ矿段大量发育的网脉状、囊状、钩状和不规则状铜锌金矿体，时间上稍晚于喷流沉积相，空间上表现为含黄铜矿闪锌矿石英细脉、网脉，穿插层状矿体。矿石构造多为角砾状、浸染状、脉状构造、网脉状的铜锌矿石，主要矿物组合为闪锌矿-黄铁矿-石英、黄铜矿-闪锌矿-(方铅矿) ±金-石英脉，矿化主要与黄铁矿化和硅化有关。②火山热液阶段，与火山后期热液活动有关，主要形成石英±方解石脉，局部形成含黄铁矿细脉，切穿喷流沉积阶段含硫化物石英脉，不具有工业价值。③次火山热液阶段，与次火山热液（斑岩）有关，以Ⅰ矿段钠长斑岩中铜金矿化和Ⅲ矿段英安斑岩中铜锌矿化为代表。空间上切穿火山热液阶段形成的石英-方解石脉，主要金属矿物组合为黄铁矿-黄铜矿-(自然金)、闪锌矿-黄铁矿、闪锌矿-黄铜矿-黄铁矿-(自然金)。

构造叠加期：见于Ⅰ矿段局部地区，与区域变形作用有关。喷流沉积阶段形成的块状矿石受挤压变形，绿泥石、闪锌矿、黄铜矿、黄铁矿等矿物呈长条状、碎裂状，部分具定向排列结构。

表生氧化期：多见于Ⅰ矿段，出露于地表的矿体和部分埋深较浅矿体受氧化作用影响，在地表主要形成氯铜矿和孔雀石，其次为铜蓝、硅孔雀石、黄钾铁钒、褐铁矿和辉铜矿等。

二、成矿作用

（一）成矿时代

1. 含矿岩系时代

小热泉子铜锌矿床赋矿地层为小热泉子组凝灰岩、凝灰质砂岩、凝灰质角砾岩等火山碎屑岩，部分矿化与英安斑岩和钠长斑岩有关。本研究对矿区小热泉子组火山碎屑岩、火山熔岩和次火山岩进行了系统的 LA-ICP-MS 锆石 U-Pb 年龄测定。锆石 U-Pb 同位素定年和微量元素含量在桂林理工大学隐伏金属矿产勘查重点实验室完成，年龄结果统计见表 4-21，同时对硫化物矿石进行了 Rb-Sr 和 Re-Os 同位素定年分析。

表 4-21 小热泉子矿区火成岩锆石 LA-ICP-MS U-Pb 年龄

序号	样号	岩性	年龄/Ma	矿段
1	XRQZ19-44	凝灰岩	354.5±3.9	Ⅰ
2	XRQZ18-15	凝灰质砂岩	352.5±4.4	Ⅰ
3	XRQZ17-208	岩屑凝灰岩	364.4±5.0	Ⅲ
4	XRQZ19-50	石英安山岩	353.5±2.8	
5	XRQZ19-52	石英闪长玢岩	358.0±10.0	
6	XRQZ17-226	石英闪长玢岩	351.1±4.6	
7	XRQZ17-205	石英闪长玢岩	355.7±2.9	Ⅰ
8	XRQZ19-46	英安岩	365.8±2.4	
9	XRQZ19-40	英安斑岩	341.9±3.1	Ⅲ
10	XRQZ19-48	英安斑岩	341.3±2.0	
11	XRQZ18-97	钠长斑岩	331.6±6.6	
12	XRQZ19-58	钠长斑岩	338.3±3.3	
13	XRQZ17-219	花岗斑岩	359.6±4.6	
14	XRQZ19-61	花岗闪长斑岩	336.7±4.8	
15	XRQZ19-55	花岗闪长斑岩	362.6±3.5	

火山碎屑岩、火山岩、侵入岩样品中锆石的 Th/U 比值介于 0.1~1.9 之间，显示出岩浆锆石的特点（Belousova et al.，2002）。测点分析数据变化范围较小，在误差范围内有一致的 $^{207}Pb/^{206}Pb$、$^{206}Pb/^{238}U$ 和 $^{207}Pb/^{235}U$ 值，年龄谐和图上集中成群分布，均可以代表岩石形成时代。

小热泉子组火山碎屑岩中凝灰岩、凝灰质砂岩、晶屑岩屑凝灰岩锆石中的 $^{206}Pb/^{238}U$ 加权平均年龄分别为 354.5±3.9 Ma（MSDW=3.4）、352.5±4.4 Ma（MSDW=1.6）、364.4±5.0 Ma（MSDW=8.3）。Mao et al.（2020）测得凝灰岩的锆石 $^{206}Pb/^{238}U$ 加权平均年龄分别为 357.3±2.4 Ma（MSDW=3.8），张文东（2018）测得矿区凝灰岩的锆石 SHRIMP U-Pb 加权平均年龄分别为 351.7±4.9 Ma

（MSWD=1.8），表明矿区小热泉子组火山碎屑岩主要形成于352~364 Ma。

石英安山岩和英安岩的锆石$^{206}Pb/^{238}U$加权平均年龄分别为353.5±2.8 Ma（MSDW=2.9）和365.8±2.4 Ma（MSDW=1.3），表明小热泉子组火山熔岩形成于353~366 Ma，与火山碎屑岩年龄一致。

3件石英闪长玢岩的锆石$^{206}Pb/^{238}U$加权平均年龄分别为358.0±10.0 Ma（MSDW=6.2）、351.1±4.6 Ma（MSDW=3.4）和355.7±2.9 Ma（MSDW=2.8）。矿区花岗斑岩、花岗闪长斑岩的锆石$^{206}Pb/^{238}U$加权平均年龄分别为359.6±4.6 Ma（MSDW=2.1）和362.6±3.5 Ma（MSDW=3.0）；英安斑岩、钠长斑岩和花岗斑岩的锆石$^{206}Pb/^{238}U$加权平均年龄分别为341.9±3.1 Ma（MSDW=1.5）、341.3±2.0 Ma（MSDW=1.5）、331.6±6.6 Ma（MSDW=3.6）、338.3±3.3 Ma（MSDW=1.9）和341.0±2.4 Ma（MSDW=0.56），与张文东（2018）测得钠长斑岩的锆石SHRIMP U-Pb加权平均年龄344.5±6.1 Ma（MSWD=0.53）相近。这些年龄表明次火山岩侵位年龄为332~363 Ma。火山碎屑岩、火山熔岩和次火山岩年龄表明三者可能为同源岩浆产物，岩浆活动时间在332~364 Ma，可分为晚泥盆世—早石炭世（359~362 Ma）和早石炭世（332~345 Ma）阶段岩浆活动。

根据前人1：20万底坎尔幅说明书描述，小热泉子组与上覆底坎尔组呈不整合接触，小热泉子组含有较为丰富的腕足、腹足、海百合茎等生物化石，主要有*Punctosfitrifer*? sp.（疹石燕）、*Chepultapecia*? sp.（切普塔佩赛螺）、*Loxone Ma* sp.（曲线螺）、*Schuchertella* sp.（舒克贝）、*Cyclocyclicus* sp.（圆海百合茎）等，其时代为早石炭世。1：5万却乐塔格区域地质填图在小热泉子组中发现了腕足化石，包括*Syringothyris* sp.（管孔石燕），*Brachythyrina* sp.（短盾贝），*Chonetes* sp.，*Neospirifer* sp.（石燕贝），*Schuchertella* sp.（舒克贝），*Sangllinolites* sp.（瓣鳃）、*Phillipsia* sp.（三叶虫）、*Cyclocyclicus* sp.（海百合茎）以及植物*epidodendropsis* sp.（拟鳞木）等，据此将其归为早石炭世。结合本次研究系统测得的火山岩、火山碎屑岩年龄，认为小热泉子组火山岩主要形成于早石炭世，火山开始活动时间可能在晚泥盆末。

2. 成矿时代

本次用于Rb-Sr、Re-Os同位素测年的18件黄铁矿、闪锌矿和黄铜矿样品采自Ⅲ矿段井下和巷道的矿石。样品分选工作在河北省区域地质调查院完成。黄铁矿和闪锌矿在南京大学现代分析中心同位素分析室进行Rb、Sr含量和同位素组成测定，具体分析方法见文献（王银喜 等，2007）。黄铜矿Re-Os同位素分析测试工作在国家地质实验测试中心Re-Os同位素年代学实验室完成，测定仪器为美国ThermoFisher公司的TAJXseries电感耦合等离子体质谱仪。

10件共生的黄铁矿和闪锌矿Rb-Sr同位素分析结果列于表4-22。共生的黄铁矿和闪锌矿中Rb含量介于$0.1737\times10^{-6}\sim0.9734\times10^{-6}$之间，Sr含量介于$0.6935\times10^{-6}\sim5.0060\times10^{-6}$之间，$^{87}Rb/^{86}Sr$比值介于0.1023~3.7560之间，$^{87}Sr/^{86}Sr$比值介于0.7074~0.7261之间。7件硫化物（去除XRQZ17-119、128、132）的$^{87}Rb/^{86}Sr$与$^{87}Sr/^{86}Sr$比值具有很好的正相关关系，计算获得闪锌矿Rb-Sr等时线年龄为358.6±2.8 Ma（MSWD=1.13），初始锶同位素组成Isr为0.706887。小热泉子硫化物Rb-Sr等时线年龄为358.6 Ma（图4-60），落在凝灰岩与岩屑凝灰岩锆石LA-ICP-MS U-Pb年龄之间（355~364 Ma）。地质特征和矿床成因类型表明小热泉子铜锌矿床与小热泉子组火山沉积岩系有关，因此，认为硫化物Rb-Sr年龄（358.6 Ma）可代表成矿时代。

8件黄铜矿Re-Os同位素测试结果见表4-23。黄铜矿中Re含量介于$0.1911\times10^{-9}\sim0.6300\times10^{-9}$之间，$^{187}Re$含量为$0.1202\times10^{-9}\sim1.1539\times10^{-9}$；Os含量介于$0.0009\times10^{-9}\sim0.0017\times10^{-9}$之间，$^{187}Os$含量为$0.0005\times10^{-9}\sim0.0059\times10^{-9}$。8件黄铜矿的Re-Os同位素模式年龄变化范围较大，介于498.1±12.6 Ma~216.9±3.6 Ma，且离散度高。这可能由于是本次测试样品中的Re含量偏低，基本上全部小于1×10^{-9}，造成等时线上各点拉不开而引起误差（李超等，2010）。4件黄铜矿（去除XRQZ18-19、26、27、28）等时线年龄为355.3±5.7 Ma（MSWD=78.0）（图4-61），与矿区凝灰岩、凝灰质砂岩的锆石LA-ICP-MS U-Pb年龄（353~355 Ma）误差范围内相近，略小于7件硫化物Rb-Sr等时线年龄。

表 4-22　小热泉子铜锌矿床黄铁矿和闪锌矿 Rb-Sr 同位素组成

序号	样品号	矿物	$Rb/10^{-6}$	$Sr/10^{-6}$	$^{87}Rb/^{86}Sr$	$^{87}Sr/^{86}Sr$
1	XRQZ17-109	黄铁矿	0.9734	0.9897	2.903	0.721683±9
2	XRQZ17-119	闪锌矿	0.7685	1.201	1.884	0.711772±17
3	XRQZ17-126	闪锌矿	0.6017	1.829	0.9726	0.711802±7
4	XRQZ17-128	闪锌矿	0.8246	2.256	1.085	0.711197±13
5	XRQZ17-132	闪锌矿	0.7649	3.308	0.6827	0.711324±15
6	XRQZ17-135	闪锌矿	0.6503	2.684	0.7134	0.710481±9
7	XRQZ17-136	闪锌矿	0.5762	3.262	0.5205	0.709502±8
8	XRQZ17-136	黄铁矿	0.8821	0.6935	3.756	0.726101±9
9	XRQZ17-140	闪锌矿	0.1737	5.006	0.1023	0.707436±8
10	XRQZ17-198	闪锌矿	0.2954	2.413	0.3628	0.708864±7

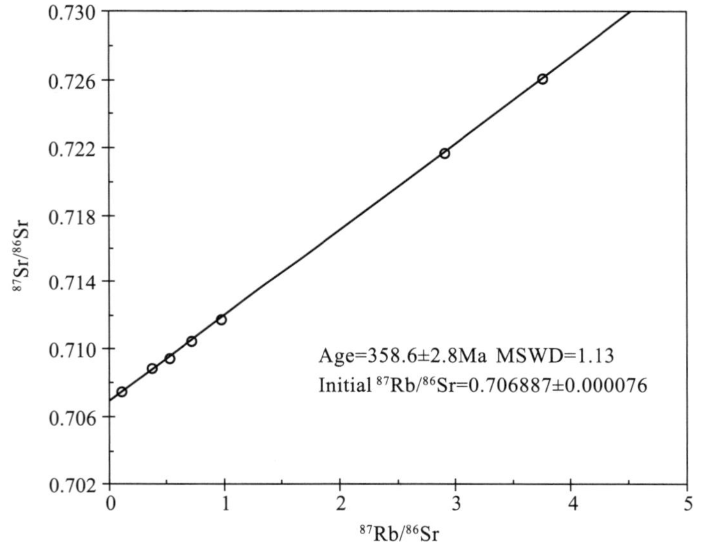

图 4-60　小热泉子硫化物 Rb-Sr 等时线图

表 4-23　小热泉子铜锌矿床黄铜矿 Re-Os 同位素组成

样号	$Re/10^{-9}$		$Os/10^{-9}$		$^{187}Re/10^{-9}$		$^{187}Os/10^{-9}$	
	测定值	2σ	测定值	2σ	测定值	2σ	测定值	2σ
XRQZ18-18	0.3501	0.0026	0.0009	0	0.22	0.0016	0.0013	0
XRQZ18-19	0.63	0.0047	0.0017	0	0.396	0.0029	0.0012	0
XRQZ18-26	0.2923	0.0022	0.0013	0	0.1837	0.0014	0.001	0
XRQZ18-27	0.437	0.0033	0.0017	0	0.2748	0.0021	0.0018	0
XRQZ18-28	0.5029	0.0038	0.0015	0	0.316	0.0024	0.0022	0
XRQZ18-31	0.2612	0.0021	0.001	0	0.1642	0.0013	0.0007	0
XRQZ17-120	1.8351	0.0136	0.0013	0	1.1539	0.0086	0.0059	0
XRQZ17-127	0.1911	0.0015	0.0009	0	0.1202	0.0009	0.0005	0

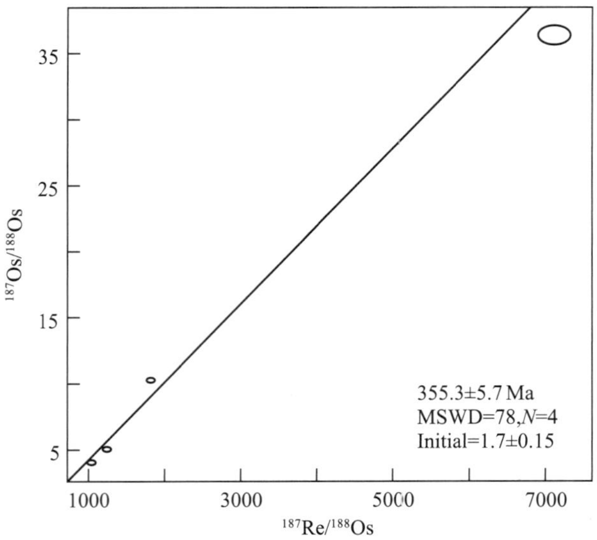

图 4-61　小热泉子黄铜矿 Re-Os 等时线年龄

本次通过对Ⅰ矿段和Ⅲ矿段成岩年代学研究表明，Ⅰ矿段赋矿围岩小热泉子组凝灰岩和凝灰质砂岩的形成时代分别为 354.5 Ma 和 352.5 Ma，Ⅲ矿段硫化物 Rb-Sr、黄铜矿 Re-Os 等时线年龄（358.6 Ma、355.3 Ma）与赋矿地层年龄相近，与Ⅰ矿段黄铜矿 Re-Os 等时线年龄（354 Ma，Mao et al.，2020）一致，表明喷流沉积阶段层状矿体和脉状矿体的形成时间为 353～359 Ma。Ⅲ矿段与英安斑岩有关矿化时间与英安斑岩侵位时间基本一致，即形成于 342 Ma 左右，Ⅰ矿段钠长斑岩中有铜金矿化，钠长斑岩侵位时间为 332～338 Ma，这些年龄限定次火山热液阶段形成年龄在 332～342 Ma。

（二）成矿流体性质

1. 样品及测试

用于流体包裹体研究的 12 件样品分别采自Ⅰ矿段的 572、612、652 中段和Ⅲ矿段的 679、729、784 中段，对喷流沉积期 3 个阶段中石英和闪锌矿的流体包裹体进行了流体包裹体观察和显微测温分析。流体包裹体显微测温工作在中国地质大学（北京）地球化学实验室利用英国产 LINKAM THMSG 600 冷热台上进行。

2. 包裹体类型

依据室温下流体包裹体的相态和化学组成，识别出小热泉子铜锌矿床 3 个阶段的流体包裹体主要为液体包裹体（L 型），极少见含液体 CO_2 包裹体（C 型）。L 型在Ⅰ矿段、Ⅲ矿段中 3 各阶段的石英中均广泛发育，所占比例为 85%～95%。形态主要为椭圆状、不规则状，其次为长条状及短柱状，长轴为 3～13 μm，气相所占比例为 5%～35%。Ⅲ矿段喷流沉积相闪锌矿中发育的 L 型，个体较小，长轴为 2～8 μm，气液比值为 5%～10%。含液体 CO_2 包裹体（C 型），在Ⅲ矿段的Ⅳ阶段见有呈椭圆状、孤立分布的包裹体，数量较少（4 个），长轴为 2～5 μm。

3. 显微测温

均一温度和盐度直方图见图 4-62。

喷流沉积阶段喷流沉积相：Ⅰ矿段石英中 L 型包裹体均一温度为 146～366℃，集中在 160～220℃ 区间内，冰点温度为-5.8～-2.5℃，对应盐度值为 4.18%～8.95%（$NaCl_{eq}$），峰值为 6.5%（$NaCl_{eq}$），密度为 0.72～0.98 g/cm³。Ⅲ矿段石英中 L 型包裹体均一温度为 156～331℃，集中在 160～240℃，冰点温度为-6.6～-4.9℃，对应盐度值为 7.73%～9.98%（$NaCl_{eq}$），峰值为 8.5%（$NaCl_{eq}$），密度为 0.86～0.97 g/cm³。Ⅲ矿段闪锌矿中 L 型包裹体均一温度为 156～331℃，集中在 160～240℃，

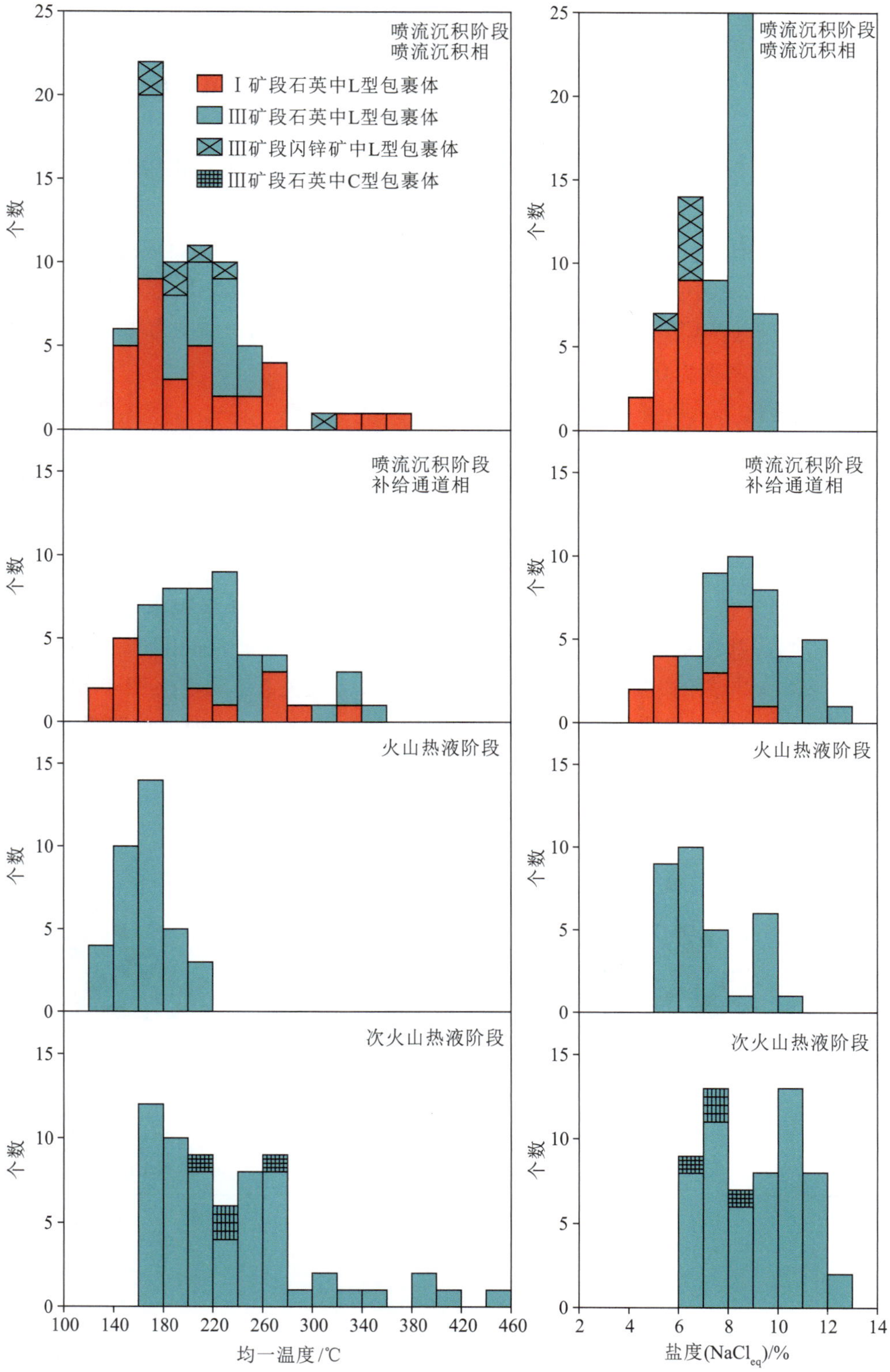

图 4-62　小热泉子铜锌矿床均一温度和盐度直方图

冰点温度为-6.6~-3.2℃，对应盐度值为5.26%~9.98%（$NaCl_{eq}$），集中在8%~10%（$NaCl_{eq}$），密度为0.86~0.97 g/cm^3。补给通道相：Ⅰ矿段石英中L型包裹体均一温度为161~356℃，主要变化于180~240℃，冰点温度为-5.9~-2.6℃，对应盐度值为6.45%~12.16%（$NaCl_{eq}$），峰值为8.5%（$NaCl_{eq}$），密度为0.74~0.99 g/cm^3。Ⅲ矿段石英中L型包裹体均一温度为161~356℃，集中在180~240℃，冰点温度为-8.4~-4.0℃，对应盐度值为6.45%~12.16%（$NaCl_{eq}$），峰值为9.5%（Na-

Cl_{eq}），密度为 0.79~0.97 g/cm³。

火山热液阶段：Ⅲ矿段石英中 L 型包裹体均一温度为 128~217℃，主要在 140~180℃区间内，冰点温度为-6.7~-3.1℃，对应盐度值为 5.11%~10.11%（$NaCl_{eq}$），峰值为 6.5%（$NaCl_{eq}$）和 9.5%（$NaCl_{eq}$），密度为 0.88~0.99 g/cm³。

次火山热液阶段：Ⅲ矿段石英中 L 型包裹体均一温度为 162~441℃，集中在 160~220℃和 240~280℃，冰点温度为-8.5~-3.7℃，对应盐度值为 6.01%~12.28%（$NaCl_{eq}$），峰值为 7.5%（$NaCl_{eq}$）和 10.5%（$NaCl_{eq}$），密度为 0.56~0.99 g/cm³。4 个 C 型包裹体的固相初熔温度为-60.2~-58.1℃，低于纯 CO_2 的三相点，说明可能含有 CO_2 以外的其他气体；笼合物消失温度为 5.1~6.3℃，相应的盐度为 6.88%~8.81%（$NaCl_{eq}$），CO_2 相均一至气相或液相，部分均一温度为 22.9~30.1℃，完全均一温度为 231~268℃，密度为 0.88~0.99 g/cm³。

4. 流体性质及演化

喷流沉积相石英中发育 L 型包裹体，均一温度为 146~366℃，集中在 160~240℃，盐度为 4.18%~9.98%（$NaCl_{eq}$），主要在 6%~9%（$NaCl_{eq}$），与闪锌矿中包裹体温度和盐度相近（165~320℃，5.26%~6.56%（$NaCl_{eq}$）），表明喷流沉积相成矿流体性质为中低温、中低盐度的 $H_2O-NaCl$ 体系。这与世界上 VMS 矿床流体特征一致，即流体包裹体主要类型为液体包裹体，常缺乏纯气体包裹体及含子矿物包裹体类型（倪培等，2018；陈衍景等，2007）、均一温度呈现出中低温（100~360℃，Bodnar et al.，2014）、盐度常表现为中低盐度，一般小于 5%~10%（$NaCl_{eq}$），接近或略高于海水（Inverno et al.，2000）。该阶段温度与盐度部分呈正相关关系或关系不明显（图 4-63），与新疆阿舍勒 VMS 铜锌矿床层状矿体的流体包裹体一致（Yang et al.，2018c），表明温度降低是导致喷流沉积相硫化物沉淀的主要原因。

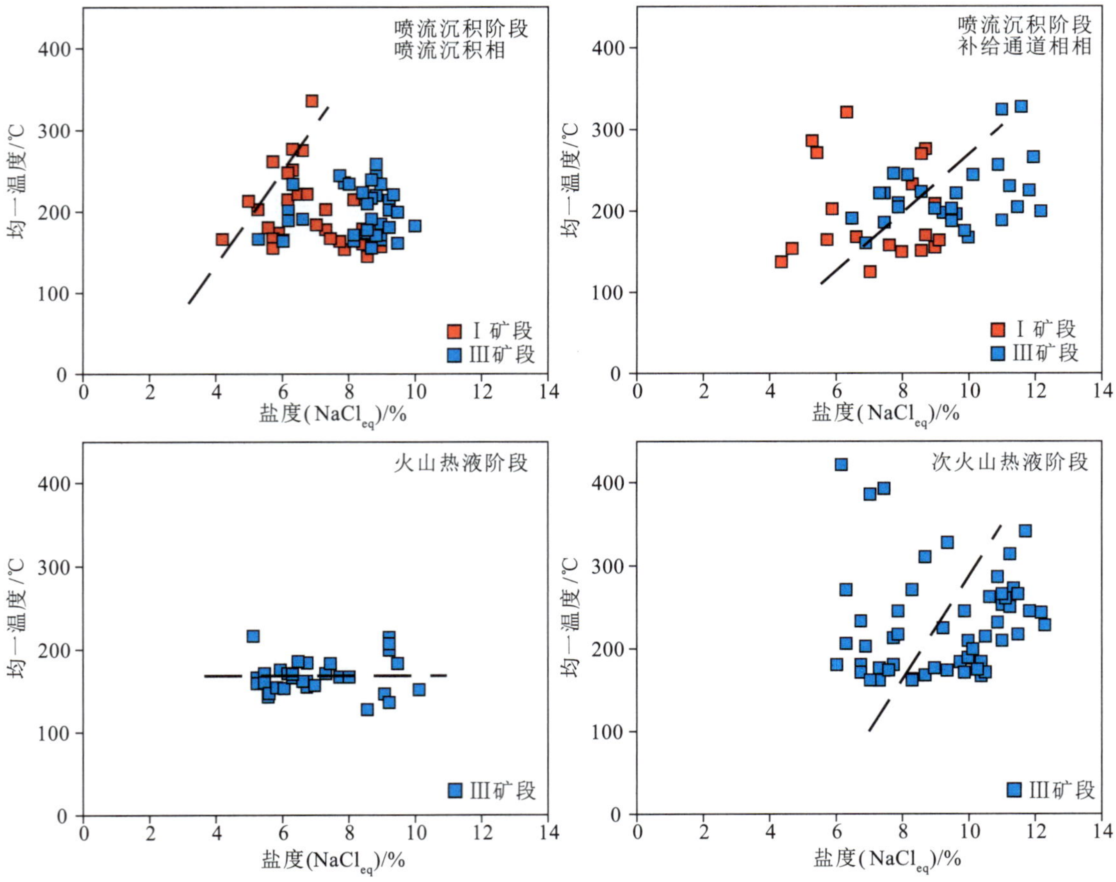

图 4-63　小热泉子铜锌矿床均一温度与盐度相关性图

补给通道相中 L 型包裹体均一温度为 125~356℃，集中于 160~240℃，盐度为 4.34%~12.16%（$NaCl_{eq}$），峰值为 7.5%（$NaCl_{eq}$），表明补给通道相形成脉状矿化的成矿流体为中低温、中低盐度的 $H_2O-NaCl$ 体系。Ⅰ矿段补给通道相与喷流沉积相相比，流体的温度、盐度略有降低或几乎相近，与 VMS 型矿床脉状矿化的流体特征一致（Hou et al.，2008），温度-盐度变化趋势一致（呈正相关关系，图 4-63a，b），表明Ⅰ矿段补给通道相和喷流沉积相流体的来源和性质相同。VMS 矿床中流体包裹体的温度和盐度明显高于海水的温度和盐度，指示岩浆流体的加入（Peter and Scott，1999；Camprubí，2017；Zhao et al.，2021）。与Ⅰ矿段相比，Ⅲ矿段补给通道相中部分 L 型包裹体的均一温度>300℃，盐度>10%（$NaCl_{eq}$），温度-盐度呈正相关关系（图 4-63），表明成矿流体复杂，暗示Ⅲ矿段补给通道相存在中高温、中盐度的岩浆流体混合作用。

火山热液阶段中 L 型包裹体均一温度为 128~217℃，峰值为 170℃，盐度为 5.11%~10.11%（$NaCl_{eq}$），峰值为 6%（$NaCl_{eq}$）。该阶段温度和盐度的关系变化不明显。与喷流沉积阶段相比，火山热液阶段流体的温度、盐度明显降低，且温度和盐度无明显变化趋势，该阶段只有很少硫化物沉淀。

次火山热液阶段中发育 L 型和少量 C 型包裹体，L 和 C 型均一温度为 162~441℃，集中在 160~220℃、240~280℃区间内，盐度为 6.01%~12.28%（$NaCl_{eq}$），峰值为 7.5%（$NaCl_{eq}$）和 10.5%（$NaCl_{eq}$）。与喷流沉积阶段和火山热液阶段相比，次火山热液阶段流体的温度、盐度明显升高，该阶段温度、盐度呈现出双峰式的特点，与斑岩型矿床的流体特征类似（Bodnar et al.，2014），表明该阶段成矿流体为中高温、中低盐度的 $H_2O-NaCl-CO_2$ 体系。Ⅲ矿段流体温度、盐度变化范围较大，且共生的 L 型和 C 型包裹体具有相近的温度和盐度，这些特点均指示成矿流体发生了沸腾作用。流体沸腾作用是导致该阶段硫化物大量沉淀的主要原因。在盐度-均一温度关系图解中（图 4-63），流体温度、盐度明显高，且温度和盐度呈现正相关关系，与浆控高温热液成矿系统的流体具有相似性（陈衍景等，2007）。研究表明，当水深<1.5 km 时，热水沉积矿床常伴有流体沸腾现象（Barnes，1997；Drumond and Ohmotto，1985），浅成低温环境下流体沸腾的温度-盐度模拟曲线，也表明流体沸腾的发生（Canet et al.，2011），斑岩环境中的流体沸腾区间可以深至 4 km（倪培等，2020）。结合该阶段矿化主要与次火山岩（斑岩）相关，通过 L 型和 C 型包裹体计算其静水压力为 29~65 MPa，按矿区平均岩石密度 2.7 g/cm^3 计算（NTXBGMR，2016），计算成矿深度为 1.1~2.4 km。

5. 流体来源

对采自Ⅰ矿段和Ⅲ矿段喷流沉积阶段喷流沉积相中 5 件黄铁矿进行了 He、Ar 同位素测试（表 4-24），对以上用于流体包裹体测试的补给通道相和次火山热液阶段 10 件样品进行了石英的 H、O 同位素测试。He、Ar 同位素分析在中国地质科学院矿产资源研究所完成，测试仪器为 Helix SFT 稀有气体质谱仪，系统由压碎、纯化和质谱系统组成。H、O 同位素测试在核工业北京地质研究院进行，同位素用 MAT 253 EM 质谱计进行测试，H 同位素分析采用爆裂法，O 同位素分析精密度为±0.2‰。H 同位素的分析精密度为±2‰。

He 和 Ar 同位素样品可根据 F^4He 来判断大气对流体中 He 的浓度影响程度（Kendrick et al.，2001）。本书中样品的 F^4He 值远远大于 1，表明不存在大气的影响。所采黄铁矿样品取自坑道下开采的矿石，不存在宇宙放射成因的 ^3He。黄铁矿为不含 K 和 Li 的矿物，样品中由核反应生成的 ^3He 可以忽略不计。黄铁矿中 He 的扩散系数为 $10^{-20}cm^2/s$，黄铁矿流体包裹体中的 He 在 100 Ma 内不会大量丢失（Baptiste and Fonquet，1996）。由于矿物中流体包裹体 He 的扩散系数比矿物晶格中放射性成因 He 的扩散系数低几个数量级，Ar 的扩散系数相比 He 更低（Burnard et al.，1999），而流体包裹体中 He 的扩散丢失大于 70%时才会对 $n(^3He)/n(^4He)$ 比值产生可观测的影响（Stuart et al.，1995）。根据以上分析，认为小热泉子矿床黄铁矿中 He 和 Ar 同位素组成代表了成矿作用期间被圈闭成矿流体的初始 He 和 Ar 同位素组成，He 和 Ar 同位素只可能有两种来源，即地壳和地幔。

表 4-24 小热泉子铜锌矿床喷流沉积相氦、氩同位素组成

样号	XRQZ18-74	XRQZ18-30	XRQZ18-64	XRQZ18-107	XRQZ18-36
矿物	黄铁矿	黄铁矿	黄铁矿	黄铁矿	黄铁矿
位置	Ⅰ矿段		Ⅲ矿段		
$^{40}Ar(10^{-8}cm^3\ STP/g)$	23.69	28.23	15.79	53.43	21.65
$^{4}He(10^{-8}cm^3\ STP/g)$	68.94	26.83	39.77	108.23	18.75
$^{40}Ar/^{36}Ar$	580.6±2.5	499.4±4.6	399.1±1.6	391.3±3.2	337.6±0.9
$^{36}Ar/^{38}Ar$	5.35±0.05	5.34±0.07	5.34±0.06	5.36±0.06	5.37±0.03
$^{3}He/^{4}He(10^{-7})$	34.53±0.78	29.33±0.75	9.31±2.52	2.61±0.16	13.11±0.88
R/Ra	2.47	2.1	0.67	0.19	0.94
$^{3}He(10^{-12}cm^3\ STP/g)$	2.38	0.79	0.37	0.28	0.25
$^{40}Ar/^{4}He$	0.69	0.96	0.17	20.47	1.65
$He^{M}/\%$	37.75	32.03	9.95	2.57	14.14
$^{40}Ar^{*}/\%$	49.11	40.83	25.95	24.49	12.46
$^{40}Ar^{*}(10^{-8}cm^3\ STP/g)$	11.63	11.53	4.1	13.08	2.7
$^{40}Ar^{*}/^{4}He$	0.169	0.43	0.103	0.121	0.144
$F^{4}He$	10241	2877	6094	4805	1772

注：$^{40}Ar^{*}={}^{40}Ar-295.5\times{}^{36}Ar$；$He^{M}(\%)=[(^{3}He/^{4}He)_{sample}-(^{3}He/^{4}He)_{crust}]/[(^{3}He/^{4}He)_{mantle}-(^{3}He/^{4}He)_{crust}]\times100\%$（Ballentine and Burnard, 2002），$(^{3}He)/(^{4}He)_{crust}=0.02Ra$，$(^{3}He)/(^{4}He)_{mantle}=6.50Ra$（Stuart et al., 1995）；$F^{4}He=(^{4}He/^{36}Ar)_{sample}/(^{4}He/^{36}Ar)_{air}$，$(^{4}He/^{36}Ar)_{air}=0.165$（Stuart et al., 1995）。

Ⅰ矿段2件黄铁矿的^{4}He含量为$26.83\times10^{-8}\sim68.94\times10^{-8}cm^3$ STP/g，^{40}Ar含量为$23.69\times10^{-8}\sim28.23\times10^{-8}cm^3$ STP/g，$^{3}He/^{4}He$比值为2.10～2.47 Ra，$^{40}Ar/^{36}Ar$比值为499.4～580.6。Ⅲ矿段3件黄铁矿的^{4}He含量变化范围较大，为$18.75\times10^{-8}\sim108.23\times10^{-8}cm^3$ STP/g，^{40}Ar含量为$15.79\times10^{-8}\sim21.65\times10^{-8}cm^3$ STP/g，$^{3}He/^{4}He$比值为0.19～0.94 Ra，$^{40}Ar/^{36}Ar$比值为337.6～399.1。

Ⅰ阶段黄铁矿中流体包裹体的$^{3}He/^{4}He$值为0.19～2.47 Ra，高于地壳流体的$^{3}He/^{4}He$值（0.01～0.05 Ra，Stuart et al.，1995），但明显低于地幔流体的$^{3}He/^{4}He$值（6～9 Ra），He^{M}含量为2.57%～37.75%。$^{40}Ar/^{36}Ar$比值为337.6～580.6，介于大气（295.5）和地幔柱（296～2780）（Hiyagon et al.，1992）之间，而明显低于MORB（133000～25250）（Allegre et al.，1986），$^{40}Ar^{*}$含量为12.46%～49.11%。在$^{3}He-^{4}He$同位素演化图解（图4-64a）和$^{40}Ar/^{36}Ar-Rc/Ra$图解中（图4-64b）中，样品点位于地幔端元和地壳端元之间，表明Ⅰ阶段成矿流体具有幔源流体和壳源流体两端元混合特征。$^{40}Ar/^{36}Ar$比值变化范围大，表明存在与岩浆有关的流体（Tang et al.，2017）。Ⅰ矿段黄铁矿的氦氩同位素组成与现代大西洋中脊TAG热液区硫化物相似，Ⅲ矿段黄铁矿的氦氩同位素组成与大气饱和水相近（图4-64b），表明该阶段成矿流体来源于岩浆水和海水的混合。Ⅰ矿段黄铁矿的He^{M}和$^{40}Ar^{*}$含量明显高于Ⅲ矿段，指示岩浆水参与成矿的比例增加，是导致Ⅰ矿段流体包裹体均一温度平均值高于Ⅲ矿段的主要因素。

小热泉子铜锌矿床喷流沉积阶段补给通道相和次火山热液阶段10件石英的H、O同位素测试结果列于表4-25中。补给通道相：Ⅰ矿段3件石英的δD值变化范围较小，介于-74.6‰～-72.6‰之间，$\delta^{18}O_{SMOW}$值介于7.2‰～7.6‰之间，$\delta^{18}O_{H_2O}$值介于-4.6‰～-4.2‰之间。Ⅲ矿段3件石英δD值介于-76.2‰～-65.4‰之间，$\delta^{18}O_{SMOW}$值介于7.6‰～8.7‰之间，$\delta^{18}O_{H_2O}$值介于-2.6‰～-1.5‰之间。

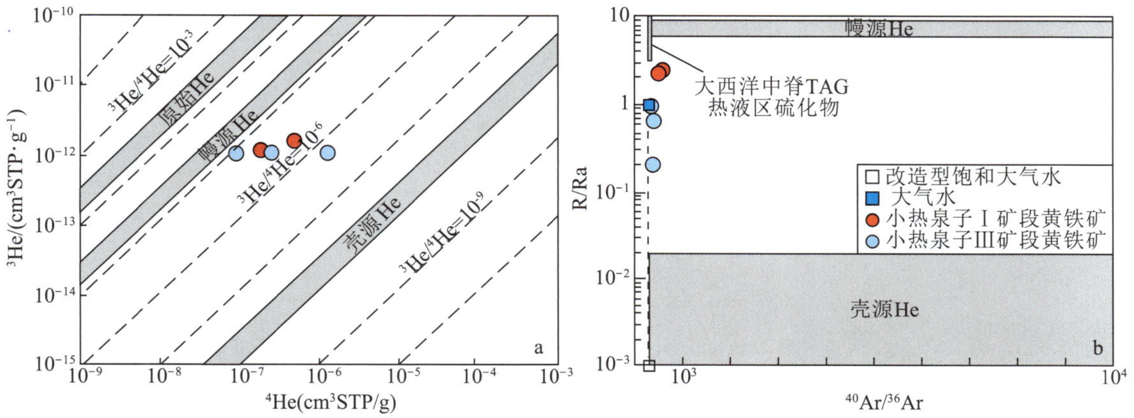

图 4-64　小热泉子铜锌矿床$^3He-^4He$（a）和$^3He/^4He-^{40}Ar/^{36}Ar$（b）图解

（改造型饱和水和大气饱和水据 Stuart et al.，1995，TAG 硫化物据曾志刚等，2000）

表 4-25　小热泉子铜锌矿床氢、氧同位素组成

样号	矿物	位置	阶段	T/℃	δD_{fluid}/‰	$\delta^{18}O_{SMOW}$/‰	$\delta^{18}O_{fluid}$/‰
XRQZ17-91	石英	Ⅰ矿段	喷流沉积阶段补给通道相	198	-74.6	7.4	-4.4
XRQZ17-113	石英			198	-73.6	7.6	-4.2
XRQZ17-101	石英			198	-72.6	7.2	-4.6
XRQZ17-120	石英	Ⅲ矿段		225	-65.4	8	-2.2
XRQZ17-135	石英			225	-76.2	8.7	-1.5
XRQZ17-133	石英			225	-71.5	7.6	-2.6
XRQZ17-83	石英		次火山热液阶段	232	-67.5	8.9	-0.9
XRQZ17-115	石英			232	-75.2	7.9	-1.9
XRQZ17-128	石英			232	-73.3	9.4	-0.4
XRQZ17-137	石英			232	-66.9	9.3	-0.5

火山热液阶段：Ⅲ矿段 4 件石英的 δD 值介于-75.2‰～-66.9‰之间，$\delta^{18}O_{SMOW}$ 值介于 7.9‰～9.4‰之间，$\delta^{18}O_{H_2O}$ 值介于-1.9‰～-0.4‰之间。

喷流沉积阶段补给通道相流体的 δD 值变化范围较小，介于-76.2‰～-65.4‰之间，$\delta^{18}O_{H_2O}$ 值介于-4.6‰～-1.5‰之间，样品位于岩浆水和大气降水之间（图 4-65），与新疆北部典型的 VMS 矿床（阿舍勒、萨尔朔克、红海-黄土坡）的氢、氧同位素组成特征（Yang et al.，2018a，b，c）相似。由于Ⅱ阶段流体与 VMS 脉状矿体的流体特征一致，VMS 矿床的成矿流体来源通常认为是被改造的海水，部分矿床有岩浆热液参与（Camprubí et al.，2017；Bondar et al.，2014；Hannington，2005），成矿流体来源于深循环海水与岩浆水的混合（Hou et al.，2008；Lydon，1988），因此认为该阶段成矿流体来源为混合的深循环海水和岩浆水。

（三）成矿物质来源

用于 S 同位素分析的 19 件硫化物来自Ⅰ、Ⅱ、Ⅳ阶段，包括 6 件黄铁矿、6 件黄铜矿、6 件闪锌矿、1 件方铅矿（表 4-26）。对来自Ⅱ、Ⅳ阶段的 21 件黄铁矿、14 件黄铜矿、7 件闪锌矿进行了原位 S 同位素测定（表 4-27）具体点位详见图 4-66。S 同位素测试在核工业北京地质研究院进行，同位素用 MAT 253 EM 质谱计进行测试，硫以 VCDT 为标准，测试精度为±0.2‰。LA-MC-ICP-MS 硫化物 S 同位素测试在南京聚谱检测科技有限公司完成。测试仪器由 Teledyne Cetac Technologies 制造的

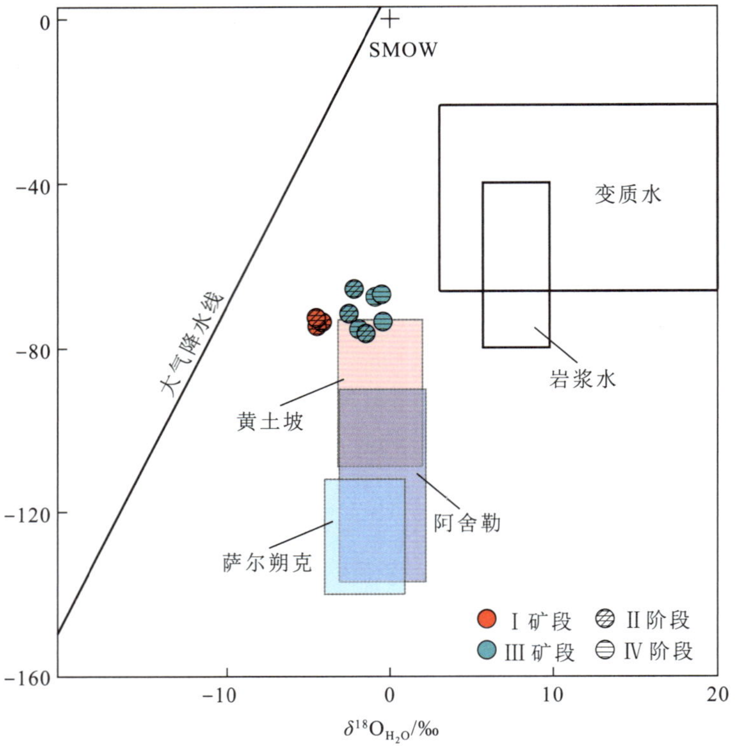

图 4-65　小热泉子铜锌矿床石英的 $\delta^{18}O_{水}$-δD 图解

（岩浆水、变质水、大气降水线据 Giggenbach，1992 和 Hedenquist and Lowenstern，1994；阿舍勒、萨尔朔克和红海-黄土坡矿床数据来自 Yang et al.，2018a，b，c）

Analyte Excite 193nm ArF 准分子激光剥蚀系统和英国 Nu Instruments 公司制造的 Nu Plasma Ⅱ多接收器型号电感耦合等离子体质谱仪（MC-ICP-MS）组成。

喷流沉积阶段喷流沉积相：Ⅰ矿段 4 件硫化物（3 件闪锌矿、1 件黄铁矿）的 $\delta^{34}S$ 值介于 5.1‰~6.0‰之间，平均为 5.5‰，同一样品中（XRQZ17-34）共生的硫化物 $\delta^{34}S_{黄铁矿}$（6.0‰）>$\delta^{34}S_{闪锌矿}$（5.2‰），表明Ⅰ矿段该阶段的硫同位素达到平衡。Ⅲ矿段 7 件硫化物（3 件闪锌矿、2 件黄铜矿、1 件黄铁矿、1 件方铅矿）的 $\delta^{34}S$ 值介于 3.7‰~6.4‰之间，平均为 5.6‰。

表 4-26　小热泉子铜锌矿床硫同位素组成

样号	矿物	位置	阶段	$\delta^{34}S_{V-CDT}$/‰	样号	矿物	位置	阶段	$\delta^{34}S_{V-CDT}$/‰
XRQZ17-34	黄铁矿	Ⅰ矿段	①	6	XRQZ17-132	方铅矿	Ⅲ矿段	①	3.7
XRQZ17-34	闪锌矿		①	5.2	XRQZ17-133	黄铜矿		①	6.2
XRQZ17-86	闪锌矿		①	5.1	XRQZ17-133	闪锌矿		①	6.1
XRQZ17-116	闪锌矿		①	5.6	XRQZ17-142	黄铜矿		②	4.2
XRQZ17-41	黄铜矿		②	5.5	XRQZ17-142	黄铁矿		②	4.8
XRQZ17-41	黄铁矿		②	4.5	XRQZ17-54	黄铜矿		③	3.2
XRQZ17-120	闪锌矿	Ⅲ 矿段	①	5.1	XRQZ17-54	黄铁矿		③	3.5
XRQZ17-127	闪锌矿		①	5.2	XRQZ17-123	黄铜矿		③	3.8
XRQZ17-130	黄铜矿		①	6.4	XRQZ17-123	黄铁矿		③	3.5
XRQZ17-130	黄铁矿		①	6.2					

注：①喷流沉积阶段喷流沉积相；②喷流沉积阶段补给通道相；③次火山热液阶段。

表 4-27　小热泉子铜锌矿床硫化物原位硫同位素组成

样号	矿物	位置	阶段	$\delta^{34}S_{V-CDT}$/‰	±2σ	样号	矿物	位置	阶段	$\delta^{34}S_{V-CDT}$/‰	±2σ
19-01-01	黄铁矿		②	5.57	0.14	19-38-05	黄铜矿		②	5.81	0.19
19-01-02	黄铁矿		②	5.59	0.17	19-38-06	黄铁矿		②	6.59	0.21
19-01-03	黄铁矿		②	5.51	0.14	19-38-07	黄铜矿		②	6.12	0.17
19-01-04	黄铁矿		②	6.29	0.15	19-38-11	黄铁矿		②	5.34	0.22
19-01-05	黄铜矿		②	6	0.17	19-38-12	黄铁矿		②	5.16	0.24
19-01-06	黄铜矿		②	5.89	0.2	19-56-01	黄铁矿		③	3.29	0.22
19-01-07	黄铜矿		②	5.26	0.16	19-56-02	黄铁矿		③	3.71	0.16
19-01-08	闪锌矿		②	4.73	0.1	19-56-03	黄铁矿		③	3.04	0.18
19-01-09	闪锌矿		②	5.96	0.12	19-56-04	黄铁矿		③	3.22	0.16
19-01-10	闪锌矿	Ⅰ矿段	②	6.18	0.14	19-56-05	黄铜矿		③	2.4	0.18
19-01-11	闪锌矿		②	5.67	0.09	19-56-06	黄铜矿	Ⅲ矿段	③	2.27	0.26
19-01-12	闪锌矿		②	5.53	0.1	19-56-07	黄铜矿		③	3.1	0.19
19-01-13	黄铁矿		②	5.56	0.12	19-56-08	黄铜矿		③	2.88	0.22
19-01-14	黄铁矿		②	7.78	0.15	19-56-09	黄铁矿		③	3.53	0.19
19-01-15	黄铁矿		②	6.02	0.16	19-56-10	黄铁矿		③	3.32	0.16
19-01-16	黄铜矿		②	5.15	0.17	19-56-11	黄铁矿		③	3.26	0.2
19-01-17	黄铜矿		②	6.35	0.16	19-56-12	黄铜矿		③	1.63	0.2
19-01-18	黄铁矿		②	5.75	0.14	19-56-13	黄铜矿		③	2.03	0.19
19-01-19	黄铁矿		②	5.54	0.17	19-56-15	黄铁矿		③	3.49	0.18
19-38-03	闪锌矿	Ⅲ矿段	②	6.47	0.13	19-56-16	黄铁矿		③	4.03	0.28
19-38-04	闪锌矿		②	5.1	0.11	19-56-17	黄铜矿		③	1.52	0.24

注：②喷流沉积阶段补给通道相；③次火山热液阶段。

喷流沉积阶段补给通道相：Ⅰ矿段 2 件硫化物（1 件黄铜矿、1 件黄铁矿）和 19 点原位硫（9 件黄铁矿、5 件黄铜矿、5 件闪锌矿）的 $\delta^{34}S$ 值介于 4.5‰~7.8‰之间，平均为 5.0‰（图 4-66a-c）。Ⅲ矿段 2 件硫化物（1 件黄铜矿、1 件黄铁矿）和 7 点原位硫（3 件黄铁矿、2 件黄铜矿、2 件闪锌矿）的 $\delta^{34}S$ 值变化范围较小，介于 4.2‰~6.6‰之间，平均为 5.5‰（图 4-66d-e）。

次火山热液阶段：Ⅲ矿段 4 件硫化物（2 件黄铜矿、2 件黄铁矿）和 16 点原位硫（9 件黄铁矿、7 件黄铜矿）$\delta^{34}S$ 值变化范围较小，介于 1.5‰~4.0‰之间（图 4-66f-h）。

小热泉子铜锌矿床硫化物和原位硫化物的 $\delta^{34}S$ 值变化范围较小，介于 1.5‰~7.8‰之间，Ⅰ矿段和Ⅲ矿段喷流沉积和次火山热液阶段 $\delta^{34}S$ 平均值相近，各种硫化物富集 $\delta^{34}S$ 的顺序也基本相同（$\delta^{34}S_{\text{闪锌矿}}>\delta^{34}S_{\text{黄铁矿}}>\delta^{34}S_{\text{黄铜矿}}>\delta^{34}S_{\text{方铅矿}}$）（图 4-67a，b）。结合前人所测得Ⅰ矿段硫化物数据分析（刘申态等，2011；陈文明，1999），硫化物的 $\delta^{34}S$ 值呈现塔式分布，符合正态分布的特征，集中在 4.0‰~7.0‰，$\delta^{34}S_{\text{闪锌矿}} \geq \delta^{34}S_{\text{黄铁矿}}>\delta^{34}S_{\text{黄铜矿}}>\delta^{34}S_{\text{方铅矿}}$，表明矿床的硫化物是在平衡条件下形成的（Hoefs，2009）。

Ⅰ阶段 $\delta^{34}S$ 值介于 3.7‰~6.6‰之间，平均值为 5.5‰（$n=11$），Ⅱ阶段 $\delta^{34}S$ 值介于 4.2‰~7.8 之间‰，平均为 5.7‰（$n=30$），与现代海底火山热液区硫化物、VMS 矿床一致（图 4-67c），如 EPROM 21° N（$\delta^{34}S=0.9‰\sim4.0‰$，Styrt et al.，1981；Woodruff and Shanks，1988）、Juan de Fauca Ridge（$\delta^{34}S=1.6‰\sim5.7‰$，Shanks and Seyfried，1987）、马里亚纳海沟（$\delta^{34}S=2.1‰\sim3.1‰$，Kusakabe et al.，1990）、TAG（$\delta^{34}S=0.3‰\sim10.3‰$，蒋少涌等，2006；Petesen et al.，2000）、阿舍勒（$\delta^{34}S=1.0‰\sim9.0‰$，Wan et al.，2010；Yang et al.，2018c）、卡拉塔格（$\delta^{34}S=-0.8‰\sim6.0‰$，毛启贵等，2015；Yang et al.，2018a）等，均表现为 $\delta^{34}S$ 值为大于 0 的小正值，与幔源硫范围相近

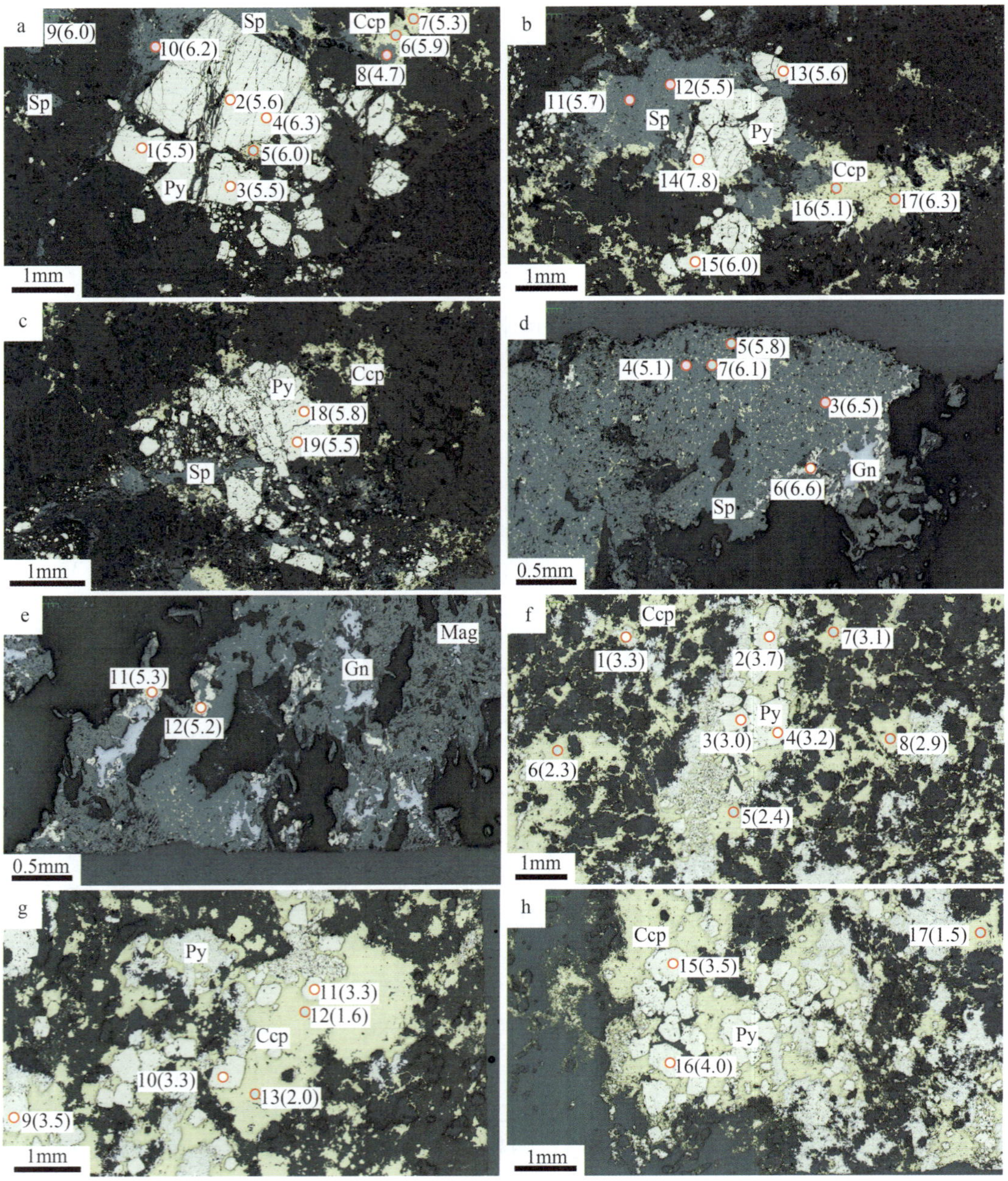

图 4-66　小热泉子铜锌矿床硫化物原位硫同位素点位图

Sp—闪锌矿；Gn—方铅矿；Py—黄铁矿；Ccp—黄铜矿；Mag—磁铁矿

(0±3‰, Hoefs, 1997)。VMS 矿床成矿物质主要来源于下伏火山岩和海水相互作用萃取部分金属元素和硫，可能有少量地幔或岩浆物质加入（James et al., 2003；Hannington et al., 2005；Yang and Scott, 2006；Pirajno, 2009)。硫酸盐热化学还原作用（TSR）通常发生在相对较高的温度，会导致相对均一的硫分馏和较小的 $\delta^{34}S$ 值（郑永飞和陈江峰，2000；Hofes，2009)。喷流沉积阶段流体包裹体的温度 125~356℃，硫化物的 $\delta^{34}S$ 值均为正值，成矿物质来源于火山岩和海水的硫酸盐热化学还原作用。

火山热液阶段硫化物 $\delta^{34}S$ 值为 1.5‰~4.0‰，平均值为 3.0‰（$n=20$)，与喷流沉积阶段相比则更为集中，落在幔源硫范围内（0±3‰，Hoefs，1997)。该阶段硫同位素特征类似于斑岩铜矿床（0±5.0‰，Hoefs，2009；Cook et al., 2011；Wang et al., 2020)，表明硫来自于单一来源的硫储库。硫化物晶粒中原位硫同位素的 $\delta^{34}S$ 值从核部到边部几乎没有变化，可排除硫同位素分馏的解释，可能

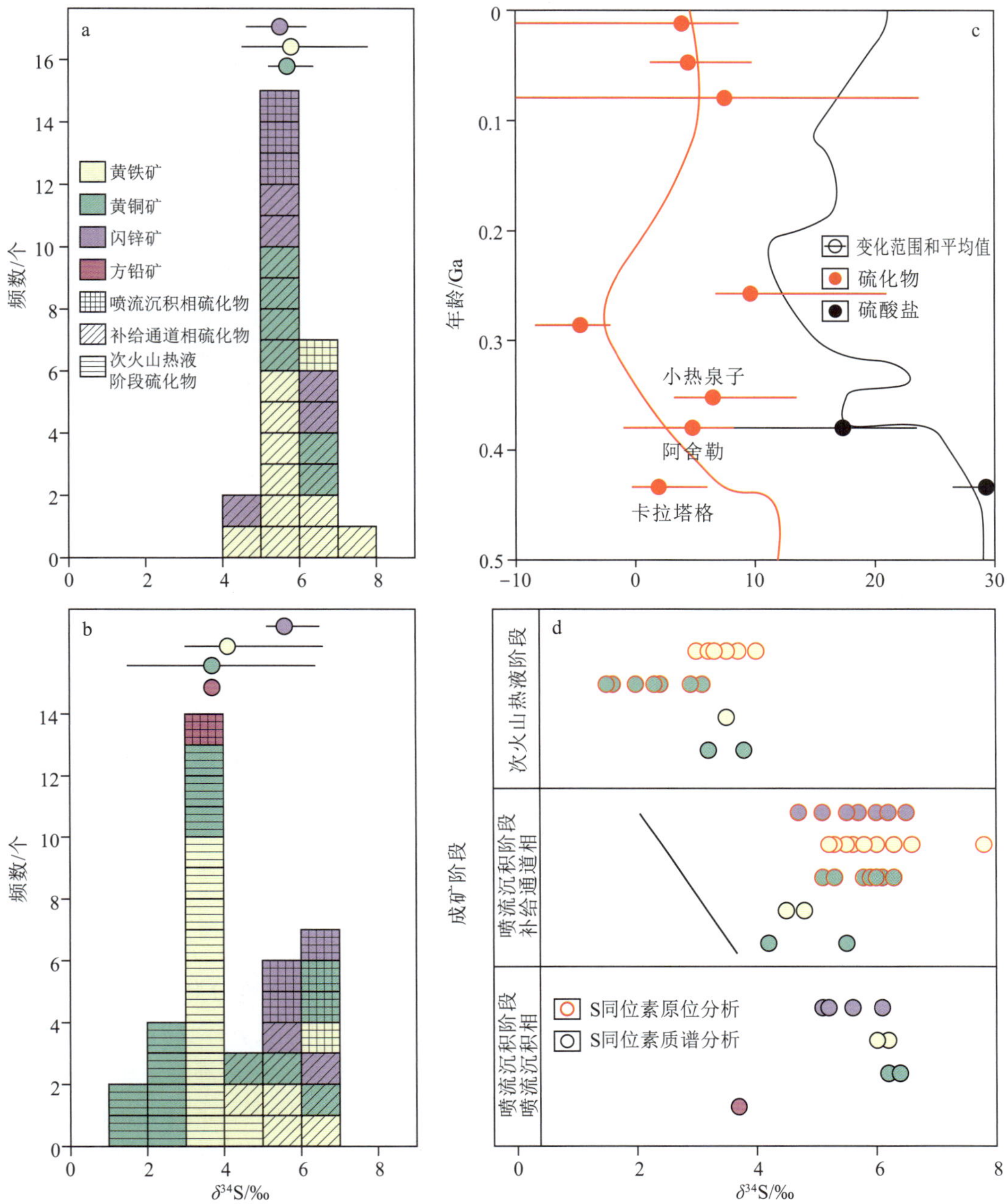

图 4-67　小热泉子铜锌矿床硫化物 $\delta^{34}S$ 组成直方图

a—Ⅰ矿段Ⅰ阶段Ⅳ阶段硫化物的硫同位素直方图；b—Ⅲ矿段Ⅰ阶段、Ⅱ阶段、Ⅳ阶段硫化物的硫同位素直方图；c—不同地质时期硫酸盐和硫化物的 $\delta^{34}S$ 变化曲线和小热泉子矿床的对比图，据 Huston et al.（2010）和 Huston（1999）；红色实心圆圈代表硫化物，黑色实心线代表共生的硫酸盐，阿舍勒、卡拉塔格和小热泉子部分数据据 Yang et al.（2018a，b，c）、毛启贵等（2015）、刘申态（2011）、Wan et al.（2010）、Wang et al.（2003）、陈文明（1999）和陈毓川等（1996）；d—喷流沉积阶段喷流沉积相、补给通道相、次火山热液阶段硫化物的 $\delta^{34}S$ 值具有从早阶段到晚阶段逐渐变小的趋势

是由于沸腾作用和其导致的多种物理-化学条件变量引起的（Hoefs，2009；Zhang et al.，2019）。结合该阶段矿化赋存在次火山岩中，具有全岩矿化的特征，认为次火山热液阶段成矿物质来源于深部岩浆或地幔。

硫化物的 $\delta^{34}S$ 值从早阶段到晚阶段呈现逐渐减小的趋势（图 4-67d），指示成矿物质中来源于岩浆的比例升高，与氢氧同位素示踪的结论一致，表明岩浆流体在小热泉子铜锌矿床成矿作用中起到了重要作用。

（四）成矿作用

小热泉子 Cu-Zn 矿床位于东天山大南湖古生代岛弧带西侧，矿体赋存于早石炭世小热泉子组火山碎屑沉积岩系中。VMS 矿床的成矿作用发生于海底或者近海底，与同生的海相火山作用有关，形成于不同构造背景的拉张环境，包括大陆裂谷、弧后盆地、洋中脊和拉张的岛弧或拉张的大陆边缘弧。板片回撤是形成弧裂谷和弧后盆地的重要因素，它可能引起幔源岩浆上涌，进而引发 VMS 型矿化（Franklin et al.，2005）。小热泉子组火山岩的地球化学和 Hf 同位素特征以及同期的岩浆岩表明，矿床形成于与俯冲相关的岛弧环境，成岩和成矿作用与古天山洋向北俯冲于大南湖之下有关，板片回转导致幔源岩浆上升，部分熔融年轻地壳，伴随火山作用形成小热泉子组火山岩和铜锌矿床。

Ⅰ矿段和Ⅲ矿段发现具有工业价值的矿体，两矿段在成因上均与喷流作用和次火山岩浆侵入作用相关，但发育不同类型的矿体。Ⅰ矿段主要发育喷流沉积作用形成的层状、透镜状和板状 Cu-Zn 矿体，网脉状和脉状 Cu-Zn-Au 矿体以及与次火山岩有关的脉状 Cu-(Zn-Au) 矿体。Ⅲ矿段主要发育喷流沉积作用形成的网脉状和脉状 Cu-Zn-Au 矿体，少量透镜状和 Cu-Zn 矿体，以及与次火山岩有关的脉状 Cu-(Zn-Au) 矿体。

喷流沉积阶段（喷流沉积相和补给通道相）形成矿区中主要工业矿体（~90%）。成矿流体中主要发育 L 型包裹体，为中低温、低盐度的 H_2O-NaCl 体系，与 VMS 矿床的成矿流体特征一致，部分高温、中盐度的包裹体证实了岩浆流体的加入。流体温度和盐度呈正相关关系，表明流体混合作用的存在。氦-氩-氢-氧-硫同位素特征表明，成矿流体具有壳幔混合特征，成矿流体来源于深循环的海水和岩浆水混合，成矿物质来源于海水的热化学还原作用和下伏火山岩，硫化物大量沉淀受控于流体混合发生的反应。Ⅲ矿段与Ⅰ矿段相比，成矿流体的温度、盐度、同位素特征均显示岩浆流体加入比例的增多，可能是Ⅲ矿段相对发育网脉状矿体的原因。赋矿凝灰岩锆石 U-Pb 年龄、硫化物 Re-Os 和 Rb-Sr 年龄表明喷流沉积阶段矿化发生于 353~359 Ma。

火山热液阶段主要发育于Ⅲ矿段，形成不具工业价值的含黄铁矿石英细脉。成矿流体性质主要为低温、低盐度的 H_2O-NaCl 体系，温度和盐度与喷流沉积阶段相比明显降低，海水的持续加入和岩浆水混合是导致该阶段黄铁矿沉淀的主要因素。

次火山热液阶段主要与钠长斑岩和英安斑岩的侵入作用有关，形成部分脉状矿体（~10%）。成矿流体主要为气液两相水溶液（L 型）包裹体，其次见有含液体 CO_2 包裹体，具有高温、中低盐度的特征。流体温度、盐度和压力表明，成矿过程中存在流体沸腾作用，流体沸腾作用是导致该阶段硫化物沉淀的主要因素。氢氧硫同位素证实了岩浆流体的加入，成矿流体来源于海水和岩浆水混合，但岩浆水所占比例明显提高，成矿物质来源于岩浆硫储库。赋矿英安斑岩和钠长斑岩锆石 U-Pb 年龄和硫化物 Re-Os 年龄表明次火山热液矿化发生于 332~342 Ma。

VMS 矿区次火山岩发育，部分矿体的产出与次火山岩关系密切。如哈萨克斯坦和新疆北部的阿尔泰成矿带中 VMS 矿集区内，广泛发育石英钠长斑岩、英安斑岩、石英斑岩、流纹斑岩，矿体多数产于次火山岩下盘，少数产在斑岩体之间或其分叉部位、斑岩体内（如萨尔朔克 Au 多金属矿，Yang et al.，2018b）。小热泉子矿区广泛发育次火山岩（英安斑岩、钠长斑岩、花岗斑岩和流纹斑岩），火山岩形成时代为 351~366 Ma，次火山岩形成时代为 332~342 Ma。但并非所有的次火山岩均与矿化有关，矿化的英安斑岩形成时代与火山岩形成时代相差 10 Ma，部分不含矿的次火山岩形成时代与火山岩形成时代相差近 20 Ma，表明了成矿作用的复杂性以及岩浆脉冲式喷发或侵入特征，同时证实了次火山热液系统的存在，次火山热液系统为 VMS 矿床的形成提供了持续的驱动力。

综合以上成矿要素分析，认为小热泉子铜锌矿床属于 VMS 型矿床，矿床的主要成矿作用过程如下：

351~366 Ma 期间，古天山洋向北俯冲于大南湖岛弧之下，小热泉子一带岛弧处于拉张环境，板片回撤导致岩浆形成，岩浆喷出海底形成小热泉子组火山岩系。沿着海底断裂和岩石裂隙下渗的海水不断淋率萃取下伏火山岩中 Cu、Zn、Au、S、Fe 等成矿物质，同时岩浆热液贯入，形成含矿热液。

当含矿热液沿补给通道喷发到海底，由于温度和压力的下降，导致含矿热液中 Cu、Zn、Au 络合物分解，伴随绿泥石化、硅化发生大量硫化物沉淀富集。353~359 Ma 期间含矿流体在火山斜坡或洼地中沉淀形成块状、纹层状、条带状和稠密浸染状铜锌矿石（图 4-68a），在补给通道相形成网脉状、浸染状、角砾状和脉状硫化物矿石。喷流沉积阶段之后火山热液在局部岩石裂隙中形成不具有工业价值的含黄铁矿石英脉。

332~342 Ma 期间，古天山洋的持续俯冲作用，岩浆的持续上升形成了侵入于小热泉子组的次火山岩。含矿次火山热液沿岩石裂隙向上运移，当遇到断裂破碎带时，压力突然释放，同时与下渗的深循环海水混合，使原始均匀的流体产生沸腾，导致原始均匀流体物理化学条件的改变，硫化物发生沉淀富集，在次火山岩体中及附近形成与次火山岩有关的脉状矿化（图 4-68b）。

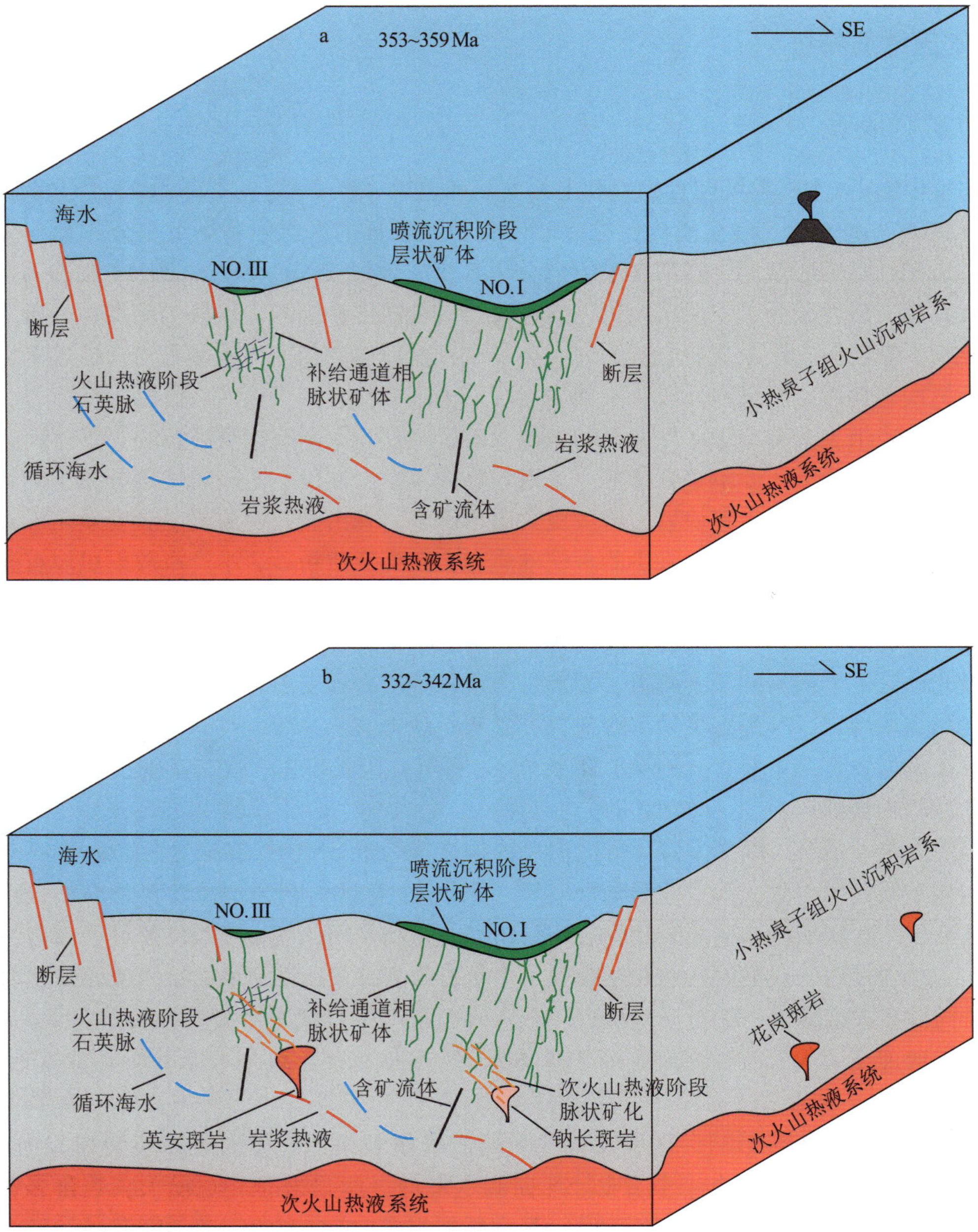

图 4-68　小热泉子铜锌矿矿床模型

a—353~359 Ma 期间，火山喷流沉积作用形成小热泉子组火山岩和层状、网脉状矿体；

b—332~342 Ma 期间，由于次火山岩（英安斑岩和钠长斑岩）岩浆侵入作用形成脉状矿体

第五节　阿舍勒铜锌矿

该矿由新疆地质矿产勘查开发局第四地质大队于1984年发现，详查探明储量铜 108.56×10^4 t、锌 43×10^4 t、铅 5.06×10^4 t、金 27.2×10^4 t、银1200 t，平均品位铜2.49%、锌6.65%、铅2.32%、银31.30 g/t、金0.53 g/t（《中国矿床发现史. 新疆卷》编委会，1996）。1998年8月国土资源部以国土资函［1998］200号文批准了《新疆哈巴河阿舍勒矿区一号铜锌矿床勘探地质报告》，批准的地质储量为：铜金属量 91.94×10^4 t，平均品位2.43%，锌金属量 41.98×10^4 t，平均品位2.78%，金18 t，银1174 t，铅 5.56×10^4 t，镓313 t，镉2659 t，硒843 t。2006开始深部勘查工作，并取得重要找矿进展，储量不断扩大。

一、矿床地质特征

（一）矿区地质

矿区主要出露下-中泥盆统阿舍勒组和上泥盆统齐也组（图2-2）。本课题03子任务"阿舍勒矿集区VMS型成矿系统研究"（负责人：徐兴旺研究员）根据前人对阿舍勒组划分方案，结合大量野外调研、坑道和钻孔岩心观察，将阿舍勒组划分为5个岩性段（Nie et al.，2021）：第一岩性段为硅质凝灰岩层；第二岩性段为英安质层；第三岩性段为流纹质层；第四岩性段为矿层；本段上部为层状与块状硫化物、含矿英安质凝灰岩与硅质岩、英安岩，盆地边部相变为重晶石与含铁碧玉岩，Ⅰ号矿带就赋存于第四岩性段；第五岩性段为玄武岩层。

上泥盆统齐也组主要分布于矿区北部和东部，矿区中部和南部有少量残留。与下伏阿舍勒组、上覆下石炭统红山嘴组均呈角度不整合接触。该组划分为3个岩性段，第一岩性段分布于矿区北部、东部和南部。岩石组合为英安质集块岩、流纹质火山角砾岩、安山岩、流纹岩、英安质角砾凝灰岩、岩屑凝灰岩夹凝灰岩、晶屑凝灰岩，极少的含铁硅质岩。在凝灰质粉砂岩中产有放射虫、有孔虫、牙形刺等化石。第二岩性段分布于矿区北部，布滚勒河南北两侧。该岩性段下部为凝灰质砾岩、砂岩、凝灰质砂岩夹少量火山角砾岩，上部为层状凝灰岩、角砾凝灰岩夹少量粉砂岩。第三岩性段分布于矿区布滚勒河以北地区，上部为枕状玄武岩、凝灰岩、角砾凝灰岩和安山岩；中下部火山角砾岩、角砾熔岩、集块岩和集块熔岩，底部有少量沉凝灰岩、凝灰质砂岩。

矿区次火山岩发育，主要有（石英）闪长岩、（石英）闪长玢岩、次玄武安山岩、英安斑岩、流纹斑岩，少量辉长岩脉。

矿区构造复杂，褶皱、断裂发育。矿区内总体构造线为近SN向，在矿区外，向南或向北，则与区域NW向构造线趋于一致，形成醒目的反"S"型构造。矿区内断裂构造发育。玛尔卡库里断裂是一构造分区断裂，对区域性构造与岩相构造均具明显的控制作用，其主断裂从矿区西南边缘通过，断裂走向NNW，倾向NNE，倾角陡（60°~70°）。主断裂两侧有宽达百余米的挤压破碎带及剪切变形糜棱岩带，带内硅质超糜棱岩、长英质糜棱岩、千糜岩以及糜棱岩化岩石极为发育，并常见拉伸线理、糜棱面理、流劈理及"人"字型褶皱、肠状褶皱等韧性变形构造。玛尔卡库里深大断裂产于成矿前，并多期次活动。

受玛尔卡库里深大断裂影响矿区内发育一系列次级断裂构造。按次级断裂展布方向可分为SN向、NW向、NE向和EW向4组。其中以SN向和NW向2组最发育，规模大，数量多；NW向和EW向2组则不发育，且规模较小，数量少。SN向断裂组倾向东，倾角一般在65°以上。总体具压性结构面特征，局部兼有扭性特征，表现为多期活动特点。普遍有破碎带，宽数米至数十米不等，有不同程度的碎裂岩化和高岭土化、绢云母化、绿泥石化等蚀变现象，部分断裂伴有糜棱岩化、似片麻理、流劈理等韧性变形标志。NW向断裂组倾向NE，倾角50°~85°，断层具有明显左行压扭性特征。断裂两侧岩石破碎，发生强片理化、劈理化，常形成宽数米至数十米的构造破碎带，并伴有不同程度的绢云母化、高岭土化、硅化、褐铁矿化等蚀变。NE 向断裂组不发育，总体走向 NNE 向，倾向 NWW 向，倾角 60°，沿断裂有碎裂岩化、片理化等现象，具右行压扭性特征，与 NW 向断裂为共轭关系。东西向断裂组数量少，而且规模小，倾向不一，倾角在 65°以上。断面附近有角砾岩化现象，属张性断裂。

（二）矿体特征

阿舍勒矿田 5 km×5.2 km 范围内已发现各类矿化蚀变带 14 条，大多数蚀变带呈不规则带状和条带状，呈 NW 向和近 SN 向展布，与地层走向基本一致。其长度最大 2600 m，最小 120 m，一般为 400~1000 m，宽度最大 400 m，最小 20 余米，平均 50~200 m。蚀变带产于阿舍勒组火山岩系。矿区发育喷气岩，如重晶岩、含铁碧玉岩、硅化带、黄铁矿化等（图 4-69）。

图 4-69 阿舍勒铜锌矿区喷流沉积证据

A—含铁碧玉岩；B—条带状重晶石；C—含黄铁矿硅化；D—强烈黄铁矿化在地表氧化成铁帽

Ⅰ号矿化带位于矿区中部的阿舍勒组第四段，是矿区内规模最大也是重要的矿化蚀变带，阿舍勒铜锌矿床的储量主要赋存于该带中。该蚀变带呈 SN 向不规则长条状分布，长约 2600 m，宽 50~400 m，目前从 60 线到 53 线有钻孔控制。Ⅰ号矿化蚀变带矿体为隐伏矿体，主要分布于 16-21 线。Ⅰ-1 和Ⅰ-2 呈似层状产于玄武岩和英安岩之间的凝灰岩中（图 4-70~图 4-73），与地层呈整合产出，矿体呈近 SN 向展布，沿走向已控制长 900 m，枢纽倾伏长 1520 m，距地表埋深 25~1500 m，厚 5~120 m，目前控制矿体最大垂直深度 1500 m。矿体呈 NNE 向侧伏，侧伏角 45°~65°。Ⅰ号矿化带存在两种矿化类，即喷流沉积形成的层状矿化和喷流通道（或补给通道）形成的脉状矿化（图 4-74），2 种矿化构造了 VMS 型的“双层结构”，二者的空间关系见下文讨论。层状矿化以喷流沉积作用形成的致密块状、块状、条带状、条纹状矿石为特征，成矿元素以铜锌为主，局部金富集，品位多数不超过 2 g/t，如 19 勘探线 JZK19-9 孔深度 369~379.3 m，金品位为 0.15~0.51 g/t。1 勘探线 ZK0103 孔深度 150.50~168.70 m，金品位为 0.14~2.55 g/t。喷流通道相脉状矿化主要以发育细脉、网脉状、浸染状矿石，局部角砾状矿石，与硅化有关为特征，成矿元素主要为铜，其次是锌，局部金

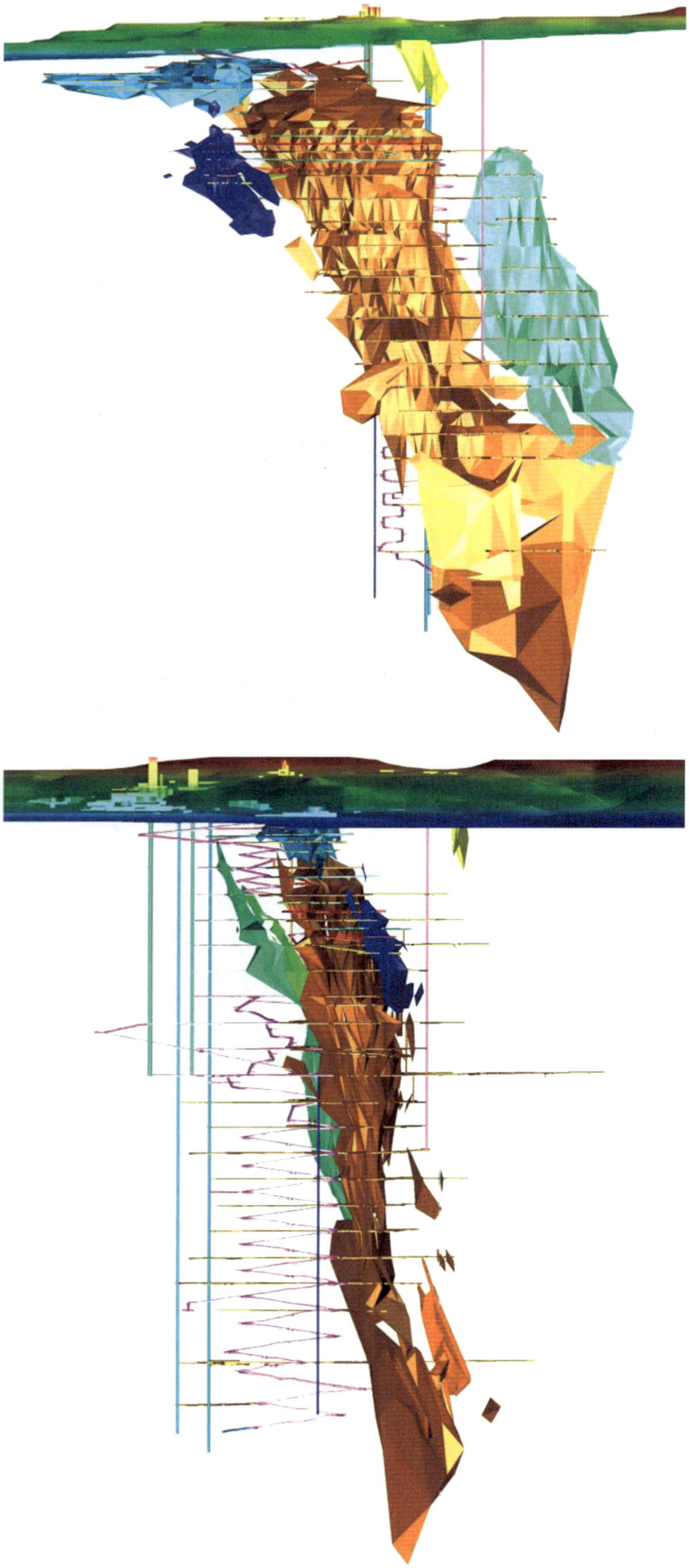

图 4-70　阿舍勒Ⅰ和Ⅱ号矿化带矿体三维立体模型侧视图

（据新疆哈巴河阿舍勒铜业有限公司，2020）

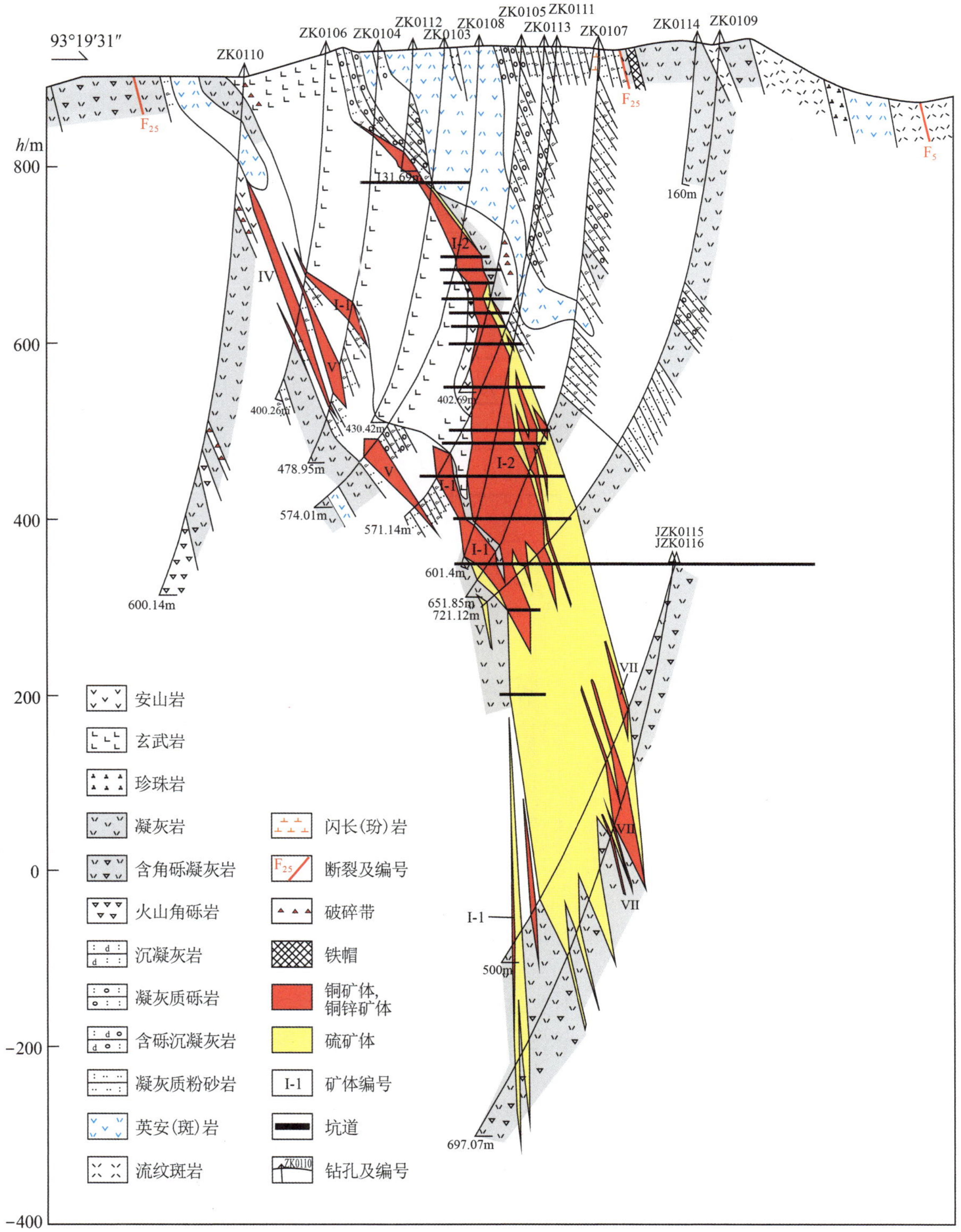

图 4-71　阿舍勒Ⅰ号矿化带1勘探线剖面图

（据新疆哈巴河阿舍勒铜业股份有限公司，2019，有修改）

银富集，如ZK2102孔深1808.9～1826.1 m，17.2 m金连续品位变化于1.17～2.92 g/t，银品位为13.05～25.08 g/t，铜品位为0.93%～6.05%，锌品位为0.04%～3.48%。ZK2101孔深1221.22～1233.00 m，11.67 m，金连续品位变化于0.45～1.43 g/t，银品位为2.23～8.19 g/t，铜品位为0.04%～0.27%，锌品位为0.03%～0.10%。200KZ19-2孔深度116.65～122.3 m，金品位为0.68～7.64 g/t。Ⅰ号矿化带Cu品位为0.25%～17.1%、Zn品位为0.4%～31.32%、Pb品位为0.1%～

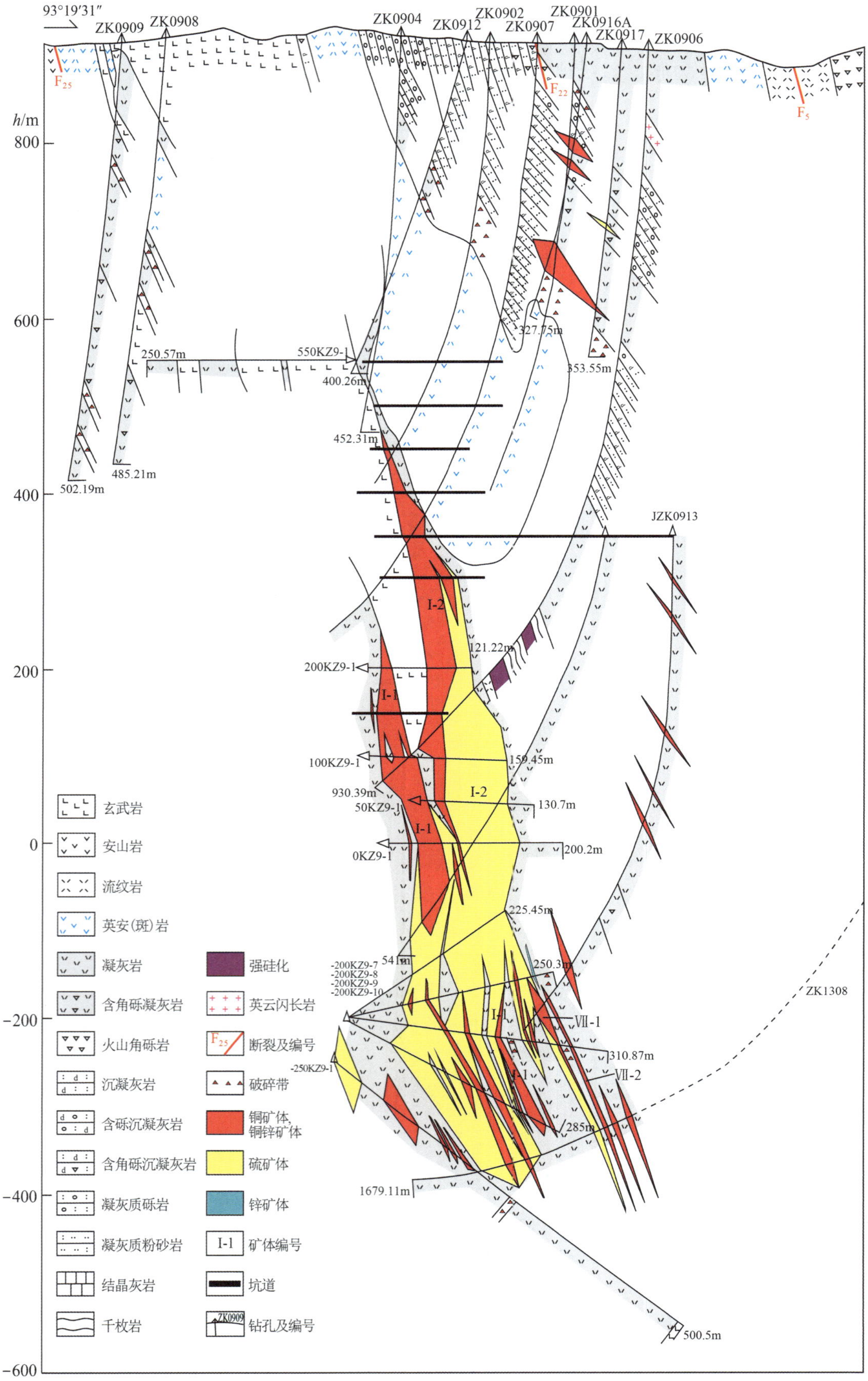

图 4-72　阿舍勒Ⅰ号矿化带 9 勘探线剖面图

（据新疆哈巴河阿舍勒铜业股份有限公司，2019，有修改）

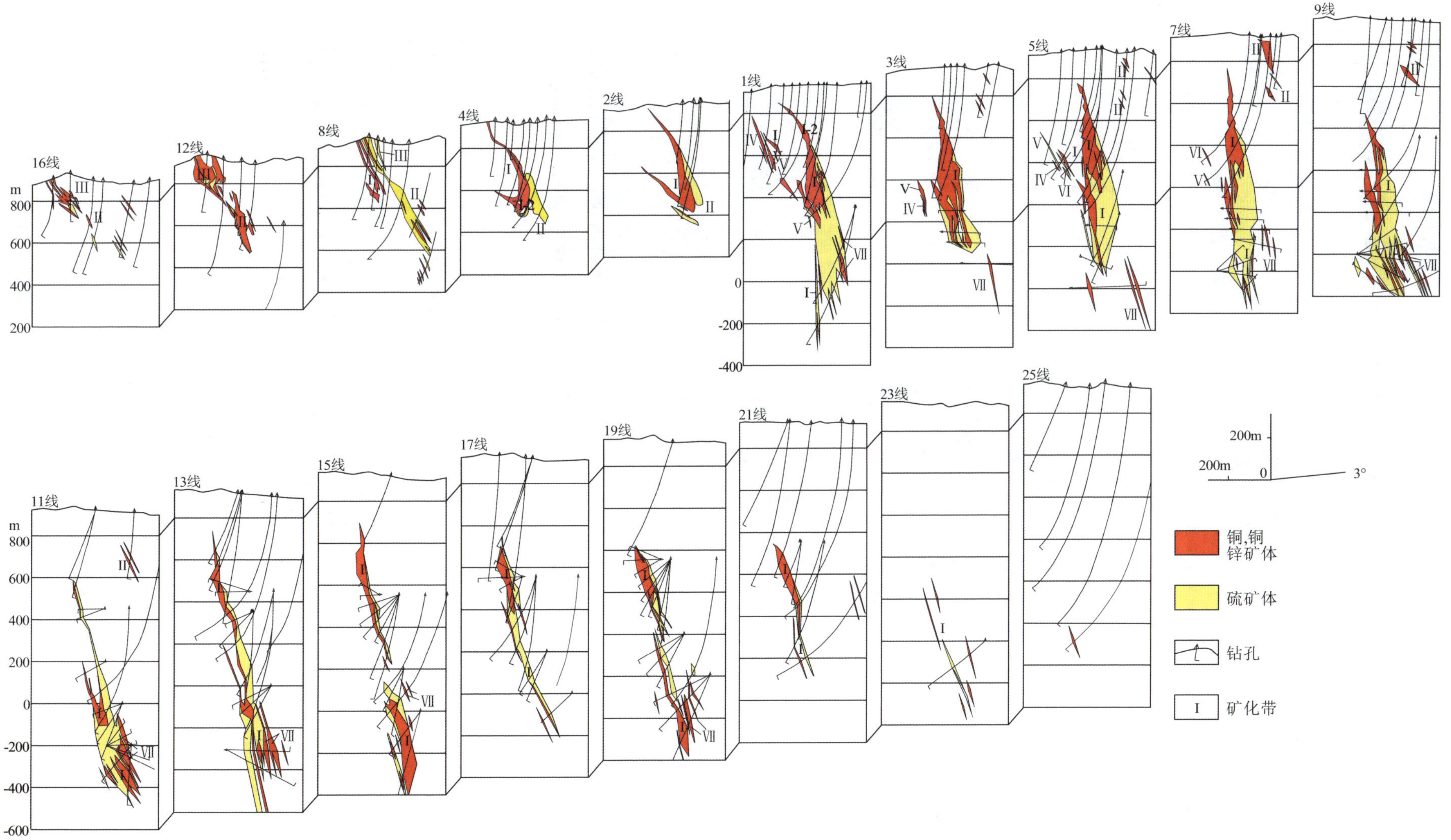

图4-73 阿舍勒铜锌矿联合剖面图

(据新疆地质矿产勘查开发局第四地质大队和新疆哈巴河阿舍勒铜业股份有限公司资料整理)

图 4-74 阿舍勒矿区Ⅰ号矿化带层状及脉状矿化

A-E—层状矿化：A—喷流沉积形成的条纹状铜锌矿石；B—致密块状黄铁矿黄铜矿石；C-D-E—条纹状黄铁矿闪锌矿黄铜矿矿石；F-I—脉状铜锌矿化：G—黄铜矿+黄铁矿+闪锌矿呈脉状，与硅化有关；H—黄铜矿黄铁矿石英脉；I—黄铁矿黄铜矿细脉状、网脉状分布于硅化绿泥石化凝灰岩中

8.0%、Au 品位为 0.2~10.40 g/t、Ag 品位为 9.27~503 g/t、Ga 品位为 8~490 g/t、Cd 品位为 12~148 g/t、Se 品位为 16~44 g/t（陈毓川等，1996；新疆维吾尔自治区地质矿产勘查开发局第四地质大队；新疆哈巴河阿舍勒铜业股份有限公司资料）。勘查报告中 Cu 平均品位为 2.43%、Zn 平均品位为

2.78%（新疆哈巴河县阿舍勒铜矿区一号铜锌矿床勘探地质报告，1998）。

Ⅱ号矿化带位于Ⅰ号矿化带东侧，以F22号断裂为界与Ⅰ号矿化带相邻，赋存于阿舍勒组第三段流纹质层，层位在Ⅰ号矿化带之下。蚀变带呈近SN向，为较规则长条状。长约2050 m，宽120~260 m。地表与深部矿化较Ⅰ号带弱，多见大小不等的透镜状重晶石矿体和规模较小的铁帽，一般矿化较好，主要与硅化有关。地表为层状重晶石矿体，2011年在Ⅱ号矿化带施工的钻孔在重晶石采矿坑之下圈定出铜铅锌银矿体，主要分布在5~9线间（图4-75）。矿化出现在凝灰岩中，发育强硅化、绿泥石化、黄铁矿化、重晶石化、碳酸盐化（铁白云石、方解石），其中硅化、重晶石化和黄铁矿化与多金属矿化关系最密切。硅化具有多世代，最少可以分出3个世代，碳酸盐化一般最晚。多金属矿化主要为脉状、网脉状，少量块状、团块状、浸染状和稠密浸染状（图4-76）。主要金属矿物为黄铁矿、黄铜矿、方铅矿、闪锌矿等。Ⅱ号矿化带中Cu平均品位变化于0.20%~0.79%（最高品位为5.08%）、Zn平均品位变化于0.41%~7.49%（最高34.25%）、Pb平均品位为1.42%~1.55%（最高品位为11.68%）、Ag平均品位变化于1.63~60.24 g/t（最高品位为457.31 g/t），Au平均品位为0.11~0.55 g/t（最高品位1.84 g/t）（新疆哈巴河阿舍勒铜业股份有限公司资料）。Ⅱ号矿化带的多

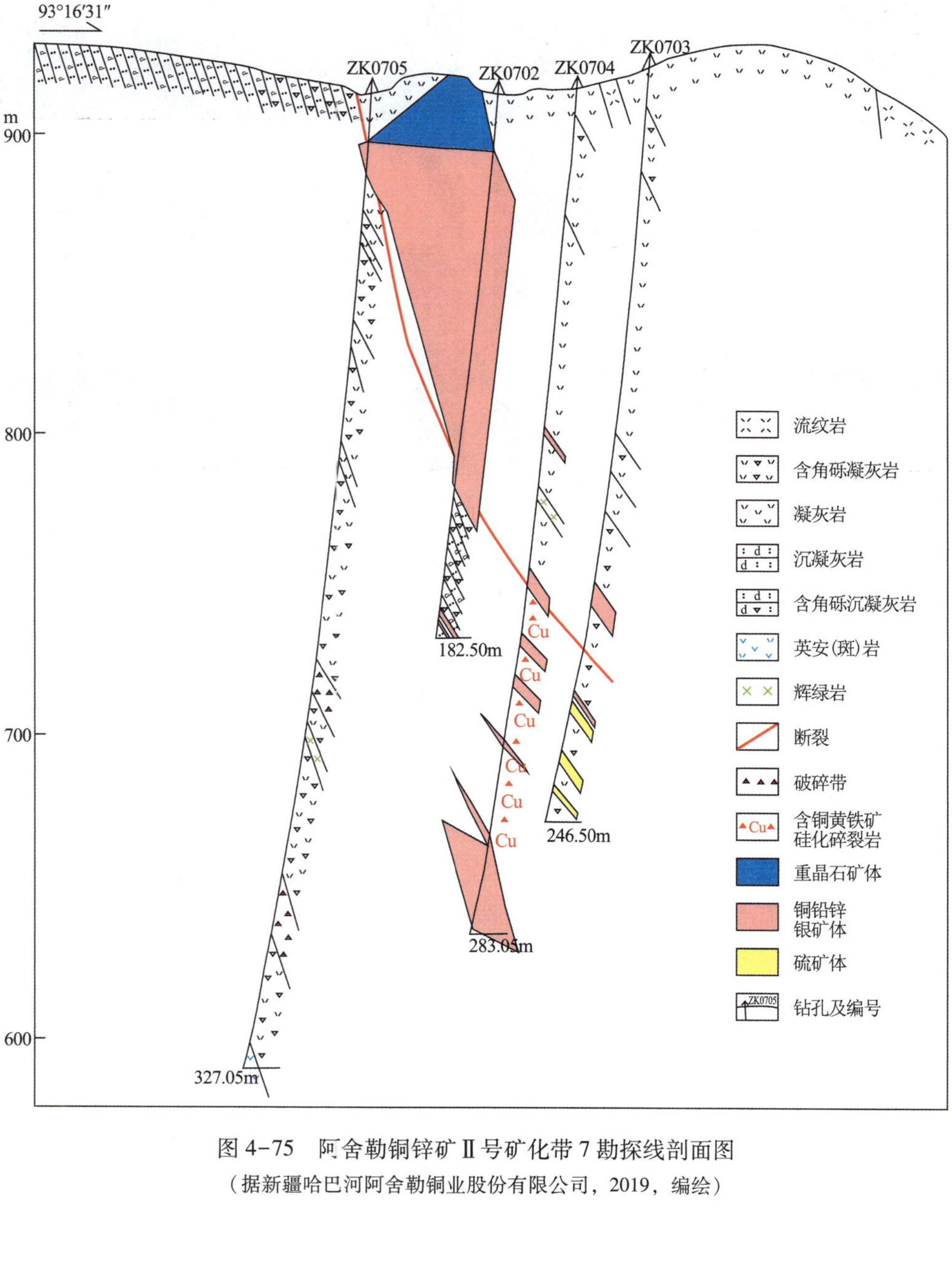

图4-75　阿舍勒铜锌矿Ⅱ号矿化带7勘探线剖面图

（据新疆哈巴河阿舍勒铜业股份有限公司，2019，编绘）

图 4-76　阿舍勒矿区Ⅱ号矿化带层状及脉状矿化

A—层状含石英重晶石矿石；B-F—脉状多金属矿化：B—方铅矿闪锌矿石英脉；C—块状含黄铁矿方铅矿闪锌矿矿石；D—黄铜矿石英网脉分布于凝灰岩中；E—黄铁矿+黄铜矿胶结凝灰岩角砾构成角砾状构造；F—黄铁矿黄铜矿网脉状、稠密浸染状分布于硅化凝灰岩中

金属矿化特征明显不同于Ⅰ号矿化带的层状矿化，层状矿化主要为沉积作用形成的条带状构造、条纹状构造和块状构造，以黄铁矿大量发育为特征，主要成矿元素为铜、锌，伴生金。Ⅱ号矿化带多金属矿化以脉状、网脉状矿化为特征，发育碎裂岩，并有黄铁矿黄铜矿和硅化，具有明显的后生热液成矿特征，主要成矿元素为铜、铅锌、银，暗示该矿化带为喷流通道相矿化，结合地表的重晶石具有沉积成矿特征（层状分布，具有条带状构造），认为Ⅱ号矿化带具有“双层结构”，重晶石为沉积成矿作用形成，多金属矿化是补给通道中热液充填交代成矿作用产物。

（三）矿石特征

阿舍勒铜锌矿原生矿石按矿物组合分为 5 个主要类型：黄铁矿矿石、黄铜矿黄铁矿矿石、铜锌黄铁矿矿石、多金属矿石、重晶石多金属矿石，局部还发育含金锌矿石（如 200KZ19-2，Zn 品位为 9.61%~27.16%，Au 品位为 1.88~7.64 g/t）。矿石构造主要有致密块状、块状、条带状、层纹状、斑杂状、斑点状、稠密浸染状、浸染状、细脉状、网脉状、角砾状等构造（图 4-77，图 4-78）。条带状和层纹状构造主要分布于Ⅰ号矿化带层状矿体中，一般发育在矿体边部。硫化物矿物集合体呈薄

图 4-77　阿舍勒铜锌 I 号矿化带矿石显微照片

A—闪锌矿分布于黄铜矿中；B—黄铜矿+黄铁矿浸染状分布于凝灰岩中；C—绿泥石石英脉穿切黄铁矿；D—黄铁矿黄铜矿石英脉中黄铜矿穿切黄铁矿；E-F—黄铁矿、黄铜矿、绢云母和石英构成条纹状矿石；G—黄铁矿黄铜矿绿泥石石英脉；H—石英脉状中闪锌矿和黄铜矿交代黄铁矿；I—补给通道相石英脉穿切条纹状铜矿石

层状、条带状与非金属矿物平行、相间分布形成条带状构造。条带宽一般数毫米至数厘米不等。条带中金属硫化物呈微细-细粒状，一般小于 0.20 mm。主要由粒状自形-半自形黄铁矿、黄铜矿、石英和绢云母组成条纹或条带或粒状自形-半自形黄铁矿、黄铜矿、粒状闪锌矿、石英和绢云母组合条纹或条带。常见由不同成分矿物集合体组成的层纹状构造或由不同粒度矿物集合体组成的韵律层理，是原生沉积成矿作用形成的构造。黄铁矿形成时间早，黄铜矿分布于黄铁矿或闪锌矿粒间或裂隙中，明显交代黄铁矿，绢云母分布在黄铁矿粒间（图 4-77）。块状构造是矿石最主要的构造类型，矿石中金属矿物集合体呈微细粒状、细粒状紧密嵌生在一起。可分为细粒块状构造和粗粒块状构造，细粒块状构造原生沉积黄铁矿粒度细小，普遍小于 0.05 mm；黄铜矿+闪锌矿+黝铜矿多交代原生沉积黄铁矿或沿着原生沉积黄铁矿裂隙充填。部分原始沉积黄铁矿出现粒度变粗的现象，可达 0.2 mm，为重结晶产物。粗粒块状构造矿石一般位于细粒致密块状矿石下盘。黄铁矿多呈半自形粒状结构，大部分黄铁矿粒度较大，普遍大于 0.2 mm，也存在部分小颗粒黄铁矿，0.05~0.20 mm。浸染状构造中矿物粒度稍大，一般为 0.2~0.5 mm，含量不均匀，浸染状构造常与条带状构造呈过渡关系。

矿石结构有自形-半自形晶粒结构、他形晶粒结构、填隙结构、交代残余结构、反应边结构、固溶体分离结构、假象结构、压裂纹及碎裂结构、变晶结构、压溶交代结构等（图 4-76，图 4-77）。矿石中金属矿物主要为黄铁矿、黄铜矿、闪锌矿，其次为方铅矿、黝铜矿、砷黝铜矿、锌砷黝铜矿、含银锌锑黝铜矿、含银锑黝铜矿、斑铜矿、毒砂、磁黄铁矿、自然金、银金矿、自然铜、辉铜矿等。

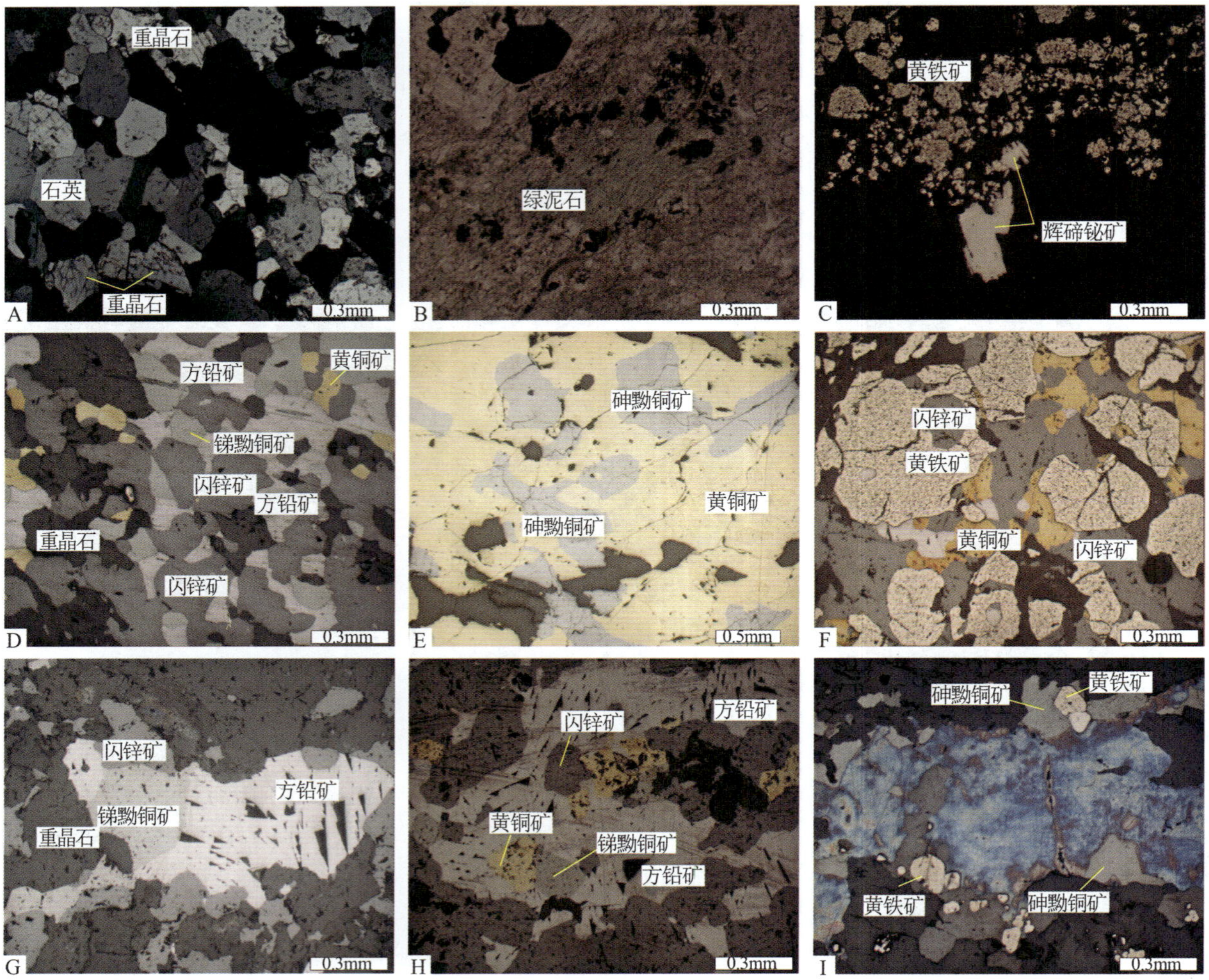

图 4-78　阿舍勒铜锌矿Ⅱ号矿化带显微照片

A—石英重晶石矿石；B—绿泥石化；C—辉碲铋矿+黄铁矿组合；D—锑黝铜矿+黄铜矿+方铅矿+闪锌矿+重晶石组合；
E—砷黝铜矿分布于黄铜矿中；F—黄铁矿+黄铜矿+闪锌矿组合；G—锑黝铜矿交代闪锌矿+方铅矿+重晶石组合；
H—锑黝铜矿+黄铜矿+闪锌矿+方铅矿组合；I—黄铁矿+砷黝铜矿组合

非金属矿物主要为石英、绢（白）云母、绿泥石、重晶石、方解石、白云石、长石等。矿石成分以铜锌硫为主，伴生银、金、铅、镓、镉和硒。Ⅱ号矿化带银主要分布于砷黝铜矿、锑黝铜矿及少量在辉碲铋矿中；金主要赋存于黄铁矿、锑黝铜矿、方铅矿和闪锌矿中。

金品位与铜、锌、硫品位变化见图 4-79。对 649 件 Au 含量大于 0.1 g/t 的样品进行分析（图 4-80），Cu 品位与 S 品位呈正相关，致密块状矿石中 S 品位高，Cu 品位也高；Zn 品位与 S 品位呈正相关，特别是 Zn 含量大于 2%后，正相关性十分明显；Cu 品位与 Zn 品位没有相关性。Au 含量与 S 含量呈正相关性，即随着 S 品位变高，Au 含量也相对增加，Au 含量与 Zn、Cu 含量相关性不明显。

（四）矿物 LA-ICP-MS 分析

1. 样品及测试方法

在Ⅰ号矿化带 21 线 ZK2102 钻孔和Ⅱ号矿化带 7 和 9 勘探线的 ZK0916、ZK0702 钻孔采集补给通道相与硅化有关的矿化进行矿物硫化物（黄铁矿、黄铜矿、闪锌矿、黝铜矿、砷黝铜矿）LA-ICP-MS 分析，测试工作在国家地质实验测试中心完成。使用仪器为 Thermo Element Ⅱ 等离子质谱仪，激光剥蚀系统为 NEW WAVE UP-213。测点点位见图 4-81。测试元素包括 Ag、Au、As、Bi、Co、Cu、Zn、Ga、Mn、Mo、Ni、Pb、Sb 等微量元素（表 4-28）。

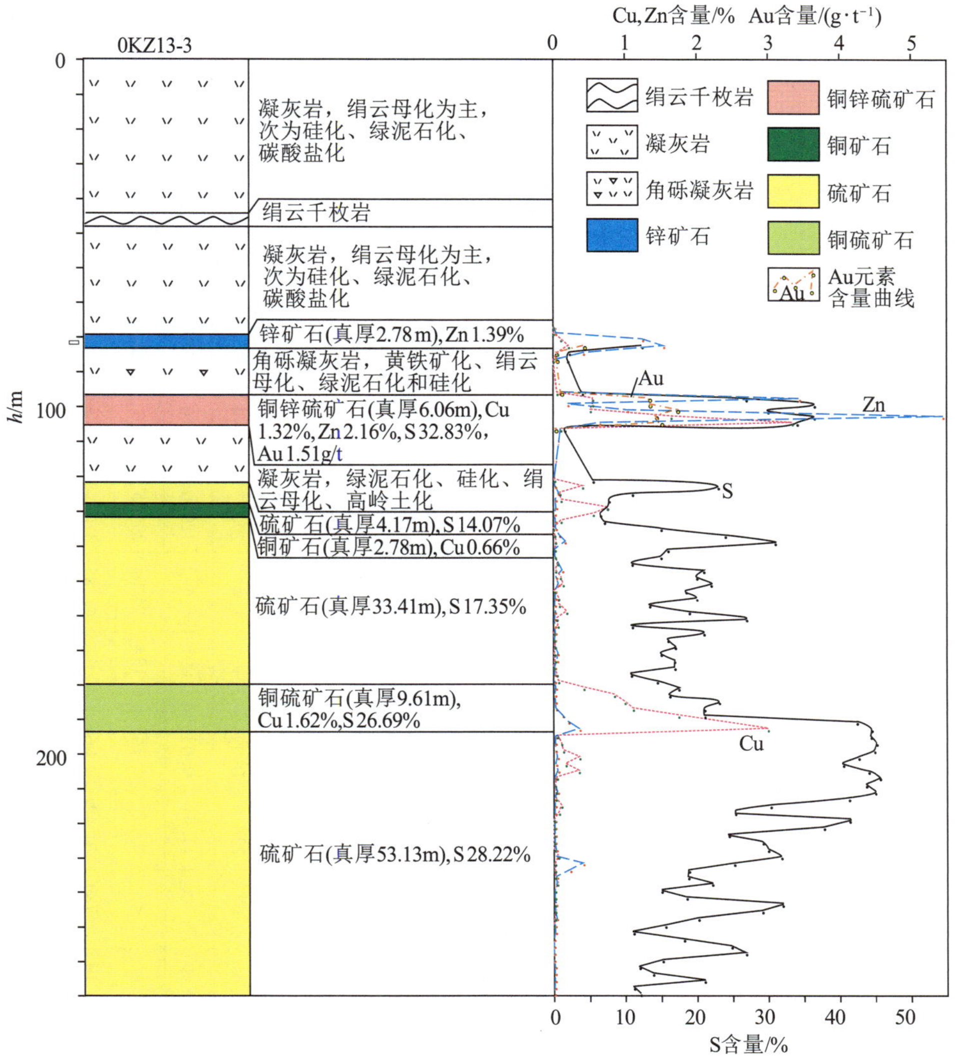

图 4-79　阿舍勒Ⅰ号矿化带 0KZ13-3 钻孔柱状图及品位

（据新疆哈巴河阿舍勒铜业股份有限公司资料绘制）

2. 结果及意义

Ⅱ号矿化带中黄铁矿 Co 含量为 $0.233\times10^{-6}\sim17.19\times10^{-6}$，Ⅰ号矿化带 Co 含量为 457.8×10^{-6}，前者 Ni 含量为 $2.827\times10^{-6}\sim169.9\times10^{-6}$。黄铁矿中 Co、Ni 含量受其形成时物理化学条件控制，对矿床的成因类型判定具有一定的指示意义（Price，1972；Bralia et al.，1979）。沉积成因黄铁矿的 Co/Ni 比值小于 1，平均 0.63（Loftus-Hills and Solomon，1967；Price，1972），而热液成因黄铁矿 Co/Ni 比值通常具有较大的范围，多大于 1，也可远小于 1（Bralia et al.，1979）。阿舍勒铜锌矿Ⅱ号矿化带脉状矿化 13 个点黄铁矿的 Co/Ni 比值变化很大，介于 0~2.45 之间，平均 0.35。Ⅰ号矿化带脉状矿化 1 个点黄铁矿中 Co 含量高达 457.8×10^{-6}，但 Ni 含量低于检出限，这些 Co/Ni 比值表明黄铁矿具有热液成因特征。黄铁矿中 As 含量较低，属贫砷黄铁矿，含量为 $0.210\times10^{-6}\sim25.4\times10^{-6}$，平均 4.46×10^{-6}，远远低于造山型金矿，如萨瓦亚尔顿金矿黄铁矿平均 As 含量为 $14.14\times10^{-6}\sim20706\times10^{-6}$（张国震等，2020）。有 8 个点的 Au 与 As 具有正相关性。黄铁矿中 Pb 含量变化较大，介于 $0.162\times10^{-6}\sim1442\times10^{-6}$ 之间，Zn 含量为 $2.592\times10^{-6}\sim214.2\times10^{-6}$，平均 42.71×10^{-6}；Cu 含量为 $0.685\times10^{-6}\sim3022\times10^{-6}$，平均 343.7×10^{-6}，Pb 和 Cu 含量高的点可能与方铅矿和黄铜矿包体有关；Bi 含量不高，为 $0.002\times10^{-6}\sim5.923\times10^{-6}$，平均 0.524×10^{-6}。

表 4-28 阿舍勒铜锌矿硫化物 LA-ICP-MS 分析结果

单位：10^{-6}

序号	点号	矿物	Ag	Au	Ga	Cd	Se	Co	Ni	As	Pb	Bi	Cr	Mn	Cu	Zn	Sb	Ge	Mo	In	Co/Ni
1	ZK0702-13-10-1	Py	0. 076	0. 014	<	0. 332	5. 184	17. 19	7. 017	0. 664	0. 616	<	28. 53	5. 141	0. 685	19. 03	0. 045	6. 875	5. 918	0. 003	2. 45
2	ZK0702-13-10-2	Py	<	<	0. 507	0. 362	7. 455	0. 233	196. 9	0. 594	0. 457	0. 012	6. 984	2. 844	6. 960	7. 564	<	5. 821	0. 046	0. 027	0. 00
3	ZK0702-13-10-3	Py	<	0. 011	0. 183	0. 263	1. 231	0. 350	98. 30	0. 210	301. 9	0. 093	9. 400	2. 992	1. 313	2. 592	<	7. 079	<	0. 399	0. 00
4	ZK0702-13-10-10	Py	0. 213	0. 014	<	<	4. 402	3. 464	2. 827	3. 214	0. 690	0. 081	2. 863	2. 730	5. 566	21. 14	0. 086	6. 340	0. 033	<	1. 23
5	ZK0702-13-10-11	Py	7. 760	0. 042	0. 201	0. 019	45. 03	5. 359	53. 32	12. 47	24. 26	5. 923	<	2. 907	3022	166. 2	0. 525	5. 724	<	0. 025	0. 10
6	ZK0702-13-10-12	Py	0. 171	0. 002	<	0. 057	3. 933	7. 723	165. 2	0. 665	0. 162	0. 017	3. 522	3. 679	26. 93	10. 08	0. 044	6. 393	0. 010	<	0. 05
7	ZK0702-2-1-3	Py	<	<	0. 093	0. 409	13. 86	0. 679	72. 08	0. 429	53. 39	0. 025	8. 407	3. 701	5. 578	36. 09	0. 105	7. 916	<	0. 047	0. 01
8	ZK0702-2-1-4	Py	0. 323	0. 001	<	1. 848	14. 33	5. 868	15. 32	0. 865	28. 01	0. 005	10. 97	2. 733	73. 14	214. 2	0. 106	6. 705	0. 114	0. 034	0. 38
9	ZK0702-2-2-1	Py	<	<	<	0. 009	13. 00	0. 992	88. 50	0. 965	5. 351	0. 002	8. 456	3. 010	0. 877	11. 94	0. 019	6. 923	2. 486	0. 023	0. 01
10	ZK0702-2-2-3	Py	<	0. 010	0. 300	<	11. 42	0. 515	22. 72	1. 182	10. 94	0. 019	1. 343	3. 095	1. 381	41. 84	0. 016	8. 897	0. 133	0. 001	0. 02
11	ZK0702-2-2-4	Py	<	<	<	<	17. 48	4. 324	25. 30	2. 782	19. 74	0. 003	3. 686	2. 364	84. 87	19. 12	0. 130	7. 947	0. 113	0. 012	0. 17
12	ZK0702-2-2-6	Py	5. 608	0. 111	0. 511	11. 06	25. 74	1. 970	21. 88	25. 40	1442	0. 601	3. 103	2. 127	1214	35. 91	0. 363	6. 604	0. 113	0. 054	0. 09
13	ZK0702-13-6-1	Py	<	<	0. 348	2. 492	2. 220	2. 741	291. 8	12. 34	1. 853	0. 009	0. 789	2. 474	<	3. 899	0. 035	6. 342	21. 96	<	0. 01
14	ZK0702-13-10-6	Ccy	2. 665	0. 075	0. 705	0. 586	7. 403	<	12. 20	3. 769	10. 27	0. 025	6. 757	1. 855	324525	124. 6	10. 51	4. 261	43. 29	2. 842	
15	ZK0702-13-10-7	Ccy	41. 59	0. 183	<	61. 16	15. 29	1. 590	33. 18	3. 126	369. 4	0. 141	3. 494	2. 381	318927	5895	4. 630	3. 920	219. 4	2. 334	0. 05
16	ZK0702-13-10-8	Ccy	37. 05	0. 067	0. 124	11. 07	<	2. 987	36. 61	8. 697	238. 6	0. 094	221. 5	1. 420	290272	745. 4	7. 780	3. 842	0. 218	2. 144	0. 08
17	ZK0702-13-10-9	Ccy	5. 317	0. 446	0. 502	1. 054	7. 236	<	15. 40	2. 200	11. 51	0. 036	1. 091	1. 692	329761	65. 16	1. 597	4. 967	0. 063	2. 761	
18	ZK0702-2-1-1	Ccy	5. 122	<	49. 97	<	67. 57	1. 453	<	<	1518	1. 143	6. 134	14. 04	290257	1676	2. 011	29. 05	<	2. 508	
19	ZK0702-2-1-5	Ccy	4. 383	<	67. 31	2. 731	4. 108	<	30. 19	4. 789	70. 42	0. 064	45. 11	4. 785	320795	867. 4	3. 539	6. 722	0. 504	3. 339	
20	ZK0702-2-1-6	Ccy	4. 016	0. 063	78. 36	7. 516	24. 31	0. 323	28. 05	1. 625	181. 4	0. 173	5. 011	4. 389	307273	1303	1. 569	13. 71	<	4. 126	0. 01
21	ZK0702-2-2-2	Ccy	1. 093	0. 093	175. 4	1. 590	33. 81	0. 086	1. 900	1. 014	43. 70	0. 040	1. 480	1. 518	324254	272. 3	0. 313	67. 05	0. 046	4. 169	0. 05
22	ZK0702-2-2-5	Ccy	3. 514	0. 010	51. 76	<	22. 85	<	11. 12	2. 265	20. 86	0. 108	3. 992	2. 524	326752	93. 62	1. 833	6. 993	10. 43	4. 224	
23	ZK0702-13-10-4	Sp	5. 211	0. 127	2. 996	2647	17. 40	0. 093	8. 630	0. 239	4. 060	<	0. 891	3. 104	33. 45	733931	0. 197	1. 417	0. 053	8. 068	0. 01

续表

序号	点号	矿物	Ag	Au	Ga	Cd	Se	Co	Ni	As	Pb	Bi	Cr	Mn	Cu	Zn	Sb	Ge	Mo	In	Co/Ni
24	ZK0702-13-10-5	Sp	5. 084	0. 177	2. 758	2649	13. 95	0. 117	<	0. 455	0. 457	<	1. 075	3. 134	45. 22	730279	0. 378	1. 373	0. 182	8. 645	
25	ZK0702-13-10-13	Sp	72. 54	0. 178	2. 758	3091	13. 75	0. 112	<	14. 10	509. 5	0. 035	<	1. 851	49429	683776	10. 79	2. 034	0. 142	6. 124	
26	ZK0702-13-10-14	Sp	8. 144	0. 150	2. 054	2735	9. 880	0. 071	3. 957	0. 525	3. 802	0. 002	0. 843	3. 076	214. 0	729992	0. 302	2. 185	0. 461	7. 169	0. 02
27	ZK0702-13-10-15	Sp	13. 11	0. 201	3. 346	2664	9. 871	0. 097	6. 186	0. 830	1. 452	<	1. 534	3. 511	46. 13	727619	0. 636	2. 028	0. 582	7. 557	0. 02
28	ZK0702-13-10-16	Sp	9. 759	0. 161	2. 722	2648	9. 198	0. 024	<	0. 698	2. 134	0. 003	<	3. 906	156. 0	729366	2. 821	0. 904	0. 744	10. 54	
29	ZK0702-13-10-17	Sp	9. 269	0. 160	2. 379	2592	3. 383	0. 058	<	0. 661	2. 378	<	0. 713	4. 468	230. 3	734024	2. 627	1. 990	0. 045	9. 647	
30	ZK0702-2-1-2	Sp	491. 6	<	2. 218	30. 50	5124	0. 040	15. 77	2. 327	837934	674. 5	44. 59	3. 311	92. 05	5389	36. 26	2. 290	0. 661	0. 112	0. 00
31	ZK0702-13-6-4	Tth	250. 5	0. 096	3. 508	28. 51	<	<	31. 66	65. 00	796. 8	0. 064	8. 950	2. 313	320120	4748	17. 81	9. 280	26. 06	<	
32	ZK0916-13-1-1	Tn	3882	0. 123	221. 4	74. 51	8. 053	0. 050	21. 34	23944	35. 72	<	7. 928	3. 037	541781	9827	8566	3. 771	<	0. 094	0. 00
33	ZK0702-13-6-2	Tn	9429	0. 623	1. 667	1263	4. 125	<	23. 45	153781	106. 5	0. 039	21. 51	3. 123	352405	109585	71101	0. 635	1. 000	0. 275	
34	ZK0702-13-6-3	Tn	9496	0. 477	1. 430	1201	3. 744	<	6. 954	158603	14. 03	<	7. 314	2. 330	341567	98051	70316	1. 339	0. 264	0. 210	
35	ZK0702-13-6-5	Tn	10285	0. 447	2. 113	1133	3. 756	0. 065	30. 51	161313	29. 43	<	1. 811	1. 182	339424	96908	72467	0. 434	47. 20	0. 187	0. 00
36	ZK0702-13-6-6	Tn	9787	0. 444	0. 597	1139	2. 114	<	35. 34	162423	26. 96	<	1. 340	1. 901	343326	96833	73315	2. 342	50. 59	0. 197	
37	ZK2102-3-1-2	Py	0. 076	<	0. 669	0. 030	203. 2	457. 8	<	0. 590	2. 204	0. 020	3. 911	3. 139	24. 99	8. 345	0. 100	8. 254	0. 115	0. 034	
38	ZK2102-3-1-1	Ccy	1. 409	<	1. 658	2. 877	43. 61	0. 276	71. 09	0. 795	5. 976	0. 449	1. 342	3. 030	302056	46. 90	0. 228	7. 566	0. 185	8. 700	0. 00
39	ZK2102-3-1-3	Ccy	1. 297	<	0. 983	2. 102	48. 77	0. 208	18. 63	2. 622	8. 964	0. 391	3. 589	2. 943	316166	39. 58	0. 246	3. 981	0. 054	8. 197	0. 01
40	ZK2102-3-2-1	Ccy	6. 109	0. 083	0. 870	3. 074	44. 40	<	19. 63	<	6. 900	7. 150	4. 953	<	316396	32. 51	<	4. 923	<	13. 00	
41	ZK2102-3-2-2	Ccy	2. 679	0. 023	<	2. 308	56. 50	<	<	27. 36	5. 961	3. 142	4. 350	2. 108	316698	32. 47	0. 050	5. 748	0. 105	12. 29	
42	ZK2102-3-1-4	Tn	556. 6	0. 947	0. 859	2413	145. 7	0. 858	0. 262	218515	1. 844	10885	1. 015	0. 885	356313	93919	12332	1. 089	0. 193	3. 093	3. 27
43	ZK2102-3-1-5	Tn	509. 4	0. 988	<	2415	135. 4	0. 942	31. 12	224200	4. 070	9505	0. 954	<	338268	93338	13234	0. 080	<	2. 747	0. 03
44	ZK2102-3-2-3	Tn	743. 4	0. 819	0. 473	2763	157. 9	<	29. 14	205748	3. 028	15219	2. 409	0. 754	347126	97411	18877	0. 568	0. 127	5. 164	
45	ZK2102-3-2-4	Tn	736. 0	0. 847	<	2499	152. 3	<	8. 830	200380	2. 093	12225	2. 843	<	359413	95631	21029	3. 669	0. 030	4. 377	

注：序号 1-36 的点为Ⅱ号矿化带，37-45 的点为Ⅰ号矿化带；<为低于检出限；Py—黄铁矿；Ccp—黄铜矿；Sp—闪锌矿；Tn—砷黝铜矿；Tth—黝铜矿。

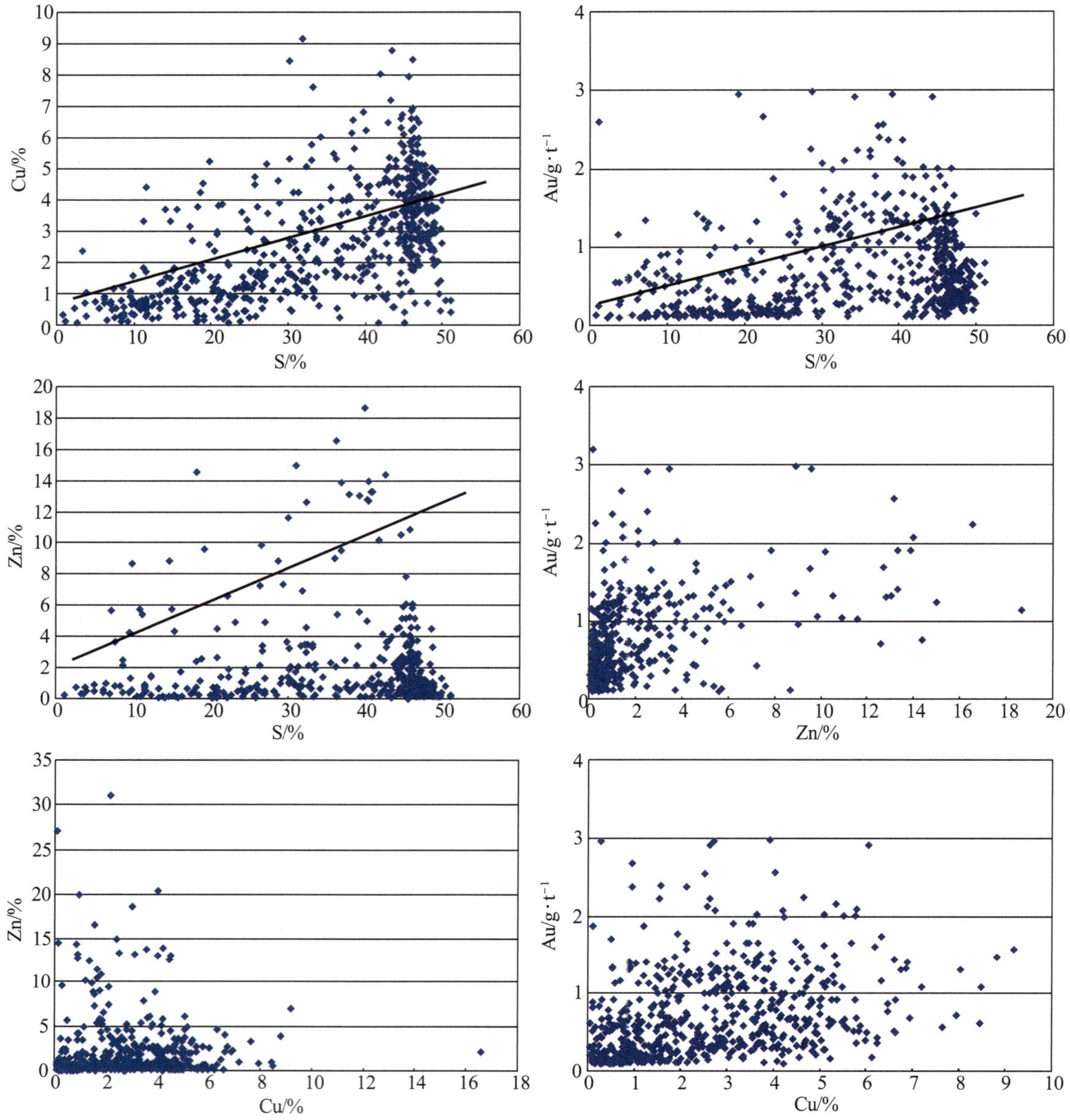

图 4-80　阿舍勒铜锌矿Ⅰ号矿化带矿石中 Cu、Zn、Au、S 相关图
（数据来自新疆地质矿产勘查开发局第四地质大队和新疆哈巴河阿舍勒铜业有限公司）

13 个黄铜矿点中有 6 个点 Co 含量低于检出限，7 个点含量为 $0.086\times10^{-6}\sim2.987\times10^{-6}$；11 个点 Ni 含量为 $1.90\times10^{-6}\sim71.09\times10^{-6}$；11 个点 As 含量为 $0.795\times10^{-6}\sim27.36\times10^{-6}$，平均 5.3×10^{-6}，高于黄铁矿；13 个点 Pb 含量为 $5.961\times10^{-6}\sim1518.4\times10^{-6}$，Cr 含量为 $1.091\times10^{-6}\sim221.5\times10^{-6}$。

闪锌矿线分析（图 4-82）表明从 1 颗粒边部到核部再到边部，Ag 元素除边部 1 个点外，其他 4 个点含量变化不大；Cd 和 Se 元素变化规律一致，从 1 个边部经过核部到另一个边部，含量逐渐降低；In 元素表现出与 Cd 和 Se 相反的规律，从一个边到核部再到边部，含量逐渐升高，In 与 Cd 和 Se 具有互补关系；Ge 元素除 1 个核部到边部的中间点（16 点）外，其他 4 个点含量基本一致；Ga 元素核部最高，向边部降低。

Ⅰ和Ⅱ号矿化带脉状矿化黝铜矿和砷黝铜矿中 Ag 含量最高，为含银矿物，为 $250.5\times10^{-6}\sim10285\times10^{-6}$，平均 4567.5×10^{-6}，特别是Ⅱ号矿化带，这与电子探针分析结果一致（Ag 含量为 0.11%～1.34%，杨富全等，2016），矿物中 Ag 含量高是Ⅱ号矿化带圈定出铜铅锌银矿体的主要原因。闪锌矿中 Ag 含量为 $5.08\times10^{-6}\sim491.6\times10^{-6}$，平均 76.84×10^{-6}。黄铜矿中 Ag 含量为 $1.09\times10^{-6}\sim41.59\times10^{-6}$，

图 4-81　阿舍勒铜锌矿Ⅰ和Ⅱ号矿化带脉状矿化硫化物 LA-ICP-MS 分析点位图

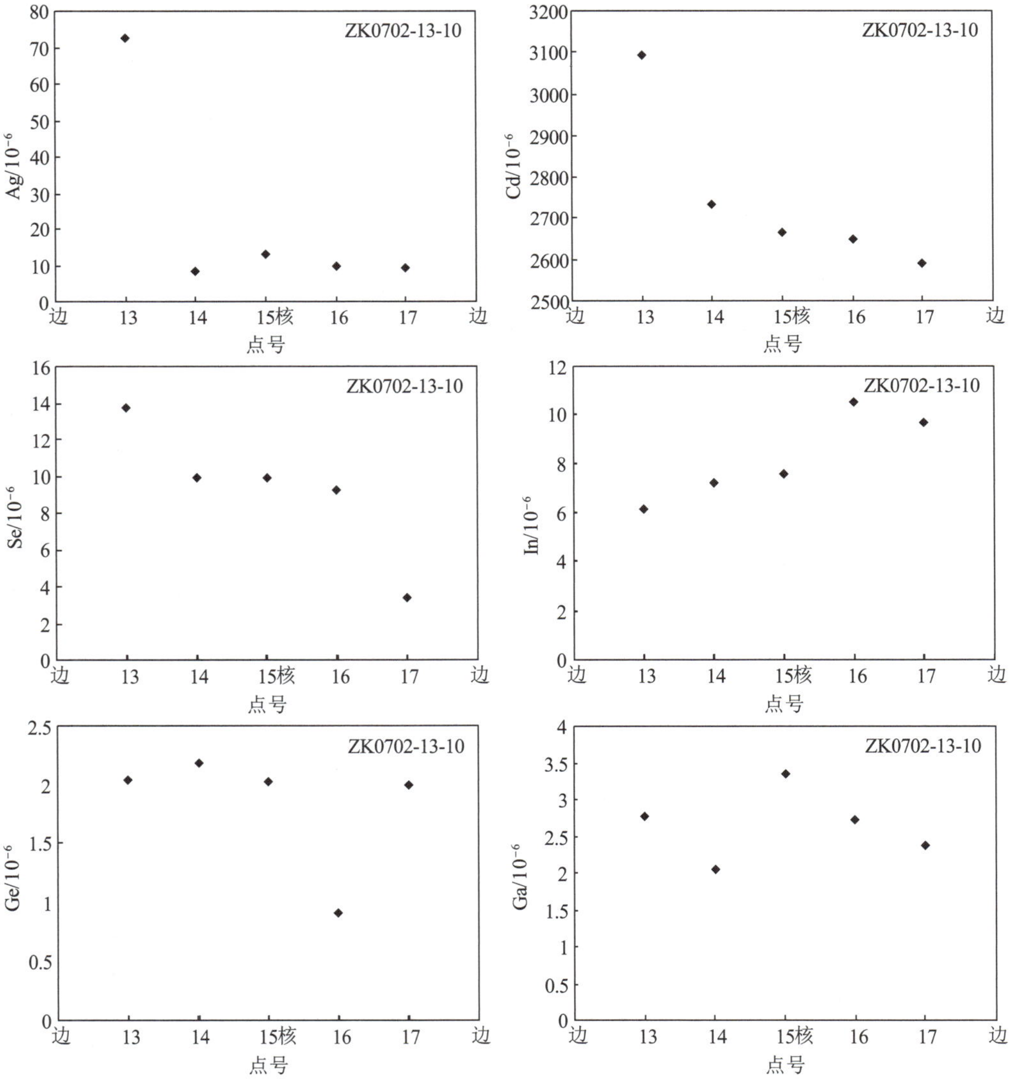

图 4-82　阿舍勒铜锌矿闪锌矿不同部位元素变化图

平均为 8.94×10^{-6}。黄铁矿中 Ag 含量最低，14 个点中只有 7 个点测到 Ag 含量，为 0.08×10^{-6}~7.76×10^{-6}，平均为 2.03×10^{-6}，其余 7 个点 Ag 含量低于检出限。

9 个砷黝铜矿点 Au 含量为 0.123×10^{-6}~0.988×10^{-6}，平均为 0.635×10^{-6}，并且Ⅰ号矿化带 Au 含量（平均 0.900×10^{-6}）高于Ⅱ号矿化带（平均 0.423×10^{-6}）。8 个闪锌矿点中除 1 个点低于检出限外，Au 含量为 0.127×10^{-6}~0.201×10^{-6}，平均为 0.165×10^{-6}。13 个黄铜矿点中 4 个点低于检出限，其他的变化范围为 0.010×10^{-6}~0.446×10^{-6}，平均为 0.12×10^{-6}，Ⅰ号矿化带 Au 含量低于Ⅱ号矿化带。1 个黝铜矿点 Au 含量为 0.096×10^{-6}。黄铁矿中 Au 含量低，测得 14 个点中 8 个点 Au 含量为 0.001×10^{-6}~0.111×10^{-6}，平均为 0.03×10^{-6}。

13 个黄铜矿点中 2 个点低于检出限，其他的 Ga 含量变化较大，介于 0.124×10^{-6}~175.4×10^{-6} 之间，平均为 38.87×10^{-6}，并且Ⅱ号矿化带（平均 53.02×10^{-6}）高于Ⅰ号（平均 1.17×10^{-6}）。9 个砷黝铜矿点中Ⅰ号矿化带有 2 个点低于检出限，其他点位的 Ga 含量为 0.473×10^{-6}~221.4×10^{-6}，平均为 32.65×10^{-6}，并且Ⅱ号矿化带（平均 45.44×10^{-6}）高于Ⅰ号（平均 0.67×10^{-6}）。1 个黝铜矿点 Ga 含量为 3.508×10^{-6}。8 个闪锌矿的 Ga 含量为 2.054×10^{-6}~3.346×10^{-6}，平均为 2.65×10^{-6}。14 个黄铁矿点中有 6 个 Ga 含量低于检出限，其他 8 个点 Ga 含量为 0.093×10^{-6}~0.669×10^{-6}，平均为 0.352×10^{-6}，并且Ⅰ号矿化带（0.669×10^{-6}）高于Ⅱ号（平均 0.31×10^{-6}）。

8 个闪锌矿 Cd 含量最高，为 30.50×10^{-6}~3091×10^{-6}，平均为 2382×10^{-6}。9 个砷黝铜矿点 Cd 含量为 74.51×10^{-6}~2763×10^{-6}，平均为 1656×10^{-6}，并且Ⅰ号矿化带（平均 2522×10^{-6}）高于Ⅱ号（平均 962×10^{-6}）。1 个黝铜矿点 Cd 含量为 28.51×10^{-6}。13 个黄铜矿点中 2 个点低于检出限，其他的 Cd 含量变化较大，介于 0.586×10^{-6}~61.16×10^{-6} 之间，平均为 8.73×10^{-6}，并且Ⅱ号矿化带（平均 12.24×10^{-6}）高于Ⅰ号（平均 2.59×10^{-6}）。14 个黄铁矿点中有 3 个 Cd 含量低于检出限，其他 11 个点的 Cd 含量为 0.009×10^{-6}~11.06×10^{-6}，平均为 1.535×10^{-6}。

8 个闪锌矿 Se 含量变化大，介于 3.383×10^{-6}~5124×10^{-6} 之间，平均为 650×10^{-6}。9 个砷黝铜矿点 Se 含量为 2.114×10^{-6}~157.9×10^{-6}，平均为 68.12×10^{-6}，并且Ⅰ号矿化带（平均 147.83×10^{-6}）高于Ⅱ号（平均 4.36×10^{-6}）。13 个黄铜矿点中 1 个点低于检出限，其他的测试点 Se 含量为 4.108×10^{-6}~67.57×10^{-6}，平均为 31.32×10^{-6}，并且Ⅰ号矿化带（平均 48.32×10^{-6}）高于Ⅱ号（平均 22.82×10^{-6}）。14 个黄铁矿点 Se 含量为 1.231×10^{-6}~203.2×10^{-6}，平均为 26.32×10^{-6}，并且Ⅰ号矿化带（203.2×10^{-6}）高于Ⅱ号（平均 12.71×10^{-6}）。1 个黝铜矿点 Se 含量低于检出限。

8 个闪锌矿点 In 含量为 0.112×10^{-6}~10.54×10^{-6}，平均为 7.23×10^{-6}。13 个黄铜矿点中 In 含量为 2.144×10^{-6}~13.00×10^{-6}，平均为 5.43×10^{-6}，并且Ⅰ号矿化带（平均 10.55×10^{-6}）远高于Ⅱ号（平均 3.16×10^{-6}）。9 个砷黝铜矿点 In 含量为 0.094×10^{-6}~5.164×10^{-6}，平均为 1.816×10^{-6}，并且Ⅰ号矿化带（平均 3.845×10^{-6}）高于Ⅱ号（平均 0.193×10^{-6}）。14 个黄铁矿点中有 3 个点 In 含量低于检出限，其他 11 个点 In 含量为 0.001×10^{-6}~0.399×10^{-6}，平均为 0.06×10^{-6}，1 个黝铜矿点 In 含量低于检出限。

13 个黄铜矿点 Ge 含量为 3.842×10^{-6}~67.05×10^{-6}，平均为 12.52×10^{-6}，并且Ⅱ号矿化带（平均 15.61×10^{-6}）高于Ⅰ号（平均 5.55×10^{-6}）。1 个黝铜矿点 Ge 含量为 9.28×10^{-6}。14 个黄铁矿点 Ge 含量为 5.724×10^{-6}~8.897×10^{-6}，平均为 6.99×10^{-6}。8 个闪锌矿点 Ge 含量为 0.904×10^{-6}~2.29×10^{-6}，平均为 1.78×10^{-6}。9 个砷黝铜矿点 Ge 含量为 0.08×10^{-6}~3.771×10^{-6}，平均为 1.55×10^{-6}。

综上所述，阿舍勒铜锌矿伴生元素 Ag、Au、Ga、Cd 和 Se，其他稀散元素 In 和 Ge，其赋存的矿物不完全相同，Ag 主要赋存于黝铜矿和砷黝铜矿中，其次为闪锌矿，少量黄铜矿；Au 含量最高的矿物为砷黝铜矿，其次是闪锌矿、黄铜矿、黝铜矿；Ga 含量高的是黄铜矿和砷黝铜矿中，其次为黝铜矿和闪锌矿；Cd 主要赋存于闪锌矿和砷黝铜矿中，其次为黝铜矿和黄铜矿。Se 主要赋存于闪锌矿，其次为砷黝铜矿、黄铜矿和黄铁矿中。In 含量最高的是闪锌矿，其次为黄铜矿和砷黝铜矿。Ge 含量最高的是黄铜矿，其次是黝铜矿、黄铁矿。闪锌矿、砷黝铜矿中 Ag、Au、Ga、Cd、Se、In 均较高，黄铜矿中 Ga 和 Ge 含量最高，但黄铁矿中 Au、Ag、Ga、Cd、In 含量普遍较低。

（五）热液蚀变

矿区围岩蚀变发育（图4-83），可分为成矿期热液蚀变和成矿后热液蚀变。成矿期热液蚀变发育在层状矿体下盘和补给通道相，分布范围广，主要为硅化、黄铁矿化、绢云母化和绿泥石化，局部出现钠长石化、重晶石化、碳酸盐化、高岭土和叶蜡石化。硅化非常发育，主要有3种，其一是形成硅化带，即前人称为的“次生石英岩”，他形晶粒状结构，有少量硫化物和绢云母；其二是与黄铁矿、绢云母形成黄铁绢英岩，有时含少量绿泥石和方解石，面状分布；其三是分布于补给通道中，呈细脉、网脉状、团块状，与黄铁矿、黄铜矿共生构成脉状铜矿化，与黄铁矿、黄铜矿、黝铜矿、方铅矿

图4-83　阿舍勒铜锌矿热液蚀变

A-D—成矿期蚀变：A—补给通道相硅化和黄铁矿化；B—黄铁矿星点状分布于凝灰岩中；C—补给通道相硅化、黄铁矿化和绿泥石化；D—凝灰岩中稠密浸染状-细脉状黄铁矿；E-H—成矿后蚀变：E—玄武岩中绿帘石化被石英脉穿切；F—玄武岩中方解石脉；G—凝灰岩中萤石石英脉；H—韧性剪切带中黄铁矿和绢云母

和闪锌矿等共生形成脉状多金属矿化，同时也广泛分布于脉状矿体四周的凝灰岩中。补给通道相热液蚀变极其发育，与细脉状、浸染状、网脉状、角砾状矿化相伴生，形成蚀变岩筒。Ⅰ号矿化带补给通道相成矿元素主要为 Cu 和 Zn，伴生 Au 和 Ag，Ⅱ号蚀变带为 Cu、Pb、Zn、Au，局部伴生 Au。

（六）成矿期次划分

根据矿体特征、矿化类型、矿脉穿插关系、矿物共生组合、生成顺序、矿石组构、热液蚀变等特征，将矿床成矿过程划分为 4 期：喷流沉积期、区域变质期、剪切变形期和表生期。喷流沉积期是阿舍勒铜锌矿床主要成矿期，发生在火山活动间歇期，与海底火山喷气活动有关。喷流沉积期包括 3 个相的矿化，即喷流沉积相、补给通道相和次火山热液相。VMS 型矿床具有“双层结构”，即海底堆积的块状硫化物矿石及其下含矿热液补给带的细脉状、网脉状和浸染状矿石，后者伴随围岩的强烈蚀变。喷流沉积相形成层状矿体，其矿石构造主要有纹层（条纹）状构造、条带状构造、致密块状构造、稠密浸染状构造、中等浸染状构造。纹层状构造是 VMS 型矿床的典型标志，由不同的硫化物和非金属矿物相间排列，具有明显的韵律层理和粒序层理。条带状构造由硫化物薄层与凝灰岩薄层相间组成，或者由不同硫化物条带相间组成，或由稠密浸染状-块状与稀疏浸染状黄铁矿相间组成，由粗中粒至细粒硫化物韵律变化。喷流沉积成矿作用和热液充填交代成矿作用紧密相伴，是同一成矿作用在不同矿化部位的不同表现，但二者发生的时间有先后，可见补给通道相脉状矿化穿切喷流沉积相层状矿化。阿舍勒矿区具有多个“双层结构”，如Ⅰ号矿化带、Ⅱ号矿化带具有不同特征的“双层结构”。同一矿体在垂向上可以发育 2 个“双层结构”。不同矿化带矿化时间有差别，年代学表明，Ⅱ号矿化带最早（394 Ma），其次是Ⅰ号矿化带（388 Ma 左右），最晚是Ⅳ号矿化带（379 Ma）（杨富全等，2016）。

区域变质期发生在喷流沉积期之后，矿区火山岩、矿体发生变形和变质作用，矿体和围岩发生同步褶皱，原层状矿体由近水平变成向 NE 陡倾斜。同时早期形成的矿石发生重结晶，粒度变大，自形程度提高，脆性矿物碎裂，塑性矿物呈小透镜体定向排列。岩石中绢云母和绿泥石定向排列，在片理裂隙两侧发生重结晶，粒度变大，早期黄铁矿和石英破碎或呈挤压透镜体，新生的黄铁矿和石英沿片理裂隙分布。一些矿物发生塑性流动，如方铅矿的揉皱结构，方铅矿、黄铜矿、黝铜矿呈不规则的细脉、网脉沿矿石或矿物裂隙穿插。也形成一些变质热液脉，如石英脉、方解石脉、石英方解石脉、黄铁矿石英脉、黄铁矿黄铜矿方解石石英脉，它们切穿矿体和矿化蚀变火山岩（陈毓川等，1996）。

剪切变形期主要是指矿区受玛尔卡库里深大断裂多期活动的影响发育多条韧性剪切带，火山熔岩、火山碎屑岩、矿化带和矿体发生剪切变形，伴有不同程度糜棱岩化，强片理化，位于剪切带中心部位向两侧边部糜棱岩化由强到弱，发育各种韧性剪切变形特征。剪切变形期最晚活动时间在 251～254 Ma（吴玉峰等，2015；杨成栋等，2016），该期对矿体起破坏作用，成矿物质活化、迁移，再富集不明显。

表生期主要是硫化物矿体在地表形成氧化带和次生富集带，金属硫化物矿层出露地表形成“铁帽”，呈深褐红色-锈黄色，具蜂窝状构造，褐铁矿及黄钾铁矾类含量大于 15%。其旁侧形成褐铁矿化硅化带或高岭土化硅化带（硅帽）。重晶石矿层出露地表多风化成粉末状及土状，并伴有复杂的矾类矿物。具有一定分带，上部为褐铁矿-硬锰矿-黄钾铁矾，下部为褐铁矿-孔雀石-辉铜矿-铜蓝-胆矾组合，底部为黄铁矿-褐铁矿-辉铜矿-铜蓝共生组合，局部形成自然铜。

二、成矿作用

（一）成矿时代

阿舍勒铜锌矿床为 VMS 矿床，属于同生沉积矿床，无论是喷流沉积相层状矿化，还是补给通道相脉状矿化均与海相火山作用有关，因此，含矿火山岩系中火山岩年龄可以限定成矿时代。杨富全等（2013）获得Ⅰ号矿化带 1 号矿体顶板（矿体已倒转，原始矿体的底板）阿舍勒组凝灰岩锆石 U-Pb 谐和年龄为 387±4.2 Ma，矿体底板（原始矿体的顶板）玄武岩 $^{206}Pb/^{238}U$ 的加权平均年龄为 388±3.3 Ma，二者相差仅 1 Ma，限定阿舍勒铜锌矿Ⅰ号矿化带主矿体形成于 388~387 Ma，为早泥盆世末期。

为了获得直接的成矿年龄，本次开展了Ⅰ号矿化带层状矿化黄铁矿 Re-Os 年龄测试，采集 7 件层状矿化样品为不同中段的致密块状、稠密浸染状和条带状铜锌矿石，矿物组合为黄铁矿+黄铜矿+（闪锌矿）+（石英）（图 4-84）。挑选黄铁矿和黄铜矿单矿物在国家地质实验测试中心利用美国热电公司（Thermo Fisher Scientific）生产的高分辨电感耦合等离子体质谱仪 HR-ICP-MS Element 2 进行 Re-Os 同位素比值测定。分析流程见屈文俊等（2009）和杜安道等（2012）。测试结果见表 4-29。

图 4-84　阿舍勒铜锌矿层状矿化黄铁矿 Re-Os 年龄样品

表 4-29　阿舍勒铜锌矿层状矿化黄铁矿 Re-Os 同位素数据

样号	样重/g	$Re/10^{-9}$		普 $Os/10^{-9}$		$^{187}Re/10^{-9}$	
		测定值	不确定度	测定值	不确定度	测定值	不确定度
50 北 3-1	0.2003	35.11	0.36	0.0177	0.0001	22.06	0.22
50 北 3-2	0.2007	7.62	0.06	0.0047	0.0001	4.79	0.04
200CM4-1	0.2005	69.53	0.51	0.0220	0.0002	43.69	0.32
300CM10-1	0.2004	18.65	0.14	0.0149	0.0001	11.72	0.09
350-1705-2	0.2006	6.64	0.05	0.0025	0.0000	4.17	0.03
350-1901-1	0.2028	15.98	0.12	0.0107	0.0001	10.04	0.07
200-1904-1	0.2009	17.22	0.13	0.0097	0.0001	10.82	0.08

样号	$^{187}Os/10^{-9}$		$^{187}Re/^{188}Os$		$^{187}Os/^{188}Os$		模式年龄/Ma	
	测定值	不确定度	测定值	不确定度	测定值	不确定度	测定值	不确定度
50 北 3-1	0.1442	0.001	1252	15	8.47	0.01	391.1	7.3
50 北 3-2	0.0313	0.000	1014	13	6.93	0.05	391.4	7
200CM4-1	0.2848	0.002	1994	21	13.3	0.02	390	6.7
300CM10-1	0.0776	0.001	790.5	8.3	5.52	0.02	395.9	7.1
350-1705-2	0.0273	0.000	1646	17	11.08	0.02	391.2	6.7
350-1901-1	0.0637	0.001	940	10	6.27	0.01	379.8	6.7
200-1904-1	0.0698	0.001	1125	12	7.55	0.03	386	6.7

7 件层状矿化黄铁矿样品具有低的 Re 和普通 Os 含量，分别为 $6.64\times10^{-9}\sim69.53\times10^{-9}$ 和 $0.0195\times10^{-9}\sim0.1685\times10^{-9}$，$^{187}Re/^{188}Os$ 和 $^{187}Os/^{188}Os$ 值分别为 790.5～1994 和 5.52～13.30。模式年龄为 379.8～395.9 Ma。阿舍勒矿集区形成后遭受了区域变质作用和韧性剪切变形作用等，会影响 Re-Os 系统的稳定性，等时线年龄不能正确的反映成矿年龄。模式年龄的加权平均年龄更可信，可以反映成矿时间。7 件层状矿化黄铁矿样品加权平均年龄为 389.1±9.9 Ma（MSWD=0.15）（图 4-85）。该年龄与矿体顶底板玄武岩和凝灰岩锆石 LA-MC-ICP-MS U-Pb 年龄一致（387～388 Ma），表明成矿作用发生在为 388 Ma。

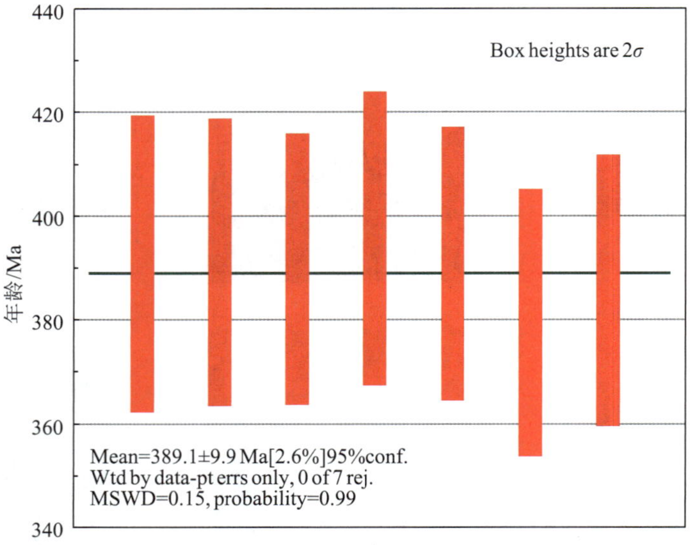

图 4-85　阿舍勒铜锌矿层状矿化黄铁矿 Re-Os 同位素加权平均年龄

Ⅱ号矿化带发育重晶石矿体和铜铅锌银多金属矿体，前者具有层状矿化特征，后者具有通道相矿化特征，二者构成 VMS 型矿床的双层结构。Ⅱ号矿化带流纹斑岩 18 颗锆石 LA-MC-ICP-MS U-Pb 的加权平均年龄为 394.1±3.1 Ma，限定Ⅱ号矿化带形成于 394 Ma 左右（杨富全等，2016），成矿时间早于Ⅰ号矿化带，这与地质观察一致，Ⅱ号矿化带地层早于Ⅰ号矿化带。

Ⅳ号矿化带成矿与英安斑岩（次火山岩）有关，13 颗锆石 LA-MC-ICP-MS U-Pb 年龄的加权平均年龄为 378.4±1.6 Ma，谐和年龄为 379.4±0.8 Ma，二者在误差范围内一致，限定英安斑岩侵位时间为 379 Ma，与其相关的矿化略晚于 379 Ma（杨富全等，2013）。

综上所述，阿舍勒铜锌矿不同矿化带成矿时代不同，目前的年代学资料限定首先在 394 Ma 形成Ⅱ号矿化带，其次在 388 Ma 左右形成Ⅰ号矿化带，最晚在 379 Ma 形成Ⅳ号矿化带。

（二）成矿流体性质

对Ⅰ号矿化带脉状矿化的石英进行流体包裹体研究，1 件样品采自 300 m 中段 CM2，2 件样品采自 350 m 中段 1705 线，6 件采自 ZK2102 钻孔岩心在-527～-560 m 深度样品，对 5 件Ⅱ号矿化带层状重晶石开展了流体包裹体研究（表 4-30，图 6-86～图 6-89）。流体包裹体显微测温工作在中国地质大学（北京）地球化学实验室利用英国产 LINKAM THMSG 600 冷热台上进行。

1. Ⅰ号矿化带脉状矿化流体包裹体特征及显微测温

本次开展的Ⅰ号矿化带脉状矿化石英中流体包裹体类型、温度和盐度在不同位置存在明显差异。300 m 中段 CM2 和 350 m 中段 1705 线包裹体类型简单，只发育 H_2O-NaCl 型中的液体包裹体；21 勘探线-527～-560 m 脉状矿化石英中包裹体类型复杂，既有 H_2O-NaCl 型中的液体包裹体、气体包裹体、纯气体包裹体和含子矿物包裹体，又广泛发育 H_2O-CO_2（$\pm CH_4/N_2$）-NaCl 型中的含液体 CO_2 包裹体。

表 4-30 阿舍勒铜锌矿床石英流体包裹体显微测温结果及参数

样品位置	包裹体类型	CO_2 笼形物消失温度/℃	CO_2 部分均一温度/℃	完全均一/℃		冰点/℃	盐度($NaCl_{eq}$)/%	
				范围	平均		范围	平均
300 m 中段 CM2	液体包裹体			121~331(20)	191	-7.4~-3.2	5.26~10.98(18)	8.76
350 m 中段 1705 线	液体包裹体			151~457(39)	261	-7.4~-2.0	3.39~10.98(31)	7.62
21 勘探线 -527~-560 m	液体包裹体			104~335(69)	193	-6.4~-2.3	3.87~9.73(47)	7.28
	气体包裹体			328(1)	328	-6.0	9.21(1)	9.21
	含子矿物包裹体			子矿物消失温度 130~285(7)	209	-5.0~-3.9	6.30~7.86(4)	6.98
	含液体 CO_2 包裹体	4.4~8.4	4.7~28.9(36)	157~483(36)	234		3.15~9.89(30)	6.51

注:(20)代表包裹体数量。

Ⅰ号矿化带脉状矿化流体均一温度平均值最高的出现在 350 m 中段 1705 线，为 261℃，峰值为 250℃；其次是 21 勘探线-527~-560 m 深度，均一温度平均值为 208℃，单一的峰值为 190℃；最低的是 300 m 中段 CM2，均一温度平均值为 191℃，最高的峰值为 230℃。流体盐度平均值最高在 300 m 中段 CM2，为 8.76%（$NaCl_{eq}$），峰值为 10.5%（$NaCl_{eq}$）；其次是 350 m 中段 1705 线，为 7.62%（$NaCl_{eq}$），最高峰值为 10.5%（$NaCl_{eq}$）；最低的是 21 勘探线-527~-560 m，为 7.01%（$NaCl_{eq}$），峰值为 6.5%（$NaCl_{eq}$）。结合矿体空间分布、矿化特征和热液蚀变的组合和强弱，推断 19 线-21 线脉状矿化位置有可能是补给通道中心部位。

Ⅰ号矿化带脉状矿化的成矿流体从高温演化到低温（104~483℃），但主要在中低温（140~300℃，峰值为 170℃），盐度为低盐度（3.15%~10.98%（$NaCl_{eq}$），峰值分别为 9.5%和 6.5%（$NaCl_{eq}$）），在温度与盐度相关图上（图 4-89），温度与盐度略显负相关性。Ⅰ号矿化带脉状矿化流体均一温度略高于该带的强硅化蚀变岩（101~386℃，集中在 100~220℃之间，峰值为 170℃），二者的盐度相似（后者为 1.23%~12.28%（$NaCl_{eq}$），峰值为 8.5%（$NaCl_{eq}$））。Ⅰ号矿化带脉状矿化的成矿流体温度略高于Ⅱ号矿化带脉状多金属矿体（123~514℃，集中在 120~220℃之间，峰值为 190℃和 150℃）；Ⅰ号矿化带脉状矿化盐度也略高于Ⅱ号矿化带脉状矿体（0.71%~10.24%（$NaCl_{eq}$），峰值为 7.5%（$NaCl_{eq}$）和 2.5%（$NaCl_{eq}$））（杨富全等，2016）。

2. Ⅱ号矿化带层状重晶石流体包裹体特征及显微测温

层状重晶石矿体中重晶石的包裹体类型均为液体包裹体。重晶石中 54 个液体包裹体均一温度变化范围为 118~350℃，平均为 175℃，峰值为 155℃；盐度变化范围为 0.35%~8.28%（$NaCl_{eq}$），平均为 3.74%（$NaCl_{eq}$），峰值为 2.5%（$NaCl_{eq}$）。综合前人资料，重晶石形成温度变化较大，介于 118~513℃之间，存在高温（集中在 310~410℃之间）和中低温区间（集中在 150~230℃之间），但以中低温为主。

3. 成矿流体性质及演化

结合本团队（杨富全等，2016）和本课题在阿舍勒铜锌矿开展成矿流体研究进行总结。总体上，沉积作用形成的含铁碧玉岩、重晶石矿体和层状铜锌矿体中包裹体相对不发育，包裹体特征相同，类型简单，主要为液体包裹体，个别气体包裹体，但重晶石中气体包裹体比较发育，甚至出现了纯气体包裹体。热液作用形成的Ⅰ和Ⅱ号矿化带中脉状矿体和强硅化蚀变岩中包裹体特征相似，与沉积作用形成的明显不同，包裹体发育，类型复杂，主要为液体包裹体，少量气体包裹体、子矿物包裹体、CO_2 两相包裹体和含液体 CO_2 三相包裹体。Ⅰ号矿化带脉状铜锌矿体中含液体 CO_2 包裹体较发育，还发育纯气体包裹体。

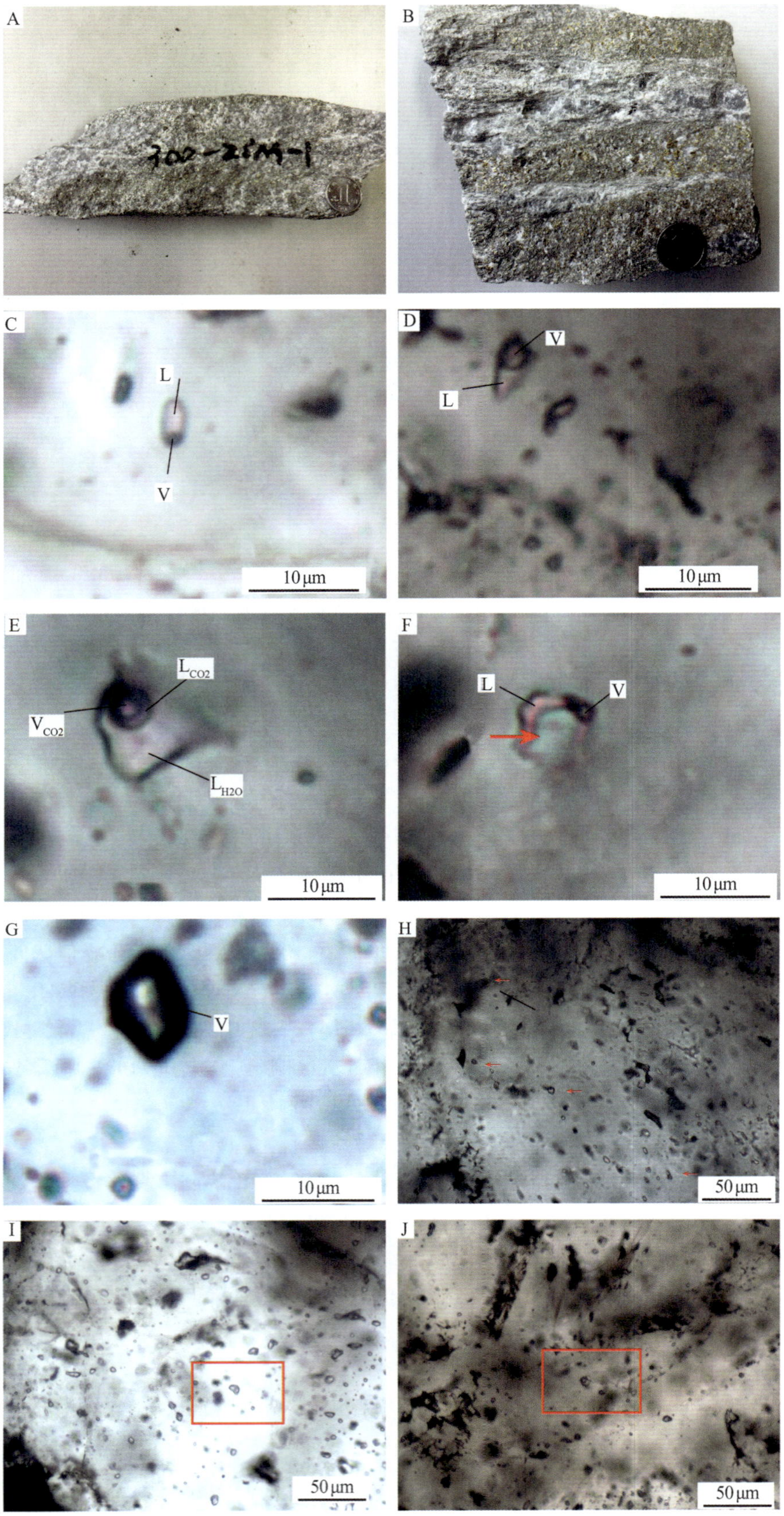

图 4-86　阿舍勒脉状和层状矿化样品及流体包裹体

A-H—Ⅰ号矿化带脉状矿化；A-B：黄铜矿黄铁矿石英脉；C-D—石英中液体包裹体；E—含液体 CO_2 三相包裹体；F—含子矿物包裹体；G—纯气体包裹体；H—不同相比的包裹体；I-J—Ⅱ号矿化带层状重晶石中液体包裹体；L—液相；V—气相

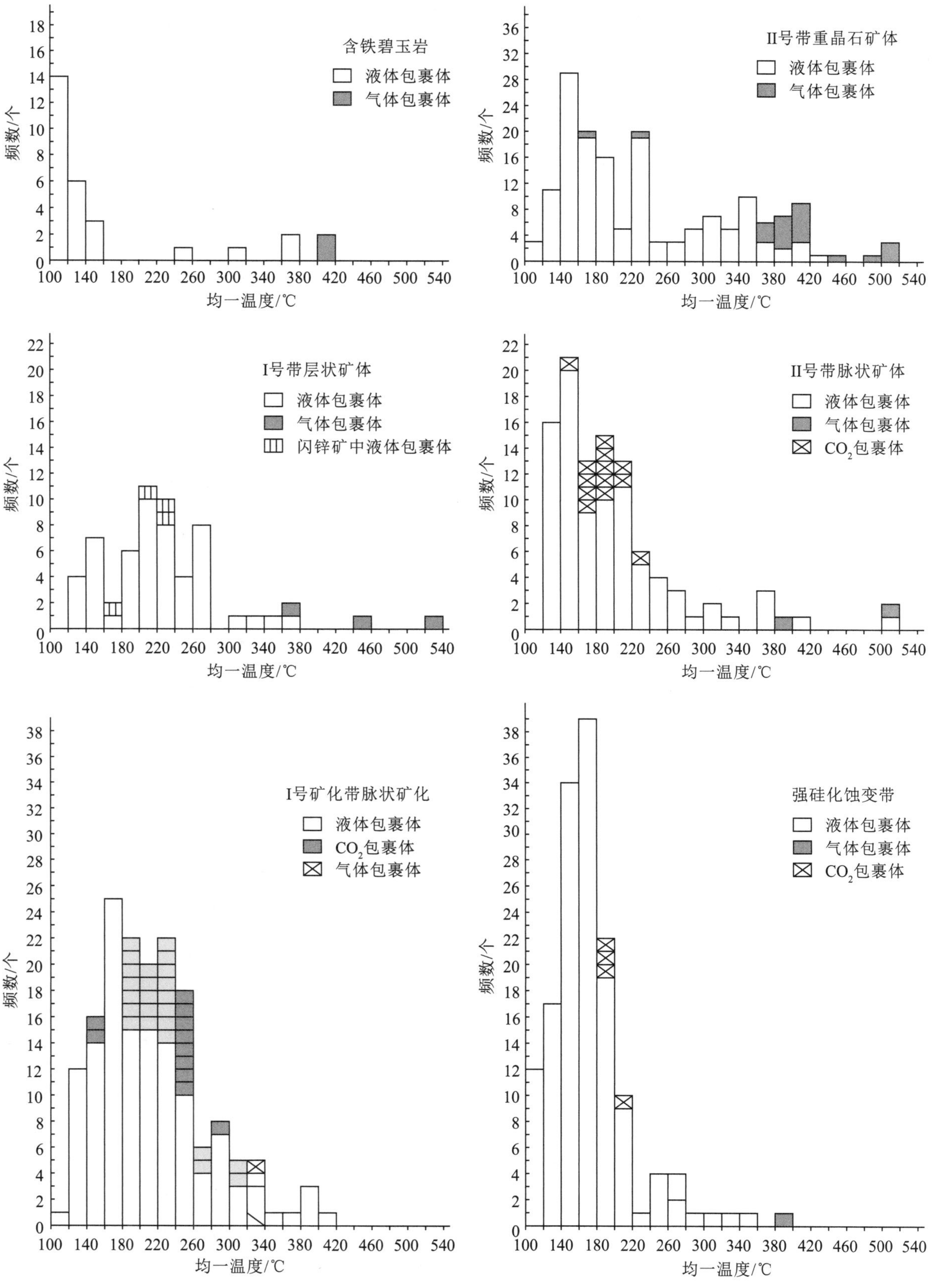

图 4-87　阿舍勒矿床流体包裹体均一温度直方图

（含铁碧玉岩、强硅化、Ⅰ号层状矿化和Ⅱ号脉状矿化资料来自杨富全等，2016；
Ⅱ号层状重晶石资料来本书和杨富全等，2016；Ⅰ号矿化带脉状矿化资料来自本书）

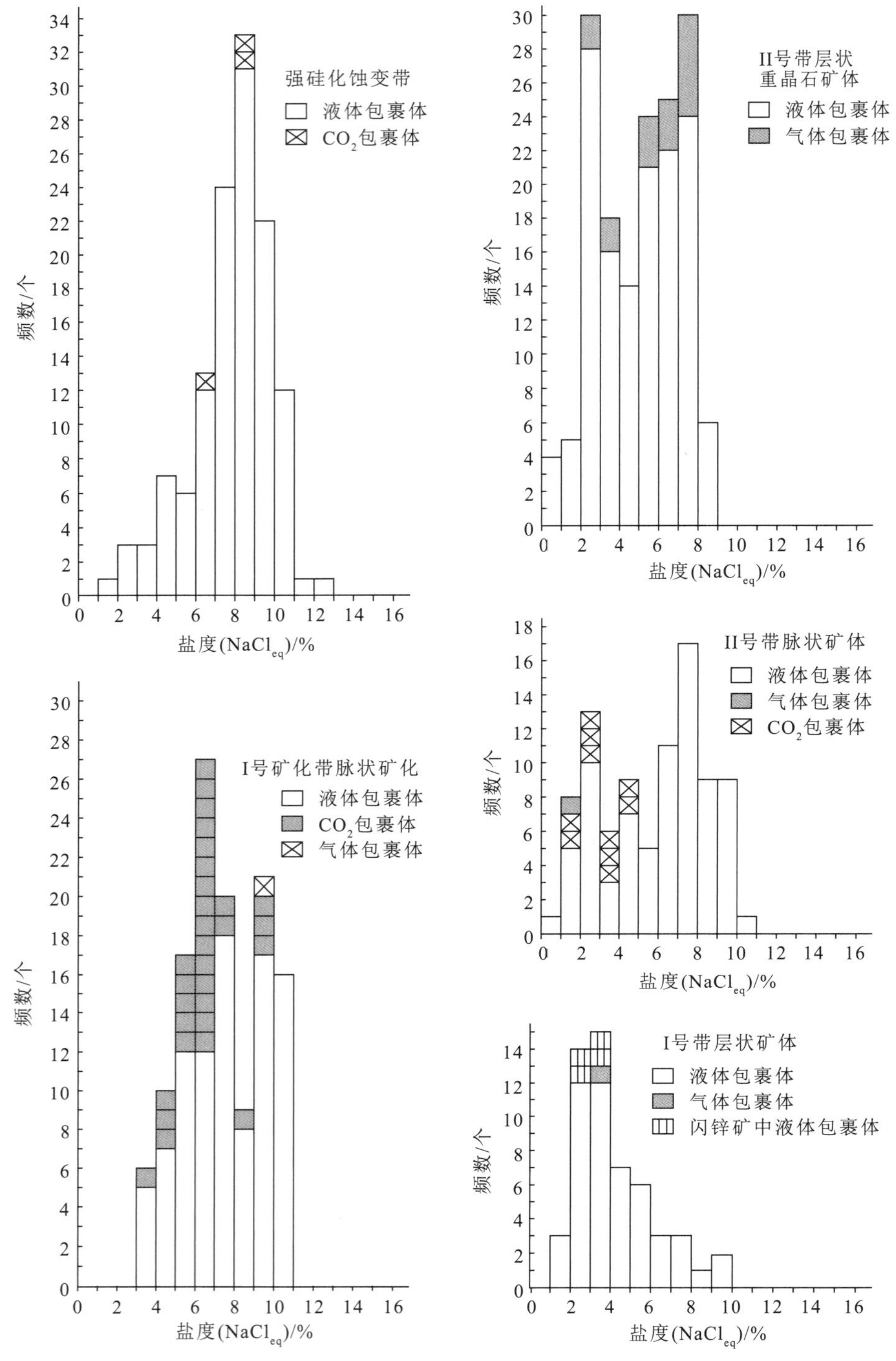

图 4-88　阿舍勒矿床流体包裹体盐度直方图

（强硅化、Ⅰ号层状矿化和Ⅱ号脉状矿化资料来自杨富全等，2016；
Ⅱ号层状重晶石资料来自本书和杨富全等，2016；Ⅰ号矿化带脉状矿化资料来自本书）

层状重晶石矿体均一温度变化大，介于 146～513℃之间，集中于 150～230℃和 310～410℃，以前者为主。流体盐度为 1.74%～8.28%（$NaCl_{eq}$），峰值分别为 2.5%（$NaCl_{eq}$）和 7.5%（$NaCl_{eq}$），盐度与温度相关性不明显。重晶石成矿流体从高温演化到低温，但盐度变化不大，以低盐度为特征。

含铁碧玉岩中石英均一温度为 100～148℃，峰值为 110℃，流体盐度为 10.24%～11.34%（$NaCl_{eq}$），表明形成含铁碧玉岩的流体以低温中盐度为特征。

Ⅰ号矿化带层状铜锌矿体石英中均一温度为 122～537℃，集中在 140～280℃，峰值为 210℃和

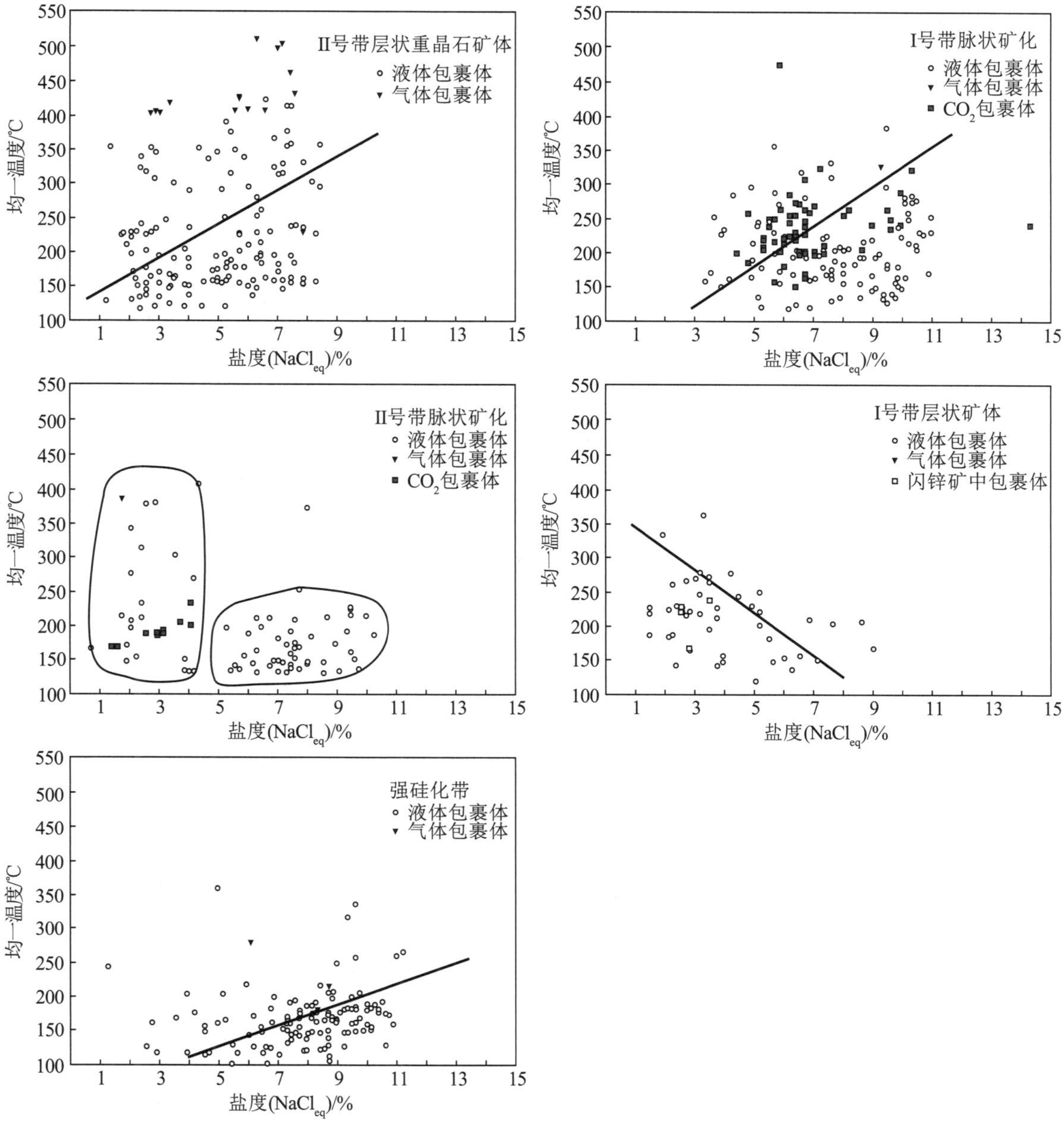

图 4-89 阿舍勒流体均一温度-盐度相关图

150℃。流体盐度为 1.57%~9.60%（$NaCl_{eq}$），峰值 3%（$NaCl_{eq}$），盐度与温度呈负相关关系。形成层状矿体成矿流体为中低温度低盐度流体。

总之，喷流沉积作用形成的含铁碧玉岩、层状重晶石和层状铜锌矿体的流体是中低温度中低盐度的 H_2O-NaCl 体系。层状重晶石形成温度相对较高，其次是层状铜锌矿体，含铁碧玉岩温度最低；从含铁碧玉岩到层状重晶石再到层状铜锌矿体盐度逐渐降低。

Ⅰ号矿化带强硅化蚀变岩中石英均一温度为 101~386℃，集中在 100~220℃之间，峰值在 170℃，流体盐度为 1.23%~12.28%（$NaCl_{eq}$），主要在 4%~11%（$NaCl_{eq}$）之间，峰值在 8.5%（$NaCl_{eq}$），盐度与温度呈正相关关系。

Ⅰ号矿化带脉状矿化的成矿流体从高温演化到低温（104~483℃），但集中在中低温（140~300℃，峰值为 170℃），盐度为低盐度（3.15%~12.6%（$NaCl_{eq}$），峰值分别为 9.5%和 6.5%（$NaCl_{eq}$）），表明成矿流体主要为中低温低盐度流体。

Ⅱ号矿化带脉状多金属矿体中石英的均一温度为 123~512℃，集中在 120~260℃，峰值在 190℃

和 150℃，流体盐度为 0.71%～10.24%（$NaCl_{eq}$），峰值分别为 7.5%（$NaCl_{eq}$）、4.5%（$NaCl_{eq}$）和 2.5%（$NaCl_{eq}$）。

显微测温表明，热液作用的成矿流体为中低温、低盐度的 $H_2O-NaCl$ 体系，在 19-21 勘探线可能为补给通道中心，为复杂的 $H_2O-CO_2-CH_4-N_2-NaCl$ 体系。从Ⅰ号矿化带脉状矿体到Ⅱ号矿化带脉状矿体再到强硅化蚀变带均一温度峰值逐渐降低。从强硅化蚀变带到Ⅰ号矿化带脉状矿体再到Ⅱ号矿化带脉状矿体盐度峰值逐渐降低。强硅化蚀变带和Ⅰ号脉状矿体的温度和盐度直方图均具有正态分布的单峰，表明成矿流体性质及来源较单一。Ⅱ号脉状矿体的温度和盐度直方图出现了 2～3 个峰值，盐度-温度相关图（图 4-89）具有明显的从高温到低温的低盐度（1%～4%（$NaCl_{eq}$））区和低温低盐度（5%～10%（$NaCl_{eq}$））区，表明成矿流体较复杂，发生过不混溶作用。初始成矿流体以部分混溶相为特征，CO_2 和 CH_4 在一定的压力和温度条件下溶于水。成矿过程中，初始温度、压力较高的流体沿断层向上运移至近海底环境，压力的突然降低是成矿流体沸腾的有效机制。$CO_2-CH_4\pm N_2$ 和 $H_2O-NaCl$ 流体的不混溶导致 $CO_2-CH_4\pm N_2$ 气相从 $H_2O-NaCl$ 体系中分离出来。推断流体不混溶在Ⅱ矿化带多金属脉成矿过程中起关键作用。

Ⅰ矿化带 19-21 勘探线脉状矿体中，含有子矿物的 CO_2 多相包裹体存在，可能表明由于较老的包裹体在后期压裂过程中重新打开，$CO_2-H_2O\pm CH_4$ 流体与 $H_2O-NaCl$ 流体局部混合（Ni et al.，2003）。脉状（网脉带）矿体和硅化带的成矿流体主要为中低温（主要均一温度为 120～280℃）、低盐度（0.7%～12.3%（$NaCl_{eq}$））的 H_2O-CO_2（$\pm CH_4/N_2$）$-NaCl$ 流体。与世界上大多数 VMS 矿床一致（如墨西哥的 VMS 矿床），网脉状矿化带中成矿流体显示出比层状矿体更高的均一温度和盐度。

（三）成矿流体来源

本次对Ⅰ号矿化带脉状矿化的石英进行 H-O 同位素研究，1 件样品采自 300 m 中段 CM2，2 件样品采自 350 m 中段 1705 线，样品为黄铁矿黄铜矿石英脉、黄铁矿石英脉。挑选纯净的石英单矿物样品，纯度达 99%以上，在核工业北京地质研究院分析测试研究中心进行 H 和 O 同位素分析，同位素所用质谱计型号为 MAT-253M。氧同位素的分析精密度为±0.2‰，氢同位素的分析精密度为±2‰。分析结果见表 4-31。

表 4-31　阿舍勒铜锌矿Ⅰ号矿化带脉状矿化 H-O 同位素结果

样品编号	矿物	$\delta^{18}O_{V-SMOW}$/‰	T_h/℃	$\delta^{18}O_{H_2O}$/‰	δD_{H_2O}/‰
300CM2-1	石英	9.5	191	-2.79	-77.9
350-1705-1	石英	10.5	258	1.92	-74.9
350-1705-2	石英	11.9	263	3.54	-77.1

3 件脉状矿化中石英的 δD_{SMOW} 变化范围集中，介于-77.9‰～-74.9‰之间，$\delta^{18}O_{SMOW}$ 值介于 9.5‰～11.9‰之间。使用石英-水分馏方程 $1000\ln\alpha = 3.38\times10^6 T^{-2} - 3.40$（Clayton et al.，1972）和同一样品石英中流体包裹体均一温度平均值，计算流体的 $\delta^{18}O_{H_2O}$ 值为-2.79‰～3.54‰。在 $\delta D-\delta^{18}O_{H_2O}$ 图解中（图 4-90），3 件样品点落在岩浆水左侧，在大气降水线和岩浆水之间，靠近岩浆水。

杨富全等（2016）获得强硅化蚀变带中石英 $\delta^{18}O_{SMOW}$ 为 9.3‰～10.9‰，$\delta^{18}O_{H_2O}$ 为-4.25‰～-0.18‰，δD 为-140‰～-94‰；Ⅰ号矿化带 21 勘探线脉状铜锌矿体中石英的 $\delta^{18}O_{SMOW}$ 为 9‰～11.1‰，$\delta^{18}O_{H_2O}$ 为-3.13‰～2.24‰，δD 为-137‰～-90‰；Ⅱ号矿化带脉状多金属矿体石英 $\delta^{18}O_{SMOW}$ 为 8.3‰～10.1‰，$\delta^{18}O_{H_2O}$ 为-2.75‰～1.47‰，δD 为-134‰～-106‰；Ⅱ号矿化带层状重晶石矿体中重晶石 $\delta^{18}O_{SMOW}$ 为 7.7‰～9.1‰，$\delta^{18}O_{H_2O}$ 为-3.03‰～1.79‰，δD 为-162‰～-135‰。强硅化蚀变带、Ⅰ和Ⅱ号补给通道中脉状矿体的氢和氧同位素特征相似，但沉积作用形成的重晶石具有最低的氢同位素，氧同位素变化不大，在 $\delta D-\delta^{18}O_{H_2O}$ 图解（图 4-90）中重晶石明显不同于前三者，

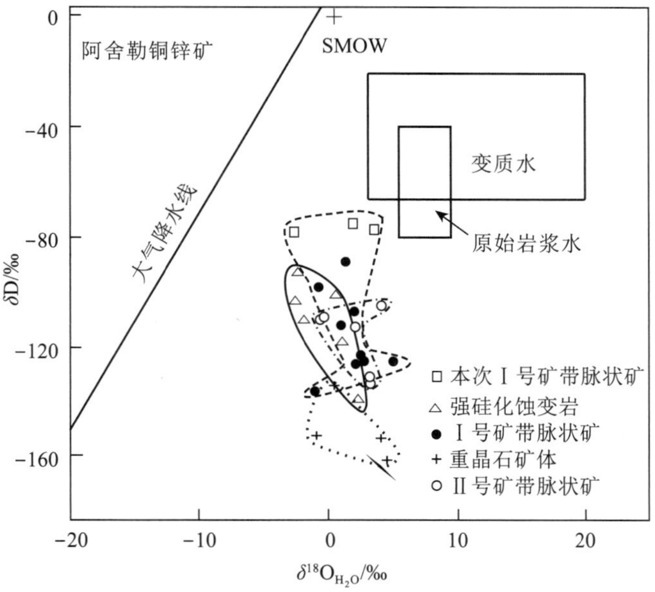

图 4-90 阿舍勒石英 $\delta D-\delta^{18}O_{H_2O}$ 图解

（原始岩浆水范围据 Sheppard，1986；除本书样品外，其他数据来自杨富全等，2016）

表明喷流到海底的成矿流体和补给通道中的成矿流体存在一定差异。在 $\delta D-\delta^{18}O_{H_2O}$ 图解中阿舍勒所有样品均落在岩浆水左下方与大气降水线之间，由于成矿作用发生在海底及其下部，大气降水贡献不可能很大，因此，成矿流体主要为来自深循环的海水与岩浆水的混合流体。陈毓川等（1996）对阿舍勒矿床喷流-沉积期和变质改造和热液叠加改造期石英、黄铁矿和重晶石进行了氢和氧同位素研究，认为这两期的成矿流体为深循环的海水或海水与岩浆水的混合流体。

（四）成矿物质来源

样品及测试方法

对Ⅰ号矿化带层状矿化开展了单矿物气体同位素质谱仪分析硫同位素和硫同位素微区原位分析。硫同位素质谱分析在核工业北京地质研究院分析测试研究中心完成，同位素所用质谱计型号为 Delta v plus 气体同位素质谱计，硫同位素的分析精密度为±0.2‰。硫同位素微区原位分析在西北大学大陆动力学国家重点实验室进行，采用激光剥蚀-多接受等离子质谱（LA-MC-ICP-MS），详细的分析方法见 Chen et al.(2017)。硫同位素微区原位分析点位图见图 4-91，分析结果见表 4-32。

11 件 Delta v plus 气体同位素质谱计分析的硫化物 $\delta^{34}S$ 值为-0.6‰～5.1‰，平均值为 2.74‰，峰值为 2.5‰，其中 1 件黄铜矿 $\delta^{34}S$ 值为 2.0‰，10 件黄铁矿 $\delta^{34}S$ 值为-0.6‰～5.1‰，平均值为 2.81‰，$\delta^{34}S_{黄铁矿}>\delta^{34}S_{黄铜矿}$。53 个点硫化物微区原位同位素 $\delta^{34}S$ 值为-1.84‰～5.51‰，平均值为 2.64‰，与气体质谱分析结果一致，峰值为 3.5‰，略高于气体质谱分析。其中 8 个点黄铜矿 $\delta^{34}S$ 值为-1.84‰～2.77‰，平均值为 0.17‰，8 个点闪锌矿 $\delta^{34}S$ 值为 0.98‰～4.23‰，平均值为 2.49‰，37 个点黄铁矿 $\delta^{34}S$ 值为 0.02‰～5.51‰，平均值为 3.22‰，$\delta^{34}S_{黄铁矿}>\delta^{34}S_{闪锌矿}>\delta^{34}S_{黄铜矿}$，表明热液中硫同位素达到了热力学平衡。

层状矿体不同中段或同一中段不同位置硫化物 $\delta^{34}S$ 值略有差别，如 350-1705-1 的 $\delta^{34}S$ 平均值为 5.19‰、350-1901-1 的 $\delta^{34}S$ 平均值为 2.85‰、300CM10-2 的 $\delta^{34}S$ 平均值为 1.25‰、300CM2-1 的 $\delta^{34}S$ 平均值为 4.55‰、-50 北 3-2 的 $\delta^{34}S$ 平均值为 2.92‰、-200CM4-1 的 $\delta^{34}S$ 平均值为 2.94‰、-200CM13-1 的 $\delta^{34}S$ 平均值为 0.58‰，其中，在 350 m 中段 17 线 $\delta^{34}S$ 值最高，4 件黄铁矿 $\delta^{34}S$ 值为 4.72‰～5.51‰，平均值为 5.19‰。按中段统计 350 m 中段 $\delta^{34}S$ 平均值为 3.89‰、300 m 中段 $\delta^{34}S$ 平

表 4-32　阿舍勒铜锌矿 I 号矿化带层状矿体硫化物硫同位素组成

序号	样号	矿物	$\delta^{34}S/‰$	序号	样号	矿物	$\delta^{34}S/‰$
1	-50 北 3-1	黄铁矿	3.0	33	350-1901-1-2	闪锌矿	3.41
2	-50 北 3-2	黄铁矿	2.9	34	350-1901-1-3	黄铜矿	0.49
3	-200CM4-1	黄铁矿	1.7	35	350-1901-1-4	黄铁矿	3.67
4	-200CM13-1	黄铁矿	-0.6	36	350-1901-1-5	黄铁矿	4.08
5	300CM2-1	黄铁矿	5.1	37	300CM 2-1-1	黄铁矿	5.02
6	300CM10-1	黄铁矿	2.7	38	300CM2-1-2	黄铁矿	4.27
7	350-1705-1	黄铁矿	4.6	39	300CM2-1-3	闪锌矿	3.64
8	350-1705-2	黄铁矿	3.8	40	300CM2-1-4	闪锌矿	4.23
9	350-1901-1	黄铁矿	2.3	41	300CM2-1-5	黄铁矿	5.25
10	200-1904-1-1	黄铁矿	2.6	42	300CM2-1-6	黄铁矿	4.88
11	200-1904-1-2	黄铜矿	2.0	43	-50 北 3-2-10	黄铁矿	3.39
12	300CM10-2-1	黄铁矿	2.27	44	-50 北 3-2-11	黄铁矿	3.42
13	300CM10-2-2	黄铁矿	3.82	45	-50 北 3-2-12	黄铁矿	3.54
14	300CM10-2-3	黄铁矿	2.37	46	-50 北 3-2-1	黄铁矿	3.31
15	300CM10-2-4	黄铁矿	1.43	47	-50 北 3-2-2	黄铁矿	3.47
16	300CM10-2-5	黄铜矿	-1.22	48	-50 北 3-2-3	黄铜矿	2.27
17	300CM10-2-6	黄铜矿	-1.19	49	-50 北 3-2-5	闪锌矿	1.77
18	-200CM13-10	黄铜矿	-1.84	50	-50 北 3-2-6	闪锌矿	0.98
19	-200CM 13-1-1	黄铁矿	1.64	51	-50 北 3-2-7	黄铁矿	3.60
20	-200CM 13-1-2	黄铁矿	0.02	52	-50 北 3-2-8	黄铁矿	2.75
21	-200CM 13-1-3	黄铁矿	1.12	53	-50 北 3-2-9	黄铁矿	3.61
22	-200CM 13-1-4	黄铁矿	2.48	54	-200CM4-1-10	黄铜矿	2.77
23	-200CM 13-1-5	黄铁矿	1.22	55	-200CM4-1-11	闪锌矿	1.93
24	-200CM 13-1-6	黄铁矿	1.76	56	-200CM4-1-1	黄铁矿	3.54
25	-200CM 13-1-7	黄铁矿	0.78	57	-200CM4-1-2	黄铁矿	3.69
26	-200CM 13-1-8	黄铁矿	0.32	58	-200CM4-1-3	黄铁矿	3.65
27	-200CM 13-1-9	黄铜矿	-1.66	59	-200CM4-1-4	黄铁矿	2.86
28	350-1705-1-1	黄铁矿	5.51	60	-200CM4-1-5	黄铜矿	1.77
29	350-1705-1-2	黄铁矿	5.16	61	-200CM4-1-6	闪锌矿	1.38
30	350-1705-1-3	黄铁矿	5.37	62	-200CM4-1-7	黄铁矿	2.94
31	350-1705-1-4	黄铁矿	4.72	63	-200CM4-1-8	黄铁矿	3.45
32	350-1901-1-1	闪锌矿	2.58	64	-200CM4-1-9	黄铁矿	4.36

注：序号 1~11 利用 Delta v plus 气体同位素质谱计分析；12~64 硫同位素原位分析。

均值为 2.90‰、-50 中段 $\delta^{34}S$ 平均值为 2.92‰、-200 中段 $\delta^{34}S$ 平均值为 1.82‰。I 号矿化带原始形态是接近水平，由于后期构造作用已倒转，并向东倾斜和向北侧伏，不同中段硫同位素的变化，主要反映的是层状矿体水平位置的变化，350 m17－19 勘探线 $\delta^{34}S$ 平均值最高，之后向北逐渐降低（3.89‰→2.90‰→2.92‰→1.82‰）。

本次研究获得 I 号矿化带层状矿体硫化物 64 件（点）的 $\delta^{34}S$ 值为-1.84‰~5.51‰，峰值为 3.5‰，其最高值和峰值均小于杨富全等（2016）获得层状矿体硫同位素值（0.4‰~7.5‰，峰值为 5.5‰）。联合本书和杨富全等（2016）资料，I 号矿化带层状矿体 $\delta^{34}S$ 值为-1.84‰~7.50‰，峰值为 3.5‰，与 I 号矿化带脉状矿体 $\delta^{34}S$ 值一致（$\delta^{34}S$ 值为 1.8‰~4.3‰，峰值为 3.5‰）。Ohmoto et

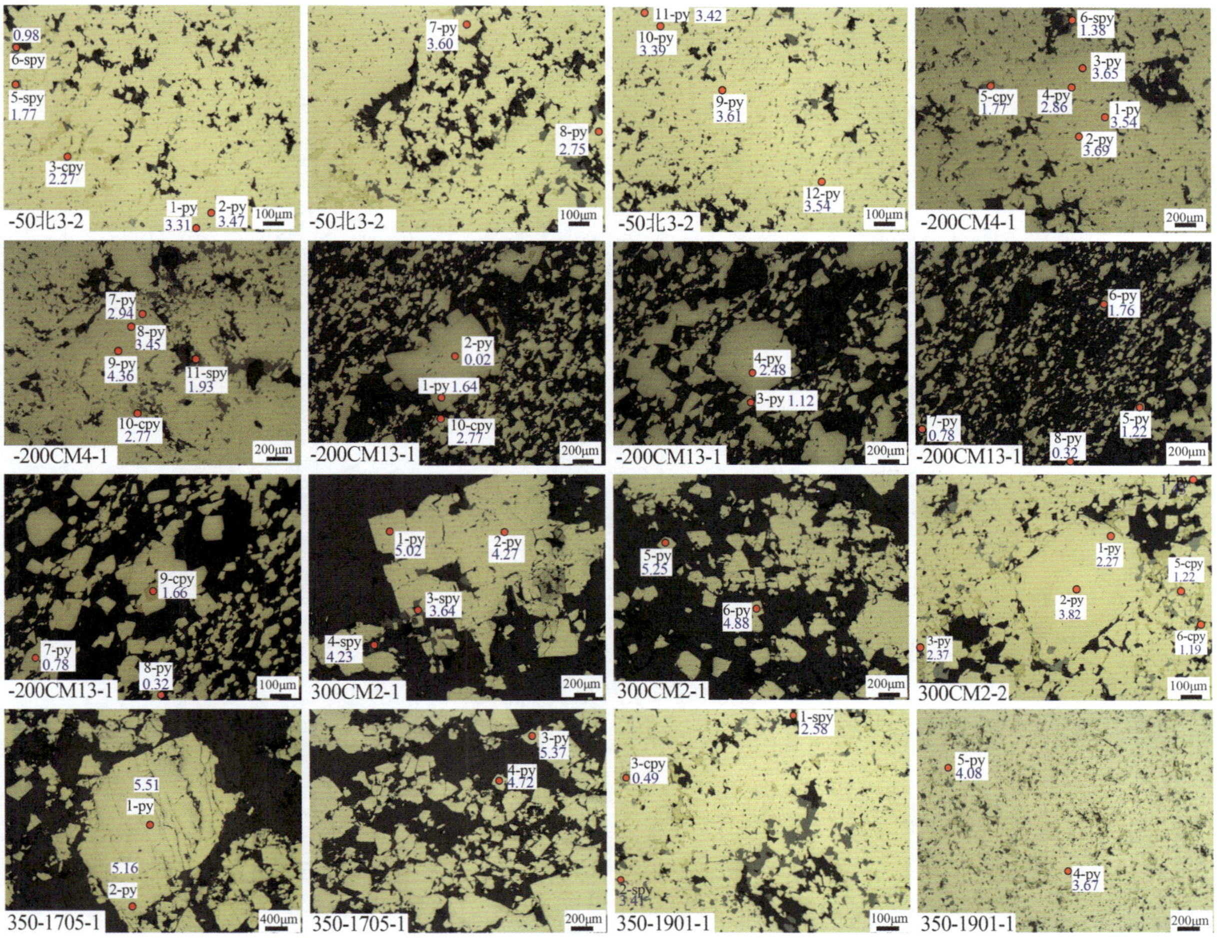

图 4-91　阿舍勒Ⅰ号矿化带层状矿化硫同位素 LA-MC-ICP-MS 原位分析

al.（1979）认为在矿物组合简单的情况下，矿物的 $\delta^{34}S$ 平均值可代表热液的总硫值（郑永飞和陈江峰，2000）。阿舍勒Ⅰ号矿化带层状矿石中含硫矿物主要为硫化物（黄铁矿、黄铜矿和闪锌矿），因此，热液中总 $\delta^{34}S$ 值相当于矿物中 $\delta^{34}S$ 平均值，为 3.13‰（88 件/点，本书，杨富全等，2016），十分接近幔源硫范围（0±3‰，Hoefs，1997），表明层状矿体成矿流体中的硫来自深源岩浆。综合前人资料（图 4-92），阿舍勒铜锌矿硫化物 $\delta^{34}S$ 值变化于 2 个区间，分别为-13.7‰，-4‰~9‰，主要集中于 0~7‰，峰值为 3.5‰，重晶石 $\delta^{34}S$ 值为 16~24‰，峰值为 21‰，与世界典型 VMS 型矿床一致，表明硫具有多种来源，但以深源岩浆硫为主（来自下伏火山岩），也有少量硫来自海水硫酸盐的有机还原作用和热化学还原作用（TSR）。

（五）矿床模型

本次研究详细观察了 19 勘探线的 11 个钻孔岩心，3 个中段的矿体，通过热液蚀变、矿化特征、矿石构造、与围岩凝灰岩的关系，结合其他勘探线矿化特征，识别出补给通道相脉状-网脉状矿化（与强烈硅化、绿泥石化、绢云母化、黄铁矿化有关）、喷流沉积形成的层状矿化（发育条带状、条纹状、致密块状、块状、稠密浸染状构造），依据典型 VMS 矿床“双层结构”特征，建立了 19 勘探线实体矿床模型（图 4-93）。目前补给通道相脉状-网脉状矿化分布在层状或块状透镜状矿体上盘，表明矿体已倒转，补给通道相矿化及蚀变分布范围远大于层状矿体，-250 m 中段以下均为补给通道相脉状矿化，为进一步找矿勘查部署提供依据。同时也发现 19 勘探线的Ⅰ号矿化带层状与补给通道相脉状矿化具有多个旋回。晚形成的补给通道相脉状矿化穿过早形成的层状矿化后，其上部又形成层状矿化，2 层层状矿化之间是 20~30 cm 的凝灰岩，脉状矿化并没有穿过晚形成的层状矿化，而是与

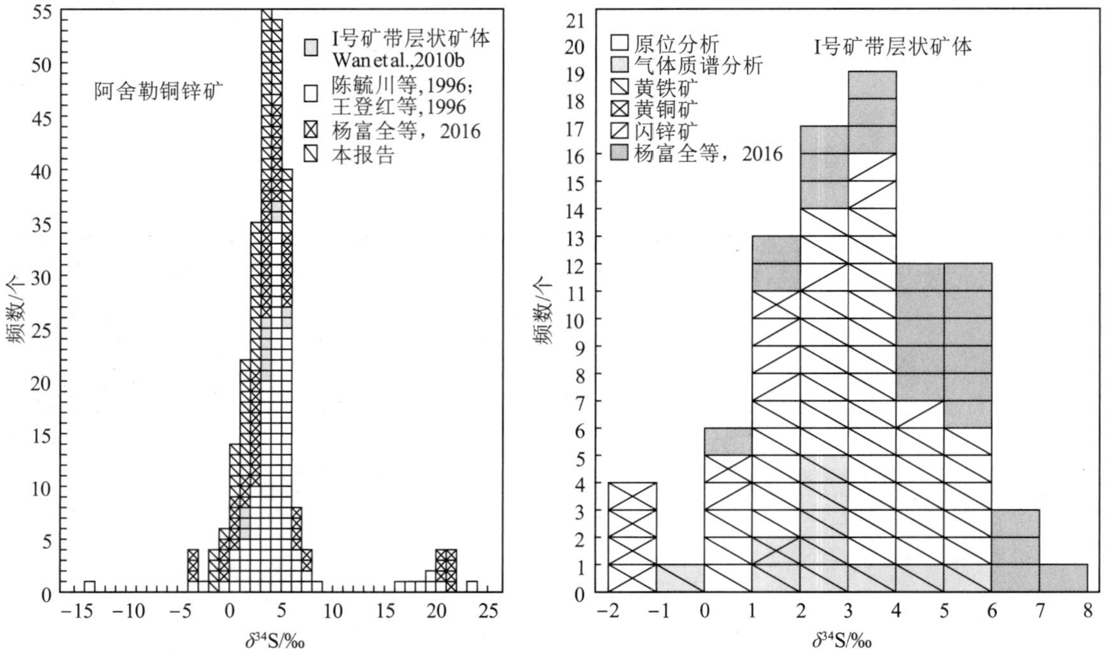

图 4-92　阿舍勒 I 号矿化带层状矿化硫同位素直方图

其构成“双层结构”。

通过矿床地质特征、喷流岩、矿体时空分布、矿化类型及分布、矿石结构和构造、热液蚀变、成矿时代、成矿流体特征及来源、成矿物质来源等综合研究，构建了阿舍勒铜锌矿成矿模型。阿舍勒铜锌矿成矿模型是阿舍勒矿集区矿床模型的一部分，详见本书第五章图 5-45。

（六）成矿作用

晚寒武世—中奥陶世（500~470 Ma），古亚洲洋板块向北俯冲到西伯利亚板块的阿尔泰微大陆板块南缘，形成了与活动大陆边缘环境相关的岩浆事件（Wang et al.，2006）。泥盆纪是中国阿尔泰构造演化的一个重要时期，在 415~365 Ma，古亚洲洋板块继续俯冲，形成一系列沿南阿尔泰分布的陆缘伸展断陷盆地（阿舍勒、冲乎尔、克兰和麦兹盆地），该地区经历了高温变质作用，岩浆作用最强烈，形成了大量的 Cu-Pb-Zn-Au-Fe 矿床（Wang et al.，2006；Windley et al.，2007；Sun et al.，2009；Cai et al.，2011；Yang et al.，2018b，c）。阿舍勒矿集区阿舍勒组的火山喷发始于406 Ma，形成阿舍勒组拉斑玄武岩、高镁玄武岩、高镁英安岩、流纹岩和长英质凝灰岩（Niu et al.，2006；Wu et al.，2015）。海水沿断裂、裂隙向下渗透，萃取下伏火山岩中的 Cu、Pb、Zn、Ag、Fe、Si、S、Na、Ca 等。同时，深部循环海水中也混入了一些岩浆流体和成矿物质。含矿流体在次火山热液系统的驱动下沿热液补给通道向上运移。在Ⅱ矿化带，394 Ma 凝灰岩喷发后，含矿流体向海底喷出，与富硫酸盐海水混合，导致重晶石沉淀，形成层状重晶石矿体。在近海底热液活动中，海水的深度控制着热液流体在到达海底之前是否发生沸腾，这可能会促进硫化物在岩石中形成网脉状沉淀（Haas，1971；Yildirim et al.，2016）。由于补给通道内温度、压力的降低以及水岩交换反应，流体发生沸腾，导致铜、铅、锌、金络合物分解，大量硫化物沉淀，并伴有硅化作用，形成脉状、细脉状、网脉状、浸染状铜铅锌银矿体。随后，流纹岩喷发，覆盖重晶石矿体。在Ⅰ号矿化带 388 Ma 左右凝灰岩喷发后，含矿流体沿补给通道向上运移，由海底喷口喷到海底，在海底的斜坡和洼地内硫化物沉淀，从而形成层状铜锌硫化物矿体。含矿流体可能相对还原呈酸性，富含 Fe-Cu-Zn 等金属和 H_2S。成矿流体沿着断裂和裂隙向上运移到海底，物理化学条件和成分的改变对形成层状矿体起着重要作用。阿舍勒矿床的铜、锌储量主要集中在层状矿体中，表明阿舍勒矿床是一个长期活跃的热液系统，是层状矿体

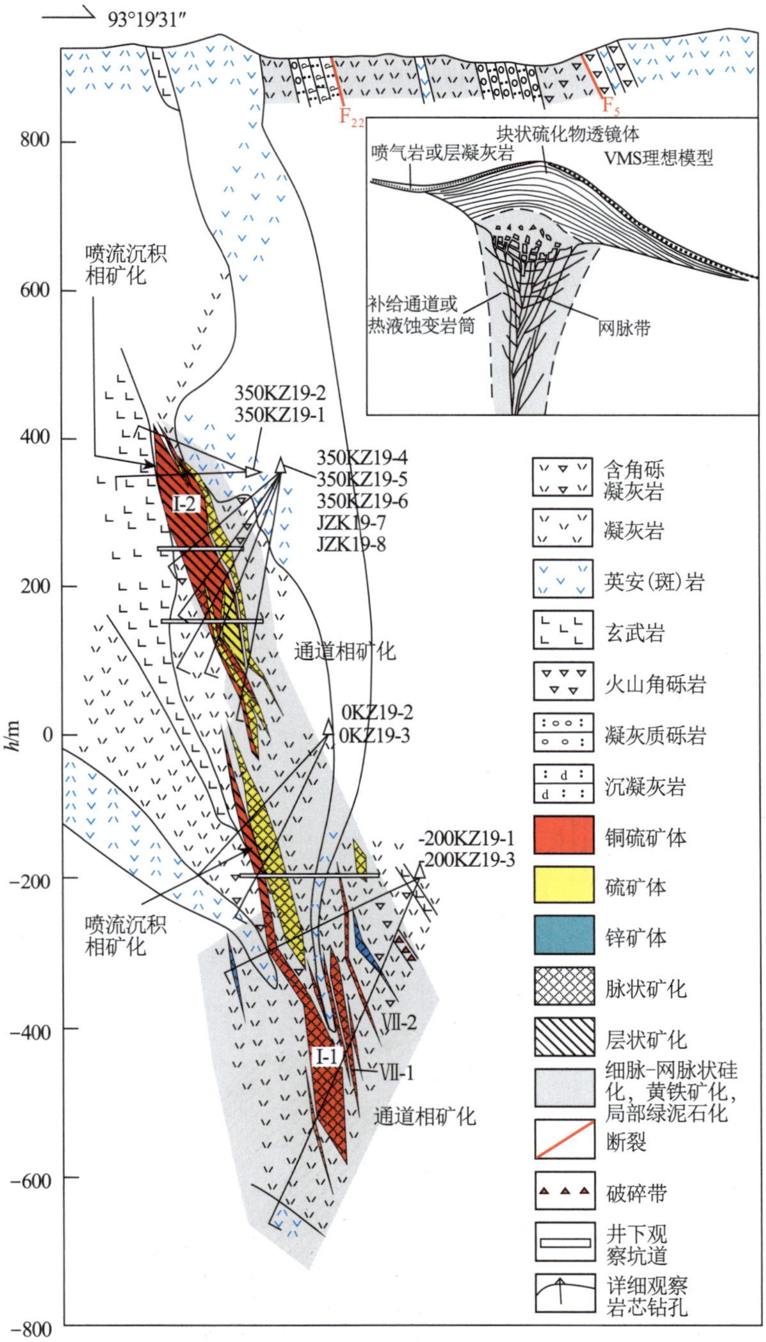

图 4-93　阿舍勒Ⅰ号矿化带 19 勘探线实体矿床模型

（勘探线剖面图据新疆哈巴河阿舍勒铜业有限公司）

形成的主要原因。在中低温度、中低盐度条件下，补给通道内形成了细脉状、浸染状、网脉状铜（锌）矿化和硅化带。矿体形成之后玄武质岩浆喷溢，形成玄武岩，将层状铜锌矿体埋藏。在 379 Ma，Ⅳ号矿化带有次火山岩-英安斑岩形成，伴随次火山热液形成铜矿。

第六节　萨尔朔克金多金属矿

萨尔朔克金多金属矿位于阿舍勒大型铜锌矿 NNE 方向约 5.7 km，经过多年的勘查由 1996 年发现的小型金矿，扩大为中型金多金属矿，目前由新疆鑫旺矿业股份有限公司进行地下开采。截至 2014

年底，探明矿石总量 1167.21×10^4 t，其中金为 11.4 t、铜 7.2×10^4 t、铅 4.7×10^4 t、锌 21.3×10^4 t，并求得伴生银 103.7 t（新疆鑫旺矿业有限公司，2015）。截止到 2019 年 12 月 31 日，采矿证内（+1253 ~+789 m）累计开采氧化矿+原生矿矿石量 433.76×10^4 t。

一、矿床地质特征

（一）矿区地质

矿区出露下-中泥盆统阿舍勒组和上泥盆统齐也组（图 4-94）。阿舍勒组分为 2 个岩性段，第一岩性段为沉凝灰岩、凝灰质粉砂岩、火山灰凝灰岩、含角砾沉凝灰岩。第二岩性段主要岩性有角砾凝灰岩、（岩屑）晶屑凝灰岩、玻屑凝灰岩、火山角砾岩、集块岩、英安质角砾熔岩、英安岩、安山玄武岩、霏细岩、流纹岩、沉凝灰岩及灰岩透镜体。火山喷发沉积韵律较明显，往往发育 3~23 个火山喷发沉积韵律（未完全控制），由下向上反映出溢流相-爆发相、基性岩-酸性岩-中酸性火山碎屑岩、爆发相由粗变细的演化特征，双峰式火山喷发特征较明显。矿区只出露齐也组第二岩性段，为火山角砾岩、（含角砾）凝灰岩、集块岩、凝灰砂岩、沉凝灰岩，该段上部为（辉石）安山岩、英安岩。

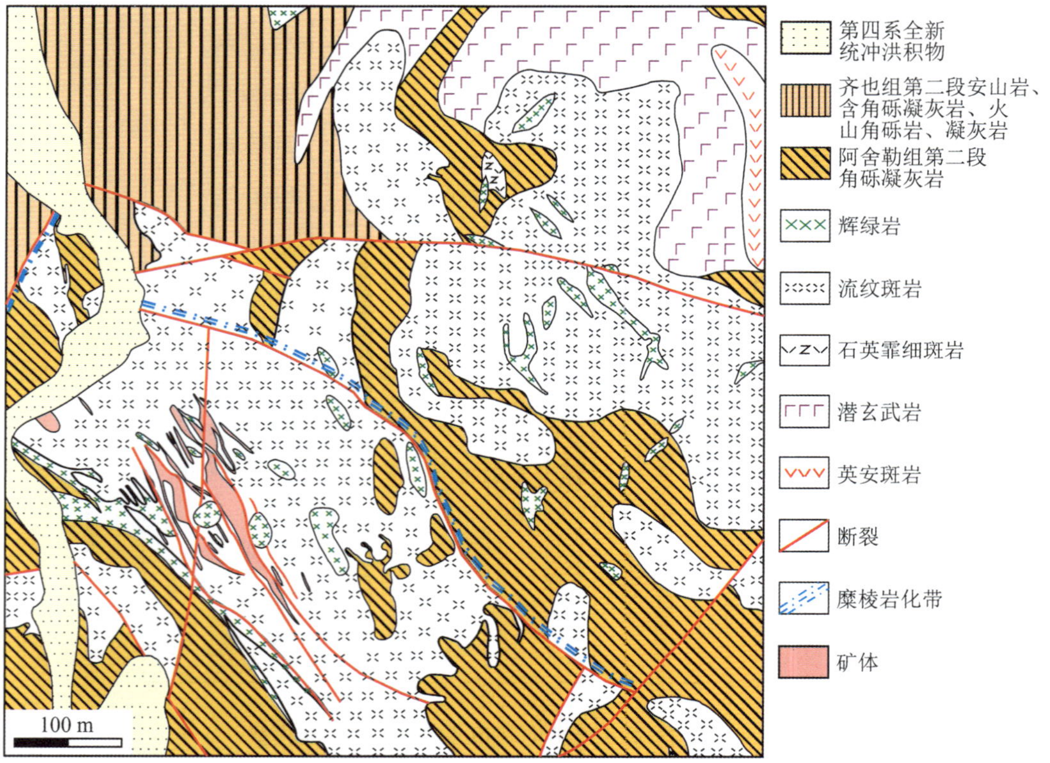

图 4-94　萨尔朔克金多金属矿区地质略图
（据王华星等，2011，有修改）

矿区次（潜）火山岩及岩脉广泛分布，主要有流纹斑岩、英安斑岩、次玄武岩、辉绿岩、辉绿玢岩、石英霏细斑岩、石英闪长岩及闪长玢岩等，其中流纹斑岩规模最大，侵入阿舍勒组第二岩性段，为萨尔朔克矿床的直接容矿岩石。辉绿岩和辉绿玢岩脉切穿矿体，这些岩脉中发育黄铁矿黄铜矿化，但不具有工业意义。矿区构造发育，有 NW 向、近 SN 向、近 EW 向及 NE 向 4 组断裂，常形成较宽的片理化带及糜棱岩化带。NW 向断裂为区域大断裂的组成部分，具有一定规模，其余断裂规模较小、延伸较短、形成时代较晚，对区内矿化有一定的改造作用。

（二）矿体及矿石特征

矿区圈定 2 个矿化蚀变带，主要产于黄铁绢英岩化流纹斑岩体中和流纹斑岩下部阿舍勒组凝灰岩中（图 4-95）。流纹斑岩（标高 1253～789 m）中矿化蚀变带长约近 500 m，宽 20～220 m，斜深 400～500 m，矿体大多数与围岩呈渐变过渡关系。该蚀变带目前圈出 21 条金铜铅锌矿体，其中 11 条隐伏矿体。L1 矿体规模最大，相对规模较大的有 L13、L15、L16、Y1、Y2 共 5 条矿体，其余矿体规模均较小，均侧列于 L1 主矿体两侧。矿体多呈囊状、厚脉状、不规则脉状、透镜状、枝杈状，分支复合现象普遍（图 4-96），受晚期辉绿岩、断层破坏较明显。矿化类型为脉状（图 4-97），与形成流纹斑岩的岩浆期后热液活动有关。矿化有一定的分带性，矿体在地表及浅部主要表现为金矿化，局部伴随铜矿化，向深部出现金（银）矿化、铜金（银）矿化、铜铅锌矿化和铅锌矿化。矿体厚度和形态在浅表矿体厚度小，分布范围狭小；至 1040 m 标高矿体厚度明显增大，分布范围明显扩大；至 1000～900 m 标高矿体厚度增大、聚合，形成向 NW 侧伏的囊状体，矿石铜铅锌品位渐序增高。

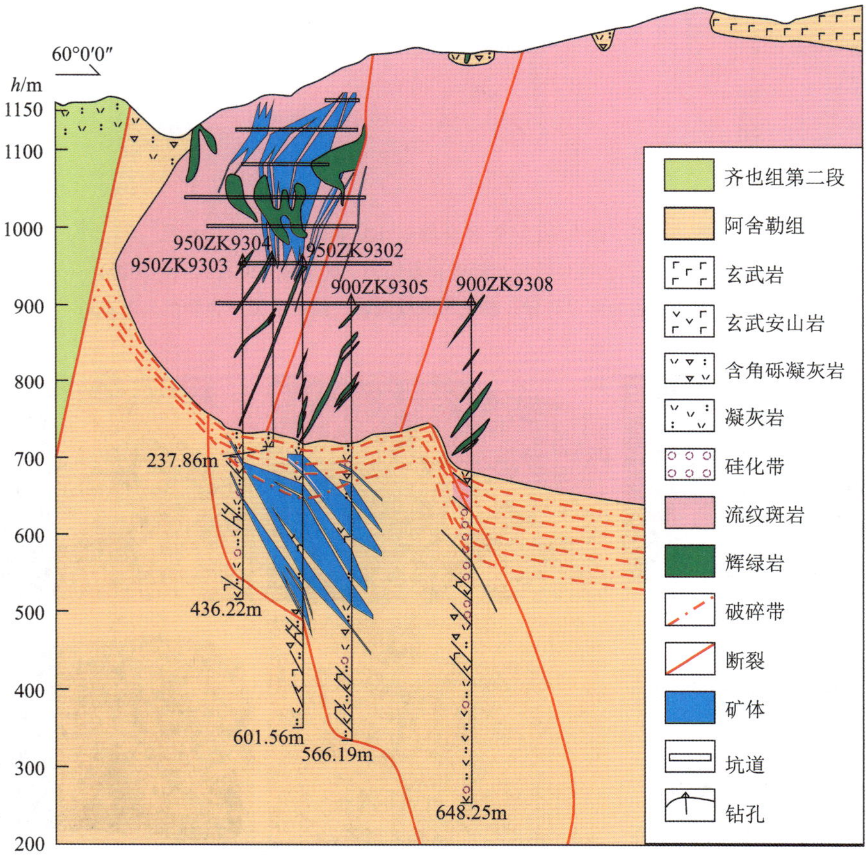

图 4-95　萨尔朔克 93 号勘探线剖面图
（据新疆鑫旺矿业股份有限公司，2020，有修改）

阿舍勒组凝灰岩中矿化蚀变带（标高 789 m 以下）长 247 m，倾向宽 94～315 m，平均 204 m，斜深 205～750 m，平均 478 m，倾向 67°，倾角 48°～69°，平均 61°。共圈出 5 层矿体，以 Y21-4、Y21-3 号矿体规模较大，其余规模相对较小，侧列于两侧。矿体呈似层状，波状起伏、分叉变薄、复合膨胀较明显，矿体厚度具“中部厚两侧薄”特点，矿体品位具“中部富两侧贫”趋势。矿体倾向 73°～82°，倾角 26°～63°，具“上缓下陡”趋势，属陡倾斜矿体。矿化类型分为层状矿化和脉状矿化（图 4-97），层状矿化发育条带状、条纹状和致密块状构造，具有喷流沉积特征，脉状矿化主要发育浸染状、脉状、细脉状和网脉状矿化，主要与硅化、绢云母化有关，具有补给通道相矿化特征。层状矿化和脉状矿化构成 VMS 型的“双层结构”，目前在阿舍勒组火山岩系中圈定的矿体主要为脉状矿化，

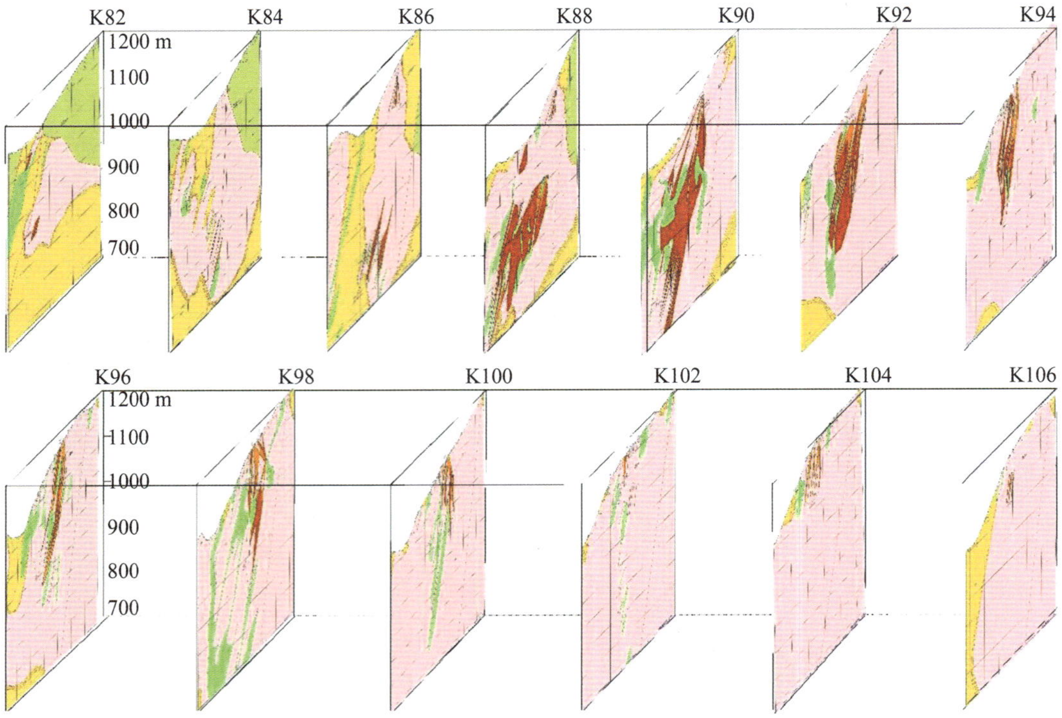

图 4-96　萨尔朔克金多金属矿 L1 主矿体联合剖面图

（据新疆维吾尔自治区地质矿产勘查开发局第二区域地质调查大队，2020）

红色为矿体；绿色为辉绿岩脉；粉色为流纹斑岩；橘黄色为阿舍勒组火山岩系

图 4-97　萨尔朔克金多金属矿矿化特征

A-E—流纹斑岩中矿化：A—流纹斑岩中地表金矿化；B—含矿流纹斑岩；C—含金黄铁矿黄铜矿石英脉；D—黄铁矿黄铜矿石英脉；E—块状黄铁矿方铅矿闪锌矿矿石；F-I—阿舍勒组凝灰岩中矿化：F—黄铁矿+闪锌矿+黄铜矿组成条纹状矿石；G—黄铁矿重晶石呈条带状构造；H—致密块状黄铁矿黄铜矿矿石；I—与硅化有关的铜铅锌矿化

由于后期流纹斑岩侵入、断裂构造破坏等原因，层状矿化零星分布，如“小铅锌矿体”。

L1 号矿体分布于矿区中部，K84~K106 线，标高 1230~760 m 之间的流纹斑岩中。呈不规则脉状、囊状，分支、复合现象明显，空间上呈火炬状：标高 1120 m 以上为火炬的焰，矿体呈分支薄脉状；标高 1000~1080 m 构成火炬的身，矿体呈分支厚脉状；标高 1000 m 以下构成火炬的柄，呈柱状-筒状，无分支矿体（图 4-95）。控制矿体长 490 m，最大斜深 485 m，最大垂深 470 m。矿体倾向 250°，倾角 36°~88°（平均 72.3°）。矿体厚度 0.69~81.00 m，平均 22.60 m。矿石品位：Au 品位为 1.00~90.62 g/t，平均 2.95 g/t；Cu 品位为 0.20%~11.88%，平均 0.66%；Pb 品位 0.30%~17.29%，平均 1.64%；Zn 品位 0.50%~38.59%，平均 4.25%；Ag 品位 1.00~1754.20 g/t，平均 14.24 g/t。

L13 号矿体分布于矿区中部，K87~K102 线、标高 1210~890 m 之间的流纹斑岩中。矿体呈不规则脉状，分支、复合现象不明显。控制矿体长 332.5 m，最大斜深 332.0 m，最大垂深 320 m，矿体倾向 232°，倾角 64°~80.5°。矿体单工程真厚度 0.88~23.25 m，平均 7.42 m。矿石品位：Au 品位 1.00~67.82 g/t，平均 5.29 g/t；Cu 品位 0.20%~11.37%，平均 1.28%；Pb 品位 0.30%~5.74%，平均 0.82%；Zn 品位 0.50%~15.49%，平均 2.53%；Ag 品位 2.22~28.23 g/t，平均 4.22 g/t。

Y21-4 号矿体分布于标高 789m 以下的 691~533m 之间，K91~K95 线的阿舍勒组凝灰岩中（图 4-95）。矿体呈似层状，见 3~5 层分支矿体。控制矿体长 83.36 m，推测总长 131.22 m，最大斜深 214.60 m，控制最大垂深 158 m；矿体倾向 48°~88°（平均 73°），倾角 53°~70°。矿体厚度 1.03~60.49 m，平均 24.51 m。矿石品位：Au 品位 0.01~9.54 g/t，平均 0.30 g/t；Cu 品位 0.01%~2.925%，平均 0.51%；Pb 品位 0.001%~5.438%，平均 0.38%；Zn 品位 0.012%~25.586%，平均 2.94%；Ag 品位 0.15~178.78 g/t，平均 9.84 g/t。

Y21-3 号矿体分布于标高 761~531m 之间，K89~K95 线。矿体呈似层状，见 2~4 层分支矿体。控制总长 90.73 m，推测总长 116.48m，控制最大斜深 298.35 m，最大垂深 202 m。矿体倾向 47~93°（平均 73°），倾角 33~74°（平均 50°）。矿体单工程真厚度 1.67~30.20 m，平均 10.69 m。矿石品位：Au 品位 0.01~6.69 g/t，平均 0.46 g/t；Cu 品位 0.002%~5.050%，平均 0.42%；Pb 品位 0.001%~3.670%，平均 0.28%；Zn 品位 0.005%~13.350%，平均 1.34%；Ag 品位 0.13~348.66 g/t，平均 17.02 g/t（新疆维吾尔自治区地质矿产勘查开发局第二区域地质调查大队，2020）。

矿石构造主要有致密块状、块状、条带状、条纹状、斑杂状、浸染状、网脉状、细脉状和角砾状构造。矿石结构有自形-半自形晶粒结构、他形晶粒结构、填隙结构、反应边结构、共结边结构、交代残余结构、溶蚀结构、固溶体分离结构、鳞片粒状变晶结构、压碎结构等（图 4-97，图 4-98）。矿石中金属矿物有黄铜矿、黄铁矿、方铅矿、闪锌矿、自然金、碲金矿、碲金银矿、碲银矿、银金矿、磁黄铁矿、蓝辉铜矿、辉铜矿、辉钼矿、毒砂、碲铅矿、磁铁矿、黝铜矿、硫锑铅矿、锑铅矿、斑铜矿。非金属矿物主要有石英、斜长石、重晶石、绢云母、绿帘石、绿泥石、白云母、方解石、次闪石等（图 4-99）。

萨尔朔克金多金属矿最早作为小型 Au 矿进行开采，Au 是矿区十分重要的成矿元素，含金 VMS 矿床在中亚造山带十分少见，因此，查明 Au 的赋存状态意义重大。通过选取萨尔朔克矿区 Au 品位较高的矿石，将矿石样品磨成探针片后，先后在电子显微镜和扫描电镜下进行了仔细观察。扫描电镜分析表明 Au 主要存在于黄铁矿内部或黄铁矿颗粒间，有包裹 Au（图 4-100A）和粒间 Au（图 4-100B、C）两种形式，且与黄铜矿紧密共生，Ag 同样存在于黄铁矿的内部或颗粒间，有时伴生于 Au（图 4-100B），也有时呈“项链状”或“星点状”独立分布（图 4-100D）。Au 和 Ag 在萨尔朔克矿区中均以碲化物的形式存在，本次发现的碲化物有碲金银矿、针碲金银矿和碲银矿（表 4-33）。

（三）热液蚀变

热液蚀变形成的矿物主要有石英、黄铁矿、绢云母、绿泥石、高岭土、绿帘石、碳酸盐，少量石榴子石和磁铁矿，其中硅化、绢云母化和黄铁矿化与矿化关系密切，绿帘石和绿泥石分布于中基性火山岩、流纹斑岩和辉绿（玢）岩内。

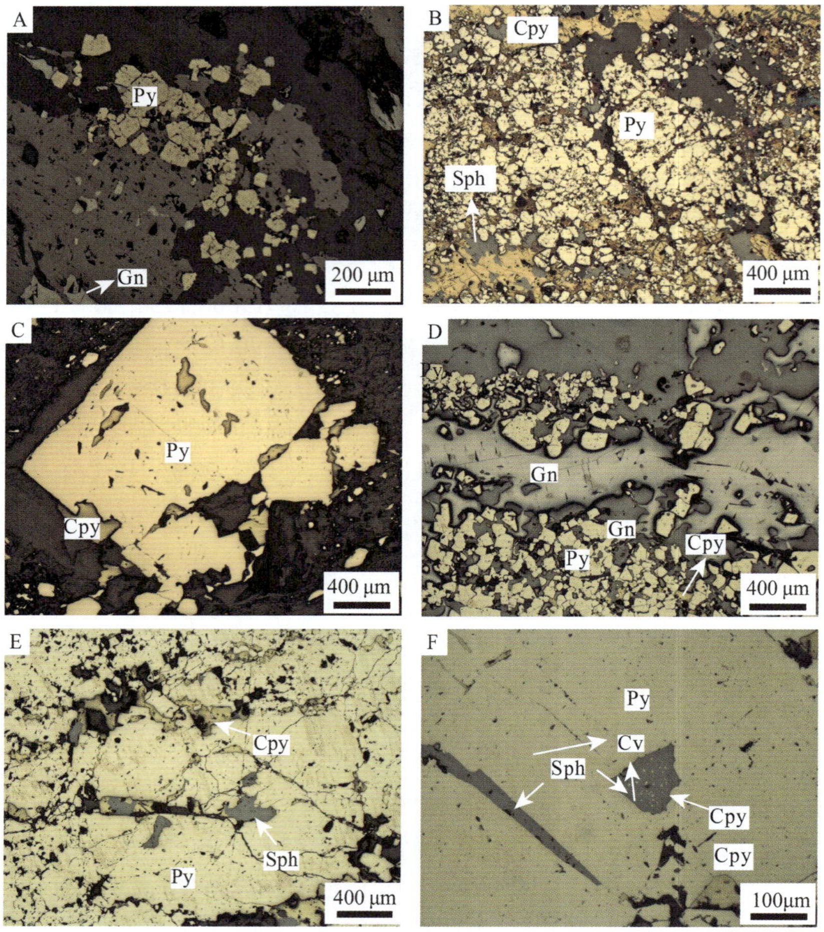

图 4-98　萨尔朔克金多金属矿矿石镜下结构特征

A、B—黄铁矿压碎结构，方铅矿半自形粒状，闪锌矿他形粒状；C—黄铁矿自形粗粒结构；D—黄铁矿自形-半自形晶粒结构，方铅矿他形晶粒结构；E—黄铁矿中呈填隙结构的黄铜矿和闪锌矿；F—闪锌矿在黄铁矿中呈填隙结构，黄铜矿在闪锌矿中呈乳滴状固溶体分离结构；Py—黄铁矿；Sph—闪锌矿；Cpy—黄铜矿；Gn—方铅矿

表 4-33　电镜能谱分析原子百分比　　单位：%

序号	样号	O	Na	Si	S	Fe	Ag	Te	Au	矿物
1	11-40-0010-4						13.20	67.86	18.94	针碲金银矿（$AuAgTe_4$）
2	11-40-0010-5						13.90	65.86	20.24	针碲金银矿（$AuAgTe_4$）
3	11-40-0010-6	28.09					9.88	48.09	13.94	针碲金银矿（$AuAgTe_4$）
4	11-40-0010-7						14.92	64.66	20.42	针碲金银矿（$AuAgTe_4$）
5	11-40-0022-1	23.43		1.04	42.36	17.69	2.53	9.70	3.26	针碲金银矿（$AuAgTe_4$）
6	11-40-0022-2	39.83		1.68	9.83	4.44	27.78	16.44		碲银矿（Ag_2Te）
7	11-40-0022-4	37.87	2.27		18.70	8.46	20.52	12.17		碲银矿（Ag_2Te）
8	11-40-0023-6	33.95			24.68	8.91	5.74	20.32	6.39	针碲金银矿（$AuAgTe_4$）
9	11-40-0037-1	38.44				4.15	28.72	19.35	9.34	碲金银矿（$AuAg_3Te_2$）
10	11-40-0037-2	32.06			16.52	6.58	22.59	14.62	7.62	碲金银矿（$AuAg_3Te_2$）
11	11-40-0040-5	41.85	3.04		4.27	3.17	30.26	17.41		碲银矿（Ag_2Te）
12	11-40-0040-6	46.55		1.77	5.46	4.11	27.09	15.02		碲银矿（Ag_2Te）

注：1~4 对应图 4-100A 中 Au 的碲化物；5~8 对应图 4-100B 中 Au、Ag 的碲化物；9~10 对应图 4-100C 中 Au 的碲化物；11~12 对应图 4-100D 中 Ag 的碲化物。

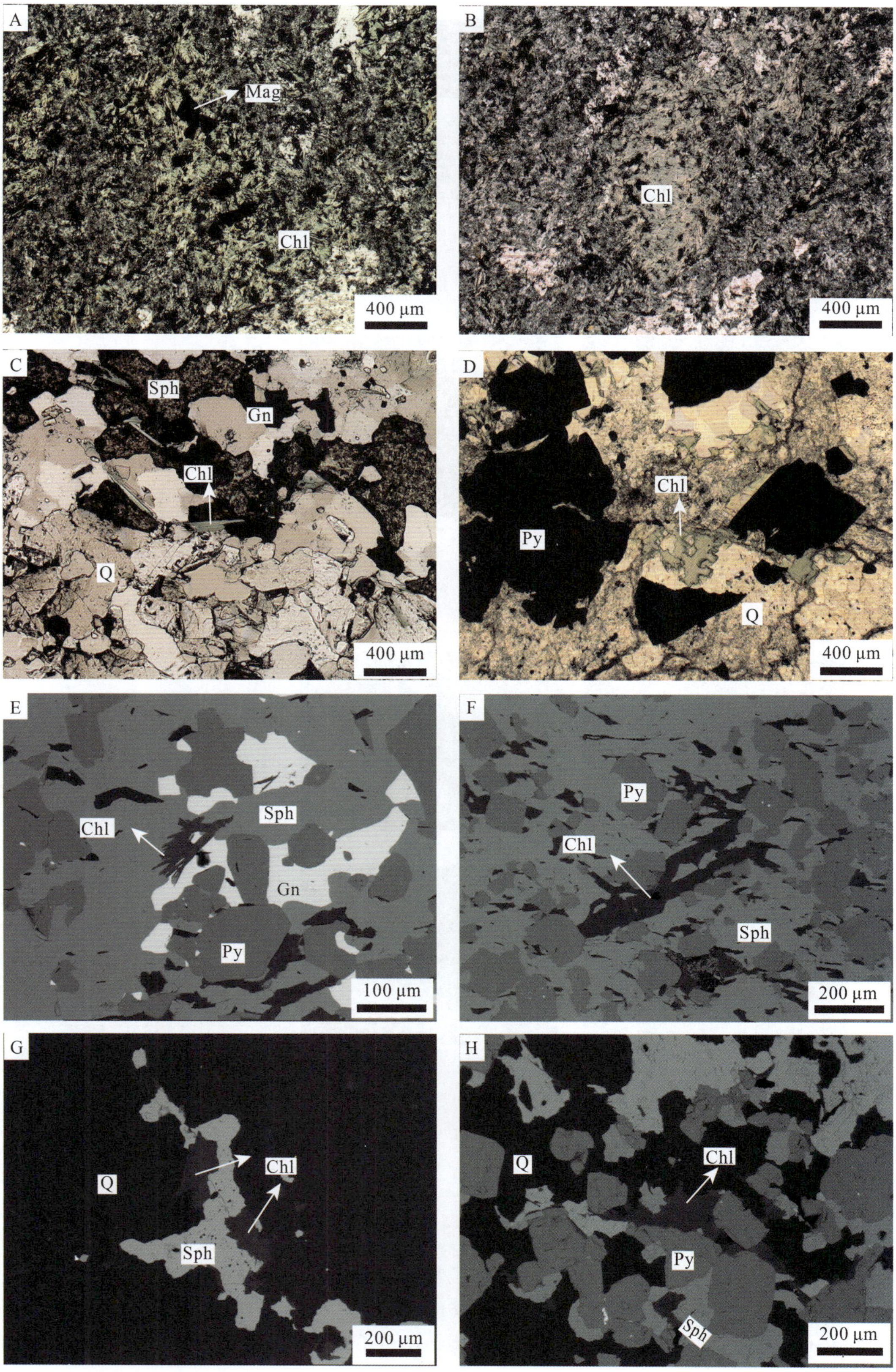

图 4-99　萨尔朔克矿化流纹斑岩中绿泥石镜下特征

A—与磁铁矿共生的蠕虫状绿泥石；B—绿泥石蠕虫状集合体；C—与闪锌矿、方铅矿和石英共生的长条状绿泥石；D—与黄铁矿和石英共生的叶片状绿泥石；E—与方铅矿、闪锌矿和黄铁矿共生的扇形绿泥石；F—与闪锌矿和黄铁矿共生的长条状绿泥石；G—与闪锌矿和石英共生的不规则状绿泥石；H—与黄铁矿、闪锌矿和石英共生的不规则状绿泥石；A~D 为单偏光图像，E~H 为背散射图像；Py—黄铁矿；Sph—闪锌矿；Gn—方铅矿；Mag—磁铁矿；Chl—绿泥石；Q—石英

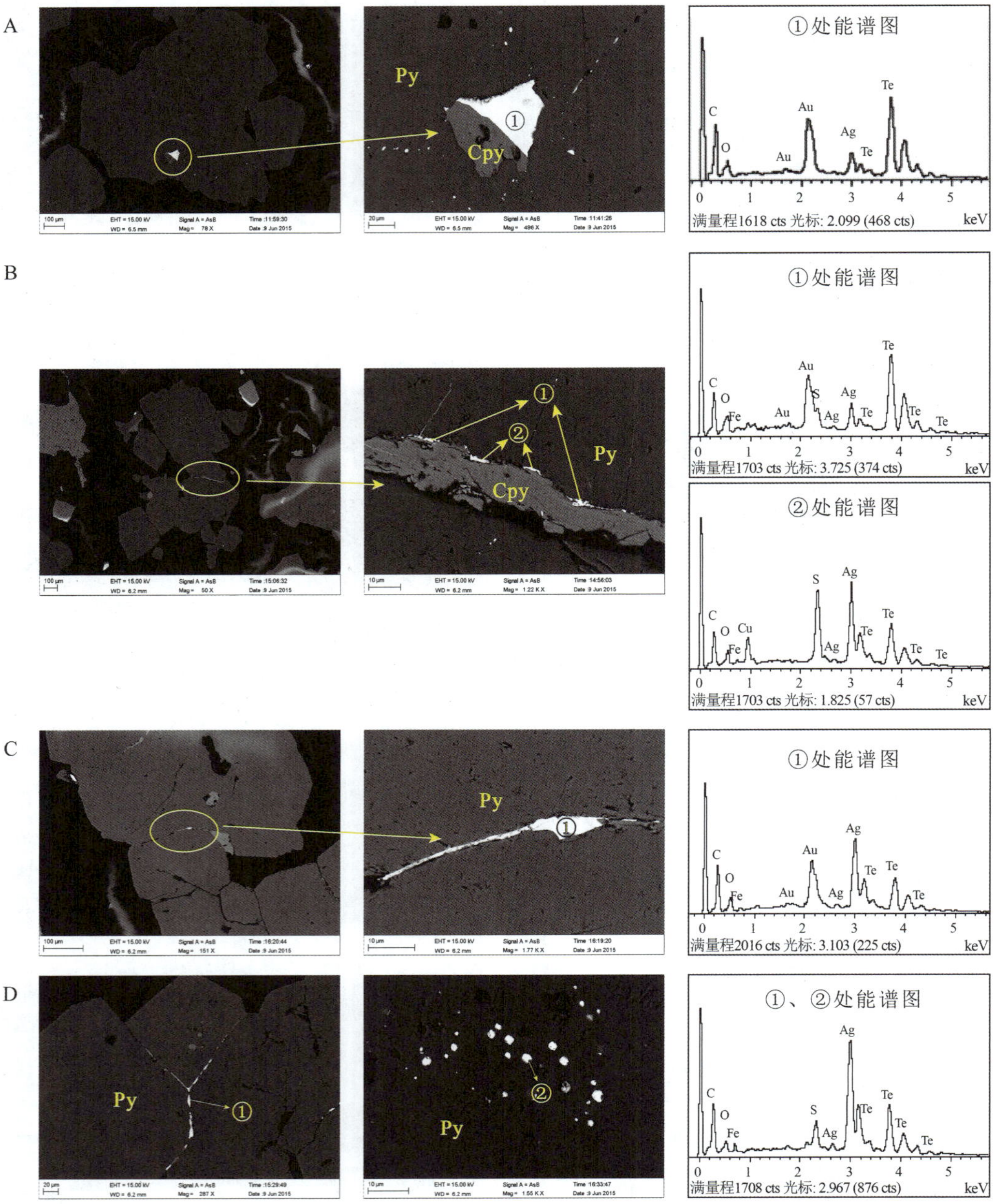

图 4-100 萨尔朔克 Au、Ag 矿物的扫描电镜图像与电镜能谱分析谱线图

Py—黄铁矿；Cpy—黄铜矿

（四）成矿期次划分

根据矿体特征、矿化类型、矿脉穿插关系、矿物共生组合、生成顺序、矿石组构、热液蚀变等特征，将矿床成矿过程划分为 4 期：喷流沉积期、区域变质期、断裂构造-剪切变形期和表生期。喷流沉积期是主要成矿期，进一步划分为喷流沉积阶段和次火山热液阶段，前者包括喷流沉积相、补给通道相，次火山热液阶段划分为早亚阶段（与流纹斑岩有关）和晚亚阶段（与辉绿岩有关）。喷流沉积阶段发生在火山活动间歇期，与海底火山喷气活动有关。在阿舍勒组凝灰岩中形成脉状铅锌铜银金矿化，与硅化、黄铁矿化、绢云母化和绿泥石化有关，属于补给通道相，少量层状或透镜状铜铅锌矿化，属于喷流沉积相。图 4-101 显示萨尔朔克金多金属矿具有明显的 VMS 型矿床“双层结构”，即同时具有层状矿体和脉状矿体，但与相邻的阿舍勒铜锌矿不同，萨尔朔克的层状矿体规模远小于脉状

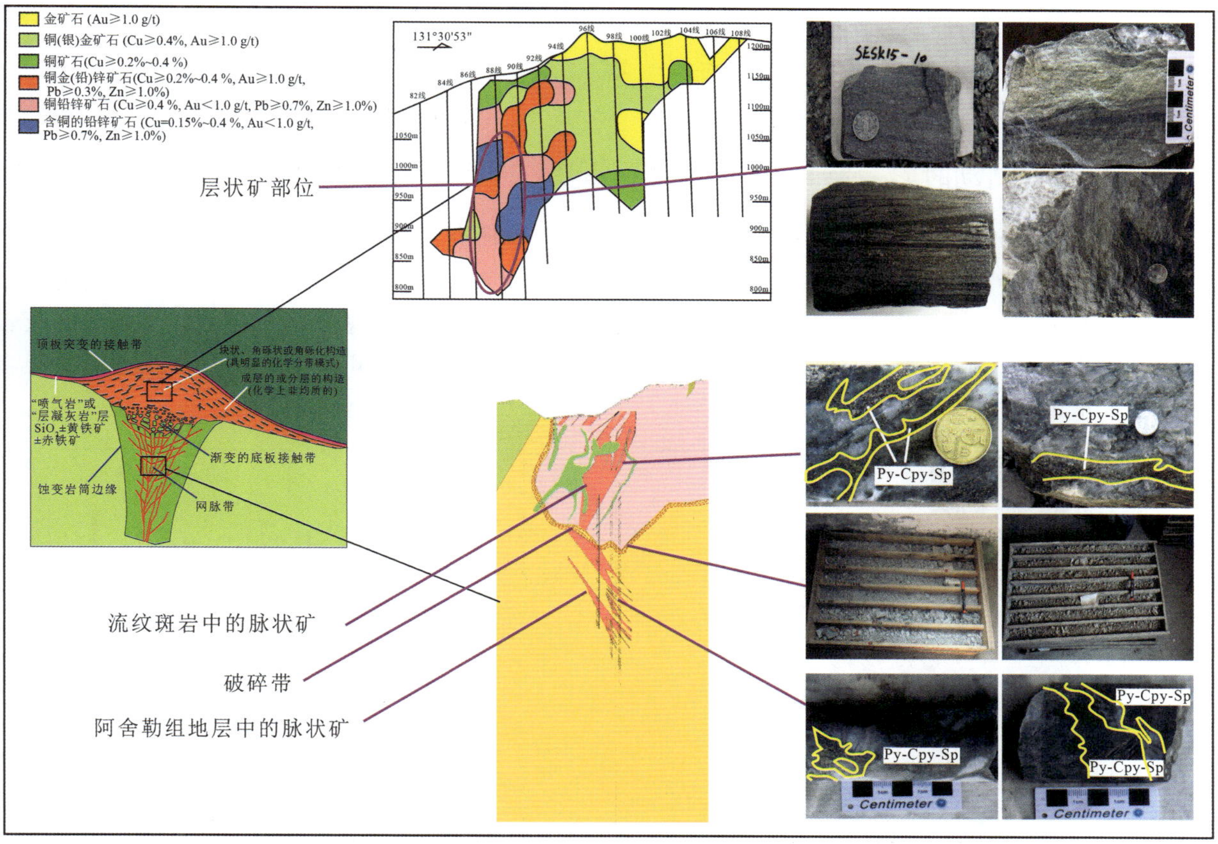

图 4-101　萨尔朔克金多金属矿的“双层结构”

矿体，且两者二元分带特征不明显，本课题通过野外调查及资料整理，初步识别出萨尔朔克层状矿体的部位，位于矿区 86~90 号勘探线之间标高 650~1050 m 处，矿业公司称为“小铅锌”矿体，铅锌品位极富，其他多处见到零星的层状矿化，空间分布还需要进一步确定。从赋矿岩系看，萨尔朔克赋存在阿舍勒组地层中的矿体既发育块状或层状矿，也发育大规模的脉状矿，赋存在流纹斑岩体中则为大规模的脉状矿，不同赋矿岩系中的脉状矿在矿区则以一条破碎带相隔，破碎带中仅发育少量矿化（图 4-95）。

次火山热液阶段中早亚阶段与流纹斑岩有关，流纹质岩浆沿火山通道斜向侵入到 VMS 型“双层结构”旁侧，伴随次火山热液活动在最上部形成金矿体，向下为脉状铜金（银）矿化，相对深部形成铜铅锌矿化和铅锌矿化。晚亚阶段与辉绿（玢）岩脉有关，矿体形成后辉绿（玢）岩脉侵入，形成少量铜矿化，不具有工业意义。辉绿（玢）岩脉主要对已形成矿体进行破坏。

区域变质期发生在喷流沉积期之后，矿区火山岩、矿体发生变形和变质作用，矿体和围岩发生同步褶皱，原层状矿体由近水平变成倾斜。同时早期形成的矿石发生重结晶，粒度变大，自形程度提高。

断裂构造-剪切变形期，断裂构造在含矿流纹斑岩与下部阿舍勒组火山岩之间形成断裂破碎带，之前在流纹斑岩中形成的脉状矿化和阿舍勒组形成的层状和脉状矿化破碎成断层角砾。在断裂破碎带中发育硅化、黄铁矿化，局部有铜铅锌矿化。矿区普遍遭受剪切变形，这是受玛尔卡库里深大断裂多期活动的影响发育多条韧性剪切带，阿舍勒组和齐也组火山熔岩、火山碎屑岩、流纹斑岩、辉绿岩脉、矿化蚀变带和矿体发生剪切变形，伴有不同程度糜棱岩化，强片理化，位于剪切带中心部位向两侧边部糜棱岩化由强到弱，发育各种韧性剪切变形特征。剪切变形期最晚活动时间为 251~254 Ma（吴玉峰等，2015；杨成栋等，2016），该期对矿体起破坏作用，成矿物质活化、迁移，再富集不明显。

表生期主要是硫化物矿体在地表形成氧化带和次生富集带，形成褐铁矿、孔雀石、黄钾铁矾、铜蓝、蓝辉铜矿、辉铜矿。

二、成矿作用

（一）岩浆活动时限

本书对萨尔朔克矿区各类岩系进行了锆石 U-Pb 年代学研究（图 2-4，图 2-5，图 4-102）。矿区各类岩系从早到晚的形成顺序为：矿区 NE 地表玄武岩（405.7±4.8 Ma）→矿区西部地表安山岩（403.5 Ma）→深部钻孔阿舍勒组玄武安山岩（397.5±4.1 Ma）→矿区地表阿舍勒组流纹质晶屑凝灰岩（388.4±4.9 Ma）→哈巴河岩体西缘似斑状英云闪长岩（373.4±1.2 Ma）→矿区地表齐也组凝灰岩（372.5±1.4 Ma）。

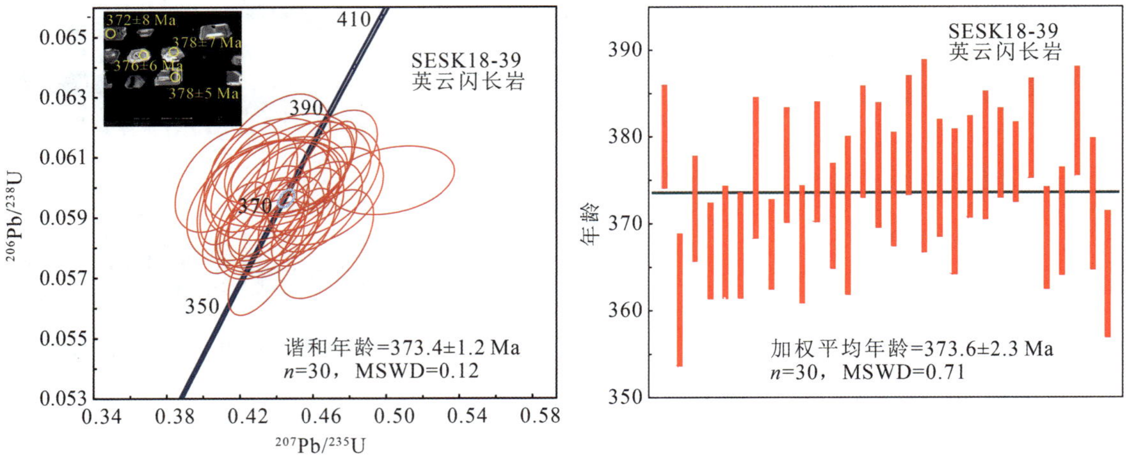

图 4-102 萨尔朔克金多金属矿英云闪长岩锆石 LA-ICP-MS U-Pb 年龄

结合前人获得的年龄结果，矿化流纹斑岩形成于 382±2 和 382.8±1.7 Ma（Yang et al.，2014），切穿流纹斑岩的辉绿岩形成于 381.7±1.8 Ma（Yang et al.，2014），矿区外围不含矿流纹斑岩形成于 371.3±1.2 Ma（杨成栋等，2016），综合前人和本次的年龄结果获得以下认识：

①矿区火山岩和次火山岩有着相反的演化序列。矿区火山岩体现了从基性到酸性的演化特征，即早期形成中基性火山熔岩（玄武岩、玄武安山岩、安山岩等），随后形成酸性火山碎屑岩（流纹质晶屑凝灰岩等），而次火山岩（结合在矿区的分布特征）则反映了从酸性到基性的演化特征，即早期形成酸性（流纹斑岩、石英霏细斑岩）-中期形成中酸性（英安斑岩）-晚期形成中基性（石英闪长岩、辉绿玢岩）。②矿区西部安山岩原划分为齐也组，根据野外地质调查加上本次年代学研究结果，该处安山岩应归属为阿舍勒组，为阿舍勒组早期形成的中基性火山熔岩。出露在矿区的齐也组应为一套粗碎屑沉积，岩性为流纹-英安质火山角砾岩、集块岩、凝灰质砂岩、沉凝灰岩等。③矿区 NE 大面积出露的玄武岩，原来划为次火山岩，该处玄武岩局部发育绿帘-磁铁矿-石榴子石矽卡岩化，并伴随少量孔雀石化，根据野外地质调查加上本次年代学研究结果，该处玄武岩同样应归属为阿舍勒组第一段，为阿舍勒组早期形成的基性火山熔岩。④哈巴河岩体在矿区地表并无出露，仅在钻孔中大段出露，该处英云闪长岩与区域（阿舍勒盆地）所获得的英云闪长岩年代学结果（375.3±2.1 Ma；柴凤梅等，2013）一致，厘定其确为盆地东部地表出露的哈巴河岩体的西缘延伸部位，而非不同期的其他岩体。⑤与阿舍勒矿区相比，两个矿区阿舍勒火山旋回的演化特征基本一致，但萨尔朔克一带阿舍勒火山旋回中岩浆的分异程度更高，从中基性火山熔岩演化到酸性火山碎屑岩，从酸性次火山岩演化到基性次火山岩，期间明显缺失中性岩浆岩，出现了较阿舍勒矿区更彻底的两极分异的双峰式组合。

（二）成矿时代

确定金属矿床的成矿时代主要有两种方法：一种是通过赋矿地质体（如地层、岩体）的形成年龄来间接确定成矿时代，这种方法可以定性分析成矿时代；另一种就是直接测定矿石矿物或与矿石矿物共生的蚀变矿物或脉石矿物的年龄，这种“直接法”为近年来金属矿床普遍采用的定年方法。以往萨尔朔克成矿时代主要通过间接法（即矿化流纹斑岩的锆石 U-Pb 年龄）来进行限定，且仅针对浅部矿体（Yang et al.，2014）。随着近年来矿区深部找矿勘查的突破以及近年来金属矿床定年方法的发展，选取合适的矿石矿物进行萨尔朔克矿床直接的定年工作势在必行。萨尔朔克为 Au-Cu-Pb-Zn 多金属矿，适合于 Pb-Zn 矿床和 Cu 矿床的定年方法均应适用于萨尔朔克金多金属矿。尽管仍存在较多理论和技术问题，但热液矿物组合（如闪锌矿和黄铁矿）Rb-Sr 法是近年来 Pb-Zn 矿床较为理想的直接定年方法。开展 Rb-Sr 定年方法需谨慎地野外采样和闪锌矿挑选，适合定年的热液矿物组合应采自矿床中同一矿体，确保其“同时性”“同源性”和“封闭性”。过去，受 Re-Os 检出极限的限制，Re-Os 法以前仅限于 Re-Os 含量高的辉钼矿和部分含钼高的矿石。近年来随着高分辨率质谱仪的开发、超净实验室的建成，以及分析测试手段的改进，使超低含量硫化物 Re-Os 测年成为可能。黄铜矿成为近年来最广泛的铜矿直接定年法，并已有许多成功的例子。本次选取了萨尔朔克浅部流纹斑岩中脉状矿体的黄铜矿和深部凝灰岩中脉状矿体的黄铜矿分别进行 Re-Os 年龄测定，并选取深部凝灰岩中脉状矿体的闪锌矿进行 Rb-Sr 年龄测定。

1. 浅部流纹斑岩中脉状矿体黄铜矿 Re-Os 定年

本次在萨尔朔克浅部赋存在流纹斑岩的脉状矿体中采集 4 件黄铜矿（表 4-34，图 4-103），样品均为浸染状黄铁矿黄铜矿矿石。黄铜矿 Re-Os 年龄测试在国家地质实验测试中心的 Re-Os 实验室完成，分析流程详见文献杜安道等（2001）。采用普 Re，$^{185}Re/^{187}Re=0.59738$ 作为外标进行 Re 同位素质量分馏校正，采用 $^{192}Os/^{188}Os=3.0827$ 作为内标迭代法对 Os 进行质量分馏校正。

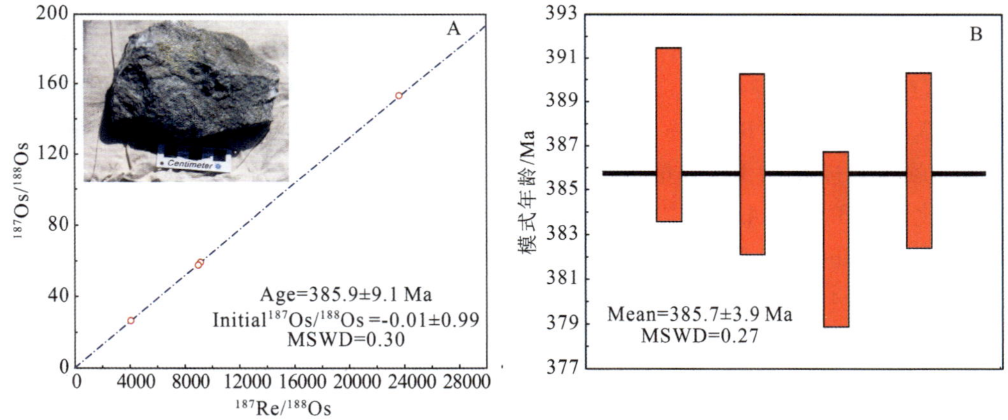

图 4-103　萨尔朔克流纹斑岩中脉状矿黄铜矿 Re-Os 年龄

A—$^{187}Re/^{188}Os-^{187}Os/^{188}Os$ 等时线图；B—模式年龄加权平均值

样品中具有低的 Re 和普通 Os 含量，分别为 $3.622\times10^{-9}\sim6.303\times10^{-9}$ 和 $0.0012\times10^{-9}\sim0.0043\times10^{-9}$，$^{187}Re/^{188}Os$ 和 $^{187}Os/^{188}Os$ 值介于 4095.8~23662.65 和 26.46~153.25 之间。将 4 件样品的数据拟合所得的 $^{187}Re/^{188}Os-^{187}Os/^{188}Os$ 等时线年龄为 385.9±9.1 Ma，平均权重方差（MSWD）为 0.3（图 4-103A），初始 $^{187}Os/^{188}Os$ 值为-0.01±0.99，其模式年龄的加权平均值为 385.7±3.9 Ma（MSWD=0.27）（图 4-103B），$^{187}Re/^{188}Os-^{187}Os/^{188}Os$ 等时线年龄与模式年龄的加权平均值一致，取该等时线年龄作为流纹斑岩中脉状矿的形成年龄。

2. 深部凝灰岩中脉状矿体黄铜矿 Re-Os 定年

本次在萨尔朔克深部赋存在阿舍勒组第二岩性段强硅化凝灰岩的脉状矿体中采集 5 件黄铜矿

（表 4-35），样品为稠密浸染状、脉状、团斑状黄铁矿黄铜矿矿石。黄铜矿 Re-Os 年龄测试在国家地质实验测试中心的 Re-Os 实验室完成。5 件样品具有低的 Re 和普通 Os 含量，分别为 1.716×10^{-9} ~ 3.829×10^{-9} 和 0.0014×10^{-9} ~ 0.0035×10^{-9}，$^{187}Re/^{188}Os$ 和 $^{187}Os/^{188}Os$ 值介于 4018.47 ~ 8428.24 和 23.82 ~ 53.36 之间。5 件样品获得的数据拟合成 1 条等时线，在 $^{187}Re/^{188}Os-^{187}Os/^{188}Os$ 图上获得等时线年龄为 388±17 Ma，平均权重方差（MSWD）为 1.3（图 4-104），初始 $^{187}Os/^{188}Os$ 值为-1.5±1.5，等时线年龄作为阿舍勒组强硅化凝灰岩中脉状矿的形成年龄。

图 4-104　萨尔朔克矿阿舍勒组凝灰岩中脉状矿体黄铜矿 Re-Os 等时线图

3. 深部凝灰岩中脉状矿体闪锌矿 Rb-Sr 定年

本次研究同时选取了萨尔朔克深部赋存在阿舍勒组第二岩性段强硅化凝灰岩的脉状矿体中的 7 件闪锌矿和 2 件黄铁矿进行了 Rb-Sr 同位素定年，在中国科学院南京土壤研究所技术服务中心进行 Rb、Sr 含量和同位素组成测定（表 4-36）。7 件闪锌矿样品的 Rb 含量为 0.1347×10^{-6} ~ 0.9306×10^{-6}，Sr 含量为 1.364 ~ 3.598×10^{-6}，$^{87}Rb/^{86}Sr$ 比值介于 0.1426 ~ 1.803 之间，$^{87}Sr/^{86}Sr$ 比值介于 0.711123 ~ 0.720094。2 件黄铁矿样品的 Rb 含量为 1.645×10^{-6} ~ 1.871×10^{-6}，Sr 含量为 1.595×10^{-6} ~ 7.952×10^{-6}，$^{87}Rb/^{86}Sr$ 比值为 3.469~4.215，$^{87}Sr/^{86}Sr$ 比值为 0.733136~0.730025。计算获得 9 件闪锌矿和黄铁矿组合的 Rb-Sr 等时线年龄为 387±21 Ma（MSWD = 46），初始 Sr 同位素组成（$^{87}Sr/^{86}Sr)_i$ = 0.71023±0.00059（图 4-105）。

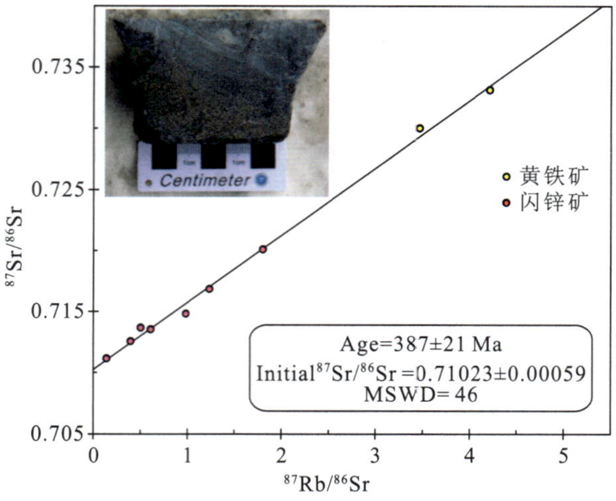

图 4-105　萨尔朔克矿阿舍勒组强硅化凝灰岩中脉状矿体硫化物 Rb-Sr 等时线年龄

表 4-34　萨尔朔克金多金属矿流纹斑岩中脉状矿体黄铜矿 Re-Os 年龄

序号	实验室编号	样号	矿物	样重/g	$Re/10^{-9}$		普通 $Os/10^{-9}$		$^{187}Os/10^{-9}$		$^{187}Re/^{188}Os$		$^{187}Os/^{188}Os$		模式年龄/Ma	
					Re	1σ	Os	1σ	^{187}Os	1σ	Ratio	1σ	Ratio	1σ	模式年龄	1σ
1	181119-14	SESK17-57	黄铜矿	0.6502	5.988	0.044	0.0012	0.00001	0.0244	0.0002	23662.65	260.70	153.25	0.71	387.6	3.9
2	181119-15	SESK17-58	黄铜矿	0.6507	6.303	0.047	0.0033	0.00003	0.0256	0.0002	9161.31	104.33	59.18	0.37	386.2	4.1
3	181119-16	SESK17-59	黄铜矿	0.6503	3.986	0.029	0.0021	0.00002	0.0160	0.0001	9004.51	103.79	57.58	0.30	382.8	3.9
4	180903-17	SESK17-60	黄铜矿	0.6504	3.622	0.027	0.0043	0.00004	0.0147	0.0001	4095.80	43.46	26.46	0.09	386.4	4.0

表 4-35　萨尔朔克金多金属矿阿舍勒组凝灰岩中脉状矿体黄铜矿 Re-Os 年龄

序号	实验室编号	样号	矿物	样重/g	$Re/10^{-9}$		普通 $Os/10^{-9}$		$^{187}Os/10^{-9}$		$^{187}Re/^{188}Os$		$^{187}Os/^{188}Os$		模式年龄/Ma	
					Re	1σ	Os	1σ	^{187}Os	1σ	Ratio	1σ	Ratio	1σ	模式年龄	1σ
1	180521-1	SESK17-13	黄铜矿	0.6501	1.716	0.013	0.0020	0.00002	0.0066	0.0001	4018.47	53.14	23.82	0.32	368.0	3.9
2	180903-16	SESK17-15	黄铜矿	0.6501	2.986	0.022	0.0035	0.00003	0.0116	0.0001	4163.43	44.04	25.75	0.09	369.9	3.8
3	180521-3	SESK17-15-1	黄铜矿	0.6501	2.975	0.022	0.0030	0.00003	0.0116	0.0001	4736.99	54.28	29.42	0.25	372.2	3.8
4	180521-4	SESK17-17	黄铜矿	0.6510	3.829	0.028	0.0028	0.00002	0.0149	0.0001	6548.68	67.88	40.61	0.21	370.6	3.8
5	180903-18	SESK17-19	黄铜矿	0.6509	2.433	0.018	0.0014	0.00001	0.0097	0.0001	8428.24	98.50	53.36	0.31	378.6	3.9

表 4-36　萨尔朔克矿阿舍勒组凝灰岩中脉状矿体硫化物矿 Rb-Sr 同位素分析结果

序号	样号	矿物	Rb/10^{-6}	Sr/10^{-6}	$^{87}Rb/^{86}Sr$	$^{87}Sr/^{86}Sr$	2σ
1	SESK17-24	闪锌矿	0.1347	2.785	0.1426	0.711123	0.000008
2	SESK17-25	闪锌矿	0.2831	1.364	0.6103	0.713524	0.000009
3	SESK17-26-2	闪锌矿	0.6127	3.598	0.5037	0.713668	0.000013
4	SESK17-27	闪锌矿	0.4285	3.176	0.3981	0.712542	0.000008
5	SESK17-28-2	闪锌矿	0.5624	1.689	0.9842	0.714808	0.000017
6	SESK17-29	闪锌矿	0.8723	2.618	1.237	0.716852	0.000009
7	SESK17-30	闪锌矿	0.9306	1.522	1.803	0.720094	0.000007
8	SESK17-26-1	黄铁矿	1.645	7.952	4.215	0.733136	0.000007
9	SESK17-28-1	黄铁矿	1.871	1.595	3.469	0.730025	0.000015

4. 成矿时代讨论

本次由黄铜矿 Re-Os 法限定萨尔朔克矿区流纹斑岩中脉状矿体形成时代为 385.9±9.1 Ma，赋矿岩系流纹斑岩的 LA-ICP-MS 锆石 U-Pb 定年结果为 382±2 Ma 和 382.8±1.7 Ma（Yang et al.，2014），沈雪华等（2016）对流纹斑岩的 LA-ICP-MS 锆石 U-Pb 定年结果为 386.2±1.5 Ma，考虑到误差影响，由直接法和间接法综合得出萨尔朔克矿区流纹斑岩中脉状矿体形成于 382～386 Ma 之间。本次由黄铜矿 Re-Os 法限定矿区阿舍勒组强硅化凝灰岩中脉状矿体形成时代为 388±17 Ma，闪锌矿和黄铁矿 Rb-Sr 法限定矿区阿舍勒组强硅化凝灰岩中脉状矿体形成时代为 387±21 Ma，2 个定年结果较为接近，但误差值相对较大，同时本次对赋矿岩系阿舍勒组流纹质晶屑凝灰岩的 LA-ICP-MS 锆石 U-Pb 定年结果为 388.4±4.9 Ma，考虑到误差影响，由直接法和间接法综合限定矿区阿舍勒组强硅化凝灰岩中脉状矿体形成时代为 388 Ma，该年龄与阿舍勒矿床 Ⅰ 号矿化带铜锌矿体的形成时代（388 Ma 左右）一致（本书）。另外，本次尽管没有对萨尔朔克块状矿（或层状矿）进行直接的定年工作，但对于 VMS 型矿床来说，其“双层结构”为同一成矿体系，地层中块状矿体的形成时代与脉状矿体的形成时代是基本一致的。

根据以上年代学结果，萨尔朔克金多金属矿流纹斑岩中的脉状矿化略晚于地层中的脉状矿化，与阿舍勒铜锌矿一样，均为阿舍勒矿集区主成矿期的产物。在本书及以往年代学成果的基础上，建立矿区成岩成矿年代学格架如下（图 4-106）。

（三）成矿流体

本次选取萨尔朔克矿区 93 号勘探线 4 个钻孔岩心，分别为 900ZK9301、900ZK9303、900ZK9305 和 900ZK9306，由浅到深连续采集石英样品进行流体包裹体研究。每个钻孔岩心中均包括浅部矿体和深部矿体两类石英包裹体。石英包裹体显微测温工作在新疆大学包裹体实验室完成。包裹体观察所用显微镜为 Axioskop 40A（德国 ZEISS 公司）和 Nikon LV100（日本 Nikon 公司）。包裹体的冰点和均一温度采用 Linkam THMSG 600 型冷热台（英国 Linkam 公司生产，工作温度范围为-196～600℃）测定。各类包裹体的岩相学特征详见图 4-107 和表 4-37。

1. 包裹体岩相学

萨尔朔克金多金属矿原生包裹体在主矿物中呈孤立状或沿晶带分布，假次生包裹体则限于一个晶体内部沿愈合裂隙分布。依据流体包裹体在室温下的物理相态和共生关系，本次观察到的流体包裹体类型划分为液体包裹体（L 型）、纯液体包裹体（P 型）、气体包裹体（V 型）和含子矿物包裹体（S 型）。浅部矿化流纹斑岩中石英的流体包裹体以 L 型为主，少量 V 型、P 型和 S 型。深部强硅化凝灰岩中石英的流体包裹体以 L 型为主，少量 V 型和 S 型。

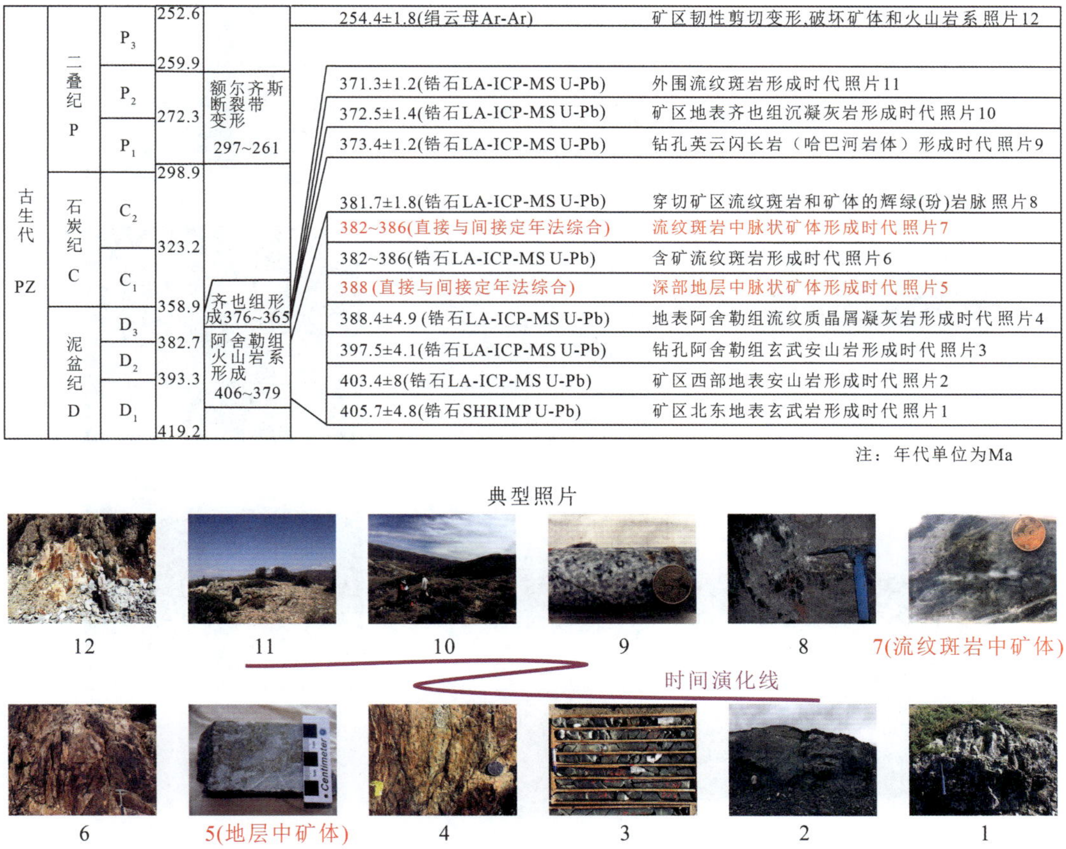

图 4-106　萨尔朔克金多金属矿成岩成矿年代学格架

（据额尔齐斯变形时代据杨新岳等，1994；程忠富和芮行健，1996；Laurent-Charvet et al.，2003；闫升好等，2004；刘飞等，2013；杨富全等，2013b；齐也组年龄据本书、杨富全等，2016；Ma et al.，2020 综合确定）

表 4-37　萨尔朔克金多金属矿流体包裹体岩相学特征

矿石类型	主矿物	包裹体类型	观察数量	组成	形态	长轴大小 μm	气液比 %
浅部矿体（矿化流纹斑岩）	石英	L 型	183	气相+液相	圆形、椭圆、不规则、长条、四边形、负晶形	1~15	10~45
		V 型	8	气相+液相	近圆、长条、不规则	2~8	50~85
		P 型	4	液相	不规则、近圆	2~10	0
		S 型	6	固相+气相+液相	不规则、长条、负晶形	3~7	10~25
深部矿体（含矿强硅化凝灰岩）	石英	L 型	285	气相+液相	椭圆形、近圆、长条形、不规则	2~18	5~45
		V 型	26	气相+液相	椭圆、不规则、近圆、负晶形	3~25	50~90
		S 型	3	固相+气相+液相	近椭圆	4~9	10~20

2. 流体包裹体显微测温结果

本次对 L 型和 V 型包裹体进行了显微测温，测定了冰点和均一温度。将获得数据经过 H_2O-NaCl 体系盐度-冰点公式：$w(\text{NaCl}) = 1.78T - 0.0442T^2 + 0.000557T^3$ 计算得到包裹体相对应的盐度。其中 w 为 NaCl 的质量百分数，T 为测得的冰点温度。

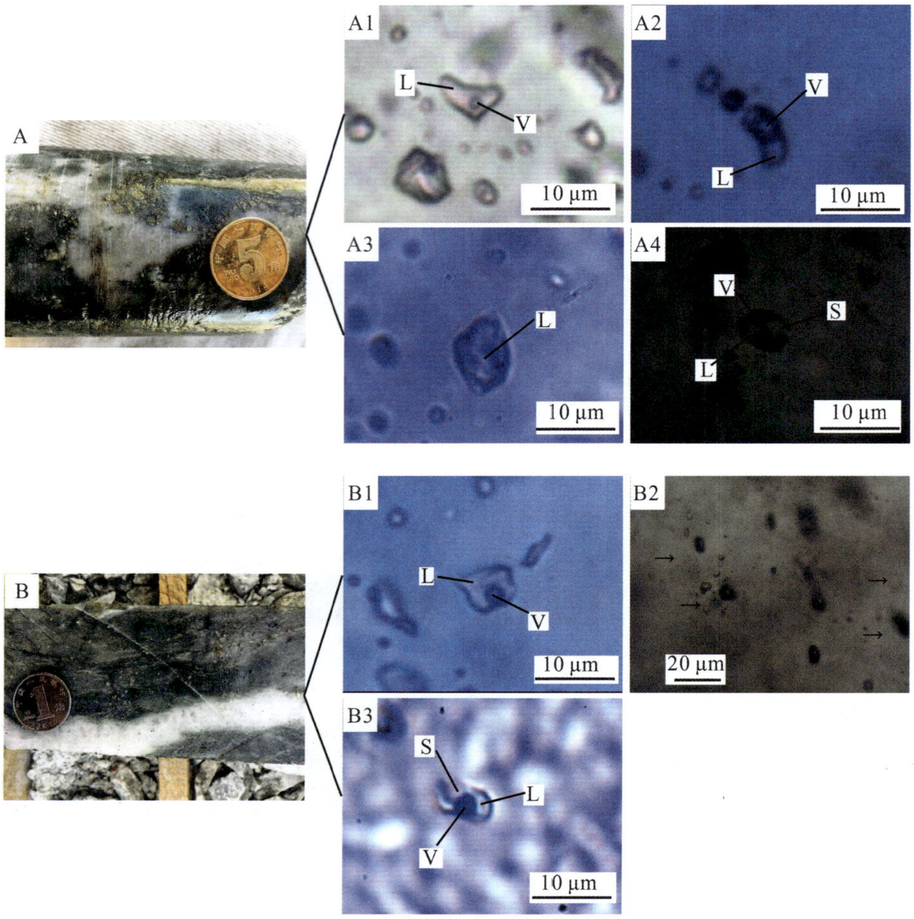

图 4-107　萨尔朔克金多金属矿石英中流体包裹体显微照片

A—矿化流纹斑岩中石英脉：A1—L 型包裹体；A2—V 型包裹体；A3—P 型包裹体；A4—S 型包裹体；
B—含矿强硅化凝灰岩中石英脉：B1— L 型包裹体；B2—V 型包裹体群；B3—S 型包裹体

浅部矿化流纹斑岩中石英的 L 型包裹体均一到液相，均一温度为 86～516℃，在直方图上集中在 100～260℃之间（图 4-108），峰值为 130℃，冰点温度为-12～-0.3℃，盐度为 0.53%～15.96%（$NaCl_{eq}$），直方图中集中在 1%～6%（$NaCl_{eq}$）和 11%～14%之间（$NaCl_{eq}$）（图 4-109），峰值为 3.5%（$NaCl_{eq}$）和 13.5%（$NaCl_{eq}$）。流纹斑岩中石英的 V 型包裹体均一到气相，测得的均一温度范围为 123～379℃，峰值为 330℃，冰点温度集中在-3.5～-0.5℃之间，盐度为 0.88%～5.71%（$NaCl_{eq}$），平均盐度为 3.5%（$NaCl_{eq}$）。

深部含矿强硅化凝灰岩中石英的 L 型包裹体均一到液相，均一温度范围为 95～478℃，在直方图中主要集中在 100～180℃之间（图 4-108），峰值为 110℃，冰点温度集中在-5.5～-0.2℃之间，盐度为 0.35%～8.55%（$NaCl_{eq}$），峰值为 4.5%（$NaCl_{eq}$）（图 4-109）。石英的 V 型包裹体均一到气相，均一温度范围为 164～396℃，集中在为 300～380℃，冰点温度集中在-5.8～-0.2℃之间，盐度为 0.35%～8.95%（$NaCl_{eq}$），峰值为 6.5%（$NaCl_{eq}$）。

3. 成矿流体性质及演化

流体包裹体岩相学特征和显微测温结果表明，萨尔朔克金多金属矿补给通道相和流纹斑岩中脉状矿化的成矿流体均为 $NaCl-H_2O$ 体系，二者均一温度相似，具有中-低温特征，但盐度略有差别，流纹斑岩中脉状矿化为中-低盐度，补给通道相脉状矿化为低盐度。萨尔朔克液体包裹体具有中高温演化到中低温、中等盐度演化到低盐度的特征（图 4-110），指示了成矿过程中高温中盐流体与较低温低盐流体的混合，这种高温中盐流体可能是原始均匀流体减压沸腾后的流体，它与深循环海水发生了

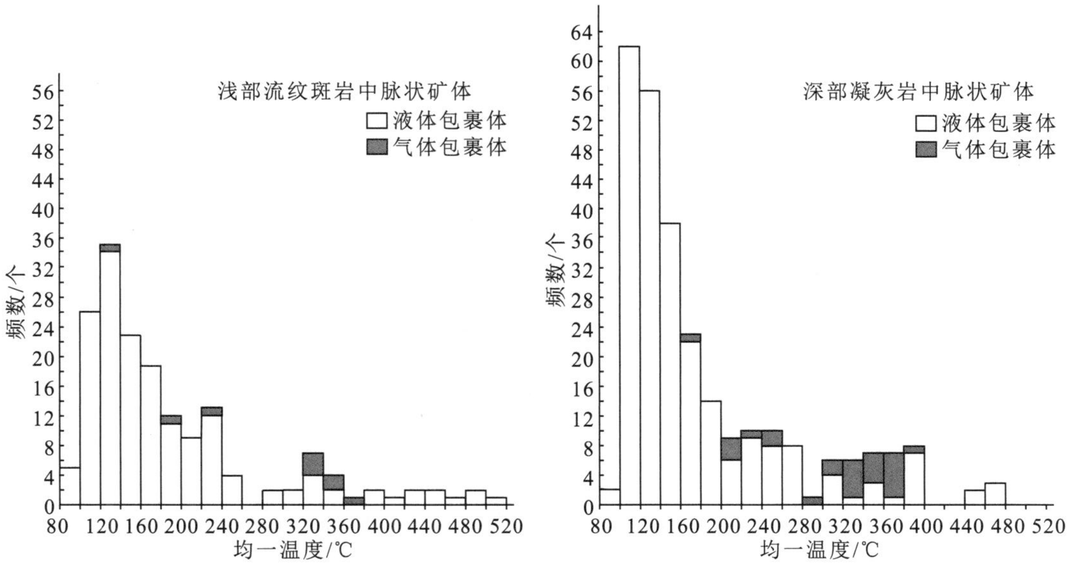

图 4-108 萨尔朔克 93 号线浅部流纹斑岩和深部凝灰岩中石英流体包裹体均一温度直方图

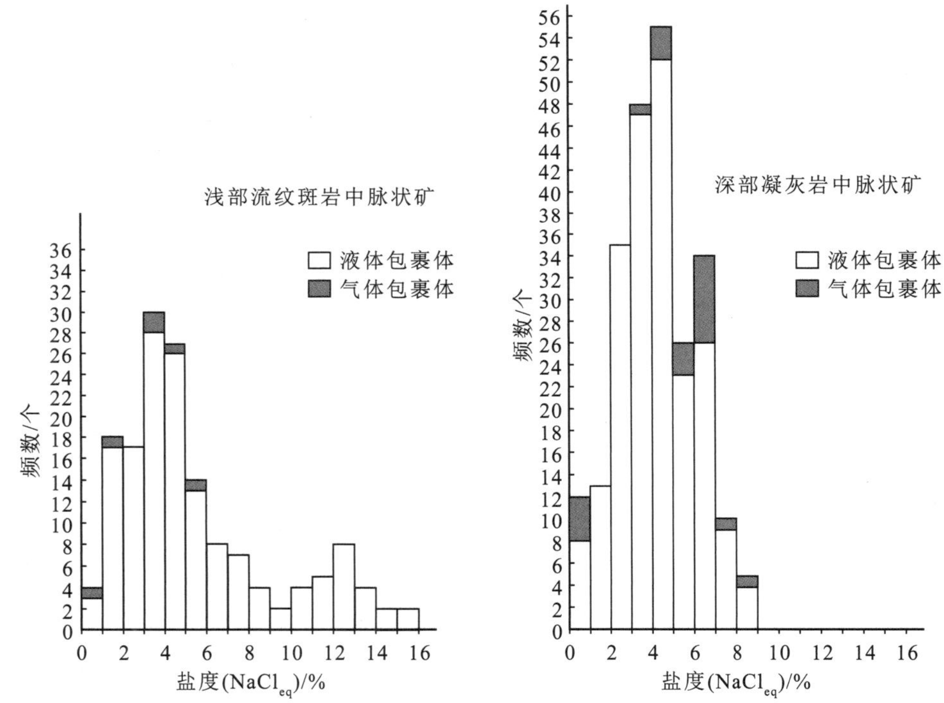

图 4-109 萨尔朔克 93 号线浅部流纹斑岩和深部凝灰岩中石英流体包裹体盐度直方图

混合作用。

对于 VMS 矿床来说，其成矿流体一般为简单的盐-水体系，盐度接近或略高于正常的海水盐度（3.5%（$NaCl_{eq}$），Vanko et al.，1991；Ulrich et al.，2002；Zaw et al.，2003）。同样，包裹体资料表明黑矿型矿床成矿流体的盐度（3%~6%（$NaCl_{eq}$））大致相当于海水（卢焕章等，2004），即块状矿和靠近块状矿的网脉状矿的流体包裹体研究表明流体的盐度类似于海水（2%~5%（$NaCl_{eq}$））。同时有证据表明较深部的流体含盐度比正常海水高，可达 5.7%~8.4%（$NaCl_{eq}$）（Urabe et al.，1978），由于黑矿型矿床不存在沸腾迹象，并且大气水是重要的稀释剂，因此如果没有其他来源，黑矿包裹体的盐度应该低于海水盐度，盐度增高可以解释为少量岩浆流体的加入（卢焕章等，2004），前人已经

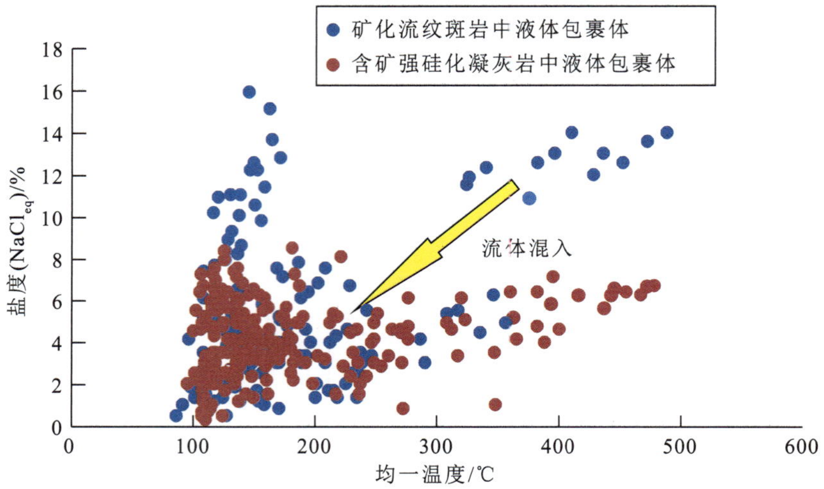

图 4-110　萨尔朔克矿 93 号勘探线均一温度-盐度图解

证明有一定规模的岩浆水注入海底成矿热液系统（Urabe et al.，1992；Yang et al.，1996；Hou et al.，2001）。本次所测的萨尔朔克金多金属矿无论是矿化流纹斑岩还是强硅化凝灰岩中流体包裹体的盐度均与国内外其他典型 VMS 矿床的流体盐度特征一致（表 4-38），推测萨尔朔克的流体来源为岩浆水与深循环海水的混合流体。

表 4-38　萨尔朔克金多金属矿与其他典型 VMS 矿床显微测温数据对比

矿床名称	矿物	温度/℃	盐度（$NaCl_{eq}$）/%	资料来源
萨尔朔克 Au 多金属矿，中国新疆	石英	101～256（浅部矿体集中区）	1.06～5.86（浅部矿体集中区）	本书
	石英	101～178（深部矿体集中区）	0.35～6.88（深部矿体集中区）	本书
呷村-有热银多金属矿区，中国四川	石英	153～350	1.05～7.17	党院等，2014
可可塔勒 Pb-Zn 矿，中国新疆	石英	124～359	0.22～16.55	Zheng et al.，2013
平水 Cu-Zn 矿，中国浙江	石英	217～328	3.2～5.7	Chen et al.，2014
Küre VMS 矿，土耳其	石英	162～317	0.9～5	Akbulut et al.，2016
小坂矿山（Kuroko 型），日本	石英	225～310	2.5～8.3	Urabe and Sato，1978
Iwami，日本	石英	132～274	2.4～5.3	Yoshida，1979
Cyprus	石英	278～351	2.7～4.0	Spooner and Bray，1977
Aljustrel，IPB	石英	120～380	0.4～12	Toscano et al.，1997
Salgadinho，IPB	石英	225～235	2.6～5.7	Inverno et al.，2000
EPR 14°N	石英	160～350	3.2～4.8	Vanko et al.，1991

4. 成矿流体来源

本次在萨尔朔克矿床凝灰岩中层状矿体中采集 4 件重晶石、凝灰岩脉状矿体中采集 6 件石英进行氢氧同位素分析，相关的测试参数及结果见表 4-39。4 件重晶石的 $\delta D_{V\text{-}SMOW}$ 变化范围较小，为 -121.7‰～-112.6‰，$\delta^{18}O_{V\text{-}SMOW}$ 值为 7.4‰～13.9‰，计算得出流体的 $\delta^{18}O_{H_2O}$ 值为 4.5‰～11‰。6 件脉状矿体中石英的 δD_{SMOW} 为-142.5‰～-135.5‰，$\delta^{18}O_{SMOW}$ 值为 8‰～8.7‰，$\delta^{18}O_{H_2O}$ 值为-3.57‰～-2.87‰。

表 4-39　萨尔朔克金多金属矿凝灰岩中层状矿化和脉状矿化 H-O 同位素结果

样品编号	矿物	$\delta^{18}O_{V\text{-}SMOW}$/‰	Th/℃	$\delta^{18}O_{H_2O}$/‰	$\delta D_{V\text{-}SMOW}$/‰
SESK16-15	重晶石	12.2	277	9.30	-112.6
SESK16-17	重晶石	7.4	277	4.50	-116.1
SESK16-20	重晶石	13.9	277	11.00	-121.7
SESK16-22	重晶石	10.0	277	7.10	-113.5
SESK17-5	石英	8.1	202	-3.47	-140
SESK17-9	石英	8.1	202	-3.47	-137.5
SESK17-14	石英	8.1	202	-3.47	-142.5
SESK17-24	石英	8.7	202	-2.87	-136.4
SESK17-29	石英	8.4	202	-3.17	-135.5
SESK17-30	石英	8.0	202	-3.57	-136.6

注：重晶石温度是阿舍勒铜锌矿重晶石温度的平均值；石英温度是剖面 4 个钻孔含矿凝灰岩包裹体均一温度平均值；$1000\ln\alpha = 3.38\times10^6T^{-2}-3.40$（Clayton et al.，1972）（石英）；使用重晶石-水分馏方程 $1000\ln\alpha = 3.01\times10^6T^{-2}-7.30$（Kusakabe and Robinson，1977）。

本次测试结果结合项目组以往矿化流纹斑岩和辉绿岩中石英的 H-O 同位素测试结果（杨富全等，2015），在 $\delta^{18}O_{H_2O}$-δD 关系图解中（图 4-111），样品点均落在岩浆水左下方，位于大气降水线和岩浆水之间。VMS 矿床的成矿作用多发生在海底之下的较大深度，远离陆源区，成矿流体基本不受大气降水的影响，因此，萨尔朔克矿床无论是凝灰岩层状矿化还是补给通道相脉状矿化、流纹斑岩中脉状矿化、辉绿岩脉中矿化，其成矿流体均为岩浆水混合深循环的海水。

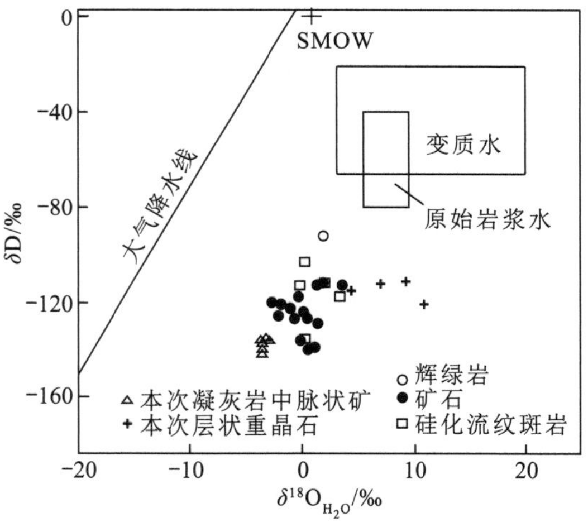

图 4-111　萨尔朔克多金属矿 δD-$\delta^{18}O_{H_2O}$ 图解

（原始岩浆水范围据 Sheppard，1986；除本书外，其他据杨富全等，2015）

（四）成矿物质来源

1. 样品及测试

本次选择了 VMS “双层结构” 中层状矿化和补给通道相脉状矿化、流纹斑岩中脉状矿化的矿石，磨制成激光片，通过详细的镜下观察后，选取有代表性的黄铁矿进行了原位 S 同位素微区分析和 Nano SIMS 元素面扫描分析（Mapping）。该测试在中国科学院地质与地球物理研究所纳米离子探针实验室完成，仪器型号为 CAMECA NanoSIMS 50L。测试条件：轰击电压 16kV，计数时间为 150s。有关 Nano SIMS 分析 S 同位素方法和流程详见 Zhang et al.（2014）。选取的黄铁矿样品有：含重晶石致密块状铅锌矿石中的黄铁矿（SESK17-50）、矿化流纹斑岩中的黄铁矿（SESK17-33）、含矿强硅化凝灰岩中的黄铁矿（SESK17-10 和 SESK17-79），测试区域如图 4-112。

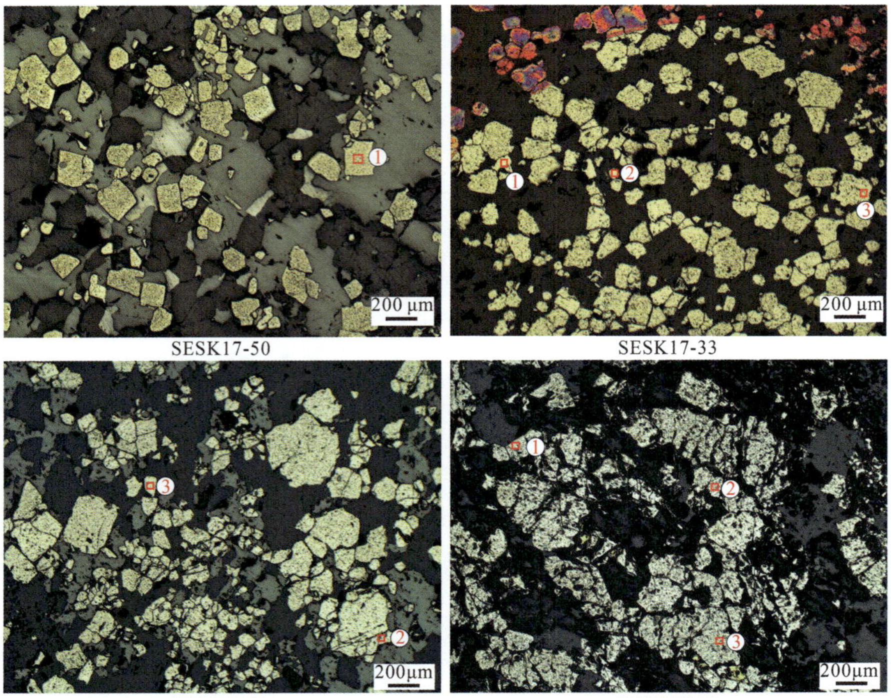

图 4-112　萨尔朔克不同矿化中黄铁矿的 Nano SIMS Mapping 成像区域位置

2. 不同矿化中 S 同位素组成

Nano SIMS 能够对微米级黄铁矿进行原位微区分析，弥补了传统单矿物 S 同位素分析方法的不足。不同矿化类型代表性黄铁矿的 Nano SIMS 原位 S 同位素分析相应的 $\delta^{34}S$ 值见表 4-40。不同矿化黄铁矿的 $\delta^{34}S$ 值略有不同（图 4-113）。喷流沉积相块状黄铁矿方铅矿闪锌矿矿石中黄铁矿（Py1）的 $\delta^{34}S$ 值变化范围为 -1.46‰～0.35‰，平均值为 -0.32‰；黄铁矿黄铜矿化流纹斑岩中黄铁矿（Py2）的 $\delta^{34}S$ 值变化范围较大，为 -0.58‰～9.03‰，平均值为 5.27‰；含矿强硅化凝灰岩中黄铁矿（Py3）的 $\delta^{34}S$ 值变化范围为 -3.84‰～5.46‰，平均值为 1.4‰。

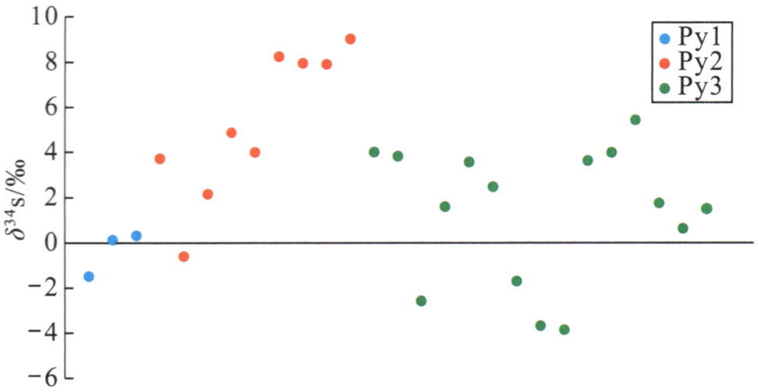

图 4-113　萨尔朔克不同矿化黄铁矿的 Nano SIMS 原位 $\delta^{34}S$ 值分布

3. 不同矿化中黄铁矿 Nano SIMS 元素 Mapping 结果

微量元素在硫化物中主要由 3 种赋存形式：①以固溶体形式赋存在硫化物晶格中；②纳米级的矿物包裹体；③微米级的矿物包裹体。Nano SIMS 元素面扫描分析能有效地对黄铁矿中 Au 及其他微量元素的分布在微米尺度上进行高分辨率成像。图 4-114 显示在微米颗粒尺度上，萨尔朔克不同矿化

表 4-40 萨尔朔克金多金属矿不同矿化黄铁矿原位微区硫同位素组成

样号	矿石类型	点号	矿物名称	$\delta^{34}S$/‰
SESK17-50	喷流沉积相块状黄铁矿方铅矿闪锌矿矿石	SESK17-50-1.1	黄铁矿	-1.46
		SESK17-50-1.2	黄铁矿	0.16
		SESK17-50-1.3	黄铁矿	0.35
SESK17-33	黄铁矿黄铜矿化流纹斑岩	SESK17-33-1.1	黄铁矿	3.74
		SESK17-33-1.2	黄铁矿	-0.58
		SESK17-33-1.3	黄铁矿	2.18
		SESK17-33-2.1	黄铁矿	4.89
		SESK17-33-2.2	黄铁矿	4.01
		SESK17-33-2.3	黄铁矿	8.26
		SESK17-33-3.1	黄铁矿	7.97
		SESK17-33-3.2	黄铁矿	7.92
		SESK17-33-3.3	黄铁矿	9.03
SESK17-10	补给通道相黄铁矿黄铜矿化强硅化凝灰岩	SESK17-10-1.1	黄铁矿	4.03
		SESK17-10-1.2	黄铁矿	3.85
		SESK17-10-1.3	黄铁矿	-2.55
		SESK17-10-2.1	黄铁矿	1.63
		SESK17-10-2.2	黄铁矿	3.60
		SESK17-10-2.3	黄铁矿	2.52
		SESK17-10-3.1	黄铁矿	-1.67
		SESK17-10-3.2	黄铁矿	-3.66
		SESK17-10-3.3	黄铁矿	-3.84
SESK17-79	补给通道相黄铁矿黄铜矿方铅矿闪锌矿化强硅化凝灰岩	SESK17-79-2.1	黄铁矿	3.65
		SESK17-79-2.2	黄铁矿	4.01
		SESK17-79-2.3	黄铁矿	5.46
		SESK17-79-3.1	黄铁矿	1.79
		SESK17-79-3.2	黄铁矿	0.66
		SESK17-79-3.3	黄铁矿	1.54

中多数同一黄铁矿颗粒的^{34}S值分布比较均一，没有明显的变化。但矿化流纹斑岩（SESK17-33-2）和矿化硅化凝灰岩（SESK17-10-3）均有2处区域呈现出同一黄铁矿颗粒不同部位^{34}S值不同的特征。SESK17-33-2呈现出横切面上^{34}S值依次由小变大的特征，SESK17-10-3则呈现出从边部到核部^{34}S值依次由小变大的特征。以上特征表明，形成黄铁矿的流体具有阶段性的变化特征。喷流沉积相层状矿化块状矿石（SESK17-50-1）边部可见带状的高Co含量微区，可能是富Co矿物的微米-纳米级包裹体所致。矿化流纹斑岩（SESK17-33-2）^{75}As元素的分布图表现为该颗粒内部存在数个直径1~2 μm的高值微区，可能存在数个微米-纳米级的富As包裹体。矿化硅化凝灰岩（SESK17-10-3）从核部到边部分布有数个椭圆状的高Co微区，直径约2 μm，亦反映出富Co矿物的微米-纳米级包裹体。除此之外，其余元素的分布均与同一颗粒的^{34}S值呈现出大致相同的分布规律。

4. 成矿物质来源

VMS型矿床的硫源主要有：岩浆硫、沉积硫和还原海水硫酸盐（Chen et al., 2015）。其中岩浆硫可以直接来源于深部岩浆房挥发分的直接释放，也包括深循环海水从围岩火山岩及其下伏基底物质中淋滤出来的硫，但这2种来源的岩浆硫往往体现出相同的硫同位素特征而不易区分（Huston et al.,

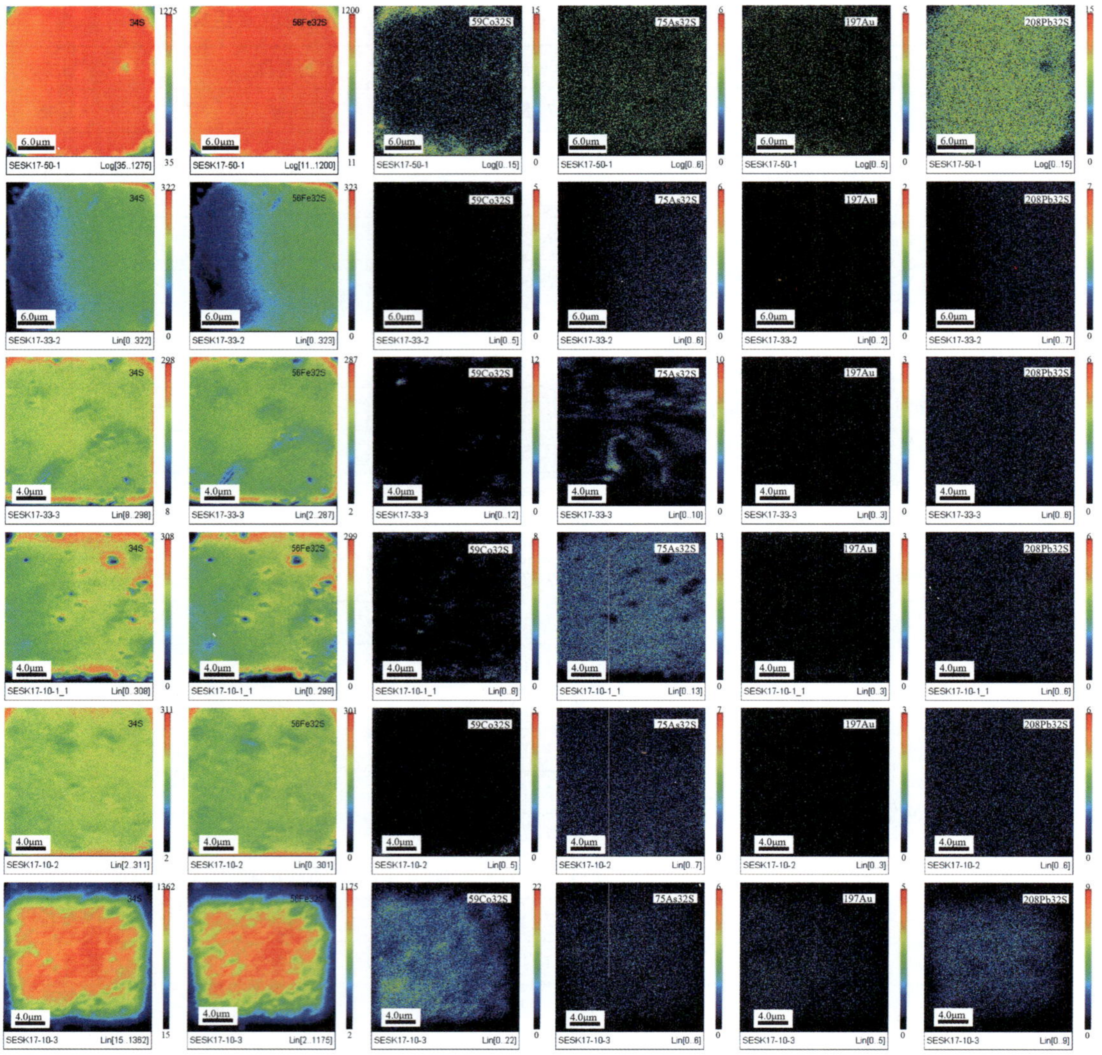

图 4-114　萨尔朔克金多金属矿不同矿化黄铁矿 Nano SIMS Mapping^{34}S、^{32}S、Co、As、Au 和 Pb 元素分布图

（图中颜色由蓝到红色表示元素含量由低到高，各样号区域对应图 4-112）

2011；Agangi et al.，2018）。

本次萨尔朔克不同矿化黄铁矿原位 S 同位素分析的结果 $\delta^{34}S$ 为-3.84‰~9.03‰，多数落于岩浆硫（0±3‰）的范围或附近，但也体现出与海水硫酸盐来源硫的混合特点。从喷流沉积相层状矿化块状矿石、凝灰岩中补给通道相脉状矿化到流纹斑岩中脉状矿化，随成矿作用的进行，与深循环海水的混合越来越充分，这种岩浆硫与海水硫酸盐来源硫的混合趋势越发明显。

以往项目组对萨尔朔克传统单矿物的 S 同位素分析结果表明（杨富全等，2015），62 件硫化物单矿物（包括黄铁矿、黄铜矿、辉铜矿、方铅矿、闪锌矿）$\delta^{34}S$ 值为-1.52‰~6.18‰，平均值为 2.22‰。相比之下，本次原位 S 同位素更为精确地厘定出了萨尔朔克岩浆硫与海水硫酸盐来源硫的混合特征，综合所有数据可以看出，岩浆硫是萨尔朔克热液硫的主要来源，与世界上不同时代的典型 VMS 矿床 S 同位素分布一致（图 4-115）。结合矿床及显微尺度的地质特征及以往其他同位素（例如 Pb 同位素）的分析，这种岩浆硫主要来源于深源岩浆的喷气作用或淋滤下伏火山岩，少量来源于下渗海水硫酸盐的还原作用。

5. 矿床模型

浅部流纹斑岩中脉状多金属矿体与深部阿舍勒组凝灰岩中脉状矿体以破碎带相隔，该破碎带主要由大小不等的棱角状角砾组成，基本很少见到挤压性透镜状角砾岩特征和挤压性断裂构造，表明破碎

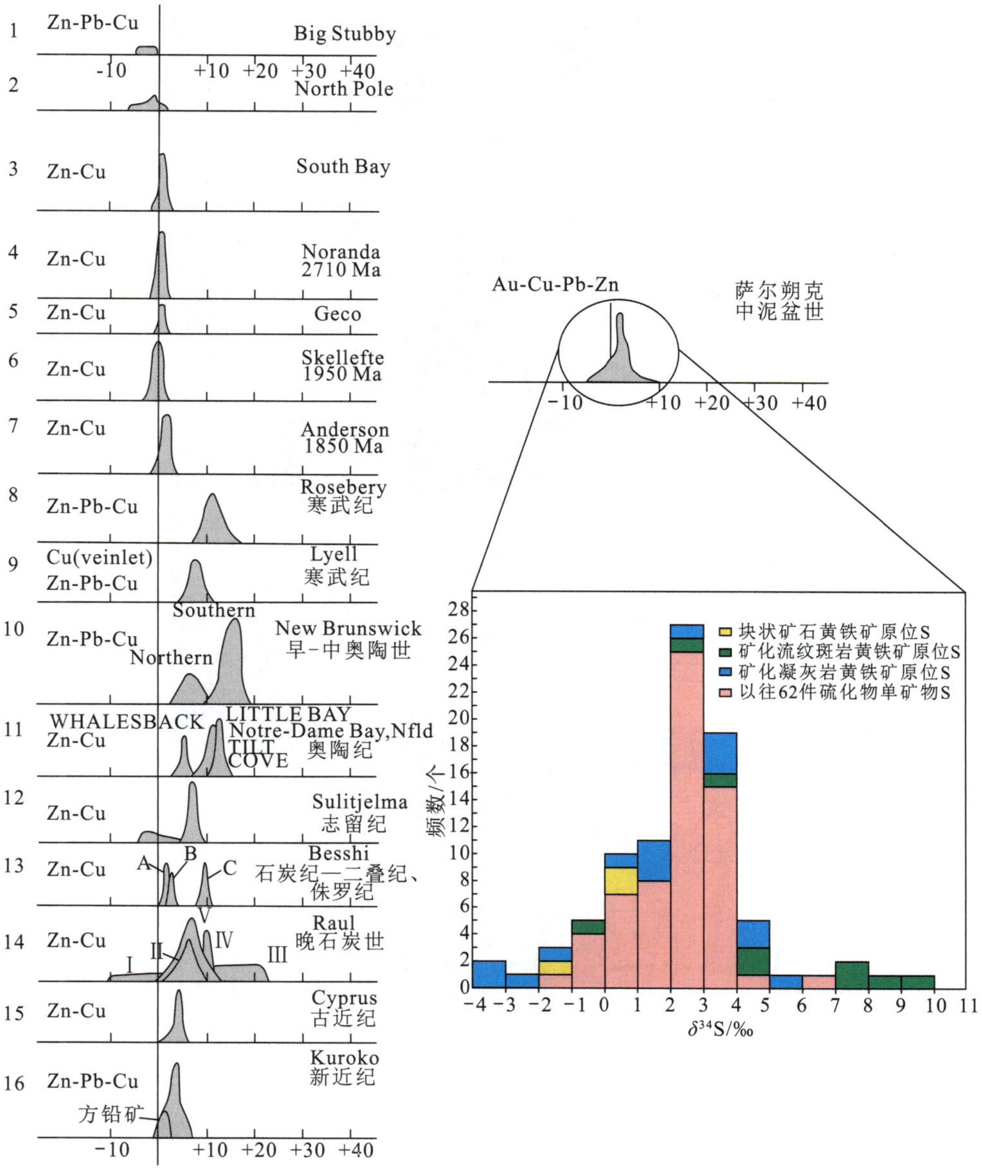

图 4-115 世界不同时代典型 VMS 矿床的 S 同位素分布以及萨尔朔克 S 同位素直方图

（据 Franklin et al.，1981）

带构造变形以张裂为主。通过井下对破碎带的观察，发现破碎带中有形态大小不一的矿石角砾，棱角状，表明破碎带形成于多金属矿化之后，只对矿体进行破坏和改造作用（图 4-116）。

以矿床成矿背景为依据，以矿床地质特征为出发点，构建萨尔朔克金多金属矿床成矿模式如图 4-117 所示。早-中泥盆世，古亚洲洋板块向北俯冲到西伯利亚板块的阿尔泰古陆块南缘之下，形成一系列沿南阿尔泰分布的火山-沉积盆地（阿舍勒盆地、冲乎尔盆地、克兰盆地和麦兹盆地）。大洋板块的俯冲作用导致地幔楔部分熔融，形成阿舍勒组双峰式火山岩，基性火山岩形成于酸性火山岩之前。在阿舍勒火山旋回的末期（388 Ma）萨尔朔克一带，在阿舍勒组酸性火山碎屑岩形成的同时，深循环海水沿断裂、裂隙向下渗透，并萃取早期火山岩中 Cu、Pb、Zn、Au、Ag、S、Fe 等成矿物质，与向上运移的富含 Au-Cu-Pb-Zn 等成矿元素的岩浆热液混合，形成含矿流体。混合作用导致大量酸性组分（H_2、CH_4、H_2S、SO_2 等）分配到气相中，使液相的 pH 值增大，使成矿流体浓缩甚至过饱和。另外，由于压力和温度降低等原因，引起了含矿流体中 Cu、Pb、Zn 和 Au 络合物分解，发生大量硫化物沉淀富集。当含矿流体沿火山喷流通道向上运移，在海底热水喷口中喷出，并在火山机构的斜坡或洼地中沉淀时，形成萨尔朔克阿舍勒组凝灰岩中层状 Cu-Pb-Zn 矿化，当含矿热液在补给

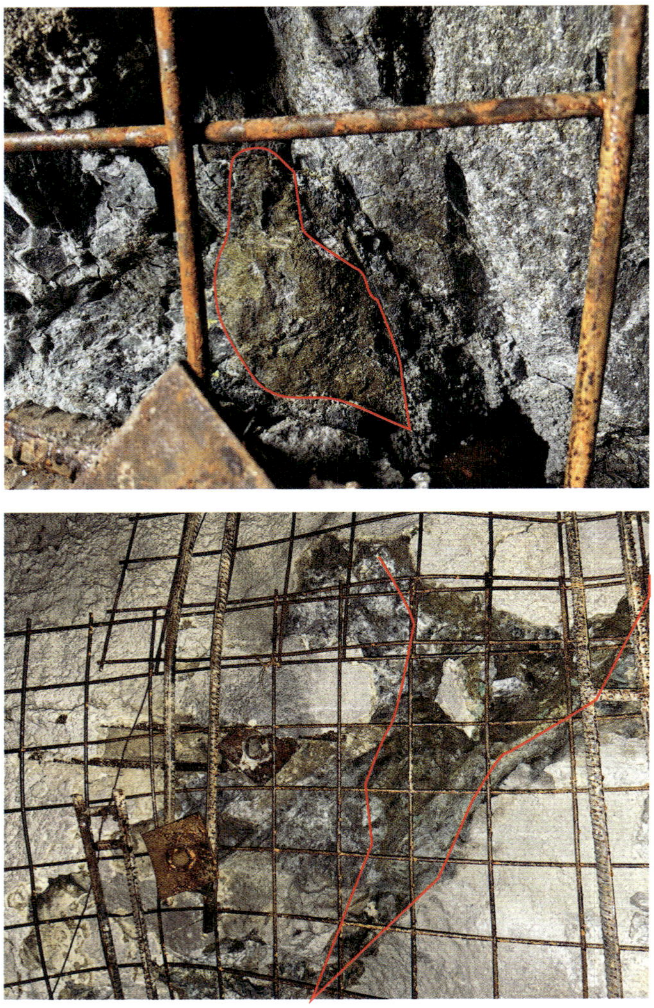

图 4-116　萨尔朔克矿流纹斑岩与阿舍勒组之间破碎带中矿石角砾

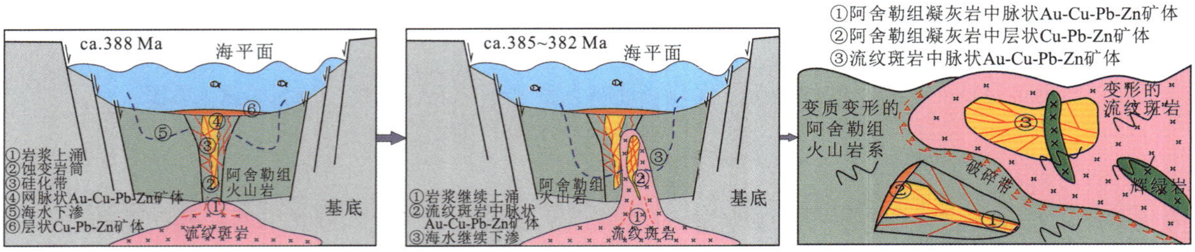

图 4-117　萨尔朔克多金属矿床模型

通道相中沉淀时则形成浸染状、细脉、网脉状、脉状的多金属矿化（Au-Cu-Pb-Zn），二者构成VMS 矿床的“双层结构”，尽管目前层状矿化发现的较少。随后，中泥盆世早期（385～382 Ma）火山喷发间歇期，黏稠的残余岩浆侵位到海底的破火山口中，形成流纹斑岩。随着岩浆的演化，岩浆期后热液中 Cu、Pb、Zn、Au 的成矿元素含量较高，形成含矿流体。含矿流体沿流纹斑岩的裂隙向上运移，当遇到裂隙带时，高温中盐度岩浆流体与下渗的深循环海水混合导致大量硫化物沉淀富集，在流纹斑岩中形成浸染状、细脉、网脉状、脉状的多金属矿体。之后，辉绿岩脉侵入到地层、流纹斑岩及矿体中，辉绿岩主要是对矿体进行破坏，辉绿岩中有少量硫化物，无工业价值。再后，褶皱和断裂活动导致地层、矿体和流纹斑岩及矿体发生变形，在流纹斑岩底部与阿舍勒组凝灰岩接触部位形成了破碎带，有少量热液活动，伴随硅化、黄铁矿化，基本未形成工业矿化。在 254 Ma 之前矿区又发生了韧性剪切变形，阿舍勒组火山岩系、流纹斑岩及矿体均剪切变形，最后的剪切变形作用发生在254 Ma。

第七节　哈尔达坂铅锌矿

哈尔达坂铅锌矿床位于赛里木地块WN部别珍套山一带，温泉县城SW方向（方位220°）直线距离约50 km处，行政区划属博尔塔拉蒙古自治州温泉县管辖。该矿床由新疆维吾尔自治区有色地质勘查局地质矿产勘查研究院于2007年发现，目前探求的铅+锌金属资源量（332+333+334）为64.57 $\times 10^4$ t，平均品位：Zn 6.19%、Pb 1.09%，伴生可利用Ag、Cd等元素，矿床规模已经达到大型（新疆温泉县哈尔达坂铅锌矿床详查报告，2015）。

一、矿床地质特征

（一）矿区地质

矿区主要出露地层为中元古界长城系哈尔达坂群，广泛分布于矿区中部和矿区北部。该地层走向为近EW向，倾向南，在矿区内EW延伸可达4 km以上。哈尔达坂群的岩性属于浅海相浅变质碎屑岩夹碳酸盐岩建造。根据地层的岩性组合，可以分为哈尔达坂群上亚群和下亚群，二者以大理岩带为分界层。哈尔达坂群下亚群分布在矿区北部，岩性属浅变质岩，主要岩性包括片岩、板岩、大理岩等。在矿体西北不远处可见大量的碳质板岩分布，与成矿关系不大。该套地层中基本无铅锌矿化。哈尔达坂群上亚群主要分布于矿区中部，岩石主体为白云岩、白云质灰岩、微晶灰岩、碳质板岩，是哈尔达坂铅锌矿的赋矿地层。铅锌矿体主要分布于该地层中部宽500~800 m的白云岩、白云岩化碎屑岩带中。下石炭统阿恰勒河组分布于矿区南部，北侧与哈尔达坂群上亚群呈断层接触。阿恰勒河组属于一套滨浅海相碎屑岩夹碳酸盐岩建造，岩性主要为砂砾岩、长石岩屑砂岩、粉砂岩等。在沉积岩地层中还出露2层大理岩层。该套地层中未见铅锌矿化。

哈尔达坂铅锌矿整体处于哈尔达坂背斜南翼，岩层总体上近EW向展布，倾向南，矿区内岩层倾向普遍较陡（图4-118）。由于地层的大规模构造变动，使得矿区内岩层中发育大量层间小褶皱，可见灰岩地层中的白云石脉形成小揉皱构造。受区域上博尔塔拉河谷断裂、沃托格赛尔河谷断裂以及牙马特等区域性断裂构造的影响，哈尔达坂矿区内发育多条次级断裂。矿区内的断裂总体上呈近EW向或NNE向，主要分布在矿区南北两侧，矿体周围基本不发育有规模的断裂。矿区内主要断裂是分隔哈尔达坂群上亚群与下石炭统阿恰勒河组下亚组的EW向断裂，该条断裂倾向南，倾角约65°，基本横穿整个矿区。

矿区内侵入岩较为发育，在矿区中部和北部分布有大量的闪长岩体，但与矿体关系较小。矿区内最大的岩体位于东北部Ⅲ号矿段的东侧，为闪长岩脉。在Ⅰ号矿段内部可见1条闪长岩脉，与矿体接触且与矿体平行分布。Ⅱ号矿段和Ⅲ号矿段周围分布有少量的闪长岩脉，与矿体无穿插关系。矿区内闪长岩脉大体上近EW向展布。

（二）矿体特征

哈尔达坂铅锌矿区共圈出63条铅锌矿体（含20条盲矿体），主要矿体分布于矿区中西部南北宽约500~800 m的范围以及矿区中部。根据主要矿体分布范围和分布规律，自西向东将矿区划分为Ⅰ矿段、Ⅱ矿段、Ⅲ矿段以及外围区（图4-118）。矿体总体呈似层状、透镜体状产出（图4-119），沿EW向展布。矿体长度、厚度以及品位变化较大，长度8~800 m，厚度1.0~14.0 m，Pb和Zn品位分别为0.7%~12.3%和1.0%~25.7%。矿体整体倾向南，160°~183°，倾角61°~89°。

Ⅰ号矿段：是主矿段，大部分矿体平行分布，大体上呈EW向展布，延伸较长，走向稳定。该矿段矿石主要呈条带状、块状和蜂窝状构造，矿石主要发育锌矿化，铅矿化较弱。

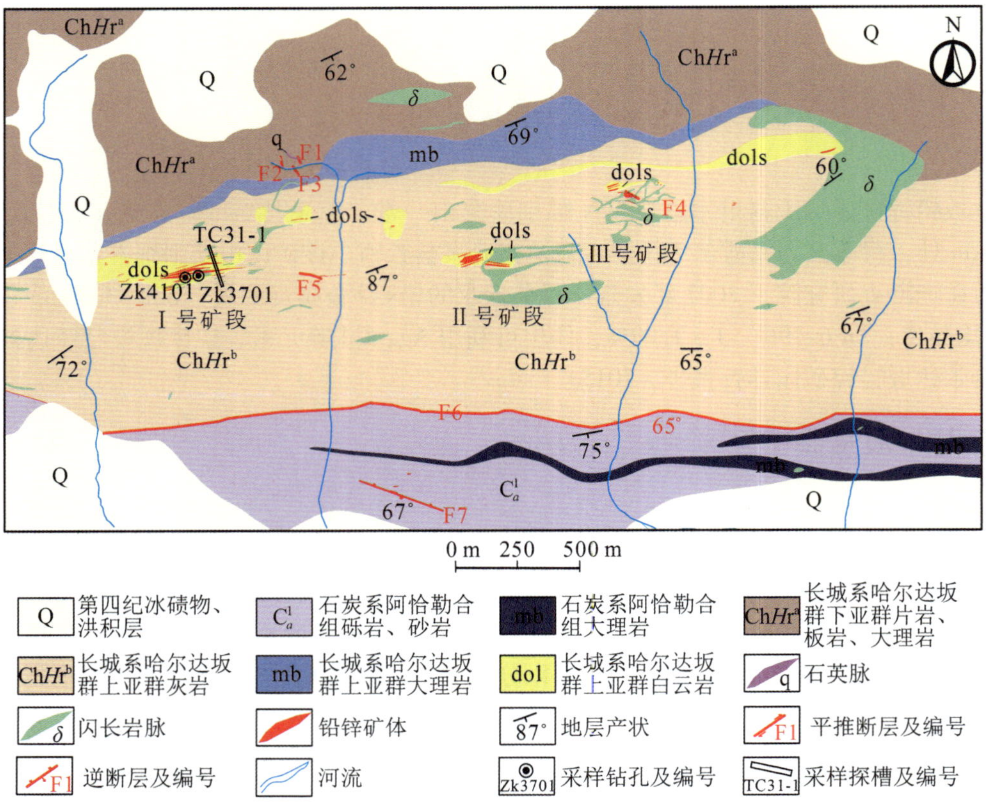

图 4-118　哈尔达坂铅锌矿区地质图

（据新疆维吾尔自治区有色地质勘查局地质矿产勘查研究院，2015，有修改）

Ⅱ号矿段：位于矿区中部，矿体周围分布有大量的闪长玢岩，该矿段的矿石主要以条带状、块状和角砾状构造为主，部分锌矿化呈脉状分布，具有明显的铅矿化。

Ⅲ号矿段：位于矿区东部，矿石资源量较少，矿体呈条带状和透镜状产出。

（三）矿石特征

哈尔达坂铅锌矿床中矿石组成较为简单，主要金属矿物为闪锌矿和方铅矿，二者比例约为 5∶1；其他硫化物主要为黄铁矿，少量磁黄铁矿和黄铜矿。非金属矿物主要有白云石、方解石、石英，少量重晶石、绢云母、绿泥石、磷灰石、菱铁矿、钡冰长石等。矿石结构主要有自形-半自形结构、他形结构、交代结构、胶状结构和多孔状结构。根据矿石构造，矿石类型划分为块状、脉状、角砾状及浸染状矿石。浸染状矿石占比较少，闪锌矿呈浸染状分布（图 4-120a，b），闪锌矿粒径 0.1~2 mm，呈似层状，常被后期闪锌矿脉交代。脉状矿石：分布于围岩中的闪锌矿多呈脉状、细脉状、网脉状分布，脉体宽 0.2~5 cm，与白云石脉密切伴生（图 4-120e-g）。角砾状矿石：表现为白云岩或白云质灰岩角砾被闪锌矿胶结（图 4-120c、d）。块状矿石：主要由闪锌矿组成，含少量白云石、石英及围岩残留（图 4-120h）。

（四）围岩蚀变特征

矿区地表分布有大量的灰岩、白云岩和碳质、钙质板岩，赋矿围岩主要是中元古界长城系哈尔达坂群的灰黑色白云质灰岩、粉晶白云岩以及微晶灰岩，局部矿段可见硅质岩。围岩岩层呈带状、似层状和不规则状近 EW 向展布。围岩中灰黑色白云岩、灰岩中充填有大量的白云石脉和方解石脉，白云石脉和方解石脉呈白色，宽 1~10 mm，穿插关系复杂（图 4-120），由多期形成。部分白云石脉呈平行分布于围岩中，形成“斑马状”构造。

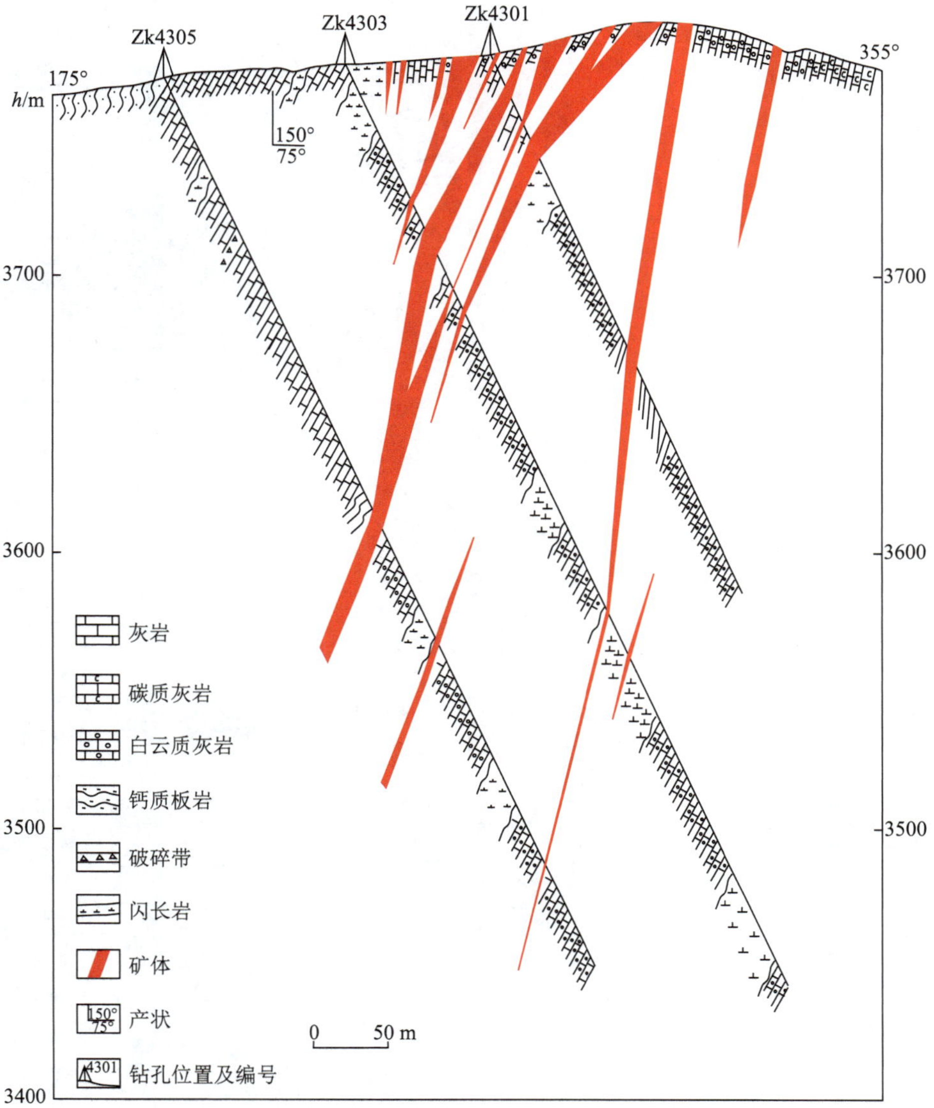

图 4-119　哈尔达坂铅锌矿床勘探线剖面图
（据成勇等，2015）

（五）成矿期次划分

根据野外观察、岩相学观察、矿物之间共生关系，可将哈尔达坂铅锌矿床的形成过程分为 3 个成矿期（图 4-121）：

1）同生沉积期：该成矿期为矿床形成的基础，灰岩等大量的围岩在该阶段形成。此阶段有热液活动进行，带入了大量的金属元素进入海底，与沉积物混合。胶状黄铁矿和多孔状黄铁矿为该成矿期产物，受同生沉积的影响，胶状黄铁矿中的杂质与黄铁矿呈同心环状构造，多孔状黄铁矿中也含有大量的杂质包体。

2）成岩变质期：同生沉积期在海底形成的大量松散堆积物在该时期发生成岩作用，在压实作用、重结晶作用等的影响下形成岩层。同生沉积期形成的部分胶状黄铁矿破碎，多孔状黄铁矿的边缘继续结晶增生，形成“净边”结构。该时期的岩石还发生了浅变质作用，在矿区周围形成了大量的碳质板岩，部分多孔状黄铁矿在该阶段发生重结晶作用，在内部形成自形黄铁矿。

3）热液成矿期：该成矿期可分为 2 个成矿阶段。早成矿阶段是该时期的主成矿阶段，富含金属

图 4-120　哈尔达坂矿床矿化特征

a—浸染状闪锌矿被粗粒闪锌矿+白云石脉交代，被白云石细脉切穿；b—浸染状闪锌矿被粗粒闪锌矿+白云石脉交代；c—围岩角砾被闪锌矿胶结，构成角砾状矿石；d—闪锌矿交代白云岩化灰岩，形成似角砾状石；e—角闪石、方铅矿呈脉状充填于围岩裂隙中；f—白云岩中闪锌矿+白云石+石英脉；g—闪锌矿颜色由黄褐色过渡到深褐色；h—块状闪锌矿石；Sp—闪锌矿；Gn—方铅矿；Dol—白云岩；Qz—石英

元素的热液进入围岩，交代围岩和白云石脉，形成大量的块状结构、脉状结构闪锌矿，同时生成自形-半自形结构的浸染状黄铁矿，矿床中的硫化物主要在该阶段形成；晚成矿阶段接近成矿作用的晚期，热液规模减小，流体温度降低，小规模的流体在矿区形成了方铅矿以及少量的闪锌矿。

二、成矿作用

深入研究成矿系统的物质组成，是解析成矿作用和成矿末端效应的基础。沉积岩容矿铅锌矿床成矿作用复杂，硫化物可以形成于沉积、成岩、热液交代等多个成矿期，同一矿物其不同的韵律环带的形成环境也会有所差别，因而具有不同的微量元素与同位素组成。近年来随着原位微区分析技术的发

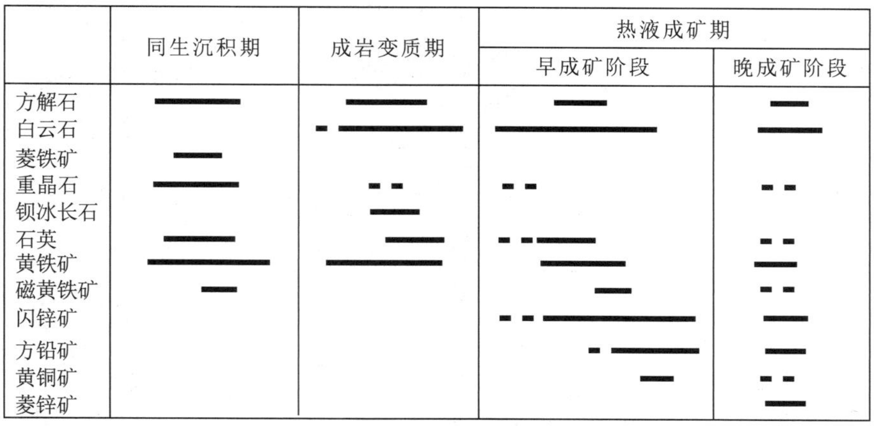

图 4-121　哈尔达坂铅锌矿床成矿期次划分

展，可以对不同世代硫化物或环带进行微量元素组成的原位分析，已成为揭示铅锌矿床成矿物质来源与沉淀机制的有效方法。

在详细观察硫化物结构特征与世代划分的基础上，本研究应用 LA-ICP-MS 原位分析技术系统分析了不同世代黄铁矿、闪锌矿的微量元素组成、元素分布状态与变化趋势。

（一）硫化物成分特征

1. 黄铁矿

黄铁矿在哈尔达坂矿床中普遍存在，从容矿地层到硫化物矿石中均有大量产出。根据结构特征，可将其分为 4 种类型。多孔状黄铁矿（Py1）存在于黄铁矿的核部，发育富含矿物包体的多孔状结构（图 4-122a，b）。围绕多孔状黄铁矿发育的黄铁矿增生边（Py2），基本不含包体，与核部黄铁矿呈不规则接触。粗粒自形黄铁矿（Py3）主要赋存于热液脉中，与白云石、方解石和石英伴生（图 4-122c），基本不含矿物包体，有时含多孔状黄铁矿残留。主成矿阶段与闪锌矿伴生的黄铁矿（Py4）呈海绵状，他形，结构类似于多孔状黄铁矿（图 4-122d、e）。部分 Py4 含菱铁矿薄层，以不规则碎片的形式产出（图 4-122f）。

LA-ICP-MS 点分析和面扫描显示哈尔达坂黄铁矿含有 Mn、Co、Ni、Cu、Zn、As、Se、Mo、Ag、Sb、Tl、Pb、Bi 等微量元素。这些元素在不同的黄铁矿类型中含量变化较大，可超过几个数量级（图 4-123）。不同样品多孔状黄铁矿核（Py1）的成分变化较大，总体富含 Mn（$0.46\times10^{-6}\sim758.02\times10^{-6}$）、Co（$0.1\times10^{-6}\sim283.91\times10^{-6}$）、Ni（$0.48\times10^{-6}\sim300.35\times10^{-6}$）、Cu（$8.33\times10^{-6}\sim818.69\times10^{-6}$）、Zn（$1.18\times10^{-6}\sim408.86\times10^{-6}$）、As（$40.2\times10^{-6}\sim641.57\times10^{-6}$）、Se（$2.19\times10^{-6}\sim7.27\times10^{-6}$）、Ag（$0.85\times10^{-6}\sim3.37\times10^{-6}$）、Sn（$0.12\times10^{-6}\sim58.72\times10^{-6}$）、Sb（$3.9\times10^{-6}\sim80.45\times10^{-6}$）、Ba（$0.06\times10^{-6}\sim81.51\times10^{-6}$）、Tl（$0.04\times10^{-6}\sim188.86\times10^{-6}$）、Pb（$47.33\times10^{-6}\sim1139.3\times10^{-6}$）、Bi（$0.06\times10^{-6}\sim24.24\times10^{-6}$）。

多孔状黄铁矿核被认为是黄铁矿的最早世代，其结构与沉积岩中常见的同生或成岩黄铁矿相同。在大多数情况下，多孔状结构和丰富的矿物包体指示黄铁矿在低温下从过饱和溶液中快速成核（Large et al.，2009）。多孔状黄铁矿核富集 Mn、Ag、Sb、Tl、Ba、Pb、Cu 的地球化学特征与亚氧到缺氧环境下的沉积型黄铁矿的化学特征一致（Large et al.，2007，2009；Ulrich et al.，2011）。在这些环境中，由于快速结晶和大的表面体积比，促进微量元素以包裹体或吸附的形式进入黄铁矿（Large et al.，2009；Steadman et al.，2021）。其中，Mn、Ag、Sb、Tl、Pb 和 Zn 的元素组合（浅成低温热液元素）指示流体来源于演化的陆壳（Leach et al.，2005；Wilkinson，2014）或与岩浆流体有关（Hedenquist and Lowenstern，1994；Si mmons et al.，2016），通过热液喷流作用进入到海底。

与多孔状黄铁矿核相比，黄铁矿增生边（Py2）富集 Co（1014.37×10^{-6}）和 Ni（580.26×10^{-6}），

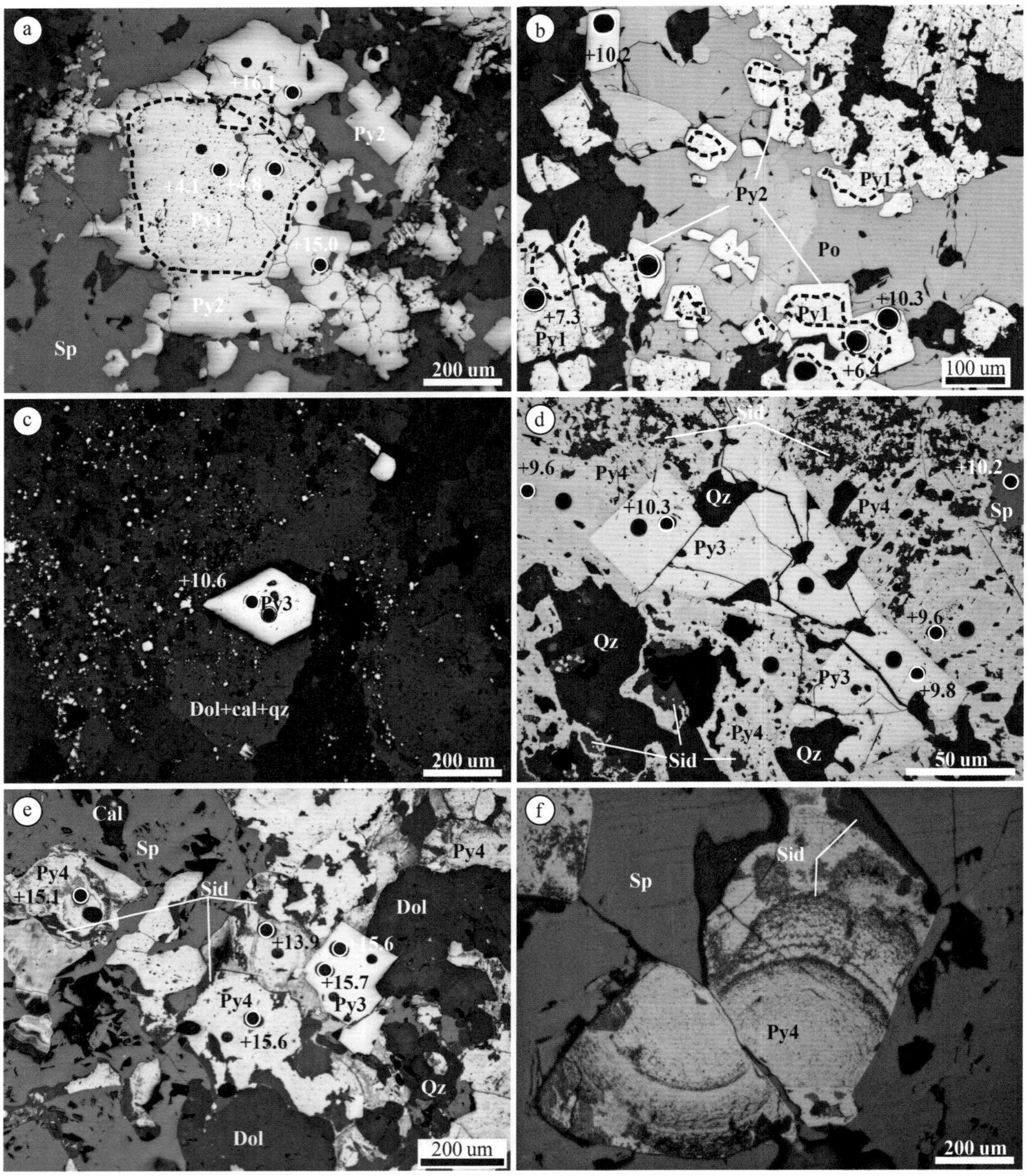

图 4-122　不同结构黄铁矿

Sp—闪锌矿；Py—黄铁矿；Po—磁黄铁矿；Sid—菱铁矿；Dol—白云石；Cal—方解石；Qz—石英

而亏损其他微量元素。LA-ICP-MS 元素面扫描清楚地显示了二者显著的成分变化（图 4-124）。与黄铁矿增生边类似，自形黄铁矿（Py3）也富集 Co（$7.52\times10^{-6}\sim9491.96\times10^{-6}$）、Ni（$5.1\times10^{-6}\sim188.71\times10^{-6}$）和 As（$134.92\times10^{-6}\sim4855.27\times10^{-6}$），但亏损其他微量元素。显微观察发现黄铁矿增生边和多孔状核部呈不规则接触，部分自形黄铁矿核部也保留有多孔状黄铁矿残留。这些结构特征表明，黄铁矿增生边和自形黄铁矿均围绕早期多孔状黄铁矿成核生长或取代早期多孔状黄铁矿。黄铁矿重结晶在海底环境中的 SEDEX 矿床（如 Red Dog，Howard's Pass；Kelley et al.，2004；Gadd et al.，2016）和 VMS 矿床中（Herzig and Hannington，1995）均被广泛观察到，与上涌热液的改造有关。在此过程中，黄铁矿倾向于将包裹体和松散结合的元素（如 Mn、Ag、Sb、Cu、Pb、Zn 和 Ba）释放到周围流体中，形成无包裹体和亏损微量元素的重结晶黄铁矿（Huston et al.，1995；Large et al.，2007）。哈尔达坂矿区黄铁矿形成过程与此类似。

与主成矿期闪锌矿伴生的黄铁矿（Py4）富含矿物包体，其结构类似于多孔状黄铁矿核，指示了

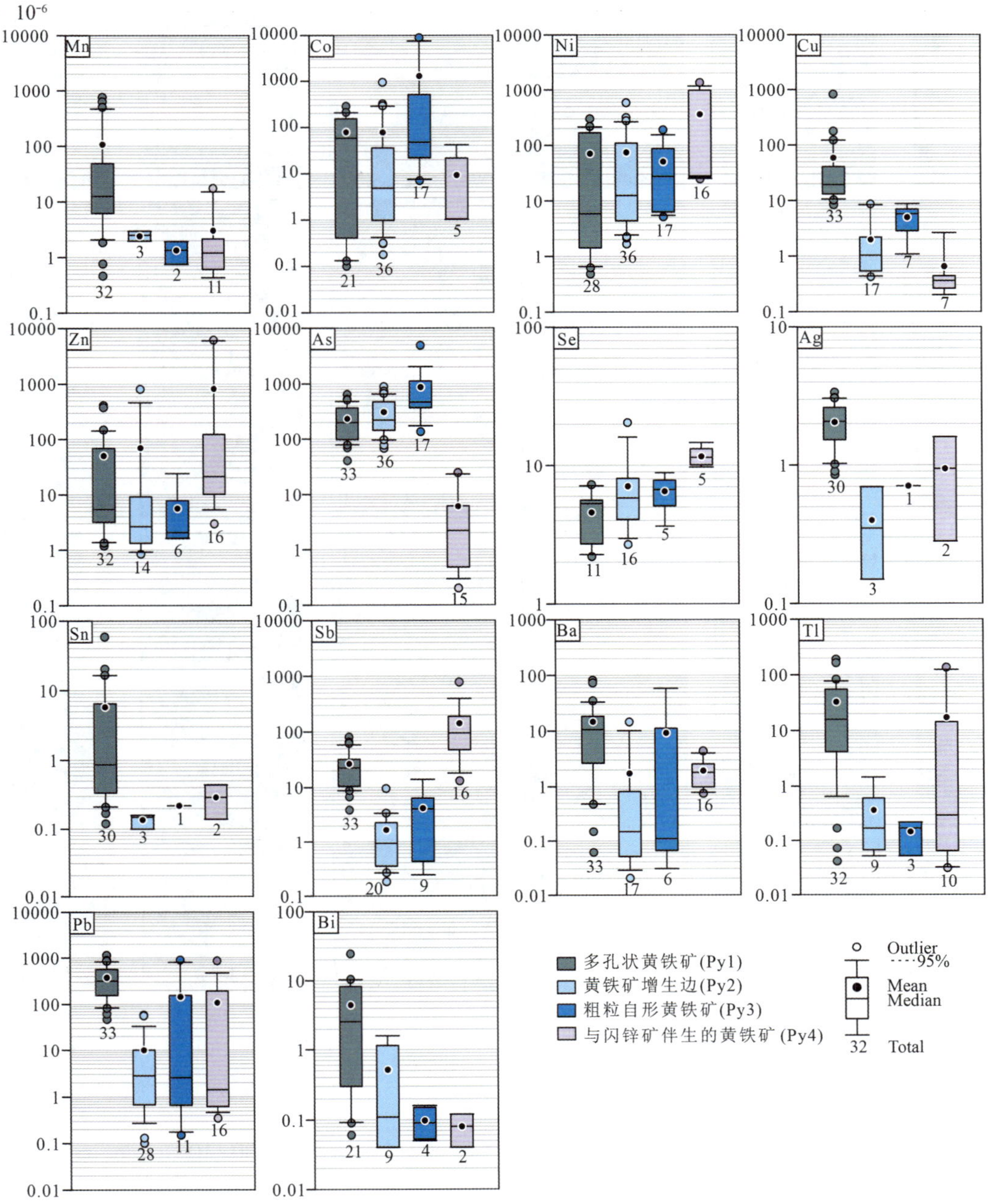

图 4-123　不同结构黄铁矿元素组成箱形图

过饱和溶液中快速结晶的过程（Butler and Rickard，2000）。虽然在非平衡条件下的快速生长有利于黄铁矿对元素的吸收（Keith et al.，2018；Reich et al.，2005），Py4 的大多数微量元素含量较低，仅 Ni（$24.58\times10^{-6}\sim1344.95\times10^{-6}$）和 Sb（$13.05\times10^{-6}\sim777.50\times10^{-6}$）含量较高。Py4 中异常低的 As 含量（$<24.4\times10^{-6}$）与其他黄铁矿类型（$40.2\times10^{-6}\sim4855.27\times10^{-6}$）形成对比。这是由于微量元素进入伴生的闪锌矿或其他硫化物和碳酸盐中，导致黄铁矿中大部分元素显著贫化。此外，微量元素 LA-ICP-MS 图像（图 4-124）表明热液叠加产生了 Sb 的富集，Pb、Ba 和少量的 Mn、Ag、Tl 和 Cu 位于自形黄铁矿（Py3）的边缘，而 Co、Ni 和 As 则保留在黄铁矿晶格中。

前人研究（Huston et al.，1995；Large et al.，2007）和本书面扫描结果（图 4-124）显示，即使经历显著的热液蚀变，Co、Ni、As 也可以被黄铁矿固定在晶格中。因此，黄铁矿中 Co、Ni 含量和 Co/Ni 比值是黄铁矿不同成因类型的有效判别因子（Loftus-Hills and Solomon，1967；Campbell and Ethier，1984；Bralia et al.，1979）。已发现火山成因的黄铁矿 Co 含量较高（$400\times10^{-6}\sim2400\times10^{-6}$），

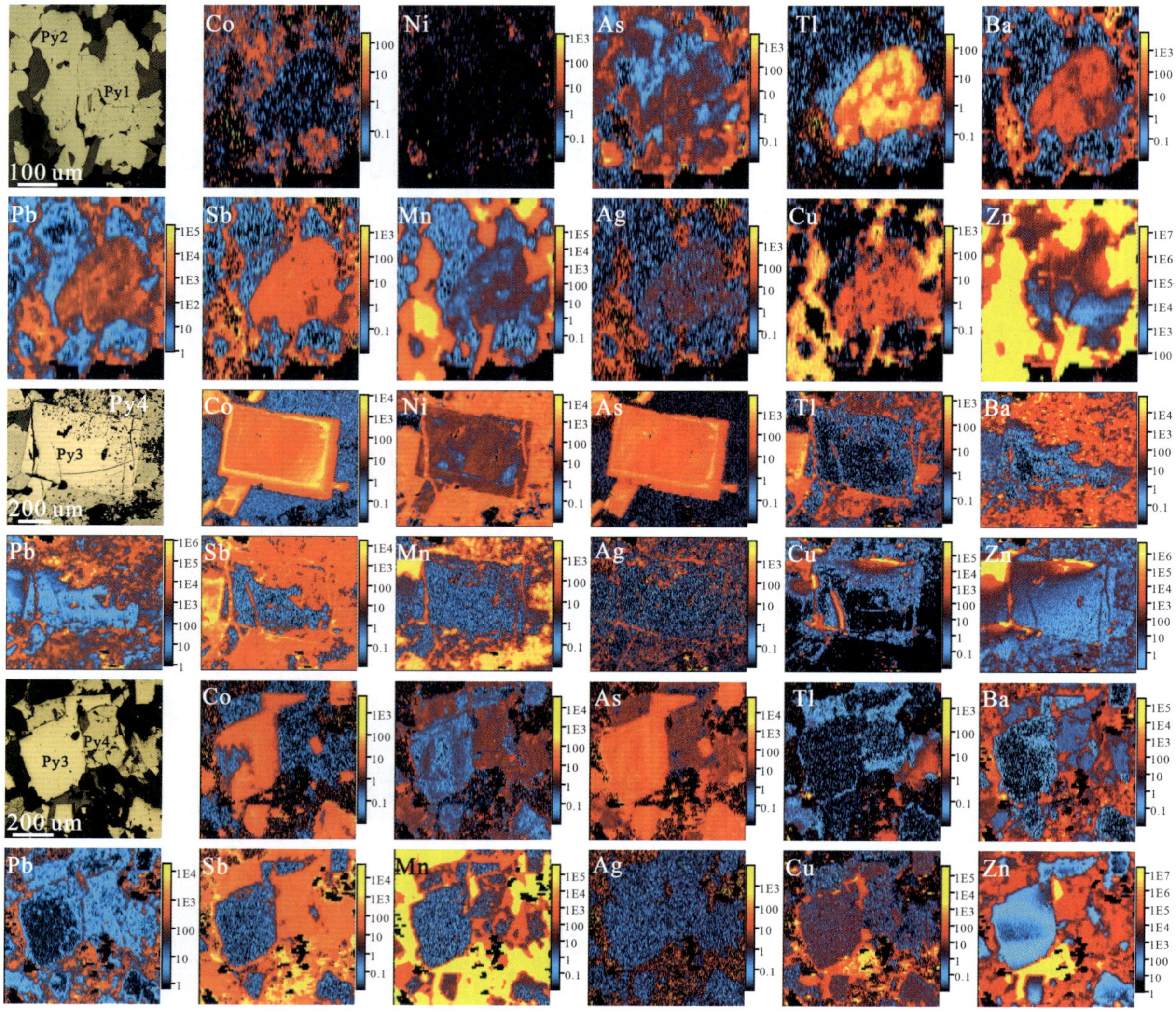

图 4-124 黄铁矿 LA-ICP-MS 微量元素面扫描

半定量元素含量以对数坐标标出

且 Co/Ni 值大于 1，或介于 5 和 50 之间，而沉积黄铁矿的 Co 含量小于 100×10^{-6}，Co/Ni 值小于 1，热液黄铁矿的 Co/Ni 值介于 1~5 之间。

哈尔达坂多孔状黄铁矿的 Co 含量（0.1×10^{-6}~283.91×10^{-6}）和 Ni 含量（0.48×10^{-6}~300.35×10^{-6}）以及 Co/Ni 比值（0.01~1.94）在沉积型黄铁矿的范围内（图 4-125）。增生边与核部的 Ni 和 Co 含量的对比表明，黄铁矿增生边似乎继承了黄铁矿核的微量元素特征。自形黄铁矿的 Co 含量（7.52×10^{-6}~9491.96×10^{-6}）和 Co/Ni 比值（0.62~672.45）远高于沉积黄铁矿，反映了热液的影响（Huston et al.，1995；Maslennikov et al.，2009）。与矿化有关的黄铁矿（Py4）高 Ni（24.58×10^{-6}~1344.95×10^{-6}）低 Co（通常低于检测限），具有沉积黄铁矿的典型特征（图 4-125），暗示下伏的碳质页岩和富含有机物沉积物地层是成矿流体中 Ni 及其他金属主要来源。

2. 闪锌矿

闪锌矿是哈尔达坂矿床的主要矿石矿物，其颜色多变，包括浅黄色、黄褐色、褐色到深褐色（图 4-126）。深褐色闪锌矿通常出现在狭窄的细脉和裂缝中（图 4-126a，b），代表了主成矿阶段早期形成。浅色闪锌矿通常形成块状、粗粒的半自形-他形晶体，内含白云石、石英、碳酸盐、滑石、黄铁矿和方铅矿矿物包体（图 4-126c）。具有胶状结构等指示低温沉积环境的特征（<100℃；Barrie et al.，2009）在哈尔达坂闪锌矿并未发现。

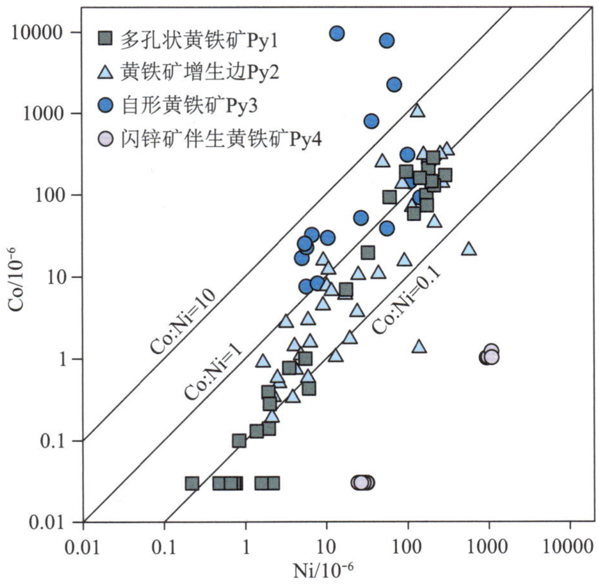

图 4-125　不同结构黄铁矿 Co-Ni 元素图

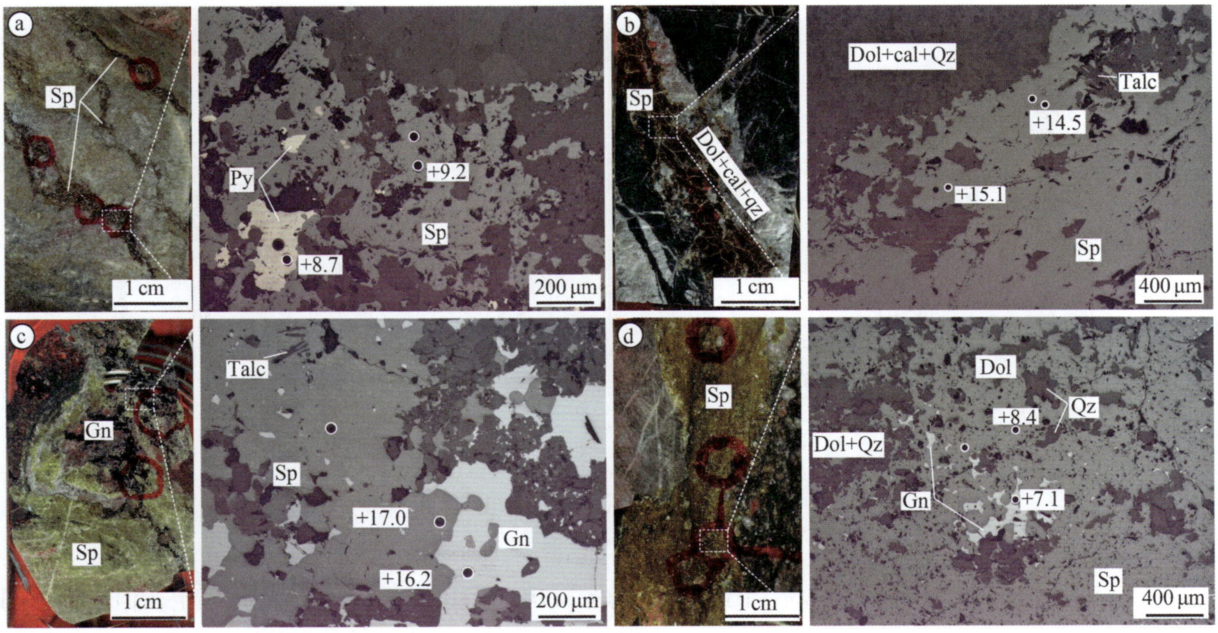

图 4-126　不同颜色闪锌矿薄片及显微照片

Sp—闪锌矿；Py—黄铁矿；Gn—方铅矿；Qz—石英；Dol—白云石；Talc—滑石；Cal—方解石

LA-ICP-MS 分析表明哈尔达坂闪锌矿含有一定量的 Mn、Fe、Co、Ga、Cd 和 In 等元素。在信号图中，这些元素的计数相当平坦且与 Zn 计数曲线平行，表明这些元素主要包含在闪锌矿晶格中。不同颜色类型的闪锌矿在微量元素含量上存在较大差异（图 4-127），以 Fe 含量的差异最为明显，从早期暗褐色（4.95%～6.12%）、棕色闪锌矿（1.73%～3.26%）到黄褐色闪锌矿（0.99%～1.57%）、浅黄色闪锌矿（0.25%～1.1%）逐渐降低。

闪锌矿中 Cd 含量为 524×10^{-6}～1875×10^{-6}。尽管暗褐色闪锌矿的 Cd 含量略高（923×10^{-6}～1875×10^{-6}），但 Cd 含量与颜色没有明显的相关性。Mn 含量为 47×10^{-6}～407×10^{-6}，在闪锌矿类型之间略有变化，浅色闪锌矿 Mn 含量较低（47×10^{-6}～378×10^{-6}，平均 120×10^{-6}）。大部分样品 Co 含量低于 32.93×10^{-6}，但在细脉（样品 4101-133）闪锌矿中高达 155.98×10^{-6}。Co 含量与颜色中度相关，暗

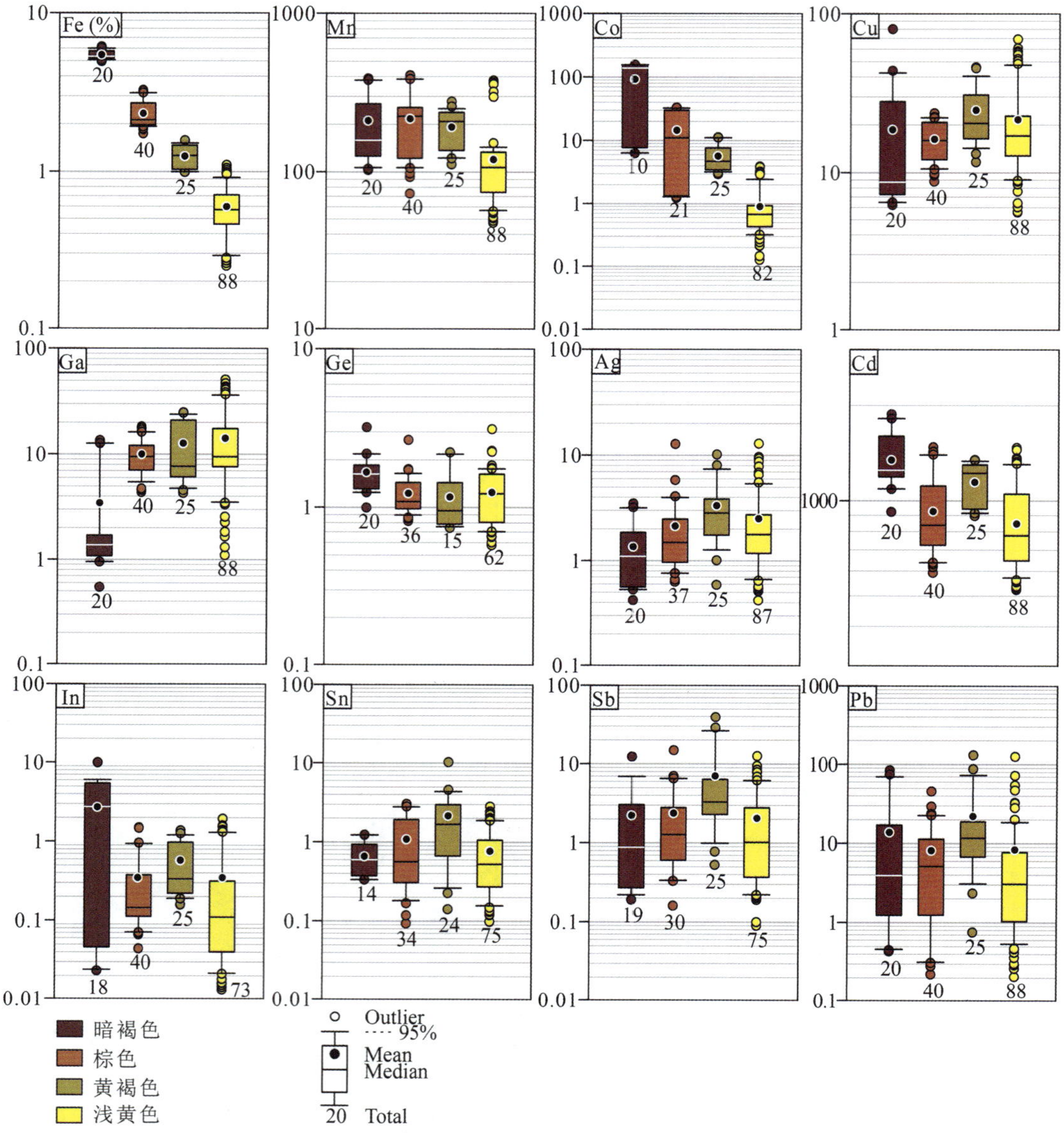

图 4-127　不同颜色闪锌矿元素组成箱形图

色闪锌矿（91.93×10^{-6}）Co 平均含量高于浅色闪锌矿（0.86×10^{-6}）。Ga 含量变化不定，但暗褐色闪锌矿中的平均含量（0.55×10^{-6}～13.47×10^{-6}，平均 3.44×10^{-6}）略低于其他闪锌矿类型（1.1×10^{-6}～50.88×10^{-6}，平均 12.8×10^{-6}）。Ge 含量一般低于 3.2×10^{-6}，部分样品低于检测限。除 2 个暗褐色闪锌矿（样品 4101-133，3701-25）具有较高的 In 含量（2.42×10^{-6}～9.89×10^{-6} 和 5.39×10^{-6}～5.60×10^{-6}）外，其他样品 In 含量低于 1.92×10^{-6}。Sn 含量多在 4.58×10^{-6} 以下，个别点为 10.23×10^{-6}。Ag 和 Sb 的含量通常小于 15×10^{-6}，个别点 Sb 含量升高到 39.35×10^{-6}。所有闪锌矿类型都具有异常高的 Cu（80.06×10^{-6}）和 Pb（130.78×10^{-6}）值（图 4-127），与黄铜矿和方铅矿的亚显微包体有关。As、Tl 等元素含量在所测闪锌矿中大多低于检测限。

闪锌矿可在其晶体结构中包含多种微量元素，如 Fe、Mn、Cd、Ga、Ge、In、Sn、Co、As 和 Tl。前人对其在闪锌矿中的分布和置换机理进行了广泛的研究（Di Benedetto et al.，2005；Cook et al.，2009；Bauer et al.，2019）。二价阳离子，例如 Fe^{2+}、Mn^{2+}、Cd^{2+} 和 Co^{2+}，容易直接替代 Zn^{2+} 进入到闪锌矿中，其浓度可达几个重量百分比（Lepetit et al.，2003；Di Benedetto et al.，2005；Wright and Gale，2010）。哈尔达坂闪锌矿的 Zn 和 Fe 呈高度负相关关系（图 4-128a），表明 Fe^{2+} 对 Zn^{2+} 的替代

占主导地位。三价和四价阳离子，如 In^{3+}、Ga^{3+}、Ge^{4+} 和 Sn^{4+}，通常通过与一价阳离子（Cu^{+} 和 Ag^{+}）的耦合替代进入到闪锌矿中（Johan，1988；Pattrick et al.，1993；Cook et al.，2012；Belissont et al.，2014，2016）。这些元素在哈尔达坂闪锌矿中的含量较低。哈尔达坂闪锌矿的 In 含量多数小于 10×10^{-6}，而 Cu 含量变化较大（$5.58\sim80.06\times10^{-6}$），二者之间没有明显的正相关关系，不同于前人提出的耦合替代 $2Zn^{2+}\leftrightarrow Cu^{+}+In^{3+}$（Cook et al.，2009；Frenzel et al.，2016）。相反，Cu 含量与 Ga 呈正相关关系（图 4-128b），表明哈尔达坂闪锌矿中存在 $2Zn^{2+}\leftrightarrow Cu^{+}+Ga^{3+}$ 的耦合取代。部分远离 1∶1 线的数据点与闪锌矿中的黄铜矿显微包裹体有关。由于含量低，Ge、In 和 Sn 之间的相关性不明显。然而，在 In+Ge+Ga+Sn 和 Cu+Ag 相关图解中，几乎所有数据点都沿着 1∶1 线分布（图 4-128c），表明这些元素通过耦合替代进入闪锌矿。此外，Pb 与 Sb 之间的正相关（图 4-128d）指示了闪锌矿中含 Pb 碲化物的亚显微包体的存在。

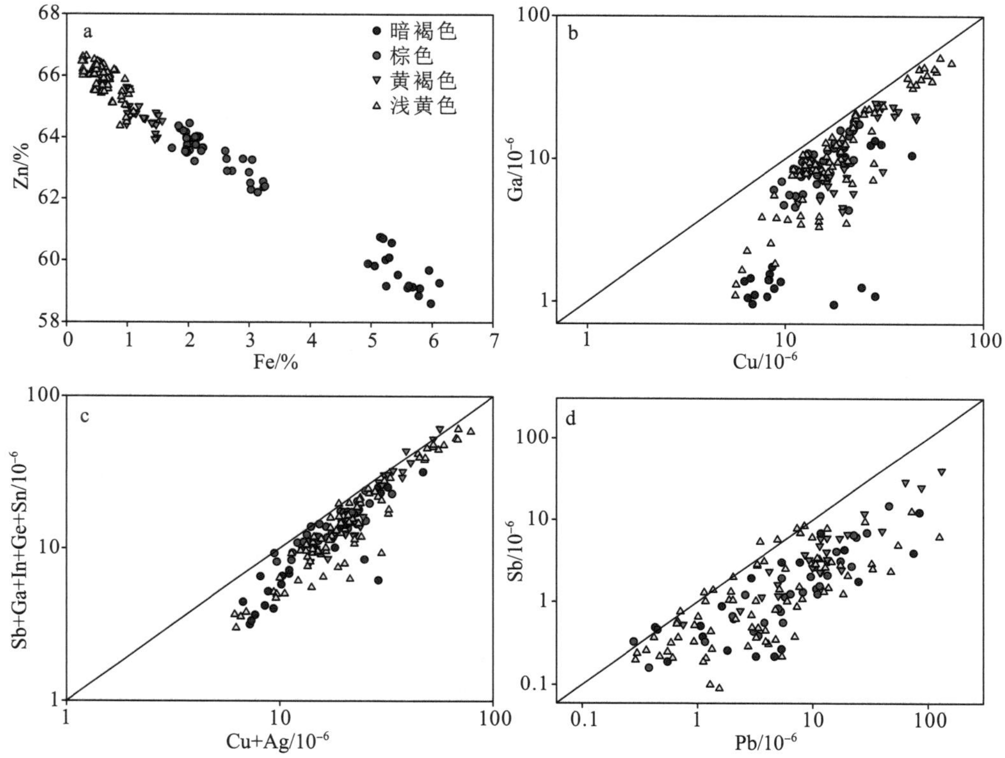

图 4-128　不同颜色闪锌矿元素相关性图解

哈尔达坂闪锌矿 Fe 含量（0.25%～6.12%）与 SEDEX 矿床闪锌矿的 Fe 含量（通常为 0.5%～8%）相近，而明显高于 MVT 闪锌矿的 Fe 含量（小于 0.5%）。Fe 含量的变化与闪锌矿的颜色变化密切相关，深色闪锌矿的 Fe 含量高于浅色闪锌矿（图 4-127）。闪锌矿中 Fe 含量变化与温度降低和/或硫逸度增加有关（Scott，1983；Nadoll et al.，2019）。相比之下，闪锌矿 Cd 含量与颜色之间缺乏相关性，这与其他沉积岩容矿硫化物矿床类似。例如，Kelley et al.（2004）发现 Red Dog 矿床的闪锌矿 Cd 含量在不同的闪锌矿世代之间没有明显变化，而其他元素（Fe、Co、Mn、Tl 和 Ge）的含量变化很大。同一矿床中，闪锌矿的 Cd 含量通常是一致的，主要受成矿流体来源的控制（Cook et al.，2009）。Cd 含量和 Zn/Cd 比值可用于区分不同成因的闪锌矿。一般来说，MVT 矿床的闪锌矿具有高 Cd 含量（$2415\times10^{-6}\sim34981\times10^{-6}$，平均 9399×10^{-6}）和低 Zn/Cd 比值（17～201，平均 101），而 SEDEX 矿床的闪锌矿具有低 Cd 含量（$595\times10^{-6}\sim996\times10^{-6}$，平均 832×10^{-6}）和高 Zn/Cd 比值（326～368，平均 353）。哈尔达坂闪锌矿的 Cd 含量（$524\times10^{-6}\sim1875\times10^{-6}$，平均 966×10^{-6}）和 Zn/Cd 比值（320～1258，平均 736）与 SEDEX 铅锌矿床的一致（图 4-129）。

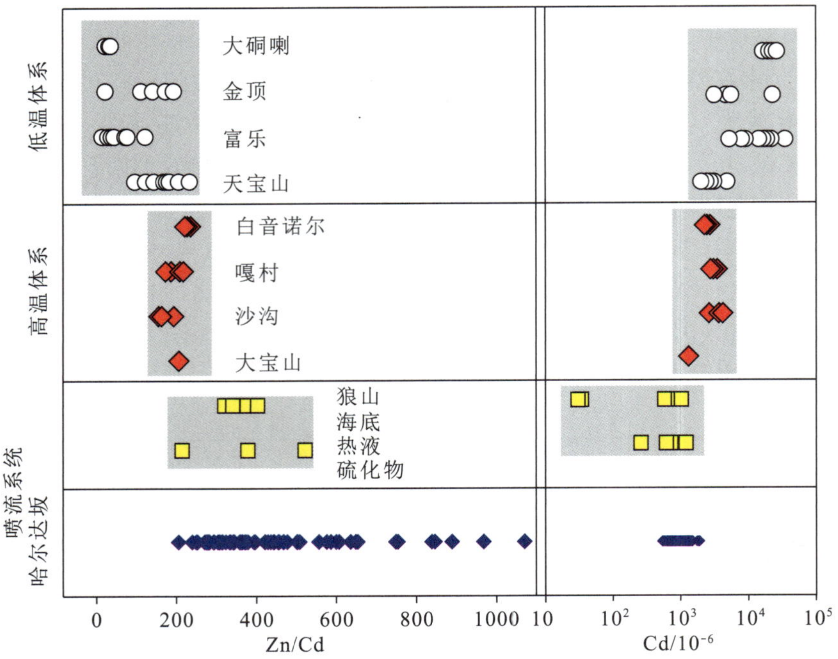

图 4-129 哈尔达坂闪锌矿 Zn/Cd 与 Cd 含量与其他矿床对比图
（底图据 Wen et al.，2016）

（二）成矿温度

成矿过程中，流体温度的变化是硫化物沉淀的主要机制之一（Leach et al.，2010）。硫同位素地质温度计是计算硫化物形成温度的常用方法，该温度计的应用前提是共生的矿物对之间硫同位素达到平衡。段士刚（2011）根据哈尔达坂矿区共生的闪锌矿和方铅矿的硫同位素，计算平衡温度高达688.6℃（$10^3\ln\alpha$［闪锌矿-方铅矿］$=0.74\times10^6/T^2$；Smith et al.，1977），与地质事实明显不符。因此，成矿系统的各硫化物间硫同位素并未达到平衡。

闪锌矿中的微量元素浓度主要受成矿流体成分、温度、硫逸度等物理化学条件的控制（Cook et al.，2009；Belissont et al.，2014；Frenzel et al.，2016）。以往研究表明，高温条件下形成的闪锌矿相对富集 Fe、Mn、In、Co 和 Sn，而低温条件下形成的闪锌矿则相对富集 Cd、Ga 和 Ge 等元素（Cook et al.，2009；Ye et al.，2011；Belissont et al.，2014）。最近，Frenzel et al.（2016）基于大量数据的 Meta 分析，提出 Ga、Ge、In、Mn 和 Fe 在闪锌矿中的浓度与温度的相关性很强，可用作地质温度计（GGIMFis），表达为 $T(℃)=(54.4\pm7.3)\cdot PC1^*+(208\pm10)$，其中 $PC1^*=\ln[(C_{Ga}^{0.22}\cdot C_{Ge}^{0.22})/(C_{Fe}^{0.37}\cdot C_{Mn}^{0.20}\cdot C_{In}^{0.11})]$。应用该温度计，本研究计算了哈尔达坂矿区闪锌矿的形成温度。为了计算和统计，将低于检测限的元素含量指定为检测限的一半。173 个分析点计算出的温度介于 163～309℃之间，分别对应于颜色较浅和较深的闪锌矿分析点。值得注意的是，温度计算值较高的深色闪锌矿同时含有较高的 Co 含量。前已述及，暗色闪锌矿通常出现在代表主成矿期相对较早形成的细脉中。温度计算与结构特征表明，哈尔达坂矿区从早期的深色闪锌矿到晚期的浅色块状闪锌矿，成矿温度逐渐降低，这是闪锌矿沉淀的主要机制之一。

哈尔达坂铅锌矿的成矿温度（163～309℃）明显高于 SEDEX 铅锌矿的温度范围（100～200℃；Leach et al.，2010）。沉积盆地中异常高的地温梯度需要额外的热源。

（三）成矿物质来源

硫同位素研究是示踪成矿物质来源和理解成矿机制的重要内容。矿物学与 LA-ICP-MS 微量元素研究表明，哈尔达坂矿区硫化物具有不同的显微结构及微量元素组成，因此，前人（成勇等，2015）获得硫化物单矿物S同位素可能为混合结果。显微尺度获得的硫化物原位S同位素组成，是揭示矿物形成过程，探讨成矿物质来源和沉淀机制的关键指标。目前，LA-MC-ICP-MS原位微区S同位素分析已广泛应用于沉积岩容矿铅锌矿床成矿物质来源示踪及矿床成因的研究中（袁洪林等，2013，2015；Chen et al.，2014；Bao et al.，2016，2017）。

本研究应用LA-MC-ICP-MS原位分析技术对不同结构的硫化物进行了原位S同位素分析。分析结果显示所有硫化物$\delta^{34}S$值均为正值，但不同类型硫化物的$\delta^{34}S$值存在较大差异（图4-130）。同一黄铁矿颗粒的核部和增生边的硫同位素组明显不同（图4-130a），多孔状核部（Py1）$\delta^{34}S$值在3.9‰~8.8‰之间（$n=27$）。相比之下，黄铁矿增生边（Py2）$\delta^{34}S$值为7.5‰~16.8‰（$n=32$），比对应的多孔状核部高2.0‰~12.2‰。自形黄铁矿（Py3）的$\delta^{34}S$值为9.8‰~16.0‰（$n=14$）。与闪锌矿伴生的富含包裹体的黄铁矿（Py4）$\delta^{34}S$值为8.1‰~15.6‰（$n=18$）。

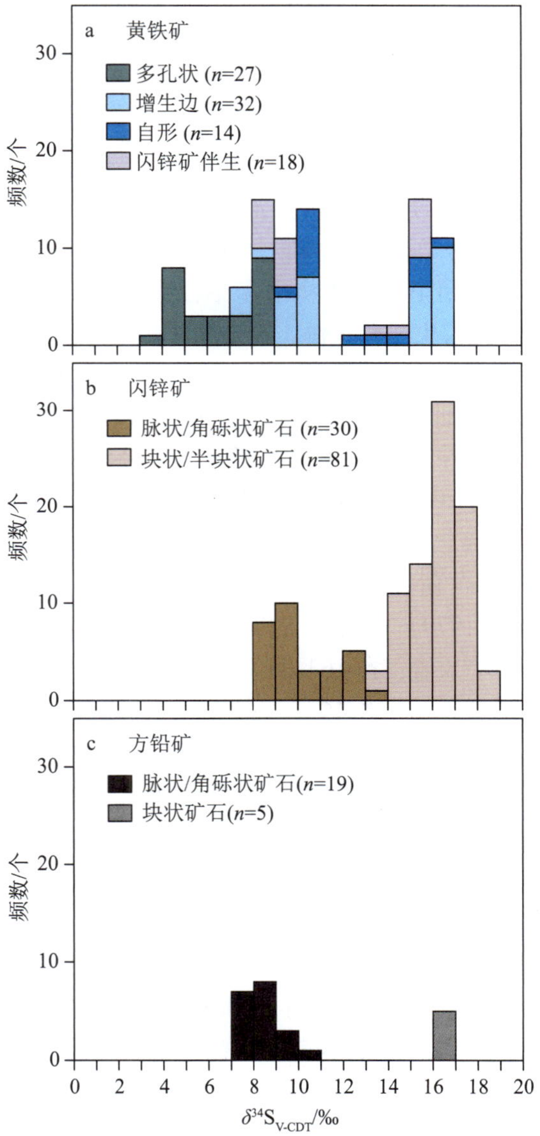

图4-130 哈尔达坂硫化物S同位素直方图

闪锌矿硫同位素数据集中于2个区间（图4-130b）。脉状闪锌矿具有较低的$\delta^{34}S$值（8.4‰~13.0‰，$n=30$），而块状闪锌矿的$\delta^{34}S$值较高（13.8‰~18.3‰，$n=81$）。$\delta^{34}S$最高值（18.3‰）对应于浅黄色块状闪锌矿。方铅矿的$\delta^{34}S$值略低于伴生闪锌矿，同样呈双峰式分布（图4-130c）。其中，与暗色闪锌矿伴生的方铅矿的 $\delta^{34}S$ 值为 7.0‰~10.3‰（$n=19$），而与浅色闪锌矿共生方铅矿的 $\delta^{34}S$ 值为 16.2‰~16.7‰。

成勇等（2015）报道了哈尔达坂矿床闪锌矿的 $\delta^{34}S$ 值为 2.6‰~14.5‰，方铅矿 $\delta^{34}S$ 值为 3.8‰~14.9‰，黄铁矿 $\delta^{34}S$ 值为 6.5‰~10.3‰，并认为变化的 $\delta^{34}S$ 值反映了海水硫酸盐的减少和共生硫化物之间的同位素不平衡。本研究获得的原位 $\delta^{34}S$ 值与上述硫化物单矿物的 $\delta^{34}S$ 数据接近。然而，结合结构观察与微量元素组成，原位 $\delta^{34}S$ 数据可以更好地示踪成矿过程中硫的来源。

目前，普遍认为沉积物和/或原生水中捕获的海水硫酸盐是沉积盆地硫化物中硫的最终来源（Leach et al.，2005；Sangster，2018）。海水硫酸盐可以通过几种方式被还原为 H_2S，其中细菌硫酸盐还原（BSR）和热化学硫酸盐还原（TSR）是 2 种主要机制（Seal，2006；Hoefs，2009）。BSR 的作用温度较低，主要发生在低于 80℃ 的温度下（Machel et al.，1995），有时发生在 110℃ 的温度下（Jørgensen et al.，1992）。它能引起 H_2S 和硫酸盐之间的大量同位素分馏，在开放体系中产生具有高度负 $\delta^{34}S$ 值的硫化物（即 ≤-30‰；Ohmoto and Rye，1979；Seal，2006）。TSR 通常发生在 130℃ 以上的温度，导致硫化物的 $\delta^{34}S$ 值比母体硫酸盐轻 0~15‰（Ohmoto and Goldhaber，1997）。

哈尔达坂矿床早期黄铁矿不发育草莓状或胶状结构（Goldhaber and Kaplan，1975）以及与 BSR 相关的负 $\delta^{34}S$ 值，排除了早期硫化物沉淀中生物成因硫的输入。早期黄铁矿 $\delta^{34}S$ 值与 TSR 来源硫的值一致，但也与岩浆硫的 $\delta^{34}S$ 值有一定程度的重叠。用硫同位素组成很难确定早期热液流体的硫源。然而，多孔状黄铁矿同时具有高浓度的浅成低温热液元素（Pb、Sb、Ag、Tl、Sn、Cu、Mn）和低的 $\delta^{34}S$ 值，与海底热液系统中发现的类似（Herzig et al.，1998；Gill et al.，2019；Sherlock et al.，1999；Brueckner et al.，2014），表明早期硫化物中存在岩浆硫的加入。因此，本研究认为 TSR 来源的硫和岩浆硫作为早期硫化物沉淀的主要硫来源，有岩浆硫的贡献。

主成矿期硫化物的 $\delta^{34}S$ 值可以分为 2 个数据区间：13.8‰~18.3‰、7.0‰~13.0‰。宽泛的 $\delta^{34}S$ 值并且比岩浆硫的值高得多，因此排除了岩浆硫源（Ohmoto and Rye，1979）。均在 $\delta^{34}S$ 值范围内通过 TSR 过程中的动力学分馏得到，并表明 TSR 来源硫是大部分矿化的硫源。此外，根据闪锌矿中的微量元素成分计算出的矿化温度为 200~300℃，有利于海水硫酸盐的热化学还原（Ohmoto and Rye，1979；Shanks，2001）。TSR 形成硫化物的 $\delta^{34}S$ 值可由海水硫酸盐的硫同位素组成与温度计算获得（Seal，2006）。哈尔达坂重晶石的存在表明 TSR 发生在开放系统中，硫酸盐（SO_4）不断补充（即假设 F=1）。使用 Ohmoto and Rye（1979）的公式，以矿床中的重晶石平均值（$\delta^{34}S=33.2‰$）作为硫化物沉积时的初始海水硫酸盐的 $\delta^{34}S$ 值，在 163℃ 和 309℃ 的温度下，计算获得的黄铁矿的 $\delta^{34}S$ 值为 8.0‰~19.0‰，闪锌矿 $\delta^{34}S$ 值为 6.5‰~18.1‰，方铅矿 $\delta^{34}S$ 值为 2.6‰~15.9‰，与实验测得值基本重叠。

然而，在高温（300℃）条件下，脉状硫化物的计算值（$\delta^{34}S=18‰$）远高于实测值（$\delta^{34}S=7.0‰~13.0‰$）。此外，实验测得的硫化物中 $\delta^{34}S$ 值随温度降低而增加的趋势不能简单地用 TSR 作为唯一来源来解释，这是因为 TSR 在高温下会产生 $\delta^{34}S$ 值较大的硫化物。因此，需要将 TSR 来源硫与具有较低 $\delta^{34}S$ 值的硫源混合，才可以产生在脉状硫化物的 $\delta^{34}S$ 值范围。轻硫同位素的潜在来源是含矿碳酸盐岩-碎屑岩中 $\delta^{34}S$ 值较低（3.8‰~8.9‰）的成岩期黄铁矿。成岩期黄铁矿相对较少，但在整个序列中分布广泛。显微观察表明黄铁矿增生边和早期黄铁矿核之间的不规则边界（图 4-130a、b）表明，一些黄铁矿在重结晶过程中溶解，为黄铁矿增生边和伴生硫化物的形成提供了硫源。从围岩中提取硫和金属的另一个证据来自矿脉中闪锌矿中 Mn、Co 和 Ni 的富集，因为黄铁矿和沉积基质中富含这些元素。

上述数据表明，早期多孔状黄铁矿较低的硫同位素组成（$\delta^{34}S=3.8‰~8.9‰$）和富集浅成低温热液元素的特征，指示硫主要来源于热化学硫酸盐还原（TSR），并有海底岩浆热液的贡献。块状矿石硫化物中 $\delta^{34}S$ 值较重（13.8‰~18.3‰），指示主成矿期的硫主要来源于 TSR。脉状矿石中硫化物中等的 $\delta^{34}S$ 值（7.0‰~13.0‰），指示在脉状矿石的形成过程中，TSR 来源的硫与来自早期黄铁矿的轻硫同位素的混合。

成勇等人（2015）研究了哈尔达坂铅锌矿床的 Pb 同位素组成，发现矿石的 Pb 同位素组成比较稳定，在 Pb 同位素协变图中数据落在造山带演化线两侧，说明 Pb 主要来源于上地幔及上地壳，而且在成矿作用过程中没有其他成因铅的加入。满荣浩（2020）通过矿石硫化物 Pb 同位素组成提出哈尔达坂矿床的成矿金属主要来源于盆地的碎屑沉积物和中-基性火山岩以及碳酸盐岩。本研究微量元素分析结果显示沉积时期形成的黄铁矿（Py1）中富含 Sb、Se、Tl、Ba、Mn、Pb、Bi、As、Cu、Ag、Sn 等金属成矿元素和低温元素，说明当时的沉积地层中金属元素背景值很高，这些富集金属的地层可以作为后期成矿的矿源层。

（四）成矿流体演化与末端效应

大量研究表明黄铁矿中的微量元素，无论是通过晶格替代还是以纳米颗粒或微细包体的形式存在，可以反映热液流体的成分和物理化学条件（Huston et al.，1995；Deditius et al.，2011；Keith et al.，2016）。作为在哈尔达坂所有矿化阶段中普遍存在的硫化物相，黄铁矿具有不同的结构和微量元素组成，可以更好地记录成矿流体的特征及其演化（图 4-131）。

矿化阶段	结构与地球化学特征		
	黄铁矿	闪锌矿	方铅矿
阶段1：沉积成岩 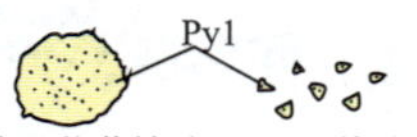 多孔状黄铁矿（Py1）快速沉淀	Py1：多孔状、富含矿物包裹体，富集 Sb、Se、Tl、Ba、Mn、Pb、As、Cu、Ag、Sn $\delta^{34}S$=3.9‰~8.8‰		
阶段2：脉状矿化  围绕Py1生长黄铁矿增生边（Py2），Py1重结晶形成自形黄铁矿Py3	Py2/Py3：贫矿物包裹体 富集Co、As±Ni，亏损其他元素 Py2：$\delta^{34}S$=7.5‰~16.8‰ Py3：$\delta^{34}S$=9.8‰~16.0‰	脉状、深色、 富集 Fe、Co、In $\delta^{34}S$=8.4‰~13.0‰	以闪锌矿中包裹体为主 $\delta^{34}S$=7.0‰~10.3‰
阶段3：主期成矿 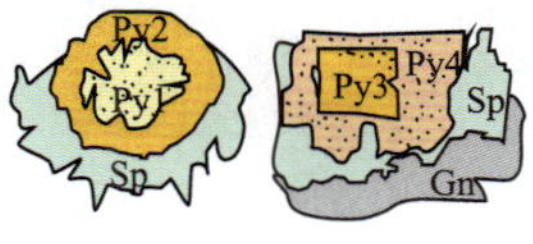 黄铁矿（Py4）快速沉淀，伴生闪锌矿的沉淀	Py4：贫矿物包裹体 富集Ni、Sb，亏损其他元素 $\delta^{34}S$=8.1‰~15.6‰	块状、浅色、富集Ga $\delta^{34}S$=13.8‰~18.3‰	孔隙充填 $\delta^{34}S$=16.2‰~16.7‰

图 4-131　哈尔达坂矿不同矿化阶段硫化物结构、微量元素与 S 同位素特征

多孔状黄铁矿核（Py1）代表了哈尔达坂矿区最早世代的硫化物，其结构与富 Mn、Ag、Sb、Tl、Pb 和 Zn 等浅成低温热液元素的特征与亚氧到缺氧环境中发现的沉积型黄铁矿一致（Large et al.，2007，2009；Ulrich et al.，2011）。结合其硫同位素特征（$\delta^{34}S$ = 3.9‰~8.8‰），指示了同沉积阶段成矿流体来源于演化的陆壳（Leach et al.，2005；Wilkinson，2014）或与岩浆流体有关（如 Hedenquist and Lowenstern，1994；Sillitoe et al.，1996；Si mmons et al.，2016）。

哈尔达坂矿区广泛发育的斑马状白云岩，与脉状、角砾状矿石与密切伴生的白云石脉，表明主成矿阶段流体以热液卤水（10%~25%（$NaCl_{eq}$），Diehl et al.，2010）为主。脉状矿石中黄铁矿均为贫矿物包体和微量元素的黄铁矿，富 Co、Ni，具有热液黄铁矿特征。这些特征反应了矿区上涌的流体对早期黄铁矿及地层的改造，萃取了其中的金属元素及部分硫，形成了脉状矿石中具有中等 $\delta^{34}S$ 值（7.0‰~13.0‰）的黄铁矿、闪锌矿及方铅矿。脉状闪锌矿以深色为主，富 Fe、Co、In 等元素，记录较高的成矿温度（221~309℃）。随着水岩相互作用，成矿流体温度不断降低（约 160℃），在围岩裂隙中沉淀了大量闪锌矿及海绵状的黄铁矿（Py4），形成了脉状-角砾状到块状矿石。该阶段黄铁矿富集 Ni、Sb，指示了成矿流体对下伏含碳地层的萃取。硫化物硫同位素（13.8‰~18.3‰）指示硫主要来源于热化学硫酸盐还原。

（五）成岩成矿年代学

对含矿沉积岩沉积时代进行精确的测年，对于理解成矿地质背景、探讨成矿与地层沉积作用的关系具有重要意义。为限定哈尔达坂铅锌矿赋矿沉积岩的沉积时代，选取3件含矿的硅质白云岩样品进行锆石U-Pb测年研究（图4-132）。此外，选取了2件细粒闪长岩样品以及1件细粒花岗岩样品进行测年研究，探讨矿区侵入岩与成矿的联系。

图4-132　用于SHRIMP U-Pb测年的样品照片

a—含闪锌矿硅质白云岩（样品H4303），闪锌矿呈浸染状薄层被后期粗粒白云石+闪锌矿脉交代；b—白云石+石英基质中的浸染状闪锌矿（样品H4303）；c—细粒闪长岩（样品H3905）；d—细粒花岗岩（样品H3109）；Sp—闪锌矿；Dol—白云石；Qz—石英

SHRIMP锆石U-Pb定年在北京离子探针中心SHRIMP Ⅱ上完成，测年原理和方法详见Willianms（1998）。U、Th、Pb含量和比值校正采用标准锆石Temora（417 Ma；Black et al.，2004）。普通Pb校正根据实验测得的^{204}Pb含量进行。数据处理采用SQUID（Ludwig，2001）和Isoplot ver3.23软件（Ludwig，2003）完成。单个数据点误差为1σ，加权平均年龄误差为95%置信度。

1. 容矿地层的沉积时代

硅质白云岩样品（H3905）中碎屑锆石粒径约50~100 μm，长宽比在1∶1~2∶1之间，多数锆石呈磨圆状、港湾状。在CL图像中，锆石结构多样，包括弱的韵律环带、扇形环带及不发育环带（图4-133a），这些特征指示锆石为碎屑锆石。在18颗锆石上进行了18个点分析，U、Th含量以及Th/U比值分别为72×10^{-6}~505×10^{-6}、46×10^{-6}~328×10^{-6}、0.3~0.9，具有岩浆锆石的特点。普通Pb含量较低，最大值为1.6%。2个分析点不谐和度（disc.）>10%，在计算年龄时不做考虑。剩余16个数据点，除1个数据点给出较老的^{207}Pb/^{206}Pb年龄（2568±7 Ma），其余分析点^{207}Pb/^{206}Pb年龄介于1082±22~1847±9 Ma之间。

硅质白云岩样品（4301-80）中锆石粒径50~100 μm，长宽比在1∶1~2∶1之间，多数锆石呈磨

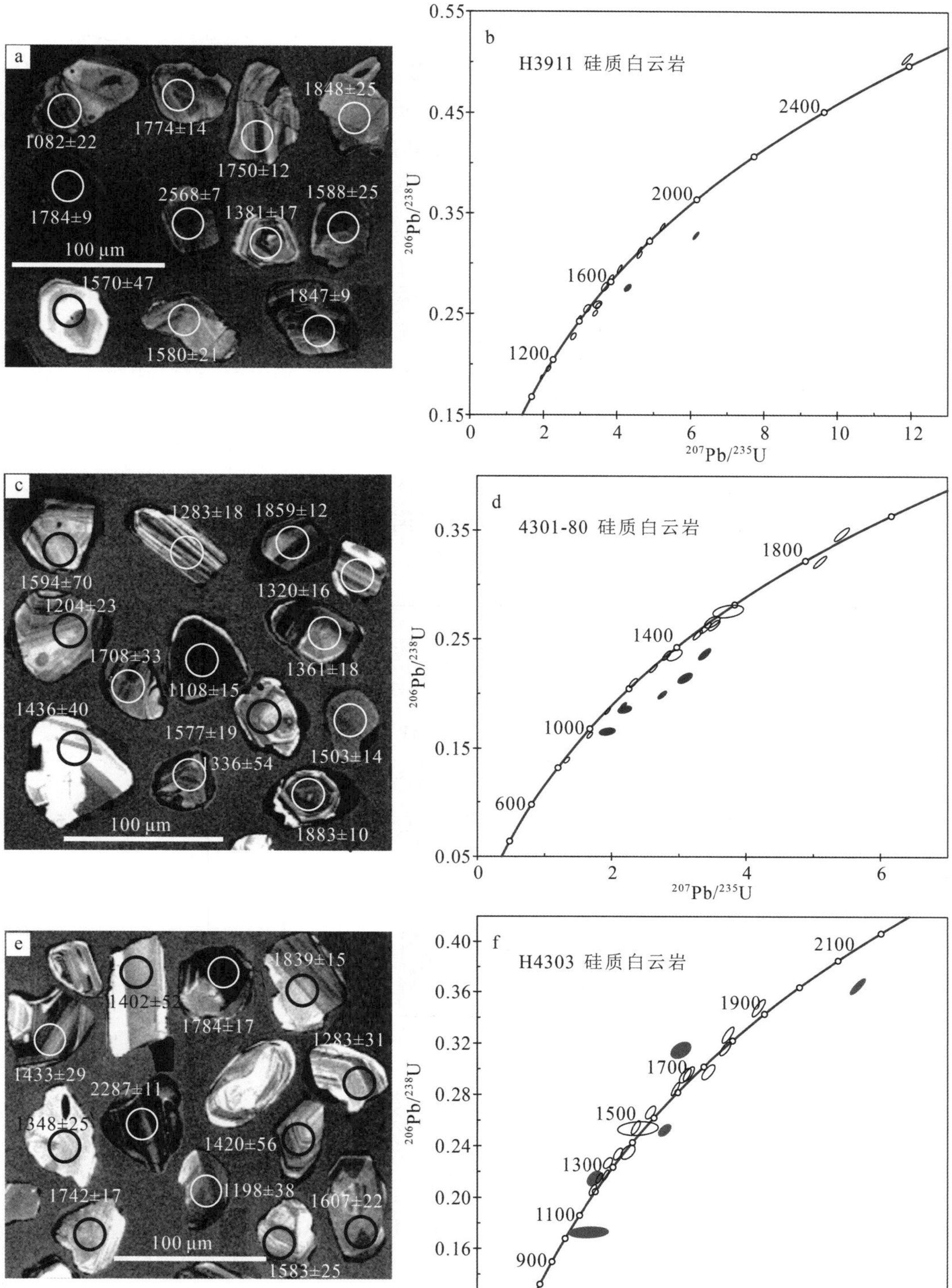

图 4-133　哈尔达坂铅锌矿赋矿硅质白云岩锆石 CL 图像及 U-Pb 年龄谐和图

灰色数据点（disc. >10%）不计入年龄计算

圆状、港湾状。在 CL 图像中，锆石结构多样，发育弱的韵律环带、不发育环带结构（图 4-133b）。在 19 颗锆石上进行了 19 个点分析，U、Th 含量以及 Th/U 比值分别为 $94\times10^{-6}\sim690\times10^{-6}$、$44\times10^{-6}\sim579\times10^{-6}$、0.17～1.23，具有岩浆锆石特点（Hoskin and Schaltegger，2003）。普通 Pb 含量较低，最大值为 3.72%，中位数为 0.21%。6 个分析点不谐和度(disc.)>10%，可能受到了 Pb 丢失的影响，

在计算年龄时不做考虑。剩余 13 个点年龄介于 1071±23～1883±10 Ma 之间。

硅质白云岩样品（H4303）中锆石粒径约 50～100 μm，长宽比在 1∶1 到 2∶1 之间，多数锆石呈磨圆状、港湾状。在 CL 图像中，锆石结构多样，发育弱的韵律环带、不发育环带结构（图 4-133c），这些特征指示锆石为碎屑锆石。在 21 颗锆石上进行了 21 个点分析，U、Th 含量以及 Th/U 比值分别为 72×10^{-6}～505×10^{-6}、46×10^{-6}～328×10^{-6}、0.3～0.9，具有岩浆锆石的特点。除 2 个分析点普通 Pb 为 8.06%和 4.12%外，其余分析点普通 Pb 含量较低，多小于 1.99%。5 个分析点不谐和度(disc.)>10%，在计算年龄时不做考虑。剩余 16 个数据点，$^{207}Pb/^{206}Pb$ 年龄介于 1145±30～1839±15 Ma 之间。

上述数据表明，除样品 H3911 获得一个较老的锆石年龄（2568±7 Ma）外，3 件样品具有相同的年龄分布（图 4-134）。3 件样品具有相同的采样层位、矿物组成与结构，可以认为它们具有相同的物质来源。因此，可以将 3 件样品的锆石年龄做共同的分析。除 1 颗老的锆石年龄外，其余 44 颗碎屑锆石 $^{207}Pb/^{206}Pb$ 年龄为 1071～1883 Ma，主要峰值为 1576 Ma，次要峰值为 1781 Ma 和 1848 Ma 以及小的峰值 1375 Ma（图 4-134），代表了源区的年龄组成。3 件样品中 4 颗最年轻的锆石具有接近的 $^{207}Pb/^{206}Pb$ 锆石年龄，其加权平均值为 1099±21 Ma（MSWD＝1.6；n＝4），该年龄代表了哈尔达坂群最大的沉积年龄。区域上，广泛发育的淡色花岗岩和花岗片麻岩的结晶年龄为 926～845 Ma（Hu et al.，2010；Wang et al.，2014），该年龄可以限定哈尔达坂群最小的沉积年龄。

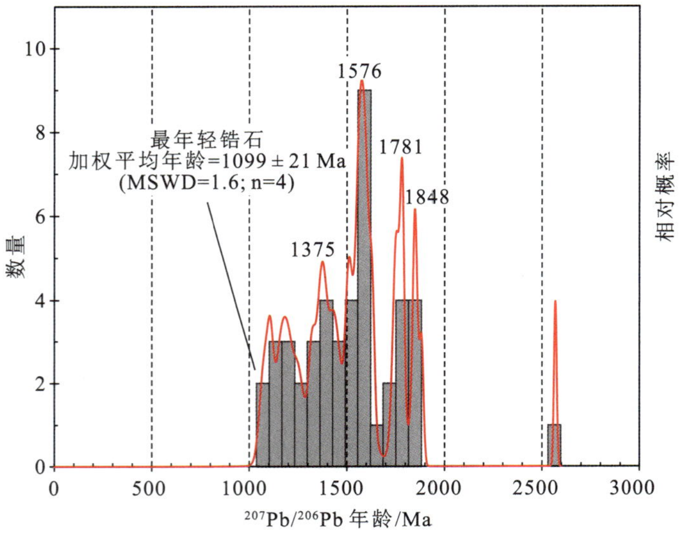

图 4-134　哈尔达坂群硅质白云岩碎屑锆石年龄图谱

根据地层的接触关系，哈尔达坂群最初被厘定为中元古界长城系（新疆地矿局，1993）。最近，冯京等（2019）获得哈尔达坂群碎屑锆石的年龄主要为 613～778 Ma，提出哈尔达坂群形成时代晚于 613 Ma，其物源主要为新元古代南华纪的岩浆岩。与之相比，本研究获得的碎屑锆石年龄数据主要介于 1071～1883 Ma 之间，哈尔达坂群主要为沉积时代应为中元古代末—新元古代早期。

2. 侵入岩年代学研究

哈尔达坂矿区的闪长岩样品（H3905）中锆石粒径 60～100 μm，长宽比在 1∶1～2∶1 之间，多呈自形粒状或短柱状。在 CL 图像中显示很宽的暗色岩浆韵律环带（图 4-135a），是中基性岩浆的特征，不含继承锆石。在 20 颗锆石上进行了 20 个点分析，U、Th 含量以及 Th/U 比值分别为 332×10^{-6}～3414×10^{-6}、173×10^{-6}～2229×10^{-6}、0.46～0.87，具有岩浆锆石的特点（Hoskin and Schaltegger，2003）。在 U-Pb 年龄谐和图中（图 4-135b），数据点集中分布，对应测点的 $^{206}Pb/^{238}U$ 年龄值介于 386±4～403±5 Ma 之间，加权平均值为 394.0±2.6 Ma（MSWD＝1.6；n＝20，图 4-135b），该年龄代表了闪长岩的结晶年龄。

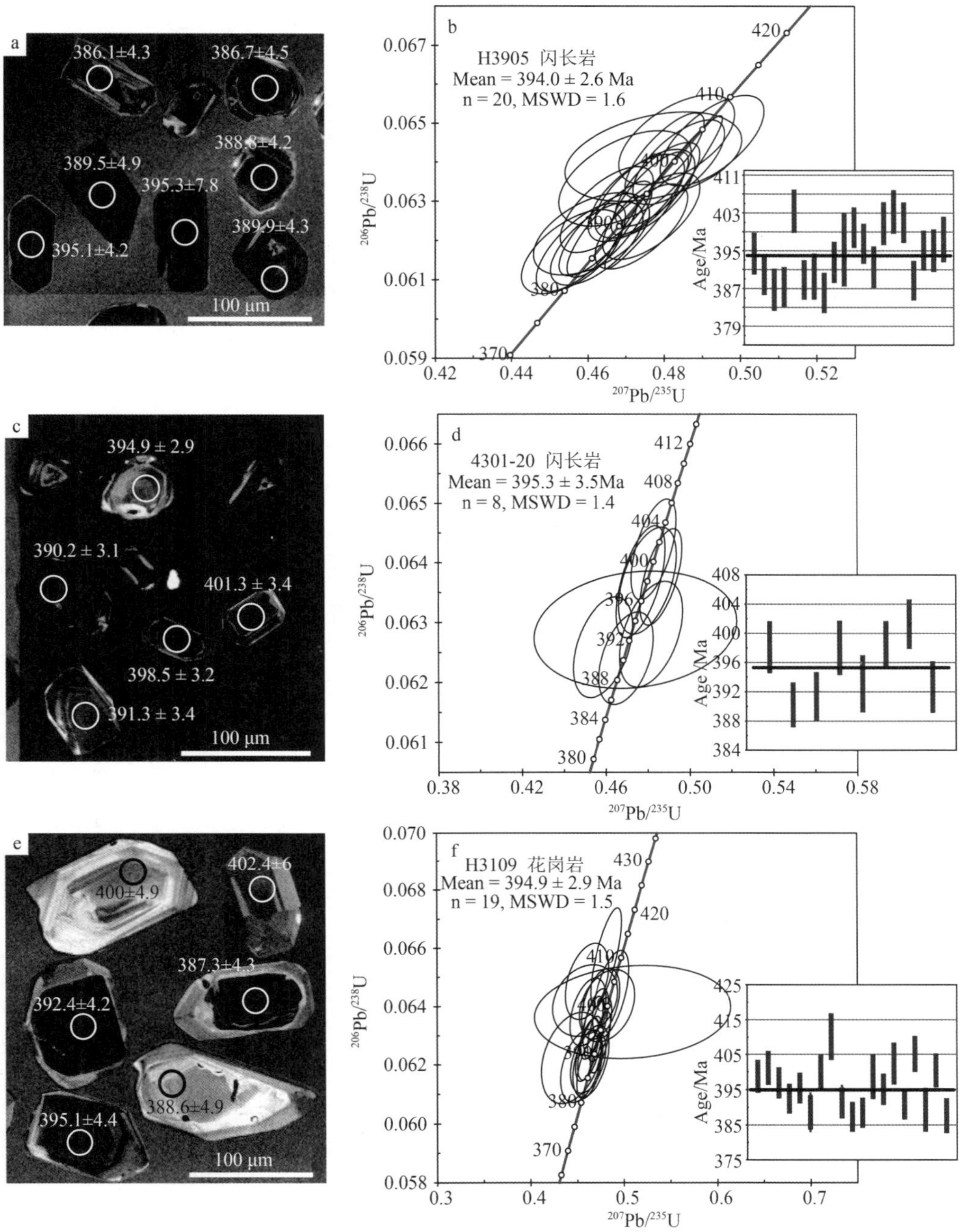

图 4-135 哈尔达坂矿区侵入岩锆石 CL 图像及 U-Pb 年龄图

闪长岩样品（4301-20）中锆石粒径 50~100 μm，长宽比在 1∶1~2∶1 之间。大多数锆石多呈自形粒状或短柱状，发育很宽的暗色岩浆韵律环带特征（图 4-135c），具有岩浆锆石的特点（Hoskin and Schaltegger，2003）。8 个数据点 U、Th 含量以及 Th/U 比值分别为 312×10^{-6}~1689×10^{-6}、210×10^{-6}~1404×10^{-6}、0.45~0.86，在 U-Pb 年龄谐和图中（图 4-135d），对应测点集中分布的 $^{206}Pb/^{238}U$ 年龄值介于 390±3~401±3 Ma 之间，加权平均值为 395.3±3.5 Ma（MSWD=1.4；n=8，图 4-135d），该年龄代表了闪长岩的结晶年龄。

细粒花岗岩脉样品（H3109）中锆石粒径约 100~150 μm，长宽比在 1∶1~2∶1 之间。大多数锆石呈自形粒状或短柱状，发育岩浆韵律环带特征（图 4-135e），具有岩浆锆石的特点。部分锆石发育暗色核部及灰色的增生边。19 个数据点 U、Th 含量以及 Th/U 比值分别为 125×10^{-6}~1291×10^{-6}、41×10^{-6}~768×10^{-6}、0.34~0.95，在 U-Pb 年龄谐和图中（图 4-135f），对应测点集中分布的 $^{206}Pb/^{238}U$

年龄值介于 387±4～410±7 Ma 之间，加权平均值为 394.9±2.9 Ma（MSWD=1.5；n=19，图 4-135f），该年龄代表了细粒花岗岩结晶年龄。

2 件闪长岩样品的年龄数据非常一致，代表了哈尔达坂矿区闪长岩的侵入结晶时代，并且与细粒花岗岩的时代完全一致。3 件样品给出的加权平均年龄为 394.5±1.5 Ma（MSWD=1.5；n=47），代表了矿区侵入岩的岩浆结晶年龄。

3. 主成矿时代

精确可靠的成矿年龄对于厘定矿床成因、阐明地质事件与成矿之间的联系具有重要的意义。由于缺乏可用于同位素测年的矿物，沉积岩容矿铅锌矿床成矿年龄的精确测定是矿床学研究中的难题，制约了对矿床成因和区域成矿规律的研究。闪锌矿 Rb-Sr 测年最早由 Nakai et al.（1990）提出，随后被应用于多个铅锌矿床成矿年龄的测定，为正确认识矿床成因提供了有效制约（Saintilan et al.，2015；Guo et al.，2018；Tang et al.，2019）。

本研究应用闪锌矿的 Rb-Sr 测年方法对矿床的成矿年龄进行了直接测定。对 11 件矿石样品中的闪锌矿进行分选用于 Rb-Sr 同位素分析。7 件样品来自 ZK3701，2 件样品来自 ZK4101，2 件样品来自地表露头，所采集样品主要来源主成矿阶段的脉状、角砾状、块状矿石样品，最大程度上满足了硫化物 Rb-Sr 等时线测年同源的前提条件。闪锌矿的 Rb-Sr 测年在核工业北京地质研究院同位素地质年代分析室完成。详细检测方法和依据见 EJ/T 692-1992《岩石矿物铷锶等时年龄测定》。

11 件闪锌矿 Rb、Sr 含量分别为 0.037×10^{-6}～0.804×10^{-6}、0.156×10^{-6}～1.59×10^{-6}（表 4-41）。$^{87}Rb/^{86}Sr$ 比值范围为 0.0671～11.7767，多数低于 6.5449。$^{87}Sr/^{86}Sr$ 在 0.71011～0.783065 之间。在 $^{87}Rb/^{86}Sr-^{87}Sr/^{86}Sr$ 等时线图中（图 4-136），所有分析点呈正相关线性分布，但是无法给出全样品的等时线年龄，获得的误差等时线（errorchron）年龄为 410±69 Ma（MSWD=40）。6 件闪锌矿样品的回归计算获得 Rb-Sr 等时线年龄为 432±45 Ma（MSWD=6.5），$^{87}Sr/^{86}Sr$ 初始值为 0.7102±0.0020。

表 4-41　哈尔达坂铅锌矿闪锌矿 Rb-Sr 含量、Sr 同位素组成

样品	$Rb/10^{-6}$	$Sr/10^{-6}$	$^{87}Rb/^{86}Sr$	$^{87}Sr/^{86}Sr$	2σ
H3102	0.804	0.355	6.5449	0.743451	0.000022
H3104	0.257	0.494	1.5053	0.727116	0.00002
3701-6	0.651	0.16	11.7767	0.783065	0.000028
3701-27	0.259	0.279	2.6926	0.725733	0.000022
3701-28	0.709	1.31	1.5684	0.716355	0.000021
3701-64	0.448	0.522	2.4805	0.721862	0.000014
3701-96	0.296	0.156	5.4984	0.745924	0.000027
3701-97	0.491	0.257	5.525	0.742505	0.000029
3701-112	0.209	0.634	0.9545	0.717272	0.000016
4101-74	0.693	0.405	4.9535	0.734481	0.000024
4101-105	0.037	1.59	0.0671	0.71011	0.000021

前人研究已经详细证明了闪锌矿作为 Rb-Sr 年代计的适用性，并分析了测量过程中的潜在缺陷（Brannon et al.，1992；Nakai et al.，1990，1993；Nelson et al.，2002；Pettke and Diamond，1996）。由于离子半径的巨大差异，Rb 和 Sr 不容易替代 Zn 进入闪锌矿晶格（Christensen et al.，1995b；Nakai et al.，1993），导致他们在闪锌矿中的含量相对较低。因此，闪锌矿的 Rb-Sr 同位素体系被认为容易受矿物包裹体的干扰，这对方法的有效性和所获年龄的地质意义产生影响（Bradley and Leach，2003；Bradley et al.，2004）。然而，已有研究证明矿物包裹体的数量与 Rb 或 Sr 的含量之间不存在明显的相关性（Nakai et al.，1993；Ostendorf et al.，2017）。最近，关于闪锌矿的 LA-ICP-MS 数据

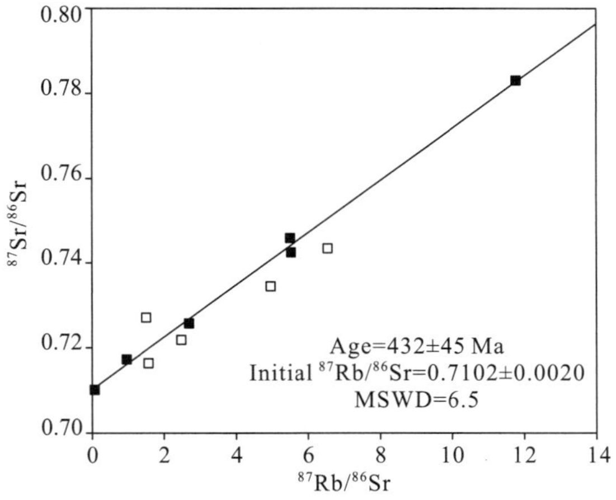

图 4-136　哈尔达坂矿闪锌矿 Rb-Sr 等时线年龄

实心菱形参与等时线年龄计算

(Saintilan et al., 2015) 也支持 Rb 和 Sr 位于闪锌矿晶格的八面体空隙中 (Nakai et al., 1993; Pettke and Diamond, 1996), 而不是来自显微包裹体 (Bradley et al., 2004)。本研究在实验过程中将闪锌矿粉碎至 40~60 目以下，然后进行超声波清洗基本可排除次生及原生流体包裹体的干扰。

本研究获得的哈尔达坂闪锌矿 Rb ($0.037\times10^{-6}\sim0.804\times10^{-6}$)、Sr ($0.156\times10^{-6}\sim1.59\times10^{-6}$) 与前人报道的沉积岩容矿矿床中闪锌矿 Rb、Sr 含量一致 (Brannon et al., 1991, 1992; Christensen et al., 1995a, b; Nakai et al., 1990, 1993; Nelson et al., 2002)。需要注意的是，闪锌矿的 Rb 含量与 Fe 含量整体呈正相关性，而 Sr 含量不存在这种相关性。这与 Ostendorf et al. (2017) 所观察的现象一致，表明闪锌矿中 Rb、Sr 含量并非受包裹体的影响。

哈尔达坂铅锌矿的 $^{87}Sr/^{86}Sr$ 比值为 1.8~10.8，高于典型的闪锌矿 $^{87}Sr/^{86}Sr$ 比值范围 (Brannon et al., 1992; Nakai et al., 1993)。Christensen et al. (1995) 指出高 $^{87}Sr/^{86}Sr$ 比值 (高达 10) 的闪锌矿适用于沉积岩容矿铅锌矿床的高精度地质年代学。在 $^{87}Sr/^{86}Sr-1/Sr$ 和 $1/Rb-^{87}Rb/^{86}Sr$ 图中 (图 4-137a, b)，所有样品均未显示明显的线性关系，表明等时线并非由不同 Sr 成分的二元混合产生一个假等时线 (Pettke and Diamond, 1996)。本次测试获得的闪锌矿等时线年龄 (432±45 Ma) 可以代表哈尔达坂铅锌矿床的主成矿年龄。尽管分析误差较大，该年龄与脉状和角砾状矿石明显切穿地层的地质事实是相符的，表明哈尔达坂主成矿时间明显晚于地层的沉积时代。在闪锌矿的 Rb-Sr 测年中，初始的 $^{87}Sr/^{86}Sr$ 比值可以用来研究成矿物质和流体来源 (Bell et al., 1989)。哈尔达坂铅锌矿床的初始 $^{87}Sr/^{86}Sr$ 比值为 0.7102±0.0020，高于地幔的初始 $^{87}Sr/^{86}Sr$ 比值 (0.707, Faure, 1986)，低于大陆

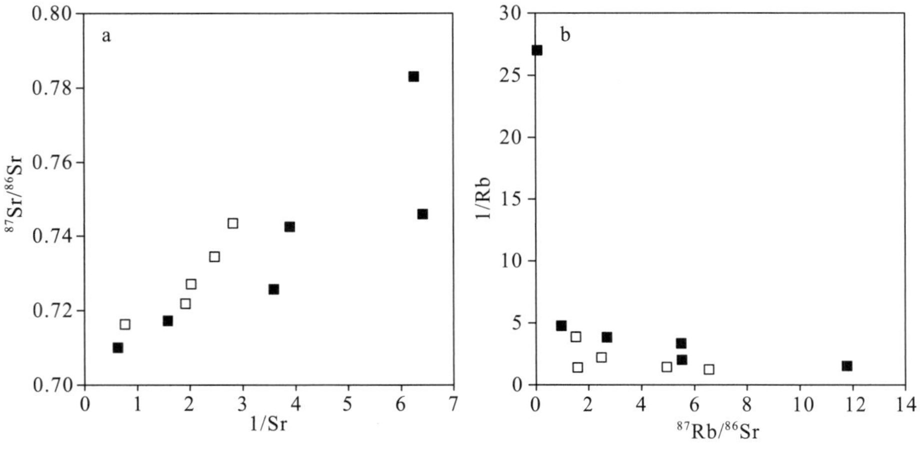

图 4-137　(a) $^{87}Sr/^{86}Sr-1/Sr$ 和 (b) $1/Rb-^{87}Rb/^{86}Sr$ 图

地壳的初始$^{87}Sr/^{86}Sr$比值（0.719，Sun，2001），指示了形成闪锌矿的成矿物质可能来自于基底壳源岩石。

4. 成岩成矿时空格架

哈尔达坂群碎屑锆石年龄图谱与前人获得温泉群片岩的碎屑锆石年龄图谱接近（图 4-138），包括 1370~1600 Ma 以及 880~950 Ma 主要年龄区间（Huang et al.，2016）。温泉群中发育有托克赛铅锌矿床，矿体与大理岩产状相同的。相同的年龄图谱暗示二者可能具有相同的沉积物源区。哈萨克斯坦捷克利成矿带碎屑岩-碳酸盐、黑色页岩、燧石-碎屑岩，同样被认为是中-新元古代地层。这些地层经历了强烈的变质变形，局部保留有奥陶纪有机物残留，关于其地层年龄仍然存在争议（Degtyarev et al.，2017）。捷克利矿床的 Pb 模式年龄为 885±15 Ma（Bespaev et al.，2004）。

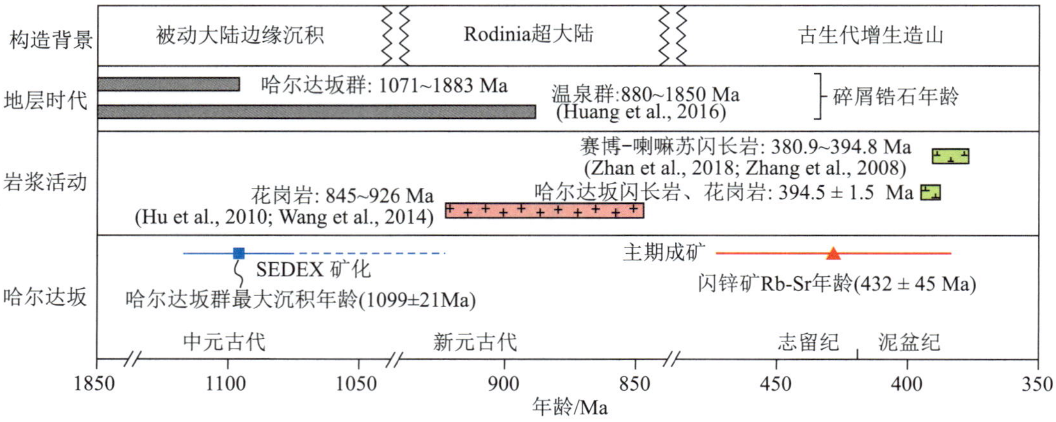

图 4-138　哈尔达坂铅锌矿成岩成矿年龄图谱

本研究及前人获得的年龄表明在哈萨克斯坦-伊犁陆块广泛发育碳酸盐-碎屑岩沉积（约 880~1000 Ma）。这些岩石主要发育石英岩、大理岩、钙质碎屑岩及其他碎屑岩，指示沉积环境为大陆边缘沉积环境。其中发育的多处铅锌矿床，代表了中-新元古代的沉积岩容矿铅锌矿床。在全球范围内，喷流沉积矿床的成矿时代主要集中于中元古代（1700~1400 Ma）和早-中古生代（500~320 Ma），而中-新元古代的铅锌矿床较少（Large et al.，2002；Leach et al.，2010）。

哈尔达坂矿区闪长岩结晶年龄（394.0±2.6 Ma，395.3±3.5 Ma）和花岗岩结晶年龄（394.9±2.9 Ma）与临近的赛博-喇嘛苏铜矿区与 Cu 成矿有关的花岗闪长岩、闪长岩的锆石年龄接近（380.9~394.8 Ma，Zhang et al.，2008；Zhan et al.，2018）。这一时期广泛存在岩浆侵位及岩浆热液活动与西天山的增生造山过程有关。在哈尔达坂矿区，3 件侵入岩样品的加权平均年龄为 394.5±1.5 Ma，略晚于主成矿期的闪锌矿 Rb-Sr 年龄（432±45 Ma）。然而，二者在误差范围内部分重叠，指示主成矿期矿化与侵入岩存在成因上的联系（图 4-138）。

（六）矿床成因模型

哈尔达坂铅锌矿床赋存于哈尔达坂群白云岩、白云质灰岩和白云质板岩中，具有“层控”特征。但矿体以脉状-角砾状硫化物矿石为主，穿插围岩地层或胶结围岩角砾，表明成矿作用发生在地层沉积和成岩之后。矿区硫化物的结构和微量元素特征均记录了重结晶过程。闪锌矿微量元素温度计计算结果显示成矿温度（163~309℃）明显高于典型 SEDEX 型矿床的成矿温度范围（100℃~200℃）。成矿年代学研究表明主成矿期（432±45 Ma）明显晚于容矿沉积岩地层（最大沉积年龄 1099±21 Ma），而与矿区闪长岩（394.5±1.5 Ma）在误差范围内时代接近。这些特征表明，哈尔达坂铅锌矿床是一个受后期热液改造的 SEDEX 型矿床。本研究建立了哈尔达坂铅锌矿两阶段的成矿模型：

（1）SEDEX 成矿作用

新元古代时期，赛里木微地块存在被动大陆边缘沉积盆地，沉积了一系列海相粗碎屑岩、碳酸盐岩夹砂岩、泥岩及中基性火山岩，组成哈尔达坂群。受深部地热驱动，海水下渗并进行深部对流循环，形成高盐度的热卤水，萃取沉积物和基底中的金属，形成含矿流体。在地热的驱动下，含矿流体沿同沉积断裂等构造向上运移（图4-139），喷出海底形成喷流沉积作用，将大量的金属元素与海底的沉积物一起经沉积作用形成早期的含矿地层。多孔状黄铁矿（Py1）硫同位素组成指示了早期同生沉积时期形成黄铁矿中的部分硫来源于岩浆。该时期形成的围岩中含有大量Sb、Se、Tl、Ba、Mn、Pb、Bi、As、Cu、Ag、Sn等金属成矿元素。在哈尔达坂矿区白云岩化地层中产出的浸染状闪锌矿可能代表了喷流沉积作用形成的矿化。这些富含金属元素及硫化物的围岩地层作为矿源层，为后期成矿提供物质来源。

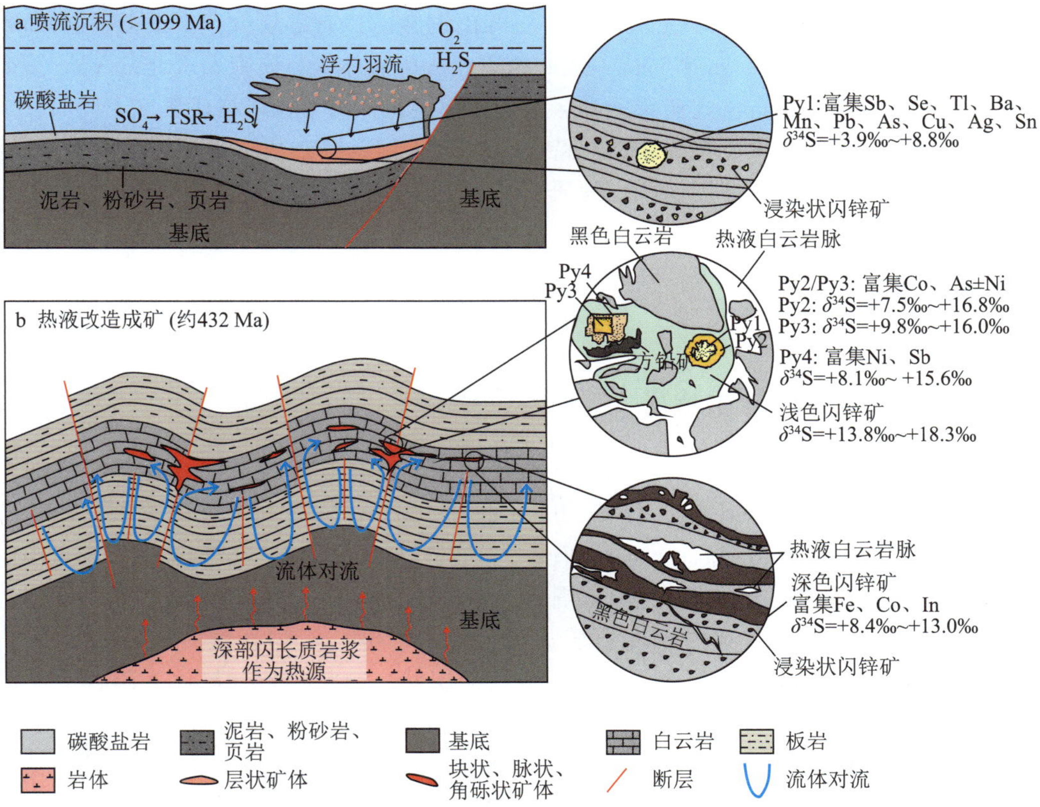

图4-139 哈尔达坂铅锌矿成矿模式图

（2）热液改造作用

古生代以来，随着准噶尔-北天山洋的闭合，赛里木微地块发育大规模与俯冲有关的岩浆活动及变质作用。同时也发育诸多由韧性变形导致的东西向褶皱。该地区主要的韧性剪切变形发生于443~413 Ma，方向为近SN向（Wang et al.，2011），此次规模较大的构造运动为该地区诸多矿床形成提供了构造基础。哈尔达坂铅锌矿区内部也发育有诸多断层，矿区内大小断裂共计有7条，这些断裂在矿床形成的过程中起着重要作用。深部中酸性岩浆活动为哈尔达坂地区提供了额外的热源，形成高的低温梯度。受此驱动，地层中流体沿断层下渗并萃取富含金属元素及硫化物的围岩地层，形成高盐度含矿流体，沿断层上移至浅部含碳沉积岩地层中。金属热液与地层发生水岩相互作用，提高了流体的pH值，促使Zn-Pb金属溶解度的急剧下降（Seward and Barnes，1997），从而沉淀了大量与白云石伴生的脉状-角砾状矿石。伴随着水岩相互作用，流体温度明显降低，进一步促进了硫化物的大量沉淀，形成块状硫化物矿石。哈尔达坂矿区，热液改造作用对早期贫矿化地层的进一步富集，形成了矿区的主要矿体。

第五章　块状硫化物型矿床成矿规律

新疆北部VMS型矿床主要分布于南阿尔泰（阿舍勒、克兰和麦兹矿集区）和东天山的卡拉塔格矿集区（红海-黄土坡铜锌矿、黄滩金铜锌矿）和小热泉子一带（小热泉子铜锌矿）（图1-3，1-8），西准噶尔（洪古勒楞铜多金属矿）和北山（三峰山铜金矿）有零星分布。本书根据VMS型矿床地质特征（表5-1）、空间分布、成矿时代、成矿物质及成矿流体等，研究新疆北部VMS型矿床成矿规律和成矿末端效应控矿因素，构建矿集区和区域矿床模型，探讨卡拉塔格矿集区不同时代成矿系统的演化，对比了卡拉塔格和阿舍勒矿集区成矿特征。SEDEX型铅锌矿分布于西天山的赛里木湖周边，从时空分布、含矿岩系、关键控矿因素等方面研究了成矿规律。

第一节　VMS型矿床地质特征

一、世界VMS型矿床地质特征

火山成因块状硫化物矿床（VMS）是沉积于海底或近海底的层状硫化物矿床，在空间上、时间上和成因上与同时代海相火山作用有关（Franklin et al.，2005），属于同生沉积矿床。VMS型矿床的特点是矿区发育同期的海相火山熔岩、火山碎屑岩、沉积岩和次火山岩。矿床产在海相火山岩、火山沉积岩系中，矿体呈似层状或透镜状与火山岩围岩大体整合接触；发育喷气岩或热水沉积岩，如重晶石、含铁碧玉岩、硅质岩、黄铁矿、绿泥石岩、黑云母岩、电气石岩、铁白云石岩等。矿床具有“双层”结构（图5-1），上部为喷流沉积作用形成的似层状、块状硫化物矿体，矿石中常发育纹层状、条带状、致密块状构造，下部为补给通道相浸染状硫化物组成的脉状-网脉状矿体。围岩蚀变主要发育在下盘，主要有硅化、绿泥石化、绢云母化、钠长石化、沸石化、绿帘石化、碳酸盐化、黄铁矿化等。矿石中金属硫化物（黄铁矿、黄铜矿等）含量可达到60%，因此苏联文献中也称其为黄铁矿型矿床。

Hutchinson（1973）以矿石组成为基础对这类矿床进行了分类：①锌-铜矿床（“别子型”），以火山岩为容矿岩石；②铅-锌-铜-银型矿床（“黑矿型”），容矿岩石可以是单一的火山岩，也可以由火山岩和沉积岩互层组成；③含铜黄铁矿型矿床（“塞浦路斯型”），容矿岩石主要为镁铁质和超镁铁质火山岩。按照该分类，新疆北部VMS型矿床主要包括“别子型”的铜锌矿和“黑矿型”铅-锌-铜-银（金）型矿床。Barrie（1999）和Franklin et al.（2005）依据矿区火山-沉积旋回和组合，将VMS型矿床划分为5个类型：①双峰式-镁铁岩型，形成于与洋内俯冲有关的弧裂谷环境，包括地幔柱（如加拿大Abitibi）。②镁铁岩型，形成于成熟大洋弧后环境（如俄罗斯南乌拉尔，Herrington et al.，2005），有时与转换断层有关。③泥质岩-镁铁岩型，形成于年轻增生弧上大洋成熟弧后环境（如阿拉伯半岛Pan African）。④双峰式-长英质岩型，形成于大陆边缘弧及弧后环境，即大陆俯冲的弧裂谷环境（如澳大利亚Tasman造山带）。⑤硅质碎屑岩-长英质岩型，形成于成熟陆缘弧后环境（如哈萨克斯坦矿山阿尔泰）。前3种类型主要形成Cu-Zn矿，与洋-洋俯冲有关，代表了弧裂谷的初期到成熟弧后环境演化过程，后两者中含有大量Pb，主要形成于洋-陆边缘到大陆弧后环境。按照Barrie（1999）和Franklin et al.（2005）的分类，新疆北部VMS型矿床主要为双峰式-镁铁岩型和硅质碎屑岩-长英质岩型。

表 5-1 新疆北部主要 VMS 型矿床地质特征

矿床名称	矿种	成矿带	容矿岩系	侵入岩	矿体规模	矿体形态	矿石构造	金属矿物	非金属矿物	矿石品位	围岩蚀变	规模	资料来源
阿舍勒	Cu, Zn	南阿尔泰	下-中泥盆统阿舍勒组玄武岩、英安岩、流纹质凝灰岩	闪长岩、英安斑岩	矿化蚀变带 14 条，主矿体长 900 m，枢纽倾伏长 1520 m，距地表埋深 25~1500 m，厚 5 ~ 120 m	层状	致密块状、块状、条带状、层纹状、斑杂状、斑点状、稠密浸染状、浸染状、细脉状、网脉状	黄铁矿、黄铜矿、闪锌矿，次为方铅矿、锌砷黝铜矿、黝铜矿	石英、绢（白）云母、绿泥石、重晶石、方解石、白云石、长石	Cu 2.46%，Zn 2.93%，Pb 0.41%，Ag 18.37 g/t，Au 0.36 g/t，S 22.66%	硅化、黄铁绢英岩化、绿泥石化、绢云母化、碳酸盐化、青磐岩化	大型	陈毓川等，1996，本书
桦树沟	Cu	南阿尔泰	下-中泥盆统阿舍勒组凝灰岩、沉凝灰岩	石英钠长斑岩和英安斑岩	2 个矿化蚀变带，1 个矿体长 233 m，厚 2.39 ~ 19.78 m	透镜状	细脉状、浸染状、网脉状	黄铁矿、黄铜矿、磁铁矿、磁黄铁矿、闪锌矿	石英、绿帘石、绿泥石、绢云母、透闪石、阳起石、方解石	Cu 0.39% ~ 3.44%，金 0.13~0.84 g/t	硅化、绢云母化、绿帘石化、绿泥石化、透闪石化、碳酸盐化	小型	高永峰等，1997
喀英德	Cu	南阿尔泰	下-中泥盆统阿舍勒组凝灰岩、英安岩	石英霏细斑岩，辉长岩	8 条蚀变带，矿体最长 410 m，厚 1.90~12.93 m	脉状	细脉状、浸染状	黄铁矿、黄铜矿	石英、绢云母、绿泥石	平均 Cu 0.22% ~ 1.47%，Au 0.55 ~ 1.38 g/t，Ag 2.15 ~ 19.65 g/t	硅化、绿泥石化、绢云母化、绿帘石化、碳酸盐化	小型	崔文亚等，2011
萨尔朔克	Au、Cu、Zn、Pb	南阿尔泰	下-中泥盆统阿舍勒组凝灰岩	流纹斑岩、辉绿岩脉	蚀变带长 247 ~ 500 m，宽 50 ~ 220 m。矿体长 90.73 ~ 490 m，厚 0.69~81.00 m，最大垂深 470 m	脉状、透镜状、不规则状	条带状、条纹状、块状、浸染状、细脉状、网脉状	黄铜矿、黄铁矿、方铅矿、闪锌矿、自然金，少量磁黄铁矿	石英、斜长石、绢云母、绿泥石、白云母、方解石、次闪石	平均 Au 1.24~14.5 g/t，Cu 0.37% ~ 2.2%，Zn 0.91%~11.19%，Pb 0.21%~2.12%	硅化、绢云母化、黄铁矿化、绿泥石化、绿帘石化	中型	新疆鑫旺矿业有限公司，2014

续表

矿床名称	矿种	成矿带	容矿岩系	侵入岩	矿体规模	矿体形态	矿石构造	金属矿物	非金属矿物	矿石品位	围岩蚀变	规模	资料来源
铁木尔特	Pb，Zn，Cu，Fe	南阿尔泰	上志留统—下泥盆统康布铁堡组上亚组第二岩性段大理岩、绿泥石英片岩、变钙质砂岩或层状矽卡岩	石英钠长斑岩脉、基性岩脉	矿体 30 个，长 50 ~ 600 m，厚 0.6~32.6 m，延深 50~834 m	似层状、透镜状，与地层整合	致密块状、块状、浸染状、条带状、条纹状、细脉－浸染状、角砾状	方铅矿、闪锌矿、黄铜矿、磁黄铁矿、黄铁矿、磁铁矿、辉铜矿、辉铋矿、自然铋、毒砂	方解石、石英、长石、绿泥石、阳起石、透闪石、石榴子石、角闪石、绿帘石、重晶石、萤石	平均 Pb 0.16% ~ 7.29%，Zn 0.49% ~ 8.13%，Cu 0.12% ~ 1.53%，Au 0.03~1.60 g/t，Ag 0.28~88.18 g/t，TFe 21.12% ~ 33.97%	矽卡岩化、硅化	中型	新疆有色地勘局 706 队资料
塔拉特矿	Pb，Zn，Fe	南阿尔泰	上志留统—下泥盆统康布铁堡组下亚组第二岩性段黑云变粒岩、变晶屑凝灰岩、变火山角砾岩、大理岩和黑云母片岩	斜闪煌斑岩脉、辉绿岩脉	9 个矿体，最大矿体长 920 m，真厚度 0.41 ~ 10.88 m	层状、似层状、透镜状、脉状，与地层整合	致密块状、块状、细脉状、网脉状、条带状、纹层状、（稠密）浸染状、角砾状	（胶状）黄铁矿、（铁）闪锌矿、方铅矿、磁铁矿、赤铁矿，少量黄铜矿、磁黄铁矿、毒砂和微量辉钼矿	黑云母、角闪石、透辉石、石英、白云母、方解石、石榴子石、绿帘石、绿泥石、阳起石	平均 Pb 1.92%，Zn 2.19%，TFe 7.01% ~ 14.74%	矽卡岩化（石榴子石、绿帘石、阳起石、透闪石、绿泥石、黑云母）、硅化和碳酸盐化	中型	新疆有色地勘局 706 队资料
大东沟	Pb，Zn	南阿尔泰	上志留统—下泥盆统康布铁堡组上亚组第二岩性段变钙质砂岩、大理岩	未发现侵入岩	23 个矿体，规模较大的 3 个矿体长 300~600 m，厚 0.34~9.75 m	似层状、透镜状	纹层状、块状、浸染状、条带状、细脉浸染状	主要为方铅矿、闪锌矿、黄铁矿、黄铜矿，少量磁铁矿、毒砂、磁黄铁矿	石英、长石、绢云母、黑云母、白云母、绿泥石、角闪石和方解石，	Pb+Zn 品位为 1.43% ~ 8.97%，局部 Au 6.59 g/t	绢云母化、碳酸盐化、矽卡岩化、硅化、叶蜡石化、高岭土化、黄铁矿化	中型	新疆有色地勘局 706 队资料
乌拉斯沟	Zn，Cu，Fe，Au	南阿尔泰	上志留统—下泥盆统康布铁堡组上亚组第二岩性段绿泥石英片岩、变晶屑凝灰岩、大理岩、变钙质砂岩和变凝灰质砂岩	未发现侵入岩	16 条主要矿体，长 50 ~ 500 m，厚 2.78~12.79 m，延深超过 385 m	层状、透镜状	致密块状、块状、条带状、条纹状、浸染状、稠密浸染状、细脉状、网脉状和团块状	主要为磁铁矿、黄铁矿、闪锌矿、黄铜矿，少量方铅矿、磁黄铁矿、赤铜矿	石英、方解石、绢云母、白云母、绿泥石、辉石、角闪石、透闪石、阳起石、绿帘石	平均品位 Cu 0.12% ~ 1.13%，Zn 0.77% ~ 2.10%，TFe 11.32% ~ 23.26%，Au 0.12 ~ 0.37 g/t，Ag 1.69 ~ 4.45 g/t	硅化、绿泥石化、绿帘石化、阳起石化、绢云母化、方解石化、黄铁矿化	中型	新疆有色地勘局 706 队资料

续表

矿床名称	矿种	成矿带	容矿岩系	侵入岩	矿体规模	矿体形态	矿石构造	金属矿物	非金属矿物	矿石品位	围岩蚀变	规模	资料来源
可可塔勒	Pb，Zn	南阿尔泰	上志留统—下泥盆统康布铁堡组上亚组变质粉砂岩、凝灰岩和热水沉积岩	次火山岩（花岗斑岩、石英斑岩）；花岗岩	11条主要矿体，长100~1700 m，厚3.6~39 m，延深200~690 m	层状、似层状	块状、稠密浸染状、条带、条纹状、稀疏浸染状、细脉、网脉状	黄铁矿、磁黄铁矿、方铅矿、闪锌矿，次为毒砂、黄铜矿、硫锑矿、黝铜矿、斑铜矿、白铁矿	石英、长石、白云母、方解石、石榴子石、黑云母、角闪石、绿帘石	Pb 1.51%，Zn 3.16%	钠化、钾化、绿泥石化、阳起石化、黑云母化、硅化	大型	王京彬等，1998；李博泉等，2006
铁列克萨依	Pb，Zn	南阿尔泰	上志留统—下泥盆统康布铁堡组上亚组变钙质砂岩、变质凝灰岩、变质流纹岩	未发现侵入岩	6条矿体，长200~620 m，厚0.61~6.90 m	层状、似层状	条带状、条纹状、浸染状	黄铁矿、磁黄铁矿、方铅矿、闪锌矿	石英、方解石	平均品位Pb + Zn 1.02%~4.58%	硅化	中型	申茂德等，2016
萨吾斯	Pb，Zn	南阿尔泰	上志留统—下泥盆统康布尔堡组上亚组变质凝灰岩，变质钙质砂岩、变质流纹岩	流纹斑岩	2个矿化带，长1200 ~ 2600 m。矿体17个，厚1.2 ~ 15.32 m，延深70~400 m	脉状、透镜状、似层状	条带状、细脉状、浸染状	磁铁矿、黄铁矿、磁黄铁矿、闪锌矿、方铅矿、黄铜矿、毒砂	石榴子石、石英、方解石、透闪石、黑云母、白云母	平均品位Pb + Zn 2.95%~3.99%	碳酸盐化、绢云母化、钠长石化、矽卡岩化	中型	新疆地矿局第四地质大队
阿克哈仁	Pb，Zn	南阿尔泰	上志留统—下泥盆统康布铁堡组上亚组火山角砾岩、流纹斑岩、大理岩	流纹斑岩	15个矿体，长数十米至数百米，宽1~10 m	似层状、透镜状，板柱状	细脉、浸染状	方铅矿，少量黄铁矿、闪锌矿	萤石、重晶石、石英、方解石	Pb 2.89%，Zn 0.13%	钾化、硅化、钠化	小型	李博泉等，2006
大桥	Pb，Zn，Fe	南阿尔泰	上志留统—下泥盆统康布铁堡组上亚组凝灰岩、变质流纹岩、大理岩	花岗斑岩脉	主要矿体5条，矿体长60 ~ 100 m，宽6~32 m	似层状、透镜状	块状、细脉、浸染状	方铅矿、闪锌矿、磁铁矿	石英、长石、黑云母	Pb 0.16%，Zn 0.11% ~5.33%，Cu 0.16%~0.65%，TFe 22.15%	钾化、硅化、绢云母化、绿泥石化、绿帘石化	小型	王京彬等，1998

续表

矿床名称	矿种	成矿带	容矿岩系	侵入岩	矿体规模	矿体形态	矿石构造	金属矿物	非金属矿物	矿石品位	围岩蚀变	规模	资料来源
红海-黄土坡	Cu，Zn	卡拉塔格-小热泉子	下-中志留统红柳峡组凝灰岩、角砾凝灰岩	闪长玢岩、花岗闪长岩	2个蚀变带。主矿体长1100 m，厚度0.75～52.74 m，平均15.53 m	似层状、透镜状、脉状	致密块状、块状、稠密浸染状、浸染状、条带状、条纹状、角砾状、细脉状、网脉状、团块状	黄铁矿、黄铜矿和闪锌矿，少量方铅矿、磁铁矿、银金矿、碲银矿、黝铜矿、砷黝铜矿、磁黄铁矿	石英、绢云母、白云母、绿泥石、重晶石，少量方解石、斜长石、绿帘石、阳起石	Cu 0.20%～22.02%，平均品位1.16%，Zn 0.50%～43.26%，平均品位1.68%	硅化、绢云母化、黄铁矿化、绿泥石化	中型	Deng et al.，2018
红石	Cu	卡拉塔格-小热泉子	中-上奥陶统大柳沟组安山岩	流纹斑岩	矿体70余个，长32～1100 m，延深35～300 m	脉状、板状	脉状、网脉状、浸染状、角砾状构造、晶簇和晶洞	黄铜矿、黄铁矿、闪锌矿	石英，次为绿泥石、绿帘石、绢云母、方解石	Cu 0.30%～4.29%，平均品位0.83%	硅化、黄铁矿化、绿泥石化、绢云母化	小型	邓小华等，2014
黄滩	Au，Cu，Zn	卡拉塔格-小热泉子	下-中志留统红柳峡组凝灰岩、火山角砾岩、安山岩、沉凝灰岩	石英闪长岩	黄滩矿段矿体34个，长50～400 m，厚0.82～40.81 m，埋深20～420 m	似层状、透镜状、脉状	条带状、条纹状、致密块状、块状、稠密浸染状、浸染状、细脉状、网脉状	黄铁矿、黄铜矿、闪锌矿，少量方铅矿、磁黄铁矿、毒砂、黝铜矿、自然金、银金矿、针碲金银矿	重晶石、石英、绢云母，少量碳酸盐、斜长石、绿泥石、白云母	平均Au 1.13～4.07 g/t，Cu 0.12%～1.72%，Zn 0.12%～4.49%，Ag 1.29～47.85 g/t	硅化、黄铁矿化、绢云母化、青磐岩化	中型	新疆西拓矿业有限公司，2019
小热泉子	Cu，Zn	卡拉塔格-小热泉子	下石炭统小热泉子组凝灰岩、安山岩、英安岩、凝灰质砂岩	英安斑岩、流纹斑岩、钠长斑岩	3个矿段，88条矿体，长50～500 m，厚1.66～32.52m	似层状、透镜状	条带状、条纹状、块状、浸染状、细脉状、网脉状	黄铁矿、黄铜矿、闪锌矿、方铅矿、磁黄铁矿、黝铜矿	石英、绢云母、绿泥石、重晶石、长石、方解石	平均Cu 0.52%～1.61%，Zn 0.44%～1.92%，Au 0.31～4.86 g/t	绿泥石化、硅化、黄铁矿化	中型	新疆地矿局地质十一队资料

注：尽管红石铜矿为火山热液脉型，但与红海-黄土坡为同一成矿系统；桦树沟铜矿为火山热液脉型，喀英德为与次火山热液有关的矿床，二者与阿舍勒铜锌矿、萨尔朔克金多金属矿为同一成矿系统。

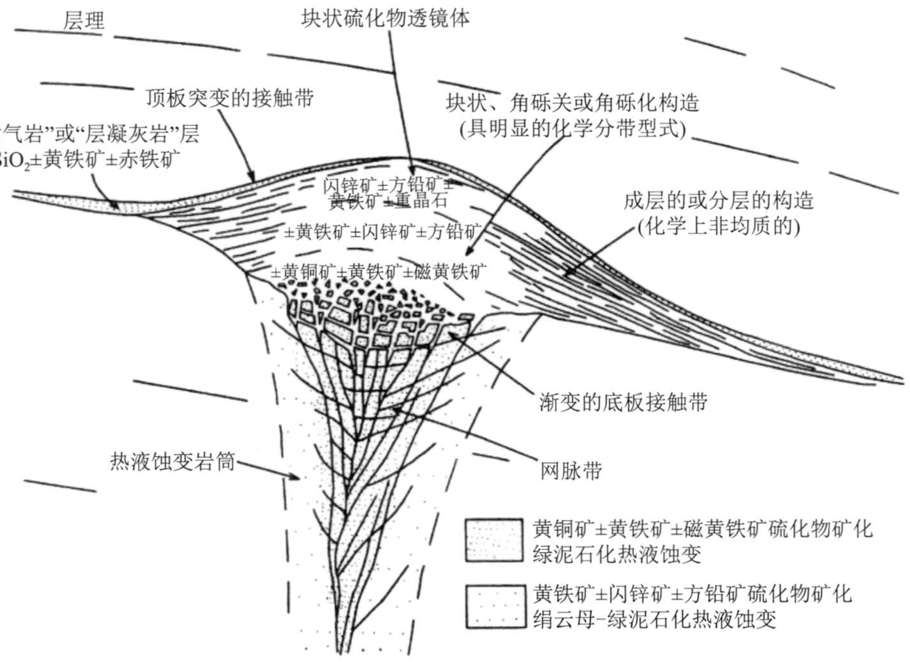

图 5-1 VMS 型矿床理想剖面图
（据 Roscoe，1965）

VMS 矿床成矿元素主要是 Cu、Pb、Zn、S，伴生 Au、Ag、Ga、Cd、Se、Co，因此是 Cu 和 Pb-Zn 矿床中重要的类型之一。成矿元素组合与火山岩成分有密切关系，Cu-Zn 矿（Besshi 型）赋存于镁铁质火山碎屑岩中，Pb-Zn-Cu-Ag 型矿床（黑矿型）产于长英质火山岩中，含 Cu 黄铁矿型（塞浦路斯型）矿床赋存于蛇绿岩套的镁铁质-超镁铁质火山岩中（Hutchinson，1973）。成矿元素组合还受火山机构和岩相控制，如哈萨克斯坦阿尔泰含铜黄铁矿矿床和黄铁矿-铜-锌矿床产在火山口-近火山口内，矿体赋存于层火山顶部洼地和喷出穹窿斜坡的局部洼地中；黄铁矿-多金属矿产于喷出岩和凝灰岩-沉积岩的中间带，矿体产在层火山、喷出穹窿和火山间洼地；多金属矿和重晶石-多金属矿床产于离火山口较远的火山-沉积岩和沉积岩内，矿体赋存于局部的火山洼地、破火山口洼地（Daukeev et al.，2004）。成矿元素组合也受构造环境控制，Cu-Zn 矿床与洋-洋俯冲有关，代表了大洋岛弧初期裂谷到成熟的大洋弧后环境演化过程，Cu-Pb-Zn-(Au)-Ag 矿床与洋-陆俯冲有关，形成于陆缘弧初期裂谷到成熟的陆缘弧后环境（Barrie et al.，1999）。俄罗斯和哈萨克斯坦阿尔泰 Cu-Zn 矿床形成于大洋弧裂谷环境，与镁铁质火山作用有关，Cu-Pb-Zn 矿床形成于成熟岛弧环境，与玄武岩-流纹岩双峰式火山作用有关（Lobanov et al.，2014）。

VMS 矿床的形成，一般认为与火山喷气、热液作用相关。其形成的第一阶段（成矿前阶段）受高温（400~600℃）酸性的纯气液作用，此时虽未带入大量的成矿物质，但它使围岩的矿物组分发生强烈的重新组合。第二阶段化学作用急剧变化，S 和 Fe 的离子过饱和溶液开始起作用，在海底形成丰富的主要是胶状的 Fe 的二硫化物沉淀，这一阶段含矿流体的温度从上升途中的 400℃（或更高），降到硫化物在海底大量沉淀时的 100℃。第三阶段是热水溶液作用，这种流体往往不含 S 或 S 的化学性质活跃的离子不饱和，并常含有呈氯化物或络合物的 Cu、Pb、Zn 等，其中有的金属离子可在早期沉积的 Fe 的二硫化物中取代 Fe 而形成含 Au、Ag 的 Cu、Pb、Zn 矿石。第二阶段和第三阶段在时间上可以有相当大的间隔，而有些 VMS 多金属矿床的形成，则可能是由同一富含多金属的火山热液作用的结果（翟裕生等，2011）。

VMS 矿床可以形成于多种构造环境，包括洋脊环境（如巴尔干半岛塞浦路斯型矿床）、大洋岛弧环境（如红海-黄土坡）、弧前盆地、弧后盆地（如冲绳）、岛弧（弧间）裂谷（如呷村和日本黑矿，侯增谦和 Urabe，1996）、大陆边缘的岩浆弧、板内火山活动中心等，这些环境均与拉张断陷作用有关。在一个地区可以同时在不同环境中形成不同成矿元素组合的矿床，如南乌拉尔 VMS 矿床形成于大洋岛弧环境（Cu-Zn 矿床）、弧前盆地（Cu-Zn 矿床、Cu-Co 矿床、Cu-Zn-Pb-Au 矿床）和弧前裂谷环境（Cu-Zn 矿床）（Herrington et al.，2005）。

VMS 矿床普遍含金，世界上 513 个矿床 Au 平均品位 0.76 g/t，加拿大 Eskay Creek 最高可达 45.97 g/t，但金品位和储量变化很大，只有部分矿床称为富金 VMS 矿床，成为近年来勘查和开采的重点，如瑞典 80%的金产量来自 VMS 型矿床（Mercier-Langevin et al.，2011）。中亚造山带富金 VMS 矿床很少，如哈萨克斯坦 Karkaralinski 金铜锌矿、列宁诺戈尔斯克多金属矿。富金 VMS 矿床与 VMS 矿床具有相似的矿化特征、矿物组合，但经常出现较多毒砂（如 Boliden、Petiknäs North，Holmtjärn；Huston et al.，1989，2001；Allen et al. 1996）。金可以赋存于块状硫化物带（如加拿大 Brunswick No. 12 矿床），或赋存于网脉带（如哈萨克斯坦列宁诺戈尔斯克多金属矿），有部分矿床金赋存于块状硫化物周围的浸染状、网脉状矿化、重晶石透镜体和喷气岩中（如印度尼西亚 Wetar Island，Scotney et al.，2005）。在矿区尺度，富金 VMS 矿床出现的层位和与火山机构关系不同于 VMS 矿床，是地球动力学和火山岩浆演化明显变化的产物。富金 VMS 矿床主要与钙碱性中性到酸性过渡的火山岩有关，形成在特殊的动力学背景或时间段，如弧裂谷早期或裂谷前。VMS 型矿床金含量变化很大，主要受复杂的流体系统控制，包括传导冷却、海水成分、金的淋滤作用、相分离、岩浆挥发分注入、高温热液与海水混合等（Hannington et al.，2017）。围岩蚀变除 VMS 型蚀变（如强硅化、绢云母化、黄铁矿化、绿泥石化）外，有时发育高级泥质蚀变、明矾石化、钾长石化，蚀变类似于高硫型浅成低温热液矿床（Hedenquist et al.，2000；Simmons et al.，2005）。这类矿床产于较浅海底（500～1000 m），形成于 VMS-浅成低温热液成矿系统中，蚀变和矿物组合表明岩浆热液在成矿过程中起着重要作用，如哥伦比亚的 Eskay Creek 矿床（Hannington et al.，1999；Roth et al.，1999）。这个复杂成矿系统是在伸展环境下，同火山断裂控制不同的块体倾斜、抬升和沉降造成的（如瑞典的 Boliden 矿床）。成矿元素组合为 Au-Ag-As-Sb±Bi-Hg-Te，表明岩浆作用参与到成矿系统中，一些学者认为岩浆流体参与成矿是导致富金 VMS 矿床形成的主要原因（Dubé et al.，2007；Brueckner et al.，2015）。循环流体与围岩相互作用、流体物理化学条件（pH，T，fO_2，fS_2）改变导致了成矿元素分带和复杂的矿物组合（Ohmoto，1996）。现代海底块状硫化物矿床研究表明金沉淀温度变化很大，如洋中脊黑烟囱锌-金多金属组合中金在 25～150℃ 快速沉淀，同时沉淀银、铅和硫酸盐矿物；在以超镁铁岩为主的体系中，强还原流体在较高的温度下促进了金沉积，沉淀温度大于 250℃，并与斑铜矿和黄铜矿同时沉淀，形成高温 Cu-Au 组合；在岛弧体系中，金沉淀温度为 160℃，并与闪锌矿、砷黝铜矿、方铅矿和银同时沉淀；当沉积岩容矿时高的 pH 值使金在成矿最晚期沉淀，并伴随形成燧石（Fuchs et al.，2019）。在高温（>350℃）、中等-低 pH 值条件下，金在热液中呈氯络合物形式迁移，当热液与海水混合时温度突然下降、fO_2 和 pH 值升高，导致氯络合物分解，金发生沉淀；当在低温（<350℃）、中酸性环境中，金在热液中呈硫络合物形成迁移，可以把金迁移到块状硫化物层之外（McClenaghan et al.，2009）。富金 VMS 矿床成因有不同认识，如瑞典 Boliden Zn-Pb-Sb-Au 矿床形成于海底，与日本 Kuroko 矿特征一致，成矿与双峰式长英质火山作用有关，是远端同生火山喷流沉积成矿（Adomako-Ansah et al.，2018）；一些矿床形成于浅海火山作用为主的环境，有独特的浅成低温热液矿床特征，应属于 VMS-浅成低温热液矿床（如塔斯马尼亚 Mount Lyell，Large et al.，2001）；有的矿床甚至是 VMS 与斑岩型过渡类型（如乌拉尔 Baimak，Prokin et al.，1999）；有些 VMS 矿床富金是后期叠加成矿造成的，晚期热液作用、后期变形和变质作用可以导致金活化、迁移，形成金矿脉或细脉分布于 VMS 矿床中或附近，如美国 Reef 金铜矿床中金-铜石英脉是在 VMS 矿床形成后叠加成矿作用的产物（Haroldson et al.，2018），类似的还有加拿大 Ansil（Galley et al.，1995）、瑞典 Boliden（Wagner et al.，2007）。金富集机制归纳为 4 种：①浅水环境下沸腾作用改变了流体的化学成分，导致金在富气流体中富集；②弧后或地幔柱背景下源区金含量高；③金来自次火山岩的岩浆热液注入；④后期区域变质作用的叠加成矿（Patten et al.，2016）。

二、新疆北部VMS型矿床地质特征

（一）含矿岩系

新疆北部VMS型矿床空间上主要分布于南阿尔泰、东天山卡拉塔格矿集区和小热泉子一带，大地构造环境有岛弧环境（红海-黄土坡铜锌矿）和陆缘弧环境（可可塔勒铅锌矿）。矿化具有多层性和旋回性，与火山-沉积作用的旋回性密切相关，一般有几个火山-沉积作用旋回，与其对应有几个含矿岩系，而每个含矿岩系往往有多个含矿层位。多金属矿化形成于强烈爆发或喷溢后的宁静期，与火山细碎屑岩、火山-沉积岩、陆源碎屑沉积岩、不纯的碳酸盐岩等密切相关。新疆北部VMS型矿床含矿岩系主要有下-中志留统红柳峡组、上志留统—下泥盆统康布铁堡组、下-中泥盆统阿舍勒组和下石炭统小热泉子组含矿火山岩系，每个含矿岩系有多个含矿层位。红柳峡组主要为凝灰岩、角砾凝灰岩、凝灰角砾岩、火山角砾岩和沉凝灰岩等，红海-黄土坡矿体赋存于凝灰岩中，层状矿体之上为含角砾凝灰岩；黄滩金铜锌矿赋存于凝灰岩、沉凝灰岩和火山角砾岩中。

康布铁堡组分布于南阿尔泰的冲乎尔、克兰和麦兹矿集区中（包括苏普特一带），是阿尔泰十分重要的含矿岩系，铁、铜、铅锌、金、钨矿均赋存于该组中，钨矿与矽卡岩有关，金矿与火山作用（富金火山岩系）和剪切变形有关，绝大多数铁矿、铅锌矿和铜矿均与海相火山作用有关。康布铁堡组分为下亚组和上亚组，有多个含矿层位，在克兰矿集区下亚组第二岩性段为凝灰质粉砂岩、变钙质砂岩夹薄层大理岩和变流纹质晶屑凝灰岩，在其顶部层位的局部地段铅锌矿化明显，在阿巴宫一带分布有小铁山、阿巴宫、塔拉特、墩德布拉克等铅锌矿床，其中塔拉特铅锌铁矿规模最大，为中型。上亚组第一岩性段底部的变钙质砂岩及变沉凝灰岩中有铅锌矿化，克兰矿集区最重要的含矿层位为第二岩性段，岩石组合为（铁锰质）大理岩、绿泥石英片岩、变钙质砂岩、变英安质（流纹质，局部安山质）晶屑凝灰岩，发现了VMS型矿床（乌拉斯沟多金属矿、铁木尔特多金属矿、大东沟铅锌矿）、矿浆-热液型铁磷矿（阿巴宫）、火山沉积型铁矿（托莫尔特铁锰矿）、火山沉积+叠加改造型（恰夏铁铜矿）、火山热液型（康布铁堡铁矿、萨西金铜矿、红岭金铜矿）和造山型金矿（萨尔阔布金矿、别依特克增金矿）。从NW向SE的5个矿区（大东沟、乌拉斯沟、恰夏-托莫尔特、塔拉特、阿巴宫）柱状图（图5-2），结合矿区地质图，可以看出：①在矿化类型方面，由最北西的大东沟铅锌矿化（伴生金）到最南东的阿巴宫铁磷矿化，显示出从NW到SE，铅锌和金矿化减弱，铁矿化增强的特点；②在含矿层位方面，由最北西的大东沟康布铁堡组上亚组第二岩性段，到最南东的阿巴宫康布铁堡组下亚组第二岩性段，显示出从北西到南东，含矿层位下移的特点；③在含矿岩性方面，由最北西的大东沟钙质砂岩、大理岩到最南东的阿巴宫凝灰岩、角砾岩，显示出从北西到南东，含矿岩性由以沉积岩为主变为以火山碎屑岩为主的特点。

麦兹矿集区康布铁堡组中有多个含矿层位，下亚组中上部不发育VMS型矿床，而是形成海相火山岩型和矽卡岩型铁矿，岩石组合为（含斑）角闪变粒岩、条带状角闪斜长变粒岩、黑云变粒岩、斜长角闪岩、黑云母片岩、大理岩、变砂岩、浅粒岩，已发现蒙库大型铁矿、乌吐布拉克中型铁矿、巴特巴克布拉克中型铁矿、巴利尔斯中型铁矿、什根特铁矿等。在麦兹盆地康布铁堡组上亚组是VMS型铅锌矿及铅锌铁矿主要含矿层位（图5-3），为一套浅-中等变质浅海相流纹质火山岩-火山碎屑沉积岩-陆源碎屑沉积岩-碳酸盐岩组合，有5个含矿层位：①康布铁堡组上亚组第一岩性段上部酸性火山岩及变凝灰质砂岩、变钙质砂岩和大理岩，矿化类型为含星点状及条纹状方铅矿和闪锌矿的层状磁铁矿，以阿什勒萨依铅锌铁矿点及B-2、B-3异常区矿化体为代表。②康布铁堡组上亚组第二岩性段中部的铁铅锌含矿层，火山岩为英安质-流纹质火山岩，矿化岩石为似矽卡岩，以透镜状含硫化物磁铁矿体的形式产出，硫化物（方铅矿、闪锌矿、磁黄铁矿、黄铜矿）呈条纹状、条带状分布于磁铁矿中，矿石中铅、铜、锌品位较高，该含矿层的代表性矿点有大桥铅锌铜矿点（B-5异常）。③康布铁堡组上亚组第二岩性段中部铅锌硫化物含矿层，岩性为流纹岩及火山-沉积碎屑岩，岩石组合为黑云石英片岩、变钙质砂岩、角闪黑云变粒岩、变流纹质凝灰岩、变火山角砾岩，层内发育硅质

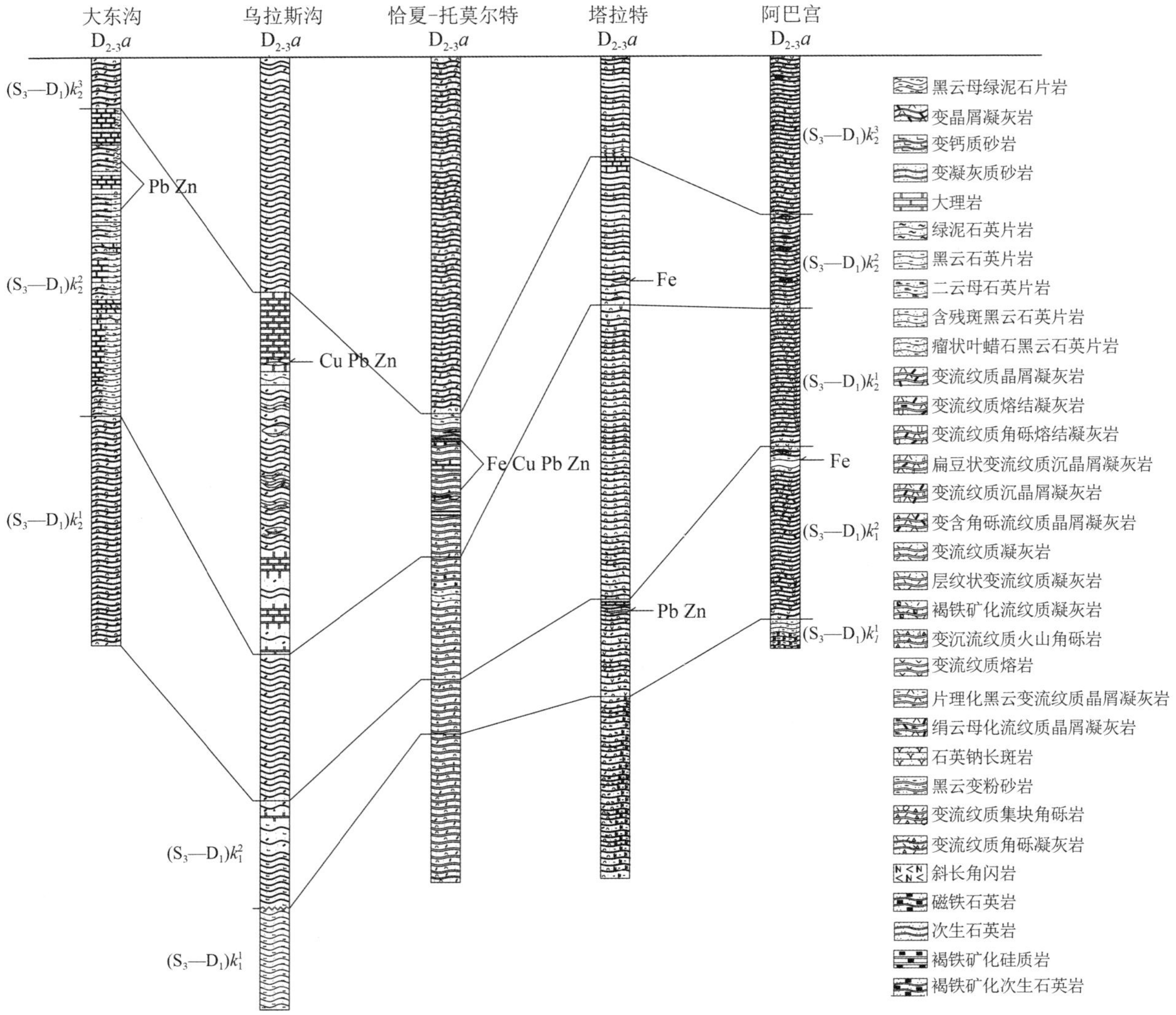

图 5-2　克兰盆地典型矿床含矿层位对比图

（据新疆有色地质勘查局七〇六队资料整理）

岩、铁锰质大理岩等热水沉积岩，是区内最重要的块状硫化物型矿床的含矿层位，以可可塔勒铅锌矿床为代表。④康布铁堡组上亚组第二岩性段上部铅锌含矿层，矿化产于铁锰质大理岩中，方铅矿、闪锌矿呈稀疏星点状分布于大理岩中，矿化普遍，但未形成工业矿体。⑤康布铁堡组上亚组第三岩性段顶部的含重晶石条带铅锌金含矿层，矿化岩石为大理岩、变钙质砂岩和变流纹质火山岩，产于大理岩和变钙质砂岩中的矿化为条带状重晶石萤石条带（透镜体）内的星点状及细脉状方铅矿、闪锌矿化；产于流纹质火山岩的铅锌矿化含金（最高金品位达 5 g/t），受火山口机构旁侧的构造裂隙控制，以重晶石萤石脉的形式产出，以阿克哈仁铅锌矿为代表性。

阿舍勒矿集区含矿层位为下-中泥盆统阿舍勒组海相中酸性、基性火山岩熔岩、火山碎屑岩、火山碎屑沉积岩夹碳酸盐岩，是阿舍勒矿集区主要的含矿层位，有 3 个含矿富集层位。①第一岩性段主要分布在床阿依-哲兰德一带以及矿区Ⅲ号矿化带以南的部分地区，为火山灰凝灰岩、英安质凝灰岩、含角砾晶屑凝灰岩、（含）晶屑凝灰岩、岩屑凝灰岩，少量霏细岩，顶部夹灰岩透镜体，见薄层状、透镜状硫化物矿体，地表氧化成铁帽。②第二岩性段主要分布于矿区中部偏东和阿舍勒村附近及床阿依一带，为火山灰凝灰岩、英安质角砾凝灰岩、霏细岩、晶屑凝灰岩、凝灰岩、凝灰质砾岩及少量集块岩、火山角砾岩、英安岩、安山岩、珍珠岩、玄武岩、沉凝灰岩、结晶灰岩及重晶石透镜体和金属硫化物矿层等。Ⅱ、Ⅶ、Ⅷ等矿化蚀变带赋存其中。③第四岩性段为矿层，主要见于Ⅰ号矿化带

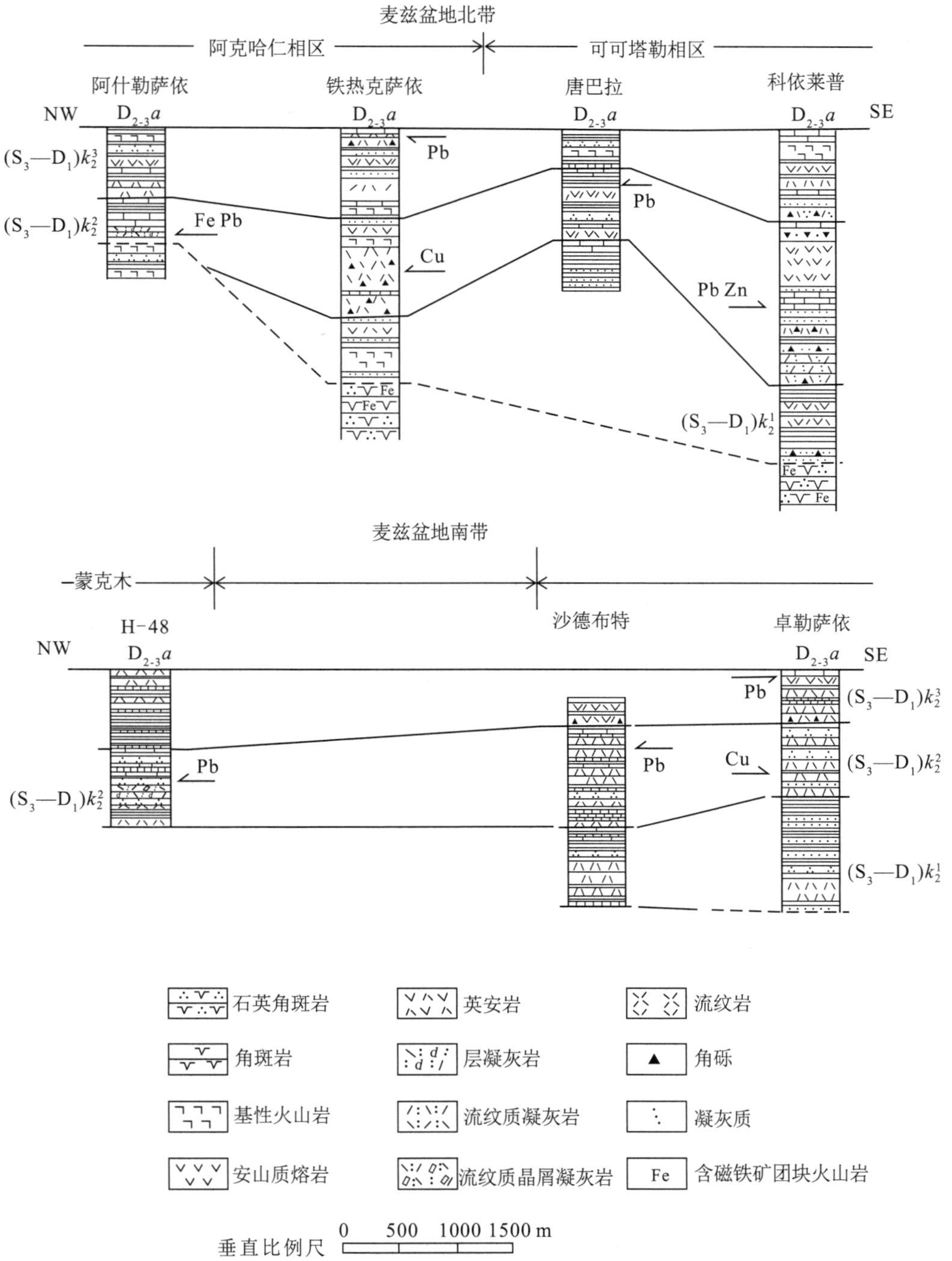

图 5-3 新疆阿尔泰麦兹矿集区康布铁堡组上亚组原岩柱状对比图

（据王京彬等，1998，有修改）

附近，主要岩石组合为沉凝灰岩、含角砾沉凝灰岩、晶屑凝灰岩、英安质（含）角砾晶屑凝灰岩、（含）角砾凝灰岩、凝灰质砾岩、集块岩及少量火山角砾岩、玄武岩、安山岩、英安岩、结晶灰岩，含铁碧玉岩及多金属硫化物和重晶石矿层，是本矿区第三个含矿层位，也是最主要的含矿层位。

小热泉子铜锌矿区含矿岩系为下石炭统小热泉子组，是新疆北部 VMS 矿床最年轻的含矿岩系，为一套喷发沉积及少量陆源碎屑岩的岩石组合，岩性主要为凝灰岩、凝灰质砂岩、凝灰质粉砂岩夹少量灰岩、安山岩、火山角砾岩等。第一岩性段为含矿层位，岩性为岩屑凝灰岩、凝灰质粉砂岩、含角砾凝灰岩、凝灰岩、凝灰质细砂岩、含角砾岩屑凝灰岩、杏仁状安山岩，有钠长斑岩和英安斑岩次火山岩侵入该段，可划分为 6 个喷发-沉积韵律，早期爆发→晚期火山沉积。

矿床多产在不同岩相、不同岩性火山岩、火山沉积岩或沉积岩的接触部位，尤其是较基性火山岩被较酸性火山岩代替的部位，火山熔岩、火山碎屑岩层的顶部或其附近以及与上覆沉积岩层界面处。上述特征表明成矿作用多发生在火山活动末期、火山活动间歇期以及火山活动性质发生改变的时期，尤其是在每一火山旋回终期，这与世界上 VMS 型矿床的成矿作用一致。不同矿集区矿体赋矿的岩性存在差异，阿舍勒矿集区阿舍勒铜锌矿床Ⅰ号矿带主矿体赋存于英安岩与玄武岩之间的凝灰岩中，萨尔朔克地层中的矿化赋存于凝灰岩中；克兰矿集区矿体赋存于凝灰岩、凝灰质砂岩、钙质砂岩和粉砂岩、石英砂岩和大理岩之中或岩性界面；麦兹矿集区可可塔勒铅锌矿体赋存于凝灰岩、钙质粉砂岩、黑云母变粒岩中，铁列克萨依铅锌矿赋存于钙质砂岩中；卡拉塔格矿集区红海-黄土坡铜锌矿体赋存于凝灰岩和含角砾凝灰岩中，黄滩金铜锌矿体赋存于凝灰岩、沉凝灰岩和火山角砾岩中；小热泉子铜锌矿体分布于安山质凝灰岩、凝灰质粉砂岩和凝灰质砂岩中。

（二）矿化特征

矿区发育喷气岩，如重晶石、含铁碧玉岩、硅质岩、黄铁矿层、绿泥石岩、钠长石、铁锰质大理岩等，每个矿床不尽相同，其中阿舍勒矿区喷流岩最发育（重晶石、含铁碧玉岩、硅质岩、黄铁矿层），克兰矿集区 VMS 矿床以发育铁锰质大理岩为特色。喷流岩可以出现在矿体附近或远离矿体，或构成矿体，如阿舍勒Ⅱ号带重晶石形成重晶石矿体，下部为脉状多金属矿体，小热泉子绿泥石与矿体共生，大东沟、乌拉斯沟和铁木尔特矿区铁锰质大理岩出现在矿体附近，阿舍勒矿区含铁碧玉岩最发育的地方远离矿体，红海-黄土坡矿区重晶石除在矿体附近形成团块外，主要作为非金属矿物出现在层状矿石中。

矿床具有“双层结构”，上部为喷流沉积作用形成的层状矿体（层状、似层状、透镜状，具有较大的延伸性），矿体大多数与火山沉积地层呈整合接触，下部为补给通道相的脉状-网脉状矿体，二者为过渡关系，或补给通道相矿化略晚于层状矿化，可见脉状矿化穿切层状矿化（如阿舍勒铜锌矿、红海-黄土坡铜锌矿、黄滩金铜锌矿）。层状矿体中发育条带状、条纹状、致密块状、块状、稠密浸染状构造（图 5-4）。条带或条纹往往是黄铁矿、铜-锌-硫化物和多金属硫化物组成的韵律层状构造。补给通道中主要发育脉状、细脉、网脉状、浸染状、角砾状构造（图 5-5）。补给通道中热液交代作用形成的矿体形态较复杂，有脉状、网脉状、筒状、蘑菇状、巢状等，与围岩相交，其形成和分布往往与同生断裂、裂隙有关，以断裂为中心矿石组分有分带现象。层状矿化主要成矿元素以 Cu-Zn、Pb-Zn 为主，伴生 Au、Ag，局部有 Fe（如乌拉斯沟、塔拉特、铁木尔特）或重晶石（阿舍勒Ⅱ号矿化带），脉状矿化有 Cu、Cu-Zn、Cu-Pb-Zn-(Au-Ag)、Au-(Ag) -Pb-Zn，局部 Au 含量高（如小热泉子、阿舍勒），萨尔朔克和黄滩是富金 VMS 矿床。

由下而上由氧化铁（锰、磷）到硫化铁（铜、锌、铅），如麦兹矿集区，铁矿（磁铁矿）赋存在康布铁堡组下亚组，铅锌矿在康布铁堡组上亚组。每一个含矿层内多金属矿化在垂直剖面上元素的演化趋势具有由硫化铁到硫化铜（锌、铅），再到硫酸盐类和含硫盐类的变化规律（如阿舍勒矿床）。矿床多产在火山口、火山机构的斜坡上、火山口洼地和火山间洼地。含铜黄铁矿矿床和黄铁矿-铜-锌矿床产在火山口-近火山口的火山岩相内，矿体赋存于层火山顶部洼地和喷出穹窿斜坡的局部洼地中。黄铁矿-多金属矿床均产于喷出岩和凝灰岩-沉积岩的中间带，矿体产在层火山、喷出穹窿和火山间洼地。多金属矿床和重晶石-多金属矿床产于离火山口较远的火山-沉积岩和沉积岩内，矿体赋存于局部的火山构造洼地、破火山口洼地。

热液蚀变围绕矿体不均匀分布，一般发育在下盘及补给体系形成的蚀变岩筒内，主要有硅化、黄铁矿化、绢（白）云母化、绿泥石化、绿帘石化、重晶石化、碳酸盐化、钠长石化。不同矿区热液蚀变各不相同，有的矿区（如黄滩金铜锌矿区）硅化、黄铁矿化和绢云母化构成强烈的黄铁绢英岩化，小热泉子矿区以绿泥石化发育为特色，阿舍勒矿区硅化发育，硅化范围超过层状矿体，并从层状矿体向下延深大。多数矿区发育青磐岩化（绿帘化、绿泥石、碳酸盐矿物、石英，偶见黄铁矿），但与 VMS 成矿关系不大。有些矿床 VMS 矿床形成后叠加有矽卡岩化（石榴子石、透辉石、透闪石、阳

图 5-4　克兰矿集区 VMS 型矿床喷流沉积特征

A—大东沟铅锌矿条纹状方铅矿闪锌矿矿石；B—大东沟铅锌矿致密块状黄铁矿闪锌矿矿石；C—乌拉斯沟多金属矿条纹状黄铁矿黄铜矿闪锌矿磁铁矿矿石；D—乌拉斯沟多金属矿条带状闪锌矿磁铁矿矿石；E—铁木尔特多金属矿条纹状黄铁矿闪锌矿矿石；F—铁木尔特多金属矿黄铜矿呈细脉状和浸染状分布于黑云绿泥石英片岩中；Sp—闪锌矿；Gn—方铅矿；Py—黄铁矿；Clp—黄铜矿；Qtz—石英；Cal—方解石；Mag—磁铁矿

图 5-5　新疆北部 VMS 型矿床脉状矿化

A—乌拉斯沟多金属矿黄铁矿黄铜矿石英脉穿切层状磁铁矿；B—乌拉斯沟多金属矿黄铜矿石英脉；C—可可塔勒铅锌矿方铅矿石英脉；D—可可塔勒铅锌矿方铅矿闪锌矿石英脉穿切条带状闪锌矿黄铁矿；E—大东沟铅锌矿黄铁矿石英脉；F—大东沟铅锌矿黄铁矿方铅矿闪锌矿石英脉；G—铁木尔特铅锌矿黄铁矿闪锌矿方铅矿石英脉；H—铁木尔特多金属矿含黄铜矿黄铁矿石英脉；I—小热泉子铜锌矿黄铁矿石英脉

起石、角闪石、绿泥石、绿帘石），如塔拉特铅锌铁矿、铁木尔特多金属矿、萨吾斯铅锌矿。

矿石中金属矿物主要是黄铁矿、黄铜矿、方铅矿、闪锌矿、黝铜矿、砷黝铜矿、锌砷黝铜矿、斑铜矿、毒砂、磁黄铁矿、磁铁矿、硫锑铅矿、碲铅矿、白铁矿。金和银矿物主要有自然金、银金矿、针碲金银矿、碲金银矿、碲银矿、碲金矿、辉银矿、自然银、含银锌锑黝铜矿、含银锑黝铜矿。不同矿床金属矿物组合存在差异，阿舍勒铜锌矿金属矿物超过25种，可可塔勒铅锌矿金属矿物相对较少，主要为黄铁矿、黄铜矿、方铅矿、闪锌矿、磁黄铁矿、毒砂、硫锑矿、黝铜矿、斑铜矿、白铁矿，大东沟铅锌矿主要为黄铁矿、黄铜矿、方铅矿、闪锌矿、磁铁矿、磁黄铁矿、毒砂。

克兰矿集区VMS型矿床与阿舍勒和麦兹矿集区及哈萨克斯坦矿区阿尔泰不同之处在于Pb-Zn、Cu-Zn矿化与铁矿化空间上在一起，或形成单独矿体或形成多金属矿体，主要有Pb-Zn-Fe矿（塔拉特）、Pb-Zn-Cu-Fe矿（铁木尔特）、Zn-Fe-Cu-Au矿（乌拉斯沟），Fe和Zn同时形成（如乌拉斯沟多金属矿）或Fe形成略早于Pb-Zn（如塔拉特铅锌铁矿、铁木尔特多金属矿）。这些VMS型矿床空间上往往与同时代的海相火山岩型矿床相距不远，如阿巴宫铁磷矿与塔拉特铅锌铁矿，铁木尔特多金属矿与托莫尔特铁锰矿，乌拉斯沟多金属矿与恰夏铁铜矿。克兰矿集区VMS型矿床另一特点是Pb-Zn中伴生或共生金或银，可以综合利用，如塔拉特铅锌铁矿中伴生银含量高，全矿Ag平均品位33.77 g/t，铁木尔特多金属矿中伴生金和银，伴生Ag 0.28~88.18 g/t，乌拉斯沟多金属矿地表氧化矿中金可达到2 g/t，大东沟铅锌矿伴生金平均品位为0.11 g/t，局部金6.59 g/t。

由于后期岩浆热液叠加改造和区域变质作用影响，导致成矿过程复杂，特别是克兰矿集区和阿舍勒矿集区。塔拉特铅锌铁矿经历了喷流沉积期、矽卡岩期、区域变质期和表生氧化期。火山喷流沉积期早阶段形成角砾状磁铁矿化和角砾状铅锌矿化，喷流沉积第二阶段形成层状细粒铅锌矿化；矽卡岩期退化蚀变阶段形成矽卡岩型磁铁矿石，石英-硫化物阶段形成脉状粗粒铅锌银矿化；区域变质期形成少量矿化。铁木尔特多金属矿成矿过程可划分为喷流沉积期、矽卡岩期、区域变质期和表生氧化期。喷流沉积期是铅-锌-铁-金主要成矿期，矽卡岩是铜主要成矿期，含铜的石英脉呈脉状或透镜状分布于石榴子石绿泥片岩中或含铜石英脉穿切早期条带状、条纹状和块状方铅矿闪锌矿矿石，可以单独形成铜矿体或叠加到早期铅锌矿体上，形成铅锌铜矿体。矽卡岩矿物组合为石榴子石、透闪石、阳起石、角闪石、绿泥石、绿帘石等。区域变质期（包括韧性剪切变形）主要是变形变质改造。乌拉斯沟多金属矿床经历了3个成矿期，喷流沉积成矿期进一步划分为黄铁矿-磁铁矿阶段（Ⅰ），是铁主要成矿阶段；黄铁矿-闪锌矿-磁铁矿阶段（Ⅱ），是铁锌主要成矿阶段；黄铁矿-黄铜矿阶段（Ⅲ）和石英-黄铁矿-黄铜矿-自然金阶段（Ⅳ），这两个阶段是铜金主要成矿阶段。区域变质期是区域变质作用（包括韧性剪切变形）造成含矿火山岩系和矿体的变形，发生绿片岩相的变质作用。表生氧化期形成孔雀石、铜蓝和褐铁矿。阿舍勒铜锌矿床成矿过程经历了即喷流沉积期、变质热液叠加期、剪切变形期和表生氧化期，主要成矿作用发生在喷流沉积期，区域变质作用导致喷流沉积期形成的层状矿体和脉状矿体陡倾，剪切变形作用导致火山岩系和矿体发育强片理化、糜棱岩等。可可塔勒铅锌矿由于区域变质作用，导致层状矿体倾斜，喷流沉积形成的条带状矿石弯曲变形。

第二节 VMS型矿床成矿带划分及主要地质特征

一、成矿带划分

不同学者有关成矿区带划分方案略有差别，特别是Ⅲ-Ⅴ级的名称，如陈毓川等（2006）划分全国的成矿区（带）采用五分法，即成矿域（与全球的Ⅰ级板块构造对应）、成矿省（与Ⅱ级板块构造对应）、成矿区（带）（与Ⅲ级板块构造对应）、成矿亚（区）带（与Ⅳ板块构造对应）、矿田（与Ⅴ级构造对应）。杨富全等（2010）根据五分法将中国和哈萨克斯坦阿尔泰成矿单元划分为五级：成矿域、成矿省、成矿带、矿带和亚矿带。董连慧等（2011）将新疆成矿区带划分为成矿域（Ⅰ级）、成矿省（Ⅱ级）、成矿区带（Ⅲ级）、矿带（Ⅳ级）和成矿远景区（矿田）（Ⅴ级）。

刘国仁等（2016）在新疆阿勒泰地区矿产资源总体规划研究（2016~2020年）中划分出阿尔泰成矿区（$Ⅱ_1$），包括5个Ⅲ级成矿带：哈纳斯金、铜成矿带（$Ⅲ_1^1$），诺尔特金、多金属成矿带（$Ⅲ_1^2$），哈龙-青河稀有金属、白云母、宝石成矿带（$Ⅲ_1^3$），阿舍勒铜、金、多金属成矿带（$Ⅲ_1^4$），冲乎尔-富蕴铜、铁、多金属成矿带（$Ⅲ_1^5$），新疆南阿尔泰VMS矿床分布于后两个成矿带。在董连慧等（2011）编著的新疆维吾尔自治区铜、铅锌、金、钨、锑、稀土、钾盐、磷等矿产资源潜力评价成果报告中克兰和麦兹矿集区属于麦兹-冲乎尔（裂陷盆地）Fe-Cu-Pb-Zn-RM-U-白云母-宝石矿带（Ⅳ级）中阿勒泰Pb、Zn（Cu、Fe、Au）成矿远景区（Ⅴ级）和麦兹Pb、Zn、Fe成矿远景区；阿舍勒矿集区属于阿舍勒（裂陷盆地）Cu-Au-Pb-Zn-重晶石矿带中阿舍勒-托库孜巴依Cu、Au成矿远景区；卡拉塔格矿集区属于大南湖矿带（复合岛弧带）Cu-Zn-Au矿带（Ⅳ级）中黄土坡Cu、Zn成矿远景区；小热泉子矿床位于小热泉子（岛弧带）Cu-Pb-Zn-Au矿带（Ⅳ级）中小热泉子Cu成矿远景区。

结合新疆北部VMS型矿床成矿背景、空间分布、地质特征、成矿特征，同时为了便于研究成矿规律和矿集区对比，本书将成矿单元划分为四级：成矿域（Ⅰ级）、成矿省（Ⅱ级）、成矿带（Ⅲ级）和矿集区（矿带）（Ⅳ级）。各级区带的内涵标定如下：

Ⅰ级-成矿域：大致对应于全球构造域，受控于统一的全球古大洋动力学体系。研究区属于古亚洲成矿域。

Ⅱ级-成矿省：Ⅰ级成矿单元内的次级成矿区带，其区域成矿作用是经几个或1个大地构造-岩浆旋回的地质历史时期形成的，发育有特定的矿化类型。在区域成矿作用演化过程中，成矿物质富集受地壳物质不均匀性的控制，赋存的矿床类型明显受多级或多序次构造控制。

Ⅲ级-成矿带：在成矿省内的一定地壳演化阶段形成独特的1种或多种矿化集中分布区，成矿受控于某一构造-岩浆带、岩相带、区域构造或变质作用。

Ⅳ级-矿集区（矿带）：成矿带中受同一区域成矿作用控制的矿田分布带，相当于矿集区，或虽然目前没有已知矿床，但有大量成矿信息分布的地段称矿带。

研究区位于哈萨克斯坦-准噶尔板块和西伯利亚板块，属于古亚洲成矿域（Ⅰ级）中阿尔泰成矿省和准噶尔成矿省，进一步划分出2个成矿带和5个矿集区，其分布见图1-3，1-8，新疆北部VMS型成矿单元划分方案如下：

古亚洲成矿域（Ⅰ级）

Ⅰ 阿尔泰成矿省（Ⅱ级）

- $Ⅰ_1$ 南阿尔泰VMS铜多金属成矿带（Ⅲ级）
  - $Ⅰ_1^1$ 阿舍勒Cu矿集区（Ⅳ级）
  - $Ⅰ_1^2$ 克兰Pb、Zn、Cu矿集区（Ⅳ级）
  - $Ⅰ_1^3$ 麦兹Pb、Zn矿集区（Ⅳ级）

Ⅱ 准噶尔成矿省（Ⅱ级）

- $Ⅱ_1$ 卡拉塔格-小热泉子VMS铜锌金成矿带（Ⅲ级）
  - $Ⅱ_1^1$ 卡拉塔格Cu、Zn、Au矿集区（Ⅳ级）
  - $Ⅱ_1^2$ 小热泉子Cu、Zn矿集区（Ⅳ级）

二、成矿带主要地质及成矿特征

（一）南阿尔泰VMS铜多金属成矿带

该成矿带位于新疆南阿尔泰，是哈萨克斯坦矿区阿尔泰的东南延伸部分（图5-6），后者是世界上著名的VMS成矿带之一，据Попов（1998）估计哈萨克斯坦阿尔泰$4×10^4$ km^{2}范围内已发现70个多金属矿床和几百个矿点，Pb、Zn和Cu的总量为$6500×10^4$~$6800×10^4$ t，Ag为$4.55×10^4$ t，Au为

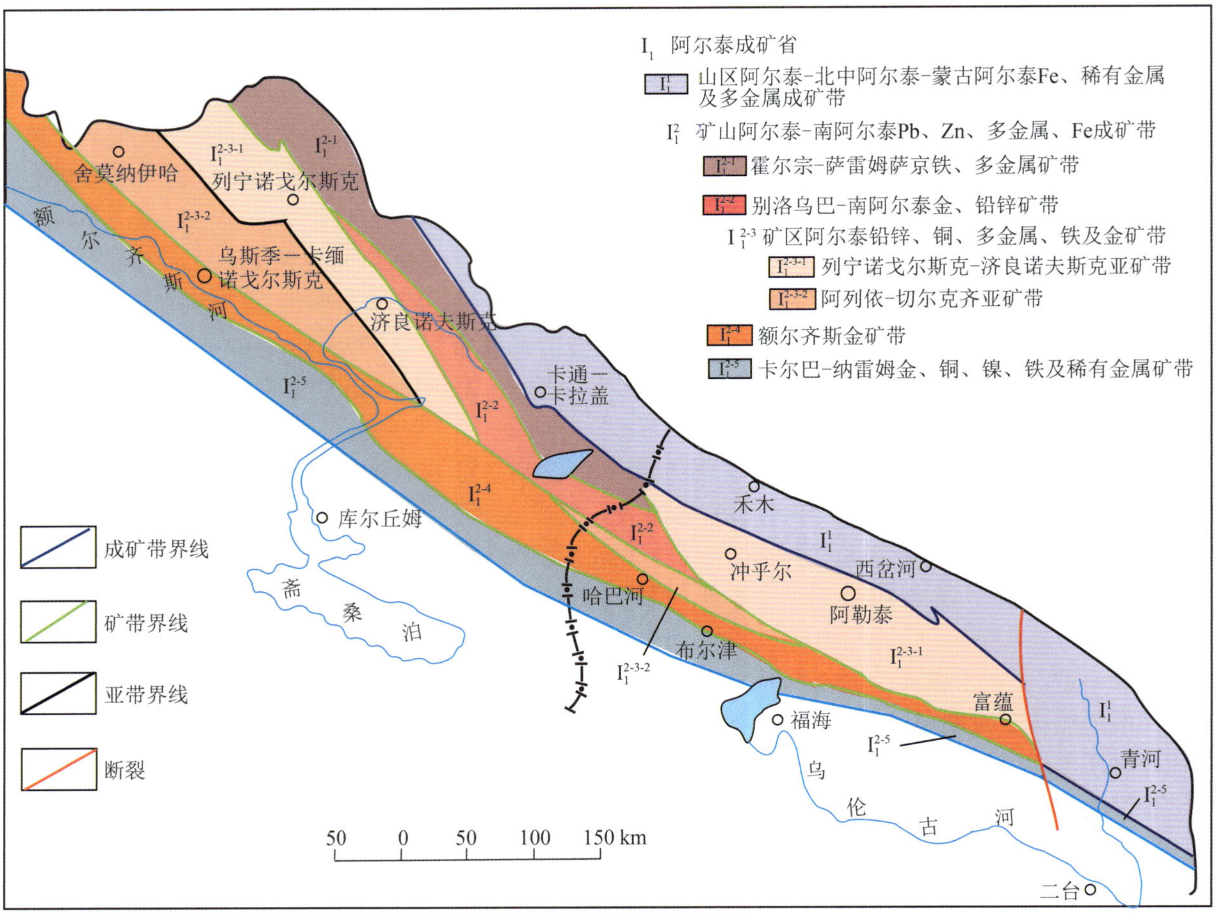

图 5-6 中哈阿尔泰成矿单元划分

（据杨富全等，2009）

2000~2500 t。列宁诺戈尔斯克-济良诺夫斯克亚矿带和阿列依-切尔克齐亚矿带并没有直接延伸到新疆阿尔泰，但同样性质的亚矿带出现在南阿尔泰，它们同属一个亚矿带，但为斜列关系。南阿尔泰主要为早泥盆世发育的滨-浅海相玄武岩-流纹岩及钙质陆源沉积，中泥盆世为火山类复理石及类复理石建造，中泥盆世末，褶皱隆起，局部发育晚泥盆世和早石炭世火山岩系。自西向东发育 4 个斜列的火山沉积盆地，即阿舍勒、冲乎尔、克兰和麦兹火山沉积盆地，相应形成了 4 个铁、铅锌、铜多金属矿集区，VMS 矿床主要分布在阿舍勒、克兰和麦兹矿集区，每个矿集区地质背景、成矿特征存在明显差异。

新疆阿舍勒矿集区地质背景、矿化特征与哈萨克斯坦阿列依-切尔克齐亚矿带相似，属同一成矿亚矿带，但与哈萨克斯坦该亚矿带呈斜列关系（图 5-6）。阿舍勒矿集区出露地层为下-中泥盆统阿舍勒组、上泥盆统齐也组和下石炭统红山嘴组火山沉积岩系，次火山岩发育，矿集区东部为泥盆纪哈巴河岩基，北部出露晚石炭世阿舍勒花岗闪长岩。已发现阿舍勒大型铜锌矿、萨尔朔克中型金多金属矿、喀英德小型铜矿、桦树沟小型铜矿、床阿依铜矿点、阿依托汗铜矿点等，这些矿床均赋存于下-中泥盆统阿舍勒组火山沉积岩系，岩石组合为海相中酸性、基性火山岩、火山碎屑岩、火山碎屑沉积岩夹碳酸盐岩。矿化受火山机构不同部位控制，如阿舍勒 I 号矿化带由喷流沉积形成的层状铜锌矿体和下部补给通道中的脉状铜（锌）矿体组成，空间上脉状矿化及蚀变分布范围大于层状矿化。阿舍勒 II 号矿化带上部为层状重晶石矿体，下部为补给通道中的脉状铜铅锌银矿体，构成 VMS 型矿床典型的“双层结构”。阿舍勒铜锌矿 IV 号矿化出现在次火山岩-英安岩中。萨尔朔克金多金属矿区矿化类型及空间分布复杂，阿舍勒组凝灰岩中有少量喷流沉积形成的层状铜锌矿化铅锌矿化和规模相对较大的脉状铜铅锌金矿化，流纹斑岩中发育脉状多金属矿化，流纹斑岩是流纹质岩浆沿火山通道侵入，在火山口及火山通道中形成的次火山岩，次火山热液活动在流纹斑岩中形成金铜铅锌脉状矿化，尽管这3种矿化类型形成时间略有差别，但属于同一成矿系统。喀英德铜矿化主要分布于石英霏细斑岩与地层接触带的蚀变岩中，成矿与次火山热液活动有关。桦树沟铜矿化分布于晶屑凝灰岩、沉凝灰岩中，具有切层分布的后生热液成矿特点，成矿作用可能与火山热液或次火山热液活动有关。总之，阿舍勒矿集区铜多金属矿化类型及控矿因素较多，成矿元素组合复杂（Cu、Cu-Zn、Cu-Zn-Au、Cu-Pb-Zn-Au、Cu-Pb-Zn-Ag），但成因类似，均与早-中泥盆世的火山作用有关，均属VMS成矿系统。

麦兹矿集区由上志留统—下泥盆统康布铁堡组和中-上泥盆统阿勒泰镇火山-沉积岩系组成（图5-7），经受了绿片岩相，部分角闪岩相变质作用，盆地基底为中-上志留统库鲁木提群片岩、片麻岩、混合岩和变质砂岩。矿产均赋存于康布铁堡组中，该组分为上亚组和下亚组，下亚组主要由变质酸性火山碎屑岩夹基性火山碎屑岩、基性火山熔岩、砂泥质岩和碳酸盐岩组成，又分为2个岩性段，第一岩性段为变质流纹质火山碎屑岩夹玄武质火山岩，第二岩性段为变质流纹质火山岩夹砂泥岩和碳酸盐岩。上亚组主要由变质流纹岩-变质英安岩和流纹质火山碎屑岩-火山碎屑沉积岩-变质砂泥质岩-碳酸盐岩组成。可分为3个岩性段，第一岩性段为深变质的中酸性火山碎屑岩，第二岩性段为浅-中等变质的流纹质火山岩、陆源碎屑岩和碳酸盐岩，第三岩性段为变质流纹质火山碎屑沉积岩夹钙质砂岩、斜长角闪岩及大理岩。可可塔勒铅锌矿区上亚组第一岩性段厚度小于1605 m，下部为二云斜长片麻岩、黑云斜长变粒岩（原岩凝灰质砂岩）、变质流纹岩；上部为片麻岩夹斜长角闪片岩、黑云石英片岩、变质钙质砂岩、变质流纹岩、变质流纹质凝灰岩等。顶部标志层为矽线石榴黑云石英片岩。第二岩性段厚度350~1500 m，下部以变质流纹质晶屑凝灰岩、流纹岩、流纹质火山角砾岩（在近火山口部位出现）夹凝灰质砂岩为主；中部为黑云石英片岩、变质钙质砂岩、角闪黑云变粒岩、变质石英角斑质凝灰岩、变质火山角砾岩，层内有硅化带、铁锰质大理岩等热水沉积岩，该层位是区内的铅锌含矿层位，可可塔勒大型铅锌矿即分布于该层位中；上部为变质长石石英粉砂岩、黑云石英片岩、铁锰质大理岩、变质凝灰质砂岩等。顶部标志层为铁锰质大理岩，厚15~50 m。第三岩性段厚度830~1340 m，下部岩性由变流纹岩夹斜长角闪岩及大理岩组成；上部由变流纹质晶屑凝灰岩夹大理岩组成，在近火山口的部位见火山角砾岩及熔岩。矿集区主体构造为麦兹倒转复式向斜，位于富蕴北西蒙库-什根特一带，西起卓路特河，东至什根特沟。其轴线长达50 km，呈舒缓波状延伸，翼幅宽10~15 km，呈290°~310°方向展布，轴面倾向NE，倾角65°~82°，线性紧闭。两翼为康布铁堡组，核部为阿勒泰镇组，SW翼地层层序正常，NE翼倒转。其南东转折端位于可可塔勒铅锌矿区东南侧2 km处，在转折端部位有边幕式次级褶皱，NW转折端位于蒙库铁矿区西侧5 km处。该复式向斜SW翼地层层序正常，NE翼倒转。次级褶皱发育，主要有蒙克木背斜、巴特巴克布拉克向斜、铁热克萨依向斜、铁木下尔滚向斜等，多分布于麦兹复式向斜的NE翼，均为紧闭线性褶皱。矿集区发育铅锌矿和铁矿，前者主要是VMS型，赋存于康布铁堡组上亚组，特别是第二岩性段，矿点和矿化点众多，代表性矿床有可可塔勒大型铅锌矿、什根特铅锌矿、铁列克萨依铅锌矿、大桥铅锌矿、阿克哈仁铅锌矿、阿什勒萨依铅锌矿等。铁矿主要为矽卡岩型铁矿和海相火山岩型铁矿，赋存于康布铁堡组下亚组第二岩性段，矽卡岩型铁矿主要有蒙库大型铁矿、乌吐布拉克中型铁矿、巴特巴克布拉克中型铁矿、巴利尔斯中型铁矿等；海相火山岩型主要有什根特铁矿、红岑铁锰铅锌矿等。盆地边部和盆地内发育与火山岩同时代的早泥盆世侵入岩。

克兰矿集区是南阿尔泰十分重要的铁、铅锌、金矿集区（图5-8），主要由上志留统—下泥盆统康布铁堡组和中-上泥盆统阿勒泰镇组组成，盆地基底为中-上志留统库鲁木提群和中寒武世—早奥陶世矽线黑云斜长片麻岩、斜长角闪片岩、矽线石云母片岩、黑云斜长角闪片岩和变质砂岩。康布铁堡组下亚组主要岩性为（黑云、二云）石英片岩、千枚岩、变质流纹岩、变质英安岩、变质凝灰岩、变质（凝灰）火山角砾岩。分为2个岩性段，第一岩性段为变质流纹质晶屑凝灰岩、变质流纹岩，厚度314~737 m；第二岩性段为浅海相-滨海相细碎屑和碳酸盐沉积浅变质岩，主要岩性有变质凝灰质粉砂岩、变质钙质砂岩夹薄层大理岩和变质流纹质晶屑凝灰岩，厚度0~146.2 m。在其顶部层位的

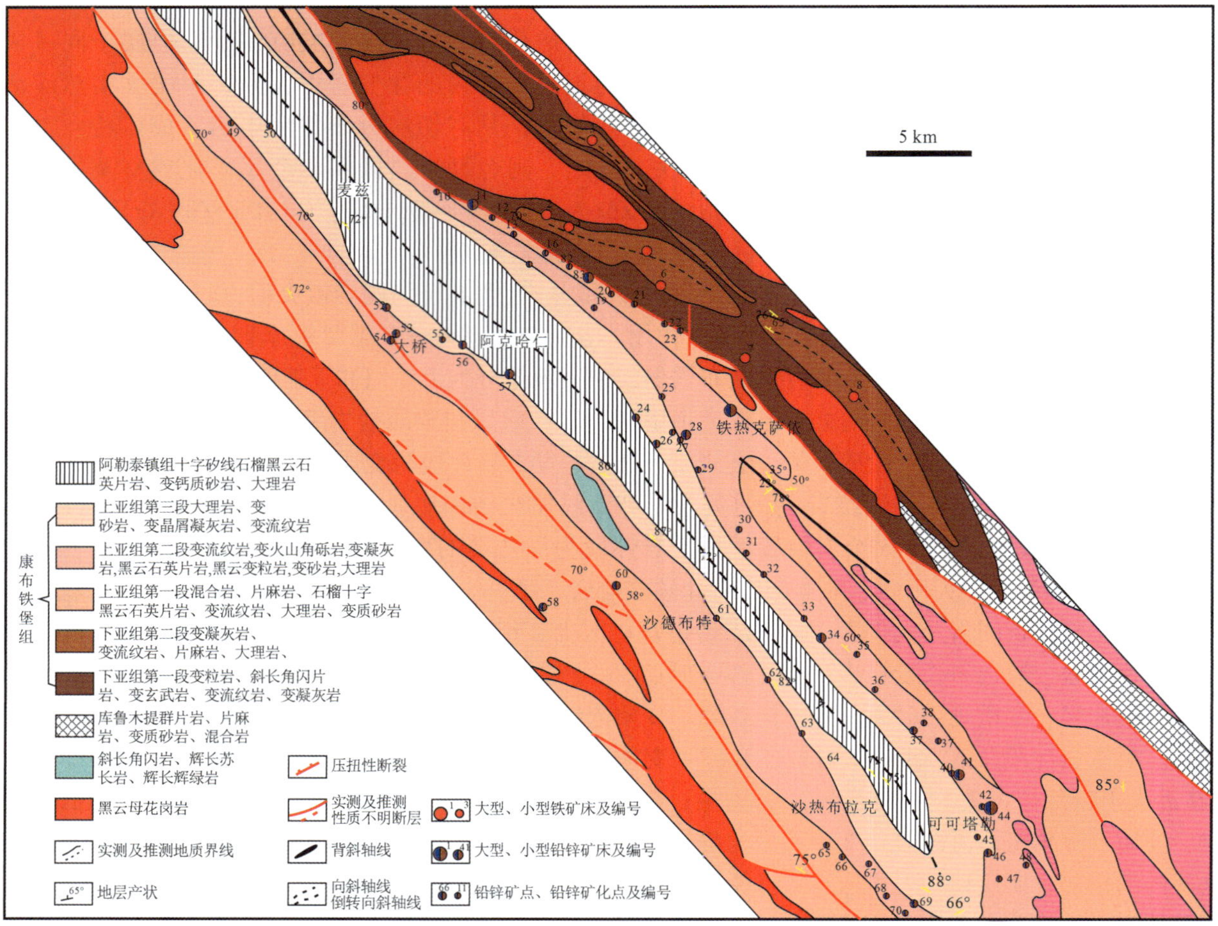

图 5-7　麦兹矿集区 VMS 型铅锌矿床及铁矿分布图

（据新疆有色地勘局七〇六地质大队，2006）

局部地段铅锌矿化明显，在阿巴宫一带分布有小铁山、阿巴宫、塔拉特、墩德布拉克等铅锌矿床（点）。康布铁堡组上亚组由一套以酸性为主的火山碎屑岩夹正常沉积岩组成，可分为 3 个岩性段。第一岩性段是一套近火山口相-火山斜坡相的酸性火山碎屑岩组合，底部为一套含热水沉积硅质岩夹层和碳酸盐岩夹层的流纹质火山喷发空落沉积细碎屑组合，厚度 30~420.5 m，主要岩性有硅质岩、层纹状黑云硅质岩、硅质角砾岩、含钙锰质扁豆体硅质岩、含钙锰质扁豆体变质凝灰角砾岩、含凝灰质角砾变质钙质砂岩、变质凝灰岩及大理岩，该层位中有铅锌矿化。中部为流纹质火山碎屑岩（在近火山口地段有厚大的火山粗碎屑岩和熔岩），厚度 324~1110.6 m，主要岩性有变质流纹岩、变质集块角砾岩、变质流纹质火山角砾岩、变质流纹质含火山角砾晶屑凝灰岩、变质流纹质晶屑凝灰岩等。上部是一套沉流纹质火山细碎屑组合，主要岩性有含钙锰质团块的变质流纹质晶屑凝灰岩、含钙锰质团块的变质流纹质凝灰角砾岩及变质角砾凝灰岩、变质流纹质含角砾晶屑凝灰岩、变质流纹质晶屑凝灰岩。第二岩性段以浅海相黏土质沉积和碳酸盐沉积为主，下部为一套碳酸盐沉积，厚 0~381 m，主要岩性有大理岩、铁锰大理岩、绿泥石英片岩、变质钙质砂岩，有时见有少量变质流纹质晶屑凝灰岩。中部为黏土质沉积夹火山细碎屑沉积，厚度 45.8~216.8 m，主要岩性为绿泥石英片岩、变质英安质晶屑凝灰岩、变质流纹质晶屑凝灰岩，局部见安山质晶屑凝灰岩。上部为英安质-流纹质火山细碎屑沉积夹黏土质沉积，厚度 47.5~185.0 m，主要岩性有变质流纹质晶屑凝灰岩、变质英安质晶屑凝灰岩、绿泥黑云石英片岩等。第三岩性段主要为一套海相火山碎屑岩，主要岩性为变质流纹质晶屑凝灰岩，局部见变质流纹质火山角砾岩，一般厚几十米至 300 余米。阿勒泰镇组为一套浅海相陆源碎屑岩，夹基性火山岩、火山碎屑岩、硅质岩和碳酸盐岩，岩性为片岩、千枚岩、变质砂岩、变质粉砂

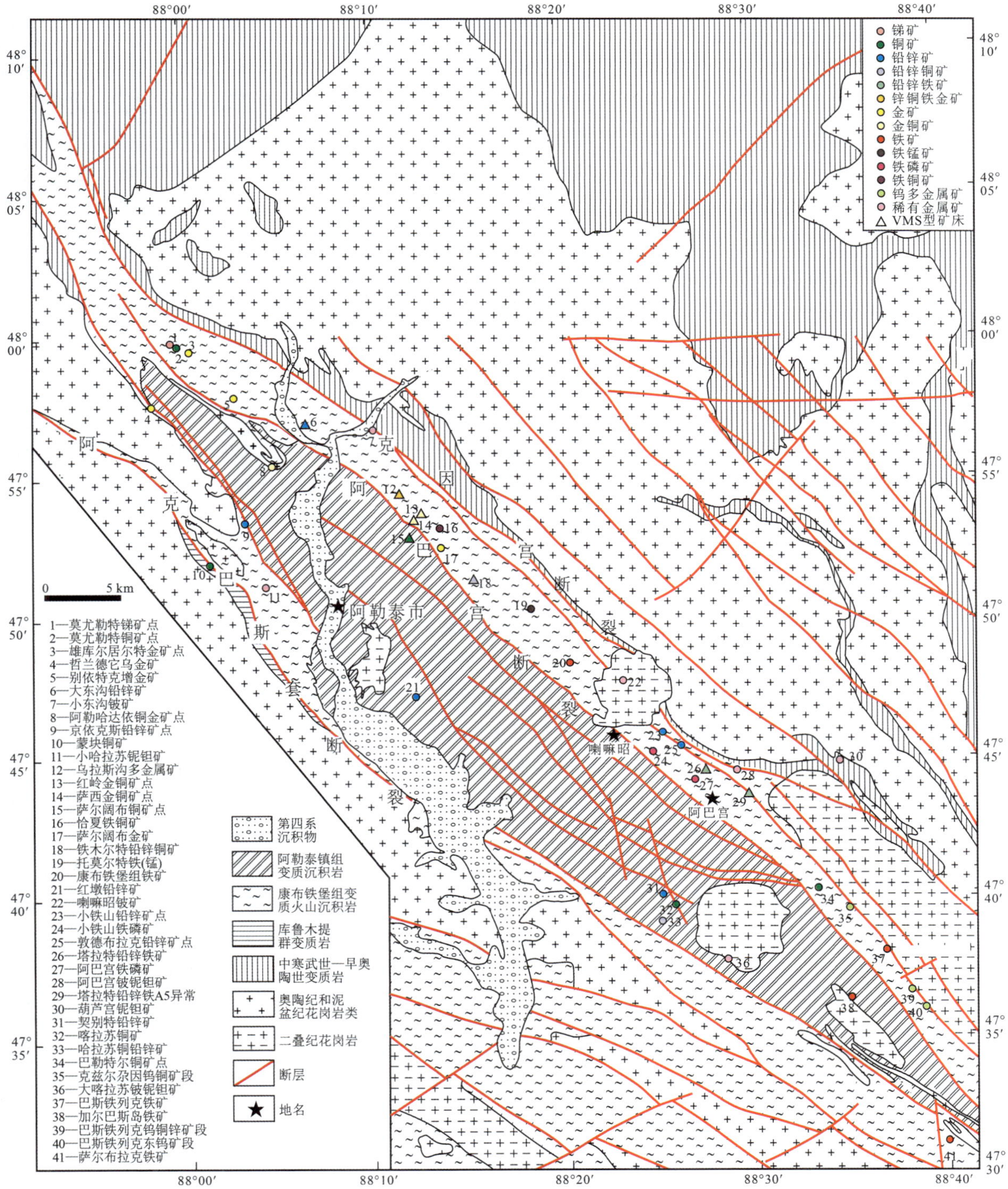

图 5-8 克兰矿集区地质及矿产分布略图

（据杨富全等，2017 及相关文献）

岩、大理岩、硅质岩、玄武岩、玄武质凝灰岩。克兰盆地及周边侵入岩以花岗岩为主，其时代有中-晚奥陶世（如阿巴宫北和铁木尔特北岩体时代为 463 Ma、458 Ma 和 459 Ma（刘锋等，2008；柴凤梅等，2010）、早泥盆世（387~409 Ma，Zheng et al.，2016；张忠利等，2019）、二叠纪（如喇嘛昭岩体时代为 279 Ma，王涛等，2005；将军山岩体 283 Ma，巴斯铁列克东黑云二长花岗岩 266 Ma，杨富全等，2019；大喀拉苏黑云二长花岗岩 261 Ma，李强等，2019）、三叠纪（如尚可兰，202 Ma，Wang et al.，2008）。克兰复式向斜构成克兰矿集区主体，位于阿勒泰市一带，长近 100 km，最宽 10~

15 km，是阿尔泰造山带最大的向斜构造，轴面倾向为NE，倾角50°~70°。核部地层为中-上泥盆统阿勒泰镇组，两翼地层为上志留统—下泥盆统康布铁堡组和中-上志留统库鲁木提群，SW翼为正常翼，NE翼倒转。克兰复向斜次级褶皱较发育，其NE翼由西而东发育雄库居尔特向斜、莫尤勒特背斜、阿勒哈达依向斜、阿勒哈达依背斜、萨热阔布背斜、恰夏向斜；SW翼自西向东分布有克孜勒扎依劳背斜、小哈拉苏背斜、布尔昆布拉克背斜、杜拉特背斜等。次级褶皱轴线走向与主构造线一致，以紧闭的线形褶皱为主，NE翼的多数次级褶皱均发生倒转。部分褶皱与成矿具一定关系，如布尔昆布拉克背斜、萨热阔布背斜、恰夏向斜等。南西缘的阿克巴斯套断裂为区域控盆断裂，控制着泥盆系的分布，阿巴宫断裂和克因宫断裂在铁木尔特地区则控制着康布铁堡组的分布。盆地北东缘以克因宫断裂为界与晚寒武世—早奥陶世地层呈断层接触。康布铁堡组上亚组第二岩性段是区域内铁、金、铜、铅、锌、钨矿化的主要赋矿层位，主要赋矿岩石为变质钙质砂岩、大理岩、沉凝灰岩、变质凝灰岩，如铁木尔特多金属矿、萨热阔布金矿、乌拉斯沟多金属矿、大东沟铅锌矿、巴斯铁列克钨多金属矿等。不同成矿元素赋矿层位和岩石组合略有差别，铁矿主要分布于该岩性段的中下部位，有阿巴宫中型铁磷矿床及恰夏小型铁铜矿床；铅、锌产于变质钙质砂岩、锰质大理岩中；铜多产于层内的变质沉凝灰岩和绿泥片岩中；金含矿层位于该岩性段中上部的绿泥石英片岩、绿泥片岩、变质凝灰质砂岩、变质钙质砂岩和变质凝灰岩中。康布铁堡组下亚组第二岩性段也是赋矿层位，如塔拉特铅锌铁矿赋存于此层位。克兰矿集区矿床成因类型主要有VMS型多金属矿、海相火山岩型铁矿、造山型金矿和矽卡岩型钨多金属矿、铜矿。VMS型矿床主要有塔拉特中型铅锌铁矿、铁木尔特中型多金属矿（铅锌铜铁金矿）、大东沟铅锌矿、乌拉斯沟多金属矿（锌铜铁金矿），这些矿区发育硅质岩、重晶石、锰质大理岩等热水沉积岩。海相火山岩型主要阿巴宫铁磷矿（矿浆-热液型）、托莫尔特铁锰矿（火山沉积型）、恰夏铁铜矿（火山沉积+叠加改造型）、康布铁堡（火山热液型）。造山型金矿主要有萨尔阔布中型金矿，矽卡岩型主要有巴斯铁列克钨多金属矿、加尔巴斯岛铁矿、萨尔布拉克铁矿、蒙块铜矿等。巴斯铁列克钨多金属是新疆维吾尔自治区有色地质勘查局地质矿产勘查研究院近年来在阿尔泰首次发现的钨矿床，目前正在勘查，目前控制钨为中型规模，围岩地层康布铁堡组火山沉积岩系与钨多金属成矿的关系目前还不清楚。VMS型和海相火山岩型铁矿均与火山作用有关，矿体产出位置受古地理环境、火山岩相和沉积建造的控制，并因区域变质及构造活动的改造而更趋富集。在阿勒泰镇组中发现了红墩铅锌矿、契别特铅锌矿、哈拉苏铜铅锌矿、喀拉苏铜矿，属SEDEX型矿床。

综上所述，不同矿集区VMS型矿床成矿元素组合存在差异，阿舍勒矿集区以Cu为主，成矿元素组合有Cu-Zn、Au-Cu-Pb-Zn、Cu-Pb-Zn-Ag和Cu，以阿舍勒大型铜锌矿和萨尔朔克金多金属矿为代表。麦兹矿集区以Pb-Zn为主，主要为Pb-Zn，少量Pb、Fe-Pb-Zn，以可可塔勒铅锌矿为代表，空间上伴有同时代海相火山岩型铁矿和矽卡岩型铁矿（蒙库）。位于阿舍勒和麦兹矿集区之间的克兰矿集区成矿元素组合复杂，以铜铅锌铁为主，主要有Pb-Zn-Cu-Fe-Au、Pb-Zn-Fe-Ag、Pb-Zn、Zn-Cu-Fe-Au，以大东沟铅锌矿、乌拉斯沟锌铜铁金矿、铁木尔特铅锌铜铁矿、塔拉特铅锌铁矿为代表。

（二）卡拉塔格-小热泉子VMS铜锌金成矿带

卡拉塔格-小热泉子VMS型铜锌金成矿带分布于东天山，构造上属于觉罗塔格构造带的大南湖岛弧带，属于大南湖-头苏泉成矿带，该成矿带内发育了土屋-延东大型斑岩铜矿、小热泉子VMS铜锌矿、三岔口斑岩铜矿、赤湖斑岩铜钼矿和卡拉塔格铜多金属矿集区等。卡拉塔格-小热泉子VMS铜锌金成矿带是新疆仅次于南阿尔泰的VMS成矿带，包括卡拉塔格矿集区和小热泉子矿集区。卡拉塔格矿集区出露地层为中-上奥陶统大柳沟组、志留系红柳峡组和卡拉塔格组、下泥盆统大南湖组、上石炭统脐山组、中二叠统阿尔巴萨依组和下侏罗统三工河组。前3个组是含矿围岩，为一套基性-中性-酸性火山熔岩-火山碎屑岩和次火山岩，包括玄武岩、安山岩、英安岩、流纹岩、火山角砾岩、熔结凝灰岩、凝灰岩、热水硅质岩、英安斑岩等次火山岩等（秦克章等，2001；唐俊华等，2006；毛启贵等，2010，2017）。卡拉塔格隆起属于大南湖-头苏泉成矿带北带的一个次级隆起构造单元，构造变形与区域构造特征一致，以近 EW 向为主，褶皱及断裂构造发育，褶皱以近 EW 向宽缓褶皱为主，断裂主要为 NW 向、NNW 向和 NEE 向。卡拉塔格矿集区侵入岩发育，以中酸性侵入岩为主，少量基性岩，岩浆侵入活动时间长，从晚奥陶世（453 Ma）持续到早二叠世（276 Ma），与侵入岩有关形成了斑岩铜矿（玉带）、矽卡岩型铁铜矿（西二区）和岩浆型铜镍矿（月亮湾）。卡拉塔格矿集区 VMS 型矿床赋存于下-中志留统红柳峡组凝灰岩、沉凝灰岩、角砾凝灰岩中，矿区及附近发育喷流岩（含铁碧玉岩、重晶石、硅质岩、黄铁矿层），已发现红海-黄土坡铜锌矿和黄滩金铜锌矿。红石铜矿赋存于大柳沟组安山岩中，为石英大脉和角砾岩型矿化，成矿与火山热液有关，尽管红石与黄土坡、黄滩矿床赋矿层位、矿化特征、成矿类型和成矿元素组合（Cu、Cu-Zn 和 Au-Cu-Zn）不同，但成矿时代一致，应属于同一 VMS 成矿系统，是控制成矿末端效应的差异造成的（如火山岩相、火山机构、火山岩性、断裂裂隙、喷流沉积相、补给通道相）。

小热泉子矿集区位于卡拉塔格-小热泉子 VMS 铜锌金成矿带的西南段，目前只发现了小热泉子铜锌矿。矿区发育下石炭统小热泉子组和上石炭统底坎尔组，小热泉子组为一套滨浅海相火山碎屑岩及少量沉积岩，分为 6 个岩性段，其中第一岩性段为赋矿岩系，矿体赋存于凝灰岩、凝灰质砂岩和凝灰质粉砂岩中。矿区内断裂构造及片理化构造发育，断裂主要有 NW 向、NE 向及 SN 向 3 组。矿区内侵入岩主要有钠长斑岩、英安斑岩、流纹斑岩及辉绿岩脉等。矿区由 3 个矿段、Ⅳ号矿化点及Ⅴ号矿化蚀变带组成，以Ⅰ、Ⅲ号矿段规模大，目前正在开采。矿体呈层状、似层状、透镜状、脉状、马鞍状、褶曲，与地层产状基本一致，矿体受构造和地层因素控制明显，形态复杂。

第三节　VMS 型矿床成矿时代、成矿流体及成矿物质

一、成矿时代

VMS 型矿床为同生矿床，成矿与海相火山作用有关，含矿火山岩系中火山岩和次火山岩的年龄可以限定成矿时代。本课题组在阿舍勒铜锌矿、萨尔朔克金多金属矿、乌拉斯沟多金属矿、红海-黄土坡铜锌矿和黄滩金铜锌矿开展了火山岩和次火山岩锆石 LA-ICP-MS 和 SHRIMP U-Pb 测年工作。为了获得直接的成矿时代，课题组在阿舍勒铜锌矿、萨尔朔克金多金属矿、大东沟铅锌矿、铁木尔特多金属矿、乌拉斯沟多金属矿、红海-黄土坡铜锌矿和黄滩金铜锌矿开展了黄铁矿和黄铜矿 Re-Os 同位素测年，黄铜矿、闪锌矿和黄铁矿 Rb-Sr 同位素测年。本次和收集前人 13 个矿床的测年数据 61 件（表 5-2），年龄变化范围为 354~438 Ma，峰值出现在 435 Ma（3 个矿）、395 Ma（6 个矿）和 355 Ma（1 个矿）（图 5-9），表明新疆北部 VMS 型矿床形成于 3 个成矿期，即早-中志留世（428~439 Ma）、早-中泥盆世（379~413 Ma）和早石炭世（332~359 Ma）。

表 5-2　新疆北部 VMS 型矿床年代学数据

矿床名称	岩石或矿石	测试方法	年龄/Ma	资料来源
阿舍勒铜锌矿Ⅰ号矿化带	凝灰岩	锆石 LA-ICP-MS U-Pb 法	387.0±4.2	杨富全等，2013
	玄武岩	锆石 LA-ICP-MS U-Pb 法	388±3.3	杨富全等，2013
	层状矿体矿石	黄铁矿 Re-Os 法	389.1±9.9	本书
	脉状矿体矿石	黄铁矿、黄铜矿 Re-Os 法	395.6±8.4	本书
阿舍勒铜锌矿Ⅱ号矿化带	流纹岩	锆石 LA-ICP-MS U-Pb	394.1±3.1	杨富全等，2016
阿舍勒铜锌矿Ⅴ号矿化带	英安斑岩	锆石 LA-ICP-MS U-Pb	379.4±0.8	杨富全等，2013

续表

矿床名称	岩石或矿石	测试方法	年龄/Ma	资料来源
萨尔朔克金多金属矿	流纹斑岩	锆石 LA-ICP-MS U-Pb	382.8±1.7	Yang et al., 2014
	流纹斑岩	锆石 LA-ICP-MS U-Pb	386.2±1.5	沈雪华等, 2016
	流纹斑岩	锆石 LA-ICP-MS U-Pb	384±1.2	Gao et al., 2020
	凝灰岩中脉状矿石	黄铜矿 Re-Os 法	388±17	本书
	凝灰岩中脉状矿石	闪锌矿 Rb-Sr 法	387±21	本书
	流纹斑岩中脉状矿石	黄铜矿 Re-Os 法	385.9±9.1	本书
	流纹斑岩中脉状矿石	黄铜矿 Re-Os 法	383±11	Gao et al., 2020
大东沟铅锌矿	变质流纹岩	锆石 LA-ICP-MS U-Pb 法	400.7±1.6	耿新霞等, 2012
	变质流纹岩	锆石 LA-ICP-MS U-Pb 法	388.9±3.2	耿新霞等, 2012
	变质流纹岩	锆石 LA-ICP-MS U-Pb 法	396.7±1.4	单强等, 2012
	变质凝灰岩	锆石 LA-ICP-MS U-Pb 法	397.1±4.5	Zheng et al., 2015
	变质凝灰岩	锆石 LA-ICP-MS U-Pb 法	391.1±4.2	Zheng et al., 2015
	矿石	闪锌矿和黄铁矿 Rb-Sr 法	392±4	本书
铁木尔特多金属矿	变质流纹岩	锆石 SHRIMP U-Pb 法	402±6.6	单强等, 2011
	变质凝灰岩	锆石 LA-ICP-MS U-Pb 法	405±5	郑义等, 2013
	变质凝灰岩	锆石 LA-ICP-MS U-Pb 法	396±5	郑义等, 2013
	矿石	闪锌矿和黄铁矿 Rb-Sr 法	394.2±3.7	本书
乌拉斯沟多金属矿	变质凝灰岩	锆石 LA-ICP-MS U-Pb 法	397.9±2.8	本书
	矿石	闪锌矿和黄铁矿 Rb-Sr 法	391.3±2.7	本书
塔拉特铅锌铁矿	变质流纹岩	锆石 SHRIMP U-Pb 法	408.7±5.3	Chai et al., 2009
	变质流纹岩	锆石 SHRIMP U-Pb 法	412.6±3.5	Chai et al., 2009
	浅粒岩	锆石 LA-ICP-MS U-Pb 法	405.5±0.7	杨富全等, 2017
可可塔勒铅锌矿	变质流纹岩	锆石 LA-ICP-MS U-Pb 法	410.5±1.3	本书
	变质英安岩	锆石 LA-ICP-MS U-Pb 法	394.8±1.9	本书
	变质流纹岩	锆石 LA-ICP-MS U-Pb 法	400.8±8.4	单强等, 2011
	矿石	闪锌矿 Rb-Sr 法	398.2±3.3	本书
铁列克萨依铅锌矿	变质流纹岩	锆石 LA-ICP-MS U-Pb 法	400.4±2.1	柴凤梅等, 2012
萨吾斯铅锌矿	变质流纹岩	锆石 SIMS U-Pb 法	401±2.7	刘伟等, 2014
	变质流纹岩	锆石 LA-ICP-MS U-Pb 法	386±2.3	杨富全等, 2012
红海-黄土坡铜锌矿	含角砾凝灰岩	锆石 LA-ICP-MS U-Pb 法	423.3±2.9	本书
	酸性火山熔岩	锆石 SIMS U-Pb 法	416.3±5.9	毛启贵等, 2010
	凝灰岩	锆石 U-Pb 法	440.4±2.9	Deng et al., 2016
	英安岩	锆石 LA-ICP-MS U-Pb 法	440.1±1.2	Chai et al., 2019
	安山岩	锆石 LA-ICP-MS U-Pb 法	439.7±0.9	Chai et al., 2019
	凝灰岩	锆石 LA-ICP-MS U-Pb 法	442.0±1.1	Chai et al., 2019
	层状矿体矿石	黄铁矿 Re-Os 法	427.9±5.5	本书
	层状矿体矿石	黄铜矿 Re-Os 法	429.5±10	本书
	层状矿体矿石	黄铜矿 Re-Os 法	434.2±3.9	Deng et al., 2016
	层状矿体矿石	黄铁矿 Re-Os 法	436.1±2.3	Maoet al., 2019
	矿石	硫化物 Rb-Sr 法	432.2±3.1	本书
	黄铁绢英岩	绢云母 Ar-Ar 法	438.8±3.0	Deng et al., 2018
	黄铁绢英岩	绢云母 K-Ar 法	424±7	毛启贵等, 2010

矿床名称	岩石或矿石	测试方法	年龄/Ma	资料来源
红石铜矿	流纹斑岩	锆石 SHRIMP U-Pb 法	439±7	龙灵利等，2017
	矿石	黄铜矿 Re-Os 法	431.8±2.7	Deng et al.，2016
	黄铁绢英岩	绢云母 Ar-Ar 法	446.4±4.6	Deng et al.，2018
	黄铁绢英岩	绢云母 Ar-Ar 法	441.5±3.2	Deng et al.，2018
黄滩金铜锌矿	英安岩	锆石 LA-ICP-MS U-Pb 法	434.3±3.1	本书
	凝灰岩	锆石 LA-ICP-MS U-Pb 法	438.2±5.7	Sun et al.，2020
	层状矿体矿石	黄铜矿 Re-Os 法	430±15	本书
	脉状矿体矿石	黄铁矿 Re-Os 法	436.5±4.2	本书
	脉状矿体矿石	黄铁矿 Re-Os 法	437.9±6.6	Sun et al.，2020
小热泉子铜锌矿	凝灰质砂岩	锆石 LA-ICP-MS U-Pb 法	357.3±2.4	Mao et al.，2020
	凝灰岩	锆石 LA-ICP-MS U-Pb 法	354.5±3.9	本书
	凝灰质砂岩	锆石 LA-ICP-MS U-Pb 法	352.5±4.4	本书
	英安斑岩	锆石 LA-ICP-MS U-Pb 法	341.9±3.1	本书
	钠长斑岩	锆石 LA-ICP-MS U-Pb 法	331.6±6.6	本书
	英安岩	锆石 LA-ICP-MS U-Pb 法	359.5±3.4	Mao et al.，2020
	矿化花岗斑岩	锆石 LA-ICP-MS U-Pb 法	354.7±3.2	Mao et al.，2020
	矿石	黄铜矿 Re-Os 法	354±11	Mao et al.，2020
	矿石	硫化物 Rb-Sr 法	358.6±2.8	本书
	矿石	黄铜矿 Re-Os 法	355.3±5.7	本书

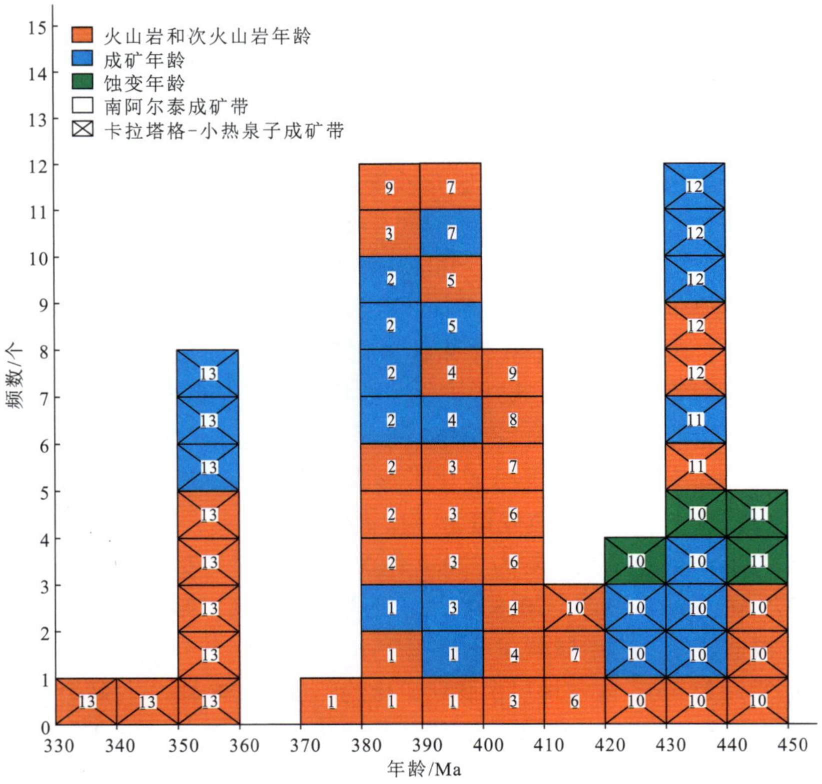

图 5-9　新疆 VMS 矿床成矿年龄直方图

1—阿舍勒；2—萨尔朔克；3—大东沟；4—铁木尔特；5—乌拉斯沟；6—塔拉特；7—可可塔勒；8—铁列克萨依；9—萨吾斯；10—红海-黄土坡；11—红石；12—黄滩；13—小热泉子

早-中志留世（428~439 Ma）VMS 型成矿作用发生在东天山卡拉塔格矿集区，形成红海-黄土坡铜锌矿和黄滩金铜锌矿。本次获得红海-黄土坡矿体上盘含角砾凝灰岩锆石 LA-ICP-MS U-Pb 年龄为 423. 3±2. 9 Ma，毛启贵等（2010）获得上盘底部酸性火山熔岩锆石 SHRIMP U-Pb 年龄为 416±5. 9 Ma，Deng et al.（2016）获得含矿火山岩系凝灰岩锆石 U-Pb 年龄为 440. 4±2. 9 Ma，Chai et al.（2019）获得含矿岩系英安岩、安山岩和安山质凝灰岩锆石 LA-ICP-MS U-Pb 年龄分别为 440. 1±1. 2 Ma、439. 7±0. 9 Ma 和 442. 0±1. 1 Ma，这些火山岩年龄厘定含矿岩系形成年龄为 442~423 Ma，属于志留纪。本书获得黄土坡矿段层状铜锌矿体中 5 件黄铁矿 Re-Os 等时线年龄为 428±14 Ma，加权平均年龄为 427. 9±5. 5 Ma，二者基本一致。黄土坡矿段层状矿体中 7 件黄铜矿 Re-Os 等时线年龄为 429. 5±10 Ma，与黄铁矿 Re-Os 等时线年龄一致。黄土坡矿段 8 件黄铜矿、黄铁矿和闪锌矿 Rb-Sr 等时线年龄为 432. 2±3. 1 Ma。Deng et al.（2016）获得红海矿段层状铜锌矿体中 5 件黄铜矿 Re-Os 等时线年龄为 434. 2±3. 9 Ma，Mao et al.（2019）获得 5 件黄铁矿 Re-Os 等时线年龄为 436. 1±2. 3 Ma。毛启贵等（2010）获得红海矿段下盘黄铁绢英岩化围岩 K-Ar 年龄为 424±7 Ma，Deng et al.（2018）获得红海矿段黄铁绢英岩带绢云母坪年龄为 438. 8±3. 0 Ma。综合这些年龄认为红海-黄土坡铜锌矿蚀变、脉状和层状矿形成于 438~428 Ma，属于早-中志留世成矿。本书获得黄滩金铜锌矿区地表卡拉塔格组石英安山岩锆石 LA-ICP-MS U-Pb 加权平均年龄为 413. 0±5. 9 Ma，红柳峡组英安岩锆石 LA-ICP-MS U-Pb 谐和年龄为 434. 3±3. 1 Ma。Sun et al.（2020）获得矿区英安质凝灰岩锆石 LA-ICP-MS U-Pb 加权平均年龄为 438. 2±5. 7 Ma，矿区石英闪长岩年龄为 439. 2±1. 4 Ma，这些年龄限定黄滩矿区含矿火山岩系形成于 438~413 Ma。本书获得层状铜锌矿体中 8 件黄铜矿 Re-Os 等时线年龄为 432±29 Ma，其中 4 件黄铜矿 Re-Os 等时线年龄为 430±15 Ma；6 件脉状金铜锌矿体黄铁矿 Re-Os 等时线年龄为 436. 5±4. 2 Ma。Sun et al.（2020）获得 6 件脉状矿化黄铁矿 Re-Os 加权平均年龄为 437. 9±6. 6 Ma，限定黄滩金铜锌矿形成于 432~438 Ma，与英安岩和英安质凝灰岩年龄一致（434~438 Ma）。黄滩金铜锌矿成矿年龄早于红海-黄土坡铜锌矿黄土坡矿段 Re-Os 成矿年龄（428 Ma 和 430 Ma）3~10 Ma，但与红海矿段 Deng et al.（2016）获得黄铜矿 Re-Os 年龄（434. 2 Ma）和 Mao et al.（2019）获得的黄铁矿 Re-Os 年龄（436. 1 Ma）一致，综合含矿火山岩年龄、成矿年龄及年龄误差等因素，认为黄滩金铜锌矿与红海-黄土坡铜锌矿为同一成矿事件同时形成，属于同一 VMS 成矿系统。

早-中泥盆世（379~413 Ma）VMS 型成矿作用发生在南阿尔泰，含矿岩系有上志留统—下泥盆统康布铁堡组下亚组（如塔拉特铅锌铁矿）、康布铁堡组上亚组（如大东沟铅锌矿）和下-中泥盆统阿舍勒组（如阿舍勒铜锌矿）。不同矿集区成矿时间存在差异，阿舍勒矿集区阿舍勒组火山活动时间为 371~406 Ma（杨富全等，2016；Niu et al.，2020）。本书获得Ⅰ号矿化带 7 件层状矿化黄铁矿 Re-Os 模式年龄加权平均值为 389. 1±9. 9 Ma，与矿体顶底板玄武岩和凝灰岩锆石 LA-ICP-MS U-Pb 年龄（387~388 Ma，杨富全等，2013）一致；6 件脉状矿化黄铁矿和黄铜矿 Re-Os 模式年龄加权值为 395. 6±8. 4 Ma，综合考虑野外地质特征，层状矿化、脉状矿化、玄武岩和凝灰岩年龄及其误差范围，厘定阿舍勒铜锌矿Ⅰ号矿化带成矿时间为 388 Ma。Ⅱ号矿化带流纹斑岩锆石 LA-ICP-MS U-Pb 年龄的加权平均年龄为 394. 1±3. 1 Ma，限定Ⅱ号矿化带形成于 394 Ma 左右（杨富全等，2016），成矿时间早于Ⅰ号矿化带。Ⅳ号矿化带成矿与英安斑岩（次火山岩）有关，锆石 LA-ICP-MS U-Pb 年龄的加权平均年龄为 378. 4±1. 6 Ma，谐和年龄为 379. 4±0. 8 Ma，限定英安斑岩侵位时间为 379 Ma，与其相关的矿化略晚于 379 Ma（杨富全等，2013）。萨尔朔克金多金属矿赋存于阿舍勒组火山岩系和流纹斑岩中，本次研究获得地层凝灰岩中脉状矿化黄铜矿 Re-Os 等时线年龄为 388±17 Ma，9 件闪锌矿 Rb-Sr 等时线年龄为 387±21 Ma，限定地层中脉状矿化约形成于 388 Ma，与阿舍勒铜锌矿层状矿化年龄一致。含矿流纹斑岩锆石 LA-ICP-MS U-Pb 年龄为 382. 8±1. 7 Ma，386. 2±1. 5 Ma 和 384±1. 2 Ma（Yang et al.，2014；沈雪华等，2016；Gao et al.，2020），本次获得 5 件流纹斑岩中脉状矿化的黄铜矿 Re-Os 等时线年龄为 385. 9±9. 1 Ma，Gao et al.（2020）获得流纹斑岩中脉状矿化的黄铁矿 Re-Os 等时线年龄为 383±11 Ma，厘定流纹斑岩中脉状矿化形成于 383~386 Ma。阿舍勒和萨尔朔克矿床的这些年龄限定阿舍勒矿集区 VMS 成矿系统形成于 379~394 Ma，最强的成矿作用发生在 383~388 Ma。

克兰矿集区塔拉特铅锌铁矿赋存于康布铁堡组下亚组，矿区变质流纹岩锆石 SHRIMP U-Pb 年龄为 408.7±5.3 Ma 和 412.6±3.5 Ma，浅粒岩锆石 LA-ICP-MS U-Pb 年龄为 405.5±0.7 Ma，限定 VMS 成矿作用发生在 406~413 Ma（Chai et al.，2009；杨富全等，2017），其后又经历了 266 Ma（袁玲玲等，2017）和 210~232 Ma（Li et al.，2018）的叠加成矿作用。为了获得 VMS 型矿床直接成矿年龄，本书对大东沟铅锌矿、乌拉斯沟多金属矿和铁木尔特多金属矿喷流沉积期形成的层状矿化（条带状、条纹状、块状）开展闪锌矿和黄铁矿 Rb-Sr 同位素年龄测试。首先在中国科学院土壤研究所对样品进行了微量元素 Rb、Sr 含量的草测，并从中挑选适合定年的样品在中国科学院南京土壤研究所技术服务中心进行 Rb、Sr 含量和同位素组成测定（表 5-3）。大东沟铅锌矿 5 件闪锌矿和黄铁矿 Rb-Sr 等时线年龄为 392±4 Ma（图 5-10），介于矿区变质凝灰岩（391~397 Ma，Zheng et al.，2015）和变质流纹岩（389~401 Ma，单强等，2012；耿新霞等，2012）之间，厘定大东沟铅锌矿喷流沉积期约发生在 392 Ma。乌拉斯沟多金属矿 6 件闪锌矿和黄铁矿 Rb-Sr 等时线年龄为 391.3±2.7 Ma，晚于矿区变质凝灰岩锆石 LA-ICP-MS U-Pb 年龄（397.9±2.8 Ma，本书），喷流沉积作用约发生在 391 Ma。铁木尔特多金属矿 6 件闪锌矿和黄铁矿 Rb-Sr 等时线年龄为 394.2±3.7 Ma，略晚于矿区变质流纹岩（401 Ma，单强等，2011）和变质晶屑凝灰岩（396~405 Ma，郑义等，2013）。大东沟、乌拉斯沟和铁木尔特矿床每个矿相距 5 km 左右，均赋存于康布铁堡组上亚组第二岩性段，层状矿体赋存于变质钙质砂岩和大理岩（大东沟和铁木尔特铅锌矿体），变质钙质砂岩、变质凝灰质砂岩、凝灰岩和大理岩（乌拉斯沟），变质流纹质凝灰岩（铁木尔特铁矿体）。尽管成矿元素不同，但具有相似的矿化特征，矿区发育喷流岩，如重晶石、黄铁矿层、钠长石、铁锰质大理岩和硅质岩，矿化具有分带性，形成 Pb-Zn、Zn、Cu、Au、Fe、Fe-Zn、Cu-Pb-Zn 和 Au-Pb-Zn 矿体，矿石具有致密块状、块状、条带状、条纹状、浸染状、稠密浸染状、细脉状、网脉状、角砾状和团块状构造，矿床具有层状矿化和脉状矿化。矿床的形成经历了后期的区域变质、岩浆热液和剪切变形等叠加改造，但主成矿作用发生在喷流沉积期，其年龄为 391~394 Ma，克兰矿集区的大东沟、乌拉斯沟和铁木尔特 VMS 型矿床是同一喷流沉积事件的产物。4 个 VMS 型矿床限定克兰矿集区 VMS 型多金属矿床形成于 391~413 Ma。

表 5-3 克兰盆地 VMS 矿床硫化物 Rb-Sr 含量和同位素比值

序号	样号	矿物	$Rb/10^{-6}$	$Sr/10^{-6}$	$^{87}Rb/^{86}Sr$	$^{87}Sr/^{86}Sr$	2σ
大东沟 Pb-Zn 矿							
1	DDG16-1	闪锌矿	0.2703	0.8631	0.9239	0.715682	0.000008
2	DDG16-3	闪锌矿	0.4528	0.5124	2.603	0.724953	0.000008
3	DDG16-5	闪锌矿	0.1537	0.5318	0.0856	0.711001	0.000007
4	DDG-3	黄铁矿	0.5812	0.5742	2.984	0.727152	0.000009
5	DDG-7	黄铁矿	0.3248	1.996	0.4827	0.713026	0.000007
乌拉斯沟多金属矿							
6	WLSGZK30-1-4	黄铁矿	0.9856	0.5927	4.905	0.727708	0.000008
7	WLSGZK30-1-5	闪锌矿	1.034	0.9649	3.158	0.711093	0.000007
8	WLSGZK30-1-6	黄铁矿	0.1503	2.608	0.1708	0.711093	0.000008
9	WLSGZK30-1-8-1	闪锌矿	1.325	2.032	1.926	0.720821	0.000009
10	WLSGZK30-1-8-2	黄铁矿	1.264	1.469	2.547	0.720821	0.000008
11	WLSG16-46	闪锌矿	0.7056	2.594	0.8071	0.714563	0.000009
铁木尔特多金属矿							
12	TMET16-2	闪锌矿	0.7802	1.167	1.982	0.721824	0.000008
13	TMET16-3	闪锌矿	8.291	0.7519	3.251	0.728826	0.000009
14	TMET16-6	闪锌矿	0.5329	0.6248	2.513	0.724685	0.000008
15	TMET16-9	闪锌矿	0.6804	1.916	1.056	0.716641	0.000009
16	TMET-1	黄铁矿	0.2408	1.734	0.4095	0.712804	0.000008
17	TMET-2	黄铁矿	0.1726	4.128	0.1239	0.711323	0.000007

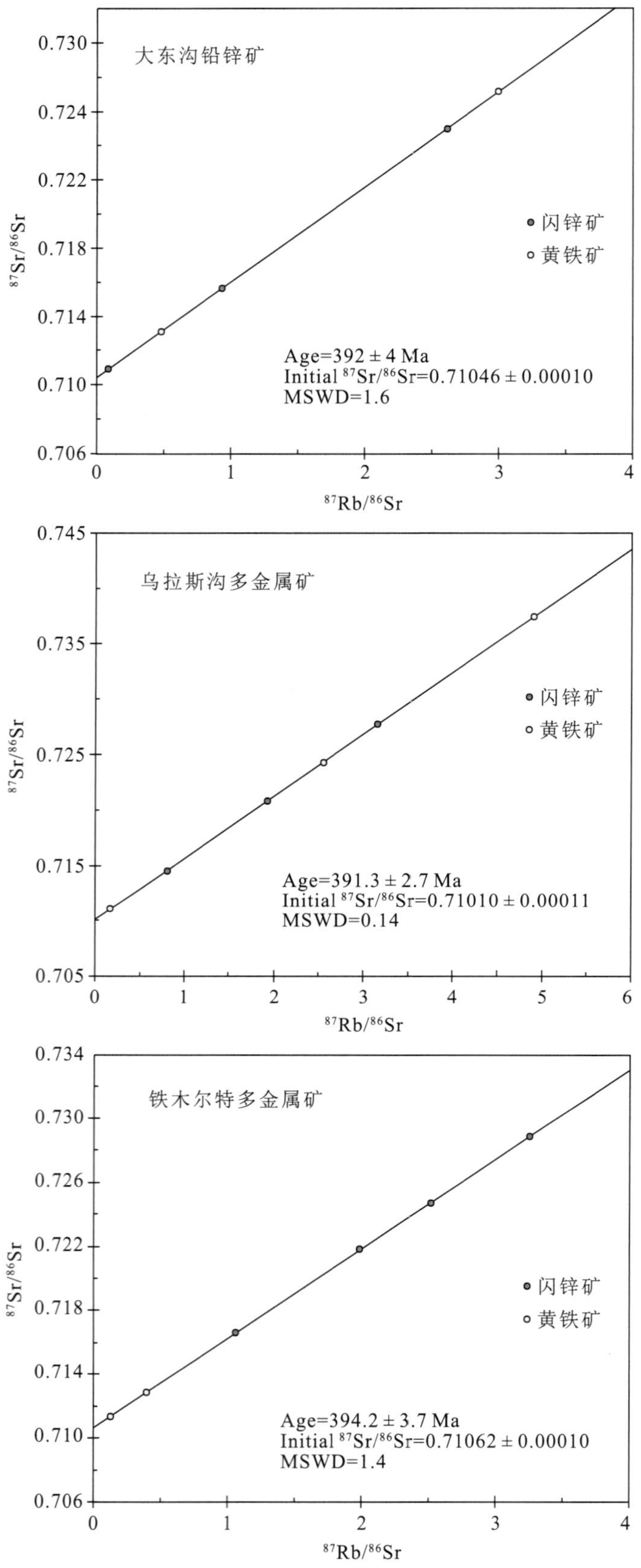

图 5-10　克兰矿集区 VMS 型矿硫化物 Rb-Sr 等时线年龄

麦兹矿集区 VMS 型铅锌矿床赋存于康布铁堡组上亚组火山岩系中，可可塔勒铅锌矿是其最大的矿床，7 件闪锌矿 Rb-Sr 等时线年龄为 398.2±3.3 Ma，与容矿岩系的变质流纹岩（394～410.5 Ma）和变质英安岩年龄（394.8 Ma）一致（单强等，2011；本书），厘定可可塔勒铅锌矿约形成于 398 Ma。铁列克萨依铅锌矿赋矿岩系中变质流纹岩锆石 LA-ICP-MS U-Pb 年龄为 400.4±2.1 Ma（柴凤梅等，2012），限定成矿作用发生在～400 Ma。萨吾斯铅锌矿变质流纹岩锆石 LA-ICP-MS U-Pb 年龄为 385.6～401 Ma（杨富全等，2012；刘伟等，2014），限定成矿作用发生在 386～401 Ma。可可塔勒、铁列克萨依和萨吾斯矿床年龄数据限定麦兹矿集区 VMS 型矿床喷流沉积期发生在 386～401 Ma。综上所述，新疆阿尔泰 VMS 型矿床喷流沉积期形成于早泥盆世（386～413 Ma），不同矿集区成矿作用时间略有差别，麦兹、克兰和阿舍勒矿集区分别为 386～401 Ma，391～413 Ma 和 387～394 Ma，阿舍勒矿集区与次火山热液作用有关的矿化发生在 379～386 Ma。新疆阿尔泰 VMS 型矿床形成于早-中泥盆世（379～413 Ma），与哈萨克斯坦和俄罗斯阿尔泰一致（375～400 Ma，Lobanov et al.，2014）。哈萨克斯坦阿尔泰孜良诺夫斯克、季申、额尔齐斯、多林、里杰尔-索科利和新列宁诺尔斯克矿床形成于 395～400 Ma；马列耶夫、奥尔洛夫、格列霍夫和 Grekhovskoye 矿床形成于 390～392 Ma；尼古拉耶夫和别列佐夫矿床形成于中-晚泥盆世；Kamyshinskoy、斯涅基里哈和 Anisimov Kluch 矿床形成于晚泥盆世（375 Ma）。俄罗斯阿尔泰的兹梅伊诺戈尔斯克、Novo-Zolutushinskoye 和扎列琴斯克矿床形成于 392 Ma（Lobanov et al.，2014），Zakharovskoye 和 Yubileynoye 矿床形成于晚泥盆世。总之，中国、哈萨克斯坦和俄罗斯阿尔泰 VMS 矿床形成于泥盆纪。

早石炭世（332～359 Ma）VMS 成矿作用见于东天山小热泉子-卡拉塔格矿成矿带的小热泉子铜锌矿。矿床赋存于小热泉子组火山-沉积岩系中，凝灰质砂岩和英安岩锆石 LA-ICP-MS U-Pb 年龄分别为 357.3±2.4 Ma 和 359.5±3.4 Ma，凝灰质砂岩中最年轻的锆石 $^{206}Pb/^{238}U$ 年龄为 345±3 Ma，限定小热泉子组主要形成于 345～360 Ma，属于早石炭世。黄铜矿 Re-Os 年龄为 354±11 Ma 和 355.3±5.7 Ma，硫化物 Rb-Sr 年龄为 358.6±2.8 Ma，限定喷流沉积期成矿作用发生在 354～359 Ma。英安斑岩和钠长斑岩中均有矿化，其年龄分别为 341.9±3.1 Ma 和 331.6±6.6 Ma，限定与次火山热液有关的矿化发生在 332～342 Ma。

二、成矿流体性质、来源及演化

阿舍勒铜锌矿、萨尔朔克金多金属矿、乌拉斯沟多金属矿、大东沟铅锌矿、铁木尔特多金属矿、小热泉子铜锌矿、黄滩金铜锌矿和红海-黄土坡铜锌矿喷流沉积期层状矿体及脉状矿体透明矿物（石英、重晶石和方解石）流体包裹体均一温度见图 5-11，盐度见图 5-12，新疆北部主要 VMS 型矿床成矿流体温度、盐度和流体成分对比见表 5-4。

（一）成矿流体性质及演化

1. 南阿尔泰成矿带

阿舍勒铜锌矿Ⅰ号矿化带层状铜锌矿体和Ⅱ号矿化带层状重晶石矿体中均一温度代表喷流沉积相温度，其变化范围为 122～537℃，主要集中在 140～420℃，峰值为 150℃、230℃和 350℃（杨富全等，2016；本书），温度变化范围略大于陈毓川等（1996）获得的喷流-沉积期层状矿体（80～340℃，平均 217℃），中间峰值（230℃）与平均值一致。成矿温度与哈萨克斯坦矿区阿尔泰相似（多金属矿为 150～350℃，铜锌矿为 120～300℃）。陈毓川等（1996）对喷流沉积期不同类型的矿石进行了显微测温，黄铁矿矿石温度为 200～310℃、含铜黄铁矿矿石为 115～293℃、铜锌黄铁矿矿石为 80～310℃、多金属矿石为 110～275℃、多金属重晶石矿石为 80～240℃。Ⅰ号矿化带层状铜锌矿体和Ⅱ号矿化带层状重晶石矿体中流体盐度为 1.57%～9.60%（$NaCl_{eq}$），主要集中在 2%～8%（$NaCl_{eq}$），峰值为 2.5%（$NaCl_{eq}$）、5.5%（$NaCl_{eq}$）和 7.5%（$NaCl_{eq}$）。盐度变化范围与陈毓川等（1996）获得的喷流-沉积期盐度范围基本一致（1.2%～12.4%（$NaCl_{eq}$））。Ⅰ号和Ⅱ号矿化带脉状矿化的均一

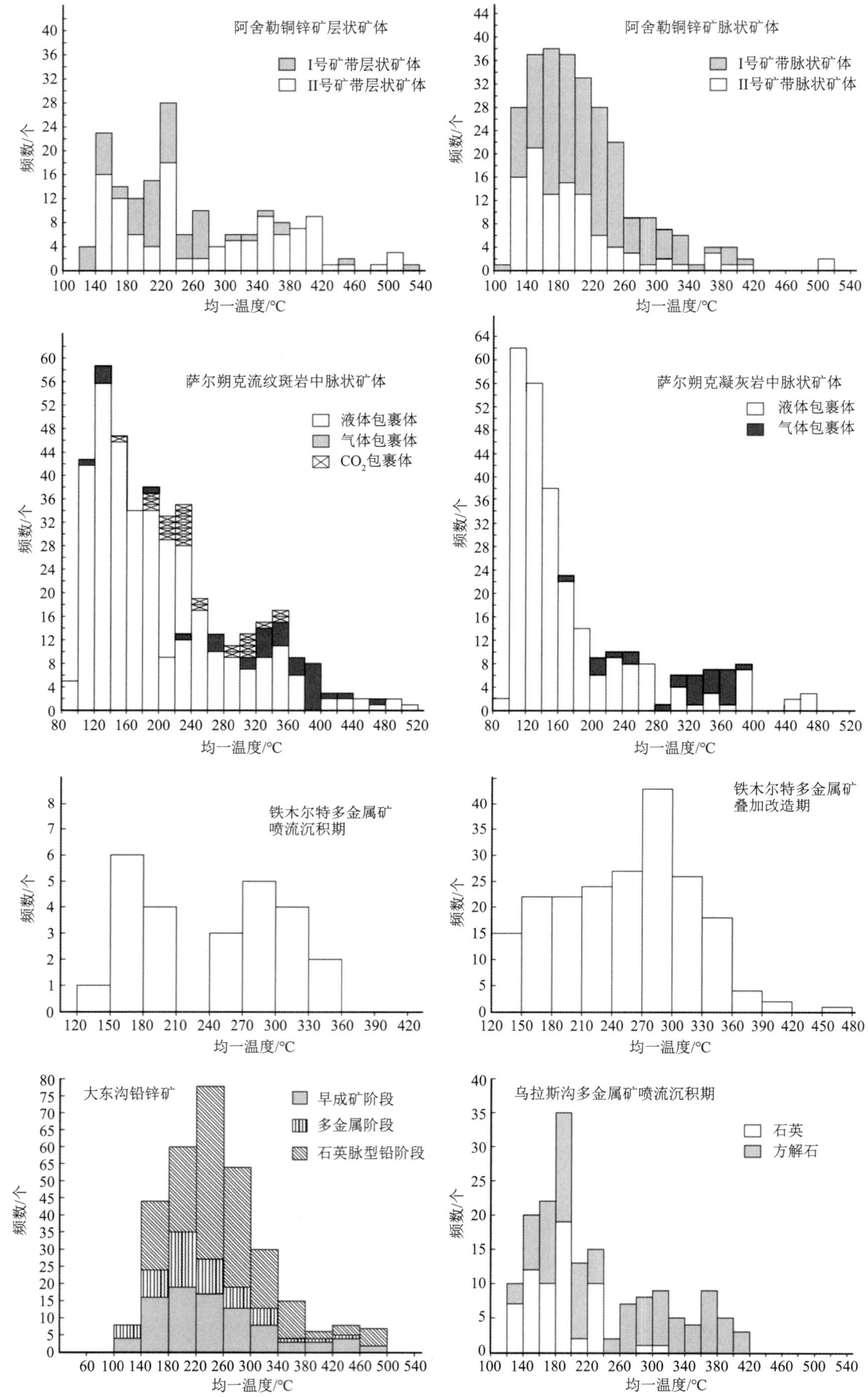

图 5-11 新疆北部 VMS 型矿床均一温度直方图

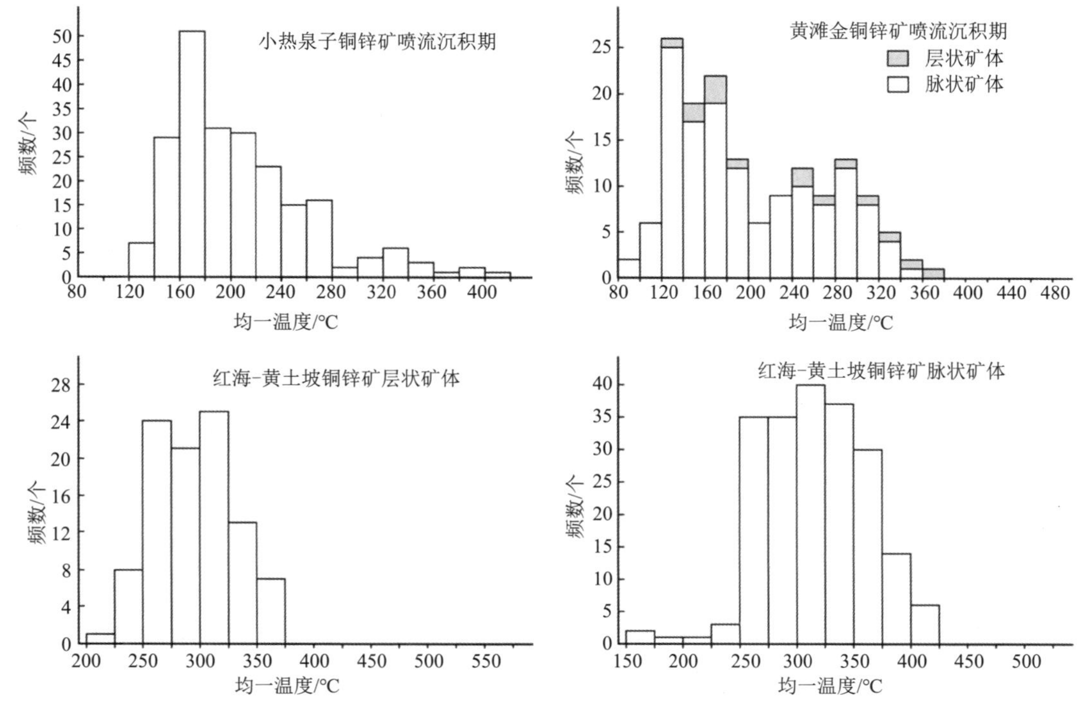

图 5-11　新疆北部 VMS 型矿床均一温度直方图（续）

（阿舍勒Ⅱ号层状矿和Ⅱ号带脉状矿、萨尔朔克据杨富全等，2016 和本书；铁木尔特据耿新霞等，2010；大东沟据刘敏等，2009；其他据本书）

温度代表补给通道相流体温度，从高温演化到低温（104～514℃），但主要集中在中低温（120～260℃，峰值为 170℃），盐度为低盐度（0.71%～10.98%（$NaCl_{eq}$），峰值为 9.5%（$NaCl_{eq}$）和 6.5%（$NaCl_{eq}$）；杨富全等，2016；本书）。陈毓川等（1996）获得的喷流-沉积期脉状矿体温度为 230～310℃，平均值为 280℃。喷流沉积相层状矿化和补给通道相脉状矿化成矿温度高于含铁碧玉岩（均一温度主要集中在 100～148℃，少数 255～412℃，峰值为 110℃，杨富全等，2016），盐度低于含铁碧玉岩（10.24%～11.34%（$NaCl_{eq}$））。Ⅰ和Ⅱ号脉状矿化温度和盐度变化范围及峰值与Ⅰ号矿化带强硅化蚀变岩基本一致（均一温度变化范围为 101～386℃，主要集中在 100～220℃，峰值在 170℃。流体盐度为 1.23%～12.28%（$NaCl_{eq}$），峰值在 8.5%（$NaCl_{eq}$）；杨富全等，2016）。总之，阿舍勒喷流沉积期成矿流体从高温演化到低温，但盐度变化不大，以低盐度为特征（峰值 2.5%～9.5%（$NaCl_{eq}$））。

阿舍勒铜锌矿脉状矿化和强硅化蚀变带中石英流体包裹体的液相成分中阳离子以 Ca^{2+}（3.09×10^{-6}～49.84×10^{-6}）为主，其次是 Na^{+}（2.12×10^{-6}～7.07×10^{-6}）、K^{+}（1.05×10^{-6}～2.79×10^{-6}）和 Mg^{2+}（0.59×10^{-6}～2.53×10^{-6}），Na^{+}/K^{+}值为 1.60～4.38。阴离子以 Cl^{-}（1.31×10^{-6}～19.98×10^{-6}）和 SO_4^{2-}（2.16×10^{-6}～8.76×10^{-6}）为主，其次是 NO^{3-}（1.09×10^{-6}～1.86×10^{-6}）、F^{-}（0.06×10^{-6}～0.43×10^{-6}），个别样品中含 NO^{2-} 和 Br^{-}。Cl^{-}/SO_4^{2-} 值为 0.38～4.61。流体包裹体气相成分中以 H_2O（285.96×10^{-6}～578.16×10^{-6}）、N_2（217.64×10^{-6}～533.84×10^{-6}）和 CO_2（315.69×10^{-6}～410.04×10^{-6}）为主，其次是 O_2（26.87×10^{-6}～93.10×10^{-6}）、CO（18.69×10^{-6}～27.53×10^{-6}），少量 CH_4（0.09×10^{-6}～0.21×10^{-6}）、$C_2H_2+C_2H_4$（0.34×10^{-6}～0.67×10^{-6}）、C_2H_6（0.01×10^{-6}～0.05×10^{-6}）。尽管矿化带脉状矿化和强硅化蚀变带液相成分和气相成分中每个阴离子和气体含量有一定的差别，但总体上形成脉状矿化和硅化带的流体成分相似（杨富全等，2016）。喷流沉积期层状矿化成矿流体以富 K^{+}（1.51×10^{-6}～24.19×10^{-6}）、Cl^{-}（0.20×10^{-6}～10.31×10^{-6}）、CO_2（6.81×10^{-6}～39.28×10^{-6}）为特

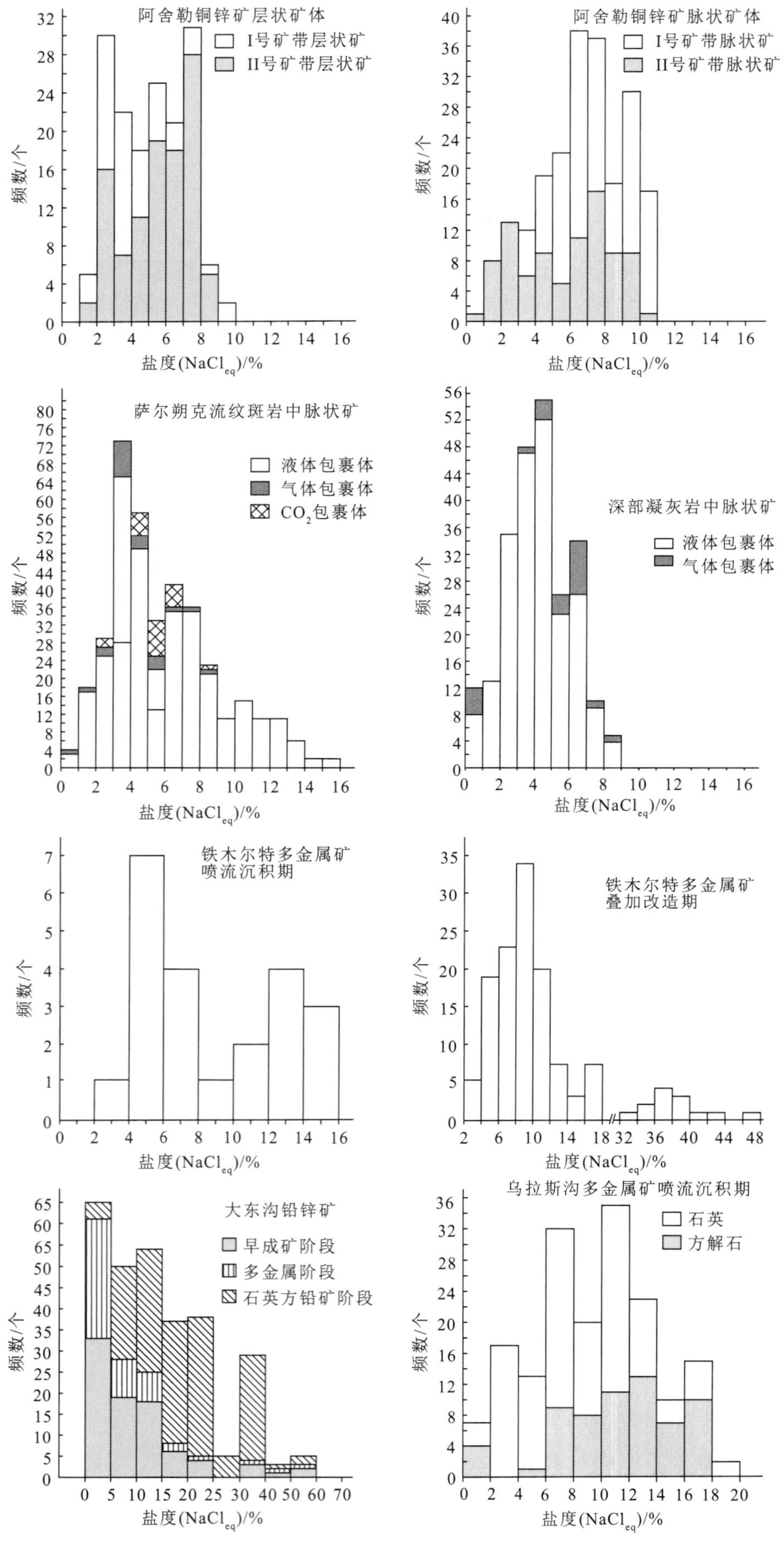

图 5-12 新疆北部 VMS 型矿床盐度直方图

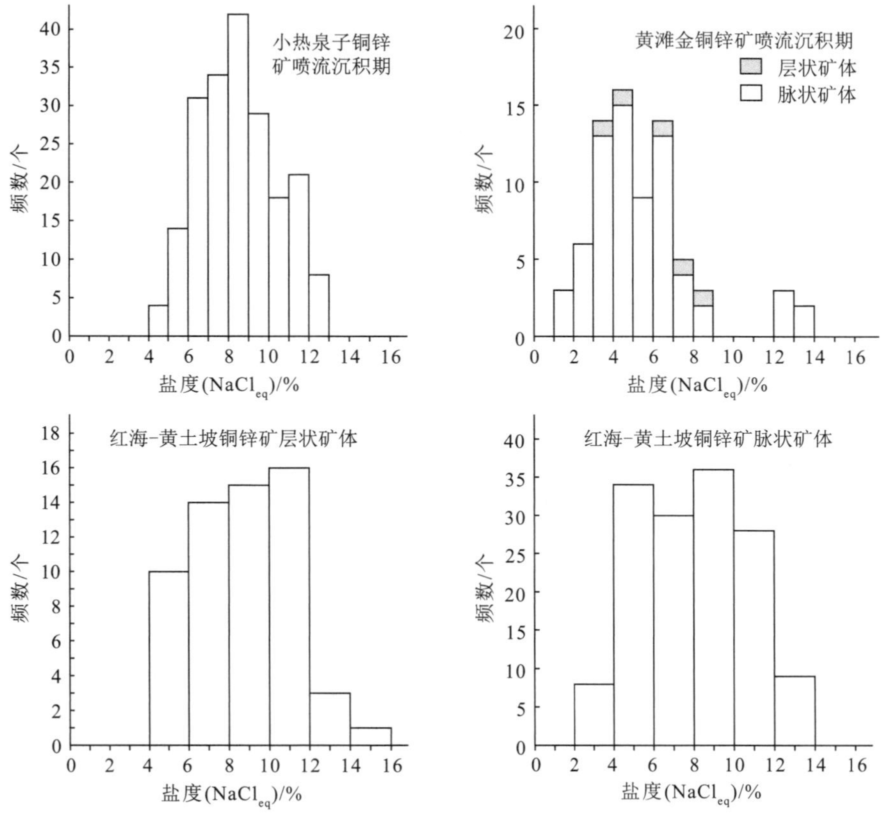

图 5-12　新疆北部 VMS 型矿床盐度直方图（续）

（阿舍勒层状矿和Ⅱ号带脉状矿、萨尔朔克流纹斑岩中脉状矿据杨富全等，2016 和本书；铁木尔特据耿新霞等，2010；大东沟据刘敏等，2009；其他据本书）

征，$K^+ > Na^+$、$Cl^- > F^-$，H_2O 含量低（$54.67\times10^{-6} \sim 442.50\times10^{-6}$）。从块状黄铁矿矿石、含铜黄铁矿矿石到多金属矿石，流体液相成分中 Na^+ 和 SO_4^{2-} 等浓度增大，气相成分中 N_2 含量增高（陈毓川等，1996）。喷流沉积期层状矿化和脉状矿化无论是流体中液相成分还是气相成分及含量存在明显差异，与流体中海水和岩浆热液含量差异有关。

萨尔朔克金多金属矿矿化类型复杂，有赋存于阿舍勒组凝灰岩中的喷流沉积相层状矿化和补给通道相中脉状矿化，赋存于流纹斑岩中的脉状矿化，以后两种类型为主。补给通道相脉状矿化均一温度为 95～478℃，主要集中在 100～400℃，峰值为 110℃和 240℃，盐度为 0.35%～8.55%（$NaCl_{eq}$），峰值为 4.5%（$NaCl_{eq}$）。流纹斑岩中脉状矿化均一温度为 86～516℃，主要集中在 100～400℃，在 130℃、230℃和 350℃出现明显峰值，流体盐度为 0.53%～15.96%（$NaCl_{eq}$），峰值为 3.5%（$NaCl_{eq}$）和 6.5%（$NaCl_{eq}$）。硅化流纹斑岩石英中包裹体均一温度介于 125～426℃，主要集中在 180～380℃，在 210℃出现峰值，流体盐度为 3.71%～9.73%（$NaCl_{eq}$），峰值为 7.5%（$NaCl_{eq}$）（杨富全等，2016；本书）。2 种矿化和流纹斑岩中硅化的流体温度均变化较大，从高温演化到低温，但以中低温为主，流体盐度以低盐度（峰值 3.5%～7.5%（$NaCl_{eq}$））为特色。硅化流纹斑岩和矿石中石英的流体包裹体的气相成分以 H_2O 和 N_2 为主，H_2O 的摩尔分数为 23.94%～56.29%，N_2 的摩尔分数为 22.94%～50.09%，其次为 CO_2 和 O_2，CO_2 的摩尔分数为 7.73%～22.06%，O_2 的摩尔分数为 2.74%～8.89%，含有少量 CO（0.93%～2.53%）、CH_4 以及 C_2H_6。液相成分中阳离子以 Ca^{2+} 为主，Ca^{2+} 变化范围为（$3.29\times10^{-6} \sim 72.44\times10^{-6}$），其次为 Na^+（$1.04\times10^{-6} \sim 3.49\times10^{-6}$）、$K^+$（$0.49\times10^{-6} \sim 3.36\times10^{-6}$）和 Mg^{2+}（$0.70\times10^{-6} \sim 4.46\times10^{-6}$）；阴离子成分以 SO_4^{2-} 为主，SO_4^{2-} 变化范围为（$0.96\times10^{-6} \sim 12.68\times10^{-6}$），其次是 Cl^-（$0.56\times10^{-6} \sim 4.43\times10^{-6}$），$Cl^-/SO_4^{2-}$ 值为 0.21～1.73。总体来看，矿石的 Na^+/K^+ 和 Cl^-/SO_4^{2-} 高于硅化流纹斑岩，但阴离子和阳离子比值差别不大（杨成栋等，2017）。

可可塔勒铅锌矿喷流沉积相均一温度为122~210℃，喷口温度为300~330℃，蚀变岩形成温度为240~580℃，从上往下温度逐渐增高，由240~260℃→300~330℃ →470~580℃。块状矿石盐度为7.49%（$NaCl_{eq}$）。包裹体成分显示，液相成分中阳离子以Ca^{2+}、K^+、Na^+、Mg^{2+}为主，阴离子以Cl^-和SO_4^{2-}为主，F^-次之。$Ca^{2+}+Mg^{2+}>Na^+>K^+$，$Cl^->SO_4^{2-}>F^-$。Na^+/K^+值为1.2~4.81，Cl^-/SO_4^{2-}值为3~10.33，F^-/Cl^-值为0.07~0.22。气相成分以H_2O、CO_2、C_2H_6、CO为主，CH_4和N_2次之。气体成分总量以块状矿石最高，达到466.33×10^{-6}，其中H_2O为240×10^{-6}，C_2H_6为203×10^{-6}，还原参数为27.32，表明块状矿石沉淀于强还原、富有机质、富气相成分的热卤水中，脉状矿石形成于还原性减弱、贫有机质、低气相的溶液中（王京彬等，1998）。

铁木尔特多金属矿喷流沉积期石英中流体包裹体均一温度主要变化范围为150~330℃，峰值为165℃和285℃，中低盐度（4%~16%（$NaCl_{eq}$），峰值为5%（$NaCl_{eq}$））。流体阳离子主要以Na^+为主（3.99×10^{-6}~12.1×10^{-6}），其次是K^+（0.258×10^{-6}~1.21×10^{-6}）、Ca^{2+}（0.186×10^{-6}~0.369×10^{-6}），少量Mg^{2+}（0.071×10^{-6}~0.105×10^{-6}），阴离子以Cl^-为主（3.45×10^{-6}~12.30×10^{-6}），其次SO_4^{2-}（0.912×10^{-6}~4.00×10^{-6}）。Na^+/K^+值为8.44~15.47、Cl^-/SO_4^{2-}值为2.02~13.45。气相主要以H_2O（82.97%~88.47%）和CO_2（11.09%~16.20%）为主，其次N_2（0.384%~0.624%）、CH_4（0.038%~0.146%）。喷流沉积期成矿流体属于中低温度、低盐度和中-低密度的H_2O-NaCl体系。叠加改造期主要与次火山岩有关，包裹体类型复杂，明显不同于喷流沉积期，主要为液相包裹体，少量气体包裹体、纯气体包裹体、含子矿物包裹体、含液体CO_2的三相和两相包裹体。均一温度变化范围为150~480℃，峰值为285℃，盐度介于2%~17%（$NaCl_{eq}$）和34%~47%（$NaCl_{eq}$）之间，峰值为9%（$NaCl_{eq}$）和37%（$NaCl_{eq}$），密度0.61~1.03 g/cm^3。流体阳离子主要以Na^+为主（3.09×10^{-6}~35.3×10^{-6}，平均值19.9×10^{-6}），次为K^+（0.3×10^{-6}~7.89×10^{-6}，平均值3.75×10^{-6}），少量Mg^{2+}（平均值0.3×10^{-6}）、Ca^{2+}（平均值0.4×10^{-6}），阴离子以Cl^-为主（3.69×10^{-6}~27.2×10^{-6}，平均值17.22×10^{-6}），其次是SO_4^{2-}（0.738×10^{-6}~3.96×10^{-6}，平均值1.4×10^{-6}）。气相主要是H_2O（58.4%~94.09%）和CO_2（5.31%~39.66%），其次为N_2（平均值0.574%）、CH_4（平均值0.259%），含少量C_2H_6。叠加改造期成矿流体属于中高温度、高盐度演化到低盐度和中-低密度的H_2O-NaCl-CO_2-CH_4-N_2体系（耿新霞等，2010b）。

大东沟铅锌矿主要成矿温度集中在140~380℃，峰值为240℃，不同成矿阶段温度范围及峰值存在差别，如早成矿阶段均一温度变化范围为136~500℃，峰值为200℃，多金属成矿阶段均一温度变化范围为129~446℃，峰值为200℃，石英方铅矿成矿阶段均一温度变化范围为107~480℃，峰值为240℃。盐度为0.2%~57.1%（$NaCl_{eq}$），集中在2.0%~22.5%（$NaCl_{eq}$），峰值2.5%（$NaCl_{eq}$）和35%（$NaCl_{eq}$）。流体密度为0.89~1.08 g/cm^3。液相成分以Na^+（5.32×10^{-6}~23.96×10^{-6}）、Ca^{2+}（40.66×10^{-6}~56.96×10^{-6}）、F^-（18.90×10^{-6}~27.7×10^{-6}）、Cl^-（12.47×10^{-6}~36.91×10^{-6}）为主，K^+（2.60×10^{-6}~8.15×10^{-6}）、SO_4^{2-}（1.05×10^{-6}~7.26×10^{-6}）次之，并含少量Mg^{2+}、Br^-及NO^{3-}。气相成分主要为H_2O（93.05%~95.52%）和CO_2（1.65%~4.37%），含少量CH_4、N_2、CO等；成矿流体属Na（Ca、K）Cl（F）-CO_2-H_2O体系（刘敏等，2009）。

塔拉特铅锌铁矿喷流沉积期成矿流体为中温（259~286℃）的H_2O-NaCl体系。矽卡岩期早期矽卡岩阶段成矿流体为中高温（主要集中在206~362℃）中低盐度（7.17%~16.34%（$NaCl_{eq}$））的H_2O-NaCl体系，退化蚀变阶段仍为中高温度（202~416℃）中低盐度（6.45%~19.21%（$NaCl_{eq}$））的H_2O-NaCl体系，石英-硫化物阶段成矿流体复杂，包裹体类型最多，以液体包裹体为主，其次是气体包裹体、含子矿物包裹体和含液体CO_2的三相包裹体，较少的H_2O+CO_2+子矿物包裹体。成矿流体为温度范围变化较大（118~470℃，多集中在240~260℃和300~320℃），盐度包括中低盐度（2.07%~21.3%（$NaCl_{eq}$））和高盐度（31.2%~37.4%（$NaCl_{eq}$））两个部分的H_2O-CO_2（±CH_4/N_2）-NaCl体系。

表 5-4 新疆北部 VMS 型矿床均一温度、盐度和流体成分对比表

矿化类型	均一温度范围/℃	均一温度峰值/℃	盐度范围/%（$NaCl_{eq}$）	盐度峰值/%（$NaCl_{eq}$）	液相阳离子	液相阴离子	气相成分	Na^+/K^+比值	参考文献
阿舍勒铜锌矿层状矿化	122～537，集中在 140～420	150、230、350	1.57～9.60，集中在 2～8	2.5、5.5、7.5	K^+为主，其次是Na^+，少量Ca^{2+}和Mg^{2+}	Cl^-为主，其次是F^-，个别SO_4^{2-}	H_2O、CO_2为主，其次是 CO、H_2、N_2、CH_4	0.12～0.95	陈毓川等，1996；杨富全等，2016；本书
阿舍勒铜锌矿脉状矿化	104～514，集中在 120～260	170	0.71～10.98	6.5、9.5	Ca^{2+}为主，其次是Na^+、K^+和Mg^{2+}	Cl^-和SO_4^{2-}为主，其次是NO^{3-}	H_2O、N_2和CO_2为主，其次是O_2、CO，少量CH_4、C_2H_2、C_2H_4、C_2H_6	1.60～4.38	杨富全等，2016；本书
萨尔朔克多金属矿流纹斑岩中脉状矿化	86～516，集中在 100～400	130、230、350	0.53～15.96	6.5、3.5	Ca^{2+}为主，其次为Na^+、K^+、Mg^{2+}	以SO_4^{2-}为主，其次是Cl^-	H_2O、N_2为主，其次为CO_2和 O，含有少量 CO、CH_4、C_2H_6	多数 1.08～2.44，少数 0.42～0.88	杨富全等，2016；杨成栋等，2017
萨尔朔克多金属矿凝灰岩中脉状矿化	95～487，集中在 100～400	110、240	0.35～8.55	4.50					本书
可可塔勒铅锌矿喷流沉积期	122～580		7.49		Ca^{2+}、K^+、Na^+、Mg^{2+}为主	Cl^-和SO_4^{2-}为主，F^-次之	H_2O、CO_2、C_2H_6、CO 为主，CH_4和N_2次之	1.2～4.81	王京彬等，1998
铁木尔特多金属矿喷流沉积期	集中在 150～330	165、285	4～16	5	Na^+为主，其次K^+、Ca^{2+}，少量Mg^{2+}	Cl^-为主，其次SO_4^{2-}	H_2O和CO_2为主，其次N_2、CH_4	8.44～15.47	耿新霞等，2010
大东沟铅锌矿	136～480，集中在 140～380	240	0.2～57.1，集中在 2.0～22.5	2.5、35	Na^+、Ca^{2+}为主，K^+次之	F^-、Cl^-为主，SO_4^{2-}次之	CO_2和H_2O为主，少量CH_4、N_2、CO、O_2、C_2H_6	1.95～4.63	刘敏等，2009

续表

矿化类型	均一温度范围/℃	均一温度峰值/℃	盐度范围/%（$NaCl_{eq}$）	盐度峰值/%（$NaCl_{eq}$）	液相阳离子	液相阴离子	气相成分	Na^+/K^+比值	参考文献
塔拉特铅锌铁矿喷流沉积期	259~286								本书
乌拉斯沟多金属矿喷流沉积期	120~496	190、310、370	0.71~17.61	3、7、11	Na^+、Ca^{2+}为主，其次Mg^{2+}，K^+	Cl^-和SO_4^{2-}	H_2O、CO_2为主，其次N_2、CH_4、C_2H_6，少量H_2S和O_2	3.30~19.15，1件0.48	本书
红海-黄土坡铜锌矿层状矿化	204~367	262、312	4.85~14.36	11			H_2O为主		杨成栋等，2018；本书
红海-黄土坡铜锌矿脉状矿化	158~408	312	2.41~13.72	5、9			H_2O为主，少量CO_2		杨成栋等，2018；本书
黄滩金铜锌矿层状矿化	123~369	170	3.71~8.28						本书
黄滩金铜锌矿脉状矿化	96~340	130、290	1.05~13.51，集中在2~7	4.5、6.5					本书
小热泉子铜锌矿喷流沉积期	120~400	170	4~13	8.5	K^+、Na^+、Ca^{2+}为主，少量Mg^{2+}	Cl^-和F^-	H_2O，含少量CO_2、SO_2和CH_4	0.69	张文东等，2018；本书

乌拉斯沟多金属矿喷流沉积期成矿流体为高温演化到低温（120~496℃，峰值为190℃、310℃和370℃）、中低盐度（0.71%~17.61%（$NaCl_{eq}$），峰值3%（$NaCl_{eq}$）、7%（$NaCl_{eq}$）和11%（$NaCl_{eq}$））的$H_2O-CO_2-CH_4-N_2-NaCl$体系，指示了成矿过程中高温中盐度的火山热液与较低温低度盐度海水的混合。石英流体包裹体的液相成分中阳离子以Na^+（1.99×10^{-6}~2.92×10^{-6}）和Ca^{2+}（0.576×10^{-6}~1.30×10^{-6}）为主，其次为Mg^{2+}（0.102×10^{-6}~1.10×10^{-6}），K^+（0.117×10^{-6}~6.03×10^{-6}）。阴离子为Cl^-（0.327×10^{-6}~1.50×10^{-6}）和SO_4^{2-}（0.51×10^{-6}~21.6×10^{-6}）。Cl^-/SO_4^{2-}值为0.50~1.65。流体包裹体气相成分中以H_2O（52.83×10^{-6}~90.47×10^{-6}）、CO_2（6.306×10^{-6}~35.17×10^{-6}）为主，其次为CH_4（0.794×10^{-6}~1.444×10^{-6}）、C_2H_6（0.78×10^{-6}~5.95×10^{-6}）和N_2（0.677×10^{-6}~2.352×10^{-6}），少数H_2S（0.016×10^{-6}~0.124×10^{-6}）。$(O_2+CO_2)/(CH_4+C_2H_6+H_2S+N_2)$比值为2.66~3.60，表明乌拉斯沟喷流沉积期在氧化性环境下成矿，也是形成磁铁矿的主要原因。磁铁矿中流体包裹体的液相成分中阳离子以Na^+（1.15×10^{-6}~3.12×10^{-6}）和Ca^{2+}（0.489×10^{-6}~2.03×10^{-6}）为主，其次为Mg^{2+}（0.252×10^{-6}~1.78×10^{-6}），K^+（0.348×10^{-6}~0.405×10^{-6}）。阴离子为SO_4^{2-}（15.7×10^{-6}~285×10^{-6}）和Cl^-（0.228×10^{-6}~0.363×10^{-6}）。SO_4^{2-}/Cl^-值为43~409，包裹体的SO_4^{2-}含量远远超过Cl^-含量，表明金属矿物主要以金属S的络合物形式存在，形成硫化物即闪锌矿，这与磁铁矿与闪锌矿共生的地质现象相吻合。流体包裹体气相成分中以H_2O（13.62%~67.51%）、CO_2（31.308%~80.829%）为主，其次N_2（0.206%~4.797%）、CH_4（0.110%~1.089%）、C_2H_6（0.604%~1.92%），少量H_2S（0.002%~0.72%）和O_2（0.092%~0.993%）。磁铁矿包裹体成分表明成矿流体为$H_2O-CO_2-CH_4-N_2-Na-Ca-SO_4^{2-}$体系。$(O_2+CO_2)/(CH_4+C_2H_6+H_2S+N_2)=9.02$~30.94，大大高于石英的比值，表明乌拉斯沟喷流沉积期磁铁矿在强氧化性环境下形成。

2. 卡拉塔格-小热泉子成矿带

红海-黄土坡铜锌矿层状矿化中重晶石的流体均一温度（变化范围为204~367℃，峰值为262℃和312℃，盐度为4.85%~14.36%（$NaCl_{eq}$），峰值为11%（$NaCl_{eq}$）。脉状矿化及硅化中石英的流体包裹体均一温度变化范围为158~408℃，峰值为312℃，盐度为2.41%~13.72%（$NaCl_{eq}$），峰值为5%（$NaCl_{eq}$）和9%（$NaCl_{eq}$）。其中硅化石英均一温度主要集中在251~362℃，平均温度为281℃，盐度为2.90%~12.05%（$NaCl_{eq}$）。Mao et al.（1999）获得喷流沉积期重晶石和闪锌矿，脉状矿化及硅化中石英流体均一温度变化范围为99~377℃，主要集中在130~330℃，峰值为140℃、200℃和280℃，盐度变化范围为6.2%~17.9%（$NaCl_{eq}$），峰值为13%（$NaCl_{eq}$）。综合前人测试结果，认为红海-黄土坡铜锌矿喷流沉积期成矿流体从高温演化到低温（99~408℃）、以中低盐度为特征（2.90%~17.9%（$NaCl_{eq}$），峰值为11%（$NaCl_{eq}$））。激光拉曼光谱分析表明喷流沉积相和补给通道相几乎所有的包裹体气相成分均为H_2O，只在网脉状石英中的观察到少量CO_2气体的存在。

黄滩金铜锌矿喷流沉积相重晶石中流体包裹体均一温度变化范围为123~369℃，盐度为3.71%~8.28%（$NaCl_{eq}$）。脉状矿化中石英的流体包裹体均一温度变化范围为96~340℃，峰值为130℃和290℃，盐度为1.05%~13.51%（$NaCl_{eq}$），集中在2%~7%（$NaCl_{eq}$），峰值为4.5%（$NaCl_{eq}$）和6.5%（$NaCl_{eq}$）。黄铁绢英岩石英中流体包裹体均一温度变化范围为103~480℃，集中在120~360℃，主要峰值为230℃，盐度为0.18%~10.61%（$NaCl_{eq}$），集中在3%~7%（$NaCl_{eq}$），峰值为5.5%（$NaCl_{eq}$），形成脉状矿化与形成黄铁绢英岩蚀变的流体特征基本一致，二者为同一流体活动的产物。

小热泉子铜锌矿喷流沉积期石英中流体包裹体均一温度变化范围为120~400℃，集中在140~280℃，峰值为170℃，盐度变化范围为4%~13%（$NaCl_{eq}$），峰值为8.5%（$NaCl_{eq}$）。张文东等（2018）获得小热泉子VMS成矿期包裹体均一温度为234~392℃，峰值为340℃，盐度为3.5%~13.3%（$NaCl_{eq}$），峰值为9%（$NaCl_{eq}$）。温春齐等（1998）通过温度测定、闪锌矿Ga/Ge地温计、硫同位素地温计确定喷流沉积期成矿温度为90~240℃。综上所述，小热泉子喷流沉积期成矿温度从高温演化到低温（120~400℃），低盐度为主（集中在3%~10%（$NaCl_{eq}$））。激光拉曼分析结果表明，小热泉子矿床 VMS 成矿期黄铜矿-闪锌矿阶段包裹体的主要成分是 H_2O，含少量 CO_2、SO_2 和 CH_4（张文东等，2018）。群体包裹体成分分析确定流体液相成分中阳离子以 K^+（4.62×10^{-6}）、Na^+（3.2×10^{-6}）和 Ca^{2+}（1.9×10^{-6}）为主，少量 Mg^{2+}（0.06×10^{-6}）。阴离子为 Cl^-（1.79×10^{-6}）和 F^-（1.72×10^{-6}）。气相主要是 H_2O 和 CO_2，其次为 N_2、H_2（温春齐等，1998）。

总之，新疆北部 10 个 VMS 型矿床流体包裹体研究表明，喷流沉积期层状矿体中石英、重晶石和闪锌矿的包裹体类型简单，主要为液体包裹体，少量气体包裹体，成矿流体均一温度尽管从高温演化到低温（100~580℃），但主要以中低温为主（120~300℃），中低盐度（1%~17%（$NaCl_{eq}$）），但主要为低盐度（2%~10%（$NaCl_{eq}$））。补给通道相脉状矿化石英、方解石和闪锌矿的流体包裹体类型复杂，除发育液体包裹体外，还发育气体包裹体、含液体 CO_2 包裹体和含子矿物包裹体，均一温度从高温演化到低温，不同矿床主要温度区间变化较大，总体上红海-黄土坡铜锌矿脉状矿化温度较高，以中高温为主，阿舍勒铜锌矿、萨尔朔克金多金属矿和小热泉子铜锌矿以中低温为主。除大东沟铅锌矿发育较多的含子矿物包裹体，并测定较多的高盐度外，其他矿床高盐度数据较少，以中低盐度（主要为 2%~12%（$NaCl_{eq}$））为特色，盐度与层状矿化差别不大。部分矿床脉状矿化中出现流体沸腾作用，如阿舍勒铜锌矿。

新疆北疆 VMS 型矿床流体成分为 Ca^{2+}-Na^+-K^+-Mg^{2+}-Cl^--SO_4^{2-} 型，具有火山沉积矿床的成矿流体特征，除大东沟铅锌矿和小热泉子 F^- 较高外，其他矿床 F^- 含量低（阿舍勒层状矿和可可塔勒铅锌矿）或未检出。阿舍勒铜锌矿层状矿和小热泉子铜锌矿 K^+ 含量大于 Na^+ 含量，其他矿床以富 Na^+ 为特征。Mg^{2+} 与 Ca^{2+}、Na^+ 和 K^+ 相比，含量最低。Cl^- 与 SO_4^{2-} 关系比较复杂，阿舍勒铜锌矿喷流沉积期多数样品中不含 SO_4^{2-}，有 4 件样品 $SO_4^{2-}>Cl^-$（陈毓川等，1996），阿舍勒脉状矿化和乌拉斯沟多金属矿中 Cl^-/SO_4^{2-} 值分别为 0.38~4.61，0.50~1.65；可可塔勒铅锌矿和铁木尔特多金属矿中 Cl^-/SO_4^{2-} 值分别为 1.11~3.85，2.02~13.45。

不少矿床喷流沉积作用后又经历了叠加改造，或与次火山作用有关，或与岩浆侵入作用有关，或与区域变质作用或与剪切变形有关。如铁木尔特多金属矿叠加改造作用可能与次火山活动有关，主要形成矽卡岩化及铜矿化，成矿流体均一温度变化范围为 150~480℃，峰值为 285℃，盐度介于 2%~17%（$NaCl_{eq}$）和 34%~47%（$NaCl_{eq}$）之间，峰值为 9%（$NaCl_{eq}$）和 37%（$NaCl_{eq}$），成矿流体的成分也与喷流沉积期明显不同。温春齐等（1998）认为小热泉子铜锌矿热液期形成石英硫化物和绿泥石硫化物，其成矿流体温度为 120~370℃，盐度平均值为 9.23%（$NaCl_{eq}$），与喷流沉积期相比流体中 F^-、Na^+ 和 CO_2 增加，矿化形成于低氧逸度、偏碱性-碱性环境。张文东等（2018）获得热液期均一温度为 122~296℃（峰值为 180℃），盐度为 1.4%~12.1%（$NaCl_{eq}$），峰值为 4.5%（$NaCl_{eq}$），明显低于喷流沉积期（温度为 234~392℃，峰值为 340℃，盐度为 3.5%~13.3%（$NaCl_{eq}$），峰值为 9%（$NaCl_{eq}$））。

（二）成矿流体来源

1. H-O 同位素示踪

阿舍勒铜锌矿、萨尔朔克金多金属矿、铁木尔特多金属矿、大东沟铅锌矿、乌拉斯沟多金属矿、萨吾斯铅锌矿、红海-黄土坡铜锌矿、黄滩金铜锌矿、小热泉子铜锌矿氢和氧同位素特征见图 5-13。

阿舍勒铜锌矿强硅化蚀变带中石英 $\delta^{18}O_{H_2O}$ 值为-4.25‰~-0.18‰，δD_{SMOW} 值为-140‰~-94‰；Ⅰ号矿化带 21 勘探线脉状铜锌矿体中石英的 $\delta^{18}O_{H_2O}$ 值为-3.13‰~2.24‰，δD_{SMOW} 值为-137‰~-90‰；Ⅰ号矿化带 300 和 350 中段脉状铜锌矿体中石英的 $\delta^{18}O_{H_2O}$ 值为-2.79‰~3.54‰，δD_{SMOW} 值为-80‰~-75‰；Ⅱ号矿化带脉状多金属矿体石英 $\delta^{18}O_{H_2O}$ 值为-2.75‰~1.47‰，δD_{SMOW} 值为-134‰~-106‰；Ⅱ号矿化带层状重晶石矿体中重晶石 $\delta^{18}O_{H_2O}$ 值为-3.03‰~1.79‰，δD_{SMOW} 值为-162‰~-135‰（杨富全等，2016；本书）。强硅化蚀变带、Ⅰ和Ⅱ号补给通道中脉状矿体的氢和氧同位素特征相似，但沉积作用形成的重晶石具有最低的氢同位素，氧同位素变化不大，Ⅰ号矿化带 300 和 350

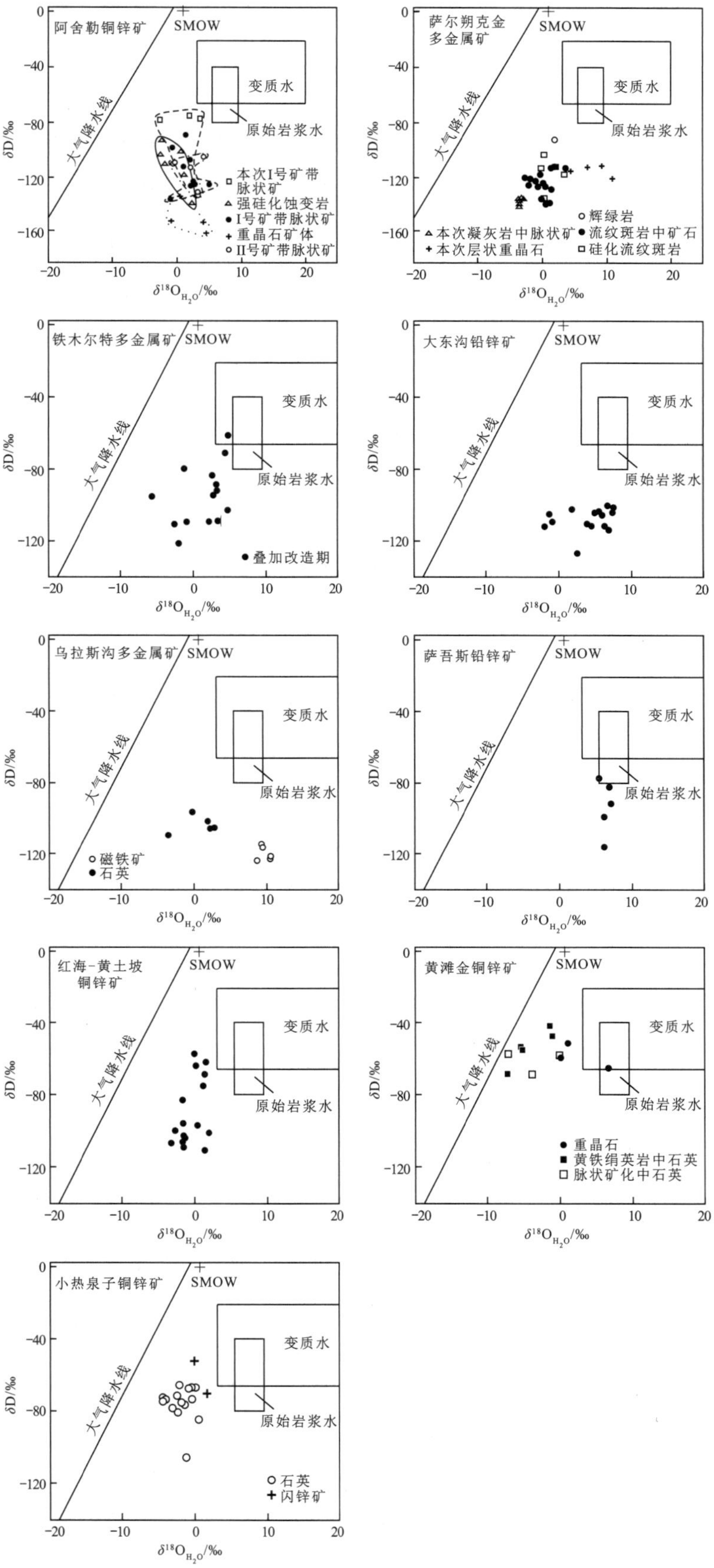

图 5-13 新疆北部主要 VMS 矿床 δD-$\delta^{18}O_{H_2O}$ 图解

（阿舍勒据杨富全等，2016 和本书；萨尔朔克据杨富全等，2015 和本书，铁木尔特据耿新霞等，2010；大东沟据刘敏等，2008；萨吾斯据 Liu et al.，2012；小热泉子据刘申态等，2011 及相关文献和本书；其他矿为本书）

中段脉状矿化石英具有最高的氢同位素。$\delta D-\delta^{18}O_{H_2O}$ 图解显示重晶石明显不同于前三者，表明喷流到海底的成矿流体和补给通道中的成矿流体存在一定差异。在 $\delta D-\delta^{18}O_{H_2O}$ 图解中，阿舍勒所有样品均落在岩浆水左侧、左下方与大气降水线之间，由于成矿作用发生在海底及其下部，大气降水贡献不可能很大，因此，成矿流体主要为来自深循环的海水与岩浆水的混合流体。陈毓川等（1996）对阿舍勒矿床喷流-沉积期和变质改造和热液叠加改造期石英、黄铁矿和重晶石进行了氢和氧同位素研究，认为这两期的成矿流体为深循环的海水或海水与岩浆水的混合流体。

萨尔朔克金多金属矿床5件硫化物硅化流纹斑岩中石英的 δD_{SMOW} 值介于-135‰~-103‰之间，$\delta^{18}O_{SMOW}$ 值介于6.9‰~7.9‰之间，$\delta^{18}O_{H_2O}$ 值为-2.41‰~0.83‰。15件流纹斑岩中矿石石英的 δD_{SMOW} 值很低，为-140‰~-112‰，$\delta^{18}O_{SMOW}$ 值为7.2‰~8.5‰，$\delta^{18}O_{H_2O}$ 值为-4.03‰~0.94‰。1件晚成矿阶段辉绿岩中石英的 δD_{SMOW} 值为-92‰，$\delta^{18}O_{SMOW}$ 值为7.3‰，$\delta^{18}O_{H_2O}$ 值为-0.47‰（杨富全等，2015）。本次获得4件层状重晶石的 δD_{SMOW} 值为-122‰~-113‰，$\delta^{18}O_{SMOW}$ 值为7.4‰~13.9‰，$\delta^{18}O_{H_2O}$ 值为4.5‰~11.0‰；凝灰岩中脉状多金属矿化6件石英的 δD_{SMOW} 值为-142‰~-135‰，$\delta^{18}O_{SMOW}$ 值为8.0‰~8.7‰，$\delta^{18}O_{H_2O}$ 值为-3.57‰~-2.87‰。有3件重晶石的 $\delta^{18}O_{H_2O}$ 值为7.1‰~11‰，落在岩浆水的范围和右侧（5.5‰~9.5‰，Sheppard，1986），其他27件样品 $\delta^{18}O_{H_2O}$ 值为-4.03‰~4.5‰，低于岩浆水的范围。所有样品的 δD_{SMOW} 值为-140‰~-92‰，明显低于岩浆水范围（-80‰~-40‰，Sheppard，1986）。在 $\delta D-\delta^{18}O_{H_2O}$ 图解中，除3件重晶石外，其他样品点落在岩浆水左下方，在大气降水线和岩浆水之间，从重晶石到硅化流纹斑岩再到流纹斑岩中矿石，最后到凝灰岩中脉状矿化，样品点逐渐向大气降水方向偏移。硅化流纹斑岩和流纹斑岩中矿石 H-O 同位素基本相似，表明硅化与形成矿石的流体为同一种流体。考虑到层状重晶石形成于海底、凝灰岩中脉状矿化形成于补给通道相、流纹斑岩是阿舍勒组海相火山岩的次火山岩相，大气降水不大可能参与成矿作用，因此，认为萨尔朔克矿床成矿流体为岩浆水混合深循环海水。

铁木尔特多金属矿成矿作用包括喷流沉积期和叠加改造期，前者是铅锌铁金主要成矿期，形成块状、稠密浸染状、条带状和纹层状铅锌、铁、金矿化；后者是铜主要成矿期，形成含黄铜矿矽卡岩和含黄铜矿石英脉。12件叠加改造期石英的 δD_{SMOW} 值为-122‰~-79‰，$\delta^{18}O_{SMOW}$ 值为9.2‰~10.9‰，$\delta^{18}O_{H_2O}$ 值为-5.8‰~4.8%。2件叠加改造期方解石的 δD_{SMOW} 值为-71‰~-61‰，$\delta^{18}O_{SMOW}$ 值为9.5~9.7‰，$\delta^{18}O_{H_2O}$ 值为4.3‰~4.8%（耿新霞等，2010a）。在 $\delta D-\delta^{18}O_{H_2O}$ 图解上，2件方解石样品点落在变质水及边界附近，12件石英样品落在岩浆水左下方与大气降水线之间，并向大气降水方向偏移，表明叠加改造期成矿流体具有多来源特征，是岩浆水、循环的大气降水和变质水的混合。

大东沟铅锌矿与成矿有关的18件石英 δD_{SMOW} 值介于-127‰~-89‰之间，$\delta^{18}O_{SMOW}$ 值为11.7‰~17.4‰，$\delta^{18}O_{H_2O}$ 值为-2.2‰~7.3%（刘敏等，2008）。在 $\delta D-\delta^{18}O_{H_2O}$ 图解上，18件样品落在岩浆水左下方与大气降水之间，成矿作用发生在海底，表明成矿流体为岩浆水与深循环海水的混合。

乌拉斯沟多金属矿喷流沉积期5件矿石中石英的 δD_{SMOW} 值为-108.7‰~-95.4‰，$\delta^{18}O_{SMOW}$ 值为10.6‰~12.2‰，$\delta^{18}O_{H_2O}$ 值为-3.54‰~2.83‰。5件磁铁矿的 δD_{SMOW} 值为-123.1‰~-113.8‰，$\delta^{18}O_{SMOW}$ 值为-0.5‰~1.4‰，$\delta^{18}O_{H_2O}$ 值为8.7‰~10.6‰，与岩浆水一致（5.5‰~9.5‰，Sheppard，1986）。在 $\delta D-\delta^{18}O_{H_2O}$ 图解中，石英样品点落在岩浆水左下方与大气降水线之间，磁铁矿落在岩浆水下方，成矿流体为岩浆水混合深循环的海水，形成磁铁矿的流体以岩浆水为主。

塔拉特铅锌铁矿成矿过程包括喷流沉积期、区域变质期和岩浆热液期，岩浆热液期早期矽卡岩阶段7件石榴子石的 δD_{SMOW} 值为-79.8‰~-64.9‰，$\delta^{18}O_{SMOW}$ 值为3.6‰~5.7‰，$\delta^{18}O_{H_2O}$ 值为4.14‰~6.17‰。8件石英的 δD_{SMOW} 值为-80.7‰~-67‰，$\delta^{18}O_{SMOW}$ 值为7.5‰~9.8‰，$\delta^{18}O_{H_2O}$ 值为-0.15‰~3.05‰。在 $\delta D-\delta^{18}O_{H_2O}$ 图解上，石榴子石样品落在岩浆水范围和靠近岩浆水的左侧，石英样品点落在岩浆水和大气降水线之间，表明早期矽卡岩阶段的成矿流体主要来源于岩浆水，而石英-硫化物阶段的流体是岩浆水混合大气降水。

克兰盆地 VMS 矿床经历了石炭纪—二叠纪同造山的区域变质和热液叠加改造作用，同构造石英脉和穿切层状铅锌矿化的脉状铜矿化很发育。矿石中反映压力-重结晶作用的各种结构构造发育，包括碎斑结构、交代结构、斑状变晶结构和碎裂结构。对铁木尔特、大东沟矿床的包裹体研究表明，在矿化构造岩和晚期硫化物石英脉中发育极丰富的碳质（CO_2-CH_4-N_2）流体。碳质流体的捕获压力估计为 110~300 Mpa，这些特征与区域变质的温压条件相当。铁木尔特-萨尔阔布一带叠加矿化石英的 δD_{SMOW} 值为-109‰~-76‰，$\delta^{18}O_{H_2O}$ 值为 3.82‰~11.842‰，结合地质特征和流体研究，认为成矿流体来源与区域变质及相关的岩浆活动有关（徐九华等，2009，2011）。

萨吾斯铅锌矿 6 件石英 δD_{SMOW} 值为-155‰~-77‰，$\delta^{18}O_{SMOW}$ 值为 11.3‰~15.2‰，$\delta^{18}O_{H_2O}$ 值为 5.4‰~9.3‰。在 δD-$\delta^{18}O_{H_2O}$ 图解中 2 件落在岩浆水范围内，其他的 δD 含量低，落在岩浆水下方，结合 C-O 同位素，表明 H_2O-CO_2 有两种来源，其一来自地层（从碳酸盐中蒸发出来和从凝灰岩中脱水形成），另一种是大气来源的地表水，携带着少量的大气二氧化碳或有机物来源的二氧化碳。

可可塔勒铅锌矿块状矿石中白云母 $\delta^{18}O_{H_2O}$ 值为-1.6‰~0.4‰，δD_{SMOW} 值为-28‰~-16‰，与日本黑矿矿石中黄铁矿和黄铜矿流体包裹体中的 $\delta^{18}O_{H_2O}$ 值（-1.6‰~-0.3‰）和 δD_{SMOW} 值（-26‰~-18‰）相近，只是与显生宙海水值（$\delta^{18}O\pm1$‰，$\delta D\pm10$‰）稍有差别，表明成矿流体主要来自海水（王京彬等，1998）

红海-黄土坡铜锌矿床补给通道相脉状矿体中 16 件石英的 $\delta^{18}O_{SMOW}$ = 6.9‰~12.1‰，$\delta^{18}O_{H_2O}$ = -3.21‰~2.50‰，δD_{SMOW} = -109‰~-53‰，低于原始岩浆水（$\delta^{18}O_{H_2O}$ = 5.5‰~9.5‰，δD = -80‰~-40‰；Sheppard，1986），$\delta^{18}O_{H_2O}$-δD 关系图解中，样品投在原始岩浆水左侧、左下方与大气降水线之间。由于成矿作用发生在海底及其下部，大气降水贡献不可能很大，因此，成矿流体主要为来自深循环的海水与岩浆水的混合流体。

黄滩金铜锌矿喷流沉积相层状矿体中 3 件重晶石 δD_{SMOW} = -66‰~-52‰，$\delta^{18}O_{SMOW}$ = 7.4‰~7.8‰，$\delta^{18}O_{H_2O}$ = 0.17‰~6.83‰，其中 1 件样品氢氧同位素组成与原始岩浆水（$\delta^{18}O_{H_2O}$ = 5.5‰~9.5‰，δD_{SMOW} = -80‰~-40‰；Sheppard，1986）一致，在 $\delta^{18}O_{H_2O}$-δD 关系图解中，1 个点落在原始岩浆水范围内，2 个点落在原始岩浆水与大气降水之间。与阿舍勒 VMS 型铜锌矿重晶石相比，黄滩 $\delta^{18}O_{H_2O}$ 值略高，δD_{SMOW} 值明显高。黄铁绢英岩蚀变带中石英 δD_{SMOW} = -69‰~-42‰，$\delta^{18}O_{SMOW}$ = 8.0‰~10.1‰，$\delta^{18}O_{H_2O}$ = -7.19‰~-1.09‰。$\delta^{18}O_{H_2O}$ 值明显低于原始岩浆水，δD_{SMOW} 值绝大多数落在原始岩浆水范围（δD_{SMOW} = -80‰~-40‰，Sheppard，1986）。脉状矿化中石英 δD_{SMOW} = -69‰~-59‰，$\delta^{18}O_{SMOW}$ = 8.6‰~9.3‰，$\delta^{18}O_{H_2O}$ = -7.10‰~-0.03‰。$\delta^{18}O_{H_2O}$ 值明显低于原始岩浆水，δD_{SMOW} 值落在原始岩浆水范围。在 $\delta^{18}O_{H_2O}$-δD 关系图解上，黄铁绢英岩和脉状矿化样品落在原始岩浆水与大气降水之间，二者分布范围一致，表明二者的成矿流体来源一致。成矿流体主要为来自深循环的海水与岩浆水的混合流体，只是喷流沉积相相对于补给通道相成矿流体中岩浆水所占比例较大。

小热泉子石英硫化物脉中石英的 δD_{SMOW} = -105‰~-66‰，$\delta^{18}O_{SMOW}$ = 6.5‰~10.0‰，$\delta^{18}O_{H_2O}$ = -2.95‰~0.55‰；闪锌矿的 δD_{SMOW} = -71‰~-52‰，$\delta^{18}O_{H_2O}$ = 0.1‰~1.73‰。在 $\delta^{18}O_{H_2O}$-δD 关系图解中，样品点落在岩浆水与大气降水之间，氧同位素与海水接近，氢同位素相对海水明显亏损，闪锌矿与石英氧同位素接近，但 δD_{SMOW} 相对富集，表明成矿流体来源于岩浆水与深循环海水（陈方明等，1999；姬金生等，2000；刘申态等，2011）。

总之，新疆北部 VMS 矿床喷流沉积期成矿流体为海水与岩浆水（火山热液）的混合，喷流沉积相和补给通道相海水与岩浆水混合程度不同，热液蚀变与补给通道相脉状矿化 H-O 同位素相似，不同的矿床岩浆水占比例略有不同。叠加改造期（区域变质、岩浆热液），成矿流体来源复杂，如铁木尔特多金属矿叠加改造期成矿流体具有多种来源，为岩浆水、循环的大气降水和变质水的混合，塔拉特铅锌铁矿岩浆热液叠加期早期矽卡岩阶段的成矿流体主要来源于岩浆水，而石英-硫化物阶段的流体是岩浆水混合大气降水。

2. He-Ar 同位素示踪

阿舍勒铜锌矿、萨尔朔克金多金属矿、乌拉斯沟多金属矿、红海-黄土坡铜锌矿、黄滩金铜锌矿和小热泉子$^{40}Ar/^{36}Ar-^{3}He/^{4}He$图解见图 5-14。

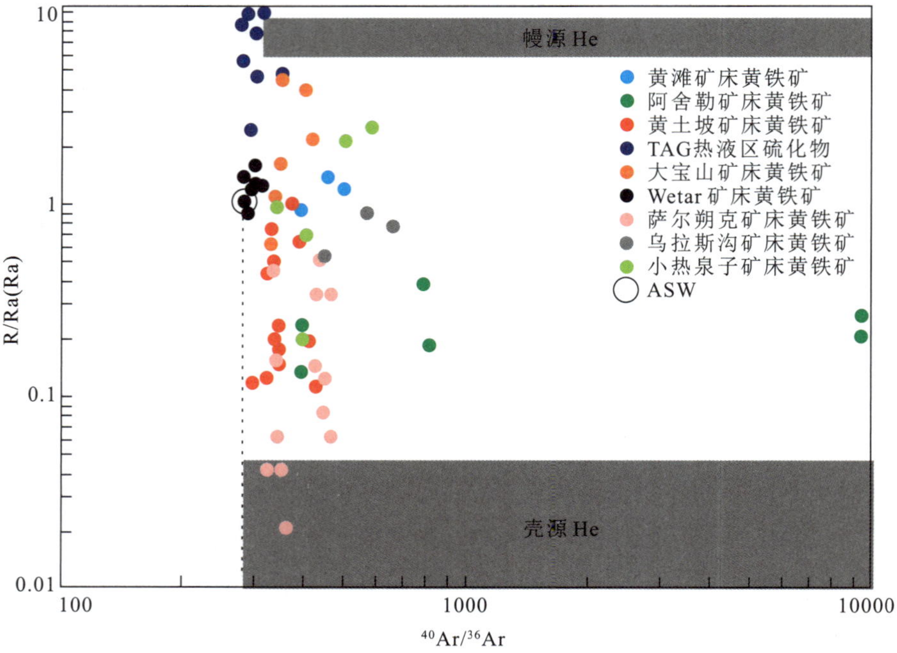

图 5-14 新疆北部 VMS 矿床黄铁矿中流体$^{40}Ar/^{36}Ar-^{3}He/^{4}He$图

（底图据 Burnard et al.，1999；阿舍勒铜锌矿据张志欣等，2014；萨尔朔克金多金属矿据 Yang et al.，2018；黄土坡矿段据柴凤梅等，2017；黄滩金铜锌矿、小热泉子铜锌矿、乌拉斯沟多金属矿据本书）

阿舍勒铜锌矿 6 件黄铁矿中流体包裹体的^{4}He含量为$64.5\times10^{-7}\sim173.0\times10^{-7}$ $cm^{3}STP/g$，^{3}He含量为$1.890\times10^{-7}\sim4.492\times10^{-7}$ $cm^{3}STP/g$，^{40}Ar含量为$0.318\times10^{-7}\sim4.69\times10^{-7}$ $cm^{3}STP/g$。其中 2 件块状矿石黄铁矿的$^{40}Ar/^{36}Ar$比值为 9515～9525，2 件浸染状矿石黄铁矿的$^{40}Ar/^{36}Ar$比值为 782.2～810.3，2 件条带状矿石黄铁矿中的$^{40}Ar/^{36}Ar$比值为 389.1～393.7，$^{40}Ar/^{36}Ar$比值呈现出块状→浸染状→条带状逐渐降低的规律。黄铁矿中流体包裹体的$^{3}He/^{4}He$值为 0.1358～0.379 Ra（Ra 为大气的$^{3}He/^{4}He$值，1.40×10^{-6}），高于地壳（0.01～0.05 Ra，Stuart et al.，1995）10 余倍，但明显低于地幔流体（6～9 Ra）15～60 多倍。根据壳幔二元体系的 He 含量公式（Ballentine et al.，2002）计算幔源 He 的含量为 1.79%～5.55%，表明成矿流体中 He 主要来源于地壳。^{40}Ar为$0.318\times10^{-7}\sim4.69\times10^{-7}$ $cm^{3}STP/g$，$^{40}Ar/^{36}Ar$值为 389.1～9525，放射性成因$^{40}Ar^{*}$含量为 24.06%～96.89%，表明成矿流体中存在含有放射性成因 Ar 的海水加入（张志欣等，2014）。

萨尔朔克金多金属矿 13 件流纹斑岩中矿石、辉绿岩中黄铁矿化和凝灰岩中块状矿石的黄铁矿中流体包裹体的^{4}He含量为$9.81\times10^{-8}\sim74.71\times10^{-8}$ $cm^{3}STP/g$，^{3}He含量为$0.60\times10^{-4}\sim16.19\times10^{-14}$ $cm^{3}STP/g$，$^{3}He/^{4}He$值为 0.02～0.44 Ra，接近到高于地壳值（0.01～0.05 Ra，Stuart et al.，1995），但远低于地幔流体值（6～9 Ra）。计算幔源 He 含量为 0.06%～7.45%，平均为 2.43%，表明以地壳来源为主，很少量地幔来源氦同位素混入。13 件黄铁矿中流体包裹体的^{40}Ar含量为$2.95\times10^{-8}\sim8.25\times10^{-8}$ $cm^{3}STP/g$，$^{40}Ar/^{36}Ar$比值为 319.6～458.5，与被认为 Ar 来源于海水的大西洋中脊 TAG 热液区硫化物$^{40}Ar/^{36}Ar$比值（287～359，曾志刚等，2000）具有相似性，表现出大气降水或海水的特征，同时接近大气$^{40}Ar/^{36}Ar$的比值（295.5）。计算样品中放射性成因$^{40}Ar^{*}$含量为 7.53%～35.55%，平均为 23.16%，因此，大气 Ar 的贡献为 64.45%～92.47%，平均为 76.84%，表明了成矿流体中大气饱和水参与成矿作用明显。在 $R/Ra-^{40}Ar/^{36}Ar$ 图中，显示以壳源流体特征。

本次获得乌拉斯沟多金属矿 3 件喷流沉积期黄铁矿中流体包裹体的^4He含量为 40.65×10^{-8}~79.93×10^{-8} cm^3STP/g，^3He含量为 43.09×10^{-14}~99.44×10^{-14} cm^3STP/g，^{40}Ar含量为 2.15×10^{-8}~6.48×10^{-8} cm^3STP/g，$^{40}Ar/^{36}Ar$值为 444.6~656.5。$^3He/^4He$值为 0.53~0.89 Ra，高于地壳的$^3He/^4He$值（0.01~0.05 Ra，Stuart et al.，1995），但远低于地幔流体的$^3He/^4He$值（6~9 Ra）。幔源 He 的含量为 7.8%~13.4%，平均为 10.86%，表明成矿流体中的 He 主要来源于地壳，少量来自地幔。3 件黄铁矿中流体包裹体的^{40}Ar含量为 2.15×10^{-8}~6.48×10^{-8} cm^3STP/g，$^{40}Ar/^{36}Ar$比值为 444.6~656.5，接近大气$^{40}Ar/^{36}Ar$的比值（295.5），落入地幔柱（296~2780，Hiyagon et al.，1992）的下限区间，而远远低于大洋中脊玄武岩（MORB）（13000~25250，Allegre et al.，1986）。在$^{40}Ar/^{36}Ar$-R/Ra 图解中，样品点均位于壳源与幔源氩之间，并十分接近大气氩的演化线。计算得样品中$^{40}Ar^*$的占有率为 33.54%~54.99%，平均为 45.45%，相应地，大气 Ar 的贡献为 45.01%~66.46%，平均为 54.55%，表明成矿流体中 Ar 以大气降水来源为主。

红海-黄土坡铜锌矿黄土坡矿段层状及脉状矿化中 14 件黄铁矿流体包裹体的^3He含量低，介于 0.039×10^{-12}~0.64×10^{-12} cm^3 STP/g 之间，$^3He/^4He$值为 0.11~0.94 Ra，介于壳源 He 与幔源 He 之间。^{40}Ar含量为 3.49×10^{-8}~34.25×10^{-8} cm^3 STP/g，$^{40}Ar/^{36}Ar$比值为 301.40~425.98。成矿流体中有幔源 He（1.71%~14.55%）和放射性成因 Ar（$^{40}Ar*$含量为 1.96%~30.63%）。结合矿床包裹体及 H-O、S 同位素特征，认为幔源流体和富放射性成因 He 和 Ar 的海水参与了成矿（柴凤梅等，2017）。

本次在黄滩金铜锌矿中采集 2 件补给通道相脉状矿体和 1 件喷流沉积相层状矿体开展黄铁矿 He-Ar 同位素分析。黄铁矿中流体包裹体的$^3He/^4He$值为 0.929~1.374 R/Ra，高于地壳值（0.01~0.05 R/Ra，Stuart et al.，1995）27~93 倍，但明显低于地幔流体值（6~9 Ra）6 倍。计算得样品中幔源 He 的含量为 14.02%~20.9%，平均 17.84%，喷流沉积相层状矿体和补给通道相脉状矿体中幔源 He 比例没有大的差别，表明成矿流体中 He 主要来源于地壳，部分来自地幔。3 件黄铁矿中流体包裹体的^{40}Ar含量为 3.67×10^{-8}~8.02×10^{-8} cm^3STP/g，$^{40}Ar/^{36}Ar$比值为 388~502，介于大气（295.5）和地幔柱（296~2780，Hiyagon et al.，1992）之间，而远低于大洋中脊玄武岩（MORB=133000~25250，Allegre et al.，1986）。在$^{40}Ar/^{36}Ar$-R/Ra 图解中位于大气氩与壳源或幔源氩之间。计算黄铁矿样品中流体包裹体的放射性成因$^{40}Ar^*$含量为 23.83%~41.13%，其中层状矿体中放射性成因$^{40}Ar^*$含量（41.13%）高于脉状矿体（23.83%~35.65%）。黄滩金铜锌矿黄铁矿$^{40}Ar/^{36}Ar$比值与被认为 Ar 来源于海水的大西洋中脊 TAG 热液区硫化物$^{40}Ar/^{36}Ar$比值（287~359，曾志刚等，2000）具有相似性。尽管黄滩金铜锌矿喷流沉积相层状矿体和补给通道相脉状矿体的成矿流体中 He 和 Ar 同位素略有差别，但总体上来源一致，即成矿流体为深循环的海水，并存在较多幔源岩浆热液的加入。

小热泉子铜锌矿床 5 件喷流沉积期黄铁矿 He 和 Ar 同位素分析表明，黄铁矿的^4He含量为 18.75×10^{-8}~108.23×10^{-8} cm^3STP/g，^{40}Ar含量为 15.79×10^{-8}~28.23×10^{-8} cm^3STP/g。$^3He/^4He$值为 0.19~2.47 Ra，高于地壳的值（0.01~0.05 Ra，Stuart et al.，1995），但明显低于地幔流体值（6~9 Ra）。$^{40}Ar/^{36}Ar$比值为 337.6~580.6，介于大气（295.5）和地幔柱（296~2780，Hiyagon et al.，1992）之间，而低于大洋中脊玄武岩（MORB）（133000~25250，Allegre et al.，1986），表明成矿流体中 He、Ar 主要来源于地壳。根据壳幔二元体系的 He 含量公式和放射性成因$^{40}Ar^*$含量计算公式（Ballentine et al.，2002），计算出 5 件黄铁矿的幔源 He 含量为 2.57%~37.75%，$^{40}Ar^*$含量为 12.46%~49.11%，其中Ⅰ矿段幔源成因的 He、Ar 比例明显高于Ⅲ矿段，表明成矿过程中存在大气降水的稀释作用，也与Ⅰ矿段主要发育块状、条带状、浸染状矿石和Ⅲ矿段主要发育脉状、浸染状矿石的地质现象相吻合。

综上所述，新疆北部 VMS 矿床喷流沉积期黄铁矿 He-Ar 同位素表明，成矿流体主要来自地壳，少量来自地幔，不同矿床幔源 He 所占比例不同，如阿舍勒铜锌矿（幔源 He 占 1.79~5.55%，平均 3.29%）、萨尔朔克金多金属矿（幔源 He 为 0.06%~7.45%，平均为 2.43%）和黄土坡矿段（幔源

He 为 1.71%~14.55%，平均 5.37%）主要为壳源；乌拉斯沟多金属矿有明显的幔源参与（幔源 He 为 7.8~13.4%，平均为 10.86%）；黄滩金铜锌矿和小热泉子铜锌矿幔源流体占比很高，前者幔源 He 为 14.02~20.9%，平均 17.84%，后者幔源 He 为 2.57%~37.75%，平均 19.29%，小热泉子 2 件黄铁矿幔源 He 高达 32.03~37.75%。

三、成矿物质来源

（一）硫同位素示踪

阿舍勒铜锌矿、萨尔朔克金多金属矿、铁木尔特多金属矿、大东沟铅锌矿、乌拉斯沟多金属矿、塔拉特铅锌铁矿、可可塔勒铅锌矿、苏普特铜铅锌矿、红海-黄土坡铜锌矿、黄滩金铜锌矿和小热泉子铜锌矿硫同位素特征见图 5-15、图 5-16。

阿舍勒矿集区阿舍勒铜锌矿硫化物和重晶石的 $\delta^{34}S$ 分布于 3 个区间，分别为-13.7‰，-4‰~9‰和 16‰~24‰，集中于-2‰~8‰，呈现塔式分布，峰值为 3.5‰。层状矿体和补给通道相脉状矿化 $\delta^{34}S$ 略存在差别。阿舍勒铜锌矿硫同位素具有多种来源，但以岩浆硫为主（来自火山喷气或火山岩），也有少量硫来自海水硫酸盐的还原作用。萨尔朔克矿床金多金属矿硫化物 $\delta^{34}S$ 值为-3‰~11‰，集中在-1‰~6‰，峰值为 2.5‰，具有正态分布特征，表明成矿流体中的硫来源单一，并来自深源岩浆或来自下伏火山岩。阿舍勒组凝灰岩中层状及脉状矿化、流纹斑岩中脉状矿化和辉绿岩中矿化，硫同位素特征基本一致，表明尽管矿化和赋存围岩存在差异，但硫具有相同的来源。

克兰矿集区铁木尔特多金属矿喷流沉积期硫化物 $\delta^{34}S$ 值变化极大，为-28‰~9‰，集中在-28‰~16‰（峰值为-25‰和-18.5‰），其次是 1‰~8‰（峰值为 7.5‰），前者显著富集轻硫，表明喷流沉积期矿石中的硫主要来自海水硫酸盐细菌还原硫；后者硫来自下伏火山岩。乌拉斯沟多金属矿硫化物 $\delta^{34}S$ 值为-11‰和-5‰~5‰，峰值为 2.5‰，与阿舍勒矿集区的萨尔朔克峰值相同，变化范围略大于幔源硫范围（0±3‰，Hoefs，1997），表明成矿物质硫来自深源岩浆，即来自矿体下部的火山岩，1 件样品 $\delta^{34}S$ 值为-11‰，表明少数硫来自海水硫酸盐细菌还原作用。大东沟铅锌矿硫化物 $\delta^{34}S$ 值变化于-23‰~12‰，主要峰值为 1.5‰，硫同位素变化范围与铁木尔特多金属矿相似，硫具有多来源，硫来自火山活动和海水硫酸盐细菌还原作用。塔拉特铅锌铁矿硫化物 $\delta^{34}S$ 值为-12‰~3‰，主要峰值为-10‰和-4.5‰，表明硫主要来自海水硫酸盐细菌还原作用，少量来自下伏火山岩。克兰矿集区 VMS 矿床 $\delta^{34}S$ 值的显著特征是出现了较多负同位素值，特别是铁木尔特和塔拉特矿床，表明成矿物质来自海水硫酸盐有机还原作用和下伏火山岩，不同矿床二者比例存在差异。

可可塔勒矿集区苏普特铜铅锌矿 4 件硫化物 $\delta^{34}S$ 值为 0.9‰~5.2‰，表明硫来自下伏火山岩。可可塔勒铅锌矿硫化物 $\delta^{34}S$ 值集中在 3 个区间，分别为-26‰~-22‰，-18‰~-5‰（峰值为-16.5‰和-11.5‰）和-2‰~6‰（峰值为 3.5‰），$\delta^{34}S$ 值变化范围与铁木尔特相似，表明硫主要来自海水硫酸盐细菌还原作用，部分来自下伏火山岩。

卡拉塔格成矿带红海-黄土坡铜锌矿硫化物 $\delta^{34}S$ 值为-1‰~6‰（峰值为 1.5‰），峰值略低于阿舍勒矿床（3.5‰），表明硫化物中硫来自下伏火山岩。重晶石 $\delta^{34}S$ 值为 27‰~31‰（峰值为 29.5‰），峰值明显高于阿舍勒矿床（21‰），表明重晶石中硫来自海水硫酸盐无机还原作用。黄滩金铜锌矿硫化物 $\delta^{34}S$ 值为-2‰~2‰（峰值为 0.5‰），与幔源 $\delta^{34}S$ 值一致（0±3‰，Hoefs，1997），表明硫来自下伏火山岩。黄滩矿床硫化物 $\delta^{34}S$ 值变化范围比红海-黄土坡和阿舍勒矿床更加集中，更接近 0‰值。重晶石 $\delta^{34}S$ 值为 24.1‰~24.8‰，介于阿舍勒和红海-黄土坡之间，略低于同时代海洋硫酸盐硫同位素，表明重晶石中硫来自海水硫酸盐无机还原作用。小热泉子铜锌矿硫化物 $\delta^{34}S$ 值为 1‰~14‰，峰值为 6.5‰和 11.5‰，是新疆北部 VMS 矿床硫化物中 $\delta^{34}S$ 值正值最高的矿床，成矿物质硫来自下伏火山岩。

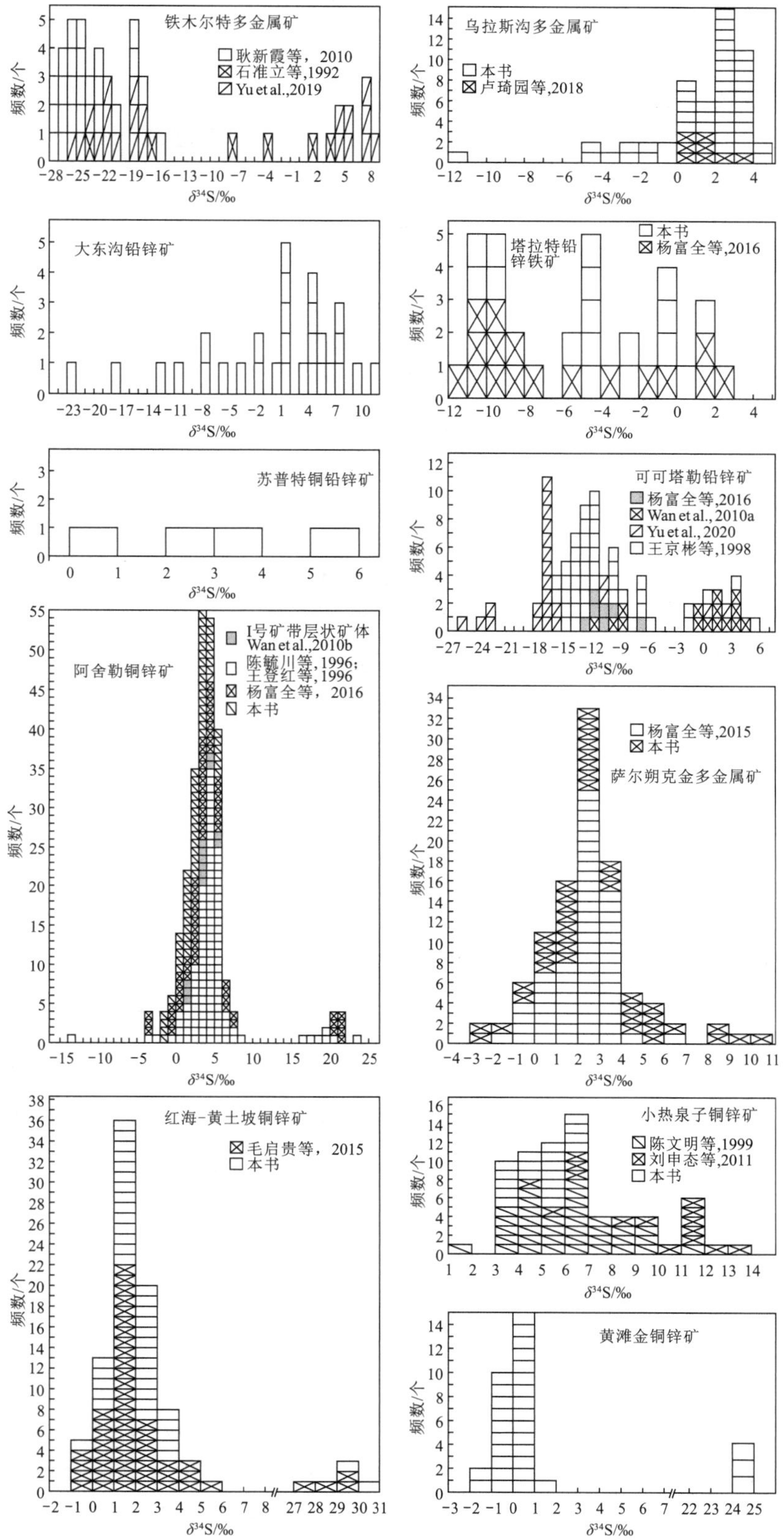

图 5-15　新疆北部 VMS 矿床硫同位素直方图

（铁木尔特据石准立等，1992；耿新霞等，2010；Yu et al.，2019；可可塔勒据王京彬等，1998；Wan et al.，2020a；杨富全等，2016；Yu et al.，2020；苏普特据申茂德等，2016；大东沟据刘敏等，2008；塔拉特据杨富全等，2016 和本书；萨尔朔克据杨富全等，2015 和本书；阿舍勒据陈毓川等，1996；王登红等，1996；Wan et al.，2010b；杨富全等，2016 和本书；乌拉斯沟据卢琦园等，2018 和本书；红海-黄土坡据毛启贵等，2015 和本书；小热泉子据陈文明等，1999；刘申态等，2011 和本书；黄滩据本书）

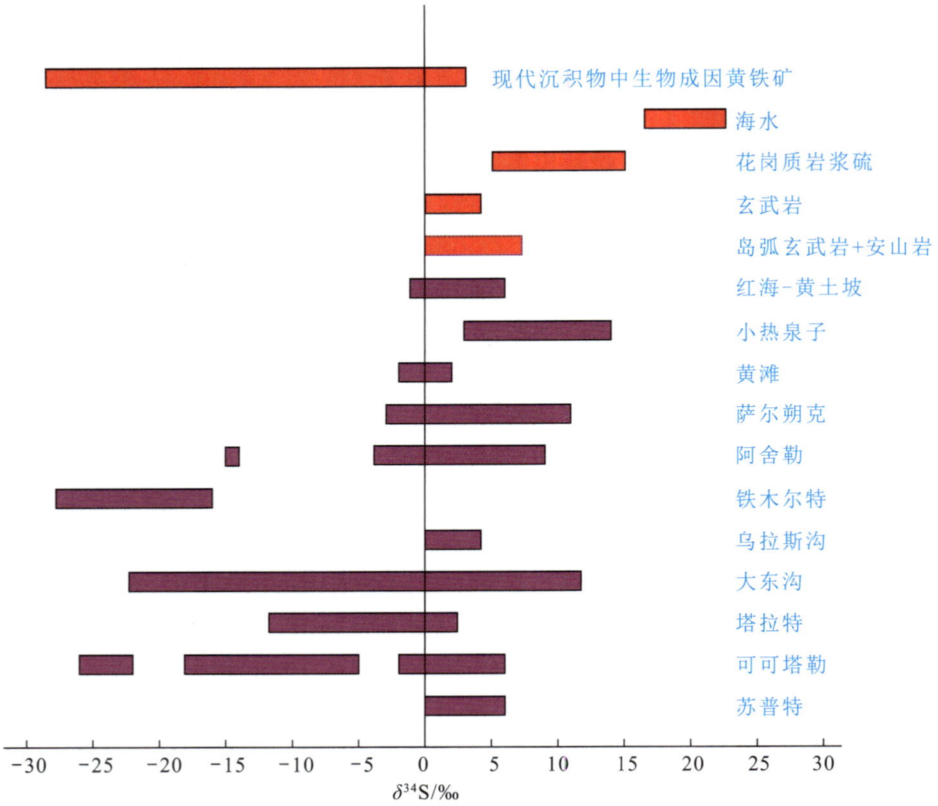

图 5-16　新疆北部 VMS 矿床硫同位素对比图

总之，新疆北部 VMS 型矿床重晶石 $\delta^{34}S$ 值为 16‰~31‰，与同时代海洋硫酸盐硫同位素相近，表明重晶石中硫来自海水硫酸盐还原硫。硫化物 $\delta^{34}S$ 值分成 3 组，其一，$\delta^{34}S$ 值集中在-3‰~6‰，峰值在 0.5‰~2.5‰之间（如萨尔朔克、苏普特、红海-黄土坡、黄滩）；其二，$\delta^{34}S$ 值变化很大，为-28‰~12‰，峰值为-25‰~7.5‰（如阿舍勒、大东沟、乌拉斯沟、铁木尔特、塔拉特、可可塔勒）；其三 $\delta^{34}S$ 值为正值，且变化较大，为 1‰~14‰，峰值为 6.5‰和 11.5‰（如小热泉子）。硫化物中硫主要是海水硫酸盐细菌还原硫和下伏火山岩，不同矿集区和矿床有所差别，阿舍勒矿集区的两个矿床硫来自火山岩；克兰矿集区和麦兹矿集区硫主要来自海水硫酸盐细菌还原作用，少量来自火山岩；卡拉塔格矿集区和小热泉子矿集区硫全部来自火山岩。

（二）碳氧同位素示踪

乌拉斯沟多金属矿、大东沟铅锌矿、萨吾斯铅锌矿和可可塔勒铅锌矿 $^{18}O_{SMOW}-\delta^{13}C_{PDB}$ 图解见图 5-17。

乌拉斯沟多金属矿 2 件绿泥石大理岩中方解石的 $\delta^{13}C_{PDB}$ 值为-1.6‰~0.1‰，$\delta^{18}O_{SMOW}$ 值为 9.4‰~10.1‰。4 件含硫化物石英方解石脉中方解石的 $\delta^{13}C_{PDB}$ 值为-6.3‰~-3.9‰，$\delta^{18}O_{SMOW}$ 值为 8.6‰~9.4‰。在 $\delta^{18}O_{SMOW}-\delta^{13}C_{PDB}$ 图解中，2 件绿泥石大理岩样品落在花岗岩区，具有火成碳酸岩的特征，明显不同海相碳酸盐岩，推断为热水沉积作用形成。4 件含硫化物石英方解石脉样品落在地幔多相体系中或边界，表明流体中碳来自深源的岩浆（可能是来自地幔的基性岩浆），在演化过程中没有与碳酸盐岩发生明显同位素交换。

大东沟铅锌矿 8 件方解石 $\delta^{13}C_{PDB}$ 值为-4.2‰~0.4‰，$\delta^{18}O_{SMOW}$ 值为 1.1‰~14.6‰（刘敏等，2008）。在 $\delta^{18}O_{SMOW}-\delta^{13}C_{PDB}$ 图解中，2 个点落在基性-超基性岩浆岩区左侧，表明受大气降水影响；5 个点落在花岗岩区右侧的沉积岩混染/高温效应方向；1 个点落在海相碳酸盐岩左侧的碳酸盐溶解作

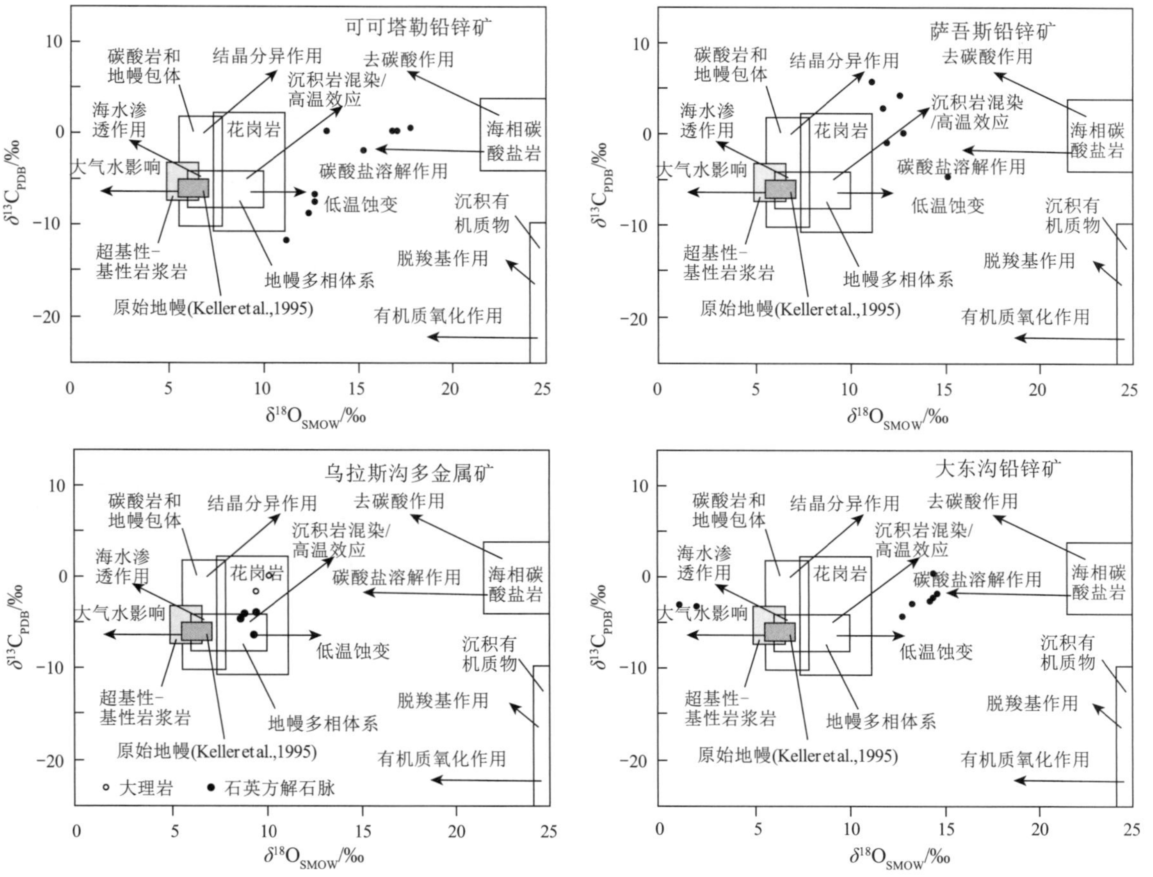

图 5-17　VMS 矿床 $\delta^{18}O_{SMOW}$-$\delta^{13}C_{PDB}$ 图解

（底图据刘家军等，2004 及相关文献；可可塔勒据王京彬等，1998；大东沟据刘敏等，2008；
萨吾斯据刘秀金等，2011；乌拉斯沟据本书）

用方向。碳氧同位素特征表明大东沟铅锌矿流体中碳来源复杂，主要来自岩浆，少量海相碳酸盐岩，受到高温效应和大气降水影响。

可可塔勒铅锌矿矿化层中的方解石 $\delta^{13}C_{PDB}$ 值为-11.6‰～-6.7‰，$\delta^{18}O_{SMOW}$ 值为 11.4‰～12.9‰；邻区非含矿的大理岩 $\delta^{13}C_{PDB}$ 值为 0.3‰～0.6‰，$\delta^{18}O_{SMOW}$ 值为 13.5‰～18.0‰（王京彬等，1998）。在 $\delta^{18}O_{SMOW}$-$\delta^{13}C_{PDB}$ 图解中，非含矿大理岩投在海相碳酸盐岩左侧的碳酸盐溶解方向，表明是在较正常的海相环境中形成。矿化层中的方解石落在花岗岩范围右侧的低温蚀变方向，暗示流体中碳来自花岗质岩浆，并受到低温蚀变影响。

萨吾斯铅锌矿硫化物石英脉的石英 CO_2 包裹体的 $\delta^{13}C_{PDB}$ 值为-4.6‰～5.9‰，$\delta^{18}O_{SMOW}$ 值为 11.3‰～15.2‰（刘秀金等，2011）。在 $\delta^{18}O_{SMOW}$-$\delta^{13}C_{PDB}$ 图解中，黑云母闪锌矿条带中石英样品落在碳酸盐溶解作用区，其他 5 件石英样品落在花岗岩左侧的沉积岩混染/高温效应方向，表明成矿物质碳主要来自花岗质岩浆，少量海相碳酸盐岩，受到高温效应影响。

总之，新疆北部不同 VMS 矿床成矿流体中碳来源不同，乌拉斯沟多金属矿流体中碳来自深源的岩浆（可能是来自地幔的基性岩浆），萨吾斯铅锌矿和大东沟铅锌矿流体中碳主要来自岩浆，少量海相碳酸盐岩，并受到高温效应和（或）大气降水影响，可可塔勒铅锌矿流体中碳来自花岗质岩浆。

（三）铅同位素示踪

阿舍勒铜锌矿喷流沉积期矿石硫化物的铅同位素组成：$^{206}Pb/^{204}Pb$ 值为 17.466～18.009、$^{207}Pb/^{204}Pb$ 值为 15.285～15.626、$^{208}Pb/^{204}Pb$ 值为 37.009～38.119。阿舍勒组第二岩性段火山岩的铅同位素组成：$^{206}Pb/^{204}Pb$ 值为 17.871～18.253、$^{207}Pb/^{204}Pb$ 值为 15.496～15.683、$^{208}Pb/^{204}Pb$ 值为 37.752～

38.214，二者铅同位素组成一致，表明矿石和火山岩有一致的铅同位素来源，成矿物质既有壳源又有幔源，以壳源为主。块状矿石中黄铁矿的$^{206}Pb/^{204}Pb$比值常小于17.8，模式年龄较老，可能反应成矿物质来自基底或洋壳重熔的再循环（陈毓川等，1996）。

萨尔朔克金多金属矿床8件矿石中硫化物样品具有均一的铅同位素组成，$^{206}Pb/^{204}Pb$、$^{207}Pb/^{204}Pb$、$^{208}Pb/^{204}Pb$值分别为17.862～17.934、15.495～15.589和37.683～37.988。其中4件方铅矿的$^{206}Pb/^{204}Pb$值为17.864～17.934，平均值为17.905；$^{207}Pb/^{204}Pb$值为15.500～15.589，平均值为15.551；$^{208}Pb/^{204}Pb$值为37.698～37.988，平均值为37.864。4件黄铁矿的$^{206}Pb/^{204}Pb$值为17.862～17.901，平均值为17.88；$^{207}Pb/^{204}Pb$值为15.495～15.547，平均值为15.518；$^{208}Pb/^{204}Pb$值为37.683～37.853，平均值为37.756。8件Pb同位素样品投点于Zartman and Doe（1981）的Pb构造模式图中，全部分布于下地壳和造山带之间并靠近造山带一侧，表明矿石Pb具有深源特点。Chen et al.（1982）将Pb同位素分为7种类型，其中第一类为低μ值（7.18）单阶段演化Pb；第二类为高μ值（9.81）演化Pb，并认为是由地幔源转入壳层演化，受壳层物质的影响。萨尔朔克金多金属矿床铅同位素组成的μ值变化范围为9.32～9.50，处于7.18～9.81之间，且更近于9.81，也可以依此判断本矿床Pb具有由地幔源转入壳层演化的特征，体现出幔壳混合来源的特点。

乌拉斯沟多金属矿8件黄铁矿的Pb同位素组成：$^{206}Pb/^{204}Pb$=17.939～18.508（平均18.255），$^{207}Pb/^{204}Pb$=15.519～15.674（平均15.578），$^{208}Pb/^{204}Pb$=37.881～38.653（平均38.209）。6件围岩样品，岩性包括大理岩、灰岩、晶屑凝灰岩、钙质粉砂岩和绿片岩，$^{206}Pb/^{204}Pb$=18.066～18.850（平均18.435），$^{207}Pb/^{204}Pb$ = 15.510 ～ 15.584（平均15.538），$^{208}Pb/^{204}Pb$ = 37.762 ～ 38.576（平均38.152），其中，2件晶屑凝灰岩$^{206}Pb/^{204}Pb$ = 18.651～18.674，$^{207}Pb/^{204}Pb$ = 15.550～15.551，$^{208}Pb/^{204}Pb$=38.541～38.576。黄铁矿Pb同位素与康布铁堡组围岩类似（卢琦园等，2018），表明成矿物质来自围岩火山-沉积岩系。

可可塔勒铅锌矿18件铁帽、方铅矿、黄铁矿样品具有相似的Pb同位素组成：$^{206}Pb/^{204}Pb$、$^{207}Pb/^{204}Pb$、$^{208}Pb/^{204}Pb$值分别为18.001～18.605（平均18.121）、15.267～15.843（平均15.584）和37.670～38.865（平均38.085）。铁木尔特多金属矿4件方铅矿$^{206}Pb/^{204}Pb$、$^{207}Pb/^{204}Pb$、$^{208}Pb/^{204}Pb$值分别为17.950～18.101（平均17.990）、15.454～15.496（平均15.478）和37.590～37.777（平均37.648）。可可塔勒和铁木尔特铅同位素稳定，在$^{206}Pb/^{204}Pb$-$^{207}Pb/^{204}Pb$图解中，落在造山带标准增长线和地幔标准增长线之间，与世界上其他VMS矿床类似，表明铅来自火山岩的淋滤作用或来自岩浆分异作用。铁木尔特矿石中铅同位素组成普遍比岩浆岩中偏低，凝灰质熔岩、流纹岩和花岗斑岩$^{206}Pb/^{204}Pb$、$^{207}Pb/^{204}Pb$、$^{208}Pb/^{204}Pb$值分别为18.313～18.516、15.563～15.567和38.170～38.502，因为在淋滤过程中放射成因铅易先被淋出（王京彬等，1998）。

红海-黄土坡铜锌矿5件层状和脉状矿体的矿石$^{206}Pb/^{204}Pb$比值为17.886～18.144，$^{207}Pb/^{204}Pb$值为15.465～15.506，$^{208}Pb/^{204}Pb$值为37.325～37.684。2件玄武岩、1件沉凝灰岩和2件黄铁矿硅化蚀变岩具有相似的Pb同位素比值，$^{206}Pb/^{204}Pb$值为18.204～18.551，$^{207}Pb/^{204}Pb$值为15.477～15.498，$^{208}Pb/^{204}Pb$值为37.623～37.81。这些样品具有相对小的$^{206}Pb/^{204}Pb$值，接近太平洋和印度洋大洋中脊玄武岩值（MORB）（分别为16.98～18.5和17.31～18.5，Zindler and Hart，1986）。在$^{206}Pb/^{204}Pb$-$^{207}Pb/^{204}Pb$图中，所有样品落在MORB区域，表明成矿物质来自地幔，在$^{206}Pb/^{204}Pb$-$^{207}Pb/^{204}Pb$图中，矿石和火山岩Pb同位素相似于地幔，$^{207}Pb/^{204}Pb$值略高于地幔。这些特征表明成矿物质主要来自地幔，这与矿体下盘具有相当高的ε_{Nd}（t）值（7.5～8.0）和相对低的I_{Sr}值（0.70459～0.70541）一致（Mao et al.，2019）。

小热泉子铜锌矿4件黄铜矿和闪锌矿$^{206}Pb/^{204}Pb$值为17.669～17.788，平均值17.719，$^{207}Pb/^{204}Pb$值为15.36～15.495，平均值15.424，$^{208}Pb/^{204}Pb$值为37.279～37.525，平均值37.396。小热泉子矿石铅同位素具有高μ值，相对壳源铅具有低的$^{206}Pb/^{204}Pb$和低的$^{207}Pb/^{204}Pb$值，与幔源铅相比具有高的μ值。在$^{206}Pb/^{204}Pb$-$^{207}Pb/^{204}Pb$铅构造模式图中，数据点分别落在下地壳和上地幔演化曲线附近，地幔源铅和地壳与地幔混合的俯冲带铅中，并靠近造山带铅，表明矿石铅同位素具有混合成因特征

（刘申态等，2011）。

总之，新疆北部 VMS 矿床矿石中硫化物的 Pb 同位素比较稳定，相对集中，$^{206}Pb/^{204}Pb$ 值为 17.466~18.605、$^{207}Pb/^{204}Pb$ 值为 15.267~15.843、$^{208}Pb/^{204}Pb$ 值为 37.009~38.865，表明成矿物质中铅为壳幔混合来源，铅来自火山岩的淋滤作用或来自岩浆分异作用。

（四）锶同位素示踪

矿石中 Sr 同位素初始值可以示踪成矿流体和成矿物质来源（Deng et al.，2016）。地壳成因的 I_{Sr} 为 0.720±0.005，地幔成因的 I_{Sr} 为 0.702±0.02（Faure，1986），不同的 I_{Sr} 值反映出成矿物质来源的差异。在开展克兰矿集区大东沟铅锌矿、乌拉斯沟多金属矿和铁木尔特多金属矿喷流沉积期硫化物（闪锌矿、黄铁矿）Rb－Sr 等时线年龄时，也计算了 I_{Sr} 值，分别为 0.710397~0.710774（平均 0.710596）、0.710178~0.710625（平均 0.710349）和 0.710549~0.710597（平均 0.710788），暗示出这些矿床的成矿物质具有壳幔混合特征。大东沟、乌拉斯沟和铁木尔特 I_{Sr} 值明显高于克兰矿集区康布铁堡组含矿岩系中流纹岩（0.70158~0.70697）和玄武岩（0.70406~0.70585），暗示成矿物质和成矿流体不完全来自容矿的火山岩系（岩浆水），部分来自深循环海水。萨尔朔克金多金属矿中 9 件凝灰岩中脉状矿化硫化物（黄铁矿和闪锌矿）I_{Sr} 值为 0.709385~0.710909，平均为 0.7102373，明显高于矿区辉绿岩（0.706687~0.707613，Yang et al.，2017）和阿舍勒矿区玄武岩 I_{Sr} 值（0.70469~0.70488，Wan et al.，2010），表明其成矿物质具有壳幔混合特征。红海－黄土坡铜锌矿 8 件硫化物（黄铁矿、黄铜矿和闪锌矿）I_{Sr} 值为 0.710070~0.710405，平均为 0.710271，表明成矿物质具有壳幔混合特征，高于矿区辉石安山岩和英安岩（0.705274~0.706977），表明成矿物质和成矿流体来自火山岩和深循环海水。

综上所述，新疆北部 VMS 矿床矿石中金属硫化物 Sr 初始值为 0.709385~0.710909，具有壳幔混合特征，并且高于同一个矿区的容矿火山岩 I_{Sr} 值（0.70158~0.707613），表明成矿物质和成矿流体来自火山岩和深循环海水。

第四节　新疆北部 VMS 矿集区成矿系统及矿床模型

一、克兰矿集区 VMS 成矿系统

克兰 Pb-Zn-Cu 矿集区是南阿尔泰 VMS 多金属成矿带 3 个矿集区之一，位于南阿尔泰的克兰盆地内（图 5-8）。NE 以克因宫断裂为界，断裂 NE 为中寒武世—早奥陶世变质岩、奥陶纪花岗岩和二叠纪花岗岩，SW 边界主要是大面积的花岗岩，在阿勒泰市附近以阿克巴斯套断裂为界，其 SW 为少量中-上志留统库鲁木提群和大面积的泥盆纪花岗岩。矿集区内出露上志留统—下泥盆统康布铁堡组和中-上泥盆统阿勒泰镇组变质火山岩系。VMS 型矿床主要有塔拉特中型铅锌铁矿、铁木尔特中型多金属矿（铅锌铜铁金矿）、大东沟铅锌矿、乌拉斯沟多金属矿（锌铜铁金）。

（一）主要矿床地质特征

1. 乌拉斯沟多金属矿

乌拉斯沟多金属矿床位于阿勒泰市 NE 向直线距离约 8 km 处（图 5-8）。1984 年，新疆有色地质勘查局七〇六队开展了矿点检查评价工作，之后经过不断的勘查，目前确定为锌铜铁金多金属矿，其中锌达到中型规模。截至 2016 年，探明铁矿石资源量为 1524×10^4 t，铜为 6.10×10^4 t，锌为 11.08×10^4 t，金为 2.41 t，银为 53.50 t（新疆有色地质勘查局七〇六队，2016）

矿床赋存于上志留统—下泥盆统康布铁堡组上亚组第二岩性段，主要岩性有绿泥石英片岩、变质流纹质晶屑凝灰岩、大理岩、变质钙质砂岩和变质凝灰质砂岩（图 5-18）。矿区未出露侵入岩体和岩脉。共圈定 16 条主要矿体，多数为隐伏矿体，可分为铁矿体、铜矿体、铁铜矿体、（铁）锌矿体、

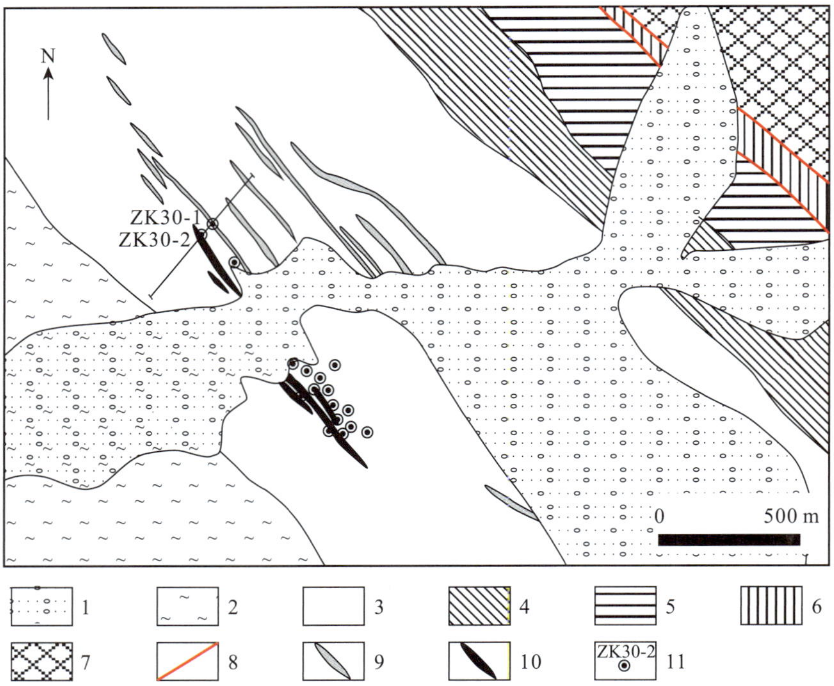

图 5-18　乌拉斯沟多金属矿区地质略图

（据新疆有色地质勘查局七〇六队，2016，有修改）

1—第四系沉积物；2—康布铁堡组上亚组第三段变凝灰岩、变沉凝灰岩；3—康布铁堡组上亚组第二段变凝灰质砂岩、变绿泥石英片岩、大理岩、砂岩；4—康布铁堡组上亚组第一段变凝灰岩、变石英片岩；5—康布铁堡组下亚组第二段变砂岩、变凝灰质砂岩；6—康布铁堡组下亚组第一段石英片岩、变凝灰岩；7—晚寒武世—早奥陶世矽线石石英片岩、二云母石英片岩；8—断层；9—铁帽；10—多金属矿体；11—钻孔及编号

铜锌矿体和金矿体（图 5-19）。矿体呈层状、透镜状，矿体大致平行，产状较陡，与地层产状一致。矿体长 50~500 m，厚 2.99~10.76 m，控制垂深大于 385 m。1 号铜矿体长 50~500 m，单工程厚度 0.6~12.8 m。NW2 为 Cu-Zn 矿体，厚 10.47 m。矿石构造主要有致密块状、块状、条带状、条纹状、浸染状、稠密浸染状、细脉状、网脉状和团块状。矿石结构主要有自形-半自形晶粒结构、他形晶粒结构、填隙结构、反应边结构、压溶交代结构、共边、熔蚀、假象结构等。矿石中金属矿物主要有磁铁矿、黄铁矿、闪锌矿、黄铜矿，少量方铅矿、磁黄铁矿、赤铜矿、白钨矿。非金属矿物主要是石英、方解石、绢云母、白云母、绿泥石、辉石、角闪石、透闪石、阳起石、绿帘石、萤石等。矿石中 Cu 平均品位 0.12%~1.13%，Zn 平均品位 0.77%~2.10%，Fe 平均品位 7.85%~23.26%，Au 平均品位 0.12~0.31 g/t，Ag 平均品位 1.69~4.45 g/t（新疆维吾尔自治区有色地质勘查局七〇六队，2016）。围岩蚀变主要有硅化、绿泥石化、绿帘石化、阳起石化、绢云母化、方解石化、黄铁矿化，个别石榴子石化、角闪石、透闪石和硅灰石化。

根据含矿层位、矿化特征、围岩蚀变、矿物组合、矿石组构和穿插关系（图 5-20，图 5-21），乌拉斯沟多金属矿床可划分出 3 个主要成矿期：①喷流沉积成矿期：进一步划分为黄铁矿-磁铁矿阶段（Ⅰ）、黄铁矿-闪锌矿-磁铁矿阶段（Ⅱ）、黄铁矿-黄铜矿阶段（Ⅲ）和石英-黄铁矿-黄铜矿-自然金阶段（Ⅳ）。其中，Ⅰ阶段为铁主要成矿阶段，主要形成致密块状石英黄铁矿磁铁矿矿石，条带状和条纹状石英（方解石）黄铁矿磁铁矿矿石、黄铁矿黄铜矿磁铁矿矿石，黑云绿泥石英片岩中条纹状黄铁矿和细粒自形黄铁矿。Ⅱ阶段为铁锌主要成矿阶段，主要形成纹层状、条带状石英（方解石）黄铁矿磁铁矿闪锌矿矿石、黄铁矿黄铜矿闪锌矿磁铁矿矿石、石英方解石闪锌矿矿石、方解石闪锌矿磁铁矿矿石等。Ⅲ阶段主要形成浸染状、细脉状黄铁矿黄铜矿分布于早阶段形成矿石中。Ⅳ阶段主要与硅化有关，形成黄铁矿黄铜矿石英（网）细脉状，Ⅲ、Ⅳ阶段是铜金主要成矿阶段。②区域-动力（剪切变形）变质期：区域变质作用造成含矿火山岩系和矿体的变形，发生绿片岩相的变质

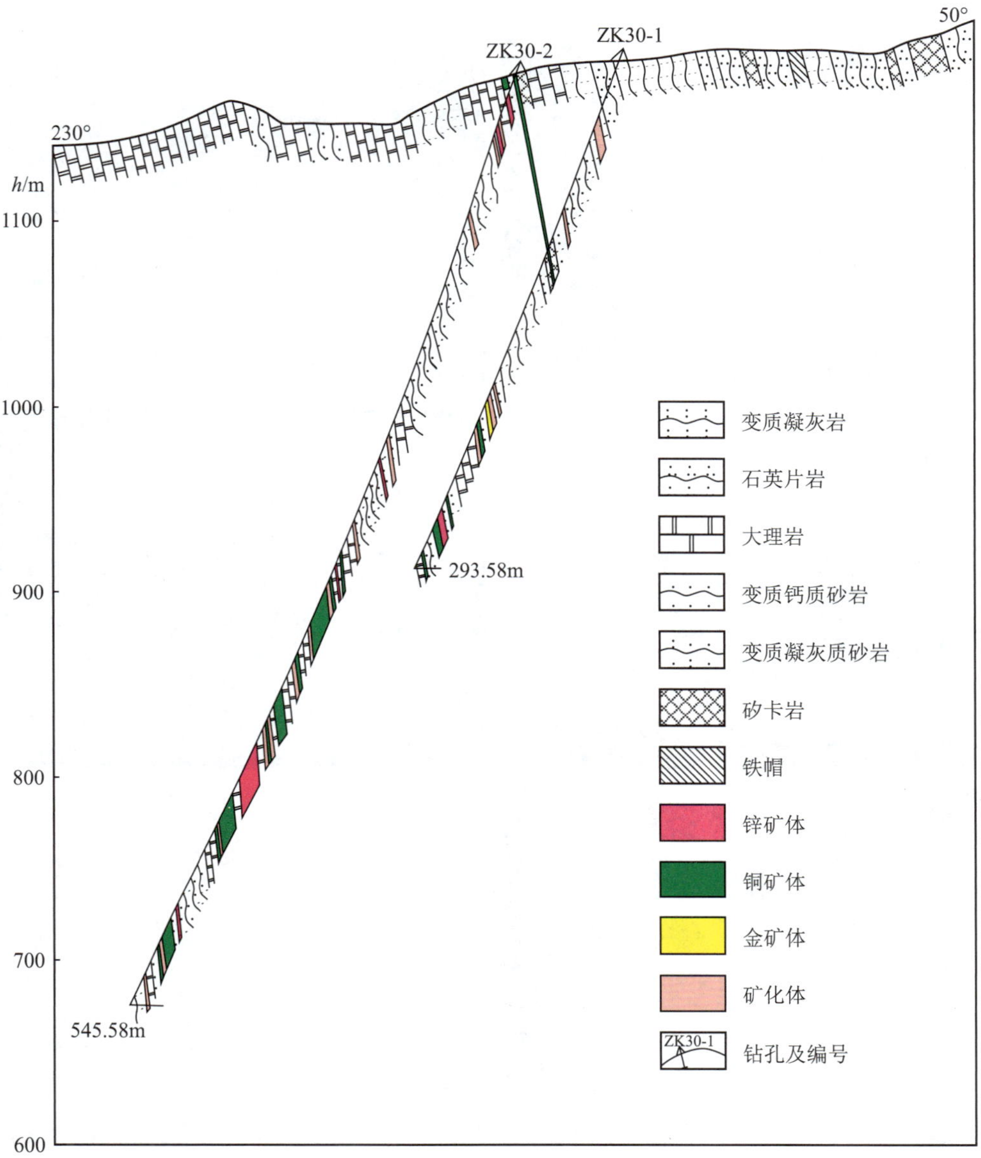

图 5-19　乌拉斯沟多金属矿 30 勘探线剖面图

（据新疆维吾尔自治区有色地质勘查局七〇六队，2016，有修改）

作用和剪切变形。该期形成的石英脉斜切早期形成的黑云绿泥石英片岩、层状矿化和脉状矿化，石英脉中亦发育少量自形程度好、颗粒粗大的黄铁矿，但期石英脉与成矿关系不大，是区域变质作用的产物。③ 表生期：地表矿石裂隙面上发生的各类次生氧化作用，形成孔雀石、蓝铜矿、褐铁矿化、赤铁矿、红锌矿、黏土矿物等，金在氧化矿中明显富集。

2. 大东沟铅锌矿

大东沟中型铅锌矿位于阿勒泰市北 12 km（图 5-8），是克兰矿集区重要的铅锌矿，1999 年由新疆维吾尔自治区有色地质勘查局七〇六队发现。该矿探明铅 5.0×10^4 t、锌 10.6×10^4 t、金 0.64 t、银 31.7 t（据新疆维吾尔自治区有色地质勘查局七〇六队，2008）。

矿区出露地层主要为上志留统—下泥盆统康布铁堡组上亚组（图 5-22）。该组分为 3 个岩性段，第一岩性段为火山碎屑岩，主要岩性是变质流纹质晶屑凝灰岩、变质流纹质凝灰岩等；第二岩性段是含矿层位，为一套碳酸盐沉积建造及碎屑岩建造，主要岩石组合是变质钙质砂岩、大理岩、不纯大理岩、黑云绿泥石片岩、铁锰质大理岩等；第三岩性段在矿区出露不全，主要岩性为变质流纹质晶屑凝灰岩。矿区已圈定 23 条铅锌矿体，矿体呈层状、似层状及透镜状赋存于变质钙质砂岩和大理岩中，

图 5-20　乌拉斯沟多金属矿各成矿阶段矿化特征

A—喷流沉积期Ⅰ阶段致密块状黄铁矿磁铁矿矿石；B—喷流沉积期Ⅰ阶段条带状黄铁矿磁铁矿矿石；C—喷流沉积期Ⅰ阶段层纹状黄铁矿分布于绿泥黑云片岩中；D—喷流沉积期Ⅱ阶段条带状黄铁矿黄铜矿磁铁矿闪锌矿矿石；E—喷流沉积期Ⅲ阶段浸染状黄铁矿黄铜矿分布于早阶段块状磁铁矿中；F—喷流沉积期中Ⅳ阶段黄铜矿石英脉穿切块状黄铁矿磁铁矿矿石；G—喷流沉积期中Ⅳ阶段与硅化有关的黄铁矿黄铜矿化；H—区域变质期石英脉斜切喷流沉积期磁铁矿矿石

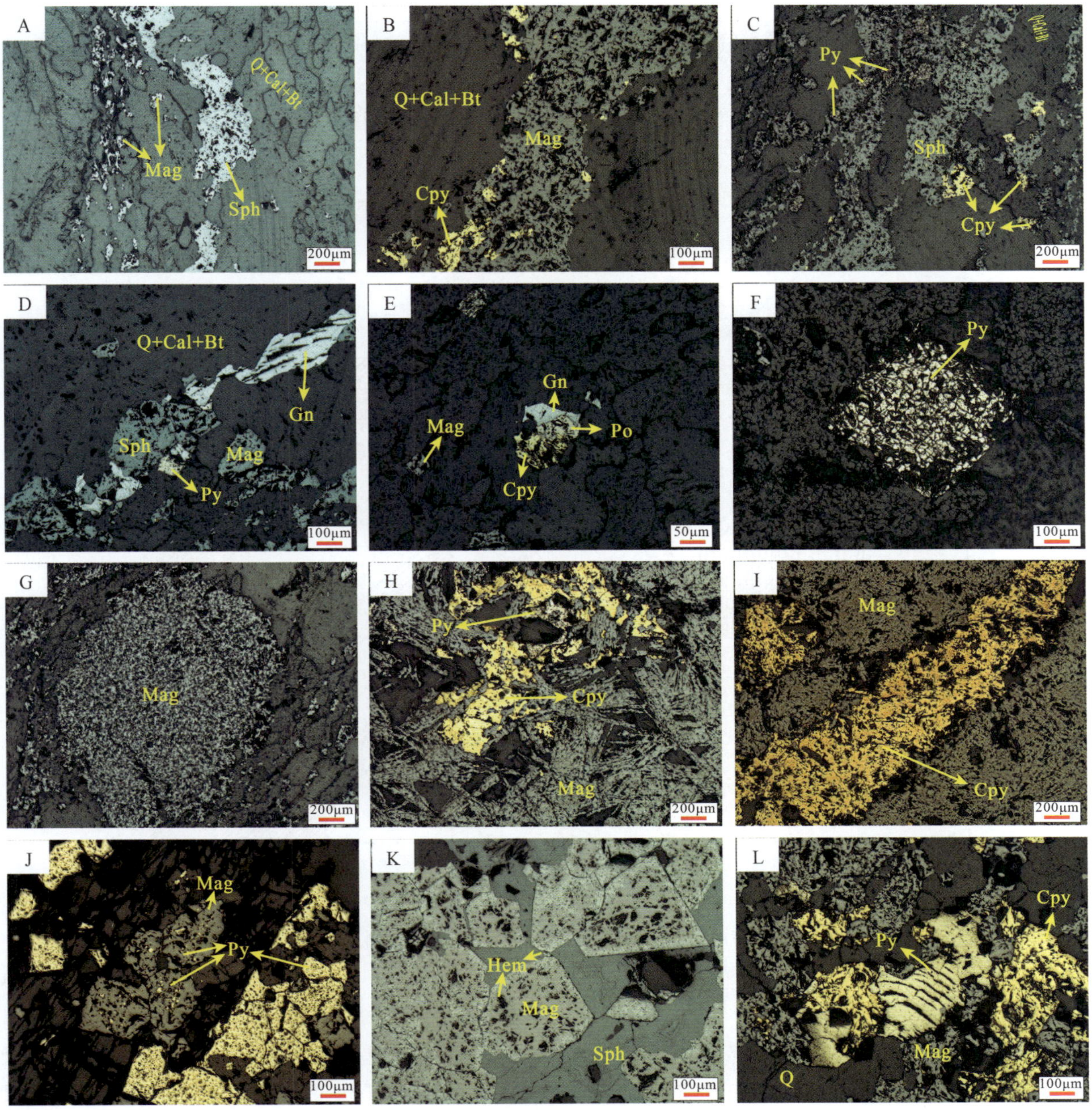

图 5-21　乌拉斯沟矿化镜下特征

A—磁铁矿+闪锌矿条带，脉石矿物条带为石英+方解石+黑云母；B—磁铁矿+黄铜矿条带，脉石矿物条带为石英+方解石+黑云母；C—黄铁矿+黄铜矿+闪锌矿条带，脉石矿物条带为石英+方解石+黑云母；D—黄铁矿+方铅矿+闪锌矿+磁铁矿条带，脉石矿物条带为石英+方解石+黑云母；E—黄铜矿、磁黄铁矿、方铅矿紧密共生；F—自形黄铁矿的压碎结构；G—条带状矿石中的磁铁矿；H—针状磁铁矿与黄铁矿黄铜矿共生；I—黄铜矿填充磁铁矿缝隙；J—磁铁矿与黄铁矿共生，黄铁矿又在粒状磁铁矿中呈固溶体结构；K—磁铁矿与闪锌矿共生，赤铁矿沿磁铁矿粒边交代磁铁矿；L—黄铁矿、黄铜矿、磁铁矿共生，黄铁矿呈胶状结构；Mag-磁铁矿；Py-黄铁矿；Cpy-黄铜矿；Po-磁黄铁矿；Sph-闪锌矿；Gn-方铅矿；Hem-赤铁矿；Q-石英；Cal-方解石；Bt-黑云母

矿体与围岩整合产出（图 5-23）。矿体一般长 100~800 m，宽 0. 18~5. 37 m，矿体沿倾斜向深部延深 588 m。矿石类型以方铅矿-闪锌矿-黄铁矿矿石、方铅矿-闪锌矿矿石为主，其次是闪锌矿-黄铁矿矿石、方铅矿-黄铁矿矿石。矿石构造主要有条纹状、条带状、致密块状、块状、浸染状、细脉状、网脉状、细脉-浸染状和团块状构造（图 5-4）。矿石结构有自形-半自形粒状结构、他形粒状结构及交代熔蚀结构。矿石中金属矿物主要有闪锌矿、方铅矿、磁铁矿、黄铁矿，其次是黄铜矿、磁黄铁矿、毒砂等。非金属矿物主要有石英、长石、绢云母、黑云母、白云母等，次之为绿泥石、绿帘石、萤石和石榴子石等。铅+锌的平均品位为 2. 7%，其中铅、锌平均品位分别为 0. 87%、1. 83%。金局部可

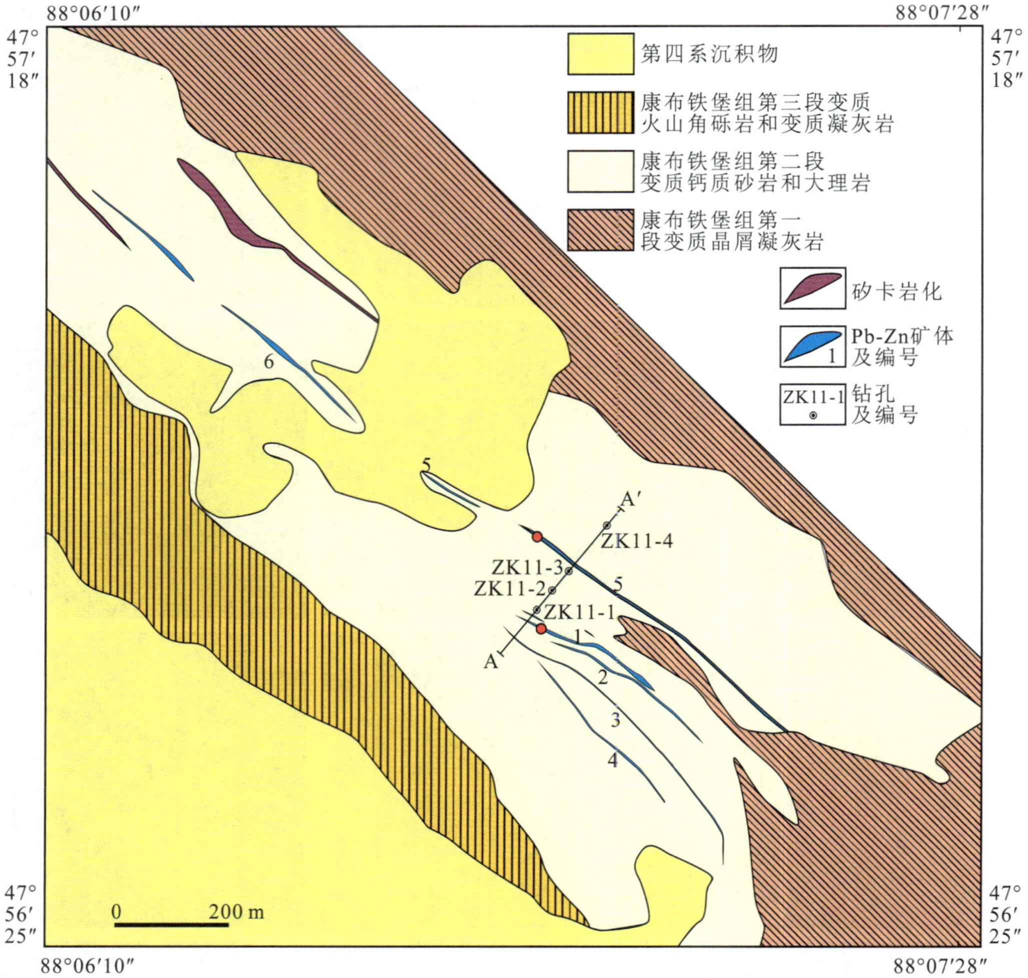

图 5-22　大东沟铅锌矿区地质略图

（据新疆维吾尔自治区有色地质勘查局七〇六队，2008，有修改）

达 6.59 g/t。

矿区热液蚀变发育，主要有硅化、黄铁矿化、绢云母化、碳酸盐化、高岭石化、矽卡岩化（阳起石、角闪石、绿帘石、绿泥石和石榴子石）（图 5-24）。矽卡岩是热液流体交代大理岩和钙质沉积岩的产物。依据不同矿化类型的野外穿插关系，以及矿石结构构造特征、产出状态及矿物组合关系，成矿过程可划分喷流沉积期、区域变质期和表生氧化期，前者是主要成矿期，形成层状和透镜状矿体、热液蚀变和补给通道相脉状矿化。石英、黄铁矿-白色石英脉或透镜体沿着绿泥石片岩的片理分布，形成于区域变质期。

3. 铁木尔特多金属矿

铁木尔特中型多金属矿床（Pb-Zn-Cu-Fe）位于阿勒泰市东北约 12 km 处，乌拉斯沟多金属矿 SE 方向约 5.2 km（图 5-8），是 1987 年被发现，目前地下开采。截至 2016 年，该矿床探明 Pb+Zn 34.98×10^4 t、铜 1.76×10^4 t、银 131×10^4 t、金 0.18t、铁矿石 584×10^4 t（新疆维吾尔自治区有色地质勘查局七〇六队，2016）。

矿区出露地层为上志留统—下泥盆统康布铁堡组上亚组和中-上泥盆统阿勒泰镇组火山-沉积岩系（图 5-25），矿体赋存于上亚组一套中酸性-酸性（以酸性为主）火山碎屑岩夹正常沉积岩系。分为 3 个岩性段：第一岩性段为变质流纹质晶屑凝灰岩、变质流纹质凝灰岩等，与大东沟铅锌矿和乌拉斯沟多金属矿相似。第二岩性段是矿区内铅、锌、铜、金、铁矿体的含矿岩系，以正常的浅海相黏土质沉积和碳酸盐沉积为主，含有少量的安山质-英安质-流纹质火山碎屑岩。主要岩性组合为大理岩、

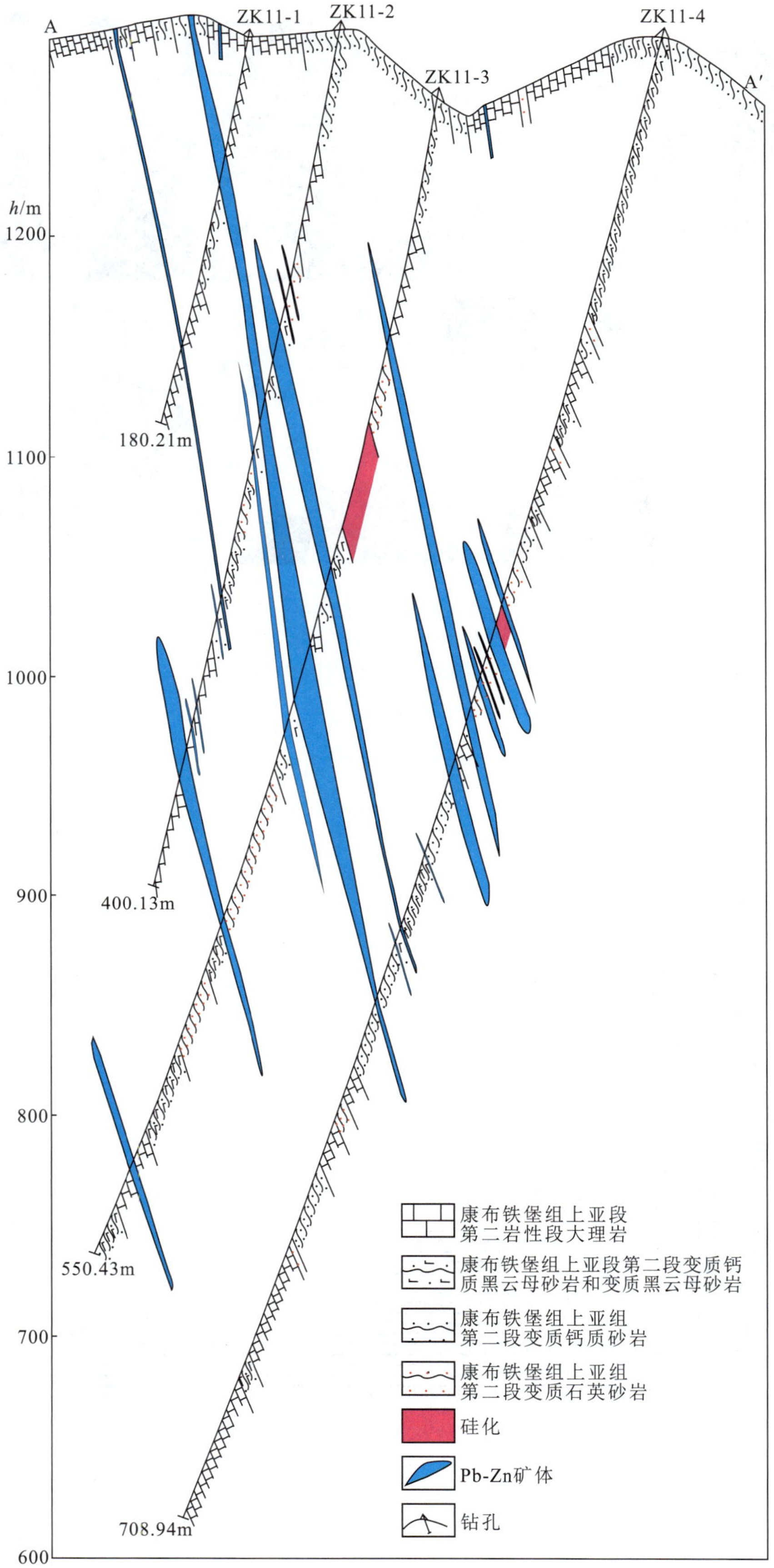

图 5-23　大东沟铅锌矿 11 勘探线剖面图
（据新疆维吾尔自治区有色地质勘查局七〇六队，2008，有修改）

图 5-24 大东沟铅锌矿蚀变特征

A—含矿地层；B—硅化、黄铁矿化和方铅矿化；C—碳酸盐脉穿插大理岩中黄铁矿脉；D—稠密浸染状黄铁矿；E—黄铁矿呈团块状分布于硅化中；F—矽卡岩化

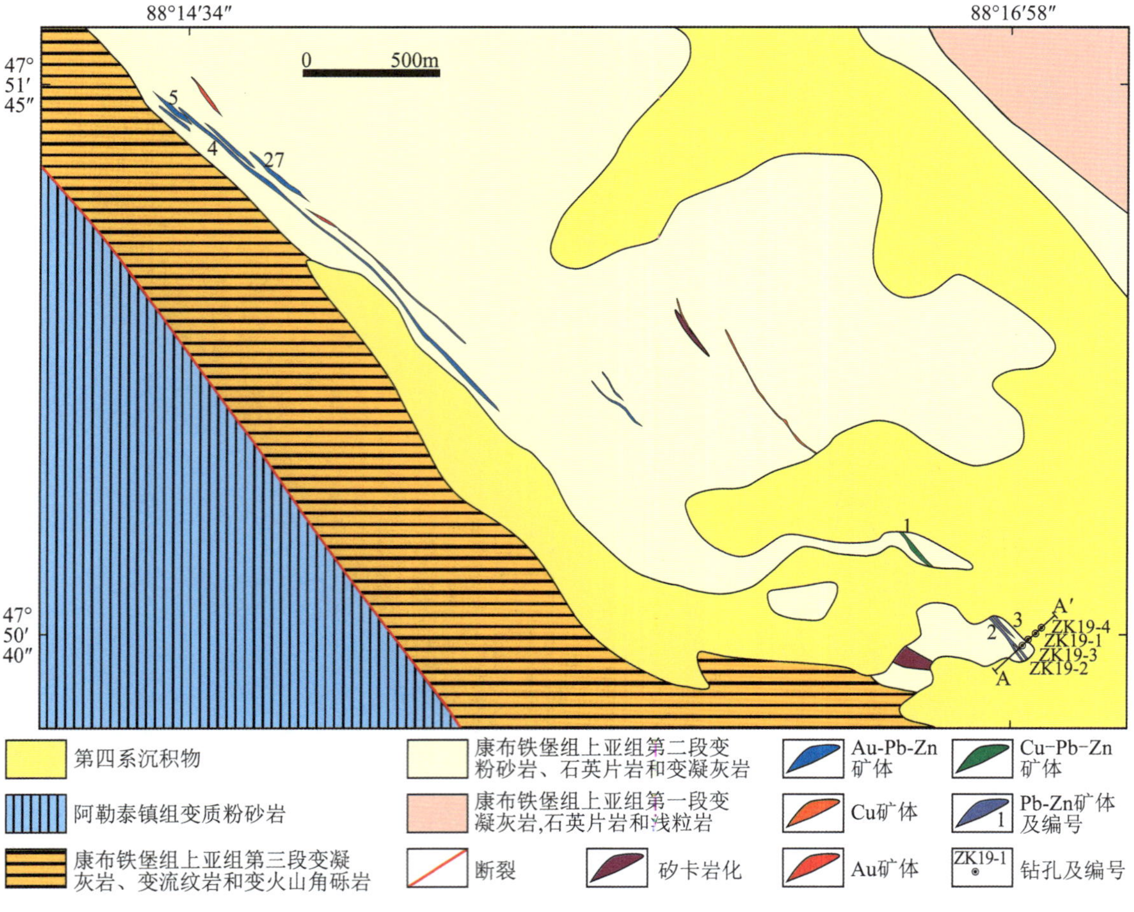

图 5-25 铁木尔特多金属矿区地质略图

（据新疆维吾尔自治区有色地质勘查局七〇六队，2016，有修改）

铁锰质大理岩、变质砂岩、变质钙质粉砂岩、绿泥石英片岩、变质流纹质晶屑凝灰岩、变质凝灰质粉砂岩，夹黑云母片岩和变质流纹岩。矿体主要赋存于大理岩及绿泥石英片岩、变质钙质粉砂岩、矽卡岩中。第三岩性段为流纹质火山碎屑沉积建造，为变质流纹质晶屑凝灰岩。

目前已在矿区圈定 30 个 Pb-Zn、Cu、Au 和 Fe 矿体，其中 1-4、6-9、27、Cu-1、Cu-2 和 Cu-7 为主要矿体。矿区分布有 4 个矿带，西带铅锌矿（165~119 线），分布有 4、5、6、7、9、13、14、27 号铅锌矿体及 Cu-2、Fe-6 号矿体；中带铜铅锌矿（119~51 线），分布有 10、11、12 号铅锌矿体，Cu-3、Cu-4、Cu-5、Cu-6、Cu-7 号铜矿体及 Fe-5、Fe-7、Fe-8 号矿体；东带铅锌矿（51~15 线）分布有 1、2、3、8 号铅锌矿体及 Fe-1、Cu-1 号矿体；东带铁矿（1~42 线），分布有 Fe-2、Fe-3、Fe-4 号铁矿体。4 号铅锌矿体控制长约 600 m，延深 250~300 m，厚 0. 88~22. 18 m，局部伴生 Au、Cu。Cu-7 号铜矿体地表长约 220 m，深部矿体真厚度 3. 25~9. 25 m，矿体赋矿岩性地表向深部 1300 m 标高为含石榴子石绿泥石化黑云母片岩，1300 m 标高向深部 1210 m 标高赋矿岩性逐渐变为矽卡岩。10 号铅锌矿体地表长约 400 m，矿体控制最大斜深 480 m，厚度 3. 13 m。Fe-4 号铁矿体深部控制长度约 100 m，最大斜深约 150 m，矿体厚度 1. 36~6. 29 m，走向两侧未探明，矿体倾向 45°~48°，倾角基本与地表一致。矿体长 50~6. 29 m，厚 0. 60~32. 60 m。矿体为似层状、透镜状、板状，沿走向分支复合、膨大缩小，向深部具有分支现象（图 5-26）。

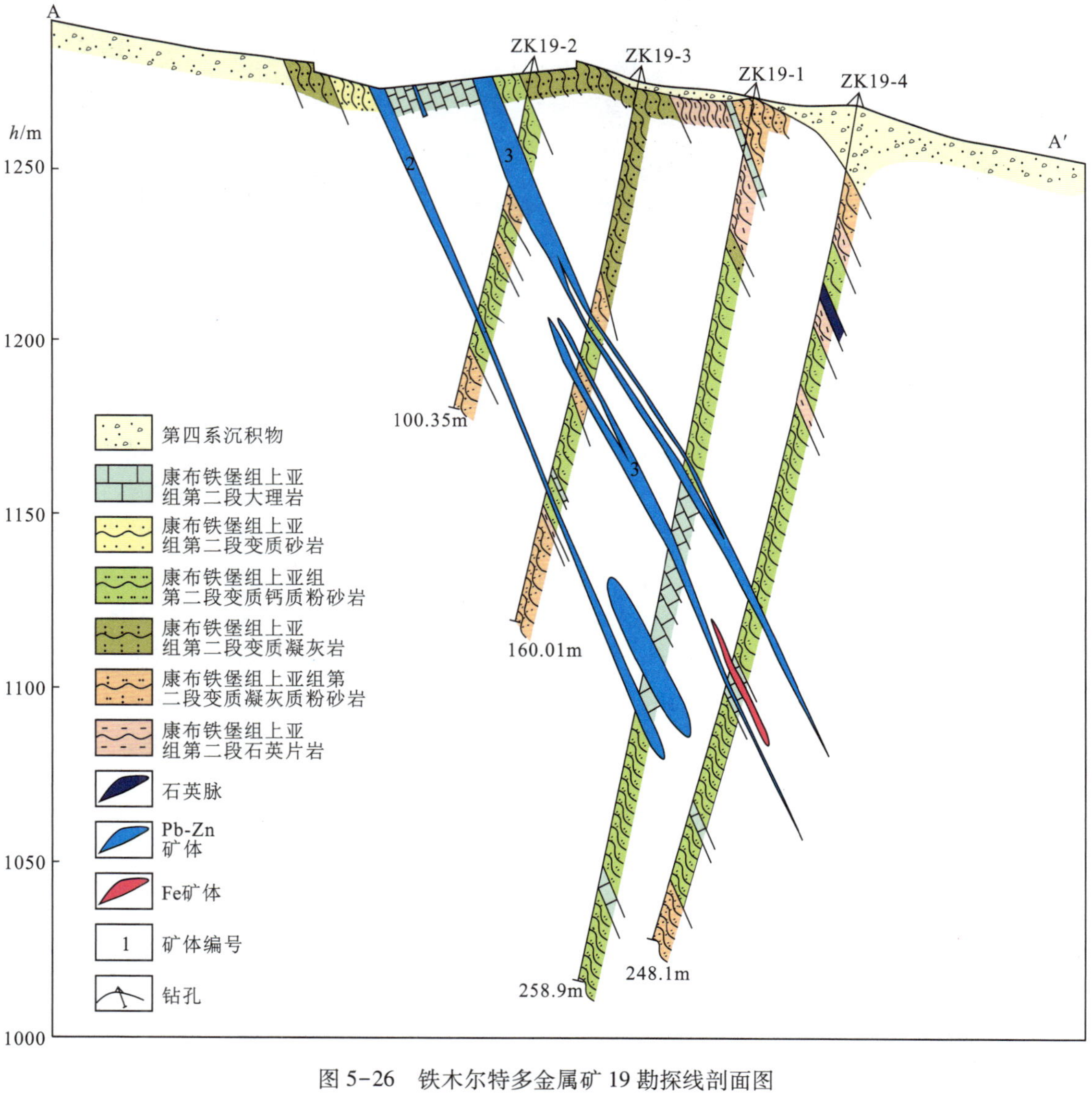

图 5-26　铁木尔特多金属矿 19 勘探线剖面图

（据新疆维吾尔自治区有色地质勘查局七〇六队，2016，有修改）

按矿物成分将矿石划分为铅锌矿石、铜矿石和铁矿石。矿石构造（图5-27）有致密块状、块状、稠密浸染状、浸染状、条带（纹）状、细脉-浸染状、细脉状、网脉状和角砾状等构造，以块状、条带状、细脉-浸染状为主。矿石结构有自形、半自形、他形粒状、填隙、溶蚀、交代溶蚀、共边、包含、固熔体分离等结构。矿石中金属矿物有方铅矿、闪锌矿、黄铜矿、磁黄铁矿、黄铁矿、磁铁矿、辉铜矿、辉铋矿、自然铋、毒砂等。非金属矿物有方解石、石英、长石、绿泥石、阳起石、透闪石、石榴子石、角闪石、绿帘石、重晶石和萤石。矿体中 Cu 平均品位为 0.12%～1.53%，Pb 平均品位为 0.16%～7.22%，Zn 平均品位为 0.49%～8.13%，Ag 平均品位为 0.28～66.18 g/t、Au 平均品位为 0.29～1.60 g/t、TFe 为 21.12%～33.97%（新疆有色地质勘查局七〇六队，2016）。

图 5-27　铁木尔特多金属矿化特征

A—黄铜矿呈致密块状；B—黄铁矿-黄铜矿-方铅矿-闪锌矿-方解石-石英呈条纹状；C—致密块状石英方铅矿闪锌矿矿石；D—黄铁矿、闪锌矿呈稠密浸染状；E—条纹状矿石发生变形；F—黄铁矿+黄铜矿呈浸染状和网脉状

围岩蚀变主要有硅化、绿泥石化、绢云母化、方解石化、黄铁矿化和矽卡岩化。硅化至少有 3 种：第一种多见于西段地表，由白色和浅肉红色石英组成，硅化一般处于断裂带及其两侧内，是多期断裂活动的产物；第二种硅化表现为矿体中石英呈浸染状或细脉状，与黄铁矿、黄铜矿、方铅矿构成沉积条带或块状构造；第三种矿体中的硅化主要呈石英细脉、方解石石英细脉、黄铁矿黄铜矿石英脉等，切穿早期的沉积条带，与铜矿化关系最密切。矽卡岩化主要矿物组合为透闪石、阳起石、石榴子石、角闪石、绿泥石、绿帘石等。矽卡岩化不均匀，很少见到成片的矽卡岩，常以薄层（厚 3～5 cm）分布于碳酸盐岩中，并伴有铜矿化。黄铁矿化最发育，有自形-他形粒状、胶状，与方铅矿、闪锌矿和黄铜矿关系复杂，既有被包裹，也有切穿后者等现象。

根据矿物组合、矿脉切穿关系、矿石组构，将成矿过程划分为喷流沉积期、矽卡岩期、区域-动力变质期和表生氧化期，喷流沉积期主要形成层状、透镜状和补给通道相脉状矿化，主要为 Pb-Zn±Au±Ag 和 Fe 矿化。矽卡岩期主要形成矽卡岩矿物，伴随矽卡岩的演化形成铜矿化，含铜石英脉（含黄铜矿黄铁矿石英脉、含黄铜矿石英脉）呈脉状或透镜状分布于石榴子石绿泥片岩或矽卡岩中，可见含铜石英脉斜切条带状、条纹状和块状方铅矿闪锌矿石。区域-动力变质期形成剪切带，地层发现变形和变质作用，喷流沉积期形成的条带状矿化发生弯曲变形（图5-28），形成少量含铜石英脉、硫化物石英脉和金矿化。表生氧化期主要是原生矿体在地表发生氧化和次生富集作用，氧化带深度一般为 10～20 m，但 1 号铅锌矿体在 39 线处受断裂影响，矿体氧化深度较大，氧化矿分布在地表至地下 70 m。该期形成的矿物主要有褐铁矿、黄钾铁矾、高岭土等黏土矿物、孔雀石、蓝铜矿、铜蓝、铅矾、白铅矿、菱锌矿、自然铜、辉铜矿等。

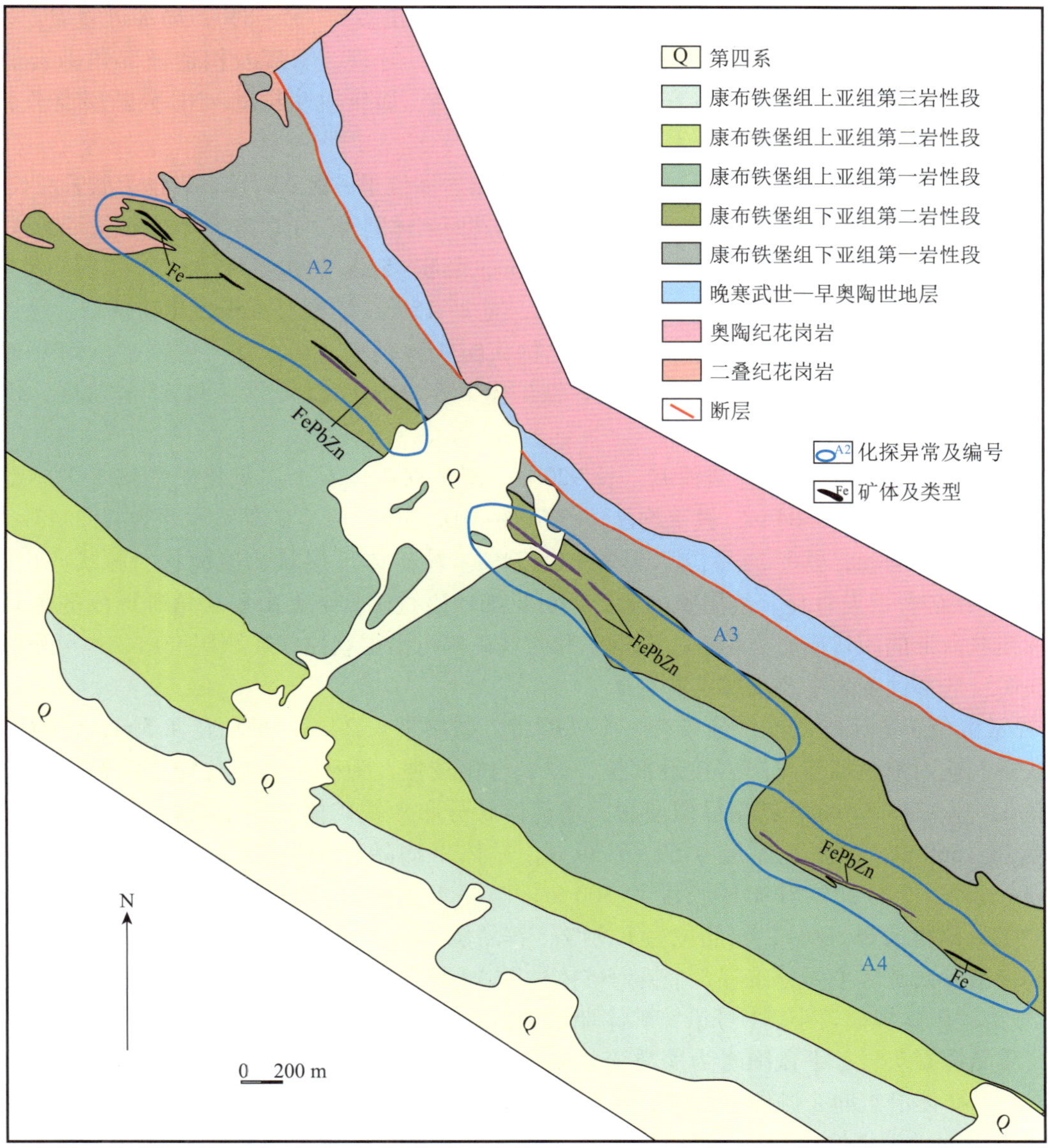

图 5-28 塔拉特铅锌铁矿区地质简图

（据新疆维吾尔自治区有色地质勘查局七〇六队，2012，有修改）

4. 塔拉特铅锌铁矿

塔拉特位于新疆阿勒泰市东南 46 km 处（图 5-8），是一个以铅锌铁为主，伴生银的多金属矿床，通过近几年的找矿勘查，铁、铅锌的资源量均已达到中型规模，具有较大的找矿潜力和资源远景。截至 2012 年，探明铁矿石量 1280. 3×10^4 t、铅锌资源量 25. 5×10^4 t，伴生银 292. 1 t（新疆维吾尔自治区有色地质勘查局七〇六队，2012）。

矿区主要出露康布铁堡组火山沉积岩系，可分为 2 个亚组，5 个岩性段。区内主要出露下亚组第一、第二岩性段和上亚组第一岩性段（图 5-28）。下亚组第一岩性段为黑云石英片岩、黑云母变粒岩、黑云斜长片麻岩等。下亚组第二岩性段为矿区内主要铅锌矿含矿层位，主要含矿岩性为黑云母变粒岩，该段中下部以中酸性火山碎屑岩及中等变质的变质英安质晶屑凝灰岩为主体，局部发育有火山角砾岩，上部为流纹质的火山喷发-沉积岩，主要岩性为沉火山角砾岩、变质沉凝灰岩、黑云母变粒岩、大理岩和黑云母片岩等，层内夹硅质岩、层状矽卡岩、铁锰质大理岩等热水沉积层。上亚组第一岩性段由多个溢流相的酸性熔岩组成，SHRIMP 测年表明，流纹岩形成于 413 ~ 407 Ma（柴凤梅等，2009）。

矿区内构造形迹最普遍的表现为岩层的高角度倾斜，倾角多为 75°~85°，局部近直立。以 NW—NWW 向延伸的线性构造为主，包括一系列倒转紧闭褶皱、片理、劈理及构造破碎角砾岩带等。另外，层间小揉皱及肠状小褶曲也很发育。NNW 向断裂构造，属压扭性断裂，NE 向断层晚于上述 2 组断层，对岩层、矿体等有破坏作用。

区内侵入岩主要为喇嘛昭岩体和阿巴宫岩体。喇嘛昭岩体位于矿区 NW 部，岩性为黑云二长花岗岩，侵位时代为早二叠世（276 Ma；王涛等，2005）。阿巴宫花岗岩体则侵位于奥陶纪（刘锋等，2008）。

塔拉特矿区 NW-SE 长 18 km，NE-SW 宽 2.5 km，面积 45 km^2，包括 A2、A3、A4、A5 共 4 个异常区。矿区分布有多个铁帽，整个铁帽带长 15 km，宽 2~15 m，铁帽有沉积硫化物铁帽、磁铁硫化物铁帽、矽卡岩型磁铁硫化物铁帽、含重晶石硫化物铁帽 4 种类型，铅、锌、磁铁矿体均分布于铁帽中。其中铁铅锌矿体主要分布 A3-A4 异常区，铁矿体主要分布在 A2 异常区和 A5 异常区，铁矿体仅局部共生铅锌矿体。

A4 异常区地表为磁铁硫化物型铁帽，长 920 m，圈定铁矿体 6 个。氧化矿平均水平厚度 1.92~8.32 m，平均厚度 1.87~8.04 m，铁平均品位 5.76%~10.19%。原生矿平均水平厚度 2.43~4.35 m，平均厚度 2.30~4.20 m，铁平均品位 7.01%~14.74%。铁矿体呈层状、透镜状、脉状产出（图 5-29）。细粒磁铁矿普遍发育显著纹层状构造，还可见细粒磁铁矿胶结火山集块角砾形成的角砾状磁铁矿石；较粗粒自形的闪锌矿、方铅矿、黄铜矿和磁铁矿等可沿层状磁铁矿顺层产出，也可呈脉状穿切层状磁铁矿，局部蚀变岩中含细脉状辉钼矿。

A2 异常区位于矿区的西段，分布有一个铁帽带，铁帽带长 2 km，平均宽 4.5 m，铁帽为沉积硫化物型铁帽，铁帽带西端与花岗岩接触部位，矽卡岩化较强，为矽卡岩硫化物型铁帽，单个铁帽长 100~660 m，宽 1.4~7.6 m，铁帽呈似层状、透镜体状分布。铁矿体分布于铁帽中，有 4 条铁矿体，铁矿体长 70~660 m，单工程厚度 0.69~7.39 m，矿体平均品位 TFe 为 26.09%~31.43%，MFe 为 7.39%~14.60%。3 号铁铅锌矿体长度约 300 m，厚度 1.23~2.37 m，平均品位 TFe 为 21.55%~29.00%，TFe 品位为 29.00%，铅品位为 1.90%，锌品位为 1.49%。

塔拉特铅锌铁矿区主要分布有 3 个铅锌矿体，以 A4 异常区的 1 号铅锌矿体规模较大，A3 异常区的 1、2 号铅锌矿体规模较小。1 号铅锌矿体地表为磁铁硫化物型铁帽（图 5-28），上盘围岩为含砾变质流纹质晶屑凝灰岩，下盘围岩为变质流纹质火山角砾岩，矿体产状同围岩基本一致。形态为层状、似层状，矿体沿走向、倾向有膨大、缩小现象（图 5-29）。矿体长 920 m，厚度 0.41~10.88 m，平均厚度 3.01 m。铅品位 0.51%~24.84%，平均 1.92%，锌品位 1.14%~13.47%，平均 2.19%。矿石中伴生银比较高，可以综合利用。成矿元素为铁、铅、锌、银。

矿石构造主要有致密块状、块状、细脉状、网脉状、条带状、纹层状、浸染状、稠密浸染状和角砾状构造。矿石结构主要有他形晶粒结构、半自形晶粒结构、侵蚀结构、骸晶结构、包含结构等。矿石中金属矿物有黄铁矿、胶状黄铁矿、（铁）闪锌矿、方铅矿、磁铁矿、赤铁矿，可见少量黄铜矿、磁黄铁矿、毒砂和微量辉钼矿。非金属矿物主要有黑云母、角闪石、透辉石、石英、白云母，其次为方解石、石榴子石、绿帘石、绿泥石、阳起石、透闪石等。

矿体及附近围岩热液蚀变较强，主要为矽卡岩化（石榴子石化、绿帘石化、阳起石化、透闪石化、绿泥石化、黑云母化）、硅化和碳酸盐化（图 5-30，图 5-31，图 5-32）。

根据塔拉特铅锌铁矿含矿岩系特征、矿体与火山沉积岩系空间关系、矿化特征、围岩蚀变、矿石组构和穿插关系，可识别出 3 个成矿期（图 5-31，图 5-32）：

1）喷流沉积期，可划分出 2 个阶段：① 喷流沉积早阶段，主要形成角砾状磁铁矿化和角砾状铅锌矿化，一般位于矿体下盘，前者表现为磁铁矿胶结流纹岩角砾，角砾状矿石中也含黄铁矿，但方铅矿与闪锌矿较少。角砾状铅锌矿化表现为闪锌矿和方铅矿胶结凝灰质火山角砾岩的角砾。该期磁铁矿和闪锌矿方铅矿可能形成于喷流通道相；② 喷流沉积晚阶段，主要形成细粒方铅矿、闪锌矿、磁铁矿、黄铁矿和磁黄铁矿。该阶段形成的矿石呈纹层状、条带状、块状、致密块状构造。细粒磁铁矿普遍发育纹层状构造或块状、致密块状构造，方铅矿+闪锌矿±黄铁矿形成纹层状及条带状构造，或 5

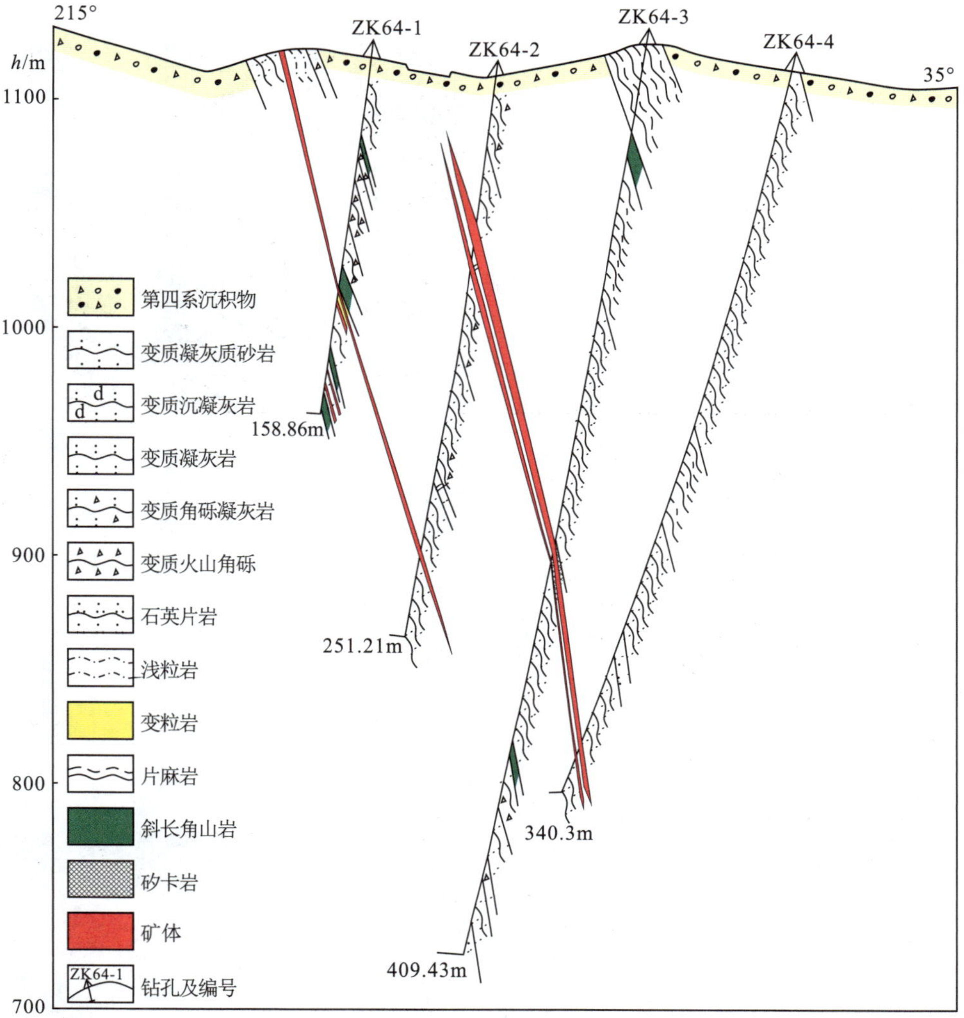

图 5-29　塔拉特铅锌铁矿 64 勘探线剖面图

（据新疆维吾尔自治区有色地质勘查局七〇六队，2012，有修改）

种金属矿物形成纹层状及条带状构造。喷流沉积晚阶段是铅锌铁主要成矿阶段。

2）区域变质期，主要形成透镜状顺层石英脉、切层石英脉、含黄铁矿石英脉。穿层石英脉表现为穿切火山角砾岩，条带状和块状铅锌矿石和铁矿石，角砾状矿石。黄铁矿稀疏浸染状分布于石英脉中，个别也含石榴子石。分布广泛，不局限于矿体周围。

3）矽卡岩期，进一步划分 3 个阶段：① 矽卡岩阶段形成石榴子石、透辉石等干矽卡岩矿物。② 退化蚀变阶段形成角闪石、透闪石、阳起石、绿帘石、石英等。这一阶段形成的矿物明显交代早期形成的矽卡岩矿物，磁铁矿在该阶段大量出现，呈块状构造，形成矽卡岩型磁铁矿石。③石英-硫化物阶段，主要形成石英脉，含硫化物（黄铁矿、粗粒方铅矿）石英脉、浸染状硫化物或硫化物脉（方铅矿、闪锌矿、黄铁矿、磁黄铁矿、黄铜矿）、石英方解石脉、含黄铁矿方解石脉。该期形成的硫化物石英脉往往沿层状铅锌矿、层状磁铁矿层分布，或沿着含矿层位中的绿泥石片岩、浅粒岩等顺层或切层分布，也分布于矽卡岩中（黄铁矿、黄铜矿细脉充填于石榴子石等脉石矿物晶间或颗粒），或方铅矿呈脉状、浸染状分布于稠密浸染状磁铁矿石中。该阶段主要形成铅锌矿。

（二）VMS 与海相火山岩型、矽卡岩型铁、铜、钨矿时空关系

1. 其他矿床类型空间分布及主要特征

克兰矿集区与海相火山作用有关的矿产丰富（图 5-8），海相火山岩型可划分为 VMS 型、矿浆-

图 5-30 塔拉特铅锌铁矿蚀变特征

A—铁白云石化；B—褐铁矿化；C—硅化、角闪石化、绿帘石化；D—硅化、碳酸盐化、石榴石化；E—H—显微镜下矽卡岩化特征：E—角闪石化，单偏光；F—绿帘石化、硅化，单偏光；G—石榴石化、角闪石化，单偏光；H—绿泥石化、阳起石化，单偏光；Mag—磁铁矿；Dol—白云石；Lm—褐铁矿；Q—石英；Ep—绿帘石；Am—角闪石；Cal—方解石；Grt—石榴子石；Chl—绿泥石；Act—阳起石

图 5-31　塔拉特铅锌铁矿各成矿期矿化特征

A—喷流沉积早阶段磁铁矿胶结流纹岩角砾；B—喷流沉积晚阶段条带状黄铁矿磁铁矿；C—石榴子石透辉石矽卡岩中自组织形成的黄铁矿；D—含黄铁矿磁铁矿的角闪石绿帘石矽卡岩，绿帘石切穿磁铁矿；E—含粗粒方铅矿黄铁矿的石英脉顺黄铁矿方铅矿层分布；F—区域变质期石英脉切穿火山角砾岩；G—矽卡岩期晚阶段角闪石透闪石交代早阶段石榴子石，区域变质期石英脉切穿矽卡岩矿物；H—矽卡岩期早阶段石榴子石交代黑云母片岩，晚阶段透闪石交代石榴子石，区域变质期石英脉切穿矽卡岩矿物

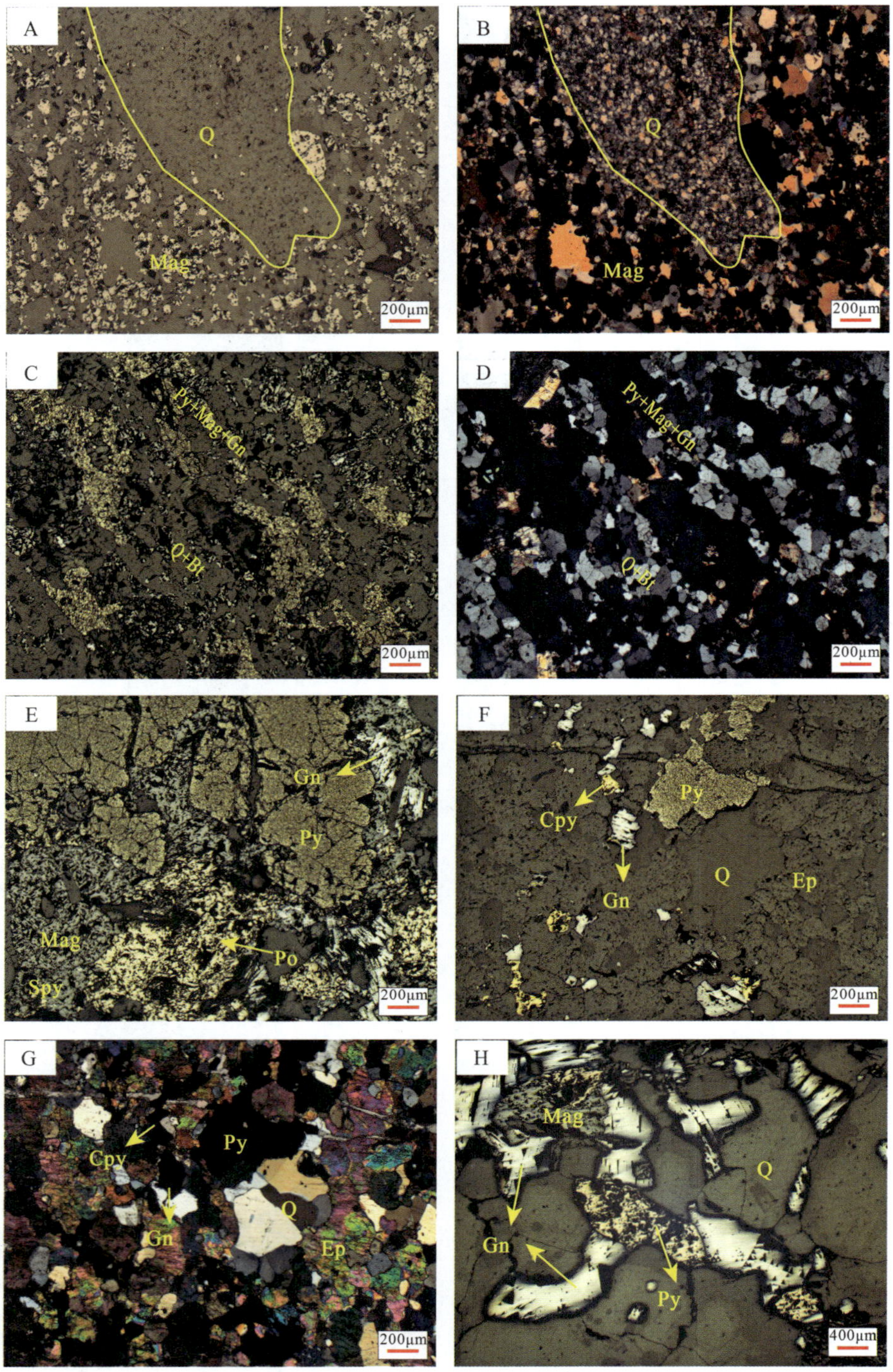

图 5-32　塔拉特铅锌铁矿各成矿期矿化微观特征

A、B—喷流沉积期早阶段磁铁矿胶结流纹质角砾，磁铁矿多为自形粒状，与少量黄铁矿共生，但无闪锌矿方铅矿，A 为反射光下图像，B 为透射正交偏光下图像；C、D—喷流沉积期晚阶段条带状矿石，金属硫化物条带成分为黄铁矿+磁铁矿+方铅矿，黄铁矿磁铁矿均呈自形粒状，被定向拉长，脉石矿物条带为石英+黑云母，C 为反射光下图像，D 为透射正交偏光下图像；E—喷流沉积期晚阶段块状黄铁矿+磁黄铁矿+磁铁矿+方铅矿+闪锌矿矿石，几种硫化物紧密共生，反射光；F、G—矽卡岩期矿化，黄铁矿与黄铜矿、方铅矿共生，在矽卡岩矿物中呈浸染状分布，F 为反射光下图像，G 为透射正交偏光下图像；H—矽卡岩期石英硫化物阶段粗粒方铅矿+黄铁矿+磁铁矿石英脉，方铅矿与黄铁矿、磁铁矿共生，粒度较粗大，反射光；

Py—黄铁矿；Mag—磁铁矿；Cpy—黄铜矿；Po—磁黄铁矿；Sph—闪锌矿；Gn—方铅矿；

Q—石英；Ep—绿帘石；Bt—黑云母

热液型（如阿巴宫-小铁山铁磷矿）、火山沉积型（如托莫尔特铁锰矿、恰夏铁铜矿）和火山热液型（如康布铁堡铁矿、红岭金铜矿、萨西金铜矿、莫尤勒特铜矿、雄库尔居尔特金矿等）。海相火山岩型矿床主要分布于阿巴宫-莫尤勒特一带的康布铁堡组上亚组火山沉积岩系中。海相火山岩型铁矿在空间上与VMS型多金属矿共生，多数成对出现，如塔拉特铅锌铁矿与阿巴宫铁磷矿、铁木尔特多金属矿与托莫尔特铁（锰）矿、恰夏铁铜矿与乌拉斯沟多金属矿。

克兰矿集区的海相火山岩型矿床赋存于康布铁堡组上亚组中第二岩性段，岩石组合为大理岩、铁锰质大理岩、变质钙质砂岩、变质钙质粉砂岩、绿泥石英片岩、变质流纹质晶屑凝灰岩、变质基性晶屑凝灰岩、变质凝灰质砂岩、变质流纹岩、变质含集块火山角砾岩、变粒岩和斜长角闪岩。矿体总体顺层，局部切层，矿化与火山活动有关。成矿元素组合主要有Fe、Fe-Mn、Fe-P、Fe-Cu、Au-Cu、Cu、Au、Pb-Zn-Fe、Pb-Zn-Cu-Fe、Zn-Cu-Fe-Au。

火山热液型金铜矿、铁矿、铜矿、金矿分布于康布铁堡村、萨西-红岭、莫尤勒特-雄库尔居尔一带，含矿岩系为康布铁堡组上亚组第二岩性段。矿化受断裂或裂隙控制，除发育块状矿化外，还发育细脉和网脉状矿化，矿化规模不大。围岩蚀变不发育，局部为绿帘石化、硅化、碳酸盐化。已发现康布铁堡铁矿、红岭金铜矿、萨西金铜矿、莫尤勒特铜矿、雄库尔居尔特金矿等。

矿浆-火山热液型主要分布在克兰矿集区阿巴宫-小铁山一带，含矿岩系为康布铁堡组上亚组第二岩性段，直接围岩为火山角砾岩、变质凝灰岩、斜长角闪岩、云母片岩、浅粒岩。矿体附近发现了大量角砾岩，包括隐爆角砾岩、碎裂岩和磁铁矿化角砾岩（磁铁矿胶结流纹岩角砾），矿区可能存在角砾岩筒，其形成与成矿有关。矿体呈透镜状、脉状，受火山断裂控制，斜切地层分布，与围岩界线清楚。矿体沿走向多有膨胀、收敛、尖灭再现、分支复合现象，在垂向上多呈漏斗状或楔状。成矿元素组合以铁、磷灰石为主，局部稀土元素达到伴生品位，空间上与塔拉特铅锌铁矿一起分布。围岩蚀变形成的矿物主要有透闪石、阳起石、绿泥石、绿帘石、钠长石、磷灰石、黄铁矿、萤石、石英、方解石，少量石榴子石。围岩蚀变略具分带性，上盘为硅化、黑云母化、绿泥石化、绿帘石化、碳酸盐化，下盘具绿帘石化、绿泥石化、角（透）闪石化和少量石榴子石化等组合的矽卡岩化。已发现阿巴宫铁磷矿、小铁山铁-磷矿。

火山沉积型分布在克兰矿集区恰夏-托莫尔特一带，含矿岩系为康布铁堡组上亚组第二岩性段，容矿岩系为绿泥（石英）片岩、变质凝灰质砂岩、变质含火山角砾凝灰岩、变质英安质凝灰岩、变质钙质粉砂岩、大理岩等。矿区发育热水沉积硅质岩、铁锰质大理岩和重晶石岩（如恰夏矿区）。铁矿化受火山岩相控制（邻近火山机构和火山-沉积洼地中心），以铁、锰、铜为主，形成铁-锰、铁-铜组合，多数矿床后期叠加成矿作用明显，空间上与VMS型铅锌矿和金矿共生。铜矿化晚于铁矿化，与矽卡岩化有关（如恰夏）。铁矿体呈似层状、透镜状，沿走向和倾向均有分支复合现象。围岩蚀变主要为硅化、绢云母化、矽卡岩化（透辉石、绿泥石、石榴子石、阳起石、透闪石）。成矿过程划分为4期，即火山沉积期、岩浆热液叠加改造期、区域变质期和氧化期。火山沉积期为主要成矿期，形成铁矿体，并伴生锰。岩浆热液叠加改造期主要与次火山岩浆侵入活动有关，如托莫尔特矿区与黑云母花岗斑岩脉有关，在灰岩中形成矽卡岩，伴有磁铁矿化和铜矿化，同时在变质粉砂岩和灰岩中形成浸染状和细脉状铜矿化。恰夏铁铜矿中铜矿化与岩浆热液叠加改造期形成的矽卡岩有关。区域变质期主要表现为矿体与围岩一期变形，火山沉积期形成的铁矿物变质成磁铁矿，同时细粒矿物重结晶成粗粒矿物。已发现托莫尔特铁（锰）矿、恰夏铁铜矿。

矽卡岩型矿床在克兰矿集区主要有近年来新发现的巴斯铁列克钨多金属矿、巴勒特尔铜矿、蒙块铜矿、加尔巴斯岛铁矿、萨尔布拉克铁矿等。克兰矿集区外围，从萨尔布拉克铁矿往东南，到科克布拉克一带有较多矽卡岩型铁矿，如霍什喀拉卡铁矿、科克布拉克铁矿等。矽卡岩型矿床分布于康布铁堡组火山沉积岩系和阿勒泰镇组与花岗岩外接触带的矽卡岩中。矽卡岩是岩浆期后热液交代灰岩形成的接触交代矽卡岩，不同于麦兹矿集区蒙库一带的类矽卡岩（岩浆热液交代火山岩形成）。矿化分布于矽卡岩和大理岩中，少量分布在花岗岩中。花岗岩时代为早泥盆世（如萨尔布拉克铁矿体附近花岗岩锆石SHRIMP U-Pb年龄为410 Ma），二叠纪（如加尔巴斯岛矿体附近花岗岩锆石SHRIMP U-Pb

年龄为 287 Ma，巴斯铁列克矿段黑云二长花岗岩锆石 LA-ICP-MS U-Pb 加权平均年龄为 263 Ma）。矿体呈层状、脉状、透镜状和不规则状，受接触带控制。矿石具有块状、浸染状、条带状、细脉状、网脉状构造。铁矿石中金属矿物主要为磁铁矿。巴斯铁列克钨多金属矿矿石中矿物种类多，主要金属矿物黄铁矿、黄铜矿、方铅矿、闪锌矿、白钨矿、黝锡矿、磁黄铁矿、螺状硫银矿、毒砂和自然铋。多个探针片中发现黝锡矿，表明该矿有很大可能共/伴生锡矿，或单独锡矿体。螺状硫银矿和自然铋的发现预示着该矿可能伴生银和铋。通过系统勘查巴斯铁列克有望成为铜锌钨锡铋银金多金属矿。围岩蚀变主要为矽卡岩化，少量硅化、黑云母化、碳酸盐化。矽卡岩矿物组合为石榴子石、透辉石、绿帘石、阳起石、绿泥石、透闪石、石英。该类型铁矿床的特点是大理岩中的磁铁矿呈浸染状、条带状、脉状分布，矿石品位高，易分选，往往形成富矿体。巴斯铁列克钨多金属矿床赋存于黑云二长花岗岩接触带康布铁堡组灰岩附近的矽卡岩中，矽卡岩带状产出，局部穿插多条伟晶岩脉。在外接触带发育 2~3 层，局部达 4~5 层矽卡岩。矽卡岩中圈出铜锌矿体、锌矿体、钨矿体、钨铜锌矿体。尽管巴斯铁列克钨多金属矿赋矿层位和 VMS 矿床相同，均为康布铁堡组上亚组，但二者空间上并不在一起（图 5-8）。

2. VMS 型多金属矿与海相火山岩型铁矿和矽卡岩型矿床内在联系

克兰矿集区 VMS 型多金属矿和海相火山岩铁型均分布于阿巴宫到乌拉斯沟一带，空间上二者相距较近，形成时代相近（表 5-2，表 5-5）。目前发现规模较大，并进行过普查和详查的 VMS 型矿床有塔拉特铅锌铁矿、铁木尔特多金属矿、乌拉斯沟多金属矿和大东沟铅锌矿，海相火山岩型铁矿有阿巴宫铁磷矿、托莫尔特铁（锰）矿、恰夏铁（铜）矿。

表 5-5　克兰矿集区铁、铜矿床年代学资料

矿床名称	岩石或矿物	测试方法	年龄/Ma	资料来源
阿巴宫铁磷矿	磁铁矿石	锆石 LA-ICP-MS U-Pb 法	402±1.8	柴凤梅未刊资料
	磁铁矿石	锆石 LA-ICP-MS U-Pb 法	404.3±2.8	柴凤梅未刊资料
	斜长角闪变粒岩	锆石 LA-ICP-MS U-Pb 法	395±2.3	杨富全等，2016
恰夏铁铜矿	闪长岩	锆石 LA-ICP-MS U-Pb 法	398.9±6.2	Li et al.，2021
托莫尔特铁锰矿	变质流纹岩	锆石 SHRIMP U-Pb 法	406.7±4.3	杨富全等，2012
	黑云母花岗斑岩	锆石 LA-ICP-MS U-Pb	401.6±0.6	杨富全等，2012
萨尔布拉克铁矿	黑云二长花岗岩	锆石 SHRIMP U-Pb 法	410±4	刘锋等，2010
蒙块铜矿	二云二长花岗岩	锆石 LA-ICP-MS U-Pb	386.7±4.8	张忠利等，2019

塔拉特铅锌铁矿和阿巴宫铁磷矿空间上相距 1 km 左右，但二者含矿层位不同，前者赋存于康布铁堡组下亚组第二岩性段，主要含矿岩性为黑云母变粒岩，其上下岩性为变质英安质晶屑凝灰岩、变质火山角砾岩、变质沉火山角砾岩、变质沉凝灰岩、大理岩和黑云母片岩。已发现了塔拉特铅锌铁矿及 A2、A3、A4、A5 异常区。地表整个铁帽带长 18 km，宽 2~15 m。铁与铅锌组合成铅锌铁矿体，也可以单独形成铁矿体和铅锌矿体，主要成矿过程经历了喷流沉积期和矽卡岩期，在每一成矿期均有铁、铅锌矿化形成，铁矿化相对形成稍早。阿巴宫铁磷矿（含小铁山）含矿层位为康布铁堡组上亚组第二岩性段，含矿岩石为变质凝灰质石英砂岩、二云母斜长片岩、斜长角闪岩及变质流纹质凝灰岩。阿巴宫是中国独一无二的赋存于海相火山岩中的铁磷矿，矿化带长 9 km，成矿与矿浆和火山热液作用有关。在阿巴宫和塔拉特矿体中均发育磁铁矿为胶结物的角砾岩，可能是隐爆作用的产物。阿巴宫海相火山岩型铁磷矿赋矿层位在塔拉特之上。总体上成矿均与海相火山作用有关，但具体成矿过程差别较大，塔拉特主成矿作用发生在喷流沉积期，早阶段以铁矿化为主，晚阶段以铅锌为主，矽卡岩期仍然形成铅锌铁化，叠加到早期矿化中。阿巴宫铁磷矿由矿浆和热液成矿作用形成，经历了 4 个阶段：细粒磷灰石-磁铁矿阶段（Ⅰ阶段）、脉状磷灰石-磁铁矿阶段（Ⅱ阶段）、石英-伟晶状磷灰石-粗粒磁铁矿阶段（Ⅲ阶段）和硫化物阶段（Ⅳ阶段），其中Ⅰ阶段的细粒磷灰石-磁铁矿阶段为主

要成矿阶段。柴凤梅等（2014）认为矿床的形成与不混溶作用的发生有关，早阶段成矿是碳酸盐围岩的加入导致富挥发分 Fe-P 熔体与富 Si 熔体发生不混溶，由富 Fe-P 熔体发生分离结晶和堆晶作用形成；晚阶段成矿是富 Fe-P 熔体演化晚期，由于减压降温导致流体出溶并发生大规模的不混溶（沸腾），即在岩浆-热液过渡阶段由熔体结晶形成。成矿元素不同，塔拉特为铅-锌-铁组合，伴生银，但阿巴宫为铁-磷组合，局部稀土达到伴生品位。阿巴宫铁磷矿含矿岩系中斜长角闪变粒岩年龄为 395 Ma，磁铁矿石中锆石 LA-ICP-MS U-Pb 为 402~404 Ma，塔拉特矿区变质流纹岩年龄为 409 Ma，层位上铅锌矿赋存在康布铁堡组下亚组第二岩性段，而阿巴宫铁磷矿赋存在康布铁堡组上亚组第二岩性段，由此推断，阿巴宫铁磷矿形成时间晚于塔拉特铅锌铁矿。

托莫尔特火山沉积型铁（锰）矿位于铁木尔特 VMS 型多金属矿东部，相距 1 km，均赋存于康布铁堡组上亚组第二岩性段。铁木尔特含矿岩石为一套含少量酸性-中酸性火山细碎屑的化学沉积和陆源细碎屑沉积岩，主要岩性为片岩，变质钙质砂岩、粉砂岩和碳酸盐岩，少量火山岩，上述 4 种岩石所占百分比分别为 27%、33%、38%和 2%，其次尚有少量硅质岩等热水沉积岩，铅锌、铁、金矿体主要分布在第二岩性段的上部，与铁锰大理岩关系密切，铜矿体与后期叠加的矽卡岩有关。铁木尔特成矿元素平面上有一定的分带性，最东段为铁矿化，SE 为铅锌矿化，中段为铜铅锌矿化，NW 段为铅锌金、金矿化。托莫尔特铁（锰）矿赋存于康布铁堡组上亚组第二岩性段绿泥片岩、变质凝灰质砂岩、变质英安质凝灰岩、变质钙质粉砂岩、大理岩中。铁木尔特多金属矿含矿火山岩系中变质凝灰岩年龄为 396~405 Ma，闪锌矿和黄铁矿 Rb-Sr 等时线年龄为 394.2±3.7 Ma，成矿时间略晚于凝灰岩年龄。托莫尔特铁（锰）矿区变质流纹岩年龄为 407 Ma，切穿矿体的黑云母花岗斑岩年龄为 402 Ma，限定铁锰成矿时间为 402~407 Ma，略早于铁木尔特 VMS 矿床形成时间。托莫尔特火山岩型铁（锰）矿和铁木尔特 VMS 型多金属矿均与海相火山作用有关，是同一成矿系统，受岩性和岩相控制，出现了喷流沉积形成 VMS 铅锌多金属矿和海相火山沉积作用形成铁锰矿。根据含矿岩系火山物质的多少判断，托莫尔特铁（锰）矿距离火山机构相对较近，铁木尔特距离火山机构相对较远。铁锰大理岩可能为热水沉积的产物，其形成与铅锌形成有关。

乌拉斯沟 VMS 型多金属矿位于恰夏火山岩型铁（铜）矿 NW 约 3 km 方向，2 个矿均赋存于康布铁堡组上亚组第二岩性段。乌拉斯沟多金属矿主要岩性为绿泥石英片岩、变质流纹质晶屑凝灰岩、大理岩、变质钙质砂岩和变质凝灰质砂岩。恰夏铁（铜）矿主要岩性为大理岩、变质钙质粉砂岩、绿泥石英片岩、变质凝灰质粉砂岩和变质晶屑凝灰岩。2 个矿的层位和含矿岩石组合完全一致，都具有同生矿的特点，恰夏火山沉积期形成条带状、条纹状铁矿和重晶石，矿区还发育强烈黄铁矿化的晶屑凝灰岩层、硅化带，这些均具有喷流沉积的特征，铜矿形成相对略晚，与矽卡岩作用有关。乌拉斯沟喷流沉积成矿期进一步划分为黄铁矿-磁铁矿阶段（Ⅰ）铁主要成矿阶段，黄铁矿-闪锌矿-磁铁矿阶段（Ⅱ）为铁锌主要成矿阶段，黄铁矿-黄铜矿阶段（Ⅲ）主要形成铜矿化，石英-黄铁矿-黄铜矿-自然金阶段（Ⅳ）主要与硅化有关，形成黄铁矿黄铜矿石英（网）细脉状。乌拉斯沟和恰夏矿床共同的特征是同生沉积作用形成铁矿化，恰夏成矿作用相对简单，铜矿化与矽卡岩化有关。乌拉斯沟成矿作用复杂，除形成铁矿还形成铁锌矿化、铜矿化和铜金矿化，Ⅰ和Ⅱ阶段形成的矿化出现在矿区不同位置，由于勘查程度低，二者的关系不清楚，有可能是喷流沉积作用在喷流成矿系统不同位置出现的矿化差异。Ⅲ和Ⅳ阶段以浸染状、细脉状、网脉状矿化，有的与硅化在一起，有的缺少硅化，可能是补给通道相形成的脉状、网脉状矿化。恰夏和乌拉斯沟应该属于同一成矿系统在不同位置显示出不同的矿化。乌拉斯沟多金属矿区变质凝灰岩年龄为 398 Ma，闪锌矿和黄铁矿 Rb-Sr 等时线年龄为 391.3±2.7 Ma，成矿略晚于凝灰岩年龄。恰夏铁铜矿中铁矿形成于火山沉积期，铜矿与闪长岩脉侵入形成的矽卡岩化有关，闪长岩年龄为 399 Ma，限定铁矿形成于 399 Ma 之前，铜矿形成略晚于 399 Ma，乌拉斯沟与恰夏相比，铁铜矿略早于 VMS 型多金属矿。

大东沟铅锌矿含矿火山岩系中变质流纹岩和变质凝灰岩年龄为 389~401 Ma，闪锌矿和黄铁矿 Rb-Sr 等时线年龄为 392±4 Ma，成矿时间与火山活动时间一致。铁木尔特和托莫尔特、乌拉斯沟和恰夏年代学表明，尽管 VMS 型多金属矿与海相火山岩型铁矿含矿层位相同，但铁矿形成时间略早于

VMS 型多金属矿。总体上 VMS 型多金属矿和海相火山岩型铁矿是同一海相火山活动与成矿事件的产物，即同一成矿系统，只是受多种因素控制，造成了成矿类型的差异和成矿元素组合的不同。

克兰矿集区发育多期矽卡岩型矿床，有早泥盆世、早二叠世和三叠纪。早泥盆世主要有矽卡岩型铁矿和铜矿，如萨尔布拉克铁矿与成矿有关的黑云二长花岗岩年龄为 410 Ma，限定成矿作用发生时间略晚于 410 Ma；蒙块铜矿与成矿有关的二云二长花岗岩年龄为 387 Ma，成矿时间略晚于 387 Ma。这 2 个矿床均位于克兰矿集区南西侧边部，尽管成矿作用也是发生在早泥盆世，但空间上和时间上与 VMS 型矿床不存在成因联系，不属于同一成矿系统。

（三）矿集区矿床模型

克兰矿集区发育多个成矿系统，包括早泥盆世与海相火山作用有关的多金属成矿系统、早泥盆世与花岗质岩浆热液有关的矽卡岩铜铁成矿系统、中泥盆世 SEDEX 铅锌成矿系统、早二叠世与花岗质岩浆热液有关的矽卡岩钨多金属和铁成矿系统、二叠纪伟晶岩型稀有金属成矿系统和三叠纪金成矿系统，其中早泥盆世与海相火山作用有关的多金属成矿系统最重要，形成多种矿化类型的海相火山岩型矿床。上志留统—下泥盆统康布铁堡组是克兰盆地乃至南阿尔泰重要的含矿岩系，在克兰矿集区该组中已发现的矿床（点）最多，也最具工业价值，这些矿床（点）的矿化类型多，包括 VMS 型铅锌矿（大东沟）、铅锌铁矿（塔拉特）、铅锌铜铁矿（铁木尔特）和锌铜铁金矿（乌拉斯沟），矿浆-火山热液型铁磷矿（阿巴宫-小铁山），火山沉积型铁铜矿（恰夏）、铁锰矿（托莫尔特），火山热液型铁矿（康布铁堡）、（铜）金矿（红岭、雄库尔居尔特）。这些矿床成矿时代一致，如大东沟、铁木尔特、乌拉斯沟、塔拉特、恰夏、铁木尔特、阿巴宫矿床均形成于 390~410 Ma，与海相火山作用时间一致，其形成均与海相火山作用有关。这些矿床受同一早泥盆世海相火山成矿系统控制，矿化类型多样，主要是受古地理、火山机构、火山断裂、物质来源和物理化学条件差异控制（图 5-33）。如矿浆-火山热液型铁磷矿受火山通道和火山断裂控制；火山热液型铁铜金矿主要受火山断裂和裂隙控制；火山沉积型铁锰矿受火山洼地控制；成矿元素的差异受洼地中流体的成矿元素含量和物理化学条件控制；VMS 型铅锌铜铁金矿受喷流通道（或补给通道）和物质来源控制，海底形成层状或透镜状块状矿体，补给通道形成脉状、网脉状矿化。克兰矿集区海相火山岩型矿化类型多样的另外一个原因是经历了区域变质作用和岩浆热液叠加改造作用，如恰夏铁铜矿，铁矿形成于火山沉积作用，铜矿与次火山岩（闪长岩脉）有关；塔拉特铅锌铁矿既有喷流沉积形成的铅锌铁矿化，又有二叠纪—三叠纪岩浆热液作用形成的矽卡岩型铅锌铁矿化；铁木尔特铅锌铜铁矿中铅锌铁矿化主要与喷流沉积作用有关，铜矿化与次火山热液活动有关。

与早泥盆世海相火山作用成矿系统同时代的还有花岗质岩浆热液作用形成的矽卡岩成矿系统，主要形成于盆地边部蒙块和萨尔布拉克一带，岩浆期后热液交代康布铁堡组灰岩，形成矽卡岩，伴随矽卡岩的演化形成铁矿（萨尔布拉克）和铜矿（蒙块）。

（四）克兰矿集区大地构造演化与成矿作用

晚寒武世—早奥陶世（500~470 Ma）古亚洲洋板块向北俯冲到西伯利亚板块的阿尔泰古陆块之下（Wang et al.，2006），为活动陆缘环境，形成火山岩和碎屑岩。在克兰矿集区一带形成了中寒武-早奥陶世（511~481 Ma）的矽线石云母片岩、变凝灰岩、斜长角闪片岩和黑云斜长角闪片岩的原岩（火山沉积岩系），这些岩石构成了克兰盆地的基底（杨富全等，2017）。中晚奥陶世（470~440 Ma）随着阿尔泰古陆块南缘活动陆缘的发育，形成陆缘弧环境的花岗岩（王涛等，2010）。462~445 Ma 期间在阿巴宫北-乌拉斯沟北东一带花岗岩侵入到中寒武世—早奥陶世火山沉积地层中（柴凤梅等，2010，杨富全等，2018）。458~413 Ma 形成了陆源碎屑岩（白哈巴组）和火山沉积岩系（中-上志留统库鲁木提群）。

晚志留世—晚泥盆世（425~354 Ma），板块俯冲增生加剧，阿尔泰古陆块随着南缘活动陆缘的发育，发生陆缘裂解（王涛等，2010）。

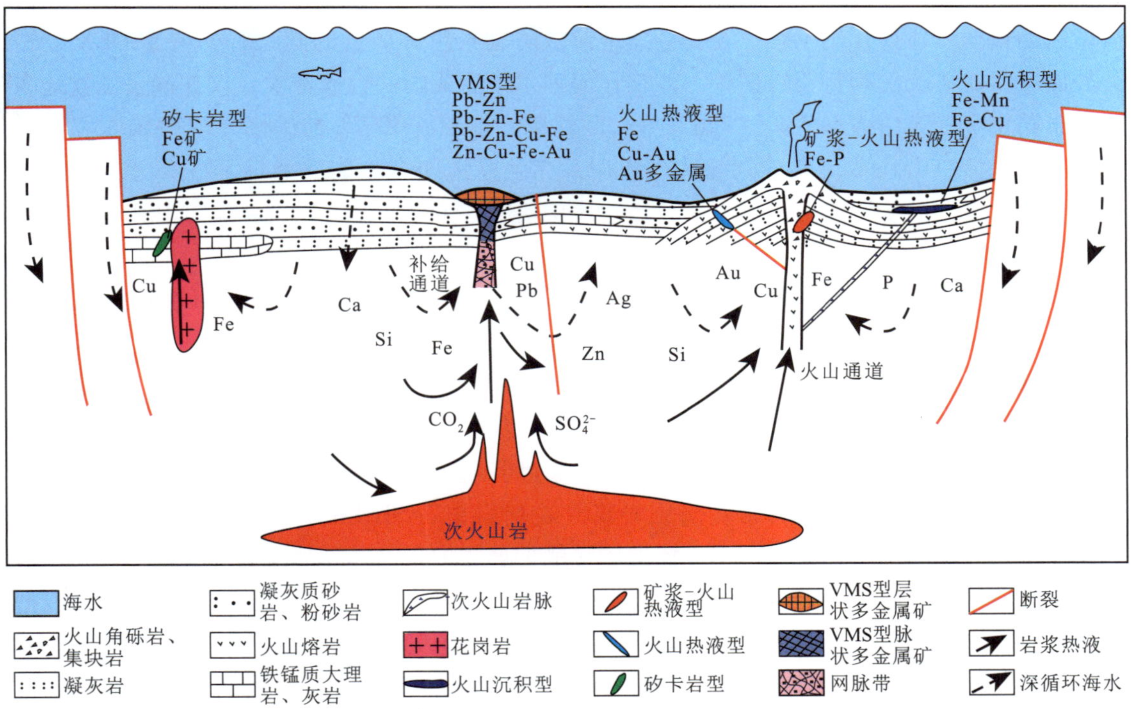

图 5-33 克兰矿集区早泥盆世矿床模型

（包括海相火山作用成矿系统和矽卡岩成矿系统）

413~382 Ma 期间克兰一带在晚寒武世—早奥陶世地层和中晚奥陶世花岗岩基底上形成陆缘拉张断陷盆地，构造上属陆缘弧后环境。俯冲板片发生裂离下沉，导致软流圈上涌，地壳物质熔融形成康布铁堡组酸性火山岩，底侵的基性岩浆形成康布铁堡组基性火山岩。克兰矿集区康布铁堡组中酸性火山碎屑岩（少量流纹岩）为主，成矿物质铅锌、铁含量较高，少量基性火山岩，成矿物质铜含量较高，导致克兰矿集区与海相火山作用有关的矿床以铅锌、铁为主，伴生铜。在火山活动间歇期，克兰矿集区不同位置、受不同控矿因素作用，形成了不同类型或不同成矿元素组合的矿产。① 塔拉特-大东沟-别斯萨拉一带含矿热液沿补给通道喷到海底低洼处，形成 VMS 型 Pb-Zn-Fe 矿（如塔拉特）、Pb-Zn-Cu-Fe 矿（如铁木尔特）、Zn-Fe-Cu-Au 矿（如乌拉斯沟）、Pb-Zn 矿（如大东沟）；② 康布铁堡村、萨西-红岭、莫尤勒特-雄库尔居尔一带含矿热液受火山断裂和裂隙控制，形成火山热液型 Fe 矿、Cu 矿、Cu-Au 矿、Au 矿；③ 阿巴宫-小铁山一带矿浆及含矿热液在火山通道和附近的火山断裂中充填，形成矿浆-火山热液型铁磷矿；④ 托莫尔特附近远离火山机构，形成火山沉积型铁锰矿；⑤ 恰夏一带首先形成火山沉积型铁矿，随后次火山岩浆侵位，伴随岩浆热液活动形成铜矿叠加到早期铁矿上。早泥盆世是克兰盆地主要成矿期。在盆地中火山喷发的同时，盆地北部和南东边部有 410~400 Ma 的岩浆侵入活动。康布铁堡组和花岗岩岩石组合及地球化学特征表明盆地内火山岩与周边同时代侵入岩形成的构造环境一致，属于活动大陆边缘陆缘弧后环境的产物。花岗质岩浆期后热液交代康布铁堡组灰岩，在外接触带形成矽卡岩型，伴随矽卡岩演化形成铜矿（蒙块）、铁矿（萨尔布拉克铁矿 410 Ma）。早泥盆世也是南阿尔泰主要成矿期，在冲乎尔盆地康布铁堡组中形成火山岩型铁锰矿（如薄克吐巴依 399 Ma）；麦兹盆地康布铁堡组下部层位赋存火山岩型和矽卡岩型铁矿（如什根特铁矿 400 Ma、蒙库铁矿 395~384 Ma、巴特巴克布拉克铁矿 389 Ma、铁木里克铁矿 389 Ma、巴利尔斯铁矿 385 Ma），上部层位形成 VMS 型铅锌矿（如萨吾斯铅锌矿 386 Ma、可可塔勒铅锌矿 398 Ma）。

380~354 Ma 在阿尔泰形成广泛分布的阿勒泰镇组，其沉积物的岩相学、地球化学特征以及碎屑锆石年代学显示，沉积物属近源沉积，主要来源于康布铁堡组长英质火山岩，其次是中寒武世—早奥陶火山岩和奥陶纪花岗岩，是弧后盆地环境产物。裂离形成的下插板片进一步扰动软流圈地幔，使之底辟上隆，形成了阿勒泰镇组枕状玄武岩、双峰式火山岩和沉积岩。阿勒泰镇组总体上以沉积岩为主，火山活动较弱，成矿作用不强。在克兰盆地形成阿勒叐组碎屑岩的同时有少量 SEDEX 型铅锌矿形成，如红墩铅锌矿、契别特铅锌矿等。该期在南阿尔泰形成的矿也非常少，仅在冲乎尔盆地 NW 延伸带形成凯勒克赛依火山岩型铁矿（376 Ma）、两棵树一带形成伟晶型铁矿化（377 Ma）。

石炭纪为碰撞造山环境，由于碰撞造山作用，克兰盆地闭合，地层隆起，石炭纪及其后地层缺失。区域上发生强烈的挤压造山作用，克兰盆地地层褶皱，形成 NW-SE 向复式向斜和断裂，局部发育韧性剪切带。

早二叠世包括克兰矿集区在内的阿尔泰造山带处于后碰撞环境。283~263 Ma 在矿集区内有将军山似斑状花岗岩（283 Ma；杨富全等，2018）、可斯尔鬼黑云二长花岗岩株（287 Ma，刘锋等，2012）、喇嘛昭黑云二长花岗岩（279 Ma，王涛等，2005）和大喀拉苏黑云母花岗岩（262 Ma）侵入到康布铁堡组和阿勒泰镇组变质火山沉积岩系。克兰矿集区东南部的塔拉特-巴斯铁列克一带黑云二长花岗岩和花岗闪长岩也在二叠纪（263~271 Ma）时期侵位。将军山似斑状花岗岩岩浆演化晚期形成含天河石伟晶岩。加尔巴斯岛一带花岗质岩浆（花岗岩锆石 SHRIMP U-Pb 年龄为 287 Ma，刘锋等，2012）侵入阿勒泰镇组，在与灰岩大捕虏体接触带形成加尔巴斯岛矽卡岩型铁矿。巴斯铁列克-克兹尔尕因一带花岗岩侵入到康布铁堡组灰岩中，形成矽卡岩，伴随矽卡岩的演化形成矽卡岩型钨铜锌金矿（辉钼矿 Re-Os 等时线年龄为 284 Ma；杨富全等，2019）。296~258 Ma 还形成伟晶岩型稀有金属矿，如小哈拉苏 Li-Nb-Ta 矿（296~257 M；秦克章等，2013；申茂德等，2016；Zhou et al.，2018）。

三叠纪阿尔泰为区域性伸展环境，区域性构造热事件导致了 Ar 同位素体系重置，含钾矿物 Ar-Ar 年龄记录了这次区域构造事件。克兰矿集区目前测定的 Ar-Ar 年龄为 217~248 Ma，如大喀拉苏伟晶岩型 Be-Nb-Ta 矿白云母 Ar-Ar 坪年龄为 248 Ma、小哈拉苏伟晶岩型 Li-Nb-Ta 矿白云母 Ar-Ar 坪年龄为 234~238 Ma、加尔巴斯岛矽卡岩型铁矿黑云母 Ar-Ar 坪年龄为 226 Ma、阿巴宫矿浆-火山热液型铁磷矿黑云母 Ar-Ar 坪年龄为 217 Ma、乌拉斯沟 VMS 型多金属矿白云母 Ar-Ar 坪年龄为 219 Ma、铁木尔特 VMS 型多金属矿黑云母 Ar-Ar 坪年龄为 240 Ma 和 235 Ma（王登红等，2002；杨富全等，2011；Zheng et al.，2012；郑义等，2013；申茂德等，2016）。这些 Ar-Ar 年龄只代表三叠纪克兰矿集区乃至整个阿尔泰存在一期分布广泛，强度较大的构造热液事件，即使成矿时期形成的云母类，其 Ar 同位素体系发生了完全重置。三叠纪形成了萨尔阔布造山型金矿，如黑云母 $^{40}Ar/^{39}Ar$ 坪年龄为 213.5 Ma（Zhang et al.，2014；郑义等，2014），含金石英脉中石英 $^{40}Ar/^{39}Ar$ 等时线年龄为 216.9~218 Ma（Xu et al.，2020）。三叠纪克兰矿集区外围有少量岩浆侵入活动，形成尚可兰碱长花岗岩，并伴随铍矿化（202 Ma，Wang et al.，2008）。阿巴宫 Be-Nb-Ta 矿伟晶岩锆石 LA-ICP-MS U-Pb 年龄为 249 Ma（Lü et al.，2012），表明成矿时代为早三叠世。大喀拉苏 Be-Nb-Ta 矿中有 1 件伟晶岩锆石和 4 件铌钽矿 LA-ICP-MS U-Pb 年龄分别为 231.8 Ma、239.6 Ma、229.0 Ma、228.1 Ma、228.4 Ma（秦克章等，2013；Zhou et al.，2016；Feng et al.，2020；凤永刚等，2021），表明该矿形成于中-晚三叠世。塔拉特铅锌铁矿石榴子石和榍石 U-Pb 年龄为 210~232 Ma（Li et al.，2018），表明三叠纪有与矽卡岩有关的叠加成矿作用。

（五）矿集区隆升与剥蚀

宋高等（2013）在克兰矿集区及周边开展了磷灰石裂变径迹研究，采集 13 件样品，其中流纹岩 1 件，中粗粒花岗岩 4 件，似斑状花岗岩 1 件，变质沉积岩 7 件。13 件样品磷灰石裂变径迹年龄在 51±5~86±5 Ma 之间，总体变化幅度较大，裂变径迹年龄远小于岩体形成时代。封闭径迹长度为 12.0±1.8~14.1±1.9 Ma，岩体形成后经历过热事件的改造。6 个样品的单颗粒年龄直方图和长度直方图分布以混合型为主，部分显示双峰式特征，均反映这些样品经历了较复杂的热演化历史。根据热历史模拟图，总体可划分为 3 个阶段：第一阶段约为 120~80 Ma 至 70 Ma，温度较高，处于磷灰石裂变径迹退火带底部温度，主体高于100℃，晚白垩世末期和古近纪初期，区域构造运动不明显，仅有微弱的升降运动，均夷作用显著。第二阶段从80~70 Ma至30~20 Ma，为快速冷却阶段，温度由85~75℃降至35~30℃，晚白垩世至中新世起，特别是中新世中晚期，由于喜马拉雅运动的影响，块断升降运动较为加强，山区上升，盆地相对下降。第三阶段从约30~20 Ma至今，缓慢冷却，温度由35~30℃降为现在的地表温度（平均20℃）。3个阶段隆升速率分别为0.025 mm/a、0.027 mm/a和0.02 mm/a；隆升幅度分别为1.14 km，1.34 km和0.43 km。根据裂变径迹所提供的数据及现有参考数值，得出地表隆升幅度介于634~2394 m之间，区内平均剥蚀量为2168 m，平均隆升量为3318 m，二者之差便是现在的平均高程1150 m。

地表隆升幅度与现今地表高程成正比，高山处地表隆升大，低谷处地表隆升小，隆升速率与年龄及隆升幅度均呈负相关的关系，年龄越大，其隆升速率反而越小。隆升速率越大，其隆升幅度反而越小，表明后期切割和剥蚀较厉害。另外，根据古地形恢复显示，均衡回弹在阿尔泰造山作用期后起着重要的作用。

二、阿舍勒矿集区VMS成矿系统

（一）主要矿床地质特征

阿舍勒矿集区位于南阿尔泰的中国和哈萨克斯坦边境，是新疆十分重要的VMS型矿集区，已发现阿舍勒大型铜锌矿、萨尔朔克中型金多金属矿、喀英德小型铜矿、桦树沟小型铜矿、齐也铜矿点、别斯铁热克南铜矿点、加曼阔依塔斯铜矿点、床阿依铜矿点、阿依托汗铜矿点、铁热克特萨依铜矿点、多拉纳勒铜矿点等（图2-1），这些矿床（点）主要与海相火山作用（包括喷流沉积作用、次火山热液作用和火山热液作用）有关。阿舍勒大型铜锌矿和萨尔朔克中型金多金属矿已在第四章进行了详细介绍，这里不再赘述，这里介绍喀英德小型铜矿和桦树沟小型铜矿。

1. 喀英德小型铜矿

喀英德小型铜矿位于阿舍勒矿区东部喀英德-阿克比依克一带，与阿舍勒矿区直线距离约3 km。该铜矿是新疆地质矿产勘查开发局区域地质调查大队在1966年1：20万哈巴河幅区调时发现的。此后，多家单位在矿区开展过找矿工作。2011年，新疆阿舍勒铜业股份有限公司完成了哈巴河县阿舍勒铜矿外围一带（喀英德）铜矿普查报告，之后又开展了多次勘查工作。

矿区主要出露下-中泥盆统阿舍勒组第一段和上泥盆统齐也组第一段，前者主要分布于矿区中南部，即Ⅰ号含铜蚀变带及Ⅵ铜矿带的东西两侧（图5-34，图5-35），主要岩性为凝灰岩、晶屑凝灰岩、霏细岩、英安岩，其次为玄武岩、安山岩夹岩屑凝灰岩、沉凝灰岩等，局部可见少量结晶灰岩透镜体。齐也组第一段岩性主要为火山角砾岩、晶屑凝灰岩、凝灰岩夹集块岩、角砾凝灰岩等。矿区及外围出露哈巴河复式岩体、辉长岩、石英霏细斑岩，少量闪长岩、闪长玢岩、石英闪长岩等。辉长岩呈块状构造，细粒辉长结构，由斜长石（50%~55%）、单斜辉石（35%~40%）、角闪石（5%~10%）、黑云母（1%~5%）和石英（2%~5%）组成。石英霏细斑岩呈近SN向分布，形态为不规则的三角形，SN向长约600 m、EW向宽约300 m。该岩体的上盘为Ⅰ号含铜破碎蚀变带、下盘为青磐岩化带。根据2011年钻探施工控制，石英霏细斑岩体下盘的青磐岩化带由地表延伸超过300 m，初步认为石英霏细斑岩体的分布控制着青磐岩化带及Ⅵ号铜矿带（崔文亚等，2011）。矿区内地层总体呈单斜，走向呈NNW向，倾向SW。矿区发育NNW向、NW向2组断裂，以NNW向断裂最为发育，断裂带两侧多形成硅化带（如Ⅱ、Ⅲ、Ⅳ号蚀变带）。

矿区共发现8条蚀变带，其中Ⅰ、Ⅵ、Ⅶ号为铜矿化蚀变带，Ⅱ、Ⅲ、Ⅳ、Ⅴ、Ⅷ为绢英岩化蚀变带；对Ⅵ号铜矿化蚀变带重点开展了深部钻探工程控制（崔文亚等，2011）。Ⅳ号铜矿化蚀变带在地表为褐铁矿化孔雀石化破碎蚀变带（图5-36），目前工程控制长度大于500 m，蚀变带宽度5~20 m。圈定4个铜矿体，呈脉状、透镜状（图5-35）。Ⅳ-1号铜矿体主要由含黄铜矿磁铁矿黄铁矿化蚀变带组成，控制长度410 m，矿体平均厚度为4.99~12.93 m，平均品位为0.30%~0.76%。其他

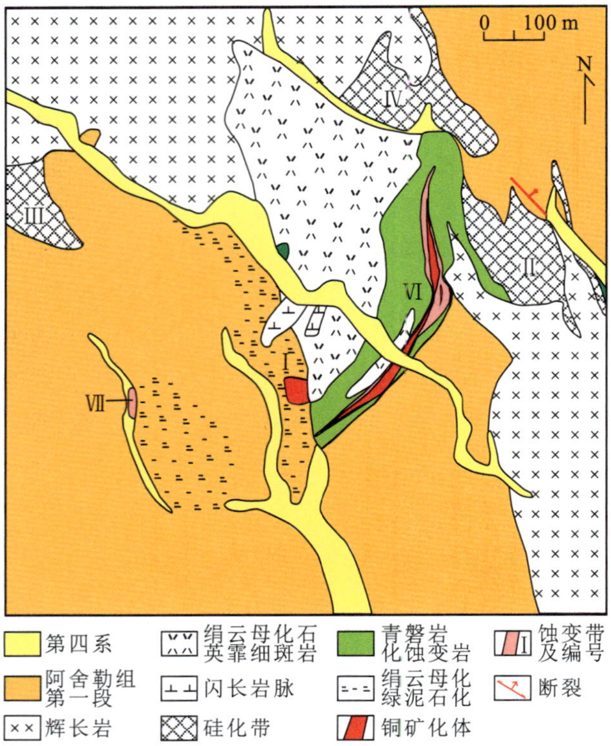

图 5-34 喀英德铜矿区地质略图

（据崔文亚等，2011）

铜矿体厚度为 1. 90～8. 13m，平均品位为 0. 3%～1. 35%。Ⅰ号矿化蚀变带中发现了 6 条小铜矿体，均产于蚀变矿化较强的构造带中，钻孔在深部也见到了部分铜矿体。矿体厚度 1～4 m，推测斜深 25～85 m，铜平均品位 0. 41%～1. 41%。Ⅶ号矿带在 ZK0002 钻孔的见矿厚度分别为 1. 40 m 和 4 m，铜平均品位为 1. 47%～0. 22%，金品位在 0. 55～1. 38 g/t，银品位在 2. 15～19. 65 g/t（崔文亚等，2011）。

热液蚀变主要有硅化、绿泥石化、绢云母化、黄铁矿化（褐铁矿化）、绿帘石化、碳酸盐化。硅化主要有 2 种形式：硅质交代和石英细脉，硅化与矿化关系密切，一般硅化越强，铜矿化越好。黄铁矿化常呈星点状分布于石英霏细斑岩体边缘及断裂破碎带中，多呈自形-半自形粒状，粒度一般小于 2 mm，其形成与热液活动有关。

2. 桦树沟铜矿

桦树沟小型铜矿（又称阿舍勒 XⅢ号和 XⅣ号矿化带）位于阿舍勒铜锌矿东南约 2. 5 km，1994～1997 年，新疆地矿局第四地质大队对该矿进行过普查。矿区出露下-中泥盆统阿舍勒组和上泥盆统齐也组（图 5-37）。阿舍勒组第一段为流纹质凝灰岩、沉凝灰岩，少量（含角砾）晶屑凝灰岩。阿舍勒组第二段为英安质晶屑凝灰岩、流纹质含晶屑凝灰岩、凝灰岩，局部夹结晶灰岩透镜体，为该矿区的含矿层位。齐也组第一段为流纹质火山角砾岩、英安质晶屑凝灰岩，少量凝灰岩。矿区断裂较发育，主要为 NNW 向和 NW 向，次为 NNE 向。前 2 组断裂规模较大，沿断裂岩石片理和劈理发育，局部有绢云母化、糜棱岩化。矿区侵入岩主要为石英钠长斑岩和英安斑岩，属次火山岩相，二者呈不规则岩墙状，侵入阿舍勒组第一段和第二段，长 300～700 m，宽 30～130 m。其他岩脉还有辉绿玢岩脉、闪长（玢）岩脉、流纹斑岩脉。

矿区圈定 2 个矿化蚀变带，XⅢ号赋存于阿舍勒第二段下亚段底部的晶屑凝灰岩及第一段上部的沉凝灰岩中。地表长约 1040 m，宽 60～160 m，圈出一个矿体，矿体上部赋存于蚀变沉凝灰岩中，下部赋存于蚀变晶屑凝灰岩中。长 233 m，厚 2. 39～19. 78 m，在 18 勘探线最厚，沿走向和倾向变薄，控制斜深 128 m（图 5-38）。矿体呈不规则透镜状，NW 向延伸，倾向上呈分支状，陡倾，倾角 83°，

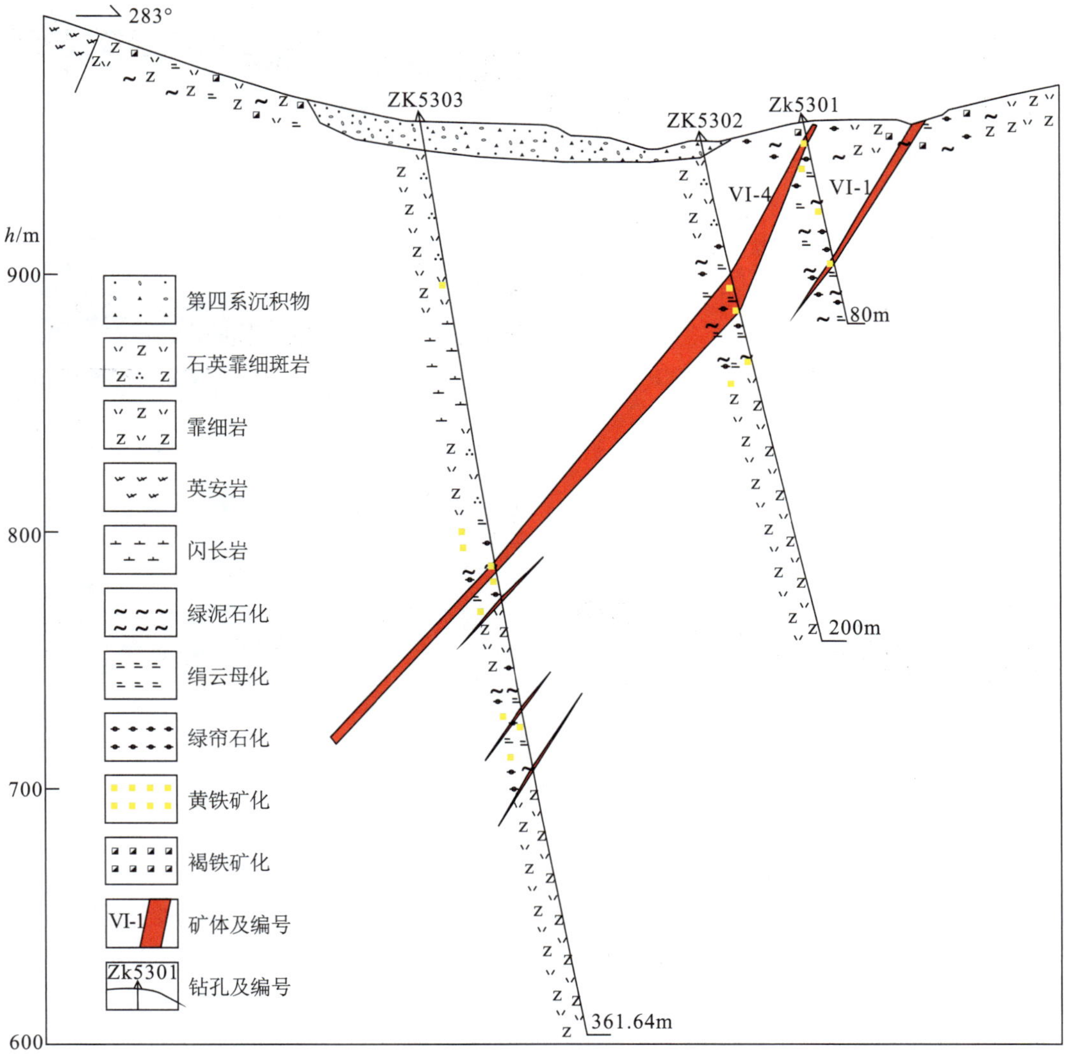

图 5-35　喀英德铜矿 53 勘探线剖面图

（据崔文亚等，2011）

向北侧伏，侧伏角 5~8°（高永峰等，1997）。XⅣ号蚀变带赋存于阿舍勒组第二段下亚段晶屑凝灰岩、凝灰岩中。地表长约 1050 m，宽 40~160 m，经地表工程控制，仅有铜矿化，钻孔证实，深部有较强的黄铁矿化，黄铜矿化较弱。

矿石具有细脉状、浸染状、细脉-浸染状构造（图 5-36），他形粒状、半自形粒状结构、自形粒状结构、交代充填结构、交代残留结构和碎裂结构。矿石中金属矿物为黄铁矿、黄铜矿、磁铁矿、孔雀石、蓝辉铜矿、褐铁矿，微量磁黄铁矿和闪锌矿。非金属矿物为石英、绿帘石、绿泥石、绢云母、透闪石、阳起石、方解石。氧化矿石铜品位为 0.59%~2.56%，原生矿石铜品位为 0.39%~3.44%，金品位为 0.13%~0.84 g/t。

热液蚀变发育，主要为硅化、绢云母化和绿帘石化，其次是黄铁矿化（褐铁矿）、绿泥石化、透闪石化、阳起石化、碳酸盐化。硅化表现为硅质交代和石英细脉、网脉沿岩石节理和裂隙分布。硅质交代最普遍，一般硅化越强，蚀变带矿化越好。绢云母化呈鳞片状分布于岩石中，与硅化呈反消长关系。

（二）成矿作用及矿集区矿床模型

阿舍勒矿集区的铜多金属矿床主要赋存于下-中泥盆统阿舍勒组火山岩系，矿化发生在喷发间断

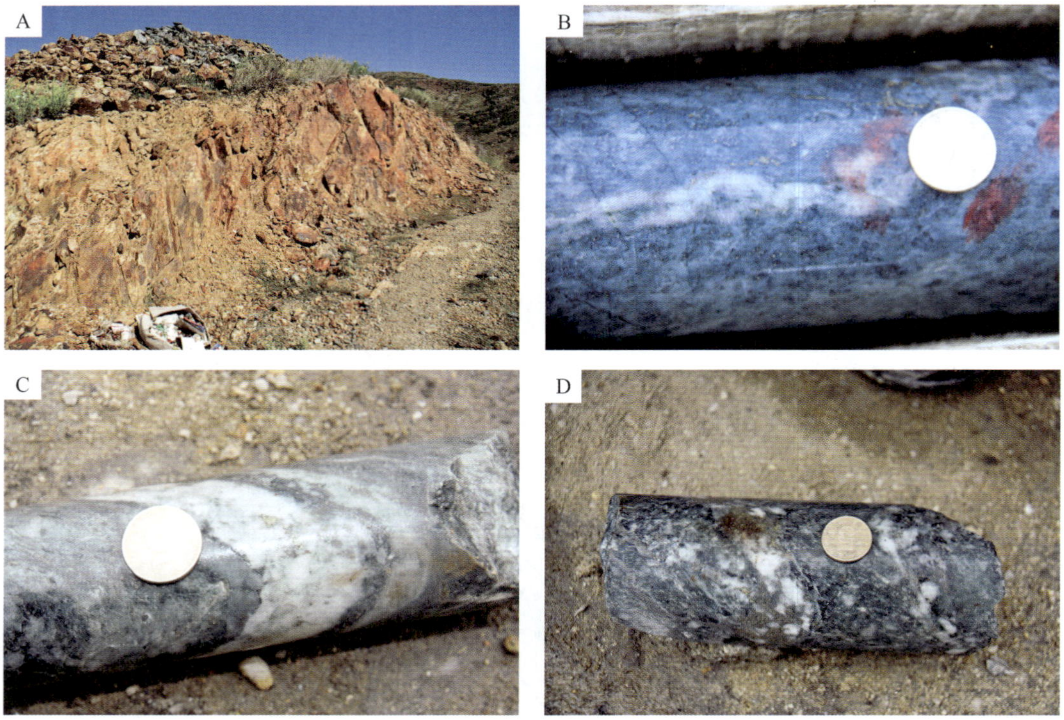

图 5-36　阿舍勒矿集区喀英德铜矿和桦树沟铜矿矿化特征

A—喀英德矿褐铁矿化凝灰岩；B—喀英德矿黄铜矿黄铁矿硅化晶屑凝灰岩；
C—桦树沟矿凝灰岩中含黄铜矿石英脉；D—桦树沟矿闪长玢岩中硅化黄铁矿化黄铜矿化

面或岩性转变部位、补给通道、次流纹岩中、英安斑岩中、石英霏细斑岩与围岩接触带、闪长岩脉接触带、断裂或裂隙带。阿舍勒铜锌矿Ⅰ号矿化带的主矿体产于玄武岩与英安岩之间的酸性凝灰岩中，有 2 种矿化类型，其一是在火山机构的斜坡及洼地喷流沉积作用形成的层状铜锌矿体，其二是补给通道中形成的具有后生热液成矿特征的含锌铜矿体，即脉状矿化，局部金富集。空间上层状矿化分布范围小于补给通道相脉状矿化，二者即有上下相连，也有走向上相接，不是简单的上部为层状矿体，下部为补给通道中的脉状矿体的二元结构。在钻孔中可以看到 2 个“双层结构”，有脉状矿化穿切主层状矿体后在其顶部凝灰岩中形成补给通道中脉状矿化，再向上又是层状或透镜状铜锌矿化，但厚度没有主层状铜锌矿体厚。阿舍勒铜锌矿Ⅱ号矿化带上部为喷流沉积形成的层状重晶石矿体，下部为补给通道中形成的铜铅锌银矿体，二者构成“双层结构”。阿舍勒铜锌矿Ⅳ号矿化出现在英安斑岩中，成矿与次火山热液活动有关。萨尔朔克金多金属矿有 2 个主要成矿阶段，早期喷流沉积阶段在阿舍勒组凝灰岩中形成层状或透镜状铜锌或铅锌矿体，发育条带状、条纹状和致密块状构造，同时在补给通道相形成脉状铜铅锌银矿化。次火山热液阶段在流纹斑岩中形成脉状铜铅锌金银矿体。喀英德铜矿化主要分布于石英霏细斑岩与地层接触带的蚀变岩中，成矿与石英霏细斑岩的热液活动有关。桦树沟铜矿化分布于晶屑凝灰岩、沉凝灰岩中，具有切层分布的后生热液成矿特点，成矿作用与火山热液或闪长岩脉的热液活动有关。

陈毓川等（1996）对阿舍勒铜锌矿的成矿物理化学条件进行了研究，认为矿区发育硅质岩表明其形成于深海还原环境，玄武岩富钠，又被称为细碧岩也是深水相的产物。阿舍勒矿集区海水沿裂隙下渗，不断萃取下伏火山岩中的 Cu、Pb、Zn、Fe、Ag、Au、Si、Ca 等进入流体中，同时火山喷气和次火山热液中的 NaCl、CO_2、H_2S、S_2 及成矿元素等与下渗海水混合，形成含矿流体。在深部次火山热源的驱动下向上运移，含矿热液沿补给通道喷发到海底，由于成矿流体压力和温度降低和海水混合，导致络合物分解和矿质沉淀，在低洼处或斜坡上形成喷流沉积型层状矿体，在补给通道、次火山岩中、接触带形成脉状、网脉状矿化，沿火山断裂运移，形成脉状矿化。

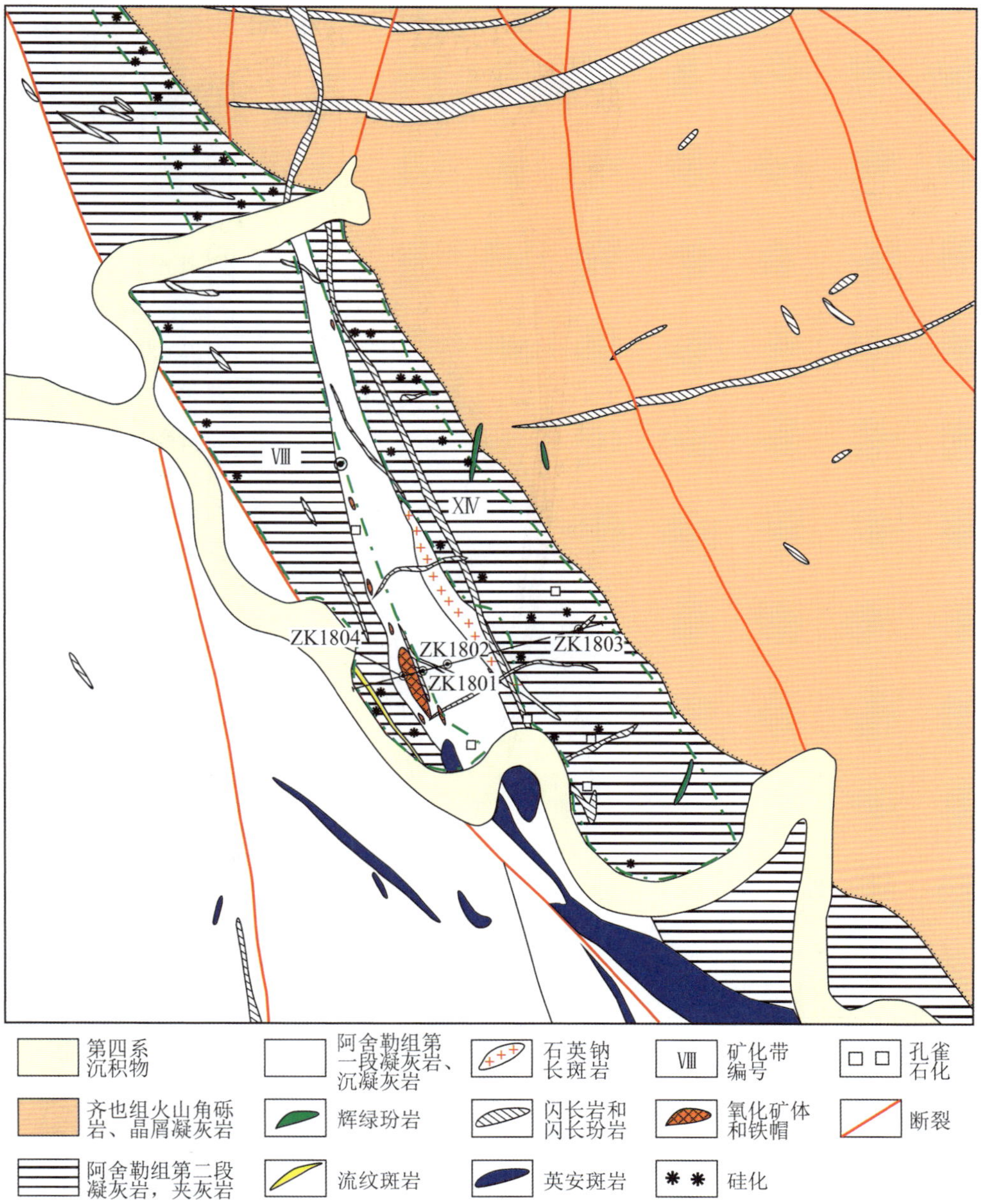

图 5-37　桦树沟铜矿区地质略图

（据高永峰等，1997）

将阿舍勒 VMS 型铜多金属矿集区火山喷发、喷流沉积、补给通道脉状矿化、次火山侵入、与次火山岩有关的矿化过程简述如下：

早-中泥盆世（406~371 Ma）在阿舍勒矿集区形成阿舍勒组火山岩系，其最早的火山活动是在萨尔朔克矿区形成玄武岩，之后是阿舍勒矿区形成英安岩。阿舍勒矿集区喷流沉积作用首先发生在阿舍勒矿区Ⅱ号矿化带，394 Ma 在海底喷流口附近的洼地形成层状重晶石矿体，在补给通道相形成脉状铜铅锌银矿化。388 Ma 左右在Ⅰ号矿化带凝灰岩喷发后喷流沉积作用形成阿舍勒铜锌矿 1 号主矿体，即层状铜锌矿体，在补给通道相形成脉状铜锌矿体，玄武岩喷发覆盖在层状铜锌矿体之上。在阿舍勒Ⅰ号矿化带成矿作用发生的同时，在萨尔朔克金多金属矿区 388 Ma 左右阿舍勒组凝灰岩中喷流沉积作用形成层状铜铅锌金矿，补给通道中形成与硅化有关的脉状铜铅锌金矿化。386~382 Ma 流纹质岩浆侵入，在凝灰岩“双层结构”附近形成流纹斑岩（次火山岩），随着次火山热液活动于 383 Ma（脉状黄铁矿 Re-Os 年龄 383 Ma，Gao et al.，2020）在流纹斑岩中形成

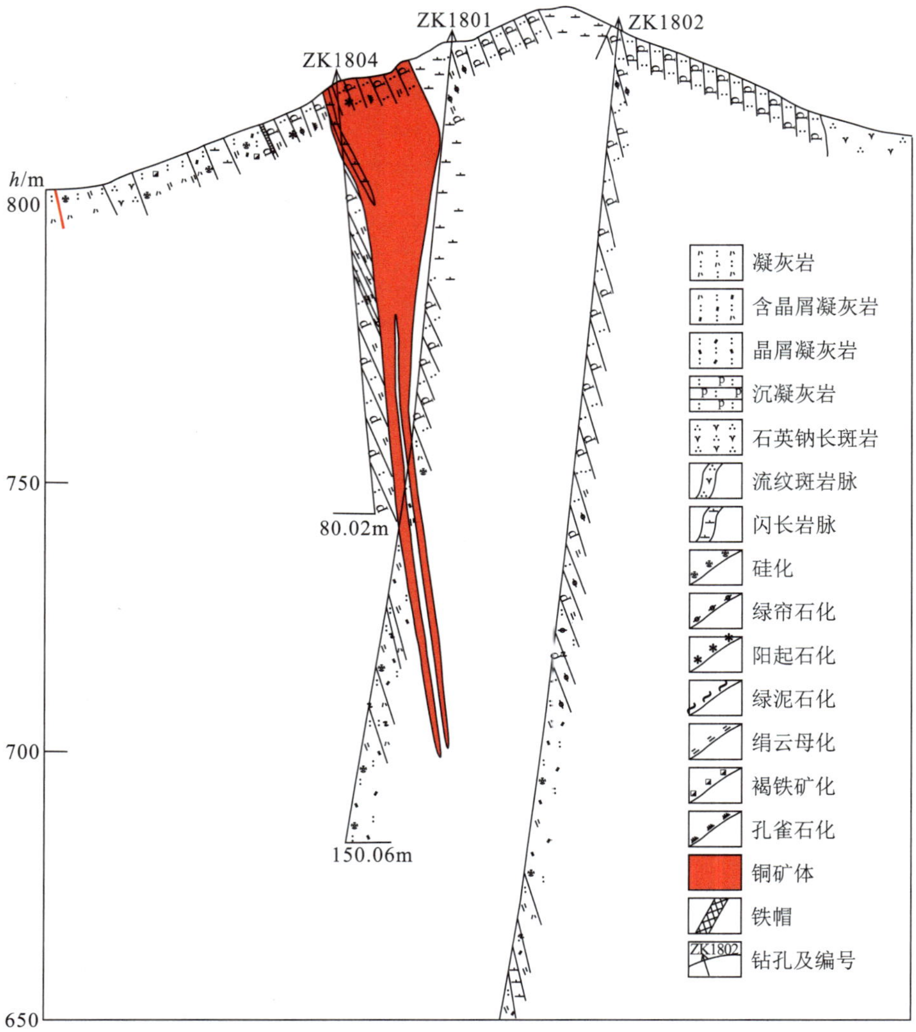

图 5-38　桦树沟铜矿 18 勘探线剖面图

（据高永峰等，1997）

脉状铜铅锌金银矿化。受温度影响，出现了矿化分带，最上部形成脉状金矿体，向下为脉状铜金（银）矿化，相对深部形成铜铅锌矿化和铅锌矿化。目前显示流纹斑岩及脉状矿化在阿舍勒组凝灰岩及脉状和局部透镜状矿体之上，其可能的机制有两种，其一，是流纹斑岩侵位于阿舍勒组脉状矿化（补给通道相）附近，区域变质变形过程中构造作用导致流纹斑岩及脉状矿化在阿舍勒组脉状矿化之上，二者之间由于应力作用形成破碎带（图 4-117）；其二，是流纹斑岩斜向侵位于阿舍勒组脉状矿化之上，后期的构造作用，由于应力作用差，在二者接触带形成破碎带，目前 2 种机制都缺乏充足的证据，还需要深入研究。381 Ma 辉绿（玢）岩脉侵入到流纹斑岩和脉状矿体中，对矿体起到破坏作用，辉绿（玢）岩脉中形成少量铜矿化，不具工业价值（Yang et al.，2014）。378 Ma 阿舍勒矿区Ⅳ号蚀变带有英安斑岩侵入，伴生次火山热液活动形成脉状铜矿化。373 Ma 在萨尔朔克矿区有花岗闪长岩脉侵入阿舍勒组火山岩中，岩脉中形成细脉浸染状黄铁矿化和硅化，目前未发现具有工业意义矿化。二叠纪时期，阿舍勒矿集区受玛尔卡库里深大断裂活动影响，发生了韧性剪切变形作用，使阿舍勒组含矿岩系、齐也组火山岩系、矿体、流纹斑岩、辉绿岩脉等发生了变形，254~251 Ma 是剪切变形的最后作用时间。

总之，阿舍勒矿集区铜多金属矿化类型及控矿因素较多，成矿元素组合复杂（Cu、Cu-Zn、Cu-Zn-Au、Cu-Pb-Zn-Au-Ag、Cu-Pb-Zn-Ag），但成因类似，均与早-中泥盆世的海相火山作用有关，均属 VMS 成矿系统，只是不同部位受到不同的控矿因素作用，造成矿化和成矿元素组合存在差别。如阿舍勒Ⅰ和Ⅱ号带主要受火山斜坡、洼地和补给通道控制；萨尔朔克除受火山斜坡、洼地和补给通道控制外，还受流纹斑岩控制；阿舍勒Ⅳ号带和喀英德铜矿主要受次火山热液活动和接触带控制；桦树沟铜矿受火山热液和断裂构造控制。

以上述成矿特征为基础，建立了矿集区尺度 VMS 成矿系统的矿床模型，如图 5-39。

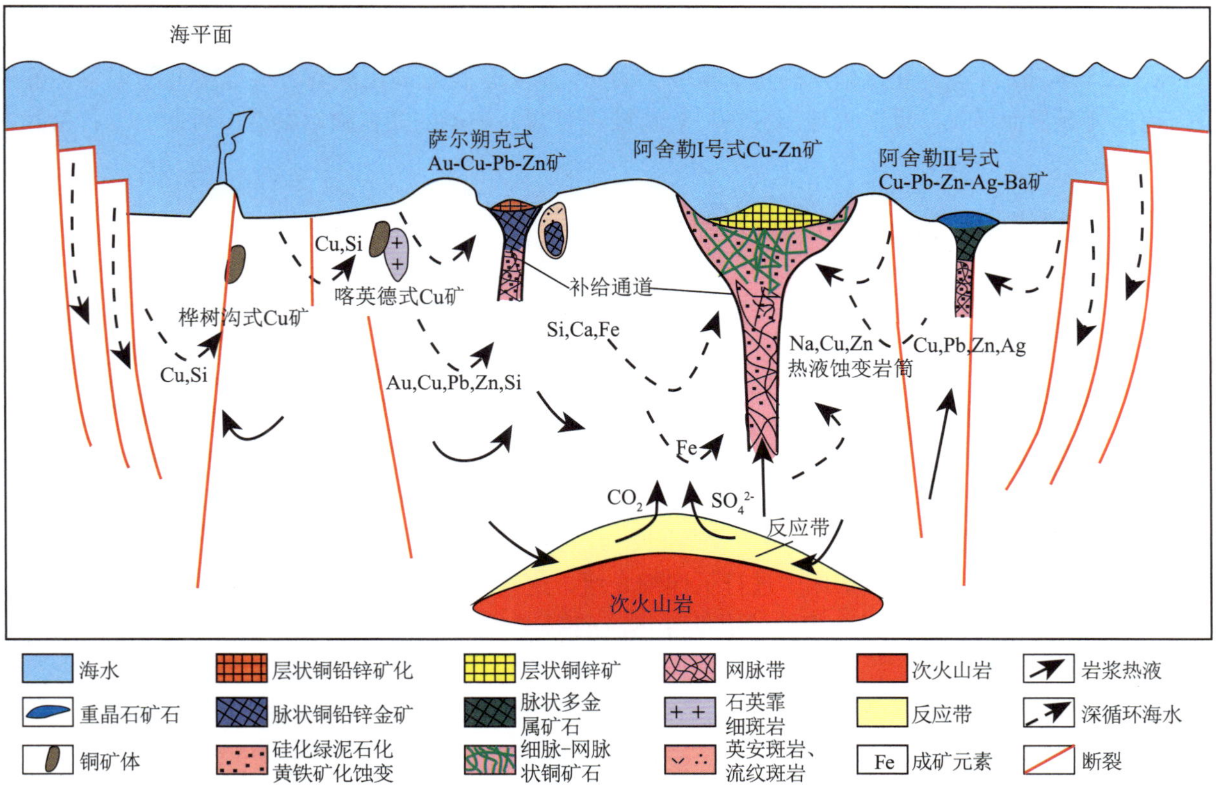

图 5-39　阿舍勒矿集区 VMS 型成矿系统矿床模型

（三）矿集区隆升与剥蚀

阿舍勒矿集区位于哈巴河岩基的 NW 向（图 1-3），矿集区火山活动时间为早-中泥盆世（371~406 Ma，本书）。哈巴河岩基是个多期活动的复式岩体，中粒似斑状英云闪长岩年龄为 386 Ma、细中粒英云闪长岩年龄为 375 Ma、花岗闪长岩年龄为 388 Ma 和 389 Ma、二长花岗岩年龄为 404 Ma、侵入哈巴河岩体的辉绿岩脉年龄为 375 Ma，由此确定哈巴河岩基岩浆活动时间为 375~404 Ma（Cai et al.，2010；Cai et al.，2011；李永等，2012；柴凤梅等，2013），阿舍勒矿集区火山活动时间与哈巴河岩基岩浆侵入时间一致，是同一期岩浆活动的产物，在阿舍勒矿集区可见哈巴河岩基较晚期侵入体（如英云闪长岩）侵入到火山岩系中。

刘顺生等（2002）对哈巴河岩基开展了裂变径迹年龄及热历史研究，样品是沿赛都-萨尔朔克剖面几个不同的海拔高度采集的，分选出单矿物，进行裂变径迹年龄测定。磷灰石的裂变径迹年龄为 51.1~76.9 Ma，锆石的裂变径迹年龄为 141~149 Ma，样品虽然是沿不同海拔高度采集的，但年龄值并不随海拔高度有规律地变化。在 134~99 Ma 冷却速度为 2.87℃/Ma，99~96 Ma 冷却速度达到 5.56℃/Ma，然后冷却速度明显下降，96~17 Ma 冷却速度为 0.649~0 .418℃/Ma，17 Ma 以后，冷却速度又有所增加，达到 2~3℃/Ma。隆升速度在 96~17 Ma 为 22~14 m/Ma，17 Ma 以后隆升速度又加快，为 68~95 m/Ma，由于喜马拉雅运动的影响，块断升降运动较为强烈，山区上升，盆地相对下降，逐步形成了现在的地质地貌特征。由于阿舍勒矿集区与哈巴河岩体空间上相邻，因此，阿舍勒矿集区的隆升速度与哈巴河岩基一致。

赵文菊等（2013）利用裂变径迹分析了新疆阿尔泰南部地区构造活动与古地形的变化，裂变径迹年龄在59.4±5.8 Ma~109.7±8.1 Ma之间变化，径迹长度为12.0±2.5 μm~13.7±1.5 μm。总体上经历了三阶段的隆升-剥露热演化模式，108 Ma之前为初始整体隆升阶段，108~28 Ma为缓慢冷却阶段，28 Ma以来为快速冷却过程，冷却速率为1.25~1.61℃/Ma，剥蚀量为1.17~1.50 km，是本区剥露最快时期。对所有样品单颗粒年龄及混合年龄进行分析统计得到4组年龄，这种年龄不均匀分布亦是不均匀构造抬升的一种反映，主要受抬升速率差异的影响。90 Ma至今，古地形高度变化为3895~821 m、2250~762 m等，变化幅度高达3300~1400 m，研究区可见高山成谷，谷地抬升的现象，各阶段古地形情况显而易见。反演古地形并进行均衡校正可知，均衡回弹在阿尔泰造山后期的岩石抬升中起重要作用。

三、卡拉塔格矿集区多时代成矿系统

（一）主要矿床特征

东天山是中亚造山带的重要组成部分，卡拉塔格位于大南湖-头苏泉成矿带，是新疆十分重要的矿集区。该矿集区以形成铜矿为特色，发育多个不同时代（早奥陶世—早二叠世）的成矿系统，具有多种矿床成因类型（VMS型有黄土坡-红海铜锌矿、黄滩金铜锌矿；火山热液型有红石铜矿；浅成低温热液型有红山铜金矿和梅岭铜锌（金）矿；斑岩型有玉带铜矿；矽卡岩型有二工区铜铁（金）矿；岩浆型有月牙湾铜镍矿）（图3-1）。黄土坡-红海VMS型铜锌矿、黄滩VMS金铜锌矿和红石火山热液型铜矿已在第四章典型矿床中进行了详细介绍，这里不再赘述，下面简单介绍玉带斑岩铜矿、二工区矽卡岩型铜铁（金）矿、梅岭浅成低温热液型铜锌（金）矿、红山浅成低温热液型铜金矿和月牙湾岩浆型铜镍矿。

1. 玉带斑岩铜（金钼）矿

（1）矿床地质特征

玉带铜（金钼）矿位于卡拉塔格矿集区NW玉带火山机构北侧。矿区出露地层为中-上奥陶统大柳沟组基性-酸性火山熔岩和火山碎屑岩（图5-40），主要岩性由灰绿色玄武岩、玄武安山岩，褐色和紫红色安山岩、英安岩和安山质-英安质集块岩、火山角砾岩、凝灰岩和火山碎屑沉积岩等组成。上覆下泥盆统大南湖组，以凝灰质粉砂岩、凝灰质砂岩、砾岩为主夹英安岩、火山角砾岩，底部发育生物碎屑灰岩（毛启贵等，2017）。

矿区侵入岩发育，主要为闪长玢岩、石英闪长玢岩、辉长岩和黄铁霏细岩。闪长玢岩侵位相对较早，为椭圆状岩株，出露面积约为5 km^2，石英闪长玢岩侵位相对较晚，出露面积较小（0.2~0.5 km^2）。成矿作用与石英闪长玢岩有关，石英闪长玢岩具有埃达克质岩特征，形成与俯冲洋壳部分熔融并交代地幔楔橄榄岩有关（Chen et al.，2017）。矿区断裂构造主要为NE向、NNW向和NW向。容矿的石英闪长玢岩侵入到NW向断裂中，蚀变带受这些断裂控制。

矿体产于石英闪长玢岩及其接触带，矿体为NW走向。矿体平面上呈脉状、局部透镜状（图5-41）。铜品位大于0.2%的矿化带主要分布于石英闪长玢岩的钾化和石英绢云母化带，矿化带长约2 km，宽0.5~1 km，延深超过450 m。单个铜矿体（Cu>0.3%）陡倾（40°~80°），呈透镜状或脉状，一般宽0.5~30 m，伴随着宽0.5~10 m、透镜状Au（>1 g/t Au）或Mo（>0.01%）矿化。矿化为不同宽度的硫化物石英细脉、脉和细脉-网脉。矿石构造为浸染状、细脉状、细脉-浸染状构造。矿石中主要金属矿物为黄铁矿、黄铜矿，少量方铅矿、闪锌矿、辉钼矿、磁黄铁矿、磁铁矿和赤铁矿。辉钼矿出现在矿化带西部，闪锌矿和方铅矿主要出现在矿化带东段。矿石中非金属矿物为石英、黑云母、绿泥石、长石、绢云母、方解石。热液蚀变发育，分布范围超过5 km^2，主要为钠长石化、钾长石化、绢云母化、硅化、绿帘石化、绿泥石化、碳酸盐化、水白云母化、高岭土化。热液蚀变具有分带性，从含矿斑岩体中心向边部蚀变分为钾长石+钠长石+绢云母+石英化带（钾化带）、石英+

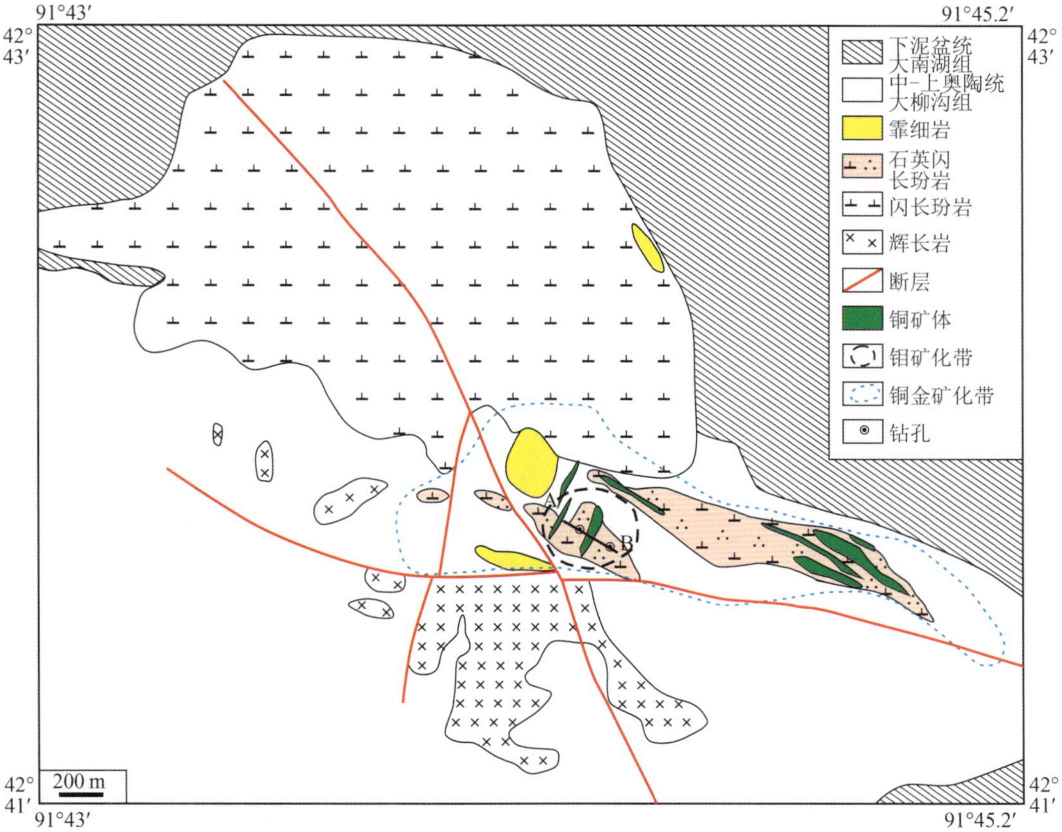

图 5-40 玉带铜（金钼）矿区地质略图
（据 Mao et al.，2018；Sun et al.，2018，有修改）

绢云母（水白云母+高岭土）化带（绢英岩化带）和青磐岩化带（绿帘石+绿泥石+碳酸盐）（Chen et al.，2017；Mao et al.，2018；Sun et al.，2017）。

成矿过程分为：黑云母-石英-磁铁矿阶段（早矿化阶段，形成与钾化有关的浸染状、细脉状黄铜矿±黄铁矿±砷黝铜矿±自然金）、石英±辉钼矿±黄铜矿±黄铁矿阶段（中矿化阶段，穿切钾化蚀变及其组合）、石英-黄铁矿±辉钼矿±黄铜矿±闪锌矿±方铅矿阶段（晚矿化阶段，与白云母蚀变有关）、玉髓-方解石-石膏阶段（后成矿阶段，不发育硫化物）。成矿流体经历了从高温、高盐度向低温、低盐度的持续演化过程。成矿流体以岩浆水为主，并有少量大气水混合。成矿物质来源于地幔（Sun et al.，2017；Chen et al.，2017）。

（2）成矿时代

Chen et al.（2017）获得容矿石英闪长玢岩锆石 SHRIMP U-Pb 年龄为 432 ±3 Ma；Sun et al.（2018）获得容矿石英闪长玢岩锆石 LA-ICP-MS U-Pb 年龄为 452.7±2.8 Ma；Mao et al.（2018，2019）获得容矿石英闪长玢岩和闪长岩锆石 LA-ICP-MS U-Pb 年分别为 389.7±2.5 Ma 和 435.6±2.4 Ma。本书获得 2 件容矿石英闪长玢岩锆石 LA-ICP-MS U-Pb 谐和年龄为 436.1±1.6 Ma 和 438.9±3.5 Ma，由此可见，矿区容矿石英闪长玢岩可能有多期活动，岩浆侵入活动时间为 390~453 Ma。2 件辉钼矿 Re-Os 模式年龄平均值为 449.5±4.2 Ma，在误差范围内与 Sun et al.（2018）获得的石英闪长玢岩（452.7±2.8 Ma）年龄一致，表明铜钼金矿化与石英闪长岩的岩浆热液活动有关，属晚奥陶世斑岩铜钼金矿。Deng et al.（2020）获得石英硫化物脉中黄铜矿 Re-Os 年龄为 426 Ma，晚于 Chen et al.（2017）获得石英闪长玢岩年龄（432 Ma）6 Ma，表明这期岩浆侵入活动也形成了矿化，可见，玉带矿区具有多阶段岩浆侵入活动，伴有多阶段矿化，成矿作用发生在晚奥陶世—中志留世，但哪个阶段是主成矿作用还有待进一步研究。晚奥陶世矿化晚于多宝山斑岩铜矿（辉钼矿 Re-Os 等时线年龄为 476 Ma 和

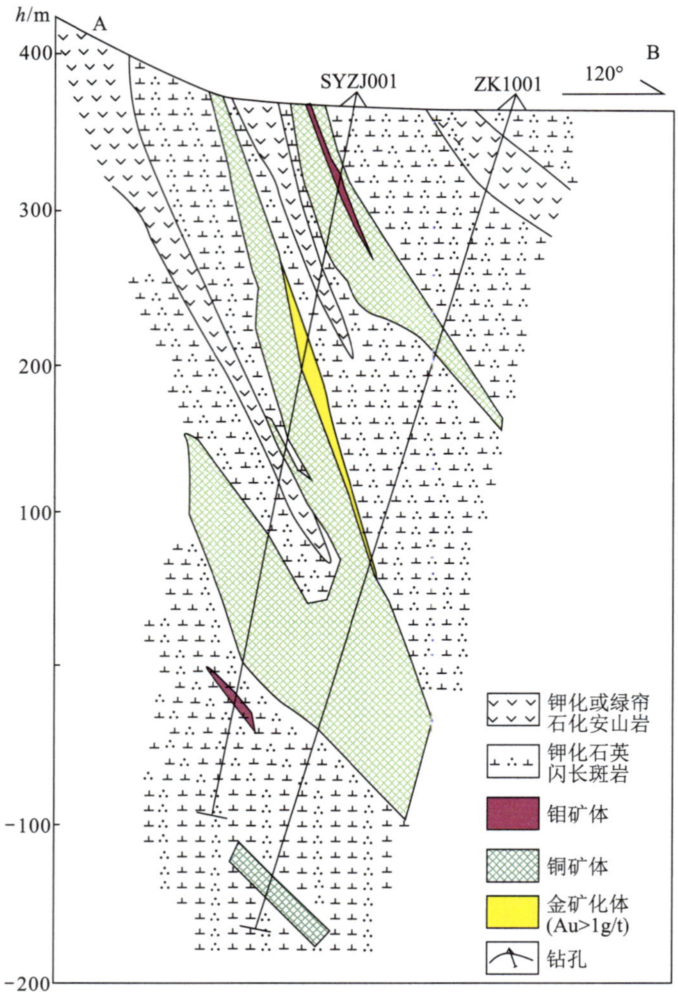

图 5-41 玉带矿床勘探线剖面图

（据 Sun et al., 2018）

486 Ma，Liu et al., 2012；Zeng et al., 2014），玉带和多宝山是中亚造山带为数不多的早古生代斑岩矿床。

2. 西二区铁铜矿

（1）矿床地质特征

西二区铁铜矿位于卡拉塔格矿集区西部，矿区出露中-上奥陶统大柳沟组（图 5-42）灰绿色安山岩、下泥盆统大南湖组凝灰岩、凝灰质砂岩、大理岩、安山岩等。矿区断裂构造主要为卡拉塔格断裂，于矿区中部横贯全区，呈 NW-NWW 走向，倾向 NE-NNE，倾角 70°。矿区侵入岩发育，有辉长岩、闪长岩、石英闪长岩、石英闪长玢岩、二长岩等，多呈脉状产出，其中石英闪长玢岩与成矿关系密切。

矿体分布于矿区中部，赋存于大南湖组火山岩-火山碎屑岩中，且与大南湖组大理岩在同一层位。矿体上盘近矿围岩主要为层状凝灰岩、凝灰质砂岩，矿体下盘近矿围岩主要为大理岩、火山角砾岩、凝灰质砂岩，矿体分布于矽卡岩中（图 5-43）。西段以铁矿体为主，地表有铜矿化，而深部无铜矿化；东段为铁铜矿体，但是铁含量普遍较低，少数能达到品位。I-Fe 矿体呈透镜状-似层状，具有膨大缩小现象，长约 400 m，宽约 100 m，厚度为 4～20 m，Fe 品位 10%～55%，平均 Fe 品位 35.52%。I-Cu 矿体呈似层状，长约 100 m，宽约 100 m，厚度为 1.02～9.86 m，平均厚度 6.38 m，Cu 品位 0.20%～3.62%，平均 Cu 品位 0.52%（陈磊等，2018）。

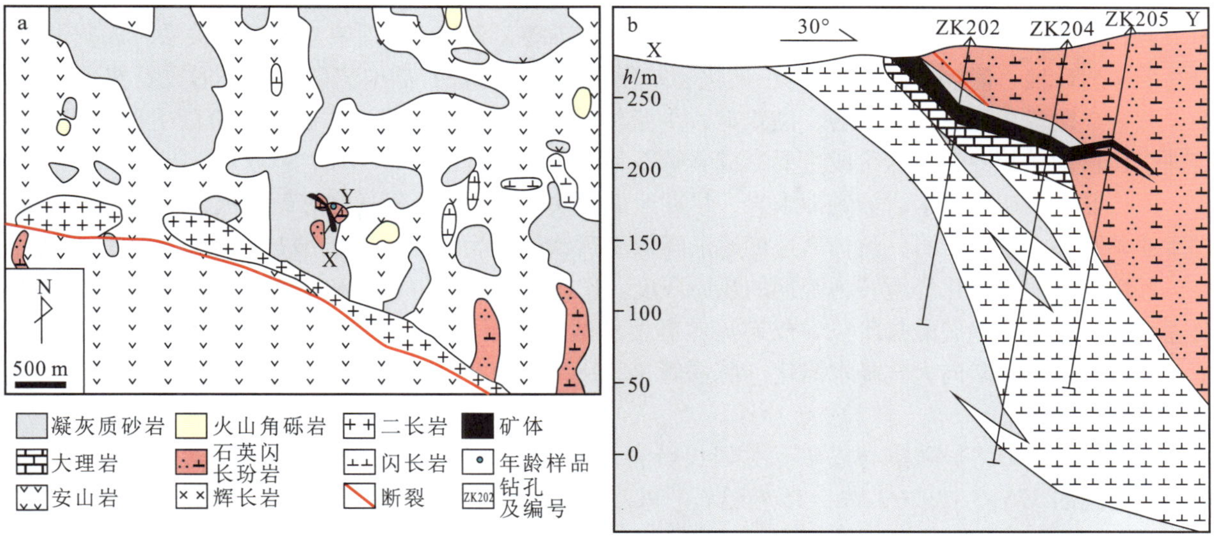

图 5-42　西二区铁铜矿地质简图（a）和 2 号勘探线剖面（b）
（据陈磊等，2018）

图 5-43　西二区铁铜矿矿化特征

A—含镜铁矿矽卡岩化大理岩；B—似层状矿体及两侧围岩；C—含黄铁矿石榴子石矽卡岩；D—含星点状镜铁矿方解石绿帘石矽卡岩；E—稠密浸染状矿石，主要为磁铁矿；F—含浸染状磁铁矿透辉石矽卡岩；Spe—菱铁矿；Mag—磁铁矿；Ep—绿帘石；Chl—绿泥石；Cal—方解石；Grt—石榴子石；Di—透辉石；Py—黄铁矿；Mal—孔雀石

矿石按其组构特征可分为浸染状矿石、似层状矿石及块状矿石。按其脉石矿物含量可分为石榴子石型矿石、绿帘石型矿石、绿帘石-石榴子石型矿石、磁铁矿型矿石。矿石构造以致密块状构造为主，其次为浸染状构造和条带状构造。矿石结构以自形柱状结构、粒状结构为主，其次为交代结构。矿石中主要金属矿物为磁铁矿、黄铜矿、黄铁矿、镜铁矿、磁黄铁矿，非金属矿物主要有石榴子石、透辉石、绿帘石、绿泥石、方解石、石英（图 5-43）。

围岩蚀变发育，主要为矽卡岩化（绢云母化、绿泥石化、绿帘石化、石榴子石化）、硅化、碳酸盐化，其中以硅化、石榴子石化和绿帘石化与铁铜矿化关系最为密切。蚀变类型具对称分带特征，从矿体到围岩，绿帘石化凝灰岩→石榴子石矽卡岩→矽卡岩化大理岩→石榴子石绿帘石矽卡岩→绿帘石矽卡岩，但各蚀变带宽度变化不一，由几厘米至数米不等，各带之间具有渐变过渡关系。成矿过程划分为矽卡岩阶段、磁铁矿阶段、石英-硫化物阶段和碳酸盐阶段，矽卡岩阶段主要形成石榴子石和辉石，磁铁矿阶段主要形成绿帘石、磁铁矿，少量镜铁矿和赤铁矿，石英-硫化物阶段主要形成石英、黄铁矿、黄铜矿等，碳酸盐阶段主要形成方解石和绿泥石（陈磊等，2018）。

西二区铁铜矿床矽卡岩为钙矽卡岩，早期形成钙铁榴石，为高氧逸度、碱性流体；磁铁矿阶段形成富铁矿石和富铁绿帘石，流体氧逸度逐渐降低使黄铁矿发生沉淀；在碳酸盐阶段形成富铁绿泥石；成矿环境由早期的氧化环境转为晚期的还原环境。矿床发育液体包裹体和气体包裹体，从成矿作用早期磁铁矿阶段至晚期碳酸盐阶段，成矿流体温度和盐度逐渐降低；磁铁矿阶段成矿流体以岩浆水为主，碳酸盐阶段逐渐向大气降水演化（陈磊等，2018）。

（2）成矿时代

Mao et al.（2018）采集与成矿有关闪长玢岩，开展锆石 LA-ICP-MS U-Pb 年龄测定，$^{206}Pb/^{238}U$ 年龄变范围的 376±3～392±3 Ma，15 粒锆石 $^{206}Pb/^{238}U$ 加权平均年龄为 382.1±2.4 Ma（MSWD=1.9）。Chen et al.（2020）获得闪长岩年龄为 391±3 Ma，本书获得的石英闪长玢岩年龄为 416.9±6.5 Ma，综合分析，认为西二区铁铜矿形成于 382～417 Ma，属早-中泥盆世成矿。

3. 红山铜金矿

红山小型铜金矿为卡拉塔格矿集区最早发现的矿床，该矿床主要为矿区中心的硫酸盐类氧化矿，地表蚀变以火山岩的酸淋滤带蚀变体和流纹斑岩体的绢云母化-硅化为显著特征，并在国内首次发现了钾铁矾、板铁矾和副基铁矾等多种硫酸盐矿物（秦克章等，2001，2008；许英霞等，2006）。

红山铜金矿床位于玉带-红山-梅岭-红石-红海矿带的西段，东侧与梅岭铜矿相邻。矿区内地层主要为中-上奥陶统大柳沟组、志留系红柳峡组和卡拉塔格组（图 5-44）。大柳沟组为玄武岩、安山玄武岩，主要分布在矿区深部，未出露地表。红柳峡组以安山岩为主，主要分布在矿区东部外围，矿区内少量分布。卡拉塔格组以英安岩、安山岩为主，其次为火山角砾岩、角砾英安熔岩等，分布于红山矿床中北部，呈近 EW 向分布。火山颈相的流纹斑岩侵入到 3 个组中，铜金矿体主要产于流纹斑岩中。构成火山穹窿的主体，该火山穹窿火山岩相组合较复杂，见有中酸性-酸性火山角砾岩、蚀变凝灰岩、石英斑岩和流纹斑岩。许英霞等（2008）认为矿区中部为与铜金矿化直接相关的火山机构，主要由石英斑岩、钠长斑岩、英安岩、英安斑岩、安山玢岩、闪长玢岩、火山角砾集块岩等构成。

矿区发育有 NNW 向和 SN 向 2 组断裂构造，其中，NNW 向断裂有 2 条，为矿区主要断裂，并对矿区脉状产出的铜金矿（化）体影响较大，SN 向断裂规模较小。

矿区南侧见“含黄铁矿硅帽”，为流纹斑岩、石英斑岩和火山角砾岩，富含细粒黄铁矿，代表最上部和最晚期的低温热液作用产物，可作为外侧和顶部热液活动范围的标志。红山铜金矿化带受区域 NWW 向构造影响，矿体走向 NWW 向，含矿岩性为流纹斑岩、石英斑岩、火山角砾岩、英安岩、含角砾英安岩、英安质安山岩。地表自北向南共圈定Ⅲ、Ⅱ、Ⅰ、Ⅳ四个铜金矿化带，共圈定矿体 17 个。Ⅰ号矿化带主要矿化为含铁铜硫酸盐化、褐铁矿化、自然金，极少量孔雀石化等。其他 3 个矿化带主要矿化为黄铜矿化、黄铁矿化、孔雀石化、自然金。Ⅰ、Ⅲ-1、Ⅱ-7、Ⅱ-1 号矿体等为主要矿体，主体为氧化矿，分布在火山穹窿顶部至延深 40～70 m。矿体长 15～150 m，平均厚 2.98～14.61 m，最大延深 175 m。Ⅰ号矿体位于火山穹窿破火山口内（图 5-45），呈漏斗状，全部为氧化矿，在其边部的多条脉状铜（金）矿体头部出露地表。Ⅰ号矿体属于硫酸盐类铜金氧化矿体，形态为实心碟状体，地表平面上分布范围呈现约 110 m×110 m 的等轴状。工业矿体分布在地表至垂深 40 m 范围内（王宁等，2019）。

矿石分为氧化矿石和硫化物矿石，前者除Ⅰ号矿体为硫酸盐类铜金矿石外，其他氧化矿含铜矿物主要为孔雀石和蓝铜矿。硫酸盐类铜金矿石中含有自然金、针铁矿、板铁矾、镁叶绿矾、铜叶绿矾、黄钾铁矾、胆矾、重晶石、针钠铁矾、针绿矾、石膏、粒铁矾、毛矾石等 30 多种矿物。非金属矿物为斜长石、石英、绿泥石、绿帘石、黑云母、角闪石等。原生硫化物矿石金属矿物为黄铜矿、铜蓝、

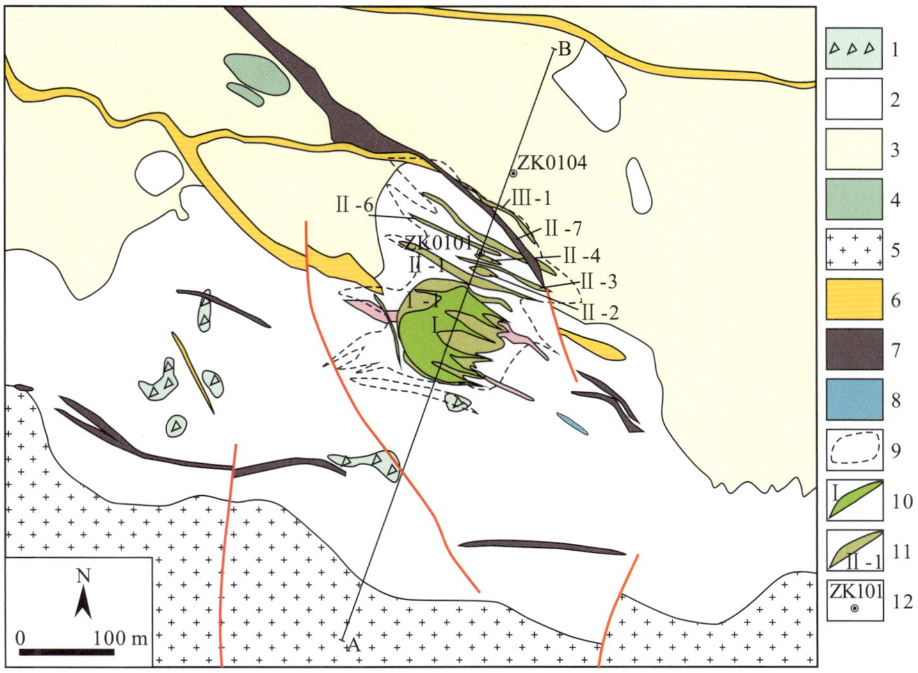

图 5-44　红山铜金矿床地质图

（据王宁等，2019）

1—火山角砾岩；2—流纹斑岩；3—英安岩；4—安山岩；5—二长花岗岩；6—花岗闪长斑岩；7—花岗闪长岩；8—钠长斑岩；9—蚀变带；10—硫酸盐类矿体及编号；11—铜金矿体及编号；12—钻孔及编号

辉铜矿、方铅矿、闪锌矿、磁铁矿、赤铁矿等，非金属矿物为石英、斜长石、绢云母、伊利石、绿泥石等。矿区矿石构造主要为稠密浸染状、角砾状构造、团块状构造，其次为网脉状构造、细脉状、条带状构造。矿石结构以自形-半自形细粒-中粒结构为主，次之碎裂结构、交代残余结构。矿石中金平均品位 0.145~3.045 g/t，铜平均品位为 0.11%~1.393%，单工程 Au 最高品位为 8.64 g/t，铜品位为 3.68%（王宁等，2019）。

地表蚀变以火山岩的酸性淋滤带和中酸性次火山岩硅化-绢云母为显著特征，远矿蚀变为青磐岩化，具明显的分带性（图 5-45）。①矿区中心为铁铜硫化物氧化富集带，主要为酸性火山岩的中低温蚀变产物，地表呈现典型的“火烧皮”现象，蚀变岩石呈红色、黄色、绿色、黄绿色、淡蓝色、白色、红褐色、淡黄褐色等各种颜色，主要由硫酸盐类组成。②近矿围岩蚀变为硅化-绢云母化-褐铁矿化蚀变带，主要发育于流纹斑岩、石英斑岩及火山角砾岩中，蚀变带中普遍具有金矿化（>0.1 g/t）。③远矿蚀变为绿泥石-绿帘石-钠长石化带，广泛分布于矿区的北部，近矿围岩的外围，蚀变矿物为钠长石、绿泥石、绿帘石等（王宁等，2019）。

许英霞等（2007）获得红山铜金矿床中石英闪长岩-黑云母花岗岩-二长花岗岩中角闪石、黑云母的 K-Ar 年龄分别为 296.5 Ma、232.0 Ma 和 217.1 Ma，其中黑云母花岗岩的黑云母 Ar-Ar 年龄为 238.0 Ma，岩浆侵入活动为早二叠世—三叠纪。由于含矿火山岩含有花岗岩的角砾，表明与成矿有关的岩浆活动晚于上述花岗岩，应为中生代的产物。毛启贵（2015）获得石英流纹斑岩锆石 LA-ICP-MS U-Pb 年龄为 300.5 Ma，由此，可见红山铜金矿赋矿的岩石和成矿时代还有待进一步确定。关于矿床成因类型有不同的认识，高硫型浅成低温铜-金矿床（许英霞等，2007）、火山热液型（于明杰，2016）、浅成中低温火山热液型矿床（王宁等，2019）。

4. 梅岭铜锌（金）矿

（1）矿床地质特征

梅岭铜锌（金）矿区位于红山铜金矿区 SSE 方向 8 km 处，为卡拉塔格地区所发现的 3 个铜金矿

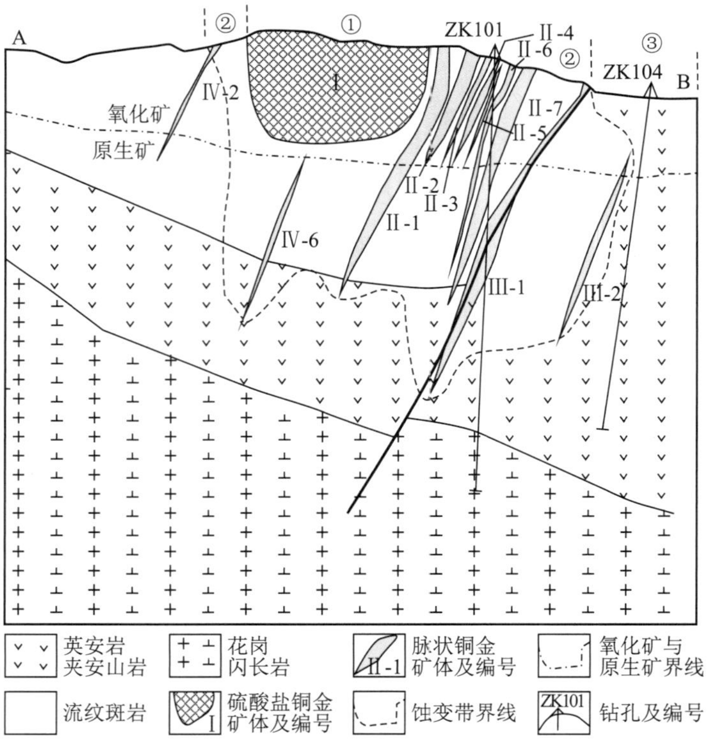

图 5-45　红山铜金矿勘探线剖面图

（据王宁等，2019）

①铁铜硫化物次生氧化富集带；②硅化-绢云母化-褐铁矿化蚀变带；③青磐岩化带

区之一。梅岭矿区火山岩层序是下部为玄武安山岩，向上发育一套英安质火山岩、火山碎屑岩和 2 层凝灰质砂岩，顶部为紫红色的熔结凝灰岩、石英斑岩和一套火山口湖碎屑沉积岩（图 5-46）。这套酸性火山-火山碎屑-沉积岩受火山口湖、火山喷发时的地形和后期剥蚀等因素控制，不同岩相呈舌状、条带状、透镜状产出。由核部向边部是石英斑岩（或火山口湖沉积岩）、英安岩（集块岩）、熔结凝灰岩（火山碎屑岩），为一个受 NWW 向、SN 向和近 EW 向 3 组断裂控制的菱形火山机构。毛启贵（2015）获得地表紫红色熔结凝灰岩锆石 U-Pb 年龄为 300.7±0.9 Ma，流纹斑岩锆石 U-Pb 年龄为 298.7±2.1 Ma。

梅岭东西向长 2200 m、南北向宽度 900~1000 m，东与红石矿床紧邻。在梅岭 27 线至 16 线之间长 1700 m、宽 1000 m 的范围内，共圈定工业矿体 29 个、矿化体 18 个，埋藏深度在 50~150 m 之间。成矿元素以铜为主，次有金、锌、银等，铜、金、锌可以圈出单独的矿体或矿化体。梅岭浅部埋深 100 m 以内的 C 矿带近水平状矿体 12 个，分别是 M1、M2、M3、M4、M5、M6、M7、M8、M9、M10、M11、M12 号。矿区主矿体有 M1、M2 和 M12 号，此外还有 2 个盲锌矿体，4 个出露独立小金矿体。梅岭矿床多为透镜状矿体，矿体主要为单一石英硫化物脉或由石英硫化物脉组成的网脉状/雁列状排列石英矿脉群（图 5-47）。M1 号矿体分布在 F1 断裂以北，赋存于石英斑岩及火山碎屑岩中，矿体埋深 30~60 m。矿化富集作用在岩性界面部位相对集中，在石英斑岩和火山碎屑岩界面部位形成了似层状工业矿体。矿化主要由 NE 向的少量石英硫化物大脉和石英硫化物细脉组成，矿体长 360 m，宽 360 m，厚度 1.14~20.89 m，平均厚度 5.41 m。M2 号矿体分布在 F1 断裂以南，距离 M1 矿体约 110 m，矿体埋深 11~85 m，矿化富集作用在岩性界面部位相对集中，在凝灰质砂岩和火山碎屑岩界面部位形成了似层状工业矿体，矿化主要由 NE 向雁列式排布的石英硫化物大脉组成。含矿围岩为火山角砾岩、凝灰岩，少量次火山岩（安山玢岩、流纹斑岩等），矿体上部发育了一套致密而塑性的碎屑沉积岩，成矿热液基本未能穿透这套致密的地层。矿体长为 205 m，宽度 480 m，厚度 1.80~27.75 m，平均厚度 8.15 m，矿体走向 NE，倾向 277°~285°，倾角 8°~10°。M12 号铜锌矿体受 F1 断裂控制，

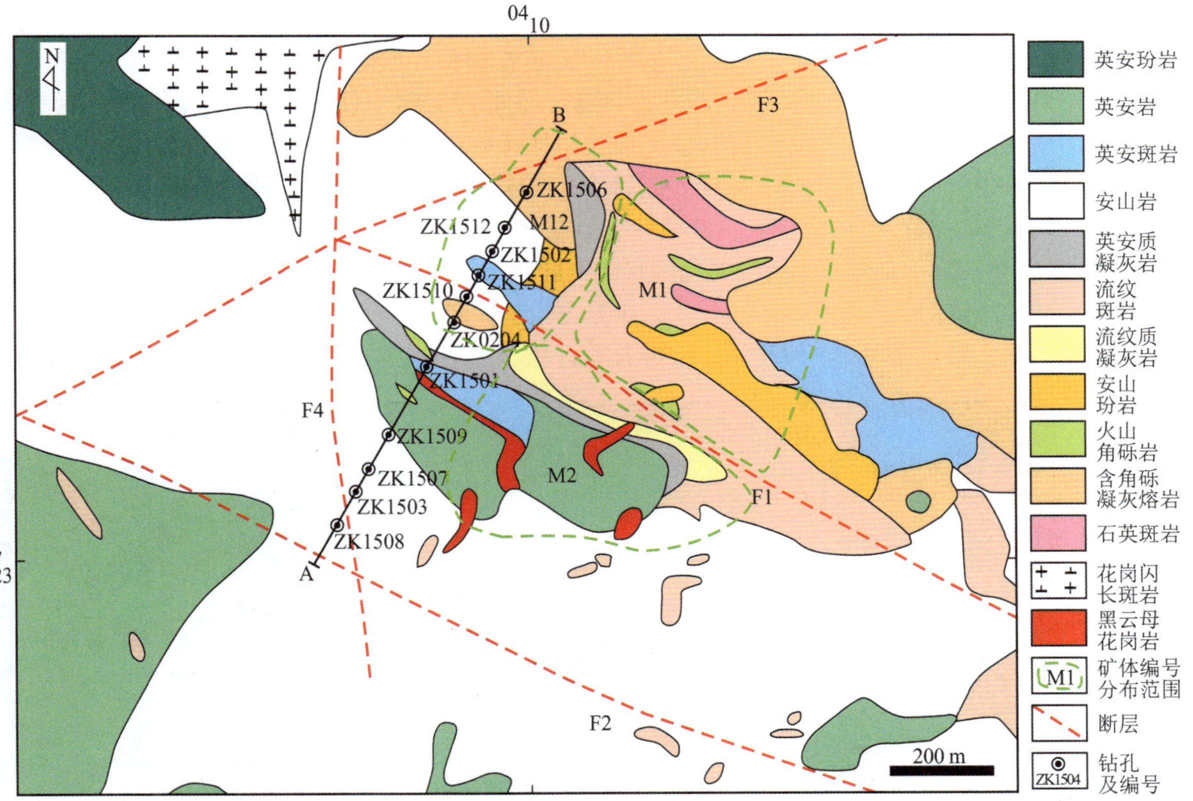

图 5-46 梅岭矿床地质略图

（据 Yu et al.，2019，有修改）

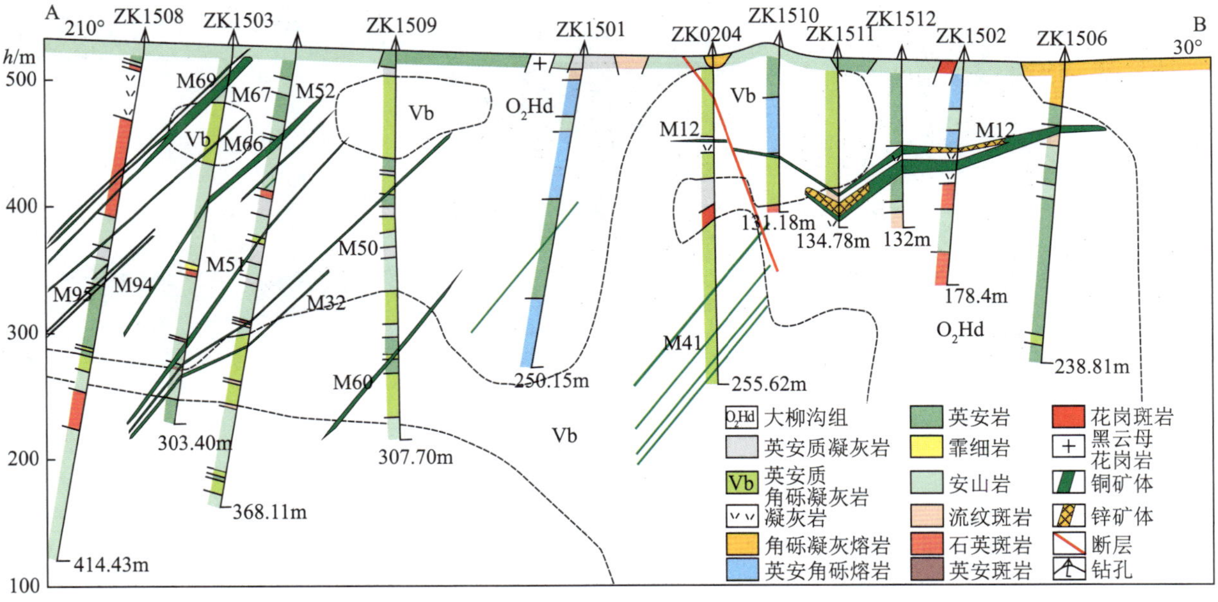

图 5-47 梅岭矿床 15 勘探线剖面图

（据 Yu et al.，2019，有修改）

分布在 F1 断裂西段南北。矿体呈透镜状，产在沉凝灰岩、硅化凝灰岩中（图 5-47）。矿体长度 250 m，宽度 370 m，厚度 1.44~20.38 m，平均厚度 7.10 m。矿体走向 NE，倾向 335°，倾角 8°~10°。由块状铜矿石（含少量锌和金）、块状铜锌矿石、块状锌矿石（含少量铜、金）及石英脉状铜矿石组成（于明杰，2016）。

矿石类型主要为脉状矿石和浸染状矿石（图5-48）。脉状矿石为梅岭矿床中最常见的矿石类型，多为石英-硫化物脉，也可见有硫化物脉，包括石英-黄铁矿脉、石英-黄铁矿-黄铜矿脉、石英-黄铁矿-黄铜矿-闪锌矿脉和黄铜矿-闪锌矿脉。浸染状矿石为梅岭矿床中较为常见的矿石类型，近脉状矿体处一般为稠密浸染状矿石，远脉状矿体处一般为星散状矿石，两者之间一般发育稀疏浸染状矿石。稠密浸染状矿石中一般见有大量的黄铜矿、闪锌矿、黄铁矿，星散状矿石中黄铁矿所占比例较大，黄铜矿、闪锌矿较少。矿石构造为脉状、浸染状、似层状、块状构造和角砾状构造。矿石结构包括自形-半自形粒状结构、他形粒状结构、交代网状或网脉状结构、交代残余结构、碎裂结构等。矿石中金属硫化物主要为黄铜矿、闪锌矿、黄铁矿，少量方铅矿、辉铜矿、蓝铜矿和黝铜矿等。非金属矿物主要为石英、绢云母、绿泥石、绿帘石、方解石和石膏。

图5-48　梅岭矿床矿化特征

A—围岩石英斑岩中的孔雀石化、硅化；B—石英斑岩中早阶段矿化；C—主成矿阶段石英-黄铁矿-黄铜矿-闪锌矿脉，局部分布孔雀石；D—含辉铜矿的石英-黄铁矿-黄铜矿-闪锌矿脉；E—石英-黄铁矿-黄铜矿-闪锌矿脉中的强硅化；F—主成矿阶段石英-黄铁矿-黄铜矿-闪锌矿脉；G—主成矿阶段石英-黄铁矿-黄铜矿-闪锌矿脉；H—主成矿阶段石英-黄铁矿-黄铜矿脉；I—矿区呈细脉状产出的石膏；矿物代号：Py—黄铁矿；Ccp—黄铜矿；Sp—闪锌矿；Qz—石英；Cc—辉铜矿

围岩蚀变主要发生火山熔岩-火山碎屑岩中，受NW向断裂和次火山岩脉控制，蚀变沿火山机构向外逐渐减弱，表现为面型的早期蚀变和多期次叠加的晚期脉状-网脉状蚀变，蚀变矿物主要为黄铁矿、石英、绢云母、绿泥石、绿帘石等。绿泥石化和黄铁矿化是矿区分布面积最为广泛的2种蚀变类型。早期绿泥石分布于蚀变带的外围，成矿期的绿泥石分布于矿脉附近，叠加在早期之上。早期主要与绿帘石、自形黄铁矿等共生，可见有碳酸盐脉，成矿期的绿泥石更多的是与石英、半自形-他形黄铁矿共生。早期黄铁矿化主要呈自形-半自形粒状结构发育于绿帘石化蚀变带中，与绿帘石共生。成矿期发生的黄铁矿化与铜锌矿化关系紧密，以半自形-他形黄铁矿分布于石英脉附近，以黄铁矿-石

英脉形式与黄铜矿、闪锌矿共生。

硅化与矿化关系紧密，早期以粒状石英与绿泥石、绿帘石共生形成面型蚀变，蚀变带核部表现为石英-绢云母化带，主要成矿阶段表现为脉状石英-黄铁矿-黄铜矿-闪锌矿，晚期石英与碳酸盐矿物共生。

根据矿脉穿插关系、矿物共生组合、矿石组构等特征将梅岭铜锌（金）矿床成矿过程划分为热液期和表生氧化期，前者进一步划分为 3 个成矿阶段（图 5-49）：早阶段为石英-黄铁矿阶段，石英-黄铁矿细脉中黄铁矿较少，呈自形粒状结构，被中阶段含矿石英脉或晚阶段石英细脉穿切。中阶段为石英-多金属硫化物阶段，形成石英-黄铜矿-闪锌矿-黄铁矿±方铅矿±黝铜矿，以出现多金属硫化物和黄铜矿交代黄铁矿为特征，伴有绢云母化、绿泥石化和绿帘石化，被晚阶段石英细脉穿切，或被成矿后断裂错开。晚阶段为石英-碳酸盐细脉，伴有少量绢云母和绿泥石蚀变，穿插于早中阶段矿物组合。表生氧化期主要形成褐铁矿、孔雀石、蓝铜矿、黄钾铁矾、辉铜矿。

（2）成岩成矿时代

本书获得的与成矿有关的石英斑岩锆石 LA-ICP-MS U-Pb 年龄为 302±2.1 Ma，与 Yu et al.（2019）获得的锆石 SHRIMP U-Pb 年龄（298.7±2.9 Ma）在误差范围内一致。本书获得切穿含矿石英斑岩的闪长玢岩年龄锆石 LA-ICP-MS U-Pb 年龄为 296±3.2 Ma。含矿石英斑岩和闪长玢岩年龄限定梅岭矿床成矿时代应介于 302~296.0 Ma 之间，属于晚石炭末期。Yu et al.（2019）获得 M1 和 M2 黄铁矿、黄铜矿、闪锌矿 Rb-Sr 等时线年龄分别为 299±3 Ma 和 301±4 Ma，与含矿石英斑岩年龄一致，表明成矿与石英斑岩有关，成矿作用发生在晚石炭世末（300 Ma 左右）。

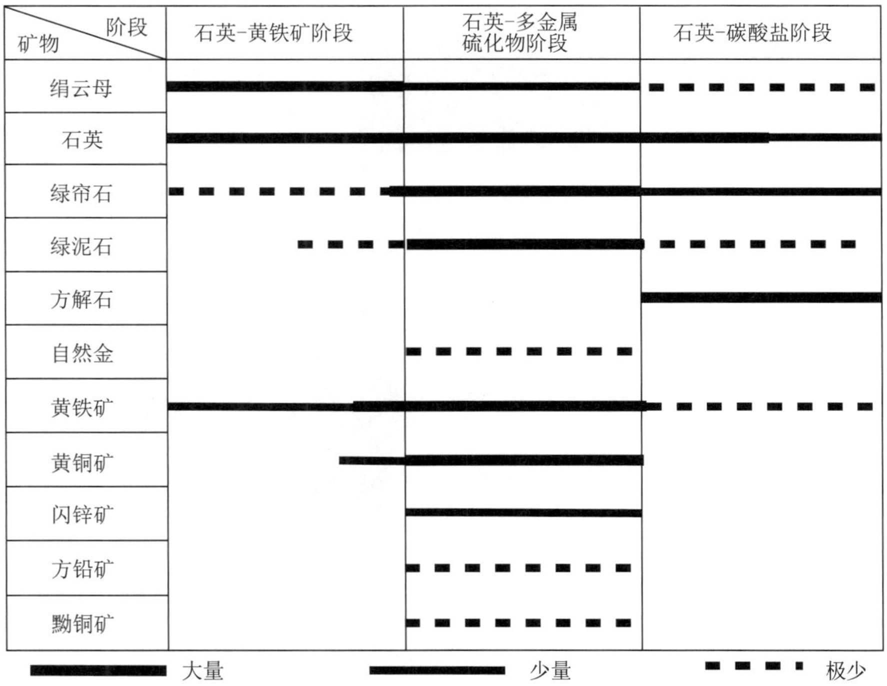

图 5-49 梅岭矿床成矿阶段及矿物生成顺序

5. 月牙湾铜镍矿

（1）矿床地质特征

月牙湾铜镍矿位于卡拉塔格矿集区 NW 部，距离红石铜矿 NW 25 km，玉带斑岩铜钼（金）矿西 10 km 处（图 3-1），地处卡拉塔格隆起区外围、卡拉塔格深大断裂北侧，是近年来新发现的矿床，目前的勘查成果表明，该矿已达到大型规模（毛启贵等，2021）。

矿区出露地层主要为下泥盆统大南湖组安山岩、玄武岩、英安岩、安山质角砾熔岩、角砾凝灰岩、凝灰岩及凝灰质砂岩、砂砾岩等，总体为一套 NW 向缓倾的单斜地层。断裂构造发育，以 NW 向、NWW 向压扭性为主，NNW 向次之。断裂控制镁铁质岩体（脉）产出。

与铜镍成矿关系密切的 2 个镁铁质杂岩体呈月牙状、环状小岩株产出，出露面积 0.53 km^2、0.14 km^2，属小岩体（图 5-50）。镁铁质杂岩体产于 SN-NW 向断裂构造带上，侵入下泥盆统大南湖组玄武岩、玄武安山岩、安山质角砾熔岩、角砾凝灰岩中，围岩角岩化蚀变明显。岩体岩相分异明显，主要为橄榄辉长岩、辉橄岩、橄长岩、辉长岩（图 5-51，图 5-52）、斜长岩、淡色辉长岩、中粗粒-伟晶辉长岩及少量苏长岩。辉橄岩呈块状构造，辉长结构，岩石由斜长石（45%~50%）、橄榄石（40%±）、辉石（5%）、角闪石、黑云母（角闪石主、黑云母次之，占 1%~5%）和不透明矿物（5%）组成。斜长石主要呈半自形板状，粒度一般为 0.3~2 mm，少量 2~2.5 mm，杂乱似格架状分布，多数表面较干净，少量具有绢云母化、黝帘石化，有时可见环带结构，少量可见聚片双晶，根据⊥（010）晶带的最大消光角法测得 NP′∧（010）= 31，斜长石牌号 An = 51，属于拉长石。橄榄石呈半自形-他形粒状，粒度部分在 0.2~2 mm 之间，少部分为 2~5 mm，杂乱或集合体聚集似堆状分布，有时粒内嵌布少部分斜长石，表面裂纹发育，皂石及不透明矿物沿其裂纹及边缘分布，有时具辉石、角闪石、黑云母反应边。辉石主要为单斜辉石，呈半自形柱状、粒状，粒度一般在 0.2~2 mm 之间，星散状分布，少量沿边缘及裂纹分布，具有皂石化、次闪石化，个别颗粒皂石化及次闪石化较明显，辉石有时具有角闪石或黑云母反应边，有时为橄榄石的反应边。黑云母呈棕红色，鳞片状、叶片状，粒度一般在 0.4~2 mm 之间，少量具有绿泥石化。角闪石呈褐红色，半自形柱粒状，少量以辉石、橄榄石的反应边存在，角闪石少量具次闪石化。不透明矿物呈他形-半自形粒状，零散或填隙状分布，粒度一般为 0.1~0.6 mm，少量<0.1 mm。

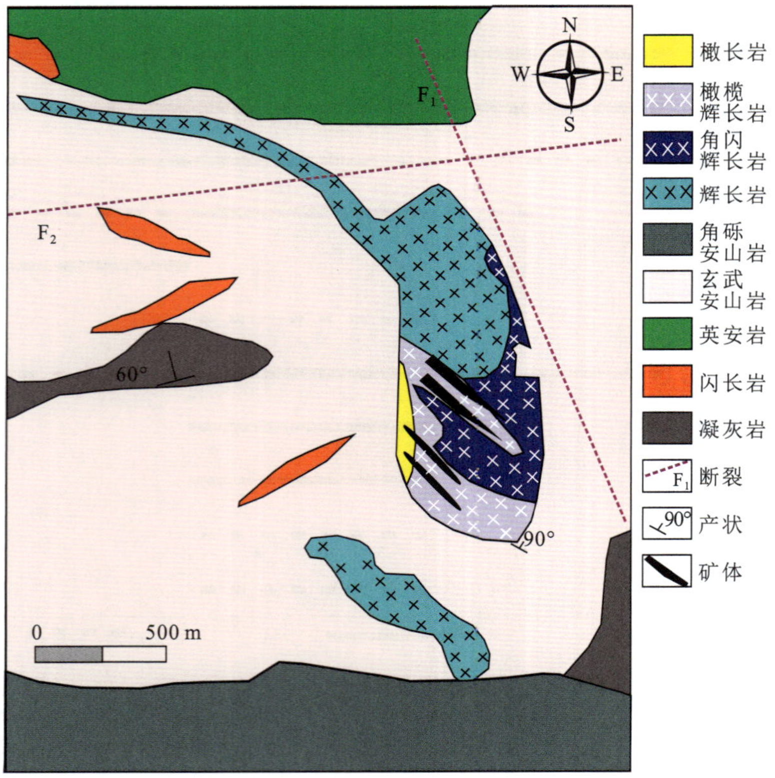

图 5-50　月牙湾铜镍矿地质略图

（据 Sun et al.，2019）

各岩相之间呈过渡关系，属于钙碱性系列，具有同源多阶段连续演化侵位的特点，并且显示向北东方向基性程度降低的单向演化趋势（吕晓强等，2020）。岩体 SiO_2 含量为 41.69%~53.66%，Y1 杂

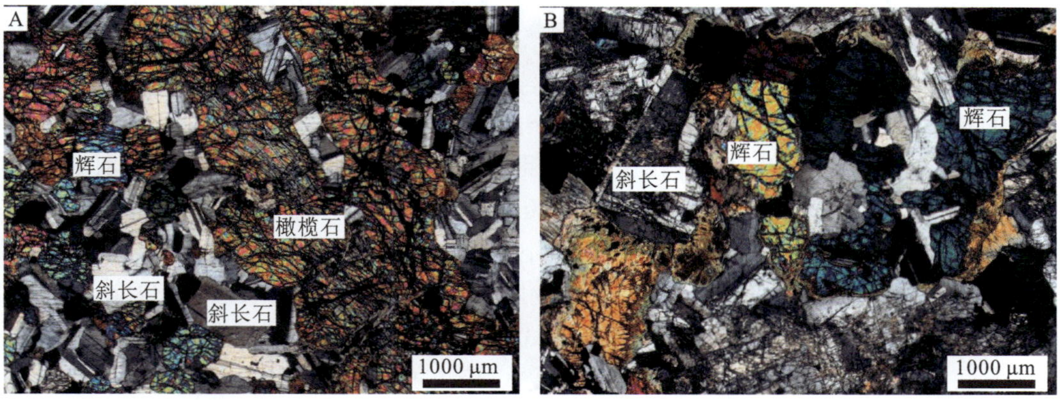

图 5-51 辉橄岩（A）和辉长岩（B）镜下显微照片（+）

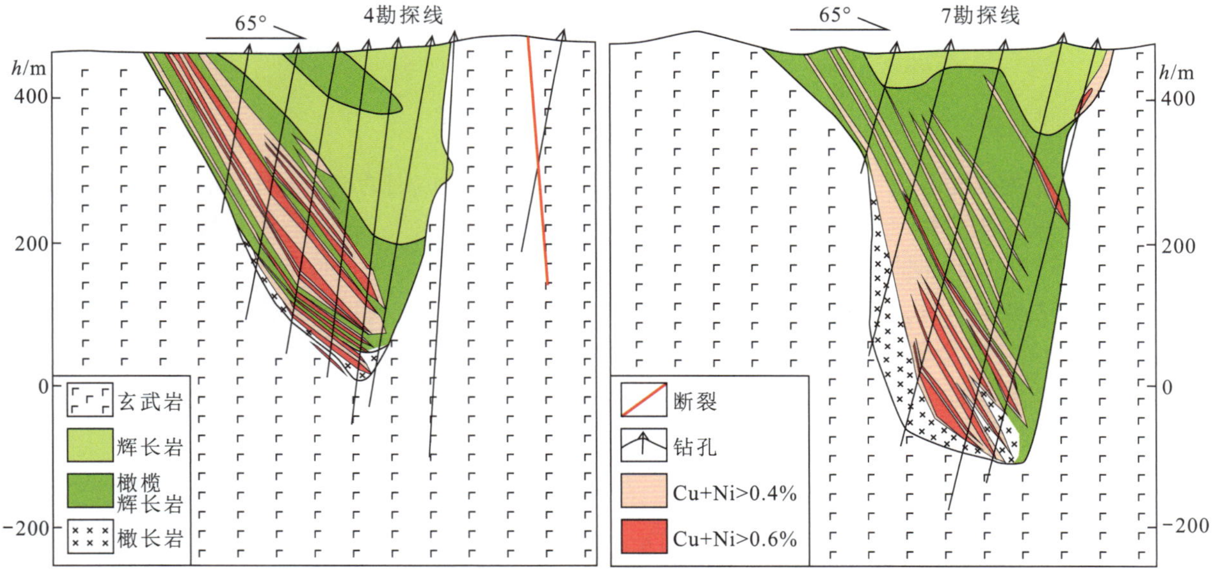

图 5-52 月牙湾铜镍矿勘探线剖面图
（据 Mao et al.，2021）

岩体橄榄辉长岩相 m/f 比值为 1.58～2.73%；TiO_2 含量为 0.45%～1.38%，MgO 含量为 8.75%～19.29%，具有低 Ti 高 Mg 特征。Y2 杂岩体内辉长岩 m/f 比值为 0.50～1.12，属于铁质系列；TiO_2 含量为 1.55%～2.62%，MgO 含量为 2.42%～7.60%，显示出高 Ti 低 Mg 特征（吕晓强等，2019）。

NW 向铜镍矿带（长 300 m，宽 600 m）分布在橄榄辉长岩和角闪辉长岩接触带。矿区内初步发现铜镍硫化物矿体 6 个，主要赋存于镁铁质杂岩体中下部基性程度较高的橄榄辉长岩相内及橄榄辉长岩相与橄长岩相的接触带附近，向下有明显富集趋势（图 5-52）。矿体总体呈脉状、透镜状，长 150～400 m，厚度为 1.44～32.54 m。铜品位为 0.2%～0.87%，最高达到 4.83%，镍品位为 0.2%～0.36%，最高达 1.76%。地表氧化矿单工程铜品位为 0.20%～0.29%，镍品位为 0.12%～0.19%，富矿铜品位 0.5%，镍品位为 0.25%。深部原生矿铜品位 0.20%～0.29%，镍品位为 0.12%～0.18%，地表与深部变化不大，而且总体显示铜大于镍的地质特征（吕晓强等，2019；Sun et al.，2019）。

矿石主要有浸染状、稠密浸染状和贯入的块状-脉状 2 种矿化类型，后者常构成富矿体。矿石类型可分为浸染状、致密块状和脉状矿石。矿石具有浸染状、团块状、脉状构造，局部呈块状、珠滴构造；半自形-他形粒状结构、海绵陨铁结构。矿石矿物以硫化物为主，含少量氧化物，前者主要为磁黄铁矿、黄铜矿、镍黄铁矿、黄铁矿等，其中镍黄铁矿呈细粒状、叶片状分布，主要以固溶体的形式与磁黄铁矿相伴产出；氧化物主要为磁铁矿、钛铁矿（吕晓强等，2020）。

（2）成岩成矿时代

吕晓强等（2020）获得主含矿岩相橄榄辉长岩锆石 LA-ICP-MS U-Pb 年龄为 274±2.4 Ma，略晚于本书获得的辉长岩谐和年龄（275.5±1.0 Ma）。Sun et al.（2019）获得 2 件角闪辉长岩、橄榄辉长岩和辉长岩锆石 LA-ICP-MS U-Pb 年龄分别为 281.3±1.2 Ma、282.4±1.1 Ma、281.3±2.0 Ma 和 281.4±1.1 Ma。Mao et al.（2021）获得 2 件辉长岩和 1 件淡色辉长岩锆石 LA-ICP-MS U-Pb 年龄分别为 264.6±1.8 Ma、273.2±1.3 Ma 和 264.6±2.2 Ma。这些年龄限定月牙湾铜镍矿区镁铁质侵入岩侵位时间为 265~282 Ma。周国超等（2019）获得卡拉塔格矿集区洪湖湾辉长岩和 K4 辉长岩锆石 LA-ICP-MS U-Pb 年龄分别为 282.2±0.6 Ma 和 278.3±0.6 Ma，与月牙湾铜镍矿镁铁质岩年龄一致，表明卡拉塔格矿集区镁铁质侵入岩是同期镁铁质岩浆侵入活动的产物。吕晓强等（2020）获得矿体中磁黄铁矿 Re-Os 等时线年龄为 271.9±9.5 Ma，在误差范围内与辉长岩、角闪辉长岩和橄榄辉长岩年龄一致，限定成矿作用与镁铁质岩有关，成矿作用发生在早二叠世末。月牙湾铜镍矿形成时代与东天山其他铜镍矿一致，为早二叠世后碰撞伸展环境下的产物，如白鑫滩铜镍矿辉石橄榄岩年龄为 279 Ma（王亚磊等，2015）、葫芦铜镍矿辉长闪长岩年龄为 274.5 Ma（孙涛等，2010）。矿床成因类型为岩浆型铜镍矿。

（二）卡拉塔格矿集区大地构造演化与成矿作用

卡拉塔格矿集区随着大地构造的演化形成 5 个不同时代不同成因的成矿系统，目前识别出晚奥陶世斑岩成矿系统（玉带铜（金钼）矿）、早-中志留世 VMS 成矿系统（红海-黄土坡铜锌矿、黄滩金铜锌矿）、早-中泥盆世矽卡岩成矿系统（西二区铁铜矿）、晚石炭世末浅成低温热液成矿系统（或与次火山热液有关成矿系统，梅岭铜锌（金）矿，红山铜金矿）、早二叠世岩浆成矿系统（月牙湾铜镍矿），5 个成矿系统时空关系见图 5-53。大地构造演化与成矿系统模式化为图 5-54，简述如下：

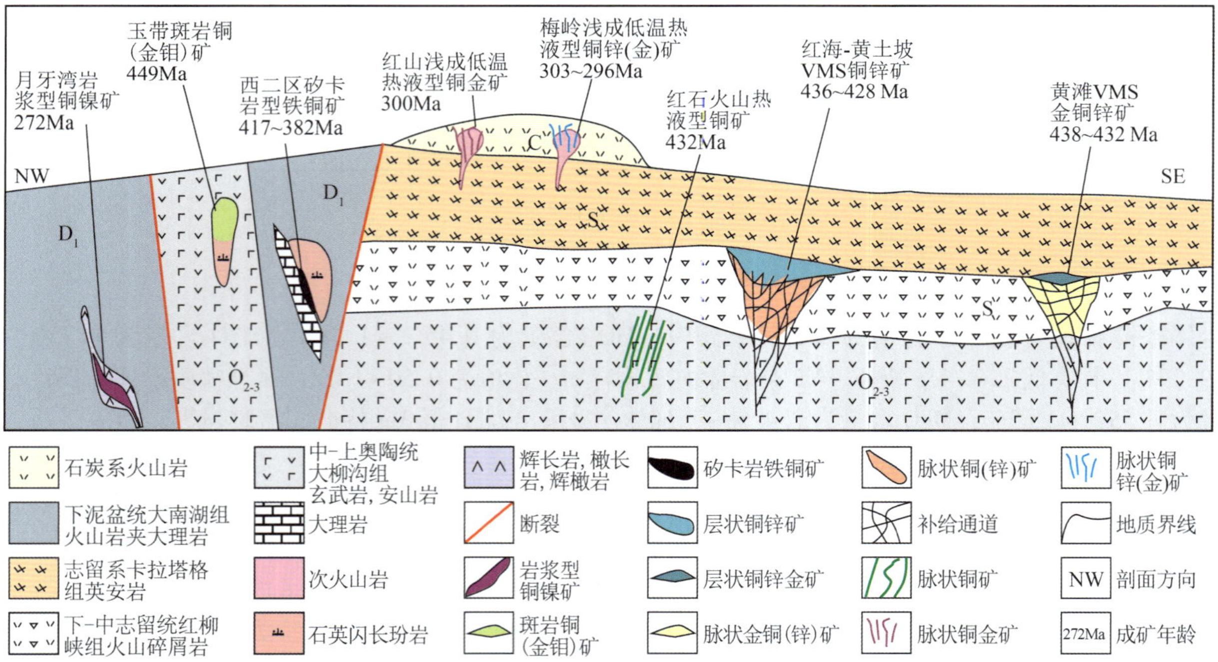

图 5-53 卡拉塔格矿集区矿床模型

晚奥陶世—志留纪由于古天山洋（或康古尔洋）北向俯冲，或准噶尔洋（卡拉麦里洋）南向俯冲，在卡拉塔格一带形成了大洋岛弧，即卡拉塔格岛弧（Chen et al.，2017；Sun et al.，2019；Cheng et al.，2020；Deng et al.，2020）。390~453 Ma 在矿集区西部玉带一带有多期次石英闪长玢岩侵入到

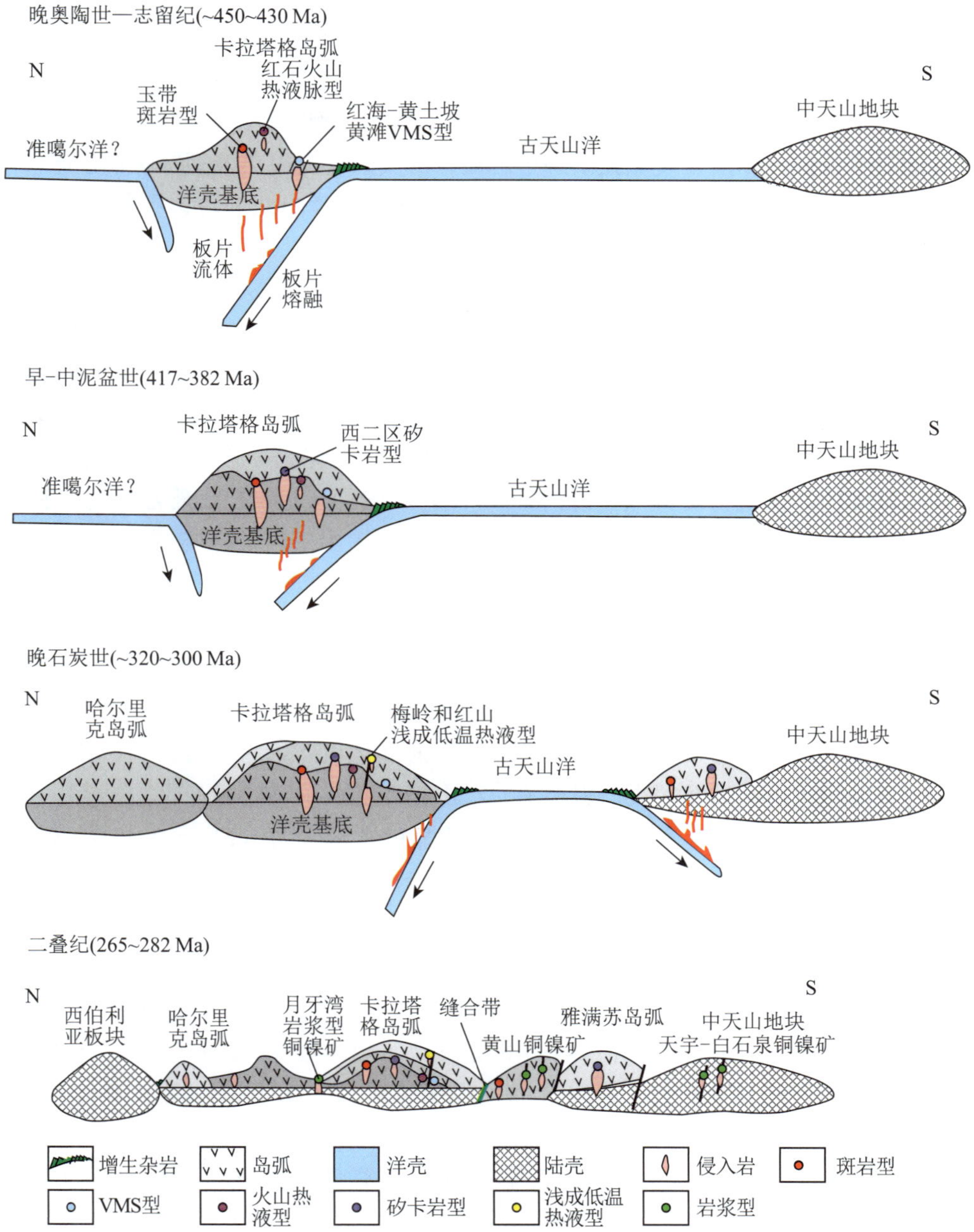

图 5-54　卡拉塔格矿集区大地构造演化与成矿系统

（据 Deng et al.，2020 及相关文献，有修改）

中-晚奥陶世安山岩中，形成斑岩成矿系统，成矿作用发生在石英多金属硫化物阶段，辉钼矿 Re-Os 年龄为 449 Ma（Sun et al.，2018），在 432 Ma 仍有矿化，黄铜矿 Re-Os 年龄为 426 Ma（Deng et al.，2020）。

早-中志留世（428～439 Ma）形成了 VMS 成矿系统，红海-黄土坡铜锌矿体位于红柳峡组顶部凝灰岩中，绢云母 Ar-Ar 坪年龄为 439 Ma，K-Ar 年龄为 424 Ma，黄铁矿和黄铜矿 Re-Os 年龄为 436～428 Ma，硫化物 Rb-Sr 年龄为 432 Ma，限定红海-黄土坡铜锌矿形成于 428～439 Ma。黄滩金铜锌矿位于红柳峡组顶部火山角砾岩沉凝灰岩和凝灰岩中，黄铜矿和黄铁矿 Re-Os 年龄为 432～438 Ma，与英安岩和英安质凝灰岩年龄一致（434～438 Ma）。红石铜矿赋存于大柳沟组安山岩中，矿化受火山断裂及裂隙控制，主要为含铜石英脉，少量角砾岩型。黄铜矿 Re-Os 等年龄为 432 Ma（Deng et al.，2016）与黄土坡-红海和黄滩成矿时代一致，尽管红石为火山热液型铜矿，但与 VMS 型矿床为同一成矿系统。玉带斑岩铜（金钼）矿形成时间略早于红海-黄土坡和黄滩 VMS 型矿床，在空间上位于岛弧上，距离俯冲带稍远。VMS 型矿床可能形成于大洋岛弧裂谷环境或弧内盆地，更加靠近卡拉塔格岛弧的海沟。含矿流体沿补给通道上涌，喷出海底，经过沉积作用，在海底低洼处形成层状矿，近海底的补给通道中形成脉状矿体。当含矿热液离开补给通道沿断裂运移到早期形成的安山岩中，由于物理化学条件的改变，成矿物质在裂隙或节理中沉淀，形成红石火山热液型脉状铜矿床。

早-中泥盆世（382~417 Ma）古天山洋（或康古尔洋）继续向北俯冲，卡拉塔格矿集区仍然为大洋岛弧环境。在西二区闪长玢岩侵入到下泥盆统大南湖组灰岩中，形成矽卡岩成矿系统（Deng et al.（2020）认为成矿作用发生在 390~380 Ma；Mao et al.（2018）认为成矿作用发生在 382 Ma），伴随矽卡岩的演化，在退化蚀变阶段和石英-硫化物阶段形成铜铁矿体（陈磊等，2018）。与成矿有关的闪长玢岩具有高 Sr（310×10^{-6}~1020×10^{-6}），低 Y（7.68×10^{-6}~14.50×10^{-6}），强烈亏损 HREE，弱的正铕异常（δEu=0.99~1.46），类似于 MORB 的 Sr 和 Nd 特征，表明闪长玢岩具有埃达克岩特征（Mao et al.，2018）。吕晓强等（2016）认为泥盆纪岛弧是在奥陶纪—志留纪岛弧的基础上发育起来的，洋壳俯冲从缓倾俯冲演化为陡倾斜俯冲。Mao et al.（2018）获得玉带斑岩铜（金钼）矿容矿石英闪长玢岩锆石 LA-ICP-MS U-Pb 年龄为 389.7±2.5 Ma，提出斑岩矿床与矽卡岩矿床是同期产物，形成斑岩-矽卡岩成矿系统，玉带矿区中泥盆世的成矿作用还需要进一步工作。

晚石炭世（300~320 Ma）在梅岭矿区形成了一套酸性火山熔岩和火山碎屑岩，次火山岩发育（英安斑岩、英安玢岩、流纹斑岩、石英斑岩），伴随石英斑岩侵入，在梅岭形成了浅成低温热液型矿床或次火山热液型梅岭铜锌（金）矿床。在红山矿区流纹斑岩侵入形成高硫化型浅成低温热液型铜金成矿系统，上金下铜垂直分带明显，近矿蚀变以绢云母化和硅化为显著特征。许英霞等（2008）认为成矿作用与三叠纪火山活动及次火山岩相关，红山精确的成矿时代还有待进一步限定。梅岭矿区流纹斑岩具有略富集 LILEs，强烈亏损 HFSEs，具有明显的负铕异常（δEu=0.43~0.95），在（Rb/10）-Hf-（3Ta）构造环境图解中落在火山弧背景区域（Deng et al.，2020）。卡拉塔格矿集区脐山组~300 Ma 的流纹岩地球化学特征表明，其形成于俯冲环境（Sun et al.，2018）。综合区域和矿集区地质及地球化学特征，认为晚石炭世卡拉塔格矿集区处于陆缘弧环境（Deng et al.，2020）。

早二叠世（274~282 Ma）卡拉塔格矿集区为后碰撞伸展环境，265~282 Ma 在矿集区有较多的镁铁质-超镁铁质岩侵入，如洪湖湾辉长岩、K1-K6 辉长岩（周国超等，2019）和月牙湾镁铁质-超镁铁质岩，目前只在月牙湾镁铁质-超镁铁质岩中发现铜镍矿床，属于岩浆型铜镍成矿系统（Sun et al.，2018，2019）。早二叠世是东天山重要的铜镍成矿期，集中分布在康古尔-黄山剪切带中的黄山-镜儿泉镁铁质-超镁铁质杂岩带和中天山地块天宇-白石泉镁铁质-超镁铁质杂岩中。多数学者认为二叠纪在东天山处于后碰撞伸展环境，形成镁铁质-超镁铁质岩，并伴有大规模的岩浆铜镍硫化物矿床形成，但也有学者认为铜镍矿的形成于塔里木大火成岩省和地幔柱有关（毛景文等，2006；Pirajno et al.，2011；Qin et al.，2011；Mao et al.，2016），Mao et al.（2021）认为月牙湾铜镍矿早二叠世仍然为俯冲背景，斜向洋脊俯冲和由此形成的板层窗口诱发了软流圈上涌，从而产生了地幔熔融，这些熔融物很可能通过俯冲带的板片窗口进入走滑断层。强烈的岩浆分馏、地壳混染和多期岩浆侵入形成了铜镍硫化物矿床。

（三）矿集区隆升与剥蚀

1. 样品及实验方法

本次工作样品主要采自卡拉塔格玉带矿区石英闪长岩样号 YD18-03，坐标北纬 42°41′41″，东经 91°45′14″，对磷灰石进行了裂变径迹分析。

裂变径迹定年方法遵从同位素定年方法的原理，利用^{238}U 自发裂变的现象，但它测量的是放射性衰变对矿物晶体的物理损伤，而不是另一种同位素。当^{238}U 原子自发裂变时，它分裂成质量大致相同的 2 个带电重粒子沿相反的方向飞出，在晶体晶格中产生线性损伤带，被称之为裂变径迹（康铁笙等，1991；Gallagher et al.，1998）。径迹的形成是一个不可逆的连续过程，矿物上的每一条裂变径迹记录了样品低于封闭温度的整个热历史的某一阶段的信息（康铁笙等，1991）。根据磷灰石裂变径迹的年龄及长度特征，应用各种程序进行模拟，可反演构造域的热历史，探讨造山带的隆升与剥露过程。

裂变径迹测年实验在核工业北京地质研究院分析测试研究中心进行测试工作。本实验采用外探测器法对样品进行裂变径迹分析，有关实验条件为：磷灰石裂变径迹蚀刻条件为7%HNO_3，室温，35s；锆石为H_2SO_4：HF=1：1，185℃，10h；外探测器采用低铀含量白云母，蚀刻条件为40%HF，室温，20 min；Zata标定选用国际标准样Durango磷灰石（Hurford et al.，1982）及美国国家标准局SRM612铀标准玻璃；样品送中国原子能科学院492反应堆进行辐照；径迹统计用OLYMPUS偏光显微镜，在放大1000倍浸油条件下完成。

2. 结果

1个石英闪长岩磷灰石的裂变径迹测试结果见表5-6，表中所列磷灰石的裂变径迹年龄皆为中心年龄，误差为1σ。评估磷灰石样品径迹长度的分布，利用AFTsolve程序反演，一般需要测量100条左右的封闭径迹（Ketcham et al.，2000）。但也有学者进行时间-温度史模拟时选取径迹条数大于50的样品，目前较通用的模拟软件为HeFTy软件（Ketcham et al.，2005）。

表5-6 卡拉塔格矿集区磷灰石裂变径迹结果

样号		YD18-03
颗粒数		25
$\rho_s/10^5\ cm^{-2}$	Ns	1.421（215）
$\rho_i/10^5\ cm^{-2}$	Ni	3.014（456）
$\rho_d/10^5\ cm^{-2}$	Nd	17.505（4376.2）
$U/10^{-6}$		37.38
P/%		100
中心年龄/Ma		139.6±14.5
池年龄/Ma		139.6±14.5
平均径迹长度/μm（Nl）		14.76±1.22（47）
径迹长度标准差/μm		1.21

$P(\chi^2)>5\%$值是判别单颗粒年龄变化程度的有效途径，如果样品$P(\chi^2)>5\%$时，可采用中心年龄来代表样品经历高温退火之后的真实抬升冷却年龄（袁万明等，2004）。样品YD18-03的$P(\chi^2)$为1，说明绝大部分颗粒年龄均属单一来源，大部分样品中心年龄均可代表最近一次抬升冷却年龄。测试得到卡拉塔格矿集区石英闪长岩的磷灰石裂变径迹年龄为139.6±14.5 Ma。磷灰石裂变径迹的年龄远小于岩体的形成时代（436~439 Ma），记录了区域样品隆升过程中历经退火带时的年龄。封闭径迹长度分布在11.62~16.60 μm之间。

根据获得的裂变径迹参数，确定反演模拟的初始条件。退火模型选用Ketcham et al.（2007）的多元动力学退火模型，长度拟合最优方程选用Kolmogorov-Smirnov Test；模拟方法选择Monte Carlo模拟；模拟温度从高于磷灰石裂变径迹退火带120℃到现今地表温度（设定为20℃），模拟时间从热时间年龄140±15 Ma到现今。本书对卡拉塔格地区石英闪长岩样品利用软件HeFTy进行热史模拟，每个模拟样品均计算了10000次随机产生的温度历史条件下的裂变径迹年龄和长度，样品获得了最佳的热史路径。年龄GOF和径迹长度K-S都大于5%时，表明模拟结果“可以接受”；当它们超过50%，则模拟结果是高质量的。该样品模拟的K-S检验为0.57，年龄GOF为0.99说明模拟结果是高质量（图5-55A）。

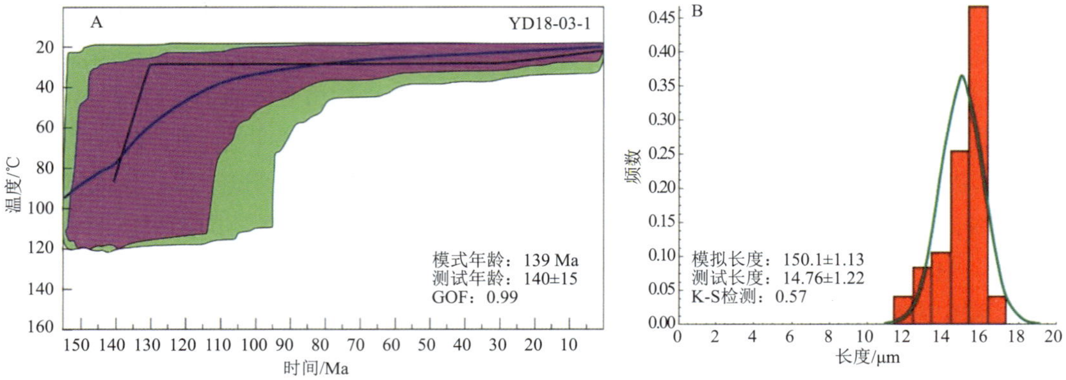

图 5-55　卡拉塔格矿集区石英闪长岩中磷灰石裂变径迹热史模拟结果

3. 意义

本次研究得到吐哈盆地南缘的天窗中卡拉塔格矿集区石英闪长岩中磷灰石的裂变径迹平均径迹长度 14.76±1.22 μm，标准偏差在 1.21 μm，略小于径迹原始长度 16.3±0.9 μm（图 5-55B）。由于径迹长短与最终定年结果关系密切，因此裂变径迹分析中最重要的参数是径迹长度及其分布。样品径迹长度分布均为不标准的单峰态、稍显负偏峰型、出现短径迹尾，即在磷灰石裂变径迹开始时退火速率很快，表明样品快速通过退火带。磷灰石的裂变径迹年龄为 140±15 Ma，假如岩石的冷却历史是由正常地温梯度下地质体隆升或剥蚀作用所引起的，那么冷却历史就是隆升历史的反映。热史模拟显示其冷却时间主要是从早白垩世（140±15 Ma）开始，可能发生了快速隆升剥蚀，在 10 Ma 年间，温度从 90℃降低到 30℃，冷却速率约为 6℃/Ma，若以平均地温梯度为 30℃/km 计算，其隆升速率为 200 m/Ma，然后在 130 Ma 左右进入一个稳定期。

学者认为天山造山带主要是晚古生代塔里木板块、哈萨克斯坦板块和西伯利亚板块等相互碰撞的结果（肖序常等，1992；马瑞士等，1993；何国琦等 1994），则造山带的隆升下陷受板块运动的影响。郭召杰等（2002）对东天山地区的阿齐山岩体进行了磷灰石和锆石的裂变径迹研究，径迹年龄分别为 97 Ma、184 Ma，并在 97~184 Ma 期间岩体的平均隆升速率为 35 m/Ma。尾垭岩体的磷灰石和锆石裂变径迹年龄分别为 88 Ma 和 153 Ma，在 88~153 Ma 时期内岩体平均隆升速率为 53 m/Ma。东天山隆起带基底隆升过程主要发生在中生代之前，白垩纪之后该地区没有发生过快速隆升，现今构造地貌继承了中生代的特征。Zhu et al.（2005）对吐哈盆地北部和南部边缘地层的砂岩进行磷灰石裂变径迹分析，认为在 120~100 Ma 期间吐哈盆地存在隆升冷却的历史。朱文斌等（2006）报道了吐哈盆地东北地区博格达-哈尔里克山存在多次隆升剥露历史，分别是 105~119 Ma、65~67 Ma、31~47 Ma 和 7~12 Ma 期间。Zhu et al.（2008）报道东天山觉格塔罗带中延东岩体中磷灰石裂变径迹年龄在 87~97 Ma，而在 9~10 Ma 发生了快速隆升。刘红旭等（2014）在东天山造山带阿齐山-雅满苏地区获得变质岩、花岗岩及新生代砂岩的磷灰石裂变径迹年龄 51.4~81.7 Ma，认为晚白垩世—始新世期间存在一次重要的构造隆升-剥蚀事件，该地区平均隆升速率为 270~580 m/Ma，但自始新世以后 50 Ma 以来，地壳处于稳定状态。高洪雷等（2014）对吐哈盆地东南缘雅满苏地区磷灰石裂变径迹进行了研究，样品年龄集中分布在 53~81 Ma，经历了一次区域性快速冷却事件，并在始新世以后约 50 Ma 东天山地区处于稳定状态，没有再次经历隆升-剥露过程。Zhang et al.（2020）通过对东天山西部的甘沟和大河沿地区的砂岩和花岗岩的磷灰石裂变径迹研究，认为在中新生代期间天山东部主要经历了 3 次剥蚀，即晚侏罗世至早白垩世（135~160 Ma）、晚白垩世至早始新世（50~100 Ma）和晚始新世至早中新世（20~35 Ma），东天山南部开始剥蚀的时间早于北部，主要剥蚀期为 50~100 Ma，而东天山北部自始新世晚期以来剥蚀迅速。热史模拟显示卡拉塔格地区的抬升比东天山其他区域早，但随后进入平静期。

总之，卡拉塔格地区早白垩纪 130~140 Ma 期间有一个快速的隆升，其隆升速率为 200 m/Ma，之后进入平静期。综合前人对东天山地区山脉，盆地隆升及热史的研究显示，该地区隆升剥蚀十分复杂，不同块段存在差异性升降，并非受单一的地质事件影响。刘红旭等（2014）认为天山造山带内部不同块体之间的相互作用及其邻区的岩石圈热-流变学结构以及盆-山转换、构造抽拉等也可能控制了天山新生代构造变形、隆升过程及其隆升幅度，从而造成东天山地区现今的地貌。

四、阿舍勒与卡拉塔格 VMS 矿集区成矿作用对比

本次研究从含矿岩系、成岩成矿时代、岩石地球化学、构造环境、成矿特征、矿集区成矿作用等多个方面开展卡拉塔格矿集区与阿舍勒 VMS 矿集区对比研究（表 5-7）。

表 5-7 阿舍勒和卡拉塔格矿集区 VMS 成矿系统对比

矿集区	阿舍勒矿集区	卡拉塔格矿集区
大地构造环境	大洋岛弧裂谷，也有人认为是陆缘弧裂谷	大洋岛弧（弧裂谷或弧前盆地或弧内盆地）
含矿层位	早-中泥盆世阿舍勒组	中-晚奥陶世大柳沟组、志留纪红柳峡组和卡拉塔格组底部
矿体围岩	阿舍勒Ⅰ和Ⅱ号矿化带、桦树沟、萨尔朔克地层中矿化赋存于凝灰岩中，阿舍勒Ⅳ号矿化带赋存英安斑中，萨尔朔克流纹斑岩中脉状矿化，喀英德分布于次火山岩内外接触带	红海-黄土坡赋存于凝灰岩中，黄滩赋存于凝灰岩、沉凝灰岩和火山角砾岩中，红石赋存于安山岩中
火山岩特征	阿舍勒Ⅰ号矿化带和萨尔朔克含矿岩系具有双峰山火山岩特征，火山岩富钠特征，玄武岩类为碱性系列，流纹岩类为钙碱性系列	辉石安山岩、英安岩和凝灰岩略富集 LILE 和 LREE，亏损 Nb 和 Ti，显示出典型与俯冲有关的钙碱性岩浆的地球化学特征
喷流岩	含铁碧玉岩、层状重晶石、强硅化带、黄铁矿层	偶见含铁碧玉岩、硅质岩、强硅化带、层状及脉状矿石中重晶石
矿化特征	阿舍勒Ⅰ和Ⅱ号矿化带、萨尔朔克凝灰岩中矿化具有层状矿化和补给通道相脉状矿化组成的“双层结构”；萨尔朔克流纹斑岩中、Ⅳ号矿化带、桦树沟和喀英德为脉状矿化	红海-黄土坡和黄滩矿化具有“双层结构”，红石为脉状矿化
矿化类型	VMS 型、次火山热液型、火山热液型脉状	VMS 型、火山热液型
矿石构造	致密块状、块状、条带状、层纹状、细脉状、网脉状、稠密浸染状、浸染状、角砾状、斑杂状、斑点状	致密块状、块状、条带状、层纹状、细脉状、网脉状、稠密浸染状、浸染状、角砾状
矿石主要金属矿物	黄铁矿、黄铜矿、闪锌矿、（砷）黝铜矿、方铅矿、锌砷黝铜矿、含银锌锑黝铜矿、含银锑黝铜矿、斑铜矿、毒砂、磁黄铁矿、碲金矿、银金矿、自然金	黄铁矿、黄铜矿、闪锌矿、黝铜矿、硫锑铅矿、锌砷黝铜矿、锌锑黝铜矿、斑铜矿、碲（铋）铅矿、白铁矿、磁黄铁矿、毒砂、碲金矿、银金矿、针碲金银矿、自然金、（针）碲金银矿、碲银矿、辉银矿、自然银
矿石主要非金属矿物	石英、绢（白）云母、绿泥石、重晶石、方解石、白云石、长石	重晶石、石英、白云母、绢云母、碳酸盐、斜长石、绿泥石、绿帘石、阳起石、角闪石、黏土矿物等
围岩蚀变	硅化、绿泥石化、绢云母化、钠长石化、黄铁矿化、高岭土化、叶蜡石化、青磐岩化	硅化、绿泥石化、绢云母化、黄铁矿化、重晶石化、叶蜡石化、青磐岩化
成矿元素组合	Cu、Cu-Zn、Cu-Pb-Zn-Ag、Au-Cu-Pb-Zn-Ag	Cu、Cu-Zn、Au-Cu-Zn
包裹体类型	主要为液体包裹体，少量气体包裹体，个别含子矿物包裹体和纯气体包裹体，阿舍勒补给通道相和强硅化蚀变带局部出现含液体 CO_2 包裹体	主要为液体包裹体，少量气体包裹体，个别含子矿物包裹体，红海-黄土坡补给通道相局部出现含液体 CO_2 包裹体

矿集区	阿舍勒矿集区	卡拉塔格矿集区
温度	喷流沉积相温度变化范围为122~537℃，主要集中在140~420℃；补给通道相温度95~514℃，集中在中低温120~260℃；萨尔朔克流纹斑岩中脉状矿化均一温度为86~516℃，集中在100~400℃	层状矿化均一温度为123~369℃，峰值为262℃和312℃；脉状矿化及硅化均一温度为96~408℃，峰值为312℃；红石脉状矿化温度为109~315℃
盐度	喷流沉积相盐度为0.35%~9.6%（$NaCl_{eq}$），集中在2%~8%（$NaCl_{eq}$）；脉状矿化为0.71%~10.98%（$NaCl_{eq}$）；萨尔朔克流纹斑岩脉状矿化为0.53%~15.96%（$NaCl_{eq}$），集中在3%~11%（$NaCl_{eq}$）	层状矿化盐度为4.85%~14.36%（$NaCl_{eq}$），峰值为11%（$NaCl_{eq}$）；脉状矿化及硅化盐度为2.41%~13.72%（$NaCl_{eq}$），峰值为5%（$NaCl_{eq}$）；红石脉状矿化盐度为0.63%~8.41%（$NaCl_{eq}$）
流体来源	$\delta^{18}O_{SMOW}$ = 6.9‰ ~ 11.9‰，$\delta^{18}O_{H_2O}$ = −4.56‰ ~ 3.54‰，δD_{SMOW} = −162‰ ~ −75‰，成矿流体主要为深循环海水混合岩浆水	$\delta^{18}O_{SMOW}$ = 6.6‰ ~ 12.9‰，$\delta^{18}O_{H_2O}$ = −7.24‰ ~ 6.81‰，δD_{SMOW} = −109‰ ~ −42‰，成矿流体主要为来自深循环的海水与岩浆水的混合流体
	$^3He/^4He$ 值为0.02~0.44 Ra，$^{40}Ar/^{36}Ar$ 值为320~9425，幔源He含量为0.06%~7.45%，放射性成因 $^{40}Ar^*$ 含量为7.53%~96.89%，成矿流体以壳源流体为主，即富放射性成因Ar的深循环海水为主	$^3He/^4He$ 值为0.11~1.37 Ra，$^{40}Ar/^{36}Ar$ 值为301~502，成矿流体中有幔源He（1.71%~20.9%）和放射性成因Ar（$^{40}Ar^*$ 含量为1.96%~41.13%），成矿流体为幔源流体与富放射性成因Ar的深循环海水
成矿物质来源	硫化物和重晶石的 $\delta^{34}S$ 值为−13.7‰~11‰（萨尔朔克峰值2.5‰，阿舍勒峰值3.5‰）和16‰~24‰，以岩浆硫为主（来自下伏火山岩），少量硫来自海水硫酸盐细菌还原作用（阿舍勒）	硫化物 $\delta^{34}S$ 值为−1‰~6‰（红海-黄土坡峰值为1.5‰，黄滩峰值为0.5‰），硫来自下伏火山岩。重晶石 $\delta^{34}S$ 值为27‰~31‰，表明硫来自海水硫酸盐无机还原硫
	$^{206}Pb/^{204}Pb$ 值为17.466~18.009、$^{207}Pb/^{204}Pb$ 值为15.285~15.626、$^{208}Pb/^{204}Pb$ 值为37.009~38.119，铅为壳幔混合来源，铅来自火山岩的淋滤作用或来自岩浆分异作用	$^{206}Pb/^{204}Pb$ 值为17.886~18.144，$^{207}Pb/^{204}Pb$ 值为15.465~15.506，$^{208}Pb/^{204}Pb$ 值为37.325~37.684，成矿物质主要来自地幔
	萨尔朔克硫化物 I_{Sr} 值为0.709385~0.710909，成矿物质具有壳幔混合特征	红海-黄土硫化物 I_{Sr} 值为0.710070~0.710405，成矿物质具有壳幔混合特征
控矿因素	层位、火山岩组合、次火山岩、火山机构（斜坡、洼地）、喷流通道、断裂和裂隙，成矿后的褶皱、区域变形和韧性剪切变形	层位、火山岩组合、火山机构（斜坡、洼地）、喷流通道、断裂和裂隙，成矿后的构造变形改造
含矿火山岩系时代	371~406 Ma	413~>450 Ma
成矿时代	379~394 Ma	428~439 Ma
主要矿床	阿舍勒铜锌矿、萨尔朔克金多金属矿	红海-黄土坡铜锌矿、黄滩金铜锌矿、红石铜矿

（一）含矿岩系对比

阿舍勒矿集区位于南阿尔泰，是哈萨克斯坦VMS成矿带的东南延伸部分。矿集区出露下-中泥盆统阿舍勒组、上泥盆统齐也组和下石炭统红山嘴组，尽管3个组均为火山-沉积岩系，但只有阿舍勒组为含矿岩系。阿舍勒组划分为5个岩性段段（Niu et al.，2020）：第一岩性段为硅质凝灰岩层，岩性为火山灰凝灰岩、英安质凝灰岩、含角砾晶屑凝灰岩、晶屑（含晶屑）凝灰岩、岩屑凝灰岩，少量霏细岩，顶部夹灰岩透镜体，见薄层状、透镜状硫化物矿体。第二岩性段为英安质层，主要岩性为英安质凝灰岩、凝灰质角砾岩、砾岩、英安岩、火山角砾岩、沉凝灰岩、结晶灰岩及重晶石透镜体和金属硫化物矿层等。第三岩性段为流纹质层，主要岩性为流纹岩、流纹质凝灰岩与熔结角砾凝灰岩，夹薄层玄武岩，局部发育硫化物石英网脉。第四岩性段为矿层，上部为层状与块状硫化物、含矿英安质凝灰岩与硅质岩、英安岩，盆地边部相变为重晶石与含铁碧玉岩；下部为英安岩、英安质凝灰岩夹玄武岩与安山岩及安山质凝灰岩，局部发育硫化物石英网脉。第五岩性段为玄武岩层，主要为玄武岩夹少量沉凝灰岩透镜体，上部为灰岩。

卡拉塔格矿集区位于东天山，矿集区主要出露中-上奥陶统大柳沟组，志留系红柳峡组和卡拉塔格组，下泥盆统大南湖组，上石炭统脐山组，下二叠统卡拉岗组，与海相火山作用有关的矿床赋存于大柳沟组、红柳峡组和卡拉塔格组底部。大柳沟组主要为玄武岩、玄武安山岩、安山岩，少量火山角砾岩、凝灰岩和英安岩，红石火山热液脉状铜矿赋存于该组中。红柳峡组主要为火山碎屑沉积岩、凝灰岩和凝灰角砾岩，在该组及顶部和卡拉塔格组之间产出红海-黄土坡 VMS 型铜锌矿和黄滩 VMS 型金铜锌矿。卡拉塔格组主要为英安岩、火山角砾岩、凝灰岩和熔结凝灰岩。有关这 3 个组的划分和时代存在不同的认识，Deng et al.（2020）综合本团队和前者年代学资料，认为大柳沟组> 450 Ma，红柳峡组为 440~450 Ma，卡拉塔格组为 413~440 Ma。毛启贵认为大柳沟组为中-晚奥陶世，红柳峡组为早志留世，卡拉塔格群为泥盆纪—石炭纪。于明杰（2016）认为大柳沟组为奥陶纪，红柳峡组为早志留世，卡拉塔格群为泥盆纪—石炭纪。本书结合本次研究和前人研究成果，认为大柳沟组为中-晚奥陶世（>450 Ma），红柳峡组和卡拉塔格组形成于志留纪，其中红柳峡组主要形成于早-中志留世。

卡拉塔格矿集区 VMS 成矿系统的赋矿层位是红柳峡组（补给通道相脉状矿体）、其顶部和卡拉塔格组底部之间（层状矿体），大柳沟组中赋存与火山热液有关脉状铜矿。阿舍勒矿集区 VMS 成矿系统赋存层位是早-中泥盆世阿舍勒组第四岩性段，即矿层段（阿舍勒Ⅰ和Ⅱ号矿化带），其次是阿舍勒组第一、二、三岩性段（如桦树沟铜矿等），次火山岩（如流纹斑岩，萨尔朔克金多金属矿床；英安斑岩，阿舍勒Ⅳ号矿化带；石英霏细斑岩内外接触带，喀英德铜矿）。阿舍勒矿集区含矿层位少于卡拉塔格矿集区，但矿化类型多，成矿还与次火山岩有关，在卡拉塔格矿集区目前未发现与次火山岩有关的矿化。

（二）火山作用及构造环境

1. 卡拉塔格矿集区

卡拉塔格矿集区与海相火山作用有关的 VMS 成矿系统发育在中-晚奥陶世和志留纪，含矿岩系为大柳沟组、红柳峡组和卡拉塔格组，总体上大柳沟组为基性火山岩、红柳峡组为中性火山岩、卡拉塔格组为中酸性火山岩。3 个组的岩石类型主要为玄武岩、玄武安山岩、安山岩、英安岩、流纹岩、安山质角砾熔岩、英安质角砾熔岩、集块岩、火山角砾岩、凝灰角砾岩、（含角砾）凝灰岩、熔结凝灰岩、沉凝灰岩、凝灰质砂岩。

Chai et al.（2019）获得黄土坡矿段含矿岩系中英安岩、辉石安山岩和安山质凝灰岩锆石 LA-ICP-MS U-Pb 年龄分别为 440. 1±1. 2 Ma、439. 7±0. 95 Ma 和 442. 0±1. 1 Ma，本书获得红海矿段上盘含角砾凝灰岩锆石 LA-ICP-MS U-Pb 年龄为 423. 3±2. 9 Ma。毛启贵等（2010）获得红海矿段上盘底部酸性火山熔岩锆石 SHRIMP U-Pb 年龄为 416±5. 9 Ma，Deng et al.（2016）获得含矿火山岩系凝灰岩锆石 U-Pb 年龄为 440. 4±2. 9 Ma。李玮等（2016）在红海-黄土坡地表剖面上获得安山岩和英安岩锆石 LA-ICP-MS U-Pb 年龄分别为 434. 8±3. 8 Ma 和 438. 4±4. 9 Ma。本次获得地表黄滩矿区红柳峡组石英安山岩锆石 LA-ICP-MS U-Pb 加权平均年龄为 413. 0±5. 9 Ma，英安岩锆石 LA-ICP-MS U-Pb 谐和年龄为 434. 3±3. 1 Ma。Sun et al.（2020）获得黄滩矿区英安质凝灰岩锆石 LA-ICP-MS U-Pb 加权平均年龄为 438. 2±5. 7 Ma。这些年龄表明 3 套火山岩系火山活动时间从 413 Ma 持续到>442 Ma，即晚奥陶世—志留纪末或早泥盆世初。

黄土坡矿区含矿岩系中辉石安山岩、英安岩和凝灰岩略富集 LILE 和 LREE，亏损 Nb 和 Ti，显示出典型与俯冲有关的钙碱性岩浆的地球化学特征。辉石安山岩具有高镁含量（MgO = 7. 6% ~ 10. 8%）

和 $Mg^{\#}$值（64~72），低的 Sr/Y 和 La/Yb 值，属于高镁安山岩中的赞岐岩。英安岩和凝灰岩具有低的镁含量（MgO<2.5%）和 Al_2O_3 含量（15%~16.4%和 11.3%~15.3%），负铕异常（δEu=0.71~0.75 和 0.44~0.6），属于低 MgO 系列。这些火山岩显示出相似的 Nd 和 Sr 同位素特征，ε_{Nd}（t）为 6.5~7.3，中等高的初始$^{87}Sr/^{86}Sr$ 比值，为 0.705274~0.706977。这些地球化学特征及区域地质表明，含矿火山岩系的形成与俯冲有关，属于大洋岛弧环境，即卡拉塔格岛弧，VMS 矿床形成于大洋岛弧裂谷内，但 Deng et al.（2020）认为是大洋岛弧的弧前盆地或弧内盆地。形成火山岩的岩浆很可能来自俯冲相关的熔体或流体交代地幔楔并部分熔融，形成岩浆，这些火山岩的地球化学差异主要是由于其与俯冲有关的成分不同而造成的。

2. 阿舍勒矿集区

阿舍勒矿集区 VMS 成矿系统只发育在下-中泥盆统阿舍勒组火山-沉积岩系，岩石类型复杂，主要有晶屑（岩屑）凝灰岩、火山灰凝灰岩、含角砾凝灰岩、沉（含角砾）凝灰岩、集块岩、含集块角砾凝灰岩、火山角砾岩、凝灰质（粉）砂岩、（生物碎屑）灰岩、白云质灰岩、绢云千枚岩、含砂质放射虫硅板岩、玄武岩、玄武安山岩、安山岩、英安岩、流纹岩、珍珠岩、凝灰熔岩、角砾熔岩。玄武岩、玄武安山岩、英安岩、流纹岩、晶屑凝灰岩和凝灰岩锆石 U-Pb 年龄限定阿舍勒组火山喷发时间为早-中泥盆世（379~406 Ma），阿舍勒组之上齐也组年龄为 365~376 Ma。阿舍勒矿集区次火山岩（石英闪长岩、流纹斑岩、英安斑岩、流纹斑岩）年龄变化范围为 365~386 Ma。总之，阿舍勒矿集区火山活动时间为泥盆纪（365~406 Ma）。

萨尔朔克赋矿的中泥盆世含矿流纹斑岩和穿插矿体的辉绿岩具有双峰式岩浆岩特征，辉绿岩 SiO_2 含量为 44.84%~59.77%，高 $Mg^{\#}$（43~69），富集大离子亲石元素（LILE）和轻稀土元素（LREE），亏损 Nb 和 Ta，低的（$^{87}Sr/^{86}Sr$）$_i$（0.706687~0.707613），正 ε_{Nd}（t）（4.8~6.8）和高的 ε_{Hf}（t）（7.15~15.19），暗示岩浆起源于亏损岩石圈地幔。流纹斑岩具有赞岐岩特征，高 SiO_2（78.6%~81.82%）和 MgO（3.38%~5.94%），富集 LILE 和 LREE，表明它们来源于地幔源区与俯冲洋壳物质的平衡反应，结合正的 ε_{Nd}（t）（4.1~8.4）和 ε_{Hf}（t）（2.88~15.17），表明辉绿岩和流纹斑岩为同一地幔橄榄岩源区。负铕异常（δEu=0.21~0.28）和 P 异常，表明流纹斑岩经历了 Fe-Ti 氧化物、斜长石和磷灰石的分离结晶作用。阿舍勒组火山岩具有双峰式火山岩（SiO_2 含量分别为 45%~54%和 61%~75%）特征，火山岩富钠为特征（Na_2O/K_2O=8~30），玄武岩也被称为细碧岩，流纹岩被称为石英角斑岩，玄武岩类属于碱性系列，流纹岩类属于弱碱性-钙碱性系列。玄武岩与流纹岩具有明显不同的稀土元素特征，前者总量低（10.83×10^{-6}~22.62×10^{-6}），轻稀土亏损（LREE/HREE=0.50~0.88），铕弱亏损到弱正异常（δEu=0.68~1.22），负铈异常（δCe=0.55~0.76），稀土配分模式类似拉斑玄武岩或洋中脊玄武岩。流纹岩类稀土总量较高（90.79×10^{-6}~121.84×10^{-6}）、轻稀土富集（LREE/HREE=1.35~3.12），铕和铈均为负异常（δEu=0.75~0.87，δCe=0.86~0.90），配分曲线右倾，表明基性和酸性火山岩来自 2 个不同的源区，具有壳源和幔源混合特征。基性和酸性火山岩的微量元素特征也明显不同，玄武岩富集 Nb、Sr、Ti，亏损 K、La、Ce、Nd、Sm 和 Y；流纹岩正好相反，富集 K、La、Ce、Nd、Sm 和 Y，亏损 Ba、Nb、Sr、Ti（陈毓川等，1996；王登红等，1996）。高珍权等（2010）认为阿舍勒组的英安-安山-玄武质火山岩组合属亚碱性拉斑玄武系列，为铝过饱和、低钾、富镁系列的火山岩，相对富集 MgO 和轻稀土元素，亏损 Ti、Nb、P 和 Ta，具有弱铕负异常（δEu=0.84~0.94）和 Th/Ta 高比值（5.53~12.58）等特点。英安-安山-玄武质火山岩微量元素含量及比值特征、稀土元素配分模式、微量元素构造环境判别图显示它们具有同源区特点，均起源于富集地幔，属于玄武岩浆经岩浆结晶分异作用的产物。

阿舍勒矿集区泥盆纪大地构造环境存在很大的分歧，廖启林等（2000）提出阿舍勒矿区是大陆裂谷环境。王登红（1995）、Wang et al.（1998）认为是地幔柱上拱而产生的小裂陷拉张盆地。牛贺才等（1999，2006）根据富镁英安岩的发现，提出阿舍勒矿区形成于大洋岛弧环境。Sun et al.（2009）认为阿舍勒一带的岩浆作用与板片窗和洋脊俯冲有关。高珍权等（2010）认为是成熟岛弧环境。王涛等（2010）认为包括阿舍勒在内的阿尔泰泥盆纪由于俯冲加剧，导致陆缘裂解，可能与洋脊俯冲有关。Wan et al.（2011）认为阿舍勒矿床形成于弧裂谷背景。Wu et al.（2015）和吴玉峰等（2016）提出阿舍勒矿区为大洋岛弧环境（或弧前），可能与洋中脊俯冲有关。Yang et al.（2017）认为萨尔朔克矿区中泥盆世为岛弧环境。Ma et al.（2018）认为晚泥盆世齐也组玄武岩与新生板片窗岩浆作用有明显的成因关系，这个板片窗岩浆作用是由中国阿尔泰弧后盆地初始裂谷阶段的洋中脊俯冲导致。徐兴旺等（2021）认为包括阿舍勒矿集区在内的南阿尔泰为陆缘弧环境，阿舍勒矿集区可能属于俯冲转换断层的撕裂与软流圈上涌导致裂谷盆地的形成，并形成 Cu-Zn 矿床。

（三）成矿特征对比

阿舍勒铜锌矿Ⅰ和Ⅱ号矿化带、萨尔朔克金多金属矿阿舍勒组中矿化、红海-黄土坡铜锌矿和黄滩金铜锌矿均赋存于凝灰岩或凝灰角砾岩中，受层位和岩性控制。阿舍勒铜锌矿Ⅰ矿化带被玄武岩覆盖，与含矿酸性凝灰岩构成双峰式火山岩，萨尔朔克流纹斑岩中脉状矿化，被同时期稍晚侵入的辉绿岩穿切，含矿流纹斑岩和辉绿岩构成了双峰式火山岩。红海-黄土坡铜锌矿和黄滩金铜锌矿含矿层被火山角砾岩和英安岩覆盖，不具有双峰式火山岩特征。尽管在阿舍勒和卡拉塔格矿集区均发育喷流岩，但存在较大差异，阿舍勒矿区含铁碧玉岩较发育，沉积作用可以形成重晶石矿体或团块，少量在脉状或层状矿石中，萨尔朔克矿区含铁碧玉岩不发育，但局部可以看到层状的重晶石。卡拉塔格矿集区偶尔可见含铁碧玉岩，未发育层状重晶石，重晶石主要作为非金属矿物分布于层状矿化中。

阿舍勒铜锌矿Ⅰ和Ⅱ号矿化带、红海-黄土坡铜锌矿和黄滩金铜锌矿具有相同的特征，由层状或透镜状的层状矿体和补给通道相脉状矿体组成，具有“双层结构”，但补给通道相及下盘蚀变分布范围远远大于层状矿体。萨尔朔克金多金属矿成矿作用复杂，在阿舍勒组凝灰岩中形成“双层结构”矿化（目前发现的矿化以脉状矿化为主），在之后侵入的流纹斑岩中形成与次火山热液有关的脉状矿化。阿舍勒矿集区的阿舍勒和萨尔朔克均出现了与次火山岩有关的矿化，但在卡拉塔格矿集区目前还没有发育与次火山岩有关的矿化。2 个矿集区补给通道相及热液蚀变类似，主要为强硅化、黄铁矿化、绿泥石化和绢云母化，相对的在卡拉塔格矿集区黄铁绢英岩化（黄铁矿+绢云母+石英）发育，特别是黄滩。阿舍勒和红海-黄土坡以铜锌成矿为主，金作为伴生元素主要分布于层状矿，部分在脉状矿中，但圈不出金矿体，萨尔朔克和黄滩金成矿为特色，可以圈定金矿体、金铜矿体和金多金属矿体，这 2 个矿可称为富金 VMS 矿床。

2 个矿集区石英和重晶石中流体包裹体以液体包裹为主，少量气体包裹体，部分矿床补给通道相局部有液体 CO_2 包裹体和含子矿物包裹体。成矿流体均一温度变化很大，从高温演化到低温，但主要以中低温为主，低盐度（2%~10%（$NaCl_{eq}$）），成矿流体均为深循环海水为主，混合岩浆水。两个矿集区硫来自下伏火山岩和海水硫酸盐，阿舍勒矿区有少量硫来自海水硫酸盐细菌还原作用。

阿舍勒铜锌矿Ⅰ号矿化带主矿体顶板玄武岩和底板凝灰岩锆石 U-Pb 年龄、层状矿化黄铁矿 Re-Os 年龄和脉状矿化黄铁矿 Re-Os 年龄限定Ⅰ号矿化带铜锌矿化发生在 388 Ma 左右。Ⅱ号矿化带流纹岩年龄限定成矿作用发生在 394 Ma 左右。Ⅳ号矿化带英安斑岩年龄限定成矿作用略晚于 379 Ma。萨尔朔克矿区地层凝灰岩中脉状矿化与阿舍勒Ⅰ号矿化带一样，形成于 388 Ma 左右，含矿流纹斑岩锆石 LA-ICP-MS U-Pb 年龄、流纹斑岩中脉状矿化的黄铜矿和黄铁矿 Re-Os 等时线年龄，厘定流纹斑岩中脉状矿化形成于 383~386 Ma。卡拉塔格矿集区红海-黄土坡铜锌矿床黄铁矿和黄铜矿 Re-Os 年龄、硫化物 Rb-Sr 年龄和绢云母 Ar-Ar 年龄限定红海-黄土坡铜锌矿蚀变、脉状和层状矿形成于 428~439 Ma。黄滩金铜锌矿黄铜矿和黄铁矿 Re-Os 年龄为 432~438 Ma，红石铜矿黄铜矿 Re-Os 等时线年龄为 432 Ma。总之，阿舍勒矿集区 VMS 成矿系统形成于 379~394 Ma，属于早-中泥盆世，卡拉塔格矿集区 VMS 成矿系统形成于 428~439 Ma，属于早-中志留世成矿。

（四）矿集区成矿作用对比

阿舍勒矿集区在阿舍勒组中已发现阿舍勒大型铜锌矿、萨尔朔克中型金多金属矿、喀英德小型铜矿、桦树沟小型铜矿、别斯铁热克南铜矿点、床阿依铜矿点、阿依托汗铜矿点、铁热克特萨依铜矿点、多拉纳勒铜矿点等，这些矿床（点）主要与海相火山作用（包括喷流沉积作用、次火山热液作用和火山热液作用）有关。通过阿舍勒铜锌矿、萨尔朔克金多金属矿、喀英德铜矿和桦树沟铜矿的研究，认为这些矿床均属于早-中泥盆世的VMS成矿系统。由于受火山机构、岩相、矿化部位、次火山岩、断裂及裂隙、物理化学条件控制的不同出现了多种矿化，如阿舍勒Ⅰ和Ⅱ矿化带具有喷流沉积相的层状或透镜状矿体和补给通道相脉状矿体组成的“双层结构”；萨尔朔克矿区在阿舍勒组凝灰岩中形成了补给通道相和喷流沉积相组成的“双层结构”矿化，在稍晚侵入的流纹斑岩中形成了与次火山热液有关的金铜铅锌银脉状矿化；喀英德铜矿与石英霏细斑岩的次火山热液有关，矿化还受接触带控制；桦树沟铜矿受火山断裂控制，其成矿与火山热液有关。

与阿舍勒矿集区单一VMS成矿系统相比，卡拉塔格矿集区成矿作用十分复杂，随着大地构造的演化和岩浆作用，在不同时期形成了不同的成矿系统。从早到晚形成了晚奥陶世玉带斑岩铜金钼成矿系统、早-中志留世VMS成矿系统、早-中泥盆世西二区矽卡岩铁铜成矿系统、晚石炭世末浅成低温热液成矿系统（梅岭铜锌（金）矿，红山铜金矿）、早二叠世月牙湾岩浆铜镍成矿系统。早-中志留世（428~439 Ma）VMS成矿系统在大柳沟组安山岩中形成与火山热液有关的脉状铜矿，矿化受火山断裂及裂隙控制；在红海-黄土坡形成由喷流沉积相和补给通道相组成“双层结构”的铜锌矿；在黄滩形成具有“双层结构”的金铜锌矿，但该矿补给通道相发育，分布范围广，矿化强度高，目前圈定的矿体多数为补给通道相脉状矿体，层状矿体被脉状矿体穿插和改造，保留下来的不多，空间分布不连续。

五、VMS成矿系统找矿模型

依据本次及前人研究成果（刘拓等，1994；陈毓川等，1996；冯京等，2012；杨富全等，2015；马凯等，2018；孙永彬等，2018；尹志超等，2019及多部勘查报告），从成矿背景、含矿火山岩系、矿化特征、成矿条件、成矿末端效应控制因素、地表铁帽、地球化学和地球物理等方面总结找矿模型如下：

1）大地构造上处于活动大陆边缘的陆缘弧环境和大洋岛弧环境（弧裂谷、弧前盆地或弧间盆地、弧后盆地）。

2）空间上主要分布于南阿尔泰成矿带的阿舍勒矿集区、克兰矿集区和麦兹矿集区（包括萨吾斯和苏普特一带），卡拉塔格矿集区和小热泉子一带。

3）层位控制明显，含矿层位主要为中-上奥陶统大柳沟组、志留系红柳峡组和卡拉塔格组底部、上志留统—下泥盆统康布铁堡组上亚组和下亚组（塔拉特铅锌铁矿）、下-中泥盆统阿舍勒组和下石炭统小热泉子组海相火山沉积岩系。

4）矿化赋存于绿泥石英片岩、变质钙质（粉）砂岩、凝灰质（粉）砂岩、（铁锰质）大理岩、（变质）凝灰岩、（凝灰）火山角砾岩、沉火山角砾岩、沉凝灰岩、流纹斑岩、英安斑岩中。在麦兹和克兰矿集区Pb-Zn为主的直接矿体围岩中具较多的钙泥质沉积或碳酸盐岩层。

5）喷气岩是直接找矿标志，主要为含铁碧玉岩、重晶石岩、硅质岩、铁锰质大理岩、黄铁矿层、黄铁绢云岩带、强硅化带。喷气岩和矿体的空间关系比较复杂。

6）矿体呈层状、似层状、透镜状和脉状。矿床具有喷流沉积相层状矿体和补给通道相脉状矿体组成的“双层结构”，一般补给通道及蚀变分布范围大于层状矿体，二者互为找矿标志。寻找喷流通道是今后找矿重点方向，在铜铅锌组合的矿床中伴生金比较高，特别是补给通道相。矿石构造为条带状、纹层状、致密块状、块状、稠密浸染状、浸染状、细脉状、网脉状和角砾状构造。

7）主要成矿元素组合复杂，有Pb-Zn-Fe（伴生Ag，如塔拉特）、Pb-Zn-Cu-Fe（局部伴生金，如铁木尔特）、Pb-Zn（可可塔勒、萨吾斯，有的矿床伴生Au，如大东沟）、Zn-Fe-Cu-Au（乌拉斯沟）、重晶石-Pb-Zn-Fe（别斯萨拉）、重晶石-Cu-Pb-Zn-Ag（阿舍勒Ⅱ号矿化带）、Cu-Zn（伴生Au，阿舍勒Ⅰ号矿化带、红海-黄土坡、小热泉子）、Au-Cu-Zn（黄滩）、Au-Cu-Pb-Zn（萨尔朔克）、Cu（阿舍勒Ⅳ号矿化带、喀英德、桦树沟、红石）。可可塔勒矿集区以Pb-Zn为主，克兰矿集区成矿元素的最大特点是Pb-Zn，与Fe或Cu进行组合，伴生Au或Ag，与阿舍勒矿集区、卡拉塔格矿集区和小热泉子矿区成矿元素以Cu-Zn为主，明显不同。

8）矿石中金属矿物种类复杂，主要有黄铁矿、黄铜矿、黝铜矿、方铅矿、闪锌矿、磁铁矿、胶状黄铁矿、磁黄铁矿、自然金、银金矿、碲化物等。非金属矿物种类多，常见的为石英、方解石、绿泥石、云母类、绿帘石、辉石等。

9）热液蚀变围绕矿体下盘不均匀分布，蚀变强烈，空间上层状矿体之下为蚀变岩筒（补给通道）。主要蚀变有硅化、绿泥石化、绢云母化、碳酸盐化、黄铁矿化、叶蜡石化、钠长石，少数矿床中有石榴子石化、绿帘石化。火山岩中青磐岩化多为区域上蚀变，与成矿没有直接关系。

10）有利成矿部位是火山口、火山机构斜坡、火山间洼地、补给通道相、次火山岩中及内外接触带、火山断裂及裂隙。以铅锌为主的矿床距离火山口相对较远。矿床多产在不同岩相、不同岩性火山岩、碎屑岩和碳酸盐岩的接触部位，尤其是火山碎屑岩层的顶部或其附近以及与上覆沉积岩层界面处。即成矿作用多发生在火山活动末期、火山活动间歇期以及火山活动性质发生改变的时期。

11）一个VMS成矿系统往往发育多种矿化类型，如VMS型“双层结构”、火山热液型、次火山热液型、火山沉积型。克兰矿集区VMS型铜多金属矿与海相火山岩型铁矿中的火山沉积型、火山热液型和矿浆-热液型有密切的时空关系和成因联系。可可塔勒矿集区VMS型Pb-Zn矿与火山沉积型和矽卡岩型铁矿有密切的时空和成因联系。

12）具有多期次叠加成矿特征，特别是南阿尔泰。南阿尔泰VMS型矿床形成于早-中泥盆世，经历了区域变质作用、岩浆热液作用，有的矿受到了韧性剪切变形作用，含矿岩系、矿体发生了很大的变化，有的成矿物质发生活化迁移，再富集。如铁木尔特多金属矿喷流沉积期主要形成铅锌（金）矿体、铁矿体，叠加改造期主要为与矽卡岩有关的铜矿化。塔拉特铅锌铁矿喷流沉积期主要形成铅锌铁矿，矽卡岩期退化蚀变阶段形成铁矿，石英-硫化物阶段形成铅锌矿。

13）成矿流体集中在中低温（120~300℃），低盐度（2%~10%（$NaCl_{eq}$）），成矿流体为深循环海水，混合不同比例的岩浆水。硫化物和重晶石$\delta^{34}S$为-28‰~31‰，硫来自下伏火山岩、海水硫酸盐热化学还原作用和细菌还原作用。铅来自壳幔混合或主要来自地幔。矿石中硫化物锶同位素显示成矿物质具有壳幔混合特征。

14）地表出露的磁铁硫化物铁帽、硫化物铁帽、矽卡岩型硫化物铁帽、孔雀石化带、褐铁矿化蚀变带、硅化带、铁锰质大理岩、重晶石是重要的直接找矿标志。

15）具有Cu、Pb、Zn、(Au)、Ag、As、Cd元素的综合化探异常，异常峰值高，均值较大，具有浓集分带，不同矿集区元素组合略有差别。如克兰和麦兹矿集区Cd、Pb、As异常面积最大，Zn次之，Ag和Cu为综合异常中的局部异常。阿舍勒矿集区地表岩石原生晕以矿化蚀变带为中心，由内向外具有Cu、Pb、As、Ba、Sb、Bi、Mo→Zn、Ag、Au→B的大致水平分带。阿舍勒矿集区地球化学找矿模型：强Cu、Zn、Pb、（Au）、Ag、As、Hg、Sb元素组合异常，矿体出露地表时以Cu、Mo、Bi、Sn高异常强度为特征（阿舍勒）或Au、Ag、Bi、Mo、As、Hg元素异常和弱铜异常（萨尔朔克）；中等埋深时，主要为Cu、Zn、Pb、Ag、Bi、As、Mo元素异常。黄滩矿区1：2.5万岩屑地球化学异常元素组合为Au、Ag、As、Zn、Cu，Au元素异常面积大，强度高，Au含量最高值为250×10^{-9}，Cu含量最高值为290×10^{-6}；Zn含量最高值为385×10^{-6}，Ag含量最高值为1750×10^{-9}，元素间相互吻合性较好。

16）1：5万水系沉积物测量圈出异常，再应用1：2万或1：1万土壤地球化学进行解剖测量，通过不同比例尺（1：1万，1：5000等）岩石原生晕圈定矿（体）化带。

17）地球物理找矿模型：块状硫化物矿床主矿体往往存在一些浸染状、条纹状矿石和较多的黄铁矿，具有高极化特征。矿体品位高，金属含量多，导电性好，具有低阻特征。由于含有大量金属矿物，矿石比重比围岩要高得多，因此，大比重也是该矿床一个显著的物性特征。克兰矿集区多数矿床共/伴生磁铁矿，具有强磁特征。地表多用激电中梯测量，在地下300 m以上可用大功率激电测深，地下300 m至700 m可用瞬变电磁法测量（TEM）探索低阻体的分布情况，700 m以下则用可控原音频大地电磁法（CSAMT）比较有效，1000~3000 m 以下利用广域电磁法。重力测量、热释汞、大功率充电等方法也可有效推断块状硫化物矿体。高极化、低电阻、高重力、高磁是 VMS 型多金属矿典型的地球物理特征。阿舍勒矿区重力正异常反映了矿体顶板玄武岩及矿体，重力负异常主要反映了破碎蚀变带及矿化蚀变带；中晚期道 TEM 异常，低电阻率异常。阿舍勒铜锌矿体的物化探异常组合为“高重力、高极化、高 Cu、Zn、Ag 岩石化探异常、明显 TEM 异常”特征。黄滩低阻高极化异常反映矿体特征。利用动力三角翼作为载具开展高精度航磁测量，圈定航磁异常。

18）利用多光谱遥感数据提取镁羟基、铝羟基和铁染异常信息，结合已有的地质资料及野外调查，判别干扰异常信息，确定地表铁帽及矿化蚀变的分布范围。对岩性增强图、遥感影像图进行解译，识别线形、环形等构造信息，初步确定火山活动中心和同生断层的分布。根据岩性增强图，对工作区岩性进行匹配识别，圈定有利的成矿岩性及成矿层位。利用高光谱可以实现单矿物提取，如绿泥石、绿帘石等，圈定蚀变带和靶区，如卡拉塔格矿集区利用航空和地面高光谱圈定 2 个靶区。利用雷达可以提取浅覆盖构造，圈定火山机构和断裂。

第五节 SEDEX 型成矿系统成矿规律

赛里木铅锌矿集区与哈萨克斯坦捷克利（Tekeli）矿集区共同组成了哈萨克斯坦-伊犁地块北缘的喷流沉积型铅锌成矿带。通过对赛里木微地块内的哈尔达坂、托克赛和四台海泉矿床的研究（表 5-8；图 1-9），结合与捷克利矿床的类比研究，本节系统总结了赛里木微地块 SEDEX 型铅锌矿床的成矿系统物质组成、成矿地质特征、时空分布、成矿构造背景和关键控矿因素等，总结区域成矿规律，构建区域成矿模型。在此基础上，归纳总结找矿标志，为在赛里木微地块寻找该类矿床提供指导。

表 5-8 西天山元古宙边缘裂陷盆地铅锌成矿系统中主要矿床及基本特征

矿床	哈尔达坂	托克赛	四台海泉	捷克利（Tekeli）
产出位置	赛里木	赛里木	赛里木	捷克利成矿带
成矿地质背景	大陆边缘裂陷盆地	大陆边缘裂陷盆地	大陆边缘裂陷盆地	大陆边缘裂陷盆地
赋矿地层	中-新元古界哈尔达坂群	元古宇温泉群	中-新元古界库松木切克群	文德系—寒武系（?）捷克利组
容矿岩石	白云岩、白云质灰岩、含碳质-钙质板岩、硅质岩	大理岩	泥晶灰岩、含碳质灰岩	碳质页岩、石墨、含碳质硅质岩、千枚岩、白云岩
矿体特征	似层状、透镜体状	似层状、透镜体状	层状、脉状	透镜体状
矿石构造	脉状、角砾状、块状、纹层状	纹层状、浸染状	细脉状、团块状、蜂窝状	脉状、角砾状、块状、纹层状
金属矿物	闪锌矿、方铅矿、黄铁矿，少量磁黄铁矿，偶见硫锑铅矿	闪锌矿、方铅矿、黄铁矿，少量磁黄铁矿	氧化矿为主，菱锌矿、褐铁矿、白铅矿，少量闪锌矿、方铅矿	闪锌矿、方铅矿、黄铁矿、磁黄铁矿，少量硫锑铅矿、车轮矿
脉石矿物	白云石、方解石、石英、绢云母、绿泥石、重晶石、钡冰长石	方解石、石英，少量白云石	方解石，少量石英	石英、白云石、方解石、石英、绢云母、石墨、绿泥石
围岩蚀变	白云石化、碳酸盐化、硅化，少量绢云母化	硅化、碳酸盐化	碳酸盐化、褐铁矿化	硅化、碳酸盐化、绢云母化、绿泥石化

续表

矿床	哈尔达坂	托克赛	四台海泉	捷克利（Tekeli）
成矿流体特征	温度 60~263℃，盐度 0.18%~18.22%（$NaCl_{eq}$）	均一温度 210~344℃，盐度 10.86%~14.77%（$NaCl_{eq}$）	—	第一期温度 60~80℃，盐度 23%~28%（$NaCl_{eq}$）；第二期温度 300~500℃，盐度 25%~32%（$NaCl_{eq}$）
$\delta^{34}S$ 同位素特征	3.9‰~18.3‰	8.10‰~20.42‰	—	-13.8‰~26.0‰
Pb 同位素特征	$^{206}Pb/^{204}Pb=17.183\sim17.719$ $^{207}Pb/^{204}Pb=15.493\sim15.592$ $^{208}Pb/^{204}Pb=36.759\sim37.789$	$^{206}Pb/^{204}Pb=17.227\sim17.549$ $^{207}Pb/^{204}Pb=15.477\sim15.663$ $^{208}Pb/^{204}Pb=36.912\sim37.446$		$^{206}Pb/^{204}Pb=17.106\sim17.310$ $^{207}Pb/^{204}Pb=15.457\sim15.719$ $^{208}Pb/^{204}Pb=36.769\sim37.597$

一、成矿系统物质组成

（一）含矿岩系

赛里木地区铅锌成矿系统主要产于中-新元古界沉积岩系中。哈尔达坂矿床含矿地层为中-新元古界哈尔达坂群上段，主要岩性有片岩、变质砂岩、石英岩、白云岩、含碳质-钙质板岩、灰岩、大理岩、硅质岩等。直接含矿围岩为白云岩、白云质灰岩、含碳质-钙质板岩、硅质岩和少量灰岩。含碳质-钙质板岩中常见碳质和细粒黄铁矿，碳质含量可达5%以上。该套岩石经历了低绿片岩相的区域变质作用，并普遍发育有碎裂岩化，局部有糜棱岩化。托克赛矿床含矿地层为元古宇温泉群的变质沉积岩，岩性主要为大理岩、硅质岩、黑云石英片岩和二云石英片岩。铅锌矿石直接产出于大理岩中，部分含矿大理岩中夹有硅质岩的薄层。在黑云石英片岩和大理岩中常见少量碳质和细粒黄铁矿的层纹。地层经历了高绿片岩相变质作用，局部发育韧性变形。四台海泉矿床含矿地层为中-新元古界库松木切克群的碳酸盐岩地层，岩性主要为白云岩化灰岩夹泥晶灰岩、含碳质硅质岩、含碳质灰岩、硅质条带灰岩、微晶灰岩、大理岩化灰岩夹粉砂岩等。泥晶灰岩是主要的含矿岩石，其中常夹有含碳质灰岩的夹层，含有少量碳质（含量2%左右）和微细粒黄铁矿，在矿区地表常见到黑色碳质条带。该套地层经历了低绿片岩相的区域变质，并发育有碎裂岩化、构造角砾岩化等（新疆地质矿产勘查开发局，2005，2014）。东卡尔阿依铅锌矿含矿岩系为青白口系开尔塔斯群，主要岩性为白云岩、白云质灰岩、硅质灰岩和碎裂岩化灰岩，其中碎裂岩化灰岩为矿区主要赋矿岩石（王海涛等，2021）。

在哈萨克斯坦境内，与赛里木铅锌矿集区临近的捷克利矿床的含矿地层为文德系—寒武系（?）的捷克利组，主要由碳质、泥质含碳页岩和碳质灰岩、白云岩和黄铁矿夹层等组成，常见砾岩、砂岩和凝灰质岩石等，具有较高的有机质含量（6%~15%）。直接含矿围岩为碳质页岩、石墨、含碳质硅质岩、千枚岩以及白云岩等，有少量中基性火山岩。含矿地层特点是含大量碳质页岩夹层，碳质岩石中含20%有机碳（沥青成分），细粒分散状球状黄铁矿含量高，局部形成块状黄铁矿矿体，其中含有细粒闪锌矿、方铅矿和萤石等。捷克利组整体经历了低级区域变质作用和动力变质作用，而含矿岩石多发育强烈片理化（Daukeev et al.，2004；吕志成等，2004）。上述分析表明哈萨克斯坦捷克利和赛里木地区几个矿床的含矿地层岩性相近，均为滨-浅海相的细碎屑岩-碳酸盐岩夹少量硅质岩建造，具有被动大陆边缘沉积特征。直接围岩主要为碳质板岩（片岩）和大理岩化灰岩，属于原地细粒沉积岩系列，均含有一定量的星散状黄铁矿及碳质，指示平静、低能量、还原性的沉积环境。

（二）矿石矿物组成与组构特征

赛里木地区主要矿床的铅锌矿体多呈透镜状-似层状顺地层产出，整体表现出层控的特征，矿石均不同程度地发育纹层状、条带状、浸染状构造，呈现了同沉积成矿特点。托克赛矿区主要产出层纹状-条带状矿石，与地层产状一致，较好保留了沉积型矿体特征。东卡尔阿依铅锌矿体顺层产出于碎裂岩化灰岩中或灰岩与白云岩界面间，少量顺层产出于硅化白云质灰岩中，局部地段铅锌矿层向灰岩和白云岩过渡特征明显，具有明显的沉积特征。然而，受后期地质作用改造强烈的矿区，其矿石常表现出与地层不整合的组构特征，如哈尔达坂矿床的矿体产出虽然整体受地层控制，主体矿石却广泛发育脉状、角砾状特征，具有穿插地层或胶结围岩的接触关系，局部可见纹层-条带状矿石被粗粒脉状矿石交代，这些特征指示了后期热液叠加改造成矿的过程。捷克利和四台海泉矿床由于后期变质变形的改造，出现了少量块状、团块状、网脉状、角砾状矿石，其中变形或变质特征明显（Daukeev et al.，2004）。

在矿石矿物组成方面，哈尔达坂、托克赛及哈萨克斯坦捷克利矿床均以硫化物矿石为主，主要由闪锌矿、方铅矿组成，普遍含有黄铁矿、磁黄铁矿等。哈尔达坂铅锌矿床可见少量硫锑铅矿、黄铜矿、黝铜矿，矿区浅部发育菱锌矿、白铅矿、铅矾等氧化矿石。捷克利铅锌矿床可见少量车轮矿、硫锑铅矿等（Daukeev et al.，2004）。在赛里木湖南部地区，产于蓟县系库松木切克群中的四台海泉铅锌矿床和产于青白口系开尔塔斯群中的东卡尔阿依铅锌矿则以氧化矿石为主，矿石矿物主要为菱锌矿、白铅矿，含少量闪锌矿、方铅矿、黄铁矿等，矿体褐铁矿化强烈。上述地质特征与火烧云铅锌矿床类似，依据矿石结构构造推测这些氧化矿石是原生硫化物矿石经表生氧化作用的产物。

上述矿床围岩蚀变主要为碳酸盐化和硅化，与硫化物矿石密切伴生。哈尔达坂和捷克利矿床中，由于岩脉侵入，在局部矿体中出现绢云母化、绿泥石化、钠长石化等蚀变矿物。此外，哈尔达坂矿床矿石中可见钡冰长石，指示围岩形成于一个富 Ba 的热水沉积环境。

（三）成矿系统物质来源

哈尔达坂矿床中硫化物的 $\delta^{34}S$ 值为 7.5‰~16.8‰，托克赛矿床中硫化物的 $\delta^{34}S$ 值集中在 8.1‰~20.4‰（Man et al. 2020），捷克利矿床中硫化物的 $\delta^{34}S$ 值分布范围为-13.8‰~26.0‰，主要介于 10.9‰~26‰之间（薛春纪等，2018）。几个矿床硫化物 S 同位素组成相近，与全球 SEDEX 型矿床的 S 同位素组成类似，均具有海水硫酸盐还原的特征（图 5-56）。这些矿区普遍缺少负的 $\delta^{34}S$ 值及指示生物成因的硫化物结构（如胶状、草莓状）。哈尔达坂矿床原生闪锌矿中的包裹体测温获得了 60~263℃的均一温度范围（满荣浩，2020）。本研究应用闪锌矿元素地质温度计（GGIMFis）计算获得哈尔达坂闪锌矿的形成温度范围为 163~309℃。李永等（2018）获得托克赛的流体包裹体均一温度为 201~344℃。较高的成矿温度超过了细菌可以存活的温度条件（Machel，1989；Jorgensen et al.，1992），因此，赛里木铅锌成矿的还原硫主要来自海水硫酸盐的热化学还原（TSR）。

哈尔达坂、托克赛和捷克利矿床的 Pb 同位素组成范围接近，在 Pb 同位素协变图（图 5-57）中数据都指示了成矿金属具有壳-幔混合来源特征。沉积岩容矿铅锌矿床的铅同位素比值常落于地幔和上地壳的生长曲线之间，表明沉积岩容矿铅锌矿床中的金属元素来自地壳，包括各种成分的基底岩石、风化层、盆地砂岩等（Ayuso et al.，2004；Emsbo and Johnson，2004；Large et al.，2005；Leach et al.，2005）。Sawkins（1989）认为元古宙成矿前非造山长英质岩浆活动，使大量的铅（$>30\times10^{-6}$）进入克拉通上地壳，进而随着碎屑沉积物转移到沉积盆地中，成为大量 SEDEX 铅锌矿床的铅来源。依据各矿床的地质背景，可以推测这 3 个矿床的成矿金属均主要来源于赋矿地层和基底中的碎屑岩和火山岩。四台海泉矿床缺乏 S-Pb 同位素数据的制约，而该矿床的矿化与地层密切相关、且成矿地质背景与其他 3 个矿床类似，可以推测四台海泉矿床与其他 3 个矿床具有相似的成矿物质和硫来源。综上所述，赛里木地区的哈尔达坂、托克赛和四台海泉矿床与哈萨克斯坦捷克利矿床在赋矿地层、矿石矿物组成和组构、围岩蚀变以及成矿物质来源等多个方面均可以类比（表 5-8）。

二、矿床时空分布规律

赛里木矿集区铅锌矿床的时空分布与区内中-新元古界沉积地层有明显的联系。在空间上，赛里

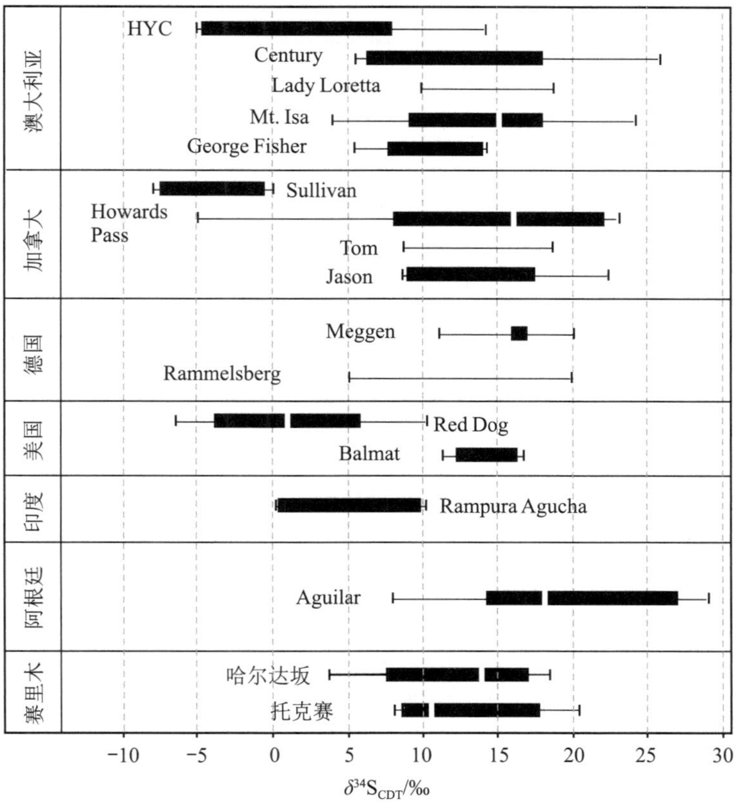

图 5-56 哈尔达坂与托克赛硫化物 S 同位素组成

（底图数据引自 Leach et al.，2005）

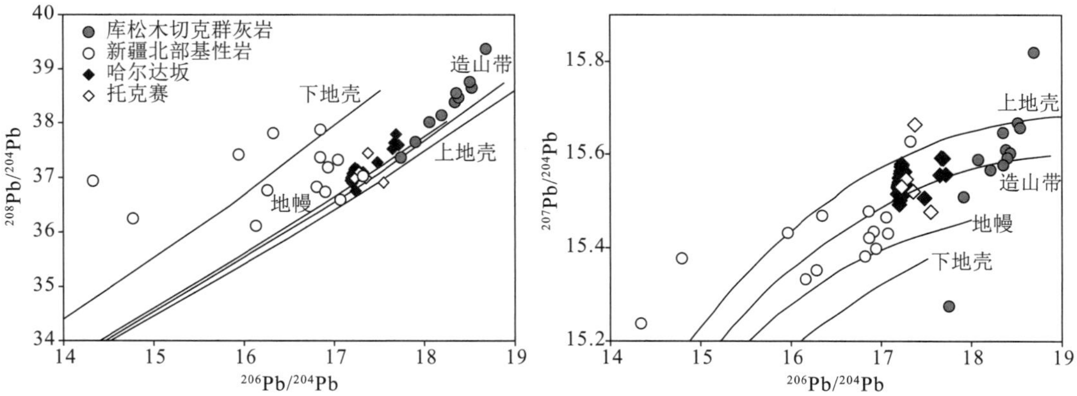

图 5-57 哈尔达坂与托克赛矿床矿石 Pb 同位素组成

木矿集区喷流沉积型铅锌矿床（点）主要分布于赛里木湖西北部的别珍套山和赛里木湖东南的科古琴山一带，总体上呈东西向带状分布（图 1-9）。其中，哈尔达坂、托克赛和鄂尔托赛尔等矿床（点）位于别珍套山一带的温泉群和哈尔达坂群中，主要沿近东西走向断裂分布，与哈萨克斯坦捷克利矿床在同一构造线上，自西向东包括 Telmanovskoe、Suuk-Tyube、捷克利、Petrovskoe 等；在科古琴山中的矿床主要沿中-新元古界的地层走向分布，自西向东分别为阿克阔措、四台海泉、东卡尔阿依和喀拉达坂等矿床（点）。赛里木矿集区中-新元古界对铅锌成矿控制还表现出明显时控特点。矿区普遍发育的顺沉积地层产出的纹层状-层状矿体，指示早期成矿作用与中-新元古界时期发生的海底喷流-沉积作用有关。

哈尔达坂铅锌矿产在中元古界长城系哈尔达坂群中，本研究获得3件含闪锌矿硅质白云岩样品中最年轻锆石的$^{207}Pb/^{206}Pb$加权平均年龄为1099±21 Ma，该年龄代表了哈尔达坂群最大的沉积年龄。区域上，广泛发育的淡色花岗岩和花岗片麻岩的结晶年龄为926~845 Ma（Hu et al.，2010；Wang et al.，2014），该年龄可以限定哈尔达坂群最小的沉积年龄。据此，可以推测哈尔达坂矿区早期沉积型铅锌矿体的成矿时代为1099~926 Ma。托克赛铅锌矿体呈层状、似层状和透镜状顺层产于温泉群大理岩中。温泉群最大沉积年龄为880~950 Ma（Huang et al. 2016），结合淡色花岗岩和花岗片麻岩的结晶年龄为926~845 Ma（Hu et al.，2010；Wang et al.，2014），可以推测托克赛铅锌矿成矿时代约为900 Ma。目前，关于四台海泉铅锌矿床缺少同位素年代学数据的制约。依据矿体与新元古代围岩顺层产出的特征，推测成矿时代与地层年代一致，可以被限定为新元古代。哈萨克斯坦的捷克利矿集区，碎屑岩-碳酸盐、黑色页岩、燧石-碎屑岩，同样被认为是中-新元古代地层。这些地层经历了强烈的变质变形，局部保留有奥陶纪有机物残留，关于其地层年龄仍然存在争议（Degtyarev et al.，2017）。捷克利矿床的Pb模式年龄为885±15 Ma（Bespaev et al.，2004）。

上述分析表明在哈萨克斯坦-伊犁陆块北缘的赛里木与捷克利地区，在中-新元古代（约880~1000 Ma）广泛发育碳酸盐-碎屑岩沉积及热水沉积成矿，形成了早期的层状铅锌矿体及矿源层。发育的多处铅锌矿代表了中-新元古代的SEDEX型铅锌矿床。全球范围内SEDEX型矿床的成矿时代主要集中于中元古代（1700~1400 Ma）和早-中古生代（500~320 Ma），而中-新元古代的铅锌矿较少（Large et al.，2002；Leach et al.，2010）。中元古代是全球铅锌矿形成的最主要时期之一，不仅数量多，而且规模大，如加拿大的Sullivan，澳大利亚的Broken Hill、McArthur、Mount Isa矿床，中国的东升庙矿床、霍各乞矿床、甲生盘矿床等许多层控型铅锌矿床均产在元古宇。赛里木与捷克利地区发育的多处铅锌矿床可以作为元古宙时期全球铅锌成矿事件的补充。

中-新元古代时期，SEDEX型铅锌矿的广泛发育，与该时期的地质演化特征有关，主要是热事件、地壳形成早期的破坏与再造作用的频繁发生，具备了深部地层中含矿热液的形成与循环、上升的热源、物源和动力源条件。元古宙经历了长期、复杂的地质演化，是地壳成分及构造演变的一个重要突变时期（Veizer，1976）。这一时期是在太古宙地壳迅速增长之后，在大陆边缘发生了类似显生宙的沉积作用，因此，元古宙是地壳强烈分异时期。在这一地质背景下，金属富集作用较太古宙有一个明显的演进，形成了各种各样的金属富集体和广泛的矿源层，不仅为元古宙成矿，而且为显生宙成矿准备了充足的物源。

赛里木地区早期热水沉积铅锌矿体不同程度的经历了后期变质变形与热液叠加改造过程。在哈尔达坂矿区表现为黄铁矿普遍发育重结晶、热液白云石脉胶结的矿体、浸染状闪锌矿被粗粒闪锌矿+白云石脉叠加改造等。脉状、角砾状矿石中的闪锌矿Rb-Sr年龄为432±45 Ma，对应于古生代热液叠加改造成矿事件，可能与矿区内广泛发育的闪长岩体（394 Ma和395 Ma）或花岗岩（395 Ma）有关。在区内其他铅锌矿床尚未发现该期成矿热事件的记录。

三、成矿构造背景分析

赛里木微陆块与捷克利微陆块位于哈萨克斯坦-伊犁地块的北缘，二者具有类似的前寒武系基底岩系，由一套中-新元古界的片岩-石英岩-片麻岩组合构成。在赛里木地区以温泉群为代表，包括二长变粒岩、黑云斜长片麻岩、条带状混合岩、白云石英片岩、二云斜长片麻岩、石英岩等；在捷克利地区主要为里菲系（中-古元古界）Sarychabyn组和Kosagash组白云母片岩、二云母片岩、石英云母片岩、石英岩、结晶片岩，原岩形成于边缘古盆地浅水环境下（Bespaev and Miroshnichenko，2004）。其上为中-新元古界长英质火山岩和火山沉积序列，在我国境内主要出露有温泉群和哈尔达坂群酸性火山岩和中-基性火山岩（新疆地质矿产勘查开发局，2005；Hu et al.，2008；Wang et al.，2014a），在哈萨克斯坦Mointy及其西北部发育925~921 Ma流纹岩、熔结凝灰岩（Degtyarev et al.，2008；Tretyakov et al.，2015）。中-新元古界上部广泛发育一套碎屑岩夹碳酸盐岩含冰碛岩组合，包括硅质碳质泥岩、钙质泥页岩、粉砂岩、硅质碳酸盐岩、灰岩、白云岩、大理岩和碳质灰岩夹层等。在赛里木地区主要为温泉群变质沉积岩、哈尔达坂群上段、库松木切克群和开尔塔斯群（图 1-9），在捷克利地区有里菲系 Suuktyubin 组、文德系（新元古界）Karsu 组和文德系—寒武系的捷克利组可以类比（Daukeev et al.，2004）。该套碎屑岩夹碳酸盐岩是区内铅锌矿床的主要赋矿地层。

从沉积建造分析，下部为石英砂砾碎屑岩建造，中部为页（板）岩建造，上部为泥质硅质岩-灰岩建造，整体上具有被动大陆边缘沉积特征。根据其中基性喷出岩和酸性岩所显示的双峰式特征分析，哈尔达坂群属裂陷槽建造组合（董鹤皋等，1992）。在托克赛与哈尔达坂矿区发育的硅质岩，作为喷气岩或热水沉积岩，与古代海底喷流沉积型块状硫化物矿床密切共生。硅质烟囱作为热水喷射排泄通道，与现代海底热水区硫化物烟囱相伴产出。两者不仅标志海底热水成矿作用，而且记录热水活动、硅质沉积和硫化物成矿作用过程。

赛里木与捷克利地区发育大量新元古代侵入岩。在赛里木地区，以温泉群中 926~845 Ma 的花岗片麻岩为代表，具有 S 型花岗岩的地球化学特征（Hu et al.，2008；Wang et al.，2014a）；此外，赛里木湖东的库松木切克群被 778~776 Ma 的辉长岩体和辉绿岩脉侵入，具有陆内裂解作用岩浆活动的特征（Wang et al.，2014b）。在捷克利地区包括 Baskan 组的 875±12 Ma 的花岗岩（Kozakov，1993）、Mointy 地区的 945~917 Ma 的花岗岩、花岗片麻岩，具有 A-2 型花岗岩的特征（Degtyarev et al.，2008，2017；Tretyakov et al.，2015）。上述地质证据均指示了哈萨克斯坦-伊犁地块在新元古代时期长时间处于伸展构造背景之下。新元古代时期，区域伸展构造背景为地块边缘裂陷盆地的沉积作用提供了基础。成矿前的同沉积期构造以隆起-沉陷为主，形成了面积宽阔、沉积物巨厚的沉积盆地。成矿作用开始时，同沉积断裂活动强烈，较高的地热梯度为成矿流体深部循环提供了动力（Emsbo，2009）。此外，在伸展构造背景下，同生断裂长期活动是 SEDEX 矿床形成必要条件（Large et al.，1998）。同沉积断裂的形成，在深部形成负压带，沉积物中的流体由于高压而流向断裂，萃取沉积物和地层岩石中的成矿物质，形成成矿流体，沿着同沉积断裂上升至海底喷出。

赛里木地区发育的沉积建造与前人提出的 SEDEX 型矿床产出的盆地具有相似的沉积建造与结构特征，包括陆源碎屑岩和/或火山沉积地层以及覆于它们之上的页岩和碳酸盐岩地层（Emsbo，2009；Sangster and Hillary，2000）。盆地内部堆积的大量陆源碎屑物质和火山岩沉积物，可以提供成矿所需的大量金属元素，同时具有很好的透水性，含金属元素流体可以在其中有效运移。沉积建造的上部位具有还原性的、细粒的粉砂岩-页岩-泥岩和碳酸盐岩地层而常作为矿床产出的有利部位（Leach et al.，2005）。Large（1980）将热水沉积矿床产出的盆地划分为 3 个级次：一级盆地通常以断裂为界，具有半地堑特征，侧向规模超过 100 km，具有很厚的碎屑沉积和（或）碳酸盐沉积（于地壳相对稳定的漫长时期内沉积的）。二级盆地是在一级盆地内由于大体同期的局部垂直构造作用形成的盆地和隆起，侧向规模通常为几十千米，可由沉积相和沉积厚度的突然变化反映出来。三级盆地侧向规模为几百米到几十千米，是一种含有层状硫化物矿化的地形洼地。哈尔达坂铅锌矿床的直接围岩碳质板岩（片岩）和大理岩化灰岩均为原地细粒沉积岩，指示平静、低能量的静海古地理沉积环境。虽然赛里木铅锌矿带尚未查明一级、二级盆地的具体规模和展布情况，但多个矿区中硅质岩和硅化体分布范围有可能对应 Large（1980）的“三级盆地”。赛里木地区铅锌矿赋矿围岩特征指示喷流的热水流体聚集于海底洼地内，这种洼地是被动大陆边缘裂解拉张作用形成的断陷盆地的一部分。裂陷盆地封闭因有良好的障壁而造成了较封闭的有利成矿条件，一方面由于水体静滞有利于含矿热液与海水的密度分层，因而不会与开放带的海水混合使成矿物质扩散；另一方面由于裂陷盆地封闭形成还原环境而使海水硫酸盐的还原作用强烈，可提供足够的硫源。

四、关键控矿因素

（一）地层对铅锌成矿的控制作用

中-新元古界是赛里木地区铅锌成矿首要控制因素。首先，地层为铅锌矿形成提供了大量成矿物质。前已述及，哈尔达坂和托克赛矿床的 Pb 同位素，指示金属具有壳幔混合来源，较好地对应了裂陷盆地内的碎屑沉积物和镁铁质火山岩。区域化探分析结果显示，这些中-新元古界均具有相对较高的 Zn、Pb 等成矿元素背景值，可以作为成矿物质基础。例如，蓟县系库松木切克群碳酸盐岩中 Pb、Zn 富集系数分别为 2.4~2.85、1.1~1.72，青白口系开尔塔斯群碳酸盐岩中 Pb、Zn 富集系数分别为 1.7~2.9、0.8~1.3（隗合明，1994）。哈尔达坂群围岩中的多孔状黄铁矿富集 Mn、Ag、Sb、Tl、Ba、Pb、Zn、Cu 等元素，也指示了成矿金属元素在早期沉积阶段的预富集。哈尔达坂群含碳质微晶灰岩、白云质灰岩、白云岩、钙质板岩中铅含量较高，浓度克拉克值达 1.72~2.56。锌在白云质灰岩、白云岩中富集，浓集克拉克值达 2.06。境外捷克利组 Pb、Zn、Ag、Sb、As、Cd、Tl、Pt、Pd、V、P、Ba、Mo、Bi 等元素富集程度高（Bespaev and Miroshnichenko，2004），并发育热水-沉积的含重晶石、锰和硫化物的沉积层，是层状铅锌矿床的主要源岩。因此，元古宇作为矿源层是本区铅锌矿形成的一个重要条件。其次，赛里木地区含矿的层位主要是盆地上部的碳酸盐岩-细碎屑岩建造，都具有相对较高的含碳量。其中，哈尔达坂、四台海泉、捷克利矿床均有含碳质板岩或含碳质灰岩作为直接容矿围岩。托克赛矿床直接含矿的大理岩虽然含碳量不高，但与大理岩互层的黑云石英片岩含碳质和细粒黄铁矿，指示了地层形成于相对还原性环境中。托克赛和哈尔达坂矿床的 S 同位素组成特征指示还原硫主要来自海水硫酸盐的热化学还原作用，而这些地层中的碳质或细粒黄铁矿均可作为有利的还原剂，促进硫酸盐热化学还原作用的发生。

（二）盆地卤水对流循环

赛里木微地块内的铅锌矿床不同程度地保留了热水沉积的成矿地质特征。哈尔达坂矿床围岩地层及矿石中的多孔状黄铁矿富 Mn、Ag、Sb、Tl、Pb 和 Zn 等浅成低温热液元素且具有较低的硫同位素组成（$\delta^{34}S=3.9‰\sim8.8‰$），指示了热水沉积阶段成矿流体来源于演化的陆壳（Leach et al.，2005；Wilkinson，2014）或与岩浆流体有关（Hedenquist and Lowenstern，1994；Sillitoe et al.，1996；Simmons et al.，2016），反映了成矿流体经历了深部对流循环。矿区广泛发育的斑马状白云岩以及与脉状、角砾状矿石密切伴生的白云石脉，表明主成矿阶段流体以热卤水（~10%~25%（$NaCl_{eq}$），Diehl et al.，2010）为主。哈尔达坂矿床原生矿石中的闪锌矿流体包裹体测温，获得了 60~263℃的均一温度范围和 0.18%~18.22%（$NaCl_{eq}$）的盐度范围（满荣浩，2020），指示成矿流体为含金属的热卤水。捷克利矿床包裹体测温数据指示初始成矿温度为 60~80℃，盐度为 23%~28%（$NaCl_{eq}$）（Daukeev et al.，2004），与热卤水的特征一致。Man et al.（2020）通过对托克赛矿区的硅质岩分析，推测新元古代时期区内普遍发育海底热液活动，指示了热卤水在深部萃取了围岩中的金属和 SiO_2，形成含矿卤水，最终喷出海底形成铅锌矿体和硅质岩。上述发现表明盆地卤水的对流循环是赛里木地区早期层状铅锌矿层形成的载体。盆地卤水对流循环萃取了沉积物层和地层中的 Pb、Zn、Ag 等金属离子，从同生断层排放到海底系统，与海水发生混合，沉淀出方铅矿、闪锌矿、黄铁矿、重晶石等，形成早期的同生热水沉积型矿石，与地层呈沉积接触关系。大量研究表明 SEDEX 型矿床的成矿流体主要来源于含金属的盆地卤水（Hutchinson，1980；Lydon，1983）。浅表部位海水浓缩下渗，在深部被加热，萃取沉积物和基底中的金属离子形成含矿热卤水向上运移，是被广泛接受的流体循环模式。在盆地深部的卤水被加热而密度降低，而盆地顶部则是较冷的、密度相对较高的浓缩海水，这种密度差异驱动了含矿热卤水与浅部海水发生对流循环（Leach et al.，2004；Yang et al.，2004）。在这一模式中，盆地内发育的高孔隙度沉积物为含矿热卤水在盆地深部运移提供了良好的流通环境，伸展构造环境提供的异常地热梯度则可以使得成矿卤水得以加热，发生对流循环，并在有利的空间沉淀硫化物。

（三）断裂活动对铅锌成矿的控制

赛里木微地块中元古代时期为大陆边缘裂陷盆地的沉积环境，发育热水沉积成矿系统。区内近 EW 向和 NW 向断裂带十分发育，它们大多为岩石圈断裂具有长期活动的特征，直接控制矿床的产出与分布。例如，沿近 EW 向的鄂尔托赛尔河断裂北缘发育哈尔达坂矿床，近 EW 走向的牙马特断裂以北发育托克赛矿床，四台海泉矿床则位于赛里木湖东科古琴山的一系列 EW 向断裂带之间。捷克利矿床位于近 EW 向的乌谢克-捷克利断裂和 NWW 向的萨尔塔特赛断裂带之间（Daukeev et al.，2004）。这些深大断裂及其次级构造在喷流沉积矿床成矿系统中作为成矿流体运移、喷发和就位的重要上升通道，其长期活动是大型喷流沉积矿床得以形成的必要条件。在矿区尺度范围内，同生断裂及次级裂隙控制了矿区和矿体的定位，为成矿流体的汇聚和就位提供空间。例如四台海泉有的矿体直接产出于近 EW 向断裂中。哈尔达坂虽未见到矿体直接产出于断裂中，矿石和直接围岩普遍发育网脉状、角砾状构造。矿区内发育 7 条断裂，矿床距离深大断裂很近，且均受到区域上的近 EW 向脆-韧性剪切带的控制，很可能作为主要控矿断裂，为矿床形成提供了流体上升通道。在典型 SEDEX 型矿床中，层状矿体之下发育有网脉-角砾状矿石，通常被认为是同沉积断裂活动的标志（Russell et al.，1981；Goodfellow et al.，1993；Emsbo，2009）。在托克赛矿床和四台海泉矿床并没有发现网脉状-角砾状矿石与层纹状矿石的分带现象。这与一些学者提出的远端 SEDEX 型矿床类似，含矿热卤水由同沉积断裂喷出海底后，含矿热卤水形成较重的密度流，以类似浊流的形式沿海底流动至低洼处沉淀成矿（Sangster and Hillary，1998；Sangster，2002），形成与地层呈整合接触的矿体，而缺少不整合的网脉状矿体。在古生代增生造山时期，赛里木地块中普遍发育诸多由韧性变形导致的 EW 向褶皱。该地区主要的韧性剪切变形发生于 443~413 Ma，方向为近 SN 向（Wang et al.，2011），该期规模较大的构造运动为该地区诸多矿床的热液改造成矿作用提供了构造基础。哈尔达坂铅锌矿区主成矿时代（432±45 Ma）与韧性剪切变形时代（443~413 Ma）一致，指示该期断裂活动与热液改造成矿存在成因联系。

（四）白云岩化与铅锌成矿的关系

赛里木地区铅锌矿床普遍发育白云岩化，与热液活动及断裂活动有密切的成因联系，不同于沉积-成岩过程中形成的白云岩，在受后期热液改造强烈的矿区尤为发育。以哈尔达坂矿床为例，矿区围岩常发育条纹明暗相间的条带状白云岩，又被称为斑马状白云岩（Swennen et al.，2003；Diehl et al.，2007），是热液白云岩的典型特征。其中的明条纹由白色粗晶白云石组成，对应热液沉淀物；暗条纹由原岩地层中的灰色微晶白云岩组成，这种明暗相间的特征条纹通常宽 0.5~2 cm。斑马状白云岩常形成于断层附近，由剪切应力条件下的水力破裂作用产生，紧密排列的共轭双向剪切微裂缝常常将条带状构造切割成较小的段，水平剪切作用可以形成倾斜的条带状构造（Nielsen et al.，1998）。同时，热液对围岩的溶解作用强化了条带状构造的形成。角砾状热液白云岩是哈尔达坂矿区的另一常见特征，与闪锌矿密切伴生，共同构成了角砾状、脉状矿石，穿插或胶结围岩地层。角砾状热液白云岩发育于断层前端，断层受剪切破裂时，围岩孔隙流体压力的急剧下降会引起岩石的破裂，而流体在高压下渗入破裂带形成角砾状构造（Phillips，1972）。

热液白云岩、喷流沉积型铅锌矿床都与断层活动关系密切，在空间上伴生（Davies and Smith，2006）。特别在以碳酸盐岩为围岩的矿体中，角砾状白云岩通常是富大矿体赋存的场所（Wilkinson and Earls，2000）。Davies and Smith（2006）认为热液白云岩的围岩大多数为灰岩，热液白云岩是在温度和压力升高（短时间内）的埋藏条件下由流体产生的白云岩化。在裂隙沉积盆地的岩石建造中，顶部页岩等不透水层具有封盖作用，一般流体无法穿透，成矿流体的运移被限制在页岩盖层之下。扭张（走滑）断层通常因基底岩石的剪切和错位形成，而扭张-膨大部分对于流体向上流动和汇聚至关重要。深大扭张（走滑）断层有可能切割台地碳酸盐岩序列之下的砂岩（或碳酸盐岩）含水层，造成热流体周期性充注到幕次活动断层中，从而使整个模式运转起来，伴随热液流体在灰岩中的运移而形成热液白云岩，并伴生铅锌矿化发生（Davies and Smith，2006）。热液白云岩化本质是深部流体沿着断裂运移至浅层灰岩中，由于灰岩上部致密不透水岩层的阻隔而侧向运移，使灰岩发生白云石化（李荣等，2008）。热液白云岩化作用形成的白云岩通常沿拉张断层和走滑断层及周围发育，是热液矿床有利的赋存空间。Heyl et al.（1959）认为一些 MVT 铅锌矿床中，白云岩化导致碳酸盐岩围岩体积收缩，从而形成更加开放的空间和局部的角砾岩化，为硫化物的沉淀提供空间。热液白云石和金属硫化物可能是由同一流体形成。成矿流体沿断裂运移至碳酸盐岩围岩，白云石的形成与金属硫化物沉淀同时进行，灰岩会在富卤水的一侧溶解，白云石和金属硫化物在地下水一侧沉淀（Corbella，2003；周灵洁等，2011）。热液白云岩是封闭、半封闭环境硫酸盐热化学还原作用（TSR）的伴生产物（Machel，2001；Machel and Lonnee，2002），TSR 为硫化物沉淀提供了大量的还原硫，因此，热液白云岩化与铅锌矿化密切伴生。在云南会泽地区，矿床热液白云岩化蚀变强度与矿体埋深、矿体规模、矿石品位具有正相关关系，表明白云岩化与铅锌成矿有密切关系（韩润生，2006）。

赛里木地区铅锌成矿系统中偏酸性富 CO_2 的中高温中低盐度流体为强烈白云岩化作用提供了条件。白云岩化强烈的地层是脉状、角砾状矿石的产出部位。矿区热液白云岩分带、热液作用强度以及构造特征对矿体产出具有指示意义。

五、区域成矿作用与成矿理论模型

根据赛里木矿集区沉积岩容矿铅锌矿床形成的大地构造环境、成矿系统物质组成及矿床地球化学特征等证据，认为赛里木地区铅锌矿为新元古代喷流沉积型铅锌矿，受后期热液改造。基于上述认识，本研究建立了赛里木地区铅锌成矿理论模型（图 5-58），以概括本区典型铅锌矿床的成矿过程。

赛里木铅锌成矿系统的喷流沉积成矿过程主要形成于中-新元古代裂陷盆地的热水沉积环境，以碎屑岩和碳酸盐岩相为主，夹硅质岩，通过正常喷流沉积作用形成多个矿床中顺层产出的铅锌矿体。该期的成矿流体主要为沿碎屑沉积物的孔隙下渗并在深部被加热形成的热卤水，其在深部对流循环萃取碎屑岩和镁铁质火山岩中的铅锌等金属元素，形成含矿热卤水。含矿热卤水随着同沉积断裂的活动向上运移，在盆地上部的碳酸盐岩-细碎屑岩建造中沉淀形成铅锌矿床及矿源层（图 5-58a）；还原

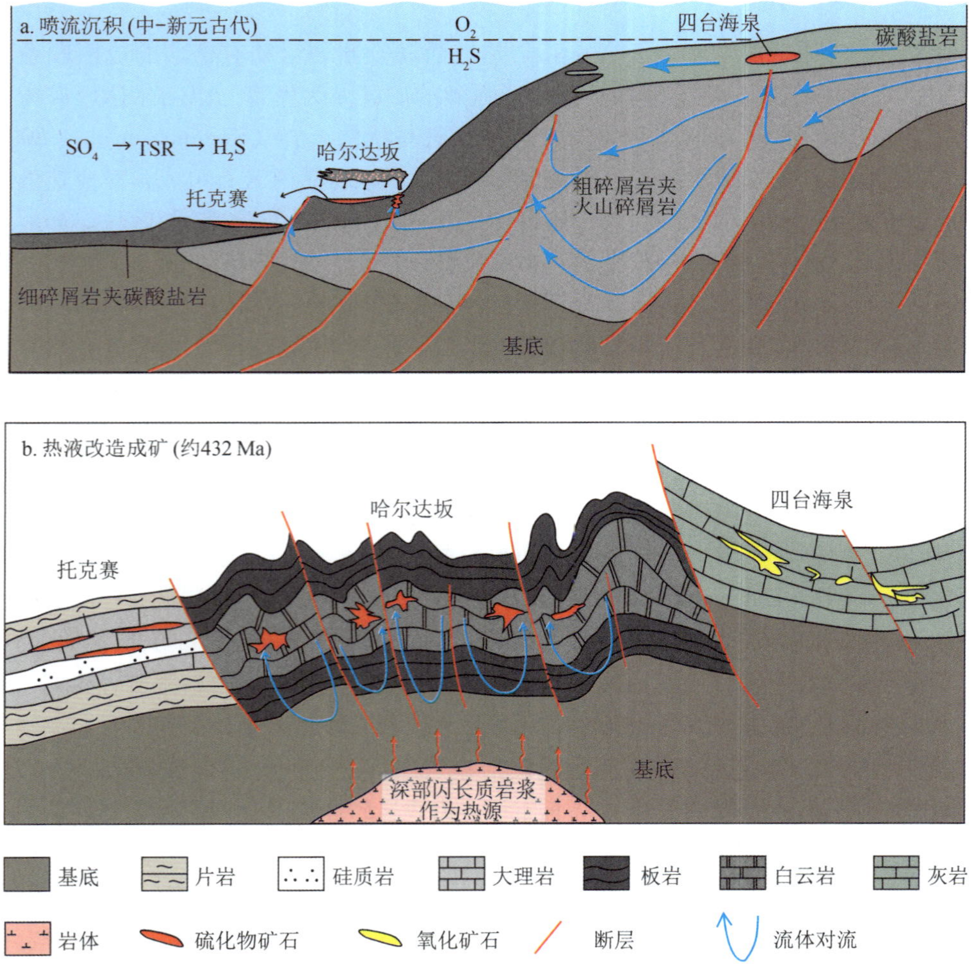

图 5-58　赛里木地区 SEDEX 型铅锌矿成矿理论模型

硫主要来自硫酸盐的热化学还原作用。

沉积矿床形成后，如未经明显后期改造，则仍保留原有的沉积成矿特征，如托克赛铅锌矿床和东卡尔阿依等。另一部分沉积矿床（层）经历古生代造山过程中热液叠加改造，形成喷流沉积-热液改造型矿床，如哈尔达坂铅锌矿及哈萨克斯坦捷克利矿床。在赛里木地区，哈尔达坂铅锌矿的矿体产出虽然整体受地层控制，矿石组构、硫化物结构与元素特征均指示了后期热液叠加改造成矿的过程（图 5-58b）。该期成矿作用被限定为 432±45 Ma，矿区内广泛发育的闪长岩体可能为成矿流体的循环提供了额外的热源。位于赛里木湖南部的四台海泉铅锌矿矿石以菱锌矿、褐铁矿等氧化矿石为主，硫化物矿石非常少见。由于传统的矿床地球化学研究难以展开，缺乏对成矿流体性质、金属和还原硫来源等因素的制约。根据矿床地质特征，初步将四台海泉矿床的成矿过程分为同沉积成矿作用和表生氧化作用 2 个期次。

六、找矿标志与找矿方向

中亚成矿域是全球重要的多金属成矿域之一，分布有多条世界级的成矿带，发育众多超大型的金铜铅锌矿床（朱永峰等，2007；Goldfarb et al.，2014；薛春纪等，2015）。其中，位于天山造山带的哈萨克斯坦-伊犁地块的北缘发育有规模巨大的铅锌成矿带，包括捷克利超大型铅锌矿床（700×10^4 t Zn+Pb），以及 Tekeli、Koksu-Suuktiube、Usek 等一系列大中型矿床（彭守晋，1990；成守德等，2002；吕志成等，2004）。过去由于工作程度较低，在成矿地质背景类似、矿带相连的新疆赛里木湖地区，却一直没有较大的发现，形成“大矿不过国境”的局面。

近年来，随着地质工作的深入，赛里木地区铅锌找矿进展明显，陆续发现了哈尔达坂大型铅锌矿床，以及托克赛、四台海泉、顎尔托赛尔、东卡尔阿依等多个中小型铅锌矿床。这些矿床主要赋存于下元古界温泉群及中元古界长城系哈尔达坂群碳酸盐岩及硅质岩中，组成了赛里木沉积岩容矿铅锌成矿带。该成矿带与彩霞山、乌拉根（李博泉和王京彬，2006）及近年来新发现的火烧云（吴志旖等，2018；Li et al.，2019）等矿床，共同构成了新疆丰富的沉积岩层控铅锌矿床资源。

赛里木铅锌矿带与捷克利铅锌矿带在大地构造背景、赋矿地层、矿体、矿石特征等方面均可以类比，证实哈萨克斯坦捷克利铅锌成矿带向东延入赛里木微地块内，并且具有相当大的 SEDEX 型铅锌矿床的找矿潜力。通过对哈尔达坂铅锌矿的详细解剖研究，以及与托克赛、四台海泉矿床成矿作用的研究与对比，在系统分析区域铅锌成矿关键控制因素与成矿规律的基础上，总结了在赛里木地区内寻找类似铅锌矿床的找矿标志与地质找矿方向。

1）中-新元古界是赛里木地区 SEDEX 型铅锌矿床产出的最主要控制因素，温泉群、哈尔达坂群、库松木切克群和开尔塔斯群是寻找层控铅锌矿的重要地层。目前已发现的具有工业规模的铅锌矿体多赋存于这些地层的特定含矿层位，具有成群成带分布的特点。最新找矿成果表明，新发现的铅锌矿点包括温泉群中的鄂尔托赛尔、哈尔达坂群中的奥尔塔克、库松木切克群中的阿克阔措、喀拉达坂以及开尔塔斯群中的东卡尔阿依，这些矿点虽然受到不同程度的后期改造，但都受元古宇的控制，容矿围岩以碳酸盐-细碎屑岩建造为主，矿体产出受近东西向断裂控制，成矿地质特征与哈尔达坂、托克赛、四台海泉矿床类似，值得进一步开展勘查工作。此外，广泛分布于科古琴山北坡的青白口系，为一套具大陆边缘碳酸盐夹碎屑岩建造，由于交通较为困难，相对于长城系和蓟县系矿产勘查程度较低，尚未找到规模较大的铅锌矿床。随着后期勘查工作的深入，找矿潜力会逐步显现。

2）重点关注地层中的碳酸盐岩-细碎屑岩建造及硅质岩地层，这些沉积建造是矿体产出的有利部位，主要为含碳质、钙质、硅质页岩或板岩与灰岩-大理岩-白云岩呈互层产出。特别需要关注含碳量较高的板岩和灰岩层位。硅质岩作为喷气岩或热水沉积岩，与古代海底喷流沉积型铅锌矿床密切伴生，记录了热水活动、硅质沉积和硫化物成矿作用过程，与铅锌成矿高度相关。目前发现的几个铅锌矿的含矿地层中均有硅质岩存在。斑马状、角砾状白云岩指示了热液白云岩化蚀变的发生，与铅锌成矿有密切关系。这些岩石建造的分布及其构造特征对矿体产出具有指示意义，在找矿工作中，应首先重点圈定这些岩石组合，依据这些标志层进一步开展矿产勘查仍会有新的突破。

3）同沉积断裂是成矿流体循环的通道，区内发育的一系列近东西走向断裂构造，尤其是深大断裂和次级断裂的周围，应在找矿工作中将其与中-新元古界含碳量较高的地层进行综合考虑。多条断裂形成的构造带、层间破碎带和碎裂岩化灰岩裂隙是铅锌矿物的有利赋存部位。大规模的热液角砾岩化指示了和同沉积断裂有关的热液活动，可以作为有利的找矿标志。进一步明确赛里木铅锌矿带沉积盆地同生断裂的规模与展布，将为指导矿床勘查指明方向。

4）1：5万化探结果显示赛里木湖南部的青白口系开尔塔斯群是中元古界铅锌最为富集的层位，在东卡尔阿依铅锌矿以东存在多个铅锌异常浓集中心，在科古尔琴山南坡断裂以北，开尔塔斯群与铅锌异常浓集中心吻合部位，是寻找层控铅锌矿的有利地段。已发现矿化点显示开尔塔斯群中灰岩与白云岩岩石界面或硅化白云质灰岩是层控铅锌矿的赋矿岩石，矿石具有富锌少铅特点。围绕化探异常浓集中心，地表发育的氧化矿石，特别是呈条带状产出的菱锌矿、白铅矿、褐铁矿等矿物，是重要的直接找矿标志。以四台海泉和东卡尔阿依铅锌矿为代表的氧化型铅锌矿床也有特色，就区域成矿条件分析，是值得重视的有远景的矿床类型。由于这些地方地形较为陡峭，野外调查工作难度较大，具备较大的找矿潜力，进一步的查证工作应会有新的突破。

主要参考文献及资料

新疆维吾尔自治区地质地质调查院. 2004. 新疆天山-北山成矿带成矿规律和找矿方向综合研究报告.

新疆维吾尔自治区地质矿产勘查开发局第二区调大队. 2015. 新疆哈巴河县萨尔朔克金多金属矿 2014 年资源储量核实报告. 1-190.

新疆维吾尔自治区地质矿产勘查开发局第十一地质大队. 2016. 新疆吐鲁番小热泉子铜矿 2015 年资源储量核实报告. 1-155.

新疆维吾尔自治区有色地质勘查局七〇六队. 2012. 新疆阿勒泰市塔拉特铁铅锌矿 A2、A3、A4 异常区普查报告. 1-129

新疆维吾尔自治区有色地质勘查局七〇六队. 2016. 新疆阿勒泰市大东沟铅锌矿普查报告. 1-83.

新疆维吾尔自治区有色地质勘查局七〇六队. 2016. 新疆阿勒泰市铁米木尔特铅锌矿普查报告. 1-176.

新疆维吾尔自治区有色地质勘查局七〇六队. 2016. 新疆阿勒泰市乌拉斯沟铜多金属矿普查报告. 1-55.

新疆西拓矿业有限公司. 2019. 新疆哈密市黄滩金铜锌矿详查报告. 1-129.

曹新志, 张旺生, 徐伯骏, 等. 2016. 新疆哈巴河县萨尔朔克金铜矿区矿体定位规律及成矿预测研究. 内部报告, 1-170.

柴凤梅, 杨富全, 刘锋, 等. 2012. 阿尔泰南缘麦兹盆地康布铁堡组变质酸性火山岩年龄及岩石成因. 地质科学, 47(1): 221-239.

柴凤梅, 欧阳刘进, 董连慧, 等. 2013. 新疆阿舍勒铜锌矿区英云闪长岩年代学及地球化学. 岩石矿物学杂志, 32(1): 41-52.

柴凤梅, 刘锋, 张志欣, 等. 2016. 东天山铁铜多金属矿床综合研究. 国土资源部公益性行业科研专项经费课题报告.

柴凤梅, 许强奋, 王雯, 等. 2017. 东天山黄土坡铜锌矿床成矿流体的氦-氩同位素示踪. 地质科学, 52(4): 1263-1281.

陈斌, 贺敬博, 陈长健, 等. 2013. 东天山白石泉镁铁-超镁铁杂岩体的 Nd-Sr-Os 同位素成分及其对岩浆演化的意义. 岩石学报, 29: 294-302.

陈磊, 王京彬, 邓小华, 等. 2018. 东天山卡拉塔格西二区铁铜矿床地质地球化学特征及成因. 地球科学, 43(9): 3065-3085.

陈有炘, 高峰, 裴先治, 等. 2017. 新疆阿尔泰地区辉腾花岗岩体年代学、地球化学特征及构造意义. 岩石学报, 33(10): 3076-3090.

陈毓川, 叶庆同, 冯京, 等. 1996. 阿舍勒铜锌成矿带成矿条件和成矿预测. 北京: 地质出版社, 1-330.

陈毓川, 刘德权, 唐延龄, 等. 2008. 中国天山矿产及成矿体系(上册). 北京: 地质出版社, 1-580.

陈哲夫, 康玉柱, 杜焕民, 等. 1997. 新疆优势矿产勘查开发战略探讨. 决策咨询通讯, 02: 34-36.

成勇, 李永, 朱生善, 等. 2015. 新疆哈尔达坂铅锌矿床地质特征及成因分析. 矿产勘查, 2: 107-114.

崔文亚, 刘超, 任俊, 等. 2011. 新疆哈巴河县阿舍勒铜矿外围一带铜矿普查报告. 内部报告.

邓小华, 李月臣, 许强奋, 等. 2018. 东天山卡拉塔格金岭-黄滩金铜矿床的发现及其意义. 矿产勘查, 9(7): 1322-1333.

丁汝福, 王京彬, 马忠美, 等. 2001. 新疆萨热阔布火山喷流沉积改造型金矿地球化学特征. 地质与勘探, 37(3): 11-15.

董连慧, 崔彬, 屈迅, 等. 2005. 东天山中段铜矿找矿靶区评价及大型矿床定位预测报告, 1-268.

董连慧, 冯京, 庄道泽, 等. 2011. 新疆维吾尔自治区铜、铅锌、金、钨、锑、稀土、钾盐、磷等矿产资源潜力评价成果报告(上册、中册).

董连慧, 周汝洪, 赵同阳, 等. 2018. 新疆侵入岩. 北京: 地质出版社, 1-629.

董永观, 张传林, 姚春彦, 等. 2016. 阿尔泰重要成矿带成矿动力学背景与成矿过程研究. 国家科技支撑计划专题报告.

董永观, 张传林, 芮行健, 等. 2020. 中亚阿尔泰山系及邻区矿产地质. 北京: 地质出版社, 1-627.

凤永刚, 梁婷, 雷如雄, 等. 2021. 稀有金属伟晶岩过度冷却与侵位之关系——基于野外地质观察及年代学的思考. 地球科学与环境学报, 43(1): 100-116.

付明禄, 许强奋, 刘相利. 2009. 新疆哈密市黄土坡矿区Ⅰ矿段铜锌矿勘探报告.

高洪雷, 刘红旭, 何建国, 等. 2014. 东天山地区中-新生代隆升剥露过程: 来自磷灰石裂变径迹的证据. 地学前缘, 21(1): 249-260.

高永峰, 刘国仁, 杨海英, 等. 1997. 新疆哈巴河县桦树沟及外围铜矿普查地质报告. 内部资料.

高珍权, 方维萱, 胡瑞忠, 等. 2010. 新疆阿舍勒铜矿英安-玄武-安山质火山岩的地球化学特征与构造背景. 矿床地质, 29(2): 219-228.

高珍权, 赵青, 方维萱, 等. 2010. 新疆阿合勒铜矿酸性火山岩的地球化学特征与构造背景. 勘查勘查, 1(5): 431-440.

耿新霞, 杨富全, 杨建民, 等. 2010. 新疆阿尔泰铁木尔特铅锌矿床稳定同位素组成特征. 矿床地质, 29(6): 1088-1100.

耿新霞, 杨富全, 柴凤梅, 等. 2012. 新疆阿尔泰南缘大东沟铅锌矿区火山岩 LA-ICP-MS 锆石 U-Pb 定年及地质意义. 矿床地质, 31(5): 1119-1131.

郭召杰, 张志诚, 廖国辉, 等. 2002. 天山东段隆升过程的裂变径迹年龄证据及构造意义. 新疆地质, 20(4): 331-334.

郭正林, 申茂德, 许英霞, 等. 2011. 阿尔泰南缘大型铅锌矿床预测和找矿靶区评价技术与应用研究. “十一五”国家科技支撑计划项目专题报告.

韩天成, 张振飞, 吕新彪, 等. 2013. 东天山中段区域化探异常评价方法研究. 地质与勘探, 47(5): 885-893.

何国琦, 李茂松, 刘德权. 1994. 中国新疆古生代地壳演化及成矿. 乌鲁木齐: 新疆人民出版社.

何国琦, 成守德, 徐新, 等. 2004. 中国新疆及邻区大地构造图(1 : 2500000)说明书. 北京: 地质出版社, 1-65.

何国琦, 朱永峰. 2006. 中国新疆及邻区地质矿产对比研究. 中国地质, 33(3): 451-460.

何西恒. 2019. 东天山卡拉塔格矿集区黄滩 Au-Cu 矿床成因研究. 中国地质大学(北京)硕士学位论文.

侯广顺, 唐红峰, 刘丛强. 2006. 东天山觉罗塔格构造带晚古生代火山岩地球化学特征及意义. 岩石学报, 22: 1167-1177.

侯增谦, 韩发, 夏林圻. 2003. 现代与古代海底热水成矿作用. 北京: 地质出版社.

焦建刚，汤中立，钱壮志，等. 2012. 东天山地区图拉尔根铜镍硫化物矿床成因及成矿过程. 岩石学报，28(11)：3772-3786.
雷如雄，吴昌志，张遵忠，等. 2013. 东天山雅满苏北岩体的年代学、地球化学及其构造意义. 岩石学报，29(8)：2653-2664.
李登峰，张莉，郑义. 2013. 新疆阿尔泰塔拉特铁铅锌矿床流体包裹体研究及矿床成因. 岩石学报，29(1)：178-190.
李会军，何国琦，吴泰然，等. 2006. 阿尔泰-蒙古微大陆的确定及其意义. 岩石学报，22(5)：1369-1379.
李寄邦，张辉，吕正航. 2021. 东天山镜儿泉伟晶岩与花岗岩成因关系：来自锆石 U-Pb 定年和 Hf 同位素证据. 地球化学，49(4)：385-403.
李锦轶. 2004. 新疆东部新元古代晚期和古生代构造格局及其演化. 地质论评，50(3)：304-322.
李锦轶，何国琦，徐新，等. 2006. 新疆北部及邻区地壳构造格架及其形成过程的初步探讨. 地质学报，80(1)：148-168.
李锦轶，张进，杨天南，等. 2009. 北亚造山区南部及其毗邻地区地壳构造分区与构造演化. 吉林大学学报(地球科学版)，39(4)：584-605.
李天德. 1994. 中国和哈萨克斯坦阿尔泰多金属矿带地质及成矿对比研究. 新疆地矿局地研所.
李天德，祁志明，肖世录，等. 1996. 中国和哈萨克斯坦阿尔泰地质及成矿研究的新进展. 见：中国地质学会编. 献给三十届国际地质大会"八五"地质科技重要成果学术交流会议论文选集. 北京：冶金工业出版社，256-259.
李玮，陈隽璐，董云鹏，等. 2016. 早古生代古亚洲洋俯冲记录：来自东天山卡拉塔格高镁安山岩的年代学、地球化学证据. 岩石学报，32(2)：505-521.
李彦，耿新霞，李强，等. 2019. 新疆阿尔泰阿勒泰组沉积时代及其形成环境. 地质科学，54(1)：34-61.
李遥，邓小华，吴艳爽，等. 2018. 新疆哈密卡拉塔格块状硫化物矿床金银赋存状态研究. 地学前缘(中国地质大学(北京)；北京大学)，25(5)：69-82.
李永，成勇，俞彦龙. 2018. 新疆温泉县托克赛铅锌矿床硫化物特征及成因初探. 新疆有色金属，41(002)：26-27.
梁斌. 2018. 新疆哈密市黄滩金铜多金属矿地质特征与矿床成因浅析. 新疆有色金属，2：62-65.
廖启林，戴塔根，刘悟辉，等. 2000. 阿尔泰南缘典型块状硫化物矿床成矿环境浅析. 地质与勘探，36(6)：23-26.
刘红旭，颜丹平，何建国，等. 2014. 阿齐山-雅满苏地区中-新生代构造隆升裂变径迹证据：兼论构造活动对核废选址场的意义. 高校地质学报，20(1)：81-92.
刘家军，何明勤，李志明，等. 2004. 云南白秧坪银铜多金属矿集区碳氧同位素组成及其意义. 矿床地质，23(1)：1-10.
刘申态，吕新彪，曹晓峰，等. 2011. 新疆小热泉子铜(锌) 矿床同位素地球化学研究及其意义. 地质与勘探，47(1)：624-632.
刘秀金，刘伟，刘丽娟，等. 2011. 阿尔泰南缘麦兹火山-沉积盆地东部萨吾斯铅锌矿床成因探讨. 岩石学报，27(6)：1810-1828.
龙灵利，王京彬，王玉往，等. 2016. 东天山卡拉塔格矿集区赋矿火山岩地层时代探讨—SHRIMP 锆石 U-Pb 年龄证据. 矿产勘查，7(1)：31-37.
龙灵利，王京彬，王玉往，等. 2017. 东天山卡拉塔格铜多金属矿集区黄铁矿化(次)流纹岩年代学、地球化学特征及其对成矿的潜在意义. 岩石学报，33(2)：367-384.
卢琦园，郑义，王成明，等. 2018. 阿尔泰南缘乌拉斯沟铜矿床 S-Pb-Sr-Nd-C-H-O 同位素特征及其对成矿物质和流体来源限定. 地球科学，43(9)：3141-3153.
吕晓强，毛启贵，孙燕，等. 2019. 东天山卡拉塔格一带月牙湾铜镍矿的发现及其地质意义. 矿产勘查，10(3)：547-554.
吕晓强，毛启贵，郭娜欣，等. 2020. 东天山卡拉塔格地区月牙湾铜镍硫化物矿床磁黄铁矿 Re-Os 同位素测定及其地质意义. 地球科学，45(9)：3475-3486.
马凯，周可法，王金林，等. 2018. 卡拉塔格地区高分辨率航磁测量应用探讨. 新疆地质，36(1)：124-127.
毛景文，Franco PIRAJNO，张作衡，等. 2006. 天山-阿尔泰东部地区海西晚期后碰撞铜镍硫化物矿床：主要特点及可能与地幔柱的关系. 地质学报，80(7)：925-942.
毛启贵. 2015. 新疆卡拉塔格铜多金属矿集区地质、成矿作用与成矿预测. 博士后出站报告.
毛启贵，方同辉，王京彬，等. 2010. 东天山卡拉塔格早古生代红海块状硫化物矿床精确定年及其地质意义. 岩石学报，26(10)：3017-3026.
毛启贵，王京彬，方同辉，等. 2015. 东天山卡拉塔格矿带红海 VMS 型矿床 S、Pb 同位素地球化学研究. 矿床地质，34(4)：730-744.
毛启贵，刘洋，吕晓强，等. 2021. 卡拉塔格矿集区 VMS 型成矿系统三维地质结构与矿体定位. 国家重点研发计划专题报告.
牛贺才，许继锋，于学元，等. 1999. 新疆阿尔泰富镁火山岩系的发现及其地质意义. 科学通报，44(9)：1002-1004.
牛贺才，于学元，许继峰，等. 2006. 中国新疆阿尔泰晚古生代火山作用及成矿. 北京：地质出版社，1-184.
秦克章，方同辉，王书来，等. 2001. 新疆吐哈盆地南缘古生代隆起-卡拉塔格铜金蚀变矿化区的发现及其成矿潜力. 中国地质，28(3)：16-23.
秦克章，丁奎首，许英霞，等. 2008. 东天山红山 Cu-Au 矿床氧化带首次发现的副针绿矾巨晶及其多型针绿矾. 岩石学报，24(5)：1112-1122.
冉丽，刘正桃，杨自安，等. 2010. 新疆东部卡拉塔格地区构造影像特征分析. 地质与勘探，46(6)：1099-1105.
冉丽. 2014. 东天山卡拉塔格地区火山机构地质特征. 矿产勘查，5(3)：467-473.
任宝琴，张辉，唐勇，等. 2011. 阿尔泰造山带伟晶岩年代学及其地质意义. 矿物学报，31(3)：587-596.
三金柱，秦克章，汤中立，等. 2010. 东天山图拉尔根大型铜镍矿区两个镁铁-超镁铁岩体的锆石 U-Pb 定年及其地质意义. 岩石学报，

26(10)：3027-3035.
单强，曾乔松，罗勇，等. 2011. 新疆阿尔泰康布铁堡组钾质和钠质流纹岩的成因及同位素年代学研究. 岩石学报，27(12)：3653-3665.
单强，曾乔松，李宁波，等. 2012. 新疆阿尔泰南缘康布铁堡组钾-钠质流纹岩锆石 U-Pb 年龄和地球化学. 岩石学报，28(7)：2132-2144.
沈雪华，姚春彦，樊献科，等. 2016. 新疆萨尔朔克铜金多金属矿床成矿围岩锆石年龄、Hf 同位素及其成矿背景. 地质通报，35(1)：167-174.
宋高，袁万明，赵文菊，等. 2013. 磷灰石裂变径迹研究新疆阿尔泰山南缘剥露历史及古地形再造. 地质学报，87(7)：967-978.
宋国学，秦克章，刘铁兵，等. 2010. 阿尔泰南缘阿舍勒盆地泥盆纪火山岩中古老锆石的 U-Pb 年龄、Hf 同位素和稀土元素特征及其地质意义. 岩石学报，26(10)：2946-2958.
孙敏，龙晓平，蔡克大，等. 2009. 阿尔泰早古生代末期洋中脊俯冲：锆石 Hf 同位素组成突变的启示. 中国科学，39(7)：935-948.
孙永彬，王瑞军，魏本赞，等. 2018. 高光谱遥感地空综合预测方法在新疆卡拉塔格地区铜金矿床找矿中的应用. 中国地质，45(1)：178-191.
田红彪，陈有炘，何峻岭，等. 2017. 阿尔泰地区霍热木德克花岗岩体年代学、地球化学特征及构造意义. 成都理工大学学报(自然科学版)，44(1)：94-108.
童英. 2006. 阿尔泰造山带晚古生代花岗岩年代学、成因及其地质意义. 中国地质科学院博士学位论文.
涂光炽. 1993. 新疆北部固体地球科学新进展. 北京：科学出版社.
涂其军，王杨双，董连慧. 2014. 新疆东天山白山钼矿辉钼矿 Re-Os 测年及地质意义. 新疆地质，32(3)：322-327.
王登红. 1996a. 新疆阿舍勒铜矿区双峰式火山岩与成矿背景的初步研究. 地质论评，42(1)：145-153.
王登红. 1996b. 新疆阿舍勒火山岩型块状硫化物铜矿硫、铅同位素地球化学. 地球化学，25(6)：582-1590.
王登红，陈毓川，叶庆同，等. 1998. 新疆阿舍勒铜矿床中黝铜矿的特征. 岩石矿物学杂志，17(1)：74-80.
王登红，陈毓川，徐志刚，等. 2002. 阿尔泰成矿省的成矿系列及成矿规律. 北京：原子能出版社，1-493.
王海涛，吴福泉，夏明，等. 2021. 西天山赛里木湖地区东卡尔阿依铅锌矿的发现及找矿意义. 新疆地质，39(1)：236-239.
王京彬，秦克章，吴志亮，等. 1998. 阿尔泰山南缘火山喷流沉积型铅锌矿床. 北京：地质出版社，1-210.
王龙生，李华芹，刘德权，等. 2005. 新疆哈密维权银(铜)矿床地质特征和成矿时代. 矿床地质，24(3)：280-284.
王宁，蒋加燥，方同辉，等. 2019. 新疆卡拉塔格红山铜金矿床地质特征及成因初探. 矿产与地质，33(2)：227-233，241.
王涛，童英，李舢，等. 2010. 阿尔泰造山带花岗岩时空演变、构造环境及地壳生长意义—以中国阿尔泰为例. 岩石矿物学杂志，29(6)：595-618.
肖序常，汤耀庆，冯益民. 1992. 新疆北部及其邻区大地构造. 北京：地质出版社.
徐九华，林龙华，琳琳，等. 2009. 阿尔泰克兰盆地 VMS 型矿床的变形变质与碳质流体特征. 矿床地质，28(5)：585-598.
徐九华，肖星，迟好刚，等. 2011. 阿尔泰南缘克兰盆地的脉状金-铜矿化及其流体演化. 岩石学报，27(5)：1299-1310.
徐兴旺，杨成栋，牛磊，等. 2021. 阿舍勒矿集区 VMS 型成矿系统. 国家重点研发计划专题研究报告.
许英霞，秦克章，丁奎首，等. 2006. 钾铁矾、板铁矾、副基铁矾三种硫酸盐矿物在新疆哈密卡拉塔格红山 Cu-Au 矿床的首次发现及其成因特征. 中国地质，33(3)：149-156.
许英霞，秦克章，丁奎首，等. 2008. 东天山红山高硫型浅成低温铜金矿床：中生代成矿域新生代氧化的 K-Ar、Ar-Ar 年代学证据及其古构造和古气候. 岩石学报，24(10)：2371-1383.
阎永奎，张全忠，董志远，等. 1989. 新疆阿勒泰地区变质岩中微古植物群的发现及其地质意义. 新疆地质，7(2)：49-54.
杨富全，李凤鸣，秦纪华，等. 2013. 新疆阿舍勒铜锌矿区(潜)火山岩 LA-MC-ICP-MS 锆石 U-Pb 年龄及其地质意义. 矿床地质，32(6)：869-883.
杨富全，耿新霞，李凤鸣，等. 2016. 阿尔泰南缘火山沉积盆地解剖与矿床深边部定位预测. 国家科技支撑项目专题报告.
杨富全，柴凤梅，李强，等. 2017. 新疆阿尔泰克兰盆地基底发现晚寒武世-早奥陶世地层—来自 LA-MC-ICP-MS 锆石 U-Pb 年龄证据. 地球学报，38(6)：859-871.
杨富全，王永强，张立武，等. 2018. 阿尔泰山南缘克兰盆地成矿规律研究及资源潜力评价. 新疆阿勒泰地区资源补偿奖励资金项目报告. 1-370.
杨富全，李永，陈贵民，等. 2019. 新疆阿尔泰巴斯铁列克钨多金属矿成矿时代—来自锆石 U-Pb 年龄和辉钼矿 Re-Os 年龄约束. 大地构造与成矿学，43(6)：1144-1154.
杨建功，甘先平，王宁，等. 2009. 新疆哈密市梅岭南铜锌矿详查报告. 内容报告.
尹志超，顾文全，刘洋，等. 2019. 大功率激电法在东天山卡拉塔格金岭铜金矿勘查中的应用. 矿产勘查，10(7)：1658-1664.
于明杰. 2016. 东天山卡拉塔格矿集区梅岭铜锌(金)矿床成矿作用. 中国地质大学(北京)博士学位论文.
袁玲玲，刘锋. 2017. 阿尔泰南缘塔拉特铅锌铁多金属矿床硫化物 Re-Os 和 Rb-Sr 年龄及其地质意义. 矿床地质，36(6)：1333-1351.
袁万明，董金泉，保增宽. 2004. 新疆阿尔泰造山带构造活动的磷灰石裂变径迹证据. 地学前缘，11(7)：461-468.
曾志刚，秦蕴珊，翟世奎. 2000. 大西洋中脊 TAG 热液区硫化物中流体包裹体的 He-Ne-Ar 同位素组成. 中国科学(D 辑)，30(6)：628-633.
张达玉. 2012. 新疆东天山觉罗塔格地区成岩成矿作用及地球动力学过程. 导师：周涛发. 合肥工业大学博士学位论文.
张辉，徐九华，郭旭吉，等. 2015. 阿尔泰塔拉特铅锌矿床的变质叠加改造—地质和流体包裹体证据. 岩石学报，31(4)：1063-1078.

张亚峰，蔺新望，郭岐明，等. 2015. 阿尔泰南缘可可托海地区阿拉尔花岗 LA-ICP-MS 锆石 U-Pb 定年、岩石地球化学特征及其源区意义. 地质学报，89(2)：339-354.

张亚峰，蔺新望，赵玉梅，等. 2017. 新疆北部青河县阿斯喀尔特铍矿区花岗质岩石年代学及地球化学特征. 矿床地质，36(3)：643-658.

张志诚，王雪松. 2004. 裂变径迹定年资料应用中的问题及其地质意义. 北京大学学报(自然科学版)，406：898-905.

赵文菊，袁万明，刘海涛，等. 2013. 从裂变径迹分析新疆阿尔泰南部地区构造活动与古地形的变化. 原子能科学技术，47(8)：1458-1467.

郑义，张莉，郭正林. 2013. 新疆铁木尔特铅锌铜矿床锆石 U-Pb 和黑云母^{40}Ar/^{39}Ar 年代学及其矿床成因意义. 岩石学报，29(1)：191-204.

周刚，张绍崇，罗世宾，等. 2007. 新疆阿尔泰南缘玛因鄂博高温型强过铝花岗岩年龄、地球化学特征及其地质意义. 岩石学报，23(8)：1909-1920.

周国超，王玉往，石煜，等. 2019. 东天山卡拉塔格地区镁铁质岩体年代学、岩石地球化学研究. 岩石学报，35(10)：3189-3212.

周涛发，袁峰，张达玉，等. 2010. 新疆东天山觉罗塔格地区花岗岩类年代学、构造背景及其成矿作用研究. 岩石学报，26：478-502.

Chai F M, Mao J W, Dong L H, et al. 2009. SHRIMP zircon geochronology of the metarhyolites from the Kangbutiebao Formation in the Kelang basin at the southern margin of the Altay, Xinjiang and its implications. Gondwana Research, 16: 198-200.

Chai F M, Zhang Z C, Li W H, et al. 2019. The early Paleozoic Huangtupo VMS Cu-Zn deposit in Kalatag, Eastern Tianshan: Implications from geochemistry and zircon U-Pb geochronology of volcanic host rocks. Lithos, 342-343: 97-113.

Chen B, Jahn B M. 2004. Genesis of post-collisional granitoids and basement nature of the Junggar Terrane, NW China: Nd-Sr isotope and trace element evidence. Journal of Asian Earth Sciences, 23(5): 0-703.

Chen B Y, Yu J J, Liu S J. 2018. Source characteristics and tectonic setting of mafic-ultramafic intrusions in North Xinjiang, NW China: Insights from the petrology and geochemistry of the Lubei mafic-ultramafic intrusion. Lithos, 308-309: 329-345.

Chen L, Deng X H, Bagas L, et al. 2020. Petrogenesis of Middle Devonian diorite at the Xierqu Fe-Cu deposit in the Kalatag district, eastern Tianshan, NW China. Geological Journal, 55(3): 1620-1635.

Chen L, Wang J B, Bagas Leon, et al. 2017. Significance of adakites in petrogenesis ofEarly Silurian magmatism at the Yudai copper deposit in the Kalatag district, NW China. Ore Geology Reviews, 91: 780-794.

Cheng X H, Yang F Q, Zhang R, et al. 2020. Metallogenesis and fluid evolution of the Huangtupo Cu-Zn deposit, East Tianshan, Xinjiang, NW China: Constraints from ore geology, fluid inclusion geochemistry, H-O-S isotopes, and U-Pb zircon, Re-Os chalcopyrite geochronology. Ore Geology Reviews, 121: Article103469.

Cheng X H, Yang F Q, Zhang R, et al. 2021. Fluid evolution and metallogenesis of the Meiling Cu polymetallic deposit in the East Tianshan, NW China: Constraints from ore geology, fluid inclusions, stable isotope, and U-Pb geochronology. Geological Journal, 56: 1932-1957.

Deng X H, Wang J B, Pirajno F, et al. 2016. Re-Os dating of chalcopyrite from selected mineral deposits in the Kalatag district in the eastern Tianshan Orogen, China. Ore Geology Reviews, 77: 72-81.

Deng X H, Chen Y J, Santosh M, et al. 2017. U-Pb zircon, Re-Os molybdenite geochronology and Rb-Sr geochemistry from the Xiaobaishitou W(-Mo) deposit: Implications for Triassic tectonic setting in eastern Tianshan, NW China. Ore Geology Reviews, 80: 332-351.

Deng X H, Wang J B, Santosh M, et al. 2018. New^{40}Ar/^{39}Ar ages from the Kalatag VMS deposits, eastern Tianshan, NW China: constraints on the timing of Cu mineralization and stratigraphy. Ore Geology Reviews, 100: 250-262.

Deng X H, Wang J B, Pirajno F, et al. 2020. A review of Cu-dominant mineral systems in the Kalatag district, East Tianshan, China. Ore Geology Reviews, 117: Article 103284.

Feng Y Q, Qian Z Z, Duan J, et al. 2018. Geochronological and geochemical study of the Baixintan magmatic Ni-Cu sulphide deposit: New implications for the exploration potential in the western part of the East Tianshan nickel belt (NW China). Ore Geology Reviews, 95: 366-381.

Franklin J M, Gibson H L, Jonasson I R, et al. 2005. Volcanogenic massive sulfide deposits. Economic Geology 100th Anniversary Volume, 100: 523-560.

Gallagher K, Brown RW, Johnson C. 1998. Fissiontrack analysis and its applications to geolgoical problems. Annual Reviews of Earth and Planetary Sciences, 26: 519-572.

Gao L L, Wang K Y, Chen C, et al. 2019. Tectonic setting and metallogenic chronology of the Ashele Cu-Zn deposit in Xinjiang, NW China: Constraints from Re-Os dating of pyrite, U-Pb dating of zircon and Hf isotopes. Ore Geology Reviews, 115: Article 103163.

Gao L L, Chen C, Wang K Y, et al. 2020. Tectonic setting and geochronology of the Sarsuk Au polymetallic deposit in Xinjiang, NW China: Constraints from pyrite Re-Os, zircon U-Pb dating and Hf isotopes. Ore Geology Reviews, 124: Article 103641.

Han C M, Xiao W J, Su B X, et al. 2018. Geology, Re-Os and U-Pb geochronology and sulfur isotope of the the Donggebi porphyry Mo deposit, Xinjiang, NW China, Central Asian Orogenic Belt. Journal of Asian Earth Sciences, 165: 270-284.

Hurford A J. 1986. Cooling and uplift in the Lepontine Alps South Central Switzerland, and an age of vertical movement on the Insubric fault line. Contributions to Mineralogy and Petrology, 92: 413-427.

Jahn B M, Capdevila R, Liu D, et al. 2004. Sources of Phanerozoic granitoids in the transect Bayanhongor-Ulaan Baatar, Mongolia: geochemical and Nd isotopic evidence, and implications for Phanerozoic crustal growth. Journal of Asian Earth Sciences, 23(5): 0-653.

Ketcham R A. 2005. Forward and inverse modeling of low-temperature thermochronometry data. Reviews in Mineralogy & Geochemistry, 58: 275-314.

Ketcham R A, Donelick R A, Donelick M B. 2000. AFTSolve: a program for multi-kinetic modeling of apatite fission-track data. Geological Materials Research, 2(1): 1-32.

Ketcham R A, Carter A, Donelick R A. 2007. Improved modeling of ission track annealing in apatite. American Mineralogist, 92(5-6): 799-810.

Li D F, Fu Y, Sun X M. 2018. Onset and duration of Zn-Pb mineralization in the Talate Pb-Zn (-Fe) skarn deposit, NWChina: Constraints from spessartine U-Pb dating. Gondwana Research, 63: 117-128.

Li N, Yang F Q, Zhang Z X, et al. 2020. Dating the Xiaobaishitou skarn W-(Mo) deposit, eastern Tianshan, NW China: Constraints from zircon U-Pb, muscovite $^{40}Ar-^{39}Ar$, and molybdenite Re-Os system. Ore Geology Reviews, 124: Article 103637.

Liu S Y, Wang R, Jeon H, et al. 2020. Indosinian magmatism and rare metal mineralization in East Tianshan orogenic belt: An example study of Jingerquan Li-Be-Nb-Ta pegmatite deposit. Ore Geology Reviews, 116: Article 103265.

Liu X J, Liu W, Liu L J. 2012. The generation of a stratiform skarn and volcanic exhalative Pb-Zn deposit (Sawusi) in the southern Chinese Altay Mountains: The constraints from petrography, mineral assemblage and chemistry. Gondwana Research, 22: 597-614.

Ma X M, Cai K D, Zhao T P, et al. 2018. Devonian volcanic rocks of the southern Chinese Altai, NW China: petrogenesis and implication for a propagating slab-window magmatism induced by ridge subduction during accretionary orogenesis. Journal of Asian Earth Sciences, 160: 78-94.

Mao Q G, Wang J B, Xiao W J, et al. 2014. Stratigraphic, U-Pb (zircon) and geochemical constraints on magmas, mineralization and geological evolution of the Kalatage district, the central part of Dananhu-Haerlik arc in eastern Tianshan Mountains. Acta Geologica Sinica, 88: 885-886.

Mao Q G, Wang J B, Xiao W J, et al. 2019. Mineralization of an intra-oceanic arc in an accretionary orogen: Insights from the Early Silurian Honghai volcanogenic massive sulfide Cu-Zn deposit and associated adakites of the Eastern Tianshan (NW China). The Geological Society of America Bulletin, 131: 803-830.

Mao Q G, Wang J B, Yu M J, et al. 2020. Re-Os and U-Pb geochronology for the Xiaorequanzi VMS deposit in the eastern Tianshan, NW China: Constraints on the timing of mineralization and stratigraphy. Ore Geology Reviews, 122: Article 103473.

Mao Q G, Ao S J, Windley B F, et al. 2021. Cu-Ni mineralization in Early Permian mafic complexes in the Kalatage area of eastern Tianshan (NW China): Petrogenetic constraints from geochronology, geochemistry, and Hf-Sr-Nd-Os isotopes. Ore Geology Reviews, 136: Article 104258.

Mao Y J, Qin K Z, Tang D M, et al. 2016. Crustal contamination and sulfideimmiscibility history of the Permian Huangshannan magmatic Ni-Cu sulfide deposit, East Tianshan, NW China. Journal of Asian Earth Sciences, 129: 22-37.

Niu L, Hong T, Xu X W, et al. 2020. A revised stratigraphic and tectonic framework for the Ashele volcanogenic massive sulfide deposit in the southern Chinese Altai: Evidence from stratigraphic relationships and zircon geochronology. Ore Geology Reviews, 127, Article 103814.

Pirajno F, Mao J W, Zhang Z C, et al. 2008. The association of mafic-ultramafic intrusions and A-type magmatism in the Tian Shan and Altay orogens, NW China: Implications for geodynamic evolution and potential for the discovery of new ore deposits. Journal of Asian Earth Sciences, 32: 165-183.

Şengör A M C, Natal'in B A, Burtman V S. 1993. Evolution of the Altaid Tectonic Collage and Palaeozoic Crustal Growth in Eurasia. Nature, 364 (6435): 299-307.

Şengör A M C, Natal'in B A. 1996. Paleotectonics of Asia: Fragments of a Synthesis. In: Yin A., Harrison M., eds. The Tectonic Evolution of Asia. Cambridge University Press, Cambridge, 486-640.

Sheppard S M. 1986. Characterization and isotopic variations in natural waters. Rev. Mineralogy, 16 (1): 165-183.

Sun B K, Ruan B X, Lü X B, et al. 2020. Geochronology and geochemistry of the igneous rocks and ore-forming age in the Huangtan Au-Cu deposit in the Kalatag district, Eastern Tianshan, NW China: Implications for petrogenesis, geodynamic setting, and mineralization. Lithos, 368-369: Article 105594.

Sun M, Long X P, Cai K D, et al. 2009. Early Paleozoic ridge subduction in the Chinese Altai: Insight from the abrupt change in zircon Hf isotopic compositions. Sciencein China Series D: EarthSciences, 52(9): 1345-1348.

Sun S S, McDonough W F. 1989. Chemical and isotopic systematics of oceanic basalts: implications for mantle composition and processes. Geological Society Special Publication, 42: 313-345.

Sun Y, Wang J B, Li Y C, et al. 2018. Recognition of Late Ordovician Yudai porphyry Cu (Au, Mo) mineralization in the Kalatag district, Eastern Tianshan terrane, NW China: Constraints from geology, geochronology, and petrology. Ore Geology Reviews, 100: 220-236.

Sun Y, Wang J B, Wang Y W, et al. 2019a. Ages and origins of granitoids from the Kalatag Cu cluster in eastern Tianshan, NW China: Constraints on Ordovician-Devonian arc evolution and porphyry Cu fertility in the Southern Central Asian orogenic belt. Lithos, 330-331: 55-73.

Sun Y, Wang J B, Lü X Q, et al. 2019b. Geochronology, petrogenesis and tectonic implications of the newly discovered Cu-Ni sulfide-mineralized Yueyawan gabbroic complex, Kalatag district, northwestern Eastern Tianshan, NW China. Ore Geology Reviews, 109: 598-614.

Wan B, Xiao W J, Zhang L C, et al. 2011. Contrasting styles of mineralization in the Chinese Altai and East Junggar, NW China: Implications for the accretionary history of the southern Altaids. Journal of the Geological Society, London, 168: 1311-1321.

Wan B, Zhang L C, Xiang P. 2010a. The Ashele VMS-type Cu-Zn Deposit in Xinjiang, NW China formed in a rifted arc setting. Resource Geology, 60 (2): 150-164.

Wan B, Zhang L C, Xiao W J. 2010b. Geological and geochemical characteristics and ore genesis of the Keketale VMS Pb-Zn deposit, Southern Altai Metallogenic Belt, NW China. Ore Geology Reviews, 37: 114-126.

Wang D H, Chen Y C, Mao J W. 1998. The Ashele deposit: a recently discovered volcanogenic massive sulfide Cu-Zn deposit in Xinjiang, China. Resource Geology, 48: 31-42.

Wang T, Hong D W, Jahn B M, et al. 2006. Timing, petrogenesis, and setting of Paleozoic synorogenic intrusions from the Altai Mountains, Northwest China: Implications for the tectonic evolution of an accretionary orogen. Journal of Geology, 114: 735-751.

Wang Y F, Chen H Y, Han J S, et al. 2018. Paleozoic tectonic evolution of the Dananhu-Tousuquan island arc belt, Eastern Tianshan: Constraints from the magmatism of the Yuhai porphyry Cu deposit, Xinjiang, NW China. Journal of Asian Earth Sciences, 153: 282-306.

Wang Y H, Xue C J, Wang J P, et al. 2015. Early Carboniferous adakitic rocks in the area of the Tuwu deposit, eastern Tianshan, NW China: Slab melting and implications for porphyry copper mineralization. Journal of Asian Earth Sciences, 103: 332-349.

Wang Y H, Zhang F F, Liu J J, et al. 2016. Genesis of the Fuxing porphyry Cu deposit in Eastern Tianshan, China: Evidence from fluid inclusions and C-H-O-S-Pb isotope systematics. Ore Geology Reviews, 79: 46-61.

Wang Y H, Zhang F F, Li B C. 2017. Genesis of the Yandong porphyry Cu deposit in eastern Tianshan, NW China: Evidence from geology, fluid inclusions and isotope systematics. Ore Geology Reviews, 86: 280-296.

Wu Y F, Yang F Q, Liu F, et al. 2105. Petrogenesis and tectonic settings of volcanic rocks of the Ashele Cu-Zn deposit in southern Altay, Xinjiang, Northwest China: Insights from zircon U-Pb geochronology, geochemistry and Sr-Nd isotopes. Journal of Asian Earth Sciences, 12: 60-73.

Xiao B, Chen H Y, Hollings P, et al. 2017. Magmatic evolution of the Tuwu-Yandong porphyry Cu belt, NW China: Constraints from geochronology, geochemistry and Sr-Nd-Hf isotopes: Gondwana Research, 43: 74-91.

Xiao W J, Windley B F, Huang B C, et al. 2009. End-Permian to Mid-Triassic Termination of the Accretionary Processes of the Southern Altaids: Implications for the Geodynamic Evolution, Phanerozoic Continental Growth, and Metallogeny of Central Asia. International Journal of Earth Sciences, 98(6): 1189-1217.

Xiao W J, Windley B F, Allen M B, et al. 2013. Paleozoic multiple accretionary and collisional tectonics of the Chinese Tianshan orogenic collage. Gondwana Research, 23: 1316-1341.

Xiao W J, Han C, Liu W, et al. 2014. How many sutures in the southern Central Asian Orogenic Belt: insights from East Xinjiang-West Gansu (NW China)? Geoscience Frontiers, 5(4): 525-536.

Xiao W J, Sun M, Santosh M. 2015. Continental reconstruction and metallogeny of the Circum-Junggar areas and termination of the southern Central Asian Orogenic Belt. Continental reconstruction and metallogeny of the Circum-Junggar areas and termination of the southern Central Asian Orogenic Belt, 6: 137-140.

Xiao W J, Song D F, Han C M, et al. 2019. Deep structure and metallogenic processes of the Altai-Junggar-Tianshan Collage in Southern Altaids. Acta Geologica Sinica (English Edition), 93(5): 1163-1168.

Xu J H, Zhang H, Lin L H, et al. 2020. Geochronology and origin of the Sarekoubu gold deposit, southern Altaides, China: Ar-Ar Dating of Vein Quartz and Cu-Zn-Fe isotopes. Ore Geology Reviews, 124: 103642.

Yang C D, Yang F Q, Geng X X, et al. 2017. Geochemistry and Sr-Nd-Hf isotopes of Middle Devonian igneous rocks of the Sarsuk polymetallic Au deposit: Implications for understanding the tectonic evolution of the south Altay Orogenic Belt, Northwest China. International Geology Review, 59(4): 448-469.

Yang C D, Chai F M, Yang F Q, et al. 2018a. Genesis of the Huangtupo Cu-Zn deposit, eastern Tianshan, NW China: Constraints from geology, Rb-Sr and Re-Os geochronology, fluid inclusions, and H-O-S-Pb isotopes. Ore Geology Reviews, 101: 725-739.

Yang C D, Geng X X, Yang F Q, et al. 2018b. Metallogeny of the Sarsuk polymetallic Au deposit in the Ashele Basin, Altay Orogenic Belt, Xinjiang, NW China: Constraints from mineralogy, fluid inclusions, and He-Ar isotopes. Ore Geology Reviews, 100: 77-98.

Yang C D, Zhang B, Yang F Q, et al. 2021. Zircon U-Pb age, fluid inclusion, and H-C-O-He-Ar-S isotopic compositions as an index to the VMS-type mineralization: A case study from the Wulasigou polymetallic deposit, Altay Orogenic Belt, Northwest China. Journal of Geochemical Exploration, 222: Article 106720.

Yang F Q, Liu F, Li Q, et al. 2014. In situ LA-MC-ICP-MS U-Pb geochronology of igneous rocks in the Ashele Basin, Altay orogenic belt, northwest China: Constraints on the timing of polymetallic copper mineralization. Journal of Asian Earth Sciences, 79: 477-496.

Yang F Q, Li Q, Yang C D, et al. 2018. A combined fluid inclusion and S-H-O-He-Ar isotope study of the Devonian Ashele VMS-type copper-zinc deposit in the Altay orogenic belt, northwest China. Journal of Asian Earth Sciences, 161: 139-163.

Yu M J, Wang J B, Mao Q G, et al. 2020. Geochemical characteristics of Late Carboniferous mineralization in the East Tianshan: A case study of the Meiling deposit in the Kalatage area. Ore Geology Reviews, 117: Article 103285.

Yu P P, Zheng Y. 2019. Pb-Zn-Cu accumulation from seafloor sedimentation to metamorphism: Constraints from ore textures coupled with elemental and isotopic geochemistry of the Tiemurt in Chinese Altay Orogen, NWChina. Gondwana Research, 72: 65-82.

Yu P P, Zheng Y, Wang C M. 2020. Trace elemental and sulfur-lead isotopic variations in metamorphosed volcanogenic massive sulfide (VMS) mineralization systems: An example from the Keketale Pb-Zn (-Ag) deposit, NW China. Ore Geology Reviews, 125: 103685.

Yu Y, Sun M, Yuan C, et al. 2019. Evolution of the middle Paleozoic magmatism in the Chinese Altai: Constraints on the crustal differentiation at shallow depth in the accretionary orogen. Journal of Asian Earth Sciences, 175: 230-246.

Yu M J, Wang Y W, Wang J B, et al. 2019. The mineralization of the Kalatage arc, Eastern Tianshan, NW China: Insights from the geochronology of the Meiling Cu-Zn(-Au) deposit. Ore Geology Reviews, 107: 72-86.

Zhang Z Z, Gu L X, Wu C Z, et al. 2005. Zircon SHRIMP dating for the Weiya pluton, eastern Tianshan: Its geological implications. Acta Geologica Sinica, 79: 481-490.

Zheng J H, Chai F M, Feng W Y, et al. 2018. Geochemistry and chronology of the early Paleozoic diorites and granites in the Huangtupo volcanogenic massive sulfide (VMS) deposit, eastern Tianshan, NW China: Implications for petrogenesis and geodynamic setting. Lithos, 302-303: 455-466.

Zheng Y, Zhang L, Li D, et al. 2015. Genesis of the Dadonggou Pb-Zn deposit in Kelan Basin, Altay, NW China: Constraints from zircon U-Pb and biotite $^{40}Ar/^{39}Ar$ geochronological data. Ore Geology Reviews, 64: 128-139.

Zheng Y, Wang Y J, Chen H Y, et al. 2016. Micro-textural and fluid inclusion data constraints on metallic remobilization of the Ashele VMS Cu-Zn deposit, Altay, NW China. Journal of Geochemical Exploration, 171: 113-123.

Zheng Y, Chen Y J, Cawood P, et al. 2017. Late Permian-Triassic metallogeny in the Chinese Altay Orogen: Constraints from mica $^{40}Ar/^{39}Ar$ dating on ore deposits. Gondwana Research, 43: 4-16.

Zhou Q F, Qin K Z, Tang D M, et al. 2018. LA-ICP-MS U-Pb zircon, columbite-tantalite and ^{40}Ar-^{39}Ar muscovite age constraints for the rare-element pegmatite dykes in the Altai orogenic belt, NW China. Geology Magzine, 155(3): 707-728.

Zhu W B, Wan J L, Shu L S, et al. 2005. Mesozoic-Cenozoic thermal history of Turpan-Hami Basin: Apatite fission track constraints. Progressin Natural Science, 15(4): 331-336.

Zhu W B, Wan J L, Shu L S, et al. 2008. Late Mesozoic thermotectonic evolution of the Jueluotage Range, eastern Xinjiang, Northwest China: Evidence from apatite fission track data. Acta Geologica Sinica, 82(2): 348-357.